普通高等教育"十一五"国家级规划教材
全国高等农林院校"十一五"规划教材
全国高等农林院校教材经典系列

兽医内科学

第四版

王建华　主编

中国农业出版社

内容简介

《兽医内科学》(第四版)保留了第三版的基本框架,为体现本教材在兽医临床学科的基础和主干课程地位,参考近年来国内外出版的最新著作,汲取最新科学研究成果,紧跟国内外研究动态,特别是动物中毒性疾病、动物营养代谢性疾病、犬猫疾病,以及消化、呼吸等器官系统的重要疾病研究进展,经过大幅度的删改、更新并更名出版。本书能满足全国高等农业院校《兽医内科学》教学大纲要求,通过严格的教学活动,能使各地学生的兽医内科学知识水平具有可比性。教材内容体现育人理念,贯彻辩证唯物主义和素质教育,符合学科特征,编排有序,内容丰富,前后衔接;符合教学规律,能提高学习兴趣和效果。

第 四 版 编 审 者

主　编　王建华
副主编　黄克和　张乃生　唐兆新
编　者　（以姓名笔画为序）
　　　　　王建华　西北农林科技大学
　　　　　邓俊良　四川农业大学
　　　　　刘宗平　扬州大学
　　　　　吴金节　安徽农业大学
　　　　　张乃生　吉林大学
　　　　　赵宝玉　西北农林科技大学
　　　　　庞全海　山西农业大学
　　　　　胡国良　江西农业大学
　　　　　贺秀媛　河南农业大学
　　　　　袁　慧　湖南农业大学
　　　　　徐世文　东北农业大学
　　　　　唐兆新　华南农业大学
　　　　　黄克和　南京农业大学
　　　　　韩　博　中国农业大学
审　稿　（以姓名笔画为序）
　　　　　张才骏　青海大学
　　　　　林藩平　福建农林大学
　　　　　金久善　中国农业大学
　　　　　曹光荣　西北农林科技大学

第四版前言

《家畜内科学》（第三版）自 2002 年出版以来，经全国各院校使用，反映良好，于 2005 年被中华农业科教基金会评为"全国高等农业院校优秀教材"。为了更好地适应教学的需要，中国农业出版社将其列入修订计划，并建议将书名改为《兽医内科学》。第四版于 2006 年被教育部评为"普通高等教育'十一五'国家级规划教材"。

经征求全国有关院校教师的意见和充分研讨，在保留第三版基本框架的基础上，此次修订对各章节内容进行了大幅度的删改或更新，修订比例约为 70%～80%。

此修订的基本原则是重视素质教育、创新能力与实践能力的培养，为学生知识、能力、素质协调发展创造条件；参考近年来国内外出版的最新著作，汲取最新科研成果，最大限度地满足教学需求，促进学科建设和教学质量的提高；体现本教材在兽医临床学科的基础和主干课程地位，紧跟国内外研究动态，特别是动物中毒性疾病、动物营养代谢性疾病、犬猫疾病，以及消化、呼吸等器官系统重要疾病的研究进展；适当涉及动物福利与保健内容。各章均列有内容提要和复习思考题，以利于学生进一步参考学习。《兽医内科学实习指导》将另行编写，作为本书的配套教材。

本书的编写人员均从事本课程的教学和科研工作，有丰富的实践经验和较高的学术水平，并具有一定的地域和院校代表性。在编写过程中，注意发挥编写人员的科研和教学特长，尽量编写自己相对熟悉或与自己科研相关的内容。为了保证教材质量，特邀请曹光荣教授等 4 位兽医内科学领域的权威专家，对教材内容进行了认真细致的审阅，并提出了宝贵意见。在本书的编写过程中，得到了各编者和审稿者所在单位以及有关人员的大力支持和协助，在此一并表示衷心感谢。

本教材涉及的学科领域比较广泛，加之这些学科的发展相当迅速，在资料搜集过程中难免会有遗漏，书中的不足之处在所难免，敬请师生、同行等读者批评指正。

编　者
2010.10

第三版编审者

主　　编　　王建华（西北农林科技大学）

编　　者　　（按姓名笔画排列）

　　　　　　　　王俊东（山西农业大学）

　　　　　　　　王建华（西北农林科技大学）

　　　　　　　　刘宗平（甘肃农业大学）

　　　　　　　　袁　慧（湖南农业大学）

　　　　　　　　郭成裕（云南农业大学）

　　　　　　　　黄克和（南京农业大学）

　　　　　　　　韩　博（中国农业大学）

名誉主审　　段得贤（西北农林科技大学）

主　　审　　（按姓名笔画排列）

　　　　　　　　史　言（东北农业大学）

　　　　　　　　李毓义（解放军军需大学）

审　　稿　　（按姓名笔画排列）

　　　　　　　　王民桢（华南农业大学）

　　　　　　　　张德寿（甘肃农业大学）

　　　　　　　　林藩平（福建农业大学）

　　　　　　　　金久善（中国农业大学）

　　　　　　　　耿永鑫（张家口农业高等专科学校）

　　　　　　　　曹光荣（西北农林科技大学）

第 三 版 前 言

家畜内科学，具有较强的实践性、理论性和系统性，是动物医学专业的临床主干课程，又是动物临床医学的核心和基础。

第二版《家畜内科学》于1986年5月由农业出版社出版发行，到1999年5月共印刷9次60 200册。15年来，该教材在我国家畜内科学领域的教学、科研和生产实践中发挥了积极的作用。随着我国畜牧业的迅速发展，畜禽养殖结构的变化，伴侣动物、经济动物和珍稀动物的养殖规模不断扩大，现代家畜内科学的内涵在广度和深度上均发生了巨大变化。根据国内外科学技术的迅速发展、现代农业教育不断改革和新世纪教材建设的需要，教材内容必须及时更新并逐步提高质量，从而更好地为教学、生产和科研服务。

第三版《家畜内科学》编写的目标是贯彻辩证唯物主义和素质教育思想，体现教材的科学性、先进性、系统性和适用性；以我国目前有代表性的家畜常见多发病和危害严重的地方性疾病为重点内容，兼顾同类疾病的鉴别诊断和疑难杂症的诊疗要点，附典型图照和必要表格；以反刍动物病和猪病为主，兼顾禽类、宠物、经济动物和马属动物的疾病；以动物中毒性和营养代谢性疾病为主，兼顾器官疾病和遗传性疾病；反映国内外科学研究最新成果，兼顾我国近期兽医教学改革和科学研究的需要；贯彻中西医结合的方针，选编行之有效的中兽医经验良方和针灸方法；满足各高等农业院校兽医专业本专科生60～100学时的教学需要。

经征求有关院校教师的意见和充分研讨，在保留原教材名称和基本编排格式的前提下，对前版教材内容进行了大幅度的删改或更新，除各章节均有不同程度的修订外，增添了绪论、遗传疾病和犬猫疾病等章节。有关中毒性疾病的统编教材和多种版本的专著已经出版，鉴于多数学校还没有单独开设此课程，本版家畜内科学仍然保留为一章。为了保证文稿质量和加强编写者的责任感，根据我国版权法，在有关章节后加注编者姓名，增列主要参考文献，以利于进一步深入学习。

本教材的编委会成员具有较丰富的家畜内科学教学与实践工作经验。在编写过程中，尽量发挥参编人员的科研和教学特长，兼顾我国各地区的特殊性。为了提高教材质量，特邀请具有家畜内科学教学与实践经验的教授对新版进行了认真细致的审校。

由于本学科涉及的领域较广泛，近年来各学科的迅速发展，在资料搜集过程中难免遗漏，加之我们的编写经验不足，书中仍存在缺点和不足，请各院校师生和基层兽医工作者批评指正。

在第三版《家畜内科学》的编写过程中，得到了农业部教材指导委员会、中国农业出版社、各编者和审稿者所属单位以及有关人员的大力支持和协助，仅此表示衷心感谢。

编 者
2001.12

第二版修订者

主　编　段得贤（西北农业大学）

编写者　王　志（北京农业大学）

　　　　　王继英（华南农业大学）

　　　　　陈振旅（南京农业大学）

　　　　　段得贤（西北农业大学）

　　　　　倪有煌（安徽农学院）

　　　　　徐忠宝（东北农学院）

审稿者　王洪章（北京农业大学）

　　　　　王英民（山西农业大学）

　　　　　史　言（东北农学院）

　　　　　李毓义（中国人民解放军兽医大学）

　　　　　徐永祥（吉林农业大学）

　　　　　张庆斌（甘肃农业大学）

　　　　　张德群（安徽农学院）

　　　　　崔中林（西北农业大学）

　　　　　樊　璞（江西农业大学）

第 二 版 前 言

　　教材建设是一项长远任务，随着科学和农业教育事业的发展，教材必须不断更新和逐步提高，以适应社会主义现代化建设的需要。为此，根据农牧渔业部文件精神，对全国高等农业院校试用教材《家畜内科学》进行了一次全面的修订。

　　本教材自 1980 年 6 月出版以来，经过五年多的试用，得到各院校广大师生的热情支持与欢迎，同时也指出了一些错误的地方。这些在初版重印时，编者曾作了一些必要和可能的勘误。但教材内容仍不同程度地存在着比较陈旧、深度和广度不一、重复和脱节等问题，这些问题，均需在修订中认真解决，使本教材修订后的内容更臻完善，更适合各高等农业院校教学的需要。

　　在修订过程中，听取了有关院校老师的意见，使修订内容更能切合实际的情况。

　　这次修订的主要变动如下：

　　一、对章节作了较大的更动，章节的数目比第一版有所增加。新增加的章节主要包括：家禽疾病、出血性素质、应激性疾病、变应性疾病、遗传性疾病和辐射损伤。

　　二、在增删方面，删去了某些疾病和淘汰药品，如呼吸器官疾病中的感冒和确定为传染病的血液、造血器官疾病中的白血病，以及国家明确规定的淘汰药物，如樟脑水、磺胺噻唑等。此外，目前国家已规定停止生产有机氯、有机汞等农药，故对其引起的中毒病也相应地删减了内容。

　　三、我国幅员辽阔，各地区发生的疾病不尽相同，在本学科参考书较少的情况下，我们酌量多编入了一些疾病，以便满足某些地区教学的需要。同时反映了国内外先进的实践经验和科研成果，使编写的质量有所提高，也为教学质量的提高和教学方法的改革提供了一定的物质基础。

　　由于我们实践经验不足，资料搜集不充分，加之时间比较仓促，修订工作中还存在着许多缺点，因此，本版内容一定还有不少错误，诚恳希望各院校在使用中提出批评指正。

　　这次修订和审定稿工作，得到兄弟院校与黄山市畜牧局的支持与协助，我们对此深表谢意。

编　者

1985 年 12 月

第 一 版 编 审 者

主　编　西北农学院　段得贤
编写者　东北农学院　徐忠宝
　　　　　北京农业大学　王　志
　　　　　甘肃农业大学　肖志国　张庆斌
　　　　　西北农学院　　贺普肖　曹光荣
　　　　　南京农学院　　王元林　陈振旅
　　　　　吉林农业大学　徐永祥
　　　　　华南农学院　　王继英
　　　　　安徽农学院　　倪有煌
审稿者　王英民　王继玉　史　言　孙锡斌　刘国照
　　　　　刘应义　邹康南　李祚煌　李进昌　李光中
　　　　　林藩平　耿永鑫　程静毅　潘洪洲

第一版前言

家畜内科学研究的对象是畜禽的非传染性内科疾病。主要包括有：心脏血管系统疾病、呼吸器官疾病、消化器官疾病、泌尿器官疾病、神经系统疾病、血液和造血器官疾病、非传染性皮肤病、新陈代谢疾病以及中毒性疾病等。家畜内科学是以畜禽解剖学、生理学、生物化学、病理学、诊断学、药理学以及家畜饲养学和营养学为基础，进一步研究内科疾病的病因；阐明各种病因作用于畜禽有机体时，引起疾病的发生、病理解剖学变化和临床症状，应用辩证唯物主义观点和基础理论知识与临床经验进行具体的分析，以确定疾病的诊断，并判定其病程和预后，掌握疾病的发生和发展规律；在"预防为主"和"中西医结合"的方针以及理论联系实际的前提下，制定出有效的防治措施。同时，也要体现出"古为今用"，"洋为中用"，反映出国内外先进成就和发展趋势，从实际出发，进行理论性概括，这是编写本书的原则。

畜牧业经济是国民经济的重要组成部分。随着农业现代化的进展，畜牧业在整个农业经济中的比重逐渐增大，越来越显得突出了。但家畜内科疾病，在全年各个月份中不间断地散在发生于各种畜禽，其总的发病数和死亡数超过其他各科疾病，严重地影响其役用能力和生产性能；降低畜产品的品质和数量，增加饲料的消耗，造成死亡的损失；特别是营养代谢疾病和中毒性疾病等群发病和多发病，造成的损失会更大，这就给畜牧业发展带来较大的影响。

现代科学技术在畜牧业上的应用，给畜牧业生产带来了很大的变化，这就是畜牧业的专业化、工厂化。控制环境条件，配合特种饲料，大大地提高了生产率。在目前，我国的畜牧业生产还急需提高，畜禽日粮中热能和可消化蛋白质的供给还未必合理，维生素和矿物质的供给还不尽符合标准的需要，微量元素在饲养中的作用还不够引起重视。这不能不涉及营养代谢疾病的发生及其防治问题。同时，由于对有毒植物的成分研究得不够，加上在工业迅速和普遍发展的情况下，有毒物质对空气、土壤、饮水、植被和饲料的污染，促使畜禽中毒的可能性继续增加。不论营养代谢疾病也好，各种中毒性疾病也好，都是畜牧业现代化的大敌，也是我们从事兽医内科工作者为加速实现畜牧业的现代化刻苦钻研的主要问题。很显然，如何学习与掌握家畜内科疾病及其防治措施，保证畜牧业生产的发展，更是值得引起普遍的重视和注意。

目 录

第四版前言
第三版前言
第二版前言
第一版前言

绪论 1
 一、兽医内科学的概念、内容和任务 1
 二、兽医内科学的概况和发展趋势 2
 复习思考题 7

第一章　消化系统疾病 8
 概述 8
 第一节　口腔、唾液腺、咽及食道疾病 9
  口炎（9）　唾液腺炎（11）　咽炎（12）　食道炎（14）　食道阻塞（15）
 第二节　反刍动物前胃疾病 18
  前胃弛缓（18）　瘤胃积食（22）　瘤胃臌气（24）　瘤胃异常角化（27）
  创伤性网胃腹膜炎（28）　迷走神经性消化不良（31）　瓣胃阻塞（33）
 第三节　反刍动物皱胃疾病 35
  皱胃阻塞（35）　皱胃变位（37）　皱胃炎（42）
 第四节　马属动物腹痛病 44
  急性胃扩张（45）　慢性胃扩张（48）　肠痉挛（48）　肠臌气（50）　肠变位（52）
  肠便秘（55）　肠结石（59）　肠积沙（60）　肠系膜动脉血栓-栓塞（61）
  马属动物腹痛病症状鉴别诊断（63）
 第五节　猪胃肠疾病 66
  肠便秘（66）　肠套叠（68）　胃溃疡（69）
 第六节　其他胃肠疾病 71
  胃肠卡他（71）　胃肠炎（73）　霉菌性胃肠炎（75）　黏液膜性肠炎（76）　幼畜消化不良（77）
  马属动物急性结肠炎（80）
 第七节　肝脏疾病 81
  急性实质性肝炎（81）　肝硬变（84）　胆管炎和胆囊炎（86）　胆石症（87）
 第八节　腹膜疾病 88
  腹膜炎（88）　腹腔积液综合征（89）　牛脂肪组织坏死（90）

复习思考题 90

第二章　呼吸系统疾病 91

概述 91

第一节　上呼吸道疾病 93

鼻炎（93）　鼻出血（95）　喉炎及喉囊病（96）　喘鸣症（97）　感冒（99）

第二节　支气管疾病 99

支气管炎（99）

第三节　肺脏疾病 103

肺充血和肺水肿（103）　肺气肿（105）　支气管肺炎（109）　纤维素性肺炎（112）　牛非典型间质性肺炎（115）　霉菌性肺炎（116）　化脓性肺炎（118）　吸入性肺炎（119）

第四节　胸膜疾病 122

胸膜炎（122）　胸腔积水（125）　乳糜胸（126）　呼吸困难综合征鉴别诊断（128）

复习思考题 135

第三章　心血管系统疾病 136

概述 136

第一节　心包疾病 137

非创伤性心包炎（137）　创伤性心包炎（139）

第二节　心脏疾病 141

心力衰竭（141）　心肌炎（144）　急性心内膜炎（147）　心脏瓣膜病（149）　高山病（151）

第三节　血管疾病 153

外周循环虚脱（153）　动脉硬化（157）

复习思考题 157

第四章　血液及造血器官疾病 158

概述 158

第一节　红细胞疾病 158

真性红细胞增多症（159）　贫血（160）　仔猪贫血（164）　贫血综合征鉴别诊断（165）

第二节　白细胞疾病 168

白血病（169）　骨髓恶液质（171）

第三节　出血性疾病 171

血斑病（172）　血小板减少性紫癜（173）　甲型血友病（175）　乙型血友病（176）　血管性假血友病（177）　弥漫性血管内凝血（177）

复习思考题 179

第五章　泌尿系统疾病 180

概述 180

第一节　肾脏疾病 182

肾炎（182）　肾病（186）

第二节　尿路疾病 188

肾盂肾炎（188）　膀胱炎（190）　膀胱麻痹（192）　尿道炎（193）　尿石症（193）
　第三节　其他泌尿器官疾病 ………………………………………………………………………… 197
　　尿毒症（197）　红尿综合征鉴别诊断（198）
　复习思考题 …………………………………………………………………………………………… 200

第六章　神经系统疾病 …………………………………………………………………………… 201
　概述 …………………………………………………………………………………………………… 201
　第一节　脑及脑膜疾病 ……………………………………………………………………………… 204
　　脑膜脑炎（204）　脑脓肿（206）　脑软化（206）　脑震荡及脑挫伤（207）　慢性脑室积水（208）
　　日射病及热射病（210）　晕动病（212）　电击与雷击（212）　脑肿瘤（213）　肝脑病（213）
　第二节　脊髓疾病 …………………………………………………………………………………… 214
　　脊髓炎及脊髓膜炎（214）　脊髓损伤（216）　马尾神经炎（218）
　第三节　机能性神经病 ……………………………………………………………………………… 218
　　癫痫（218）　膈痉挛（220）
　复习思考题 …………………………………………………………………………………………… 221

第七章　营养代谢性疾病 ………………………………………………………………………… 223
　概述 …………………………………………………………………………………………………… 223
　第一节　糖、脂肪和蛋白质代谢障碍疾病 ………………………………………………………… 225
　　奶牛酮病（225）　母牛肥胖综合征（230）　绵羊妊娠毒血症（232）　仔猪低血糖病（233）
　　黄脂病（234）　马麻痹性肌红蛋白尿病（235）　淀粉样变（236）
　第二节　维生素缺乏病 ……………………………………………………………………………… 238
　　维生素 A 缺乏病（238）　维生素 B_1 缺乏病（241）　维生素 B_2 缺乏病（243）
　　维生素 B_6 缺乏病（245）　泛酸缺乏病（245）　生物素缺乏病（246）　叶酸缺乏病（248）
　　维生素 B_{12} 缺乏病（249）　维生素 C 缺乏病（251）　维生素 D 缺乏病（252）　维生素 K 缺乏病（254）
　　胆碱缺乏病（255）
　第三节　矿物质代谢障碍病 ………………………………………………………………………… 256
　　佝偻病（256）　骨软病（259）　纤维性骨营养不良（262）　青草搐搦（265）
　　牛血红蛋白尿病（266）　母牛卧倒不起综合征（269）
　第四节　微量元素缺乏病 …………………………………………………………………………… 271
　　硒和维生素 E 缺乏病（271）　铜缺乏病（275）　铁缺乏病（278）　锌缺乏病（279）
　　锰缺乏病（282）　钴缺乏病（284）　碘缺乏病（286）
　第五节　其他营养代谢病或行为异常性病症 ……………………………………………………… 289
　　异食癖（289）　羔羊食毛症（290）　啄癖（291）　皮毛动物自咬症（292）　猪咬尾咬耳症（293）
　　母猪产仔歇斯底里症（295）　猝死综合征（295）　母猪乳房炎-子宫炎-无乳综合征（296）
　复习思考题 …………………………………………………………………………………………… 298

第八章　中毒性疾病 ……………………………………………………………………………… 299
　概述 …………………………………………………………………………………………………… 299
　第一节　饲料毒物中毒 ……………………………………………………………………………… 301
　　硝酸盐和亚硝酸盐中毒（301）　氢氰酸中毒（303）　棉子饼粕中毒（304）　菜子饼粕中毒（307）
　　蓖麻中毒（309）　瘤胃酸中毒（312）　亚麻子饼粕中毒（314）　感光过敏（315）

马铃薯中毒（317） 糟渣类中毒（318）
第二节 有毒植物中毒 ····· 321
栎树叶中毒（321） 疯草中毒（324） 蕨中毒（329） 杜鹃中毒（331） 萱草根中毒（333）
白苏中毒（335） 毒芹中毒（337） 夹竹桃中毒（338） 银合欢中毒（340）
第三节 霉菌毒素中毒 ····· 342
黄曲霉毒素中毒（343） 杂色曲霉毒素中毒（347） 单端孢霉毒素中毒（349） 玉米赤霉烯
酮中毒（352） 丁烯酸内酯中毒（354） 青霉毒素类中毒（356） 赭曲霉毒素 A 中毒（361）
霉烂甘薯中毒（362） 麦角生物碱中毒（364）
第四节 农药中毒 ····· 366
有机磷杀虫剂中毒（366） 有机氟化合物中毒（369） 尿素中毒（370） 氨中毒（371）
灭鼠药中毒（372） 五氯酚钠中毒（374） 有机硫杀虫剂中毒（375） 硝基苯和苯中毒（375）
第五节 矿物类物质中毒 ····· 376
食盐中毒（376） 无机氟中毒（378） 铅中毒（380） 砷中毒（382） 汞中毒（383）
钼中毒（385） 铜中毒（386） 镉中毒（388） 硒中毒（389）
第六节 饲料添加剂应用不当 ····· 390
维生素添加剂应用不当（391） 微量元素添加剂应用不当（392） 抗生素添加剂应用不当（393）
合成抗菌药物添加剂应用不当（395） 驱虫类药物添加剂应用不当（396） 其他促生长添加剂
应用不当（397）
第七节 动物毒素中毒 ····· 398
蛇毒中毒（398） 蜂毒中毒（400） 蝎毒中毒（400） 蜈蚣毒中毒（401）
第八节 其他毒物中毒 ····· 401
二噁英中毒（401） 一氧化碳中毒（403） 军用毒剂中毒（404） 犊牛水中毒（405）
复习思考题 ····· 406

第九章 遗传性疾病 ····· 408
概述 ····· 408
第一节 神经系统遗传性疾病 ····· 411
α-甘露糖苷储积病（411） GM_1 神经节苷脂储积病（412） GM_2 神经节苷脂储积病（412）
全身性糖原储积病（413） 球样细胞性脑白质营养不良（414） 神经鞘磷脂储积病（414）
牛小脑发育不全（415） 犊牛遗传性共济失调（415）
第二节 泌尿系统遗传性疾病 ····· 416
多囊肾病（416） 先天性膀胱破裂（417）
第三节 生殖系统遗传性疾病 ····· 417
两性畸形（417） 公畜生殖系统先天性缺陷（418） 雌畜生殖系统先天性缺陷（419）
第四节 遗传性血液病 ····· 420
α-海洋性贫血（420） β-海洋性贫血（421） 先天性卟啉病和原卟啉病（421） 牛白细胞黏
附缺陷（422）
第五节 其他遗传性疾病 ····· 423
白化病（423） 契-东综合征（423） 遗传性甲状腺肿（424）
复习思考题 ····· 424

第十章 家禽疾病 ····· 425
第一节 禽痛风 ····· 425

第二节　脂肪肝出血综合征 ……………………………………………………………………… 427
　　第三节　肉鸡疾病 ………………………………………………………………………………… 431
　　　　肉鸡腹水综合征（431）　肉鸡猝死综合征（435）　肉鸡脂肪肝和肾综合征（436）　肉鸡胫骨
　　　　软骨发育不良（438）
　　第四节　家禽胚胎病 ……………………………………………………………………………… 440
　　　　营养性胚胎病（441）　中毒性胚胎病（442）　其他胚胎病（443）
　　第五节　家禽嗉囊病 ……………………………………………………………………………… 445
　　　　嗉囊阻塞（445）　嗉囊卡他（446）
　　复习思考题 ………………………………………………………………………………………… 445

第十一章　犬、猫疾病 …………………………………………………………………………… 447

　　第一节　消化系统疾病 …………………………………………………………………………… 447
　　　　口炎（447）　咽炎（448）　唾液腺炎（449）　犬、猫牙结石和牙周病（449）　胃扭转-扩张
　　　　综合征（450）　胃肠炎（451）　便秘（453）　肠梗阻（454）　肠套叠（454）　肛门囊炎（455）
　　　　直肠脱（455）　肝炎（456）　胰腺炎（456）
　　第二节　呼吸系统疾病 …………………………………………………………………………… 460
　　　　气管支气管炎（460）　支气管肺炎（461）　胸腔积液（462）
　　第三节　泌尿系统疾病 …………………………………………………………………………… 462
　　　　猫泌尿系统综合征（462）　慢性肾衰竭（463）
　　第四节　营养代谢性疾病 ………………………………………………………………………… 466
　　　　佝偻病与骨软病（466）　母犬和幼犬低糖血症（468）　低钙血性痉挛（468）　肥胖症（470）
　　　　高脂血症（471）　糖尿病（472）
　　第五节　内分泌疾病 ……………………………………………………………………………… 472
　　　　概述（472）　甲状腺疾病（473）　肾上腺皮质疾病（476）　尿崩症（478）
　　第六节　其他疾病 ………………………………………………………………………………… 478
　　　　脑炎（478）　癫痫（480）　洋葱和大葱中毒（481）
　　复习思考题 ………………………………………………………………………………………… 481

第十二章　免疫性疾病 …………………………………………………………………………… 482

　　概述 ………………………………………………………………………………………………… 482
　　　　过敏性休克（485）　过敏性鼻炎（486）　荨麻疹（486）　变应性接触性皮炎（487）　自身
　　　　免疫性溶血性贫血（488）　天疱疮（488）
　　复习思考题 ………………………………………………………………………………………… 489

第十三章　应激综合征 …………………………………………………………………………… 490

　　复习思考题 ………………………………………………………………………………………… 495

兽医内科学专业名词中英、英中对照 …………………………………………………………… 496

主要参考文献 ……………………………………………………………………………………… 515

绪 论

> **内容提要**：介绍兽医内科学的概念、内容和任务；兽医内科学研究概况与努力方向；兽医内科学的发展趋势。要求学生在掌握兽医内科学的概念、内容的基础上，了解兽医内科学领域的研究概况、存在问题和努力方向。

一、兽医内科学的概念、内容和任务

（一）兽医内科学的概念

兽医内科学（veterinary internal medicine）是研究动物非传染性内部器官/系统疾病、营养代谢性疾病和中毒性疾病为主要内容的一门综合性临床学科。兽医内科学运用系统的兽医基础理论及有效的诊疗手段，揭示动物内科疾病的发生与发展规律、临床症状和病理变化，达到正确诊断和防治内科疾病的目的。兽医内科学是兽医临床学中各学科的基础和主干课程，并与它们之间保持着密切的联系。

（二）兽医内科学的内容

兽医内科学的主要内容包括：消化系统疾病、呼吸系统疾病、心血管系统疾病、血液及造血器官疾病、泌尿系统疾病、神经系统疾病、营养代谢性疾病及中毒性疾病等。根据兽医内科学的概念，还包括畜禽遗传性疾病、免疫性疾病、应激性疾病等。

现代兽医内科学的研究范围不断拓宽，研究内容和层次迅速增加，研究对象除家畜家禽外，还涉及伴侣动物、观赏动物、毛皮动物、实验动物、野生动物和水生动物等，从而衍生出新的分支学科并朝着生物医学和比较医学方向发展。由于动物的种属、品系、分布、解剖生理和生活习性非常复杂，在长期的生活过程中，受内外不利因素的作用，导致不同种类疾病的发生，其中内科疾病最为普遍，尤其是消化器官疾病、营养代谢性疾病、中毒性疾病等，而且多为群发性、地方性和季节性发生；一些突发性和疑难病症常造成严重的危害和经济损失，那些慢性的或亚临床症状性疾病则影响到动物的生长发育、生产性能和产品质量与数量，造成的危害和损失无法估量。

（三）兽医内科学的任务

21 世纪是生物科学和信息科学时代，兽医内科学的改革和发展既要紧跟时代的步伐，又要适应生产实践的需要，解决畜牧业发展中的实际问题。

1. 继承与发展相结合 数千年来，劳动人民在同动物内科疾病的不懈斗争中，通过临床诊疗工作，不断地认识和实践，再认识、再实践，积累并总结出内科学的基本理论、基本知识和基本技能。在学习和继承前人先进经验的过程中及时吸取或借鉴国内外相关学科的最新研究成果，及时抓住制约畜牧业发展的重大问题，从细胞和分子水平的微观世界，到生态环境和种群关系的宏观世界开展科学研究，特别是对常见多发病（如反刍动物前胃疾病、奶牛真胃变位、酮病、地方性氟病、铅中毒病、硒缺乏病等）和疑难病症（如牛的趴窝病、牛羊的猝死症、毒草中毒病等）的研究，在收集临床资料和总结研究成果的基础上，获得新知识、新理论和新技术，逐步梳理、调整、充实和完善理论体系，提高动物内科疾病的诊疗水平，为动物健康、动物产品的卫生和人民生命安全提供保证，为畜牧业和国民经济的持续发展做出积极贡献。

2. 理论与实践相结合 运用辩证唯物主义的观点和方法，分析和评价临床内科疾病的诊断、治疗和预防。目前，有关兽医内科学的教科书或参考书对具体某一疾病的描述和防治措施的选择都是经典的，具有较普遍的指导意义，有时带有作者个人的观点或实践经验。然而，在兽医临床诊疗过程中，每个疾病的临床表现却是千变万化的。因此，兽医内科学的理论在实践中的应用必须是批判的和辩证的，一切诊断假设的建立和防治措施的选择都必须因病而异，因动物而异，要在详细诊断和综合评价的基础上明确而仔细地使用现有的最佳证据，做出最后的正确决策。

3. 中西兽医相结合 中兽医学是祖国医学宝库中的灿烂瑰宝，是建立我国现代兽医内科学新体系、发展新世纪兽医内科学的重要组成部分。西方兽医学在中国的传播和应用，使我国的传统兽医内科学发生了革命性转变。在引进和应用现代科学技术进行畜禽内科疾病诊疗过程中，对中兽医学的阴阳五行、四诊八纲、辨证论治、理法方药与针灸按摩等理论与实践，应当予以足够的重视和应用；在兽医内科学的临床实践中，应坚持走中西兽医相结合的道路。

4. 重视人畜共患病 人畜共患病，特别是那些新发生的人畜共患病（如地方性毒物中毒病或营养物质缺乏病等）、影响动物产品卫生质量和人类健康的潜在问题（如饲料添加剂应用不当，药物残留）等，具有大批发生、危害严重和诊疗困难等特点，应从疾病的病因、发生、发展、病理、诊断、治疗、预防等各个环节认真细致地开展研究工作，要特别注意那些有效的预防和诊疗措施的建立与实施，具有立竿见影的效果。

二、兽医内科学的概况和发展趋势

（一）兽医内科学的概况

兽医内科学的形成和发展与中国传统兽医科学、兽医普通病学、现代兽医内科学乃至社会进步和生产实践的需要息息相关。

1. 兽医内科学是中国传统兽医学的继续和发展 中国传统兽医学历史悠久，其独特的理论体系和丰富的内容，为兽医内科学的形成和发展奠定了坚实的基础。有关家畜内科疾病的诊疗措施，在历代的重要兽医文献中均有记载。例如，晋代名医葛洪在《肘后备急方》中记述了马起卧、胞转及肠结等内科病症的治疗，并首次提出"谷道入手法"治疗便秘的简便措施。唐代李石在《司牧安骥集》中将动物内科病单独设章，记述了数十种马内科病的诊疗方法，最先提出"三十六起卧"病症，对马的十余种真性腹痛进行了分类，对于直肠检查和掏取结粪的诊疗方法记述得颇为详尽。该书代表着宋代以前的兽医学理论及诊疗技术，也是我国最早的一部兽医教科书。1608年，《元亨疗马集》付梓，书中有关马病的"三十六起卧"和"七十二症"以及"牛病分类治疗"等，图文并茂，歌方齐备，对各器官系统内科病的病因、发病机理、鉴别诊断、预后和治疗等均有详尽记述，其中对于便秘，不仅记述了直肠取结的各种方法，并首次提出病畜的保定方法应依秘结部位的不同而异。《元亨疗马集》记载的方剂数以百计，内容浩瀚，对家畜内科病治疗具有极高的价值。其中许多治疗动物内科疾病的方剂不仅配伍妥帖，针对性强，而且药味精简，疗效显著，例如主治牛水草肚胀用大戟散、主治肺热咳嗽用二母散等，经临床验证疗效迅速。该书由喻本元、喻本亨兄弟集前朝诸家之精华，搜众多兽医之经验，结合自己治疗牛、马、驼病的独特见解编撰而成，是明代最有代表性的兽医学典籍，成为400年来流传海内外的兽医界传世珍宝。

明代李时珍在《本草纲目》中详细记载了多种中药的性味、功能、炮制、配伍、应用等。在人畜中毒病的解救方面有重要发展，如砒霜毒用鸡羊血，半夏毒用生姜汁，丹砂毒用兰青汁，钟乳毒用鸡子清，雄黄毒用防风，水银毒用炭末，卤砂毒用绿豆汁等，还提出"鸡犬食蚕欲死者，煎汁灌之"、"牛误食毒草，以至肚胀，气急不能食草，宜先以菜油解其毒，再服枳壳宽胸散气，如便秘胀甚者加大黄"、"鸡中毒者，麻油灌之，或茱萸碾末啖"等。

针灸术是我国医学先驱独创的一种动物医疗技术，相传源于石器时代。商代已有金属针具；西汉刘向著《列仙传》中有马师皇用"针其唇下及口中和甘草汤"治疗马病的记载；隋代的《马经孔穴图》、唐代的《司牧安骥集》收载了"伯乐针经"、"穴位歌"、"伯乐画烙图"和"放血法"等，而且采用针药并用治疗家畜内科疾病的综合技术。《元亨疗马集》中有针灸专篇，用针药结合技术治疗马、牛、驼的多种内科疾病。约从公元5世纪起，中国的针灸技术先后传到朝鲜、日本及法国等欧美国家。

2. 近代兽医内科学的成就　20世纪是我国兽医内科学的快速发展时代，主要表现在以下方面：

（1）西方兽医诊疗技术对传统兽医内科学的影响：1904年，我国第一所兽医学校（北洋马医学堂）在河北保定成立，开始系统讲授西兽医科学。由于西兽医理论、治病原则和药物治疗技术的传播和应用，为我国兽医内科疾病的治疗方案注入了新的内容。特别是针对疾病的病原、病因、症状等，选用某些特定化学药剂、抗生素类、激素制剂、维生素类、溴制剂或普鲁卡因溶液等，通过一定的用药技术给予患病动物，以达到治愈疾病，恢复健康的目的。如抗生素、磺胺类、呋喃类和喹诺酮类药物以各自特异的抑菌杀菌能力而在兽医临床上广泛应用；肾上腺皮质激素类具有较强的抗炎、抗过敏、抗毒素、抗休克作用，多用于治疗某些感染性疾病和炎症、变态反应性疾病、胶原性疾病以及功能性减退疾病；用维生素药物或富含维生素的饲料治疗原发性或继发性维生素缺乏病；溴制剂适用于马疝痛、脑震荡、脑挫伤以及伴有剧烈疼痛的其他疾病的治疗。

（2）特效解毒药物的应用：解救有机磷酸酯类中毒时用生理性解毒剂（阿托品类抗胆碱药）配合胆碱酯酶复活剂（解磷定等）；解救汞、银、铅、铜、锰、铬、锌、镍、砷、锑、磷、铋等中毒，选用竞争性解毒剂（二巯基丙醇、二巯基丙磺酸钠、二巯基丁二酸钠、依地酸钙钠、青霉胺等含巯基制剂），或选用络合解毒剂（依地酸二钠、依地酸钙钠等）；解救亚硝酸盐中毒时用适量亚甲蓝静脉注射，并配合大剂量维生素C、高浓度葡萄糖；解救氰化物中毒时用亚硝酸钠配合硫代硫酸钠效果良好；有机氟化物中毒的特效解毒剂为乙酰胺（解氟灵），静脉或肌肉注射，也可用稀释酒精或白酒内服。

(3) 营养代谢病诊疗：在动物营养代谢病诊疗方面，特别是对奶牛酮病、禽痛风、动物骨营养不良、维生素或矿物质缺乏等严重影响动物健康、生产性能、产品质量、甚至造成大批死亡的疾病，开展了广泛而深入的研究，采取卓有成效的预防和治疗措施，已经取得大批具有国际水平的重大成果。

(4) 兽医内科学治疗技术：兽医内科学治疗技术的应用是兽医临床上最重要的实践性活动，其目的是充分利用现有技术和物质条件，尽快改善病畜机体的生理功能，促进疾病的转归和痊愈，以维持和延长生命。

①中药治疗技术：采用传统医学的辨证论治理论和中药组方原则，沿用前人的经验良方或配制特定中药剂型，经过一定方式给予患病动物，以达到治疗疾病的目的。如目前临床常用的健胃散、曲麦消食散、清肺散、黄芩散、百合散、茯神散、半夏散、橘皮散、茴香散、桂心散等方剂，均属药简效高的经验良方，赢得了临床兽医师的高度评价和推广应用。近年来，波谱技术、纳米技术、制剂技术等的应用，使中兽医药焕发出了新的独特活力。

②特异治疗技术：如牛胃内金属异物摘取技术、隔肠破结术、健康牛瘤胃溶液移植术、输血疗法、穿刺治疗术、针灸术、非特异性刺激疗法等。

③常见用药方法：

口服法：中药散剂、小量水剂，特别是苦味健胃药，常用特制灌角、长颈橡胶瓶或玻璃瓶，装入药液，经口投服。丸（片）、胶囊剂需用特制投药器将药放到舌根部，令其咽下。马、猪的舔剂需要涂在投药板的前端，将其抹在舌面根部，待动物自行咽下。近年来，用于提高产品质量、预防或治疗疾病的多种饲料添加剂常与动物爱吃的饲料或饲草混合后饲喂，称为混饲法。

胃管法：投服大量或有刺激性药液时应用此法。即用适当规格的橡胶管插入鼻腔或口腔，通过咽和食道，将药液投入胃内。本法多用于马、牛、羊和猪，需严格判断胃管的走向，确保药液进入胃内，严禁进入气管，否则会造成异物性肺炎，甚至死亡。

注射法：即通过注射针头将药液输入血液、肌肉或动物机体的特定位置，以达到全身或局部治疗的目的。如皮下注射、肌肉注射、静脉注射、气管内注射、腹腔内注射、瓣胃注射、结膜下注射、穴位注射等。要求药液符合国家规定标准，注射器械及注射部位充分消毒，卫生操作，技术熟练。

灌肠法：即用药物或肥皂水灌入直肠，浅部灌肠可进行人工营养，直肠消炎，镇静，以及排除直肠积粪。深部灌肠多用于马、骡便秘，特别是马胃状膨大部秘结时，可以软化粪便，促进肠内容物的排除。

洗胃法：通过胃管把温水或药液灌入胃内，再借虹吸原理或胃液抽取器导出，反复进行，以洗出胃内容物。对马属动物急性食滞性胃扩张或急性气胀性胃扩张，食入有毒物质尚未完全吸收时，反刍动物（牛、羊）瘤胃积食、瘤胃酸中毒、前胃弛缓等均可进行洗胃疗法。

腹腔透析法：对急性胃肠炎晚期，大量静脉输液发生困难的垂危病例，利用腹膜的半透性和表面积大等特性，通过腹腔底部（放腹水处）或右肷窝（牛）上方向腹腔注射适当药物和液体（4 000～6 000mL），1h后，从腹腔底部放出液体，必要时再重复进行。以达到补充血液容量，调整血液离子数量和质量，改善血液循环，排除体内有毒代谢产物，挽救病畜的效果。适用于脱水、离子紊乱、酸中毒、尿毒症、肝昏迷、肾衰竭等疾病的治疗。

封闭疗法：将不同浓度和剂量的普鲁卡因溶液注入组织内，以改变神经的反射兴奋性，促进中枢神经系统的机能恢复，从而阻断恶性刺激的传导和病理性循环，促使疾病痊愈。如腰部肾区封闭、特定穴位封闭、静脉注射镇静剂等。

吸入疗法：动物吸入药物，直接作用于呼吸道黏膜，起到消炎、收敛、促使渗出物排除，或通过吸入气体治疗呼吸道疾病。如药物性水蒸气、氧气、吸入性全身麻醉药、抗生素喷雾等。

(5) 兽医人才培养：新中国成立以后，各省（市、自治区）的高等农业院校或农业专科学校及中等农业学校相继成立，设立兽医专业，开办动物医院，讲授兽医内科学专业课程和临床实习课，把兽医内科学的教学、研究和治疗工作迅速普及到全国城乡，专业队伍迅速壮大。其间，我国政府连续派遣留学人员出国学习深造，先后设立博士、硕士学位授权单位和博士后流动站，同时聘请国外兽医内科学家来国内讲学或开办各类培训班。目前，我国兽医内科学专业人员队伍中，具有博士、硕士学位的人数逐年增加，教学手段不断发展，科研水平日益提高，均预示着兽医内科学的美好前景。

(6) 编辑出版兽医内科学相关书刊：近年来，随着对家畜内科疾病的深入研究，大批科研成果不断涌现，新的分支学科逐渐形成。我国学者先后翻译出版了胡体拉等著的《家畜特殊病理学和治疗学》、游德尔著的《兽医内科学》、布拉德等著的《兽医内科学》、中村良一著的《临床家畜内科治疗学》、安德鲁斯等主编的《牛病学——疾病与管理》和克拉克著的《兽医毒物学》等世界名著；编撰出版了多种版本的《家畜内科学》或《兽医内科学》、《实用兽医内科学》、《临床诊疗基础》、《动物中毒病及毒理学》、《家畜中毒病及毒物检验》、《家畜营养代谢病》等高等院校教材；编著了《动物普通病学》、《动物毒理学》、《实用动物中毒手册》、《动物繁殖毒理学》、《植物毒素学》、《中国草地重要有毒植物》、《动物营养代谢病和中毒病学》、《实用兽医诊疗学》、《兽医内科杂症》、《动物遗传病学》、《饲料卫生学》、《动物毒物学》、《奶牛疾病学》、《动物中毒病学》、《畜禽营养代谢病和中毒病》等专著或教学科研参考书；同时编辑出版多种类型的期刊、杂志，如《畜牧兽医学报》、《中国兽医学报》、《动物医学进展》、《中国兽医科学》和《中国兽医杂志》等，从不同的方面增加文化思想交流，传播先进的学术成果，对提高我国兽医内科学的学术水平具有重要的促进作用。

3. 相关学科的发展对兽医内科学的作用　由于动物生理学、生物化学、分析化学、病理生理学、酶学、内分泌学、遗传学、免疫学、中兽医学等相关基础学科研究的加强，推动了兽医内科学的发展。对动物器官系统疾病，特别是许多胃肠疾病防治措施等方面，有了新的概念和认识，把动物器官系统疾病的研究推进到更为崭新的阶段。动物的中毒病及微量元素缺乏症等多种危害巨大的疑难病症逐步得到治疗和预防。兽医内科学在专业基础学科发展的基础上，建立起来的临床治疗新技术，在生产实践和科学研究中，取得了许多宝贵经验和科研成果，也促进了兽医临床科学和其他学科的飞速进展。

(二) 兽医内科学的发展趋势

1. 重视群发性内科疾病的研究　随着我国工农业生产的发展，动物饲料新资源迅速扩大，环境污染物的种类和数量不断增加，导致动物的器官系统疾病、营养代谢疾病及中毒性疾病造成的危害日益突出，而且其中有许多疾病尚待查清。有的仅呈现亚临床症状，不易引起注意，无法确定诊断，也无法治疗，但实际上其对畜禽的健康及其生产性能都有严重的影响，甚至导致成群的淘汰和死亡。如牛趴卧病、牛羊猝死症、疯草中毒病、肉鸡腹水症、猪水肿病、地方性慢性氟病、新型化学药物（包括农药）中毒病、细菌和霉菌毒素中毒病等，由于缺乏确实有效的治疗方法，已经造成非常严重的经济损失，影响了畜牧业的发展。由此可见，研究这些疾病的预防措施和诊疗方案是有关畜牧业和国民经济发展的重要课题。

2. 提高小动物内科疾病的诊疗技术 广义的兽医内科学不仅包括家畜和家禽，而且应包括其他动物，特别是家庭养殖的小动物和宠物。近几年来，全国城乡小动物的饲养量迅速上升，特别是犬、猫等伴侣动物，兔、貂、鸵鸟、锦鸡、鹌鹑、家鸽、鹩哥等经济动物，鳖、龟、蛇等爬行动物，蜜蜂、蝎、蜈蚣、桑蚕、大黑蚁、地鳖虫等节肢动物，以及蜗牛、蚯蚓等等。目前，我国对这些动物的疾病认识非常浮浅，诊断和治疗措施非常欠缺，已经造成了严重损失。各地区有关不同种属小动物疾病的研究水平很不平衡，有的根本没有涉及。对犬、猫疾病或经济动物疾病防治虽有研究，并有相关书籍出版，但其诊疗技术在国内地区间或与国外先进水平相比差距甚远，兽医师面对许多犬、猫疾病或经济动物疾病，常常缺乏良策。

3. 加强动物园动物和野生动物内科病的研究 动物园动物（包括竞技动物和表演动物）具有特殊的观赏价值、经济价值和物种保存价值，与人群接触密切。野生动物的自由性和游走性强，多不接受人类的管理和驯养。它们生活在特定的环境条件下，虽然与家畜、家禽有共同或相似的解剖生理特征，但其疾病的发生和病理过程比较独特，需要专门研究这些动物疾病的诊疗技术。

4. 重视家畜遗传病和肿瘤的诊疗 动物遗传性疾病种类很多，主要表现为家畜生殖缺陷或其他器官、系统的缺陷，并能遗传给后代，严重影响动物的素质和生产力。肿瘤是机体细胞遗传物质（DNA）受到外因的作用发生突变，导致一个或一群细胞脱离机体对细胞生长的控制而异常增殖所形成的新生物。上述两类疾病都可归入兽医内科学所规定的疾病范围，国内外研究很多，但确实可靠的诊疗措施非常欠缺，亟待研究解决。

5. 提高兽医内科疾病的临床诊疗技术 20世纪，由于诸多因素的影响，兽医事业在我国的社会地位远未达到应有的高度。目前，从事临床诊疗工作者大多是中专以下学历，一部分人员从未接受过正规的兽医教育，他们的专业理论水平和业务实践能力差距很大，诊疗技术水平的提高主要靠自己的实践经验，在农村和偏远山区难于接受新技术的培训和提高。我国高等农业院校培养的兽医专业毕业生中，大部分在相关企业或行政领导岗位工作，甚至转行工作，因而真正在临床实践中直接从事门诊工作者屈指可数。进入21世纪，我国兽医的社会地位得到了空前重视和提高，为我国兽医内科学诊疗技术的继承、发展和提高提供了历史机遇。在目前和今后一段时间内，加强兽医临床诊疗仪器设备的研制和应用，努力推行兽医师培训工作和职业技术考核，实施执业兽医师资格认证制度，将是我国兽医事业持续发展的重要措施。

6. 拯救和应用针灸技术 兽医针灸术具有悠久的辉煌历史，尤其是从1949到1980年间，我国中兽医针灸技术受到了重视和长足的发展。改革开放以来，随着农村经济体制的变化和机械化程度的提高，集体养殖转变为股份制或个体化，役用型家畜转为经济型，动物饲养多样化、小型化，分散养殖转为集约化经营，传统的师徒相传停止了，针灸技术培训工作中断了，导致针灸人才断层，基本技术素质差。近二十年来，我国的针灸治病技术一直在走下坡路或受冷落，与此同时欧美国家和日本等对中国针灸技术却发生了浓厚的兴趣，并投入大量人力和物力进行开发研究，在穴位定位和治疗机理等研究中已经取得突破性进展。中国是针灸技术的故乡，也是国外针灸术的发祥地，面对当前国内外研究发展的趋势和速度，我国兽医工作者应当努力挖掘祖国医学的宝贵遗产并发扬光大。

7. 贯彻防重于治的原则　在兽医内科学领域，贯彻"防重于治"的原则，必须注意两个问题：一是集约化饲养管理和工厂化生产程序造成的亚临床营养代谢紊乱疾病的发病率不断增高，而这类疾病正是临床上见不到明显症状但却能严重影响动物正常发育、生殖和生产能力的疾病，也是一些严重降低畜种及畜产品数量和质量的疾病。二是由于工业废物和农药污染程度日益加剧，导致自然环境和生态平衡的破坏，动物中毒病的发生率增高及体内普遍残留有毒物质，有时还加上饲料添加剂的滥用，严重影响饲料安全卫生，进而危害人类的健康。为了预防第一类问题，20世纪末，世界上许多畜牧业发达国家已开始建立各种卫生监测预警系统对动物疾病进行监视，如HACCP控制体系在饲料与畜产品生产过程中的应用，取得了显著的效果；又如在高产母牛体内代谢水平最容易呈现波动性变化的围产期，通过多项血液化学自动分析仪进行代谢剖面测试（metabolic profile test）并做出预报等。对于第二类问题，则主要通过重视公共卫生、提高国民的安全卫生意识和颁布法规条例加以解决。

现代兽医科学已经突破了"兽医就是治疗家畜疾病"的传统狭隘观念，而使兽医学与现代生物学和现代医学有机地结合，成为一个不可分割的整体，只有这种结合才能促进有关学科的发展，这是现代科学发展的必然趋势。程绍迵（1978）认为："我国兽医事业在进入21世纪时将成为宏伟壮丽的事业"，同时指出："加强兽医科学研究，提高我国兽医理论和技术，赶超世界先进水平是当前的迫切任务"。阎汉平（2000）认为我国兽医工作滞后于畜牧业发展的原因仍然是对兽医认识的偏见和浮浅，指出兽医的重要性主要表现在其社会性、法律性、强制性、国际性和科学性。

兽医内科学是以畜禽解剖学、家畜生理学、动物遗传学、动物生物化学、家畜病理学、兽医临床诊断学、兽医药理学与毒理学、兽医临床病理学、兽医微生物学与免疫学以及家畜饲养学和动物营养学为基础，并与其他临床学科（传染病学、寄生虫病学、外科学、产科学等）横向联系。进一步研究内科疾病的病因，阐明疾病的发病机理，观察疾病的病理变化，掌握疾病的临床特征，确定疾病的性质与诊断，掌握疾病的发生和发展规律，均离不开以上各学科的支持和贡献，更需要与各有关学科的交叉、渗透和协作。

（王建华）

◇ **复习思考题**

1. 兽医内科学的概念是什么？
2. 叙述兽医内科学的主要内容和任务。
3. 简述兽医内科学与中国传统兽医学的关系。
4. 概述我国兽医内科学的成就。
5. 21世纪兽医内科学的发展方向有哪些？

第一章

消化系统疾病

内容提要： 消化系统疾病是兽医临床上的常见多发病，其发病部位包括口腔及相关系统、食道、胃、肠、肝脏及腹膜等。本章主要介绍消化系统疾病的病因、发病机理、症状、诊断要点和治疗方法。学习中应运用动物生理学、兽医病理学和兽医临床诊断学等相关学科的基础理论知识，论述疾病发生的病因病理，分析症状产生的病理学基础，阐明症状间的彼此关系，确定消化系统疾病的病变部位及病理性质，建立诊断，并据此提出防治原则和措施。重点掌握反刍动物前胃及皱胃疾病、马属动物腹痛病和家畜胃肠炎的发生发展规律、类症鉴别诊断和一般治疗原则。

概　述

消化系统的功能包括摄取、容纳、消化食物，吸收营养物质和水，排除食物残渣，分泌胰高血糖素、胰岛素、生长抑素、促胃抑素等的作用。消化系统疾病，不仅直接导致消化、吸收、分泌与排泄功能障碍，而且影响对全身营养物质的供应及机体全身机能状态。如胃肠壁受损或发炎，胃肠黏膜通透性升高，或因胃肠消化吸收机能与消化液分泌机能障碍，营养物质消化、吸收不完全，胃肠道内渗透压升高，致使大量体液向胃肠道内转移，引起不同程度的脱水、失盐、丢碱，进而引起水、盐代谢紊乱和酸碱平衡失调。由于胃肠道的内环境和屏障功能改变，菌群失调，消化不全产物和有毒物质，尤其是肠毒素被大量吸收，常引起剧烈的中毒反应乃至中毒性休克，使疾病愈加复杂恶化。因此，应根据消化系统疾病各自的病理变化特点，掌握其病理演变过程，充分认识疾病的发生发展规律。

（一）消化系统疾病的原因

引起消化系统疾病的原因是多方面的，既有原发因素，又有继发因素。

原发因素： 饲养失宜，包括谷物等精料喂量过多或长期食入过量不易消化的粗饲料，饲料品质不良，配合日粮调制和搭配不当，饮水不足或水质不良，时饥时饱，突然更换饲料等；管理不当，包括劳役与休闲不均，受寒，圈舍阴暗、潮湿等；气候影响，如气温骤变、风雨侵袭等。

继发因素： 主要见于某些肠道细菌、病毒感染、寄生虫侵袭、中毒病、营养物质缺乏与代谢紊乱，也见于循环系统、神经系统、内分泌系统及免疫系统疾病等的经过中。

(二) 消化系统疾病的分类

消化系统疾病包括口腔及相关系统疾病、食道疾病、胃及肠道疾病、肝脏疾病及腹膜疾病等，常见于各种动物。特别是反刍动物的前胃疾病和皱胃疾病，马、骡的腹痛病，犬、猫的胃肠病及幼畜消化不良等，对养殖业危害严重，是动物疾病防治的重点之一。

(三) 消化系统疾病的诊断

消化系统疾病的诊断主要依据病史及视诊、触诊、叩诊、听诊等常规检查的结果；必要时，可采取一些特殊检查方法，如穿刺术、剖腹探查术、X射线检查、超声波检查以及临床检验等，做出诊断。消化系统疾病的临床症状，主要表现消化障碍，一般可见饮食欲减退或废绝，采食或咀嚼异常，吞咽困难，流涎，呕吐，反刍与嗳气减少或停止，腹泻或便秘，胃肠道出血，腹痛、腹胀；严重的，出现脱水、休克等全身反应。当然，因消化道病理损害的部位与性质不同及患病动物的个体差异，其临床表现不完全一致。有时，许多不同的疾病可以表现相同的症状，即异病同症；同一症状又可以由不同的原因所引起，即同症异因。因此，在临床实践中，首先要从疾病的症状及发生原因入手，掌握发生同一症状的各种原因，提出可能发生的疾病，再经进一步检查、分析、论证鉴别，建立疾病诊断。如流涎综合征的症状鉴别诊断，首先要观察并区分流涎的部位和类别，是口流涎还是口鼻流涎。口腔流涎见于各种口腔疾病、唾液腺疾病以及促进唾液腺分泌的一些疾病（有机磷农药中毒、汞中毒、砷中毒等）；口鼻流涎见于引起唾液吞咽障碍的一些疾病（咽部疾病、食道疾病、贲门括约肌弛缓等）。再根据每个相关疾病的发生特点及临床特征，做出诊断。如反刍动物的前胃疾病，往往互为因果而使病情复杂，既有共同表现（饮食欲减退或废绝；反刍减少、缓慢无力或停止；嗳气减少或停止；鼻镜呈不同程度的干燥，甚至发生龟裂；口温多偏高，口色发红或带黄；瘤胃、网胃及瓣胃蠕动音减弱或消失），又有各自特点。因此，在临床鉴别诊断时，首先要根据共同症状，确定是不是前胃病；然后着眼于各自的特点，确定是哪一种前胃病；最后还要根据病因、病程和疗效，确定是原发性前胃病，还是继发性前胃病。

(四) 消化系统疾病的防治原则

由于消化系统疾病的发生往往与饲养管理不当有关，因此要贯彻预防为主的方针，加强饲养管理，尽量减少应激因素对畜禽的影响。消化系统疾病治疗的根本在于除去原发性病因，但治疗的主要措施是支持疗法和对症疗法，其目的是纠正异常和修复损害，增强胃肠的运动机能和消化吸收机能，提高机体的抵抗力。因此治疗时，应兼顾局部和整体，标本同治。

（吴金节）

第一节　口腔、唾液腺、咽及食道疾病

口炎 (stomatitis)

口炎是口腔黏膜炎症的总称，包括腭炎、齿龈炎、舌炎、唇炎等，中兽医称之为舌疮、口疮。临床上以流涎、采食和咀嚼障碍为特征。口炎按其炎症性质可分为卡他性口炎、水疱

性口炎、糜烂性口炎、溃疡性口炎、脓疱性口炎、蜂窝织炎性口炎、丘疹性口炎、坏死性口炎、中毒性口炎、牛口疮性口炎以及真菌性口炎等，其中以卡他性口炎、水疱性口炎、溃疡性口炎和真菌性口炎较为常见。

口炎在各种家畜都有发生，而以马、牛、犬、猫及幼畜和衰老体弱的动物最为常见。

【病因】口腔是消化系统的门户，经常受到体内外各种不良因素的刺激和损害，引起多种不同性质的炎性反应，影响其消化功能和健康。引起口炎的病因有两大类，即非传染性因素和传染性因素。非传染性病因有机械性、温热性和化学性损伤以及某些营养素如核黄素、抗坏血酸、烟酸、锌等缺乏。传染性口炎继发于口蹄疫、坏死杆菌病、牛黏膜病、牛恶性卡他热、牛流行热、水疱性口炎、猪瘟、犬瘟热等特异病原性疾病。

口炎的类型不同，其病因也各异。常见口炎的特征及病因如下：

1. 卡他性口炎（catarrhal stomatitis） 卡他性口炎是一种单纯性或红斑性口炎，为口腔黏膜表层轻度的炎症。主要病因有：①采食粗硬、有芒刺或刚毛的饲料，如出穗成熟的大麦、狗尾草、甘蔗、毛叶尖等，或者饲料中混有玻璃、铁丝、鱼刺、尖锐骨头以及不正确地使用口衔、开口器或锐齿直接损伤口腔黏膜。②幼龄家畜乳齿长出期和换齿期，引起齿龈及周围组织发炎。③抢食过热的饲料或灌服过热的药液。④采食冰冻饲料或霉败饲料。⑤采食有毒植物（如毛茛、白头翁等）。⑥不适当地口服刺激性或腐蚀性药物（如水合氯醛、稀盐酸等）或长期服用汞、砷或碘制剂。⑦当受寒或过劳，防卫机能降低时，可因口腔内的条件致病菌，如链球菌、葡萄球菌、螺旋体等的侵害而引起。⑧常继发于咽炎、唾液腺炎、前胃疾病、胃炎、肝炎以及某些维生素缺乏症。

2. 水疱性口炎（vesicular stomatitis） 水疱性口炎是一种以口黏膜上生成充满透明浆液水疱为特征的炎症。主要的病因有：①采食了带有锈病菌、黑穗病菌的饲料，发芽的马铃薯，毛虫的细毛。②不适当地口服刺激性或腐蚀性药物。③抢食过热的饲料或灌服过热的药液。④继发于口蹄疫、传染性水疱性口炎、马的疱疹病毒性口炎、猪的水疱病以及羊痘等传染病。

3. 溃疡性口炎（ulcerative stomatitis） 溃疡性口炎是一种以口黏膜糜烂、坏死为特征的炎症。主要是由于口腔不洁，被细菌或病毒感染所致。此外还常继发或伴发于咽炎、喉炎、唾液腺炎、急性胃卡他、肝炎、血斑病、贫血、维生素A缺乏症、佝偻病、汞、铜、铅、氟中毒、牛瘟、牛恶性卡他热、坏死杆菌病、放线菌病、猪瘟、犬瘟热、猫鼻气管炎等疾病。

4. 霉菌性口炎（mycotic stomatitis） 霉菌性口炎是一种以口腔黏膜表层发生伪膜和糜烂为特征的炎症，常见于禽类、羔羊、犊牛、幼驹和犬、猫等动物。病因是口腔不洁，受到白色念珠菌侵害所引起；长期使用广谱抗生素的幼畜最易发生和流行。

【症状】任何一种类型的口炎，发病的初期，大多具有卡他性口炎的炎性反应，表现采食和咀嚼障碍、流涎、口腔黏膜红肿及口温增高等病征，传染性口炎还伴发全身症状。每种类型的口炎还有其特有的临床表现。

1. 卡他性口炎 口腔黏膜弥漫性或斑块状潮红，硬腭肿胀；唇部黏膜的黏液腺阻塞时，则有散在的小结节和烂斑；由植物芒或硬毛所致的病例，在口腔内的不同部位形成大小不等的丘疹，其顶端呈针头大的黑点，触之坚实、敏感；舌苔为灰白色或草绿色。重剧病例，唇、齿龈、颊部、腭部黏膜炎性肿胀，甚至发生糜烂，大量流涎。

2. 水疱性口炎 在唇部、颊部、腭部、齿龈、舌面的黏膜上有散在或密集的粟粒大至蚕豆大的透明水疱，2~4d后水疱破溃形成鲜红色烂斑。间或有轻微的体温升高。

3. 溃疡性口炎 多发于肉食动物，犬最常见。发病时首先表现为门齿和犬齿的齿龈部分肿胀，呈暗红色，疼痛，出血。1~2d后，病变部位出现暗黄色或黄绿色糜烂性坏死。炎症常蔓延至口腔其他部位，导致溃疡、坏死甚至颌骨外露，散发出腐败臭味；流涎，混有血丝带恶臭。当牛、马因异物损伤口腔黏膜未得到及时治疗时，病变部位形成溃疡，溃疡面覆盖着暗褐色痂样物，揭去痂样物时，溃疡底面为暗红色；病重者，体温升高。

4. 霉菌性口炎 口腔黏膜上有灰白色略微隆起的斑点，主要见于犬、猫和禽类。病的初期，口腔黏膜发生白色或灰白色小斑点，逐渐增大，变为灰色乃至黄色伪膜，周围有红晕。剥离去伪膜，可见鲜红色烂斑，易出血。末期，上皮新生，伪膜脱落，自然康复。病程中，病畜或病禽采食障碍，吞咽困难，流涎，口有恶臭，便秘或腹泻，多因营养衰竭而死亡。

【诊断】首先应判断是原发性口炎还是继发性口炎。原发性口炎，根据病史及口腔黏膜炎症变化，不难做出诊断。继发性口炎，临诊时必须通过流行病学调查、实验室诊断，结合病因及临床特征，进行类症鉴别，诊断原发病。

【治疗】治疗原则是消除病因，加强护理，净化口腔，抗菌消炎。

1. 消除病因 如摘除刺入口腔黏膜中的麦芒、铁丝等异物，剪断并锉平过长齿等。

2. 加强护理 给予病畜柔软而易消化的饲料，以维持其营养。草食动物可给予营养丰富的青绿饲料、优质的青干草和麸皮粥，肉食动物和杂食动物可给予牛奶、肉汤、鸡蛋等。对于不能采食或咀嚼的动物，应及时补糖输液，或者经胃导管给予流质食物。

3. 净化口腔 口炎初期，可用弱的消毒收敛剂冲洗口腔，3~4次/d。炎症轻时，可用1%食盐水或2%~3%硼酸溶液洗涤口腔；炎症重而有口臭时，用0.1%高锰酸钾溶液或0.1%雷佛奴尔溶液；唾液分泌旺盛时，用2%~4%硼酸溶液或1%~2%明矾溶液或鞣酸溶液洗涤后涂以2%龙胆紫溶液。慢性口炎时，可涂擦1%~5%蛋白银溶液或0.2%~0.5%硝酸银溶液。水疱性、溃疡性和真菌性口炎时，除用前述药液冲洗口腔外，在糜烂和溃疡面上可涂布碘酊甘油（5%碘酊1份、甘油9份）或1%磺胺甘油乳剂。

4. 抗菌消炎 为防止继发感染或病情较重者，除口腔的局部处理外，还应使用磺胺类药物或抗生素，同时给予维生素制剂配合治疗。对继发性口炎，应积极治疗原发病。

5. 中兽医疗法 中兽医称口炎为口舌生疮，治以清火消炎、消肿止痛为主。牛、马宜用青黛散：青黛15g，薄荷5g，黄连、黄柏、桔梗、儿茶各10g，研为细末，装入布袋内，在水中浸湿，噙于口内，给食时取下，吃完后再噙上，每日或隔日换药一次；也可在蜂蜜内加冰片和复方新诺明（SMZ+TMP）各5g，噙于口内。

【预防】加强饲养管理，合理调配饲料，防止尖锐的异物、有毒的植物混于饲料中；不喂发霉变质的饲草、饲料；服用带有刺激性或腐蚀性药物时，一定按要求使用；正确使用口衔和开口器；定期检查口腔，牙齿磨灭不齐时，应及时修整。

唾液腺炎（sialoadenitis）

唾液腺炎是腮腺（耳下腺）、颌下腺和舌下腺的炎症的统称，包括腮腺炎（parotitis）、颌下腺炎（submaxillaritis）和舌下腺炎（sublinguitis）。其中以腮腺炎较多见，其次是颌下腺炎，舌下腺炎较少发生。本病以马、牛、猪和犬多发。

【病因】本病主要是由于微生物感染、变态反应、异物以及物理性和化学性因素的刺激而引起。原发性唾液腺炎是因饲料芒刺或尖锐异物刺伤腮腺管（或颌下腺管、舌下腺导管），并受到附着的病原微生物的侵害而引起。猪、马、牛、山羊及犬的腮腺炎，往往由于葡萄球菌、链球菌或病毒的感染而呈地方性流行。继发性唾液腺炎，常继发于口炎、咽炎、唾液腺管结石、维生素 A 缺乏症、马腺疫、马传染性胸膜肺炎、犬瘟热等疾病。

【症状】 主要表现为流涎，头颈伸展（两侧性）或歪斜（一侧性），采食、咀嚼和吞咽障碍，腺体局部红、肿、热、痛。

1. 腮腺炎 急性腮腺炎时，病畜单侧或双侧腮腺部位及其周围肿胀、增温、疼痛，腮腺管口红肿；化脓性腮腺炎时，肿胀部增温，触诊有波动感，并有脓液从腮腺管口流出，口腔发出恶臭。严重的化脓性腮腺炎还波及颊、口腔底壁及颈部，病畜体温升高，血液学检查发现白细胞总数增多；慢性腮腺炎时，临床症状不明显，触诊肿胀部硬固。

2. 颌下腺炎 颌下腺肿胀、增温、疼痛，舌下肉阜（颌下腺开口处）红肿。当腺体化脓时，触压舌尖旁侧、口腔底壁的颌下腺管时，有脓液流出，口腔发出恶臭。

3. 舌下腺炎 口腔底部和舌下皱襞红肿，颌下间隙肿胀、增温、疼痛，腺叶突出于舌下两侧黏膜表面，最后化脓并溃烂，口腔发出恶臭。

【诊断】 根据流涎和唾液腺的局部病理变化，结合病史调查和病因分析，可做出诊断。但需与咽炎、口炎、腮腺下淋巴结炎或皮下蜂窝织炎、马腺疫、牛放线菌病、犬瘟热等疾病进行鉴别诊断。如口炎的主症在口腔，口腔黏膜潮红、肿胀或有水疱、溃疡；咽炎的主症为吞咽障碍，触诊咽部，动物对疼痛敏感。

【治疗】 病的初期，着重消炎。轻症的腮腺炎，肿胀部的皮肤用 50％酒精温敷后，涂擦碘软膏或鱼石脂软膏，并应用抗生素或磺胺类药物等抗菌药物。如已化脓，应切开排脓，用 3％过氧化氢或 0.1％高锰酸钾溶液冲洗脓腔，并注射抗生素。此外，应注意护理，畜圈要清洁、通风；给予易消化而富有营养的饲料，役畜停止使役。

中兽医称之为腮黄或腮肿，治以清热解毒、消黄止痛、活血排脓为主。可肌肉注射板蓝根或鱼腥草注射液（牛、马 20～30mL）。内服加味消黄散：知母、黄芩各 30g，栀子、大黄、连翘各 35g，黄药子、贝母、白药子、郁金、白芷各 25g，甘草、升麻各 20g，朴硝、生石膏各 100g，水煎去渣，加蜂蜜 200g，鸡蛋清 4 个，同调，马、牛一次内服。外敷白芨拔毒散：白芨 30g，白蔹、大黄各 25g，雄黄、黄柏各 20g，白矾 15g，木鳖子 12g，共为末，用蛋清调，涂于患部。颌下腺炎可服加味黄连栀子汤：黄连 10g，栀子、连翘、板蓝根各 30g，知母、薄荷各 20g，黄芩 18g，大黄 35g，甘草 15g，水煎去渣，马、牛一次内服。

【预防】 搞好饲养管理工作，注意饲料的质量和调配，防止受寒；对于口炎、咽炎等邻近器官的炎症，应及时治疗，以防炎症蔓延。

咽炎（pharyngitis）

咽炎又称为咽峡炎（angina）或扁桃体炎（tonsillitis），是指咽黏膜、黏膜下组织和淋巴组织的炎症。临床上以咽部肿痛，头颈伸展、转动不灵活，触诊咽部敏感，呼吸困难，吞咽障碍和口鼻流涎为特征。咽炎按其炎症的性质可分为卡他性咽炎（catarrhal pharyngitis）、格鲁布性咽炎（croupous pharyngitis）和化脓性咽炎（suppurative pharyngitis）。各种家畜都可发生，马和犬多为卡他性和化脓性咽炎，牛和猪则常见格鲁布性咽炎。

【病因】原发性咽炎常见于机械性、温热性和化学性刺激。主要病因有：采食粗硬的饲料或霉败的饲料；采食过冷或过热的饲料和饮水，或者受刺激性强的药物、强烈的烟雾、刺激性气体的刺激和损伤，或胃管的直接刺激和损伤；受寒或过劳时，机体抵抗力降低，防卫能力减弱，受到链球菌、大肠杆菌、巴氏杆菌、沙门菌、葡萄球菌、坏死杆菌等条件性致病菌的侵害并引起内在感染。因此，在早春晚秋，气候剧变，车船长途输送，劳役过度的情况下，容易发生咽炎。幼驹受到腺疫链球菌、副伤寒沙门菌感染时，发生传染性咽炎，常呈地方性流行。

继发性咽炎常继发于口炎、鼻炎、喉炎、流感、马腺疫、炭疽、巴氏杆菌病、口蹄疫、恶性卡他热、犬瘟热、狂犬病、猪瘟、结核、鼻疽以及维生素 A 缺乏症等。

【发病机理】咽是呼吸道和消化道的共同通道。从咽的解剖结构而言，上为鼻咽、中为口咽、下为喉咽，易受到物理和化学因素的刺激和损伤。咽的两侧、鼻咽部和口咽部均有扁桃体，咽的黏膜组织中有丰富的血管和神经纤维分布，黏膜极其敏感。因此，当机体抵抗力降低、黏膜防卫机能减弱时，极易受到条件致病菌的侵害，导致咽黏膜的炎性反应。特别是扁桃体是各种微生物居留及侵入机体的门户，容易引起炎性变化。

在咽炎的发生、发展过程中，由于咽部血液循环障碍，咽黏膜及其黏膜下组织呈现炎性浸润，扁桃体肿胀，咽部组织水肿，引起卡他性、格鲁布性或化脓性咽炎的病理反应。并因炎症的影响，咽部红、肿、热、痛和吞咽障碍，因而病畜头颈伸展，流涎，食糜及炎性渗出物从鼻孔逆出，甚至因会厌不能完全闭合而发生误咽，引起腐败性支气管炎或肺坏疽。当炎症波及喉时，引起咽喉炎，喉黏膜受到刺激而频频咳嗽。

重剧性咽炎由于炎性产物的吸收，引起恶寒战栗、体温升高，并因扁桃体高度肿胀，深部组织胶样浸润，喉口狭窄，呼吸困难甚至发生窒息。

【症状】任何一种类型的咽炎，都具有不同程度的头颈伸展、吞咽困难、流涎。牛呈现哽噎运动，猪、犬、猫出现呕吐或干呕，马则有饮水或嚼碎的饲料从鼻孔返流于外的现象。当炎症波及喉时，病畜咳嗽；触诊咽喉部，病畜敏感。动物的喉在咽下方，咽炎多伴发喉炎。病畜每当吞咽时，常常咳嗽，初干咳，后湿咳，有疼痛表现，常咳出食糜和黏液。但不同类型的咽炎还有其特有的症状。

1. 卡他性咽炎 病情发展较缓慢，最初不易引起人的注意，经 3~4d 后，头颈伸展、吞咽困难等症状逐渐明显。急性病例，咽黏膜潮红、肿胀，有充血性斑纹或红斑。慢性病例，咽黏膜苍白、肥厚，形成皱襞，被覆黏液。有的病例，咽黏膜糜烂，有上皮缺损。全身症状一般较轻。

2. 格鲁布性咽炎 起病较急，体温升高，精神沉郁，厌忌采食，颌下淋巴结肿胀，鼻液中混有灰白色伪膜，鼻端污秽不洁，鼻黏膜发炎；咽部视诊，扁桃体红肿，咽部黏膜表面覆盖有灰白色伪膜，将伪膜剥离后，见黏膜充血、肿胀，有的可见到溃疡。

3. 化脓性咽炎 病畜咽痛拒食，高热，精神沉郁，脉率增快，呼吸急促，鼻孔流出脓性鼻液。咽部视诊，咽部黏膜肿胀、充血，有黄白色脓点和较大的黄白色突起；扁桃体肿大，充血，并有黄白色脓点。血液检查：白细胞数增多，嗜中性粒细胞显著增加，核型左移。咽部涂片检查：可发现大量的葡萄球菌、链球菌等化脓性细菌。

【诊断】根据病畜头颈伸展、流涎、吞咽障碍以及咽部视诊的特征性病理变化，可做出诊断。但需与咽腔内异物、咽麻痹、咽腔肿瘤、腮腺炎、喉卡他、食管阻塞及腺疫、流感、炭疽、猪瘟、犬瘟热、巴氏杆菌病等疾病进行鉴别。

咽腔内异物：牛和犬常见，多突然发病，吞咽困难，通过咽腔检查或 X 射线透视可发现异物。

咽麻痹：咽部触诊无反应，刺激咽黏膜亦无吞咽活动。

咽腔肿瘤：咽部无炎症变化，触诊无疼痛现象，缺乏急性症状，经久不愈。

腮腺炎：咽部肿胀，多发于一侧，头向健侧歪斜，舌根无压痛，无鼻液，也无食糜逆流现象。

喉卡他：病畜咳嗽，流鼻液，吞咽无异常。马喉囊卡他，多为一侧性，局部肿胀，触压时同侧流出鼻液，无疼痛表现。

食管阻塞：吞咽障碍，咽部无疼痛，通过触诊或胃管探诊发现阻塞物，牛易继发瘤胃臌气。

【治疗】治疗原则是加强护理，抗菌消炎。

1. 加强护理　停喂粗硬饲料，注意饲料调配，草食动物给予青草、优质青干草、多汁易消化饲料和麸皮粥；肉食动物和杂食动物可饲喂稀粥、牛奶、肉汤、鸡蛋等，多给饮水。对于咽痛拒食的动物，应及时补糖输液，种畜和宠物还可静脉输给氨基酸。同时注意保持畜舍卫生、干燥。

2. 抗菌消炎　青霉素为首选抗生素，并与磺胺类药物或其他抗生素联合应用，如链霉素、庆大霉素等。适时应用解热止痛剂，如水杨酸钠或安乃近、氨基比林；酌情使用肾上腺皮质激素，如可的松。

3. 局部处理　病初，咽喉部先冷敷，后热敷，3～4 次/d，每次 20～30min。也可涂抹樟脑酒精或鱼石脂软膏、止痛消炎膏，或用复方醋酸铅散（醋酸铅 10g，明矾 5g，薄荷脑 1g，白陶土 80g）做成膏剂外敷。同时用复方新诺明 10～15g，碳酸氢钠 10g，碘喉片（或杜灭芬喉片）10～15g，研磨混合后装于布袋，衔于病畜口内。小动物可用碘酊甘油涂布咽黏膜，或用碘片 0.6g，碘化钾 1.2g，薄荷油 0.25mL，甘油 30mL，制成擦剂，直接涂抹于咽黏膜。必要时，可用 3% 食盐水喷雾吸入，效果良好。

4. 封闭疗法　用 0.25% 普鲁卡因注射液（牛、马 50mL，猪、羊 20mL）稀释青霉素（牛、马 240 万～320 万 IU，猪、羊 40 万～80 万 IU），进行咽喉部封闭。

5. 中兽医疗法　中兽医称咽炎为内颡黄，治以清热解毒、止痛为主。可注射银黄注射液，噙服青黛散（见口炎）。

【预防】搞好饲养管理，保持圈舍卫生，防止受寒、过劳，增强防卫机能；对于咽部邻近器官炎症应及时治疗；应用胃管、投药器时，应细心操作，避免损伤咽黏膜。

食道炎（esophagitis）

食道炎是指食道黏膜及其深层组织的炎症。各种家畜均可发生，而以马、牛、猪最为常见。

【病因】原发性食道炎一般见于物理性损伤，如粗硬的饲草、尖锐的异物、粗暴的应用胃管探诊和投药等，损伤食道黏膜；或因饲喂的饲料和饮水过热及在治疗中口服过热的药液所致的灼伤而引起；化学性损伤主要由于氨水、盐酸、酒石酸锑钾等腐蚀性物质等直接损伤食道黏膜，引起炎症，并常伴有口腔和咽的炎症过程。

继发性食道炎常见于食道阻塞、食道狭窄或扩张以及口炎、咽炎、胃肠炎、马胃蝇蛆病、鸽毛滴虫重度感染、犬食道虫病以及食道肿瘤等疾病，还继发于口蹄疫、牛瘟、痘疮、恶性卡他热、牛黏膜病、传染性鼻气管炎以及坏死杆菌病等。此外，饲料中维生素缺乏，亦可促进食道炎的发生。

【发病机理】食道黏膜是由多层扁平上皮所形成，具有坚强的抗刺激功能，通常不致引起炎性反应。但食道黏膜受到物理性和化学性因素的强烈刺激，或在某些传染性和侵袭性因素的侵害和影响下，往往导致一段或全部食道黏膜及其深层组织的炎性变化。急性食道炎，其黏膜发生弥漫性或斑点状充血、肿胀，分泌大量黏液。重剧性炎症，黏膜表面形成伪膜，甚至黏膜下组织发生脓性浸润，或者形成局限性脓肿以及蜂窝织炎。继发性食道炎，主要是食道局部黏膜发生溃疡，乃至显著肥厚，乳头状增生。

【症状】一般都具有食道疼痛和咽下困难的临床表现。病畜流涎，体温升高，神情紧张，吞咽时头颈不断伸展，前肢刨地，呻吟，表现剧烈疼痛。触诊或探诊，食道一段或全段敏感，并诱发呕吐，从口、鼻逆出混有黏液、新鲜血液、伪膜的食糜。颈部食道炎，于左侧颈沟可触诊到肿胀的食道。若颈部食道穿孔，常继发蜂窝织炎，局部疼痛、肿胀，触诊有捻发音，最终形成食道瘘或食道狭窄和扩张后遗症。胸部食道穿孔，多继发化脓性纵隔炎、胸膜炎以及脓毒败血症，呼吸、体温、脉搏、精神状态均有变化，全身症状明显。

食道轻度炎症如及时治疗，经过1～2周可痊愈。重剧性食道炎，由于吞咽障碍导致体质衰竭。蜂窝织炎性食道炎，常因食道穿孔，继发纵隔炎、胸膜炎乃至心包炎而死亡。有的病例，即使治愈，往往形成瘢痕，继发食道狭窄和扩张，预后不良。

【诊断】依据食道疼痛和咽下困难的临床表现，可做出初步诊断。应用内窥镜检查或X射线透视，可见食道发炎部黏膜充血、肿胀，甚至发生溃疡，可获得正确诊断。

【治疗】治疗原则是除去病因，加强护理，消除炎症。

首先对病畜禁食观察1～2d，如吞咽无障碍，可饲喂优质饲料，或大麦粥、小米粥、米汤；重剧性食道炎，若咽下困难，可施行营养液灌肠；小家畜宜饲喂微温食物。体质衰弱的病畜，可静脉注射葡萄糖生理盐水，或用红砂糖、葡萄糖等营养液灌肠。

炎症初期，可在食道部冷敷，以后进行热敷，或局部投消炎粉糊，促进消炎。也可用细管缓慢插入食道内，用0.1%高锰酸钾溶液或1%明矾溶液缓慢冲洗食道，然后灌入适量的碘甘油或磺胺明矾甘油乳剂（长效磺胺10g，明矾2～3g，甘油100mL）。也可口衔磺胺明矾合剂。与此同时，全身应用抗生素和磺胺类药物。病畜疼痛不安时，可用镇静剂，如静脉注射30%安乃近溶液，食道内注入1%普鲁卡因溶液，或静脉滴注1%普鲁卡因溶液。

食道阻塞（esophageal obstruction）

食道阻塞俗称"草噎"，是由于吞咽的食物或异物过于粗大、吞咽过急和咽下机能障碍，导致食道梗阻的一种疾病。临床上多以突然发病、口鼻流涎、咽下障碍为特征，一般病情较重，发展较快，尤其胸部食道阻塞易被误诊。牛的食道阻塞可因继发急性瘤胃臌气而使病情恶化。食道阻塞按阻塞程度分为完全阻塞与不完全阻塞；按阻塞部位分为颈部食道阻塞、胸部食道阻塞和腹部食道阻塞。

本病常见于牛、马、猪和犬，羊偶尔发生。

【病因】牛的原发性食道阻塞通常发生于采食未切碎的萝卜、甘蓝、芜菁、甘薯、马铃薯、甜菜、苹果、梨、西瓜皮、玉米穗、大块豆饼、花生饼等，因咀嚼不充分、吞咽过急而引起。此外，还由于误咽毛巾、破布、塑料薄膜、毛线球、木片或胎衣而发病。

马的原发性食道阻塞多因车船运输、长途赶运或行军，陷于饥饿状态，当饲喂时，采食过急，摄取大口草料（如谷物和糠麸），咀嚼不全，唾液混合不充分，匆忙吞咽而阻塞于食道中；在采食草料、小块豆饼、胡萝卜等时，因突然受到惊吓，吞咽过急而引起。亦有因全身麻醉，食道神经功能尚未完全恢复即采食，从而导致阻塞。

猪和羊的原发性食道阻塞多因抢食甘薯、萝卜、马铃薯块、未拌湿均匀的粉料，咀嚼不充分就忙于吞咽而引起。猪采食混有骨头、鱼刺的饲料，亦常发生食道阻塞。

犬的原发性食道阻塞多见于群犬争食软骨、骨头和不易嚼烂的肌腱而引起。幼犬常因嬉戏，误咽瓶塞、煤块、小石子等异物而发病。此外，由于饥饿采食过急，在采食中受到惊恐而突然仰头吞咽或呕吐过程中从胃内反逆异物进入食道后突然滞留等均可引起食道阻塞。

继发性食道阻塞常继发于异嗜癖、脑部肿瘤以及食道的炎症、狭窄、扩张、痉挛、麻痹、憩室等疾病。

【症状】各种动物食道阻塞的共同症状是采食中突然发病，停止采食，恐惧不安，头颈伸展，张口伸舌，大量流涎，呈现吞咽动作，呼吸急促。颈部食道阻塞时，阻塞部位触诊可感觉到阻塞物；胸部食道阻塞时，在阻塞部位上方的食道内积满唾液，触诊能感到波动并引起哽噎运动。用胃导管进行探诊，当触及阻塞物时，感到阻力，不能推进。X射线检查：在完全性阻塞时，阻塞部呈块状密影；食道造影检查，显示钡剂到达该处则不能通过。

1. 马 突然退槽，停止采食，神情紧张，苦闷不安，头颈伸展，呈现吞咽动作，张口伸舌，大量流涎，饲料与唾液从鼻孔逆出，咳嗽。约1h以后，强迫或痉挛性吞咽的频率减少，患畜变得安静。

2. 牛 瘤胃臌气及流涎是其特征性症状。臌气的程度随阻塞的程度及时间而变化，完全性阻塞时，则迅速发生瘤胃臌气，呼吸困难。

3. 猪 离群、垂头站立，张口流涎，表现吞咽动作，时而试图饮水、采食，但饮进的水立即逆出口腔。

4. 犬 流涎、干呕和咽下困难。另外，因阻塞物压迫颈静脉，引起头部血液循环障碍而发生水肿。

【病程及预后】病程及预后视阻塞物的性质、阻塞的部位以及治疗的效果而定。谷物及干草引起的轻度食道阻塞，一般通过唾液的软化能自行消散，病程可能是几小时至2d。小块坚硬饲料引起的食道阻塞，常常由于食道收缩运动，通过呕吐排出或被纳入胃内，经1~8h即可恢复健康。大块饲料或异物引起的阻塞，经过2~3d，若不能排出，即引起食道壁组织坏死甚至穿孔。颈部食道穿孔，可引起颈部的化脓性炎症；而胸部食道穿孔，可引起胸膜炎、纵隔炎、脓胸。阻塞后的误咽，常引起腐败性支气管炎或肺坏疽，预后不良。

从食道的阻塞部位而言，食道起始部和接近贲门部阻塞，比其他部位的阻塞容易治愈。

【诊断】根据病史和大量流涎、呈现吞咽动作等症状，结合食道外部触诊、胃管探诊或X射线检查等可以获得正确诊断。但需与以下疾病进行鉴别诊断：

食道狭窄：呈慢性经过，饮水及液状食物能通过食道；食道探诊时，细导管通过而粗导管受阻；通过 X 射线检查，可发现食道狭窄部位而确定诊断。但由于食道狭窄时常继发狭窄部前方的食道扩张或食道阻塞（呈灌肠状），应通过病情经过快慢加以鉴别。

食道炎：呈疼痛性咽下障碍，触诊或探诊食道时，病畜敏感疼痛，流涎量不大，其中往往含有黏液、血液和坏死组织等炎性产物。

食道痉挛：病情呈阵发性和一过性，缓解期吞咽正常。病情发作时，触诊食道如硬索状，探诊时胃管不能通过，用解痉药治疗效果确实。

食道麻痹：探诊时胃导管插入无阻力，无呕逆动作，伴有咽麻痹和舌麻痹。

食道憩室：食道憩室是食道壁的一侧扩张，病情呈缓慢经过，常继发食道阻塞。胃导管探诊时，如胃导管插抵憩室壁则不能前进，胃导管未抵憩室壁则可顺利通过。

【治疗】治疗原则是解除阻塞，疏通食道，消除炎症，加强护理和预防并发症的发生。

咽后食道起始部阻塞时，大家畜装上开口器后，可用手取出。颈部和胸部食道阻塞时，应根据阻塞物的性状及阻塞的程度，采取相应的治疗措施。

1. 缓解疼痛及痉挛，润滑管腔 牛、马可用水合氯醛 10~25g，配成 2% 溶液灌肠，或者静脉注射 5% 水合氯醛酒精注射液 100~200mL；也可皮下或肌肉注射 30% 安乃近 20~30mL。此外，还可应用阿托品、山莨菪碱、乙酰丙嗪（氯丙嗪）、甲苯噻嗪等药物，然后用植物油（或液体石蜡）50~100mL、1% 普鲁卡因溶液 10mL，灌入食道内。

2. 解除阻塞，疏通食道 常用排除食道阻塞物的方法有挤压法、下送法、打气法等。

挤压法：牛、马采食胡萝卜、甘薯、马铃薯等块根、块茎饲料而阻塞颈部食道时，将病畜横卧保定，用平板或砖垫在食管阻塞部位，然后以手掌抵于阻塞物下端，朝咽部方向挤压，将阻塞物挤压到口腔，即可排除。若为谷物或糠麸引起的颈部食道阻塞，病畜站立保定，用双手手指从左右两侧挤压阻塞物，将其压碎，促进其软化，使其自行咽下。

下送法：又称疏导法，即将胃管插入食道内抵住阻塞物，把阻塞物徐徐推入胃中。主要用于胸部食道阻塞和腹部食道阻塞。

打气法：应用下送法经 1~2h 后不见效时，可先插入胃管，装上胶皮球，吸出食道内的唾液和食糜，灌入少量植物油或温水。将病畜保定好后，把打气管接在胃管上，颈部勒上绳子以防气体回流，然后适量打气，并趁势推动胃管，将阻塞物推入胃内。但不能打气过多和推送过猛，以免食道破裂。

打水法：当阻塞物是颗粒状或粉状饲料时，可插入胃管，用清水反复泵吸或虹吸，以便把阻塞物溶化、洗出，或者将阻塞物冲下。

通噎法：通噎法是中兽医治疗食道阻塞的传统方法，主要用于治疗马的食道阻塞。其方法是将病马缰绳拴在左前肢系凹部，使马头尽量低下，然后驱赶病马快速前进或上下坡，往返运动 20~30min，借助颈部肌肉收缩，使阻塞物纳入胃内。如果先灌入少量植物油，鼻吹芸苔散（芸苔子、瓜蒂、胡椒、皂角各等份，麝香少许，研为细末），可增强其效果。

药物疗法：先向食道内灌入植物油（或液体石蜡）100~200mL，以润滑管腔，然后皮下注射 3% 盐酸毛果芸香碱 3mL，或用新斯的明注射液 4~10mg，皮下注射，促进食道肌肉收缩和分泌，往往经 3~4h 奏效。为了缓解食道痉挛，牛、马可用硫酸阿托品 0.03g 皮下注射，或用 30% 安乃近 20~30mL 皮下或肌肉注射，具有解痉止痛的功效。猪宜用藜芦碱 0.02~0.03g 或盐酸阿扑吗啡 0.05g 皮下注射，促使呕吐，使阻塞物呕出。

手术疗法：当采取上述方法不见效时，应施行手术疗法。颈部食道阻塞采用食道切开术。牛、羊食道阻塞常因继发瘤胃臌气引起窒息，首先应及时实施瘤胃穿刺排气，并向瘤胃内注入防腐止酵剂，然后再采用必要的急救措施，进行治疗。在靠近膈肌食管裂孔的胸部食道及腹部食道阻塞，可采用剖腹按压法治疗。在牛，若此法不见效时，还可施行瘤胃切开术，通过贲门将阻塞物排除。

犬、猫因异物（骨、鱼刺等）引起的颈部食道阻塞，应配合使用内窥镜和镊子将异物取出。对于大型犬，可使用食道镜；而体形小的犬和猫，则使用直肠镜。在整个操作过程中都应小心进行，以免刺伤或过度损伤食道壁。

3. 加强护理 暂停饲喂饲料和饮水，以免误咽而引起异物性肺炎。病程较长者，应注意消炎、强心、输糖补液或营养液灌肠，维持机体营养，增进治疗效果。排除阻塞物后1～3d内，应使用抗菌药物，防治食道炎，并给予流质饲料或柔软易消化的饲料。

【预防】加强饲养管理，保持神情安静，避免惊恐不安；定时饲喂，防止饥饿后采食过急；过于饥饿的牛、马，应先喂草，后喂料，少喂勤添；饲喂块根、块茎饲料时，应切碎后再喂；豆饼、花生饼等饼粕类饲料，应经水泡制后，按量给予；堆放马铃薯、甘薯、胡萝卜、萝卜、苹果、梨的地方，不能让牛、马、猪等家畜通过或放牧，防止骤然采食；施行全身麻醉者，在食道机能未复苏前，更应注意护理，以防发生食道阻塞。

（吴金节）

第二节 反刍动物前胃疾病

前胃弛缓 (atony of forestomach)

前胃弛缓是指前胃神经肌肉装置感受性降低，平滑肌自主运动性减弱，瘤胃内容物运转缓慢，微生物区系失调，产生大量发酵和腐败的物质，引起消化障碍，食欲、反刍减退，乃至全身机能紊乱的一种综合征。前胃弛缓按病因分为原发性前胃弛缓和继发性前胃弛缓。原发性前胃弛缓又称为单纯性消化不良，多取急性经过，预后良好；继发性前胃弛缓又称为症状性消化不良，多取亚急性或慢性经过，可出现于各系统和各类疾病的病程中，病情复杂。

本病是耕牛、奶牛及肉牛的一种多发病，特别是舍饲的牛群，一年四季都可发生，早春深秋更为常见。有些地区的耕牛（黄牛和水牛）发病率较高，甚至占前胃疾病的75%以上，对牛的健康和生产性能的危害和影响很大。

【病因】

1. 原发性前胃弛缓 其病因主要与平时的饲养和管理不当有关。

（1）饲养不当：几乎所有能改变瘤胃环境的食物性因素均可引起单纯性消化不良。常见的有：①精饲料喂量过多或突然食入过量的适口性好的饲料，如青贮玉米。②长期食入过量不易消化的粗饲料，如稻草、麦糠、秕壳、半干的甘薯藤、紫云英、麦秸、豆秸等。③饲喂变质的青草、青贮饲料、酒糟、豆渣、甘薯渣等饲料或冰冻饲料。④饲料突然发生改变，日粮中突然加入不适量的尿素或使牛群转向茂盛的禾谷类草地。⑤误食塑料袋、化纤布或分娩后的母牛食入胎衣。⑥在严冬早春，水冷草枯，牛、羊被迫食入大量的稿秆、垫草或灌木。⑦日粮配合不当，矿物质和维生素缺乏，特别是缺钙时，血钙水平低，致使神经-体液调节机能紊乱，引起单纯性消化不良。

（2）管理不当：自然生态环境改变，饲养管理不当，可促进本病发生。常见的有：①由放牧迅速转变为舍饲或舍饲突然转为放牧。②劳役与休闲不均，受寒，圈舍阴暗、潮湿。③经常更换饲养员和调换圈舍或牛床，都会破坏前胃正常消化反射，造成前胃机能紊乱，导致单纯性消化不良的发生。④由于严寒、酷暑、饥饿、疲劳、断乳、离群、恐惧、感染与中毒等因素或手术、创伤、剧烈疼痛的影响，引起应激反应，发生单纯性消化不良。

2. 继发性前胃弛缓 病因复杂，可继发于消化系统疾病、营养代谢病、中毒病、传染病、寄生虫病等，常见的有口炎、齿病、创伤性网胃腹膜炎、迷走神经胸支和腹支损伤、腹腔脏器粘连、瓣胃阻塞、皱胃阻塞、骨软症、酮病、乳房炎、子宫内膜炎、牛流行热、结核病、布氏杆菌病、前后盘吸虫病、血液原虫病、锥虫病等。

此外，在兽医临床上治疗用药不当，如长期大量服用抗生素或磺胺类等抗菌药物，瘤胃内正常微生物区系受到破坏，消化机能紊乱，可造成医源性前胃弛缓。

【发病机理】由于上述致病因素的作用，引起中枢神经系统和植物性神经系统的机能紊乱，导致消化不良。因为迷走神经所支配的神经兴奋与分泌的偶联作用及肌肉兴奋与收缩的偶联作用，都是通过迷走神经胆碱能纤维释放乙酰胆碱来实现的。特别是当血钙水平降低或受到各种应激因素影响时，乙酰胆碱释放减少，神经-体液调节功能减退，从而导致前胃弛缓的发生和发展。

由于前胃弛缓，收缩力减弱，致使瘤胃内容物得不到充分的搅拌，造成胃内各种微生物活动的不平衡。由于某些微生物积极活动的结果，瘤胃内容物异常分解，产生大量的有机酸（乙酸、丙酸、丁酸、乳酸等）和气体（CO_2、CH_4等），pH下降，瘤胃内微生物区系共生关系遭到破坏，纤毛虫的活力减弱或消失，毒性强的微生物异常增殖，产生多量的有毒物质和毒素，消化道反射活动受到抑制，食欲减退或废绝，反刍减弱或停止，前胃内容物不能正常运转与排出，瓣胃内容物停滞，消化机能更加紊乱。随着疾病的发展，前胃内容物异常腐败分解，产生大量的氨和其他含氮物质（酰胺、组胺等），这时血液中尿素和铵盐增高，并出现有毒的酰胺和胺，肝脏受到毒性作用，解毒机能降低，发生自体中毒。肝糖原异生作用旺盛，形成大量酸性产物，引起酸中毒或轻度的酮血症，同时由于有毒物质的强烈刺激引起前胃炎、皱胃炎、肠炎和腹膜炎，造成肠道渗透性增强，机体发生脱水，病情急剧恶化，导致迅速死亡。

【症状】前胃弛缓按其病情发展过程，临床上可分为急性和慢性两种类型。

1. 急性前胃弛缓 多见于急性热性病、中毒性疾病或感染性疾病，表现为急剧的应激状态和消化不良，奶牛和奶山羊泌乳量下降。病畜食欲、饮欲减退或废绝，反刍减少、短促、无力，时而嗳气并带酸臭味；瘤胃蠕动音减弱，蠕动次数减少，有的病畜虽然瘤胃蠕动音减弱，但蠕动次数不减少，每次蠕动的持续时间缩短。触诊瘤胃，其内容物黏硬或呈粥状；瓣胃蠕动音微弱；病初粪便变化不大，随后粪便干硬、色暗，被覆黏液。重剧病例，伴发前胃炎或酸中毒时，病情急剧恶化，呻吟、磨牙，食欲反刍废绝，粪便呈糊状、棕褐色、恶臭；精神沉郁，皮温不整，体温下降，鼻镜干燥，眼球下陷，黏膜发绀，呼吸困难。

2. 慢性前胃弛缓 通常由急性前胃弛缓转变而来，其症状与急性前胃弛缓相类似，主要不同点是病情弛张，症状时轻时重，经过缓慢，病程较长，而且较顽固。病畜便秘，粪便干硬、呈暗褐色，附有黏液；有时腹泻，粪便呈糊状，腥臭，或者腹泻与便秘交替发生。随病程发展，病畜日渐消瘦。老牛病重时，呈现贫血和衰竭，常有死亡。

实验室检查，瘤胃液 pH 下降至 5.5 以下（正常的变动范围为 6~7）；纤毛虫活力降低，数量减少至 7.0 万个/mL 左右（正常黄牛为 13.9 万~114.6 万个/mL，水牛为 22.3 万~78.5 万个/mL）；葡萄糖发酵试验，糖发酵能力降低，60min 时，产气低于 1mL 甚至产生的气体仅有 0.5mL（正常牛、羊，60min 时，产气 1~2mL）；瘤胃沉淀物活性试验，其中微粒物质漂浮的时间延长（正常为 3~9min）；纤维素消化实验，用系有小金属重物的棉线悬于瘤胃液中进行厌气温浴，棉线被消化断离的时间超过 60h（正常为 50h 左右），显示前胃弛缓，消化不良。

【病理变化】瘤胃胀满，黏膜潮红，有出血斑。瓣胃容积增大甚至可达正常时的 3 倍；瓣叶间内容物干燥，形同胶合板状，其上覆盖脱落的黏膜，有时还有瓣叶的坏死组织。有的病例，瓣胃叶片组织发生坏死、溃疡和穿孔，局限性或弥漫性腹膜炎以及全身败血症等变化。

【病程及预后】原发性前胃弛缓若无并发症，采取病因疗法，加强护理，3~5d 内即可康复。若治疗不及时，伴发瓣胃阻塞，预后应慎重；继发性前胃弛缓的病情发展与转归，视原发病而定，如由创伤性网胃炎所致的前胃弛缓，预后应慎重。

【诊断】原发性前胃弛缓的诊断，可根据食欲减退，反刍障碍，瘤胃和瓣胃运动减弱，瘤胃内容物的性质改变，以及全身状态相对良好，体温、脉搏、呼吸等生命指标无大改变，建立诊断。关键是要通过病史、流行病学调查，确定是原发性前胃弛缓，还是继发性前胃弛缓，若为继发性的，则进一步要对病畜全面检查，综合分析，找出原发病。

【治疗】治疗原则是除去病因，加强护理，增强前胃机能，改善瘤胃内环境，恢复正常微生物区系，防止脱水和自体中毒。

1. 除去病因 对于原发性前胃弛缓，应改善饲养管理，立即停喂发霉、变质饲料等；继发性前胃弛缓应积极治疗原发病。

2. 加强护理 病初先绝食 1~2d，只给予充足的清洁饮水，然后饲喂适量的易消化的青草或优质干草。轻症病例可在 1~2d 内自愈。

3. 清理胃肠 为了促进胃肠内容物的运转与排除，可用硫酸钠（或硫酸镁）300~500g，鱼石脂 20g，酒精 50mL，温水 6 000~10 000mL，一次内服；或用液体石蜡 1 000~3 000mL，苦味酊 20~30mL，一次内服。对于采食多量精饲料而症状又比较重的病牛，可采用洗胃的方法，排除瘤胃内容物。重症病例应先强心、补液，再洗胃。

4. 增强前胃机能 应用"促反刍液"（5%葡萄糖生理盐水注射液 500~1 000mL，10%氯化钠注射液 100~200mL，5%氯化钙注射液 200~300mL，20%安钠咖注射液 10mL），一次静脉注射，并配合肌肉注射维生素 B_1。也可用促反刍散（由龙胆粉、姜粉、马钱子粉和碳酸氢钠组成）100g，加温水内服，1 次/d，连服 2~3 次。因过敏性因素或应激反应所致的前胃弛缓，在应用"促反刍液"的同时，肌肉注射 2%盐酸苯海拉明注射液 10mL。在洗胃后，可静脉注射 10%氯化钠注射液 150~300mL、20%安钠咖注射液 10mL，1~2 次/d。小剂量酒石酸锑钾（吐酒石），牛每次 2~4g，加水 1 000~2 000mL，内服，1 次/d，连用 3 次。

此外，还可皮下注射新斯的明（牛 10~20mg，羊 2~5mg）或毛果芸香碱（牛 30~100mg，羊 5~10mg），但对于病情重剧和心脏衰弱病畜以及老龄和妊娠母牛，则禁止应用，以防虚脱和流产。

5. 应用缓冲剂 应用缓冲剂的目的是调节瘤胃内容物的pH，改善瘤胃内环境，恢复正常微生物区系，增进前胃功能。在应用前，必须测定瘤胃内容物的pH，然后再选用缓冲剂。当瘤胃内容物pH降低时，宜用氢氧化镁（或氢氧化铝）200~300g，碳酸氢钠50g，常水适量，牛一次内服；也可应用碳酸盐缓冲剂（CBM）：碳酸钠50g，碳酸氢钠350~420g，氯化钠100g，氯化钾100~140g，常水10L，牛一次内服，1次/d，可连用数次；当瘤胃内容物pH升高时，宜用稀醋酸（牛30~100mL，羊5~10mL）或常醋（牛300~1 000mL，羊50~100mL），加常水适量，一次内服；也可应用醋酸盐缓冲剂（ABM）：醋酸钠130g，冰醋酸30mL，常水10L，牛一次内服，1次/d，可连用数次。必要时，给病牛投服从健康牛口中取得的反刍食团或灌服健康牛瘤胃液4~8L，进行接种。采取健康牛的瘤胃液的方法是先用胃管给健康牛灌服生理盐水10L、酒精50mL，然后以虹吸引流的方法取出瘤胃液。

存在继发瘤胃臌气的病牛，可灌服鱼石脂、松节油等止酵剂；伴发瓣胃阻塞时，除按前胃弛缓治疗外，还应按瓣胃阻塞处理。

6. 防止脱水和自体中毒 当病牛呈现轻度脱水和自体中毒时，应用25%葡萄糖注射液500~1 000mL，40%乌洛托品注射液20~50mL，20%安钠咖注射液10~20mL，静脉注射；并用胰岛素100~200IU，皮下注射。此外，还可用樟脑酒精注射液（或撒乌安注射液）100~200mL，静脉注射，并配合应用抗生素。

7. 中兽医治疗 根据辨证施治原则，对脾胃虚弱、水草迟细、消化不良的牛，着重健脾和胃、补中益气。宜用加味四君子汤：党参100g，白术75g，茯苓75g，炙甘草25g，陈皮40g，黄芪50g，当归50g，大枣200g，煎水内服，1剂/d，连服2~3剂。

病初，对身体壮实、口温偏高、口津黏滑、粪干、尿短的病牛，应清泻胃火，宜用加味大承气汤或大戟散。加味大承气汤：大黄、厚朴、枳实、苏梗、陈皮、炒神曲、焦山楂、炒麦芽各30~40g，芒硝50~150g，玉片15~20g，车前子30~40g，莱菔子60~80g，煎水内服。大戟散：大戟、千金子、大黄、滑石各30~40g，甘遂15~20g，二丑20g，官桂10g，白芷10g，甘草20g，煎水加清油250mL内服。

牛久病虚弱，气血双亏，则应补中益气、养气益血。宜用加味八珍散：党参、白术、当归、熟地、黄芪、山药、陈皮各50g，茯苓、白芍、川芎各40g，甘草、升麻、干姜各25g，大枣200g，煎水内服，1剂/d，连服数剂。

病牛口色淡白，耳鼻俱冷，口流清涎，水泻，应温中散寒、补脾燥湿。宜用加味厚朴温中汤：厚朴、陈皮、茯苓、当归、茴香各50g，草豆蔻、干姜、桂心、苍术各40g，甘草、广木香、砂仁各25g，煎水内服，1剂/d，连服数剂。

此外，也可以用红糖250g，胡椒粉30g，生姜200g（捣碎），开水冲化，候温内服，具有和脾暖胃、温中散寒的功效。

针治：应用电针、新针或激光针灸舌底、脾俞、后海、百会、关元俞等穴。

【预防】 原发性前胃弛缓多因饲养管理不当而引起，应注意饲料的选择、保管，防止霉败、变质；奶牛和奶羊、肉牛和肉羊都应依据日粮标准饲喂，不可任意增加饲料用量或突然变更饲料；耕牛在农忙季节，不能劳役过度，而在休闲时期，应注意适当运动；圈舍需保持安静，避免奇异声音、光线和颜色等不利因素的刺激和干扰，注意圈舍卫生和通风、保暖。继发性前胃弛缓，应加强饲养管理，做好预防工作，防止感染与中毒，减少疾病发生，保证畜群健康。

瘤胃积食（ruminal impaction）

反刍动物瘤胃积食是因前胃的兴奋性和收缩力减弱，采食了大量难以消化的粗硬饲料或易臌胀的饲料，在瘤胃内堆积，引起瘤胃容积增大，内容物停滞和阻塞，引起瘤胃运动和消化机能障碍，形成脱水和毒血症的一种严重疾病。瘤胃积食又称为急性瘤胃扩张，中兽医称为宿草不转或瘤胃食滞，临床特征是瘤胃体积增大且较坚硬。

本病是牛、羊的多发病，特别是耕牛和奶牛较为常见。按照有关资料分析，在前胃疾病中，本病的发病率一般约占10%以上，有的地区可达40%，危害性很大，故应注意防治。

【病因】本病的病因主要是过食，由于贪食了大量易于膨胀的青草、苜蓿、紫云英、甘薯、胡萝卜、马铃薯等，特别是在饥饿时采食过量的谷草、稻草、豆秸、花生藤、甘薯蔓、棉花秸秆等含粗纤维多的饲料，缺乏饮水，难以消化，从而引起积食；长期舍饲的牛、羊，运动不足，神经反应性降低，一旦换成可口的饲料，常常造成采食过多，或长期放牧的牛突然转为舍饲，采食多量难于消化的粗干草而发病；耕牛常因采食后立即犁田、耙地或使役后立即饲喂，影响消化功能而发病；体质虚弱，产后失调，或因长途运输，机体疲劳，导致前胃消化机能减退而发病；采食过量豆谷类饲料，如玉米、小麦、燕麦、大麦、豌豆等，大量饮水，饲料膨胀而引起积食；过食新鲜麸皮、豆饼、花生饼、棉子饼、酒糟以及豆渣、粉渣等糟粕，也可导致本病发生，但均呈现瘤胃酸中毒或过食豆谷综合征。

当饲养管理和环境卫生条件不良时，奶牛与奶山羊、肉牛与肉羊，容易受到各种不利因素的刺激和影响，如过度紧张、运动不足、过于肥胖或因中毒与感染等，产生应激反应，引起瘤胃积食。在前胃弛缓、创伤性网胃腹膜炎、瓣胃秘结以及皱胃阻塞等病程中，也常常继发瘤胃积食。

【发病机理】瘤胃积食除一次大量暴食所引起外，往往是在前胃弛缓的基础上发生。这是因为在前胃弛缓的基础上，饲料数量和质量只要稍有变更，就可进一步造成前胃神经-体液调节机能紊乱、瘤胃收缩力减弱，瘤胃陷于进一步的弛缓、扩张乃至麻痹，反射性地引起真胃幽门部痉挛，瘤胃内容物停滞，导致瘤胃积食。

由于瘤胃积食，内容物浸渍、浸出、溶解、合成和吸收的全部消化程序遭到严重破坏，瘤胃内容物发酵、腐败，产生大量的气体和有毒物质，刺激瘤胃壁神经感受器，引起腹痛不安。随着病情急剧发展，瘤胃内菌群失调，革兰氏阳性菌，特别是牛链球菌大量增殖，产生大量乳酸，pH降低，瘤胃内纤维分解菌和纤毛虫活性降低甚至大量死亡，微生物区系共生关系失调，腐败产物增多，引起瘤胃炎，进一步导致瘤胃的渗透性增强，发生脱水。并因机体脱水，酸碱平衡失调，碱储下降，神经-体液调节机能更加紊乱，病情急剧发展，呼吸困难，血液循环障碍，肝脏解毒机能降低，腐败分解产物被吸收，引起自体中毒，病畜出现兴奋、痉挛、抽搐、血管扩张、血压下降、循环虚脱，病情更加危重。

【症状】通常在饱食后数小时内发病，病情发展迅速，症状明显。病畜发病后出现腹痛，表现不安，目光凝视，拱背站立，回顾腹部或后肢踢腹，间或不断起卧。食欲废绝，反刍停止，空嚼、磨牙，时有努责，常有呻吟、流涎、嗳气，有时作呕或呕吐，鼻镜随着病情的加重而逐渐干燥。瘤胃蠕动音减弱或消失；触诊瘤胃，病畜不安，内容物坚实，有的呈粥状；

腹部膨胀，瘤胃背囊上层有气体，穿刺时可排出少量气体和带有臭味的泡沫状液体。腹部听诊，肠音微弱或沉寂。病畜便秘，粪便干硬，色暗；间或发生腹泻。心跳、呼吸随着腹围的增大而加快，出现呼吸困难，心跳疾速，可达120次/min。

直肠检查：可发现瘤胃扩张，容积增大，充满坚实或黏硬内容物；有的病例内容物呈粥状，但胃壁显著扩张。瘤胃内容物检查：内容物pH一般由中性逐渐趋向弱酸性；后期，纤毛虫数量显著减少。瘤胃内容物呈粥状，有恶臭味时，表明继发中毒性瘤胃炎。

晚期病例，病情恶化，奶牛、奶山羊泌乳量明显减少或停止。腹部胀满，瘤胃积液，呼吸急促，心悸动增强，脉率增快；皮温不整，四肢下部、角根、耳鼻的温度下降甚至出现厥冷，体温下降至35℃以下，全身颤抖，机体衰竭，眼球下陷，黏膜发绀，发生脱水与自体中毒，呈现循环虚脱，卧地不起，陷于昏迷状态。

【病理变化】瘤胃极度扩张，其内含有气体和大量腐败内容物，胃黏膜潮红，有散在出血斑点；瓣胃叶片坏死；各实质器官淤血。

【病程及预后】轻度的瘤胃积食，1～2d内即可康复。一般病例，经及时治疗，3～5d后可以痊愈。慢性病例，病情反复，有的暂时好转，而后又加重，病程可达1周以上，多因瘤胃高度弛缓，内容物胀满，呼吸困难，血液循环障碍，发生窒息和心力衰竭，预后不良。

【诊断】根据有过食的病史，腹围增大，瘤胃内容物多且较坚硬，呼吸困难，腹痛等症状，比较容易诊断。但需与前胃弛缓、急性瘤胃臌气、创伤性网胃炎、真胃阻塞、牛黑斑病甘薯中毒等疾病进行鉴别。

前胃弛缓：食欲减退，反刍减少，触诊瘤胃内容物呈面团样或粥状，无腹部疼痛表现，病程较长，而且较顽固，全身症状轻微。

急性瘤胃臌气：肚腹臌胀，肷窝部突出，触诊瘤胃壁紧张而有弹性，叩诊呈鼓音或金属性鼓音，呼吸高度困难，伴有窒息危象，病情发展急剧，泡沫性瘤胃臌气尤甚。

创伤性网胃炎：精神沉郁，头颈伸展，姿势异常，不愿运动，触诊网胃区表现疼痛，伴有周期性瘤胃臌气，应用拟胆碱类药物则病情反而加剧。

真胃阻塞：瘤胃积液，下腹部膨隆，而肷窝部有凹陷，直肠检查或右下腹部真胃冲击式触诊，感有黏硬的真胃内容物，病牛表现疼痛。

黑斑病甘薯中毒：大量采食霉烂甘薯所致，伴有瘤胃食滞。鉴别要点在于多为群体大批发生，急性肺气肿乃至间质性肺气肿等气喘综合征非常突出，常伴有皮下气肿。依据病史和流行病学，必要时做霉烂甘薯饲喂发病试验，予以确诊。

【治疗】治疗原则是增强瘤胃蠕动机能，促进瘤胃内容物排出，创建或改善瘤胃内微生物环境，防止脱水和自体中毒。

一般病例，首先禁食1～2d，并进行瘤胃按摩，每次5～10min，每隔30min一次。也可先灌服适量温水，再按摩瘤胃。内服酵母粉，2次/d，250～500g/次，具有消食化积功效。为防止发酵过盛，产酸过多，可口服适量的人工盐。

清肠消导，牛可用硫酸镁（或硫酸钠）300～500g，液体石蜡（或植物油）500～1 000mL，鱼石脂15～20g，酒精50～100mL，常水6～10L，一次内服。应用泻剂后，可皮下注射毛果芸香碱或新斯的明，以兴奋前胃神经，促进瘤胃内容物运转与排除。也可静脉输注促反刍液（10%氯化钙注射液100mL，10%氯化钠注射液100mL，20%安钠咖注射液10～20mL），以改善中枢神经系统调节功能，增强心脏活动，促进胃肠蠕动和反刍。

对病程长的病例，除反复洗胃外，宜用5%葡萄糖生理盐水注射液2 000~3 000mL，20%安钠咖注射液10~20mL，5%维生素C注射液10~20mL，静脉注射，2次/d，达到强心补液，维护肝脏功能，促进新陈代谢，防止脱水的目的。

当血液碱储下降、酸碱平衡失调时，先用碳酸氢钠30~50g，常水适量，内服，2次/d。再用5%碳酸氢钠注射液300~500mL或11.2%乳酸钠注射液200~300mL，静脉注射。另用1%呋喃硫胺注射液20mL，静脉注射，促进丙酮酸脱羧，解除酸中毒。如果因反复使用碱性药物而出现呼吸急促、全身抽搐等碱中毒症状时，宜用稀盐酸15~40mL或食醋200~300mL，加水后内服，并静脉注射复方氯化钠注射液1~2L。

继发瘤胃臌气时，应及时穿刺放气，或投服制酵剂，以缓和病情。

对危重病例，药物治疗无效时，应及早施行瘤胃切开术，取出内容物，并用1%温食盐水冲洗。必要时，接种健畜瘤胃液，促进机体康复。

中兽医称瘤胃积食为宿草不转，治以健脾开胃，消食行气，泻下为主。牛用加味大承气汤：大黄60~90g，枳实30~60g，厚朴30~60g，槟榔30~60g，芒硝150~300g，麦芽60g，藜芦10g，煎水灌服，1剂/d，连服1~3剂。过食者加青皮、莱菔子各60g；胃热者加知母、生地各45g，麦冬30g；脾胃虚弱者加党参、黄芪各60g，神曲、山楂各30g，去芒硝、大黄、枳实、厚朴均减至30g。针治：食胀、脾俞、关元俞、顺气等穴。

【预防】加强饲养管理，防止突然变换饲料或过食；奶牛、奶山羊、肉牛和肉羊按日粮标准饲喂，精、粗日粮及矿物质、维生素的比例适宜；耕牛不要劳役过度；避免外界各种不良因素的影响和刺激，保持家畜健康状态。

瘤胃臌气（ruminal tympany）

瘤胃臌气是因前胃神经反应性降低和收缩力减弱，采食了容易发酵的饲料，在瘤胃内微生物的作用下，异常发酵，产生大量的气体，引起瘤胃和网胃急剧膨胀，膈与胸腔脏器受到压迫，呼吸与血液循环障碍，严重时发生窒息现象的一种疾病。临床上以突然发病，反刍、嗳气障碍，腹围急剧增大，呼吸极度困难等症状为特征。

瘤胃臌气按病因分为原发性瘤胃臌气和继发性瘤胃臌气；按病的性质分为泡沫性瘤胃臌气和非泡沫性瘤胃臌气。本病多发于牛和绵羊，山羊少见。在长江以南地区多发生于春季、夏季牧草生长旺盛的季节，在长江以北地区则以夏季草原上放牧的牛、羊多见。

【病因】原发性瘤胃臌气主要由于采食大量易发酵的饲草或饲料，造成产气与排气不平衡，导致急性瘤胃臌气。特别是由舍饲转为放牧的牛、羊群，开始在繁茂草地上放牧的1~3d内较为多见。多数病例发生于采食过程中，或食后24~48h内，多在下午或夜间发病，常因窒息而死亡。

继发性瘤胃臌气，通常由于瘤胃内生理性或病理性产生的气体，向外排出受阻而引起，常继发于前胃弛缓、迷走神经性消化不良、创伤性网胃炎、瓣胃阻塞、食管阻塞、食管痉挛等疾病。

泡沫性瘤胃臌气（frothy bloat）主要是由于反刍动物采食了大量含蛋白质、皂苷、果胶等物质的豆科牧草，如新鲜的豌豆蔓叶、苕子蔓叶、花生蔓叶、苜蓿、草木樨、红三叶、紫云英等，生成稳定的泡沫所致；喂饲较多量的谷物性饲料，如玉米粉、小麦粉等，也能引起泡沫性瘤胃臌气。

非泡沫性瘤胃臌气又称游离气体性瘤胃臌气（free gas bloat），主要是采食了易产生一般性气体的牧草，如幼嫩多汁的青草、沼泽地区的水草、湖滩的芦苗等，或采食堆积发热的青草、霉败饲草、品质不良的青贮饲料，或者经雨淋、水浸渍、霜冻的饲料等而引起。

【发病机理】正常情况下，反刍动物瘤胃内产生的气体与排出气体保持动态平衡。牛采食后每小时可产生 20L 气体，采食 4h 后每小时产气 5~10L，其中 CO_2 占 66%，CH_4 占 26%，N_2 和 H_2 占 7%，H_2S 占 0.1%，O_2 占 0.9%，这些气体是由纤毛虫、鞭毛虫、根足虫和某些生产多糖黏液的细菌参与瘤胃代谢所形成。胃内产生的气体除覆盖于瘤胃内容物表面外，其余大部分通过嗳气、反刍和咀嚼排出，而另一小部分气体随同瘤胃内容物经皱胃进入肠道和血液被吸收，从而保持着产气与排气的相对平衡。在病理情况下，由于采食了多量易发酵的饲料，经瘤胃发酵生成大量的气体，超量的气体既不能通过嗳气排出，又不能随同内容物通过消化道排出和吸收，致使气体在瘤胃内大量积聚，气体、食团及瘤胃壁之间的压力极不平衡，可使瘤胃内容物显著的超过贲门；同时由于压力感受器和化学感受器受过强的刺激，使嗳气发生障碍，这样瘤胃内气体只产生而不排出，致使瘤胃过度充满或剧烈扩张，并且直接刺激胃壁的神经肌肉，引起瘤胃痉挛性收缩，致使病畜出现腹痛。

泡沫性瘤胃臌气的病理机制较为复杂，一般认为有 4 个基本因素影响泡沫性瘤胃臌气的形成：①瘤胃的 pH 下降至 5.6~6.0；②有大量的气体生成；③有相当数量的可溶性蛋白存在；④有足够数量的阳离子与蛋白质分子结合。有人认为是皂苷果胶和半纤维起作用，已知在豆科植物引起的臌气中，叶的细胞质蛋白是主要的产气因素；有人认为与瘤胃产生黏滞性物质的细菌增多有关，过多细菌可促使泡沫形成。起初瘤胃臌气可引起瘤胃兴奋而运动，从而加剧瘤胃内容物的气泡形成。

泡沫性瘤胃臌气时，瘤胃内的泡沫形成机理还不完全清楚。除上述植物蛋白的作用之外，可能是给牛饲喂高碳水化合物的日粮后，瘤胃内某些类型的微生物产生了不可溶性的黏液，具有致泡沫的作用；或者是发酵产生的气体被细小饲料颗粒封闭，形成泡沫而不能排出。细的颗粒物，如磨细的谷粒可以显著影响泡沫的稳定性。据报道，牛群饲喂谷物类饲料 1~2 个月内，由于瘤胃内产生黏液性微生物的大量繁殖，常常导致瘤胃臌气的发生。

非泡沫性臌气，则是由于瘤胃内重碳酸盐及其内容物发酵所产生的大量游离的 CO_2 和 CH_4，同时采食的饲料中若含有氰苷和脱氢黄体酮化合物（类似维生素 P），可降低前胃神经兴奋性，抑制瘤胃平滑肌收缩，因而引起非泡沫性瘤胃臌气的发生。

在病情发展的过程中，由于瘤胃壁过度的扩张，腹内压升高，胸腔负压降低，呼吸与血液循环障碍，气体代谢遭到破坏，病情急剧发展和恶化。并因瘤胃内容物发酵、腐败产物的刺激，瘤胃壁痉挛性收缩，引起疼痛不安。病的末期，瘤胃壁紧张力完全消失乃至麻痹，气体排出更加困难，血液中 CO_2 显著增加，碱储下降，最终导致窒息和心脏麻痹。

【症状】急性瘤胃臌气，通常在采食不久或在采食过程中发病。腹部迅速膨大，左肷窝明显凸起，严重者高过背中线。反刍和嗳气停止，食欲废绝，发出吭声，表现不安，回头顾腹。腹壁紧张而有弹性，叩诊呈鼓音；瘤胃蠕动音初期增强，常伴发金属音，后减弱或消失。呼吸急促，严重者头颈伸展，张口呼吸，呼吸数增至 60 次/min 以上；心悸、脉率增快，可达 100 次/min 以上。胃管检查：非泡沫性臌气时，从胃管内排出大量酸臭的气体，臌胀明显减轻；而泡沫性臌气时，仅排出少量泡沫性气体，而不能解除臌胀。病的后期，心力衰竭，血液循环障碍，静脉怒张，呼吸困难，黏膜发绀；目光恐惧，出汗，站立不稳，步态蹒跚甚至突然倒地，痉挛、抽搐。最终因窒息和心脏麻痹而死亡。

慢性瘤胃臌气，多为继发性瘤胃臌气，病情弛张不定，瘤胃中等程度臌气，常为间歇性反复发作。经治疗虽能暂时消除臌胀，但极易复发。在这种情况下，应全面检查，具体分析，力求确诊原发病。

【病理变化】病畜死后立即剖检，可见瘤胃壁过度紧张，充满大量气体及含有泡沫的内容物；死后数小时剖检，瘤胃内容物泡沫消失，有的皮下出现气肿，有的瘤胃或膈肌破裂。瘤胃下部黏膜特别是腹囊具有明显的红斑，甚至黏膜下淤血，角化的上皮脱落。头颈部淋巴结、心外膜充血和出血；肺脏充血，颈部气管充血和出血；肝脏和脾脏呈贫血状，浆膜下出血。

【病程及预后】急性瘤胃臌气，病程急促，如不及时急救，数小时内窒息死亡。病情轻的病例，治疗及时，可以痊愈，预后良好。但有的病例，经过治疗消胀后又复发，预后应慎重。

慢性瘤胃臌气，病程可持续数周至数月，由于原发病不同，预后各异。继发于前胃弛缓者，原发病治愈后，慢性臌气也随之消失；若继发于创伤性网胃腹膜炎、腹腔脏器粘连、肿瘤等疾病者，则久治不愈，预后不良。

【诊断】原发性瘤胃臌气，病情急剧，可根据采食大量易发酵性饲料后发病的病史，腹部臌胀，左肷窝凸出，呼吸极度困难，结膜发绀等，不难确诊。继发性瘤胃臌气的特征为周期性的或间隔时间不规则的反复臌气，故诊断并不难，但必须进行详细的临床检查，确定原发病。

插入胃管是区别泡沫性臌气与非泡沫性臌气的有效方法，此外瘤胃穿刺亦可作为鉴别的方法。泡沫性臌气，在瘤胃穿刺时，只能断断续续从导管针内排出少量气体，针孔常被堵塞，排气困难；而非泡沫性臌气，则排气顺畅，臌胀明显减轻。

【治疗】治疗原则是及时排除气体，理气消胀，健胃消导，强心补液，恢复瘤胃蠕动，适时急救。

病情轻的病例，使病畜立于斜坡上，保持前高后低姿势，不断牵引其舌或在木棒上涂煤油或菜油后给病畜衔在口内，同时按摩瘤胃，促进气体排出。若通过上述处理，效果不显著时，可用松节油20~30mL，鱼石脂10~20g，酒精30~50mL，温水适量，牛一次内服。或者内服8%氧化镁溶液（600~1 500mL）或生石灰水（1~3L上清液），具有止酵消胀作用。也可灌服胡麻油合剂：胡麻油（或清油）500mL，芳香氨醑40mL，松节油30mL，樟脑醑30mL，常水适量，成年牛一次灌服（羊30~50mL）。

严重病例，当有窒息危险时，首先应进行胃管放气或用套管针穿刺放气（间歇性放气），防止窒息。非泡沫性臌胀，放气后，为防止内容物发酵，宜用鱼石脂15~25g（羊2~5g），酒精100mL（羊20~30mL），常水1L（羊150~200mL），牛一次内服；或从套管针内注入生石灰水或8%氧化镁溶液，或者稀盐酸（牛10~30mL，羊2~5mL，加水适量）。

泡沫性臌气，以灭沫消胀为目的，宜内服表面活性药物，如二甲基硅油（牛2~4g，羊0.5~1g），消胀片（每片含二甲基硅油25mg，氢氧化铝40mg；牛100~150片/次，羊25~50片/次）。也可用松节油30~40mL（羊3~10mL），液体石蜡500~1 000mL（羊30~100mL），常水适量，一次内服；或者用菜子油（豆油、棉子油、花生油亦可）300~500mL

（羊 30～50mL），温水 500～1 000mL（羊 50～100mL）制成油乳剂，一次内服。当药物治疗效果不显著时，应立即施行瘤胃切开术，取出其内容物。

为了排出瘤胃内易发酵的内容物，可用盐类或油类泻剂，如用硫酸镁或硫酸钠 400～500g，加水 8～10L 内服，或用石蜡油 500～1 000mL 内服，也可用其他盐类或油类泻剂。为了增强心脏机能，改善血液循环，可用咖啡因或樟脑油。根据临床经验，无论哪种臌气，首先灌服石蜡油 800～1 000mL，可收到良好效果。此外，应注意调节瘤胃内容物 pH，可用 3% 碳酸氢钠溶液洗胃或灌服。

急性瘤胃臌气症状缓解后，应兴奋副交感神经、促进瘤胃蠕动，有利于反刍和嗳气，可皮下注射毛果芸香碱或新斯的明。在治疗过程中，应注意全身机能状态，及时强心补液，增强治疗效果。

接种瘤胃液，在排除瘤胃气体或瘤胃手术后，采取健康牛的瘤胃液 3～6L 进行接种。

慢性瘤胃臌气多为继发性瘤胃臌气，除应用急性瘤胃臌气的疗法缓解臌气症状外，还必须治疗原发病。

中兽医称瘤胃臌气为气胀病或肚胀，治以行气消胀、通便止痛为主。牛用消胀散：炒莱菔子 15g，枳实、木香、青皮、小茴香各 35g，玉片 17g，二丑 27g，共为末，加清油 300mL，大蒜 60g（捣碎），水冲服。也可用木香顺气散：木香 30g，厚朴、陈皮各 10g，枳壳、藿香各 20g，乌药、小茴香、青果（去皮）、丁香各 15g，共为末，加清油 300mL，水冲服。在农村、牧区紧急情况下，可用醋、稀盐酸、大蒜、食用油等内服，具有消胀和止酵作用。针治：脾俞、百会、苏气、山根、耳尖、舌阴、顺气等穴。

【预防】本病的预防重在搞好饲养管理。由舍饲转为放牧时，最初几天在出牧前先喂一些干草后再放牧，并且应限制放牧的时间及采食量；在饲喂易发酵的青绿饲料时，应先饲喂干草，然后再饲喂青绿饲料；尽量少喂堆积发酵或被雨露浸湿的青草；管理好畜群，不让牛、羊进入苕子地、苜蓿地暴食幼嫩多汁豆科植物；不到雨后或有露水、下霜的草地上放牧；奶牛、肉牛及耕牛放牧前，可用油（如豆油、花生油、菜子油等）和聚乙烯等阻断异分子的聚合物，每天喷洒草地或灌服，或每天喂一些加入表面活化剂的干草。舍饲育肥动物，应在全价日粮中至少含有 10%～15% 铡短的粗料，最好是禾谷类稿秆或青干草；应避免饲喂用磨细的谷物制作的饲料。

瘤胃异常角化（ruminal parakeratosis）

瘤胃异常角化是指瘤胃黏膜表层扁平上皮细胞的块状角化，它是以瘤胃壁乳头硬化和增大为特征的一种疾病。

本病多发生于犊牛、育肥期肉牛及绵羊，成年公、母牛都可发病，发病率可达 40%。

【病因】本病的病因尚不十分明确，但通过育肥期肉牛的饲料与饲养分析，一般认为是由于谷物饲料调制不当，碾磨过细，喂量过多，粗饲料不足，造成瘤胃异常角化。

此外，青绿饲料不足、维生素 A 缺乏、有加热处理的含有大量精料的苜蓿颗粒饲料等，都可使瘤胃黏膜受到损害，引起瘤胃上皮异常角化。

【发病机理】精饲料（尤其是谷类精料）喂量过多，粉碎过细，粗饲料不足，大量可消化的碳水化合物于瘤胃内迅速酵解，造成瘤胃内容物中挥发性脂肪酸产生过多、过快，并因醋酸含量减少，丙酸和丁酸含量增高，瘤胃内 pH 下降至 6.0 以下，致使瘤胃黏膜受到损害。同时因粗饲料不足或缺乏，瘤胃的兴奋性降低，唾液分泌受到反射性抑制，瘤胃内酸碱度得不到调节与缓冲，其结果是大量的挥发性脂肪酸经上皮组织吸收和代谢，而挥发性脂肪酸是瘤胃组织生长的刺激物和主要能量提供者，从而促进瘤胃上皮细胞增生。过细、无刺激性的饲料又不能促进上皮细胞的角化过程，从而导致瘤胃异常角化。

【症状】一般病例无特征性临床症状，故不引人注意。有的病例，在病的初期瘤胃消化功能减退，脂肪吸收障碍，乳脂率降低。病牛喜食干草、秸秆等粗饲料，经常舔舐自体或同群牛体，并呈现前胃弛缓、瘤胃臌气。本病生前多不易诊断，多数是在死后剖检时才被发现。

血液学检查，粒细胞增多，渐进性贫血，血液与肝脏内维生素 A 含量减少，挥发性脂肪酸含量增高。

【病理变化】临床剖检病例，瘤胃黏膜上有泥状食糜附着，用水洗不易脱落。冲洗后检查有异常角化的乳头区，乳头变硬，呈棕色，丛集成块状。无乳头区的黏膜，尤其沿着瘤胃背弯，常有多发性角化的病灶，每个病灶都有黑褐色的痂块牢固地粘在黏膜上，将痂块移除，出现完整无损的黏膜面。

病理组织学检查，瘤胃黏膜充血，粒细胞浸润，上皮细胞脱落、坏死。并因粒细胞浸润，纤维蛋白增生，引起黏膜下结缔组织肥厚等病变。黏膜表面含有过剩层次的角化鳞状上皮细胞，这些细胞还遗留着细胞核，有些细胞含有空泡，在表面以及有时在各层之间是饲料碎屑及菌落，若无异物造成穿刺，则不会引起炎症反应。

【诊断】由于肥育期饲养上的特点，肉牛瘤胃异常角化在屠宰牛中可达 8.8%。根据剖检或屠宰病例的特征性瘤胃病理变化，结合临床症状分析，不难确诊。

【治疗】本病治疗的关键在于消除病因，控制精料饲喂量，给予干草、青草或作物秸秆。同时改善瘤胃内环境，可给予适量碳酸氢钠内服，以调节瘤胃内酸碱度；使瘤胃内 pH 恢复到 6.35 以上，促进瘤胃内容物运化。同时应用维生素 A，按每千克体重 100～200IU 内服，消除瘤胃黏膜炎性浸润，赋予黏膜上皮细胞活力。此外，还可应用强脾健胃药，增进胃肠消化功能。

【预防】加强饲养管理，对奶牛和肉牛的日粮搭配一定量的完整谷粒，肥育期肉牛的日粮中精料不宜过多。在冬春季节，对犊牛、肥育期肉牛和绵羊应饲喂富含维生素 A 和胡萝卜素的青贮和块根饲料，以防止瘤胃黏膜上皮角化异常。同时注意饲料与营养，增强消化功能，防止发生异嗜和舔食被毛等症状，保证畜群的健康。

创伤性网胃腹膜炎（traumatic reticuloperitonitis）

创伤性网胃腹膜炎又称为金属器具病（hardware disease）或创伤性消化不良，是由于金属异物（针、钉、碎铁丝等）混杂在饲料内，被误食后进入网胃，导致网胃和腹膜损伤及炎症的一种疾病。金属异物造成网胃壁的穿孔，开始伴有急性局部性腹膜炎，然后发生急性弥漫性或慢性局部性腹膜炎，也可引起其他器官损伤，发生创伤性心包炎、迷走神经性消化不良、膈疝以及肝、脾化脓性损害等。

本病主要发生于舍饲的奶牛和肉牛以及半舍饲半放牧的耕牛，间或发生于羊。而远离城镇、村庄、工厂和矿区的草原、草场上放牧的牛、羊,则很少发生。

【病因】根据临床观察,耕牛多因缺乏一定的饲养管理制度,随意舍饲和放牧所致。碎铁丝、铁钉、钢笔尖、回形针、大头钉、缝针、发卡、废弃的小剪刀、指甲剪、铅笔刀和碎铁片等,混杂在饲草、饲料中,散在村前屋后、城郊路边或工厂作坊周围的垃圾或草丛中,被牛采食或吞咽后,造成本病的发生。

奶牛主要是因饲料保管与加工不当,饲养粗心大意,对饲料中的金属异物的检查和处理不细致而引起。在饲草、饲料中的金属异物,最常见的是饲料粉碎机与铡草机上的螺丝钉,其他如碎铁丝、铁钉、缝针、别针、注射针头、发卡及其他尖锐金属异物等,随同草料被采食后而致病。

此外,日粮调配不平衡,其中矿物质、微量元素及维生素 A 和维生素 D 缺乏或不足,使牛出现异食癖,吃进尖锐异物,也是造成本病发生的原因。

【发病机理】牛的口腔颊部黏膜上有大量的锥状乳头,舌面粗糙,舌背上又有许多尖端向后的角质锥状乳头,对不能消化的异物辨别能力比较迟钝。牛采食迅速,不经咀嚼,喜爱舔食,在饲养管理不注意的情况下,往往将随同饲料的金属异物吞咽后落入网胃,导致本病的发生。金属丝和钉子是最常见的致病金属物。根据文献资料,奶牛吞下的金属异物中,碎金属丝占 43.6%,铁钉占 41.9%,缝针占 9.1%,发卡占 5.4%。

牛食进金属异物所导致的病理损伤与异物的形状、硬度、大小和尖锐性有关。被吞咽的异物可停滞于食管上部,造成食管部分阻塞和创伤,或者停留在食道沟内,引起逆呕。金属异物被吞咽进入瘤胃,一般不引起瘤胃急剧的病症。进入网胃的异物,由于网瓣口高于网胃底部,易使重物留于网胃,而网胃的蜂房状黏膜又促使尖锐异物陷于其中。长 5~7cm 的尖锐异物所造成的危害性最大,因为当网胃收缩或动物身体状态改变时,尖锐的异物随时可能刺伤网胃而发病。对发病影响较大的因素是妊娠,尤其在妊娠后期随着动物起卧,硕大的子宫在腹腔内摆动,压迫瘤胃和网胃,若网胃内存在有尖锐的异物就可能刺破网胃。此外一些能引起腹内压升高的疾病或因素也能诱发本病的发生,如分娩、爬跨、跳沟、瘤胃臌气、瘤胃积食等。钝性异物如坚果、螺栓和短金属(长度小于 2.5cm),一般不造成网胃损伤,在常规 X 射线检查或屠宰时被发现。

由于异物的尖锐程度、存置部位及其与胃壁之间呈现的角度不同,创伤的性质大体上分为叶间型、壁间型和穿孔型。异物与胃壁之间越接近 90°角就越易导致胃壁穿孔,越接近 0°或 180°角(即与胃壁呈同一水平)穿刺胃壁的机会就越少。叶间型是指异物仅刺入蜂房状小槽之间,未刺伤其他部位,此种几乎无任何局部和全身影响;壁间型是指异物刺伤网胃胃壁,引起局部炎症,或损伤网胃前壁的迷走神经支,导致前胃弛缓、迷走神经性消化不良或壁间脓肿。若异物被结缔组织包围,则形成硬结。穿孔型是指异物穿过网胃壁,引起腹膜炎,

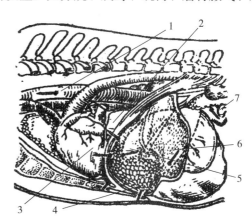

图 1-1 网胃铁钉转移方向
1. 经食道出口腔 2. 刺入肺脏 3. 刺入心包及心肌
4. 刺入胸壁 5. 刺入脾脏(脾脏覆盖于瘤胃之上,以虚线表示) 6. 刺入肝脏(肝脏偏于右腹,以虚线表示)
7. 经十二指肠向后运行

若向前穿过网胃刺伤膈、心脏、肺脏，引起膈肌脓肿及破裂，形成膈疝或肺出血及肺脓肿，但最常见的是创伤性心包炎。若向后则刺伤肝脏、脾脏、瓣胃、肠等器官，可引起这些器官的炎症或脓肿（图1-1）。

【症状】典型的病例主要表现消化紊乱，网胃和腹膜的疼痛，以及包括体温、血液学变化在内的全身反应。

1. 消化扰乱 食欲减少或废止，反刍缓慢或停止，有时出现异嗜。瘤胃蠕动微弱，轻度臌气。粪量减少、干燥，呈深褐色至暗红色，常覆盖一层黏稠的液体，有时可发现潜血。慢性局限性网胃腹膜炎的病例，间歇性轻度臌气，便秘或腹泻，久治不愈。

2. 网胃疼痛 典型病例精神沉郁，拱背站立，四肢集拢于腹下，肘外展，肘肌震颤，排粪时拱背、举尾、不敢努责，每次排尿量亦减少。呼吸时呈现屏气现象，呼吸抑制，做浅表呼吸。用力压迫胸椎、脊突和胸骨剑状软骨区，病牛发出呼气呻吟声。病牛立多卧少，一旦卧地后不愿起立，或持久站立，不愿卧下，也不愿行走。站立时，常采取前高后低的姿势，头颈伸展，两眼半闭，不愿移动。牵病牛行走时，不愿下坡、跨沟或急转弯，在砖石或水泥路面上行走时止步不前。当卧地起立时，因感疼痛，极为谨慎，起时前腿先起，卧下时后腿先卧，肘部肌肉颤动，甚至呻吟和磨牙。

3. 全身症状 当呈急性经过时，病牛精神较差，表情忧郁，体温在穿孔后第1到第3天升高1℃以上，以后可维持正常，或变成慢性，不食和消瘦。若异物再度转移，导致新的穿刺伤时，体温又可能升高。有全身明显反应时，呈现寒战，浅表呼吸，脉搏达100~120次/min。乳牛泌乳量显著下降。急性弥漫性网胃腹膜炎的病例，上述全身症状更加明显。

4. 血液学变化 病的初期，粒细胞总数升高，可达11×10^9~16×10^9个/L；嗜中性粒细胞增至45%~70%，核左移，淋巴细胞减少至30%~45%。慢性病例，血清球蛋白含量升高，粒细胞总数中度增多，嗜中性粒细胞增多，单核细胞数量持久地升高，达5%~9%，缺乏嗜酸性粒细胞。

【病理变化】本病的病理变化依金属异物的性状而异。有的引起创伤性网胃炎，特别是铁钉，可使胃壁深层组织损伤，局部增厚，化脓，形成瘘管或瘢痕；有的病例网胃与膈粘连或胃壁局部结缔组织增生，铁钉包埋其中，并形成干酪腔或脓腔；还有一部分病例，由于网胃壁穿孔，形成弥漫性或局限性腹膜炎，乃至胸膜炎，脏器互相粘连，或膈、脾、肝、肺发生脓肿。心脏受损害时，心包内充满多量纤维蛋白渗出液或血凝块，心肌坏死，出现大小不等的脓灶。

【诊断】创伤性网胃腹膜炎，临床特征十分明显的病例并不多见，通常呈现迷走神经性消化不良综合征。在临诊实践中，可通过临床表现，网胃区的叩诊和强压触诊检查及金属探测器检查的结果做出诊断。而症状不明显的病例，则需要辅以实验室检查和X射线检查才能确诊。本病应与前胃弛缓、酮病、多发性关节炎、蹄叶炎、背部疼痛等疾病进行鉴别。

【治疗】治疗原则是及时摘除异物，抗菌消炎，加速创伤愈合，恢复胃肠功能。

本病的治疗措施，应根据病因和其病情发展及现有的兽医临床医疗设备及技术力量来决定，可采取保守疗法和手术疗法。

急性病例一般采取保守疗法。在病的初期，金属异物刺损网胃壁时，应使病牛立于斜坡上，或具有15~20cm倾斜度的平台上，保持前躯高后躯低的姿势，同时限制饲喂量，特别是减少饲草的喂量，降低腹腔脏器对网胃的压力，有利于异物从网胃壁上退出。或将牛拴在栏内，牛床前部垫高25cm，坚持10～20d，待症状消失后1d以内停止。同时应用抗生素和磺胺类药物，如普鲁卡因青霉素300万U、双氢链霉素5g，溶于注射用水中，1次肌肉注射，2～3次/d，连用3～5d；网胃内投放磁铁（由铅、钴、镍合金制成，长5.7～6.4cm，宽1.3～2.5cm），取出被吸附的金属异物；为了暂时性减轻瘤胃和网胃的压力，可投服油类泻剂，然后投服制酵剂（如鱼石脂15g，酒精40mL，加水至50mL，2～3次/d）。

手术疗法：通常施行瘤胃切开术，从网胃壁上摘除异物。早期如无并发病，手术后加强护理，其疗效可达90%以上。在饲养护理方面，应使病牛保持安静，先绝食2～3d，其后给予适量易消化的饲料，并应用防腐止酵剂内服，静脉注射高渗葡萄糖或葡萄糖酸钙溶液，以提高治疗效果。

【预防】注意清除饲草、饲料内的金属异物或其他尖锐异物，不在村前屋后、铁工厂及垃圾堆附近放牧和收割饲草。采用金属异物探测器对牛进行定期检查。必要时，可应用金属异物摘除器，从网胃中吸取金属异物。在创伤性网胃腹膜炎多发地区或牛群，可预防性地给所有已达1岁的青年公牛和母牛投服"笼磁铁"（称为永久性磁铁）；奶牛可装置磁铁牛鼻环。

附：创伤性脾炎和肝炎 (traumatic splenitis and hepatitis)

创伤性脾炎和肝炎作为创伤性网胃腹膜炎的一种继发症，发病率虽然不高，但常引起脾、肝脓肿或败血症及死亡。有时在网胃第一次被金属器具穿孔时继而穿刺到肝、脾；或在网胃第一次穿孔后，表面上看来似乎体征是消失了，但随后几个星期，由于异物的突然转移，以致穿刺到肝和脾。

【症状】主要有发热（38.5～40.5℃），心率增加，采食量和泌乳量逐渐下降，但瘤胃仍出现蠕动，并且可能蠕动正常。用检查创伤性网胃腹膜炎疼痛的方法做腹部叩诊，通常呈阴性反应，用力深部触诊，可能引起轻度哼声。诊断性体征是用拇指在左侧（脾）或右侧（肝）最后肋间往腹下部一步步的触诊，呈现疼痛反应。在脾或肝脓肿病程持久以后，病畜食欲紊乱，严重衰弱，消瘦，发生腹膜炎。当脾脓肿时，可并发多发性关节炎及败血症；当肝脓肿时，可呈现黄疸及贫血。

血液学检查有重要意义。粒细胞总数显著升高（12×10^9 个/L以上），分类计数呈明显的嗜中性粒细胞增多症及核左移。

【治疗】通常不进行腹腔探查术，除非为了诊断目的。如果及早地使用抗生素治疗，可以防止脓肿形成。有些病牛服用磺胺二甲基嘧啶，可见暂时效果。

迷走神经性消化不良 (vagus indigestion)

迷走神经性消化不良是指支配前胃和皱胃的迷走神经腹侧支受到机械性或物理性损伤，引起前胃和皱胃发生不同程度的弛缓或麻痹，致使瘤胃功能障碍，内容物运转迟滞，发生瘤胃臌气、消化障碍和排泄糊状粪便为特征的一种综合征。本病是牛的常见病之一，绵羊也偶尔发生。

【病因】多数病例的病因是创伤性网胃腹膜炎，炎性组织和瘢痕组织使分布于网胃前壁的迷走神经腹支受到损伤。有些病例虽然迷走神经未被侵害，却因瘤胃和皱胃发生粘连或因前胃与皱胃受到物理性损害，影响食管沟的反射机能，从而引起消化不良；在迷走神经牵张感受器所在处的网胃内侧壁发生硬结时，黏膜感受器受到干扰，直接影响食管沟的正常反射作用。也有的因迷走神经胸支受到肺结核或淋巴肿瘤的侵害和影响，导致本病的发生。

此外，膈疝、绵羊住肉孢子虫病和细颈囊尾蚴病、瘤胃和网胃的放线杆菌病等，亦可能引起迷走神经性消化不良。

【发病机理】本病的发生及病理演变过程，应视迷走神经腹支损害的性质或网胃与膈肌粘连的程度而异。主要发病环节在于支配前胃和皱胃运动的迷走神经分支系统受到损伤，前胃或皱胃的运动机能发生紊乱。反刍动物前胃和皱胃的运动功能，同其他动物的胃肠运动一样，以胃壁平滑肌固有的自主运动性为基础，同时接受迷走神经和交感神经的神经调控。迷走神经呈兴奋效应，增强胃肠壁平滑肌的收缩性，以利食物的运转和通过；交感神经则呈抑制效应，减弱胃肠壁平滑肌的收缩性，以利食物的停留和消化。

当迷走神经受到损害或机能障碍时，前胃与皱胃陷于高度弛缓或麻痹，反射性地引起网-瓣胃孔和幽门括约肌痉挛性收缩，因而可能引起瘤胃积食现象。如胃壁平滑肌仍保持其正常的运动性（初期），通过异常发酵产生的气体与食物混杂存在，可能导致瘤胃泡沫性臌气；如胃壁平滑肌已失去其固有的运动性而陷入弛缓状态（后期），则可能导致瘤胃臌气。当幽门括约肌弛缓时，皱胃内容物不能后送，并发酵而产气、产酸，皱胃积液（液体回渗），发生幽门阻塞综合征或功能性狭窄，甚至皱胃内容物回流入瓣胃、网胃和瘤胃，造成呕吐，进而影响前胃内环境，造成前胃消化紊乱。

由于前胃和皱胃运动障碍以及机能性阻塞，可引起不同程度的脱水和低氯血、低钾血性碱中毒。许多病例因皱胃内容物逆流到瘤胃、网胃，导致电解质紊乱及酸碱平衡失调日益严重。

【症状】迷走神经性消化不良是一种临床综合征，通常分为以下三种类型：

1. 瘤胃弛缓型 常见于母牛妊娠后期乃至产犊后。病牛食欲、反刍减退，腹部膨胀，消化障碍，排少量糊状粪便。瘤胃收缩力减弱或消失。应用拟胆碱类药物兴奋副交感神经不见好转，持续性轻度臌气，体温无变化，呼吸加快，脉搏急速，腹部触诊无疼痛反应。直肠检查，瘤胃显著膨胀。病牛迅速消瘦，体质虚弱，病的后期营养衰竭，卧地不起，陷于虚脱状态。

2. 瘤胃膨胀型 病的发生与妊娠和分娩无关，主要临床表现是瘤胃运动增强，充满气体，肚腹膨胀。食欲减退，消化障碍，迅速消瘦，而瘤胃收缩却仍然有力，蠕动音持续不断。瘤胃内容物通常是充分浸软和几乎是泡沫性的，粪便量少或正常，呈糊状。心脏频率减慢，脉搏徐缓，有时出现缩期性杂音，并伴随呼吸运动起伏增强或减弱，瘤胃膨胀消退时心杂音随之消失。按常规治疗，久治不愈。

3. 幽门阻塞型 多数病例常于妊娠后期发生。病牛厌食，消化机能障碍，粪便排泄量减少，呈糊状，直到后期，肚腹不膨大，无全身反应。末期心脏衰弱，脉搏疾速，尤其引人注意的是皱胃阻塞，右下腹部膨隆。直肠检查时，于腹底可触诊到皱胃，但妊娠的母牛不易摸到，皱胃内容物充满而坚实。瘤胃收缩力完全消失，陷于高度弛缓，大量积液，终因营养衰竭而死亡。

一般情况下，各型独立存在，每型各为疾病发展的不同阶段而相继出现；有时可能也联合发生，特别是瘤胃弛缓引起的肚腹胀满易和皱胃阻塞并发。血液学检查，凡是继发于创伤性网胃腹膜炎的病例，血液学变化明显，嗜中性粒细胞数增多，核左移，单核细胞增多；其他病例血液学无明显变化。

【病理变化】 多数病例瘤胃臌胀，积滞腐败发酵的食物和液体，有的瘤胃缩小，含有稀薄清亮的液体和少量饲料颗粒；幽门部阻塞，幽门部黏膜见有糜烂和溃疡，皱胃扩张，容积增大，充满粗糙未经充分消化的液状食糜，有的伴有积液和积气；肠管空虚，内容物呈糊状，粪便为深绿色、糊状。此外，凡是网胃前壁受到损害的病例，都具有创伤性网胃腹膜炎的病理变化，腹腔脏器粘连，有时可见内脏脓肿或异物。

【诊断】 迷走神经性消化不良的论证诊断，主要依据于创伤性网胃腹膜炎病史；迁延数周的慢性病程；厌食，渐进消瘦，排粪迟滞，腹部膨胀，瘤胃和皱胃积食、积液、积气等典型的临床体征；应用拟胆碱药物兴奋副交感神经无反应，久治不愈。但在临床实践中，必须注意同创伤性网胃腹膜炎、瘤胃臌气、皱胃阻塞、瓣胃秘结以及母牛产后皱胃左方变位等疾病进行鉴别诊断。

【治疗】 瘤胃弛缓型和幽门阻塞型通常采用外科手术疗法。只要掌握手术中的无菌原则，效果较为理想。瘤胃膨胀型采用瘤胃切开术，取出内容物，可逐渐康复。对妊娠母牛在临产前进行输液、平衡电解质、用地塞米松引产等，也许有一定效果。皱胃切开手术后，皱胃运动机能不易恢复，常无理想效果。内服石蜡油1 000～3 000mL，以软化及排除胃内容物，疏通胃肠，但效果常不理想。

有人治疗迷走神经性消化不良时，采取及时输液、维持电解质平衡和防止脱水的措施，并腹腔注射抗生素和普鲁卡因（腹腔封闭），以防止炎症的发生。根据原发病因施行进一步治疗：①对瘤胃弛缓型病例，可采用睡眠疗法，如盐酸氯丙嗪每千克体重1～2mg，肌肉注射，或酒精800～1 000mL，内服，临床实践证明其效果很好。②对幽门阻塞、皱胃坚硬间或瓣胃扩张的病例，可采用瘤胃切开术，把胃管插入网瓣孔，用1%温食盐水加压冲洗瓣胃和皱胃，将内容物经瘤胃排出，也有很好疗效。

【预防】 本病的预防在于改善饲养管理，认真做好饲料保管和调制，清除各种异物，建立定期检查制度，特别是对饲养场的牛群，可请兽医人员应用金属探测器进行定期检查，必要时再用金属异物摘除器从瘤胃和网胃中摘除异物，以防止迷走神经胸支和腹支受到损伤，保证牛群健康。

瓣胃阻塞（omasum impaction）

瓣胃阻塞又称为瓣胃秘结，中兽医叫"百叶干"，是由于前胃机能障碍，瓣胃收缩力减弱，大量内容物在瓣胃内停滞、水分被吸收而干涸，胃壁扩张而形成阻塞的一种疾病。瓣胃阻塞分为原发性和继发性两种类型。本病常见于耕牛，其次是奶牛。

【病因】

1. 原发性瓣胃阻塞 主要因长期饲喂糠麸、粉渣、酒糟等或含有泥沙的饲料，或饲喂甘薯蔓、花生蔓、豆秸、青干草、紫云英等含坚韧粗纤维的饲料（特别是铡得过短后喂牛）而引起；其次，放牧转为舍饲或突然变换饲料，饲料中缺乏蛋白质、维生素以及微量元素，或者因饲养不正规，饲喂后缺乏饮水以及运动不足等，都可引起瓣胃阻塞。

2. 继发性瓣胃阻塞 常继发于前胃弛缓、瘤胃积食、皱胃阻塞、皱胃变位、皱胃溃疡、迷走神经性消化不良、创伤性网胃腹膜炎、肠套叠、腹腔脏器粘连、牛产后血红蛋白尿病、生产瘫痪、牛恶性卡他热、血液原虫病等疾病。

【发病机理】本病是在前胃弛缓的基础上发生、发展的。由于前胃弛缓，瓣胃的研磨筛滤作用减弱，内容物停滞、水分被吸收而干涸，胃壁过度扩张，致使瓣胃受到机械性的刺激和压迫，并因内容物的腐解而形成大量有毒物质，引起瓣胃壁发炎和坏死，神经肌肉装置受到损害，胃壁陷于麻痹，有毒物质被吸收，从而引起机体脱水和自体中毒。

【症状】病的初期主要表现前胃弛缓症状，食欲不定或减退，反刍缓慢无力，鼻镜干燥。瘤胃轻度臌胀，瓣胃蠕动音微弱或消失，便秘，粪便干燥、色暗。精神迟钝，时而呻吟，于右侧腹壁（第8～10肋间的中央）触诊，病牛疼痛不安。奶牛泌乳量下降。

随着病情发展，全身症状逐渐明显。病畜精神沉郁，鼻镜干燥、龟裂，空嚼、磨牙。呼吸浅快，心悸，脉率增至80～100次/min。食欲废绝，反刍停止，瘤胃收缩力减弱。瓣胃穿刺（右侧第9肋间与肩关节水平线相交点），进针时感到有较大阻力。直肠检查，直肠内空虚、有黏液，并有少量暗褐色粪便附着于直肠壁。

晚期病例，精神忧郁，体温升高0.5～1℃，皮温不整，结膜发绀。食欲废绝，排粪停止或排出少量黑褐色恶臭黏液。尿呈黄色，量减少或无尿。呼吸急促，心悸，脉率可达100～140次/min，脉搏节律不齐。体质虚弱，卧地不起。

【病程及预后】一般病例，病程较缓，经及时治疗，1～2周多可痊愈，预后良好；重剧病例，经过3～5d，卧地不起，陷入昏迷状态，预后不良。

【诊断】瓣胃阻塞的临床表现多与前胃其他疾病、皱胃疾病乃至某些肠道疾病的临床特征相似，诊断困难。有些病例于死后剖检时才发现。因此，临床诊断时必须对病牛胃肠进行仔细检查，根据病史、临床表现及结合瓣胃穿刺检查结果，亦可让牛站立，用手掌在瓣胃区推动牛体左右晃动，当牛体向右侧晃动时，手掌突然进行冲击式触诊，可能触到坚硬的胃壁，做出初步诊断。必要时进行剖腹检查，可确诊本病。

【治疗】治疗的原则是增强前胃运动机能，软化瓣胃内容物，促进瓣胃内容物排除。

病情轻者，可内服泻剂，如硫酸镁或硫酸钠400～500g，常水8～10L，或液体石蜡1～2L，亦可用植物油500～1 000mL，一次内服。同时应用10%氯化钠溶液100～200mL，20%的安钠咖注射液10～20mL，一次静脉注射，以增强前胃神经兴奋性，促进前胃内容物运转和排除。也可应用拟胆碱药，如氨甲酰胆碱1～2mg，或新斯的明10～20mg，或毛果芸香碱20～50mg，皮下注射。

重症病例可行瓣胃内注射。可用10%硫酸钠溶液2～3L，液体石蜡或甘油300～500mL，普鲁卡因0.5～1g，呋喃西林3g，一次瓣胃内注入。注入部位在右侧第9肋间与肩关节水平线相交点，略向前下方刺入10～12cm，判明针头已刺入瓣胃时，方可注入。

以上措施无效时，可试行瘤胃切开术，通过网瓣口插入胃导管，用水充分冲洗瓣胃，使干涸内容物变稀，便于内容物排出。

在治疗中，应注意强心输液，防止脱水和自体中毒，增进治疗效果。可静脉注射撒乌安注射液100～200mL或樟脑酒精注射液200～300mL，同时应用庆大霉素、链霉素等抗生素，并及时输糖补液。

按照中兽医辨证施治原则，牛百叶干是因脾胃虚弱、津液不足，治疗着重生津、清胃热、通肠润燥、补血养阴，宜用增味承气汤：玄参50g，生地100g，麦冬50g，大黄100g，枳实50g，知母40g，甘草25g，研细末与芒硝200g配合，开水冲后内服；若以滋阴润燥为目的，宜用藜芦润肠汤：藜芦、常山、二丑、川芎各 60g，当归 60～100g，水煎后加滑石 90g、石蜡油 1 000mL、蜂蜜 250g，一次内服。

【预防】避免长期使用混有泥沙的糠麸、糟粕饲料喂养，铡草喂牛时不要将饲草铡得过短，适当减少坚韧粗纤维饲料的饲喂量；在冬春季节，应加喂富含维生素、蛋白质和矿物质的饲料；注意运动和饮水，以增进消化机能；发生前胃弛缓时，应及早治疗，以防止本病的发生。

（吴金节）

第三节 反刍动物皱胃疾病

皱胃阻塞（abomasum impaction）

皱胃阻塞又称为皱胃积食，是由于迷走神经调节机能紊乱，导致皱胃弛缓和排空不畅，内容物停滞，胃壁扩张和体积增大的一种疾病。按发病原因，分为原发性阻塞和继发性阻塞；按阻塞物性质，分为食物性阻塞和异物性阻塞。

各种反刍动物均可发生，尤其多见于黄牛、水牛、奶牛和肉牛。

【病因】

1. 原发性皱胃阻塞 主要是由于长期采食大量粗硬难以消化的饲草或吞食异物而引起。冬、春季节缺乏青绿饲料，用谷草、麦秸、玉米秸秆、高粱秸秆或稻草铡碎喂牛；在夏、秋季节，以饲喂麦糠、豆秸、甘薯蔓、花生蔓等秸秆为主，加上饮水不足、劳役过度、精神紧张和气象应激等，常发生皱胃阻塞；规模化养殖的牛场，用粉碎的粗硬秸秆与谷粒组成混合日粮，饲喂肥育牛和妊娠后期的乳牛，本病的发生率明显增高；饲草内多夹带沙粒，块根块茎饲料常混有泥土，可引起皱胃沙土阻塞；犊牛因大量乳凝块滞留而发生皱胃阻塞。此外，由于消化机能和代谢机能紊乱，病畜发生异嗜，舔食沙石、水泥、毛球、麻线、破布、木屑、刨花、塑料薄膜等不易消化物质，引起机械性皱胃阻塞。

2. 继发性皱胃阻塞 常继发于迷走神经损伤、纵隔疾病、前胃弛缓、创伤性网胃腹膜炎、皱胃溃疡、皱胃炎、小肠秘结以及肝、脾脓肿及犊牛的腹膜炎等疾病。

【发病机理】当迷走神经机能紊乱或受损伤时，若饲养管理不当，可反射性地引起幽门痉挛、皱胃壁弛缓和扩张。或因皱胃炎、皱胃溃疡、幽门部狭窄，以致胃肠道运动障碍，由前胃陆续运转进入皱胃的内容物大量积聚，形成阻塞，继而导致瓣胃秘结，更加促进其病情急剧发展。个别病例，由于小肠秘结，继发皱胃阻塞，却不伴发瓣胃秘结现象。由于皱胃阻塞，氯离子和氯化物不断地被分泌进入皱胃，致使皱胃弛缓、代谢性碱中毒和低氯血症一起发生。同时，皱胃中钾离子聚集导致低钾血症。由于液体不能通过阻塞的皱胃进入小肠而被吸收，因而发生不同程度的脱水。

在病情发展中，由于前胃机能受到反射性抑制，消化障碍，食欲废绝，反刍停止，呈现迷走神经消化不良的部分综合征。瘤胃内微生物区系急剧变化，内容物腐败过程加剧，产生大量的刺激性有毒物质，引起瘤胃和网胃黏膜组织炎性浸润，渗透性增强，瘤胃内大量积液，全身机能状态显著恶化，发生严重的脱水和自体中毒现象。

【症状】病的初期，食欲减退，反刍稀少、短促或停止，有的病畜饮水量增加；瘤胃蠕动音减弱，瓣胃音低沉，腹围无明显异常变化；尿量少，粪便干燥。

随着病情进一步发展，病畜精神沉郁，被毛逆立，食欲废绝，反刍停止，鼻镜干燥或干裂；瘤胃和瓣胃蠕动音消失，肠音微弱，常常呈现排粪姿势，有时排出少量糊状、棕褐色的恶臭粪便，混杂少量黏液或紫黑色血丝和血凝块；尿量少而浓稠，呈黄色或深黄色，具有强烈的臭味；右侧中腹部到后下方呈局限性膨隆，在肋骨弓的后下方皱胃区做冲击式触诊，则感触到皱胃体显著扩张而坚硬；同时病牛有躲闪、蹴踢或抵角等敏感表现。发病1~2周后，机体虚弱而卧地，体温正常，瘤胃多空虚或积气、积液，继发瓣胃阻塞。当瘤胃大量积液时，冲击式触诊，呈现震水音；病的后期，病牛全身机能下降，精神极度沉郁，鼻镜干燥，皮肤弹性减退，结膜发绀，眼窝凹陷，血液黏稠，心率达100次/min以上，呈现严重的脱水和自体中毒症状。

直肠检查：直肠内有少量粪便和成团的黏液，混有坏死黏膜组织。体形较小的黄牛，手伸入骨盆腔前缘右前方，瘤胃的右侧，于中下腹区，能摸到向后伸展扩张呈捏粉样硬度的部分皱胃体。乳牛和水牛体形较大，直肠内不易触诊。

实验室检查：瘤胃液纤毛虫数减少，活力降低；血清氯化物含量降低，平均为3.88g/L（正常为5.96g/L）；血清钾含量降低；血浆CO_2结合力升高，平均为682mL/L（正常514mL/L）。

犊牛和羔羊的皱胃阻塞表现为消化不良综合征。特别是犊牛，由含有大量的酪蛋白乳所形成的坚韧乳凝块而引起的皱胃阻塞，持续下痢，体质虚弱，腹部膨胀而下垂，用拳抵压腹部冲击触诊时，可听到一种类似流水的异常音响。某些严重病例，即使通过皱胃手术，除去阻塞物，仍然可能陷于长期的前胃弛缓现象。

【病理变化】多数病例，皱胃极度扩张，体积显著增大甚至超过正常的两倍，皱胃被干燥的内容物阻塞。局部缺血的部分，胃壁极薄，容易撕裂。皱胃黏膜炎性浸润、坏死、脱落；有的病例，幽门部和胃底部，有散在出血斑点或溃疡。

瓣胃孔显著扩张，内容物堆积、黏硬，瓣叶坏死，黏膜大面积脱落。由肠秘结继发的病例，则表现瓣胃空虚；瘤胃通常膨大，充满多量粥样内容物和液体，散发腐败性臭味。

【病程及预后】皱胃阻塞急性的较为少见，通常多为慢性的病理发展过程，病程持续2~3周或更长。随病程延长，全身状况逐渐恶化，食欲、反刍完全消失，全身虚弱，常常左侧位卧地，不断呻吟，有时发出"吭"声。继发于创伤性网胃腹膜炎的病牛，因迷走神经受到严重损伤，反复发生瘤胃膨气，引起皱胃和瓣胃的扩张、阻塞以至麻痹，若不及时确诊和治疗，则预后不良。

【诊断】原发性皱胃阻塞依据长期饲喂粗硬细碎草料或有异嗜的生活史，腹部视诊、触诊发现右肋弓后下方局限性膨隆，直肠检查结果以及低氯血症、代谢性碱中毒等检验结果，即可确诊；继发性皱胃阻塞，应依据生活史、病史和病程，进行综合分析，加以仔细鉴别。

【治疗】治疗原则是消积化滞，防腐止酵，缓解幽门痉挛，促进皱胃内容物排除，防止脱水和自体中毒。

为了增强胃壁平滑肌的自动运动性，解除幽门痉挛，恢复皱胃的排空后送功能，用1%~2%盐酸普鲁卡因液80~100mL做两侧胸腰段交感神经干药物阻断，多次少量肌肉注射硫酸甲基新斯的明溶液。

为了清除皱胃内的阻塞物，用硫酸钠300~400g、液体石蜡（或植物油）500~1 000

mL、鱼石脂20g、酒精50mL、常水6～10L，一次投服。或选用25%硫代丁二酸二辛钠120～180mL，温水10～20L，用胃管投服，2次/d，连续用药3～5d。中后期重症病牛，可用瘤胃切开和瓣胃皱胃冲洗排空术，即切开瘤胃，取出内容物，用胃导管插入网瓣孔，通过胃导管灌注温生理盐水，大部分盐水在回流至瘤胃时，冲刷并带走了部分瓣胃内容物，如此反复冲洗瓣胃及皱胃，直至积滞的内容物排空为止，实践证明，此种方法有较好的疗效。也可皱胃注射15%硫酸钠溶液500～1 000mL，液体石蜡500～1 000mL，乳酸8～15mL，或注射生理盐水1.5～2L。注射部位为右腹部皱胃区第12～13肋骨后下缘。

为了纠正脱水和缓解自体中毒，尤其对病情较重的病牛进行急救时，可用5%葡萄糖生理盐水5～10L，10%氯化钾溶液20～50mL，20%安钠咖注射液10～20mL，静脉注射，2次/d。或用10%氯化钠溶液300～500mL，20%安钠咖注射液10～30mL，静脉注射，2次/d，连用2～3d，兼有兴奋胃肠蠕动的作用。在皱胃阻塞已基本疏通的恢复期病牛，可用氯化钠（50～100g）、氯化钾（30～50g）、氯化铵（40～80g）的合剂，加水4～6L灌服，1次/d，连续使用，至恢复食欲为止。

按中兽医辨证施治原则，脾胃运化失常，胃内积食，应宽中理气、消坚破满，宜用加味大承气汤：大黄100g，厚朴50g，枳实50g，木通50g，郁李仁100g，糖瓜蒌2个，山楂50g，醋香附50g，麦芽50g，石斛50g，青皮50g，莪术50g，芒硝200g，滑石100g，沙参50g，京三棱40g，水煎加植物油250mL，一次灌服。

【预防】加强饲养管理，合理配制牛、羊日粮，特别注意粗饲料和精饲料的调配，饲草不能过短，精料不能过细；及时清除饲料中异物，防止发生创伤性网胃炎，避免损伤迷走神经；农忙季节，应保证耕牛充足的饮水和适当的休息。

皱胃变位（displacement of abomasum）

皱胃的正常解剖学位置（图1-2）发生改变，称为皱胃变位。皱胃变位是奶牛常见的一种皱胃疾病，按其变位的方向分为皱胃左方变位（left displacement of the abomasum，LDA）和皱胃右方变位（right displacement of abomasum，RDA）两种类型。在兽医临床

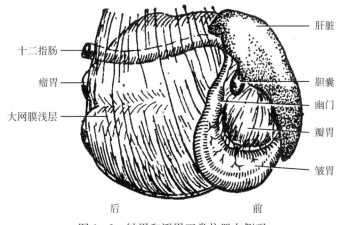

图1-2 皱胃和瓣胃正常位置右侧观
（瘤胃被大网膜、瓣胃被小网膜所覆盖）

上,绝大多数病例是皱胃左方变位。皱胃变位主要发生于奶牛,尤其多发于 4~6 岁经产奶牛及冬季舍饲期间,发病高峰在分娩后 6 周内。LDA 在妊娠期奶牛、公牛、青年母牛、肉用牛极少发生;RDA 则不同,多发生在经产母牛,在妊娠期、产奶期和干奶期都可发生,也常见于公牛、肉用牛和犊牛。一般断奶前多发 RDA,断奶后 RDA 与 LDA 都发生。

(一) 皱胃左方变位

皱胃通过瘤胃下方移到左侧腹腔,置于瘤胃和左腹壁之间,称为皱胃左方变位(图 1-3、图 1-4)。

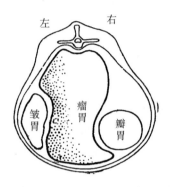

图 1-3 皱胃囊向左侧移位
(通过第 11 胸椎横断面)

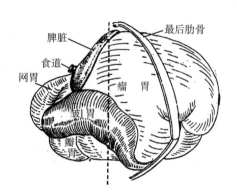

图 1-4 图 1-3 的切面位置

【病因】关于本病的病因,认识不尽一致。一般认为,胃壁平滑肌弛缓是皱胃发生臌胀和变位(尤其左方变位)的病理学基础。因此,皱胃变位尤其左方变位的基本病因乃是各种可致发皱胃弛缓的因素。

饲养不当,奶牛日粮中含高水平的酸性成分(如玉米青贮、低水分青贮)和易发酵成分(如高水分玉米)等优质谷类饲料,可加快瘤胃食糜的后送速度,并因其产生过多的挥发性脂肪酸使皱胃内酸浓度剧增,抑制了胃壁平滑肌的运动和幽门的开放,食物滞留并产生 CO_2、CH_4、N_2 等气体,导致皱胃弛缓、膨胀和变位。

某些代谢性和感染性疾病是导致本病的重要诱发因素,如子宫内膜炎(反射性皱胃弛缓)、低钙血症(液递性皱胃弛缓)、皱胃炎及皱胃溃疡(肌源性皱胃弛缓)、迷走神经性消化不良(神经性皱胃弛缓)等疾病时,容易发生皱胃变位。

另外,车船运输、环境突变等应激状态,以及横卧保定、剧烈运动也是皱胃变位的诱发因素;母牛发情时的爬跨,使皱胃位置暂时的由高抬随即下降而发生改变,也可成为发病的诱因;代谢性碱中毒,妊娠与分娩过程机械性地改变子宫、瘤胃间相对位置,常是本病发生的促进因素或前提条件;为获得更高的产奶量,在奶牛的育种方面,通常选育后躯宽大的品种,从而腹腔相应变大,增加了皱胃的移动性和发生皱胃变位的机会。

【发病机理】皱胃在上述各种单一或复合病因作用下发生弛缓、积气和膨胀,在妊娠后期沿腹腔底壁与瘤胃腹囊间形成的潜在空隙移向体中线左侧,分娩后瘤胃下沉,将皱胃的大部分嵌留于腹腔与左侧壁之间,整个皱胃顺时针方向轻度扭转,胃底部和大弯部首先变位,接着引起幽门和十二指肠变位。其后,皱胃沿左腹壁逐渐向前方飘移,向上一般可抵达脾脏和瘤胃背囊的外侧，向前一般可抵达瘤胃前盲囊与网胃之间，个别的则陷入网胃与膈之间（顺时针前方变位）。皱胃在瘤胃与腹壁间嵌留和挤压的部分，局部血液循环不受干扰，但运动受到一定的限制，造成不全阻塞，仍有少量液体可通过幽门后送，常引起伴有低氯血症和低钾血症的轻度或中度代谢性碱中毒。由于嵌留的皱胃的压迫，加之采食量减少，瘤胃的体积逐渐缩小。在病程持久的慢性病例，皱胃黏膜可出现溃疡，皱胃浆膜同网膜、腹壁或瘤胃发生粘连，甚至因溃疡穿孔而突然致死。

患畜之所以出现代谢性碱中毒并伴有低氯血症和低血钾症，其原因是由于皱胃弛缓、变位，扩张期内，皱胃继续分泌盐酸、氯化钠和钾，在皱胃继续膨胀及部分排出受阻后而聚集于皱胃内，或高钾食物摄入减少和肾脏连续排钾等病理过程所致。皱胃变位伴有长期或重度碱中毒时，病牛出现酸性尿液。这一反常现象，可能与大量钾离子的排出导致体内氢离子强制性减少而随尿排出有关。患畜伴发严重酮病时会出现高酮血症，血液 pH 下降，阴离子差增大和碳酸氢钠浓度低于患单纯皱胃变位时的水平，因此临床上常有些病牛并不出现代谢性碱中毒。此现象强烈提示，对任何皱胃变位病畜均应检查尿酮。

【症状】通常在分娩后数日或 1～2 周内出现症状，主要表现食欲减退，厌食谷物类饲料，青贮饲料的采食量往往减少，大多数病牛对粗饲料仍保留一些食欲，产奶量下降 1/3～1/2，体温、脉搏、呼吸多在正常范围内。病牛反刍稀少、延迟、无力或停止，瘤胃运动稀弱、短促以至废绝。排粪迟滞或腹泻，有的便秘与腹泻交替，粪便呈油泥状、糨糊状，潜血检查多为阳性。有的病牛可出现继发性酮病，表现出酮尿症、酮乳症，呼出气和乳中带有酮味。一般无腹痛症状；皱胃显著膨胀的急性病例，腹痛明显，并发瘤胃臌胀。

腹部视、触、听、叩诊检查，从尾侧视诊可发现左侧肋弓突起，若从左侧观察肋弓突出更为明显；在左侧肩关节和膝关节的连线与第 11 肋间交点处听诊，能听到与瘤胃蠕动时间不一致的皱胃音（带金属音调的流水音或滴落音）。在听诊左腹部的同时进行叩诊，可听到高亢的鼓音（砰砰声或类似叩击钢管的铿锵音），叩诊与听诊应在从左侧髋结节至肘结节以及从肘结节至膝关节连线区域内进行。砰砰声最常见的部位处于上述区域的第 8～12 肋间，但也有一部分病例的砰砰声可能接近腹侧或后侧；在左侧肋弓下进行冲击式触诊时听诊，可闻皱胃内液体的震荡音。严重病例的皱胃臌胀区域向后超过第 13 肋骨，从侧面视诊可发现肷窝内有半月状突起；犊牛的皱胃左方变位，其典型的叩诊区在左肋弓后缘、向背侧可延伸至左肷窝，犊牛还表现为慢性或间歇性臌气；直肠检查可发现瘤胃背囊明显右移和左肾出现中度变位。

【病理变化】原发性皱胃左方变位的主要病理变化，是变位的皱胃夹在瘤胃和腹底部之间，间或发生粘连，胃内含有不等量的液体和气体。个别病例因皱胃溃疡和形成粘连而不能移动。

【病程及预后】通常取亚急性和慢性经过，病程迁延数周，如不治疗，最终多死于恶病质或皱胃穿孔所致的腹膜炎。有的可自行复位，但容易再发。少数急性病牛，腹痛剧烈，瘤胃臌胀，体温升高，心动过速，全身症状明显，如不施行手术整复，常于 1 周内死于急腹症。个别病牛，不表现临床症状，在 1～2 年的病程中照常妊娠、分娩和泌乳，直到屠宰时才被证实。

【诊断】分娩或流产后出现食欲缺乏，产奶量下降，轻度腹痛及酮病综合征，对症治疗无效或复发；视诊左肋弓部后上方有局限性膨隆，触压有弹性，叩诊发鼓音；冲击式触诊感有震水音；在特定区域听叩结合检查可听有砰砰声，在砰砰声区做深部穿刺可抽取褐色、酸臭的、混浊的皱胃液，pH2.0～4.0，无纤毛虫。皱胃顺时针前方变位，因病变部位深，听叩结合检查无砰砰声；左肋弓部无膨隆，开腹探查可在网胃与膈之间摸到膨胀的皱胃。

【治疗】皱胃左方变位有3种治疗方法，即药物疗法、滚转疗法和手术整复法。

1. 药物疗法 考虑到费用和护理及管理方面的限制因素，药物疗法常作为治疗单纯性皱胃左方变位的首选方法。常口服缓泻剂与制酵剂，应用促反刍剂和拟胆碱药物，以增强胃肠蠕动，加速胃肠排空，促进皱胃复位；存在低血钙时，静脉注射钙剂；为纠正低血钾可用氯化钾30～120g，2次/d，溶于水中，胃管投服。药物治疗（或配合滚转疗法）后，应让病畜多采食优质干草，以防止变位的复发和促进胃肠蠕动；在病畜食欲完全恢复前，其日粮中酸性成分应逐渐增加；有并发症时要同时进行治疗。

2. 滚转疗法 滚转疗法是治疗单纯性皱胃左方变位的常用方法，运用巧妙时，可以痊愈。其方法是：饥饿数日并限制饮水，病牛右侧横卧1min，然后转成仰卧（背部着地，四蹄朝天）1min，随后以背部为轴心，先向左滚转45°，回到正中，再向右滚转45°，再回到正中；如此来回地向左右两侧摆动若干次，每次回到正中位置时静止2～3min，此时真胃往往"悬浮"于腹中线并回到正常位置，仰卧时间越长，从臌胀的器官中逸出的气体和液体越多；将牛转为左侧横卧，使瘤胃与腹壁接触，然后马上使牛站立，以防左方变位复发。也可以采取左右来回摆动3～5min后，突然一次以迅猛有力动作摆向右侧，使病牛呈右横卧姿势，至此完成一次翻滚动作，直至复位为止。如尚未复位，可重复进行。

3. 手术整复法 上述方法无效，尤其是皱胃与瘤胃或腹壁发生粘连时，必须进行手术整复。常用右肋部切口及网膜固定术。其方法是病牛左侧卧保定，腰旁及术部浸润麻醉，于右腹下乳静脉上4～5指宽处，以季肋下缘为中心，横切20～25cm，打开腹腔，术者手沿下腹部向左侧，将变位的皱胃牵引回右侧。若皱胃臌气扩张时，可将网膜向后拔，把皱胃拉到创口处，将其小弯上部固定在腹肌上。手术后24h内即可康复，成功率达90%以上。

【预防】应合理配合日粮，对高产奶牛增加精料的同时要保证有足够的粗饲料；妊娠后期，应少喂精料，多喂优质干草，适量运动；产后要避免低钙血症；对围产期疾病应及时治疗，减少或避免并发症的发生。

（二）皱胃右方变位

皱胃从正常的解剖位置扭转到瓣胃的后上方，而置于肝脏与腹壁之间（图1-5），称为

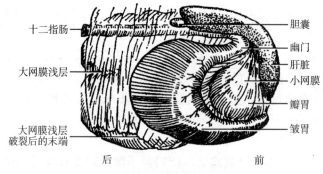

图1-5 皱胃顺时针扭转（右侧观）

皱胃右方变位。皱胃右方变位有4种类型，即皱胃后方变位、皱胃前方变位、皱胃右方扭转、瓣胃皱胃扭转。皱胃后方变位，又称皱胃扩张，是指皱胃因弛缓、膨胀而离开腹底壁正常位置，向顺时针方向偏转约90°，移位至瓣胃后方、肝脏与右腹壁之间，大弯部朝后，瓣胃皱胃接合部和幽门十二指肠区发生轻度折曲或扭曲；皱胃前方变位，即皱胃逆时针方向偏转90°，移位至网胃与膈肌之间，大弯部朝前，瓣胃皱胃接合部与幽门十二指肠区常发生较明显地折曲和扭曲，并造成幽门口的部分或完全闭塞；皱胃右方扭转，即皱胃逆时针方向转动180°~270°，移位至瓣胃上方或后上方，肝脏的旁侧，大弯朝上，瓣胃皱胃接合部和幽门十二指肠区均发生严重拧转，导致瓣-皱孔和幽门口的完全闭塞；瓣胃皱胃扭转，是皱胃连同瓣胃逆时针方向转动180°~270°，皱胃原位扭转，皱胃移至瓣胃后上方和肝脏旁侧，大弯朝上，网胃瓣胃接合部和幽门十二指肠区均发生严重拧转，导致网-瓣孔和幽门口的完全闭锁。

【病因】皱胃右方变位的主要病因与皱胃左方变位一样，包括可造成皱胃弛缓的各种因素。

【发病机理】在各种因素的复合作用下，皱胃首先发生弛缓，积滞液体和气体，逐渐扩张并向后方移位或前方移位，历时数日至两周不等，皱胃继续分泌盐酸、氯化钠，由于排空不畅，液体和电解质不能至小肠回收，胃壁愈加膨胀和弛缓，导致脱水和代谢性碱中毒，并伴有低氯血症和低钾血症。在上述皱胃弛缓间或扩张的基础上，如因跳跃、起卧、滚转、分娩等而使体位或腹压发生剧烈的运动，造成固定皱胃位置的网膜破裂，则皱胃沿逆时针方向做不同弧度的偏转，而出现皱胃扭转或瓣胃皱胃扭转，导致幽门口和瓣-皱孔或网-瓣孔的完全闭锁，引发皱胃急性梗阻，加剧了积液、积气和膨胀，严重的胃壁出血、坏死以至破裂，出现更为严重的脱水、低氯血症、低钾血症、代谢性碱中毒，直至循环衰竭，而于短时间内死亡。

【症状】食欲急剧减退或废绝，泌乳量急剧下降，表现不安或踢腹、背下沉等腹痛症状；体温一般正常或偏低，心率60~120次/min，呼吸数正常或减少；瘤胃蠕动音消失，粪便呈黑色、糊状，混有血液；从尾侧视诊可见右腹膨大或肋弓突起，在右䏚窝可发现或触摸到半月状隆起；听诊右腹部的同时进行叩诊，可听到高亢的鼓音（砰砰声），鼓音的区域向前可达第8肋间，向后可延伸至第12肋间或䏚窝；右腹冲击式触诊，可发现扭转的皱胃内有大量液体；直肠检查，在右腹部触摸到膨胀而紧张的皱胃；从膨胀部位穿刺皱胃，可抽出大量带血色液体，pH为2~4；血清氯在皱胃扭转早期为80~90mmol/L（正常值为95~110mmol/L），严重病例低于70mmol/L。

皱胃扭转呈急性过程，中度或重度腹痛，全身症状重剧，常迅速出现循环衰竭体征和休克危象；排沥青样粪便，在砰砰音区穿刺皱胃抽取液混血；右侧腹中部显著膨胀，右肋弓后至腹中部有范围较大的砰砰音区，在此做冲击式触诊有震水音；严重的代谢性碱中毒，尿液呈酸性，后期病例会出现较原代谢性碱中毒占优势的代谢性酸中毒。

【病理变化】有些病例幽门部因泥沙阻塞，见有溃疡。急性型病例，胃壁水肿、出血，其中有多量棕红色的液体。此外，皱胃顺时针扭转时，瓣胃和网胃乃至十二指肠也随之移位。完全扭转时，皱胃壁出血、坏死，甚至发生胃破裂的病理变化。

【诊断】多在产犊后3~6周发病，轻度腹痛，脱水，低氯血症、低钾血症、代谢性碱中毒；右肋弓后腹中部显著膨胀，听叩结合检查有较大范围的砰砰音区，在此冲击式触诊有震水音；砰砰音区深部穿刺可取得皱胃液；直肠检查可摸到积气、积液的皱胃后壁。皱胃逆时针前方变位与后方变位比较，其临床表现和血液学变化更明显和重剧，但它不具备后腹部局部膨隆及听叩检查和冲击式触诊的相关变化，在心区后上方可发现砰砰音和震水音等症状。

【治疗】皱胃右方变位一般病重且发展快，治疗效果决定于能否早期诊断与矫正。多数病例在发病后12h内做出诊断与矫正，则预后良好；病程超过24h，手术矫正后50%预后良好；病程超过48h，通常预后不良。皱胃右方变位一经确诊，应及时手术整复并配合药物治疗。能站立的病牛在右肷窝部切口，卧地的病牛在腹正中旁（右）线切口，但以肷窝部手术途径为好，因为便于确定皱胃的解剖位置和整复方向。单纯的皱胃右方变位，尤其是右侧后方变位，经及时手术整复并配合药物治疗，一般预后良好。

药物治疗，尤其对皱胃扭转的病例，应当在术前进行适当体液疗法，防止出现进行性低血钾引发弥漫性肌肉无力；术后用药重点是纠正脱水、酸碱平衡失调及电解质紊乱。为此，对早期病例或仅有轻度脱水的，口服常水20~40L、氯化钾30~120g/次，2次/d；中度或严重脱水和代谢性碱中毒的病例，用高渗盐水3 000~4 000mL，静脉滴注；或用含40mmol/L氯化钾生理盐水20~60L，静脉注射。并发低血钙、酮病等疾病时，应同时进行治疗。

【预防】皱胃右方变位的预防措施与皱胃左方变位的预防措施一致。

皱胃炎（abomasitis）

皱胃炎是由于饲料品质不良或饲养管理不当等不良因素的作用所致的皱胃黏膜及黏膜下层组织的炎症，临床上以严重的消化障碍为特征。本病多发生于老年牛和犊牛，体质虚弱的成年牛亦可发生。

【病因】采食大量调制不当的粗硬饲料，发霉变质的饲料，或长期饲喂糟粕、粉渣，以及饲养管理方法不当，劳役过度，时饱时饥，突然变换饲料，放牧突然转为舍饲，或犊牛消化机能尚不十分健全时补充粗饲料过早等因素，都能导致皱胃炎的发生。

某些化学物质和有毒植物中毒，消化、营养代谢产物以及长期治疗内服某些药物引起肾脏机能不全时的自体中毒，前胃疾病、代谢疾病、口腔疾病（包括牙齿磨灭不整、齿槽骨膜炎等），某些急性或慢性传染病，血矛线虫感染等寄生虫病，均能促进皱胃炎的发生发展。

此外，皱胃淋巴肉瘤，也是皱胃炎的致病因素。肝脏疾病与慢性贫血所引起的神经营养障碍，同样也能成为皱胃炎的病因。

【发病机理】胃的消化活动受神经、体液的支配和调节，一旦受到上述各种不利因素的影响，即可引起皱胃运动和分泌机能障碍。在此情况下，前胃内容物的腐解或酵解过程加剧，产生大量的有机酸（如乙酸、丙酸、丁酸等）和腐解产物，被吸收或运转到皱胃，致使其黏膜组织受到侵蚀和损害，导致胃泌素分泌过多，释放出组胺，刺激胃酸的分泌，胃壁毛细血管充血和扩张，促进皱胃炎的发生和发展。

由于生物学或理化学的不良因素的影响，中枢神经系统调节机能紊乱，如果病牛的血液中存在抗胃壁细胞的自体抗体，即可能引起神经变态性炎性病理演变过程。在应激过程中，又会引起全身应激综合征，也可导致皱胃炎发生。

在皱胃炎的发生和发展过程中，既影响到前胃的机能，又影响到胆汁和胰液的排泄，引起严重的消化不良现象。因胃肠道的腐败分解产物不断地产生和吸收，侵害到中枢神经系统，引起一定的神经症状和自体中毒现象。重剧病例，全身症状明显，往往呈现精神抑郁和昏迷状态。

【症状】急性病例，精神沉郁，鼻镜干燥，皮温不整，结膜潮红、黄染，奶牛泌乳减少或停止，有的病牛还表现腹痛不安，体温一般无变化；食欲减退或废绝，反刍减少、短促、无力或停止，有时空嚼、磨牙；口黏膜被覆黏稠唾液，舌苔白腻，口腔散发臭味，有的伴发糜烂性口炎；瘤胃轻度臌气，收缩力减弱；触诊右腹部皱胃区，病牛疼痛不安；便秘，粪呈球状，表面覆盖多量黏液，间或腹泻。病的末期，病情急剧恶化，往往伴发肠炎，全身衰弱，脉率增快，脉搏微弱，精神极度沉郁呈昏迷状态，甚至虚脱。

慢性病例，长期消化不良，异嗜，口腔散发臭味，黏膜苍白或黄染，唾液黏稠，有舌苔，瘤胃收缩力量减弱；便秘，粪便干硬呈球状。病的后期，病畜衰弱，贫血，腹泻，血清总蛋白降低，粒细胞减少，具有酸中毒和脱水症状。

【病理变化】急性皱胃炎，胃黏膜充血、肿胀、混浊，被覆一层黏液或黏液脓性分泌物。黏膜皱襞乃至幽门区呈现弥漫性或局限性血色浸润，红色斑点。胆囊有出血点；慢性皱胃炎，其黏膜呈灰青色、灰黄色或灰褐色，甚至大理石色，具有出血斑或溃疡，并且黏膜组织都有萎缩性或肥厚性的炎性病理变化。

【病程及预后】急性皱胃炎的病程为1～2周，经过适当治疗，改善饲养，加强护理，可以康复；但有的病例，伴发腹膜炎或继发肠炎，甚至胃穿孔，病情急剧恶化，则预后不良。慢性皱胃炎的病程及预后应视病情轻重、护理和治疗条件而定，有的病程持续数月或年余，时而好转，时而严重；而长期消化不良、贫血、年老体衰者，往往预后不良。

【诊断】本病无明显的示病症状，不易确诊。临床上依据病畜消化不良，触诊皱胃区敏感、疼痛，眼结膜与口腔黏膜黄染，便秘或腹泻，有时呕吐，喜饮水，可做出初步诊断。

【治疗】治疗原则主要在于清理胃肠，消炎止痛。重症病例，则应强心、输液，促进新陈代谢；慢性病例，应注意清肠消导，健胃止酵，增进治疗效果。

急性皱胃炎病例，在病的初期，绝食1～2d，给予适量清洁饮水，用植物油500～1 000mL或人工盐400～500g，加水配制成6%溶液，内服。同时用安溴注射液100mL，静脉注射，以增强中枢神经系统的保护性抑制作用。为了提高治疗效果，可用10%诺氟沙星20～40mL或黄连素2～4g，蒸馏水50mL，配成溶液，进行瓣胃或皱胃注射，1次/d，连用3～5d。对犊牛，在绝食期间，先给予温生理盐水，再给少量牛奶，逐渐增量。断奶犊牛，可饲喂易消化的优质干草和适量精料，补饲少量氯化钴、硫酸亚铁、硫酸铜等矿物质。瘤胃内容物发酵、腐败时，可用链霉素1g，内服，1次/d，连续应用3～4次。必要时给予新鲜牛瘤胃液0.5～1L，更新瘤胃内微生物，增进其消化机能。对病情严重体质衰弱的成年牛，应及时使用抗生素，防止感染。同时用5%葡萄糖生理盐水2 000～3 000mL，20%安钠咖注射液10～20mL，40%乌洛托品注射液20～40mL，静脉注射。病情好转时，可服用复方龙胆酊60～80mL，橙皮酊30～50mL等健胃剂；强心补液，纠酸解毒。根据机体脱水及酸中毒程度，决定补液量，一般情况每日总补液量可在3 000～5 000mL，应用的药物为10%的浓盐水、等渗糖盐水、5%的碳酸氢钠注射液。

慢性皱胃炎，着重改善饲养和护理，适当地应用人工盐、酵母片、龙胆酊、橙皮酊等健胃剂。必要时，给予盐类或油类轻泻剂，清理肠道。用足量的1%盐水反复洗胃与导胃，直到导出的内容物无酸臭味以及瘤胃较空虚为止，然后再向胃内注入一定量1%的盐水，可防止瘤胃的酸败内容物及毒素对皱胃黏膜的刺激。缓泻可根据病情，如排粪较干，可投给中等剂量的硫酸镁或人工盐，连用2d；对排粥状粪便的可投给中等剂量人工盐及健胃剂等。

中兽医认为本病是胃气不和，食滞不化，应以调胃和中、导滞化积为主。宜用加味保和丸：焦三仙200g，莱菔子50g，鸡内金30g，延胡索30g，川楝子50g，厚朴40g，焦槟榔20g，大黄50g，青皮60g，水煎去渣，内服。

若脾胃虚弱，消化不良，皮温不整，耳鼻发凉，应以强脾健胃、温中散寒为主。宜用加味四君子汤：党参100g，白术120g，茯苓50g，肉豆蔻50g，广木香40g，炙甘草40g，干姜50g，共为末，开水冲，候温灌服。

病牛康复期间，应加强护理，保持安静，尽量避免各种不良因素的刺激和影响；加强饲养，给予优质干草，加喂富有营养、容易消化、含有维生素的饲料，并注意适当运动，增强体质，有利于康复。

【预防】加强饲养管理，给予质量良好的饲料，饲料搭配合理；搞好畜舍环境卫生，减少应激因素；对能引起皱胃炎的原发性疾病应做好防治工作。

(吴金节)

第四节 马属动物腹痛病

腹痛即疝痛（colica），中兽医统称"起卧症"，泛指动物对腹腔和盆腔各组织器官内感受疼痛性刺激而发生反应所表现的腹痛综合征。腹痛综合征并非独立的疾病，而是许多有关疾病的一种共同的临床表现。伴有腹痛综合征的一些疾病，病情重剧，病程短急，且多具危象，故又称急腹症（acute abdominal disease）或腹危象（abdominal crisis）。

腹痛综合征见于各科疾病，包括症候性腹痛、假性腹痛和真性腹痛。见于各种动物。

症候性腹痛指的是指某些传染病、寄生虫病或外科病等经过中所表现的腹痛。如在肠型炭疽、巴氏杆菌病、病毒性动脉炎、沙门菌病等，马圆形线虫病、蛔虫病等，以及腹壁疝、阴囊疝等所表现的腹痛。

假性腹痛指的是指胃肠以外的各组织器官疾病经过中所表现的腹痛。如在急性肾炎、膀胱炎、尿结石、子宫痉挛、子宫扭转、子宫套叠等泌尿生殖器官疾病乃至肝破裂、胆结石、胰腺炎、腹膜炎、胸膜炎等所表现的腹痛。

真性腹痛指的是胃肠性腹痛病，如在急性胃扩张、慢性胃扩张、肠痉挛、肠臌气、肠便秘、肠变位、肠结石、肠积沙、肠系膜动脉血栓塞等胃肠疾病经过中所表现的腹痛。

马属动物腹痛病的发病率高，病死率也高。据文献报道，世界各国马、骡腹痛病占其疾病总数的12.5%～58.5%不等，病死率高达8.5%～13.5%。我国马属动物腹痛病占其各科疾病总数的9.65%～19.65%，一直是严重影响养马业发展的主要疾病。

本节重点介绍马属动物的各种真性腹痛病，即胃肠性腹痛病，其症候性腹痛病和假性腹痛病只在鉴别诊断中有所涉及。

急性胃扩张（acute gastric dilatation）

急性胃扩张，中兽医称大肚结，是由于采食过多或后送机能障碍所引起的胃急剧膨胀。其临床特征是伴有中度或剧烈腹痛；肚腹不大而呼吸促迫；胃排空障碍，插入导管即排出大量气体、液体或食糜；经过短急。

按病因，分为原发性胃扩张和继发性胃扩张；按内容物性状，分为食滞性胃扩张、气胀性胃扩张和积液性胃扩张。原发性胃扩张多属气胀性或食滞性的，积液性的甚少；继发性胃扩张多属积液性的，有时为食滞性的。

【病因】原发性胃扩张的原因，可概括为以下三个方面：

（1）机体同外界条件已形成的食物性消化动力定型遭到破坏。如饲喂失时，过度疲劳，饱饲后立即服以重役，采食精料后立即大量饮水，饲料日粮突然更换，饲喂方式和程序突然改变等。

（2）异常刺激物的作用。如采食大量难以消化、高度膨胀、剧烈发酵的饲料，黏腻的谷粉或糠麸，冻坏的块根类，堆积发蔫的青草等。

（3）个体内在因素。如患有咽气癖、慢性消化不良、肠蠕虫病、肠系膜动脉瘤的马匹，其胃肠道内感受器对内外刺激的敏感性增高。

继发性胃扩张通常继发于小肠积食、小肠变位、小肠炎、小肠蛔虫性阻塞的经过中。这是由于剧痛刺激，胃液反射性分泌增多；肠腔阻塞，胃后送障碍；阻塞部前侧肠段分泌激增，肠内容物经肠逆蠕动而返回胃内。个别的胃状膨大部便秘以及小结肠等完全阻塞的后期，也可继发胃扩张。

【发病机理】马胃的容积较小，但在生理状态下，由于完善的神经、体液调节机制的存在，经过充分咀嚼和混唾而咽下的食物，分层排列于胃内，经受胃液的浸泡和消化，胃壁的蠕动和搅拌，最后通过幽门反射而陆续后送，使胃内容物的进入量和后送量得以保持动态平衡，完全适应胃容积小这一生理解剖特点。

过量采食或异常刺激等条件作用于胃内感受器，特别是由于内在发病因素作用于胃内感受器，使胃的分泌、运动、消化、吸收等一系列机能陷于紊乱，发生病理过程。在采食后的 $1\sim3h$ 内首先出现的胃肠应答性反应是迷走神经的兴奋性增高，表现为腺体分泌活动显著增强，胃液酸度偏高，胃运动增强，乃至平滑肌痉挛性收缩，同时幽门开张，部分食糜周期性地向十二指肠排放。实验表明，刺激胃内感受器不仅能增强胃的分泌和运动，还能增强胰腺的分泌活动、肝脏的胆汁生成和排泄以及十二指肠的运动。因此，急性胃扩张初期表现为痉挛性腹痛发作、排粪频数而粪不成形。

胃内容物的异常刺激，胃肌的痉挛性收缩，通过痛觉感受器不断向中枢发放冲动，在大脑皮质中形成强烈的兴奋灶，进而转为抑制，使丘脑下部的功能失去控制，导致副交感神经的抑制和交感神经肾上腺系统的相对兴奋，儿茶酚胺分泌增多。结果，胃肠蠕动减弱，幽门紧闭而发展为胃肠停滞。临床上则表现为肠蠕动减弱，排粪停止，直肠检查可能触到气胀的小肠。

停滞的胃内容物，特别是大量精料，被消化力弱的胃液所浸泡，在微生物作用下进行发酵，形成多量乳酸，呈高渗状态，吸引大量液体渗入胃腔（可达 25L 以上），并产生大量难闻的气体及其他各种产物。食物、气体和液体积存于胃内，使胃壁扩张，体积可达正常的1～2倍，容量增大，可达 20～40L。结果，胃壁血液供应逐渐减少，胃内异常刺激通过压力感受器和化学感受器向中枢发放疼痛性冲动，使大脑皮质和皮质下中枢的神经调节功能更加紊乱，导致全身各组织器官功能发生障碍。

胃膨胀是决定疾病结局的中心环节。由于胃膨胀，会妨碍膈和肺的活动，导致呼吸困难甚至窒息；同时，胃肌强力痉挛，加上幽门和贲门紧闭，在剧烈腹痛倒地滚转时，导致胃或膈的破裂以至内毒素性休克；胃膨胀造成胸内负压降低，加上剧烈腹痛和脱水的影响，可导致心力衰竭。因此，窒息、心力衰竭和胃、膈破裂，常常是造成急性胃扩张病畜死亡的直接原因。

【症状】原发性胃扩张，多于采食后或 3～5h 内突然起病，呈现以下五个方面的综合症状：

1. 腹痛表现 病初呈轻度或中度间歇性腹痛，但很快（3～4h 后）就转为持续性剧烈腹痛，间有发作性腹痛加重。病马频频起卧滚转，快步急走或直往前冲，愿前高后低站立，有的呈犬坐姿势。

2. 消化系统体征 病初，口腔湿润而酸臭，肠音活泼，频频少量排粪，粪便多松软而不成形。以后，随着病程的发展，口腔变得黏滑而恶臭，有的可见灰黄舌苔，肠音减弱乃至废绝，排粪减少或停止。不少病马有嗳气表现。嗳气时，左侧颈沟部可看到食管逆蠕动波，听到含漱样食管逆蠕动音。个别病马发生呕吐或干呕。呕吐时，病马颜貌惊惧，低头伸颈，鼻孔阔开，腹肌阵缩，由鼻孔流出酸臭的食糜。腹围不大。有些病马，主要是气胀性胃扩张病马，仔细观察左侧第 14～17 肋与髂骨结节水平线交界处上下稍显突出。在该处叩诊，常发鼓音或金属音，听诊可闻短促而高亢的胃蠕动音，如叩击金属音或流水的声响，3～5 次/min。

3. 全身状态 饮食欲废绝，结膜初期潮红，后期暗红。脉搏初期增数以后疾速，达 80～100 次/min。呼吸始终促迫用力，可达 20～50 次/min。体温改变不大，高者 39℃ 左右。重症常伴有皮肤弹力减退、眼窝凹陷、血沉减慢、红细胞压积增高等脱水体征和血液氯化物含量减少、血液碱储增多等碱中毒指征。

4. 胃管插入 感到食管松弛，阻力减小。插入胃内后，可排出大量酸臭气体及液状食糜（气胀性胃扩张），或排出少量气体和粥状食糜，甚至排不出食糜而胃后送机能试验显示障碍（食滞性胃扩张）。或导出大量（5～20L）黄绿褐色液体和少量气体（积液性胃扩张）。导胃减压后，腹痛即缓和，呼吸亦显得平稳。而继发性胃扩张，导胃减压后，腹痛只是暂时得到缓解，经数小时又会复发。

5. 直肠检查 在左肾前下方能摸到膨大的胃盲囊，随呼吸而前后移动，触之紧张并具有弹性（气胀性或积液性）或呈捏粉样硬度乃至黏硬感（食滞性）。而继发性胃扩张，还能发现小肠积食、小肠变位等原发病的变化。

继发性胃扩张均起病于原发病的经过中，首先有原发病的表现，以后才出现呼吸促迫、腹痛加剧以及嗳气、呕吐、胃蠕动音等胃扩张所固有的症状。

【病程及预后】急性胃扩张，尤其气胀性的，及时治疗，可迅速痊愈。救治延误，则往往于数小时之内，因窒息、心力衰竭或胃、膈破裂而死。

继发性胃扩张的经过，随原发病而定，原发病不除，则反复不已。

【诊断】急性胃扩张病程短急，尤需具备清晰而明确的诊断思路，于短时间内做出诊断并实施抢救。通常运用如下的诊断要点：

首先，依据起病情况、腹痛特点、腹围大小与呼吸促迫的关系、食管听诊、胃听诊以及胃管插入来确定是不是胃扩张。如果遇到采食后突然起病或在其他腹痛病的经过中病情突然加重的病马，表现剧烈腹痛、口腔湿润而酸臭、频频嗳气、腹围不大而呼吸促迫用力的，就要考虑可能是急性胃扩张。随即做食管及胃的听诊，如听到食管逆蠕动音和胃蠕动音，即可初步诊断为急性胃扩张。

此时，应尽快插入胃管，确定胃扩张的性质。胃管插入时如喷出大量酸臭气体和粥样食糜，腹痛当即缓解或消失，全身状态好转，即为气胀性胃扩张；胃管插入时如仅排出少量酸臭气体，导出的食糜极少或导不出食糜，腹痛无明显减轻，反复灌以1~2L温水证实胃排空机能发生障碍，且直肠检查摸到质地黏硬或捏粉样的胃壁，即为食滞性胃扩张；胃管插入时如自行流出大量黄绿色、黄褐色或黄红色酸臭液体，而气体和食糜均甚少，则为积液性胃扩张。

遇到积液性胃扩张，通常都考虑是继发性的，要注意探索其原发病，如原发性幽门痉挛、小肠积食、小肠变位、小肠炎、小肠蛔虫性阻塞以及胃状膨大部便秘等。

小肠积食、小肠变位和胃状膨大部便秘，均可通过直肠检查摸到秘结或变位的肠段。

小肠炎时导出的胃内容物多为黄红色黏稠液体，腹腔穿刺可获得混血的渗出液，体温常升高，黄疸较明显，而直肠检查不见秘结或变位的肠段。

小肠蛔虫性堵塞一般发生于1~3岁马驹，具反复发作性腹痛病史，腹痛特别剧烈，黄疸甚明显、体温常升高，肠音多活泼，直肠检查偶尔能摸到被虫体堵塞的肉样肠段。

【治疗】从采食过多和/或后送机能障碍所致胃急剧膨胀这一基本病理过程出发，针对胃内大量贮积的食糜、液体及发酵产物对压力感受器和化学感受器的恶性刺激，大脑皮质中形成的优势兴奋灶，以及初期副交感神经反射性兴奋所致的痉挛性胃肠不通以及后期交感神经兴奋性增高所致的胃肠麻痹性不通等主要发病环节，急性胃扩张的治疗原则应包括两大方面：一是制酵减压，以消除对胃内感受器的恶性刺激；二是镇痛解痉，以降低胃内感受器的敏感性，加强大脑皮质的保护性抑制，协调皮质下中枢功能，使植物神经功能趋向平衡。常用的治疗措施如下：

1. 制酵减压 制止胃内容物腐败发酵和降低胃内压，是缓和胃膨胀、防止胃、膈破裂的急救措施，兼有消除腹痛和缓解幽门痉挛的作用。

气胀性胃扩张，经过导胃减压并灌服适量的制酵剂，症状随即缓和乃至消失，不久即愈。

食滞性胃扩张，导出的胃内容物极其有限，应行洗胃，插入单管或双管，每次灌温水1~2L，反复灌吸，直至吸出液基本无酸臭味并含内生性黏液为止。

积液性胃扩张，均系继发，导胃减压只是治标，应查明并治疗原发病。

2. 镇痛解痉 阻断疼痛性冲动，加强大脑皮质保护性抑制，调整植物神经功能，解除幽门痉挛，是解决胃后送障碍，消除胃膨胀的根本措施，应用于整个病程，通常在减压制酵后实施。下列诸法可供选择：

5%水合氯醛酒精溶液300~500mL，一次静脉注射；0.5%普鲁卡因溶液200mL，10%氯化钠溶液300mL，20%安钠咖溶液20mL，一次静脉注射；10%戊巴比妥钠溶液20mL，肌肉注射；水合氯醛 15~30g，酒精 30~60mL，福尔马林 15~20mL，温水 500mL，灌服；乳酸 8~15mL，或稀盐酸 20~30mL，或稀醋酸 40~60mL，温水 500mL，灌服；食醋 500~1 000mL 或酸菜水 1~2L，灌服；普鲁卡因粉 3~4g，稀盐酸 15~20mL，液状石蜡 500~1 000mL，常水 500~1 000mL，混合后灌服；水合氯醛 15~25g，樟脑 2~4g，95% 酒精 20~40mL，乳酸 8~12mL，松节油 20~40mL，温水 500~1 000mL，灌服。

3. 强心补液 系辅助性治疗，多用于重症后期。依据其脱水失盐的性质，最好补给等渗溶液或林格氏液，切莫补给碳酸氢钠溶液。

慢性胃扩张（chronic gastric dilatation）

慢性胃扩张，系指伴有胃壁器质性变化的持久性胃容积增大。其病理解剖学特点是，不论胃腔充满或空虚，胃容积均极度增大，胃壁或增厚坚韧，或薄如纸张。其临床特征是，消化不良经久不愈，采食后腹痛反复发作，慢性病程迁延数月乃至数年。

【病因】原发性慢性胃扩张，多因长期饲喂秸秆、稿草、藤蔓、谷壳等粗硬难消化而排空缓慢的饲料，或饲料中混有大量沙土砾石，使胃壁的分泌活动和运动机能破坏而发生。咽气癖、消化障碍和老龄骡马胃肌松弛，有促进发病的作用。

继发性胃扩张，均起因于慢性胃排空机能障碍；或因肿瘤和脓肿压迫、瘢痕性收缩而致胃幽门部狭窄；或因胃蝇蛆密集寄生、溃疡、刺创等慢性持续性刺激作用而致幽门括约肌失弛缓。

【症状】病马大多具有形体瘦削、毛焦肷吊等慢性病态。病史常提供有顽固难治的消化不良和反复发作的采食后腹痛。

检查病畜多表现食欲减损，常嗳出酸臭气体，甚至伴随呕吐动作，有的于颈沟部可闻含漱样食管逆蠕动音，口腔湿润或黏滑，巩膜显不同程度的黄染。腹痛隐微或轻微，亦有呈中度腹痛的，腹痛剧烈者甚少。虽然外观腹围不大，脉搏亦不太快，呼吸却显得促迫而用力，采食之后尤为明显。于左侧第 14~17 肋间、髂骨结节水平线上下叩诊呈浊音或浊鼓音，听诊偶尔可闻金属性胃蠕动音。两侧大小肠音不整或减弱，粪便干稀不定、恶臭并含消化不全的植物纤维和谷粒，插入胃管只能排出一定量的酸臭气体和液体，食糜则常导不出来，但灌水试验常可证实胃排空机能障碍。直肠检查，脾脏明显后移，能摸到极度膨满的胃盲囊及大弯部，呈橄榄球形，触之有黏硬感。

本病经过数月乃至数年不等，最后多因胃破裂或窒息而死亡。

【治疗】原发性慢性胃扩张尚无治疗办法，继发性慢性胃扩张通过药物或手术除去原发病可望恢复。

肠痉挛（intestinal spasm）

肠痉挛即卡他性肠痛，也称痉挛疝，中兽医称为冷痛或伤水起卧，是肠平滑肌受到异常刺激发生痉挛性收缩所引发的一种腹痛病，其临床特征是间歇性腹痛和肠音增强。

【病因】肠痉挛的外在因素主要是寒冷刺激或化学性刺激。作为寒冷刺激，例如汗体淋雨，寒夜露宿，气温骤降，风雪侵袭，采食冰冻饲料或重剧劳役后贪饮大量冷水等。作为化学性刺激，包括采食的霉烂酸败饲料以及在消化不良病程中胃肠内的异常分解产物等。由此致发的肠痉挛，多伴有胃肠卡他性炎症，故又称卡他性肠痉挛或卡他性腹痛。

肠痉挛的内在因素可见于寄生性肠系膜动脉瘤所致的肠植物神经功能紊乱（即副交感神经紧张性增高或交感神经紧张性降低）、肠道寄生虫、肠溃疡或慢性炎症等提高了壁内神经丛的敏感性。

【发病机理】冰冻饲料、冰冷饮水等寒冷刺激或霉败草料、胃肠内异常分解产物等化学性刺激，直接作用于肠壁，首先兴奋黏膜下神经丛，然后通过肌间神经丛，引起所支配平滑肌的局部运动增强，或者通过支配肠管运动的低级中枢，引起较广泛肠段的运动过强。汗体淋雨、风雪侵袭等全身性寒冷感觉，则通过中枢神经，经副交感神经，反射地兴奋全部大小肠壁的肌间神经丛，引起几乎所有肠段的运动过强。

对肠管壁内神经丛的直接刺激和间接刺激，不仅引起肠管的运动过强，而且也引起消化腺的分泌增多。肠运动过强，包括肠管运动力量的加强，运动频率的加大，肠肌紧张性的增高，直至肠管平滑肌的痉挛性收缩。由于肠运动过强，肠分泌增多，粪便成形不足即被排出，而显现一定程度的腹泻；肠肌痉挛有时会使肠腔完全闭合，特别是肠道某些括约肌的痉挛性收缩，可引起一时性的肠阻塞，以致肠内容物蓄积，而表现轻度肠臌气；剧烈的肠肌挛缩以及腹痛时的起卧滚转，可能导致肠变位。

【症状】腹痛剧烈或中度，间歇性发作。发作时，病马起卧不安，倒地滚转，持续约数分钟；间歇期，病马外观似乎无病，往往照常采食和饮水。隔数十分钟，腹痛再度发作。在通常情况下，腹痛表现越来越轻，间歇期越来越长，送诊途中不药而自愈的现象确实屡见不鲜。肠音增强，两侧大小肠音连绵高朗，侧耳可闻或远扬数步，有时带有金属音调。排粪较频，每次粪量不多，粪便稀软或松散带水，气味酸臭，含粗大纤维及未消化谷粒，有的混有黏液。全身症状轻微，体温、脉搏、呼吸无明显改变。口腔多湿润，每见躯体出汗，有的耳、鼻部发凉而舌色青白。腹围一般正常，个别病畜因伴发轻度肠臌气而稍显膨大。

直肠检查可感到肛门紧缩，直肠壁紧压手臂，狭窄部颇难入手，除有时可见局部气肠外，均无异常发现。

【病程及预后】肠痉挛病程短急，预后良好。一般经几十分钟至数小时，不药亦愈。予以适当治疗，则痊愈更快。其病程延久，腹痛发作愈益频繁，肠音转为沉衰，而全身症状渐进增重的，常表明继发了肠变位，预后应谨慎。

【诊断】依据间歇性腹痛，高朗连绵的肠音，松散稀软的粪便以及相对良好的全身状态，不难做出诊断。但需注意与子宫痉挛、膀胱括约肌痉挛或急性肠卡他鉴别。

子宫痉挛，有间歇性腹痛表现，多发生于妊娠末期，腹胁部可见胎动，而肠音及排粪不见明显异常。

膀胱括约肌痉挛，均见于公马及骟马，腹痛剧烈，汗液淋漓，频频做排尿姿势但无尿液排出，插入导尿管于膀胱颈口部受阻，直肠检查可发现膀胱积尿，而肠音及排粪无明显异常。

急性肠卡他，无腹痛或腹痛轻微，其病程中出现中毒或剧烈的间歇性腹痛且肠鸣如雷者，表明业已继发卡他性肠痉挛。

【治疗】治疗原则是解痉镇痛和清肠制酵。

解痉镇痛是治疗肠痉挛的基本原则。因寒冷所致的肠痉挛，即所谓的冷痛，单纯实施解痉镇痛即可。下列各项解痉镇痛措施均有良效，腹痛约经 1h 即行消失，可依据条件选用。

针刺分水、姜牙、三江等穴；白酒 250～500mL，经口灌服；辣椒散（辣椒 15～30g，白头翁 100～200g，滑石粉 200～400g，研成细末）3～5g，吹入鼻孔内；10%辣椒酊 15～30mL，温水 30～50mL，灌入直肠坛状部；30%安乃近注射液 20～40mL，皮下或肌肉注射；安溴注射液 80～120mL，或 0.5%普鲁卡因注射液 50～150mL，或 5%水合氯醛注射液 200～300mL，静脉注射。

凡起于或伴有急性肠卡他的肠痉挛，即所谓的卡他性肠痉挛，其耳鼻部未必发凉，舌色一般为青白。这样的病例，在缓解痉挛制止疼痛之后，还应清肠制酵。用人工盐 300g，鱼石脂 10g，酒精 50mL，温水 5L，胃管投服。

在肠痉挛末期，腹痛长期内间歇发作，肠音活泼、不整或减弱，排粪停止，而与初期肠便秘一时难以区分时，可用人工盐和氨茴香精方兼治，即人工盐 300g，氨茴香精 60mL，松节油 30mL，福尔马林 10mL，温水 4L，胃管投服。

肠臌气（intestinal tympany）

肠臌气，又名肠臌胀，旧名风气疝，中兽医称"肚胀"或"气结"，是由于采食大量易发酵饲料，肠内产气过盛而且排气不畅，以致肠管过度膨胀而引起的一种腹痛病。按病因，分为原发性肠臌气和继发性肠臌气。其临床特征是，腹围膨大而肷窝平满乃至隆突，病程短急。

原发性肠臌气占马腹痛病的 2%～15%，是高原地区马匹多发病之一，在青藏高原地区可达胃肠性腹痛病的半数以上。

【病因】原发性肠臌气，常发生于从舍饲转为放牧、由冬春草场移进夏秋草场等饲养环境突然变动的情况下，多出现于吞食过量易发酵饲料，特别是又饮以大量冷水之后。易发酵饲料包括新鲜多汁、堆聚发热、凋萎发蔫或雨露浸淋的青草、幼嫩苜蓿、青割燕麦以及青稞、黑麦、谷米、豆饼、豌豆等豆谷类精料。

继发性肠臌气，常见于完全阻塞性大肠便秘、结石性小结肠堵塞以及完全闭塞性大肠变位的经过中。弥漫性腹膜炎引起反射性肠弛缓、出血坏死性肠炎引起肌源性肠弛缓的，有时也继发肠臌气。

【发病机理】在正常消化过程中，肠道内经常产生少量气体，并随即吸收或排出体外，产气量与排气量保持相对平衡。大量易发酵饲料进入肠道后，发酵过程猛烈进行，于短时间内形成大量二氧化碳、甲烷、氢、硫化氢等气体和乙酸、丙酸、丁酸等挥发性物质。起初，肠壁的化学感受器和压力感受器受到刺激，反射地引起肠液分泌增多和肠蠕动增强，频频少量排出稀软粪便和肠气。接着，肠平滑肌，特别是小结肠和直肠前端的环状肌发生痉挛性收缩（尤以采食易发酵饲料之后，饮大量冷水时为甚），致使排气过程不畅，继续形成的大量气体蓄积在肠道内，造成大肠、小肠乃至胃的急性膨胀。膨胀的肠段相互挤压而折叠回转，发生肠移位即假性肠变位（主要在空肠、盲肠和左侧结肠），结果肠气的排出完全受阻，肠壁更加膨胀紧张。后期，由于肠壁过度膨胀，供血不足，平滑肌的收缩能力逐渐丧失，直到完全麻痹（弛缓性麻痹）。

由此可见，原发性肠臌气的发生，除主要由于肠内发酵过程猛烈，气体形成剧增而外，还由于小结肠和直肠环状肌的痉挛性收缩，膨胀肠管的折叠移位直至肠麻痹，而使肠气的吸收和排除发生了障碍。同理，急性肠臌气的腹痛也包含三种因素，即除膨胀性疼痛而外，还有痉挛性疼痛和肠系膜（牵引）性疼痛。

继发性肠臌气，均发生于阻塞肠段的前部，多为局限性的，系由于阻塞前部肠内容物停滞、积聚、液体渗入肠腔，经微生物的发酵作用，生成大量气体不能排出和吸收而发生的。

【症状】原发性肠臌气，通常在采食易发酵饲料之后 2~4h 起病，表现以下典型症状：

1. 腹痛 病初，肠肌反射性挛缩，呈间歇性中度腹痛。随着肠管的膨胀，很快即转为持续性剧烈腹痛。末期，肠管极度膨满而陷于麻痹，则腹痛反而减轻乃至消失。

2. 消化系统体征 初期肠音高朗连绵，带金属性音调，多次少量排稀软粪便并频频排气；以后，则肠音沉衰乃至消失，而排粪和排气完全停止。

3. 全身症状 在显现腹痛的 1~2h 内，腹围即急剧膨大，欹窝平满或隆突，右侧尤为明显。触诊腹壁紧张而有弹性，叩诊呈鼓音。呼吸促迫、用力，甚而出现窒息危象。脉搏疾速，静脉怒张，可视黏膜潮红乃至发绀。

4. 直肠检查 除直肠和小结肠外，全部肠管均充满气体，腹压增高，检手活动困难，前肠系膜紧张，盲肠、大结肠和空肠膨隆、紧张而有弹性，各部肠袢彼此挤压，相对位置发生改变。

继发性肠臌气，均起病于完全阻塞性大肠便秘或完全闭塞性大肠变位等原发病的经过中，通常在原发病经过 4~6h 之后，才开始逐渐显现腹围膨大、欹窝平满、呼吸促迫等肠臌气的典型症状，且腹痛加剧，全身症状增重。

【病程及预后】原发性肠臌气，病程短急，经过一般为 10h 左右。早期发现，适时治疗，多可痊愈。重剧病例则常在数小时内死亡。致死的直接原因是窒息、急性心力衰竭、肠破裂或膈破裂。

继发性肠臌气，病程较缓，其预后随原发病而定。

【诊断】依据腹围膨大而欹窝平满或隆突的示病症状，极易做出论证诊断。

原发性和继发性肠臌气的区分，依靠于询问起病情况和进行直肠检查。

凡起病于采食易发酵饲料之后，腹痛伊始，肚腹随即膨大而欹窝迅速平满乃至隆突的，均为原发性肠臌气；

凡起病于腹痛病的经过之中，在腹痛最初发作至少 4~6h 之后肚腹才逐渐开始膨大的，均为继发性肠臌气。

能继发肠臌气的疾病中，最常见的是完全阻塞性大肠便秘和完全闭塞性大肠变位，通过直肠检查找到便秘、变位或堵塞的肠段，即可确定诊断。如直肠检查无确定性异常发现，则应考虑出血坏死性肠炎和急性弥漫性腹膜炎，两者各具临床特征，不难鉴别。

【治疗】治疗原则是解痉镇痛、排气减压和清肠制酵。原发性肠臌气病情发展急速，尤应遵循此原则实施紧急抢救。

1. 解痉镇痛 解除肠管痉挛，以排除积气和缓解腹痛，是治疗原发性肠臌气的基本环节。初中期病例，常在实施解痉镇痛疗法之后即获得痊愈。下列解痉镇痛疗法效果均好，可依据条件选择应用：针刺后海、气海、大肠俞等穴；普鲁卡因粉 10~15g，常水 300~500mL，直肠内灌入；水合氯醛 15~25g，樟脑粉 4~6g，酒精 40~60mL，乳酸 10~20mL，松节油 10~20mL，混合后加水 500~1 000mL，胃管投服，兼有解痉镇痛和制酵作用；水合氯醛硫酸镁注射液（含水合氯醛8％，硫酸镁10％）200～300mL，一次静脉注射；0.5％普鲁卡因液100mL，10％氯化钠液200～300mL，20％安钠咖液20～40mL，混合，一次静脉注射。

2. 排气减压 在病马腹围显著膨大，䏚窝隆突，呼吸高度困难而出现窒息危象时，应首先排气减压，实施抢救。通常用细长封闭针头在右侧䏚窝穿刺盲肠，在左侧腹胁部穿刺左侧大结肠，或用注射针头在直肠内穿肠放气。伴发气胀性胃扩张的，可插入胃管排气放液。由于肠管移位或相互挤压而阻碍积气排除的，可在解痉镇痛之后，通过直肠用检手轻轻晃动，小心理顺并按摩膨胀的肠管，以促进肠内积气排出，常可收到一通百通、立竿见影的效果。

3. 清肠制酵 清除胃肠内容物并制止其发酵，通常要在排气基本通畅，腹痛和窒息危象得到缓和之后实施。一般将缓泻剂和各种制酵剂同方投服。如人工盐250～350g，氨茴香精40～60mL，福尔马林10～15mL，松节油20～30mL，加水5～6L，胃管投服。

在高原地区，当大批骡马在野外同时发生原发性肠臌气时，除采取穿肠排气减压急救措施外，还可就地取材，灌服浓茶水1～15L，白酒150～250mL，也有较好的效果。

肠变位（intestinal dislocation）

肠变位又称机械性肠阻塞，是由于肠管自然位置发生改变，致使肠系膜或肠间膜受到挤压绞榨，肠管血液循环发生障碍，肠腔陷于部分或完全闭塞的一组重剧性腹痛病。

肠变位除具备口腔干燥、肠音沉衰、排粪停止、继发胃扩张间或肠臌气等肠管不通的基本症状外，还有五个方面的临床特征，即腹痛由剧烈狂暴转为沉重稳静，全身症状渐进增重，腹腔穿刺液混浊混血，病程短急，直肠检查变位肠段有特征性改变。

肠变位是骡马常发的五大腹痛病之一，约占马胃肠性腹痛病的1％，虽然发病率较低，但确定诊断甚难，且病死率很高，约在85％以上。肠变位可归纳为以下四种类型：

1. 肠扭转 即肠管沿自身的纵轴或以肠系膜基部为轴做不同程度的偏转。比较常见的是左侧大结肠扭转和肠系膜扭转。

2. 肠缠结 又名肠缠络或肠绞榨，即一段肠管以其他肠管、精索、韧带、肠系膜基部、腹腔肿瘤的根蒂、粘连脏器的纤维束为轴心进行缠绕而形成络结。比较常见的是空肠缠结，其次是小结肠缠结。

3. 肠箝闭 又名肠嵌顿，旧名疝气，即一般肠管连同其肠系膜坠入与腹腔相通的天然孔或破裂口内，使肠壁血液循环发生障碍而肠腔发生闭塞。比较常见的是小肠箝闭，其次是小结肠箝闭，如小肠或小结肠嵌入大网膜孔、腹股沟管乃至阴囊、肠系膜破裂口、腹壁破裂口、肠间膜破裂口、胃脾韧带破裂口以及腹壁疝环内。

4. 肠套叠 即一段肠管套入其邻接的肠管内。如空肠套入空肠，空肠套入回肠，回肠套入盲肠，盲肠尖套入盲肠体，小结肠套入胃状膨大部，小结肠套入小结肠等。

【病因】原发性肠变位，常见的是肠箝闭和肠扭转。例如由于腹腔天然孔穴和病理裂口的存在，在跳跃、奔跑、难产、交配等腹内压急剧增大的条件下，小肠或结肠有时可被挤入某孔穴而发生箝闭。又如左侧大结肠与腹壁之间无系膜或韧带固定，在腹腔内处于相对游离的状态，在马体连续滚转等情况下，上行结肠和下行结肠沿其纵轴偏转，偶尔亦可发生扭转。

继发性肠变位，多发生于肠痉挛、肠臌气、肠便秘、肠系膜动脉血栓-栓塞等其他腹痛病的经过之中，其原因有三：首先，肠管运动机能紊乱，有的肠段张力和运动性增强乃至痉挛性收缩，有的肠段张力和运动性减弱乃至弛缓性麻痹，致使肠管失去固有的运动协调性；其次，肠管充满状态发生改变，有的肠段积滞气液，膨胀而紧张，有的肠段内容物排尽，空虚而松弛，致使肠管原来的相对位置发生改变；最后，病马腹痛发作，起卧滚转，体位急促变换，也可促使各段肠管的相对位置进一步发生改变。

【发病机理】在肠管运动失调、充满度不均以及体位急促变换等激发因素作用下，某肠段发生扭转、缠结、箝闭或套叠，造成肠腔的机械性闭塞。

闭塞部前段胃肠内容物停滞，腐败发酵，特别是消化液的大量分泌，引起胃或肠的膨胀以及不同程度的脱水。十二指肠和空肠前半段变位造成的所谓高位闭塞，脱水严重，丢失的主要是氯离子和钾离子，血液 pH 升高，血浆碱储增多，导致碱中毒；回肠及大肠各段变位造成的所谓低位闭塞，脱水较轻，丢失的主要是碳酸氢根和钠离子，血液 pH 降低，血浆碱储减少，导致酸中毒。

变位的肠管和肠系膜受到绞压，肠壁发生淤血、水肿、出血乃至坏死，大量血液成分向腹腔和肠腔内渗漏，加上前述消化液的大量分泌，使血液浓缩，循环血量减少，导致低血容量性休克。

肠变位造成的腹痛，早、中期腹痛剧烈，表现狂暴，涉及三种疼痛因素，即闭塞部前侧肠管痉挛所致的痉挛性疼痛；胃肠积液臌气所致的膨胀性疼痛，特别是闭塞部肠系膜受到牵引绞压所致的肠系膜疼痛；后期腹痛变得沉重而外观稳静，是因为继发了腹膜炎并陷入内毒素性休克状态，腹膜性疼痛占据主导地位。

机械性肠闭塞，不同于动力性肠阻塞和异物性肠堵塞，其特征性病理过程是变位肠管受到挤压绞榨，肠管的血液循环严重障碍而导致肠壁坏死。

肠壁因缺血和淤血而发生坏死，屏障机能衰减乃至丧失，变位部及其前段肠道内增殖的大肠杆菌等革兰氏阴性菌以及梭状芽孢杆菌产生多量肠毒素和内毒素，一部分经门脉通过肝脏，未被处理即进入体循环；一部分经淋巴系统吸收，通过胸管进入体循环；大部分则透过肠壁渗入腹腔，经腹膜吸收而直接进入体循环，造成内毒素血症，引起内毒素性休克，直至发生弥漫性血管内凝血和消耗性出血等不可逆病变。

【病理变化】剖检肠变位病尸，除可见变位肠段连同其肠系膜或肠间膜的病变外，肠腔内均积有多量混血、混浊、含纤维蛋白碎片的渗漏液，腹膜上有纤维素附着。据报道，在肠变位病死马几乎都能看到肾上腺皮质和胰腺的出血、变性乃至坏死，作为内毒素性休克和弥漫性血管内凝血的结果。这显然是造成肠变位病情险恶、病程短急的又一重要致死因素。

【症状】

1. 腹痛 肠腔完全闭塞的肠变位，病初呈中度间歇性腹痛，2～4h 后即发展到中期，转为持续性剧烈腹痛。病马急起急卧，左右滚转，前冲后撞，极度不安，吆喝鞭打多在所不顾，大剂量镇痛药亦很难控制。病畜为了缓解肠系膜牵引性疼痛，愿取仰卧姿势，让其四肢朝天即安然不动。进入后期和末期（12～24h），腹痛则变得沉重而稳静，病马颜貌忧苦，肌肉震颤，站着不愿走动，趴着不敢滚转，拴系时拱背呆立，腹紧缩，牵行时慢步轻移拐大弯，显示典型的腹膜性疼痛表现。肠腔不全闭塞的肠变位，如骨盆曲轻度折叠、盲肠尖套叠、肠管疝入较宽大的天然孔或破裂口，由于肠管及其肠系膜受挤压不重，腹痛常相对较轻。

2. 消化系统体征 食欲废绝，口腔干燥，肠音沉衰或消失，排粪停止，常继发液性胃扩张间或肠臌气。肠腔不全闭塞的肠变位，如某些肠套叠或肠箝闭，肠音减弱或不整，偶尔肠音高朗短节而带金属音调，可排恶臭稀粪，混有黏液和血液。

3. 全身症状 肠腔完全闭塞的肠变位，病势猛烈，全身症状常在数小时内急转直下而迅速增重，表现全身或局部出汗，肌肉震颤，脉搏细数（100次/min左右），心悸，呼吸促迫，结膜潮红或暗红，体温大多升高（39℃以上）。后期则颜貌忧苦或目光惊惧，呆立不动或卧地不起，舌色青紫或灰白，四肢及耳鼻发凉或厥冷，脉搏细弱或不感于手，微血管再充盈时间显著延长（4s以上），血液暗红而黏滞，呈现休克危象。

4. 腹腔穿刺 在发病后的短时间（2～4h）内，腹腔穿刺液即明显增多，初为淡红黄色，以后则逐渐变为血水样乃至稀血样，含多量红细胞、白细胞及蛋白质。在某些肠变位，如有的腹股沟管箝闭和肠套叠，腹腔穿刺液可能始终不红。

5. 直肠检查 完全闭塞性肠变位，直肠检查时有下列共同特点：直肠空虚，蓄有较多黏液；腹压较大，检手前伸困难，可摸到局部充气肠管；肠系膜紧张而不垂弛，朝一定方向倾斜而曳拉不动；某段肠管的位置、形状及走向发生改变，加以触压或牵引，病马即剧痛不已；排气减压后触摸，仍一如既往。

【病程及预后】肠变位的病情危重，病程短急，一般经过12～48h，多因急性心力衰竭和内毒素性休克而死亡。即使尽早手术整复，大多预后不良。

【诊断】依据口腔干燥、肠音沉衰或消失、排粪停止、继发性肠臌气或胃扩张等肠不通的基本症状，结合先剧烈狂暴后沉重稳静的腹痛表现，迅速恶化的全身症状以及混血的腹腔穿刺液等，即可作出初步诊断。然后通过直肠检查和剖腹探查而加以确诊。

在论证诊断时，要着眼于机械性肠闭塞综合征的基本特点，依据病情发展的动态，进行具体分析。

肠变位的诊断有相当的难度。如上所述，笼统地论证诊断肠变位，一般都可以做到。变位肠段是小肠还是大肠，依据继发症是液性胃扩张或是肠臌气，以及直肠检查感到的是小肠膨胀或是大肠膨胀，一般也可以推断出来。至于确定变位的具体肠管和变位的具体类型则不然，即使直肠检查经验比较丰富，有时亦难下决断。因此，剖腹探查前不应对临床诊断提出苛求，否则就会贻误病情而坐失手术整复的良机。

【治疗】尽早施行手术整复，严禁投服一切泻剂，是肠变位的基本治疗原则。骡马肠变位的治愈率甚低，手术整复存活率迄今不过20%。究其原因，主要是由于施行手术不及时、手术方案不够完善和术后监护不够严密等原因造成。在具体剖腹整复手术方案中应注意下述要点：

1. 术前准备 积极采取减压、补液、强心、镇痛措施，以维护病马；投服新霉素或链霉素，制止肠道菌群紊乱，减少内毒素的生成；诊断要求剖腹探查；准备手术整复，应当机立断，尽早实施。

2. 手术实施 全麻，仰卧、半仰卧或横卧保定；依据怀疑变位的肠段和类型选择手术径路，作腹中线切开、肋弓后平行切开或髂部切开；创口不应短于25～35cm，力争直视下操作；尽量吸除阻塞部前侧的胃肠内容物；切除变位肠段，行断端吻合。

3. 术后监护 除维护心肾功能，调整水盐代谢和酸碱平衡，以及防止术后感染等常规护理外，应通过临床观察、内毒素检测和血液学检验，以监测病程进展，着重解决肠弛缓，防止内毒素休克。

肠便秘（intestinal constipation）

肠便秘，又名肠秘结、肠阻塞和肠内容物停滞，旧名便秘疝，中兽医称结症，是因肠运动机能紊乱，内容物停滞，而使某段或某几段肠管发生完全或不全阻塞的一组腹痛病。其临床特征是，食欲减退或废绝，口腔稍干或干燥，肠音沉衰或消失，排粪减少或停止，伴有不同程度的腹痛，直肠检查某肠段有秘结的粪块。

按秘结的部位，可分为小肠便秘和大肠便秘。按秘结的程度，可分为完全阻塞性便秘和不全阻塞性便秘。完全阻塞性便秘包括十二指肠便秘、空肠便秘、回肠便秘、骨盆曲便秘、左上大结肠便秘、小结肠便秘、直肠便秘等；不全阻塞性便秘包括盲肠便秘、左下大结肠便秘、胃状膨大部便秘、泛大结肠便秘、全小结肠便秘、泛结肠便秘、泛大肠便秘等。

肠便秘是马属动物中最常见的一种胃肠性腹痛病。常发于马和骡，而驴较少发生。我国以东北、西北、华北、淮北地区发病率较高。

【病因】引起肠便秘的原因是多方面的，可概括为致发因素、激发因素和易发因素。

1. 致发因素 小麦秸、蚕豆秸、花生藤、甘薯蔓和谷草等粗硬饲草，含粗纤维、木质素或鞣质等较多，特别在其受潮霉败、湿而且韧时，难以咀嚼，不易消化，是致发肠便秘的第一位基本因素。

2. 激发因素 指的是在饲喂上述粗硬饲草的前提下，促使具备易发便秘因素的马匹发生便秘的各种原因，主要包括饮水不足、喂盐不足、饲养管理条件突变和天气骤变等。

饮水不足时，草料的消化、吸收、运动以及粪便的排除均受到影响。大肠内容物的含水量也是保证纤维素消化的至关重要的肠道内环境因素。当各种原因造成饮水不足时，激发的多属大肠便秘，主要是左下大结肠和胃状膨大部便秘。

喂盐不足时，消化液分泌不足，大肠内含水量减少，重碳酸钠等缓冲物质欠缺，内容物pH降低，肠肌弛缓，常激发各种不全阻塞性大肠便秘。

饲养管理条件突变，如草料种类、日粮组分、饲喂方法、饮喂程序以至饲养环境的突然变化，特别是由放牧转为舍饲，由饲喂青干草、稻草而转为糜草、谷草、麦草等粗硬饲草，可使骡马长期形成的规律性消化活动遭到破坏，肠道内环境急剧变动，胃肠的植物神经调控失去平衡，肠内容物停滞而发生便秘。由此类饲养应激所激发的便秘，多为完全阻塞性便秘。

天气骤变，如气温、气湿、气压等气象参数发生骤变，如降温、降雨、降雪前后，马胃肠性腹痛病特别是肠便秘的发生确实显著增多，其道理尚不清楚。一般解释是，这些突变的气象因素，可使骡马处于应激状态，或激发肠痉挛，或激发肠便秘。

3. 易发因素 指的是骡马个体存在的易发便秘的各种内在原因，用以解释在饲喂粗硬饲草的群体里，在激发因素的作用下，何以只是少数或个别骡马发生肠便秘。有些骡马采食过急，咀嚼不细，混唾不全，胃肠反射性分泌不足，食团囫囵吞下，妨碍消化，易发便秘。

长期休闲，运动不足，造成平滑肌紧张性降低，消化腺兴奋性减退，胃肠运动缓慢无力，消化液分泌减少。这样的骡马，一旦转为使役，采食量激增，胃肠机能难以适应，常容易发生便秘。此外，牙齿不整、慢性消化不良、肠道寄生虫重度侵袭，特别是寄生性肠系膜动脉损伤严重的骡马，容易发生肠便秘。

【发病机理】肠便秘是肠管运动机能失常而造成的。完全阻塞性便秘起因于胃肠植物神经调节系统的功能失调，即交感神经紧张性增高或副交感神经兴奋性减低；不全阻塞性便秘起因于肠道内环境的改变，特别是纤维素微生物消化所需条件如大肠内酸碱度和含水量的改变。

在完全阻塞性便秘，由于秘结粪块的压迫，特别是阻塞部位前段胃肠内容物的刺激，使肠平滑肌痉挛收缩，而产生腹痛（痉挛性疼痛）。由于阻塞部位前段的分泌增加，大量液体渗入胃肠腔，加上饮欲废绝以及剧烈腹痛时的全身出汗，而引起机体脱水。脱水的程度则与阻塞部位有关。阻塞部越靠近胃，脱水就越严重。这是因为胃和小肠的消化腺比较发达，分泌机能比较旺盛。更因为渗入胃肠腔的液体不能后送大肠重新吸收。由于阻塞前部肠内容物腐败发酵，产生的多种有毒物质被吸收入血；脱水失盐、酸碱平衡失调和饥饿，使代谢发生紊乱，形成大量氧化不全产物；秘结粪块压迫阻塞部肠壁，使肠管发炎乃至坏死，产生有毒的组织分解产物；肠道革兰氏阴性菌和梭状芽胞杆菌增殖并崩解，内毒素通过失去屏障作用的肠壁或经腹膜吸收入血，而引起自体中毒乃至内毒素性休克。由于腹痛，交感-肾上腺系统兴奋，心搏动增强加快，心肌能量消耗；脱水使血液浓缩，外周阻力增大，心脏负荷加重；胃肠膨胀，胸腔负压降低，回心血流不畅；腹痛、脱水和酸中毒，使微循环障碍，有效循环血量减少；自体中毒对心肌的直接损害，而最终导致心力衰竭。

不全阻塞性便秘的发展起病于肠弛缓，肠内容物逐渐停滞，肠腔阻塞不完全，气体、液体和部分食糜尚能后送，不伴有剧烈的腐败发酵，没有大量体液向肠腔渗出，从而前部胃肠不膨满，腹痛表现不明显，脱水、自体中毒、心力衰竭很少出现。但由于病程延久，结粪块长时间压迫肠壁，最终可导致秘结部肠管的发炎、坏死、穿孔和破裂。

【症状】因秘结的程度和部位而异。

1. 完全阻塞性便秘 多呈中度或剧烈腹痛；初期口腔不干或稍干，但随着脱水的加重，口舌很快变干，病程超过24h的，则舌苔灰黄，口臭难闻；初期排零星的小粪球，被覆黏液，数小时后排粪即完全停止；初期肠音不整或减弱，数小时后则肠音沉衰乃至消失；初期，除食欲废绝、脉搏增数外，全身状态尚好，但8～12h后全身症状即开始明显增重，结膜潮红至暗红，脉搏细微而疾速，100次/min左右，常继发胃扩张而呼吸促迫，继发肠臌气而肷窝平满，或继发肠炎和腹膜炎而体温升高，腹壁紧张；病程短急，通常1～2d，也有拖延3～5d的。

2. 不全阻塞性便秘 腹痛多隐微或轻微，个别的呈中度腹痛；口腔不干或稍干，舌苔薄灰或不显舌苔，口臭味不大；排粪迟滞，粪便稀软、色暗而恶臭，有的排粪完全停止；肠音始终减弱或沉衰，也有肠音完全消失的；饮食欲多减退，完全不吃不喝者少见；全身症状不明显，不继发胃扩张和肠臌气；病程缓长，通常1～2周，有的可拖延3～5周。一旦显现脉搏细数，结膜发绀，肌肉震颤，局部出汗等休克危象，即表明阻塞部肠段已发生穿孔或破裂，数小时内导致死亡。

3. 小肠便秘 多于采食中或采食后数小时内突然发病。一般呈剧烈腹痛，肠音减弱并很快消失，口腔干燥或黏滑，食欲废绝，排粪停止。全身症状明显，数小时后迅速增重。常继发胃扩张，肚腹不大而呼吸促迫，鼻流粪水，颈基部可闻食管含漱音，导胃则排出大量酸臭气体和黄绿色液体，腹痛暂时减轻，但数小时后又复发。病程短急，12～48h 不等，常死于胃破裂。检验血浆二氧化碳结合力增高，血浆氯和钾含量降低。直肠检查：秘结部如手腕粗，表面光滑，质地黏硬或捏粉样，呈圆柱形如灌肠或椭圆形如鸭蛋和鹅蛋。其位于前肠系膜根后方约 10cm，是十二指肠便秘；其位于耻骨前缘，由左肾后方斜向右后方，左端游离，可被牵动的，是回肠便秘。

4. 小结肠、骨盆曲、左上大结肠便秘 起病较急，呈中度或剧烈腹痛，个别的腹痛轻微，起病 6～8h 后显现继发性肠臌气，10h 后全身症状明显，20h 后转为重剧。病程较短，通常 1～3d。直肠检查：秘结部呈椭圆形或圆柱形，如小臂粗、拳大至小儿头大，表面光滑，质地坚实。位于耻骨前缘的水平线上或体中线的左右。若移动性较大，常被膨胀的大结肠挤到腹腔的深部或底部的是小结肠便秘；若与膨满的左下大结肠相连是骨盆曲便秘；若与膨胀的骨盆曲以及左下大结肠相连的是左上大结肠便秘。

5. 盲肠、左下大结肠和胃状膨大部便秘 起病潜缓，腹痛隐微或轻微，个别的呈长间歇期中度腹痛。排粪迟滞，粪球干硬或松散，常排少量恶臭稀粪，也有排粪完全停止的。肠音不整，但盲肠音或左侧结肠音多沉衰乃至消失，食欲减退。全身症状较轻，尤其盲肠便秘，即使病后 10～15d，体温、脉搏、呼吸也无明显改变，只是病畜逐渐消瘦，肚腹蜷缩，脉搏徐缓，因此常被误诊为消化不良，不予禁饲，以致最后突然死于盲肠穿孔或破裂。盲肠便秘经过缓长，病程通常 1～2 周，有的拖延 3～5 周，且容易再发。左下大结肠便秘和胃状膨大部便秘病程 3～7d，预后良好。直肠检查：盲肠便秘，于右胁部及肋弓部可触摸到秘结部，如排球大或篮球大，表面凸凹不平，质地呈捏粉样、黏硬或坚实，其体积庞大，位置固定；左下大结肠便秘，可于左腹腔中下部摸到长扁圆形秘结部，比大暖瓶还粗，质地黏硬或坚实，表面不平整，可感到多数肠袋和 2～3 条纵带；胃状膨大部便秘，位于前肠系膜根部右下方，盲肠体部的前内侧，比排球、篮球和橄榄球还大，其后侧缘呈半球形，表面光滑，随呼吸而前后移动，质地呈捏粉样或黏硬。

【诊断】应首先依据腹痛、肠音、排粪及全身症状等临床表现，参照起病情况、疾病经过和继发病症，分析判断是小肠便秘还是大肠便秘，是完全阻塞还是不全阻塞，然后通过直肠检查确定诊断。

凡起病较急，腹痛较剧烈，排粪很快停止，肠音迅速消失，且全身症状在发病后不久（12h 内）即明显或重剧的，通常是完全阻塞性便秘。其很快继发胃扩张的，是小肠便秘；其继发肠臌气的，是完全阻塞性大肠便秘，包括小结肠、骨盆曲和左上大结肠便秘。

凡起病较缓，腹痛较轻微，病后 12h 以上还能排少量粪便，不继发胃扩张和肠臌气，且全身症状不明显的，通常见于盲肠、左下大结肠、胃状膨大部便秘等。其腹痛轻微或呈间歇期较长的中度腹痛，病程 3～5d 全身症状已经比较明显的，要考虑胃状膨大部便秘、泛大结肠便秘、全小结肠便秘或泛结肠便秘；其病程 3～5d 后全身症状仍然平和，腹痛仍然隐微或轻微，左侧结肠音或盲肠音特别沉衰，且肚腹反而蜷缩的，要考虑左下大结肠便秘，特别是盲肠便秘。

【治疗】肠便秘的基本矛盾是肠腔秘结不通，并由此引起腹痛、胃肠膨胀、脱水失盐、自体中毒和心力衰竭等病症。因此，实施治疗时，应依据病情灵活运用以疏通为主，兼顾镇痛、减压、补液、强心的综合性治疗原则。

1. 镇痛 旨在恢复大脑皮质和植物神经对胃肠功能的调节作用，以消除肠管痉挛，缓解腹痛。多在完全阻塞性便秘时使用。常用的镇痛措施包括：三江、分水、姜牙等穴位针刺疗法；0.25%～0.5%普鲁卡因，肾脂肪囊内或腹膜外蜂窝组织内注射（封闭疗法和阻断疗法）；5%水合氯醛酒精和20%硫酸镁，静脉注射（睡眠疗法），也可用腹痛合剂（含石蜡油、水合氯醛、鱼石脂和乳酸）60～100mL内服；30%安乃近20～40mL或2.5%盐酸氯丙嗪8～16mL肌肉注射。但禁用阿托品、吗啡等颠茄和鸦片制剂。

2. 减压 旨在减低胃肠内压，消除膨胀性疼痛，缓解循环、呼吸障碍，防止胃肠破裂。用于继发胃扩张和肠臌气的完全阻塞性便秘。措施包括导胃排液和穿肠放气。

3. 补液强心 旨在纠正脱水失盐，调整酸碱平衡，缓解自体中毒，维护心脏功能。用于重症便秘或便秘中后期。对小肠便秘，宜大量静脉输注含氯化钠和氯化钾的等渗平衡液；对完全阻塞性大肠便秘，宜静脉输注葡萄糖、氯化钠液和碳酸氢钠液；对各种不全阻塞性大肠便秘，应用含等渗氯化钠和适量氯化钾的温水反复大量投服或灌肠，实施胃肠补液，效果确实。

4. 疏通 消散结粪和疏通肠道是治疗肠便秘的根本措施和中心环节，适用于各病型的全过程。

便秘的疏通，一方面是破除秘结的粪块，多采用机械性的方法，如直肠按压法、秘结部注射法、揉结法、剖腹按压法、肠管侧切取粪法等；另一方面是恢复肠管运动机能。后者一般通过两大作用途径达到：或通过大脑皮质、皮质下中枢以至植物神经系统，以调整其对肠管血液供应和肠肌自动运动性的控制，如使用敌百虫、槟榔碱等各种神经性泻剂；或通过调整肠道内环境，提供对肠壁感受器的适宜刺激，如芒硝、大黄、液状石蜡等容积性泻剂、刺激性泻剂、润滑性泻剂和深部灌肠法的使用。

通观上述疏通措施，其中直接破除秘结粪块的直肠按压法、剖腹按压法和揉结术，对各肠段的完全阻塞性便秘都很适用，其奏效迅速而确实；恢复肠管运动机能的上述各种疗法，对早期和中期肠便秘的治愈率较高，但对晚期的完全阻塞性肠便秘和秘结广泛的不全阻塞性肠便秘，疗效则很差。

5. 各部肠便秘治疗要点

（1）小肠便秘：抓紧减压和疏通，积极配合镇痛、补液和强心，禁用大容积泻剂。

先导胃排液减压，随即灌服腹痛合剂，直肠检查摸到秘结部之后，即可就手进行直肠按压，必要时投容积小的泻剂或施行新针疗法。对十二指肠前段便秘，应在导胃减压、镇痛解痉后灌服液状石蜡或植物油0.5～1L，松节油30～40mL，克辽林15～20mL，温水3～8L，并坚持反复导胃和补液强心。补液以复方氯化钠液为好，适量添加氯化钾液，但切忌加用碳酸氢钠液。经6～8h仍不疏通的，则应立刻实施剖腹按压。

（2）小结肠、骨盆曲、左上大结肠便秘：抓紧疏通，必要时镇痛解痉。依据条件选用各种疏通措施均可奏效，最好在直肠检查确诊后随即按压或揉结。

早期，注意穿肠放气减压和镇痛解痉，最好采用按压和揉结疏通。或采取芒硝、大黄、液状石蜡等容积性泻剂、刺激性泻剂、润滑性泻剂和深部灌肠法进行疏通。

中晚期，认真减压镇痛，积极补液强心，尽量采用即效性疏通措施。病程超过20h，全身症状已经重剧，新针疗法和灌服泻剂显然无效，神经性泻剂又不敢应用（心力衰竭），唯有依靠直肠按压、捶结或深部灌肠。如果因秘结肠段前移、下沉或不能后牵而不便按压和捶结，且深部灌肠又告无效的，就应立即剖腹按压。其秘结部肠壁已发生坏死的，则应切除而行断端吻合术。

（3）胃状膨大部便秘、盲肠便秘、左下大结肠便秘、泛大结肠便秘：禁饲给水，全力调整肠道内环境，恢复肠管运动机能。

投服碳酸盐缓冲合剂，1剂/d，疗效甚好。

猪胰子（猪胰脏1份，面碱2份，猪油适量，捣碎并混匀，做成块状，晾干备用）300～500g，开水6～8L冲调，候温灌服，1剂/d，有较好的疗效。

硫酸钠500g，大黄末100g，石蜡油500～1 000mL，温水5～10L，灌服。

积粪消除后，可灌服新鲜马粪混悬液（新鲜马粪1.5～2.5kg，温水3～5L，搅拌去渣，加碳酸氢钠或人工盐100～150g），以重建大肠微生物区系，并适量喂以青干草、胡萝卜、麸皮等，1周后逐渐转为常饲，多喂盐，多饮水，以防肠弛缓复发。

（4）直肠便秘：原则是消炎消肿，掏取结粪，不宜灌服容积性泻剂。

青霉素80万～120万U，0.5%普鲁卡因液80～120mL，后海穴深部注入以消炎；5%～15%硫酸镁液1～2L，反复灌肠以消肿；用水管水冲洗的同时，用手指由秘结块周边向中心部拨取积粪，燕子衔泥，终归成功。

【预防】一些兽医教学科研单位，研究确认了骡马便秘的首要致发病因是饲草坚韧和咀嚼不全，并经过对数以万计病例的治疗验证："干草干料，增加食盐"饲喂法是一项切实可行、行之有效的骡马肠便秘预防办法。

肠结石（enterolithiasis）

肠结石，又名结石性肠堵塞，是由于马属动物肠内形成结石，堵塞肠腔而引起的一种腹痛病。其临床特征是慢性消化不良，反复发作性腹痛，伴以食欲废绝、肠音沉衰、继发臌气等小结肠完全堵塞的临床表现，投服泻剂后病情反而加重。

结石性肠堵塞，老龄马居多，一般不发生于4岁以下的马骡。肠内凝结物，按其构成可分为矿物性凝结物、植物纤维、动物毛球、异物团块等四种，前一种乃真性肠结石，后三种则统称假性肠结石。

真性肠结石（马宝），呈圆形、椭圆形或多边形，如豆大、桃核大、鹅卵大、铅球大乃至柚子大，重量数十克至数千克不等。其外表圆滑，结构致密，质地坚实而沉重。

假性肠结石（粪石），包括植物粪石和毛球粪石等，多呈圆形或类圆形，如鸡蛋大至小儿头大，表面粗糙而不平整，结构疏松，质量比同体积的真性肠结石轻得多。

【病因】马属动物肠结石形成的原因、条件和过程，尚不十分清楚。长期大量饲喂麸皮、米糠等含磷丰富精料的马骡多发肠结石。

【发病机理】在正常情况下，饲料中含有的磷酸镁在小肠吸收。消化不良时，小肠吸收障碍，大量的磷酸镁即进入大肠。马大肠内存在有一定量的氨，若游离氨过剩即可形成氢氧化铵，进而与可溶性磷酸氢镁结合，生成不溶性的磷酸铵镁。

大肠内有时存在砂石、铁片、瓷块等各种异物或不能消化的饲料残渣，这是肠结石形成所必需的核心体。不溶性磷酸铵镁等矿物盐，围绕核心体而沉积，形成同心圆式的矿物质层，少者十几层或数十层，多者可达数百层，从而形成肠结石。如果肠内不存在核心体，则磷酸铵镁析出后即随粪便不断排出。

【症状】一是慢性消化不良（碱性肠卡他），病马常年累月食欲减退或不定，粪便松散、粥状、臭味大或干稀交替。二是反复发作性腹痛，病马在数月或数年期间，有数次或数十次腹痛发作。腹痛通常是轻微的，只表现为刨蹄、踢腹、卧地、回顾、背腰下沉而四肢开张等。发作持续的时间，短的数小时，长的若干日。给予解痉镇痛处置，腹痛即很快消失。不予处置亦能自行缓解。

重症病马，腹痛剧烈或沉重，有的不断起卧滚转，有的拱腰缩腹，运步拘谨，站立不动或卧地不起。肠音沉衰或消失，有时可闻金属性肠音，口腔干燥，排粪停止，肚腹膨大，结膜暗红黄染，脉搏疾速，呼吸促迫。总之，肠结石病马的临床表现与完全阻塞性大肠便秘相似。

直肠检查：坛状部空虚，黏膜干燥而粘手，狭窄部紧缩，入手后常感到大结肠积气，偶尔在骨盆曲，有时在胃状膨大部，通常在小结肠起始部或其前段可摸到拳头大至铅球大、圆形或椭圆形的坚硬结石。触动堵塞部肠段，病马即剧痛不安。

【诊断】依据长期大量饲喂富磷精料的生活史，慢性消化不良和轻度腹痛并反复发作的病史，颇似完全阻塞性大肠便秘而投以泻剂后病情反倒增重的现象，即可怀疑为结石性堵塞。确定诊断则必须依据于直肠检查或剖腹探查，证实肠内结石的存在。

【治疗】急性发作的结石性肠堵塞病马，应首先按急腹症实施解痉镇痛、穿肠减压、补液强心等对症处置，以缓和病情，禁止投服泻剂。

对小结肠起始部或前段小结肠的结石堵塞，可反复进行高压灌肠，使结石退回到胃状膨大部，求得相对治愈。择时剖腹切肠取石：半仰卧保定，在剑状软骨后方15cm、腹底部白线偏右2~3cm处向后与腹白线平行作20cm长的切口；左侧横卧保定，在第7~11肋骨相对应的肋弓线后4~5cm的右腹壁肋弓平行线上，作20cm长的切口，其前端约距腹白线15cm。两种手术径路，可使胃状膨大部得到比较充分的暴露，且能将移行结肠（小结肠起始部）和前段结肠拽出腹创，便于侧切取石。

肠积沙（intestinal sabulous）

肠积沙，又名沙疝，是骡马异嗜或误食大量沙石，逐渐沉积于肠内所致的一种腹痛病。肠积沙多具地区性群发，在半荒漠草原和多沙石地区，常造成相当大的损失。其临床特征是，长期消化障碍，渐进性瘦弱，粪内混沙，反复发作腹痛，伴以肠不全堵塞乃至完全堵塞的各种症状。

【病因】骡马吃进沙石的原因无非是误食和异嗜。误食沙石多见于大风沙地区，饲料内混有多量细沙，而喂前不淘不洗或淘洗不净；半荒漠草原或沙质草场放牧，特别是在暴风雨之后，牧草上叶柄部附有多量沙子，且沙地疏松，食草时连根带沙拔起；长期饮用混有泥沙的河水、渠水、浅井水、涝地水；长期在厚积细沙而水流湍急的浅滩、浅溪处给群马放饮；骡马喂盐不足，矿物质和维生素等营养物质缺乏时，发生异嗜而啃舔碱土、瓦砾、煤渣，引发本病。

【发病机理】随草、料、饮水或异嗜啃舔而进入胃肠的沙石和煤渣均不被消化，一部分随粪便排出，一部分则沉积于胃肠。沉积量少的，有3～5kg，多的可达20～30kg，甚至更多。主要沉积部位是盲肠尖，大结肠的胸曲、盆曲、膈曲和胃状膨大部。

胃肠内容物中沙石等不能消化的混杂物，长期机械性地刺激肠壁感受器，致使分泌活动与运动机能陷于紊乱，起初发生卡他性炎症，以后因局部压迫而导致肠壁的出血和坏死。病初，肠肌紧张度增高，直至痉挛性收缩。以后，随着炎性病变的进展，终将发生肠弛缓性麻痹。夹杂沙石的肠内容物逐渐停滞沉积，造成盲肠、左下大结肠及胃状膨大部不全堵塞，甚至造成肠穿孔或破裂。

【症状】轻症病马，食欲不定，味觉反常，有舌苔，口臭大，消瘦虚弱，不耐使役，腹泻和排粪迟滞相交替，呈慢性消化不良的基本症状，但又不同于一般性消化不良。本病有两个特点：一是经常表现隐微或轻微的腹痛，或者四肢集拢，背腰拱起，偶尔可见前蹄刨地和回头顾腹，短时间垂头站立而不愿走动；或者小心翼翼择地而卧，伸肢横躺而不愿起立。二是粪便内混有沙石或煤渣，以致粪色发暗，严重的呈深灰色；用手捻搓可感知坚硬颗粒的存在；用水反复淘洗，可获得一定量的细沙或煤渣。

重症病马，则反复发作伴有肠炎的肠堵塞症状，呈中度或剧烈腹痛，食欲废绝，肠音减弱以至沉衰，脉搏和呼吸增数，结膜潮红或发绀，全身症状明显或重剧。

直肠检查，黏膜潮红、干燥，手臂粘有沉落的沙粒。入手后可发现大结肠盆曲部、胃状膨大部或十二指肠有黏硬粗糙的沙包，触压堵塞部肠段动物即表现剧痛不安。

【诊断】遇有经常表现隐微或轻微腹痛的慢性消化不良病马，或反复发作中度乃至剧烈腹痛的慢性肠堵塞病马，尤其在半荒漠草原和多沙石地区大批发生时，要着重考虑肠积沙。可询问有无食沙的生活史，仔细地进行直肠检查，并认真地淘洗粪便。如直肠检查某肠段积有黏硬粗糙的沙包，且触之表现剧痛或淘洗粪便发现多量沙石或煤渣，即可确定诊断。

【治疗】治疗原则是排除肠道积沙和消除肠道炎症。

应用油类泻剂，特别是动物油，治疗肠积沙有良好效果。

猪油500～1 000g，加1%温热盐水8～16 L投服，继之每隔1～2h皮下注射1次小剂量毛果芸香碱等拟副交感神经药，在12h内即可将大部分积沙排出。

用液状石蜡500～1 000mL，大黄100～200g，温水5 L，灌服。并配合10%氯化钠液静脉注射，以加强胃肠运动，促成软粪，排除积沙。在排沙的同时，可兼用健胃消炎方剂，以缩短疗程。

肠系膜动脉血栓-栓塞 （thrombo-embolia of mesenteric arteria）

肠系膜动脉血栓-栓塞，即蠕虫性肠系膜动脉炎，或蠕虫性动脉瘤，旧名血栓塞疝，是普通圆虫幼虫所致寄生性动脉炎，使肠系膜动脉形成血栓，其分支发生栓塞，所分布肠段供血不足而引起的腹痛病。

其病理学特征是肠系膜动脉及其分支乃至肠壁的小动脉内可见血栓或普通圆虫幼虫，相应肠段发生浆液出血性浸润或出血性梗死。

其主要临床特征包括不定期反复发作的轻度至剧烈腹痛；伴有轻热、中热乃至高热；腹腔穿刺液混血；直肠检查有触不感痛的局部气肠。

据国内外资料报道，90%～94%的马匹不同程度地受到圆形线虫的侵袭。本病多发生于6月龄至4岁的幼驹或青年马，老龄马很少发生，这或许是能产生获得性免疫之故。

【病因】马圆虫的高感染率及其幼虫在肠动脉系统内的移行，使绝大多数马匹都存在一定程度的动脉损伤。结果导致动脉壁显著增厚，管腔内填塞血栓，包有幼虫。

【发病机理】血栓-栓塞的致病作用，因动脉闭塞的程度、部位和速度而异。动脉管腔之闭塞如不完全或很缓慢，则即使发生于较大的动脉或同时发生于多数小动脉，也不一定会引起局部血液循环的明显紊乱。因为肠动脉具有丰富的吻合支，侧支动脉能代偿扩张。这就是绝大多数轻症病例得以自然治愈的病理学基础。

但是，前肠系膜动脉一旦发生完全闭塞，则肠管的血液循环紊乱必不可免。由于闭塞动脉所辖肠段缺血，首先引起肠功能紊乱，肠肌发生痉挛性收缩，表现肠音活泼和腹痛；其后，或者由于代偿性侧支循环的建立而恢复正常，或者由于出血性梗死的发生，肠肌丧失自主运动性，而陷于肌源性肠弛缓性麻痹；最后，由于微生物在出血性肠内容中引起腐败和发酵过程，加上吸收机制的破坏，而造成闭塞动脉所辖肠段的局部肠管充气。

在严重病例，肠道细菌常通过出血性梗死的肠壁进入腹腔，在原已渗出的浆液出血性腹水中迅速繁殖，而引起腹膜炎症甚至内毒素性休克。

【症状】

1. 反复发作性腹痛　无可见的外部原因而反复发作腹痛，是本病的主要临床特征之一。腹痛的程度不等，或轻微或中度或剧烈，每次发作持续数分钟至半小时。轻微的，腹痛发作常被忽略；严重者，腹痛极其剧烈，甚而达到狂暴不安的程度。在间歇期，病畜采食饮水正常，宛如健马。发作的频度不定，有若干周一次的，也有一周多次的，甚至一日数次的。每次发作即使不予处置亦多自行缓解。

2. 消化道症状　病初肠音增强，以后减弱，有的大小肠音均消失。有时腹泻，粪便稀软、恶臭并带血。严重的常继发肠臌气或不全阻塞性大肠便秘，则排粪迟滞甚至停止。

3. 全身症状　在重症发作期间比较明显，多伴有轻热、中热乃至高热，持续1～5 d不等，脉搏和呼吸逐渐增数。继发出血性肠炎和腹膜炎的致死性病例，则全身症状重剧，心动疾速，恒有高热。轻症病例，发作期短暂，全身症状不明显。

4. 腹腔穿刺　轻症病例，腹腔穿刺液无大改变。伴发出血性梗死和腹膜炎的重症病例，则腹腔穿刺液明显增多，外观混浊，呈黄红色、樱桃红色乃至血样，含多量红细胞、白细胞和大量蛋白质。

5. 直肠检查　大部分病例可于前肠系膜动脉根部及其分支处，特别是回盲结肠动脉起始部触摸到小指粗或拇指粗变硬的动脉管，呈梭形、核桃大、串珠状膨隆，搏动明显减弱而感有管壁震颤。

【病程及预后】轻症的，常在数次腹痛发作之后，由于代偿性侧支循环的建立而自然治愈，预后良好。重症的，侧支循环很难建立，腹痛发作逐渐频繁，多在1～2周内因出血坏死性肠炎、腹膜炎和内毒素性休克而死亡。

【诊断】对重症典型病例，依据无确认外部原因而反复发作性腹痛，一定程度的发热，腹腔穿刺液混血，直肠检查前肠系膜动脉病变以及触不感痛的局部气肠，不难做出论证诊断。但肠系膜动脉血栓-栓塞以轻症而不典型者居多，临床上很容易漏诊或误诊，在鉴别诊断时应特别注意以下各点：

反复发作性腹痛，见于许多疾病，不应单凭该表现做出诊断，但如找不到其他原因，则应视为确定本病的线索和主要依据。

直肠检查前肠系膜动脉根部摸到"动脉瘤"，并没有确定诊断的意义。因为相当多匹马的肠系膜动脉上都有损伤的存在。但是在找不到原因的反复发作性腹痛病例，直肠检查触诊该动脉粗硬、搏动微弱而感到管壁震颤，同时又摸到某肠段有限局性气胀，即可做出本病的诊断。

【治疗】迄今尚无理想的治疗方法。治疗的要点在于杀灭移行于动脉中的普通圆虫幼虫，促使已形成的血栓发生纤维蛋白溶解，扩张肠系膜动脉系统，加强代偿性侧支循环的建立。

圆虫实验感染后1周，用噻苯达唑按每千克体重440mg的剂量连续2d投服，可获得较好的疗效，动脉病变中的圆虫幼虫几乎都不能存活。

低分子右旋糖酐能使血小板的聚集性降低，具有明显的抗凝血作用，可用于试治肠系膜动脉血栓-栓塞病马。方法是10%低分子右旋糖酐500～1 000mL，静脉滴注，1次/d，9d为一疗程，2～3个疗程即可见效。

葡萄糖酸钠是强有力的选择性腹部内脏血管扩张剂。20%～25%葡萄糖酸钠500～1 000mL，缓慢静脉注射，2次/d，可疏通血栓闭塞的动脉，并促进侧支循环的建立，对本病显示较好的疗效。

除上述根本疗法外，可依据病情实施镇痛解痉、补液强心、制止内毒素性休克等对症处置。

马属动物腹痛病症状鉴别诊断

马属动物腹痛病种类繁多，病情危重，病程短急，加上一些合并症和继发症，病情更为错综复杂。要迅速而准确地建立马属动物腹痛病的诊断，必须具备三个基本条件：对广义腹痛病概念所包含的疾病及其分类乃至各自的临床特点要有充分的理解；对腹痛病的问诊、临床检查和特殊检查等方法和技术要有切实的掌握；对腹痛病的症状鉴别诊断要有明确的思路，对具体病马能做出中肯的分析。

(一) 马属动物腹痛病症状鉴别分类

症状鉴别分类是临床实用的一种疾病分类方法，它不同于疾病的其他各种分类，其分类层次的依据不是病因、病原和病理过程，而是临床表现，包括症状和体征。马属动物腹痛病可按其临床表现和发生频度分为以下四类：

1. 常见的五大真性腹痛病　包括急性胃扩张、肠痉挛、肠臌气、肠变位和肠便秘。

2. 反复发作性腹痛病　包括肠系膜动脉血栓-栓塞、肠结石、肠积沙、蛔虫性堵塞、肥大性肠炎、慢性胃扩张、肠系膜淋巴结脓肿、胆结石、输尿管结石、肠狭窄等。

3. 取排粪、排尿姿势的腹痛病　包括直肠便秘、直肠破裂、膀胱括约肌痉挛、输尿管结石、尿道结石、子宫扭转、子宫套叠等。

4. 伴有发热的腹痛病　包括肠型炭疽、巴氏杆菌病、肠系膜动脉血栓-栓塞、出血性肠炎、腹膜炎、肠变位、病毒性动脉炎等。

（二）马属动物腹痛病症状鉴别诊断

1. 常见的五大真性腹痛病鉴别 急性胃扩张、肠痉挛、肠臌气、肠变位和肠便秘是最多发、最常见的胃肠性腹痛病，而且常常相互继发或伴发，遇到腹痛病马时一般首先考虑这五种腹痛病。

（1）呈间歇性腹痛，肠音连绵高朗，排稀软粪便，口腔湿润，耳鼻发凉或不发凉，而呼吸、脉搏和体温无大改变的，即可诊断为肠痉挛。

（2）采食后短时间内发生腹痛，或在其他腹痛病经过中腹痛加剧，腹围不大而呼吸促迫，口腔黏滑、酸臭，间有嗳气，并听到食管逆蠕动音或有时听到胃蠕动音的，可初步诊断为急性胃扩张。进而插入胃管并做胃排空试验。凡排出气体而排空障碍的，即可确定为原发性胃扩张（气胀性或食滞性）；如果插入胃管后自行排出大量黄绿色或黄红色液体，隔3～5h腹痛再增剧，又导出大量液体的，则应确定为继发性胃扩张，可能是小肠便秘、小肠变位、小肠蛔虫性堵塞、小肠炎，可通过直肠检查、腹腔穿刺并结合其他体征证之，必要时剖腹探查。

（3）腹痛剧烈，腹围膨大而肷窝平满乃至突出的，即可诊断为肠臌气。其腹围膨大与腹痛开始出现的时间大体一致的，是原发性肠臌气；腹痛4～8h后腹围才逐渐膨大的为继发性肠臌气。应在穿肠放气减压后直肠检查，确定原发病是完全闭塞性大肠变位还是完全阻塞性大肠便秘。个别情况下，直肠检查不见大肠变位和大肠便秘，则可能是伴发肠弛缓的出血坏死性肠炎，或伴发肠弛缓的重剧腹膜炎。

（4）腹痛剧烈狂暴，后期转为沉重稳静，口腔干燥，肠音减弱或消失，排粪停止，全身症状重剧，腹腔穿刺液混血，且继发胃扩张或肠臌气的，应怀疑肠变位。其继发胃扩张的，可能是小肠变位；继发肠臌气的，可能是大肠变位。应通过直肠检查或剖腹探查进行以确诊。

（5）呈各种程度腹痛，肠音沉衰或消失，口腔干燥，排粪迟滞或停止，全身症状逐渐增重的，应考虑肠便秘。再根据病情发展的快慢、全身症状的轻重以及有无继发性胃扩张或肠臌气，推断是完全阻塞性便秘还是不全阻塞性便秘，最后通过直肠检查确定诊断。

腹痛中度或剧烈，排粪很快停止，全身症状在起病后12h内很快变得明显或重剧，且继发胃扩张或肠臌气的，应推断为完全阻塞性便秘。其继发胃扩张的，多为小肠便秘，应着重检查十二指肠、空肠和回肠；其继发肠臌气的，多为大肠便秘，应着重检查小结肠、骨盆曲和左上大结肠。

腹痛隐微或轻微，起病缓慢，发病24h后腹围仍不膨大，全身症状仍不明显，有时还排粪，而肠音减弱乃至高度沉衰的，应考虑不全阻塞性便秘。其中，腹痛轻微，间歇期长，中度腹痛，且发病3d后全身症状逐渐明显或重剧的，可能是胃状膨大部便秘、泛大结肠便秘、全小结肠便秘或泛结肠便秘；而病程3～5d之后全身症状仍然平和，腹痛依旧隐微或轻微，左侧结肠音或盲肠音特别沉衰且肚腹蜷缩的，则可能是左下大结肠便秘和盲肠便秘。

2. 反复发作性腹痛病鉴别 在长时间（数周、数月或数年）内，不定期地反复发作腹痛，要考虑到肠系膜动脉血栓-栓塞、肠结石、肠积沙、蛔虫性堵塞、肥大性肠炎、慢性胃扩张、肠系膜淋巴结脓肿、胆结石、肠狭窄等，可按以下要点进行鉴别：

（1）肠系膜动脉血栓-栓塞：轻症的，易误诊为肠痉挛；重症的，易误诊为肠变位和出血性肠炎。其特点为有轻热、中热乃至高热；直肠检查肠系膜前动脉或其分支可见动脉瘤，且其搏动微弱而感有颤动；腹腔穿刺液呈深黄、黄红、樱桃红乃至暗红色。

（2）肠结石：不全堵塞时，易误诊为肠痉挛；完全堵塞时，易误诊为肠便秘。其特点为有慢性消化不良病史；有长期饲喂麸皮等富含磷酸镁饲料的生活史，直肠检查可摸到肠结石。

（3）肠积沙：多为不全堵塞，易误诊为不全阻塞性肠便秘。其特点为有啃食泥沙或煤渣的生活史；淘洗所排粪便含沙质多；直肠检查时，手臂常粘有沙粒；且可于胃状膨大部、左下大结肠或胃盆曲部摸到黏硬的沙包。

（4）慢性胃扩张：其特点为采食后出现轻度腹痛乃至中度腹痛；平时呼吸困难，胸式为主，饲喂后尤甚；常有嗳气，导胃有气体及一定量食糜排出；直肠检查可摸到极度膨满的胃壁，触压有黏硬感。

（5）蛔虫性堵塞：多见于 1～3 岁的幼驹。其特点为常伴有明显的黄疸；可继发积液性胃扩张；腹痛剧烈，肠音强盛；直肠检查有时可摸到虫积的肉样小肠肠段；粪便检查可发现大量蛔虫卵，有时随粪便排出蛔虫；使用敌百虫等驱虫药，效果良好。

（6）肥大性肠炎：是病因未明的慢性病，经过数月乃至数年，最后多死于肠破裂。因反复发作中度腹痛，肠音增强，粪便干细小，易误诊为卡他性肠痉挛；又因常于采食后继发胃扩张而易误诊为原发性胃扩张。其特点为直肠检查小肠肥厚，如胃导管状。

（7）肠系膜淋巴结脓肿：常见于 6 岁以内的马骡，有腺疫病史。特点为直肠检查前肠系膜根部可摸到铅球大、排球大乃至篮球大的肿胀物，通过直肠进行腹内穿刺，常能抽取到脓汁，必要时可剖腹探查并摘除。

（8）胆结石：多发生于老龄马，常堵塞在接近十二指肠开口处的肝胆管内。其特点为每次发作时腹痛或轻或重，伴有发热，黄疸明显，肝脏肿大，肝功能有明显改变，胆色素代谢试验结果符合阻塞性黄疸和肝炎性黄疸的特征，超声扫描检查可发现肝胆管内的结石。必要时，可剖腹探查并取出结石。

3. 取排粪、排尿姿势的腹痛病鉴别 有些腹痛病，动物拱腰举尾，不断努责，而取排粪、排尿姿势，应考虑到直肠便秘、直肠破裂、膀胱括约肌痉挛、输尿管结石、尿道结石、膀胱炎、子宫扭转、子宫套叠等，可通过泌尿生殖器官检查和直肠检查确定。

（1）直肠便秘：入手直肠坛状部或狭窄部，即可摸到秘结的粪块。

（2）直肠破裂：入手即知。检视肛门部有无血迹，初入手只到坛状部，即出示手掌有无血迹，然后再深入触摸，以确定破裂口的部位及程度。

（3）膀胱括约肌痉挛：起病突然，腹痛剧烈，全身大汗，频作排尿姿势而排不出尿液。直肠检查膀胱高度膨满，触压亦不排尿。导尿管插入膀胱颈口部受阻，给予解痉药则排尿，症状随即消失。

（4）膀胱炎：腹痛隐微，痛性尿淋漓，膀胱多空虚，触压有痛，尿液检查有蛋白、脓球、血块、黏液、膀胱上皮和磷酸铵镁结晶。

（5）输尿管结石：有反复发作性腹痛病史，腹痛剧烈，伴有血尿，有时通过直肠检查可摸到输尿管内的结石。必要时做静脉尿路造影确定诊断。

（6）尿道结石：排尿带痛，血尿淋漓，慢性病程急性发作，插入尿道探管即可确诊。

（7）子宫扭转：发生于妊娠末期或分娩过程中，腹痛剧烈，阵缩频频而不见胎衣，不流胎水。扭转在子宫颈之后的,阴道检查可发现膣腔几乎变成管腔,越向内越窄,顶端有螺旋状皱褶;扭转在子宫颈之前的,则直肠检查可触及子宫体上的扭转部。

(8) 子宫套叠:多发生于产后的24h之内,呈中度或轻度腹痛,产道检查可摸到子宫角尖端套入子宫体或阴道内。

4. 伴有发热的腹痛病鉴别 腹痛而伴有发热的,应考虑到肠型炭疽、巴氏杆菌病、肠系膜动脉血栓-栓塞、出血性肠炎、腹膜炎、肠变位、胆结石等,可依据以下特点进行鉴别:

(1) 高热起病,腹痛剧烈,呼吸促迫,结膜发绀,全身症状明显或重剧的,要考虑肠型炭疽、巴氏杆菌病、出血性小肠炎等。

肠型炭疽:皮肤浮肿、脾脏肿大,病程短急。死前数小时耳尖末梢血涂片染色可见炭疽杆菌;死后天然孔出血,炭疽沉淀反应阳性。

巴氏杆菌病:大面积皮肤浮肿,病程短急,但脾脏不肿大。血液细菌学检查(镜检或培养)可见两极着染的巴氏杆菌。

出血性小肠炎:继发积液性胃扩张,胃内液体呈红黄色,腹腔穿刺液可能混血,直肠检查不见肠阻塞,注意不要误诊为十二指肠前段便秘而贸然决定剖腹探查。

(2) 高热起病,腹痛沉重而外观稳静,肚腹紧缩,背腰拱起,站立不动或细步轻移的,要怀疑急性腹膜炎,可依据触压腹壁敏感和腹腔穿刺渗出液而确定。

(3) 伴有轻热、中热或高热,并有反复发作性腹痛病史的,要考虑肠系膜动脉血栓-栓塞和胆结石。前者腹腔穿刺液混血,直肠系膜动脉瘤搏动微弱而有颤动,有触不感痛的限局性气肠。后者黄疸明显,肝功能有明显改变,胆色素检验符合阻塞性或肝炎性黄疸的特征,超声扫描可发现胆管内有结石,必要时可做静脉胆管造影或剖腹探查。

(4) 在腹痛病经过中,在病的中后期体温逐渐升高的,要考虑继发了肠炎、腹膜炎或肠变位,可依据前述的各自特点而鉴别诊断。

(张乃生)

第五节 猪胃肠疾病

肠便秘 (intestinal constipation)

猪的肠便秘是由于肠的运动、分泌功能紊乱,内容物停滞不能后移,致使一段或几段肠管发生完全或不完全阻塞的一种疾病。以食欲减退或废绝,肠音减弱或消失,排粪减少或停止,并伴有不同程度的腹痛为主要临床特征。肠便秘按病因分为原发性肠便秘和继发性肠便秘;按阻塞程度分为完全阻塞性肠便秘和不完全阻塞性肠便秘。

各种年龄的猪都可发生,而以仔猪较多发,便秘常发部位在结肠。

【病因】原发性肠便秘主要由于饲养管理不当、饲料品质不良所致,常见的病因有:饲喂多量难以消化的粗硬劣质饲料,如谷糠、稻壳糠、豆秸、蚕豆糠、干红薯蔓、花生蔓等;饲料中混有多量泥沙;缺乏适当运动,饮水不足;断乳仔猪突然变换饲喂纯米糠而同时缺乏青绿饲料。此外,妊娠后期或分娩不久的母猪伴有肠弛缓时,也常发生肠便秘。

继发性肠便秘主要见于某些肠道传染病和寄生虫病的经过中,如猪瘟的早期阶段、慢性肠结核病、肠道蛔虫病等,均可引起肠便秘。此外,伴有消化不良时的异嗜癖,去势引起肠粘连，甚至母猪去势时误将肠壁缝合在腹膜上，或公猪阉割后引起嵌闭性阴囊疝，也可导致肠便秘。

【发病机理】在上述各种致病因素的作用下，肠的运动和分泌机能紊乱，肠蠕动减弱，消化液分泌减少，饲料消化不全，粪便逐渐停滞，阻塞肠腔而发生便秘；或者引起胃肠自主神经调节系统的功能失调，交感神经紧张性升高、副交感神经兴奋性降低，同时肠道内环境也发生改变，致使肠内容物干燥、变硬而发生便秘。

【症状】病猪精神不振，食欲减退或废绝，饮欲增加，腹围增大，喜躺卧或起卧不安，有时呻吟。病初排粪迟滞，或排出少量干燥、颗粒状的粪球，其上覆盖着一层稠厚的灰白色黏液；当直肠黏膜破损时，黏液中混有鲜红的血液；经1~2d后，排粪停止。

腹部听诊，肠音减弱或消失。瘦小的病猪，通过腹壁触诊，往往能摸到腹腔内呈屈曲的圆柱状的肠管或串珠状粪球，强力按压时，病猪表现疼痛不安。重症病例，直肠内充满大量积粪，若便秘肠管压迫膀胱颈时，会导致尿闭，触诊耻骨前缘，可发现膀胱胀满。当十二指肠便秘时，病猪表现呕吐，吐出液状酸臭物，有时伴有阻塞性黄疸。由于病程较长，肠壁坏死，可并发局限性腹膜炎。如无并发症，体温变化不大。

完全阻塞性肠便秘发病急促、症状重，不完全阻塞性肠便秘症状相对较轻。

【病理变化】小肠便秘，剖检可见阻塞部肠管扩张，充满多量干涸性内容物，肠管呈香肠状。便秘部肠壁淤血、水肿或出血，严重的肠壁坏死，甚至肠破裂；大肠便秘，剖检可见肠道内蓄积有大量干硬的粪球，便秘部肠黏膜多半呈潮红、肿胀并伴有出血，被覆有厚层黏液的病变。时间经久时，黏膜常发生坏死。

【病程及预后】完全阻塞性肠便秘发病急短，如不及时治疗，迅速死亡；不完全阻塞性肠便秘发病缓和，适当治疗，预后良好。

【诊断】主要依据临床表现，如食欲减退或废绝，体温不高；腹胀，腹痛不安；频频努责，排粪迟滞，排粪量少、干硬或无粪便排出；深部腹腔触诊可触摸到圆柱状或串珠状干硬粪球等，结合饲养管理上的原因，即可做出初步诊断。凡起病较急，腹痛较剧烈，排粪很快停止，肠音迅速消失，且主要症状在发病后不久即明显表现的，通常是完全阻塞性肠便秘；凡是起病较缓，腹痛症状较轻，全身症状不明显的，通常是不完全阻塞性肠便秘。

【治疗】治疗原则是消除病因，加强护理，疏通导泻，镇痛减压，补液强心。

首先，对病猪应停止饲喂或仅给少量青绿多汁的饲料，同时饮用大量温水或补液盐水。

为了疏通肠道，可用胃管投服液体石蜡（或植物油）50~150mL，鱼石脂3~5g，酒精30mL，常水适量；或者投服硫酸钠（或硫酸镁）50~150g，鱼石脂3~5g，酒精30mL，常水300~1 000mL；也可服用甘汞（每千克体重0.02g）。同时用温水或温肥皂水深部灌肠，配合腹部按摩，一般均能奏效。如药物治疗无效，并且病猪体况较好时，应及时做剖腹术，施行肠管切开术或肠管切除术。

当病猪腹痛不安时，可肌肉注射30%安乃近注射液3~5mL或氯丙嗪（每千克体重1~3mg），也可静脉注射安溴注射液10~20mL；为了防止机体脱水和维护心肺功能，可静脉注射或腹腔注射10%葡萄糖溶液250~500mL，20%安钠咖溶液2~5mL。

据报道，用麻仁60g，滑仁、大黄、芒硝各15g，枳实9g，水煎去渣，加植物油60mL，混合灌服，治疗效果较好。也可用大黄甘遂散、大泡通生石膏汤、果导片、消滞汤加减、乌桕等治疗。

【预防】 给予营养全面、搭配合理的日粮,增强猪的体质与抗病力;给予充足的饮水和适当运动,特别夏秋季节增加饮水量,随时保证饮水充足;在仔猪断奶初期、母猪妊娠后期和分娩初期,应加强饲养管理,给予易消化的饲料。另外,饲料中添加适量的食盐和矿物质、多维,可防止肠便秘的发生。

肠套叠 (intestinal invagination)

肠套叠乃肠变位的一种类型,是指一段肠管套入与其相邻的肠管之中,致使相互套入的肠段发生血液循环障碍、渗出等过程,引起肠管粘连、肠腔闭塞不通的一种疾病。临床上以顽固性呕吐、腹痛和血样便为特征。猪肠套叠主要见于十二指肠和空肠,偶见于回肠套入盲肠。本病多发生于哺乳仔猪和断乳不久的仔猪。

【病因】 哺乳期的仔猪,由于母猪营养不良,导致乳的分泌不足及乳的质量降低,造成仔猪饥饿和胃肠道运动失调,在突然受凉、乳温不足和乳头不洁、采食品质不良饲料、冷水等情况下,引起肠管的异常刺激和个别肠段的痉挛性收缩,从而发生肠套叠;断乳后的仔猪,由于从哺乳过渡到给饲的过程中,新的饲养条件发生改变,特别是饲喂品质低劣或变质的饲料时,能引起胃肠道运动失调,从而发生肠套叠;某些仔猪,由于肠道存在炎症、肿瘤、蛔虫等刺激因素,或者由于去势引起某段肠管与腹膜粘连,也可发生肠套叠。

【发病机理】 由于上述不良因素的作用,引起肠平滑肌自主运动性的改变,使得某段肠管蠕动增强或痉挛性收缩,而与其相邻的另一段肠管蠕动正常或弛缓、麻痹,加之在肠内容物稀薄或空虚的情况下,易发生肠套叠。起初属于功能性障碍,以后多导致器质性改变。一旦发生肠套叠,随着病程的延长,套叠肠管出现血液循环障碍、充血、淤血和水肿等病理变化;而且会继发胃扩张、肠臌气等病症,甚至出现脱水、自体中毒及心力衰竭和腹膜炎,加重病情和死亡。

【症状】 病猪突然不食,呈现极度不安,剧烈腹痛,表现为背拱起,腹壁紧张,腹部收缩,有时前肢跪地,头抵地面,后躯抬高,前肢爬行或侧卧,卧立不安;严重者突然倒地,四肢在空中划动,不断呻吟,发出哼声。结膜充血,呼吸及脉搏增数,十二指肠套叠时常发生呕吐。初期频频排出稀粪,量少而黏稠,以后混有黏液和血液。体温一般正常,在并发肠炎或肠坏死时,体温可轻度上升。瘦小的猪,腹部触诊可触到套叠肠管如香肠状,压迫时疼痛明显;但肥胖猪,不容易发现肠套叠的硬块。

【病理变化】 最明显的病变是血液循环障碍。套叠肠段呈灌肠状,肉样坚实,套入部呈青紫色,高度水肿,黏膜出血、溃疡,肠腔内容物呈紫酱色或黑绿色黏稠液体,恶臭,黏膜大片脱落。晚期鞘部呈紫红色,肿胀明显,浆膜下可见血肿,肠系膜多散在或密布出血点。套入部和鞘部之间常有粘连。

【病程及预后】 由于病势急剧,不及时诊治很快死亡。确诊后采取手术治疗,一般预后良好。

【诊断】 根据临床症状一般可做出初步诊断,确诊需要剖腹探查。

【治疗】 一经确诊,应尽早施行手术整复,严禁投服一切泻剂。在手术整复中,必须缓缓分离肠管,禁用强力拉出,特别对套叠部分较长和严重淤血、水肿的肠管,要防止造成肠壁撕裂、大出血及严重肠壁缺损和随后的感染。对肠管已坏死而不能整复的病例,应做肠切除术，术后应做好护理工作。

【预防】加强饲养管理，饲料饮水要清洁，猪圈要卫生，防止误食泥沙和污物；在运动时，要防止剧烈奔跑和摔倒，禁止粗暴追赶、捕捉、按压；发现有阴囊疝、脐疝和腹壁疝时，要及时治疗；仔猪去势时，手术要规范，防止发炎并引起肠管粘连；母猪哺乳要正常，注意仔猪的食温、水温，如遇骤冷天气注意保暖，避免因受寒冷刺激而引起肠痉挛。

胃溃疡（stomach ulcer）

胃溃疡是一种胃黏膜形态学的缺损和周围组织的炎性反应，以胃肠消化机能障碍以及神经活动、物质代谢过程极度紊乱为特征的一种疾病。胃溃疡属于慢性应激性疾病，胃黏膜出现角化、糜烂和坏死或自体消化，形成圆形溃疡面，甚至发生胃穿孔，常常造成病猪急性胃出血或慢性胃溃疡所致的生长发育不良。猪胃溃疡可发生于胃的无腺黏膜区，也可发生于腺黏膜区，严重的还同时存在食管溃疡的情况。本病可发生于任何年龄猪，多见于集约化养猪场的猪和大群饲养的猪。一年四季都可发病，但以炎热的夏秋季节较多见。

俗称的猪胃溃疡是特发于猪的一种以胃食道区局限性溃疡为病理特征的胃病，又称为食管区胃溃疡、胃食道溃疡、前胃溃疡、溃疡性胃出血及胃溃疡综合征。这种胃溃疡在临床上最为常见，也更严重，可引起急性胃出血而导致病猪猝死。据报道，屠宰调查统计表明，现代圈养猪的胃损伤包括角皮症、糜烂和溃疡，发病率可达90%，其中胃溃疡发病率，低的占2%～5%，高的可达15%～25%，因此本病已成为屠宰猪的常见多发病。

【病因】引起猪胃溃疡的病因复杂，目前尚无定论。多数学者认为，致发胃溃疡的主要因素是饲养或管理不当等。

饲料加工工艺和饲粮因素与溃疡的发生密切相关。现代养猪生产中，许多用来提高饲料利用率和降低饲料成本的技术，引起了胃损伤病例的增加。如饲喂细小颗粒组成的日粮，使胃内容物流动性增强，胃内不同部位内容物相互混合的几率增加，导致胃食管区和幽门区之间的pH梯度消失，并引起幽门区pH上升，刺激胃酸分泌，胃酸和蛋白酶与敏感而缺乏保护层的胃食管区上皮接触，引发胃溃疡的发生；颗粒料在加工过程中，尤其是蒸汽生产颗粒料法将使饲料温度升高到约80℃，这样将导致淀粉凝胶化，而谷物的热处理已被证实可引起胃溃疡；日粮富含玉米和小麦而纤维素不足，或在加工过程中，纤维素被研磨过细而失去有益效应，均容易引发胃溃疡；酸败脂肪的摄入以及硒和维生素E缺乏，可能通过激活了应激机制，引起胃酸分泌增加而致发胃溃疡；饲喂大量脱脂乳或乳清的猪也会发生胃溃疡；当日粮中含糖量高时，霉菌（如白霉菌）对胃溃疡的发生也起一定的作用；为促进生长饲喂含铜很高的日粮，与猪胃溃疡发病率升高有着密切的关系。

突然中断摄取饲料是引发胃溃疡又一重要原因。停饲可成功地实验性诱发猪胃溃疡。屠宰场的实践表明，经过24h停饲的猪与来自同一猪群刚抵达不停饲就屠宰的猪相比，前者胃溃疡的发生显著增加并且程度严重。引起饲料中断的原因，可能是饲料不足、水缺乏、拥挤、猪混养、疾病或高温引起的食欲下降或废绝等，或因初产母猪从育成舍转移到育种群及待分娩时中断采食。

此外，遗传易感性在溃疡的发生上也起一定作用，高生长率间或低背脂含量与胃溃疡的高发病率有关；注射猪生长激素后，可使胃溃疡的发生与严重程度均有增加；患有急性传染病，如有呼吸道疾病的猪比没有此类疾病猪的胃溃疡发病率高 9～12 倍；集约化饲养或屠宰前集中饲养的猪，因应激作用导致胃酸分泌过多，由此引起胃溃疡的发生和加重病理变化的发展，这些应激因素包括拥挤、猪群中加入新猪、环境卫生不良、陆路驱赶或车船运输、过度紧张、异常运动、食物缺乏等；夏季高温、胃内寄生虫（如螺咽胃虫、有齿胃虫等）等因素均与本病发生有关。

【发病机理】胃溃疡的发病机理至今尚未完全搞清楚。正常情况下，胃黏膜保持组织的完整性，表面有黏液层被覆，可以防止胃酸和胃蛋白酶的自体消化，但是由于不良因素的影响，造成胃黏膜充血、受损等组织学变化，而黏膜表面缺损是形成糜烂以至溃疡的基础。一般推测，由于胃黏膜受到损伤，致使上皮细胞增殖，细胞的快速发育导致了未成熟细胞的产生，同时因为细胞增多而营养供给不足，使上皮细胞之间的紧密连接被破坏，消化液得以进入深层组织，开始是上皮表面脱落，随损伤发展则深层组织也受到侵害，最终损伤黏膜肌层和黏膜下层，即形成糜烂和溃疡。

溃疡形成的基本条件是胃酸分泌增多和黏膜完整性的破坏。与其他动物比较，猪胃活动力较弱，且很少是空的。正常情况下，后摄取的饲料位于食管开口处并覆盖在先前摄取的食物上面，食物的混合主要发生在幽门窦。当食入精细饲料尤其是颗粒料时，胃内容物稀薄，流动性大，极容易混合，使食管区和幽门区的 pH 梯度丧失，不仅可引起酸与敏感的鳞状黏膜接触，也可使幽门区 pH 升高，刺激胃泌素分泌，增加胃的酸度；日粮中含高糖，尤其是玉米和小麦经精细碾磨制成的颗粒料，纤维素含量不足，可极大地促进微生物发酵并产生有机酸。有人证实，结合短链脂肪酸能够比盐酸更快地穿透食管区黏膜并造成损伤。饲料酸败、突然停饲、长途运输、拥挤、受热、饲喂制度不稳定以及胃内寄生虫感染等，均可引发胃的分泌功能障碍和黏膜完整性的破坏。

从消化生理角度讲，胃黏膜缺损、糜烂、溃疡的演变，主要是由于神经体液的变化和化学因素影响的结果，受损的胃黏膜可以释放出组胺，使胃壁毛细血管扩张，胃泌素的形成与乙酰胆碱的产生，这些都是促进胃液大量分泌的因素。在酸度相对升高时，保护性黏液却极度的减少或缺乏，胃蛋白酶在酸性胃液中起到消化自体组织的作用，从而导致局部性溃疡的形成和产生；而各种原因造成的应激状态，可刺激下丘脑-肾上腺皮质系统，使血浆中的皮质类固醇水平增高，促进胃液大量分泌，结果胃内酸度升高，保护性黏液分泌减少或缺乏，同样导致糜烂和溃疡的形成；关于在变态反应的基础上发生胃溃疡的机理问题，可认为是抗原和抗体在体内的一种反应，在于保护机体不受病原微生物的侵害和影响，但在一定的条件下，往往引起异常反应，形成过敏性炎症，导致胃溃疡的发生。

猪胃食管区有一层角化、分层的鳞状上皮，不分泌保护性黏液，是一个敏感的相对保护性较差的区域。因此，猪胃食管区溃疡最易发生。

【症状】轻度的胃溃疡无明显可见症状，只有屠宰后才看到其病理变化。急性病例，因胃出血而导致食欲减少、衰弱、贫血、黑色柏油状粪便，多在数小时或数天内死亡，或表面看上去很健康的猪却突然死亡。慢性病例，溃疡面较广泛者，表现厌食、腹痛、偶有呕吐；当伴有持续性出血时，粪便为黑色沥青样，呈现渐进性贫血、消瘦，生长发育不良，体温多低于正常。亚临床型病猪，主要表现为在预期内不能发育成熟，在此情况下，溃疡通常愈合并留下瘢痕，并进而形成食管至胃入口处的狭窄，病猪常表现采食后不久即呕吐，然后因饥饿又立即采食，尽管食欲良好，但生长缓慢。

【病理变化】猪胃食管区为一长方形、白色、有光泽、无腺体的鳞状上皮区域。剖检时通常在这个区域，见到由直径 2~2.5cm 或更大的火山口状外观的扣状溃疡，并包围着食道，火山口状结构外观如一乳白色或灰色多孔状区域，可含有血凝块或碎屑。早期病理变化特征，是在食道通向胃的开口处发生鳞状上皮角化过度即形成角皮病，使黏膜增厚、粗糙、有裂隙，随后这种增生性病理变化糜烂而形成溃疡，并因胆汁着色使胃食管部呈淡黄色。

急性病例剖检可见广泛性胃内出血，胃常膨大，胃内充满血块，未凝固的血液以及纤维性渗出物夹杂不等量的食物混合物；慢性病例，胃中含有不等量的黄褐色液状内容物，其中多数为水样，这些胃内容物有时具有发酵的气味。用清水冲洗，有些病例在幽门区及胃底部黏膜皱襞上可见有散在的大小、数量不等及形状位置不一的糜烂斑点，并可发现界限分明、边缘整齐的圆形溃疡，伴发胃穿孔的胃壁与邻近器官形成广泛粘连，具有穿孔性腹膜炎的病理变化。溃疡自愈的猪，在胃壁遗留呈星状或芒状瘢痕。

【诊断】一般根据病史、临床表现和病理剖检变化建立诊断。通常圈养单个猪患病，体温一般正常或略低。如在一栏猪中，发现 1~2 头精神不振、食欲减退、体重下降、贫血、排黑色粪便或出现外观健康的猪突然死亡时，则提示猪群发生胃溃疡。慢性病猪往往不出现明显的症状，病变只有在剖检时才能见到，故生前诊断比较困难。

【治疗】急性病例，由于病程急促，多在短时间内死亡。慢性病例生前诊断困难，更无有效疗法。

首先应查明病因，采取针对性治疗措施，消除不良因素的影响。如用中等粗糙的含纤维素的谷物饲料替代精细的颗粒料；营养缺乏或维生素 E 及硒缺乏时，可调整日粮，补充相应的营养物质；同时伴发某些疾病时，应采取药物治疗。

对于出现症状的病例，应服用制酸剂，并采取对症治疗措施。中和胃酸、保护胃黏膜，可用氢氧化铝、硅酸镁或氧化镁等抗酸制剂，使胃内容物的酸度下降；曾有报道，内服甲氰咪呱 300mg，2 次/d，以及应用呋喃硝胺等组胺 H_2 受体拮抗剂，治疗早期病猪有效。然而有研究表明，上述组胺 H_2 受体拮抗剂不能减少由磨细饲料引起的胃溃疡发病率或减轻症状；止痛可肌肉注射阿托品或山莨菪碱；止血用维生素 K 或酚磺乙胺、云南白药等药物；防止继发感染可用抗生素或磺胺类药物；贫血病例，服用硫酸亚铁或氯化钴等。

若患病猪是珍贵种畜，宜采取综合疗法，早期可静脉注射含电解质或维生素 K 的葡萄糖液；尽早地输血，剂量按体重 150~200kg 的猪 1~2 L/h；配合注射含铁及 B 族维生素的制剂，以促进造血功能和增强食欲，有利病猪康复。

【预防】预防的要点是改善饲养管理，防止或减少饲喂、驱赶和运输中应激状态的发生，减少日粮中玉米的数量，增加日粮中的纤维量和粗磨成分，定期驱虫，减少各种应激因素。

（吴金节）

第六节　其他胃肠疾病

胃肠卡他（gastro-enteric catarrh）

胃肠卡他又称卡他性胃肠炎或消化不良（indigestion），是胃肠黏膜表层的炎症和消化紊乱的统称。各种动物均可发生，以马、猪、犬和猫多见。

临床上有以胃机能紊乱为主或以肠机能紊乱为主两种表现类型。按疾病发展快慢有急慢性之分。

【病因】原发病因有饲养管理不当，淋雨或者褥草潮湿，草料突变，改变饲喂习惯，饲喂未经煮熟的豆制副产品等；饲料品质不良，给予过多的不易消化的饲料、霉败饲料、堆积发热的青饲料，霜冻的块根饲料以及混杂太多泥沙的草料；误用刺激性药物等。

亦可继发或并发于传染病、寄生虫病及其他内科病过程中。

【症状】以胃机能紊乱为主的胃肠卡他，根据病情分为急性型和慢性型。

1. 急性型 精神倦怠，呆立嗜眠。病马常打哈欠，抬头翻举上唇，出现所谓"塞唇似笑"表现。饮食欲减退，结膜黄染，口腔黏膜潮红，唾液黏稠，口臭，舌面被覆灰白色舌苔。肠音减弱，粪球干小色深，表面被覆少量黏液，其中混有未消化的饲料。易出虚汗和疲劳。患猪喜钻入褥草中，常见呕吐或逆呕，食欲大减或废绝，但多烦渴喜饮，尿少色深黄，常有便秘，有的体温升高。

2. 慢性型 食欲不定或减少，有时异嗜，精神疲乏，易出虚汗，不断打呵欠，逐渐消瘦，被毛无光泽。可视黏膜苍白稍发黄。口黏膜干燥或蓄积黏稠唾液，有舌苔、口臭。硬口盖肿胀，肚腹紧缩，排粪迟滞，粪球表面有黏液，有时下痢及腹痛。病势弛张不定，时好时坏，长期不愈。大多伴有慢性贫血。

猪肠卡他常并发或继发胃卡他，以肠机能紊乱为主的胃肠卡他的症状是下痢，肠音增强，腹部紧缩。重症者排便次数增多，多为水样便，肛门尾根处为粪水沾染、脱水。有的呈里急后重症状。努责时，只排些黏液或絮状便，严重者出现直肠脱。

【诊断】临床上以下痢为主要症状，但当炎症仅局限于小肠段时，又多无下痢现象。当严重下痢并停止采食，常发微热者为急性型。

精神不振，食欲不定，逐渐消瘦。被毛逆立无光，可视黏膜苍白或略带黄染，便秘与腹泻交替发生是慢性型的主要症状。

【治疗】治疗原则是除去病因，加强护理，清肠制酵，调整胃肠机能。

1. 消除病因，改善饲养管理 病初减饲1～2d，给予优质易消化饲料。

2. 清肠制酵 投服液体石蜡，马500～1 000mL，犊、驹、猪50～100mL，犬10～50mL，猫5～10mL；盐类泻剂，马200～500g，以6%水溶液加鱼石脂或克辽林15～20g，灌服。磺胺类药物，每天每千克体重0.02～0.04g，首量加倍；也可用呋喃唑酮每千克体重2.5～5mg，2次/d。

3. 调整胃肠机能 以胃机能紊乱为主的胃肠卡他，酌情给予稀盐酸（马、骡10～30mL，猪2～10mL，犬2～5mL），混入水中自饮，2次/d，连用5～7d为一疗程。同时内服苦味酊、龙胆酊等苦味健胃药。

对马属动物的酸性胃肠卡他，用人工盐或碳酸盐缓冲合剂80～100g，加各种健胃剂，温水3～5L灌服；对碱性胃肠卡他病马，用10%氯化钠注射液300～400mL，20%安钠咖注射液10～20mL，5%硫胺素20～40mL，一次静脉注射。

中药可用平胃散（以胃卡他）或健脾散（以肠卡他为主）治疗。

【预防】加强饲养管理，适当运动和使役，增强体质。

胃肠炎（gastro-enteritis）

胃肠炎是胃肠壁表层和深层组织的重剧性炎症。临床上很多胃炎和肠炎往往相伴发生，故合称为胃肠炎。胃肠炎是畜禽常见多发的消化系统疾病，尤以马、牛、猪等动物更为常见。

胃肠炎按病程经过可分为急性胃肠炎和慢性胃肠炎；按病因分为原发性胃肠炎和继发性胃肠炎；按炎症性质分为黏液性胃肠炎、出血性胃肠炎、化脓性胃肠炎和纤维素性胃肠炎。

【病因】原发性胃肠炎见于下列因素：

(1) 饲喂霉败饲料或不洁的饮水。

(2) 采食了蓖麻、巴豆等有毒植物。

(3) 误咽了酸、碱、砷、汞、铅、磷等有强烈刺激或腐蚀性的化学物质。

(4) 食入了尖锐的异物损伤胃肠黏膜后被化脓菌感染。

(5) 畜舍阴暗潮湿，卫生条件差，气候骤变，车船运输，过劳，过度紧张等使动物处于应激状态。

(6) 滥用抗生素造成的肠道中菌群失调。

继发性胃肠炎见于急性胃肠卡他、肠便秘、肠变位、幼畜消化不良、化脓性子宫炎、瘤胃炎、创伤性网胃炎、牛瘟、牛结核、牛副结核、羔羊出血性毒血症、猪瘟、猪副伤寒、鸡新城疫、鸭瘟、猪球虫病、牛球虫病和鸡球虫病等疾病过程中或之后。

【发病机理】致病因素的强烈刺激，使胃肠道发生不同程度的充血、出血、渗出、化脓、坏死、溃疡等病理变化。由于胃肠壁上皮细胞的损伤和脱落以及蠕动增强，严重影响胃肠道内食物的消化和吸收；消化道内容物异常分解的产物进一步刺激损伤胃肠壁，并使粪便恶臭。

急性胃肠炎，由于病因的强烈刺激，肠蠕动加强，分泌增多，引起剧烈腹泻，导致大量肠液、胰液、K^+、Na^+丢失，液体在大肠段的重吸收作用降低或丧失而引起脱水、电解质及酸碱平衡紊乱；由于黏膜肿胀，胆管被阻塞，胆汁不能顺利排入肠道，细菌乘机大量繁殖，产生毒素，加之黏膜受损，致使毒素及肠内的发酵、腐败产物吸收进入血液，引起自体中毒。由于脱水、血液浓缩，外周循环阻力增大，心脏负担加重；当心脏丧失代偿后，迅速发生心力衰竭以至外周循环衰竭，陷于休克。若炎症局限于胃和十二指肠，则排粪迟缓，常不显腹泻症状。

慢性胃肠炎，由于结缔组织增生，贲门腺、胃底腺、幽门腺和肠腺萎缩，分泌机能和运动机能减弱，引起消化不良、便秘及肠臌气。肠内容物停滞，内容物发酵、腐败产生有毒物质，后者被吸收入血液而引起自体中毒。

【症状】急性胃肠炎，病畜精神沉郁，食欲减退或废绝，口腔干燥，舌苔重，口臭；反刍动物鼻镜干燥，嗳气、反刍减少或停止。呈稀粥样或水样腹泻，粪便腥臭，其中混有黏液、血液和脱落的黏膜组织，有的混有脓液。腹痛，肌肉震颤，肚腹蜷缩。肠音初期增强，以后逐渐减弱甚至消失；当炎症波及直肠时，呈现里急后重。病至后期，肛门松弛，排粪失禁。有的病畜体温升高，心率、呼吸增快，眼结膜暗红或发绀，眼窝凹陷，皮肤弹性减退，血液浓稠，尿量减少。随着病情恶化，病畜体温降低，四肢厥冷，出冷汗，脉搏微弱甚至不感于手，体表静脉萎陷，精神高度沉郁甚至昏睡或昏迷。

若炎症局限于胃和十二指肠，病畜精神沉郁，体温升高，心率增快，呼吸加快，眼结膜颜色红中带黄。口腔黏腻或干燥，气味臭，舌苔黄厚；排粪迟缓、量少，粪干小、色暗，表面覆盖多量的黏液；有轻度腹痛症状。

慢性胃肠炎，病畜精神不振，衰弱，食欲不定，时好时坏，挑食；异嗜，往往喜爱舔食沙土、墙壁和粪尿。便秘，或者便秘与腹泻交替，并有轻微腹痛，肠音不整。体温、脉搏、呼吸常无明显改变。

【病程及预后】急性胃肠炎患畜，及时治疗，护理良好，多数可康复；若治疗不及时，则预后不良。慢性胃肠炎患畜，病程数周至数月不等，最终因衰弱而死或因肠破裂而死于穿孔性腹膜炎和内毒素性休克。

【治疗】治疗原则是消除炎症，清理胃肠，预防脱水，维护心脏功能，解除中毒，增强机体抵抗力。即采用抓住一个根本（消炎抗菌）、把好两个关口（缓泻、止泻）、掌握好三个时期（早发现、早确诊、早治疗）、做好四个配合（补液、强心、利尿、解毒）的综合性治疗措施。

1. 抗菌消炎 内服诺氟沙星（每千克体重10mg）或呋喃唑酮（每千克体重8～12mg），或肌肉注射庆大霉素（每千克体重1 500～3 000U）、庆大-小诺霉素（每千克体重1～2mg）、环丙沙星（每千克体重2.0～5mg）或乙基环丙沙星（每千克体重2.5～3.5mg）等抗菌药物。牛、马亦可用0.1%高锰酸钾溶液2～3L，或磺胺脒（琥珀酰磺胺噻唑、酞磺胺噻唑）30～40g、次硝酸铋20～30g、萨罗10～20g，加常水适量，内服。

2. 清理胃肠 肠音弱，粪干、色暗或排粪迟缓，有大量黏液，气味腥臭者，为促进胃肠内容物排出，减轻自体中毒，宜采取缓泻。可用液体石蜡（或植物油）500～1 000mL，鱼石脂10～30g，酒精50mL，内服；或硫酸钠100～300g（或人工盐150～400g），鱼石脂10～30g，酒精50mL，常水适量，内服。但要注意在用泻剂时，防止剧泻。

频泻不止，粪稀如水、腥臭气不大，不带黏液者，应止泻。可用药用炭（牛、马200～300g，猪、羊10～25g），加适量常水，内服；或用鞣酸蛋白（牛、马20g，猪、羊2～5g）、碳酸氢钠（牛、马40g，猪、羊5～8g），加水适量，内服。牛、马亦可灌服炒面0.5～1kg、浓茶水1 000～2 000mL。

3. 扩充血容量，纠正酸中毒 根据红细胞压积（PCV）、血钾、血浆二氧化碳结合力（CO_2CP）等检验资料，按下式计算出补液的量及补充氯化钾、碳酸氢钠等物质的量。

补充等渗 NaCl 溶液估计量（mL）＝[(PCV 测定值－PCV 正常值)/PCV 正常值]×体重（kg）×0.25*×1 000

补充5% $NaHCO_3$ 溶液估计量（mL）＝（CO_2CP** 正常值－CO_2CP 测定值）×体重（kg）×0.4***

补充 KCl 估计量(g) ＝（血清 K^+ 正常值－血清 K^+ 测定值）×体重(kg)×0.25*÷14****

从静脉内补液时，应留有余地，当日一般先给1/2或2/3的缺水估计量，边补充边观

---

*：动物细胞外液以25%（0.25）计算。

**：CO_2 的 CP 值，单位为 mmol/L。

***：动物细胞外液以25%（0.25）计算，5% $NaHCO_3$ 1mL＝0.6mmol，0.25/0.6＝0.4。

****：动物细胞外液以25%（0.25）计算，1g KCl 约折合 14 mmol K^+。

察，其余量可在次日补完。NaHCO₃ 的补充，可先输 2/3 量，另 1/3 可视具体情况续给。从静脉补 KCl 时，浓度不超过 0.3%，输入速度不宜过快，先输 2/3 的量，另 1/3 视具体情况续给；口服时以饮水方式给药。

如有条件可给病畜输入全血或血浆、血清。为了维护心脏功能，可应用西地兰、毒毛旋花子苷 K、安钠咖等药物。

4. 中兽医疗法 中兽医称肠炎为肠黄，治以清热解毒、消黄止痛、活血化瘀为主。宜用郁金散（郁金 36g，大黄 50g，栀子、诃子、黄连、白芍、黄柏各 18g，黄芩 15g）或白头翁汤（白头翁 72g，黄连、黄柏、秦艽各 36g），灌服。

【护理】搞好畜舍卫生；当病畜 4~5d 未进食时，可灌炒面糊或小米汤、麸皮大米粥。开始采食时，应给予易消化的饲草、饲料和清洁饮水，然后逐渐转为正常饲养。

【预防】搞好饲养管理工作，不用霉败饲料喂家畜，不让动物采食有毒物质和有刺激、腐蚀的化学物质；防止各种应激因素的刺激；搞好畜禽的定期预防接种和驱虫工作。

霉菌性胃肠炎（mycotic gastro-enteritis）

霉菌性胃肠炎是指动物采食了被真菌污染的草料，由其代谢产物——霉菌毒素（mycotoxin）引起胃肠黏膜及其深层组织的炎症。

以舍饲的马、骡、牛、猪、兔等较常发生。常群发，但无传染性。发病具有地方性和季节性，我国南方各省在梅雨季节和多雨年份的秋收以后（即饲喂储存饲草季节）发病较多。

【病因】采食被产毒真菌及其代谢产物污染的谷草、稻草、青干草、玉米、麦类、糟粕类、块根类等饲料。常见的产毒真菌有镰刀菌属（*Fusarium*）中的木贼镰刀菌（*F. equiesti*），青霉属（*Penicillium*）、曲霉属（*Aspergillus*）中的玉蜀黍曲霉（*A. maydis*），毛霉菌属（*Mucor*）霉菌以及小麦网腥黑粉菌（*Tilleyia tritica*）、禾柄锈菌（*Puccinia graminis*）、小麦散黑穗病菌（*Ustilage tritici*）和稻曲霉（*Claviceps virens*）等。

【发病机理】产毒真菌代谢产物中的胃肠毒素，可使胃肠黏膜产生炎症、出血和溃疡。

【症状】突然发病。患畜精神不振，反应迟钝，可视黏膜潮红、黄染或发绀。饮食欲减退或废绝，口腔干燥，有舌苔、口臭；肠蠕动音减弱，个别病例肠蠕动音增强，粪便稀，呈粥样，混有黏液，轻度腹痛。体温多在正常范围，少数病例可有轻度升高；脉率增加，脉搏节律不齐；呼吸急促，流浆液、黏液性鼻液，肺泡呼吸音粗厉。病畜兴奋不安，盲目运动，嘴唇松弛下垂、流涎、反应迟钝、嗜睡甚至昏迷。

实验室检查，可见白细胞减少，尿蛋白阳性，有时有血尿，粪潜血呈阳性反应。

【治疗】病初宜清理胃肠和排毒，可服用 0.5%~1% 高锰酸钾溶液或 0.1%~0.5% 过氧化氢溶液等氧化剂，还可用盐类泻剂、鱼石脂、酒精等与适量水混合，内服。阻止霉菌毒素的吸收，可内服鞣酸蛋白、淀粉或牛奶等。

用抗菌药物，如黄连素、磺胺脒或诺氟沙星等抑制细菌继发感染。并根据病情，适时进行强心、止泻、补液以及纠正酸中毒等。

黏液膜性肠炎（mucomembraneous enteritis）

黏液膜性肠炎是在致病因素的作用下，使肠壁血管不断渗出纤维蛋白原，而消化液分泌较少，黏液分泌增多，从而凝集成一种由纤维蛋白和黏液所构成的黏液膜状物，附着在肠黏膜的表面，临床上引起消化障碍和腹痛为主的一种特殊的炎症。本病常见于牛、马，猪和肉食动物亦有发生。牛多见于空肠与回肠，马多在盲肠和结肠。

【病因】病因和发病机理尚不清楚。大多认为变态反应是其发生的基础，并与副交感神经紧张性增高有关。

与此相关的常见病因有：①饲料过于单纯，质量不良，缺乏维生素；②肠道机能紊乱，肠道菌群关系变化，产生多量的细菌毒素和发酵、腐败的产物；③霉败饲料中的真菌毒素和霉败饲料变质的异性蛋白质；④肠道和肝脏寄生虫及其代谢产物；⑤服用敌百虫、硫双二氯酚、硫酸钠、汞制剂、砷制剂等药物。

过劳、车船运输、拥挤、卫生条件差、紧张等应激因素可促使本病的发生。

【症状】

1. 牛 病的初期食欲减退，轻度腹痛，反刍减少、短促、无力，瘤胃蠕动音减弱或消失，粪便稀薄腥臭；经12~15h后，病情缓和，腹痛症状消失。但经过5~6d或更晚一些，病情又加剧，呈现腹痛，不断努责，最终排出灰白色或黄白色的膜状管型或索状黏液膜。黏液膜长短不一，短的只有20~30cm，长的可达8m以上。当这种膜状物排出后，腹痛减轻或者消失，迅速康复。严重病例病程较长，持续腹泻，有的病畜反复排除膜状物和腥臭粪便。

2. 马 病初，腹痛，起卧不安；随后表现安静，但精神沉郁，步态蹒跚，食欲减退或废绝。体温有时上升至39.5~41℃，心悸、脉率增快。其后，又呈现腹痛，不断做排粪姿势，当排出被覆大量黏液的粪球，或排出混杂白色、灰白色、纠结成团的长条状和管状黏液膜后，腹痛减轻甚至消失。在一般情况下，经过数天康复。

3. 猪 无明显腹痛症状，但精神不振、卧地，体温上升至40℃以上。粪便成球，被覆大量成团的灰白色絮状物或黏液膜。经2~3d康复。

4. 肉食动物 精神沉郁，体温升高，食欲减退或废绝；腹胀，排恶臭粪便，粪中有几厘米长的黏液膜片；腹部触诊，表现疼痛不安。经3~5d康复，少数病例发展为重剧肠炎。

【治疗】病情较轻者，炎性产物可自行排出，有的不经治疗也能康复。但病情重剧的，首先应根据病因，应用抗过敏药物，消除变态反应，并及时应用油类泻剂，清理胃肠，促进康复。

常用的抗过敏药物有盐酸苯海拉明、盐酸异丙嗪等；配合内服活性炭和注射维生素C、葡萄糖酸钙。清理胃肠用油类泻剂，如植物油或液体石蜡。

重剧病例，强心补液，应用抗生素，以防止脱水、自体中毒和继发感染。

中兽医疗法：清热燥湿、行气化滞、活血化淤。方用：当归30g，莪术40g，赤芍30g，郁金30g，厚朴40g，香附30g，陈皮30g，青皮30g，苦参50g，黄柏40g，生大黄40g，双花50g，败酱草50g，过100目筛，共研细连服3~4剂，多者5~6剂，即可从粪便中排出肠道积聚的管型或条索状黏液膜，此物排出后病畜腹泻、腹痛症状即可很快消失。重剧病例可用加味增液汤（玄参、麦冬、郁金、赤芍、青皮各30g，生地、枳实、当归、香附各45g，二花125g，连翘120g，蒲公英60g，地丁50g，共为末，开水调候温，加液体石蜡或植物油500~1 000mL）灌服。

【预防】加强饲养管理，给予营养全面、搭配合理的日粮、不喂发霉及变质的饲料；搞好卫生防疫及定期驱虫工作；避免各种应激因素对动物机体的损害。

幼畜消化不良（dyspepsia of young animals）

幼畜消化不良是哺乳期幼畜胃肠消化机能障碍的统称。其主要特征是明显的消化机能障碍和不同程度的腹泻。本病以犊牛、羔羊、仔猪最为多发，幼驹亦有发生。

根据临床表现和疾病经过，幼畜消化不良可分为单纯性消化不良和中毒性消化不良两种。单纯性消化不良（食饵性消化不良），主要表现为消化与营养的急性障碍和轻微的全身症状；中毒性消化不良，主要呈现严重的消化障碍、明显的自体中毒和重剧的全身症状。本病通常无传染性，但有群发性。

【病因】妊娠母畜的饲养不良，特别是在妊娠后期，饲料中营养物质不足，可使母畜的营养代谢过程紊乱，结果使胎儿的正常发育受到影响。在这种情况下出生的幼畜必然发育不良，吮乳反射出现较晚，抵抗力低下，极易患胃肠道疾病。

由于营养不良的母畜初乳中蛋白质（白蛋白、球蛋白）、脂肪含量低，维生素、溶菌酶以及其他物质缺少。产仔后经数小时才开始分泌初乳，并经1~2d后即停止分泌。这样新生幼畜只能吃到量少、质差的初乳，从初乳中得不到足够的免疫球蛋白，则易引起消化不良。

哺乳母畜饲养不良，影响母乳的数量和质量。如母乳中维生素A不足时，可导致消化道黏膜上皮角化；B族维生素不足时，可使幼畜胃肠蠕动机能障碍；维生素C不足时，可引起幼畜胃肠分泌机能减弱。哺乳幼畜吃了这样的乳后，不能满足生长发育所需要的营养、体质下降，抵抗力降低。此外，当母畜罹患乳房炎以及其他慢性疾病时，母乳中通常含有各种病理产物和病原微生物，幼畜食后，极易发生消化不良。

饲养管理及护理不当，也是引起幼畜消化不良的重要因素。当护理疏忽，新生幼畜不能及时吃到初乳或哺食的量不够，不仅使幼畜没有获得足够的免疫球蛋白，而且会造成幼畜因饥饿而舔食污物，致使肠道内乳酸菌的活动受到限制，乳酸缺乏，结果肠内腐败菌大量繁殖，从而破坏对乳汁的正常消化作用。人工哺乳的不定时、不定量，乳温过高或过低或使用配制不当的代乳品以及哺乳期幼畜补饲不当，均可妨碍消化腺的正常机能活动，抑制或兴奋胃肠分泌和蠕动机能，从而引起消化机能紊乱，导致发病。畜舍潮湿，卫生不良、拥挤或气候变化而未得到良好保护引起的应激，都是引起幼畜消化不良不可忽视的因素。

近年来，一些学者认为自体免疫因素在引起幼畜消化不良方面，具有特异的作用。当母畜初乳中含有与消化器官及其酶类抗原相应的自身抗体和免疫淋巴细胞时，幼畜食入这种初乳后，发生免疫反应，引起消化不良。

中毒性消化不良，则是由于对单纯性消化不良的治疗不当或治疗不及时，导致肠内容物发酵、腐败，所产生的有毒物质被吸收或是微生物及其毒素的作用而引起自体中毒的结果。

【发病机理】幼畜消化不良的发病机制较为复杂，主要与幼畜胃肠道的生理解剖特点有关。幼畜出生后的一段时间，大脑皮层的活动机能尚不健全，神经系统的调节作用也不精确，消化器官的发育不完全，机能不完善。此期幼畜的胃液酸度很低，酶的活性弱，故消化能力弱，杀菌作用不强。此外，肠黏膜柔嫩极易损伤，血管丰富，渗透性极强，致使肠内毒素易被吸收，且肝脏的屏障机能微弱，使许多毒物不能被中和解毒。因此，当幼畜机体遭受不良因素的作用时，破坏了哺乳幼畜的消化适应性，胃液的酸度与酶的活性低下，母乳或饲料进入胃肠后，不能进行正常的消化而发生异常分解。分解不全产物以及发酵所形成的低级有机酸积聚于肠道内，刺激肠壁使肠蠕动增强，同时也改变了肠内容物的氢离子浓度，从而为肠道微生物群的繁殖创造了良好的环境（主要是发酵菌和腐败菌生成增多），致使发酵和腐败产物生成增多。

由于发酵、腐败产物以及细菌毒素对肠黏膜感受器的协同刺激，导致肠道的分泌、蠕动和吸收机能障碍，而发生腹泻。腹泻使机体丧失大量水分和电解质，引起机体脱水，血液浓缩，循环障碍，进而影响心脏的活动机能。

由于肠内容物异常发酵、腐败，有毒产物和细菌毒素通过肠黏膜，吸收进入血液，经门静脉到达肝脏，破坏肝脏屏障和解毒机能而发生自体中毒，引起中毒性消化不良。

肠内毒素及毒物进入血液循环，直接刺激中枢神经系统，使中枢神经系统机能紊乱。患病幼畜呈现精神沉郁、昏睡、昏迷或兴奋、痉挛等神经症状。

【症状】

1. 单纯性消化不良 病畜精神不振，多卧少站，食欲减退或废绝，体温一般正常或偏低。腹泻，犊牛多排粥样稀粪，有的呈水样，粪便为深黄色、黄色或暗绿色；羔羊的粪便多呈灰绿色，混有气泡和白色小凝块；仔猪的粪便稀薄，呈淡黄色，含有黏液和泡沫，有的粪便呈灰白色或黄白色干酪样；幼驹的粪便稀薄，尾和会阴部被稀粪污染，粪便内混有小气泡及未消化的凝乳块或饲料碎片，由于含有大量低级脂肪酸而呈酸性反应，带酸臭气味。肠音高朗，并有轻度臌气和腹痛现象。心音增强，心率增快，呼吸加快。当腹泻不止时，皮肤干皱，弹性降低，被毛蓬乱、失去光泽，眼窝凹陷。严重时，站立不稳，全身战栗。

2. 中毒性消化不良 病畜精神沉郁，目光痴呆，食欲废绝，全身无力，躺卧于地。体温升高，对刺激反应减弱，全身震颤，有时出现短时间的痉挛。腹泻，频排水样稀粪，粪内含有大量黏液和血液，由于肠道内腐败菌的作用致使腐败过程加剧，粪便内氨的含量显著增加，出现恶臭或腐败臭气味。持续腹泻时，则肛门松弛，排粪失禁自痢；皮肤弹性降低，眼窝凹陷。心音减弱，心率增快，呼吸浅快。病至后期，体温多突然下降，四肢及耳尖、鼻端厥冷，终至昏迷而死亡。

【病理变化】皮肤干皱，眼窝深陷。胃肠道黏膜充血、出血；肝脏肿胀、脆弱；心肌质地变软，心内膜与心外膜有出血点；脾脏及肠系膜淋巴结肿胀。

【病程及预后】单纯性消化不良的病畜，如给予及时、正确的治疗，一般预后良好；如病因未除且延误治疗时，则病情急剧恶化，可转为中毒性消化不良。中毒性消化不良的病畜，病情重剧，发展迅速，如治疗不及时，多于1～5d内死亡，预后不良。

【诊断】根据病史、临床表现、病理变化等，可以做出诊断。在兽医临床上，幼畜消化不良应与由特异性病原体引起的腹泻进行鉴别。在犊牛应与轮状病毒病、冠状病毒病、细小病毒病、犊牛副伤寒、弯杆菌性腹泻、球虫病等相鉴别；在羔羊应与羊副伤寒、羔羊痢疾等相鉴别。在猪应与猪瘟、猪传染性胃肠炎、猪副伤寒、猪结肠小袋虫病等相鉴别；在幼驹应与幼驹大肠杆菌病，马副伤寒等相鉴别。

【治疗】应采取食饵疗法、药物疗法及改善卫生条件等综合措施。

首先，将患病幼畜置于干燥、温暖、清洁的畜舍或畜栏内；加强母畜的饲养管理，给予全价日粮，保持乳房卫生。

为缓解胃肠道的刺激作用，可施行饥饿疗法。绝食（禁乳）8~10h，此时可饮盐酸水溶液（氯化钠5g，33％盐酸1mL，凉开水1L）或温红茶水，犊牛、幼驹每次250mL，3次/d；羔羊、仔猪酌减。

腹泻不甚严重的病畜，可应用油类泻剂或盐类泻剂进行缓泻以排除胃肠内容物。清除胃肠内容物后，可给予稀释乳或人工初乳（鱼肝油10~15mL，氯化钠10g，鲜鸡蛋3~5个，鲜温牛乳1L，混合搅拌均匀）。饲喂人工初乳时要稀释，开始时以1.5倍稀释，以后为1倍稀释，犊牛、幼驹每次饮用500~1 000mL，羔羊、仔猪50~100mL，5~6次/1d。

给予胃液、人工胃液或胃蛋白酶以促进消化。胃液可采自空腹时的健康马或牛，犊牛、幼驹30~50mL/次，1~3次/1d，于喂饲前20~40min给予；以预防为目的时，可于出生后2h内给予。人工胃液（胃蛋白酶10g，稀盐酸5mL，常水1L，加适量的维生素B或维生素C），犊牛、幼驹30~50mL，羔羊、仔猪10~30mL，灌服。

对中毒性消化不良的幼畜，可肌肉注射链霉素（每千克体重10mg）、卡那霉素（每千克体重10~15mg）、头孢噻吩（每千克体重10~20mg）、庆大霉素（每千克体重1 500~3 000U）或痢菌净（每千克体重2~5mg）等，或内服呋喃唑酮（每千克体重10~12mg）、磺胺脒（每千克体重0.12g）或磺胺-5-甲氧嘧啶（每千克体重50mg）等以防止肠道感染。

可选用乳酸、鱼石脂、萨罗、克辽林等防腐制酵药物，以制止肠内发酵、腐败。

腹泻不止时，可选用明矾、鞣酸蛋白、次硝酸铋、颠茄酊等药物。

为防止机体脱水，保持水盐代谢平衡，病初可给幼畜饮用生理盐水（犊牛、幼驹500~1 000mL，羔羊、仔猪50~100mL，5~8次/d），亦可静脉或腹腔注射10％葡萄糖注射液或5％葡萄糖生理盐水（幼驹、犊牛200~500mL，羔羊、仔猪50~100mL）。犊牛和幼驹还可静脉注射5％葡萄糖生理盐水250~500mL，5％碳酸氢钠20~60mL，2~3次/d；或静脉注射平衡液（蒸馏水1L，氯化钠8.5g，氯化钾0.2~0.3g，氯化钙0.2~0.3g，氯化镁0.2~0.25g，碳酸氢钠1g，葡萄糖粉10~20g，安钠咖0.2g，青霉素80万U），首次量1L，维持量500mL（制备时，碳酸氢钠和青霉素不宜煮沸）。

为提高机体抵抗力和促进代谢机能，可施行血液疗法。皮下注射10％枸橼酸钠储存血或葡萄糖枸橼酸钠血（由血液100mL，枸橼酸钠2.5g，葡萄糖5g，灭菌蒸馏水100mL，混合制成），犊牛、幼驹每千克体重3~5mL，羔羊、仔猪每千克体重0.5~1mL，每次可增量20％，间隔1~2d，注射1次，每4~5次为一疗程。

【预防】保证母畜获得充足的营养物质，特别是在妊娠后期，应增喂富含蛋白质、脂肪、矿物质及维生素的优质饲料；改善母畜的卫生条件，经常刷拭皮肤，对哺乳母畜应保持乳房的清洁，并保证适当的舍外运动。保证新生幼畜能尽早地吃到初乳，最好能在生后1h内吃到初乳，其量应在生后6h内吃到不低于5％体重重量的高质初乳。对体质孱弱的幼畜，初乳应采取少量多次人工饮喂的方式供给。母乳不足或质量不佳时，可采取人工哺乳。人工哺乳应定时、定量，且应保持适宜的温度。哺乳期幼畜补饲的饲料及其调制要适宜。畜舍应保持温暖、干燥、清洁,防止幼畜受寒。幼畜的饲具,必须经常洗刷干净,定期消毒。

马属动物急性结肠炎(acute coliltis)

马属动物急性结肠炎是一种非传染性急性盲肠、结肠黏膜及其深层组织的重剧性炎症,在临床上以体温升高、呼吸加快,精神沉郁甚至昏迷,粪便稀软腥臭,排粪频繁等及内毒素性休克为特征。以马、骡多发,驴较少见。各种年龄的动物均可发病,但以成年动物居多。本病与国外报道的"X"结肠炎极为相似。

【病因】 真正病因尚不十分清楚。可能与突然改变饲料,饲喂过多精饲料,重役、滥用抗生素及上呼吸道感染等因素有关。多数学者认为,本病是肠道内革兰氏阴性菌产生的内毒素的作用,亦有人认为可能是某种原虫所造成的。

【症状】 突然发生急剧的腹泻是本病的主要特征。

通常在无明显的前驱症状下突然发生粥样或水样腹泻(病后期多不见排粪),粪便腥臭。呼吸急促,精神沉郁,重者不能自行站立甚至昏迷。食欲减退至废绝,多有饮欲,口腔干燥、黏膜发绀;大小肠音减弱或废绝,腹围逐渐增大,腹部冲击式触诊可感到肠管内有大量液体潴留。少尿或无尿,尿液浓稠。体温升高,四肢下部、耳尖及鼻唇发凉或厥冷。心音减弱,心率 100 次/min 以上,脉搏快而细弱或脉不感于手;毛细血管再充盈时间延长至 5～9s;血压显著降低(尾动脉舒张压低于 5.3kPa,用一般血压计多测不出,中心静脉压极低或为负值)。若抢救不及时,可在 24h 内死亡。

少数病例表现全身或局部冷汗,肌肉震颤,轻度腹痛,心律不齐,瞳孔散大。

心电图检查显示心房扩张和心房负荷过重:心电图(A-B 导联)的 T 波尖锐高耸,双支对称,S 波加深,显示心肌损伤和冠状动脉供血不足;P 波形态高尖,振幅增高。

血液检验:红细胞压积明显升高,有的病例在 65%～70%之间。白细胞总数显著下降,约有 2/3 的病例低于正常数值,但个别病例白细胞总数上升(可能与并发症有关)。白细胞分类计数,多数病例表现为中性粒细胞减少且胞浆内出现中毒性颗粒,而淋巴细胞相对增多;中性粒细胞/淋巴细胞比值逆转是本病的特点之一。血小板数下降(比正常值下降1/3～2/3),纤维蛋白原降低,凝血酶原时间延长,血浆复钙时间延长,血浆鱼精蛋白副凝实验阳性。血液 pH 低于 7.3,HCO_3^- 低于 20mmol/L,Na^+ 低于 130mmoL/L,K^+ 低于 3mmol/L,尿素氮高于 17.1mmol/L,血浆二氧化碳结合力下降,非蛋白氮、乳酸含量升高。在休克初期血糖升高达 10.4mmol/L。

尿液检查呈酸性,pH 低于 7.0,并出现蛋白质;尿沉渣中可发现肾上皮细胞、红细胞、白细胞和管型。

【病理变化】 尸体高度脱水,皮下出血、血管充满不凝固的煤焦油样血液。盲肠及大结肠浆膜呈蓝紫色,肠内积满恶臭泡沫状内容物,黏膜充血、水肿,并有散在小点出血和坏死,结肠淋巴结充血、水肿。胃、十二指肠和空肠的变化不明显。

肝脏充满浓稠不凝固血液,由切面溢出。脾脏充血,淋巴滤泡及淋巴组织萎缩。肾上腺、鼻腔、喉囊和肺脏充血、水肿。心脏扩张,心肌质地较软,切面呈煮肉色。

【治疗】 本病发病急、发展快、病程短,若抢救不及时,很快死亡。因此,必须迅速采取抗菌消炎、恢复有效循环血量、纠正酸中毒等综合性治疗措施。

1. 抗菌消炎 可选用庆大霉素（每千克体重 1 500～3 000U）、头孢噻吩钠或头孢噻啶（每千克体重 15～20mg）、乙基环丙沙星（每千克体重 2～5mg）、呋喃唑酮（每千克体重 10～12mg）或诺氟沙星（每千克体重 10mg）等药物，肌肉或静脉注射。

2. 补充有效循环血量、增强心肌收缩力和增加心脏排血量 可用低分子右旋糖酐、复方氯化钠或 5%葡萄糖生理盐水，静脉注射以补充有效循环血量。注射去乙酰基毛花丙苷（西地兰）注射液 1.6～3.2mg，4～6h 后再注射 0.8～1.6mg，或注射毒毛旋花子苷 K 注射液（1.5～3.7mg），以增强心肌收缩力和心肌排血量。并根据中心静脉压测定结果决定补充血容量的方式，当血压低、中心静脉压不高（表示血容量不足）时，需大量、快速输液，以提高血容量，改善循环功能，挽救危重病畜；但血压低，中心静脉压高（超出正常值），意味着心脏功能不全，则需先强心，然后补充血容量（否则，输液速度越快，输液量越多，对心脏越不利）。而且，在休克早期，以补充复方氯化钠和低分子右旋糖酐为好（若用 5%葡萄糖注射液，会使血糖过高，将发生渗透性利尿而加重脱水）。

3. 补钾 补钾要慎重，既要补充病畜机体的亏损，又要注意安全。应根据血清钾测定的数值，算出应该补充的数量（参见胃肠炎的治疗），用氯化钾加入复方氯化钠溶液中，缓缓静脉输入；同时随时注意听取心音及心率的变化，及时调整输入速度。若无化验条件，比较安全的补钾方法是胃管投服氯化钾粉，每次 30g，2～3 次/d。

4. 纠正酸中毒 依据血浆二氧化碳结合力的数值，代入计算公式，算出应该补加的 5%碳酸氢钠液的用量（参见胃肠炎的治疗）。也可参考尿液 pH 的变化数值，决定补碱的量，以尿液 pH 回升到 7.5～8.0 为宜。组方为低分子右旋糖酐、5%碳酸氢钠、复方氯化钠（或 5%葡萄糖生理盐水）以 1∶1∶2 比例混合。

5. 供氧 有条件可进行输氧，以及时解除患畜的缺氧。

6. 防控微循环障碍 选用异丙肾上腺素及多巴胺等抗休克药，但需在补充血容量和纠正酸中毒的前提下方可使用。也可应用肾上腺皮质激素，如地塞米松（5～10mg/次），每 4～6h 重复注射一次，直到休克解除为止。消除内毒素的毒性作用可使用氟胺烟酸葡胺。

此外，应注意镇静安神，增强大脑皮层保护抑制作用；保肝解毒，防止病情恶化；降低颅内压可用脱水剂甘露醇，改善脑与肾区血液循环，有利于缓和病情，促进康复进程。

【预防】喂饲优质干草，合理饲喂精料，坚持使役与休闲相结合，特别是在每年的农忙季节，应注意不要过劳，可以减少本病发生。

（庞全海）

第七节 肝脏疾病

急性实质性肝炎（acute parenchymatous hepatitis）

急性实质性肝炎是在致病因素作用下，肝脏发生以肝细胞变性、坏死为主要特征的一种炎症。各种动物均有发生。

【病因】本病主要由感染性因素与中毒性因素引起。

1. 细菌性因素 链球菌、葡萄球菌、坏死杆菌、分支杆菌、牛沙门菌、猪沙门菌、化脓棒状杆菌、弯曲杆菌、梭状杆菌及钩端螺旋体等。

2. 病毒性因素 犬病毒性肝炎病毒、鸭病毒性肝炎病毒、鸡包涵体肝炎病毒、马传染性贫血病毒、牛恶性卡他热病毒等。

3. 寄生虫性因素 弓形虫、球虫、鸡组织滴虫、肝片吸虫、血吸虫等。进入肝脏的病原体，不仅破坏肝组织，产生毒性物质，同时其自身在代谢过程中也释放大量毒素，并且机械性损伤肝脏，导致肝细胞变性、坏死。

4. 霉菌毒素 长期饲喂霉败饲料，霉菌产生的毒素可严重损伤肝脏而引起肝炎，如镰刀菌、杂色曲霉菌、黄曲霉菌等产生的毒素。

5. 植物毒素 采食了羽扇豆、蕨类植物、野百合、春蓼、千里光、小花棘豆、天芥菜等有毒植物。

6. 化学毒物 砷、磷、锑、汞、铜、四氧化碳、六氯乙烷、氯仿、萘、甲酚等化学物质，可使肝脏受到损害，发生炎症。

7. 代谢产物 由于机体物质代谢障碍，使大量中间代谢产物蓄积，引起自体中毒，常常导致肝炎的发生。

此外，在大叶性肺炎、坏疽性肺炎、心脏衰弱等病程中，由于循环障碍，肝脏长期淤血，二氧化碳和有毒的代谢产物的滞留，肝窦状隙内压增高，肝脏实质受压迫，引起肝细胞营养不良，可导致门静脉性肝炎的发生。

【发病机理】在病因作用下，肝细胞发生变性、坏死和溶解，炎性肿胀，胆汁的形成和排泄障碍。大量的胆红素滞留，毛细胆管扩张、破裂，从而进入血液和窦状隙，则血液中的胆红素增多，引起黄疸。

由于胆汁排泄障碍，血液中胆酸盐过多，刺激血管感受器，反射性地引起迷走神经中枢兴奋，心率减慢。并因排泄到肠内的胆汁减少或缺乏，影响脂肪的消化和吸收，并使肠道弛缓，蠕动缓慢，故在病的初期发生便秘。继而肠内容物腐败分解过程加剧，脂肪吸收障碍，发生腹泻，粪色灰淡，有强烈臭味。并因肠道中维生素 K 的合成与吸收减少，凝血酶原降低，故形成出血性素质。

由于肝细胞变性、坏死，引起糖的代谢障碍，肝脏不能充分利用随门静脉运入肝脏的葡萄糖合成糖原，且机体代谢所产生的乳酸及蛋白质、脂类的中间产物经糖原异生的途径来合成糖原的过程也发生障碍，致使糖原减少，同时糖原的分解也减少。结果不但使肝脏糖原合成减少，ATP 生成不足，而且使血液中脂类和乳酸含量增多，血糖降低，甚至因脑组织能量供应不足而出现低血糖性昏迷。

由于糖代谢障碍，肝糖原减少，ATP 生成不足，难以维持机体生命活动的需要，在神经-体液因素的调节下，大量脂肪从脂肪组织中分解，运至肝脏。由于缺乏肝糖原，草酰乙酸也减少或缺乏，所以由脂肪分解形成的乙酰辅酶 A 及由丙酮酸所形成的乙酰辅酶 A 也难以进入三羧酸循环而被彻底氧化，以致血液脂类含量增高。同时，还因脂肪分解代谢相应加强，产生多量酮体，致使血液中乳酸及酮体的含量升高，发生酸中毒。

在正常情况下，氨基酸脱氨基后形成氨，在肝内经鸟氨酸循环生成尿素而解毒。而在急性实质性肝炎，由于肝细胞变性、坏死，引起氨基酸的脱氨基及尿素合成障碍，血液及尿液中尿素含量减少，血氨含量增高。血液中过量的氨可扩散入脑，并与三羧酸循环中的 α-酮戊二酸结合产生谷氨酸，继而生成谷氨酰胺；由于α-酮戊二酸减少，三羧酸循环发生障碍，影响脑细胞的能量供应，出现昏迷。

肝细胞蛋白质分解所形成的酪氨酸、亮氨酸以及肝细胞内的丙氨酸氨基转移酶、天门冬氨酸氨基转移酶、精氨酸酶、乳酸脱氢酶和鸟氨酸氨基甲酰转移酶，大量进入血液，使血液转氨酶等显著升高。并因肝脏合成蛋白质功能显著降低，血浆内的白蛋白、纤维蛋白原减少，胶体渗透压下降，引起浮肿。

【症状】食欲减退，精神沉郁，体温升高，可视黏膜黄染，皮肤瘙痒，脉搏减少。呕吐（猪、犬、猫明显），腹痛（马较明显）；初便秘，后腹泻，或便秘与腹泻交替出现，粪便恶臭，呈灰绿色或淡褐色。尿色发暗，有时似油状。叩诊肝脏，肝脏浊音区扩大；触诊和叩诊均有疼痛反应。后躯无力，步态蹒跚，共济失调；狂躁不安，痉挛，甚或昏睡、昏迷。

当急性肝炎转为慢性肝炎时，则表现为长期消化机能紊乱，异嗜，营养不良，消瘦，颌下、腹下和四肢下端浮肿。如果继发肝硬变，则呈现肝脾综合征，发生腹水。

尿液检查：病初尿胆素原增加，其后尿胆红素增多，尿中含有蛋白，尿沉渣中有肾上皮细胞及管型。

血液检查：红细胞脆性增高，凝血酶原降低，血液凝固时间延长。

肝功检验：血清胆红素增多，重氮试剂定性试验呈双相反应；麝香草酚浊度和硫酸锌浊度升高；丙氨酸氨基转移酶（ALT）、天门冬氨酸氨基转移酶（AST）和乳酸脱氢酶（LDH）活性增高。

【病理变化】急性实质性肝炎初期，肝脏肿大，呈黄土色或黄褐色，表面和切面有大小不等、形状不整的出血性病灶，胆囊缩小。组织学检查：肝细胞呈严重的颗粒变性和脂肪变性；中央静脉和肝窦状隙扩张、充血；间质有少量炎性细胞浸润。

中、后期，肝脏表面有大小不等的灰黄色或灰白色小点或斑块；当肝细胞坏死范围广泛时，肝脏体积缩小，被膜皱缩，边缘薄，质地柔软，呈灰黄色或红黄相间。组织学检查：肝小叶中央区的肝细胞坏死，肝细胞核浓缩、崩解或消失；在后期，坏死的肝小叶溶解、肝小叶结构破坏，网状纤维支架明显；汇管区充血、水肿和炎性细胞浸润，胆管上皮增生。

【诊断】根据消化不良、粪便恶臭、可视黏膜黄染等临床表现，结合肝功能及尿液检查结果可做出诊断。注意与下列疾病鉴别：

急性胃肠卡他：黄疸轻微，无热症，肝区检查和肝功能无变化，易治愈。

急性肝营养不良：呈地方性流行，伴有其他实质器官变性或出血；肝代谢和解毒机能降低或消失，呈进行性黄疸；中枢神经系统严重紊乱。

肝硬变：病程较长，常伴有慢性胃肠炎、黄疸、肝脾综合征；逐渐消瘦，后期腹腔积液，碱性磷酸酶（AKP）和单胺氧化酶（MAO）活性升高。

马传染性贫血：高度贫血，明显浮肿，间歇热型，血液检查可见吞铁细胞。

【病程及预后】本病的病程通常较为急剧。若能及时地排除致病因素，加强饲养和护理，采取病因疗法，可以恢复健康，预后佳良。但病情严重者，全身症状重剧，发生自体中毒，若治疗不及时、护理不当，则预后不良。有的病例，往往转为慢性肝炎。

【治疗】治疗原则是排除病因，加强护理，保肝利胆，清肠止酵，促进消化机能。

1. 排除病因　停止饲喂发霉变质或含有毒物的饲料，及时治疗原发病。

2. 加强护理与食饵疗法　应使病畜保持安静，避免刺激和兴奋；饲喂富有维生素、容易消化的碳水化合物饲料。给予优质青干草、胡萝卜，或者放牧；适量饲喂豆类或谷物饲料；但昏睡、昏迷时，禁喂蛋白质，待病情好转后再给予适量的含蛋氨酸少的植物性蛋白质饲料。

3. 保肝利胆　通常用25%葡萄糖注射液500～1 000mL（猪、羊50～100mL），静脉注射，2次/d；或用5%葡萄糖生理盐水注射液2～3L（猪、羊100～500mL），5%维生素C注射液30mL（猪、羊5mL），5%维生素B_1注射液10mL（猪、羊2mL），静脉注射，2次/d。必要时，可用2%肝泰乐注射液50～100mL（猪、羊10～20mL），静脉注射，2次/d。良种家畜，还可用胰岛素保护肝脏功能。利胆，可内服人工盐，并皮下注射氨甲酰胆碱或毛果芸香碱，促进胆汁分泌与排泄。另外，改善新陈代谢，增进消化机能，可给予复合维生素B和酵母片。服用氯化胆碱（每千克体重20～40mg）或甲硫氨酸（每千克体重20～40mg）以利移出肝脏中的脂肪。

4. 清肠止酵　可用硫酸钠（或硫酸镁）300g、鱼石脂20g、酒精50mL、常水适量，内服。

5. 其他对症治疗　对于黄疸明显的病畜，可用退黄药物，如苯巴比妥（每千克体重0.6～12mg）或天冬氨酸钾镁（40～100mL，加入5%葡萄糖注射液内），缓慢静脉注射。具有出血性素质的病畜，应静脉注射10%氯化钙注射液100～150mL（猪、羊20～30mL）。必要时，肌肉注射1%维生素K_3注射液10～30mL（猪、羊2～5mL）。抑制炎性促进因子的形成，减轻反应，可以用氢化可的松等肾上腺皮质激素进行治疗。当出现肝昏迷时，可静脉注射甘露醇，降低颅内压，改善脑循环。病畜表现疼痛或狂躁不安时，可应用水合氯醛或安溴注射液，镇静止痛。

6. 中兽医疗法　按照辨证施治原则，当肝脏湿热，胆汁外溢，黄疸鲜明，则应利湿消炎，清热泻火。宜用茵陈汤加味：茵陈200g，栀子80g，大黄40g，黄芩60g，板蓝根200g，水煎去渣，内服。若湿重于热，精神困倦，食滞腹痛，尿黄短少时，应加枳实、神曲以破积散满；消食和胃加茯苓、滑石、车前子；利尿清热、渗湿利水加猪苓、泽泻。

当肝脏寒湿，湿热内蕴，黄疸晦暗，脉性沉迟，则应温化寒湿，强脾健胃。宜用茵陈四逆汤加味：茵陈200g，炮附子30g，干姜20g，茯苓60g，白术60g，陈皮40g，甘草20g，水煎去渣，内服。若肝气瘀结，肝区疼痛，举止不安时，可加柴胡、郁金、元胡、香附，以疏肝解郁，理气止痛。

【预防】加强饲养管理，防止霉败饲料、有毒植物以及化学毒物的中毒；加强卫生防疫，防止感染，增强肝脏功能，保证家畜健康。

肝硬变（hepatic cirrhosis）

肝硬变（肝硬化）又称慢性间质性肝炎或肝纤维化，是在致病因素作用下，引起慢性、进行性、弥漫性肝细胞变性、坏死、再生，诱发广泛纤维组织增生，肝小叶结构破坏、重建，形成假小叶及结构增生，逐渐发展而成硬化的一种慢性肝脏疾病。本病各种家畜都有发生。猪较多见，可呈群发性发生。

【病因】 原发性肝硬变是由于长期采食了发霉、腐败的饲料或有毒植物如千里光、野百合、天芥菜、羽扇豆、马兜铃、一枝黄花而引起，或者长期饲喂含有酒精的酒糟以及饲料中缺乏蛋白质与维生素，引起肝营养不良，逐渐发展为肝硬化。

继发性肝硬变常继发于钩端螺旋体病、犊牛副伤寒、猪肝结核、肝片吸虫病、血吸虫病、后睾吸虫病、慢性肝炎、慢性心源性肝淤血、慢性阻塞性黄疸等疾病。

【症状】 病初，精神不振，食欲减退，便秘与腹泻交替发生。牛、羊呈现前胃弛缓，周期性臌胀；犬、猪发生呕吐；马常发生肠臌气。

病畜逐渐消瘦、衰弱、贫血，出现黄疸，发生腹水，腹围增大甚至呈蛙腹状，腹腔穿刺有大量透明淡黄色漏出液流出；重症者可出现昏迷。

腹部叩诊：初期肝脏浊音区扩大，牛、羊可达到右䏎窝的前部；犬可达到脐部；马可达第17肋间后。中后期，肝脏浊音区缩小。

腹部触诊：瘦弱的犬和猪，于腹部两侧的肋弓的下面，可触诊到肝脏，其硬度增加，并随呼吸而前后移动；犊牛和羊在右腹部肋弓下，也能触诊到肿大的肝脏。

尿液检查：尿中有胆红素和多量的尿胆素原，但继发于慢性阻塞性黄疸的肝硬变，则尿中尿胆素原消失。

肝功能检验：血清白蛋白（A）减少，球蛋白（G）增多，A/G的比值降低或倒置，AST、ALT、AKP（碱性磷酸酶）活性增高，凝血酶原含量减少。

【病理变化】 肝硬变初期，肝脏肿大、坚硬、表面光滑，呈黄色或黄绿色。组织学检查，见小叶间与小叶内的结缔组织弥漫性增生，干细胞被增生的结缔组织所分开，含有胆色素。

肝硬化中、后期，肝脏体积缩小、坚硬，表面凸凹不平，色彩斑驳，有灰红色、淡黄色、深黄色、绿色等色彩。切面有许多圆形或近圆形的岛屿状结节，结节周围有较多淡灰色的结缔组织包围；肝内胆管明显，管壁增厚。组织学检查，可见结缔组织在肝小叶及间质中增生，增生的结缔组织包围或分割肝小叶，使肝小叶形成大小不等的圆形小岛，称为假小叶。

此外，还有胃肠淤血，水肿，脾脏肿大、硬度增加，腹腔内有多量腹水。

【诊断】 根据病程、消化不良、消瘦、可视黏膜黄染等临床表现，结合血液及尿液检查结果可做出诊断。

【病程及预后】 本病持续时间长，病情逐渐增重，不易治愈，预后不良。

【治疗】 首先，除去致病的原因，改善饲养，加强护理。给予富有维生素、易消化的碳水化合物饲料，并且日粮中应有丰富的蛋白质。

药物疗法：通常用硫酸钠和人工盐内服，清理胃肠，促进胆汁分泌。为保护肝脏、增强解毒功能，可用25%葡萄糖注射液200~1 000mL（猪羊50~100mL），静脉注射。此外，还可应用酵母片、维生素A、维生素B_1、维生素B_{12}以及维生素C和维生素K进行治疗。肝硬变的早期可应用胆碱、甲硫氨酸、胱氨酸等抗脂性药物；亦可用抗纤维化药物，如秋水仙碱（4~6mg/d）。病畜发生腹水时，可以应用强心利尿剂，促进腹水的吸收，同时还可施行腹腔穿刺，排除腹水。中药可用加味逍遥散：柴胡、当归、白术、白芍、茯苓、黄芪、党参、丹参、川芎各30g，炙甘草20g，共为末，开水冲调，候温灌服。

【预防】 注意平时饲养管理，防止有毒植物中毒，避免饲喂发霉和腐败饲料；及时治疗传染性或侵袭性疾病。

胆管炎和胆囊炎（cholangitis and cholcystitis）

胆管炎和胆囊炎是在致病因素作用下，引起胆管壁和胆囊壁的炎症。本病在各种家畜都有发生。马属动物虽无胆囊，但有时亦发生胆管炎。

【病因】引起胆管炎和胆囊炎的病因有以下几方面：

1. 梗阻因素 是由于胆囊管或胆囊颈的机械性阻塞，胆囊膨胀，充满浓缩的胆汁，其中高浓度的胆盐具有强烈的致炎作用，形成早期化学性炎症，以后继发细菌感染，造成胆囊化脓性感染，以结石造成者居多。较大结石不易完全梗阻，主要为机械刺激，呈现慢性炎症。有时胆囊管过长、扭曲、粘连压迫和纤维化等亦是不可忽视的梗阻因素。少数情况可能有蛔虫窜入胆管胆囊，除造成机械刺激外，随之带入致病菌，引起感染。也可因胆囊、Oddi氏括约肌功能障碍、运动功能失调等，引起胆管排空障碍、胆汁滞留，使胆囊易受化学刺激和细菌感染。

2. 感染因素 全身感染或局部病灶的病菌经血循、淋巴、胆管、肠道，或邻近器官炎症扩散等途径侵入，寄生虫的侵入及其带入的细菌等均是造成胆囊炎的重要原因。常见的致病菌主要为大肠杆菌，其他有链球菌、葡萄球菌、伤寒沙门菌、绿脓杆菌、产气荚膜梭菌等。

3. 化学性因素 胆汁潴留于胆囊，其中高浓度的胆盐，或胰液返流进入胆囊，具有活性的胰酶，均可刺激胆囊壁发生明显炎症变化。严重脱水者，胆汁中胆盐浓度升高，亦可引起急性胆囊炎。

4. 其他因素 如血管因素，由于严重创伤、烧伤、休克、多发骨折、大手术后等因血容量不足、血管痉挛，血流缓慢，使胆囊动脉血栓形成，致胆囊缺血坏死，甚至穿孔；结节性动脉周围炎、恶性贫血等，均与胆囊炎发病有关。

【症状】急性胆管炎和胆囊炎，病畜体温升高，恶寒战栗，轻微黄疸，腹痛；触诊肝部，病畜疼痛不安。血液检查：白细胞数及中性粒细胞增多，核左移；血清胆红素和碱性磷酸酶活性升高。给小动物做B型超声波检查，可显示胆管扩张，胆囊肿大，有的可见由胆结石形成的光团。

慢性胆管炎和胆囊炎，病畜表现食欲减退，便秘或腹泻，黄疸、腹痛、消瘦、贫血。B型超声波检查，胆管壁和胆囊壁增厚。当继发肝硬变时，还出现浮肿和腹水。若继发于传染病者，还有其所患传染病的固有症状。

【病理变化】急性胆囊炎早期时，胆囊壁充血，黏膜水肿，上皮脱落，白细胞浸润，胆囊与周围并无粘连，解剖关系清楚，易于手术操作，可吸收痊愈。进而，胆囊明显肿大、充血水肿、肥厚，表面可附有纤维素性脓性分泌物，炎症已波及胆囊各层，多量中性多核细胞浸润，有片状出血灶，黏膜发生溃疡，胆囊腔内充满脓液，并可随胆汁流入胆总管，引起Oddi氏括约肌痉挛，造成胆管炎、胆源性胰腺炎等并发症。此时胆囊与周围粘连严重，解剖关系不清，手术难度较大，出血亦多。胆囊过分肿大，导致胆囊血运障碍，胆囊壁有散在出血、灶性坏死，小脓肿形成，或全层坏死。

胆囊底或颈部出现穿孔，常在发病后3d发生，其发生率为6%~12%，穿孔后可形成弥漫性腹膜炎、膈下感染、内或外胆瘘、肝脓肿等，但多被大网膜及周围脏器包裹，形成胆囊周围脓肿，呈现局限性腹膜炎征象。此时手术甚为困难，不得不行胆囊造瘘术。

慢性胆囊炎常由急性胆囊炎发展而来，或起病即是慢性过程。经多次发作或长期慢性炎症，黏膜遭到破坏，呈息肉样改变，胆囊壁增厚，纤维化、慢性炎细胞浸润、肌纤维萎缩、胆囊功能丧失，严重者胆囊萎缩变小，胆囊腔缩小或充满结石，形成所谓萎缩性胆囊炎。常与周围组织器官致密粘连，病程长者90%的病例含有结石。若胆囊颈（管）为结石或炎性粘连压迫引起梗阻，胆汁持久潴留，胆汁原有的胆色素被吸收，代之以胆囊所分泌的黏液，为无色透明的液体，称为"白胆汁"，胆囊胀大称为胆囊积液。

【病程及预后】本病的病程经过不定。若在病程中伴发化脓性肝炎、腹膜炎、败血症以及胆囊穿孔，则预后不良。

【治疗】使病畜保持安静，饲喂有营养、易消化的饲料。当病畜疼痛不安时，可内服水合氯醛，或者肌肉注射阿托品、山莨菪碱。同时，应用青霉素、四环素或土霉素以及磺胺类药物消炎，防止继发性感染。

及时应用利胆剂及保肝药物，如去氢胆酸、消胆胺、人工盐、硫酸镁、葡萄糖、维生素等。对于化脓性胆管及胆囊炎、胆结石或穿孔，应采取手术疗法。

【预防】加强饲养管理，防止中毒与感染，对胆结石、肝寄生虫病等，应及时进行防治；积极防治各种有关的传染病。

胆石症（cholelithiasis）

胆石症是胆囊、胆管和肝内胆管结石的总称，是比较常见的疾病。其成因还不十分清楚，可能为胆汁代谢异常、胆固醇过饱和析晶或蛔虫钻胆引起感染所致。伴随胆石症的三大典型症状是腹痛、寒战高热和黄疸。

胆石按其含有的主要成分可分为3类。

（1）胆固醇结石：主要成分为胆固醇，常呈单个大的结石，椭圆形（单发者）或多面形（多发者），剖面呈放射状线纹，表面平滑或稍呈结节状，淡灰色、白色或淡黄色，质较软，X线平片上不显影。多发生于鼠、猴、狒狒等的胆囊内。

（2）胆色素结石：主要成分为胆红素钙，呈棕黑色，硬度不一，多质软而脆，形状不定，大小不等，有时呈胆泥或胆沙状。因含钙少，X线平片上多不显影。多见于牛、猪、犬等的肝胆管内。

（3）混合性结石：主要成分为胆红素、胆固醇和碳酸钙，外形不一，为多面形颗粒，表面光滑，边缘钝圆，呈黄色、深绿和棕褐色，切面呈同心的环状层，因含钙质较多，在X线平片上有时显影（即称阳性结石），多在胆囊内亦可见于胆管中。见于各种动物。

【病因】与先天性胆管畸形、反复的各种病毒病菌寄生虫的感染、肝胆代谢和功能异常、胆汁成分比例失调、机械性损伤以及饮食生活等诸方面因素的影响有关。

1. 胆囊结石成因

（1）代谢因素：正常胆囊胆汁中胆盐、卵磷脂、胆固醇按比例共存于一稳定的胶态离子团中。一般胆固醇与胆盐之比为1∶20～30，如某些代谢原因造成胆盐、卵磷脂减少，或胆固醇量增加，当其比例低于1∶13以下时，胆固醇便沉淀析出，经聚合就形成较大结石。

（2）胆系感染：细菌感染除引起胆囊炎外，其菌落、脱落上皮细胞等可成为结石的核心，胆囊内炎性渗出物的蛋白成分，可成为结石的支架。

(3) 其他：如胆汁的淤滞、胆汁 pH 过低、维生素 A 缺乏等，也都是结石形成的原因之一。

2. 胆管结石成因 继发性胆囊结石多发生在结石性胆囊炎、胆囊管扩张、结石较小的病例中。其发生率为 14%。

原发性胆管结石可能与胆管感染、胆管狭窄、胆管寄生虫感染、蛔虫感染有关。当胆管感染时，大肠杆菌产生 β-葡萄糖醛酸苷酶，活性很高，可将胆汁中结合胆红素（直接反应）水解成游离胆红素（间接反应），后者再与胆汁中钙离子结合成为不溶于水的胆红素钙，沉淀后即成为胆色素钙结石。胆管蛔虫病所引起的继发胆管感染，更易发生此种结石，这是由于蛔虫残体、角皮、虫卵及其随之带入的细菌、炎性产物可成为结石的核心。胆管狭窄势必影响胆流通畅，造成胆汁滞留，胆色素及胆固醇更易沉淀形成结石。当合并慢性炎症时，则结石形成过程更为迅速。

【症状】主要表现消化机能和肝功能障碍，呈现厌食、慢性间歇性腹泻、渐进性消瘦、可视黏膜黄染等。牛多为亚临床型，但亦有的出现上述症状。

【病程及预后】本病的病程经过不定，加强饲养和护理，采取病因疗法，可以恢复健康，预后佳良。但病情严重的病例，若治疗不及时、护理不当，则预后不良。

【诊断】需综合分析可做出正确诊断，有条件可借助 B 型超声、CT 和核磁共振扫描等特殊检查。

鉴别诊断：胆囊炎胆石症急性发作期其症状与体征易与胃十二指肠溃疡急性穿孔、急性腹膜炎、胆管蛔虫病、右肾结石、黄疸肝炎及冠状动脉供血不全等相混淆，应仔细鉴别，多能区别。

【治疗】急性发作期宜先保守治疗，待症状控制后，进一步检查，明确诊断，酌情选用合理治疗方法，如病情严重、非手术治疗无效，应及时手术治疗。传统的中药和针灸排石法，在中国已有数千年的历史，中西医结合在治疗胆石症方面亦取得了可喜的成果。在人医，体外碎石法已经开展，其效果尚待进一步探讨提高；疤痕较小的腹腔镜手术是日趋成熟的一项技术，其治疗范围不断扩大，但此类手术仍具有一定的局限性。

（庞全海）

第八节 腹膜疾病

腹膜炎（peritonitis）

腹膜炎是腹膜壁层和脏层炎症的统称。按病因分为原发性和继发性腹膜炎；按病程经过分为急性腹膜炎和慢性腹膜炎；按病变范围分为弥漫性腹膜炎和局限性腹膜炎；按渗出物性质分为浆液性腹膜炎、纤维蛋白性腹膜炎、出血性腹膜炎、化脓性腹膜炎及腐败性腹膜炎。各种畜禽均可发生，但多见于马、牛、犬、猫和禽。

【病因】原发性病因多见于腹壁创伤、手术感染（创伤性腹膜炎）；腹腔和盆腔脏器穿孔或破裂（穿孔性腹膜炎）；禽前殖吸虫、牛和羊的幼年肝吸虫等腹腔寄生虫的重度感染（侵袭性腹膜炎）；家禽的腹膜真菌感染，如孢子丝菌病（霉菌性腹膜炎）。

继发性腹膜炎见于腹膜相邻脏器感染性炎症的蔓延，如肠炎、肠变位、皱胃炎等，因脏壁损伤，脏器内细菌侵入腹膜致使发炎（蔓延性腹膜炎）；血行感染，如猪丹毒、猪格拉泽病、犬诺卡菌病、猫传染性腹膜炎等，病原体经血行感染腹膜而致病（转移性腹膜炎）。

【症状】

1. 急性弥漫性腹膜炎 腹膜性疼痛是最突出而固定的特征症状，动物拱背，持续站立，不愿运动，腹壁紧张等。全身症状重剧，体温升高，呼吸浅快，明显胸式呼吸，脉搏快弱，常继发肠臌气；牛出现瘤胃臌气；犬、猫出现呕吐。腹部触诊敏感疼痛，叩诊腹部有水平浊音，腹腔穿刺流出数量不等或性质不同的渗出液。

2. 急性局限性腹膜炎 症状与弥漫性的相似，但症状较轻，体温中度升高，仅在病变区触诊和叩诊时，才表现敏感和疼痛。

3. 慢性腹膜炎 主要表现慢性胃肠卡他症状，反复发生腹泻、便秘或臌气，有的因腹水量多而腹部膨大。全身症状不明显。偶尔因肠粘连而表现肠狭窄症状。

【病程及预后】病程长短不一。局限性腹膜炎，若非因粘连而造成肠狭窄，多数预后良好。马急性弥漫性腹膜炎的病程为2～4d，但穿孔性腹膜炎常因毒血症或中毒性休克在12h内死亡；牛的病程为7d以上。慢性腹膜炎的病程可达数周或数月，粘连严重并造成消化道损害的，预后不良。

【治疗】原则是抗菌消炎，制止渗出，纠正水盐代谢失衡。

1. 抗菌消炎 用广谱抗生素或多种抗生素联合进行静脉注射、肌肉注射或大剂量腹腔注入。如用青霉素200万U、链霉素2g，0.25%普鲁卡因300mL，5%葡萄糖液500～1 000mL，加温至37℃左右（也可加入0.2～0.5g氢化可的松），大家畜一次腹腔注射，1次/d，连用3～5d。

2. 消除腹膜炎性刺激的反射影响，减轻疼痛 用0.25%普鲁卡因液150～200mL，做两侧肾脂肪囊内封闭；还可用安乃近、盐酸吗啡，大家畜用水合氯醛等药物。

3. 制止渗出 马、牛可用10%氯化钙液100～150mL，40%乌洛托品20～30mL，生理盐水1 500mL，混合，静脉注射。

4. 纠正水、电解质和酸碱平衡失调 用5%葡萄糖生理盐水或复方氯化钠液（每千克体重20～40mL）静脉注射，2次/d。出现心率失常、全身无力及肠弛缓等缺钾症状的病畜，可在盐水内加适量10%氯化钾溶液，静脉滴注。腹腔积液过多时可穿腹引流；出现内毒素休克危象者按中毒性休克实施抢救。

腹腔积液综合征（ascites syndrome）

腹腔积液综合征又称腹水，即腹腔内蓄积大量浆液性漏出液。它不是独立的疾病，而是伴随于诸多疾病的一种病征。多见于猪、羊、犬、猫和家禽等中小动物。

有多种病因类型：

1. 心源性腹水 出现于能造成充血性心力衰竭的各种疾病，如三尖瓣闭锁不全和右房室孔狭窄，使静脉系统淤血，体腔积液。

2. 稀血性腹水 出现于能造成血液稀薄和胶体渗透压明显降低的疾病，如慢性贫血或低白蛋白血症等，使蛋白质丢失过多和体液存留而致发本病。

3. 淤血性腹水 出现于能造成门静脉系统淤血的各种疾病，如肝硬变、肝片吸虫病等，因门静脉压升高血行受阻，毛细血管内液体渗出而发生腹水。机体硒营养缺乏或不足，使肌组织、肝脏、淋巴器官等受到过氧化损害和微血管损伤，致发渗出性物质，导致腹腔及其他体腔发生积液。

主要临床表现为视诊腹部下侧方见有对称性增大而肷窝塌陷，触诊腹部不敏感，冲击腹壁有震水音，叩诊两侧腹壁有对称性的水平浊音，因原发病不同而异，但均腹水过多，障碍膈肌运动而表现持续存在的呼吸困难。治疗的关键在于除去病因，治疗原发病。穿刺腹腔排出积液仅是治标的措施。

牛脂肪组织坏死 (fat necrosis of cattle)

牛脂肪组织坏死是指肠系膜和网膜，尤其是结肠、直肠、肾周围的脂肪发生变性、坏死，形成坚硬的脂肪块，导致肠管部分或完全的腔外性梗阻。多发于5岁以上肥胖的乳牛和肉用牛。

【病因】由于肥胖、脂肪组织增多，压迫局部毛细血管，致使脂肪组织血液循环障碍；机体消瘦、恶病质或肥胖牛急性饥饿，大量动用体脂肪又利用不全，致使脂肪酸蓄积于脂肪组织；胰腺疾病时胰脂酶溢出而消化胰周围脂肪等，均可引起脂肪的变性与坏死。

【症状】坏死的脂肪组织，可以形成小如指头，大似人头的硬块，质地坚硬，外有结缔组织包膜；也可在腹腔脂肪组织中形成弥漫性病灶，使脂肪组织硬度增加。严重病例，其结肠等被硬块包埋、压迫、致使肠狭窄，发生消化机能障碍，动物厌食、粪稀少或排粪停止，偶见腹胀或轻度腹痛。直肠检查可在小肠或结肠附近触及坚硬的脂肪坏死块。

【治疗】用榨豆油副产品（其中含4％维生素E、20％植物固醇）喂牛，150g/d，连用1~4个月；薏苡仁粉末250~300g/d，混入饲料，连用3~4个月；或用甲状腺素和口服维生素A（10 000~50 000IU）等，可使脂肪块软化、缩小或消失。

（庞全海）

◇ 复习思考题

1. 试述前胃弛缓的病因及发病机理。
2. 试述创伤性网胃腹膜炎的临床特征及诊断依据。
3. 试述瘤胃臌气的诊断依据及防治要点。
4. 试述迷走神经性消化不良的病因及临床特征。
5. 试述皱胃变位的类型及各自的诊断要点。
6. 试述猪胃溃疡的病因及发病机理。
7. 马属动物腹痛病按其症状分为哪几大类？各类疾病之间有何关联？如何鉴别？
8. 试述急性胃扩张的分类及其各自的论证诊断依据。
9. 试述完全阻塞性便秘与不全阻塞性便秘的鉴别诊断要点。
10. 试述完全阻塞性便秘与不全阻塞性便秘的发生原因及病理学基础。
11. 试述胃肠炎的治疗措施。
12. 试述急性实质性肝炎的诊断及鉴别诊断。
13. 试述腹膜炎的诊断特点及治疗措施。

第二章

呼吸系统疾病

内容提要： 呼吸系统的主要功能是进行体内外之间的气体交换。由于与外界相通，环境中的各种不良因素均可破坏呼吸系统的防御机能，导致呼吸系统发病。呼吸系统疾病按解剖学部位分为上呼吸道疾病、支气管疾病、肺脏疾病和胸膜疾病。主要症状有流鼻液、咳嗽、呼吸困难、发绀和肺部听诊有啰音，在不同的疾病过程中有不同的特点。检查方法包括临床基本检查法、实验室检查（如血液常规检查、鼻液及痰液的显微镜检查、胸腔穿刺液的理化检查及细胞检查等）和特殊检查（如X线检查、超声波检查、纤维支气管镜检查等）。治疗原则主要包括抗菌消炎、祛痰镇咳及对症治疗。

概 述

（一）呼吸器官

1. 呼吸器官的结构 呼吸器官包括鼻腔、副鼻窦、喉、气管等上呼吸道和支气管、肺等下呼吸道。呼吸道是一条较长的管道，其黏膜内壁具有丰富的毛细血管网，并有黏液腺分泌黏液。这些结构特征，使吸入的气体在到达肺泡之前加温和湿润，并对吸入气体中的尘埃通过鼻毛阻挡、黏膜上皮的纤毛运动及喷嚏和咳嗽，将其排出，以维持肺泡的正常结构和生理功能。

2. 呼吸器官的气体交换功能 动物机体在新陈代谢过程中，由于对营养物质进行生物氧化以提供生命活动所需的能量，需不断的消耗氧，同时不断产生二氧化碳和水以及其他物质。因此，机体必须不断从外界摄取氧，并将二氧化碳排出体外，以确保机体新陈代谢的进行和内环境的相对稳定。机体与外界环境之间进行的这种气体交换过程，总称为呼吸。机体的呼吸过程由三个环节来完成：①外界空气与肺泡之间以及肺泡与毛细血管血液之间的气体交换，称为外呼吸；②组织细胞与组织毛细血管血液之间的气体交换，称为内呼吸；③血液的气体运输，通过血液的运行，使肺部摄取的氧及时运送到组织细胞，同时将组织细胞产生的二氧化碳运送到肺排出体外。

3. 呼吸器官的防御机能 在正常情况下，呼吸器官各级支气管上皮细胞、杯状细胞和腺体构成纤毛-黏液排送系统，保持着呼吸道的自净作用，而且黏液成分中还有溶菌酶、补体、干扰素、分泌型IgA等免疫活性物质，与支气管黏膜和肺巨噬细胞一起抵抗或清除病原的入侵，构成呼吸器官重要的防御机制。由此可见，呼吸道的主要防御机能包括鼻腔空气动力学的过滤作用、打喷嚏、鼻局部的抗体、喉反射、咳嗽反射、黏膜纤毛的运送机能、肺泡的巨噬细胞以及全身和局部的抗体（免疫）系统。经呼吸道吸入的较大颗粒被鼻腔排出，只有小的颗粒才能进入肺脏。一般认为直径 $5\sim10\mu m$ 以上的颗粒，由于重力影响均可沉着于黏膜表面而被排出。沉着于鼻腔后段和鼻咽之间以及喉至细支气管末端之间的颗粒，均可通过黏膜纤毛运输机理排出体外。直径小于 $0.2\mu m$ 以下的颗粒，通过空气扩散可沉降于肺泡腔中，肺泡巨噬细胞在清除吸入肺中的颗粒方面起着主要作用。正常情况下，肺泡巨噬细胞能在数小时内迅速地清除进入肺泡中的细菌。呼吸器官内有丰富的淋巴组织，对吸入的尘粒和通过淋巴液进入淋巴组织的抗原物质（如微生物及其毒素、大分子抗原等）起过滤作用。

（二）呼吸系统疾病的常见病因

呼吸系统与外界相通，环境中的病原体（包括细菌、病毒、衣原体、支原体、真菌、蠕虫等）、粉尘、烟雾、化学刺激剂、致敏性物质和有害气体均易随空气进入呼吸道和肺，直接引起呼吸器官发病。引起畜禽呼吸系统疾病的常见病因有：①在我国西部和北部的一些农区，家畜饲草中粉尘较多，吸入后刺激呼吸器官，容易发生尘肺。②集约化饲养的动物，由于突然更换日粮、断奶、寒冷、贼风侵袭、环境潮湿、通风换气不良、高浓度的氨气及不同年龄的动物混群饲养、长途运输等，均容易引起呼吸道疾病。③某些传染病和寄生虫病专门侵害呼吸器官，如流行性感冒、鼻疽、肺结核、传染性胸膜肺炎、猪传染性萎缩性鼻炎、猪肺疫、羊鼻蝇蛆病、肺包虫病和肺线虫病等。④临床上最常见的呼吸系统疾病是肺炎，一般认为多数肺炎的病因是上呼吸道正常寄生菌群的突然改变，导致一种或多种细菌的大量增殖。这些细菌随气流被大量吸入细支气管和肺泡，破坏正常的防御机制，引起感染而发病。⑤呼吸系统也可出现病毒感染，使肺泡吞噬细胞的吞噬功能出现暂时性障碍，吸入的细菌大量增殖，导致肺泡内充满炎性渗出物而发生肺炎。因此，临床上呼吸系统疾病发病率仅次于消化系统疾病，占第二位，尤其是北方冬季寒冷，气候干燥，发病率相当高。

（三）呼吸系统疾病的主要症状

呼吸系统疾病的主要症状有流鼻液、咳嗽、呼吸困难、发绀和肺部听诊有啰音，在不同的疾病过程中有不同的特点。严重的呼吸系统疾病可引起肺通气和肺换气（即外呼吸）功能障碍，出现呼吸功能不全（respiratory insufficiency），又称呼吸衰竭（respiratory failure），主要指动脉血氧分压低于正常范围，伴有或不伴有二氧化碳分压增高的病理过程。呼吸衰竭时发生的低氧血症和高碳酸血症可影响全身各系统的代谢和功能，最终导致机体酸碱平衡失调及电解质紊乱，同时影响循环系统、中枢神经系统和消化系统的功能。

（四）呼吸系统疾病的诊断

详细的询问病史和临床检查是诊断呼吸系统疾病的基础，X线和超声波检查对肺部疾病具有重要价值。必要时进行实验室检查，包括血液常规检查、鼻液及痰液的显微镜检查、胸腔穿刺液的理化及细胞检查等。

有些呼吸道疾病还可进行纤维支气管镜和胸腔镜检查。纤维支气管镜可深入到亚段支气管，直接窥视黏膜水肿、充血、溃疡、肉芽肿、新生物、异物等，做黏膜的刷检或钳检，进行组织学检查；并可经纤维支气管镜进行支气管肺泡灌洗，灌洗液的微生物学、细胞学、免疫学、生物化学等检查，有助于明确病原和病理诊断；还可通过它取出异物。

随着检测技术的发展，对呼吸系统疾病的诊断和鉴别诊断将更加灵敏和准确，如采用聚合酶链反应技术诊断结核病、支原体病、肺孢子虫病、病毒感染等，分子遗传学分析准确确定某些基因缺陷引起的疾病，高精密度螺旋CT和磁共振显像（MRI）技术可诊断肺部小于1cm的病灶等。

(五) 呼吸系统疾病的治疗原则

呼吸系统疾病的治疗主要包括抗菌消炎、祛痰镇咳及对症治疗。

1. 抗菌消炎　细菌感染引起的呼吸道疾病均可用抗菌药物进行治疗。使用抗菌药的原则是选择对某些特异病原体最有效的药物，或选择毒性最低的药物。对呼吸道分泌物培养，然后进行药敏试验，可为合理选用抗菌药提供指导。同时，了解抗菌药物的组织穿透力和药物动力学特征，也非常重要。

2. 祛痰镇咳　咳嗽是呼吸道受刺激而引起的防御性反射，可将异物与痰液咳出。一般咳嗽不应轻率使用止咳药，轻度咳嗽有助于祛痰，痰排出后，咳嗽自然缓解，但剧烈频繁的干咳对病畜的呼吸系统和循环系统产生不良影响。有些呼吸道炎症可引起气管分泌物增多，因水分的重吸收或气流蒸发而使痰液变稠，同时黏膜上皮变性使纤毛活动减弱，痰液不易排出。祛痰药通过迷走神经反射兴奋呼吸道腺体，促使分泌增加，从而稀释稠痰，易于咳出。临床上常用的祛痰药有氯化铵、碘化钠、碘化钾等。镇咳药主要用于缓解或抑制咳嗽，目的在于减轻剧烈咳嗽的程度和频率，而不影响支气管和肺分泌物的排出。临床上常用的有咳必清、复方樟脑酊、复方甘草合剂等。另外，在痉挛性咳嗽、肺气肿或动物气喘严重时，可用平喘药，如麻黄碱、异丙肾上腺素、氨茶碱等。

3. 对症治疗　主要包括氧气疗法和兴奋呼吸中枢。当呼吸系统疾病由于呼吸困难引起机体缺氧时，应及时用氧气疗法，特别是对于通气不足所致的血液氧分压降低和二氧化碳蓄积有显著效果。临床上吸入氧气大动物不常使用，主要用于犬、猫等宠物及某些种畜。当呼吸中枢抑制时，应及时选用呼吸兴奋剂，临床上最有效的方法是将二氧化碳和氧气混合使用，其中二氧化碳占5%～10%，可使呼吸加深，增加氧的摄入，同时可改善肺循环，减少躺卧动物发生肺充血的机会。另外，兴奋呼吸中枢的药物有尼可刹米（可拉明）、多普兰等，对延脑生命中枢有较高的选择性，常作为呼吸及循环衰竭的急救药，能兴奋呼吸中枢和血管运动中枢，临床上要特别注意用药剂量，剂量过大则引起痉挛性或强直性惊厥。由于过敏因素引起的呼吸道疾病应尽早选用抗过敏药物。

（刘宗平）

第一节　上呼吸道疾病

鼻炎 (rhinitis)

鼻炎是鼻黏膜发生充血、肿胀而引起以流鼻液和打喷嚏为特征的急性或慢性炎症。鼻液根据性质不同分为浆液性、黏液性和脓性。各种动物均可发生，主要见于马、犬和猫等。

【病因】原发性鼻炎主要是由于受寒感冒、吸入刺激性气体和化学药物等引起，如畜舍通风不良，吸入氨、硫化氢、烟雾以及农药、化肥等有刺激性的气体。也见于动物吸入饲草料或环境中的尘埃、霉菌孢子、麦芒、昆虫及使用胃管不当或异物卡塞于鼻道对鼻黏膜的机械性刺激。犬可由支气管败血波氏杆菌或多杀性巴氏杆菌感染引起原发性细菌性鼻炎。过敏性鼻炎是一种难以确定病因的特异性反应，季节性发生与花粉有关，犬和猫常年发生，可能与房舍尘土及霉菌有关。牛和绵羊的"夏季鼻塞"综合征是一种原因不明的变应性鼻炎。

继发性鼻炎主要见于流感、马鼻疽、传染性胸膜肺炎、牛恶性卡他热、慢性猪肺疫、猪萎缩性鼻炎、猪包涵体鼻炎、绵羊鼻蝇蛆病、犬瘟热、犬副流感、猫病毒性鼻气管炎、猫嵌杯样病毒感染等传染病。在咽炎、喉炎、副鼻窦炎、支气管炎和肺炎等疾病过程中常伴有鼻炎症状。犬齿根脓肿扩展到上颌骨隐窝时，也可发生鼻炎或鼻窦炎。

【症状】急性鼻炎因鼻黏膜受到刺激主要表现打喷嚏，流鼻液，摇头，摩擦鼻部，犬、猫抓挠面部。鼻黏膜充血、肿胀，敏感性增高，由于鼻腔变窄，小动物呼吸时出现鼻塞音或鼾声，严重者张口呼吸或发生吸气性呼吸困难。病畜体温、呼吸、脉搏及食欲一般无明显变化。鼻液初期为浆液性，继发细菌感染后变为黏液性，鼻黏膜炎性细胞浸润后则出现黏液脓性鼻液，最后逐渐减少、变干，呈干痂状附着于鼻孔周围。有的下颌淋巴结肿胀。急性单侧性鼻炎伴有抓挠面部或摩擦鼻部，提示鼻腔可能有异物。初期为单侧性流鼻液，后期呈双侧性，或鼻液由黏液脓性变为浆液血性或鼻出血，提示为肿瘤性或霉菌性疾病。

慢性鼻炎病程较长，临床表现时轻时重，有的鼻黏膜肿胀、肥厚、凹凸不平，严重者有糜烂、溃疡或瘢痕。犬的慢性鼻炎可引起窒息或脑病。猫的慢性化脓性鼻炎可导致鼻骨肿大，鼻梁皮肤增厚及淋巴结肿大，很难痊愈。

牛的"夏季鼻塞"常见于春、秋季牧草开花时节，突然发生呼吸困难，鼻孔流出黏液脓性至干酪样不同稠度的橘黄色或黄色的大量鼻液。打喷嚏，鼻塞，因鼻腔发痒而摇头，在地面擦鼻或将鼻镜在篱笆及其他物体上摩擦。严重者两侧鼻孔完全堵塞，表现呼吸困难，甚至张口呼吸。最严重的病例形成明显的伪膜，有的喷出一条完整的鼻腔管型。在慢性期，鼻孔附近的黏膜上有许多直径1cm的结节。

【病程】急性原发性鼻炎，一般在1～2周后，鼻液量逐渐减少，最后痊愈。慢性或继发性鼻炎，可经数周或数月，有的病例长时间未能治愈而发生鼻黏膜肥厚，病畜表现鼻塞性呼吸。

【诊断】根据鼻黏膜充血、肿胀及打喷嚏和流鼻液等特征症状即可确诊。本病与鼻腔鼻疽、马腺疫、流行性感冒及副鼻窦炎等疾病有相似之处，应注意鉴别。

鼻腔鼻疽，初期鼻黏膜潮红肿胀，一侧或两侧鼻孔流出灰白色、黏液性鼻液，其后鼻黏膜上形成小米粒至高粱粒大小的灰白色、圆形小结节，突出于黏膜面，结节迅速坏死、崩解，形成深浅不一的溃疡，有些病灶逐渐愈合，形成放射状或冰花状的瘢痕。下颌淋巴结肿大。鼻疽菌素试验阳性。

马腺疫主要表现体温升高，下颌淋巴结及其邻近淋巴结肿胀、化脓，脓肿内有大量黄色黏稠的脓汁。病马咳嗽，咽喉部知觉过敏。脓汁涂片染色镜检，可发现形成弯曲、波浪状长链的马腺疫链球菌，菌体大小不等。

流行性感冒传染性极强，发病率很高，体温升高，眼结膜水肿，鼻黏膜卡他性炎症症状明显。从鼻液或咽喉拭子中可分离获得血凝性流感病毒。

副鼻窦炎多为一侧性鼻液，特别在低头时大量流出。

【治疗】首先应除去致病因素，轻度的卡他性鼻炎可自行痊愈。病情严重者可用温生理盐水、1%碳酸氢钠溶液、2%～3%硼酸溶液、1%磺胺溶液、1%明矾溶液、0.1%鞣酸溶液或0.1%高锰酸钾溶液，每日冲洗鼻腔1～2次。冲洗后涂以青霉素或磺胺软膏，也可向鼻腔内撒入青霉素或磺胺类粉剂。鼻黏膜严重充血肿胀时，为促进局部血管收缩并减轻鼻黏膜的敏感性，可用可卡因0.1g、1:1 000的肾上腺素溶液1mL，加蒸馏水20mL混合后滴鼻，2～3次/d，但这类血管收缩药只能暂时解除鼻黏膜的充血状况。也可用2%克辽林或2%松节油进行蒸气吸入，2～3次/d，每次15～20min。

对体温升高、全身症状明显的病畜，应及时用抗生素或磺胺类药物进行治疗。

对慢性细菌性鼻炎可根据微生物培养及药敏试验，用有效的抗生素治疗3～6周。对霉菌性鼻炎应根据真菌病原体的鉴定结果，用抗真菌药物进行治疗。对小动物的鼻腔肿瘤，应通过手术将大块鼻甲骨切除，然后进行放射治疗。

【预防】防止受寒感冒和其他致病因素的刺激是预防本病发生的关键。对继发性鼻炎应及时治疗原发病。

鼻出血（epistaxis）

鼻出血是动物鼻孔流出血液的一种临床症状，轻度表现为血性鼻液，严重者血液从两侧鼻孔甚至口中呈滴状或线状流出。常见于牛和马。

【病因】原发性鼻出血主要是鼻腔黏膜的机械性损伤。如粗暴的通过鼻腔插入胃管或内窥镜，头部遭受打击而使鼻腔黏膜血管破裂，异物损伤鼻黏膜等。

继发性鼻出血见于鼻腔或副鼻窦的息肉、肿瘤、血肿、肉芽肿、马鼻疽、寄生虫病等，在血斑病、马传染性贫血、血小板减少、抗凝血类杀鼠剂中毒等疾病时也可伴发鼻出血。牛见于欧洲蕨、发霉草木樨中毒。赛马肺出血时，血液可经支气管和鼻腔流出。

【症状】鼻出血的严重程度与病因和损伤范围密切相关。血液从鼻孔呈滴状或线状流出，较大血管破裂则呈喷射状，多为鲜红色，不含小泡沫。原发性（包括肿瘤、血肿等）出血以单侧为主，肺出血及其他继发性出血时多为双侧性。局部血管损伤轻的出血可在短时间内自然止血，并无明显的全身症状；而长时间大量的出血可使动物表现黏膜苍白、心跳加快、脉搏快弱、呼吸困难、站立不稳等贫血症状。继发者还具有原发病的特征。

【诊断】根据单侧或双侧鼻孔流出鲜红色血液即可确诊，但应仔细询问病史并对鼻腔黏膜进行全面检查，必要时配合血液学及凝血因子检查，以确定病因。突发性单侧鼻出血往往由机械性损伤引起，双侧出血可能与全身性疾病有关，而鼻液较长时间混有血液则多为鼻腔疾病。如果血液为淡红色，其中混有泡沫或小气泡，则可能为肺出血。

【治疗】机械性损伤引起的轻度出血可在短时间内自然止血。大动物严重出血可将头部吊高，用冷水浇灌额部及鼻部，一般在半小时内即可止血。如一侧鼻孔出血不止，可用长纱布条浸0.01%肾上腺素溶液并涂磺胺软膏，紧紧填塞鼻腔出血处以便达到止血目的，有时需要数条纱布，但每条纱布的外端均应留在鼻孔之外，便于取出。也可静脉注射10%氯化钙溶液或促凝血药（如维生素K、止血敏、安络血等），均有较好的止血效果。另外，镇静药（如乙酰丙嗪）可缓解动物的惊恐和降低血压，有助于止血。

对继发性鼻出血，应治疗原发病。

喉炎及喉囊病（laryngitis and guttural pouch disease）

喉炎是喉黏膜的炎症，导致剧烈咳嗽和喉头敏感为特征的一种上呼吸道疾病。各种动物均可发生，主要见于马、牛、羊和猪。喉囊病包括喉囊积脓（guttural pouch empyema）、喉囊霉菌病（guttural pouch mycosis）和喉囊臌胀（guttural pouch tympany）等，是喉囊黏膜及其周围淋巴结炎症的统称，仅发生于马、骡和驴。

【病因】喉炎主要发生于受寒感冒引起的上呼吸道感染，吸入尘埃、烟雾或刺激性气体及异物等刺激均可发病。插管麻醉或插入胃管时，因技术不熟练而损伤黏膜可引起喉头水肿，过度吼叫也可引起本病。短头且肥胖的犬或喉麻痹的犬在兴奋或高温环境下，因严重喘气或用力呼吸可导致喉头水肿和喉炎。喉部手术也可引起喉水肿。马、牛和羊还可发生喉软骨基质的化脓性炎症，多见于幼龄的雌性动物，并且有明显的品种易感性，主要发生于杂交马。

喉炎也可继发于一些疾病过程中，如鼻炎、气管和支气管炎、咽炎、犬瘟热、猫传染性鼻气管炎、牛传染性鼻气管炎、牛白喉、马腺疫、马传染性支气管炎、羊痘、羊坏死梭杆菌或化脓棒状杆菌感染、猪流感等。

马上呼吸道感染（尤其是链球菌感染），脓液积聚于喉囊可发生喉囊积脓；在病因的作用下，喉囊黏膜充血，并有大量黏液或黏液脓性渗出物，严重时黏膜形成溃疡。有的病畜渗出物腐败，产生大量气体，使喉囊内充满气体而扩张，引起呼吸困难；发展为慢性后，因结缔组织增生导致黏膜肥厚和粗糙。喉囊霉菌病主要是曲霉菌（如构巢曲霉、烟曲霉）和毛霉菌在喉囊顶部引起局灶性或弥漫性真菌感染而发病。

【症状】喉炎的主要表现为剧烈的咳嗽，病初为干而痛的咳嗽，声音短促强大，以后则变为湿而长的咳嗽，病程较长时声音嘶哑。按压喉部、吸入寒冷或有灰尘的空气、吞咽粗糙食物或冷水以及投服药物等均可引起剧烈的咳嗽。犬随着咳嗽可发生呕吐。病畜可能流浆液性、黏液性或黏液脓性的鼻液，下颌淋巴结肿大。一般体温升高，严重者体温可达40℃以上。触诊喉部，病畜表现敏感、疼痛，肿胀，发热，可引起强烈的咳嗽。听诊喉部和气管，有大水泡音或喉头狭窄音。

喉头水肿可在数小时内发生，表现吸气性呼吸困难，喉头有喘鸣音。随着吸气困难加剧，呼吸频率减慢，可视黏膜发绀，脉搏增加，体温升高。犬在天气炎热时，由于呼吸道受阻，体温调节功能极度紊乱，可使体温显著上升。

喉囊病的主要症状为一侧鼻孔流出黏液脓性污秽、恶臭的分泌物，在低头、咀嚼或压迫喉囊时流出增多。喉囊内有大量渗出物时，可引起呼吸困难和吞咽障碍。触诊腮腺区肿胀、疼痛，严重时头部活动受限。当喉囊积脓时，还表现体温升高，精神沉郁，食欲降低。

【诊断】根据临床症状可做出初步诊断，确诊则需要进行喉镜检查。本病应与咽炎相鉴别，咽炎主要以吞咽障碍为主，吞咽时食物和饮水常从两侧鼻孔流出，咳嗽较轻。

【治疗】治疗原则为消除致病因素，缓解疼痛。

首先将病畜置于通风良好和温暖的畜舍，供给优质松软或流质的食物和清洁饮水。

缓解疼痛主要采用喉头或喉囊封闭。喉头周围封闭，马、牛可用0.25%普鲁卡因20～30mL，青霉素40万～100万U混合，2次/d。喉囊封闭用16号注射针头于环椎翼前外缘一横指（幼驹为半横指）处垂直刺入皮下，然后将针头转向对侧外眼角方向，缓慢刺入 5～6cm，将注射器活塞后抽，可见大量气泡，即为进入喉囊的确证。注入加青霉素 80 万 IU 的 1％普鲁卡因 30～40mL，1～2 次/d，两侧喉囊交替进行。在注入的同时，将马头抬高并保持 20min，以免药液自咽鼓管前口流出。对小动物可适当内服一些镇痛药（特别是猫）可促进饮食，有利于康复。

为了促进喉囊内炎性渗出物排除，可压迫喉囊或将头部放低，也可让动物长时间低头采食使其自然排出。如喉囊内有大量浓稠的脓汁不易排出时，可通过喉囊穿刺或喉囊切开术，用消毒的生理盐水 100～200mL 冲洗喉囊，然后再用手挤压喉囊，反复多次，使喉囊内的脓汁完全排出为止。然后再注入 5％磺胺溶液 50～100mL，或 50～100mL 蒸馏水加入 40 万～80 万 IU 青霉素。对顽固性病例可进行手术引流。先天性喉囊鼓气引起的喉囊积脓，只有通过手术方法治疗。

对出现全身反应的病畜，可内服或注射抗生素或磺胺类药物。喉炎病畜还可在喉部皮肤涂鱼石脂软膏，必要时可经鼻腔向喉内注入碘甘油。

当动物出现频繁咳嗽时，应及时内服祛痰镇咳药，常用人工盐 20～30g，茴香粉 50～100g，马、牛一次内服；或碳酸氢钠 15～30g，远志酊 30～40mL，温水 500mL，一次内服；或氯化铵 15g，杏仁水 35mL，远志酊 30mL，温水 500mL，一次内服。小动物可内服复方甘草片、止咳糖浆等；也可内服羧甲基半胱氨酸片（化痰片），犬 0.1～0.2g，猫 0.05～0.1g，3 次/d。

中药可选用《医方集解》中清热解毒、消肿利喉的普济消毒饮：黄芩、玄参、柴胡、桔梗、连翘、马勃、薄荷各 30g，黄连 15g，橘红、牛蒡子各 24g，甘草、升麻各 8g，僵蚕 9g，板蓝根 45g，水煎服。也可用消黄散加味：知母、黄芩、牛蒡子、山豆根、桔梗、花粉、射干各 18g，黄药子、白药子、贝母、郁金各 15g，栀子、大黄、连翘各 21g，甘草、黄连各 12g，朴硝 60g，共研末，加鸡蛋清 4 个，蜂蜜 120g，开水冲服，或水煎服。另外，雄黄、栀子、大黄各 30g，冰片 3g，白芷 6g，共研末，用醋调成糊状，涂于咽喉外部，2～3 次/d，有一定效果。

喘鸣症（roaring）

喘鸣症又称喉偏瘫（laryngeal hemiplegia）或喉返神经病，主要是返神经麻痹、声带弛缓、喉舒张肌（环勺软骨肌）萎缩、喉腔狭窄所致的一种以吸气性呼吸困难和伴发异常呼吸音（哨音或喘鸣）为特征的疾病。临床上常见于左侧勺状软骨和声带持久性不全麻痹或麻痹，右侧或两侧性麻痹比较少见。本病主要发生于马和骡，各种品系均可发病，但体型较大的品种和同一品种中的母马及体格较大的马发病率较高，特别是英国纯血优良马尤为多见。通常任何年龄均可发生，但以 3～7 岁多见。

【病因】本病是一种末梢神经轴索病，一般是先天性神经远端轴索变性，原因目前尚不清楚，可能与遗传有关。主要侵害喉返神经，并有可能侵害腓侧神经和中枢神经长纤维，引起喉神经末梢部分有髓鞘的粗纤维发生退行性变化，导致喉头肌肉神经性萎缩，内收肌尤其是外侧环勺软骨肌先受到侵害，然后波及外展肌（背侧环勺软骨肌）而出现明显的临床症状。由于左侧返神经发生于胸腔中心脏水平线上的迷走神经，在接近支气管淋巴结、尾随大动脉起始处，向头部的方向沿颈动脉行至喉部，而右侧的返神经起始部位偏向前方，使左侧返神经较长，更易受到侵害，而且分布于外侧环勺软骨肌的神经纤维较粗，往往首先发病。

另外，迷走神经和喉返神经的直接损伤也可发病，常见于：①血管周围注入某些刺激性物质，特别是颈静脉注射时药液漏入血管周围，损伤神经。②呼吸道病原微生物感染，支气管淋巴结产生大量的毒素而损伤神经。③某些植物（如鹰嘴豆、羽扁豆等）和化学物质（如铅、有机磷等）中毒。④返神经被新生物、炎性渗出物等压迫。

【发病机理】由于返神经麻痹，外展肌失去神经控制，引起勺状软骨和声带塌陷，声门横断面缩小，吸气时气流阻抗增加，辅助呼吸肌参与活动维持机体正常的气体交换。随着疾病的发展，由于声带迟缓，声门柔软，压力增加，使勺状软骨塌陷加剧，导致气流阻力进一步增加。当动物剧烈运动时，受侵害的一侧完全塌陷，左侧勺状软骨横至中线，并靠近外展的正常软骨，从而使气流通道明显狭窄。吸气时因气流摩擦和环状软骨及声带边缘振动而产生喘鸣。

【症状】本病的典型症状是在吸气时发生喉狭窄音（喘鸣音）。疾病初期，病畜在安静时一般不表现症状。剧烈运动、挤压喉部、将头抬起或使头低下稍偏向右侧，则出现异常的呼吸杂音，运动乏力。当头部恢复正常姿势或重役及运动休息后，其喘鸣音可消失。随着病情的加重，即使在轻度使役或运动时也可发生喘鸣音，有的病畜在几十米之外也能听到，并表现吸气性呼吸困难，鼻孔开张，吸气时肋间凹陷，腹部收缩。

触诊左侧喉软骨凹陷，压迫右侧勺状软骨，即可出现剧烈的吸气性呼吸困难，甚至窒息。由于喉裂不能紧闭，人工诱咳很难引起咳嗽，即使诱咳成功，则发出嘶哑或破碎声音。

内窥镜检查发现勺状软骨和声带活动异常，如喉偏瘫时勺状软骨和声带位于喉腔中间且静止不动。不完全外展或完全外展后，过早内收是喉轻度偏瘫的特征。

【诊断】根据病史，结合喘鸣音和吸气性呼吸困难等特征症状即可做出初步诊断。通过内窥镜检查勺状软骨和声带的活动范围及静止时的状态，可为确诊提供依据。另外，喉头触诊、勺状软骨压迫试验、吞咽及鼻孔关闭时观察勺状软骨的运动情况等均有助于诊断。本病应与喉炎和勺状软骨病（软骨炎）相鉴别。

喉炎特别是纤维蛋白性喉炎，主要表现喉头敏感，剧烈咳嗽，体温升高，呼吸困难及喉狭窄音。

勺状软骨病，用内窥镜检查发现软骨横向增厚，失去原来特征性的"黄豆"状，外展和内收受到限制，在患病一侧的腭咽弓边缘明显。随着病程的发展，勺状软骨中轴表面变形，肉芽组织从黏膜中突起，对侧勺状软骨可能出现小病变。当勺状软骨稍微增厚或两侧病变程度相似时，则不易鉴别。如果右侧软骨运动性降低，即可诊断为勺状软骨病。

【治疗】手术是治疗本病的有效方法。对于不从事剧烈运动的病马，通过手术将喉室切开有一定疗效。赛马一般进行喉修复成形术，可有效减轻呼吸气流阻力，但术后可出现咳嗽或食物从鼻腔返流等并发症。有人切开喉头，切除麻痹的声带和勺状软骨，也有较好的效果。

因周围淋巴结肿大和炎性渗出物压迫所致的，可内服碘化钾 5g，2 次/d。也可在喉部周围涂擦汞软膏、斑蝥软膏以及注射藜芦素（0.5mL）和 70% 酒精（5mL）。也可一天注射藜芦素和酒精，隔天注射士的宁。

应用电针治疗具有良好的效果。从下颌骨和臂头肌的前缘引一水平线，在连线的中点处向喉方向斜刺入3cm。该点下方1cm为另一针刺点，向斜上方气管斜刺入7～10cm，针尖抵气管环，但不刺伤气管。按要求进针后，连接电疗机两极。由低到高，由慢到快调节电压和频率，以病畜能忍受为度。

【预防】加强饲养管理，防止外源性毒物中毒，根治引起喘鸣症的原发病。对有喘鸣症的病畜，不能作为种畜繁殖，以防本病通过遗传扩散。

感冒（common cold）

感冒是由于动物机体遭受风寒或风热而引起的以急性鼻炎或上呼吸道卡他性炎症为特征的疾病，俗称"伤风"或普通感冒。临床上主要表现为体温升高、咳嗽、流鼻液、打喷嚏等。各种动物均可发生，幼龄和老龄动物更易发病。

【病因】主要是机体遭受寒冷的刺激。如天气突然降温而没有及时采取保暖措施，雨淋，出汗后风吹，阴雨天剪毛，宠物洗澡后受凉等。圈舍潮湿、通风不良、劳役过度、营养物质缺乏等均可导致机体抗病力减弱，而诱发本病。由于上呼吸道黏膜的防御机能降低，呼吸道常在细菌大量繁殖或外界的病原微生物入侵而引起上呼吸道急性感染。另外，人、马、猪和各种家禽的流行性感冒由正黏病毒引起，易暴发流行。

【症状】精神沉郁，食欲降低，体温升高，咳嗽，流浆液性或黏液性鼻液，打喷嚏，结膜发红，流泪，呼吸、脉搏加快。外感风寒者，发热轻，畏寒发抖，无汗。外感风热者，发热重，微恶寒，耳鼻俱温。犬、猫有时出现呕吐。胸部听诊肺泡呼吸音增强。

【诊断】根据病史，结合体温升高、咳嗽、流鼻涕、喷嚏等症状即可初步诊断。临床上本病应与流行性感冒、过敏性鼻炎和具有相似症状的传染病（如犬瘟热、猫病毒性鼻气管炎等）进行鉴别诊断。

【治疗】治疗原则为解热镇痛，祛风散寒，防止继发感染。

解热镇痛可肌肉注射30%安乃近，马、牛3～10g，猪、羊1～3g，犬、猫0.1～0.6g。也可用复方氨基比林或柴胡注射液，或口服阿司匹林等。

祛风散寒用中药效果好，外感风寒时宜辛温解表，疏散风寒，可选用荆防败毒散（参见急性支气管炎治疗）加减。当外感风热时宜辛凉解表，祛风清热，可选用桑菊银翘散（参见急性支气管炎治疗）加减。

病情严重者配合抗菌（如氨苄青霉素、头孢菌素类、磺胺类等）和抗病毒（如吗啉胍、利巴韦林等）药物治疗，有明显疗效。

（刘宗平）

第二节 支气管疾病

支气管炎（bronchitis）

支气管炎是各种原因引起动物支气管黏膜表层或深层的炎症，临床上以咳嗽、流鼻液和不定热型为特征。各种动物均可发生，但以幼龄和老龄动物比较常见。寒冷季节或气候突变时容易发病。一般根据疾病的性质和病程分为急性和慢性两种。

(一) 急性支气管炎 (acute bronchitis)

急性支气管炎是由感染，物理、化学刺激，或过敏等因素引起支气管黏膜表层和深层的急性炎症。临床特征为咳嗽和流鼻液。

【病因】

1. 感染　主要是受寒感冒，导致机体抵抗力降低，一方面病毒、细菌直接感染，另一方面呼吸道寄生菌（如肺炎球菌、巴氏杆菌、链球菌、葡萄球菌、化脓杆菌、副伤寒杆菌、霉菌孢子等）或外源性非特异性病原菌乘虚而入，呈现致病作用。也可由急性上呼吸道感染的细菌和病毒蔓延而引起。另外，犬副流感病毒、犬2型腺病毒或犬瘟热病毒及支气管败血波氏杆菌等可引起犬传染性气管支气管炎（犬窝咳）。

2. 物理、化学因素　吸入过冷的空气、粉尘、刺激性气体（如二氧化硫、氨气、氯气、烟雾等）均可直接刺激支气管黏膜而发病。投药或吞咽障碍时由于异物进入气管，可引起吸入性支气管炎。

3. 过敏反应　常见于吸入花粉、有机粉尘、真菌孢子等引起气管-支气管的过敏性炎症。主要见于犬。

4. 继发性因素　在马腺疫、流行性感冒、牛口蹄疫、恶性卡他热、家禽的慢性呼吸道病、羊痘、肺丝虫等疾病过程中，常继发支气管炎。另外，喉炎、肺炎及胸膜炎等疾病时，由于炎症扩展，也可继发支气管炎。

5. 诱因　饲养管理粗放，如畜舍卫生条件差、通风不良、闷热潮湿以及饲料营养价值不全等，导致机体抵抗力下降，均可成为支气管炎发生的诱因。

【发病机理】在病因作用下，呼吸道防御机能降低，呼吸道寄生的细菌乘机大量繁殖，引起黏膜充血、肿胀，上皮细胞脱落，黏液分泌增加，炎性细胞浸润，从而刺激黏膜中的感觉神经末梢，使黏膜敏感性增高，出现反射性咳嗽。同时，炎症变化可导致管腔狭窄，甚至堵塞支气管；炎症向下蔓延可造成细支气管狭窄、阻塞和肺泡气肿，出现高度呼吸困难和啰音。炎性产物和细菌毒素被吸收后，则引起不同程度的全身症状。

【症状】急性支气管炎主要的症状是咳嗽。在疾病初期，表现干、短和疼痛性咳嗽，以后随着炎性渗出物的增多，变为湿而长的咳嗽。有时咳出较多的黏液或黏液脓性的痰液，呈灰白色或黄色。同时，鼻孔流出浆液性、黏液性或黏液脓性的鼻液。胸部听诊肺泡呼吸音增强，并可出现干啰音和湿啰音。通过气管人工诱咳，可出现声音高朗的持续性咳嗽。全身症状较轻，体温正常或轻度升高（0.5～1.0℃）。随着疾病的发展，炎症侵害细支气管，则全身症状加剧，体温升高1～2℃，呼吸加快，严重者出现吸气性呼吸困难，可视黏膜发绀。胸部听诊肺泡呼吸音增强，可听到干啰音、捻发音及小水泡音。

吸入异物引起的支气管炎，后期可发展为腐败性炎症，出现呼吸困难，呼出气体有腐败性恶臭，两侧鼻孔流出污秽不洁和有腐败臭味的鼻液。听诊肺部还可出现支气管呼吸音或空瓮性呼吸音。病畜全身反应明显。血液检查，白细胞数增加，中性粒细胞比例升高。

过敏性支气管炎的特征为按压气管时可引起短促而粗厉的咳嗽，支气管分泌物中有酸性粒细胞，但无细菌。X线检查仅见肺纹理增粗。

【病理变化】支气管黏膜充血，呈斑点状或条纹状发红，有些部位淤血。疾病初期，黏膜肿胀，渗出物少，主要为浆液性渗出物。中后期则有大量黏液性或黏液脓性渗出物。黏膜下层水肿，有淋巴细胞和分叶型粒细胞浸润。

【病程及预后】炎症仅在大支气管，一般经 1～2 周，预后良好。炎症蔓延至细支气管，则可发生窒息，也可转变为慢性支气管炎而继发肺泡气肿，预后谨慎。腐败性支气管炎，病情严重，发展急剧，多死于败血症。

【诊断】根据病史，结合咳嗽、流鼻液和肺部出现干、湿啰音等呼吸道症状即可初步诊断。X 线检查可为诊断提供依据。本病应与流行性感冒、急性上呼吸道感染等疾病相鉴别。

流行性感冒发病迅速，体温高，全身症状明显，并有传染性。

急性上呼吸道感染，鼻咽部症状明显，一般咳嗽较轻，肺部听诊无异常。

【治疗】治疗原则为消除病因，祛痰镇咳，抑菌消炎，必要时用抗过敏药。

1. 消除病因 畜舍内应保持通风良好且温暖，供给充足的清洁饮水和优质的饲草料。

2. 祛痰镇咳 对咳嗽频繁、支气管分泌物黏稠的病畜，可口服溶解性祛痰剂，如氯化铵，马、牛 10～20g，猪、羊 0.2～2g；吐酒石，马、牛 0.5～3g，猪、羊 0.2～0.5g。分泌物不多，但咳嗽频繁且疼痛，可选用镇痛止咳剂，如复方樟脑酊，马、牛 30～50mL，猪、羊 5～10mL，内服，1～2 次/d；复方甘草合剂，马、牛 100～150mL，猪、羊 10～20mL，内服，1～2 次/d；杏仁水，马、牛 30～60mL，猪、羊 2～5mL，内服，1～2 次/d；磷酸可待因，马、牛 0.2～2g，猪、羊 0.05～0.1g，犬、猫酌减，内服，1～2 次/d；犬、猫等动物痛咳不止，可用盐酸吗啡 0.1g，杏仁水 10mL，茴香水 300mL，混合后内服，每次一食匙，2～3 次/d。

为了促进炎性渗出物的排除，可用克辽林、来苏儿、松节油、木馏油、薄荷脑、麝香草酚等蒸气反复吸入，也可用碳酸氢钠等无刺激性的药物进行雾化吸入。生理盐水气雾湿化吸入或加溴己新、异丙托溴铵，可稀释气管中的分泌物，有利排除。对严重呼吸困难的病畜，应采用氧气吸入。

3. 抑菌消炎 可选用抗生素或磺胺类药物。如肌肉注射青霉素，剂量为：马、牛每千克体重 4 000～8 000U，驹、犊、羊、猪、犬每千克体重 10 000～15 000U，2 次/d，连用 2～3d。青霉素 100 万 U，链霉素 100 万 U，溶于 1% 普鲁卡因溶液 15～20mL，直接向气管内注射，1 次/d，有良好的效果。病情严重者可用四环素，剂量为每千克体重 5～10mg，溶于 5% 葡萄糖溶液或生理盐水中静脉注射，2 次/d。也可用 10% 磺胺嘧啶钠溶液，马、牛 100～150mL，猪、羊 10～20mL，肌肉或静脉注射。另外，可选用大环内酯类（红霉素、罗红霉素等）、喹诺酮类（氧氟沙星、环丙沙星等）及头孢菌素类。

4. 抗过敏 在使用祛痰止咳药的同时，内服溴樟脑，马、牛 3～5g，猪、羊 0.5～1g；或盐酸异丙嗪，马、牛 0.25～0.5g，猪、羊 25～50mg，效果更好。

5. 中兽医疗法 外感风寒引起者，宜疏风散寒，宣肺止咳，可选用荆防散和止咳散加减：荆芥、紫苑、前胡各 30g，杏仁 20g，苏叶、防风、陈皮各 24g，远志、桔梗各 15g，甘草 9g，共研末，马、牛（猪、羊酌减）一次开水冲服；也可用紫苏散：紫苏、荆芥、防风、陈皮、茯苓、桔梗各 25g，姜半夏 20g，麻黄、甘草各 15g，共研末，引用生姜 30g，大枣 10 枚，马、牛（猪、羊酌减）一次开水冲服。

外感风热引起者，宜疏风清热，宣肺止咳，可选用款冬花散：款冬花、知母、浙贝母、桔梗、桑白皮、地骨皮、黄芩、金银花各 30g，杏仁 20g，马兜铃、枇杷叶、陈皮各 24g，甘草 12g，共研末，马、牛（猪、羊酌减）一次开水冲服；也可用桑菊银翘散：桑叶、杏仁、桔梗、薄荷各 25g，菊花、银花、连翘各 30g，生姜 20g，甘草 15g，共研末，马、牛（猪、羊酌减）一次开水冲服。

【预防】本病的预防，主要是加强平时的饲养管理，圈舍应经常保持清洁卫生，注意通风透光以增强动物的抵抗力。动物运动或使役出汗后，应避免受寒冷和潮湿的刺激。

(二) 慢性支气管炎 (chronic bronchitis)

慢性支气管炎是指气管、支气管黏膜及其周围组织的慢性非特异性炎症。临床上以持续性咳嗽为特征。

【病因】原发性慢性支气管炎通常由急性转变而来，常见于致病因素未能及时消除，长期反复作用，或未能及时治疗，饲养管理及使役不当，均可使急性转变为慢性。老龄动物由于呼吸道防御功能下降，喉头反射减弱，单核-吞噬细胞系统功能减弱，慢性支气管炎发病率较高。动物维生素 C、维生素 A 缺乏，影响支气管黏膜上皮的修复，降低了溶菌酶的活力，也容易发生本病。另外，本病可由心脏瓣膜病、慢性肺脏疾病（如鼻疽、结核、肺蠕虫病、肺气肿等）或肾炎等继发引起。

【发病机理】由于病因长期反复的刺激，引起炎症性充血、水肿和分泌物渗出，上皮细胞增生、变性和炎性细胞浸润。初期，上皮细胞的纤毛粘连、倒伏和脱失，上皮细胞空泡变性、坏死、增生和鳞状上皮化生。随着病程延长，炎症由支气管壁向周围扩散，黏膜下层平滑肌束断裂、萎缩。疾病后期，黏膜出现萎缩性改变，气管和支气管周围结缔组织增生，管壁的收缩性降低，造成管腔僵硬或塌陷，其结果则发生支气管狭窄或扩张。病变蔓延至细支气管和肺泡壁，可导致肺组织结构破坏或纤维结缔组织增生，进而发生阻塞性肺气肿和间质纤维化。

【症状】持续性咳嗽是本病的特征，咳嗽可拖延数月甚至数年。咳嗽严重程度视病情而定，一般在运动、采食、夜间或早晚气温较低时，常常出现剧烈咳嗽。痰量较少，有时混有少量血液，急性发作并有细菌感染时，则咳出大量黏液脓性的痰液。人工诱咳阳性。体温无明显变化，有的病畜因支气管狭窄和肺泡气肿而出现呼吸困难。肺部听诊，初期因支气管腔内有大量稀薄的渗出物，可听到湿啰音，后期由于支气管渗出物黏稠，则出现干啰音；早期肺泡呼吸音增强，后期因肺泡气肿而使肺泡音减弱或消失。由于长期食欲不良和疾病消耗，病畜逐渐消瘦，有的发生贫血。

X 线检查早期无明显异常。后期由于支气管壁增厚，细支气管或肺泡间质炎症细胞浸润或纤维化，可见肺纹理增粗、紊乱，呈网状或条索状、斑点状阴影。

【病程及预后】病程较长，可持续数周、数月甚至数年，往往导致肺膨胀不全、肺泡气肿、支气管狭窄、支气管扩张等，预后不良。

【诊断】根据持续性咳嗽和肺部啰音等特征症状即可诊断。X 线检查可为确诊本病提供依据。

【治疗】治疗原则基本同急性支气管炎。控制感染、祛痰止咳均可选用治疗急性支气管炎的药物。由于呼吸道有大量黏稠的分泌物，首先应用蒸气吸入和祛痰剂稀释分泌物，有利于排除。也可用碘化钾，马、牛 5～10g，猪、羊 1～2g；或木馏油 25g，加入蜂蜜 50g，拌于 500g 饲料中饲喂，有较好效果。

根据临床经验，马、牛可用盐酸异丙嗪片 10～20 片（每片 25mg），盐酸氯丙嗪 10～20

片（每片 25mg），复方甘草合剂 100～150mL 或复方樟脑酊 30～40mL，人工盐 80～200g，加赋形剂适量，做成丸剂，一次投服，1 次/d，连服 3d，效果良好。

可选用益气敛肺、化痰止咳的中药疗法，常用参胶益肺散：党参、阿胶各 60g，黄芪 45g，五味子 50g，乌梅 20g，桑皮、款冬花、川贝、桔梗、米壳各 30g，共研末，马、牛开水冲服。

【预防】动物发生咳嗽应及时治疗，加强护理，以防急性支气管炎转为慢性。寒冷天气应保暖，供给营养丰富、容易消化的饲草料。改善环境卫生，避免烟雾、粉尘和刺激性气体对呼吸道的影响。

（刘宗平）

第三节 肺脏疾病

肺充血和肺水肿（pulmonary congestion and edema）

肺充血与肺水肿是同一病理过程的前后两个阶段。肺充血是肺毛细血管内血液量的过度充满，通常分为主动性肺充血和被动性肺充血。前者是由于肺内血液流入量增多，流出量正常，致使肺毛细血管过度充满；后者则因血液流入量正常或增加，但流出量减少，又称淤血性肺充血。在肺充血的基础上，由于肺内血液量的异常增多，致使血液中的浆液性成分渗漏至肺泡、细支气管及肺间质内，引起肺水肿。短时间的肺充血不一定引起肺水肿。

临床上以突发高度进行性呼吸困难、黏膜发绀，流大量无色或粉红色细小泡沫样鼻液和肺部湿啰音为特征。

各种动物均可发生，以马、牛和犬多发；且多发于炎热的夏季；发病急、病程短、死亡率高；该病常是许多心脏、肺脏疾病的终末结局。

【病因】

1. 主动性肺充血水肿 主要见于炎热气候下动物过度使役或剧烈运动；运输途中过于拥挤和闷热；吸入热空气、烟雾或刺激性气体；过敏反应等。

2. 被动性肺充血水肿 主要见于失偿性心脏疾病，如输液量过大或速度过快以及某些传染病和中毒病引起的心力衰竭；心脏瓣膜疾病（如二尖瓣闭锁不全、左房室口狭窄）；渗出性心包炎；腹内压增大的胃肠疾病（如胃扩张、瘤胃臌气、肠臌气等）；伴发于肺炎的经过中。长期躺卧的患病动物，由于血液停滞于卧侧肺脏，容易发生沉积性肺充血。

3. 继发性肺水肿 肺水肿最常继发于急性过敏反应如再生草热，充血性心力衰竭，毒气、有机磷农药和安妥中毒，以及伴发于热射病、肺炎的经过中。

【发病机理】在病因作用下，大量血液进入并淤滞在肺脏，肺毛细血管过度充盈。一方面由于肺毛细血管过度扩张，导致肺泡有效呼吸面急剧减少，肺活量及血液氧合作用降低，导致呼吸困难、黏膜发绀。由于缺氧和毒素损伤肺毛细血管，或心力衰竭引起肺静脉压升高，导致肺毛细血管通透性增大，血浆经毛细血管壁向肺泡渗出，渗出液充满肺泡、细支气管或肺间质，引起肺水肿，出现细小泡沫样鼻液和湿啰音。由于肺水肿，肺泡有效呼吸面积进一步减少，加重呼吸困难。另一方面，肺毛细血管过度充盈，肺动脉压升高，引起肺循环障碍，加重右心负担，导致心力衰竭，又加重肺水肿。后期，流经肺脏的血流缓慢，使血液氧合作用进一步降低，发展为缺氧血症。

【症状】动物突然发病，惊恐不安，呼吸加快而迫促，很快发展为高度的进行性、混合性呼吸困难，头颈平伸、鼻孔开张，甚至张口喘气。严重时，前肢开张、肘突外展。呼吸频率超过正常的4~5倍。结膜充血或发绀，眼球突出，静脉（尤其颈静脉）怒张，有窒息危象。

主动性肺充血时，脉搏快而有力，第二心音增强；体温升高达39.0~40.0℃；呼吸浅快；听诊肺泡呼吸音粗厉，但无啰音；肺区叩诊音正常或呈过清音，肺的前下部可因沉积性充血而呈半浊音。被动性肺充血时，体温通常不升高，伴有耳鼻及四肢末端发凉等心力衰竭体征。

肺水肿时，两侧鼻孔流出多量浅黄色或白色甚至淡粉红色的细小泡沫样鼻液。胸部听诊，肺泡呼吸音减弱，出现广泛性的捻发音、湿啰音及支气管呼吸音，肺的中下部尤为明显。胸部叩诊，前下部肺泡充满液体呈浊音或半浊音；中上部肺泡内既有液体又有气体，呈鼓音或浊鼓音。

X线检查，肺野阴影普遍加重，但无病灶性阴影（图2-1）；肺门血管的纹理明显。

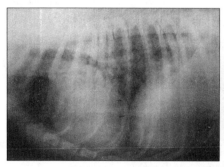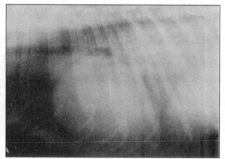

图2-1 肺水肿：肺部对称性浸润
(引自谢富强主译，犬猫X线与B超诊断技术，2006)

【病理变化】肺充血时，肺脏体积增大，呈暗红色。主动性肺充血，切开肺脏有大量血液流出。慢性被动性肺充血时，肺脏因结缔组织增生而变硬，表面布满小出血点。沉积性肺充血则因血浆渗入肺泡而引起肺脏的脾样变。组织学检查，肺毛细血管明显充盈，肺泡中有漏出液和出血。

肺水肿时，肺脏肿胀，丧失弹性，按压形成凹陷，颜色苍白，切面流出大量浆液。组织学检查，肺泡壁毛细血管高度扩张，充满红细胞；肺泡和肺实质中有液体积聚。

【病程及预后】主动性肺充血，及时治疗，短时间内可痊愈，个别病例可拖延数天。被动性肺充血发展较慢，病程取决于原发病。轻度肺水肿，若发展缓慢，症状不明显的，一般预后良好；重剧肺水肿发展迅速，往往因窒息或心力衰竭而死亡。

【诊断】根据在炎热季节重剧使役或吸入刺激性气体等病史，结合突发高度进行性呼吸困难、流出大量淡黄色或无色的泡沫样鼻液，听诊肺部湿啰音等临床表现及X线检查结果，即可建立诊断。

临床上应与下列疾病进行鉴别诊断：

中暑：具有炎热季节、日光直射或闷热中暑的病史。除呼吸困难外，还有中枢神经系统机能障碍、全身衰弱和体温极度升高等症状。

急性心力衰竭：心血管症状异常表现在前，肺部症状表现在后，即先有心衰后出现呼吸困难。

急性过劳：动物有长期使役病史；尽管有肺水肿的症状，但主要表现为全身疲软无力；有运动失调等症状；多伴过劳性肌炎。

肺出血：鼻液为大量泡沫样鲜红色血液，可视黏膜呈进行性苍白。

【治疗】治疗原则为除去病因，保持安静，减轻心脏负担，制止渗出，缓解呼吸困难。

1. 除去病因，保持安静 首先将动物转移到阴凉通风干燥的环境，避免运动和外界因素的刺激。

2. 减轻心脏负担，缓解肺循环障碍 主动性肺充血水肿的动物，颈静脉大量快速放血有急救功效。一般放血量为马、牛 2～3L，猪、羊 250～500mL。被动性肺充血水肿的动物，氧气吸入有良好效果，马、牛 10～15L/min，共吸入氧 100～120L，也可皮下注射氧 8～10L。

3. 制止渗出 马、牛用10％氯化钙溶液 100～150mL 或 10％葡萄糖酸钙溶液 300～500mL，20％葡萄糖溶液 500～1 000mL，25％甘露醇 500～1 000mL，静脉注射，1～2 次/d（猪、羊、犬等动物药量酌减）。因过敏反应引起的肺水肿可使用肾上腺素和抗组胺药。因低蛋白血症引起的肺水肿，要限制输注盐类溶液，应用血浆或全血提高胶体渗透压。因血管通透性增大引起的肺水肿，可应用皮质激素，如可的松、地塞米松等。有机磷农药中毒引起的肺水肿，应立即使用阿托品。

4. 缓解呼吸困难 支气管内存在泡沫时，可用20％～30％的酒精 100mL 左右雾化吸入 5～10min，以缓和呼吸困难。据报道，应用二甲基硅油消泡沫气雾剂抢救亦取得了较高疗效。

5. 对症治疗 当心脏衰弱时，适时应用强心剂（如安钠咖）；兴奋不安的动物可肌肉注射氯丙嗪，让其保持安静；疾病康复期，应用健胃促消化剂。

6. 中兽医疗法 以清热泻肺，降气定喘为原则，内服葶苈散：葶苈子 50g，马兜铃 40g，桑白皮 50g，百部 25g，川贝 30g，大黄 50g，杏仁 25g，花粉 30g，枇杷叶 25g，沙参 30g，甘草 20g，共为末，开水冲调，马、牛一次内服（中小动物酌减）。

肺气肿（pulmonary emphysema）

肺气肿是在致病因素作用下，由于肺泡过度扩张，充满大量气体，肺泡壁弹力丧失甚至破裂引起的一种以呼吸困难为特征的非炎性肺脏疾病。根据其发生的过程和性质，分为急性肺泡气肿、慢性肺泡气肿和间质性肺气肿。

（一）急性肺泡气肿（acute alveolar pulmonary emphysema）

急性肺泡气肿是指单纯的肺组织弹力一时性减退，肺泡内充满空气，致使肺泡极度扩张，肺体积增大而呈现呼吸困难的表现，但不伴有肺组织构造上的变化。通常分为弥漫性肺泡气肿和局限性（或代偿性）肺泡气肿。本病主要见于急剧使役或长期重役动物，尤其是老龄骡马，且多在剧烈运动或劳役之后突然发病。

【病因】

1. 急性弥漫性肺泡气肿 主要是急剧使役或长期重役，剧烈运动，长期挣扎和鸣叫等紧张呼吸所引起。特别在老龄动物，由于肺泡壁弹性降低，更易发生，偶见于支气管软骨发育不全的犬。

2. 急性局限性或代偿性肺泡气肿 多继发于肺组织局灶性炎症或一侧性气胸之后，由于病变部肺组织呼吸机能丧失，健康肺组织呼吸机能增强而致病。

3. 继发性肺泡气肿 常因慢性支气管炎、弥漫性支气管炎（支气管狭窄）和肺炎时的持续咳嗽而发病。在马常由于草料中混有尘埃等而致病。

【发病机理】在各种致病因素（剧烈运动、过度劳役及紧张呼吸等）作用下，机体对氧的需要增多时，势必加强呼吸，此时肺泡高度扩张，肺泡毛细血管受压，造成肺泡弹力减弱，肺泡回缩不全，呼气时肺内的气体不能充分排出，使肺泡充气过度而伴发急性弥漫性肺泡气肿。在发生肺炎或肺膨胀不全等病变时，由于肺呼吸面积减少，病变部周围的健康肺泡进行代偿而发生代偿性肺泡气肿，这种变化仅仅是肺泡弹力一时性的改变，并未出现肺泡组织结构上的器质性变化，除去病因后可恢复。持续性咳嗽，可使肺泡长期过度扩张，肺泡壁上的毛细血管长期闭塞，供血不足而导致弹性减退而发生肺泡气肿。上呼吸道狭窄，由于气体从肺泡排出困难，致使吸入的空气过多地存留于肺泡，造成肺泡高度扩张。

【症状】

1. 急性弥漫性肺泡气肿 发病突然，主要表现呼吸节律显著加快，高度呼吸困难，甚至张口呼吸。心跳加快，第二心音增强。体温正常，结膜发绀。有的病例出现低弱的咳嗽、呻吟、磨牙等表现。胸部叩诊呈广泛性过清音，叩诊界后移扩大。胸部听诊，病初肺泡呼吸音增强，后期减弱，可伴有干啰音或湿啰音。X线检查，肺野透明度增高，膈肌后移，且活动性减弱，肺的透明度不随呼吸而发生明显改变。

2. 代偿性肺泡气肿 发病缓慢，呼吸困难逐渐加剧，特别在运动和卧下时更为明显。肺泡呼吸音减弱或消失。肺部叩诊时过轻音仅限于浊音区周围。X线检查可见局限性肺大泡或一侧性肺野透明度增高。

【病理变化】病变部肺脏体积增大、膨胀、边缘钝圆。表面形成大小不等的膨胀突起，颜色苍白，触之柔软。切开肺脏，减缩缓慢，切面可压出泡沫状气体。右心室扩张。

【病程及预后】急性肺泡气肿，消除病因即可康复，否则转为慢性。牛常因肺泡破裂而继发间质性肺气肿，预后多不良。

【诊断】根据病史，结合呼吸困难及肺部的叩诊和听诊变化及X线检查结果，即可确诊。

【治疗】治疗原则是加强护理，缓解呼吸困难，治疗原发病。

1. 加强护理 首先让动物在通风良好的环境中安静休息，供给优质草料和清洁饮水。

2. 缓解呼吸困难 可用1％硫酸阿托品、2％氨茶碱，或0.5％异丙肾上腺素雾化吸入，每次2～4mL。或肌肉注射25％氨茶碱适量，或皮下注射1％硫酸阿托品溶液（每千克体重0.05～0.1mg），或0.1％肾上腺素、盐酸麻黄素适量。祛痰合剂（地塞米松30～40mg，1％氨茶碱20mL，碘化钾3～7g，5％葡萄糖溶液1～2L），一次静脉注射（马、牛），兼有消炎、祛痰、平喘作用，效果良好。

3. 治疗原发病和对症治疗 静脉注射20％安钠咖适量；或25％葡萄糖500mL，10％维生素 C25mL，0.025%毒毛旋花甙 K7mL，混合静脉注射。牛急性变应性肺气肿，用氢化可的松 200~400mg 或地塞米松 30~40mg 加入葡萄糖溶液内静脉注射，亦可用抗组胺药物治疗。当有窒息危险时，宜采用氧气吸入法，或用 0.25% 过氧化氢溶液，缓慢静脉注射。并结合抗菌消炎疗法，以预防继发感染。

4. 中兽医疗法 宜补气养血，滋阴补肾，润肺定喘。方用平喘散：大黄 30g，栀子 45g，木通 30g，苏子 35g，川郁金 30g，生石膏 50g，杏仁 40g，桑白皮 50g，葶苈子（炒）50g，莱菔子 100g，水煎或研末，一次冲服（马、牛），中小动物酌减。病情减轻后可去桑白皮、石膏，加党参 20g，白术 25g。

（二）慢性肺泡气肿（chronic alveolar pulmonary emphysema）

慢性肺泡气肿是肺泡持续扩张，肺泡壁弹性丧失，导致肺泡壁、肺间质组织及弹力纤维萎缩甚至崩解的一种慢性肺脏疾病。临床上以高度呼气性呼吸困难、肺泡呼吸音减弱及肺脏叩诊界后移为特征。本病主要发生于马、骡，役用牛和猎犬也可发生。

【病因及发病机理】

1. 原发性慢性肺泡气肿 通常认为是急性肺泡气肿病因持续作用的结果。

资料表明，马肺泡气肿是慢性阻塞性肺病（chronic obstructive pulmonary disease, COPD），是一种过敏性肺病，其主要致敏原是嗜热性放线菌（或粪土小多孢菌和烟曲霉菌），与长期饲喂劣质的干草（特别是粉末状饲料）有关。牧草的花粉、一些微粒或组织胺等亦可使马发生类似的症状。

2. 继发性慢性肺泡气肿 为伴有呼吸困难的各种呼吸器官疾病的后果，特别多继发于慢性支气管炎、细支气管炎，因长期的慢性痉挛性咳嗽和呼气性呼吸困难所致。引起急性肺泡气肿的各种局部变化，如胸膜局部粘连、肺硬化、肺扩张不全、慢性肺炎等长期持续作用，亦可引起代偿性慢性肺泡气肿。

由于病因长期持续作用，肺泡长期过度扩张，使肺泡壁毛细血管长期闭塞，供血不足而导致弹力纤维变性断裂，上皮细胞脂肪分解，肺泡壁萎缩，进而结缔组织增生，肺泡壁弹性减弱，肺泡间隔变薄消失，形成大的空腔（图 2-2、图 2-3），呼吸面积减少，肺泡回缩障碍而出现慢性肺泡气肿。老龄动物及营养不良动物更易发病，尤其老龄马、犬多发。

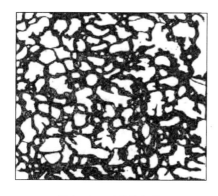

图 2-2 正常肺组织

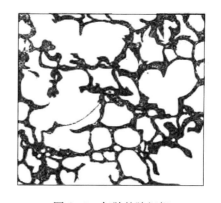

图 2-3 气肿的肺组织

【症状】发病动物往往有持续重役或长期咳嗽病史。突出症状是逐渐出现高度呼气性呼吸困难，表现为呼气用力且时间延长，脊背拱曲，㽲窝变平，腹围缩小，肛门突出；出现两段呼气（即在正常呼气运动之后，腹肌又强力收缩而出现连续两次呼气动作），同时沿肋骨弓出现较深的凹陷沟，即"喘线"或"喘沟"。肺部听诊，肺泡呼吸音减弱甚至消失，常可听到干、湿啰音。肺部叩诊呈过清音，叩诊界后移（图2-4），可达最后1～2肋间。呈慢性经过，动物出现容易疲劳、出汗、喘气、结膜发绀、静脉怒张、肺动脉第二心音增强、心跳频数等心机能不全及肺心病体征。体温常无明显变化。X线检查，整个肺区异常透明，支气管影像模糊，膈穹隆后移。

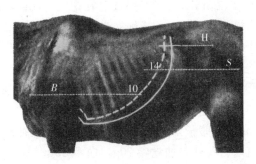

图2-4 马慢性肺气肿肺叩诊界扩大
虚线为正常的肺界，实线为扩大界，H为髋结节线，S为坐骨结节线，B为肩关节线，数字代表肋骨的序数
（引自王小龙主编，兽医内科学，2004）

【病程及预后】本病发展缓慢，病程长达数月、数年甚至终生。由于肺组织发生不可逆的形态学变化，预后多不良。

【诊断】根据病史，结合以二段呼气为特征的高度呼气性呼吸困难，肺部听、叩诊变化及X线检查结果，即可建立诊断。临床注意与间质性肺气肿鉴别。

间质性肺气肿一般突然发病，肺叩诊界不扩大，肺部听诊出现破裂性啰音，气喘明显，有皮下气肿。

【治疗】加强护理，控制病情进一步发展，恢复肺组织的弹力以及对症疗法。一般无根治疗法，役用动物建议淘汰。

1. 改善饲养管理 让动物在清洁、通风良好、安静的环境休息，喂给优质青草和粒状饲料。

2. 提高动物的物质代谢，恢复肺组织的机能 可反复应用砷制剂，如亚砷酸钾溶液，马、牛10～15mL，内服，2次/d。或碘制剂和砷制剂联合疗法：前10～20d用砷治疗，以后10d用碘制剂治疗，直到病情好转为止（碘制剂：碘化钾3g，碘化钠2g，混合分为12包，每次1包，2次/d）。

3. 对症疗法 当心衰时，可用洋地黄或樟脑制剂等强心剂。缓解呼吸困难用舒张支气管药物如阿托品、茶碱类，有条件的可每天输氧。尤其应注意心血管和呼吸器官的机能状态。如有过敏性因素，可选用糖皮质激素。适当应用抗菌药物。

（三）间质性肺气肿（pulmonary interstitial emphysema）

间质性肺气肿是由于肺泡、漏斗和细支气管壁破坏，空气进入肺间质，蓄积于肺小叶间结缔组织的一种肺脏疾病。临床上以突然出现呼吸困难，皮下气肿和迅速窒息为特征。本病可发生于各种动物，以牛最常见。

【病因】本病的直接病因是肺泡壁破裂。临床常见于以下情况：

（1）重剧使役、奔跑、冲撞、呛水、长途运输及剧烈咳嗽等。

（2）异物刺伤肺脏，如胸腔注射速度太慢、外伤等；肺线虫损伤肺脏及吸入刺激性气体及液体等。

(3) 继发于流行热、产气荚膜梭菌病和某些中毒病（如对硫磷、安妥、白苏和黑斑病甘薯中毒等）。

(4) 牛，特别是成年肉牛，在秋季转入草木茂盛的草场后，可在 5~10d 发生急性肺气肿和肺水肿，即所谓"再生草热"。主要是生长茂盛的牧草中 L-色氨酸含量高，牛可将其降解为吲哚乙酸，然后被瘤胃微生物转化为 3-甲基吲哚（3-MI），3-MI 被血液吸收后，经肺组织中高活性的多功能氧化酶系统代谢，对肺脏产生毒性。后期因肺泡壁破裂，发生间质性肺气肿。

【发病机理】肺脏在上述病因作用下，引起肺泡和细支气管破裂，空气进入肺间质形成小气泡，散布于整个肺脏中，部分气泡融合为大气泡。由于肺间质中形成大小不一的气泡，听诊肺部出现碎裂性啰音及捻发音。大部分气体随肺脏的活动移行至纵隔，沿前胸口而到达颈部、肩部以及背部皮下而形成广泛性皮下气肿。

【症状】常突然发病，迅速出现呼吸困难，甚至窒息。动物张口呼吸、伸舌、流涎，惊恐不安，结膜发绀，心跳加快，并有阵发性咳嗽，体温正常。肺部听诊肺泡呼吸音减弱，可闻破裂性啰音及捻发音；胸部叩诊，叩诊音高朗，呈过清音或鼓音，肺叩诊界一般正常。动物颈部、肩部常出现皮下气肿，触诊可感有捻发音，有的迅速散布于全身皮下组织。

【病理变化】肺小叶间质增宽，内有成串的大气泡（牛、猪最明显）；临近肺组织发生萎陷。组织学变化为肺水肿、间质气肿、肺泡上皮增生、透明膜形成、嗜酸性粒细胞浸润等。

【病程及预后】轻型病例经过适当治疗可获痊愈。重症病例经过急剧而迅速，动物经数小时或 1~2d 可因窒息而死亡。慢性经过病程可长达 4 周左右。

【诊断】根据病史、突发呼吸困难、叩诊呈鼓音而叩诊界无变化及皮下气肿等，可以建立诊断。

【治疗】尚无根治疗法。治疗原则是加强护理，除去病因，制止空气进入肺间质及对症治疗。

1. 镇静镇咳 极度不安和剧烈咳嗽动物，应用镇静剂，皮下注射吗啡、阿托品；镇咳剂磷酸可待因 1~2g 内服，可预防气肿发展。或内服镇咳合剂（水合氯醛 8g、麻黄素 0.1g、颠茄浸膏 1g，溶于 20mL 水中，再加糖浆 100g），一次胃管投服，小动物每次 10~20mL，1 次/d，连用 3 次。或水合氯醛 30~50g，加水适量灌肠。

2. 制止过敏 应用抗组胺药物，扑尔敏或异丙嗪，肌肉注射，2~3 次/d，连续 3~4 日。同时肌肉注射氨茶碱、青霉素，2 次/d，有明显效果。或磷酸氟美松，马、牛 10~30mg，驹、犊、猪、羊 2~5mg，肌肉注射。

3. 对症治疗 心衰时强心。极度呼吸困难，吸入氧气。当广泛的皮下气肿时，用小套管针或皮下注射针头，进行穿刺放气，也可切开皮肤，挤出气体。

4. 加强护理 使动物安静休息，少量而多次地给予优质饲料和清洁饮水。轻症的病例，破裂肺泡愈合，皮下气体吸收，可不药而愈。

支气管肺炎（bronchopneumonia）

支气管肺炎是由非特异性病原微生物感染引起的以细支气管和肺泡内浆液渗出和上皮细胞脱落为特征的炎症。由于肺泡内积聚由脱落的上皮细胞、血浆和白细胞等组成的卡他性炎性渗出物，因而又称卡他性肺炎（catarrhal pneumonia）。在多数病例中，由于炎症首先始于支气管，继而蔓延到细支气管及其所属的个别或多个肺小叶，故亦称小叶性肺炎（lobular pneumonia）。临床上以弛张热或间歇热、咳嗽、呼吸数增多，叩诊有局灶性浊音区，听诊有啰音间或捻发音等为特征。各种动物均可发病，尤其多见于幼龄和老龄动物，春、秋两季多发。

【病因】

1. 原发性病因 支气管肺炎通常是感冒或支气管炎进一步发展而成。因此，凡能引起感冒、支气管炎的致病因素，都是支气管肺炎的病因。如受寒和感冒，饲养管理不当，某些营养物质缺乏，长途运输，物理、化学及机械性刺激（如吸入刺激性气体 NH_3、Cl_2、SO_2、热空气等），过度劳役等。

2. 继发性病因 支气管肺炎可继发于：①吞咽障碍或药液误投入气管内引起的异物性肺炎；②某些传染病，如流感、口蹄疫、马腺疫、牛恶性卡他热、结核、猪喘气病、猪肺疫、犬瘟热、鸡传染性支气管炎、鼻疽性支气管肺炎等；③某些寄生虫病，如肺丝虫病、蛔虫病、弓形虫病、水牛气管比翼线虫病等。④某些化脓性疾病，如子宫炎、乳房炎等。

【发病机理】在机体抵抗力强和呼吸道屏障机能正常的情况下，进入肺泡的致病因素，可被白细胞吞噬或被溶解不致发病。但当机体受寒、感冒、过劳、营养不良等条件下，机体抵抗力下降，呼吸道防御机能改变，呼吸道特别是肺泡和其相连的细支气管内的非特异性微生物（肺炎链球菌、猪嗜血杆菌、坏死杆菌、副伤寒杆菌、绿脓杆菌、化脓棒状杆菌、沙门菌、大肠杆菌、葡萄球菌、链球菌、衣原体、腺病毒、鼻病毒、流感病毒、Ⅲ型副流感病毒和疱疹病毒等）大量生长和繁殖，引发炎症。炎症的初期局限于支气管，以后沿支气管或支气管周围蔓延，引起细支气管和肺泡充血、肿胀、浆液性渗出、上皮细胞脱落和白细胞游出。这些炎性渗出物和脱落的上皮细胞等聚积在细支气管和肺泡内，引起肺小叶或小叶群的炎症，并相互融合形成较大的病灶，此时肺有效呼吸面积缩小，出现呼吸困难，肺泡呼吸音减弱，捻发音和各种啰音，叩诊呈小片浊音区。由于肺小叶炎症的发展是不平衡的，呈跳跃式发展，当炎症蔓延到新的小叶时体温升高，当旧的病灶开始恢复时，体温开始下降，因此呈现较典型的弛张热或间歇热。当其细菌毒素和炎性产物被大量吸收后，可造成自体中毒和全身症状恶化。如果感染化脓菌或腐败菌，可继发化脓性肺炎或坏疽性肺炎。

【症状】

病初呈支气管炎的症状，表现为咳嗽，初期为干咳，以后发展为短咳、痛咳、湿咳等，人工诱咳阳性。流浆液性或黏液性或脓性鼻液，初期及末期量较多。呼吸加快并有不同程度的呼吸困难。

随着病情的发展，当多数肺泡群出现炎症时，全身症状明显加重。患病动物精神沉郁，食欲减退或废绝，黏膜潮红或发绀，体温升高 1.5～2.0℃，呈弛张热型，脉搏随体温的升高而加快，第二心音增强。

肺部听诊：病灶部肺泡呼吸音减弱或消失，有时可听到局灶性捻发音；健康部位肺泡呼吸音代偿性增强，甚至亢进。随炎性渗出物的改变，可听到湿啰音或干啰音，当各小叶炎症融合后，则肺泡及细支气管内充满渗出物时，肺泡呼吸音消失，有时出现支气管呼吸音。

肺部叩诊：出现灶状浊音区（病灶部）或过清音区（健康部位），但常因病变面积小，不易叩出，故临床应用较少。

实验室检查：血液学检验可见白细胞增多（但年老体弱、免疫功能低下者增加不明显），中性粒细胞比例增大，核左移；X线检查可见肺纹理增粗，肺野有大小不等的小片状云雾样阴影（图2-5、图2-6）。

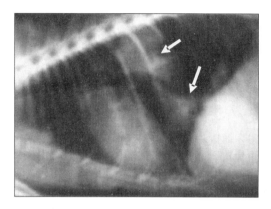

图2-5 支气管肺炎：局限性浸润阴影
（引自谢富强主译，犬猫X线与B超诊断技术，2006）

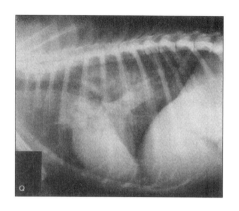

图2-6 支气管肺炎影像
（引自谢富强主译，犬猫X线与B超诊断技术，2006）

【病理变化】支气管肺炎主要发生于尖叶、心叶和膈叶前下部，病变为一侧性或两侧性。病变肺小叶肿大呈灰红色或灰黄色，切面出现许多散在的实变病灶，大小不一，多数直径在1cm左右（相当于肺小叶范围），形状不规则，支气管内能挤压出浆液性或浆液脓性渗出物，支气管黏膜充血、肿胀。严重者病灶互相融合，可波及整个大叶，形成融合性支气管肺炎（confluent bronchopneumonia）。病灶周围肺组织常可伴有不同程度的代偿性肺气肿。由于病变发展阶段不同，各病灶的病变表现也不一致。

【病程及预后】大多病例经过良好，自然病程一般1～2周，发病5～10d，体温可自行骤降或逐渐降至正常。使用有效抗生素药物后可使体温在1～3d内恢复正常，逐渐康复。幼龄、老龄或营养不良的动物，尤其继发于某些病毒病的病例，病情较重时，预后不良。如果继发坏疽性肺炎或化脓性肺炎时易发生死亡。

【诊断】根据咳嗽，弛张热型，小片浊音区，局灶性肺泡呼吸音减弱或消失，出现捻发音或各种啰音，及X线检查所见可确诊。但应注意与下列疾病进行鉴别诊断：

1. 支气管炎 咳嗽频繁，全身症状轻；体温轻度升高，热型不定；叩诊肺部呈过清音或鼓音，叩诊界后移，无小片浊音区；听诊肺泡呼吸音普遍增强，有各种啰音；X线检查，仅肺纹理增粗而无病灶阴影。

2. 纤维素性肺炎 典型稽留热；病程发展迅速，呈定型经过；叩诊有大片浊音区，肝变期大面积肺泡呼吸音消失，可听到清楚的支气管呼吸音；可见铁锈色的鼻液；X线检查，呈均匀一致的大片浓密阴影。

【治疗】治疗原则为加强护理，抗菌消炎，祛痰止咳，制止渗出，促进渗出物的吸收和排除，对症治疗。

1. 抗菌消炎 临床上主要应用大剂量抗生素和磺胺类药物进行治疗。常用的抗生素是青霉素、头孢类（如头孢唑啉钠）、链霉素、卡那霉素或丁胺卡那霉素、红霉素、林可霉素、阿奇霉素及广谱抗生素（四环素、土霉素、金霉素等）；磺胺类药物主要是磺胺甲基异噁唑、磺胺二甲基嘧啶或磺胺嘧啶等。氟喹诺酮类药物（环丙沙星、恩诺沙星等）疗效显著。如果是由病毒和细菌混合感染引起，应选用抗病毒药物如病毒灵或病毒唑，或同时应用双黄连或清开灵注射液等静脉注射。抗菌消炎药物的选择应取鼻分泌物进行药敏试验，以便对症用药。给药的途径可肌肉注射、静脉注射、气管内注射或肺注射。抗生素胸腔注射或气管注射，疗效最佳。抗菌药物疗程一般为3～7d或在退热后3d停药。

2. 祛痰止咳 当咳嗽频繁，分泌物黏稠时，选用溶解性祛痰剂。剧烈频繁咳嗽，分泌物不多时，可用镇痛止咳剂（参见支气管炎治疗）。

3. 制止渗出，促进渗出物的吸收和排除 为防止炎性渗出，马、牛用10%氯化钙100～150mL或10%葡萄糖酸钙液300～500mL，10%葡萄糖500～1 000mL，25%维生素C 20mL，静脉注射，2次/d（猪、羊酌减）。小动物（仔猪、羔羊、犬等）可用10%葡萄糖酸钙15～20mL。

为促进炎性产物的排出，可用克辽林、来苏儿等进行蒸气吸入，或应用利尿剂。

4. 对症疗法 体温升高时，可应用解热剂；为了改善消化道机能和促进食欲，可用苦味健胃剂；改善心功能用25%葡萄糖500～1 000mL，10%安钠咖10～20mL，10%水杨酸钠100～150mL，40%乌络托品60～100mL，静脉注射；5%碳酸氢钠250～500mL，静脉注射。注意输液量不宜过大，速度不宜过快，以免发生心力衰竭和肺水肿。对病情严重、毒血症的动物可用糖皮质激素。

5. 中兽医疗法 选用麻杏石甘汤：麻黄30g，杏仁30g，生石膏150g，甘草30g，双花60g，连翘60g，黄芩45g，栀子45g，知母45g，玄参45g，生地45g，冬花45g，花粉45g，前胡45g，桔梗40g，共为末，蜂蜜250g为引，共为末，一剂分两次，牛、马开水冲服（其他动物酌减）。或用银翘散加减：金银花40g，连翘45g，牛蒡子60g，杏仁30g，前胡45g，桔梗60g，薄荷40g，共为末，牛、马开水冲服。

6. 加强护理 将动物置于光线充足、空气清新、通风良好且温暖的圈舍内，供给营养丰富、易消化的饲料、饲草和清洁饮水。

【预防】加强饲养管理，避免雨淋受寒、过度劳役等诱发因素。供给全价日粮，健全、完善免疫接种制度，减少应激因素的刺激，增强机体的抗病能力。及时治疗原发病。

纤维素性肺炎（fibrinous pneumonia）

纤维素性肺炎是以支气管和肺泡内充满大量纤维蛋白性渗出物为特征的急性炎症，又称大叶性肺炎（lobar pneumonia）或格鲁布性肺炎（croupous pneumonia）。病变起始于局部肺泡并迅速波及肺的整个或多个大叶。临床上以稽留热型，铁锈色鼻液，肺部出现广泛浊音区和定型经过为特征。本病常见于马属动物，但牛、犬、猫、猪也可发生。

【病因】纤维素性肺炎的病因，迄今尚未完全清楚，目前存在两种不同的认识。

1. 传染性因素 包括由病毒引起的马传染性胸膜肺炎和由巴氏杆菌引起的牛、羊、猪的肺炎。近年证明，动物的大叶性肺炎主要是由肺炎链球菌引起。此外，肺炎克雷伯菌、金黄色葡萄球菌、绿脓杆菌、大肠杆菌、沙门菌、坏死杆菌、霉形体、Ⅲ型副流感病毒、溶血性链球菌等在本病的发生上有着重要意义。继发性大叶性肺炎见于马腺疫、血斑病、传染性支气管炎和犊牛副伤寒等，常呈非典型经过。

2. 非传染性因素 可因内中毒、自体感染、变态反应或由于饲养管理不当、受寒感冒、过劳、长途运输、胸部创伤、有害气体的强烈刺激等因素引起。

【发病机理】当机体抵抗力降低时，病原微生物侵入后，首先引起肺间质与肺泡壁迅速充血，浆液渗出，细菌在浆液性渗出物中大量繁殖，并通过肺泡间孔和细支气管向临近肺组织蔓延，形成整个或多个肺大叶的病变（图2-7）。

大叶性肺炎是一个复杂的病理过程，一般侵害单侧肺脏（有时为双侧性），多见于尖叶、心叶和膈叶。在未使用抗生素治疗的情况下，根据炎症发展过程，可分为典型的以下四个时期：

（1）充血水肿期：炎症早期，发病后1~2d。肺毛细血管扩张充血，肺泡和支气管内积有大量的白细胞和红细胞。听诊肺泡呼吸音粗厉，出现湿啰音。病变部肺体积肿大，呈深红色，切面光滑、湿润，按压流出血样的泡沫性液体，切取小块放入水中，常不下沉。

图2-7 纤维素性肺炎模式图

（2）红色肝变期：发病后3~4d。随着炎性渗出，大量红细胞、纤维蛋白及脱落的上皮细胞，充满于肺泡及细支气管，并自行凝结。肺泡被红色的纤维蛋白充满。肺质地坚实如肝样，切面干燥，呈颗粒状，似红色花岗石，切取病变部位小块放入水中，很快下沉。

（3）灰色肝变期：发病后5~6d。由于充血程度减轻，白细胞渗入，聚积在肺泡内的纤维蛋白性渗出物开始脂肪变性，加之肺的不同部位病变发生不同步，因此肺叶切面为斑纹状呈大理石外观。切取病变部位小块放入水中，很快下沉。

在肝变期，由于大量的毒素和炎性分解产物被吸收，呈现高热稽留。由于渗出的红细胞被巨噬细胞吞噬，将血红蛋白分解并转变为含铁血红素，出现铁锈色鼻液。大面积肺叶或整个肺叶发生实变，呼吸面积减少，出现高度呼吸困难，叩诊有大片浊音区，听诊大面积肺泡呼吸音消失，出现明显的支气管呼吸音。

（4）溶解吸收期：发病后1周左右。当疾病得到合理及时的治疗，或机体抵抗力逐渐增强时，肺泡内积存的纤维蛋白可经中性粒细胞崩解后释放出来的蛋白溶解酶液化，分解为可溶性的蛋白和更简单的分解产物（白氨酸、酪氨酸等）而被吸收或排除。再度出现肺泡呼吸音、湿啰音或捻发音。肺组织变柔软、切面湿润。

由于临床上大量抗生素的应用，典型经过的大叶性肺炎病例已不多见，分期亦不明显。有些病例，在灰色肝变期的纤维素不能全部溶解和吸收，致使肺泡壁结缔组织增生，形成纤维组织，称为肺肉变（carnification）。大叶性肺炎常同时侵犯胸膜，引起浆液-纤维素性胸膜炎。如果继发化脓菌或腐败菌感染可引起肺脓肿、脓胸、坏疽性肺炎，甚至出现败血症、脓毒血症或感染性休克。

【症状】患病动物体温突然升高达40~41℃以上，呈稽留热型，持续6~9d后渐退或骤退至常温。脉搏在病初加快且充实有力（60~100次/min，小动物140~190次/min），以后随着心脏机能衰弱，脉搏变细弱。精神沉郁，食欲减退或废绝，反刍障碍，泌乳量降低或停止。呼吸加快迫促，严重时呈混合性呼吸困难。可视黏膜充血或发绀。皮肤干燥，皮温不匀，四肢衰弱无力，肌肉震颤。不愿活动，喜躺卧，常卧于病肺一侧，或因呼吸困难而前肢向外侧叉开站立，并发出呻吟和磨牙。

病初频发短而干的痛咳，流浆液性、黏液性或脓性鼻液；在肝变期（发病2～3d后）流铁锈色或黄红色鼻液，且多在1～2d消失；溶解期变为湿咳，流少量黏液-脓性鼻液。

胸部叩诊：患部叩诊音随病程而发生规律性变化：在充血水肿期呈过清音或鼓音；肝变期呈大片半浊音或浊音，可持续3～5d，牛的浊音区常位于肩前叩诊区，马的典型病例，叩诊呈弧形叩诊区（肘头的后上方，上界呈弧形）（图2-8）；溶解吸收期重新出现过清音或鼓音。健康肺区叩诊音高朗。

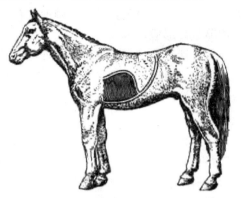

图2-8 马纤维素性肺炎弧形浊音区

胸部听诊：患部呼吸音随病程而变化：在充血水肿期，肺泡呼吸音增强，出现干啰音，随后出现捻发音、湿啰音而肺泡音减弱；肝变期，肺泡呼吸音消失，出现明显的支气管呼吸音；溶解消散期，支气管呼吸音消失，再次出现湿啰音、捻发音，以后肺泡呼吸音逐渐增强，啰音逐渐消失，肺泡呼吸音趋于正常。健康部位肺组织的肺泡呼吸音增强。

血液学检查：白细胞总数显著增多，达20×10^9个/L或以上；中性粒细胞增多，核左移；淋巴细胞减少；嗜酸性粒细胞和单核细胞减少；严重病例白细胞减少。

X线检查：充血期仅见肺纹理增粗，肝变期肺脏有大片均匀的浓密阴影，溶解消散期出现散在不均匀的片状阴影，2～3周后阴影消失。

【病程及预后】典型的大叶性肺炎，5～7d后，体温开始下降，若无并发病，病程2周左右，逐渐恢复，预后良好；但溶解期或其以后继续保持高温，或体温下降后又重新上升者，预后多不良。非典型大叶性肺炎，病程长短不一，轻症者很快康复，预后良好；重症者常因并发症而预后不良。

【诊断】根据稽留热型，铁锈色鼻液，临床典型经过（不同时期肺部听叩诊的变化，尤其大片浊音区和支气管呼吸音），即可诊断。X线检查呈大片浓密阴影，有助确诊。应注意与胸膜炎和支气管肺炎鉴别。

胸膜炎：热型不定；初期听诊有胸膜摩擦音；当胸腔有多量积液时，叩诊呈水平浊音，呼吸音和心音均减弱，胸腔穿刺有大量渗出液流出。而传染性胸膜肺炎有高度传染性，主要根据病区的流行病学和病原学建立诊断。

支气管肺炎：多为弛张热，肺部叩诊出现大小不等的散在浊音区，听诊局灶性肺泡呼吸音减弱或消失，出现捻发音或各种啰音而无大面积支气管呼吸音，X线检查呈斑点或斑片状散在阴影。

【治疗】治疗原则为抗菌消炎，控制继发感染，制止渗出，促进炎性产物吸收。

首先将动物置于通风良好、清洁卫生的环境中，供给营养丰富、易消化的优质饲料饲草和清洁饮水。

1. 抗菌消炎，控制继发感染 早期可用"九一四"（新胂凡纳明）每千克体重15mg

（马、牛一次量 3~4.5g），用 5%~10% 葡萄糖盐水或生理盐水稀释为 5% 以下浓度，缓慢静脉注射或一次剂量分多次注射（常在注射半小时后体温便可下降 0.5~1℃），间隔 3~5d 一次，可连用 2~3 次。注射前半小时，最好先皮下或肌肉注射强心剂（樟脑磺酸钠或苯甲酸钠咖啡因），待心功能改善后再注入"九一四"。若注射"九一四"过程中动物出现虚脱等症状，应立即停止注射并皮下注射 0.1% 的肾上腺素 3~5mL 急救。由于该药毒性大，切忌将药液漏入皮下。如有中毒症状应用 10% $Na_2S_2O_3$ 或二巯基丙醇（或二巯基丙磺酸钠）解救。

四环素或土霉素，按每千克体重 15~30mg 溶于 5% 葡萄糖溶液 500~1 000mL 中，分 2 次静脉注射，疗效显著。犬可用头孢菌素，按每千克体重 15~25mg 溶于 5% 生理盐水 100~150mL 内，2 次/d，静脉注射。磺胺类药物（12% 复方磺胺甲基异噁唑 80mL 肌肉注射或与甲氧苄氨嘧啶合用）、喹诺酮类药物对本病亦有良好效果。配合应用氢化可的松或地塞米松，疗效更佳。

2. 制止渗出和促进炎性产物吸收　可应用 10% 氯化钙或葡萄糖酸钙溶液静脉注射。为促进炎性产物排除可应用利尿剂和尿路消毒剂。当渗出物消散太慢，为防机化，可口服碘化钾（马、牛 5~10g）或用碘酊（马、牛 10~20mL），猪、羊酌减，2 次/d。但碘制剂的使用时间不能太长，当动物出现结膜炎时应停用。

3. 对症治疗　包括强心、解热、防止酸中毒、镇咳、祛痰、氧气吸入等。

4. 中兽医治疗　以清热解毒，泻肺消黄为治则，可用清瘟败毒散：石膏 120g，知母 30g，黄连 20g，栀子 30g，黄芩 30g，桔梗 24g，生地 30g，玄参 30g，丹皮 30g，淡竹叶 60g，犀角 6g（水牛角 30g），连翘 30g，甘草 10g，水煎，水牛角搓末冲入，马、牛一次灌服，中小动物酌减。

牛非典型间质性肺炎（bovine atypical interstitial pneumonia，BAIP）

牛非典型间质性肺炎是由于肺泡壁和细支气管壁受破坏，空气在肺小叶间结缔组织中蓄积所引起的疾病。临床上以突然发生呼吸困难，皮下气肿和迅速发生窒息现象或几天内好转为特征。牛，特别是肉用牛最常见，奶牛和水牛也可发生。通常是转移草场后 5~10d 发病，发病率可达 50%。

【病因】目前认为本病的发生与中毒和变态反应有关。

1. 中毒因素　见于白苏中毒、安妥中毒等。

2. 变态反应因素　认为与秋季青草刈割后的再生草有关，由于再生青草中存在的异性蛋白导致牛过敏反应，故又称为"再生草热"（fog fever）。尤其雨水过多或被雨水浸没过的茂盛青草，如苜蓿、油菜、甘蓝、芜菁、禾本科牧草等。

【发病机理】上述青草中含有相当数量的 L-色氨酸（TRP），牛摄入后，TRP 在瘤胃中经微生物的作用，降解为吲哚乙酸（LAA），然后转变为对机体有害的代谢物质 3-甲基吲哚（3-MI）。3-MI 进入血液后，经有关氧化酶系统的作用，转变为肺毒性物质，可直接作用于肺组织，引起肺细胞损害。随肺的收缩作用，将空气挤入肺间质中，并随呼吸运动，空气经肺门通过纵隔到胸腔入口处，再沿血管和气管周围的疏松组织而进入颈部皮下，并逐渐扩散至全身皮下，发生皮下气肿。

在病肺的表面除具有肺小叶间隙扩大，呈灰白色明亮的条纹外，肺的横断面可见有小叶间隙高度扩张呈现的空腔，如核桃大或拳头大。同时某些肺组织呈现水肿。

【症状】通常是转移草场后5~10d暴发，发病率高，但重症病例是少数。在该草场上放牧3周以上的牛很少发病。

轻症病例只表现为呼吸数增多，肺部听诊也基本无异常，常在数天内自愈。重症病例往往突然出现呼吸困难，张口伸舌，口流黏涎，出气发出粗大的"吭哧"声。病牛惊恐不安，随后脉搏增数，体温一般正常，很少出现咳嗽。

肺部听诊，早期肺泡呼吸音粗厉，很少有啰音；后期肺泡呼吸音减弱，可听到碎裂性啰音及捻发音。肺部叩诊，呈过清音，在肺充满气体的空腔区域内，叩诊呈鼓音。肺叩诊界一般正常。

多数病例可出现皮下气肿，由颈、肩部扩散至背腰部乃至全身皮下组织。

约1/3的病例死亡，耐过的病例在第3天明显好转，但肺泡呼吸音粗厉，皮下气肿明显，临床完全康复约需3周。

【诊断】根据病史、临床症状及病理特征进行诊断。有摄入过某些含有特异性致敏原的饲料及其他因素的病史，临床特征是突然发生呼吸困难（气喘），甚至发出"吭哧"声。

为查明致病因素，如怀疑某种致敏原所致，需用预先制备好的抗原去检查血清中的相应沉淀素。疑为某些有毒物质所引起的可测定饲料、瘤胃内容物或血液中的有毒成分，或进行毒性试验进行验证。

【治疗】治疗原则是尽快消除过敏反应，制止空气进入肺间质组织及其他对症疗法。

制止极度呼吸困难，可用氧气吸入疗法。

制止过敏，可用抗组胺药物，如苯海拉明注射液，牛0.25~1g肌肉注射；盐酸异丙嗪注射液，牛0.05~0.5g肌肉注射。扑尔敏，牛80~100mg内服或60~100mg肌肉注射。为减轻水肿可用速尿每千克体重0.5~1.0mg，肌肉或静脉注射。

【预防】对放牧的牛群，在夏末秋初更换草场时，防止摄入过多的青草，可多供给干草或精料。为防止"再生草热"，在更换草场前7~10d，投给莫能菌素，按每头200mg/d内服或拌料饲喂，可抑制3—MI的产生。

霉菌性肺炎（mycotic pneumonia）

霉菌性肺炎是由霉菌侵入肺脏后引起的一种支气管肺炎。临床上以鼻液污秽、含大量菌丝，支气管肺炎，伴有神经症状为特征。病理剖检可见肺部有散在大小不等的结节性病变及干酪样病变。各种动物均可发生，常见于幼龄动物，尤其是育雏阶段的家禽（常伴有气囊和浆膜的霉菌病）。

【病因】致病的霉菌及其孢子通过呼吸道吸入感染。

(1) 主要致病霉菌：隐球菌属、组织胞浆菌属、球孢子菌属、毛霉菌属、皮炎芽生菌属、曲霉菌属及其他霉菌和酵母均可引起动物发病。牛、马主要由曲霉菌属的烟曲霉菌（图2-9）感染引起，家禽主要是葡萄状白霉菌（图2-10）、绿色曲霉菌、黑曲霉菌、烟曲霉菌、黄曲霉菌、土曲霉菌、蓝色青霉菌（图2-11）及构巢曲霉等感染引起。

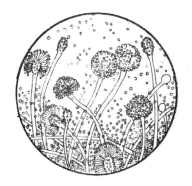 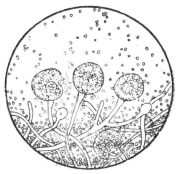 

图2-9　烟曲霉菌　　　　图2-10　葡萄状白霉菌　　　　图2-11　蓝色青霉菌

（2）感染途径：主要是动物接触发霉饲料（食物）、饲草或垫草而致病。也可通过吸入含有霉菌孢子的空气（呼吸道感染）及采食含有霉菌的饲料（消化道感染）而发病，或通过皮肤伤口感染。霉菌还能穿过家禽蛋壳感染胚胎，使雏鸡孵出即发病，也称"蛋媒曲霉菌病"。

（3）这些霉菌在环境潮湿和温度适宜（37～40℃）时大量繁殖，一些应激因素（如圈舍阴暗、潮湿、通风不良、过度拥挤等）均可诱发本病流行。在肺部细菌感染时由于较长时间大量使用抗生素，易造成霉菌感染继发霉菌性肺炎。

【发病机理】霉菌感染的发生是机体与霉菌相互作用的结果，机体的免疫状态及环境条件可成为发病的诱因。导致病变的决定因素是霉菌的毒力、数量与侵入途径。霉菌壁中的酶类亦参与促进感染与侵入宿主细胞的作用。有的霉菌具有抗吞噬能力及致炎成分，如新型隐球菌有宽厚的多糖荚膜，可抵抗吞噬细胞的吞噬。有的霉菌对机体的不同器官有倾向性的侵害作用，如曲霉菌可产生血液毒、组织毒及神经毒等毒素，不仅使肺部产生炎症，而且引起消化道、肝脏和神经系统的损害。大多数霉菌通过空气吸入引起肺部感染，体内其他部位的霉菌感染也可通过淋巴和血液导致肺部感染。

【症状】禽曲霉菌病潜伏期10d左右，主要引起支气管肺炎，出现打喷嚏，呼吸困难，张口气喘，吸气时颈部气囊扩张起伏，有时可听到气管啰音（"嘎、嘎"的喘鸣音）。冠与肉髯发绀并出现皱褶。精神沉郁，体温升高，食欲降低，下痢，消瘦，嗜睡，羽毛松乱。有的病例呈一侧性眼炎，眼睑肿胀，羞明，角膜中心发生溃疡，眼结膜囊内有干酪样凝块。当感染侵害到大脑时，则表现斜颈，运动失调，严重的强直痉挛，甚至麻痹。多在出现症状后1周左右因呼吸困难而窒息死亡。

哺乳动物除具有卡他性肺炎的基本症状外，排出污秽绿色鼻液（镜检有大量菌丝、孢子），结膜苍白或发绀，咳嗽短促而湿润，体温升高，呼吸加快，呈进行性呼吸困难，肺部听诊有啰音，叩诊有较大的浊音区，有的还伴有神经症状。

X线检查，可发现支气管肺炎、大叶性肺炎、弥漫性小结节的影像（图2-12），肿块状的阴影。

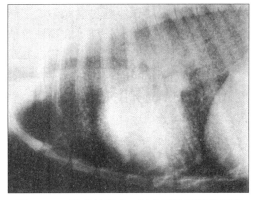

图2-12　霉菌性肺炎：肺广泛性粟粒状浸润
（引自谢富强主译，犬猫X线与B超诊断技术，2006）

【病理变化】禽呼吸道、肺脏、气囊或体腔浆膜出现大小不等的串珠样黄色结节或病斑；支气管黏膜和气囊内有黄绿色霉菌菌苔；肺脏表面的小结节可相互融合成大的团块，结节质地柔软似橡皮或软骨，切面为层状结构，其中心为干酪样坏死，内含有大量菌丝体。有时肺表现弥漫性肺炎而无小结节。肺中有若干大小不等的卡他性肺炎病灶、肝变和气肿。

其他动物肺脏坚实，肿大，重量增加，呈斑驳状，不萎缩。亚急性或慢性霉菌性肺炎时，肺脏有大小不等结节（肉芽肿结节，与结核病十分相似），散在或融合，小结节中间有化脓灶并包有霉菌菌丝。组织学检查发现肉芽肿内有霉菌和多核巨细胞。

此外，皮肤、乳房、淋巴结、肝脏、肾脏、消化道、脑及脑膜也发生病变。

【诊断】根据流行病学、临床症状及病理变化，结合抗生素治疗无效，可做出初步诊断，确诊则需进行微生物学检查。取病灶组织少许，置载玻片上，加生理盐水 1～2 滴，用细针将组织捣碎，在显微镜下观察，发现菌丝和孢子，即可做出诊断。也可将结节内的坏死物进行培养（常用的培养基有马铃薯培养基或由麦芽糖 4g、蛋白胨 2g、琼脂 1.8g、灭菌蒸馏水 100mL 制成的培养基，34℃培养 10～12h，可发现有白色薄膜状菌落生长，再经 22～24h 培养可形成孢子，镜检培养物）即可确诊。样品的霉菌培养和组织学检查，可验证临床诊断。

【治疗】治疗原则是消除病因、抑菌消炎、对症治疗。

（1）病情较轻者，消除病因后，病情常能逐渐好转。

（2）对全身性霉菌感染，没有理想的药物。但可试用两性霉素 B，每千克体重 0.12～0.22mg，用 5%葡萄糖溶液稀释后静脉滴注，隔日 1 次或 2 次/周。也可将两性霉素 B 与氟胞嘧啶（每千克体重 50～150mg/d，分 3～4 次内服）合用，有协同作用，可增加疗效。两性霉素 B 有一定疗效，但应注意其毒副作用。

制霉菌素：牛、马用 250 万～500 万 U，羊、猪用 50 万～100 万 U，犬用 10 万 U，3～4 次/d，混料饲喂。家禽按 50 万～100 万 U/kg 添加在饲料中，连用 1～3 周；雏鸡、雏鸭每 100 只用 50 万～100 万 U，2 次/d，连用 3d。

克霉唑：牛、马用 5～10g，牛犊、马驹、猪、羊用 0.75～1.5g，内服，2 次/d。雏鸡每 100 只 1g，混于饲料中喂给。

此外，1∶3 000 硫酸铜溶液，饮用 3～5d 或投服（牛、马 600～2 500mL，羊、猪 150～500mL，家禽 3～5mL，1 次/d），或内服 0.5%碘化钾溶液（牛、马 400～1 000mL，羊、猪 100～400mL，鸡 1～1.5mL，3 次/d），亦有疗效。

广谱抗霉菌药物氟康唑对念珠菌、隐球菌、环孢子菌、组织胞浆菌等引起的深部霉菌感染有较好疗效，可用于犬、猫等宠物和价值较高的经济动物。

（3）适当选用抗菌药控制继发感染和对症治疗。

【预防】防止饲草和饲料发霉，避免使用发霉的垫草、饲料，避免动物接触霉烂变质的草堆。加强饲养管理，应每日清扫圈舍，勤换垫草，并消毒饮水器，以防止饮水器周围滋生霉菌。注意圈舍通风换气，防止圈舍过度潮湿，均可有效预防本病的发生。

化脓性肺炎（suppurative pneumonia）

化脓性肺炎是肺泡中蓄积有脓性产物的肺部炎症，又称肺脓肿。其病原菌主要为链球菌、葡萄球菌、肺炎链球菌及化脓棒状杆菌。各种动物都可发生，病死率高。

【病因】

1. 原发性化脓性肺炎 很少见，偶见于胸壁刺伤或创伤性网胃炎时，金属异物刺伤肺后，感染化脓杆菌等病原菌而发病。

2. 继发性化脓性肺炎 多数化脓性肺炎继发于脓毒败血症或肺内感染性疾病，如幼畜败血症、化脓性子宫炎、化脓性乳房炎、结核、腺疫、鼻疽及其他化脓性感染疾病（如去势、褥疮感染或化脓性细菌随异物进肺）而引起。常见于卡他性肺炎继发化脓性肺炎，大叶性肺炎继发者少见。

【症状】如果化脓性肺炎是继卡他性肺炎之后发生的，消退期延迟，体温重新升高。脓肿开始形成时，体温持续升高，而脓肿被结缔组织包裹时体温逐渐恢复，新脓肿形成时，体温又重新升高。若脓肿破溃，则病情加重，脉搏加快，体温升高。对浅表性肺脓肿区叩诊，可呈现局灶性浊音，听诊肺区有各种啰音，湿啰音尤为明显。在脓肿破溃后，可从鼻腔流出大量恶臭的脓性鼻液，内含弹力纤维和脂肪颗粒。通常在短时间内或经1~2周，由于脓毒败血症或化脓性胸膜炎而致死。

X线检查：早期肺脓肿呈大片浓密阴影，边缘模糊。慢性者呈大片密度不均的阴影，伴有纤维增生，脓膜增厚，其中央有不规则的稀疏区。

【治疗】目前尚无特效疗法，可大剂量应用抗菌类药物进行治疗，最好对鼻分泌物进行药敏试验，筛选最有效的药物，可收到良好的效果。通常首选药为青霉素（加大剂量，每千克体重1.5万~2.0万U）或氨苄青霉素（每千克体重15~20mg，静脉滴注，7d为一个疗程）。还可使用头孢类或红霉素。

配合应用10%氯化钙或10%葡萄糖酸钙静脉滴注。脓肿破溃时，可用松节油蒸气吸入或薄荷脑石蜡油气管内注射。

吸入性肺炎（aspiration pneumonia）

吸入性肺炎是异物（如食物、呕吐物或药物等）误咽吸入肺脏而引起的炎症，又称异物性肺炎（foreign body pneumonia）。或在肺炎基础上感染腐败菌，出现以肺组织坏死和腐败分解为特征的肺炎时，称坏疽性肺炎（gangrenous pneumonia）或肺坏疽。临床上以高度呼吸困难，呼出恶臭，流污秽、恶臭、含弹力纤维的鼻液和肺部出现明显啰音为特征。各种动物均可发生，治愈率很低。

【病因】

（1）动物投药方法不当是常见的原因。如胃管投药操作失误，将部分药物误投入气管；经口灌服药物，尤其是有刺激性药物（松节油、福尔马林、酒精等），由于灌药时太快、头位过高、舌头伸出、动物咳嗽及挣扎鸣叫等均可使动物不能及时吞咽，药物吸入呼吸道而发病。

（2）伴有吞咽障碍的疾病，如咽炎、咽麻痹、食道阻塞、生产瘫痪、破伤风、麻醉或昏迷等，也可发生异物性肺炎。

（3）其他肺病（如结核、猪肺疫、鼻疽等传染病及卡他性肺炎、纤维素性肺炎）过程中以及机械损伤（如网胃尖锐异物刺伤、肋骨骨折、胸壁透创等）继发感染腐败菌时，也可引起异物性肺炎。

（4）犬、猫等小动物因连续性呕吐时，将呕吐物吸入；有腭裂的新生仔畜吮乳后易吸入乳汁；动物药浴时操作不当，可导致吸入药液；吸入有害气体（浓烟、氨气、灰尘等）。这些因素均可引起发病。

【发病机理】 当动物吸入异物时，初期炎症仅局限于支气管内，逐渐侵害支气管周围的结缔组织，并且向肺脏蔓延。由于腐败细菌的分解作用使肺组织分解及液化，引起肺坏疽，并形成蛋白质和脂肪分解产物。其中含有腐败性细菌、脓细胞、腐败组织与磷酸铵镁的结晶等，散发出恶臭味。病灶周围的肺组织充血、水肿，发生不同程度的卡他性和纤维蛋白性炎症。随着腐败细菌在肺组织的大量繁殖，坏疽病灶逐渐扩大，病情加剧。如果肺脏的坏疽病灶与呼吸道相通，腐败性气体与肺内的空气混合，随同呼气向外排出，使动物呼出的气体带有明显的腐败性恶臭味。当这些物质排出之后，在肺内形成空洞，其内壁附着一些腐烂恶臭的粥状物，在鼻孔中流出具有特异臭味和污秽不洁的渗出物（鼻液）。

【症状】 病初呈现肺炎症状而全身症状逐渐重剧。食欲降低或废绝，精神沉郁，体温升高达40℃或以上，呈弛张热，脉搏急速（80次/min以上，小动物更高），湿性痛咳、声音嘶哑，呼吸急速，随着呼吸运动胸腹部出现明显的起伏动作或呈腹式呼吸，严重者呼吸困难。

主要症状是呼出带有腐败性恶臭的气体，初期仅在咳嗽之后或站立在动物附近才能闻到，随着疾病的发展气味越来越明显，严重的弥散于整个厩舍。两侧鼻孔流出污秽不洁的灰白色、淡绿色、灰褐色或带红色的脓性鼻液，尤其当动物咳嗽或低头时大量流出，偶尔在鼻液或咳出物中见到吸入的异物。可收集鼻液进行眼观检查和显微镜下检查：①肉眼观察：将鼻液收集在玻璃杯中，静置后发现可分为三层，上层为黏性液体，有泡沫；中为浆性液体，并含絮状物；下层为脓液，混有大小不等的组织块。②显微镜检查：可发现有肺组织碎片、脂肪滴、脂肪晶体、棕色至黑色的色素颗粒、红细胞及大量的微生物。③弹力纤维检查：鼻液或渗出物加等量10%氢氧化钾煮沸后，加4倍蒸馏水离心取沉淀物镜检，可观察到肺组织分解出的弹力纤维（图2-13）。

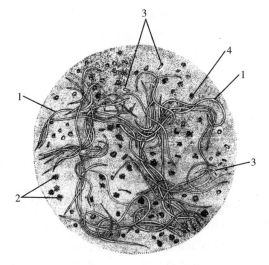

图2-13 鼻液内弹力纤维
1. 弹力纤维 2. 脓细胞 3. 杆菌 4. 球菌

肺部听诊：初期出现支气管呼吸音、干啰音或湿啰音，而且湿啰音在空洞部位（肺空洞）最明显，当肺空洞与支气管相通时，可听到空瓮音。

胸部叩诊：初期多数病灶位于胸前下部，浅表性病灶部呈局限性半浊音或浊音；形成较大空洞时，呈鼓音，若空洞充满空气，其周围被致密结缔组织包围则呈金属音；空洞与支气管相通则出现破壶音。如果病灶小，且位于肺脏深部时，叩诊则无明显变化。

血液学检查：白细胞总数增加两倍以上［（15~20）×10^9/L］，中性粒细胞比例升高，初期呈核左移，后期因化脓引起毒血症影响骨髓造血机能，使白细胞数降低，呈核右移，并有贫血现象。

X线检查：因吸入异物的性质差异和病程长短不同而有一定区别。初期吸入的异物沿支气管扩散，在肺门区呈现沿肺纹理分布的小叶性渗出性阴影。随着病变的发展，在肺野下部小片状模糊阴影发生融合，呈团块状或弥漫性阴影，密度不均匀。当肺组织腐败崩解，液化的肺组织被排出后，有大小不等、无一定界限的空洞阴影，呈蜂窝状或多发性虫蚀状阴影，较大的空洞可呈现环带状的空壁。

【病理变化】疾病初期，肺脏充血，小叶间水肿，支气管充血，充满泡沫。肺炎通常位于肺的前腹侧部，可以是单侧性的，也可以是双侧性的。肺炎区呈锥形，基部临近胸膜。随后可见肺脏化脓和坏死，病灶变软、液化，呈红棕色，具有明显的恶臭味。胸腔常常伴发急性纤维素性胸膜炎，并有大量渗出物。

【病程及预后】本病的发病过程与吸入的异物性质和数量密切相关。如果胃管插入气管，灌入大量药液，动物瞬间即可死亡。吸入液体量少，则主要取决于吸入异物的性质，绝大多数动物因发展为肺坏疽而最终死亡。牛吸入反刍内容物时，产生毒血症，可在1~2d内死亡。病情较轻的动物，由于病灶被结缔组织包围而逐渐痊愈，有的恢复后形成肺脓肿。绵羊药浴时可因吸入药液造成本病暴发，常在药浴后2~7d，死亡数不断增加，随后逐渐降低。

【诊断】根据病史，结合呼出腐败性臭味的气体、鼻孔流出污秽、恶臭、含有小块肺组织或弹力纤维的鼻液及肺部听、叩诊变化，即可做出诊断；X线检查可提供诊断依据。本病应与腐败性支气管炎、支气管扩张和副鼻窦炎相鉴别：

腐败性支气管炎缺乏高热和肺部各种症状，鼻液镜检无弹力纤维。

支气管扩张因渗出物积聚于扩张的支气管内，发生腐败分解，呼出气体及鼻液也可能有恶臭气味，但渗出物随剧烈咳嗽可排出体外，鼻液中无肺组织块和弹力纤维，全身症状较轻。

副鼻窦炎多为单侧性脓性鼻液，且没有肺组织块与弹力纤维；全身症状不明显；肺部叩诊和听诊无异常；副鼻窦局部隆起。

【治疗】治疗原则为迅速排出异物，抗菌消炎，制止肺组织的腐败分解及对症治疗。

1. 迅速排出异物 首先应使动物保持安静，并尽可能保持前低后高的体位，放低头部，便于异物向外咳出，即使剧烈咳嗽也应禁止使用止咳药。可用2%盐酸毛果芸香碱5~10mL（牛、马），皮下或肌肉注射，使气管分泌物增加；同时反复注射兴奋呼吸中枢药物（如樟脑制剂），1次/4~6h，促使异物迅速排出。

2. 抗菌消炎，制止肺组织腐败分解 大剂量应用抗生素（如青霉素、链霉素、氨苄青霉素、四环素和头孢菌素等）或磺胺类药物（如10%磺胺嘧啶钠溶液，静脉注射；12%复方磺胺甲基异噁唑，肌肉注射等）。马、牛，可将青霉素200万~400万U、链霉素1~2g与0.25%普鲁卡因溶液50~100mL混合（猪、羊、犬酌减），气管注射，1次/日，连用2~4d，效果较好。

3. 对症治疗 制止渗出，牛、马可用25%葡萄糖500~1 000mL、10%安钠咖20mL、10%氯化钙100~150mL（其他动物用葡萄糖酸钙）、40%乌洛托品40~60mL，静脉注射，1~2次/d。为预防自体中毒可静脉注射樟酒糖液（0.4%樟脑、6%葡萄糖、30%酒精、0.7%氯化钠溶液）200~250mL（马、牛剂量，猪、羊酌减），1次/d。此外，还应实施解热镇痛、强心补液、调节酸碱和电解质平衡、补充能量、输入氧气等治疗措施。

4. 中兽医疗法 韦茎汤对坏疽性肺炎有一定疗效：芦根250g，薏苡仁60g，桃仁30g，冬瓜子90g，桔梗60g，鱼腥草60g，酌加金银花、连翘、桔梗、葶苈子等，水煎或开水冲调，一次内服（牛、马）。

【预防】由于本病发展迅速，病情难以控制，临床上疗效不佳，死亡率很高。因此，预防本病的发生就显得非常重要，其措施包括以下几方面：

（1）通过胃管给动物投服药物时，必须确认胃管正确进入食道后，方可灌入药液。对严重呼吸困难或吞咽障碍的动物，不应强制性经口投药。麻醉或昏迷的动物在未完全清醒时，不应让其进食或灌服食物及药物。

（2）经口投服药物时，应尽量把头部放低，每次少量灌服，且不可太快，让动物及时吞咽，不至于进入气管。

（3）药浴时，浴池不能太深，将头压入水中的时间不能过长，以免动物吸入液体。

（邓俊良）

第四节 胸膜疾病

胸膜炎（pleuritis）

胸膜炎是胸膜发生以纤维蛋白沉着和胸腔积聚大量炎性渗出物为特征的一种炎症性疾病。临床表现为胸部疼痛、体温升高和胸部听诊出现摩擦音。根据病程可分为急性胸膜炎和慢性胸膜炎；按病变的蔓延程度，可分为局限性胸膜炎和弥漫性胸膜炎；按渗出物的多少，可分为干性胸膜炎和湿性胸膜炎；按渗出物的性质，可分为浆液性胸膜炎、浆液-纤维蛋白性胸膜炎、出血性胸膜炎、化脓性胸膜炎、化脓-腐败性胸膜炎；按发病原因分为原发性胸膜炎和继发性胸膜炎。各种动物均可发病。

【病因】

1. 原发性胸膜炎 临床比较少见。主要见于肺炎、肺脓肿、败血症、胸壁创伤或穿孔、肋骨或胸骨骨折、食道破裂、胸腔肿瘤等。剧烈运动、长途运输、外科手术及麻醉、寒冷侵袭及呼吸道病毒感染等应激因素可成为发病的诱因。

2. 继发性胸膜炎 临床上常见，往往是胸部器官疾病的蔓延或作为某些疾病的症状之一出现。胸膜炎常继发或伴发于某些传染病的过程中，如多杀性巴氏杆菌和溶血性巴氏杆菌引起的肺炎、纤维素性肺炎、结核病、鼻疽、流行性感冒、马胸疫、牛肺疫、猪肺疫、马传染性贫血、支原体感染、犬传染性肝炎、猫传染性鼻气管炎或猫传染性腹膜炎等。此外，反刍动物创伤性网胃心包炎，胸壁创伤或穿孔，肋骨或胸骨骨折后感染等，均可伴发胸膜炎。

【发病机理】在病因的作用下，各种病原微生物产生毒素，损害胸膜的间皮组织和毛细血管，使血管的神经肌肉装置发生麻痹，导致血管扩张，血管通透性升高，血液成分通过毛细血管壁渗出进入胸腔，产生大量的渗出液。渗出液具有重要的防御作用，可稀释炎症病灶内的毒素和有害物质，减轻毒素对组织的损伤。渗出液中含有抗体、补体及溶菌物质，有利于杀灭病原体。渗出液的性质与感染的病原微生物有关，主要有浆液性、化脓性及纤维蛋白性渗出液。常见的致病微生物有马链球菌兽疫亚种、大肠杆菌、巴氏杆菌、克雷伯菌、马棒状杆菌、某些厌氧菌、支原体等。渗出的纤维蛋白原，在损伤组织释放出的组织因子的作用下，凝固成淡黄色或灰黄色的纤维蛋白即纤维素。当渗出的液体成分被健康部位的胸膜吸收后，纤维素则沉积于胸膜上，呈网状、片状或膜状。

细菌产生的内毒素、炎性渗出物及组织分解产物被机体吸收，可导致体温升高，严重时可引起毒血症。炎症过程对胸膜的刺激，以及沉着于胸膜壁层和脏层的纤维蛋白，在呼吸运动时相互摩擦，均可刺激分布于胸膜的神经末梢，引起动物胸部疼痛，严重者出现腹式呼吸。当大量液体渗出时，肺脏受到液体的压迫，影响气体的交换，出现呼吸困难。

【症状】病初体温升高，精神沉郁，食欲减退或废绝，呼吸快而浅表，呈明显的腹式呼吸。动物常取站立或犬坐姿势，站立时两肘外展，不愿活动。咳嗽明显，常呈干、短痛咳。胸部触诊或叩诊，表现频繁咳嗽并因敏感疼痛而躲闪，甚至发生战栗或呻吟。初期，胸部听诊出现胸膜摩擦音，随渗出液增多，胸膜摩擦音消失而出现胸腔拍水音，肺泡呼吸音减弱或消失，叩诊出现水平浊音区（图2-14），在小动物水平上界浊音随体位而改变（图2-15）。当渗出液吸收后，又重新出现胸膜摩擦音。

图 2-14　犬胸膜炎叩诊水平浊音区
（引自王小龙主编，兽医内科学，2004）

图 2-15　叩诊水平浊音区随体位而变
（引自王小龙主编，兽医内科学，2004）

伴有肺炎时，可听到湿啰音或捻发音，同时肺泡呼吸音减弱或消失，出现支气管呼吸音。因渗出液对心脏和前后腔静脉造成压迫，心功能发生障碍，出现心力衰竭、外周循环淤血，以及胸、腹下水肿。

慢性病例，动物食欲减退，消瘦，间歇性发热，呼吸浅表快速，呼吸困难，运动乏力，反复发作咳嗽，呼吸机能的某些损伤可能长期存在。

胸腔穿刺：可抽出大量渗出液，一般多为浆液-纤维蛋白性渗出液。可在短时间内大量渗出，马两侧胸腔中平均可达20～50L，猪、羊2～10L，犬0.5～3L。渗出液混浊，易凝固，蛋白质含量在4%以上或有大量絮状纤维蛋白及凝块，显微镜检查发现大量炎性细胞和细菌。渗出液的白细胞常超过$5×10^8$个/L。脓胸时白细胞高达10^9个/L以上。若中性粒细胞增多提示急性炎症，淋巴细胞为主则可能是结核性或慢性炎症。有条件的，除进行革兰氏染色镜检外，应进行细菌培养。

X线检查：少量积液时，心膈三角区变钝或消失，密度增高。大量积液时，心脏、后腔静脉被积液阴影淹没，下部呈广泛性浓密阴影。严重病例，上界液平面可达肩端线以上，如体位变化、液平面也随之改变，腹壁冲击触诊时液平面呈波动状。

超声波检查：有助于判断胸腔的积液量及分布，积液中有气泡表明是厌氧菌感染。

血液学检查：白细胞总数升高，中性粒细胞比例增加，出现核左移，淋巴细胞比例减少。慢性病例呈轻度贫血。

【病理变化】急性胸膜炎，胸膜明显充血、水肿和增厚，粗糙而干燥。胸膜面上附着一层黄白色的纤维蛋白性渗出物，容易剥离。在渗出期，胸腔有大量混浊液体，其中有纤维蛋白碎片和凝块，肺脏下部萎缩，体积缩小呈暗红色。有的病例渗出物在腐败菌作用下，色污秽并有恶臭。本病常有肺炎变化，甚至伴发心包炎及心包积液。

慢性胸膜炎，因渗出物中的水分被吸收，胸膜表面的纤维蛋白因结缔组织增生而机化，使胸膜肥厚，胸膜与肺脏表面发生粘连。

【病程及预后】急性渗出性胸膜炎，全身症状较轻时，如能及时治疗，一般预后良好；因传染病引起的胸膜炎或化脓细菌感染导致胸腔化脓腐败时，则预后多不良。转为慢性后，因胸膜发生粘连，绝大多数动物丧失生产性能和经济价值，预后应谨慎。继发于食道破裂或胸腔肿瘤的胸膜炎，预后不良。

【诊断】根据病史，胸壁疼痛和痛咳，呼吸浅表急速而呈腹式呼吸，听诊出现胸膜摩擦音或胸腔拍水音，叩诊出现水平浊音等典型症状，可做出初步诊断。确诊需做胸腔穿刺（穿刺液为渗出液，蛋白多、密度高）、X射线检查及超声波诊断。临床上应注意与胸腔积水和传染性胸膜肺炎进行鉴别。

胸腔积水无体温反应，无炎症变化，缺乏胸壁疼痛和痛咳，听诊无胸膜摩擦音，穿刺液为漏出液（色淡、透明、不易凝固）。因此胸腔穿刺液的理化学检查和细胞学检查对胸膜炎和胸腔积水的鉴别诊断具有重要意义。

传染性胸膜肺炎有流行性，同时具有胸膜炎和肺炎症状。

【治疗】治疗原则为抗菌消炎，制止渗出，促进渗出物的吸收和排除。

1. 抗菌消炎 可选用广谱抗生素（如氨苄青霉素、链霉素、氟苯尼考、庆大霉素、丁胺卡那霉素、四环素、土霉素等）、磺胺类药物或喹诺酮类药物（如氧氟沙星、环丙沙星等）。最好是对穿刺液进行细菌培养后做药敏试验，有针对性地选择抗生素。支原体感染可用泰乐菌素、喹诺酮类药物、四环素类药物。某些厌氧菌感染可用甲硝唑（灭滴灵）。发热明显时，配合应用解热镇痛药物。

2. 制止渗出 可静脉注射10%氯化钙溶液或10%葡萄糖酸钙溶液，维生素C注射液，1次/d，连用3~5d。急性期配合地塞米松，静脉注射，1次/d。

3. 促进渗出物吸收和排除 可用利尿剂（如速尿、双氢克尿噻）、强心剂等。

4. 穿刺排液 当胸腔有大量液体存在时，穿刺抽出液体可使病情暂时改善，并可将抗生素直接注入胸腔。胸腔穿刺时要严格按操作规程进行，以免针头在动物呼吸时刺伤肺脏；如穿刺针头或套管被纤维蛋白堵塞，可用注射器缓慢抽取。化脓性胸膜炎，在穿刺排出积液后，可用0.1%雷佛奴尔溶液、2%~4%硼酸溶液或0.05%洗必泰溶液反复冲洗胸腔，待冲洗液清亮后直接注入敏感抗生素。

5. 中兽医治疗 干性胸膜炎可用：银柴胡30g，瓜蒌皮60g，薤白 g，黄芩24g，白芍30g，牡蛎30g，郁金24g，甘草15g，共为末，马、牛一次开水冲服。

渗出性胸膜炎可用归芍散：当归30g，白芍30g，白芷30g，桔梗20g，贝母25g，寸冬20g，百合25g，黄芩20g，天花粉25g，滑石30g，木通25g，共为末，马、牛一次开水冲服。

加减：热盛加双花、连翘、栀子；喘甚加杏仁、杷叶、葶苈子；胸腔积液量多加猪苓、泽泻、车前子；痰多加前胡、半夏、陈皮；胸痛甚加没药、乳香；后期气虚加党参、黄芪等。

6. 加强护理　将动物置于通风良好、温暖和安静的圈舍，供给营养丰富、优质易消化的草料，并适当限制饮水。

【预防】加强饲养管理，供给平衡日粮，增强机体的抵抗力。防止胸部创伤，及时治疗原发病。

胸腔积水（hydrothorax）

胸腔积水是胸腔内积聚了大量的漏出液，而胸膜无炎症变化的一种病理现象，又称胸水。在正常状态下，胸腔内仅有少量浆液，具有润滑胸膜和减轻呼吸过程中肺与胸膜壁层之间摩擦的作用。胸腔积水不是独立的疾病，而是全身水肿的一种表现，往往同时伴有腹腔积液、心包积液及皮下水肿。临床上以呼吸困难为特征。可发生于各种动物。

【病因】任何能加速胸腔内浆液产生或者减少其吸收的因素，都能导致胸腔积水。多因慢性心脏等血液循环障碍性疾病、肾脏疾病（肾功能不全）、肝硬化、各种慢性贫血、营养不良（稀血症）及硒缺乏症等引起。也见于某些毒物中毒、机体缺氧等因素。此外，恶性淋巴瘤（尤其在犬、猫）时，亦常见胸腔积水。

【发病机理】血管中的液体通过动脉端毛细血管进入组织间隙形成组织液，又回流进入静脉端毛细血管或淋巴管（形成淋巴液。）在正常情况下，血管内外的液体交流保持着动态平衡。可见，造成胸水的因素包括：毛细血管压升高，血浆胶体渗透压降低，毛细血管通透性增大，组织压降低和淋巴回流受阻等。

当动物发生心力衰竭时，静脉系统淤滞，造成静脉压升高，使静脉端毛细血管压增加，组织间隙液体再吸收减少而形成胸水。

血浆总蛋白尤其白蛋白减少，是血浆胶体渗透压降低的决定性因素。临界水平线大约是：血浆总蛋白 55g/L；血浆白蛋白 25g/L；血浆胶体渗透压 2 666.22Pa（20mmHg）。如果血浆总蛋白、白蛋白和胶体渗透压低于此临界值，则血管液体的滤出多于吸入而形成胸水。临床见于蛋白质营养缺乏和吸收障碍所致的低蛋白血症和低白蛋白血症；肝癌、肝硬变等重剧肝病所致的白蛋白合成障碍；蛋白质耗损过多和体液存留（水化），如各类病因所致的慢性重度贫血，各类病因所致的恶病质（消瘦、衰竭、贫血）状态，捻转血矛线虫、钩虫、锥虫所致的重度侵袭病，淋巴细胞-浆细胞性胃肠炎（一种遗传性免疫增生病）所致的蛋白质丢失性肠病（protein-losing enteropathy）。

由于中毒、缺氧、组织代谢紊乱等，使酸性代谢产物及生物活性物质积聚，毛细血管壁的小孔道扩大，通透性增加，部分血液蛋白滤出血管而聚积于组织间隙，组织间液胶体渗透压增加，液体回吸收减少而形成胸水。

淋巴系统对维持血管与组织间液体的正常交流有很大的作用。淋巴回流一旦淤滞，即可形成胸水，典型例证是丝虫病及肿瘤所致的淋巴管阻塞。

【症状】少量的胸腔积水，一般无明显的临床表现。多量的胸腔积水，动物呈现呼吸浅表、快速，腹式呼吸；胸部叩诊呈水平浊音，其上界随动物体位而改变；听诊浊音区内肺泡呼吸音减弱或消失。体温正常或稍低，心音减弱或模糊不清，脉搏加快，体表静脉怒张，身体的低垂部位出现水肿。

胸腔穿刺流出大量漏出液。在胸腔积水的同时多有腹腔积水、心包积液。X线检查，显示一片均匀浓密的水平阴影（图2-16）。

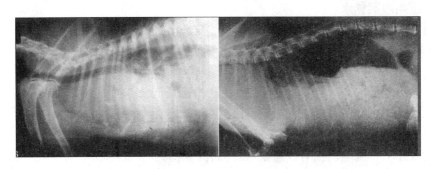

图2-16 胸腔积液
（引自谢富强主译，犬猫X线与B超诊断技术，2006）

【治疗】治疗原则是积极治疗原发病和对症治疗。

（1）消除病因，积极治疗原发病后，胸腔积水常在消除病因后逐渐吸收。首先应加强饲养管理，限制饮水，供给蛋白质丰富的优质饲料。其次，根据引起胸水的原发病（如循环系统疾病、低蛋白血症、肝脏疾病等）采取积极的治疗措施。

（2）为促进漏出液的吸收和排出，可应用10%氯化钙或10%葡萄糖酸钙、利尿剂及强心剂，静脉输液时应输高渗溶液。

（3）中药利水：可应用大腹皮25g，桑白皮20g，陈皮10g，茯苓20g，白术20g，葶苈子25g，水煎取汁，犬按每千克体重2mL，直肠深部灌入，1次/d。

（4）大量胸水导致呼吸困难时，可行穿刺排出积液。

乳糜胸（chylothorax）

乳糜胸是由于胸腔淋巴管扩张、损伤，淋巴液在途经胸导管时异常渗漏并积聚于胸腔的一种病理现象。胸腔中的积液含有多量脂肪，呈乳糜状，故称乳糜胸，其本质是淋巴循环的一种病理状态。乳糜胸以胸腔积液呈白色乳糜样、胸液分析含有乳糜颗粒为特征。主要发生于犬、猫，牛也有发生，但发病率较低。

淋巴循环是组织液回流的另一重要途径，是静脉系统的有效补充。乳糜中含有大量脂肪、蛋白、糖、电解质、淋巴细胞、各种脂溶性维生素、抗体和酶类，即胸导管系统参与体液的调节，内分泌和代谢物质的反应，也参与免疫机制的调节。因而大量的乳糜丢失，可导致机体严重的营养不良、代谢和免疫功能紊乱，甚至死亡。

【病因】乳糜胸按病因分为先天性、创伤性和阻塞性三类。

1. 先天性乳糜胸 非常罕见，是淋巴系统先天性发育异常所致。如胸导管闭锁或缺乏，淋巴液不能回流，致使淋巴管高度扩张，最后破裂而形成乳糜胸。偶见于多发性淋巴管扩张，并伴有异常通道以及胸导管与胸腔之间多处瘘孔等。产伤可能是促成因素，在产仔时，静脉压的增高可致胸导管内淋巴回流障碍，胸导管内压增高。先天性乳糜胸经常伴有其他腔隙乳糜积液，通常是特发性的，可以伴发于Down's综合征、Nonan's综合征、气管-食管瘘和羊水过多等。

2. 创伤性乳糜胸 胸腔内手术、食管手术、颈根部手术等无意中切断或撕裂胸导管可导致乳糜胸。颈部、胸部或腹部的刺伤或钝性挤压损伤胸导管或其较大的分支，致使淋巴液漏入胸腔。某些原因引起胸内压突然改变，导致胸导管及其较大的分支扩张，如剧咳、呕吐可致胸导管破裂。由于膈疝（尤其是右侧膈疝），胸导管内或外的肿物（肿瘤）、炎症等，使胸导管通畅性受阻，淋巴液汇入前腔静脉不够通畅，导致胸导管扩张或破裂，淋巴液流入胸腔。某些狭胸品种的犬如阿富汗猎犬、俄国狼犬等易发病，可能与其遗传因素有关。

3. 胸导管阻塞性乳糜胸 尽管胸导管存在有效的交通支，但胸导管阻塞可引起乳糜胸。管内阻塞的常见原因是肿瘤或致病微生物；管外阻塞的原因多见于淋巴结病变或肿瘤的局部压迫，淋巴瘤大约占70%。

【**症状**】淋巴液在胸腔蓄积过多，常出现心动过速，体温下降，结膜苍白，脉搏细弱，易虚脱。临床症状呈渐进性发展，多为亚临床或慢性经过。由于乳糜丢失，患病动物体内发生一系列病理生理学改变。主要表现为体内水和电解质丢失引起的脱水和电解质平衡紊乱；脂类和蛋白质丢失引起的营养不良和低蛋白血症；抗体、淋巴细胞减少和营养不良引起的免疫机能降低。患病动物可出现咳嗽、呼吸困难、黏膜发绀、肺炎及发热等症状。

胸腔穿刺液呈乳白色，但在禁食时，抽出的液体呈草黄色（乳糜微粒还原）。

【**诊断**】对胸腔积液动物进行临床、放射学检查，以及对胸腔积液分析后证实有乳糜颗粒可做出诊断。病因分析包括临床检查，如询问动物有无外伤或接受胸腔手术等病史；胸部放射学检查，重点是检查有无胸腔肿瘤，尤其纵隔前部是否有肿瘤；乳糜性积液的细胞学检查，当发现瘤细胞即证明存在肿瘤。直接淋巴管造影术是确定胸导管是否胀裂或阻塞及其部位的方法。具体做法是在动物后肢足垫注射伊文思蓝染液，以使淋巴管显现，然后在该淋巴管内插管，再将油性或水性造影剂注入，从而显示出胸导管的轮廓。也可施行腹腔切开在肠淋巴管内插管，5～15mL水性造影剂快速注入后立即摄片，可以获得全面、细致的胸导管造影影像。

【**治疗**】目前采取保守疗法和手术疗法两种治疗方法。

1. 保守疗法 重点是减少乳糜颗粒的形成和进行胸腔引流。使动物保持安静，给患病动物饲喂高蛋白、高碳水化合物、低脂肪食物；在食物中添加中链甘油三酯（可直接被吸收进入门静脉，而不形成乳糜颗粒进入淋巴管）以增加能量；对饲喂无脂肪食物的动物，应注意定期补充脂溶性维生素和必需脂肪酸。在采取饮食疗法的同时，为解除动物呼吸困难，可进行胸腔引流或定期穿刺抽出乳糜液，同时注射利多卡因；为预防感染，静脉滴注抗生素。

2. 手术疗法 进行手术结扎，或胸导管与前腔静脉吻合术，或切除胸导管内、外的肿物，使淋巴液最终汇入前腔静脉，免其漏入胸腔。犬、猫的胸壁切口分别选在右侧和左侧第9肋间，手术需彻底结扎胸导管后端所有的并列分支，以防乳糜液在经过胸导管时继续渗漏并积聚于胸腔。

（邓俊良）

呼吸困难综合征鉴别诊断

呼吸困难（dyspnea）又称呼吸窘迫综合征（respiratory distress syndrome，RDS），是一种以呼吸用力和窘迫为基本临床特征的症候群。呼吸困难不是一个独立的疾病，而是许多原因引起或许多疾病伴有的一种临床常见多发的综合征。

呼吸困难，表现为呼吸频度、强度、节律和方式的改变，其分类见图 2-17。

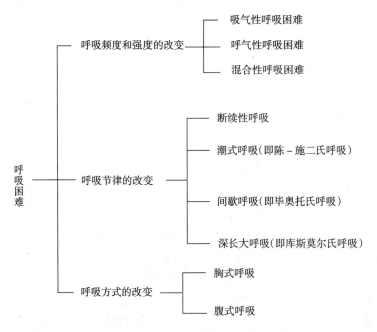

图 2-17 呼吸困难的不同表现形式分类

（一）呼吸困难病因学分类及机理

哺乳动物的呼吸功能，指的是通过"血液-肺泡"间以及"血液-组织"间的气体交换，将物质代谢所需的氧由外界吸入，经血液输送到细胞利用，并将物质代谢（氧化磷酸化过程，呼吸链）产生的二氧化碳由细胞排出，经血液输送到肺泡呼出体外。换句话说，正常的呼吸过程包括外呼吸（肺呼吸，吸入氧，呼出二氧化碳）、中间运载（血液呼吸，输入氧，输出二氧化碳）、内呼吸（组织呼吸，摄入和利用氧，生成和排出二氧化碳）三大环节，均受呼吸中枢等神经体液机制的调节和控制。因此，呼吸困难综合征，可按呼吸功能障碍的病因和主要发病环节，分为如下八大类（图 2-18）：

1. 乏氧性呼吸困难 即氧气稀薄性气喘，是大气内氧气贫乏所致的呼吸困难，如各种动物的高山不适应症以及牛的胸病，表现混合性呼吸困难。

2. 气道狭窄性呼吸困难 即通气障碍性气喘，包括鼻腔、喉腔、气管腔等上呼吸道狭窄所致的吸气性呼吸困难（如鼻炎、喉炎、喉水肿；猪传染性萎缩性鼻炎、猪肺疫、猪肺炎衣原体感染；牛传染性鼻气管炎、羊鼻蝇蛆病；鸡传染性鼻炎、传染性喉炎、传染性支气管炎、鸡新城疫、比翼线虫病；上呼吸道肿瘤及异物等）和细小支气管肿胀、痉挛（如细支气

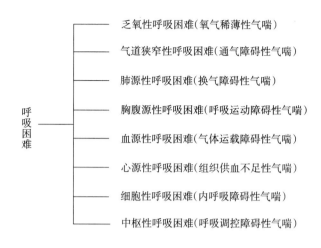

图 2-18 呼吸困难病因学分类

管炎）等下呼吸狭窄所致的呼气性呼吸困难。

3. 肺源性呼吸困难 即换气障碍性气喘，包括非炎性肺病和炎性肺病等各种肺病时因肺换气功能障碍所致的呼吸困难。肺原性呼吸困难，除慢性肺泡气肿和马慢性阻塞性肺病为呼气性呼吸困难外，均表现为混合性呼吸困难。

属于非炎性肺病的，有肺充血、肺水肿、肺出血、肺不张（膨胀不全）、急性肺泡气肿、慢性肺泡气肿和间质性肺气肿；还有以肺水肿、肺出血、急性肺泡气肿和间质性肺气肿为病理学基础的有机磷农药中毒、安妥中毒、黑斑病甘薯中毒、白苏中毒、氨中毒、再生草热（牛间质性肺炎）等中毒性疾病及中暑等。

属于炎性肺病的，有卡他性肺炎、纤维素性肺炎、出血性肺炎、化脓性肺炎、坏疽性肺炎、硬结性肺炎；还有以这些肺炎为病理学基础的霉菌性肺炎、细菌性肺炎（如结核、猪肺疫、猪传染性胸膜肺炎、牛羊兔巴氏杆菌病、禽霍乱、兔波氏杆菌病等）、病毒性肺炎（如猪流行性感冒、猪繁殖与呼吸综合征、牛流行热、犬瘟热、犬副流感病毒感染、鸡新城疫等）、支原体肺炎（如猪喘气病、牛肺疫、羊传染性胸膜肺炎、禽慢性呼吸道病等）、寄生虫性肺炎（如蛔虫性肺炎、丝虫性肺炎如牛胎生网尾线虫、羊丝状网尾线虫、猪肺丝虫、犬心丝虫）、钩虫性肺炎、细粒棘球绦虫性肺炎、原虫性肺炎如弓形虫病等各种传染病和侵袭病。

4. 胸腹源性呼吸困难 即呼吸运动障碍性气喘，是胸、肋、腹、膈患病时因呼吸运动发生障碍所致的呼吸困难。

胸源性呼吸困难，即胸廓活动障碍性疾病所致呼吸困难，表现为腹式混合性呼吸困难，系胸、肋疾病如胸膜炎、胸膜粘连、胸腔积水、胸腔积气、肋骨骨折等所致。

腹源性呼吸困难，表现为胸式混合性呼吸困难，系腹、膈疾病如急性弥漫性腹膜炎、胃肠臌胀（瘤胃积食、瘤胃臌气、胃扩张、肠臌气）、腹腔积液、膈疝、膈痉挛、膈麻痹等所致。是由于腹压增加，压迫膈肌向前移动，直接影响呼吸运动。

5. 血源性呼吸困难 即气体运载障碍性气喘，系红细胞、血红蛋白数量减少，间或血红蛋白性质改变，载氧、释氧障碍所致。

血源性气喘都呈现混合性呼吸困难，运动之后更为明显，恒伴有可视黏膜和血液颜色的一定改变，见于各种原因引起的贫血（苍白、黄染）、异常血红蛋白分子病（鲜红，红色发绀）、一氧化碳中毒（鲜红）、家族性高铁血红蛋白血症（谷胱甘肽、谷胱甘肽还原酶、高铁血红蛋白还原酶等先天缺陷所致，褐变）、亚硝酸盐中毒（褐变）等。

6. 心源性呼吸困难　即组织供血不足性气喘，系心力衰竭尤其左心衰竭导致肺充血、淤血和肺泡弹性降低的一种表现，均为混合性呼吸困难，运动之后更为明显。

心源性气喘见于心肌疾病（心肌炎、心脏肥大扩张）、心内膜疾病、心包疾病的重症和后期，还见于许多疾病的危重濒死期，恒伴有心力衰竭固有的心区病征或者全身体征。

7. 细胞性呼吸困难　即内呼吸障碍性气喘，系细胞内氧化磷酸化过程受阻，呼吸链中断，组织氧供应不足或失利用（内窒息）所致。表现为混合性高度以至极度呼吸困难或窒息危象，见于氰氢酸中毒等，其特点是静脉血色鲜红，病程急促而呈闪电式。

8. 中枢性呼吸困难　即呼吸调控障碍性气喘，起因于颅内压增高、高热、酸中毒等内源性中毒，巴比妥和吗啡等药物中毒时呼吸中枢的抑制和麻痹。除一般脑症状明显和灶性症状突出外，常表现伴有呼吸节律改变的混合性呼吸困难。

脑病过程中，由于颅内压增高，大脑供血减少，同时炎症产物刺激呼吸中枢，引起呼吸困难。见于脑炎、脑膜炎、脑水肿、脑出血、脑肿瘤等，如仔猪伪狂犬病、脑炎性链球菌病、传染性脑脊髓炎、李氏杆菌病等。

发热性疾病，由于致热物质和血液中毒素对呼吸中枢的刺激，使呼吸频速，严重者发生呼吸困难，常见于严重的急性感染性疾病（如猪瘟、附红细胞体病、最急性猪肺疫、急性链球菌病等）。

内源性中毒疾病过程中，主要是各种原因引起机体的代谢性酸中毒，血液中二氧化碳含量升高，pH下降，直接刺激呼吸中枢，导致呼吸次数增加，肺脏的通气量和换气量增大，见于反刍动物瘤胃酸中毒、酮病、代谢性酸中毒、尿毒症等。

（二）呼吸困难症状学分类

呼吸困难，按呼吸频度和强度的改变，可分为三大类别，即吸气性呼吸困难、呼气性呼吸困难和混合性呼吸困难（图2-19）。

1. 吸气困难的疾病　吸气性呼吸困难（inspiratory dyspnea）指呼吸时吸气动作困难，特点为吸气延长，动物头颈伸直，鼻孔高度开张，甚至张口呼吸，并可听到明显的呼吸狭窄音（哨音或喘鸣音）。此时呼气并不发生困难，呼吸次数不但不增加，反而减少。

表现吸气性呼吸困难的疾病较多，主要涉及鼻、副鼻窦、喉、气管、主支气管等上呼吸道狭窄或阻塞性疾病：①双侧鼻孔流黏液脓性鼻液，见于各种鼻炎；②单侧鼻孔流腐败性鼻液，见于颌窦炎、额窦炎、喉囊炎等；③不流鼻液或只流少量浆液性鼻液：鼻腔肿瘤、息肉、异物、羊鼻蝇蛆以及马纤维性骨营养不良等造成的鼻腔狭窄；喉炎、喉水肿、喉偏瘫、喉肿瘤等造成的喉腔狭窄；气管塌陷、气管水肿（即气管黏膜及黏膜下水肿所致围栏肥育牛喇叭声综合征）以及甲状腺肿、食管憩室、淋巴肉瘤、脓肿等压迫造成的气管腔狭窄或主支气管腔狭窄。

2. 呼气困难的疾病　呼气性呼吸困难（expiratory dyspnea）指肺泡内的气体呼出困难，特点为呼气时间延长，辅助呼气肌参与活动，呼气动作吃力，腹部有明显的起伏现象，有时

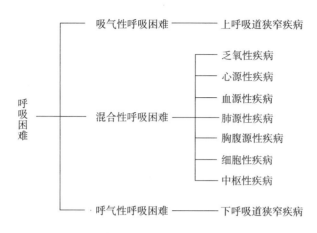

图 2-19 呼吸困难症状学分类

出现两次连续性的呼气动作（称为两段呼吸）。在高度呼气困难时，可沿肋骨弓出现深而明显的凹陷，即所谓的"喘沟"或"喘线"，此时动物腹胁部肌肉明显收缩，肷窝变平，背拱起，甚至肛门突出。在呼气困难时，吸气仍正常，呼吸频率可能增加或减少。

表现呼气性呼吸困难的疾病较少，主要见于下呼吸道狭窄（即细支气管的通气障碍）和肺泡组织弹性高度减退的疾病。其急性病程的，有弥漫性支气管炎和毛细支气管炎；其慢性病程的，有慢性肺泡气肿和马慢性阻塞性肺病。

3. 混合性呼吸困难的疾病 混合性呼吸困难（mixed dyspnea）指吸气和呼气同时发生困难，即吸气呼气均用力，吸气呼气均缩短或延长，绝大多数为呼吸浅表而疾速，极其个别为呼吸深长而缓慢，但吸气时听不到哨音，呼气时看不到喘线。

表现混合性呼吸困难的疾病很多，涉及众多器官系统，包括：①除慢性肺泡气肿而外的所有肺和胸膜的疾病（肺原性和胸原性呼吸困难）；②腹膜炎、胃肠臌胀、遗传性膈肌病（膈肥大）、膈疝等膈运动障碍的疾病（腹原性呼吸困难）；③心力衰竭以及贫血、血红蛋白异常等血气中间运载障碍的疾病（心原性和血原性呼吸困难）；④氰氢酸中毒等组织呼吸障碍的疾病（细胞性呼吸困难）；⑤各种脑病、高热、酸中毒、尿毒症等呼吸调控障碍的疾病（中枢性呼吸困难）。

（三）呼吸困难症状鉴别诊断

遇到表现气喘的动物，首先要确定其症状学类型是吸气性呼吸困难、呼气性呼吸困难还是混合性呼吸困难，这是气喘症鉴别诊断的第一步。然后，依据吸气困难、呼气困难和混合性呼吸困难，分别进行第二层鉴别。

1. 吸气困难的类症鉴别 吸气困难指示的诊断方向非常明确，即病在呼吸器官，且为上呼吸道通气障碍（狭窄）的疾病。造成上呼吸道狭窄而表现吸气困难的疾病较多，可按下列层次和要点进行鉴别诊断（图 2-20）。

（1）单侧鼻孔流污秽腐败性鼻液，且低头时鼻液涌出的病例，要考虑副鼻窦疾病，如颌窦炎、额窦炎以及喉囊炎（马）。然后依据颌窦、额窦和喉囊检查的结果进一步鉴别。

（2）双侧鼻孔流黏液-脓性鼻液，并表现鼻塞、打喷嚏等鼻腔刺激症状的病例，要考虑各种鼻炎以及以鼻炎为主要临床表现的其他各种疾病。然后根据流行病学进行鉴别：①呈散

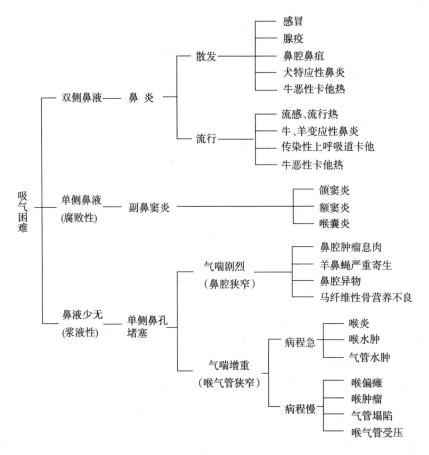

图 2-20 吸气困难类症鉴别

发的，有感冒、腺疫、鼻腔鼻疽、犬特应性鼻炎（遗传素质）、牛恶性卡他热（在东北地区）等。②呈大批流行的，有流感、牛羊变应性鼻炎（夏季鼻塞）、传染性上呼吸道卡他、牛恶性卡他热等。最后根据每个疾病的诊断要点进行病性或病因诊断。

（3）不流鼻液或只流少量浆液性鼻液，要侧重考虑可造成鼻腔、喉、气管等上呼吸道狭窄的其他各种疾病。在这种情况下，可轮流堵上单侧鼻孔，观察气喘的变化，以探索上呼吸道狭窄的部位。

①堵住单侧鼻孔后气喘加剧，指示鼻腔狭窄。可通过鼻道探诊和相关检查，确定是鼻腔肿瘤、息肉、羊鼻蝇严重寄生、鼻腔异物，还是马纤维素性骨营养不良等。

②堵住单侧鼻孔后气喘有所增重，指示喉气管狭窄。然后依据病程急慢和相关检查，确定是哪种疾病造成的喉狭窄或气管狭窄：其取急性病程的，有喉炎（伴有局部刺激症状）、喉水肿（伴有窒息危象）、气管水肿（如牛喇叭声综合征）以及甲状腺肿、食管憩室、纵隔肿瘤造成的喉气管受压。其取慢性病程的，有喉偏瘫（遗传性或铅中毒性）、喉肿瘤（渐进增重）、气管塌陷等。

2. 呼气困难的类症鉴别 呼气困难指示的诊断方向更加明确，即病在呼吸器官，见于肺泡弹力高度减退和下呼吸道狭窄的疾病。表现呼气性困难的疾病甚少，可按下列层次和要点进行鉴别和定性（图 2-21）。

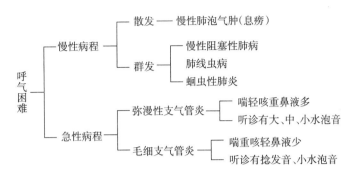

图 2-21　呼气困难的类症鉴别

3. 混合性呼吸困难的类症鉴别　混合性呼吸困难这一体征，涉及众多的系统、器官和疾病，囊括呼吸困难 8 类病因中的 7 类，对诊断方向的指示远不如吸气困难和呼气困难那样明确，它指示 7 条诊断线路，即除气道狭窄性呼吸困难外几乎所有其他原因所引起的各类呼吸困难，包括乏氧性气喘、胸腹性气喘、肺源性气喘、心源性气喘、血源性气喘、细胞性气喘和中枢性气喘。通常可按下列各层次思路和要点，逐步进行鉴别诊断，包括定向诊断、定位诊断、病性诊断和病因诊断。

在对混合性呼吸困难进行类症鉴别诊断时，首先可根据呼吸方式改变确定是胸源性还是腹源性气喘；根据呼吸节律改变确定为中枢性气喘（图 2-22）。

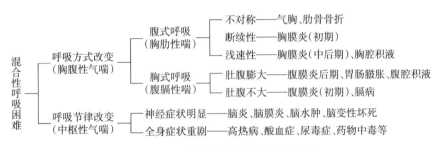

图 2-22　混合性呼吸困难类症鉴别

（1）混合性呼吸困难伴有呼吸方式明显改变，指示属胸腹源性气喘。伴有胸式呼吸的，指示腹源性气喘，病在腹和膈，再看肚腹是否膨大：①肚腹膨大的，要考虑胃肠臌胀（积食、积气、积液）、腹腔积液（腹水、肝硬化、膀胱破裂）、腹膜炎后期等；②肚腹不膨大的，要考虑腹膜炎的初期（腹壁触痛、紧缩）、膈疝（腹痛）、膈麻痹（呼吸时肋胸部大起大落而腹部不起不落）以及遗传性膈肌病（家族式发生）等。最后逐个加以论证诊断和病因诊断。伴有腹式呼吸的，指示胸源性气喘，病在胸和肋，再看两侧胸廓运动有无对称性和连续性：①其左右呼吸不对称的，要考虑肋骨骨折和气胸；②其断续性呼吸的，要考虑胸膜炎初期（干性胸膜炎）；③其单纯呼吸浅表、快速而用力的，要考虑胸腔积液或胸膜炎中后期（渗出性胸膜炎、被包性胸膜炎）。最后逐个进行论证诊断和病因诊断。

（2）混合性呼吸困难，伴有呼吸节律的明显改变，呼吸深长而缓慢，并出现潮式呼吸、间歇式呼吸或深长大呼吸的，常指示中枢性气喘。

其神经症状明显的，要考虑各种脑病，如脑炎、脑水肿、脑出血、脑坏死、脑肿瘤（具一般脑症状和灶性症状）和脑膜炎（具脑膜刺激症状）。

其全身症状重剧的，则要考虑全身性疾病（高热病、酸中毒、尿毒症、药物中毒）的危重期以至濒死期，最后逐个进行病性论证和病因诊断。

4. 对呼吸方式、呼吸节律、呼吸运动对称性没有明显改变的混合性呼吸困难进行类症鉴别 要在心源性气喘、肺源性气喘、血源性气喘、细胞性气喘、乏气性气喘等5种病因类型中查找，尤其应该着重从前两种病因类型中查找（图2-23）。

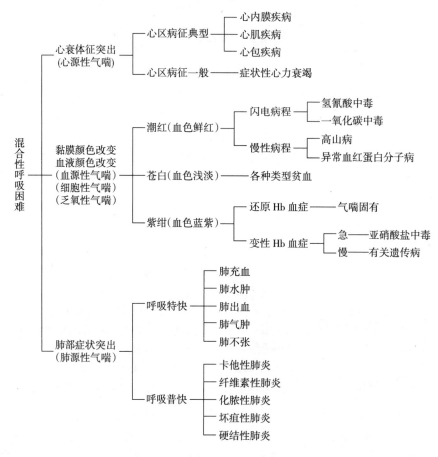

图2-23 混合性呼吸困难类症鉴别

（1）混合性呼吸困难而伴有明显心衰体征（脉搏细弱或不感，微血管再充盈时间延迟，黏膜发绀，静脉怒张，皮下浮肿等）的，常指示属心源性气喘。此类心源性气喘的实质是心力衰竭，尤其左心衰竭引起肺循环淤滞（肺淤血、肺水肿）的表现。对这样的动物，要着重检查心脏。

其心区病征（视、触、听、叩等一般理学检查，心电图、超声、X线摄影、心血管造影及心功能试验等特殊检查）典型的，提示心病性原发性心力衰竭，要考虑有关的心内膜疾病、心肌疾病和心包疾病。

心区检查，除心衰的一般所见（第一心音强，第二心音弱或胎儿样心音等）外，无明显心区体征，提示症状性继发性心力衰竭，要考虑某种全身性疾病或其他系统器官疾病进入了危重濒死期。

（2）对混合性呼吸困难的动物，要注意观察可视黏膜和血液的颜色。凡混合性呼吸困难,且伴有黏膜和血液颜色改变的,常指示属血源性气喘、细胞性气喘以至乏氧性气喘。

其可视黏膜潮红,静脉血色鲜红,极度呼吸困难(窒息危象),取闪电式病程的,要考虑氰氢酸中毒和一氧化碳中毒;同样的病征,但呼吸困难静息时不显,运动后才显现,且取慢性病程的,常提示继发性红细胞增多症,要考虑高山病或异常血红蛋白血症(血红蛋白先天异常,对氧结合牢固,不易氧离的一种遗传性分子病);

可视黏膜苍白或黄白而血色浅淡的,常提示贫血性气喘,要进一步查明贫血的类型和具体病因。

其可视黏膜发绀(蓝紫色),而血色发暗或褐变的,应采静脉血(抗凝)在试管中振荡,查明是还原性血红蛋白血症(振荡后由暗变红),还是变性血红蛋白血症(振荡后仍为暗褐色)。前者是各种气喘的必然结果。后者见于某些中毒病和遗传病,其急性病程的,要考虑亚硝酸盐中毒;其慢性病程且呈家族性发生的,要考虑家族性高铁血红蛋白血症。

(3)混合性呼吸困难动物,肺部症状突出的,常指示属肺源性气喘。肺源性气喘是最常见多发的一种呼吸困难病因类型。

马、牛呼吸次数多达60次/min以上,常提示非炎性肺病,要考虑肺充血、水肿、肺出血、肺气肿以及肺不张,可依据肺部听、叩诊结果和鼻液性状,逐个鉴别并查明病因。

马、牛呼吸次数在40~60次/min之间的,常提示炎性肺病,要考虑卡他性肺炎、纤维素性肺炎、化脓性肺炎、坏疽性肺炎以及硬结性肺炎。可依据鼻液性状、咳嗽,尤其是肺部听、叩诊变化、全身状态以及影像学所见,逐个进行鉴别诊断,做出论证(病性)诊断以至病因诊断。

(邓俊良)

◇ 复习思考题

1. 简述呼吸器官疾病的主要病因和临床症状。
2. 呼吸器官疾病的检查方法包括哪些?
3. 呼吸器官疾病的治疗原则是什么?如何正确使用相关药物?
4. 试述支气管炎的发病机理、临床症状及治疗方法。
5. 肺水肿、肺泡气肿、间质性肺气肿、支气管肺炎、纤维素性肺炎、坏疽性肺炎、胸膜炎和胸腔积水各有何临床特征?
6. 简述支气管肺炎和纤维素性肺炎,肺水肿与纤维素性肺炎,胸膜炎与胸腔积水在临床上如何鉴别。
7. 肺炎的基本治疗要点有哪些?
8. 引起各种动物呼吸困难的主要疾病有哪些?
9. 简述动物呼吸困难综合征的鉴别诊断要领。

第三章

心血管系统疾病

> **内容提要**：心血管系统疾病可导致血液循环障碍，影响全身各组织器官的功能。心血管系统功能的好坏，循环障碍的程度，常常是判断治疗效果与疾病预后的重要依据。学习过程中，要求重点掌握创伤性心包炎、心力衰竭、心肌炎的发病机理、诊断要点和治疗措施；基本掌握急性心内膜炎、心脏瓣膜病和外周循环虚脱的发病机理；了解其他心血管系统疾病。

概 述

心血管系统又称循环系统，包括心脏和血管两大部分。心脏由纵隔和房室瓣将其分为四个心腔（左心房、右心房、左心室和右心室）。血管是血液运动的管道，由动脉、静脉和毛细血管网构成。血液由右心室出发，经肺动脉，肺部血管网、肺静脉到达左心房，称小循环；左心室将血液输送到主动脉，经全身的血管网、静脉，流入前、后腔静脉，最后达右心房，称为大循环。

血液循环过程中，心脏的正常节律性搏动，具有血泵作用。血管的功能在于输送血液到全身，在毛细血管内，血液将氧和营养物质等供给组织和脏器，并运走组织不需要的物质——二氧化碳和代谢产物。此外，微循环能调节器官的血流量，维持循环血量，稳定血压和进行物质交换。总之，心血管系统的主要机能是维持血液循环，使血液和组织之间能够进行体液、电解质、氧和其他营养物质以及排泄物的正常交换。血液循环系统受神经和体液双重调节，对维持正常的机能活动，保证全身各个器官系统的血液供应和新陈代谢正常进行至关重要。

心脏具有强大的储备力量和代偿能力。在劳役或运动期间，心脏的血液排出量可以比安静状态下增加许多倍，以适应机体的需要。如心脏在心舒张期高度扩张，收缩期加强收缩，能增加血液输入量和排出量；又可通过增加心搏动的速度，来提高血液排出量。尽管心血管系统具有强大的代偿能力，但在超出一定时间和限度时，仍可导致心脏和血管发生结构或机能的改变；也可由神经系统、内分泌系统障碍及其他脏器的机能紊乱或器质性病变引起心血管系统的适应能力降低或丧失，临床上表现为血液循环障碍。反过来，循环障碍又会影响其他系统的机能，以至整个机体的生命活动。

当机体发生血液循环障碍时，如果心肌营养良好则使心壁变厚，心肌纤维变粗，毛细血管循环血液中的氧和营养物质到达心肌纤维中心的距离逐渐增加，从而形成心脏肥大；如果心肌营养不良且继续运动，则使心肌纤维过度伸长，心肌纤维中的肌凝蛋白和肌纤蛋白分子间的距离过度加大，形成心脏扩张。扩张和肥大的心脏，随着病程发展，收缩力减弱或降低，结果心脏排出的血液量不能适应机体的需要，引起出现心搏动过速，节律不齐，脉搏微弱，呼吸困难，黏膜发绀和水肿等一系列病征，临床上称为心力衰竭。

在发生心力衰竭的同时，也互为因果关系地发生循环衰竭。在正常情况下，有20%~30%的微循环处于交替开放状态，大部分处于关闭状态。当发生心力衰竭时，全身大量毛细血管开放，外围血管的阻力降低，导致大量的血液停滞在毛细血管内，静脉回流缓慢，引起全身循环血量减少，血压急剧下降，发生严重虚脱现象。尤其是伴发感染，中毒等疾病时更为严重，动物会出现休克。动物出现虚脱现象时，静脉回流受到影响，使心脏的血液输入量减少，从而血液排出量也减少，又加剧了心力衰竭。

心血管系统疾病，特别是心脏的疾病，大多继发或并发于许多传染性疾病（如炭疽、口蹄疫、腺疫、出血性败血病、马传染性贫血和幼驹副伤寒等）、普通病（如肺炎、胸膜炎、肝炎、胃肠炎、肾脏疾病、子宫疾病、新陈代谢疾病、外伤性心脏疾病和化脓性外科疾病）、中毒性疾病（如有毒植物、矿物性毒物、呋喃唑酮等中毒）或微量元素缺乏（如硒缺乏等）等过程中。饲养管理不当或使役不合理，也可发生心力衰竭和循环虚脱等疾病。业已证实，遗传因素在循环系统疾病，尤其在心肌病发生上具有重要意义。

心血管系统疾病，轻者影响家畜的生产性能，重者常常以死亡告终，造成严重的经济损失。因此在对临床表现健康或有任何系统疾病的病畜进行检查时，必须重视心脏和血管状态的检查，及早发现异常，采取适宜的治疗措施，以减少或消除由此而引起的其他器官系统的机能紊乱，避免造成经济损失。

第一节　心包疾病

心包炎是心包最常见的疾病，是指心包壁层和脏层的炎症。临床特征为心动过速，心音减弱，心浊音区扩大，出现心包摩擦音或心包拍水音。按病因分为创伤性和非创伤性两种；按病程分为急性和慢性两种；按渗出物性质可分为浆液性、纤维素性、浆液—纤维素性、出血性、化脓性和腐败性等多种类型。临床上以急性浆液性和浆液—纤维素性心包炎比较常见。本病最常见于牛和猪，马、羊、犬、鸡、鸵鸟、金钱豹、兔等动物也可发生。

非创伤性心包炎（non-traumatic pericarditis）

【病因】通常由血源性感染或邻近器官炎症（心肌炎、胸膜炎）蔓延引起，常见于某些传染病、寄生虫病和各种脓毒败血症。受寒、感冒、过劳、饲养管理失误、维生素缺乏以及许多亚临床型新陈代谢疾病会降低机体抵抗力，促进心包炎的发生。

牛的心包炎可见于牛肺疫、牛出败、牛结核病、脓毒性子宫炎、乳房炎、脑脊髓炎、气肿疽、风湿病、弓形虫病等的经过中。

猪的心包炎主要见于猪丹毒、猪肺疫、猪瘟、支原体肺炎、沙门菌病、链球菌感染、格拉瑟氏病、仔猪病毒性心包炎、猪浆膜丝虫病、弓形虫病等的经过中。

马的心包炎伴发于马传染性胸膜肺炎、马鼻疽、马腺疫、上呼吸道感染、流感、粪链球菌感染、脓毒败血症、腹膜炎、关节炎、风湿病、肿瘤、弓形虫病等的经过中。

绵羊的心包炎可发生于巴氏杆菌病、大肠杆菌病、衣原体病和支原体病的经过中。

犬的心包炎见于结核病、肿瘤等疾病。

鸡的心包炎见于多种传染病和中毒病的经过中，如大肠杆菌病、鸡白痢、鸡新城疫、禽出血性败血症、金黄色葡萄球菌感染、链球菌感染、慢性呼吸道病、弧菌性肝炎、营养性心内膜炎、猪屎豆中毒以及多种药物和化学物质中毒。

慢性心包炎多数由急性心包炎转变而来，也可继发于慢性传染病的经过中。有的散发性病例常无确切的病原，是多种感染因子综合作用的结果。

【症状】急性心包炎通常都有感冒、上呼吸道感染、肺炎、胸膜炎或无名发热的病史，可能伴有原发病的某些症状。

病初主要表现为发热，脉率加快，心律失常，逐渐出现心包摩擦音。心区触诊有时可感到心区震颤。随着病情的发展，心包腔内积聚多量渗出物，心包摩擦音减弱或消失，心音遥远，第一心音和第二心音均减弱。如果心包腔内积液的同时还存在气体，则可听到心包拍水音。病的后期，颈静脉、胸外静脉怒张，颈静脉阴性搏动明显，腹下水肿，脉搏微弱，脉率显著加快，结膜发绀，呼吸困难。

马脓毒性心包炎多数有肺炎、胸膜炎或腹痛的病史，主要表现为发热，心音低沉或有心包摩擦音，颈静脉怒张，腹下水肿，常伴发轻度腹痛，胸部叩诊有水平浊音和严重的呼吸困难。心电图特征为电交替和 QRS 综合波低电压。血液检查，粒细胞总数增多，伴有中性粒细胞比例增高，血浆纤维蛋白原含量增高。心包穿刺液涂片镜检常可发现细菌。

结核性心包炎和猪浆膜丝虫心包炎多呈慢性经过，主要表现浅表静脉怒张、水肿、呼吸困难和心律失常。

【病理变化】急性心包炎，心包表面血管怒张，心包腔内积聚多量浆液性、纤维素性、浆液-纤维素性或脓性渗出液，在马最多可达 30～40L，牛达 10～19L，羊达 5～8L。心外膜粗糙有大量黄白色纤维素沉着，因心搏动时的摩擦，其表面呈卷曲的绒毛状，故称绒毛心（corvillosum）。慢性心包炎，心包增厚，心脏明显增大，心包壁层与心外膜粘连。有的心包与胸膜粘连。发生结核性心包炎时，心外膜上布满珍珠状结节或被覆一层干酪样坏死物。

猪浆膜丝虫性心外膜炎时，心外膜淋巴管内可发现乳白色、细似毛发的丝虫。心外膜上形成绿豆大灰白色小泡状乳斑或长短不一的纤曲状条索，或灰白色针帽大的钙化结节。病灶数量不一，少的仅有 1～3 个，多的达 20 余个，严重者心包壁层与心外膜粘连。

【诊断】急性心包炎初期，示病症状不明显，诊断比较困难。当出现心率加快，心浊音区扩大，有心包摩擦音或拍水音、心音遥远、浅表静脉怒张、腹下水肿、结膜发绀等症候群时，一般可做出诊断。必要时可进行 X 线检查，超声检查，心包穿刺液检验和血液检验。为确定病原，还应进行相应的特殊检查。

心包炎应与纤维素性胸膜炎和心内膜炎相鉴别。

纤维素性胸膜炎胸膜摩擦音多与呼吸运动同时出现，不局限于心区，在肺区下 1/3 部均可听到，伴有胸壁敏感，痛性弱咳和腹式呼吸等症状。心包炎心包摩擦音则与心搏动同时出现，只能在心区听到，同时伴有心包炎的相应症状。

心内膜炎出现心内器质性杂音，有特定的最强听诊点，出现在收缩期或舒张期，杂音的音性和强度比较固定，心包炎出现心包摩擦音，杂音如在耳下，在整个心动周期中都能听到，杂音的音性和强度可变性较大。

【治疗】对于伴发于传染病的心包炎应采用抗生素治疗，常用青霉素和庆大霉素，有条件者可根据心包穿刺液分离培养出的细菌药敏试验结果，选用高敏的抗菌药物。

为了减轻心脏负担，可用心包穿刺疗法，排液后注入青霉素 100 万～200 万 U，链霉素 1～2g，有一定疗效。对于马的脓毒性心包炎，采用心包腔内插入胸内导管（F16～F18），通过导管每天用抗生素灌洗或滴注心包腔两次，可取得较好的效果，治愈率达 67%，好转率达 83%。

对于出现严重心律失常的病畜，可选用硫酸奎尼丁、盐酸利多卡因、心得安等制剂。有充血性心力衰竭的病畜，可试用洋地黄、咖啡因等药物。

创伤性心包炎（traumatic pericarditis）

创伤性心包炎是由于误食尖锐异物，异物由网胃经膈肌刺入心包引起的心包炎症。临床上以心区疼痛、摩擦音和拍水音、心浊音区扩大为特征。

【病因】创伤性心包炎主要是心包受到从网胃来的尖锐异物的机械性刺伤所致，是创伤性网胃-腹膜炎的一种主要并发症。牛采食时咀嚼粗放而又快速咽下，加上其口腔黏膜分布着许多角化乳头，对硬性刺激物，如铁钉、铁丝、玻片等感觉比较迟钝，因而易将尖锐物体摄入胃内；又由于网胃与心包仅以薄层的膈肌相连，故在网胃收缩时，往往使尖锐物体刺破网胃和膈肌直穿心包和心脏，同时使网胃内的微生物随之侵入，因而引起创伤性心包炎。马属动物的创伤性心包炎多由火器弹片直接穿透心区胸壁刺伤心包，或胸骨和肋骨骨折，由骨断端损伤心包而引起。此外，牛犄角顶撞胸壁创伤等亦可导致本病。

【发病机理】异物刺入心包的同时细菌也侵入心包，异物和细菌的刺激作用和感染使心包局部发生充血、出血、肿胀、渗出等炎症反应。渗出液初期为浆液性、纤维素性，继而形成化脓性、腐败性。纤维素性渗出物附着于心包表面，使其变得粗糙不平，心脏收缩与舒张时，心包壁层和心外膜相互摩擦产生心包摩擦音。随着渗出液的增加，摩擦音减弱或消失。渗出液中混有细菌，大量繁殖并产生气体，从而产生心包拍水音，心音减弱。渗出物大量积聚，使心包扩张，内压增高，心脏的舒张受到限制，腔静脉血回流受阻，浅表静脉怒张，肺静脉血回流受阻，造成肺淤血，影响肺内气体交换，血液中氧含量降低，二氧化碳含量升高。血液中氧含量降低，刺激主动脉和颈动脉化学感受器，反射性地引起心动过速，心肌耗氧量增加，而血液供应量减少，心储备力降低，代偿失调，发生充血性心力衰竭。血液中二氧化碳含量升高，反射性地引起呼吸数增加，炎症过程中的病理产物和细菌毒素吸收后，致发毒血症，引起体温升高。

【症状】创伤性心包炎的症状表现分两个阶段。

第一阶段为网胃-腹膜炎症状（详见第一章第二节）。

第二阶段为心包炎症状。病畜精神沉郁，呆立不动，头下垂，眼半闭。病初体温升高，多数呈稽留热，少数呈弛张热，后期降至常温，但脉率仍然增加，脉性初期充实，后期微弱不易感触。呼吸浅快，迫促，有时困难，呈腹式呼吸。心音变化较快，病初由于有纤维性渗出故出现摩擦音，随着浆液渗出及气泡的产生，出现心包拍水音。叩诊心浊音区增大，上界可达肩端水平线，后方可达第 7～8 肋间。可视黏膜发绀，有时呈现黄染。

当病程超过1~2周，血液循环明显障碍，颈静脉搏动明显，患畜下颌间隙和垂皮等处先后发生水肿。病畜常因心脏衰竭或脓毒败血症而死亡，个别的突然死于心脏破裂。

血液检查：病初中性粒细胞增多，有的高达25×10^9个/L，淋巴细胞和嗜酸性粒细胞减少，红细胞低于正常。血清总蛋白和白蛋白减少，α球蛋白和β球蛋白增加，血清AST、LDH和CPK活性增高。

心电图描记：窦性心动过速，各波电压明显降低，尤其是R波，T波低平或倒置。严重病例，P波，QRS综合波，T波与等电位线重合。心肌受严重损伤时，出现室性期前收缩，S-T段移位。

X线检查：病初肺纹理正常，心膈尖锐而清晰，心膈角间隙模糊不清，有时可见刺入异物的致密阴影；中期肺纹理增粗，心界不清，搏动不明显，心膈角模糊不清，间隙消失；晚期纹理增粗模糊，心界消失，心包扩大，心膈角变钝或消失。心包呈弓形，心包壁增厚。

超声检查：入心波前出现液平段，心包内渗出物增多，液平段距离增宽。渗出液内有纤维素时，液平段上可见较密的微小波。

二维心超声检查：很容易观察到心包内的积液和纤维素。在心脏壁层和心包脏层间出现大量纤维素沉着，这些纤维素就是剖检时观察到的"炒鸡蛋样"病变。

【病理变化】心包增厚、扩张而紧张，壁层和外膜上沉积大量纤维素，心包腔内积聚大量污秽的含气泡的渗出物，带有剧烈的腐败臭，心包内往往可发现异物。

病程较久者，网胃、膈与心包粘连，有时在异物穿刺的路径上形成含有脓汁的管道。当尖锐异物损伤心肌时，病初损伤部的心肌呈现出血性浸润，继而出现化脓性渗出物，最后变为腐败性脓肿，甚至形成急性心脏动脉瘤。

由外伤引起的心包炎，可见心区胸壁的创伤，胸骨或肋骨骨折。

【诊断】根据创伤性心包炎的一系列临床表现可做出诊断。心包摩擦音与拍水音是本病的示病症状，如果出现其中之一症状，或两种症状先后出现，便可建立诊断。但临床上如未发现上述症状时，可借助其他临床特点，如心区压痛反应，心浊音区扩大，颈静脉怒张，垂皮水肿等症状，以及特殊检查，如血液检查、X线检查、超声检查、心电图描记、二维心超声检查等进行综合诊断，必要时可做心包穿刺进行确诊。

创伤性心包炎应与下列疾病区别。

淋巴肉瘤及心包积液：应用心包穿刺法，鉴别穿刺液的性质或细胞学检查即可区分。

纤维素性胸膜肺炎：随着呼吸动作出现胸膜摩擦音。

心内膜炎：根据炎症的部位和性质出现相应的心内器质性杂音。

【治疗】视动物的经济价值而定，一般患病动物应尽早淘汰，对珍贵动物可采用心包穿刺法或手术疗法。手术越早进行越好，并配合应用抗生素，但严重腹侧水肿和明显心衰的动物不宜手术。

心包穿刺法，即以10~20号的20cm长针头，在左侧4~6肋间与肩胛关节水平线相交点做心包穿刺术，放出脓汁，并注入100万~200万U青霉素，1~2g链霉素混合溶液。

【预防】加强饲养管理，防止饲料中混杂尖锐异物。已确诊为创伤性网胃炎的病畜，宜尽早实施瘤胃切开术，取出异物，避免刺伤心包使病情恶化。

（赵宝玉）

第二节 心脏疾病

心力衰竭（cardiac failure）

心力衰竭又称心脏衰弱（heart failure）、心脏功能不全（cardiac insufficiency），是因心肌收缩力减弱或衰竭，引起外周静脉过度充盈，心脏排血量减少，动脉压降低，静脉回流受阻等，而导致呼吸困难，皮下水肿、发绀，甚至心搏骤停和突然死亡的一种全身血液循环障碍综合征。本病各种动物均可发生，以马、犬和猫发病居多。

心力衰竭按病程可分为急性和慢性两种，慢性心力衰竭又称充血性心力衰竭；按发病原因可分为原发性心力衰竭和继发性心力衰竭；按发生部位可分为左心衰竭、右心衰竭和全心衰竭。

【病因】急性原发性心力衰竭，主要是由于压力负荷过重或容量负荷过重而导致的心肌负荷过重。压力负荷过重所引起的心力衰竭主要发生于使役不当或过重的役畜，尤其是饱食逸居的家畜突然进行重剧劳役，如长期舍饲的育肥牛在陡坡、崎岖道路上载重或挽车等，猪长途驱赶等；容量负荷过重而引起的心力衰竭往往是在治疗过程中，静脉输液量超过心脏的最大负荷量，尤其是向静脉过快地注射对心肌有较强刺激性药液，如钙制剂、砷制剂、色素制剂等。此外，还可发生于麻醉意外、雷击、电击等。

急性继发性心力衰竭，主要是由于病原微生物或毒素直接侵害心肌所致的心肌炎、心肌变性和心肌梗死等引起。例如马传染性贫血、口蹄疫、猪瘟、血液病等所致的急性心肌炎；硒缺乏、铜缺乏等营养缺乏病所致的心肌变性；某些毒物中毒所致的心肌病，以及冠状动脉血栓形成的心肌梗死等。

慢性心力衰竭，是心脏由于某些固有的缺损，在休息时不能维持循环平衡并出现静脉充血，伴以血管扩张、心脏扩大和心率加快，呈现肢体末端水肿。除长期重剧使役外，常继发或并发于多种亚急性和慢性感染，心脏本身的疾病（心包炎、心肌炎、心肌变性、心脏扩张和肥大、心瓣膜病、先天性心脏缺陷等）、中毒病（棉子饼中毒、霉败饲料中毒、含强心苷的植物中毒、呋喃唑酮中毒等）、甲状腺机能亢进、幼畜白肌病、慢性肺泡气肿、慢性肾炎等。

在高海拔地区，棘豆草丛生牧场上放牧的青年牛易发右心衰竭。肉牛采食大量曾饲喂过聚醚离子载体药物（马杜拉菌素或盐霉素）的肉鸡粪，能引起心脏衰竭。

【发病机理】心血管系统具有强大的代偿能力，在正常情况下，足以完成超过心脏正常负荷5～6倍排血量任务。平时缺乏锻炼的动物，当突然剧烈运动或重剧使役时，机体各组织器官需血量和静脉血液回流量都急剧增多，心脏为了适应各组织器官的需要，必须以加强心肌收缩力和加快收缩频率等途径进行代偿。但是仅依靠加强心肌收缩力和加快收缩频率只能在短时间内，并只在一定程度上改善血液循环，二者同时又可能导致心肌储备能量过多的消耗，加重心功能障碍。尤其是收缩频率加快，不仅使心肌耗氧量增加，而且使心室舒张期大为缩短，导致心室充盈不足和冠状动脉血流量减少，从而使心肌血流量减少，因代偿不全而发生心力衰竭。

急性心力衰竭时，由于心肌收缩力减弱，使心排血量明显减少，动脉压降低，而右心房和腔静脉压增高，反射性地引起交感神经兴奋，发生代偿性心动过速，但由于心脏负荷加重，代偿性活动增强，从而使心肌能量代谢增加，耗氧量增加，心室舒张期缩短，冠状血管的血流量减少，氧供给不足。当心率超过一定限度时，心室充盈不充足，排血量降低。此外，交感神经兴奋使外周血管收缩，心室压力负荷加重，使血流量减少，导致肾上腺皮质分泌的醛固酮和下丘脑-神经垂体分泌的抗利尿素增多，加强肾小管对钠离子和水的重吸收，引起钠离子和水在组织内潴留，心室的容量负荷加剧，影响心排血量，最终导致代偿失调，发生急性心脏衰竭。

慢性心力衰竭多半是在心脏血管疾病病变不断加重的基础上逐渐发展而来的。发病时，既增加心跳频率，又使心脏长期负荷过重，心室肌张力过度，刺激心肌代谢，增加蛋白质合成，心肌纤维变粗，发生代偿性肥大，心肌收缩力增强，心排血量增多，以此维持机体代谢的需要。然而，肥厚的心肌静息时张力较高，收缩时张力增加速度减慢，致使耗氧量增加，肥大心脏的贮备力和工作效率明显降低。当劳役、运动或其他原因引起心动过速时，肥厚的心肌处于严重缺氧的状态，心肌收缩力减弱，收缩时不能将心室排空，使心脏发生扩张，导致心脏衰竭。

左心衰竭时，首先呈现肺循环淤血，导致肺水肿，妨碍气体交换，动脉血氧分压降低，反射性地引起呼吸运动加强，病畜表现呼吸困难，可视黏膜发绀。

右心衰竭时，腔静脉压升高，呈现体循环淤血，肝、肾、胃肠等器官淤血和全身水肿，导致相应器官的功能障碍。肾淤血时，肾小球滤过率降低，尿液生成减少，加上醛固酮分泌增多，肾小管对水和钠离子的重吸收增加，引起水、钠潴留，使心性水肿加重。脑淤血时，脑组织缺氧，出现脑功能障碍。胃肠道淤血时，胃肠的分泌和蠕动功能紊乱，发生淤血性消化障碍。肝淤血肿大，肝功能障碍，甚至出现黄疸及淤血性肝硬化；同时肝淤血又使门静脉压力增高，门静脉回流受阻，加重胃肠淤血。

当机体发生心力衰竭时，由于心排血量减少，供给组织细胞的氧气不足，病畜对运动的耐受性降低，肌肉尤其是骨骼肌缺血缺氧，导致肌乳酸蓄积，肌肉疲劳无力，病畜不耐使役，或使役中易疲劳出汗；同时，组织缺血缺氧，产生过量的丙酮酸、乳酸等中间代谢产物，引起酸中毒。由于静脉血回流受阻，全身静脉淤血，静脉血压增高，毛细血管通透性增大，从而发生水肿，甚至形成胸水、腹水和心包积液。左心衰竭时，首先呈现肺循环淤血，迅速发生肺水肿。右心衰竭时，呈现体循环淤血和心脏性水肿。

【症状】急性心力衰竭的初期，病畜精神沉郁，食欲不振甚至废绝，易于疲劳、出汗，呼吸加快，肺泡呼吸音增强，可视黏膜轻度发绀，体表静脉怒张；心搏动亢进，第一心音增强，脉搏细数，有时出现心内杂音和节律不齐。进一步发展，各症状全部严重，且发生肺水肿，胸部听诊有广泛的湿啰音；两侧鼻孔流出多量无色细小泡沫状鼻液。心搏动震动全身，第一心音高朗，第二心音微弱，伴发阵发性心动过速，脉细不感于手。有的步态不稳，易摔倒，常在症状出现后数秒钟到数分钟内突然死亡。

慢性心力衰竭，其病情发展缓慢，病程长达数周、数月或数年。除精神沉郁和食欲减退外，多不愿走动，不耐使役，易于疲劳、出汗。黏膜发绀，体表静脉怒张。垂皮、腹下和四肢下端水肿，触诊有捏粉样感觉。呼吸加深，次数略增多。排尿量减少，尿液浓缩并含有少量白蛋白。初期排粪正常，后期腹泻。随着病程的发展，病畜体重减轻，心率加快，第一心音增强，第二心音减弱，有时出现相对闭锁不全性缩期杂音，心律失常。心区叩诊浊音区增大。由于组织器官淤血缺氧，还可出现咳嗽，知觉障碍。心区X线检查和M型超声心动图检查，可发现心肌增厚或心室腔扩大。病犬血浆醛固酮水平增高，血浆去甲肾上腺素浓度也增高，且心房尿钠肽（atrial natriuretic peptide，ANP）含量增高。病马血清LDH活性显著增高。

左心衰竭时，肺循环淤血，易发生肺水肿和慢性支气管炎的症状，呼吸增数，呼吸困难，听诊出现啰音，湿性咳嗽等。右心衰竭时，常发生体腔积液，如胸腔积液、腹腔积液等，以及各脏器淤血的症状。脑淤血时，呈现意识障碍，反应迟钝，甚至眩晕、跌倒、步态蹒跚等神经症状。胃肠淤血时，呈现慢性消化不良，便秘或腹泻，逐渐消瘦。肝淤血时，肝肿大，肝功能障碍，呈现黄疸，后期发生心源性肝硬化，腹腔积液。肾淤血时，尿量减少，尿液浓稠色暗，因肾小管变性而尿中出现蛋白质、肾上皮细胞和管型。

【病理变化】左心衰竭时，剖检可见左心腔扩张，充血或有血液凝块，心壁柔软、脆弱。肺脏的体积稍增大，重量增加，色泽加深呈红褐色。肺胸膜湿润而有光泽，用手触之可留有指压痕。肺间质增宽，切面湿润，富含血液，从支气管和细支气管断端流出许多泡沫状液体，支气管内亦充积多量泡沫状液体。镜检，肺泡壁毛细血管充血，肺泡充满淡红色水肿液，内有少量脱落的肺泡上皮细胞或巨噬细胞。

右心衰竭时，右心扩张、充血和有血凝块，心壁变薄，心肌实质变性，大循环静脉系统明显淤血。肝、脾、肾、胃肠及脑等器官淤血和水肿。肝脏肿大，实质变性，病程较久者，肝实质尚可见纤维化，进而发展为肝硬变。胃肠壁和肠系膜明显淤血，严重时可导致淤血性卡他。肾脏淤血，间质水肿，肾小球毛细血管的通透性增高，肾小管和尿中可出现蛋白质和管型。脑淤血、水肿，神经细胞呈不同程度的变性，严重时还可见脑膜和脑实质小点状出血。

【诊断】心力衰竭，主要根据发病原因，静脉怒张，脉搏增数，呼吸困难，垂皮和腹下水肿以及心率加快，第一心音增强，第二心音减弱等症状可做出诊断。心电图、X线检查和M型超声心动图检查有助于判定心脏肥大和扩张，对本综合征的诊断有辅助意义。鉴别诊断应注意与其他伴有水肿（寄生虫病、肾炎、贫血、妊娠等）、呼吸困难（有机磷中毒、急性肺气肿、牛再生草热、过敏性疾病等）和腹水（腹膜炎、肝硬化等炎症）的疾病进行鉴别。同时，也要注意急性或慢性，原发性或继发性的鉴别。

【治疗】治疗原则是加强护理，减轻心脏负担，缓解呼吸困难，增强心肌收缩力和排血量以及对症治疗等。

对于急性心力衰竭，往往来不及救治，病程较长的可参照慢性心力衰竭使用强心苷类药物。麻醉时发生的心室纤颤或心搏骤停，可采用心脏按摩或电刺激起搏，也可试用极小剂量肾上腺素心内注射。

对于慢性心力衰竭，首先应将患畜置于安静厩舍休息，给予柔软易消化的饲料，以减少机体对心脏排血量的要求，减轻心脏负担。同时也可根据患畜体质，静脉淤血程度以及心音、脉搏强弱，酌情放血1 000~2 000mL（贫血患畜切忌放血），放血后呼吸困难迅速缓解，此时缓慢静脉注射25%葡萄糖溶液500~1 000mL，增强心脏机能，改善心肌营养。

为消除水肿，最大限度地减轻心室容量负荷，应限制钠盐摄入，给予利尿剂，常用双氢克尿噻，马、牛0.5~1.0g，猪、羊0.05~0.1g，犬25~50mg，内服；或速尿，按每千克体重2~3mg内服，或每千克体重0.5~1.0mg肌肉注射，1~2次/d，连用3~4d，停药数日后再用数日。

为缓解呼吸困难，可用樟脑兴奋心肌和呼吸中枢，在马、牛发生某些急性传染病及中毒经过中的心力衰竭时，常用10%樟脑磺酸钠注射液10～20mL，皮下或肌肉注射；也可用1.5%氧化樟脑注射液10～20mL，肌肉或静脉注射。

为了增强心肌收缩力，增加心排血量，习惯上用洋地黄类强心苷制剂。但应注意洋地黄类药物长期应用易发生蓄积中毒；成年反刍动物不宜内服；由心肌发炎损害引起的心力衰竭禁用。临床上应用时，一般先在短期内给予足够剂量的洋地黄，以后每天给予一定的维持量。在马，先按每千克体重0.016～0.022mg静脉注射地高辛，经2.5～4h后再按每千克体重0.008～0.011mg注射第二次，以后每24h给予每千克体重0.008～0.011mg剂量的地高辛即可维持；牛用洋地黄毒苷每千克体重0.03mg肌肉注射，或地高辛每千克体重0.008mg静脉注射，维持剂量为每千克体重0.001 1～0.001 7mg；犬可用地高辛每千克体重0.07～0.22mg，内服，维持剂量为初服剂量的1/3～1/8。

对于心率过快的马、牛等大家畜用复方奎宁注射液10～20mL肌肉注射，2～3次/d；犬用心得宁2～5mg内服，3次/d，有良好效果。

对于持续时间较长或难治的犬、猫心力衰竭，可应用小动脉扩张剂，如肼苯哒嗪每千克体重0.5～2.0mg，2次/d。也可用静脉扩张剂，如硝酸甘油、异山梨醇二硝酸酯等。兼有扩张小动脉和降低静脉血压的制剂，如哌唑嗪每千克体重0.02～0.05mg内服，2次/d。醛固酮拮抗剂，如安体舒通每千克体重10～50mg内服，3次/d，兼有利尿效果。血管紧张素转移酶抑制剂，如甲巯丙脯酸每千克体重0.5～1.0mg内服，3次/d，有缓解症状，延长存活时间的功效。

此外，应针对出现的症状，给予健胃、缓泻、镇静等制剂，还可使用ATP、辅酶A、细胞色素C、维生素B_6和葡萄糖等营养合剂，做辅助治疗。

中兽医对心力衰竭，常选用"参附汤"和"营养散"治疗。参附汤：党参60g，熟附子32g，生姜60g，大枣60g，水煎2次，候温灌服。营养散：当归16g，黄芪32g，党参25g，茯苓20g，白术25g，甘草16g，白芍19g，陈皮16g，五味子25g，远志16g，红花16g，共为末，开水冲服，1剂/d，每7剂为1疗程。

【预防】对役畜应坚持经常锻炼和使役，提高适应能力，同时也应合理使役，防止过劳。在输液或静脉注射刺激性较强的药液时，应掌握注射速度和剂量。对于其他疾病而引起的继发性心力衰竭，应及时根治其原发病。

心肌炎（myocarditis）

心肌炎是心肌炎症性疾病的总称，是以心肌兴奋性增高和收缩机能减退为其病理生理学特征。心肌炎按病程可分为急性和慢性两种；按病变范围可分为局灶性和弥漫性心肌炎症；按病因可分为原发性和继发性两种；按炎症的性质可分为化脓性和非化脓性两种。临床上以急性非化脓性心肌炎为常见，慢性心肌炎的过程，实质上是心肌营养不良的过程。

急性心肌炎（acute myocarditis）是伴发心肌兴奋性增强和心肌收缩机能减弱为特征的心肌局灶性和弥漫性炎症，是以心肌实质变性、坏死和间质渗出、细胞浸润为病理学特征。本病很少单独发生，多继发或并发于其他各种传染性疾病、脓毒败血症或中毒性疾病过程中。各种动物均可发生，多发于犬和马，犬心肌炎的发病率高达6.6%～7.8%。

【病因】急性心肌炎通常继发或并发于某些传染病、寄生虫病、脓毒败血症和中毒病。原发性急性心肌炎在家畜很少见。

马属动物的急性心肌炎多见于炭疽、传染性胸膜肺炎、急性传染性贫血、传染性支气管炎、大叶性肺炎、支气管性肺炎、马腺疫、脑脊髓炎、血液原虫病、幼驹脐炎、败血症和脓毒败血症的经过中。也可发生于夹竹桃中毒和汞、砷、磷、锑、铜等化学物质中毒的经过中。

牛、羊的急性心肌炎多并发于传染性胸膜肺炎、牛瘟、恶性口蹄疫、布氏杆菌病、结核病的经过中。局灶性化脓性心肌炎多继发于菌血症、败血症以及瘤胃炎-肝脓肿综合征、乳房炎、子宫内膜炎等伴有化脓灶的疾病以及网胃异物刺伤心肌。

猪的急性心肌炎常见于猪的脑心肌炎、伪狂犬病、猪瘟、猪丹毒、猪口蹄疫和猪肺疫等经过中。

犬的心肌炎主要见于犬细小病毒、犬瘟热病毒、流感病毒、传染性肝炎病毒等感染；棒状杆菌、葡萄球菌、链球菌等细菌感染；锥虫、弓形虫、犬恶丝虫等寄生虫感染；曲霉菌等真菌感染。

另外，风湿病的经过中，往往并发心肌炎；某些药物，如磺胺类药物及青霉素以及疫苗、血清等引起的变态反应，也可诱发本病。

【发病机理】心肌炎的发生机理还不十分清楚，不同致病因素的发病环节也不尽一致。心肌炎引起的心脏损害一方面取决于病毒的毒力，传染源的性质、数量等，另一方面取决于机体的抵抗力强弱。

心肌炎的发生，多数是病原直接侵害心肌的结果，或者是毒素和其他毒物对心肌的毒性作用。心肌受到侵害，首先影响到心脏传导系统，导致兴奋性增高等一系列临床症状。同时大部分心肌细胞遭受坏死性变化，陷于崩解；残余的心肌细胞处于混浊肿胀和颗粒变性等营养不良性变化的状态，使心肌发生变性，心脏收缩机能减弱，不能维持正常的收缩机能，心输出量减少，动脉压下降，出现血流缓慢，末梢神经障碍，静脉淤血，水肿和呼吸困难等血液循环障碍。但心脏对此有强大的代偿能力，可通过反射作用增加心脏收缩次数来提高心输出量，使血容量和动脉压达到平衡。但随着心脏收缩频率增高，不仅使心脏本身耗氧量增加，使之缺氧；而且由于心跳加快之后，心脏的输出血量反而减少，全身性血液循环障碍更加严重，必然影响心脏本身的血液循环。因此，其营养发生障碍，心脏代偿能力丧失，迅速发生失偿性心力衰竭。进而引起各组织器官缺氧，肌肉无力，容易疲劳；心脏射血能力下降，阻碍血液回流，迅速影响到门脉循环，并于肺、肝、胃、肠、肾以及全身发生淤血现象。心肌炎时，心肌纤维发生变性，大多数不能参与收缩，使其减弱而表现为小脉；在下次收缩时，表现为反拗期，大多数心肌纤维摆脱反拗期，这时收缩力又可变强，故产生大脉，即临床上出现交替脉。由于心肌部分损害，心脏传导系统内的兴奋灶产生冲动，不待窦房结产生冲动下传到达，其另有异位节律点便提早发生冲动，可引起心室早期收缩，称为心室性期前收缩；同时也使心房、心室或两个心室的收缩不相一致，临床上出现节律不齐。在运动和疼痛时，由于心肌的兴奋性增高，脉搏骤然加速或出现阵发性心动过速，血压升高。

【症状】由急性传染病引起的心肌炎，大多数表现发热，精神沉郁，食欲减退或废绝。有的呈现黏膜发绀，呼吸高度困难，体表静脉怒张，颌下、垂皮和四肢下端水肿等心脏代偿能力丧失后的症状。重症患畜,精神高度沉郁,全身虚弱无力,战栗,运步踉跄,甚至出现神志不清,眩晕,终因心力衰竭而突然死亡。

心脏听诊:病初第一心音强盛,并伴有心音混浊或分裂;第二心音显著减弱,多伴有因心脏扩张和房室孔相对闭锁不全而引起的缩期性杂音。重症患畜,出现奔马律,或有频繁的期前收缩,濒死期心音减弱。

脉搏初期紧张、充实,随病程发展,脉性变化显著,心跳与脉搏非常不相称,心跳强盛而脉搏甚微。当病变严重时,出现明显的期前收缩,心律不齐,交替脉。

血液动力学:最大收缩压下降,心室压力上升延迟,舒张末期压力增高,心搏出量降低,静脉充盈压增高,动脉压降低。

心电图变化:因心肌的兴奋性增高,R波增大,收缩及舒张的间隔缩短,T波增高以及P-Q和S-T间期缩短。严重期,R波降低,变钝,T波增高以及缩期延长,舒张期缩短,使P-Q和S-T间期延长。致死期,R波更小,T波更高,S波变得更小。

猪暴发性超急性心肌炎病毒感染的特征为突然死亡或经短期兴奋和虚脱后死亡。急性型的主要症状是发热、食欲不振和进行性麻痹,2~3周后发展至整个猪群。

【病理变化】心肌炎时,炎症反应集中于间质和血管周围的结缔组织,伴发水肿并有淋巴细胞、浆细胞、巨噬细胞和不同数量的嗜酸性粒细胞浸润,中性粒细胞一般很少见。心肌纤维的变化和变性的严重性颇不一致,但有时病变的组织学特征却很明显。例如,牛恶性卡他热时炎症反应集中在血管;弓形虫病时心肌纤维变性占据炎症反应的优势,同时可鉴定出虫体。而大多数间质性心肌炎,只能参考总的病理变化来做出诊断,归因于心肌病变而死亡的情况极少见,仅在幼龄动物发生口蹄疫时心肌纤维才出现较严重的变性。

非化脓性心肌炎初期为局灶性充血,浆液和粒细胞浸润。心肌脆弱,松弛,无光泽,心腔扩大。后期,心肌纤维变性,混浊肿胀,颗粒变性,心肌坏死、硬化,呈苍白色、灰红色或灰白色等。

局灶性心肌炎,心肌患病部分与健康部分相互交织,当沿着心冠横切心脏时,其切面为灰黄色斑纹,形成特异的"虎斑心"。

【诊断】根据伴有急性感染或中毒病的病史和临床表现可确定诊断。临床上应注意心率增速与体温升高不对应,心动过速、心律异常、心脏增大、心力衰竭等。心功能试验对本病的诊断有重要价值,即先测定病畜在安静状态下的心率,然后令其做5min的驱赶运动,再测定心率。病畜稍事运动,心率骤然增加,停止运动后,甚至经2~3min后,心率仍继续增加,经过较长时间的休息才能恢复运动前的心率。

鉴别诊断应注意与下列疾病区别:

心包炎:多伴有心包拍水音和摩擦音。

心内膜炎:多呈现各种心内杂音。

缺血性心脏病:多发生于年龄较大的动物,多为慢性经过,多数伴有动脉硬化的表现,且无感染病史和实验室证据。

心肌病:起病较慢,病程较长,超声心动图显示室间隔非对称性肥厚或心腔明显扩张,心肌以肥大、变性、坏死为主要病变。

硒缺乏病:呈地方性流行,病变主要限于心肌,心脏增大明显且长期存在,多呈慢性经过,心肌以变性、坏死及疤痕等病变为主。

【治疗】本病的治疗原则主要是加强护理，减少心脏负担，增加心脏营养，提高心脏收缩机能和治疗原发病等。

首先应使病畜完全保持安静，尽量限制运动，停止放牧和使役，避免过度的兴奋和运动，以免因为体力活动而引起心脏机能严重衰弱和死亡。保持圈舍卫生清洁、宽敞、通风良好。给予营养丰富而易消化的饲料，如优质干草、新鲜的青贮料、麦麸粥、胡萝卜及甜菜等。同时应注意原发病的治疗，可应用磺胺类药物、抗生素、血清和疫苗等特异性疗法。

病初，不宜用强心剂，以免心肌过度兴奋，导致心脏迅速衰弱，可在心区施行冷敷。

心力衰竭者，为维护心脏的活动，改善血液循环，可用20%安钠咖溶液10～20mL，皮下注射，每6h重复一次。也可在用0.3%硝酸士的宁注射液（马、牛10～20mL，皮下注射）的基础上，用0.1%肾上腺素注射液3～5mL皮下注射或混于5%～20%葡萄糖溶液500～1 000mL做缓慢静脉注射。此时切忌使用洋地黄类强心药，因为本品可延缓传导性和增强心肌的兴奋性，使心脏舒张期延长，导致心力过早衰竭，使病畜死亡。

为增强心脏机能，促使心肌代谢，可静脉滴注ATP 15～20mg，辅酶A 35～50IU，细胞色素C 15～30mg。

当黏膜发绀和高度呼吸困难时，为改善氧化过程，可进行氧气吸入，剂量为80～120L，吸入速度为4～5L/min。对尿少而明显水肿的患畜，可内服利尿素进行利尿消肿，马、牛为5～10g，或用10%汞撒利注射液10～20mL静脉注射。

【预防】加强饲养管理、预防感染、合理运动和使役、提高体质是预防本病的主要措施。由于心肌炎的发生与细菌、病毒等感染有关，因此预防感染，积极治疗某些感染性疾病有重要意义，特别是避免伤风感冒，预防上呼吸道感染，可起到预防心肌炎发生的作用。平时加强家畜的饲养管理和使役，给予足够的关心和注意，使家畜增强抵抗力，防止发病。当患畜基本痊愈后，仍需加强护理，用于使役需谨慎，以防复发。

急性心内膜炎（acute endocarditis）

急性心内膜炎是指心内膜及其瓣膜的炎症，临床上以血液循环障碍、发热和心内器质性杂音为特征。按炎症的发生部位可分为瓣膜性心内膜炎、心壁性心内膜炎、腱索性心内膜炎和乳头肌性心内膜炎，其中以瓣膜性心内膜炎最为常见；按病变特点可分为疣状心内膜炎（良性）和溃疡性心内膜炎（恶性）；按病因可分为原发性心内膜炎和继发性心内膜炎。本病发生于各种动物，猪发生较多，牛和马次之。

【病因】原发性心内膜炎多数是由细菌感染引起的，猪是猪丹毒杆菌和链球菌；羔羊是大肠杆菌和链球菌；牛主要是化脓性放线菌、链球菌、葡萄球菌和革兰氏阴性菌；马是马腺疫链球菌和其他化脓性细菌。

继发性心内膜炎多继发于牛创伤性网胃炎、慢性肺炎、乳房炎、子宫炎和血栓性静脉炎。也可由心肌炎、心包炎等蔓延而发病。此外，新陈代谢异常、维生素缺乏、感冒、过劳等，也是易发本病的诱因。

【发病机理】当机体发生脓毒败血症，或者心脏临近组织的化脓性炎症发生蔓延时，血液中的病原菌直接黏附于心脏瓣膜表面或通过瓣膜基部的毛细血管而感染，引起炎症过程。

依据病因的性质和毒力的强弱不同，病变的主要部位程度也不尽一致。马主要病变部位是主动脉半月瓣，其次是左房室瓣；牛主要侵害右房室瓣，其次是左房室瓣或双侧房室瓣；猪主要侵害左房室瓣；犬和猫主要侵害左房室瓣和主动脉半月瓣，其次是右房室瓣和肺动脉半月瓣。疣状心内膜炎多由毒力较弱的病原菌所致，组织坏死等退行性病变轻微，结缔组织增生等保护性炎症反应强烈；溃疡性心内膜炎多由毒力较强的病原菌所致，组织出血、坏死等退行性病变迅速发展，而结缔组织增生等保护性炎症反应轻微。

心内膜炎过程中形成的血栓可溶解、脱落，进入血液，引起脑、心、肾、脾等器官组织的栓塞和相应部位发生梗死。而从溃疡性心内膜炎脱落下来的含有细菌的碎片，随血液循环播散到身体各部，既可引起各组织器官的栓塞，又可形成转移性脓肿，如心肌脓肿、肺脓肿、肝脓肿等，导致或加重脓毒败血症。

心内膜炎的血栓性疣状物和溃疡导致的瓣膜缺损，都将被肉芽组织取代或修补，后期发生纤维化，常可导致受损瓣膜皱缩或互相粘连，引起瓣膜闭锁不全和瓣膜口狭窄等器质性病变，转为慢性心脏瓣膜病，最终导致充血性心力衰竭。

【症状】由于致病菌种类和毒性强弱的不同，炎症的性质以及有无全身感染情况的不同，其临床症状也不一样。有的家畜无任何前驱症状而突然死亡，有的病畜体重下降，伴发游走性跛行和关节性强拘，滑膜炎和关节触疼。

大多数病畜表现持续或间歇性发热，心动过速，缩期杂音；牛有时也出现"高亢"心音或心音强度增强，有时甚至减弱。病初，心率增加，心搏动增强，心区震颤，继而出现心内器质性杂音，脉搏微弱，脉律不齐。有的出现食欲废绝，瘤胃臌气，腹泻或便秘，黄疸等症状。后期，发生充血性心力衰竭，出现水肿，腹水，浅表静脉怒张，呼吸困难。心浊音区增大，触压心区，病畜出现疼痛反应。如发生转移性病灶，则可出现化脓性肺炎、肾炎、脑膜炎、关节炎等。

母猪常在产后2～3周出现无乳，继而体重下降，不愿运动，休息时呼吸困难。

血液检查：中性粒细胞增多和核左移，病畜血液培养能分离出病原菌，血清球蛋白升高，伴有轻度心脏衰竭的病牛血浆心房尿钠肽升高。

心电图描记：特征为窦性心动过速，Ⅱ导联的QS波加深，心电轴极度右偏。有的出现室性期前收缩，A-B导联QRS综合波的电压增高。

心脏超声显像和M-型超声心动图检查：超声束通过增厚的瓣膜及其赘生物时，出现多余的回波，在舒张期，正常时的菲薄线状回波变为复合的粗钝回波，瓣膜震颤而使其真正径宽模糊不清，多数病例可见心腔扩大。

【病理变化】疣状心内膜炎时，疣状物呈黄红色或黄灰色，通常覆以薄层血液凝块，易于剥离。疣状物的表面易碎，小的疣状物可完全崩解而在瓣膜上遗留颗粒状溃疡面。溃疡性心内膜炎时，溃疡常见于瓣膜闭合线处和瓣膜的游离缘，触之粗糙，呈锯齿状外观。瓣膜病变往往扩延到邻近的壁性心内膜，主动脉瓣膜性心内膜炎可累及主动脉窦内膜，又侵及冠状动脉口而成为心肌梗塞的诱因。也可引起肝、脾、肾、脑等脏器的转移性病灶。

【诊断】根据病史和血液循环障碍、心动过速、发热和心内器质性杂音等可以做出诊断。心脏超声影像和M型超声心动图检查能确立病变部位。鉴别诊断应注意与急性心肌炎、心包炎、败血症、脑膜脑炎、血斑病等区别。

【治疗】控制感染是治疗本病的关键。在病原微生物尚未确定前，可选用萘夫西林静脉注射或静脉滴注，或加氨苄西林静脉注射或静脉滴注，也可加庆大霉素；化脓性放线菌和链球菌感染者，首选青霉素（每千克体重22 000～33 000U），或氨苄青霉素（每千克体重10～20mg），2次/d，连用1～3周。一旦鉴定出病原，应根据药敏试验结果做相应调整。对慢性化脓性放线菌感染，用青霉素配合利福平，每千克体重5mg，口服，2次/d。

当出现静脉扩张、腹下水肿时，除用抗生素外，还可应用速尿，每千克体重0.5mg，2～3次/d。为维持心脏机能，可应用洋地黄、毒毛旋花子苷K等强心剂；对于继发性心内膜炎，应治疗原发病。

【预防】平时应加强传染病的预防，发现感染性疾病应及早治疗。此外，应加强饲养管理，避免兴奋或运动。

心脏瓣膜病（valvular disease）

心脏瓣膜病是心脏瓣膜、瓣孔（包括内膜壁层）发生各种形态或结构上器质性变化，导致血液循环障碍的一种慢性心内膜疾病，临床上以心内器质性杂音和血液循环紊乱为特征。本病多发生于马和犬，猫、猪、牛、鹿、火鸡等动物也可发生。本病可分为先天性心脏瓣膜病和后天性心脏瓣膜病，前者在大家畜比较罕见。

【病因】先天性心脏瓣膜病是胚胎期心脏发育不全或患心脏疾病的结果，主要有心房和心室间隔缺损，先天性瓣膜病，心脏或心内膜发育异常等。后天性心脏瓣膜病多是亚急性、慢性心内膜炎或慢性心肌炎的一种后遗症。

【发病机理】无论是先天性因素还是其他因素引发本病，最终都会使心脏瓣膜或瓣孔发生闭锁不全或狭窄现象，或两者同时发生，出现心内器质性杂音。瓣膜闭锁不全时，可引起血液逆流，心容量负荷加重；瓣孔狭窄时，血液流通时受阻，心脏的压力负荷加重。两种病变都会使病变后方（按血流方向而言）心腔发生代偿性肥大或扩张；又因血液的停滞也引起代偿性心脏扩张，使心房、心室和血管中的血液正常分配发生紊乱。代偿作用使耗氧量增加，供血减少，最终由于心肌变性和结缔组织增生，使代偿机能减退，动脉血量减少，静脉淤血，随之发生脑、肝、脾、肾等脏器淤血、体腔积液、水肿等现象。

【症状】由于患畜的品种和侵害部位不同，其临床症状有一定差异。

1. 心房间隔缺损（auricular septal defect） 此病为犬、猫常见的先天性心脏病，可单独发生，也可与其他类型并存。单发此病时，症状不十分明显，只是健康检查时偶然发现。听诊在肺动脉瓣口处有最强点的驱出性杂音，第一心音亢进，有时分裂，第二心音分裂。X线检查可见肺动脉干及其主分支明显扩张。当发生于静脉窦时，X线检查可见前腔静脉阴影突出。

2. 心室间隔缺损（ventriculur septal defect） 犬、猫等动物易发。其症状根据缺损大小和肺动脉压高低而不同。缺损小时，生长发育和运动无异常，仅剧烈运动时，耐力较差。听诊有较粗厉的收缩期杂音；X线检查，心脏阴影有轻度扩张，肺血管阴影稍增强。缺损较大时，心电图描记可见R波增高，出现"双向分流"，肺动脉压增高使右心室肥厚，可见右束支完全或不完全性传导阻滞，临床上可视黏膜发绀；缩期杂音和第二心音高亢。

3. 二尖瓣闭锁不全和狭窄（mitral insufficiency and stenosis） 常见于马、犬、猫和猪。闭锁不全的主要症状为心搏动强盛，触诊心区可感到缩期心壁震颤。左侧心区可听到响亮刺耳的全缩期心内杂音，在左房室孔区最明显，杂音向背侧方向传播。因肺动脉压升高，肺动脉瓣第二心音增强。脉搏在代偿期无明显变化。

二尖瓣狭窄，主要症状为心搏动增强，触诊心区可感到胸壁震颤，脉搏弱小。第一心音正常或较强，第二心音多被杂音所掩盖。心内杂音在左房室孔以舒张期后最明显，有时出现第二心音分裂或重复。肺淤血时，右侧心浊音区扩大，呼吸困难和结膜发绀。

4. 三尖瓣闭锁不全和狭窄（tricuspid insufficiency and stenosis） 常见于牛、猪、犬、猫和绵羊。闭锁不全的主要症状为右侧心区胸腹壁震颤，颈静脉阳性搏动。右侧心区可听到响亮的全缩期心内杂音，以右房室孔区最为明显，杂音向背侧方向传播。脉搏微弱，发生心力衰竭者出现水肿，浅表静脉怒张等。

狭窄的主要症状为心搏动减弱，脉搏弱小，右侧心区可听到舒张期后的心内杂音，以右房室孔最为明显。因体循环血液回流受阻，出现颈静脉怒张和明显的静脉阴性搏动，全身水肿，呼吸迫促，常因心脏衰竭而死亡。

5. 主动脉瓣闭锁不全和狭窄（aortic insufficiency and stenosis） 常见于马、牛、猪、猫、犬等。闭锁不全的主要症状为心搏动增强，感到左侧心区震颤。由于脉压差增大，出现示病症状——跳脉。左侧心区可听到响亮的全舒期心内杂音。杂音以主动脉孔区最强盛，向心尖方向传播。左心室肥大和扩张时，心浊音区扩大。当发生左心衰竭时，跳脉消失。

主动脉瓣狭窄无明显临床表现，可听到收缩期杂音，中度和重度患畜表现为不耐运动，运动时呼吸困难和昏迷。冠状循环发生障碍时，心肌发生缺血性变性，导致心功能不全或突然死亡。心基部和主动脉区听诊有粗厉的缩期杂音，可波及主动脉弓，甚至头部和四肢小动脉。心搏动或强或弱，心浊音界扩大。X线检查可见狭窄后主动脉弓扩张，阴影增宽。心电图描记可见节律异常。

6. 肺动脉瓣闭锁不全和狭窄（pulmonary insufficiency and stenosis） 多发生于犬、猫。闭锁不全的主要症状为第一心音正常，第二心音被心内杂音掩盖。杂音在左侧心区前方肺动脉孔区最明显。常发生右心肥大而使右侧心浊音区扩大。并发右心衰竭时，出现相应的症状。

肺动脉瓣狭窄，轻症不表现临床症状，中度患畜运动时呈呼吸困难，但平时正常。重症者出生后发育正常，但很快出现右心功能不全，多在断乳前死亡。成活动物，以后表现为运动时呼吸困难，肝脏肿大，腹水及四肢浮肿等右心功能不全的症候，有的运动时出现昏迷而死亡。胸部触诊，心区感知心搏动的同时，可感知收缩期震颤。常因右心室肥大，而使右侧叩诊浊音界多扩大。

7. 法乐氏四联症（tetralogy of Fallot） 又称先天性紫绀四联症。其病变主要为室间隔缺损，肺动脉狭窄，主动脉右位，右心室肥大。主要是因为主动脉干在胚胎期分化紊乱，未形成完整的室间隔所致。主动脉同时接受左右心室的血液，致使右心室流向肺动脉的血液明显受阻。动物由于缺氧发育迟缓、发绀。运动耐力差，极易疲劳；轻微运动则呼吸困难，甚至晕厥。心脏听诊可闻粗厉的缩期杂音，但杂音位置和强度不定，肺动脉愈狭窄，杂音愈弱。X线检查，可见右心室肥大。由于肺循环不足，肺野清晰。外周血液的血气分析，血氧分压降低。血液学检查，红细胞增多。

心电图检查，房间隔缺损可能有不全性右束支传导阻滞、完全性右束支传导阻滞和右心室肥大三种类型的变化，P波可能增高，心电轴可右偏，PR间期可能延长。室间隔缺损大的可见左右心室肥大，右束支完全或不完全性传导阻滞等。二尖瓣关闭不全常为正常的窦性心律,但心功能不全时,P波增宽,R波增高,ST波随病情发展而下降。主动脉孔狭窄可见QRS波群呈典型的左心室肥大波形,因心肌缺血而ST波下降。肺动脉孔狭窄随狭窄的轻重、右心室内压的高低而有轻重不同的四种类型心电图改变:正常、不完全性右束支传导阻滞、右心室肥大、右心室肥大伴有T波倒置。部分病畜有P波的增高,心电轴有不同程度的右偏。法乐四联症在有明显发绀的患病犬呈现典型的右心室肥大波形,QRS波轴右偏,P波增高,T波倒置;不发绀的犬呈两心室肥大波形。

X线检查,房间隔缺损,肺血管阴影明显增加,右心房和右心室增大。室间隔缺损大的可见肺血管阴影增强,肺动脉显著高压时,有显著的右心肥大。二尖瓣关闭不全重症患畜可见左心房、左心室扩张,肺静脉淤血和肺水肿。肺动脉孔高度狭窄时见有肺血管影细小,整个肺野异常清晰,右心室增大。法乐氏四联症可见于右心肥大。

超声心动图可反映出不同类型的心脏瓣膜病的器质性病变。

【病理变化】心脏瓣膜病往往使心脏瓣膜出现各种形态结构的病理变化,主要为瓣膜及其邻近结缔组织增生,瓣膜游离缘肥厚、萎缩、硬化、部分愈合;瓣孔呈现息肉状或菜花样新生物;腱索缩短以及心脏扩张等,临床上多合并发生瓣膜闭锁不全和瓣孔狭窄。

【诊断】心脏瓣膜疾病,单纯某一种类型很少存在,大都是联合发生,尤其是瓣膜闭锁不全和瓣孔狭窄常常并发。这时见不到单纯某一种瓣膜病时所固有的症状,往往是一种症状被另一种症状所掩盖。如一种瓣膜病的杂音发生于收缩期,另一种发生于舒张期。当二者并发时,收缩期与舒张期同时均能听到。这就需要根据其产生时间、性质、强度及其最强听诊点进行诊断。要确诊时最好借助于心脏超声显像或M型超声心动图检查,必要时还需进行心导管检查、X线检查、心血管造影、心电图描记等特殊检查。

【治疗】当患畜的心脏瓣膜病处于代偿期间时,不可使用强心剂,否则会缩短代偿作用的期限,为使其发挥较长时期的心脏代偿作用,应限制使役,避免兴奋,注意营养。当代偿作用丧失后,还需应用适当的药物来维持心脏活动机能,在血液循环障碍和血压降低的情况下,酌情使用洋地黄、毒毛旋花子苷K、咖啡因等各种强心药。但药物治疗不能使心脏形态学的病理变化痊愈,应从动物的经济价值,使用价值等方面考虑是否需要进行手术治疗。

此外,对一些心脏瓣膜病应采取对症治疗,给予抗生素或利尿药等,有一定的效果。

【预防】患有先天性心脏瓣膜病的病畜需加强护理,后天性心脏瓣膜病应加强饲养管理,避免兴奋或运动,加强传染病的预防,发现其他炎性疾病应及早治疗。

高山病 (high mountain disease)

高山病指在高原低氧条件下,动物对缺氧环境适应不全而产生的高原反应性疾病,在牛称为胸病(brisket disease)。其特征为易于疲劳,生产性能下降,以肺动脉肥厚和高压及右心室肥大、扩张为主的充血性心力衰竭。本病以牛,尤其是一岁龄的牛最易发生,常呈慢性经过,其他动物如马、山羊、绵羊、驴也可发生,多呈急性经过。牦牛、骡、骆驼、羊驼以及藏系绵羊对低氧环境有较强的适应性,极少发病。

高山病按其病程分为急性和慢性两种。急性高山病的特征是高原肺水肿;慢性高山病的特征是红细胞增多症和由低氧性肺动脉高压引起的右心充血性心力衰竭。

【病因】本病的发生仅限于高原地区(即海拔高度在3 000m以上的地区),如青藏高原、云贵高原和新疆帕米尔高原等。在高原地区，空气稀薄，氧分压低，海拔越高，大气压越低，氧分压也越低，从平原转来的家畜极难适应，易导致机体缺氧，引起循环衰竭。

心肌营养不良、贫血、肺部疾病、低蛋白血症、剧烈运动和繁重的劳役，都可促使机体对缺氧的代偿失调而诱发本病。另外，高原地区的寒冷气候对高山病的发生有促进作用。

【发病机理】高原地区大气压力低，引起氧分压降低，造成肺泡气肿及动脉血的氧分压相应降低，使动脉血氧饱和度降低，发生缺氧。机体对一定程度的缺氧可通过呼吸加强加快，增加通气量和呼吸表面积；心搏动加快加强，增加心排出量；增加储库血红细胞的释放和生成，使单位容积血液中的红细胞和血红蛋白量增加，提高携氧能力；机体也可通过组织吸取更多的氧来补偿血液氧分压的降低。如果缺氧过速，机体来不及动员各种适应代偿机制，或者缺氧程度严重，持续时间过长，超过了机体的代偿能力，则会出现一系列的代偿紊乱、机能障碍和形态学变化，轻者造成体重减轻，易于疲劳，生产性能降低；重者引起肺动脉高压，以右心病变为主的充血性心力衰竭，致发本病。

【症状】患牛因不适应高山低气压和低氧含量而心功能不全，表现呼吸困难，行动无力，食欲减退，精神沉郁，被毛粗乱无光泽，犊牛生长停滞，奶牛的乳产量急剧下降。随着病程的发展，颈静脉、胸外静脉和乳静脉怒张，皮下和腹壁较深部水肿，尤以胸骨区最为明显，故称为"胸病"。多数病牛间歇性腹泻，肝浊音区扩大，常在右侧肋弓后上方可触及肝脏。心率加快，心音增强，当有心包积水时，心音遥远，心浊音区扩大。休息时，呼吸快而深，运动后结膜发绀，病牛体温正常，如并发肺炎，则体温升高，呼吸困难加剧，最终因心力衰竭而死亡。

患马轻者精神沉郁，结膜潮红，呈树枝状充血，脉搏加快，呼吸增数，采食缓慢，食欲减退。严重者精神高度沉郁，全身无力，步态不稳，体躯摇晃，肌肉震颤，结膜高度发绀。有的病马出现短时间的兴奋不安，心率加快，肺动脉瓣第二心音更加明显。随着心衰的发生，变为第一心音增强，第二心音减弱，有时出现心律失常和缩期杂音。脉搏细微，浅表静脉怒张；有明显的颈静脉搏动，搏动波常常可达到耳根下部。病马呼吸浅快，鼻翼开展。并发肺水肿时，肺部可听到广泛性水泡音。最严重者突然倒地，四肢呈强直性痉挛或游泳样划动，在短时间内死亡。

伴发肺动脉破裂的马和牛，多数无明显的症状而突然死亡，病程稍长者，有短时间的高度呼吸困难，眼球突出，突然倒地，四肢痉挛而死亡。

实验室检查：平均肺动脉压从正常的 3 333～4 000Pa 增至 10 666～13 332Pa。犊牛从海拔 400m 移至海拔 4 500m，2 周后红细胞数增加 22%，血红蛋白含量增加 32%，红细胞压积增加 34%，粒细胞数增加 21%，凝血时间延长 17%，凝血酶原时间延长 7%，血小板数减少 8%，血块收缩时间缩短 22%，血液 pH 中度增高，血浆黏滞度明显增高。

【病理变化】患畜腹下水肿，胸腔和腹腔积液，心脏增大，顶端变圆，左右心室心肌肥厚，急性扩张，且右心室重量增加，肝脏肿大，边缘钝圆，被膜呈不规则增厚，切面为红黄相间的槟榔外观，肝小叶中央静脉周围有明显的纤维组织沉积。肺动脉中膜肌层肥厚和外膜增生，同时因肺性高血压还可导致血管内皮损伤，血栓形成，内膜增生以及中膜钙盐沉着等。死亡的病畜往往可发现肺动脉破裂，破裂在根部时，整个心包腔充满暗红色凝血块，体积增大；破裂口在肺动脉出口 5～10cm 处时，胸腔中积聚大量凝血块，同时伴有急性失血性贫血的病变。

【诊断】根据病畜胸下水肿、腹水、颈静脉怒张、肝肿大、肺动脉压升高等可做出诊断。对牛胸病的确诊，应根据右心室心肌增厚、右心室腔扩大以及肺小动脉中层肌肉增厚等进行判断。此病应与伴有充血性心力衰竭的牛创伤性心包炎、心肌炎、瓣膜性心内膜炎、先天性心脏缺陷、幼畜白肌病以及侵害心肌的淋巴瘤等疾病进行区别。

【治疗】本病的治疗原则是改善机体的缺氧状态，维持心脏的储备力，促进代偿机能。

发现本病后应对病畜保暖，防止感染，保持休息或持续吸氧或输氧，并尽快将病畜转移到海拔较低的地区。对于发生充血性心力衰竭的病畜，应给予洋地黄等强心剂、高血糖素、尼可刹米、利尿剂及抗生素等。

【预防】首先应从育种着手，选择易适应高原的优良品种作为种畜。在进入高原前，选择健康家畜，采取逐步登高，分段适应措施，切忌过重使役和剧烈运动。在严寒季节应注意防寒保暖，且配合药物进行预防。

(赵宝玉)

第三节　血管疾病

外周循环虚脱（peripheral circulatory collapse）

外周循环虚脱又称循环衰竭（circulatory failure），也称为休克（shock），是血管舒缩功能紊乱或血容量不足引起心排血量减少，组织灌注不良的一系列全身性临床综合征。由血管舒缩功能引起的外周循环衰竭，称为血管源性虚脱。由血容量不足引起的，称为血液源性衰竭。循环虚脱的临床特征为心动过速、血压下降、低体温、末梢部厥冷、浅表静脉塌陷、肌肉无力乃至昏迷和痉挛。它是与心力衰竭完全不同的血管功能不全性疾病。临床上各种动物均可发生。

【病因】循环虚脱的病因较为复杂，但从发生发展过程来看，主要是由于有效循环血量的急剧减少，导致组织器官的微循环灌流量不足所造成。有效循环血量的维持，不但需要有足够的血量和心功能正常，并且还依赖于血液总量和血管容量之间的相互适应。正常时，机体的血管容量虽然远比血液总量大，但由于神经、体液的调节，使暂时不负担主要生理活动的组织器官微循环的小血管保持一定的收缩状态。同时，这些区域的毛细血管也大部分处于闭锁状态，因而使血液总量和血管容量之间维持着相互适应。如果微循环中的毛细血管大量开放，或者小动脉和毛细血管前括约肌广泛扩展，即使血液总量不减少，但由于血管容量的增大，也必然会使血流缓慢，回心血量减少，有效循环血量降低。因此，当血液总量急剧减少、血管容量增大、心脏功能严重障碍时，都可导致有效循环血量的急剧减少，使机体重要的组织器官的微循环灌流量不足而发生循环虚脱。

1. 血液总量减少　见于各种原因引起的急性大失血，例如严重创伤或外科手术引起的出血过多，大血管破裂、肝脾破裂等造成的内出血；体液丧失，例如严重的呕吐、腹泻、胃肠变位、反刍兽瘤胃乳酸中毒、某些疾病引起的高热或大出汗而又没有及时补液，造成机体的严重失水；血浆丧失，主要见于大面积烧伤，因毛细血管通透性增高，大量血浆从创面渗出。

2. 血管容量增大　见于严重感染、中毒和过敏反应。某些急性传染病（例如炭疽、出血性败血症），肠道菌群严重失调的疾病（马急性结肠炎、土霉素中毒），胃肠破裂引起的穿孔性腹膜炎，严重的创伤感染和脓毒败血症。病原微生物及其毒素，特别是革兰阴性菌产生的毒素的侵害，使得小血管扩张，血管容量增大，而发生循环虚脱。注射血清和其他生物制剂，使用青霉素、磺胺类药物产生的过敏反应，血斑病和其他过敏性疾病的过程中，产生大量血清素、组胺、缓激肽等物质，引起周围血管扩张和毛细血管床扩大，血容量相对减少。另外，剧痛和神经损伤，如手术、外伤和其他伴有剧烈疼痛的疾病，脑脊髓损伤，麻醉意外等使交感神经兴奋或血管运动中枢麻痹，周围血管扩张，血容量相对降低。

3. 心排血量减少 主要见于各种原因引起的心力衰竭。由于心收缩力减弱，心排血量减少，使得有效循环血量减少而发生循环虚脱。

【发病机理】循环虚脱发病机理极为复杂。由于病因不同，在发生发展过程中各有特点，但不论哪种病因都能导致微循环动脉血灌流不足，重要的生命器官因缺血缺氧而发生功能和代谢障碍，引起循环虚脱，其基本的病理过程是大致相同的。循环虚脱时微循环的变化，大致可分为三期，即缺血性缺氧期，淤血性缺氧期和弥漫性血管内凝血期。

1. 初期（缺血性缺氧期、微循环痉挛期、代偿期） 在上述病因的作用下，首先使血容量急剧下降，有效循环血量减少，静脉回心血量和心排出量均不足，引起血压下降，反射性的引起交感神经-肾上腺系统活动增强，以及机体呈现应激反应，大量分泌儿茶酚胺，心率加快，内脏与皮肤的毛细血管痉挛收缩，血压升高，血液重新分配，保证脑和心脏得到相对充足的供应，维持生命活动。此外，肾灌注不足引起肾素分泌增加，通过肾素-血管紧张素-醛固酮系统，引起钠和水潴留，血容量增加，在一定程度上起代偿作用。

2. 中期（淤血性缺氧期、微循环扩张期、失代偿期） 由于毛细血管网缺血，组织细胞发生缺血性缺氧，局部酸性代谢产物堆积，引起局部组织酸中毒。小动脉、微动脉、后微动脉和毛细血管前括约肌在酸中毒时首先丧失对儿茶酚胺的反应而发生舒张，使微循环灌注量增多，而微静脉、小静脉对局部酸中毒耐受性较大，儿茶酚胺仍能使其继续收缩，微循环内出现多灌少流乃至只灌不流的现象。组织缺氧还可使微血管周围的肥大细胞释放组胺，后者可通过 H_2 受体使微血管扩张（微动脉和毛细血管前括约肌尤为敏感），这样不仅毛细血管后阻力增加，微循环血流缓慢，毛细血管内的血液越积越多，发生淤血，毛细血管内压力增高，加上毛细血管壁受缺氧性损伤，通透性增大，血浆外渗，血液浓缩，静脉回流量更加减少，心排血量和有效循环血量锐减，血压更加降低。由于心脑缺血缺氧，动物陷于高度抑制状态。

3. 后期（弥漫性血管内凝血期、微循环衰竭期、微循环凝血期） 由于病情的急剧发展和恶化，到疾病的晚期，组织缺血和酸中毒进一步加重，外周局部血液 pH 降低，微血管麻痹、扩张、淤血，血流进一步减慢，血液浓缩，血液流变学改变（血细胞比容增高、红细胞聚集、粒细胞附壁和嵌塞、血小板黏附和聚集等）更加显著，并可引起弥漫性血管内凝血 (disseminated intravascular coagulation, DIC)。缺氧、酸中毒或内毒素都可使血管内皮损伤和内皮下胶原暴露，激活内源性凝血系统；烧伤或创伤性休克时伴有大量组织破坏，组织因子释放入血可激活外源性凝血系统，从而加速凝血过程，促进 DIC 形成。血流减慢、毛细血管内皮细胞损伤，血小板大量黏附与聚集，同时血小板释放血栓素 A_2 增多，促进血小板凝集和 DIC 发生。由于 DIC 消耗大量凝血因子和血小板，并激活纤维蛋白的溶解系统，以致血液从高凝状态转变为低凝状态，再加上毛细血管的通透性升高，最后发生出血倾向。

组织细胞的严重缺氧和酸中毒状态，使体内许多酶体系的活性降低或丧失，细胞溶酶体破裂并释放溶酶体酶类，致使细胞发生严重损伤和多发性器官功能障碍等，例如急性肾衰竭、心功能衰竭、肺功能障碍等。

【症状】本病病情发展急剧，临床症状明显。

（1）初期：精神轻度兴奋，烦躁不安，汗出如油，耳尖、鼻端和四肢下端发凉，黏膜苍白，口干舌红，心率加快，脉搏快弱，气促喘粗，四肢与下腹部轻度发绀，显示花斑纹状，呈玫瑰紫色，少尿或无尿。

（2）中期：随着病情的发展，病畜精神沉郁，反应迟钝，甚至昏睡，血压下降，脉搏微弱，心音混浊，呼吸疾速，节律不齐，站立不稳，步态踉跄，体温下降，肌肉震颤，黏膜发绀，眼球下陷，全身冷汗粘手，反射机能减退或消失，呈昏迷，病势垂危。

（3）后期：血液停滞，血浆外渗，血液浓缩，血压急剧下降，微循环衰竭，第一心音增强，第二心音微弱，甚至消失。脉搏短缺。呼吸浅表疾速，后期出现陈-施二氏呼吸或间断性呼吸，呈现窒息状态。

因发病原因的不同，临床上常出现各自病因的特殊症状。因血容量减少所引起的循环虚脱，结膜高度苍白，呈急性失血性贫血的现象；因剧烈呕吐和腹泻引起的，皮肤弹性降低，眼球凹陷，血液浓缩，发生脱水症状；因严重感染引起的，有广泛性水肿、出血和原发性疾病的相应症状；因过敏引起的，往往突然发生强直性痉挛或阵发性痉挛，排尿、排粪失禁，呼吸微弱等变态反应的临床表现。此外，犊牛实验性感染休克时，心电图出现"峰状"T波，电压逐渐升高，室性心动过速，S-T段上升，末期QRS综合波时限延长。

血液学检查：血糖和血液乳酸增高，二氧化碳结合力降低。肾功能减退时可有血清尿素氮、非蛋白氮和血钾增高。肝功能减退时，血清转氨酶和乳酸脱氢酶活性增高。动脉血氧饱和度、静脉血氧含量下降。肺功能衰减时动脉血氧分压显著降低。失血性休克时红细胞和血红蛋白降低，失水性休克时血液浓缩，红细胞数增高，粒细胞数一般增高。有出血倾向和弥漫性血管内凝血者，血小板数减少，纤维蛋白原降低，凝血酶原时间延长。

【病理变化】剖检可见全身各个器官都有明显的病理学变化。心脏扩张，心脏内充盈血液，毛细血管充血，肠壁淤血、出血，全身静脉淤血，特别是肝、脾、肾的静脉淤血，肺水肿和淤血，胃肠黏膜坏死。镜检可见毛细血管充血，心肌细胞溶解、凝固性坏死和收缩带状坏死；肺泡内和间质水肿、出血，肺泡壁上皮细胞脱落，透明膜和微血栓形成；肾小囊囊腔扩张，肾小管上皮细胞坏死、脱落，肾小管内有透明管型和颗粒管型。

【诊断】根据失血、失水、严重感染、过敏反应或剧痛的手术和创伤等病史，再结合黏膜发绀或苍白，四肢厥冷，血压下降，尿量减少，心动过速，烦躁不安，反应迟钝，昏迷或痉挛等临床表现可以做出诊断。鉴别诊断应注意与心力衰竭区别。

循环虚脱是由静脉回心血量不足，使浅表大静脉充盈不良而塌陷，颈静脉压和中心静脉压低于正常值；心力衰竭时，因心肌收缩功能减退，心脏排空困难，使静脉血回流受阻而发生静脉系统淤血，浅表大静脉过度充盈而怒张，颈静脉压和中心静脉压明显高于正常值。

【治疗】本病的治疗原则是补充血容量，纠正酸中毒，调整血管舒缩机能，保护重要脏器的功能以及采用抗凝血治疗。

1. 补充血容量 常用乳酸钠林格氏液（0.167mol/L乳酸钠与林格氏液按1∶2混合）静脉注射，同时给予10%低分子（相对分子质量为2万~4万）右旋糖酐溶液1 500~3 000

mL，可维持血容量，防治血管内凝血。也可注射5%葡萄糖生理盐水、生理盐水、葡萄糖溶液等。补液量通过测定中心静脉压监控，以防引起肺水肿或并发症，或者根据体况按每千克体重20~40mL补液。也可根据皮肤皱褶试验、眼球凹陷程度、尿量、红细胞压积来判断和计算补液量。

2. 纠正酸中毒 用5%碳酸氢钠注射液，牛、马1 000~1 500mL，猪、羊100~200mL，静脉注射；或用11.2%乳酸钠溶液，牛、马300~500mL，与5%葡萄糖生理盐水500~1 000mL一起静脉注射；或在乳酸钠林格氏液中按0.75g/L加入碳酸氢钠，与补充血容量同时进行，纠正酸中毒。

3. 调整血管舒缩机能 使用α-肾上腺素能受体阻断剂（氯丙嗪、苄胺唑啉）、β-肾上腺素能受体兴奋剂（异丙肾上腺素、多巴胺）、抗胆碱能药（山莨菪碱、阿托品）等扩张血管药有较好的效果。常用山莨菪碱100~200mg静脉滴注，每隔1~2h重复用药一次，连用3~5次；若病情严重，可按每千克体重1~2mg静脉注射，待病畜黏膜变红，皮肤升温，血压回升时，可停药。硫酸阿托品，马、牛0.08g，羊0.05g，皮下注射，可缓解血管痉挛，增加心排出量，升高血压，兴奋呼吸中枢。氯丙嗪，每千克体重0.5~1.0mg，肌肉或静脉注射，可扩张血管，镇静安神，适用于精神兴奋、烦躁不安、惊厥的病畜。如果病畜的血容量已补足，循环已改善，但血压仍低，可用异丙肾上腺素或多巴胺。异丙肾上腺素，马、牛2~4mg，每1mg混于5%葡萄糖注射液1 000mL内，开始以30滴/min左右的速度静脉滴注，如发现心动过速、心律失常，应缓慢或暂停滴入。多巴胺，马100~200mg，牛60~100mg，加到5%葡萄糖溶液或生理盐水中静脉滴注。

4. 保护脏器功能 对处于昏迷状态且伴发脑水肿的病畜，为降低颅内压，改善脑循环，可用25%葡萄糖溶液，马、牛500~1 000mL，猪、羊40~120mL，静脉注射；20%甘露醇注射液，马、牛1 000~2 000mL，猪、羊100~250mL，静脉注射，每隔6~8h重复注射一次。当出现陈-施二氏呼吸时，可用25%尼可刹米注射液，马、牛10~15mL，猪、羊1~4mL，皮下注射，以兴奋呼吸中枢，缓解呼吸困难。当肾功能衰竭时，给予双氢克尿噻，马、牛0.5~2.0g，猪、羊0.05~0.1g，犬25~50mg，内服。此外，为了改善代谢机能，恢复各重要脏器的组织细胞活力，增进治疗效果，还应考虑应用三磷酸腺苷、细胞色素C、辅酶A、肌苷等制剂。

5. 抗凝血 为了减少微血栓的形成，可用肝素，每千克体重0.5~1.0mg，溶于5%葡萄糖溶液内静脉注射，每4~6h一次。同时应用丹参注射液效果更佳。应用肝素后，如果发生出血加重时，可缓慢注射鱼精蛋白（1mg肝素用1mg鱼精蛋白）对抗。在发生弥漫性血管内凝血时，一般禁用抗纤溶制剂。当纤溶过程过强，且与大出血有关时，可在使用肝素的同时，给予抗纤维蛋白溶解酶制剂，如6-氨基己糖，马、牛5~10g，猪、羊1~2g，用5%葡萄糖溶液或生理盐水配成3.52%的等渗溶液后静脉滴注。

6. 中兽医疗法 按照中医辨证施治的原则，循环虚脱，若气阴两虚、心悸气促、口干舌红、无神无力、眩晕昏迷，宜用生脉散：党参80g，麦冬50g，五味子25g，热重者加生地、丹皮；脉微加石斛、阿胶、甘草，水煎去渣，内服。若因正气亏损、心阳暴脱、自汗肢冷、心悸喘促、脉微欲绝，病情危重，则应大补心阳，回阳固脱，宜用四逆汤：制附子50g，干姜100g，炙甘草25g，必要时加党参，水煎去渣，内服。

7. 加强护理 避免受寒、感冒，保持安静，避免刺激，加强饲养，供给饮温水。病情好转时给予大麦粥、麸皮或优质干草等增加营养。

【预防】本病的预防在于及时治疗可能引起循环虚脱的各种原发病。

动脉硬化（arteriosclerosis）

动脉硬化是动脉的一种非炎症性病变，可使动脉管壁增厚、变硬，失去弹性和管腔狭小。动脉硬化有三种主要类型：细小动脉硬化、动脉中层硬化和动脉粥样硬化。

细小动脉硬化是小动脉病变，主要发生在高血压病畜。动脉中层硬化是中型动脉病变，常不产生明显症状，对动物危害性不大。动脉粥样硬化是动脉内壁有胆固醇等脂质积聚，看起来似黄色粥样，故称为动脉粥样硬化。因此，不宜将动脉粥样硬化简称为动脉硬化。

本病多见于老龄动物，病因有多方面，其中主要因素为脂质代谢紊乱、血液动力学改变和动脉壁本身的变化。在高脂血症（主要血中胆固醇、甘油三酯及卜脂蛋白含量增加）患畜中易发生本病。引起血脂增高可能是进食过多动物脂肪的食物如猪油、肥肉、内脏（肝、肾等）、蛋黄、奶油等。也可是患肝、肾疾病、糖尿病、甲状腺功能减退患者引起脂质代谢失常引起血脂增高。当动脉内压力增高，高压血流长期冲击动脉壁引起动脉内膜机械性损伤，造成血脂易在动脉壁沉积，因而高血压病患者易得动脉粥样硬化。老龄动物动脉壁代谢失调，可使脂质易于在动脉壁上沉积而发生动脉粥样硬化。

本病主要累及主动脉、冠状动脉、脑动脉和肾动脉，可引起以上动脉管腔变窄甚至闭塞；引起其所供应的器官血供障碍，导致这些器官发生缺血性病理变化。如冠状动脉粥样硬化可引起心绞痛、心肌梗死；脑动脉粥样硬化可引起脑血管意外、脑萎缩；肾动脉粥样硬化可引起顽固性高血压；下肢动脉粥样硬化可引发下肢坏死，或多走路后下肢疼痛而被迫停停走走。

（赵宝玉）

◇ 复习思考题

1. 何为创伤性心包炎？临床上有哪些特征性症状？如何进行诊断？
2. 何为心力衰竭？引起心力衰竭的致病因素有哪些？
3. 试述心力衰竭的发病机理和治疗措施。
4. 试述心肌炎的发病机理和诊断要点。
5. 心脏瓣膜病有哪些类型？
6. 何为循环虚脱？试述其发病机理。

第四章

血液及造血器官疾病

> **内容提要**：血液是动物机体的重要组成部分，血液总量或血液任何成分的改变都能直接影响到造血器官与全身各器官系统的生理功能。本章着重介绍动物血液及造血器官疾病的基本理论、分类体系及代表性疾病。学习中应注意运用血液学的基础理论知识，重点掌握血液及造血器官疾病的分类体系，各类疾病的病因、发病机理及其鉴别诊断要点。

概 述

动物血液及造血器官疾病是兽医内科学的一个重要分支，特别是20世纪70年代以来，随着实验医学、比较医学和分子生物学的发展，造血理论的研究、检验技术的革新、正常值的测定、血液病自发性动物模型的发现以及遗传性血液病动物种群培育等各方面，都取得了丰硕的成果，成为兽医临床学科中进展较快的一个领域。

动物的原发性血液病为数有限，但作为许多疾病主要临床表现的所谓症状性或继发性血液病，却普遍地见于临床各科疾病的经过之中。动物血液病包括红细胞疾病、白细胞疾病、血小板疾病和凝血障碍性疾病。血液病诊断的建立需要有比较坚实的理论知识和熟练的检验技术，而所需仪器一般并不贵重，技术操作大多也不复杂，诊疗现场的普通实验室都不难做到。因此，加强血液及造血器官疾病方面的理论知识学习，促进诊断技术的普及，不仅需要，而且可能。

第一节 红细胞疾病

红细胞起源于骨髓中的原血细胞，即多能干细胞。多能干细胞经过增殖，分化为定向干细胞，进而发育为原始红细胞，再经过3次有丝分裂，即经过早幼红、中幼红和晚幼红细胞各阶段而发育成熟，排出胞核，进入骨髓窦，然后释放到循环血液中。红细胞生成素是一种特异的激素，能刺激红系干细胞有丝分裂，并加速各发育阶段幼红细胞的分裂。肾脏是产生和释放这种激素的主要器官。贫血和血氧过低是刺激这种激素生成和释放的主要因素，红细胞破坏后的某些产物也有促使这种激素释放的作用。

红细胞的生成，除需要有健全的骨髓造血功能和红细胞生成素的刺激作用外，还需要某些营养物质，包括蛋白质、铁、铜、钴、维生素B_6、维生素B_{12}和叶酸等作为造血原料或辅助成分。

红细胞的寿命，经标记同位素 ^{59}Fe 或 ^{14}C 测定，短者为 55d，长者为 160d，因动物种类而不同：牛 160d，马 140～150d，绵羊 70～153d，山羊 125d，犬 110～122d，猫 68d，猪 63d，兔 68d。

正常红细胞呈两面凹的圆盘形，直径平均为 5～6μm。这一特殊形态，使其胞膜能适应环境而发生变形，因而能在微循环中通行无阻，且不受损伤。

红细胞疾病分为两大类：一类是贫血，以红细胞数、血红蛋白含量、红细胞压积容量等参数值减少为特征；另一类是红细胞增多症，以上述红细胞各参数值增多为特征。两者均非独立的疾病，而是许多不同因素引起或各种不同疾病伴有的临床综合征。这两种综合征涉及的疾病不下百种，因而只能综合叙述，而且重点放在病因分类层次和鉴别诊断思路方面。

真性红细胞增多症（polycythemia vera，PV）

真性红细胞增多症即绝对性原发性红细胞和全血容量增多症，简称"真红"，是一种以红细胞异常增生为主的慢性骨髓增殖性病。该病分两种病型：①成年型，发生于中、老龄动物，大多伴有白细胞增多症、血小板增多症和脾肿大，是名副其实的血细胞增多症。②幼年型，发生于新生仔畜和幼畜，唯独红细胞增多及红细胞参数值增高，不伴有白细胞增多症、血小板增多症和脾肿大，常呈家族性发生，特称为家族性红细胞增多症。

动物的真性红细胞增多症自然发生于多种动物，如犬、猫以及牛、马。

【病因】动物的真性红细胞增多症的病因及发病机理尚不清楚。但牛的家族性红细胞增多症，已由美国加利福尼亚大学确认系遗传性疾病，遗传特性属常染色体隐性类型。本病的基本病理特征包括骨髓三系（红细胞系、粒细胞系和巨核细胞系）增生极度活跃或单纯骨髓红系增生极度活跃；血液和尿液内的红细胞生成素含量较低，甚至测不出含量来；晚期常转化为白血病、红白血病或骨髓纤维化；多伴随微血栓广泛形成的弥漫性血管内凝血。

【症状】散发于各动物品系或在动物的一定品系内呈家族性发生。中老年或哺乳期发病明显，病程漫长，经过数月、数年至数十年不等。临床表现主要包括皮肤和所有可视黏膜呈持久性红色发绀；眼底血管和可视黏膜微血管网扩张充盈；烦渴多尿；尿血、便血、呕血、鼻出血、自发性皮肤或肌肉出血等各种出血体征。

病性检验：红细胞数极度增多（可达 $15×10^{12}$～$20×10^{12}$ 个/L）；血红蛋白含量极度增高（200～250g/L）；红细胞压积极度增大（可达 70%～80%）；全血相对密度明显增加（可达 1 000）；全血黏度明显增加（可达 12.0～14.0）；全血容量成倍增加，在马可达 152.3mL/kg，约为正常全血容量（77.4±3.2mL/kg）的 2 倍；红细胞总容量成倍增加，在马可达 102.6mL/kg，约为正常红细胞总容量（23.7～18.9mL/kg）的 4 倍；骨髓有核细胞总数增多，其中红系细胞、粒系细胞或巨核细胞增生极度活跃；动脉血氧饱和度正常（90%以上）；血浆和尿液中的红细胞生成素显著减少，甚至不能测得。

【诊断】真红的论证诊断依据是：持久性红色发绀等体征，红细胞参数各检测指标极度增多，骨髓红系或三系细胞增生极度活跃，动脉血氧饱和度正常，血浆和尿液中红细胞生成素几乎测不出来。

应注意区别机体脱水状态下表现的相对性红细胞增多症，即所谓"假红"；异常血红蛋白症等各种慢性缺氧、肾脏病或某些癌肿所致的继发性红细胞增多症，即所谓"继红"。

【治疗】原发性红细胞增多症,迄今尚不能根治,目前多采用保守疗法,主要是反复大量放血,使血容量和血液黏滞度恢复或接近正常,以促进高黏血症和微血管病所致症状的缓解。颈静脉一次放血量,犬为100~200mL,马和牛为2~4L,每隔3~5d一次,直至红细胞数和红细胞压积接近正常为止。还可配合应用化疗或应用骨髓抑制剂,如马利兰、环磷酰胺、苯丙酸氮芥等,以巩固和延长放血疗法的效果。其中羟基脲已证实是治疗犬真红的有效而安全的药物。

贫血 (anemia)

贫血的确切定义是全身循环血液中红细胞总容量减少至正常值以下。但临床上的所谓贫血,一般是指单位体积的循环血液中红细胞比积、血红蛋白或红细胞数低于正常值。贫血不是一个独立的疾病,而是许多不同原因引起或不同疾病伴有的综合征。

【病因】在生理状态下,循环血液中的红细胞处于不断耗损、不断补充的动态平衡中。若耗损过多或补充不足,则发生贫血。造成耗损过多主要是红细胞的丢失和崩解;造成补充不足主要是造血物质缺乏、红细胞生成素不足和造血机能衰退。因此,贫血可按其病因及发病机理,分为失血性贫血、溶血性贫血、营养性贫血和再生障碍性贫血4个类型。

1. 失血(失血性贫血) 急性失血病例,见于各种创伤(意外或手术);侵害血管壁的疾病(大面积胃肠溃疡、寄生性肠系膜动脉瘤破裂、鼻疽或结核肺空洞);造成血库器官破裂的疾病(肝淀粉样变、脾血管肉瘤);急性出血性疾病(霉败草木樨中毒、敌鼠钠等抗凝血毒鼠药中毒、蕨类植物中毒、马血斑病、新生畜同族免疫性血小板减少性紫癜、犬和猫自体免疫性血小板减少性紫癜、幼犬第Ⅹ因子缺乏、弥漫性血管内凝血等)。

慢性失血病例,见于胃肠寄生虫病(钩虫病、圆线虫病、血矛线虫病、球虫病等)、胃肠溃疡、慢性血尿、血管新生物、血友病、血小板无力症、血小板病等。

2. 溶血(溶血性贫血) 血管内溶血病例,见于细菌感染,包括钩端螺旋体病、溶血性梭菌病(牛和羊的细菌性血红蛋白尿病)、A型产气荚膜梭菌病(羔羊)、溶血性链球菌病和葡萄球菌病;血液寄生虫病,包括梨形虫病、锥虫病、住白细胞虫病(禽)、疟疾(禽);同族免疫性抗原抗体反应,包括新生畜(仔猪、幼驹、仔犬)溶血病、疫苗(血清)接种、不相合血输注;化学毒,包括酚噻嗪类、美蓝、醋氨酚、非那唑吡啶、铜、铅、萘、皂素、煤焦油衍生物;生物毒,包括蛇毒、野洋葱、黑麦草、甘蓝、蓖麻素、金雀花、毛茛等;物理因素,包括烧伤、犊牛水中毒、冷血红蛋白尿病;低磷酸盐血症(牛产后血红蛋白尿病)。

血管外溶血,即网状内皮系统吞噬溶血病例,见于血液寄生虫病,包括血巴尔通体病、附红细胞体病;自体免疫性抗原抗体反应,包括自体免疫性溶血性贫血、系统性红斑狼疮、马传染性贫血、白血病、无定形体病;微血管病,包括血管肉瘤、弥漫性血管内凝血;红细胞先天内在缺陷,包括遗传性丙酮酸激酶缺乏症、遗传性葡萄糖-6-磷酸脱氢酶缺乏症、遗传性磷酸果糖激酶缺乏症、遗传性谷胱甘肽缺乏症、遗传性谷胱甘肽还原酶缺乏症等红细胞酶病,家族性棘红细胞增多症、家族性球红细胞增多症、家族性口形红细胞增多症、家族性椭圆形红细胞增多症等细胞形态异常,小鼠的α-海洋性贫血、β-海洋性贫血等血红蛋白分子病,牛、猪、犬等动物红细胞生成性卟啉病和原卟啉病等卟啉代谢病。

3. 造血物质缺乏（营养性贫血） 血红素合成障碍病例，见于铁缺乏、铜缺乏、维生素 B_6 缺乏和铅中毒（抑制血红素合成过程中的许多酶）、钼中毒（诱导铜缺乏）；核酸合成障碍病例，见于维生素 B_{12} 缺乏、钴缺乏（影响维生素 B_{12} 合成）、叶酸缺乏、烟酸缺乏（影响叶酸合成）；珠蛋白合成障碍病例，见于饥饿及消耗性疾病的蛋白质不足、赖氨酸不足；机理复杂或不明病例，见于泛酸缺乏、维生素 E 缺乏及维生素 C 缺乏。

在血红蛋白合成中，需要蛋白质、铁、铜和维生素 B_6 作为原料，其中任何一种物质缺乏，都会影响血红蛋白的合成而发生小细胞低色素型贫血。

缺铁性贫血是在长期单纯哺乳以致铁供给不足、慢性消化紊乱以致铁吸收不良、幼畜发育过快或母畜妊娠和哺乳以致铁需要增加、慢性失血或溶血以致铁质大量流失等情况下，体内可用于制造血红蛋白的储存铁被用尽而发生。大鼠和小鼠的遗传性缺铁性贫血，是由于膜转运缺陷，铁吸收和利用障碍所致。

缺铜性贫血其发病机理涉及铜蓝蛋白和运铁蛋白。铜蓝蛋白是一种含铜的氧化酶，可将 Fe^{2+} 氧化成 Fe^{3+}，使 Fe^{3+} 与运铁蛋白结合，转运至骨髓的幼红细胞而用于血红素合成。铜缺乏时，血浆铜蓝蛋白减少，铁的运输和利用受阻，导致贫血和含铁血黄素沉积。动物的缺铜性贫血有两种情况：一种是原发性缺铜，国内外报道发生于自然缺铜地区（如我国的河套地区和澳大利亚）的羊，特称羊的晃腰病，运步时后躯萎弱，腰部摇摆，兼有一定程度的贫血；另一种是继发性缺铜，发生于钼污染地区的牛，由于饲料和饮水中含钼过多（慢性钼中毒），干扰了铜的储存和利用。

缺维生素 B_6 性贫血其发病与原卟啉的合成障碍有关。维生素 B_6 在体内变成具有生物活性的 5-磷酸吡哆醛，系原卟啉合成第一步即甘氨酸与琥珀酸结合成 δ-氨基-γ-酮戊酸的过程中所需要的辅酶。维生素 B_6 缺乏时，原卟啉生成减少，血红素合成不足而发生贫血。这种贫血，并非缺铁，实系铁质失利用而相对过剩，以致骨髓幼红细胞内的铁粒反而增多，特称铁粒幼细胞性贫血。

缺维生素 B_{12}（缺钴）性贫血发病环节在于核酸合成障碍。维生素 B_{12} 和叶酸是影响红细胞成熟过程的重要因素。骨髓内幼红细胞的分裂增殖，依赖于脱氧核糖核酸的充分合成，脱氧核糖核酸的合成又依赖于 5,10-甲脂四氢叶酸的存在，而后者的合成需要维生素 B_{12} 和叶酸的参与。维生素 B_{12} 或叶酸缺乏时，幼红细胞内脱氧核糖核酸的合成受阻，核分裂成熟过程障碍，发生巨幼红细胞性贫血，即大细胞正色素型贫血。犬的家族性选择性钴氰胺吸收不良性巨幼红细胞性贫血，即属于此类。草食兽能通过瘤胃或大肠内的微生物合成叶酸和维生素 B_{12}，一般不缺乏。但钴是维生素 B_{12} 的成分，如果饲料中缺乏钴，则因维生素 B_{12} 的合成不足而发生贫血。

4. 造血机能减退（再生障碍性贫血） 属骨髓受细胞毒性损伤造成的，有放射线（辐射病）、化学毒（如三氯乙烯豆粕中毒）、植物毒（如蕨类植物中毒）和真菌毒素（如马穗状葡萄菌毒病、梨孢镰刀菌毒病）；属感染因素造成的，有猫白血病、传染性泛白细胞减少症、犬欧利希体病、牛羊的毛圆线虫病等；属骨髓组织萎缩造成的，有慢性粒细胞白血病、淋巴细胞白血病、网状内皮组织增生、转移性肿瘤和骨髓纤维化；属红细胞生成素减少造成的，有慢性肾脏疾病和内分泌腺疾病，包括垂体功能低下、肾上腺功能低下、甲状腺功能低下、雄性腺功能低下及雌性激素过多。

此类贫血，还可按再生障碍的程度，进而分为再生不良性贫血和再生不能性贫血。再者，前3种原因系损害于骨髓内的多能干细胞，使红细胞系、粒细胞系以及巨核细胞系造血机能全面发生障碍，因而循环血液中不仅红细胞减少，粒细胞和血小板也减少，发生全血细胞减少症。后一种原因则系抑制体内红细胞生成素的生成和释放，受影响的只是骨髓内红系定向干细胞等红细胞系造血机能，因而循环血液中唯独红细胞减少。

【症状】可视黏膜苍白和由于血液携氧能力降低、组织缺氧而引起的全身状态改变是贫血的共同症状。轻度贫血时，可视黏膜稍淡，精神沉郁，食欲不定，活动持久性差。中等程度贫血时，可视黏膜苍白，食欲减退，倦怠无力，不耐使役。重度贫血时，可视黏膜苍白，出现浮肿，呼吸、脉搏显著加快，心脏听诊有缩期杂音（贫血性杂音），不堪使役，即使稍微运动，也会引起呼吸困难和心跳急速，甚至昏倒。同时，各型贫血还具有各自的临床特点，通常表现于起病快慢、可视黏膜色彩、体温高低、病程长短以及血液和骨髓的改变等。

1. 急性失血性贫血 起病急骤，可视黏膜顿然苍白，体温低下，四肢发凉，脉搏细弱，出冷黏汗，乃至陷于低血容量性休克而迅速死亡。大出血后24h内，组织间液渗入血管，以弥补血容量之不足，致使血液稀薄，红细胞数、血红蛋白含量及红细胞压积平行地减少，呈正细胞正色素型贫血。其后，通常在大出血后的4～6d，骨髓代偿增生达到顶峰，末梢血液出现大量网织红细胞、多染性红细胞、嗜碱性点彩红细胞以及各种有核红细胞；由于铁质的大量流失和铁储备的耗竭，陆续出现淡染性红细胞，呈正细胞或大细胞低色素型贫血。在骨髓红细胞系代偿增生的同时，粒细胞系和巨核细胞系也相应增生，因此末梢血液内的血小板数和白细胞数也增多，伴有中性粒细胞比例增高和核左移。

2. 慢性失血性贫血 起病隐袭，可视黏膜逐渐变为苍白。随着反复经久的血液流失，血浆蛋白不断减少，铁储备逐渐耗竭，病畜日趋瘦弱，贫血渐进增重，后期伴有四肢和胸腹下浮肿，体腔积水。血液学变化特点是正细胞低色素型贫血，血浆蛋白减少，血清间接胆红素减少，白细胞和血小板轻度增多。血片上有各种大小的淡染红细胞。

3. 溶血性贫血 起病快速或较慢，可视黏膜苍白或黄染，往往排血红蛋白尿，体温正常或升高，病程短急或缓长。血液学变化呈正细胞正色素型贫血（急性者）或正细胞低色素型贫血（慢性者）。血清呈金黄色，黄疸指数高，间接胆红素多，血小板显著增数，血片显示再生反应，出现大量网织红细胞、多染性红细胞、有核红细胞等各种幼稚型红细胞。

4. 缺铁性贫血 起病徐缓，可视黏膜逐渐苍白，体温不高，病程较长。血液学变化相当特异，呈小细胞低色素型贫血，即MCV、MCH、MCHC 3项红细胞指数均偏低，红细胞平均直径偏小，卜-乔氏曲线左移，红细胞中心淡染区显著扩大，血清铁减少。骨髓涂片用低铁氰化钾染色时，可证明铁粒幼红细胞（含蓝色铁粒的幼红细胞）稀少或缺乏，而细胞外铁消失，即骨髓涂片的碎粒中看不到蓝色着染的含铁血黄素和铁蛋白。

5. 缺钴性贫血 多见于缺钴地区的牛、羊，具群发性。起病徐缓，食欲减退，异嗜污物和垫草，消化紊乱，渐趋瘦弱，可视黏膜苍白，体温一般不高，病程可达数月乃至数年，最终陷入恶病质状态。血液学变化呈大细胞正色素型贫血，即MCV偏高，而MCH和MCHC基本正常，红细胞平均直径偏大，卜-乔氏曲线右移。白细胞数和血小板数轻度减少，血片上可见到较多的大红细胞乃至巨红细胞，并出现分叶过多的中性粒细胞。骨髓红系细胞由正幼红细胞序列演变为巨幼红细胞序列。巨幼红细胞的形态特征是，细胞体积特别大，浆核比例高，染色质呈细粒或网状结构，核的发育迟于胞浆的成熟，以致在胞浆已含有血红蛋白时，核的染色质依然疏松而尚未浓缩成块。

6. 再生障碍性贫血 除继发于急性辐射病者外，一般起病较慢，可视黏膜苍白，全身症状越来越重，伴有出血综合征，常常发生难以控制的感染，预后不良。血液学变化呈正细胞正色素型贫血，最大特点是全血细胞减少，即红细胞、粒细胞和血小板均显著减少。另一特点是，尽管贫血十分严重，末梢血液却不显示骨髓的再生反应，网织红细胞反而减少，血片上几乎看不到多染性红细胞等各种幼稚红细胞。

【诊断】贫血是症候性疾病，诊断的关键在于确认病因或原发病，详见贫血综合征鉴别诊断要点。

【治疗】治疗原则是除去致病因素，补给造血物质，增进骨髓功能，维持循环血量，防止休克危象。针对类型不同的贫血，治疗原则和措施应各有侧重。

1. 急性失血性贫血的治疗 原则是制止出血和解除循环衰竭。外出血时，可用外科方法止血，如结扎止血或敷以止血药。内出血时，马、牛可静脉注射10%氯化钙液100～200mL，或10%柠檬酸钠液100～150mL，或1%刚果红液100mL。为解除循环衰竭，应立即静脉注射5%葡萄糖生理盐水1 000～3 000mL，其中可加入0.1%肾上腺素液3～5mL。条件许可时，最好迅速输给全血或血浆2 000～3 000mL，隔1～2d再输注一次。脱离危险期后，应给予富含蛋白质、维生素及矿物质的饲料并加喂少量的铁剂，以促进病畜康复。

2. 溶血性贫血的治疗 原则是消除感染，排除毒物，输血换血。凡感染和中毒所引起的急性溶血性贫血病畜，只要感染被抑制或毒物被排出，则贫血本身一般无需治疗，可由骨髓代偿性增生而迅速自行恢复。但溶血性贫血常因血红蛋白阻塞肾小管而引起少尿、无尿，甚至肾功能衰竭，应及早输液并使用利尿剂。对新生畜溶血病，可行输血。输血时力求一次输足，不要反复输注，以免因输血不当而加重溶血。最好换血输血，即先放血后输血或边放血边输血，以除去血液中能破坏病畜自身红细胞的同种抗体，以及能导致黄疸的游离胆红素。犊牛水中毒，通常在暴饮后2～3h发病，重的迅速死亡，轻者经数小时即能耐过而自愈。

3. 营养性贫血的治疗 原则是补给所缺造血物质，并促进其吸收和利用。

缺铁性贫血，通常应用硫酸亚铁，配合人工盐，制成散剂混入饲料中饲喂，或制成丸剂投服。大家畜开始6～8g/d，3～4d后逐渐减少到3～5g，连用1～2周为一疗程。为促进铁的吸收，可同时用稀盐酸10～15mL，加水0.5～1L投服，1次/d。

缺铜性贫血，非但不缺铁，反而有大量含铁血黄素沉积。因此只需补铜而切莫补铁，否则会造成血色素病。通常口服或静脉注射硫酸铜，牛3～4g，羊0.5～1g，溶于适量水中灌服，每隔5d用1次，3～4次为一疗程。静脉注射时，可配成0.5%硫酸铜溶液，牛100～200mL，羊30～50mL。

缺钴性贫血，可直接补钴或应用维生素B_{12}。绵羊可用维生素B_{12} 100～300μg，肌肉注射，每周1次，3～4次为一疗程。此法耗费昂贵，多不大批采用。通常应用硫酸钴内服，牛30～70mg，羊7～10mg，每周1次，4～6次为一疗程。

4. 再生障碍性贫血的治疗 原则是刺激骨髓造血功能。鉴于此类贫血的原发病常难根治，引发的骨髓功能障碍多不易恢复。反复输血维持生命又失去经济价值，故一般不予治疗。近年来国外报道，人医应用的骨髓移植术已经试用于治疗珍稀动物的再生障碍性贫血。国内采用西欧内雄性激素结合中医补肾法治疗慢性再生障碍性贫血，具有一定疗效。

仔猪贫血（piglet anemia）

仔猪贫血特指 2~4 周龄哺乳仔猪缺铁所导致的一种营养性贫血。贫血形态属小细胞低色素类型，多发于冻土寒区、冬春季节、舍饲期间，特别是猪舍以木板或水泥地面而又不采取补铁措施的集约化养猪场。本病同仔猪下痢、仔猪肺炎一起，作为仔猪的三大疾病，在 20 世纪 50 年代给养猪业造成过严重损失。

【病因】主要病因在于铁贮存量低，铁需要量大，铁供应量少。

【发病机理】仔猪出生时，全身含铁总量大约 50mg。其绝大部分（约 80%）分布在血红蛋白中，一部分（约 10%）存在于血清（血清铁）、与铁蛋白结合运输于血浆（运输铁）或包含在肌红蛋白及细胞色素 C 等某些酶类中，余下的不到 10%，即充其量不过 5mg 铁，以铁蛋白和含铁血黄素的形式储存于肝、脾、骨髓和肺黏膜中。出生仔猪体内铁的来源：一是由红细胞生理性破坏而更新；二是由肠道吸收运转全身。仔猪体内的储存铁，数量极其微小，稍加动用即可耗竭。

哺乳仔猪的生长发育迅速，1 周龄体重可为出生重的 1 倍，3~4 周龄则增重 4~6 倍。全血容量亦随体重而相应增长，1 周龄时比出生时增长 30%，到 3~4 周龄时则几乎倍增。为合成迅速增长的血红蛋白，每天需铁 7~15mg。而成年猪为维持正常铁代谢，每天只需外源补铁 1mg。

猪乳含铁量微小。哺乳仔猪在生后 3 周期间从母乳仅可获铁 23mg，即平均每天获铁不过 1mg，加上仔猪生后 1 周胃液内缺乏盐酸，1 个月之后才趋于常态，因而从母乳中实际摄入的外源铁远远不能满足需要，出现"铁债"。

仔猪同各种幼畜一样，出生后由胚胎期的肝脾造血转为骨髓造血，需要调整适应，有一个生理性贫血期。但仔猪生理性贫血的特点是出现时间早，表现程度重。原因如前所述，仔猪生后几周内，生长发育和全血容量增长快，铁需要量大，母乳铁供应量有限，而体内铁储存量极其微薄，维持数日即已枯竭。

生理性贫血的程度和持续时间，取决于饲养管理条件。夏季出生而放牧饲养的，贫血很轻，持续时间亦短，血红蛋白一般在生后 7~10d 降到 70~80g/L，并于 2~4 周龄恢复正常；冬季舍饲的，贫血比较明显，持续时间也较长，通常在生后 15~20d 降到 50~60g/L，于 4~6 周龄逐渐回升到常值。在冻土寒区、冬春季节、舍饲期间、水泥地面饲喂的仔猪，如果单纯依靠哺乳而不添置土盘，不及早粒饲，不补给铁剂，则不能渡过生理性贫血期，就发生重剧的缺铁性贫血。有些资料报道，仔猪贫血不仅缺铁而且缺铜，应予重视。

【症状】一般在 2 周龄起病。表现精神沉郁，离群伏卧，体温不高，但食欲减退，营养不良。最突出的症状是可视黏膜呈淡蔷薇色，轻度黄染，重症仔猪黏膜苍白，如同白瓷，光照耳壳呈灰白色，几乎看不到血管，针刺亦很少出血。呼吸增数，脉搏疾速，心区听诊可闻贫血性杂音，稍微活动，即心搏亢进，大喘不止。有的伴发膈肌痉挛，以致欣部跳动而呼吸更加费力。

检验所见：血液色淡而稀薄，不易凝固。红细胞数减少，可至 3×10^{12} 个/L，2×10^{12} 个/L 乃至 1×10^{12} 个/L 以下，血红蛋白量降低，可至 20~40g/L。MCV、MCH 等红细胞指数低（小）于正常，显示小细胞低色素贫血类型。血片观察，红细胞着色浅淡，中央淡染区明显扩大。红细胞个体大小不均，小的居多，平均直径缩小到 5μm（正常为 6μm）。卜-乔氏曲线左移，且又低又宽。骨髓涂片铁染色，细胞外铁粒消失，幼红细胞内则几乎看不到铁粒。

【病程及预后】通常病程约 1 个月，即 2 周龄起病，3~4 周龄病笃，5 周龄开始好转，6~7 周龄康复。6 周龄仍不好转的，大多预后不良，多死于腹泻、肺炎、贫血性心肌病等继发症。

【治疗】治疗原则是补足外源铁质，充实铁质贮备。通常采用铁剂口服，既经济又奏效。在集约化生产条件下，多采用铁注射剂。

口服铁制剂，如硫酸亚铁、焦磷酸铁、乳酸铁、还原铁等，其中硫酸亚铁为首选药物。常用的药物是硫酸亚铁 2.5g，硫酸铜 1g，常水 1L，剂量为 0.25mL，灌服，1 次/d，连服 7~14d。焦磷酸铁每天灌服 30mg，连用 1~2 周。还原铁，对胃肠无刺激性，可一次灌服 0.5~1g，每周一次。动物的铁排泄量相当稳定，体内铁平衡依靠吸收进行调节，体内铁负荷太大时，铁的吸收就自动减少。但是肠道对铁吸收的调节只是在肠内铁浓度较低时发挥作用。铁浓度很高时，肠黏膜就失去阻断铁吸收的控制能力。因此，误投大量铁剂，可引起铁中毒而出现呕吐和腹泻，甚至发生肝坏死和肝硬化。

注射铁疗法适用于集约化猪场或口服铁剂反应剧烈以及铁吸收障碍的腹泻仔猪。供肌肉注射的铁剂，国产的有葡聚糖铁（右旋糖酐铁）、山梨醇铁和卡古地铁。葡聚糖铁注射液 2mL（每毫升含铁 50mg），深部肌肉注射，通常一次即可，必要时隔周再注射半量。

【预防】北方寒冷，要尽量避免隆冬季节产仔。冬春舍饲所产仔猪，应有户外活动时间，最好尽早随同母猪放牧。要及时粒饲，添置土盘，最好用红黏土（富含氧化铁）或使之自由掘食土壤。据报道，仔猪在 1 月龄之前，每天啃食湿黏土 20~25g，即可获取其所需之铁质。

水泥地面舍饲的仔猪，生后 3~5d 即应开始补铁。方法是将前述的铁铜合剂涂抹在母猪的奶头上任其自由舔吮，或逐头按量灌服。生后 3d 一次肌肉注射葡聚糖铁 100mg，预防效果更加确实。

国内外学者一直致力于探索通过母猪补铁预防本病的方法，直到 20 世纪 80 年代后期才获得突破性进展。妊娠母猪分娩前 2d 至产后 28d 内，每天补饲硫酸亚铁 20g，初乳和乳汁铁含量以及初生仔猪体内储存铁并不增加，但仔猪可通过采食母猪的富铁粪便而获取铁质，这种预防法既简便又经济，其效果无异于生后第 3 天肌肉注射 150mg 葡聚糖铁。再者，苏氨酸铁等氨基酸螯合铁，如水解大豆蛋白螯合铁即肽铁可经由子宫肝褐质和乳腺肝褐质转运，通过母猪的胎盘和乳房屏障，增加胎猪体内的铁储备和乳汁中的铁含量，防止仔猪缺铁和贫血的发生。方法是妊娠母猪从分娩前 4 周至分娩后 4 周，每天用水解大豆蛋白螯合铁 6~12g（含铁 600~1 200mg），早晚各一次分服。

贫血综合征鉴别诊断

贫血是许多不同原因引起或各种不同疾病伴有的综合征。可导致贫血的疾病不下百种，需要加以分类，以便检索和鉴别诊断。贫血可按病因学、形态学和再生反应划分类型。

1. 病因学分类法 按病因及发病机理，贫血可分为失血性贫血、溶血性贫血、营养性贫血和再生障碍性贫血。贫血的病因学分类，是检索贫血病因的主要依据。

2. 形态学分类法 按红细胞的平均容量（MCV），可分为正细胞型贫血、大细胞型贫血和小细胞型贫血；按红细胞的平均血红蛋白浓度（MCHC），可分为正色素型贫血和低色素型贫血，而高色素型贫血实际是不存在的，因为单位容积红细胞内的血红蛋白浓度是不可能过饱和的，除非微小而浓染的球形红细胞过多，如遗传性球形红细胞增多症时。贫血形态学分类见表4-1。

表4-1 贫血形态学分类

分 类	MCHC 正常	MCHC 减少
MCV 正常	正细胞正色素型	正细胞低色素型
MCV 增加	大细胞正色素型	大细胞低色素型
MCV 减少	小细胞正色素型	小细胞低色素型

贫血的形态学分类，除依据 MCV、MCHC 等红细胞指数外，还必须参照红细胞象，包括红细胞的着染状况（淡染、浓染）和大小分布（测算平均直径、绘制卜-乔氏曲线）。大细胞型贫血时，红细胞平均直径增大，卜-乔氏曲线右移；小细胞型贫血时，红细胞平均直径减小，卜-乔氏曲线左移；低色素型贫血时，红细胞淡染。

贫血的形态学分类，能为病因诊断指示方向，对营养性贫血的病因探索最有价值。凡影响核酸合成的病因，多引起大细胞正色素型贫血，即真性巨红细胞性贫血；凡影响血红素或血红蛋白合成的病因，多引起小细胞低色素型贫血；其他各种病因，均引起正细胞正色素型贫血。但在失血性贫血和溶血性贫血的一定阶段，由于再生反应活跃，未成熟红细胞涌入血流，亦可暂时呈大细胞正色素型或大细胞低色素型贫血，即短暂性非巨幼红细胞性贫血，应注意鉴别。

3. 再生反应分类法 按骨髓能否对贫血状态做出再生反应，可分为再生性或应答性贫血和非再生性或无应答性贫血。再生性贫血的标志是：多染性红细胞、网织红细胞乃至有核红细胞等各种未成熟红细胞在循环血液内出现和增多；骨髓红系细胞增生活跃，粒红比降低；非再生性贫血的标志是循环血液中无未成熟红细胞；骨髓有核细胞数减少，红系细胞减少而粒红比增高（红细胞生成素不足所致）或三系细胞均减少（骨髓造血机能低下所致）。

贫血的再生反应分类，亦能为贫血的病因诊断指示方向，对正细胞正色素型贫血的病因鉴别，特别是再生障碍性贫血的确认最有价值。再生性贫血，指示造成贫血的病理过程在骨髓外，属溶血性或失血性病因；非再生性贫血，则指示造成贫血的病理过程在骨髓内，属再生障碍性病因。

贫血的上述3种分类法，各有侧重，相辅相成，在贫血病因的检验诊断上具有指方定向的作用，是贫血综合诊断的重要组成部分。3种贫血分类的列应关系见表4-2。

贫血作为一个综合征，在临床上是显而易见的，但"贫血"一词，只属于症候性诊断。贫血综合征的诊断，关键是确定贫血的性质，查明贫血的病因。为此，必须首先熟悉不同病因贫血的形态学类型和再生反应类型，掌握贫血病因诊断的检验程序，详细调查病史和生活史，充分了解发生状况，全面搜集临床症状，系统观察疾病经过，并配合必要的特殊化验和治疗性诊断。

兽医临床上常用的贫血病因过筛检验有10项，包括红细胞数、血红蛋白含量、红细胞压积容量、平均红细胞容量（MCV）、平均红细胞血红蛋白含量（MCH）、平均红细胞血红蛋白浓度（MCHC）、白细胞数、血小板数、网织红细胞数及红细胞象。

表4-2 3种贫血分类对应关系

病因学分类	形态学分类	再生反应分类
急性失血性贫血	正（大）细胞正（低）色素型	再生反应性
慢性失血性贫血	正（小）细胞低色素型	再生反应性
急性溶血性贫血	正（大）细胞正色素型	再生反应性
慢性溶血性贫血	正细胞正色素型	再生反应性
缺铁营养性贫血	小细胞低色素型	补铁再生反应
缺钴营养性贫血	大细胞低色素型	补钴再生反应
再生障碍性贫血	正细胞正色素型	无再生反应性

在兽医临床上遇到贫血病畜时，通常着眼于起病情况、可视黏膜色彩、体温高低、病程长短及血液学检验结果，并运用如下的诊断思路。

遇到突然起病，可视黏膜顿然苍白，且伴有休克危象的病畜，应考虑急性失血性贫血。首先检查体表有无创伤，有无大失血（尿血、便血、吐血、鼻血、手术后出血）的现症或病史。如体外无创伤出血，就要怀疑急性内出血。随即穿刺腹腔，如腹腔液呈血样或血水样，则可能是肝、脾或腹腔大血管破裂。

遇到起病很快，可视黏膜苍白（黄染明显或不明显），且排血红蛋白尿或有血红蛋白血症的病畜，应考虑急性溶血性（血管内）贫血。体温升高者，要怀疑某些能引起急剧溶血的传染病和血液寄生虫病，如急性或最急性型马传染性贫血、钩端螺旋体病、梨形虫病以及牛、羊细菌性血红蛋白尿病等，需进一步做有关的特殊检查。体温正常或低下者，可怀疑由溶血性毒物、同族免疫性抗原抗体反应或物理因素所致，如新生幼畜溶血病、不相合血输注、十字花科植物中毒、犊牛水中毒、毒蛇咬伤、牛产后血红蛋白尿病、水牛血红蛋白尿病，或者是红细胞内在缺陷病的发作，如红细胞酶病、红细胞形态异常所致先天性溶血病以及红细胞生成性卟啉病，需再详细鉴别诊断。

遇到病程较长，可视黏膜逐渐苍白并黄染，但不显血红蛋白血症（血浆或血清不红），且不排血红蛋白尿的病畜，应考虑慢性溶血性（血管外）贫血和慢性失血性（内出血）贫血。伴有发热的，要怀疑马传染性贫血、无定形体病等获得性自体免疫性溶血性贫血以及巴尔通体病、附红细胞体病等，并进一步依据特殊检验做出鉴别。体温不高的，要怀疑慢性铜中毒、慢性铅中毒以及红细胞先天缺陷性溶血病，如葡萄糖-6-磷酸脱氢酶缺乏、丙酮酸激酶缺乏、磷酸果糖激酶缺乏等红细胞酶病，遗传性棘红细胞增多症、口形细胞增多症、球形细胞增多症等红细胞形态异常以及α-海洋性贫血、β-海洋性贫血等异常血红蛋白分子病，可依据家族发生史和有关的特殊检验逐个加以鉴别。

遇到起病隐袭，病程缓长，可视黏膜逐渐苍白的病畜，应考虑慢性失血性贫血和红细胞生成不足所致的贫血，包括再生障碍性贫血和营养性贫血。在这种情况下，病情复杂交错，必须配合各项过筛检验，首先确定其在形态学分类和再生反应分类上的位置，以指示诊断方向。

如果属正细胞正色素、非再生类型，要怀疑再生障碍性贫血。白细胞数和血小板数均减少的病例，可能系骨髓造血功能障碍所致，需检验骨髓细胞象进一步确证，并可确定造成骨髓功能障碍的具体病因。白细胞数和血小板数不减少或反而增多的，可能系骨髓造红细胞功能障碍或红细胞生成素不足所致,同样需要检验骨髓细胞象以取得确证,并确定造成红细胞生成素不足的具体病因,如慢性肾脏病或某种内分泌腺疾病。

如果属正细胞低色素或小细胞低色素、再生类型,且血浆蛋白含量降低,甚至伴有浮肿,就可能是慢性失血性贫血,要进一步寻找隐蔽的出血部位(粪便潜血、血尿等)或胃肠道寄生虫病(在犬要特别注意钩虫,在反刍兽要特别注意血矛线虫)。

如果呈大群发生或具有地区性,常提示某种营养性贫血的存在,包括血红素合成障碍和核酸合成障碍两类。

小细胞低色素型的病例,应考虑血红素合成障碍,包括铁质储备匮乏(缺铁性)和铁质相对过剩(铁利用障碍)所致的贫血。要依靠血清铁测定和骨髓涂片铁染色检查做鉴别。其血清铁含量降低,骨髓细胞外铁和铁粒幼细胞稀少或消失的,即可确认为缺铁性贫血,再进一步阐明缺铁的原因;其血清铁升高,且骨髓细胞外铁和铁粒幼细胞都增多的,即可确定为铁粒幼细胞性贫血,包括维生素 B_6 缺乏、铜缺乏、铅中毒所致的铁利用障碍性贫血。

其中属大细胞正色素型的,应考虑核酸合成障碍所致的贫血,必须观察红细胞象和骨髓细胞象。在血片上可见到较多的大红细胞乃至巨红细胞,并出现分叶过多的中性粒细胞,而骨髓红系细胞变为巨幼红细胞,即可确认是维生素 B_{12} 缺乏、叶酸缺乏、烟酸缺乏以至钴缺乏所致的贫血,但不能据此确定究竟属于其中哪一种缺乏。目前兽医临床上报告的此类贫血,除个别犬、猫病例是由于维生素 B_{12} 和叶酸缺乏者外,几乎都是缺钴所引起的。因此依据缺钴性贫血在发生状况、临床表现等各方面的特点,再配合发病地区饲料及土壤的微量元素测定,以及病畜血浆维生素 B_{12} 测定和钴测定,不难做出原因诊断。

营养性贫血的治疗诊断法,即补给所缺造血物质后,末梢血液内的网织红细胞数急剧增加,4~7d 达到峰值,显示网织红细胞效应。这是适用于各种营养性贫血的一项既准确又方便的诊断方法。如注射或口服铁剂 5~7d 后血中网织红细胞数明显上升,即表示为缺铁性贫血,否则亦可排除缺铁性贫血;注射维生素 B_6 后 5~7d,出现网织红细胞效应,则表示维生素 B_6 缺乏性贫血。依此类推,对缺铜性、缺钴性、维生素 B_{12} 和叶酸缺乏性贫血等,都可通过此法予以确诊或排除。

(张乃生)

第二节 白细胞疾病

制造白细胞的主要器官是骨髓、脾脏和淋巴结。骨髓制造粒细胞。脾脏制造淋巴细胞及单核细胞。淋巴结制造淋巴细胞,并能生成单核细胞及浆细胞。白细胞也源自多能干细胞,先分化为各系定向干细胞,再分别经由原始阶段、幼稚阶段而发育为成熟阶段。成熟后即不再分裂而储积于骨髓等生成器官的贮藏池中等待释放。释入末梢血液的白细胞,约半数随血液循环,即进入循环池;其余的则附着于小静脉及微血管壁,即滞留于边缘池。循环池和边缘池之间经常互相转换,形成动态平衡。

动物的白细胞疾病可分为白细胞数量异常、白细胞形态异常、白细胞功能异常和造白细胞组织增生4大类。白细胞数量异常主要是针对炎症或感染应答的白细胞增多症,特别是中性粒细胞增多症和作为感染或毒物对骨髓损害结果的白细胞减少症,如猫的泛白细胞减少症、各种动物的粒细胞减少症和淋巴细胞减少症等。白细胞形态异常见于犬和猫的遗传性粒细胞分叶过少症；马和犬的多分叶巨大中性粒细胞增多症；牛、犬、貂、猫、鼠的契-东二氏综合征，即色素缺乏易感性增高综合征，先天性白细胞颗粒异常综合征或贮藏池病。白细胞功能异常见于牛和犬的粒细胞病综合征即慢性肉芽肿病。造白细胞组织增生见于所有动物的各种类型白血病。

白血病 （leukemia）

白血病的基础是造白细胞组织增生。造白细胞组织增生是造血系统（包括骨髓、淋巴组织、网状内皮系统）的一类恶性肿瘤性疾病。异常增殖的白细胞（所谓白血病细胞）时常出现于循环血液中，即称为白血病。白血病的主要病理学特征包括：骨髓、淋巴结等造血组织中有白血病细胞（白细胞及其前身细胞）的弥漫性增生；其他各组织器官中有白血病细胞的广泛性浸润；末梢血液中白细胞数增多和/或出现幼稚白细胞乃至原始白细胞。

按增生的造血组织或细胞系列不同，可分为骨髓组织性白血病（即粒细胞性白血病）和淋巴组织性白血病（即淋巴细胞性白血病）两大类。

按病程的缓急和末梢血液中白细胞的成熟程度不同，可分为急性白血病和慢性白血病。前者病程短急，骨髓和末梢血液中主要是异常原始细胞和幼细胞；后者病程长缓，骨髓和末梢血液中主要是较成熟的异常细胞，其次是幼细胞，而原始细胞较少。

按末梢血液中的白细胞数及白细胞象的不同，可分为白血性白血病，白细胞数增多至十倍、几十倍乃至上百倍；亚白血性白血病，白细胞数轻度增多；非白血性白血病，白细胞数并不增多或反而减少。

本病主要发生于牛和猫，其次是犬和猪，马、绵羊、山羊等动物较少发生。在病型上，急性白血病少，慢性白血病多；骨髓性白血病少，淋巴性白血病多。在欧洲，特别是德国，慢性淋巴性白血病比较普遍，有的呈家族性发生或流行。在日本，牛白血病几乎遍及全国。在中国，牛白血病有逐年增多的趋势，猪、马、犬、猫的白血病也见有报道，值得注意。

【病因】白血病的病因尚未完全确定。目前一般认为，白血病乃造血系统的恶性肿瘤，有以下主要学说：

1. 病毒学说 病毒导致禽类白血病和小鼠白血病的发生。近年来有人用不含细胞的白血病动物组织滤出物，成功地使小鼠、猫等实验动物发生了白血病。猫白血病病毒、牛白血病病毒C型病毒粒子和3 053 L B病毒等已经分离鉴定。后两者还能通过人工接种或者混群饲养，在牛之间以及牛和绵羊之间水平传播。这就提示，哺乳动物（如猫、犬、牛、猴）的白血病很可能是病毒引起。

2. 免疫缺陷学说 该学说认为，造血细胞同其他体细胞一样，可在某种原因作用下发生突变而过度增殖，只是因为动物机体具备健全的免疫机制，特别是细胞免疫，突变增殖的造血细胞一经产生，即被免疫细胞识别、吞噬和清除。这种机制一旦遭到破坏而发生严重缺陷，则白血病随即发生。

3. 遗传学说 现已证实，白血病可在小鼠、鸡、猪、牛的某些品系中，由亲本遗传给后代，呈家族性发生，显示垂直传播。

此外，还有放射、化学毒物（如苯、烷化剂等）和细胞毒药物等因素。

【症状】慢性白血病，起病缓慢，开始有一个相当长的隐袭期，呈现精神沉郁，食欲减退,易疲劳,常出汗,逐渐瘦弱,胸腹下部及四肢浮肿等一般性全身症状。随着病程的发展而进入显现期,显现淋巴结、脾、肝肿大,眼球凸出以及血象改变等示病体征。与此同时,全身状态显著恶化,可视黏膜逐渐苍白,体温有时升高,且由于具有吞噬能力的粒细胞生成减少而易发感染,由于血小板生成减少而伴有出血性素质。

体表各淋巴结,如颌下、咽背、下颈、肩前、膝前、髂内、髂外等淋巴结均显著肿大,触之无热无痛、平滑、坚实而可移动。内脏淋巴结极度肿大时,往往出现相应的机能障碍。

【病理变化】慢性淋巴性白血病的特异性病理变化是淋巴结、脾脏、骨髓、扁桃体以及肠壁中的淋巴组织异常增生,肝、脾、肾、腺体等各器官组织的血管周围有淋巴细胞浸润,淋巴结显著肿大,如块茎或拳头大。组织学检查时,滤泡结构不清,缺乏生发中心,整个淋巴结几乎是一个由各种大小淋巴细胞构成的淋巴细胞堆。脾脏多明显肿大(白血性巨脾),在马和牛长可达1m,重可达50kg。病猪的脾脏长可达90cm,重可达5～6kg。组织学检查,滤泡和脾髓境界不清,到处都是脾小梁围隔的淋巴细胞堆。骨髓呈灰红色,组织学检查可见骨髓组织萎缩,充满大量淋巴细胞堆。胃壁和肠壁,特别是后段肠管的肠壁上,淋巴细胞呈结节状或灶状浸润,构成淋巴瘤样肿块,有时突出于肠腔中。

慢性骨髓性白血病的特征性病理变化是骨髓组织中粒系细胞异常增生;脾脏、肝脏、淋巴结等组织器官内有由间质细胞化生而构成的灶状或弥漫性骨髓细胞浸润。骨髓呈灰红色或灰黄色,胶状。组织学检查,粒系细胞极度增生,占据绝大部分骨髓组织,而红系或巨核系细胞显著减少。脾脏常高度肿大,在马可重达55kg。组织学检查,充满大量早幼粒、中幼粒和巨核细胞所构成的骨髓组织,呈弥漫性浸润或灶状堆聚。肝脏多显著肿大,肿胀的程度略次于脾,在猪可重达7～8kg。组织学检查,呈骨髓组织的弥漫性浸润或灶状堆聚,肝实质受挤压而萎缩。淋巴结肿大的程度较轻,组织学检查亦显示骨髓细胞的浸润或堆聚。

【病程及预后】慢性白血病的病程缓长,一般持续数月至数年,病情时好时坏,弛张不定,其间有长短不一的缓解期,但几经反复,最后总不免死于出血、贫血、感染或衰竭。

【诊断】典型病例,依据肝、脾和/或淋巴结肿大、贫血、眼球凸出等体征以及血象和骨髓象,不难做出诊断。即使有的体征不够明显,单凭典型的血象和骨髓象,亦可确立诊断。

脾脏肿大,在马可通过直肠检查,在小动物可通过腹壁触摸而发现。肝脏肿大,在马、牛可通过叩诊,在犬、猫可通过腹壁触诊来确定。

血象变化,白细胞数显著增多,通常在每立方毫米几万至十几万个之间,有的白细胞数不增多或反而减少;在白细胞分类上,淋巴细胞比例增高达60%～80%,有的达95%以上;红细胞数初期无大改变,末期血液中粒细胞、红细胞和血小板都大幅度减少,呈再生障碍性贫血象。

骨髓象变化,粒系、红系、巨核系细胞均显著减少,涂片上充满各种淋巴细胞,其中有较多幼稚淋巴细胞和原始淋巴细胞。

慢性骨髓性白血病的临床表现与慢性淋巴性白血病基本相同,只不过肝、脾肿大更加显著,淋巴结肿大比较轻微,贫血出现得较早亦较重。在血象和骨髓象方面则具有特异性差别。

血象特点是白细胞总数增多并不显著,个别也有白细胞总数减少的(所谓非白血性白血病)。但不论属哪种病型,白细胞比例的改变均甚突出,粒细胞可达70%～95%,主要为中性粒细胞。在粒细胞的成熟程度上则更具特点,即血片上不仅有大量分叶核、杆状核,还有相当数量的晚幼粒和中幼粒,甚而还有一定数量的早幼粒和原始粒细胞出现。骨髓象显示粒细胞系极度增生,增生的粒细胞种类与末梢血象一致,通常为中性粒细胞。

慢性白血病两大类型的辨识,同样要根据血象和骨髓象,主要看增生的白细胞是属于粒细胞系列还是淋巴细胞系列。牛亚白血型和非白血型慢性淋巴性白血病,应注意与牛结核、泰勒焦虫病及再生障碍性贫血鉴别。亚白血型慢性骨髓性白血病,白细胞总数仅轻度增多,应注意与各种炎性疾病的白细胞增多症鉴别。

【治疗】白血病曾被列为不治之症。近年来,在人白血病的治疗上已经取得长足的进展。其基本措施包括:加强综合性支持疗法(输血、抗生素、中草药),以增强机体的抵抗力,防止各种并发症,缓解病情发展;实施放射疗法和化学疗法,主要应用叶酸拮抗物(如氨甲喋呤)、嘌呤拮抗物(如6-巯嘌呤)、嘧啶拮抗物(如阿糖胞嘧啶)等代谢拮抗药,环磷酰胺等核毒类药,以及L-天门冬酰胺酶、肾上腺皮质激素等,以抑制白血病细胞的大量增生;配合免疫疗法,如注射卡介苗、百日咳菌苗等非特异性疫苗或特异的白血病疫苗,以增强机体免疫力,清除体内残留的白血病细胞。

上述疗法,由于耗资费时,目前尚难用于动物白血病的治疗。但化学疗法、注射白血病疫苗的免疫疗法或骨髓移植疗法,可作为动物白血病的试验治疗措施。

【预防】病因尚未明确,预防实难着手。值得注意的是,在美国、东欧、日本和澳大利亚,牛和猪的白血病近年有迅速蔓延的趋势,在引进国外良种时,要加强检疫,以防止混入处于隐袭期和缓解期的白血病品系的牛和猪。鉴于其可能的传染性质,一经确诊即应予以扑杀,以绝后患。

骨髓恶液质(bone marrow dyscrasia)

骨髓恶液质即多分叶巨大中性粒细胞症(gaint hypersegmented neutrophilia)或大红细胞增多症(macrocylic erythrocymsis),是一种以巨大而分叶过多的中性粒细胞和大红细胞增多为主要病理特征的先天性白细胞和红细胞形态异常。其遗传类型未定,病因及发病机理不明,自然发生于马和犬。

病犬不显临床症状,特征是血液学检验出现大量的巨大而分叶过多的中性粒细胞并伴有正色素型大红细胞,恒定并保持终生。平均红细胞容积(MCV)显著增高,红细胞大小分布图(卜-乔氏曲线)显示高度右移,但临床上不出现贫血症状。通常在血常规检查时偶然发现,容易被忽略。

(张乃生)

第三节 出血性疾病

动物机体具有复杂而完备的止血机制。正常止血过程的完成至少涉及血管机制、血小板机制和血液凝固机制,当其中任何机制发生障碍而达到一定的"临界水平"时,都会发生出血性疾病。出血性疾病又称出血性素质(hemorrhagic diathesis),即出血倾向,不是独立的疾病,而是许多不同原因引起和各种不同疾病伴有的临床综合征。其主要病理过程是止血障碍,基本临床特征是出血性素质。

有些出血性疾病比较单纯，只是由于某一方面的止血机制发生了障碍，甚至单是由于某一凝血因子的缺陷；有些出血性疾病则相当复杂，往往是由于几种止血机制同时发生了障碍，或是由于多种凝血因子的缺陷。因此，通常按照止血障碍的主要环节将出血性疾病分为以下3种类型：

血管壁异常：血管壁异常包括先天性血管壁异常、过敏性血管壁异常和非过敏性血管壁异常，是动物出血性疾病的常见病因和类型。

血小板异常：血小板异常包括血小板数量减少和血小板质量改变，是动物出血性疾病中最常见、最主要的发病环节，约75%以上的动物出血性疾病属于此类。

凝血机制异常：凝血机制异常表现在4个大的环节上，即凝血活素形成障碍、凝血酶形成障碍、纤维蛋白形成障碍以及抗凝物质增加。

血斑病（morbus maculosus）

血斑病又称为血管性紫癜，病变在于毛细血管壁通透性增加，造成各组织器官的浆液-出血性浸润，以黏膜、皮肤、肌肉及内脏的水肿和出血为主要特征，属Ⅲ型超敏反应性免疫病。本病主要见于马属动物，特别是2～6岁的马，牛、猪和犬极其少见。

【病因】本病大多继发或伴发于某些传染性疾病和化脓坏死性疾病，特别是与链球菌感染有密切关系。

常继发在马腺疫、马胸疫、流感、传染性上呼吸道卡他等疾病痊愈之后，或伴发于传染性贫血、病毒性动脉炎、鼻疽以及咽炎、鼻副窦炎、乳房炎、子宫内膜炎、阴道炎等各组织器官化脓-出血坏死性疾病的经过中。

此外，还有自发性血斑病，即所谓无原发病而自发的病例，实际上可能是蛔虫、丝虫、绦虫等寄生虫侵袭、某种霉菌感染或抗生素等药物过敏所致。

【发病机理】现已证实血斑病是一种Ⅲ型，即血管炎型超敏反应性免疫病。其免疫病理过程大抵如下：链球菌等病原体作为抗原使畜体致敏，产生相应的抗体，隔一定期间之后，同类抗原物质再度进入畜体，形成抗原抗体复合物，沉积于血管壁基底膜，由激活的补体吸引并聚积中性粒细胞，其溶酶体膜破溃，释放出组胺等小分子蛋白质，破坏基底膜等支持结构，造成炎性变化，结果血管壁通透性增高，血液和淋巴液渗漏，引起皮肤、黏膜、肌肉及内脏器官的水肿和出血。

由于大范围的渗出和出血，血浆蛋白主要是白蛋白减少，血液胶体渗透压降低，水肿更加严重，甚至发生体腔积液和肺水肿。

毛细血管壁的炎性变化遍及全身各组织器官，其中除皮肤和黏膜的病变比较突出外，还常见胃肠道、肺泡壁、肾小球基底膜有较大程度的损伤，表现呼吸、泌尿、消化功能障碍，严重的则继发化脓坏死性肺炎、出血坏死性胃肠炎、穿孔性腹膜炎、肾炎等致死性疾病。

【症状】原发病痊愈后或经过中突然起病。主要临床表现包括可视黏膜出血、坏死；体躯各部皮肤及皮下组织水肿；胃肠道、肺、肾等内脏器官出血、水肿、坏死，造成相应的机能障碍。

可视黏膜出血坏死，多见于鼻黏膜、眼结膜和口腔黏膜，特点是出血呈斑块状，且往往发生坏死。

体躯各部皮肤肿胀，在鼻唇部、眼睑、胸腹侧、四肢乃至颈、肩、背、腰、臀部及胸腹下部出现水肿。肿胀的特点是：周缘呈堤坝状，与健康组织有明显界限；常左右对称，分批出现；起初有轻微的热痛，以后则无热无痛；触压时感到硬固或重压留痕；头部特别是唇、鼻梁等处肿胀严重时，颜面失去原来的轮廓，状如河马头。

内脏器官出血、水肿和坏死，发生相应的机能紊乱，表现各自的临床症状。

全身症状，轻症病例不明显，仍有食欲；重症病例，常伴有内脏器官重剧病变或继发脓毒败血症，全身症状重剧，有高热、心衰、肾衰等危象。

血液学检查：红细胞数减少，白细胞数增多，中性粒细胞比例增高，核型左移。血浆白蛋白极度减少，血沉加快。凝血时间延长。凝血机制各项检验多不认异常。

【病程及预后】疾病经过平均为2～3周。轻症病例数日而愈，重症病例常迁延1～2个月或更长时间。病死率在50%左右。病程和预后主要取决于出血和水肿的发生部位及其发展速度。

【诊断】典型的血斑病，依据可视黏膜的出血斑块和体躯上部侧方的对称性肿胀，容易诊断。但非典型血斑病或病初黏膜出血和皮肤水肿不明显时，较难诊断。应根据血斑病的出血和水肿特点，具体分析，参照起病情况、全身状态及其他体征，比较鉴别。

【治疗】治疗原则包括消除致病因素，缓解变态反应，降低血管通透性，提高血液胶体渗透压以及防止感染和败血症。

1. 消除致病因素 马腺疫时肿胀的下颌淋巴结应及时切开排脓；副鼻窦炎及大的创伤要彻底清除化脓坏死组织；其他感染性原发病要认真加以处理；停用某些过敏药物及霉变饲料。

2. 缓解变态反应 首选药物是肾上腺皮质激素制剂。其作用在于抑制抗体产生，稳定白细胞溶酶体膜，减少各种活性介质的释放，缓解抗原抗体反应，降低血管的通透性。常用氢化可的松，马、牛200～500mg，猪20～80mg，溶于5%葡萄糖液500～2 000mL内，缓慢静脉注射。应用多价抗链球菌血清80～100mL皮下注射，连续2～3次，对某些链球菌所致的病例有良好效果。此外，还可用10%维生素C液10～20mL，加入葡萄糖液内静脉注射。

3. 降低血管通透性 可用10%氯化钙液100～150mL静脉注射，1次/d，连用数日。

4. 提高血液胶体渗透压 其功效仅次于缓解变态反应。输注新鲜血或钙化血（10%氯化钙1份，血液9份）1 000～2 000mL，每日或隔日1次，效果颇好。输注新鲜血浆或血清2 000～3 000mL，则效果更好。

5. 防止感染和败血症 可减少合并症，缩短病程。为防止感染，除用0.1%高锰酸钾液清洗口、鼻外，应按疗程使用抗生素或磺胺制剂。为防止败血症，可静脉注射樟脑酒精葡萄糖液200mL或撒乌安液100mL，1次/d，连用数日。

血小板减少性紫癜（thrombocytopenic purpura）

血小板减少性紫癜是动物中最常见的一种出血性疾病，以皮肤、黏膜、关节、内脏的广泛性出血、血小板减少、凝血时间延长、血块收缩不良、血管脆性增加等为特征。原发性血小板减少性紫癜与免疫机制障碍有关，临床少见，多发生于新生仔猪、幼驹及仔犬。继发性血小板减少性紫癜通常发生于某些疾病的经过中。常发生于各种不同年龄的动物。

【病因】 原发性血小板减少性紫癜，主要由于同种免疫或自体免疫产生抗血小板抗体，使循环血小板凝集并在脾脏等网状内皮系统中滞留或破坏。作为抗原抗体反应，对血管壁也会造成一定的损伤。

继发性血小板减少性紫癜，多伴随发于其他疾病的经过中，有的是由于骨髓的血小板生成障碍，有的是由于循环血小板的破坏（消耗）过度，或者是两者同时发生。

某些细菌、病毒、血液寄生虫或钩端螺旋体感染性疾病，如最急性型马传染性贫血、牛梨形虫病、猪和犬出血黄疸型钩端螺旋体病以及各种动物的巴氏杆菌病（出血性败血症）等，均可使血小板过多破坏，加上病原体对血管壁的直接损害作用，往往伴发血小板减少性紫癜。

许多疾病在恶化而陷于中毒性休克状态时，常发生重剧的弥漫性血管内凝血过程，血小板连同其他凝血因子被大量消耗，继发消耗性出血综合征，其中包括消耗性血小板减少性紫癜。

骨髓损害，如白血病、恶性肿瘤转移、骨髓纤维化等骨髓器质性病变，X射线等电离辐射作用，牛蕨类植物中毒、三氯乙烯豆粕中毒、马葡萄状穗霉毒素中毒、越冬禾本科作物镰刀菌毒素致发的败血性咽峡炎，以及犬的全血细胞减少症等疾病也可造成血小板减少性紫癜。

【症状】 血小板减少性紫癜的基本症状是肢体各部皮肤和眼、口、鼻、腟等处黏膜有出血点或出血斑；鼻汁、粪便、尿液、眼房液乃至胸腹腔穿刺液混血；黏膜下和皮下大块出血，形成大小不等的血肿；脑脊髓灶状出血，因部位不同而呈现相应的神经症状。不同病因病型的血小板减少性紫癜，还有各自的临床表现。

同种免疫性血小板减少性紫癜，发生于新生畜，吮母乳后数小时或数日突然发病，骨髓象为无巨核细胞型。大多数病畜可于停吮母乳后2～3d即停止出血，并逐步康复，如再吮母乳，随即复发。

自免性血小板减少性紫癜，急性型的甚少，大多在数月乃至数年间反复发作、反复缓解，取慢性经过，见于各种年龄。可查有某种感染或反复接受某种药物的病史。

继发性（症状性）血小板减少性紫癜，除上述基本症状外，还夹杂有原发病的临床表现。其原发病多属重剧性疾病，不论临床表现还是检验所见，都显得错综复杂，变化多端。骨髓象可为巨核细胞型或无巨核细胞型，依原发病的性质而不同。

【诊断】 血小板减少性紫癜的基本症状是出血体征。其中，凝血时间延长，血块收缩不良，血管脆性试验呈阳性（或阴性）的，即指示血小板异常的出血性疾病。血小板计数正常，可能属血小板功能障碍性疾病。血小板数显著减少，则为血小板减少性紫癜。骨髓象检验，巨核细胞型的，表明起因于血小板破坏或消耗过多；无巨核细胞型的，表明起因于血小板生成不足或破坏过多和生成不足兼而有之。可参照起病情况、疾病经过及其他临床表现和检验结果，确定是原发性的还是继发性的血小板减少性紫癜；配合血小板凝集试验等特殊检验，确定是免疫性的还是非免疫性的，或是同种免疫还是自体免疫性血小板减少性紫癜。

【治疗】 治疗原则是除去病因，减少血小板破坏和补充循环血小板。常用疗法包括给予免疫抑制剂、输血（或血浆）和脾切除术。

对同种免疫性血小板减少性紫癜的新生畜，要立即停吮母乳，找保姆畜代哺乳或喂代乳品。安定病畜，减少活动，以免出血加剧。必要时，可输给新鲜血或富含血小板的新鲜血浆。鉴于输入的血小板可被病畜血液内的抗血小板抗体凝集而失去作用，最好实行大量放血后输血。

对自体免疫性血小板减少性紫癜病畜，要着力查明并除去致敏病因，停用可疑的药物。首选药物是肾上腺皮质激素制剂，如氢化可的松等，能降低血管渗透性，抑制抗体产生，对控制出血，效果最为明显，较大剂量还能提高血小板数。应用激素抑制免疫1周后，可输给新鲜血液或血浆。顽固不愈的，可考虑施行脾切除术。脾切除对犬的特发性血小板减少性紫癜有显著效果。

对继发性（症状性）血小板减少性紫癜病畜，主要在于治疗原发病。必要时，可输给新鲜全血或血浆。

甲型血友病（hemophilia A）

甲型血友病又称为先天性第Ⅷ因子缺乏症，是由于决定抗血友病球蛋白的基因发生突变，抗血友病球蛋白（AHG）的生成（数量）不足或结构（功能）变异所致的一种遗传性凝血障碍性出血病。

人的甲型血友病，最先描述于1793年。直至20世纪，才见有动物的甲型血友病记载，首次报道的是犬，其后见于马和猫。

【病因】犬、猫、马等动物的甲型血友病，根本病因在于X性染色体上的AHG基因发生了突变，同人一样，属X性连锁隐性遗传类型。

【发病机理】X性染色体上的AHG基因发生了突变，从而不能合成抗血友病球蛋白，或者合成的是变异型抗血友病球蛋白，以致第Ⅷ因子凝血前质（FⅧ：C）的活性降低，凝血活酶的形成发生障碍，表现为凝血时间延长和激活的部分凝血活酶时间延长，凝血酶原消耗时间缩短。由于血小板和血管的止血机制仍然健全，流血时间正常，血块收缩良好。每个病例第Ⅷ因子活性降低的程度在一生中是相对恒定的。通常第Ⅷ因子活性降低至3%以下才会出现临床症状。

【症状】甲型血友病，在马、猫特别是犬的众多品系内呈家族性发生。雌性杂合子个体为携带畜，只传递疾病基因，不表现出血倾向。通常为雄性半合子个体发病，表现出血体征。

重型病畜，常于出生时或生后数日至数周起病。出血可发生于任何器官和组织，出血部位非常广泛，多在深部组织，如皮下和肌肉血肿，关节积血，泌尿道出血，脑脊髓出血乃至体腔内出血。

轻型病畜，起病较晚，多在3月龄之后显现出血体征。"自发性出血"常局限于少数肢体关节，创伤或手术后出血不止者，病情严重，均死于急性内出血。

凝血象过筛检验的特点：血凝时间、血小板计数、血块收缩试验、凝血酶原时间、凝血酶时间以及纤维蛋白原含量均不认异常。凝血时间延长，一般在20min以内。激活的部分凝血活酶时间显著延长，一般为30~50s。凝血酶原消耗时间正常或轻度缩短。

证病性检验项目是第Ⅷ因子活性测定，包括第Ⅷ因子凝血前质活性低下，常不及1%；第Ⅷ因子相关抗原活性正常或升高，有的高达259%。

【诊断】诊断依据：符合 X 性连锁隐性遗传特点的家族发生史；肌肉和关节血肿为主的广泛性出血体征；以 CT 和 APTT 延长、PT 正常和凝血活酶生成试验有变化为基本特点的凝血象过筛检验所见；第Ⅷ因子凝血前质活性低下，第Ⅷ因子相关抗原活性正常或升高等证病性检验结果。

应注意区别血管性假血友病（vWD）以及先天性第Ⅸ因子缺乏症（乙型血友病）、先天性第Ⅺ因子缺乏症（丙型血友病）等内在途径凝血障碍的遗传性出血病。

【治疗】唯一有效的治疗方法是替代疗法，即输注新鲜血或血浆，以补充抗血友病球蛋白。因耗资费时，终生维护，在兽医临床上并无应用价值。但在特殊情况下，如为了保存和繁衍动物模型，可实施上述治疗。

乙型血友病 (hemophilia B)

乙型血友病又称先天性第Ⅸ因子缺乏症，是由于决定因子Ⅸ合成的基因发生突变，血浆凝血活酶成分（PTC）生成数量不足或结构（功能）变异所致的一种遗传性凝血障碍出血病。

动物的乙型血友病，同人一样，属 X 性连锁隐性遗传类型，20 世纪 60 年代开始报道发生于犬和猫，其他动物尚无记载。

【病因】X 染色体上第Ⅸ因子基因发生突变。主要发病环节是所合成的血浆凝血活酶成分（PTC）数量不足或结构异常（变异型 PTC），以致第Ⅸ因子活性极度低下。

【发病机理】本病同甲型血友病一样，其血管止血机制和血小板止血机制完好，血小板血栓的形成并无障碍，流血时间基本正常。但由于凝血酶原转变为凝血酶的过程发生障碍，血小板血栓（白色血栓）不能及时转变为纤维蛋白血栓（红色血栓），栓块得不到巩固，因此尽管流血时间正常，在经过一定时间之后，穿刺点仍可发生后续性出血。

【症状】在犬和猫的众多品系内呈家族性发生，症状酷似甲型血友病，只是起病较晚，出生时发病的较少，多在哺乳期或离乳后起病显症，个别到成年后才开始显现出血体征，而且病情多不严重，即平时无自发性出血体征，直到创伤（手术）后出血不止。出血部位与甲型血友病一样，大多在软组织如肌间、皮下和关节腔形成血肿，甚至血液囊肿。齿龈、胃肠道和泌尿道出血亦较常见。

凝血象过筛检验所见：血流时间、血小板计数、血块收缩试验、凝血酶原时间以及凝血酶时间均不认异常，只是血流时间测定的穿刺部位常发生后续性出血。凝血时间显著延长，可达 1h 左右。激活的部分凝血活酶时间延长（30～50s）；凝血活酶生成不佳，可被正常血清（含第Ⅸ因子）所纠正，而氢氧化铝吸附血浆（含第Ⅷ因子）无效，据此可与甲型血发病进行鉴别。

【诊断】初步诊断主要依据：唯独公畜发病等符合 X 性连锁隐性遗传特点的家族发生史；反复发作的出血体征或创伤（手术）后出血不止等临床表现，凝血时间和激活的部分凝血活酶时间延长，而凝血酶原时间等其他凝血象过筛检验指标不变。确定诊断和杂合子携带畜的检出，则必须进行血浆第Ⅸ因子活性测定，凝血活酶生成试验及其纠正试验。

应注意区别甲型血友病、丙型血友病、血管性假血友病等内在途径凝血先天缺陷所致的遗传性出血病。还应区别严重肝病、维生素 K 缺乏症、霉烂草木樨中毒病以及抗凝血灭鼠药（如华法令）等所致的获得性凝血障碍出血病。

【治疗】乙型血友病的防治原则与甲型血友病一致。上海生物制品研究所从人血浆中制备出凝血酶原复合物（PPSB），其中除含第Ⅱ、Ⅶ、Ⅹ凝血因子外，也含因子Ⅸ，每单位活性相当于新鲜血浆1mL，病犬可以试用，但多次输注可能会出现免疫反应。

血管性假血友病（vascular pseudohemophilia）

血管性假血友病又称为血友病样出血综合征（hemophilia-like bleeding syndrome），即 Von Willebrand病，简称vWD，系血小板黏附功能缺陷所致的一种先天性血小板止血功能障碍、遗传性慢性出血病。

动物的血管性假血友病，最早报道于猪。20世纪70年代，见于犬、兔、猫等动物。

【病因】血管性假血友病，在猪、犬等特定动物品系内呈家族性发生，遗传类型因畜种和病型而异。猪和大多数品系犬的血管性假血友病为轻型，与人的vWDⅠ型相对应，属常染色体不完全显性类型。即两性均可发病，双亲均能传递。

【发病机理】血管性假血友病是抗血友病球蛋白即第Ⅷ因子相关抗原或血管性假血发病因子（vW）减少或缺乏所致。也有人认为，血管性假血友病是第Ⅷ因子复合物缺陷，即不仅缺乏第Ⅷ因子相关抗原（vWF），还缺乏抗血友病球蛋白。

【症状】基本症状是出血倾向。皮肤和黏膜的自发性出血比较常见，如反复鼻出血、齿龈出血、皮肤紫癜、皮下血肿等。严重的可有胃肠道出血和关节出血。外伤后及手术时出血不止则更为常见。

本病的特征性检验所见，包括流血时间延长，血小板黏附性降低，血小板对瑞斯脱霉素不聚集，即第Ⅷ因子相关抗原极度减少以及抗血友病球蛋白活力降低。

【诊断】典型的血管性假血友病，依据家族发生史、出血体征、慢性病程以及血小板黏附性（滞留率）、流血时间、血小板瑞斯脱霉素聚集反应以及血浆AHG对FⅧR：Ag的比率等特征性检验结果，不难做出论证诊断。

【治疗】长期以来唯独依赖替代疗法，即出血发作时或手术前输注新鲜全血或血浆。由于vW因子的生物半衰期短（36h），应每24～48h输注一次，不可长期坚持。患畜禁用阿司匹林、保泰松、消炎痛、潘生丁以及前列腺素E_1等药物。此类药物可使血管扩张，并影响血小板功能而诱发或加剧流血时间延长。

弥漫性血管内凝血（disseminated intravascular coagulation，DIC）

弥漫性血管内凝血又称为消耗性凝血病，简称DIC。它不是一个独立的动物疾病，而是所有动物各科多种疾病经过中伴随或继发的一种危急的出血综合征，是血液在某些激发因素作用下变成高凝状态后，经过血管内凝血和微血栓形成，消耗大量凝血因子和血小板，而转化为低凝状态以至出血的一系列病理过程。

【病因】能激活血浆凝血系统而使血液变成高凝状态的损伤，包括3种类型：①内皮细胞损伤，暴露内皮下胶原，可激活内在途径凝血系统。②组织损伤，释放组织凝血活酶，可激活外在途径凝血系统。③红细胞和/或血小板损伤，释放出磷脂，可同时激发内在和外在

途径凝血系统。能造成上述 3 种类型损伤而导致弥漫性血管内凝血的疾病和病因甚多,常见的如下:

能造成菌血症或病毒血症的传染病,如马传染性贫血、牛出血性败血症、牛肉孢子虫病、猪弓形虫病、鸡出血综合征、犬传染性肝炎、犬出血黄疸型钩端螺旋体病、猫传染性贫血、猫传染性腹膜炎、鹿流行性出血、水貂阿留申病等。

能造成内毒素血症和中毒性休克的普通病,如马急性出血坏死性盲结肠炎、马蹄叶炎、反刍兽急性瘤胃酸中毒、马和牛的机械性肠阻塞以及穿孔性腹膜炎等。

能造成组织坏死和蛋白酶释放的疾病,如各种动物的热射病、犬急性坏死性肝炎、犬急性坏死性胰腺炎以及各种动物的化脓性子宫内膜炎、胎衣停滞、子宫破裂等脓毒败血性外产科病。

能造成血管内红细胞溶解或血小板凝集的疾病,如毒蛇咬伤,不相合血输注,马、猪、犬的同种免疫性和自身免疫性溶血性贫血,马和犬的同种免疫性和自身免疫性血小板减少性紫癜,犬的全身性红斑狼疮,马、牛、犬、猫的真性红细胞增多症等。

【发病机理】弥漫性血管内凝血均伴发或继发于其他疾病的经过中,以致原发病和弥漫性血管内凝血各自固有的症状和体征交织在一起,临床表现错综复杂。再者,弥漫性血管内凝血作为一种病理状态有其发展过程,包括血液高凝期、血液低凝期和继发性纤溶期。

1. 血液高凝期 乃血液凝固性增高至微循环内弥漫性纤维蛋白-血小板血栓形成的时期。血液色暗而黏滞易堵塞针头,血沉减慢,凝血时间、凝血酶原时间、激活的部分凝血活酶时间以及复钙时间都不同程度地缩短,血浆纤维蛋白原含量增高,血小板黏附性增强。血浆凝固性增高,指示微循环血栓即将或开始形成。血液高凝期持续的时间,因病程类型而异。急性型短暂(数小时),亚急性型较长(数日),而慢性型缓长(数周)。

2. 血液低凝期 乃微循环内纤维蛋白-血小板血栓广泛形成,凝血因子和血小板大量消耗,以致血液凝固性减低的时期。血小板数减少,血浆纤维蛋白原含量减低,凝血时间、凝血酶原时间、激活的部分凝血活酶时间以及凝血酶时间都显著延长,末梢血片上可见大量的破裂红细胞和棘红细胞。

3. 继发性纤溶期 乃微循环内形成纤维蛋白-血小板血栓之后,体内纤维蛋白溶解系统被激活而继发纤维蛋白溶解的时期。临床症状和检验特点与前一阶段相似,出血体征更加明显,血浆中纤维蛋白降解产物增多,血浆鱼精蛋白副凝集试验(3P试验)呈阳性反应,球蛋白溶解时间缩短。

【症状】①微循环障碍导致可视黏膜发绀,脉搏细弱,血压降低,肢体末端部厥冷,处于休克状态。②消耗性凝血障碍导致皮肤和可视黏膜出现瘀斑和紫癜,针刺部位流血不止,甚至显现便血、尿血等出血体征。③弥漫性微血栓的广泛形成,使流经的红细胞发生机械性破损,有时可表现皮肤和可视黏膜急剧苍白、血红蛋白尿等所谓微血管病性溶血性贫血的症状。④弥漫性血管内凝血累及肾、肺、肠、肝、脑和心肌,使各器官组织缺血、缺氧乃至变性或坏死,而表现相应临床所见。如肾微循环血栓,可引起少尿、蛋白尿、血尿、无尿乃至尿毒症等急性肾衰表现;肺微循环血栓,可引起高度呼吸困难等急性呼吸功能障碍;肠道微循环血栓,可引起腹痛和腹泻以至内毒素休克;心肌微循环血栓,可引起急性心肌梗死;脑微循环血栓,可引起脑坏死而猝死等。

【诊断】伴发或继发弥漫性血管内凝血的原发病,多为危重的全身性疾病,其本身的临床表现已相当复杂，一旦继发临床表现更为复杂的弥漫性血管内凝血，出血体征具一定的诊断意义。最有确诊价值的是凝血象检验，主要包括凝血时间、凝血酶原时间、激活的部分凝血活酶时间、凝血酶时间、血小板数、纤维蛋白原含量以及 3P 试验和血片红细胞象。

【治疗】弥漫性血管内凝血的治疗，应包括治疗原发病，抑制已激活的血液凝固过程，补充消耗的血液成分和增进网状内皮系统功能等 4 个方面。

1. 治疗原发病 这是中止血管内凝血进展的根本措施。原发病被控制，则血管内凝血亦随之缓解以至停止。为此，各种传染病和血液寄生虫病应尽早实施磺胺、抗生素等特异疗法；免疫性或过敏性疾病应及时实施抗过敏治疗；脓毒败血性外产科病应注意充分引流化脓坏死组织，彻底消除死胎、恶露、停滞的胎衣等子宫及产道内的腐败蓄积物；中毒性休克应切实制止内毒素的继续产生和吸收。

2. 抑制过度激活的血液凝固过程 这是治疗弥漫性血管内凝血的关键和核心，已报道有 4 种办法：①应用抗血小板黏聚的药物，如阿司匹林和右旋糖酐。前者能降低血小板的黏附性和聚集性，一次剂量的影响可持续 5~7d，每千克体重 10mg 内服，隔日 1 次；后者不仅有助于修复血管内皮，还能降低血小板和红细胞的黏附性，防止血小板聚集，相对分子质量 7 万左右的右旋糖酐效果较好。②应用肝素。肝素对凝血过程的 3 个环节都起抑制作用，主要阻止凝血酶的作用而防止纤维蛋白血栓的形成。一般用微量肝素疗法，即每千克体重用 5~10IU，混于葡萄糖溶液内静脉滴注，每 8~12h 一次，效果良好、毒副作用小，不必做凝血象监测。肝素不宜大量连续应用，否则会诱发出血或使出血加重。③应用抗凝血酶Ⅲ浓缩物，随后输注血浆和血小板悬液，对治疗出血严重的 DIC 病有良好效果。④应用输液疗法。平衡液的输注，不仅能纠正血容量过低，疏通淤滞的血管，还能稀释凝血酶、纤维蛋白降解产物和纤溶活化素，从而缓解过度激活的凝血过程。

3. 补充消耗的血液成分 这在重症 DIC 所致消耗性出血的治疗上尤为重要。每千克体重输注新鲜全血或血浆 5~10mL，每隔 3~6h 一次，可补充丢失的红细胞、消耗的血小板和全部凝血因子。

4. 增进网状内皮系统功能 补充纤维黏结蛋白是目前治疗 DIC、消除微血栓的一个可行措施。方法是先将血浆在低温下冰冻，然后移到普通冰箱（温度低于 4℃）融化，吸出血浆表面的冰冻沉淀物备用。每次取血浆冰冻沉淀物 10~20mL，混于葡萄糖液内静脉注射，每隔 3h 一次。该制剂每次用量不宜过大，否则网状内皮系统功能反而会受到抑制。

（张乃生）

◇ 复习思考题

1. 动物血液及造血器官疾病分为哪几大类？各类疾病之间有何关联？
2. 试述动物贫血的分类体系及各类贫血的诊断要领、致病因素及临床急救措施。
3. 仔猪为什么容易发生缺铁性贫血？如何进行防治？
4. 试述动物白血病的发生类别及各类诊断依据。
5. 试述弥漫性血管内凝血的致病因素及治疗原则。

第五章

泌尿系统疾病

> **内容提要：** 泌尿系统疾病主要包括肾脏疾病（如肾炎、肾病等）、尿路疾病（如肾盂肾炎、膀胱炎、膀胱麻痹、尿道炎、尿石症、血尿等）和尿毒症等。本章主要阐述泌尿器官疾病引起的主要病因、发病机理与症状、诊断及治疗原则和措施。从理论和临床实践出发，要求重点掌握肾炎、肾盂肾炎、膀胱炎、尿石症和尿毒症等相关内容。

概　述

泌尿系统是机体的重要排泄系统，由尿液生成器官（肾脏）和尿液储留器官（膀胱）、排出的通道（尿路）组成。肾脏主要由肾小球、肾小管、集合管和血管构成。泌尿系统的主要功能是排泄代谢产物、调节水盐代谢、维持内环境的相对恒定。此外，肾脏还可分泌肾素、红细胞生成素和 1α 羟化酶，分别具有调节血压、促进红细胞生成和活化维生素 D_3 的作用。

神经系统对泌尿活动的调节，是在大脑皮层控制下，通过盆神经、腹下神经和阴部神经来完成。体液调节在尿液生成过程中起着重要作用，它主要由抗利尿素和醛固酮进行调节。

在正常状态下，泌尿器官，尤其是肾脏具有强大的代偿功能。当致病因素的损伤作用超过泌尿器官或肾脏的自身代偿能力时，就会发生不同程度的功能障碍，如尿液的形成障碍、肾小球毛细血管网通透性障碍、尿液储留障碍、尿液排出障碍等。

（一）引起泌尿器官疾病的病因

引起泌尿器官疾病的病因主要为感染、中毒和变态反应性损伤等。

1. 感染　主要有血源性和尿源性感染两种。血源性感染是病原微生物由血液流至肾、肾盂等泌尿器官而致病。尿源性感染指病原微生物经尿道或损伤的直肠进入膀胱，进而引起肾、肾盂等泌尿器官损伤。

2. 中毒　包括内源性和外源性有毒物质中毒。当外源性有毒物质和/或内源性（代谢性）毒物到达肾脏时，可引起局部组织损伤。如重剧胃肠炎、肝炎、大面积烧伤或烫伤时所产生的毒素、代谢产物或组织分解产物、病原微生物毒素、饲料毒物、霉菌毒素、植物毒素、金属元素等中毒。

3. 变态反应性损伤　由菌体蛋白、变应原等所产生的抗原-抗体反应及其复合物对肾小球基底膜的损伤，造成肾脏尿路细胞变性、坏死、脱落以至炎症反应。

4. 代谢性因素　如维生素 A 缺乏、钙过多而磷不足，或钙磷比例失调，致使肾细胞在其他因子的作用下，产生坏死、脱落；同时维生素 D 在肾脏内的转化异常，影响钙结合蛋白质的合成，使钙、磷代谢进一步紊乱，最终导致钙的异位沉着，形成结石，由此对周围组织产生机械性压迫与刺激，并引起局部的炎症。

5. 环境因素 受寒感冒可成为本病的诱因。

6. 其他因素 劳役过度、肿瘤、插入导尿管等机械性刺激与损伤、肾线虫、泌尿器官邻近组织炎症扩散（如前列腺炎、子宫内膜炎、盆腔炎等）也会波及泌尿器官，引起炎症、坏死等。

（二）泌尿器官疾病的一般症状

1. 排尿障碍 表现为排尿困难、排尿疼痛、尿频及排尿失禁。

2. 尿液变化 表现为尿液数量和成分的改变。

（1）尿量的变化：尿是肾脏机能活动的产物，健康家畜的尿量和排尿次数有其规律性。当泌尿器官患病时，此规律受到破坏。临床表现为少尿、无尿、多尿或尿闭。

（2）尿液成分的变化：泌尿器官疾病时，由于肾和尿路的机能障碍，特别是肾脏疾患时，肾小球滤过膜通透性增强，肾小管重吸收机能障碍，导致尿液成分改变，尿中出现蛋白质、血液、管型（尿圆柱）和尿沉渣等异常成分。在临床分别称为蛋白尿、血尿、管型尿。尿中出现的有机沉渣是肾及尿路疾患的一种病理产物。尿的有机沉渣中有机成分主要有：红细胞、白细胞、上皮细胞（肾上皮、肾盂上皮、膀胱上皮、尿道上皮）以及病原菌等。

3. 肾性水肿 水肿通常是肾脏疾病的重要症状之一，但家畜并非必然出现。水肿多发生于富有疏松结缔组织的部位，如眼睑、胸下、腹下、四肢末端及阴囊等处，严重时可出现体腔积液。

4. 肾性高血压 由于肾脏小动脉的反射性收缩，血流量减少，肾素-血管紧张素增多，导致小动脉平滑肌收缩，血压升高。其主要表现为血压升高（肾性高血压）、心浊音区扩大、第二心音增强、脉搏强硬（硬脉）。

5. 尿毒症 是肾机能不全（肾衰竭）的最严重表现，主要是由于肾机能不全，导致代谢产物或毒性物质在体内的蓄积以及内环境的紊乱，引起自体中毒综合征。

6. 血液化学成分改变 如低钠血症、高钾血症、低蛋白血症、氮血症、酸中毒及肾性贫血。

（三）泌尿器官疾病的诊断

泌尿器官疾病的诊断，根据病史和特征性临床症状，结合尿液化验和肾功能测定，还可采用肾脏和膀胱的超声检查和膀胱镜检查。肾活体组织检查可以诊断肾脏的特殊疾病。

1. 尿常规检查 常为诊断有无泌尿系统疾病的主要依据。泌尿系统疾病可出现蛋白尿、管型尿、血尿、糖尿、酮尿等异常尿液。

2. 肾功能测定

（1）清除率测定：是指肾在单位时间内清除血液中某一物质的能力，临床上常用内生肌酐清除率法测定。内生肌酐清除率可反映肾小球滤过率（GFR）。本方法操作简便，干扰因素较少，因此成为常用的指标，并可用来粗略估计有效肾单位数量。

（2）肾血流量测定：肾血流中对氨马尿酸除自肾小球流出外，其余几乎全部可被近曲小管分泌，目前多以放射性核素邻^{131}I马尿酸钠测定肾血流量。

3. 其他辅助检查　为了进一步明确泌尿系统疾病的诊断，可根据病情做尿液培养、肾盂及输尿管造影、膀胱镜检查、肾活体组织检查和B超检查等。

(四) 泌尿器官疾病的治疗原则

由于泌尿器官是机体最主要的排泄器官，当肾脏机能障碍时，尿液和体内的有害代谢产物不能排出，同时还会引起水盐代谢紊乱和酸碱平衡失调，因而严重影响家畜机体的生命活动，甚至导致死亡。因此，对泌尿器官疾病的预防和治疗应给予足够的重视。

泌尿器官疾病的治疗原则是除去特异性病因，控制感染，消除水肿，实施非特异性和支持性治疗。治疗泌尿器官疾病时，除中西医结合外，还可采用肾上腺皮质激素、免疫抑制药物等治疗方法。

在兽医临床上较为常见的泌尿器官疾病主要有肾炎、肾病、肾盂肾炎、膀胱炎、膀胱麻痹、尿道炎、尿石症、尿毒症等。

第一节　肾脏疾病

肾炎 (nephritis)

肾炎是指肾实质（肾小球、肾小管）或肾间质发生炎性病理过程。临床上以肾区敏感和疼痛，尿量减少及尿液中出现病理产物，严重时伴有全身水肿为特征。

肾炎按病程可分为急性肾炎和慢性肾炎两种。按炎症发生的范围可分为弥漫性肾炎和局灶性肾炎。按其发生部位可分为肾小球肾炎、肾小管肾炎、间质性肾炎，临床常见的多为肾小球肾炎及间质性肾炎。各种动物均可发生，以马、猪、犬较为多见，而间质性肾炎主要发生在牛。

【病因】肾炎的病因目前尚未彻底阐明，但认为本病的发生主要与感染、中毒及变态反应有关。

1. 感染因素　继发于某些传染病的过程中，如猪瘟、猪丹毒、传染性胸膜肺炎、口蹄疫、结核、败血症、猪羊的败血性链球菌、牛病毒性腹泻及禽肾型传染性支气管炎等。此外，也可由邻近器官炎症转移蔓延而引起，如肾盂肾炎、子宫内膜炎等。

2. 中毒因素　外源性毒物主要是采食有毒植物、霉变饲料、误食被农药和重金属（如砷、汞、铅、镉、钼等）污染的饲料及饮水、误食有强烈刺激性的药物（如斑蝥，松节油等）；内源性毒物如重剧胃肠炎、肝炎、代谢性疾病、大面积烧伤或烫伤时所产生的毒素、代谢产物或组织分解产物等。

3. 诱发因素　动物营养不良，劳役过度，受寒感冒，均可成为本病的诱因。

另外，肾间质对某些药物（如二甲氧青霉素、氨苄青霉素、先锋霉素、噻嗪类及磺胺类药物）呈现超敏反应，可引起药源性间质性肾炎；犬的急性间质性肾炎多数发生在钩端螺旋体感染之后。

慢性肾炎原发性原因，基本上同急性肾炎，但病因作用持续时间较长，性质比较缓和，症状较轻。临床上慢性肾炎以继发性居多。继发性病因，常为急性肾小球肾炎治疗不当而转为慢性。值得注意的是，慢性肾小球肾炎常可在过度使役、受凉或不及时治疗或治疗不当、感染的情况下，可使病情加重，呈现急性肾小球肾炎的发病过程。

【发病机理】肾炎的发病机理至今尚未定论。近年来，由于免疫生物学的发展，动物模型的改进，荧光抗体法、电镜技术和肾脏活体组织检查的应用，使肾炎的发病机理研究取得较大的进展，认为多数肾炎是免疫介导性炎性疾病。经过大量的试验研究表明，大约有70%的临床肾炎病例属免疫复合物性肾炎，约有5%的病例属抗肾小球基底膜性肾炎，其余为非免疫性所致。

1. 免疫性肾炎 包括免疫复合物性肾炎和抗肾小球基底膜性肾炎。

（1）免疫复合物性肾炎：机体在外源性（如链球菌的膜抗原，病毒颗粒和异种蛋白质等）或内源性抗原（如因感染或自身组织被破坏而产生的变性物质、天然DNA）刺激下产生的相应的抗体，当抗原与抗体在循环血液中形成可溶性抗原抗体复合物后，激活炎症介质导致肾炎产生。抗原抗体复合物随血液循环到达肾小球，在某些情况下沉积或为肾小球所捕捉（可沉积在肾小球血管内皮下、血管间质内，或肾小球囊脏层的上皮细胞下），形成循环免疫复合物（ICI）沉积。从而激活炎症介质，导致肾炎产生。由于激活了补体（C3b、C3a、C4a、C5a），促使肥大细胞释放组胺，使血管的通透性升高，同时吸引中性粒细胞在肾小球内聚集，并促使毛细血管内形成血栓，毛细血管内皮细胞、上皮细胞与系膜细胞增生，引起肾小球肾炎。研究还发现，免疫复合物（IC）可刺激肾小球系膜释放超氧阴离子自由基和过氧化合物，导致肾小球结构改变，内皮细胞肿胀，上皮细胞足突融合，肾小球基底膜降解等一系列组织细胞损伤。

（2）抗肾小球基底膜性肾炎：此为抗体直接与肾小球基底膜结合所致。在感染和其他因素作用下细菌或病毒的某种成分与肾小球基底膜结合，形成自身抗原，刺激机体产生抗自身肾小球基底膜抗原的抗体，或某些细菌及其他物质与肾小球毛细血管基底膜有共同抗原性，刺激机体产生的抗体，既可与该抗原物质反应，也可与肾小球基底膜起反应（交叉免疫反应），肾脏局部形成原位IC，并激活补体等炎症介质引起肾小球的炎症反应。

原位IC形成或ICI沉积所致的肾小球免疫复合物，如为肾小球系膜所清除，或被单核-吞噬细胞、局部浸润的中性粒细胞吞噬，病变则多可恢复。若肾小球内IC持续存在或继续沉积，或机体对肾小球免疫复合物中免疫球蛋白产生自身抗体，则可导致病变持续和发展。肾炎的发病过程中，除体液免疫以外细胞免疫亦起到一定作用。研究表明，T淋巴细胞、单核细胞等均在肾小球肾炎的发病中起重要作用。如急性肾小球肾炎早期肾小球内常可发现较多的单核细胞，这已被肾炎模型的细胞免疫所证实并得到公认。

另外，临床及实验研究显示，始发的免疫反应需引起炎症反应，才能导致肾小球损伤及其症状。炎症介导系统可分成炎症细胞和炎症介质两大类，炎症细胞可产生炎症介质，炎症介质又可趋化、激活炎症细胞，各种炎症介质间又相互促进或制约，形成一个十分复杂的网络关系。其中，炎症细胞主要包括单核细胞、中性粒细胞、嗜酸性粒细胞及血小板等，炎症细胞可产生多种炎症介质，造成肾小球炎症病变。炎症介质主要包括生物活性肽、活性酯、血管活性胺、补体、凝血及纤溶系统因子、细胞黏附分子、活性氧、活性氮等，并已证实在肾炎病理发生过程中的重要作用。一般认为，免疫机制是肾炎的始发机制，在此基础上炎症介质（如补体、白细胞介素、活性氧等）参与，最后导致肾小球损伤并产生症状。

2. 非免疫性肾炎 非免疫性肾炎为病原微生物或其毒素，以及有毒物质或有害的代谢产物，经血液循环进入肾脏，直接刺激或阻塞、损伤肾小球或肾小管的毛细血管而导致的肾炎。

肾炎初期，因变态反应引起肾小球毛细血管痉挛性收缩，肾小球缺血，导致毛细血管滤过率下降；或因炎症致使肾毛细血管壁肿胀，导致肾小球滤过面积减少，滤过率下降，因而尿量减少，或无尿。进一步发展使水、钠在体内大量蓄积而发生不同程度的水肿。肾炎的中后期，由于肾小球毛细血管的基底膜变性、坏死、结构疏松或出现裂隙，使血浆蛋白和红细胞漏出，形成蛋白尿和血尿。由于肾小球缺血，引起肾小管也缺血，结果肾小管上皮细胞发生变性、坏死，甚至脱落。渗出、漏出物及脱落的上皮细胞在肾小管内凝集形成各种管型（透明管型、颗粒管型、细胞管型）。

肾小球滤过机能降低，水、钠潴留，血容量增加；肾素分泌增多，血浆内血管紧张素增加，小动脉平滑肌收缩，致使血压升高，主动脉第二心音增强。由于肾脏的滤过机能障碍，使机体内代谢产物（非蛋白氮）不能及时从尿中排除而蓄积，引起尿毒症（氮质血症）。

慢性肾炎，由于炎症反复发作，肾脏结缔组织增生以及体积缩小导致临床症状时好时坏，终因肾小球滤过机能障碍，尿量改变，残余氮不能完全排除，滞留在血液中，引起慢性氮质血症性尿毒症。

【症状】

1. 急性肾炎 病畜精神沉郁，体温升高，食欲减退，消化紊乱。肾区敏感、疼痛，病畜不愿运动，站立时腰背拱起，后肢叉开或齐收腹下。强迫行走时，行走小心，背腰僵硬，运步困难，步态强拘，小步前进。外部压迫肾区或进行直肠检查时，可发现肾脏肿大，敏感性增高，表现站立不安，拱腰、躲避或抗拒检查。频频排尿，但每次尿量较少，尿色浓暗，密度增高，严重时无尿。尿中含有大量红细胞时，尿呈粉红色至深红色或褐红色（血尿）。尿中蛋白质含量增加。尿沉渣中可见透明颗粒、红细胞管型、上皮管型以及散在红细胞、白细胞、肾上皮细胞、脓细胞及病原菌等。

病程后期见有眼睑、颌下、胸腹下、阴囊部以及牛的垂皮处发生水肿。严重时，可发生喉头水肿、肺水肿或体腔积液。动脉血压升高，第二心音增强；由于血管痉挛，眼结膜呈淡白色；病程较长时，可出现血液循环障碍及全身静脉淤血。重症病畜血中非蛋白氮升高，呈现尿毒症症状。患畜表现全身功能衰竭，四肢无力，意识障碍或昏迷，全身肌肉阵发性痉挛，并伴有腹泻及呼吸困难。

2. 慢性肾炎 其症状基本同急性肾炎，但病程较长，发展缓慢，且症状不明显，病初表现易疲劳，食欲不振，消化紊乱及伴有胃肠炎，病畜逐渐消瘦，血压升高，脉搏增数，硬脉，主动脉第二心音增强。疾病后期，眼睑、颌下、胸前、腹下或四肢末端出现水肿，重症者出现体腔积水，后期可出现全身水肿。尿量不定，尿中有少量蛋白质，尿沉渣中有肾上皮细胞、红细胞、白细胞及各种管型。血中非蛋白氮含量增高，尿蓝母增多，最终导致慢性氮质血症性尿毒症。病畜倦怠、消瘦、贫血、抽搐及出血倾向，直至死亡。典型病例主要是水肿，血压升高和尿液异常。

3. 间质性肾炎 初期尿量增多，后期减少。尿液中可见少量蛋白及各种细胞。有时可发现透明及颗粒管型。血液肌酐和尿素氮升高，犬的尿素可达 237.37mmol/L。血压升高，据报道犬可达 12.61～28.0kPa；心肌肥大，第二心音增强。大动物直肠检查和小动物肾区触诊，可摸到肾脏表面不平，体积缩小，质地坚实，无疼痛感。

【病理变化】急性肾炎可见肾脏轻度肿大、充血，质地柔软，被膜紧张，易剥离；肾表面及切面呈淡红色，因肾小球肿胀发炎，故在切面呈半透明的小颗粒状隆起。

慢性肾炎表现肾明显皱缩、色苍白、表面不平或呈颗粒状，质地硬实、被膜剥离困难，切面皮质变薄，结构致密。晚期肾脏缩小和纤维化。

间质性肾炎由于肾间质增生，可见间质明显增宽，肾脏质地坚硬、体积缩小，表面不平或呈颗粒状，色苍白，被膜剥离困难，切面皮质变薄。

【病程及预后】急性肾炎的病程，一般可持续1～2周，经适当治疗和良好的护理，预后良好。慢性病例，病程可达数月或数年，若周期性出现时好时坏现象，多数难以治愈。重症者，多因肾功能不全或伴发尿毒症死亡。间质性肾炎，经过缓慢，预后多不良。

【诊断】肾炎主要根据典型的临床表现：少尿或无尿，肾区敏感、疼痛，第二心音增强，水肿，尿毒症，特别是尿液的变化（蛋白尿、血尿、管型尿，尿沉渣中有肾上皮细胞）进行诊断。必要时亦可进行肾功能肌酐清除率测定。

间质性肾炎，除上述诊断根据外，可进行肾脏触诊：肾脏硬固，体积缩小。

在鉴别诊断方面，应注意与肾病的区别。肾病是由于细菌或毒物的直接刺激肾脏，而引起肾小管上皮变性的一种非炎性疾病，通常肾小球损害轻微。临床上见有明显的水肿、大量蛋白尿及低蛋白血症，但不见有血尿等现象。

【治疗】肾炎的治疗原则是清除病因，加强护理，消炎利尿、抑制免疫反应及对症疗法。

1. 药物治疗 主要为消除炎症、控制感染、抑制免疫反应和利尿消肿等。

（1）消除炎症、控制感染：可选用青霉素，用青霉素钾盐或钠盐肌肉注射时，每千克体重，马、牛0.5万～1.0万U，猪、羊、犬为1.0万～1.5万U；链霉素，每千克体重，马、牛3～5g/头，猪、羊0.5～1g/头，犬25mg，2次/d，肌肉注射。氨苄青霉素，每千克体重，马、牛、羊、猪、犬10～20mg，鸡25～30mg，2次/d，肌肉注射或静脉注射，连用1周。

也可选用喹诺酮类如环丙沙星，畜禽每千克体重5～10mg，肌肉注射；蒽诺沙星，鸡、猪、羊每千克体重5～10mg，2次/d，肌肉注射。

（2）免疫抑制疗法：鉴于免疫反应在肾炎的发病学上起重要作用，而肾上腺皮质激素具有很强的抗炎和抗过敏作用。因此，肾炎病例多采用激素治疗，一般选用肾上腺皮质激素：醋酸泼尼松，马、牛50～150mg/头，猪、羊10～50mg/头，2次/d，内服，连续服用3～5d后，应减量至1/5～1/10；氢化泼尼松，马、牛200～400mg/头，猪、羊25～40mg/头，分2～4次肌肉注射，可连续应用3～5d。此外，亦可应用醋酸考的松、氢化可的松或地塞米松（氟美松）肌肉注射或静脉注射。还可选用抗肿瘤药物如氮芥、环磷酰胺等烷化剂，能抑制抗体蛋白的形成，具有免疫抑制效应。

（3）利尿消肿：可选用利尿剂：双氢克尿噻，马、牛0.5～2g/头，猪、羊0.05～0.2g/头，犬每千克体重2～4mg，内服，1～2次/d，连用3～5d后停药。醋酸钾，马、牛10～30g/头，猪、羊2～5g/头，内服。25%氨茶碱注射液，马、牛4～8mL，羊、猪0.5～1mL，静脉注射。

（4）对症疗法：当心脏衰弱时，可应用强心剂，如安钠咖、樟脑或洋地黄制剂。当出现尿毒症时，牛、马可用5%碳酸氢钠注射液200～500mL；或用11.2%乳酸钠溶液，溶于5%葡萄糖溶液500～1 000mL中，静脉注射。当有大量蛋白尿时，为补充机体蛋白，可应用蛋白合成药物，如苯丙酸诺龙或丙酸睾丸素。当有大量血尿时，可应用止血敏（牛、马1.25～2.5g/头，猪、羊0.25～0.5g/头，犬每千克体重5～15mg）或维生素K（牛、马

0.1～0.3g/头；猪、羊 0.03～0.05g/头；犬每千克体重 10～30mg）。

2. 改善饲养管理 将病畜置于温暖、干燥、阳光充足且通风良好的畜舍内，并给予充分休息，防止受寒、感冒。在饲养方面，病初可施行 1～2d 的饥饿或半饥饿疗法。以后应酌情给予富有营养、易消化且无刺激性的糖类饲料。为缓解水肿和肾脏的负担，对饮水和食盐的给予量适当地加以限制。

3. 中兽医疗法 中兽医称急性肾炎为湿热蕴结证，治法为清热利湿，凉血止血，代表方剂"秦艽散"加减。慢性肾炎属水湿困脾证，治法为燥湿利水，方用"平胃散"合"五皮饮"加减：苍术、厚朴、陈皮各60g，泽泻45g，大腹皮、茯苓皮、生姜皮各30g，水煎服。

【预防】加强管理，防止家畜受寒、感冒，以减少病原微生物的侵袭和感染。注意饲养，保证饲料的质量，禁止喂饲有刺激性或发霉、腐败、变质的饲料，以免中毒。对急性肾炎的病畜，应及时采取有效的治疗措施，彻底消除病因以防复发或慢性化或转为间质性肾炎。

肾病（nephrosis）

肾病是指肾小管上皮发生弥漫性变性、坏死的一种非炎性肾脏疾患。其病理变化特征是肾小管上皮混浊肿胀、上皮细胞弥漫性脂肪变性与淀粉样变性及坏死，通常肾小球的损害轻微。临床上以大量蛋白尿、明显水肿和低蛋白血症为特征，但不见有血尿及血压升高现象。各种动物均可发生，但以马为多见。

【病因】肾病主要发生于传染性胸膜肺炎、流行性感冒、鼻疽、口蹄疫、结核病、猪丹毒等某些急性、慢性传染病过程中；某些有毒物质的侵害，如化学毒物（如汞、磷、砷、氯仿、吖啶黄等）中毒；霉菌毒素中毒，如采食霉败饲料；体内的有毒物质，如消化道疾病、肝脏疾病、蠕虫病、大面积烧伤和化脓性炎症等疾病时产生的内毒素中毒以及严重的妊娠中毒、原发性酮病等。

马的氮尿症（azoturia）、出血性贫血、大面积烧伤和其他引起大量游离血红蛋白与肌红蛋白的疾病可引起低氧性肾病（hypoxic nephrosis）。

其他病因：如低血钾可引起空泡性肾病（vacular nephrosis）或称为渗透性肾病（osmotic nephrosis）；犬和猫的糖尿病，常因糖沉着于肾小管上皮细胞，尤其是沉积于髓质外带与皮质的最内带时而导致糖原性肾病（glycogen nephrosis）；在禽痛风时因尿酸盐沉着于肾小管而导致尿酸盐肾病。

【发病机理】关于肾病的发生机制，目前普遍认为，由体外侵入的有害物质（病毒、细菌或毒素）或机体生命活动过程中产生的各种代谢产物，经肾脏排出时，由于肾小管对尿液的浓缩作用，致上述毒物含量增高，对肾小管上皮呈现强烈的刺激作用，使之发生变性，严重时可发生坏死。低氧性肾病则是因肾小管对缺氧甚为敏感，一些缺氧性疾病和能诱发红细胞破裂的疾病可致使肾缺血或因红细胞破裂后的基质对肾小管的损伤，引起肾小管髓袢和远曲小管上皮细胞发生变性和坏死。

当肾病出现之后产生以下几个特征性的变化：

1. 蛋白尿和管型尿 肾病时，尽管肾小球的损害不严重，但由于肾小管的变性和坏死，重吸收功能障碍，使尿液中出现大量的蛋白质。当尿呈酸性时，进入尿中的部分蛋白质发生凝结形成管型，随尿排出而发生管型尿。

2. 低蛋白血症 由于大量的蛋白由尿中漏失，造成血浆蛋白明显降低而出现低蛋白血症。用放射性核素示踪法测定肾病时蛋白质代谢表明：①白蛋白池（albumin pool）明显减少；②净白蛋白分解率（g/d）轻度降低，但白蛋白分解比例（g/白蛋白池）明显增加；③肝脏蛋白质合成正常或偏高。因此，说明低蛋白血症是尿中丢失蛋白质所致。

3. 水肿 主要是由于大量蛋白质从尿中排出，血浆蛋白质含量显著降低，致使血浆胶体渗透压下降，液体成分进入并蓄积于组织间隙而发生水肿。

4. 高脂血症 原因尚不明，病畜血中胆固醇及甘油三酯均明显增高，其程度与血浆白蛋白下降呈负相关。

【症状】一般症状与肾炎相似，但肾病没有血尿，尿沉渣中无红细胞及红细胞管型。

1. 急性肾病 由于肾小管上皮受损严重而发生高度肿胀，且被坏死细胞阻塞，临床可见少尿或无尿，尿液浓缩，色深，密度增高。肾小管上皮变性导致重吸收机能障碍，尿中可出现大量蛋白质，当尿液呈酸性反应时，可见少量颗粒及透明管型。由于蛋白质大量丢失，导致血浆胶体渗透压降低，出现低蛋白血症，体液潴留于组织而发生水肿。临床可见面部、肉垂、四肢和阴囊水肿以及严重时胸腔、腹腔出现积液。病程较长或严重时，病畜通常伴有微热、沉郁、厌食、消瘦及营养不良。重症晚期出现心率减慢、脉搏细弱等尿毒症症状。

血液学变化：轻症病例无明显变化，重症者红细胞数减少，白细胞数正常或轻度增加，血小板数偏高。血红蛋白含量降低，血沉加快，血浆总蛋白降低至 20~40g/L（低蛋白血症），血液中总脂，胆固醇和甘油三酯含量均明显增高。血尿素氮（BUN）和亮氨酸氨基肽酶（LAP）升高。有资料报道 γ 谷氨酰转肽酶（γ-GT）含量变化具有参考价值。

2. 慢性肾病 慢性肾病时，尿量及比重均不见明显变化。但由慢性肾病导致肾小管上皮细胞严重变性及坏死时，临床上可出现尿液增多，比重下降，并在眼睑、胸下、四肢、阴囊等部位出现广泛水肿。

【病理变化】肾肿大，被膜易剥离，表面呈苍白或灰白色，质地稍软或柔软，切面皮质增厚，散在灰白色条纹，皮质与髓质分界模糊，肾小球一般不易辨认。

【病程及预后】轻症病例，通过消除病因，合理治疗，预后良好；慢性者则预后慎重，重症者，一旦出现全身水肿，或由于尿闭而发生尿毒症时，预后不良。

【诊断】本病的诊断依据为：蛋白尿、沉渣中有肾上皮细胞、透明及颗粒管型，但无红细胞和红细胞管型。血中 BUN 及 γ-GT 升高。鉴别诊断：应与肾炎相区别。肾炎除有低蛋白血症、水肿外，尿液检查可发现红细胞，红细胞管型及血尿。肾炎时，肾区疼痛明显。

【治疗】肾病患畜的治疗原则为改善饲养，消除病因，控制感染，利尿，防止水肿及对症治疗（可参看肾炎的治疗）。

适当饲喂高蛋白性饲料以补充机体丧失的蛋白质，纠正低蛋白血症。为防止水肿，应适当地限制饮水和饲喂食盐。在药物治疗上应消除病因，如可选用抗生素（如喹诺酮类药物）控制感染；采取相应的治疗措施治疗中毒性疾病。

消除水肿，可选用利尿剂。如用速尿静脉注射或口服，其用量可根据水肿程度及肾功能情况而定，一般用量，犬、猫 5~10mg，牛、马每千克体重 0.25~0.5g，1~2 次/d，连用 3~5d。双氢克尿噻，口服，牛、马 0.5~2g，猪、羊 0.05~0.1g，1~2 次/d，连用 3~4d，同时应补充钾盐。也可选用乙酰唑胺，成犬 100~150mg，内服，3 次/d。或用氯噻嗪、利尿素等利尿药。

补充机体蛋白质的不足，促进蛋白质的生成可应用丙酸睾丸素，马、牛 0.1～0.3g，羊、猪 0.05～0.1g，肌肉注射，间隔 2～3d 一次。或苯丙酸诺龙，马、牛 0.2～0.4g，羊、猪 0.05～0.1g，肌肉注射。

免疫抑制治疗：常在治疗效果不满意时应用，以提高疗效。可选用环磷酰胺，该药物作用于细胞内脱氧核糖核酸或信使核糖核酸，影响 B 淋巴细胞的抗体生成，减弱免疫反应。剂量可参考人的用量，静脉注射，5～7d 为一疗程。

为了调整胃肠道机能，可投服缓泻剂，以清理胃肠，或给予健胃剂，以增强消化机能。

【预防】参看肾炎的预防。

(胡国良)

第二节 尿路疾病

肾盂肾炎（pyelonephritis）

肾盂肾炎是肾盂和肾实质受细菌感染而引起的一种炎症。肾盂炎（pyelitis）是肾盂黏膜的炎症，临床上单纯的肾盂炎极少见，常与肾实质联合发生，故统称肾盂肾炎，多为化脓性，取慢性经过。临床上以频尿，排尿带痛，脓尿和高热为特征。各种动物均可发病，但多发于母畜，尤其是牛，特别是乳牛或产后母牛。

【病因】肾盂肾炎的主要病因是感染，多发生在全身和局部化脓性疾病的经过中。可因病原菌沿血源、淋巴源到达肾盂而致病，也可因尿道、膀胱、子宫的炎症上行蔓延而发生，产后的胎衣滞留亦可造成肾盂的感染。

致病菌中，除大肠杆菌、化脓杆菌、变形杆菌、链球菌、葡萄球菌、绿脓杆菌之外，肾棒状杆菌（*corymebacterrium renale*）也是本病常见的病原菌。这种细菌既可单独感染，也可与其他病菌混合感染。由于母畜的尿道短而宽，常常发生创伤，病原微生物易通过尿道口进入膀胱，因而母畜易发生上行感染而致肾盂肾炎。据日本学者研究发现，肾棒状杆菌分为 Ⅰ、Ⅱ 和 Ⅲ 型。由 Ⅲ 型菌引起的肾盂肾炎更为严重，它对泌尿道有特异的亲和力，极易引起尿路的炎症，对其他组织则很少引起病变。

此外，有毒物质（松节油、棉酚、斑蝥等）、内服具有刺激性的药物等经过肾脏排出，或积尿分解而产生氨时，或肾结石或肾寄生虫的机械刺激等均可引起肾盂肾炎。

【发病机理】病原微生物可经过血源、尿源、淋巴源三种途径侵入肾脏。

病原微生物主要是从尿道口进入，经过膀胱和输尿管而上行进入肾盂；也可经过血液循环或沿淋巴途径侵入肾盂。在一般情况下，所侵入的病原微生物并不一定都能引起炎症，只有当机体的抵抗力下降时，尤其是尿道流通不畅，尿路有梗阻或肾盂发生淤血、黏膜损伤、尿液蓄积时，病原微生物才大量繁殖引起感染，导致肾盂肾炎的发生。

肾盂肾炎初期，由于炎症刺激肾盂黏膜和邻近的输尿管，黏膜发生肿胀、增厚，因而输尿管管腔变窄导致排尿困难，结果引起肾内压升高，压迫感觉神经，引起疼痛；肾盂黏膜下组织因此发生脓性浸润；积滞的尿液发酵，产生游离的氨、三价磷酸盐，于是尿液中出现大量的黏液、肾盂上皮细胞、病原微生物、磷酸铵镁及尿酸盐等，使尿液浓稠浑浊。

肾盂肾炎后期，因尿液长期不能排出，肾盂发生肌层肥厚，进而弛缓，造成尿液排出更加困难，致使混有炎性产物的尿液大量蓄积于肾盂内，肾盂组织受到压迫而遭受破坏，久而久之，肾盂内可形成一个充满脓液的大脓腔，出现化脓性肾盂肾炎。当尿液和炎性产物蓄积，炎症进一步发展，并通过集合管上行，引起肾小球及其周围组织发生化脓性炎症。

由于病原微生物及其毒素和炎性产物不断被吸收而进入血液，则可引起机体全身性反应，出现体温升高，精神沉郁，食欲减退和消化紊乱等症状。

【症状】全身症状较为明显，病畜精神沉郁，食欲减退，消化不良，呈进行性消瘦，经常发生腹痛。急性病例，体温升高，可达41℃，呈弛张热或间歇热型。

肾区疼痛：病畜多拱背站立，行走时背腰僵硬。中小动物，腹部触诊，肾脏体积增大，敏感性升高。牛、马等大动物，直肠检查可触摸到肿大的肾脏，按压时病畜疼痛不安。当肾盂内有尿液、脓液蓄积时，输尿管膨胀、扩张、有波动感。

排尿困难：多数病畜频频排尿、拱背、努责。病初，尿量减少，排尿次数增多。后期，尿量增多，尿中有病理性产物，尿液浑浊，可见多量黏液和浓汁并有大量蛋白质。镜检，尿沉渣中有大量白细胞、脓细胞、肾盂上皮细胞及肾上皮细胞，少量的透明管型以及磷酸铵镁和尿酸盐结晶。尿沉渣直接涂片或做尿细菌培养，可发现肾盂炎棒状杆菌。

除上述基本症状外，肾盂肾炎还表现出动物的种间差异。

牛：体温一般不高，仅个别有体温升高，反刍减少。由于肾盂有痛感，病牛疼痛不安，排尿频繁，后肢踢腹、摇尾和努责。当慢性肾盂肾炎急性发作时，可见到血尿，甚至混有血丝或脓块。

猪：通常在交配后3~4周而出现早期症状，轻微发热。妊娠后期，症状明显，常出现血尿，尿浑浊，并伴有阴道分泌物。

犬：急性肾盂肾炎全身症状明显，体温升高，沉郁，呕吐，腹泻和腹痛。慢性者有间歇热，肾组织严重损伤时可导致尿毒症。尿液浓缩能力下降可引起饮水增多和多尿症。

【病理变化】肾盂肾炎可发生于一侧或两侧肾脏，但大多数侵害两肾。肾脏肿大、柔软，被膜不易剥离。特征性眼观病变是肾盂和乳头的坏死和溃疡，肾盂通常显著扩张并蓄积脓性渗出物和脓液，并布满呈放射状的灰白色条纹，且其周围出血。晚期，肾髓质常严重破坏，在皮质和髓质外出现斑块状分布的纤维化与疤痕，偶见炎症蔓延至肾脏表面，引起被膜下严重炎症和腹膜炎。

【病程及预后】主要取决于肾功能和病原微生物的毒力及其对治疗药物的敏感性。严重病例多于短期死亡，一般病例的病程可达数月甚至数年。慢性化脓性肾盂肾炎，不易治愈。严重病例预后不良，多因排尿障碍或并发其他疾病而死亡。因此，判断预后应慎重。

【诊断】肾盂肾炎可根据病史调查、临床特征、直肠检查或肾区触诊及尿液检查做出诊断。有条件的，可采用放射和超声检查，急性肾盂肾炎时肾肿大，慢性者可见肾变小和不规则。尿路造影可对肾盂肾炎与输尿管炎进行鉴别。肾盂肾炎易与肾炎相混淆，必须进行鉴别。肾炎病例，尿中含有大量红细胞和红细胞管型，尿液培养多呈阴性，有大量肾上皮细胞，一般有全身性水肿的特征。而肾盂肾炎，尿中多以白细胞及脓细胞为主，常有感染与尿路刺激症状，无水肿，尿液培养可见肾棒状杆菌。

急性肾盂肾炎可能与膀胱炎相互影响，应注意区别。后者有脓尿和大量膀胱上皮细胞，尿中无尿管型和蛋白质，也无肾功能衰退表现。临床上如果病畜有脓尿，尿频和排尿有痛感，排尿终末可能出现血尿，可作为膀胱炎的诊断依据。

【治疗】治疗原则是加强护理、抑菌消炎和尿路消毒。

抑菌消炎可使用大剂量的抗生素和磺胺类药物。如青霉素按每千克体重 6 000～12 000 U，链霉素按每千克体重 6～12mg，肌肉注射，2 次/d。较顽固的病例可选用氨苄青霉素、诺氟沙星或先锋霉素肌肉注射或静脉注射。磺胺类药物应选择在尿中浓度高，乙酰化率低，且主要以原形从尿中排出的磺胺类药物为宜。

尿路消毒可用呋喃坦啶，各种动物内服，每千克体重 12～15mg/d，2～3 次分服；还可使用 40％乌洛托品溶液 10～50mL 静脉注射；或萨罗 10～15g，内服。

中医称肾盂肾炎为湿热之邪内侵，结于下焦，属湿热淋，治疗宜清热，利湿、通淋。可选用"八正散"加减，或用"滑石散"等。有人推荐使用冬瓜子、赤小豆、赤茯苓各 62g，黄柏、车前草、通草各 36g，炒杜仲、炒泽泻各 25g，研末，开水冲调，候温灌服，治疗牛肾盂肾炎有效。

由于肾盂肾炎的复发率较高，因此治疗必须彻底，应注意观察疗效。当用药后肾盂肾炎症状完全消失，尿检查转阴性，可以认为已临床治愈。若仍能发现细菌或脓细胞，应再用药。切忌过早停药不追踪观察，导致感染复发或迁延不愈转入慢性。

【预防】
(1) 加强饲养管理，防止病原微生物感染。
(2) 对母畜产后的各种生殖器官疾病，应及时采取有效的防治措施。
(3) 对患有肾盂肾炎的动物，应隔离饲养，并对畜舍进行消毒，以防止传播和蔓延。

膀胱炎（cystitis）

膀胱炎是指膀胱黏膜及黏膜下层的炎症。临床特征为疼痛性频尿，尿液中出现较多的膀胱上皮、脓细胞、血液以及磷酸铵镁结晶。按膀胱炎的性质，可分为卡他性、纤维蛋白性、化脓性、出血性 4 种，但临床上以黏膜的卡他性炎症较为多见。本病多发生于母畜，常见于牛、犬。在犬，常见化脓性、坏死性膀胱炎；有时也见于马，其他家畜较为少见。

【病因】膀胱炎主要由于病原微生物的感染，邻近器官炎症的蔓延，膀胱黏膜的机械性和化学性刺激或损伤所引起。

1. 细菌感染　除某些传染病的特异性细菌继发感染之外，主要是化脓杆菌和大肠杆菌，其次是葡萄球菌、链球菌、绿脓杆菌、变形杆菌等经过血液循环或尿路感染而致病。有人认为，膀胱炎是牛肾盂肾炎最常见的先兆，因此肾棒状杆菌也是膀胱炎的病原菌。

2. 机械性或化学性刺激和损伤　膀胱结石、膀胱内赘生物、尿潴留时的分解产物以及带刺激性药物（如松节油、酒精、斑蝥等）强烈刺激；导尿管过于粗硬，插入粗暴，膀胱镜使用不当以致损伤膀胱黏膜。

3. 邻近器官炎症的蔓延　肾炎、输尿管炎、尿道炎，尤其是母畜的阴道炎、子宫内膜炎等，极易蔓延至膀胱而引起膀胱炎。

4. 毒物影响或某种矿物质元素缺乏　牛蕨中毒时因毛细血管的通透性升高，可引起出血性膀胱炎；缺碘可引起动物的膀胱炎；马采食苏丹草后出现了膀胱炎。还有人认为，霉菌毒素也是猪膀胱炎的病因。

【发病机理】膀胱炎时，病原菌侵入膀胱的途径有：尿源性（经尿道逆行进入膀胱）、肾源性(经肾后行进入膀胱)、血源性(经血液循环进入膀胱)。进入膀胱的病原微生物,或直接作用于膀胱黏膜或随尿液作用于膀胱黏膜,而当尿潴留时,还可使尿液异常分解,形成大量氨及其他有害产物,对黏膜产生强烈的刺激,从而引起膀胱组织发炎。膀胱黏膜炎症发生后,其炎性产物,脱落的膀胱上皮细胞和坏死组织等混入尿中,引起尿液成分改变,即尿中出现脓液、血液、上皮细胞和坏死组织碎片。此种质变的尿液成分又成为病原微生物繁殖的良好条件,可加剧炎症的发展。

发炎的膀胱黏膜受到炎性产物刺激后,其兴奋性、紧张性升高,膀胱频频收缩,病畜出现疼痛性排尿,甚至出现尿淋漓。若膀胱黏膜受到过强刺激,引起膀胱括约肌反射性痉挛,从而导致排尿困难或尿闭。当炎性产物被吸收后则呈现全身症状。

【症状】急性膀胱炎特征性症状是排尿频繁和疼痛。可见病畜频频排尿或呈排尿姿势,尿量较少或呈点滴状断续流出。排尿时病畜表现疼痛不安。严重者由于膀胱(颈部)黏膜肿胀或膀胱括约肌痉挛收缩,引起尿闭。此时,表现极度疼痛不安,呻吟。公畜阴茎频频勃起,母畜摇摆后躯,阴门频频开张。

直肠触诊膀胱,病畜表现为疼痛不安,膀胱体积缩小呈空虚感。但当膀胱颈组织增厚或括约肌痉挛时,由于尿液潴留致使膀胱高度充盈。

尿液成分变化:卡他性膀胱炎时,尿中含有大量黏液和少量蛋白;化脓性膀胱炎时,尿中混有脓液;出血性膀胱炎时,尿中含有大量血液或血凝块;纤维蛋白性膀胱炎时,尿中混有纤维蛋白膜或坏死组织碎片,并具氨臭味。

尿沉渣中见有大量白细胞、脓细胞、红细胞、膀胱上皮组织碎片及病原菌。在碱性尿中,可发现有磷酸铵镁及尿酸铵结晶。

慢性膀胱炎症状与急性膀胱炎相似,但程度较轻,无排尿困难现象,病程较长。

【病理变化】急性膀胱炎黏膜充血、肿胀、有小出血点,黏膜表面覆有大量黏液或脓液。严重者,黏膜出现出血或溃疡、脓肿,表面覆有大量黄色纤维蛋白性和灰黄色附着物。尿中混有血液和含有大的血凝块。

【诊断】根据典型的临床表现如尿频,排尿疼痛,膀胱空虚和尿液实验室检查,不难诊断,必要时进行膀胱镜检查。并注意区别膀胱麻痹、尿道炎、尿结石。

【治疗】治疗原则是加强护理、抑菌消炎和对症治疗。

抑菌消炎与肾炎的治疗基本相同。母畜可用导尿管将膀胱内尿液导出后,生理盐水冲洗;对重症病例,先用0.1%高锰酸钾、1%~3%硼酸、0.1%的雷佛奴尔溶液、0.01%新洁尔灭溶液或1%亚甲蓝等做膀胱冲洗,在反复冲洗后,膀胱内注射青霉素80万~100万IU,1~2次/d,效果较好。同时,肌肉注射抗生素配合治疗。

尿路消炎,口服呋喃坦啶或40%乌洛托品,马、牛50~100mL,静脉注射。

中兽医称膀胱炎为气淋。主证为艰涩,不断努责,尿少、尿淋漓。治宜行气通淋,方用:沉香25g,石苇25g,滑石40g(布包),当归35g,陈皮35g,白芍35g,冬葵子35g,知母40g,黄柏30g,栀子30g,甘草20g,王不留行30g,水煎服。对于出血性膀胱炎,可服用"秦艽散":秦艽50g,瞿麦40g,车前子40g,当归、赤勺各35g,炒蒲黄、焦山楂各40g,阿胶25g,研末,水调灌服。

给病畜肌肉注射安钠咖配合"八正散"煎水灌服,治疗猪膀胱炎效果好。

膀胱麻痹 (paralysis of bladder)

膀胱麻痹是指膀胱的紧张度减弱或消失,致尿液不能随意排出而积滞,膀胱体积增大,膀胱壁扩张及弛缓,感觉神经麻痹的一种非炎性疾病。本病多数是暂时性的不完全麻痹,常发生于牛、马和犬。临床上以不随意排尿,膀胱充盈且无疼痛为特征。常见屡有排尿姿势,尿液呈线状或滴状流出。

【病因】膀胱麻痹多为继发。主要由于中枢神经系统如脑膜炎、脑部挫伤、中暑、电击、生产瘫痪或因脊髓震荡、挫伤、肿瘤的损伤,支配膀胱的神经功能发生障碍或调节排尿中枢功能障碍,对膀胱的控制及支配作用丧失,因而膀胱平滑肌或括约肌失去收缩力而发生麻痹。

膀胱或邻近器官组织炎症波及膀胱深层组织,使之发炎而导致膀胱肌层的紧张度降低,或因役用动物长时间使役而得不到排尿的机会,或因尿路阻塞、大量尿液积滞在膀胱内以致膀胱肌过度伸张而弛缓,降低了收缩力,导致一时性膀胱麻痹。

膀胱麻痹后,一方面大量尿液积滞于膀胱内,膀胱尿液充满,病畜屡做排尿姿势,但无尿液排出或呈现尿淋漓。另一方面,由于尿的潴留造成细菌大量发育繁殖,尿液发酵产氨,导致膀胱炎。

【症状】膀胱麻痹的临床表现多由于病因不同而有差异。

脑性麻痹时,丧失对排尿的调节作用,只有膀胱内压超过括约肌紧张度时,才排出少量尿液。直肠触诊膀胱、尿液高度充满,按压膀胱,尿液呈细流状喷射而出。

脊髓性麻痹,排尿反射减弱或消失,膀胱充满时才被动地排出少量尿液,直肠内触压膀胱,尿液充满。当膀胱括约肌发生麻痹时,则尿失禁,尿液不自主的呈滴状或线状排出,触摸膀胱空虚,导尿管易于插入。

膀胱肌源性麻痹时,为一时性排尿障碍,膀胱内尿液充盈,频频做排尿姿势,但每次却排尿量不大。按压膀胱时有尿液排出。

各种原因所引起的膀胱麻痹,尿液中均无尿管型。

【病程及预后】膀胱不完全麻痹或一时性麻痹,通过适当治疗,一般预后良好。若膀胱完全麻痹或脑脊髓损伤性膀胱麻痹,预后应慎重。

【诊断】根据病史,结合特征性症状,如不随意排尿、膀胱尿液充满等,直肠检查可发现膀胱充盈,用手压迫时,有大量尿液流出及导尿管探诊之结果,不难做出诊断。

【治疗】本病的治疗原则是消除病因和对症治疗。

对症治疗可先实施膀胱按摩排尿或导尿,以防止膀胱破裂。膀胱积尿不是特别严重的病例,可实施膀胱按摩,以排出积尿。对大家畜可采用直肠内按摩,2~3次/d,5~10min/次;大家畜也可通过直肠内刺穿肠壁,再刺入膀胱内。小动物可通过腹下壁骨盆底的耻骨前缘部位施行穿刺以排出尿液。膀胱穿刺排尿不宜多次实施,否则易引起膀胱出血、膀胱炎、腹膜炎或直肠膀胱粘连等继发症。

为提高膀胱肌肉收缩力,可选用神经兴奋剂和提高膀胱肌肉收缩力的药物,有助于膀胱排尿。可皮下注射0.1%硝酸士的宁,牛、马1~5mL,猪、羊0.1~1mL。每日或隔日一次,皮下注射。亦可采用电针治疗,两电极分别插入百会穴和后海穴,调整到合适频率,

1~2次/d，20min/次。

临床治疗表明，应用氯化钡治疗牛的膀胱麻痹，效果良好。剂量为每千克体重0.1g，配成1%灭菌水溶液，静脉注射。据报道，犬患膀胱麻痹时，可口服氯化氨基甲酰甲基胆碱5~15mg，3次/d，对提高膀胱肌肉的收缩力有一定的作用。

为防止感染，可使用抗生素和尿路消毒药。

尿道炎（urethritis）

尿道炎是指尿道黏膜的炎症，其特征是频频排尿，局部肿胀。各种家畜均可发生，易发于牛、犬、猫、马和猪。

【病因】尿道炎多数系外伤后，尿道的细菌感染后引起。如导尿时，由于导尿管消毒不彻底，无菌操作不严密或尿道探查的材料不合适或操作粗暴，公畜的人工授精或结石刺激等。此外，邻近器官炎症的蔓延，如膀胱炎、包皮炎、阴道炎及子宫内膜炎时，炎症可蔓延至尿道而发病。

【症状】病畜频频排尿。排尿时，由于炎性疼痛致尿液呈断续状流出，并表现疼痛不安，此时公畜阴茎频频勃起，母畜阴唇不断开张，严重时可见到黏液-脓性分泌物不时自尿道口流出。做导尿管探诊时，手感紧张，甚至导尿管难以插入。触诊或导尿检查时，病畜表现疼痛不安，并抗拒或躲避检查。根据频尿排尿疼痛，尿道肿胀、敏感，导尿管插入受阻及疼痛不安，镜检尿液中存在炎性细胞但无管型和肾、膀胱上皮细胞。

【诊断】根据临床特征，如疼痛性排尿，尿道肿胀、敏感，以及导尿管探诊和外部触诊即可确诊。尿道炎的排尿姿势很像膀胱炎，但采集尿液检查，尿液中无膀胱上皮细胞。尿道炎通常预后良好，如果发生尿路阻塞、尿潴留或膀胱破裂，则预后不良。

【治疗】尿道炎的治疗原则是确保尿道排泄通畅，消除病因，控制感染，结合对症治疗。尿潴留而膀胱高度充盈时，可施行手术治疗或膀胱穿刺。

控制感染，一般选用氨苄青霉素，每千克体重，肌肉注射，马、牛、羊、猪4~11mg，犬25mg，2次/d。或用恩诺沙星肌肉注射，每千克体重，各种动物5~10mg。

猪发生尿道炎时，可用夏枯草90~180g，煎水，候温内服，早晚各一剂，连用5~7d。其他疗法可参考膀胱炎。

尿石症（urolithiasis）

尿结石又称尿石症，是指尿路中盐类结晶凝结成大小不一、数量不等的凝结物，刺激尿路黏膜导致频繁排尿，引起出血性炎症（血尿）和泌尿路阻塞性疾病。临床上以腹痛、排尿障碍和血尿为特征。本病各种动物均可发生，主要发生于公畜。常见于阉割的公肉牛、公水牛、公山羊、公马、公猪、公犬、公猫。尿石最常阻塞部位为阴茎乙状弯曲后部和阴茎尿道开口处。

一般认为尿石形成的起始部位是在肾小管和肾盂。多是由于不科学的饲喂致使动物体内营养物质尤其是矿物质代谢紊乱，继而使尿液中析出的盐类结晶，并以脱落的上皮细胞等为核心，凝结成大小不均、数量不等的矿物质的凝结物。有的尿石呈砂粒状或粉末状，阻塞于尿路的各个部位，中兽医称之为"沙石淋"。

【病因】尿石的成因目前不十分清楚，但普遍认为是伴有泌尿器官病理状态下的全身性矿物质代谢紊乱的结果。其发生与下列因素相关：

1. 饲料因素 不科学的饲料搭配是诱发动物尿石症最重要的因素。长期饲喂高钙、低磷和富硅、富磷的饲料，可促进尿石形成。如我国南通棉区群众长期以来习惯使用"棉饼＋棉秸＋稻草"的饲料搭配模式饲喂水牛，该地区水牛常发生尿石症；又如我国各地引进的波尔山羊，因过多地饲喂精料而引起尿石症；还如犬、猫偏食鸡肝、鸭肝等易引起尿石症的发生。据报道，加拿大阿尔帕特地区由于土壤中硅含量过高，使牧草中二氧化硅的含量过高而引起硅性尿石症。

2. 饮水不足 饮水不足是尿石形成的另一重要原因。在严寒的季节，舍饲的水牛饮水量减少，是促进尿石症发生的重要原因之一；在农忙季节，过度使役加之饮水不足，使尿液中某些盐类浓度的增高。与此同时，由于尿液浓稠，尿中黏蛋白浓度增高。促进了结石的形成。

3. 肾和尿路感染 肾和尿路感染时，脱落的上皮及炎性反应产物增多，为尿石形成提供了更多的作为晶体沉淀核心的基质。

4. 维生素 A 缺乏 维生素 A 缺乏可导致尿路上皮组织角化，促进尿石形成。

5. 其他因素 如甲状旁腺机能亢进、长期周期性尿液潴留、长期过量应用磺胺类药物、尿液的 pH 改变、阉割后小公牛雄性激素减少对泌尿器官发育的影响等均可促进尿石的形成。

多种因素共同作用使动物增高了罹患尿石症可能性，摄入不同的饲料，使动物体内营养物质的平衡状态受到不同的影响。特别是长期饲喂不经科学搭配的饲料，使动物体内多种营养物质平衡失调，继而影响尿液中的化学组成。

【发病机理】目前，形成尿结石的真正机理还不很清楚，主要有三种假说：①基质假说，认为有机蛋白质基质引发尿结石。②结晶抑制物假说，强调结晶作用的有机和无机抑制物的重要性。③沉淀结晶假说，强调盐过饱和现象的重要性。无论何种假说，尿石形成必须具备的重要因素是在尿液中有足够高浓度的尿石形成成分；在泌尿道中存留足够的时间；有利于结晶作用的 pH。所有能增强和提高这些因素中的任何一种都能促进尿石形成。这些因素受泌尿道感染、饮食、肠道吸收、尿量、排尿频率和遗传因素的影响。

尿结石不但受饲料品种的影响，而且尿石的化学成分因家畜种类不同而有区别。如犬和猫的尿石是钙、镁、磷酸铵及尿酸铵；猪的尿石是磷酸铵镁、钙、碳酸镁或草酸镁；马的结石是碳酸钙、磷酸镁和碳酸镁；而牛、羊的结石多属碳酸钙和磷酸铵镁。24 份牛、羊尿石样的化学组成分析表明，方解石（主要是碳酸钙）占 50%，鸟粪石（主要是磷酸铵镁）为 29.2%。

(1) 尿石的核心物质：多种因素交互作用乃是尿石形成的预置因素。由于动物发生膀胱炎、尿道炎、肾炎时，积聚的脓液，脱落的尿路上皮或其他碎屑样物增多，形成尿石的基质。这些基质多为黏液、凝血块、脱落的上皮细胞、坏死组织碎片、红细胞、微生物、纤维蛋白和沙石颗粒等。

(2) 尿中溶质的沉淀：当预防尿中溶质沉淀的保护性胶体被破坏时，尿中大量矿物质盐类结晶发生沉淀，成为尿结石的实体，一般盐类结晶有碳酸盐、磷酸盐、硅酸盐、草酸盐和尿酸盐。它们以核心物质为基础，环绕、逐渐沉积形成结石。

（3）导致尿石的因素：尿液中的理化性质发生改变，可成为尿结石形成的诱因。如尿液的 pH 改变，可影响一些盐类的溶解度。尿液潴留或浓稠，因其中尿素分解产生氨，致使尿变为碱性，形成碳酸钙，磷酸铵和磷酸铵镁等沉淀。酸性尿也容易促使尿酸盐尿石的形成，尿中的柠檬酸盐的含量下降，易发生钙盐的沉淀形成尿石。

总之，尿石形成的条件是有结石核心物质的存在，尿中保护性胶体环境的破坏，尿中盐类结晶不断析出并沉积。

一般认为，尿石形成于肾脏，随尿液转移至膀胱，并在膀胱增大体积，常在输尿管和尿道形成阻塞。尿石形成后，在阻塞部位刺激尿路黏膜，引起黏膜损伤、炎症、出血，并使局部的敏感性增高。由于刺激作用，尿路平滑肌出现痉挛性收缩，因而病畜出现腹痛、频尿和尿痛现象；当结石阻塞尿路时，则出现尿闭，腹痛尤为明显，甚至可发生尿毒症和膀胱破裂。

【症状】尿结石病畜主要表现为以下症状：

1. 刺激症状　病畜排尿困难，频频做排尿姿势，叉腿，拱背，缩腹，举尾，阴户抽动，努责，嘶鸣，线状或点滴状排出混有脓汁和血凝块的红色尿液。

2. 阻塞症状　当结石阻塞尿路时，病畜排出的尿流变细或无尿排出而发生尿潴留。因阻塞部位和阻塞程度不同，其临床症状也有一定差异。结石位于肾盂时，多呈肾盂肾炎症状，有血尿。阻塞严重时，有肾盂积水，病畜肾区疼痛，运步强拘，步态紧张。当结石移行至输尿管并发生阻塞时，病畜腹痛剧烈。直肠内触诊，可触摸到其阻塞部的近肾端的输尿管显著紧张而且膨胀。膀胱结石时，可出现疼痛性尿频，排尿时病畜呻吟，腹壁抽缩。尿道结石，公牛多发生于乙状弯曲或会阴部，公马多阻塞于尿道的骨盆中部。当尿道不完全阻塞时，病畜排尿痛苦且排尿时间延长，尿液呈滴状或线状流出，有时有血尿。当尿道完全被阻塞时，则出现尿闭或肾性腹痛现象，病畜频频举尾，屡做排尿动作但无尿排出。尿路探诊可触及尿石所在部位，尿道外部触诊，病畜有疼痛感。直肠内触诊时，膀胱内尿液充满，体积增大。若长期尿闭，可引起尿毒症或发生膀胱破裂。

在结石未引起刺激和阻塞作用时，常不显现任何临床症状。

【病理变化】可在肾盂、输尿管、膀胱或尿道内发现结石，其大小不一，数量不等，有时附着黏膜上，有时呈游离状态。阻塞部黏膜见有损伤、炎症、出血乃至溃疡。

当尿道破裂时，其周围组织出血和坏死，并且皮下组织被尿液浸润。在膀胱破裂的病例中，腹腔充满尿液。

【诊断】饲料化学组成、饮水来源、饲养方法、地方流行性等情况，对诊断的建立能提供重要线索。临床上出现尿闭和排尿障碍等一系列表现，如不断呈现排尿姿势、尿痛、尿淋漓、血尿、直肠内或体外触诊膀胱充满尿液，或尿沉渣中发现有细沙粒样石子，手捏呈粉末状。X 线检查，特别是犬、猫等小动物，可在肾脏、膀胱或尿道发现结石。

分析饲料营养成分，尤其是对尿石或尿沉渣晶体的化学成分通过 X 线衍射分析、X 线能谱分析、红外线分析等手段得以确认，有利于对病因及尿石形成机理的分析，有助于做出病因学诊断，为有效地预防提供理论依据。

非完全阻塞性尿结石可能与肾盂肾炎或膀胱炎相混淆，只有通过直肠触诊进行鉴别。

犬、猫等小动物可借助 X 线影像显示相区别，尿道探诊不仅可以确定是否有结石，还可判明尿石部位。

【治疗】 本病的治疗原则是消除结石，控制感染，对症治疗。可通过减少饮食中结石成分的摄入量来降低其在尿液中的浓度、增加尿液量、消除感染、改变尿液的 pH，或用药物改变尿量和排泄。

当有尿石可疑时，可通过改善饲养，给予病畜流体饲料和大量饮水。必要时可投服利尿剂形成大量稀释尿液，以冲淡尿液晶体浓度，减少析出并防止沉淀。

也可采用下列方法和药物：

(1) 水冲洗：导尿管消毒，涂擦润滑剂，缓慢插入尿道或膀胱，注入消毒液体，反复冲洗。适用于粉末状或沙粒状尿石。

(2) 尿道肌肉松弛剂：当尿结石严重时可使用 2.5% 的氯丙嗪溶液肌肉注射，牛、马 10~20mL，猪、羊 2~4mL，猫、犬 1~2mL。

(3) 手术治疗：一旦尿石生成，并形成堵塞，多数采用外科摘除尿石手术。有的可在阴茎乙状曲部上方作尿道造口，有的可在此部位作阴茎截断，以解除尿液不能排出之急。但手术治疗对许多病例远期疗效往往不够理想。犬、猫膀胱结石常用手术疗法。如不采用对因防治方法，即使通过外科手术一时摘除了尿石，患畜仍有可能生成新的结石。

(4) 中兽医治疗：中医称尿路结石为"沙石淋"。根据清热利湿，通淋排石，病久者肾虚并兼顾扶正的原则，一般多用排石汤（石苇汤）加减：海金沙 40g，鸡内金 30g，石苇 30g，海浮石 40g，滑石 40g，瞿麦 30g，扁蓄 30g，车前子 40g，泽泻 40g，生白术 40g，水煎服。

【预防】

(1) 合理调配饲料日粮：应特别注意日粮中钙、磷、镁的平衡，尤其是钙、磷的平衡。一般建议钙、磷比率维持在 1.2∶1 或者稍高一些（1.5~2.0∶1），当饲喂大量谷皮饲料（含磷较高）时，应适当增加豆科牧草或豆科干草的饲喂量。羊应注意限日粮中精料饲喂量，尤其是蛋白质的饲喂量十分重要。因为精料饲喂过多，尤其是高蛋白日粮，不但使日粮中钙、磷比例失调，而且增加尿液中黏蛋白的数量，自然会增加尿石症发生的几率。并注意饲喂富含维生素 A 的饲料。

(2) 保证有充足的饮水，可稀释尿液中盐类的浓度，减少其析出沉淀的可能性，从而预防尿石生成。平时应适当增喂多汁饲料或增加饮水，以稀释尿液，减少对泌尿器官的刺激，并保持尿中胶体与晶体的平衡。

(3) 适当补充钠盐和铵盐，补充氯化钠，可逐渐增加到饲喂精料量的 3%~5%，在加拿大阿尔帕特地区为预防肉牛硅石性尿石症的发生，食盐饲喂量高达精料量的 10%。有人建议在饲料中加入氯化铵，小公牛 45g/d，绵羊 10g/d，可降低尿液中磷和镁盐的析出和沉淀，预防尿石症的发生。

(4) 对家畜泌尿器官炎症性疾病应及时治疗，以免出现尿潴留。

(5) 犬、猫的饲养建议饲喂商品日粮，宠物偏食鸡肝、鸭肝的习惯宜予以纠正。一旦发生尿石症，可根据尿石化学成分的特点，饲喂有防病作用的商品日粮。

（胡国良）

第三节 其他泌尿器官疾病

尿毒症（uremia）

尿毒症是指肾功能衰竭发展到严重阶段、代谢产物和毒性物质在体内蓄积而引起机体中毒的全身综合征。临床上常发生在泌尿器官疾病的晚期，可出现神经、消化、循环、呼吸、泌尿和骨骼等系统的一系列特征性症状。各种动物均可发生。

【病因】尿毒症为继发综合征，主要是各种原因引起的急性或慢性肾衰竭，或者是由慢性肾炎、慢性肾盂肾炎等各种肾脏疾患所引起。

【发病机理】尿毒症一词由 Piorry 于 1840 年首次提出。他认为，尿毒症是由于肾功能损伤后尿液成分进入血液而引起。目前多数人认为，尿毒症的发生不仅与毒性物质在体内蓄积有关，而且与水、电解质和酸碱平衡紊乱及某些内分泌功能失调有关。

1. 毒物蓄积 Bostock（1872）首次发现尿毒症血液中尿素浓度增加，至今已经发现血浆中有上百种蛋白质代谢产物的浓度明显增多，并证明它们是有毒物质，能引起尿毒症症状，归纳为以下 5 类：

（1）胍类化合物：是精氨酸的代谢产物，它们具有溶血，抑制红细胞内铁的转运，抑制脑组织转氨酶的活性，阻止血小板黏附、聚集和抑制血小板第三因子活性及淋巴细胞的转化作用，因而使病畜组织受损，出现贫血、皮肤瘙痒及意识障碍等。

（2）胺类物质：包括脂肪族胺、芳香族胺和多胺。高浓度的胺物质能抑制琥珀酸氧化及谷氨酸脱羧酶、多巴羧化酶的活性，抑制脑内的代谢过程，引起尿毒症病畜的肌肉阵挛、震颤、厌食和呕吐等症状；还能促进红细胞溶解，抑制红细胞生成素的合成。多胺可使微循环血管通透性增加，促使尿毒症时出现腹水、急性脑水肿和肺水肿。

（3）酚类化合物：是芳香族氨基酸的代谢产物，对中枢神经系统有抑制作用，还能抑制单胺氧化酶、乳酸脱氢酶及糖的无氧酵解酶的活性，也可抑制血小板聚集，与尿毒症病畜的出血倾向有关。

（4）中分子毒性物质：此类可能是多肽类物质。它们对机体内多种激素和酶的活性，对造血细胞的生成及血红蛋白的合成，以及淋巴细胞转化与玫瑰花环的形成均有抑制作用，并对葡萄糖的利用，成纤维细胞的增生，白细胞的吞噬及神经传导机能产生不同程度的影响。因此，此类毒性物质与尿毒症时出现的贫血、免疫功能下降、严重感染、营养不良及神经系统病变密切相关。

（5）大分子毒性物质：此类物质指相对分子质量$>5\,000$的多肽和小分子蛋白。如甲状旁腺素、生长激素、促肾上腺皮质激素、胰高糖素、胃泌素和胰岛素等激素，该类物质水平在尿毒症时浓度升高，使机体造成不同程度的损害。因而在临床上尿毒症病畜出现贫血、肾小球损害、心肌损害、肾性骨营养不良等症状。

最近有人提出"膜功能紊乱"假说，试图将各种尿毒症毒性物质归为一种最终的共同损害途径，即发生尿毒症时，各种毒性物质可通过不同方式影响膜功能，使细胞膜的结构和功能异常，从而造成一系列的临床症状。

2. 水、电解质代谢和酸碱平衡紊乱 机体内环境紊乱也是促使尿毒症症状发生的因素之一。尿毒症患者常有钠、水潴留，代谢性酸中毒及低钠、低钙血症等。这些变化可造成神经系统功能紊乱，而且还可能抑制许多酶活性而影响神经、肌肉及心脏功能。

总之，多种毒性物质的蓄积是尿毒症发生的主要因素，机体内环境紊乱又促进了中毒症状的发展。

【症状】临床上将尿毒症分为真性尿毒症和假性尿毒症两种类型。

1. 真性尿毒症　主要是因含氮产物如胍类毒性物质在血液和组织内大量蓄积（氮质血症）。病畜表现精神沉郁，厌食，呕吐，意识障碍，嗜睡，昏迷，腹泻，胃肠炎，呼吸困难，严重时呈现陈-施二氏呼吸，呼气有尿味；还可见到出血性素质、贫血和皮肤瘙痒现象；血液非蛋白氮显著升高。

2. 假性尿毒症　是由其他（如胺类、酚类等）毒性物质在血液内大量蓄积，致使脑血管痉挛，引起的脑贫血，故又称抽搐性尿毒症或肾性惊厥。临床上主要表现为突发性癫痫样抽搐及昏迷，病畜呕吐，流涎，厌食，瞳孔散大，反射增强，呼吸困难，并呈阵发性喘息，卧地不起，衰弱而死亡。

若本病的治疗不及时，或方法不当，预后不良。

【诊断】可根据症状，病史调查，血液和尿液的检验结果进行综合判断，可做出诊断。

【治疗】治疗原发病，加强饲养管理，减少日粮蛋白和氨基酸的含量，补充维生素是防止尿毒症进一步发展的重要措施。

为缓解酸中毒，纠正酸碱失衡，可静脉注射碳酸氢钠，一次注射量，牛、马 5～30g，猪、羊 2～6g，猫 0.5～1.5g。为纠正水与电解质紊乱，应及时静脉输液。为促进蛋白质合成，减轻氮质血症，可采用透析疗法，以清除体内毒性物质。此外，还可采用对症治疗。

红尿综合征鉴别诊断

红尿是指尿液变红色，又叫红尿综合征。红尿症并非独立性的疾病，而是某些疾病的一种症状。红尿症在兽医临床上较为常见，应认真鉴别。红尿症可能有以下几种情况（表 5-1）：

1. 血尿（hematuria）　尿液中含有红细胞时称血尿。健康家畜尿中一般不含或有时含有微量红细胞。血尿中的颜色依尿液中含血量和尿液酸碱度而定，酸性尿呈棕色或暗黑色，而碱性尿则呈红色。放置或离心沉淀后，红细胞沉于管底，上层尿清而透明，血尿是多种疾病的一种症状，主要见于泌尿系统的各种疾病过程中。引起血尿的机理可能为：

（1）病变的直接损伤：如细菌感染，结石的机械损伤，肿瘤，一些化学物质、毒素和药物等损害，可使血管的完整性受到破坏而发生血尿。

（2）变态反应：如第Ⅲ型超敏反应，可引起肾小球基底膜发生变态反应。

（3）肾小管阻塞：导致肾小管阻塞某些药物（主要是磺胺类药物），因溶解度很低排泄时容易在肾小管析出结晶引起阻塞。

（4）血液动力学改变：可使肾血管收缩，造成肾小管变性和坏死，导致血尿。

另外，急、慢性血液循环障碍引起肾基底膜受损、凝血机能障碍等也可引起血尿。临床上血尿见于急性肾炎、肾盂肾炎、严重肾小管损伤、膀胱炎、尿道出血、尿石症、泌尿系统肿瘤等。血尿可分为肾性血尿（肾脏本身患病所引起的血尿）和肾后性血尿（肾脏以下的器官或组织损伤所发生的血尿）。兽医临床上，在观察排尿过程时，可用三个容器分别接取排尿开始、中间和最后的尿液，比较其颜色，即所谓的"三杯试验法"。第一杯尿呈红色，第二、三杯清亮不呈红色，说明病变位于尿道；第三杯呈红色，第一、二不呈红色，表明病变在膀胱基底部；如果三杯均呈红色，表明血液来自肾脏。

2. 血红蛋白尿（hemoglobinuria） 正常尿液中无血红蛋白成分，只有发生血管内溶血，而游离的血红蛋白超越肾阈随尿排出时，引起真性血红蛋白尿。如肾梗塞时红细胞在梗塞区溶解，血红蛋白直接漏出尿路中；当血尿与低比重尿并存或尿的酸性增高时，红细胞在尿中溶解，形成所谓的假性血红蛋白尿。血红蛋白尿可因氧合血红蛋白和高铁血红蛋白含量的多少而呈棕色、红色或酱油色，储存数小时后则呈棕褐色或黑色。一般血红蛋白尿清亮透明，放置后管底无红细胞沉淀。血红蛋白尿可见于各种溶血性疾病，如马驹新生仔畜同族免疫性溶血、自身免疫性溶血贫血、牛地方性血尿、水牛血红蛋白尿、细菌性血红蛋白尿、梨形虫病、钩端螺旋体病、附红细胞体病、中毒性（如某些植物中毒、硫化二苯胺中毒、铜中毒、蜂毒中毒等）血红蛋白尿等。

3. 肌红蛋白尿（myoglobinuria） 肌肉组织变性、炎症及广泛损伤时，肌红蛋白由受损伤组织中析出，由于其相对分子质量小（17 500），易从肾脏排出发生肌红蛋白尿，尿液呈暗红色、深褐色至黑色。肌红蛋白尿与血红蛋白尿相似，可采用硫酸铵盐析法加以区别，即尿液与65%饱和硫酸铵溶液混合后静置，色素随沉淀完全消失者为血红蛋白尿。也可用过滤尿液5mL，加入2.5g硫酸铵，充分混合后用滤纸过滤，如滤纸无色为血红蛋白尿，呈淡玫瑰色为肌红蛋白尿。肌红蛋白尿可见于马肌红蛋白尿，又称氮尿症。

4. 卟啉尿（porphyrinuria） 由于体内卟啉代谢紊乱，血红蛋白合成障碍，导致其衍生物卟啉在尿中含量增高，形成卟啉尿，是一种罕见的先天性遗传性卟啉病。尿液呈葡萄酒色，牙齿亦呈特殊的棕红色或紫褐色，是本病的特征。实验室检查，联苯胺试验阴性，镜检亦无红细胞。将被检尿液经乙醚提取，采用荧光灯照射检查，乙醚层呈现红色荧光，可证明为卟啉尿。

5. 某些药物、染料性红尿 由于药物、色素或染料等影响出现红尿。如内服硫化二苯胺，尿液呈红色至深红色；使用红色素注射后亦呈红色尿；草食动物服用大黄时，由于尿液为碱性，可使尿液变成红色；砷、锑中毒后尿液呈红褐色。该红色尿镜检无红细胞，联苯胺试验阴性，用滤纸过滤后，仍呈红色。血尿与血红蛋白尿，联苯胺试验均呈阳性，而血尿经过滤后则澄清。

表5-1 红尿的鉴别

鉴别要点	血尿	血红蛋白尿	肌红蛋白尿	卟啉尿	某些药物、染料所致的红尿
颜色与透明度	红色或暗红色或洗肉水样，混浊，振荡时呈云雾状	棕色或酱油色，清亮，振荡时不呈云雾状	暗红或棕色，清亮，振荡时不呈云雾状	深琥珀色、葡萄酒色	红色，透明
放置或离心	有沉淀物	无沉淀物	无沉淀物	无沉淀物	无沉淀物
联苯胺试验	阳性	阳性	阳性	阴性	阴性
超滤检验（用9nm微孔滤器）	不能通过滤器	不能通过滤器	能通过滤器	能通过滤器	能通过滤器
显微镜观察	有大量的红细胞及其他细胞	无细胞	无细胞	无细胞	无细胞

（胡国良）

◇ **复习思考题**

1. 简述引起泌尿器官疾病的主要病因、一般症状、诊断及治疗原则和措施。
2. 简述肾炎的概念、发病机理、临床表现及治疗措施。
3. 简述肾病的概念及主要特征性的症状和病理变化。
4. 简述肾炎与肾病的鉴别诊断要点。
5. 简述肾盂肾炎发病原因和主要临床特征。
6. 简述膀胱炎、尿道炎的主要临床表现和鉴别。
7. 简述尿石症发病原因、机理和防治措施。
8. 简述尿毒症的发病机理和应急处理。
9. 简述红尿综合征主要种类及鉴别要点。

第六章

神经系统疾病

> **内容提要**：本章介绍神经系统疾病的发生原因，主要临床表现，诊断与治疗原则，以及临床上常见的几种脑病、脑膜疾病、脊髓疾病、机能性神经疾病的发生原因、临床特征、病理、诊断和防治方法。本章的教学重点是每个神经系统疾病的发生发展过程、临床特征、鉴别诊断和防治方法。

概 述

神经系统是动物体最重要的器官系统，是各器官活动的主要协调机构，几乎对所有的机能都发挥着调节作用。它不仅把机体内的各种机能协调起来，使之成为统一的整体，而且在机体不断受到外界环境变化影响时，也能使各种机能发生适应性反应，从而保证机体与外界环境的相对平衡。

神经系统按部位不同分为中枢神经和外周神经系统两部分。中枢神经系统包括脑和脊髓；外周神经系统按机能不同，可分为躯体神经（主要调节骨骼肌运动）和内脏神经（主要调节内脏器官活动）。这两种神经又各有其中枢和外周部分，外周部分又分为感觉（传入）神经和运动（传出）神经。内脏的传出神经包括交感神经和副交感神经两类。

当动物机体受到强烈的外界和内在因素，尤其是对神经系统有着直接危害作用的致病因素侵害时，神经系统的正常反射或运动机能就会受到影响或遭到破坏，从而引起病理变化。应当指出，临床上动物神经系统疾病常有发生，例如集约化养殖场的畜禽中暑，小家畜的癫痫，雏鸡脑软化症和宠物的晕动病等。然而，兽医临床上还未引起足够的重视。因此，必须关注动物神经系统的发病情况和防治问题。

（一）神经系统疾病的病因

引起神经系统疾病的病因极为复杂，根据机体与外界环境之间的统一性，一般归纳为以下几方面：

1. 病原微生物感染及寄生虫的侵害 病原微生物感染及寄生虫的侵害是神经系统疾病最为常见的病因。例如各种嗜神经性病毒、衣原体、弓形虫引起的非化脓性脑脊髓炎；若干致病性微生物及其毒素引起的中枢与外周神经系统的损害；各种化脓性细菌引起的化脓性脑炎；多头绦虫的脑多头蚴，有钩绦虫与无钩绦虫的囊尾蚴寄生于脑可造成机械性压迫和损伤，使神经系统结构和完整性遭到破坏，从而导致其严重的病理现象。

2. 中毒或毒素的作用 污染性饲料毒物、有毒植物能引发严重的神经疾病，如食盐中毒、有机农药中毒、青霉菌毒素中毒、重金属元素中毒等。此外，一些有机溶剂、一氧化碳、某些过量的药物以及各种细菌毒素和异常的代谢产物，均能对神经系统产生毒性损害作用。

3. 血液循环障碍 中枢神经系统，尤其是大脑皮层对氧缺乏十分敏感，因此各种原因导致的大脑缺血、脑血栓、脑充血和水肿以及脑血管破裂、出血等都可引起脑部血液循环障碍而出现严重的神经症状，甚至引起死亡。

4. 理化因素或机械因素的影响 日光照射、打击、挫伤、震荡都可引起中枢神经活动障碍。这些因素不仅能对神经组织造成直接损伤，还可伴发循环障碍，严重的挫伤和震荡可导致动物休克。

5. 肿瘤的占位与压迫 许多原发性或续发性肿瘤可生长于神经组织而造成压迫或损害，如生长于软脑膜的各种肉瘤、内皮瘤；生长于脑脊实质内的成神经纤维细胞瘤、神经胶质细胞瘤、各种肉瘤；生长于外周神经的神经节细胞瘤等。鸡的马立克病，瘤细胞常于坐骨神经丛和臂神经丛形成肿瘤性病灶而引起运动障碍。

6. 营养因素 如硫胺素缺乏引起的多发性神经炎，维生素 A、维生素 E、泛酸、吡哆醇缺乏时可分别出现神经细胞变性、神经细胞染色质溶解和坏死、脑软化、髓鞘脱失、视神经萎缩及失明等多种病理变化。

此外，变态反应能引起神经系统的病理演变。遗传、品种、性别和年龄等，在神经系统的某些疾病的发展过程中也有一定的联系。

（二）神经系统疾病的临床症状

神经系统疾病的主要临床表现包括精神状态异常、感觉障碍、运动障碍和植物性神经机能紊乱等。

1. 精神状态异常 动物发生神经系统疾病时精神表现为高度兴奋或精神沉郁两种类型。

高度兴奋时呈现狂暴或冲撞，兴奋狂暴可发生于有机磷化合物中毒、食盐中毒、急性铅中毒、某些植物中毒、神经型酮病、狂暴型狂犬病、脊髓炎早期。患病动物常表现不能自控的剧烈运动和攻击人的倾向，有的病畜甚至出现撞墙、抵栏和圆圈运动。

精神沉郁包括嗜睡、倦怠、晕厥和昏迷。它们都是病因作用后大脑皮质机能受到不同程度的抑制，可见于各种引起颅内压升高的疾病、脑脊髓炎、大脑缺氧和低糖血症。大脑出血、脑震荡和挫伤、雷击及电击均可引起晕厥。尿毒症、热射病和多数中毒病和传染病可导致昏迷。

2. 感觉障碍 外周感受器或传入神经以及大脑皮层感受器任何部位受到损伤都可以发生感觉障碍，而感觉障碍主要表现为感觉缺失、感觉过敏和感觉异常等。

（1）感觉缺失：见于外周感受器、传入神经纤维受到器质性损伤，或因刺激而转入抑制状态时，由于受损部位不同，可表现为全部感觉丧失或部分感觉丧失，如触觉丧失、痛觉丧失、温觉丧失等。

（2）感觉过敏：是由于神经中枢或感觉神经末梢的兴奋性升高所致。其兴奋性升高的原因，可能与局部轻微病灶或邻近部位有较强的刺激病灶作用有关。

（3）感觉异常：多发生于外周神经遭受各种病理性刺激作用，如神经炎、皮炎等。

3. 运动障碍 运动障碍分为中枢性和外周性两类，主要临床表现是麻痹、痉挛、共济失调和植物性神经机能紊乱。

(1) 麻痹：中枢麻痹是由中枢神经的不同部位损伤或传导障碍所形成的，常发生于大脑、脑干和小脑出血、血栓形成或肿瘤压迫之时。病畜一般可出现偏瘫、单瘫和截瘫。

外周性麻痹是因脊髓运动神经元及以下部分受损伤所致，发生于脊髓外伤、脊髓腹角灰白质炎、外周神经干损伤及因硫胺素缺乏所致的多发性神经炎。外周性麻痹的特点是随意运动丧失，随后可发生肌肉萎缩。

(2) 痉挛：是指病畜肌肉的不随意运动。最常见的原因是神经系统受病毒（如狂犬病毒等）、细菌毒素以及药物等的作用。此外，大出血、发热、外伤和电击也能引发。

(3) 共济失调：当调节肌肉的收缩和肌群协调运动的神经系统受到损伤时，则肢体的运动可出现异常，失去准确性和协调性，病畜主要表现为躯体的平衡失调、步态跟跄和动作不协调。

(4) 植物性神经系统机能紊乱：根据受损部位，植物性神经系统机能紊乱可分为交感或副交感性和中枢性两种。

交感或副交感神经受损引起的植物性神经机能紊乱最常见于外伤、炎症、中毒和肿瘤等因素，使交感或副交感神经受损，其紊乱可出现机能亢进和机能缺失。当交感或副交感神经受病因刺激而发生机能亢进时，则相应部位的皮肤-血管发生收缩，体表温度下降或出汗增多。而当交感或副交感神经机能缺失时，则相应部位的皮肤血管扩张、充血、发热、排汗减少、皮肤干燥。

中枢性植物性神经紊乱的发生主要是因控制植物性神经机能中枢，如脊髓、延髓、下丘脑和大脑皮层的外伤、炎症和肿瘤等病变所致，也可因血液循环障碍以及感染因素所引起。临床上病畜可出现排粪、排尿障碍、出汗、吞咽障碍、体温下降和嗜眠等症状。

(三) 神经系统疾病的诊断

先通过主诉了解病畜的行为变化、发病情况等病史，然后经一般临床检查，掌握病畜的步态、姿势、运动、触摸肌肉紧张度和针刺感觉反应等特异的表现进行综合判断。必要时或有条件时可进行血液常规和生化检查，脑脊髓穿刺液和尿液的检查，脑、脊髓 X 光照片，脑电图、肌电图描记，CT 扫描技术，颅多普勒（TCD）技术，甚至脑活组织检查等特殊诊断，做出进一步的确诊。聚合酶链反应（PCR）仪的应用使神经系统疾病的研究和诊断有了较大进展，特别是对结核性脑膜炎的诊断已应用于临床。

(四) 神经系统疾病的治疗原则

神经系统疾病的治疗原则是消除病因，治疗原发病，控制、降低颅内压，镇静，解痉，恢复神经系统的调节机能，对症治疗。

大量临床实践和临床研究表明，中西医结合治疗可明显提高动物神经系统疾病的疗效，例如"补阳还五汤"治疗脑血管病已应用于临床并取得显著疗效。实验研究证明"补阳还五汤"能降低血液中内皮素含量，防止血管收缩，改善血液循环，降低血-脑脊液屏障及血管的通透性，预防脑水肿，清除自由基，保护脑细胞等。

采用活血化瘀中草药对动物有降低颅内压、减轻脑水肿、促进血肿吸收及改善神经功能等作用。从实验研究证明，活血化瘀中草药能降低血-脑脊液屏障的通透性，能纠正出血后脑组织内电解质紊乱，因而能减轻脑水肿，降低颅内压，提高脑组织中超氧化物歧化酶活性，清除自由基，保护脑细胞，激活内皮细胞，促进脑组织修复、血肿吸收、坏死组织清除等作用。

第一节　脑及脑膜疾病

脑膜脑炎（meningoencephalitis）

脑膜脑炎是软脑膜及脑实质发生的炎症，并伴有严重脑机能障碍的疾病。临床上以高热、一般脑症状、局部脑症状和脑膜刺激症状为特征。马、牛多发，间或发生于猪，其他家畜也有发生。

【病因】原发性脑膜脑炎多数认为是由感染或毒物所致。其中病毒感染是主要的，例如家畜的疱疹病毒、牛恶性卡他热病毒、猪的肠病毒、犬瘟热病毒、犬虫媒病毒、犬细小病毒、猫传染性腹膜炎病毒以及绵羊的慢病毒等。其次是细菌感染，如葡萄球菌、链球菌、肺炎链球菌、溶血性及多杀性巴氏杆菌、化脓杆菌、坏死杆菌、变形杆菌、化脓性棒状杆菌、昏睡嗜组织杆菌、猪副嗜血杆菌、马放线杆菌以及单核细胞增多性李氏杆菌等。

中毒主要见于黄曲霉毒素中毒、某些青霉菌毒素中毒、马霉玉米中毒、猪食盐中毒、铅中毒及各种原因引起的严重自体中毒等。

继发性脑膜脑炎多见于脑部炎症和损伤以及邻近器官炎症的蔓延，如颅骨外伤、角坏死、龋齿、额窦炎、中耳炎、内耳炎、眼球炎、脊柱骨髓炎等。也见于一些寄生虫病，如脑脊髓丝虫病、脑包虫病、普通圆线虫病等。

凡能降低机体抵抗力的不良因素，如受寒感冒、过劳、长途运输均可促使本病的发生。

【发病机理】病原微生物或有毒物质沿血液循环或淋巴途径侵入，或因外伤或邻近组织炎症的直接蔓延扩散进入脑膜及脑实质，引起软脑膜及大脑皮层外表血管充血、渗出，蛛网膜下腔炎性渗出物积聚。炎症进入脑实质，引发脑实质出血、水肿，炎症蔓延至脑室，炎性渗出物增多，发生脑室积水。由于蛛网膜下腔炎性渗出物聚积，脑水肿及脑室积液，造成颅内压升高，脑血液循环障碍，致使脑细胞缺血、缺氧和能量代谢障碍，产生脑机能障碍，加之炎性产物和毒素对脑实质的刺激，产生一系列的临床表现。

【症状】由于炎症的部位、性质、持续时间、动物种类以及严重程度不同，临床表现也有较大差异，但多数表现出一般脑症状、局部脑症状及脑膜刺激症状。

1. 一般脑症状　通常是指运动与感觉机能、精神状态、内脏器官的活动以及饮水、采食等发生变化。患病动物先兴奋后抑制或交替出现。病初，呈现高度兴奋，感觉过敏，反射机能亢进，瞳孔缩小，视觉紊乱，易于惊恐，呼吸急速，脉搏增数。行为异常，不易控制，狂躁不安，攀登饲槽，冲撞墙壁或不顾障碍向前冲，或转圈运动。兴奋哞叫，口流泡沫，头部摇动，攻击人畜。有时举扬头颈，抵角甩尾，跳跃，狂奔，其后站立不稳，倒地，眼球向上翻转呈惊厥状。在数十分钟兴奋发作后，患病动物转入抑制，则呈嗜眠、昏睡状态，瞳孔散大，视觉障碍，反射机能减退及消失，呼吸缓慢而深长。后期，常卧地不起，意识丧失，陷于昏睡状态，出现陈-施二氏呼吸，有的四肢做游泳动作。

2. 局部脑症状　是指脑实质或脑神经核受到炎性刺激或损伤所引起的症状，主要是痉挛和麻痹。如眼肌痉挛，眼球震颤，斜视，咬肌痉挛，咬牙。吞咽障碍，听觉减退，视觉丧失，味觉、嗅觉错乱。项肌和颈肌痉挛或麻痹，角弓反张，倒地时四肢做有节奏运动。某一组肌肉或某一器官麻痹，或半侧躯体麻痹时呈现单瘫或偏瘫等。

3. 脑膜刺激症状　脑膜脑炎主要是脑实质和脑膜发炎，常伴有前几段颈脊髓膜同时发炎，因而背侧脊神经根受到刺激，病畜颈部及背部感觉过敏，对其皮肤轻微刺激，即可出现强烈的疼痛反应，并反射性地引起颈部背侧肌肉强直性痉挛，头向后仰。膝腱反射检查，可见膝腱反射亢进。随着病程的发展，脑膜刺激症状逐渐减弱或消失。

总之，无论何种病原所致脑膜脑炎，也无论何种动物发病，都不同程度地出现脑膜刺激症状、一般脑症状和局部脑症状。也表现出不同程度的精神沉郁、视力障碍、进行性轻瘫、共济失调、角弓反张、颅神经功能缺陷、癫痫、狂躁以及后期昏迷。

血液学变化，初期血沉正常或稍快，中性粒细胞增多，核左移，嗜酸性粒细胞消失，淋巴细胞减少。康复时嗜酸性粒细胞与淋巴细胞恢复正常，血沉缓慢或趋于正常。

脊髓穿刺时，可流出混浊的脑脊液，其中蛋白质和细胞含量增高。

除上述变化外，病初患病动物体温升高，或就诊时，体温可能下降或正常。

【病理变化】急性脑膜脑炎，软脑膜小血管充血、淤血，轻度水肿，有的有小点出血。蛛网膜下腔和脑室的脑脊液增多、混浊、含有蛋白质絮状物，脉络丛充血，灰质和白质充血，并有散在小出血点。

慢性脑膜脑炎，软脑膜增厚，并与大脑皮层密接。病毒性与中毒性的脑膜脑炎，其脑与脑膜血管周围有淋巴细胞浸润。

【病程及预后】本病的病情发展急剧，病程长短不一，一般3～4d，也有在24h内死亡的。本病的死亡率较高，预后不良。有的病例可转为慢性脑积水。

【诊断】根据脑膜刺激症状、一般脑症状和局部脑症状，结合病史调查和分析，一般可做出诊断。若症状不具特征，确诊困难时，可进行脑脊液检查。脑膜脑炎病例，其脑脊液中中性粒细胞数和蛋白质含量增加。必要时可进行脑组织切片检查与其他脑病相区别。

【治疗】本病的治疗原则是抗菌消炎、降低颅内压和对症治疗。

先将病畜放置在安静、通风的地方，避免光、声刺激。若病畜有体温升高、颅顶灼热时可采用冷敷头部的物理降温。

1. 抗菌消炎　青霉素按每千克体重4万U和庆大霉素每千克体重2～4mg，静脉注射，3次/d。亦可用林可霉素每千克体重10～15mg，静脉注射，3次/d。

2. 降低颅内压　脑膜脑炎多伴有急性脑水肿，颅内压升高和脑循环障碍，视体质状况可先放血1 000～3 000mL（大动物），再用等量的10%葡萄糖并加入40%的乌洛托品50～100mL，静脉注射。也可选用25%山梨醇和20%甘露醇，按每千克体重1～2mL，静脉注射。也可应用ATP和辅酶A等，促进新陈代谢。

东莨菪碱是一种抗胆碱药，具有消除自由基，稳定细胞膜，降低颅内压，减轻脑水肿和镇静解惊，兴奋呼吸中枢，改善呼吸循环衰竭等作用。有人用于治疗脑炎，获得较好疗效。用法每千克体重0.10～0.15mg，加入10%葡萄糖中静脉注射，2次/d，病情改善后逐渐减量至停药。

3. 对症治疗　当病畜狂躁不安时，可用2.5%盐酸氯丙嗪10～20mL肌肉注射，或安溴注射液50～100mL静脉注射，以调整中枢神经机能紊乱，增强大脑皮层保护性抑制作用。心功能不全时，可应用安钠咖和氧化樟脑等强心剂。

4. 中兽医疗法 中兽医称脑膜脑炎为"脑黄",是由热毒扰心所致实热症。治则采用清热解毒、解痉熄风和镇心安神,治方为"镇心散"合"白虎汤"加减:生石膏(先入)150g,知母、黄芩、栀子、贝母各60g,蒿本、草决明、菊花各45g,远志、当归、茯苓、川芎、黄芪各30g,朱砂10g,水煎服。

中药治疗可配合针灸鹘脉、太阳、舌底、耳尖、山根、胸堂、蹄头等穴位效果更好。应用鲜地龙250g,洗净捣烂,和水灌服,治疗脑膜脑炎有效。

脑脓肿 (brain abscess)

脑组织化脓性炎症形成脓肿者,称为脑脓肿。本病多见于一岁龄左右的动物,偶见于大龄动物。

【病因】大多数脑脓肿病例继发于颅外感染,根据感染来源可分为:①邻近组织器官化脓性炎症的蔓延和扩散,如鼻炎、中耳炎、内耳炎、副鼻窦炎、断角感染、鼻中隔感染等;②血源性转移,主要发生在菌血症或脓毒血症,经血行播散至脑内;③少数见于开放性颅脑外伤。

致病菌随感染来源而异,常见有链球菌、金黄色葡萄球菌、肺炎链球菌、变形杆菌、李氏杆菌、马鼻疽杆菌、牛放线菌、分支杆菌及绿脓杆菌等。可混合感染,耳源性脑脓肿多以链球菌或变形杆菌混合感染;鼻源性脑脓肿以链球菌、肺炎链球菌为多见;血源性脑脓肿取决于原发病灶的致病菌;胸部感染以混合感染为主;外伤性脑脓肿多为金黄色葡萄球菌。

【症状】根据脑脓肿的大小、部位不同而有一定差异,主要表现为脑脓肿占位性损伤综合征。患病动物轻度发热,意识障碍,姿势异常,共济失调,呆立或头抵固定物,精神差,癫痫样发作,有的病畜出现失明。有的病畜可见眼球震颤,头偏斜,转圈和倒地,偏瘫或瘫痪,上眼睑下垂和舌下垂;有的病畜出现咀嚼、吞咽困难和流涎,口合不拢等。

【诊断】除病史和病畜出现占位性损伤的特殊的症状外,采集病畜的脑脊液检查,白细胞总数增高、蛋白含量增加,并能检查到病原菌(这是与脑膜脑炎区别点)。有条件的可进行CT检查,其确诊率达85%~100%。应注意与其他脑病相鉴别。

【病程及预后】早期病例,通过合理治疗,可望痊愈;严重者治疗难度大,易复发,多数预后不良。

【治疗】脑脓肿治疗原则是加强护理,消炎,降低颅内压和手术切除。

初期主要是应用抗生素以控制感染,小的脓肿和化脓性炎症可以消退或促进脓肿局限化以利于手术。应选择广谱、易透过血脑屏障的抗生素,药量要足,用药时间要够长。通常先选用青霉素与氨苄青霉素或氯霉素联合应用;疑有厌氧菌混合感染(如耳源性脑脓肿)时,加用甲硝咪唑;怀疑葡萄球菌感染,应选用乙氧萘胺青霉素或邻氯青霉素等;若考虑为假单胞菌属感染时,应选用羧苄青霉素和氨基苄青霉素治疗。

降低颅内压可选用甘露醇、速尿等静脉给药。当颅压轻度增高,无呕吐时,可用速尿等。必要时可考虑手术切除或外科引流。因本病的治疗难度大,且易复发,多数预后不良。

脑软化 (encephalomalacia)

脑软化是以大脑灰质和白质变质为病理特征的脑病。临床上以灶性症状和一般脑症状为主要特征。兽医临床上多见于家禽，尤其是雏禽，其他动物也有发生。

【病因】

1. 营养因素 维生素 E、维生素 B_1 和铜缺乏是动物脑软化的常见原因。实验已证实，用维生素 E 缺乏的饲料、硫胺素酶活性高的饲料（如蕨）饲喂动物诱发了脑软化。放牧牛采食了能产生硫胺素酶的细菌（如梭状芽孢杆菌）污染的饲料可出现脑灰质软化。据报道，低钴日粮和高硫酸盐饲料亦可引发本病。

2. 中毒因素 食盐中毒、马霉玉米中毒、牛蕨中毒、节节草中毒、木贼中毒、砷中毒、汞中毒、铅中毒以及抗球虫药中毒等中毒病都发生了脑软化病理改变。

【症状】患病动物临床上出现灶性症状和一般脑症状。早期出现精神沉郁，食欲减退，相继发生肌肉震颤，运动失调，突然倒地，头向后、身体侧卧，视力模糊不清，眼睛斜视。后期卧地不起，腿急速收缩与放松，角弓反张，继而昏迷，直至死亡。

反刍动物在继发性硫胺缺乏时，血液转酮醇酶活性降低，丙酮酸和乳酸含量增加；粪便中硫胺酶活性升高。

【病理变化】小脑软而肿胀，脑膜水肿、表面有小点状出血和坏死，其坏死组织呈灰白色，脑回平展。人工复制的脑软化症病雏模型，病理组织学变化以及超微结构的变化表明，病雏免疫器官萎缩、变性，淋巴细胞坏死。

【病程及预后】早期或轻微病例通过治理，可以康复，但严重或后期病例一般预后不良。

【诊断】根据病史、临床症状及剖检变化可以建立诊断。由于本病症状与其他脑病、肝脑病、神经性酮病以及产气荚膜梭菌 D 型肠毒血症等的症状相似，可通过实验室检查加以区别。

【治疗】本病的治疗原则是消除病因，控制脑水肿，补充所需营养物质和对症治疗。

对继发性维生素 E 和维生素 B_1 缺乏病例，应尽早补充所缺乏物质。牛患脑灰质软化症初期，应用盐酸硫胺素 10~15mg，静脉注射，可在 24h 见效，通常连续应用 3~7d。可在雏鸡饲料中添加 5mg 维生素 E 片剂自由采食，或按每千克体重 0.1~1.5mg，皮下或肌肉注射，隔日注射一次。补充维生素 E 按每千克体重 10mg 肌肉注射，2 次/d，连用 3d。消除脑水肿，选用 20% 甘露醇和 25% 山梨醇液，按每千克体重 1~2g，静脉注射。经治疗 3~4 次不见疗效者，应建议淘汰。

脑震荡及脑挫伤 (concussion and contusion of brain)

脑震荡及脑挫伤是因颅脑受到粗暴的外力作用所引起的一种急性脑机能障碍或脑组织损伤。一般将脑组织损伤病理变化明显的称为脑挫伤，而病变不明显的称为脑震荡。临床上以暴力作用后即时发生昏迷、反射机能减退或消失等脑机能障碍为特征。各种动物均可发病。

【病因】引起本病的原因主要是粗暴的外力作用，例如冲撞、蹴踢、角斗、跌落、摔倒、打击，或在运输途中从车上摔下，或撞车或翻车时的冲撞，或在行进中从桥上摔下，或从山上滚至山下。在战时由于炸弹、炮弹、地雷的冲击作用等均可导致脑震荡或脑挫伤。

【发病机理】由于粗暴外力或冲击波强力冲击作用于动物颅脑部，而发生脑组织形态改变和机能变化。脑挫伤时则出现硬膜下血肿及蛛网膜下与脑实质出血，此外还常引起脑组织缺血、缺氧及水肿，致使脑机能紊乱，因而呈现嗜睡、昏迷、瞳孔对光反射消失及体温变化不定。脑挫伤严重时，动物可立即死亡。

脑震荡只是其损伤程度较轻而已，其发病学与脑挫伤基本相似。

【症状】本病的症状视脑组织损伤严重程度而异。一般而言，若组织受到严重损伤，可在短时间内死亡。若发生脑震荡，且病情轻者，病畜仅踉跄倒地，短时间内又可从地上站起恢复到正常状态，或呈现一般脑症状。若病情严重，动物可长时间内倒地不起，陷于昏迷，意识丧失，知觉和反射减退或消失，瞳孔散大，呼吸变慢，脉搏细数，节律不齐，粪尿失禁，猪和犬常出现呕吐。

发生脑挫伤后，除神志昏迷，呼吸、脉搏、感觉、运动及反射机能障碍外，因脑组织的损伤，导致脑循环障碍，脑组织水肿，甚至出血，从而再现某些局部脑症状。病畜痉挛，抽搐，麻痹，瘫痪，视力丧失，口唇歪斜，吞咽障碍及舌脱出，间或呈癫痫发作，多呈交叉性偏瘫。

【病理变化】脑震荡时病理变化较轻。脑挫伤则病变较为明显，主要呈现硬膜及蛛网膜下腔，尤其是最狭窄部出血或血肿，甚至蔓延至脑室，也有颅底骨折的。

【病程及预后】多数脑挫伤及严重的脑震荡病例，短期内死亡或留有严重的后遗症。一般病例，经1周治疗，有的逐渐康复，严重者长期躺卧，伴发褥疮、出现败血症而死亡。

【诊断】根据颅脑部有受暴力作用的病史，体温不高和程度不同的昏迷为主的中枢性症状，一般可做出诊断。脑震荡，一般根据一时性意识丧失，昏迷时间短、程度轻，多不伴有局部脑症状等临床特征做出诊断。对昏迷时间长，程度重，多呈现局部脑症状，死后剖检脑组织有形态上的变化，可诊断为脑挫伤。

【治疗】本病的治疗原则是加强管理，控制出血和感染，预防和消除水肿。

首先应加强护理，防止褥疮。为预防因舌根部麻痹堵塞后鼻孔而引起窒息死亡，可将舌稍向外牵出，但要注意舌咬伤。轻症病例或病初，可肌肉注射止血剂，如0.4%维生素K_3，大动物25～75mL，小动物5～15mL。25%安络血，大动物10～20mL，小动物0.5～2mL。还可使用凝血质和6-氨基己酸、止血敏等，同时可行头部冷敷。

为控制感染，可应用抗生素或磺胺类药物。消除水肿，可用25%山梨醇和20%甘露醇，按每千克体重1～2mL静脉注射，2～3次/d，并配合使用地塞米松（每千克体重1mg），效果更佳。

若病畜长时间处于昏迷状态，可肌肉注射咖啡咽（牛、马2～5g，猪、羊0.5～2g，小家畜0.1～0.3g）和樟脑磺酸钠（牛、马1～2g，猪、羊0.2～1g，犬0.05～0.1g）等中枢神经兴奋药物。必要时，也可静脉注射高渗葡萄糖500mL和ATP（牛、马0.05～0.1g）激活脑组织功能，防止循环虚脱。

慢性脑室积水（chronic hydrocephalus）

脑室积水又称乏神症或眩晕症，是因脑脊液排出受阻或吸收障碍导致脑室扩张、颅内压升高的一种慢性脑病。临床上以患病动物意识障碍明显，感觉和运动机能异常，且后期植物性神经机能紊乱为特征。本病主要发生于马，其他动物也有发生。

【病因】慢性脑室积水一般分为阻塞性和非阻塞性两种。

阻塞性脑室积水通常出现在大脑导水管因存在畸形、狭窄等病理改变而发生完全或不完全阻塞，致使脑脊液排出受阻。此种大脑导水管闭塞性病变多为先天性，主要由遗传因素所致。据报道，黑白花牛、爱尔夏牛和娟姗牛等品种发生的脑室积水可能是一种染色体隐性遗传性状。患有脑室积水的短角牛，就是因大脑导水管先天性狭窄所致。此外，大脑导水管闭塞还可以继发于脑炎、脑膜脑炎等颅内炎症性疾病。脑干等部位的肿瘤压迫也可造成导水管的狭窄和闭塞。

非阻塞性脑室积水一般是因脑脊液吸收减少，多见于犬瘟热等传染性脑炎、脑膜脑炎及蛛网膜下出血和维生素缺乏。当发生脉络膜乳头瘤时，脑脊液分泌增多，也可导致脑室积水。

【发病机理】在正常情况下，脑脊液是由后脑、间脑和前脑的脉络丛（脉络腺）所分泌的，由侧脑室间孔（Monro孔）流进第三脑室，经大脑导水管进入第四脑室，然后通过第四脑室外侧孔（Luchka孔）及其中央孔（Magendie孔）流入脑干周围的大脑池中，再进入蛛网膜下腔，润覆全部脑脊髓的表面。继而经蛛网膜下腔中的毛细血管（绒毛膜突起）吸收进入静脉窦（主要为矢状窦）。很显然，脑脊液不断地分泌，又不断地被吸收，所以其总量始终保持着动态平衡。

在病理状态下，由于脑脊液排出和吸收障碍，导致脑脊液在脑室中大量蓄积，因而使脑室扩张，颅内压升高，脑组织受压。又因为颅内容积受到颅骨的限制，故脑室内的大量积水可使大脑半球被挤至小脑蒂的游离缘之下，枕叶的突出部可压在四叠体之上，以致位于四叠体上方的大脑导水管发生狭窄或闭塞，侧脑室和第三脑室内压增高。因脑室积水、内压增高，所以临床上病畜发生颅内压增高的综合病征。

【症状】后天性慢性脑室积水，多发生于成年动物。病初，神情痴呆，目光凝滞，站立不动，头低耳耷，故称乏神症。有时姿态反常，突然狂躁不安，甚至头撞墙壁，或抵于饲槽，有时盲目奔跑。随着病情进一步发展，病畜出现意识障碍、感觉机能障碍和运动机能障碍。

1. 意识障碍 常见病畜中断采食，或做急促采食动作；咀嚼无力，时而停止或饲草含在口中而不知咀嚼，有时饲料挂在口角；饮水时将口、鼻深浸在水中。

2. 感觉机能障碍 病畜表现为皮肤敏感性降低，轻微针刺无反应，本体觉异常；听觉障碍，对较强的音刺激可发生惊恐不安；视觉障碍，瞳孔缩小或扩大，眼球震颤，眼底检查视乳头水肿。

3. 运动机能障碍 病畜做圆圈运动或无目的地向前冲撞，不服从驱使；在运动中，头低垂，抬肢过高，着地不稳，动作笨拙，容易跌倒。病后期，心动徐缓，脉搏数减少到20~30次/min，呼吸次数减少至7~9次/min，节律不齐。脑脊液压力升高，在马，由正常的1.19~2.4kPa增加到4.7kPa。脑电图描记，呈现高电压、慢波（25~200μV，1~6Hz），快波（10~20Hz）常与慢波重叠，严重病例以大慢波为主（1~4Hz）为主。

头部X线检查，可见开放的骨缝，头骨变薄，颅穹隆呈毛玻璃样外观，蝶骨环向前移位、变薄。

【病理变化】脑体积增大，脑室内积液增多，可达40~140mL（正常为8~10mL）。脑膜苍白，脑回平展，表面及切面湿润，侧脑室与第三脑室极度扩张，第三脑室底变得很薄。原发性脑室积液其液体透明，而继发者液体混浊，呈白色，含有多量纤维蛋白絮状物。侧脑室与脉络丛有炎性浸润，或有小出血点以及化脓灶。

【病程及预后】病情发展缓慢，可持续数年，很少痊愈。随环境条件变化，常呈现周期性好转和恶化。如病情逐渐恶化，预后不良。

【诊断】先天性慢性脑室积水，根据幼畜头部的大小，额骨隆起，行为异常或癫痫样发作及脑电图高慢波等特征，一般可做出诊断。后天性脑室积水的诊断根据病史及特征性乏神症状可以做出，但需与慢性脑膜脑炎、亚急性病毒性脑炎及某些霉草中毒等疾病相鉴别。

【治疗】本病尚无有效治疗方法。为降低颅内压，可静脉注射20%甘露醇或25%山梨醇，每6～12h重复注射，但用量不宜过大。

据报道，慢性脑室积水，可采用小剂量的肾上腺皮质激素治疗，疗效可达60%。每天服用地塞米松每千克体重0.25mg，一般服药后3d，症状缓解，1周后药量减半，第3周起，每隔2d服药一次。

中兽医治疗以健脾燥湿、平肝息风为治疗原则，可获得令人满意的疗效。治方为"天麻散"（经验方）加减：天麻、菖蒲、车前子、泽泻、怀牛膝、川乌、草乌各15g，木通18g，白术、苍术各21g，党参、僵蚕、石决明、龙胆草各30g，甘草9g，水煎服。也可采用"镇心散"加减或"桔菊防晕汤"加减。

日射病及热射病（insolation and siriasis）

日射病及热射病是因日光和高热所致的动物急性中枢神经机能严重障碍性疾病。动物在炎热的季节中，头部持续受到强烈的日光照射而引起的中枢神经系统机能严重障碍称为日射病；而动物所处的外界环境气温高、湿度大，动物产热多、散热少，体内积热而引起的严重中枢神经系统机能紊乱称为热射病。动物大量出汗，水盐损失过多，可引起肌肉痉挛性收缩，有人称为热痉挛（heat clamps）。

实际上，日射病、热射病和热痉挛都是由于外界环境的光、热、温度等物理因素对动物体的损害，导致体温调节功能障碍的一系列病理现象，统称为中暑。本病在炎热的夏季多见，病情发展急剧，甚至迅速死亡。各种动物均可发病，牛、马、犬及家禽多发。

【病因】盛夏酷暑，动物在强烈日光下使役、驱赶和奔跑；或饲养管理不当，动物长期休闲、缺乏运动；或厩舍拥挤、闷热潮湿、通风不良；或用密闭而闷热的车、船运输等都是引起本病的常见原因。动物体质衰弱，心脏和呼吸功能不全，代谢机能紊乱，皮肤卫生不良，出汗过多、饮水不足、缺乏食盐，在炎热天气的条件下动物从北方运至南方，其适应性差、耐热能力低，都易促使本病的发生。

【发病机理】从发病学上分析，无论是热射病，还是日射病，最终都会出现中枢神经系统机能严重障碍，但是其中心发病学环节还是有很明显的差异。

1. 日射病 因动物头部持续受到强烈日光照射，日光中紫外线穿过颅骨直接作用于脑膜及脑组织，引起头部血管扩张，脑及脑膜充血，颅顶温度和体温急剧升高，导致神志异常。又因日光中紫外线的光化反应，引起脑神经细胞炎性反应和组织蛋白分解，从而导致脑脊液增多，颅内压增高，影响中枢神经调节功能，新陈代谢异常，导致自体中毒，心力衰竭，患病动物卧地不起、痉挛、昏迷。

2. 热射病 由于外界环境温度过高，潮湿闷热，动物体温调节中枢的机能降低、出汗少、散热障碍，且产热与散热不能保持相对平衡，产热大于散热，以致造成动物机体过热，引起中枢神经机能紊乱，血液循环和呼吸机能障碍而发生本病。

热射病发生后，机体温度高达 41～43℃，体内物质代谢加强，氧化产物大量蓄积，导致酸中毒；同时因热刺激，反射性地引起大出汗，致使患病动物脱水。由于脱水和水、盐代谢失调，组织缺氧，碱储下降，脑脊髓与体液间的渗透压急剧改变，影响中枢神经系统对内脏的调节作用，心、肺等脏器代谢机能衰竭，最终导致窒息和心脏麻痹。

【症状】

1. 日射病　常突然发生，病初患病动物精神沉郁，四肢无力，步态不稳，共济失调，突然倒地，四肢做游泳样划动。随着病情进一步发展，体温略有升高，呈现呼吸中枢、血管运动中枢机能紊乱，甚至出现麻痹症状。心力衰竭，静脉怒张，脉微弱，呼吸急促而节律失调，结膜发绀，瞳孔散大，皮肤干燥。皮肤、角膜、肛门反射减退或消失，腱反射亢进，常发生剧烈的痉挛或抽搐而迅速死亡，或因呼吸麻痹而死亡。

2. 热射病　突然发病，体温急剧上升，高达 41℃ 以上，皮温增高，甚至皮温烫手，白色皮肤动物全身通红，马出大汗。患病动物站立不动或倒地张口喘气，两鼻孔流出粉红色、带小泡沫的鼻液。心悸、心音亢进，脉搏疾速，每分钟可达百次以上。眼结膜充血，瞳孔扩大或缩小。后期病畜呈昏迷状态，意识丧失，四肢划动，呼吸浅而疾速，节律不齐，脉不感手，第一心音微弱，第二心音消失，血压下降：收缩压 10.66～13.33kPa，舒张压 8.0～10.66kPa。濒死前，多有体温下降，常因呼吸中枢麻痹而死亡。

检查患病动物血液，红细胞压积升高（达 60%）；血清 K^+、Na^+、Cl^- 含量降低。在临床实践中，日射病和热射病常常同时存在，因而很难精确区分。

【病理变化】共同的病理变化为脑及脑膜高度淤血，并有出血点；脑组织水肿，脑脊液增多，肺充血、水肿，胸膜、心包膜及胃肠黏膜都有出血点和轻度炎症病变，血液暗红色且凝固不良。肝、肾和骨骼肌变性，尸僵及尸体腐败迅速发生。

【病程及预后】日射病和热射病病情发展急剧，常常因来不及治疗而发生死亡。早期采取急救措施可望痊愈，若伴发肺水肿，多属预后不良。

【诊断】根据发病季节，病史资料和体温急剧升高，心肺机能障碍和倒地昏迷等临床特征，容易确诊。但应与肺水肿和充血、心力衰竭、脑充血等疾病相区别。

【治疗】本病的治疗原则是消除病因，加强护理，促进机体散热和缓解心肺机能障碍。

1. 消除病因和加强护理　应立即停止使役，将患病动物移至阴凉通风处，若卧地不起，可就地搭起阴棚，保持安静。

2. 降温疗法　不断用冷水浇洒全身，或用冷水灌肠，灌服 1% 冷盐水，头部放置冰袋，亦可用酒精擦拭体表。体质较好的大动物可泻血 1 000～2 000mL，同时静脉注射等量生理盐水，促进机体散热。

3. 缓解心肺机能障碍　对心功能不全者，可皮下注射 20% 安钠咖等强心剂 10～20mL。为防止肺水肿，按每千克体重静脉注射 1～2mg 地塞米松。当病畜烦躁不安和出现痉挛时，可灌服或直肠灌注水合氯醛黏浆剂，或肌肉注射 2.5% 氯丙嗪 10～20mL。若确诊病畜已出现酸中毒，可静脉注射 5% 碳酸氢钠 500～1 000mL。

4. 中兽医疗法　中兽医称牛中暑为"发痧"，并与马的黑汗风相当。中兽医辩证中暑有轻重之分，轻者为伤暑，以清热解暑为治疗原则，方用"清暑香薷汤"加减：香薷 25g，藿香、青蒿、佩兰叶、炙杏仁、知母、陈皮各 30g，滑石（布包先煎）90g，石膏（先煎）

150g，水煎服。重者为中暑，病初治宜清热解暑，开窍、镇静，方用"白虎汤"合"清营汤"加减：生石膏（先煎）300g，知母、青蒿、生地、玄参、竹叶、金银花、黄芩各30～45g，生甘草25～30g，西瓜皮1kg，水煎服。当气阴双脱时，宜益气养阴，敛汗固脱。方用"生脉散"加减：党参、五味子、麦冬各100g，煅龙骨、煅牡蛎各150g，水煎服。若能配合针灸鹘脉、耳尖、尾尖、舌底、太阳等穴效果更佳。临床实践证明，鲜芦根1 500g，鲜荷叶5张，水煎，冷后灌服有效。

晕动病（motion sickness）

晕动病又称运动病，是因动物机体暴露于运动环境中，受不适宜运动环境影响而引起的症候群。临床上以眩晕，上腹部不适、恶心、呕吐、出冷汗等前庭和自主神经反应为主要特征。主要发生在宠物和动物园的某些动物，马属动物也有发生。

【病因】本病一般是动物在车、船和空中运输过程中发生。

【发病机理】晕动病可能与脑干呕吐中心相连的内耳前庭受到异常刺激有关，也可能与脑血流减少有关。总之晕动病不是孤立的前庭现象，而是机体不协调运动信息的反应。

【症状】主要症状有皮层感觉性反应，植物神经系统反应，包括副交感神经系统反应，如恶心、呕吐等；交感神经系统反应，如出冷汗、心率加快等。严重者因反复呕吐可出现全身脱水，电解质紊乱等。

根据晕动病的症状轻重分为轻、中、重三型。轻型仅有精神沉郁，唾液增多，眩晕，嗜睡等。中型出现恶心，呕吐，眩晕加重，出冷汗。重型者上述症状加剧，呕吐不止，四肢冰冷，唇干舌燥，腹泻、脱水，电解质紊乱。

【治疗】目前治疗晕动病的原则是减少运输，控制症状，加速运动环境的适应。

药物治疗采用降低中枢神经系统兴奋性的药物，如巴比妥钠、水合氯醛、安定等；降低副交感神经兴奋性的药物或抗胆碱能作用的药物，如盐酸山莨菪碱（每千克体重2～5mg，肌肉注射）、氢溴酸东莨菪碱（每千克体重0.5mg，与苯海拉明50mg结合使用）。

另外，抗组胺类药，如苯海拉明、异丙嗪、扑尔敏、敏可静、氯苯丁醇等都可使用。

电击与雷击（electrocution and lightning strike）

电击与雷击是指在意外情况下，动物突然发生触电或遭受雷电袭击而引起的一种生命中枢神经性或心源性休克。临床上以灼伤或电流斑、流涎、昏迷或死亡为特征。

【病因】

电击：多数发生在动物意外地触及因风暴或大雪被折断的高压电线，或水牛在水塘里游泳、耕牛在水田里使役时因水带高压电而发生触电。

雷击：大都发生于惊蛰与立夏雷雨季节期间。雷击时，因动物聚集在树下，或暴露在空旷的高地上，或家畜被拴在金属物体、电杆或树干上都有可能遭受雷击。

【发病机理】动物遭受电击或雷击后，机体受到不同程度的伤害，严重者因心脏麻痹或神经机能突发障碍而很快发生休克死亡。一般情况下电源电压或雷电强度越大、作用时间越长，对动物的伤害程度就越大。当电流通过机体时，组织细胞膜内外的离子浓度平衡发生改变，并产生电泳、电渗，高浓度的离子刺激肌肉和神经，致使肌肉产生强直性痉挛。当高压电流通过皮肤时，因局部温度急剧升高，发生灼伤，乃至碳化。当电流通过心脏时，即时心室纤颤或突发麻痹。因心室纤维颤动、心输出血减少引起受害动物血液循环和呼吸等生命中枢神经缺血、缺氧而出现昏迷。当电流通过大脑则引起全身抽搐，甚至造成永久性伤害。

【症状】遭电击或雷击的动物，大多很快死亡。未死亡者临床表现为倒地，全身发紫，神志不清，意识丧失，反射机能消失，流涎，心律不齐，呈休克状态。幸免存活者，遗留后遗症，如瘫痪、头偏向一侧弯曲，视觉障碍，肛门松弛，阴茎麻痹，常出现癫痫样发作。

【病理变化】尸体解剖可见皮肤灼伤或电流斑、或皮肤、被毛碳化。口鼻及阴道黏膜发绀，胃肠充气。皮下小血管充血。心脏表面出血，右心室颜色发暗。喉充血、出血，心肌坏死、纤维断裂，间质出血，小血管周围水肿。

【诊断】根据病史和临床特征，一般不难诊断。

【治疗】对幸免存活者，采取强心和兴奋神经中枢。可选用0.1%肾上腺素或25%尼可刹米。有脑水肿者，可选用甘露醇或山梨醇。癫痫样发作时，可应用盐酸山莨菪碱。

脑肿瘤（neoplasma of the brain）

由于生命周期短和经济价值问题，兽医临床上很少关注和详细研究动物的脑肿瘤。但临床实践中偶尔可见。临床上以呕吐、视力障碍、癫痫样发作、性征反常为特征。各种动物均可发生。

【病因】在动物常见的脑肿瘤有脑膜瘤、脉络丛乳头状瘤、神经胶质瘤、犬恶性淋巴瘤、猫淋巴肉瘤、牛白血病等。其病因至目前还不是很清楚。

【症状】研究表明，癫痫与脑瘤有较大的联系，因此脑肿瘤的初期有癫痫样发作。临床上还出现视力障碍，行为异常，圆圈运动，偏瘫，姿势反射消失，性征反常等。

【诊断及治疗】本病的诊断应根据动物种类、发病年龄和局部脑症状综合判定。必要时应做脑组织活检。脑肿瘤的治疗没有实际意义。

肝脑病（hepato-encephalopathy）

肝脑病是因肝脏功能障碍所导致的一种肝脑疾病综合征。临床上以精神高度抑制、中枢性失明和行为异常为特征。各种动物均可发病。

【病因】肝功能障碍主要病因有以下几方面：

（1）肝实质损伤：包括毒物对肝脏的损害、代谢性肝病、肝肿瘤、脂肪肝以及肝炎和肝坏死。

（2）肝脏门脉循环改变：见于幼畜先天性门脉分流，有一部分门脉血液不经肝脏而从短路直接进入腔静脉，使胃肠吸收的有毒物质、未经肝脏解毒而进入大脑，引起肝脑疾病发生。

（3）幼畜肝脏中精氨酸酶先天性缺乏：氨代谢转变成尿素的过程受到影响，出现血氨升高，造成脑组织损害。

【症状】主要表现为肝功能障碍和中枢神经机能障碍。患病动物精神沉郁，消化障碍，食欲减退或废绝，生长停滞，体重减轻，黄疸，多尿和烦渴；昏睡或昏迷，盲目运动，行为异常，失明，抽搐等。

【诊断】有条件时，可进行血清、肝脏特异性酶活性检测，此类酶活性明显升高。注意与其他脑病、传染性肝炎、狂犬病相鉴别。

【治疗】本病治疗要根据病因和肝功能障碍程度而定。轻微或急性者，通过消除病因，对症治疗，可望痊愈。慢性者或器质性病例尚无有效治疗方法。

（袁 慧）

第二节 脊髓疾病

脊髓炎及脊髓膜炎（myelitis and meningomyelitis）

脊髓炎及脊髓膜炎是脊髓实质、脊髓软膜及蛛网膜的炎症。脊髓炎及脊髓膜炎可同时发生，有的则以脊髓实质炎症为主、炎症波及脊髓膜，而有的以脊髓膜炎症为主、炎症蔓延至脊髓实质。临床上以感觉过敏、运动机能障碍、肌肉萎缩为特征。多发生于马、羊和犬，其他动物也有发生。

根据其炎性渗出物不同，脊髓及脊髓膜炎可分为浆液性、浆液纤维素性及化脓性。根据炎症发生的部位不同，可分为局限性、弥漫性、横断性和分散性。

【病因】本病的病因与脑膜脑炎基本相同，主要继发于某些传染性疾病，其次是有毒植物及霉菌毒素中毒。如马传染性脑脊髓炎、中毒性脑炎、流行性感冒、伪狂犬病、脑脊髓丝状虫病等。萱草根、山黎豆等有毒植物中毒，以及镰刀霉菌毒素、赤霉菌毒素、某些青霉菌毒素中毒都可以继发本病。

此外，椎骨骨折、脊髓挫伤、震荡及出血均可引起脊髓及脊髓膜炎，猪、羊因断尾感染，猪咬尾病均可导致本病。

【发病机理】当脊髓损伤，或当病原微生物及有毒物质经血液循环或淋巴途经侵入脊髓膜及脊髓实质时、即引起充血和炎性渗出，出现局部刺激症状。由于炎性渗出物及脊髓液的逐渐增多，加之化脓菌的侵入，形成大小不等的脓肿，因而压迫脊髓神经节及其神经原，造成脊髓的神经细胞变性和坏死，致使脊髓的感觉传导与运动传导发生阻断，因而引起相应的效应器官感觉障碍，运动机能障碍，反射机能亢进而出现麻痹、瘫痪和抽搐。

【症状】以脊髓膜炎症为主的脊髓及脊髓膜炎，主要表现脊髓膜刺激症状。当脊髓背根受到刺激时，患病动物食欲减退，体躯某一部位感觉过敏，用手触摸被毛，即表现骚动不安、呻吟及拱背等疼痛性反应。当脊髓腹根受刺激时，病畜则出现腰、背和四肢姿势改变，如头向后仰，曲背，四肢强直，运步拘紧，步幅短缩，当沿脊柱叩诊或触摸四肢时，可引起肌肉痉挛性收缩，如纤维性震颤、肌肉颤动等。随着病情的进一步发展，脊髓膜刺激症状逐渐减弱，表现感觉减弱或消失、麻痹等症状。

以脊髓实质炎症为主的脊髓及脊髓膜炎，病初患病动物多表现精神不安，肌肉震颤，脊柱僵硬，运步强拘，易于疲劳和出汗。

由于炎症的性质及程度不同，临床表现有一定差异。

1. 弥漫性脊髓炎 临床上，多数炎症发生在脊髓的后段并迅速向前蔓延，因而患病动物的后肢、臀部及尾的运动与感觉麻痹,反射机能消失,还常表现直肠括约肌麻痹,以致排粪排尿失常,如直肠蓄粪和膀胱积尿等现象。

2. 局灶性脊髓炎 一般只表现炎症脊髓节段所支配的相应部位的皮肤感觉减退及局部肌肉发生营养性萎缩,对感觉刺激的反应消失。

3. 分散性脊髓炎 炎症主要发生在脊髓的灰质或白质。临床上见到的是个别脊髓传导受影响,因此呈现相应部位的感觉消失,相应肌群的运动性麻痹。

4. 横断性脊髓炎 病初出现不完全麻痹,并逐渐发生完全麻痹,麻痹部肌肉萎缩。病畜站立不稳,双侧性轻瘫,皮肤和腱反射亢进,病畜臀部拖曳,尚能勉强运动。因炎症发生部位及范围不同,临床表现也有差异。

5. 颈部脊髓发炎 引起前、后肢麻痹,后肢皮肤和腱反射亢进,膀胱与直肠括约肌障碍,瞳孔大小不等。

6. 胸部脊髓发炎 引起后肢麻痹,膀胱与直肠括约肌麻痹,直肠蓄粪,膀胱积尿,腱反射亢进。

7. 腰部脊髓发炎 引起坐骨神经麻痹,膀胱与直肠括约肌障碍。

【病理变化】眼观见到脊髓硬膜的血管明显扩张和充血,蛛网膜及软膜组织混浊,有小出血点。蛛网膜下腔充满浆液性、浆液-纤维素性或化脓性渗出物,髓质外周有炎性浸润,甚至软化和水肿。

慢性脊髓及脊髓膜炎由于结缔组织增生,常出现局部脊髓膜、脊神经和脊髓发生粘连及硬膜肥厚。

【病程及预后】本病病程与病变性质及部位有关。若患病动物卧地不起,可在数天至数十天内死亡。有的病例即使未迅速死亡,病情逐渐恶化,预后不良。病情轻者,经适当治疗,可望痊愈,但病程缓慢,可持续数月。

【诊断】根据患病动物感觉和运动机能障碍,肌肉萎缩,以及排粪排尿障碍等临床特征,结合病史病因分析,可做出诊断。但须与下列疾病进行鉴别。

1. 脑膜脑炎 有明显的兴奋、沉郁、意识障碍等一般脑症状和有眼球震颤和瞳孔大小不等等局部脑症状,但排粪排尿障碍不明显。

2. 脑脊髓丝状虫病 多发生于盛夏至深秋季节,其特征是腰痿,后肢运动障碍,并时好时坏。脊髓液检查,可检出微丝蚴,则与本病极易区别。

【治疗】加强护理,防止褥疮,控制感染是治疗本病的重要措施。

药物治疗应采取消炎止痛,兴奋中枢,促进反射,恢复神经机能,防止感染。

通常肌肉注射安乃近(牛、马,一次用量 3～10g,猪、羊 1～3g,犬、猫 0.3～0.6g)配合巴比妥钠,镇痛效果更好。同时静脉注射地塞米松(牛、马 2.5～20mg/d,猪、羊 4～12mg/d,犬、猫 0.125～1mg/d),40%乌洛托品溶液 20～40mL,具有抑制炎症,减少渗出,缓解疼痛的作用。为了预防感染,应及时使用青霉素和磺胺类药物。根据病情发展,可以皮下注射 0.2%盐酸士的宁溶液,牛、马 10～20mL,猪、羊 1～2mL,兴奋中枢神经系统,增强脊髓反射机能。

四肢麻痹时,可进行局部按摩、针灸,或用感应电针穴位刺激治疗,并可用樟脑酒精涂擦皮肤,必要时交替肌肉注射士的宁与藜芦碱液,促进局部血液循环,恢复神经机能。

对慢性脊髓及脊髓膜炎,可用碘化钾或碘化钠,牛、马 10～15g,猪、羊 1～2g,犬、猫 0.2~1g，内服，1次/d，5~6d 为一疗程。

脊髓损伤（spinal cord injury）

脊髓损伤是因脊柱骨折，或脊髓组织受到外伤所引起的脊髓震荡及挫伤。临床上以感觉障碍，运动障碍，疼痛，后躯麻痹甚至瘫痪和排粪排尿障碍为特征。

一般把脊髓具有肉眼及病理组织变化的损伤称为脊髓挫伤，缺乏形态学改变的损伤称为脊髓震荡。临床上多见的是腰部脊髓损伤，使后躯瘫痪，所以称为截瘫。本病多发于役用家畜和幼畜。

【病因】机械力的作用（如车祸、重物打击、从高处跌下和野蛮驱使动物等）是本病的主要原因。

1. 外部因素 多为滑跌，跳跃闪伤，用绳索套马使力过猛，折伤颈部。山区及丘陵区，家畜放牧时突然滑跌，或鞭赶跨越沟渠时跳跃闪伤，或因役用畜在超出其力所能及的负荷时，因急转弯使腰部扭伤，或因直接暴力作用，如配种时公牛个体过大或笨重物体击伤，家畜之间相互踢蹴引起椎骨脱臼、碎裂或骨折。宠物腰部被击伤或被车撞等。

2. 内在因素 动物患软骨病、骨质疏松症和氟骨病时易发生椎骨骨折，导致脊髓损伤。

【发病机理】由于脊髓受损伤，或因出血、压迫使脊髓的一侧或个别神经乃至脊髓全横断而通向中枢与外周神经束的传导中断，受损害部位的神经纤维与神经细胞的机能完全消失，其所支配的感觉机能缺失，运动机能发生麻痹，以及泌尿生殖器官和直肠机能也出现障碍，受腹角支配的效应区反射机能消失，肌肉发生变性和萎缩。

当脊髓与脊髓膜出血或椎骨变形时，脊髓组织及其神经根可受到直接压迫与刺激，引起相应部位产生分离性感觉障碍，即表层组织的感觉及温觉障碍，而深层组织感觉机能保持正常。脊髓颈膨大部出血时，前肢肌肉萎缩性麻痹，伴发分离性感觉障碍，而后肢发生痉挛或轻瘫。当脊髓膜出血使神经根受到刺激时即引起相应部位痉挛或疼痛。

【症状】本病的临床表现取决于脊髓受损害的部位与严重程度。

脊髓全横径损伤时，其损伤节段后侧的中枢性瘫痪，双侧深、浅感觉障碍及植物神经机能异常。脊髓半横径损伤时，损伤部同侧深感觉障碍和运动障碍，对侧浅感觉障碍。脊髓灰质腹角损伤时，仅表现损伤部所支配区域的反射消失，运动麻痹和肌肉萎缩。

颈部脊髓节段受到损伤时，严重时出现神经性休克。一般头、颈不能抬举而卧地，四肢麻痹而呈现瘫痪，膈神经与呼吸中枢联系中断而致呼吸停止，可立即死亡。如果部分损伤，前肢反射机能消失，全身肌肉抽搐或痉挛，粪尿失禁或便秘，尿闭，有时可引起延脑麻痹而致咽下障碍，脉搏徐缓，呼吸困难以及体温升高。

胸部脊髓节段受到损伤时则损伤部位的后方麻痹或感觉消失，腱反射亢进，有时后肢发生痉挛性收缩。犬的严重胸椎损伤，临床上出现希夫-谢林顿综合征（Schiff-Sherrington syndorme）姿势，这种姿势的特点是前肢伸展紧张，后肢麻痹。其临床症状可持续1~2周。紧张的前肢依然能保持自发的运动功能，可以正常的进行姿势反射。

腰部脊髓节段受到损伤时，若损伤发生在前部则致臀部、后肢、尾的感觉和运动麻痹，损伤在中部则股神经运动核受到损害，则膝与腱反射消失，后肢麻痹不能站立。若损伤在后部则坐骨神经所支配的区域、尾和后肢感觉及运动麻痹，肛门打开，刺激其括约肌时不见收缩，粪、尿失禁。

在机械作用力损伤脊髓瞬间，受损部位的后方发生一时性的肌肉痉挛，如果脊髓膜发生广泛性出血，其损害部位附近呈现持续或阵发性肌肉收缩，感觉过敏。若脊髓径受到损害，则躯干大部分和四肢的肌肉发生痉挛。椎骨骨折时，被动性运动增强，还可听到哗剥音，直肠检查可触摸到骨折部位。

【病程及预后】一般病例的预后不良。大动物在1～2d内死亡，小动物病程可延续数天，常因继发褥疮、败血症、肺炎或膀胱炎导致死亡。如果颈部脊髓受到损伤，往往一瞬间呼吸停止而立即死亡。轻症病例，经适宜治疗，可望痊愈。

【诊断】诊断主要依靠病史调查，临床检查，确诊必须依靠医学影像学技术。首先要进行神经学检查以定位脊髓损伤的位置和判断损伤的严重程度，因此要对脊椎进行触诊，检查不同部位的脊髓反射和痛觉反射。X线照片可有效地帮助诊断。骨折和脱臼常发生在活动和非活动性脊椎的连接处附近。在犬和猫，这些部位包括腰荐部、胸腰部、颈胸部和枕部。

鉴别诊断：麻痹性肌红蛋白尿多发生于休闲马在剧烈使役中突然发病。其特征是后躯运动障碍，尿中含有褐红色肌红蛋白。骨盆骨折的病畜皮肤感觉机能无变化，直肠与膀胱括约肌机能也无异常，通过直肠检查或X线透视可诊断受损害部位。肌肉风湿的病畜皮肤感觉机能无变化，运动之后症状有所缓和。

【治疗】治疗原则是加强护理，防止椎骨及其碎片脱位或移位，防止褥疮，消炎止痛，兴奋脊髓。

患病动物疼痛明显时可应用镇静剂和止痛药，如水合氯醛、溴剂等。

对脊柱损伤部位，初期可冷敷，或用松节油、樟脑酒精等涂擦。麻痹部位可施行按摩、直流电或感应电针疗法、碘离子透入疗法；或皮下注射硝酸士的宁，牛、马15～30mg，猪、羊2～4mg，犬、猫0.5～0.8mg（一次量）。及时应用抗生素或磺胺类药物，以防止感染。

早期认为，采用肾上腺皮质激素类药物如地塞米松、强的松龙、保泰松等治疗脊髓损伤，能减轻局部水肿。该药物应在损伤发生后8h内使用，剂量要大。目前，甲基泼尼松龙是治疗犬、猫脊髓损伤的首选药物，它具有保护受伤神经组织、促进神经功能恢复和降低脂质过氧化产物等作用，应在脊髓损伤发生后8h内使用，犬和猫的推荐剂量为第一次每千克体重30mg，静脉注射，2h和6h后再分别按每千克体重15mg用药。

现代医学认为脊髓损伤时，组织缺血缺氧产生大量自由基，而抗氧化系统和过氧化氢酶活性下降，使脂质过氧化加剧，使髓鞘、轴突的膜结构的线粒体电子传递功能发生障碍，膜中的蛋白质或膜激酶类发生变化，而导致膜功能异常。654-2注射剂和维生素C合用，可保护氧化酶活性，清除自由基，抑制自由基介导的脂质过氧化连锁反应、稳定细胞膜、减轻脊髓水肿，促进损伤恢复。

中兽医认为脊髓损伤属督脉受损，瘀血阻络，治疗宜活血化瘀，疏通经脉，强筋骨、补肝肾。可用"疗伤散"加减，或用"补阳还五汤"，补气活血、祛瘀通络，从而使督脉恢复功能，达到治疗目的。

针灸可选电针百会、肾俞、腰中、大胯、小胯、黄金等穴。

实践表明，10%戊四氮，按每千克体重0.3mL，配合安乃近、青霉素治疗脊髓损伤，效果好。

【预防】 预防原则主要在于加强饲养管理，使役时严防暴力打击和跌、扑、闪伤和及时补充矿物质元素和维生素以防骨软症等。

马尾神经炎（caudal neuritis of equine）

马尾神经炎是马尾硬膜外脊神经根的慢性肉芽肿性炎症，又称马多发性神经炎。主要发生于马。

【病因】 本病病因主要是：①外力使马尾神经受损，如碰撞或跌倒所造成的荐椎及尾椎外伤、骨折，或配种、荐部穴位注射、直肠检查等机械性损伤马尾神经。②病原微生物感染，如链球菌感染、马腺疫均能产生马尾神经炎的后遗症。③变态反应，本病与人的急性感染性多神经炎很相似，可能是一种自体免疫性疾病。

【症状】 急性病例多由外伤所致，初期出现会阴和尾部皮肤感觉过敏，病马磨蹭尾巴与会阴部。有的病马出现面部感觉过敏，头颈歪斜，运动失调等面神经、前庭神经和三叉神经损伤的症状。随着病情的发展，尾、会阴、阴茎和外阴臀部感觉减退或消失。尾巴、阴茎、外阴、直肠及其膀胱、尿道、膀胱的括约肌发生麻痹。

慢性者需要数周或数月才能出现本病所特有的尾巴和括约肌麻痹的临床表现。尾一侧性麻痹时尾巴向一侧歪斜；两侧性麻痹时，尾部肌肉萎缩，尾张力丧失而发生不自主的摇摆，失去驱蚊蝇的能力，排粪排尿失禁，尾巴不能抬举，而且肛门、会阴部皮肤感觉缺失，并在其周围出现感觉过敏区带。肛门括约肌麻痹时直肠内有宿粪。膀胱括约肌麻痹时出现尿淋漓。

除上述症状外，有的患病动物还出现运动失调，后肢乏力，尾部肌肉萎缩，咀嚼无力，吞咽障碍，口唇和眼睑下垂，舌前部感觉丧失，舌后部运动障碍等症状。病牛出现不自主排稀粪。

【诊断】 根据尾和括约肌麻痹等临床特有特征可做出初步诊断。必要时可检测腰荐部脑脊液，其蛋白含量升高，白细胞数尤其是淋巴细胞增多。

【治疗】 本病尚无有效方法。对急性病例可采用皮质类固醇、抑制变态反应和消炎等对症治疗。

（袁 慧）

第三节 机能性神经病

癫痫（epilepsia）

癫痫是一种暂时性脑机能异常、反复发作和短暂的中枢神经系统功能异常的慢性疾病。临床上以短暂反复发作，感觉障碍，肢体抽搐，意识丧失，行为障碍或植物性神经机能异常等为特征，俗称"羊癫风"。各种动物均有发生，但多见于羊、犬、猫、猪和犊牛。

【病因】 本病病因分原发性和继发性两种，临床上多见于继发性因素。

原发性癫痫又称真性癫痫（true epilepsy）或称自发性癫痫（spoutaneous epilepsy）。其发生原因一般认为是因患病动物脑机能不稳定，脑组织代谢障碍，加之体内外的环境改变而诱发。有报道，真性癫痫与遗传有关。业已证实，瑞典红牛和瑞士褐牛的癫痫由常染色体控制，呈隐性或显性遗传；德国牧羊犬的癫痫呈常染色体隐性遗传；美国考卡犬癫痫的发病率高，也与遗传因素有关。

继发性癫痫又称症候性癫痫（symptomatic epilepsy），常继发于下列疾病：

颅脑疾病：如脑膜脑炎、颅脑损伤、脑血管疾病、脑水肿、脑肿瘤或结核性赘生物。

传染性和寄生虫疾病：如传染性牛鼻气管炎、伪狂犬病、犬瘟热、狂犬病、猫传染性腹膜炎、脑囊虫病及脑包虫病等。

某些营养缺乏病：如维生素A缺乏、维生素B缺乏、低血钙、低血糖、缺磷和缺硒等。据报道，土壤硒含量<0.105 6mg/kg，饲料硒含量<0.057mg/kg，动物易患腹泻，故影响维生素A的吸收，导致癫痫的发生。

中毒：如铅、汞等重金属中毒及有机磷、有机氯等农药中毒。

此外，惊吓、过劳、超强刺激、恐惧、应激等都是癫痫发作的诱因。

【发病机理】由于暂时性或持续性改变脑机能因素的作用，脑组织的神经元兴奋性增高，存在于大脑中的癫痫灶和癫痫灶的异常活动向脑的其他部位放散，临床上出现癫痫发作。癫痫发作重剧的，则患病动物发生昏迷，全身抽搐和惊厥。轻微的短时间内意识障碍、昏迷，并无抽搐和痉挛现象。研究表明，癫痫灶中神经元的特征是膜去极化大幅度延迟，并伴有高频率的尖峰，脑电图显示膜电位改变所引起的发作性放电，因而癫痫性神经元的数目与癫痫发作的频率相关。

最近的研究表明，癫痫发病时细胞浆中的游离钙水平明显升高，而钙主要是从电压依赖性通道进入细胞浆的，因此使用剂量合适的钙拮抗剂，可能会控制或减弱癫痫的发作。

【症状】本病的特点是发作呈突发性、短暂性和反复性，发作时呈发作性痉挛与抽搐，意识障碍及植物神经机能异常，在发作的间歇期，患病动物与健康时一样。按临床表现分为大癫痫和小癫痫，局限性发作与精神运动性发作。

大癫痫发作时，多呈全身性痉挛，患病动物突然倒地，全身肌肉强直，头向后仰，四肢外伸，牙关紧闭，可视黏膜苍白，继而变成蓝紫色，瞳孔散大，眼球旋转，瞬膜突出，磨牙，口吐白沫，持续约30s，即变为阵挛，经一定时间而停止。发作停止后多恢复常态。

小癫痫即症状性癫痫，在动物较少见，其特征是一时性意识丧失和局部肌肉轻度痉挛，只见病畜头颈伸展，呆立不动，两眼凝视。

局限性发作，肌肉痉挛仅限于身体的某一部分，如面部或一肢。由脑病引起的症状性癫痫，常表现为皮肤感觉异常，局部肌肉痉挛，不伴有意识障碍。此种局限性发作，常指示对侧大脑皮质有局灶性病变。局限性发作可发展为大发作。

精神运动性发作，是以精神状态异常为突出表现，如癔病、幻觉及流涎等。

【病程及预后】本病多取慢性经过，可持续数年乃至终生，原发性癫痫很难治愈，继发性者依原发病而不同，若原发病能治愈，癫痫可终止，否则预后不良。

【诊断】本病的诊断主要是根据病史和临床特征，但要做出明确的病因学诊断，需进行全面系统的临床检查，包括对整个神经系统的仪器检查和实验室血、粪、尿及毒物检查。

【治疗】治疗本病主要先查清病因，纠正和处理原发病。此外，可进行对症治疗，减少癫痫发作的次数，缩短发作时间，降低发作的严重性。

可选用苯巴比妥，按每千克体重30~50mg，肌肉注射，3次/d。或用扑癫酮（按每千克体重55mg）和苯妥因钠（按每千克体重2～6mg）联合治疗，效果较好。也有人用盐酸山莨菪碱注射液（按每千克体重2～5mg）配合维生素使用，连用2～3d，治疗效果令人满意。

口服丙戊酸钠片，每次1～2片，2次/d，维持服药2～3d，对宠物癫痫或局限性发作的控制有效。

中兽医采用熄风定痫，镇癫定痉，宁心安神，理气化痰，定惊止痛为治则治方为"定癫散"：全蝎、胆南星、白僵蚕、天麻、朱砂、川芎、当归、钩藤，水煎灌服。生明矾60g，鸡蛋清5个，温水调灌，隔日一次，连灌3～4次，有控制癫痫的作用。

【预防】癫痫发作期间停止使役，病畜拴于宽敞厩舍，厩舍铺垫软草。有发病史的病畜不宜在山上、河边放牧，以防意外。

膈痉挛（diaphragmatic flutter）

膈痉挛是膈神经受到异常刺激，兴奋性增高，致使膈肌发生痉挛性收缩的一种疾病，中兽医称为"跳肷"。临床上以腹部及躯干呈现有节律的振动，腹胁部一起一伏有节律的跳动，俯身于鼻孔附近可听到一种呃逆音为特征。

根据膈痉挛与心脏活动的关系，可分为同步性膈痉挛和非同步性膈痉挛，前者与心脏活动一致，而后者与心脏活动不相一致。临床上以马、骡多见。也常发生于犬和猫。有统计表明，1 000例以上的犬病中，膈痉挛约占7%。

【病因】凡能使膈神经受到刺激的因素都可引起膈痉挛。其发生原因很多，常见于以下几方面：

消化器官疾病：如胃肠过度膨满、胃肠炎症、消化不良、食道扩张等。

急性呼吸器官疾病：如纤维素性肺炎、胸膜炎等。

脑和脊髓的疾病：尤其是膈神经起始处的脊髓病。

中毒性疾病：肠道内腐败发酵产生的有毒产物影响，蓖麻子毒素中毒等都可引起膈痉挛。

其他方面：包括运输搐搦，泌乳搐搦，电解质紊乱，过劳等代谢性疾病以及肿瘤，主动脉瘤等的压迫，也都可引起膈痉挛的发生。

膈神经与心脏位置的关系存在先天性异常，也是发生膈痉挛的一个原因。膈神经及其髓鞘病变，可引起慢性续发性膈痉挛。低血容量和低氯血症的病马，大量服用碳酸氢钠，可发生同步性膈痉挛。

【发病机理】由于大多数动物的膈神经干径路靠近心房，左侧膈神经是在肺动脉的下方，经过动脉圆锥和左心耳，右侧膈神经在静脉下方，经过右心房，因而膈痉挛与心房收缩可同时发生，这是因为当心房肌去极化时，电冲动刺激了靠近心房的膈神经而致。经马心电图测试，同步性膈痉挛都是发生在心电图P波的3/4处，而不是与QRS波相一致而得到证实。

此外，膈神经与交感神经干通过交通支有联系，交感神经兴奋也可引起膈痉挛。不过，人和犬的膈痉挛与心室去极化同步。

实验证实，膈痉挛的发生与电解质紊乱和酸碱平衡失调有密切关系。低钾血症和低钙血症，可改变膈神经的膜电位，兴奋阈值降低，致使膈神经容易受到心脏活动电冲动的影响而放电，引起膈痉挛性收缩。临床上，呼吸性和代谢性碱中毒及电解质紊乱，常伴发膈痉挛就是例证。

【症状】本病的主要特征是患病动物腹部及躯干发生独特的有节律的振动，尤其是腹胁部一起一伏有节律地跳动，所以俗称"跳欣"。同时，伴发急促的吸气，俯身鼻孔附近，可听到呃逆音。同步膈痉挛，腹部振动次数与心跳动相一致。非同步性膈痉挛，腹部振动次数少于心跳动数。

患膈痉挛时，患病动物不食不饮，神情不安，头颈伸张，流涎。膈痉挛典型的电解质紊乱和酸碱平衡失调是低氯性代谢性碱中毒，并伴有低钾血症、低钾血症和低镁血症。

【病程及预后】膈痉挛的持续时间，一般为5~30min，多至12h以上，最长者有3周。如治疗及时，膈痉挛很快消失，预后良好。顽固性者，可死于膈肌麻痹。

【诊断】根据患病动物腹部与躯干有节律的振动，同时伴发短促的吸气与呃逆音，一般可做出诊断。但应注意与阵发性心悸亢进相区别。

【治疗】本病的治疗原则是消除病因，解痉镇静。

首先应查明病原，实施病因治疗，对低血钙或低血钾患病动物，可用10%葡萄糖酸钙200~400mL（牛、马），或10%氯化钾溶液30~50mL（牛、马），或0.25%普鲁卡因溶液100~200mL，静脉注射。

解痉镇静可采用25%硫酸镁溶液，牛、马50~100mL，犬10mL，缓慢静脉注射；溴化钠30g，水300mL，一次灌服。也可用水合氯醛20~30g，淀粉50g，水500~1 000mL（牛、马），混合灌服或灌肠。

中兽医将"跳欣"分为肺气壅塞型、寒中胃腑型和瘀血内阻型。

肺气壅塞型：主症为口色微红，脉象沉实，治法为理气散滞，代表方剂"橘皮散"加减：橘皮、桔梗、当归、枳壳、紫苏、前胡、厚朴、黄芪各30g，茯苓、甘草、半夏各25g，共研末，开水冲服。

寒中胃腑型：主症为口色淡白，脉象迟缓。治法为温中降逆，代表方剂为"丁香柿蒂汤"合"理中汤"加减：丁香、柿蒂、橘皮、干姜、党参各60g，甘草、白术各30g，共研末，开水冲服。

瘀血内阻型：主症为口色紫红，脉象紧数。治法为活血散瘀、理气消滞，代表方剂为"血竭散"加减：血竭、制没药、当归、骨碎补、刘寄奴各30g，川芎、乌药、木香、香附、白芷、陈皮各20g，甘草10g，共研末，开水冲服。

有人称膈痉挛为"呃逆"，采用五灵脂120g，玄胡、香附各80g，丁香60g，水煎服，1剂/d，5d为一疗程，治疗膈痉挛，疗效满意。

（袁　慧）

◇ **复习思考题**

1. 神经系统疾病的主要临床表现有哪些？
2. 如何进行神经系统疾病的诊断？其治疗原则有哪些？
3. 临床上如何鉴别脑和脑膜疾病？
4. 中枢性麻痹又称什么麻痹？外周性麻痹又称什么麻痹？
5. 脑膜脑炎、牛海绵状脑病、日射病及热射病、脊髓损伤、脊髓炎、癫痫和膈痉挛的发病机理和临床特征有哪些?
  6. 脊髓挫伤与脊髓炎在临床上有何异同?
  7. 日射病和热射病的发病机理和治疗原则是什么?
  8. 日射病和热射病在临床上有何异同? 为什么?

第七章

营养代谢性疾病

> **内容提要：** 营养代谢性疾病是重要的群发性疾病，主要包括糖、脂肪和蛋白质代谢障碍，矿物质和水、盐代谢紊乱，维生素缺乏病及微量元素缺乏或过多病等四个部分，严重地影响动物健康，给畜牧业生产造成十分严重的经济损失。本章主要阐述奶牛酮病，母牛肥胖综合征，绵羊妊娠毒血症，仔猪低血糖病，马麻痹性肌红蛋白尿病，维生素A、维生素D、维生素E、维生素K、维生素B和维生素C缺乏病，钙、磷、镁和钾代谢障碍以及硒、铜、铁、锌、锰、钴和碘缺乏病等。要求重点掌握这些疾病的病因、发病机理、诊断和防控措施。

概 述

营养代谢性疾病是营养性疾病和代谢障碍性疾病的总称。前者是指由于动物所需的营养物质包括碳水化合物、脂肪、蛋白质、维生素和矿物质等的缺乏或过多（包括绝对性的和相对性的）所致的疾病；后者是指因机体内的一个或多个代谢过程异常，导致机体内环境紊乱而引起的疾病。畜禽营养代谢性疾病包括糖、脂肪和蛋白质代谢障碍，矿物质和水、盐代谢紊乱，维生素缺乏病，微量元素缺乏或过多病等四个主要部分。有一些营养代谢病，如水、盐代谢紊乱，微量元素过多症，生产瘫痪以及禽和犬的一些特有的代谢病等已在本书的其他章节或其他课程的教科书中涉及，本章不予叙述。

营养代谢是营养物质在生物体内部和外部之间通过一系列同化与异化、合成与分解，实现生命活动的物质交换和能量转化的过程。这一过程确保了生命机体的延续、发展与进化，是生物与非生物之间最根本的区别。在现代畜牧生产中，把以生产人类食品为主要目标的动物，如乳牛、肉牛、绵羊、肉鸡和蛋鸡等的饲养，纳入工业生产范畴。它包含原料供给、加工转化和产品投放市场三个环节。这些环节之间必须紧密结合，通过科学的饲养管理和繁殖育种，使畜禽维持在最佳的营养代谢水平上，才能保证有优质、高效产品投放市场，最大限度地满足人类物质生活的需要。

然而，畜禽毕竟是一种活的有机体而不是机器，在工厂化生产中，如果在畜舍建筑结构、管理设施和制度、内外理化生物学环境因素、日粮配合、饲养方法等任何一个方面稍有不慎，产生任何与健康和生产不相适应的改变，都可能导致机体代谢失调或营养障碍。在高产目标下，动物经常处于饲喂和管理方面不能适应高产目标所需要的特殊的生理性和代谢性要求的状态，很容易发生营养代谢紊乱。如在现代养牛业中，酮病、生产瘫痪、卧地不起综合征、低镁血症性搐搦和产后血红蛋白尿病等营养代谢疾病，伴随着"高产出"而发病率显著增高，对高产牛群更具有威胁性。为了重视起见，常将这些疾病统称为母牛生产疾病（production disease）。

随着我国改革开放的逐步深化和畜牧业生产水平的提高，畜禽的工厂化饲养和产业化经营正在取代传统的农村庭院式的饲养方式和自给自足的小农经济；大批优质、高产、高周转速率、高饲料报酬的畜禽新品种的引进和饲养，逐步取代了我国传统的地方品种；各种大工业的发展和矿藏的开发，环境治理工作的滞后和疏忽等，已经并正在使我国畜禽营养代谢病的发生率和死亡率大大增加，常发性和群发性的特点更加突出，不仅造成了十分严重的经济损失，同时还会影响动物产品质量，对食品安全构成威胁。因此，研究并解决畜禽营养代谢性疾病的病因和防治问题，是时代赋予现代兽医工作者的一项重要使命。

（一）营养代谢性疾病的病因

畜禽营养代谢性疾病的病因是复杂的，既有营养因素（营养供给不能与积累和产出之间保持平衡），也有饲养管理因素（饲养管理未能满足动物内在生理要求）。营养因素本身也很复杂，它不仅直接涉及某种或某些特定营养物质的缺乏或不足，还常间接涉及某种或某些其他营养物质的缺乏、不足甚至过剩问题。例如在铜缺乏与钼过剩，锌缺乏与钙过剩或日粮不饱和脂肪酸缺乏，硒缺乏与汞、镉、铜、锌、砷过剩等之间，都存在着一定的内部联系。有原发性或绝对的缺乏病，还有条件性或相对的缺乏病。例如奶牛原发性骨软病是由于饲料中磷的绝对缺乏所致，而继发性骨软病则是由于摄入过量的钙引起条件性的磷缺乏所致。马属动物原发性纤维性骨营养不良的病因刚好与奶牛相反，磷过剩为原发性，而钙缺乏为条件性。防治钙、磷代谢障碍，钙、磷比例适当（1~2∶1）是关键，保证充足维生素 D 也是重要因素。又如马的蕨中毒和木贼中毒，都可导致硫胺素缺乏病，究其原因，并非由于饲料中维生素 B_1 缺乏或盲肠微生物维生素 B_1 合成障碍，而是由于蕨和木贼都含有较多的硫胺素酶，能破坏维生素 B_1。再如牛的维生素 B_{12} 缺乏病，常见的原因并非由于瘤胃微生物合成维生素 B_{12} 障碍，而是缺乏合成维生素 B_{12} 的原料钴。饲养管理因素在发病过程中也起很重要的作用，例如酮病在降雨量低的地区和不良牧场多发，泌乳搐搦多发于天然避寒条件差的寒冷地区。某些代谢疾病的易感性还与遗传因素有关，品种间、个体间易感性也不相同。

（二）营养代谢病的发生特点

营养代谢病种类繁多，病因复杂，在发生、发展和临床经过等方面有如下特点：

（1）发病缓慢，病程一般较长。体内各种生理和病理变化是逐渐发生的，由量变到质变，当遇到应激等突发因子作用，可呈急性暴发。有些亚临床疾病不表现明显的临床症状，但生产性能降低。

（2）多为群发，发病率高，经济损失严重。

（3）有些营养代谢病的发生呈地方流行性。因为动物营养的来源主要是从当地的植物性饲料和部分动物性饲料中获得的，而植物性饲料中微量元素的含量与其生长地的土壤和水源中的含量有密切的关系。如动物的硒缺乏病、碘缺乏病、慢性氟病等都具有地方流行性，也称为生物地球化学性疾病。但也应该注意，随着工厂化饲养的发展和交通运输的发达，畜禽的饲料来源有了很大的变化。

（4）发病动物体温一般变化不大，有继发和并发其他疾病的例外。

(5) 对于营养物质缺乏病和过多症来说，补充或减少某一特定营养物质的供给，对本病有显著的预防和治疗作用。

(6) 有些营养代谢病具有特定的临床症状和病理变化。如禽痛风发生尿酸血症，在关节囊、关节软骨周围和内脏器官中有尿酸盐沉积。

(三) 营养代谢病的早期诊断

许多营养代谢病具有群发、人畜共患和地方流行的特点，很容易与传染病、寄生虫病和中毒病相混淆，首先要根据上述疾病的特点进行排除。营养代谢病的诊断与其他疾病的诊断一样，应依据流行病学调查、临床检查、治疗性诊断、病理学检查以及实验室检查等资料，综合判断。①流行病学调查应着重了解疾病的发生情况，如发病季节、病死率、主要临床表现及既往病史等；饲养管理方式，如日粮配合及组成、饲料的种类及质量、饲料添加剂的种类及数量及饲养方法等；环境状况，如土壤类型、饮水来源资及环境污染情况等。②临床检查应做到全面系统，并对所搜集到的症状，参照流行病学资料，进行综合分析，有时可大致推断营养代谢病的病性，如仔猪贫血可能是铁缺乏；被毛褪色、后躯摇摆，可能是铜缺乏；不明原因的跛行、骨骼异常，可能是钙、磷代谢障碍。③治疗性诊断是营养代谢病的主要临床诊断手段和依据，即通过补充某一种或几种可能缺乏的营养物质，观察其对疾病的治疗作用和预防效果，从而达到诊断疾病的目的。④病理学检查主要是检查患病动物的器官和组织有无特征性的病理学改变，如白肌病时骨骼肌呈白色或灰白色条纹；痛风时关节腔内有尿酸钠结晶沉积；维生素A缺乏时上部消化道和呼吸道黏膜角化不全等。⑤实验室检查主要是对患病动物血液、乳汁、尿液、被毛及组织器官等样品中某种（些）营养物质及相关酶、代谢产物以及土壤、水和饲料中相关成分进行分析，作为早期诊断和确定诊断的依据。

(四) 营养代谢病的防治原则

营养代谢病的防治重点在于：①加强饲养管理，合理调配日粮，保证全价营养；②认真开展营养代谢病的监测，定期对畜群进行抽样调查，正确估价或预测畜体的营养需要，早期发现病畜；③实施综合防控措施，如地区性矿物元素缺乏，可采用改良植被、土壤施肥、植物喷洒、饲料调换等方法，提高饲料、牧草中相关元素的含量。

近年来，营养与免疫和抗病力的关系受到重视。愈来愈多的研究表明，营养与免疫二者之间存在极为重要的相互作用：第一，营养影响动物的免疫力，从而影响机体抵抗传染病的能力。第二，传染病引起的免疫反应影响动物的生长、繁殖、代谢和营养需要量。一般来说，营养不良可引起动物的免疫力下降，容易导致传染病的发生、病程延长和致死率升高；而传染病的发生反过来又引起厌食和营养不良。

（黄克和）

第一节 糖、脂肪和蛋白质代谢障碍疾病

奶牛酮病 (ketosis in dairy cow)

奶牛酮病曾被称为奶牛酮血症 (acetonemia)、母牛热 (cow fever)、慢热 (slow fever)、产后消化不良和低血糖性酮病等,是指奶牛在产犊后几天至几周内由于体内碳水化合物及挥发性脂肪酸代谢紊乱所引起的一种全身性功能失调的代谢性疾病,其特征是血液、尿、乳中的酮体含量增高,血糖浓度下降,消化机能紊乱,体重减轻,产奶量下降,间断性地出现神经症状。一百多年来,奶牛酮病已在世界上许多国家流行,造成相当大的经济损失。在我国,随着奶牛业的发展,尤其是奶产量的提高,乳牛酮病尤其是亚临床酮病的发病率有上升的趋势,已引起国内兽医学者和奶牛饲养管理者的广泛关注。

根据有无明显的临床症状可将奶牛酮病分为临床酮病和亚临床酮病。健康牛血清中的酮体含量一般在 1.72mmol/L 以下,亚临床酮病母牛血清中的酮体含量在 1.72~3.44mmol/L 之间,而临床酮病母牛血清中的酮体含量一般都在 3.44mmol/L 以上。在高产牛群中,临床酮病的发病率一般占产后母牛的 2%~20%;亚临床酮病的发病率一般占产后 2~7 周高产母牛的 7%~34%。

【病因】奶牛酮病病因涉及的因素很广,且较为复杂。根据发生原因,可分为原发性酮病(生产性酮病)、继发性酮病、食源性酮病(alimentary ketosis)、饥饿性酮病和由于某些特殊营养缺乏所引起的酮病。原发性酮病发生在体况极好,具有较高的泌乳潜力,而且饲喂高质量日粮的母牛,是因能量代谢紊乱,体内酮体生成增多所引起。继发性酮病是因其他疾病,如真胃变位、创伤性网胃炎、子宫炎、乳房炎等引起食欲下降、血糖浓度降低,导致脂肪代谢紊乱,酮体产生增多而发生。食源性酮病是因青贮料中含有过量的丁酸盐,牛采食后容易产生酮体,也可能是由于含有高丁酸盐的青贮料食口性差,引起采食量减少所致。饥饿性酮病发生在体况较差,饲喂低劣的饲料的母牛,由于机体的生糖物质缺乏,引起能量负平衡,产生大量酮体而发病。某些特殊营养物质如钴、碘、磷缺乏等也可能与酮病的发生有关。

下列因素在酮病的发生中起重要作用。

(1) 乳牛高产:在母牛产犊后的 4~6 周出现泌乳高峰,但其食欲恢复和采食量的高峰在产犊后 8~10 周。因此在产犊后 8~10 周内食欲较差,能量和葡萄糖的来源本来就不能满足泌乳消耗的需要,假如母牛产乳量高,势必加剧这种不平衡。研究表明,根据母牛摄食碳水化合物及从泌乳中排出乳糖的情况,每天适合的产奶量为 22kg。假如每天产奶 34kg,则全部血液中葡萄糖都将被乳腺所摄取。一头泌乳母牛,每天可排出乳糖 1 225g,而两个单糖(葡萄糖加半乳糖)分子通过氧桥相连才缩合成一个双糖(乳糖),所以高产乳牛群酮病的发病率高。

(2) 日粮中营养不平衡和供给不足:饲料供应过少,品质低劣,饲料单一,日粮不平衡,或者精料过多,粗饲料不足,而且精料属于高蛋白、高脂肪和低碳水化合物饲料,使机体的生糖物质缺乏,引起能量负平衡,产生大量酮体而发病。

(3) 母牛产前过度肥胖:干奶期供应能量水平过高,母牛产前过度肥胖,严重影响产后采食量的恢复,同样会使机体的生糖物质缺乏,引起能量负平衡,产生大量酮体而发病。由这种原因引起的酮病称为消耗性酮病。根据调查,有相当一部分奶牛场习惯于将干乳牛和泌乳牛混群饲养,使干乳牛采食较多的精料,引起母牛产前过度肥胖,这是引起奶牛酮病的主要原因之一。

本病多发生于产犊后的第一个泌乳月内,尤其在产后 3 周内。各胎龄母牛均可发病,但以 3~6 胎母牛发病最多,第一次产犊的青年母牛也常会发生。产乳量高的母牛发病较多。无明显的季节性,一年四季都可发生,但冬春发病较多。

有些母牛有反复发生酮病的病史，这可能与遗传易感性有关，也可能与牛的消化能力和代谢能力较差有关。

【发病机理】 反刍动物的血糖主要由丙酸通过糖异生途径转化而来，但通过消化道直接吸收的单糖（葡萄糖、半乳糖）远不能满足能量代谢的需要。丙酸是在瘤胃消化的过程中产生的，同时还产生乙酸和丁酸，三者统称为挥发性脂肪酸（VFA）。一般认为，乙酸、丙酸、丁酸三者比例为70：20：10。凡是造成瘤胃生成丙酸减少的因素，都可能使血糖浓度下降，如由于某些原因（产前过度肥胖）致产前、产后采食量减少，前胃消化功能下降时，挥发性脂肪酸产生减少；饲料中碳水化合物供给不足，或精料太多，粗纤维不足，都可造成丙酸生成不足。有试验表明，母牛分娩后需70d左右，采食量和消化功能才能达到峰值。精料在瘤胃内产生三酸（乙酸：丙酸：丁酸）的比例为59.6：16.6：23.8；多汁饲料为58.9：24.9：16.2；干草为66.6：28.0：5.4。可见，青草或青干草饲料产生丙酸最多，生糖效果最好。草场放牧牛酮病发生率远低于舍饲牛，可能与此有关。丙酸需先转化为丙酰辅酶A，在维生素B_{12}的参与下，转化为琥珀酰辅酶A，然后经糖异生合成所需要的葡萄糖。

母牛产乳量过高，引起体内糖消耗过多、过快，造成糖供给与消耗间的不平衡，也可能使血糖浓度下降。母牛产后40d内即可达到泌乳高峰期，泌乳高峰出现越快，产乳越多的牛，越易患酮病。

肝脏是糖异生的主要场所，原发性或继发性肝脏疾病，都可能影响糖的异生作用，使血糖浓度下降。尤其是肝脂肪变性，肥胖母牛脂肪肝生成时，常可引起肝糖储备减少，糖异生作用减弱，最终导致酮病发生。

当动物缺乏钴时，不仅因维生素B_{12}合成减少，影响丙酸代谢和糖生成。而且，缺钴时瘤胃微生物生长发育不良，影响了前胃的消化功能，丙酸产生更少，导致糖生成呈恶性循环。

血糖浓度下降是发生酮病的中心环节。当血糖浓度下降时，脂肪组织中脂肪的分解作用大于合成作用。脂肪分解后生成甘油和脂肪酸，甘油可作为生糖先质转化为葡萄糖以弥补血糖的不足，而脂肪酸则因脂肪组织中缺乏α-磷酸甘油，不能重新合成脂肪。游离脂肪酸进入血液引起血液中游离脂肪酸浓度升高。长时间血糖浓度低下，引起脂肪组织中脂肪大量分解，不仅血液中游离脂肪酸浓度增加，亦引起肝内脂肪酸的β氧化作用加快，生成大量的乙酰辅酶A。因糖缺乏，没有足够的草酰乙酸，乙酰辅酶A不能进入三羧酸循环，则沿着合成乙酰乙酰辅酶A的途径，最终形成大量酮体（β-羟丁酸、乙酰乙酸和丙酮）。此外，脂肪酸在肝内生成甘油三酯，因缺乏足够的极低密度脂蛋白（VLDL）将它运出肝脏，蓄积在肝内引起脂肪肝生成，使糖异生障碍，脂肪分解随之加剧，酮体生成过多现象呈恶性循环。

在动用体脂的同时，体蛋白也加速分解。其中生糖氨基酸可参加三羧酸循环而供能，或经糖异生合成葡萄糖入血液；生酮氨基酸因没有足够的草酰乙酸，不能经三羧酸循环供给能量，而经丙酮酸的氧化脱羧作用，生成大量的乙酰辅酶A和乙酰乙酰辅酶A，最后生成酮体。

激素调节在酮体生成中起重要作用。当血糖浓度下降时，胰高血糖素分泌增多，胰岛素分泌减少，垂体内葡萄糖受体兴奋，并促使肾上腺髓质分泌肾上腺素，在三种激素的共同作用下，结果糖异生作用增加，促使糖原分解、脂肪水解、肌蛋白分解，最终亦可使酮体生成增多。

甲状腺功能低下，肾上腺皮质激素分泌不足等，与疾病发生也有密切关系。在催乳素的作用下，乳腺泌乳量仍可维持正常，因而把外源性和内源性产生的糖，源源不断地转化为乳糖。在疾病继续发展时，母牛食欲减退，机体消瘦，消化功能减弱，产奶量也随之下降。

酮体本身的毒性作用较小，但高浓度的酮体对中枢神经系统有抑制作用，加上脑组织缺糖而使病牛呈现嗜眠，甚至昏迷。当丙酮还原或β-羟丁酸脱羧后，可生成异丙醇，可使病牛兴奋不安。酮体还有一定的利尿作用，引起病牛机体脱水，粪便干燥，迅速消瘦，因消化不良以至拒食，病情迅速恶化。

在大多数病例中，血液中酮体浓度与症状的严重程度成正比。病程长的，还伴有肝脏脂肪变性。若母牛仍能采食，随着产乳量减少，糖耗损减缓，体内能量代谢渐趋平衡，酮病可自然康复。长期厌食的牛，由于瘤胃微生物区系改变，可引起持久性消化不良。原发性酮病除了因病程长和有脂肪肝生成的牛恢复较慢外，一般预后良好。如施用高糖治疗，饲料中补给丙二醇等生糖物质后，血糖浓度仍很低，而酮体水平较高，则意味着有原发性疾病存在。在原发病得到根治后，"酮症"可随之消失。

【症状】临床型酮病的症状常在产犊后几天至几周出现，表现食欲减退，尤其是精料采食量减少，便秘，粪便上覆有黏液，精神沉郁，凝视，迅速消瘦，产奶量降低。病牛呈拱背姿势，表明有轻度腹痛。乳汁易形成泡沫，类似初乳状。尿呈浅黄色，水样，易形成泡沫。严重者在排出的乳、呼出的气体和尿液中有酮体气味，加热更明显。大多数病牛嗜睡，少数病牛可发生狂躁，表现为转圈，摇摆，无目的地吼叫，向前冲撞。这些症状间断性地多次发生，每次持续1h左右，然后间隔8~12h重又出现。

亚临床酮病牛虽无明显的临床症状，但由于会引起母牛泌乳量下降，乳质量降低，体重减轻，生殖系统疾病和其他疾病发病率增高，仍然会引起严重的经济损失。

牛的酮病表现为低糖血症、高酮血症、高酮尿症和高酮乳症，血浆游离脂肪酸浓度增高，肝糖原水平下降。血糖浓度从正常时的2.8mmol/L降至1.12~2.24mmol/L。因其他疾病造成的继发性酮病，血糖浓度通常在2.24mmol/L以上，甚至高于正常。健康牛血清中的酮体含量一般在1.72mmol/L以下，亚临床酮病母牛血清中的酮体含量在1.72~3.44mmol/L之间，而临床酮病母牛血清中的酮体含量一般都在3.44mmol/L以上，有时可高达17.2mmol/L。继发性酮病时，血液中酮体浓度也升高，但很少超过8.6mmol/L。尿液酮体浓度变动范围较大，诊断意义不大。正常母牛尿酮有时可高达12.04mmol/L，大多数牛仅有1.72mmol/L。酮病牛（不论是原发性还是继发性）尿液酮体可高达13.76~22.36mmol/L。乳中酮体变化幅度也较大，可从正常时的0.516mmol/L，升高到发病时的6.88mmol/L。肝糖原浓度下降，葡萄糖耐量曲线正常。酮病牛血液和瘤胃液中挥发性脂肪酸浓度明显升高，与乙酸、丙酸浓度相比较，丁酸浓度升高最为明显。

血钙水平稍降低（到2.25mmol/L）。白细胞分类计数，嗜酸性粒细胞增多（可增高15%~40%），淋巴细胞增多（可增高60%~80%）及中性粒细胞减少（可低至10%）。严重病例，血清天门冬酸氨基转移酶（AST）活性增高。

【诊断】原发性酮病发生在产犊后几天至几周内，血清酮体含量在3.44mmol/L以上，血糖降低，并伴有消化机能紊乱，体重减轻，产奶量下降，间断性地出现神经症状，一般不难诊断。在临床实践中，常用快速简易定性法检测血液（血清、血浆）、尿液和乳汁中有无酮体存在。所用试剂为亚硝基铁氰化钠1份，硫酸铵20份，无水碳酸钠20份，混合研细。

方法是取其粉末 0.2g 放在载玻片上，加待检样品 2~3 滴，若立即出现紫红色，则为阳性。也可用人医检测尿酮的酮体试纸进行测定。但需要指出的是，所有这些测定结果必须结合病史和临床症状进行分析才能诊断。

亚临床酮病必须根据实验室检验结果进行诊断，其血清中的酮体含量在 1.72~3.44mmol/L 之间。继发性酮病（如子宫炎、乳房炎、创伤性网胃炎、真胃变位等因食欲下降而引起发病者）可根据血清酮体水平增高，原发病本身的特点以及对葡萄糖或激素治疗不能得到良好反应而诊断。

【治疗】大多数病例，通过合理的治疗可以痊愈。有些病例，治愈后可能复发。还有一些病例属于继发性酮病，则应着重治疗原发病。治疗方法包括替代疗法、激素疗法和其他疗法，但对严重病例（例如低糖血症性脑病）没有效果。

1. 替代疗法 静脉注射 50% 葡萄糖溶液 500mL，对大多数母牛有明显效果，但需重复注射，否则可能复发。葡萄糖溶液皮下注射虽可延长作用时间，但通常不主张采用，因为皮下注射能引起病牛产生不适之感，同时大剂量进入到皮下时，又能引起皮下肿胀，造成局部不良反应，所以有时可以选用腹腔内注射（20% 葡萄糖溶液）。果糖溶液（每千克体重 0.5g，配成 50% 溶液，静脉注射）可延长作用时间，但有些果糖制剂会引起特异性反应，呈现呼吸急促，肌肉震颤，衰弱和虚脱，而这种反应更常于注射过程中发生。重复饲喂丙二醇或甘油（2 次/d，500g/次，用 2d；随后 250g/d，用 2~10d），效果很好。宁可用饲喂方法，而勿用灌服方法，因为后者有引起吸入性肺炎的危险。这些措施最好在静脉注射葡萄糖溶液之前进行。需要注意的是，口服葡萄糖无效或效果很小，因为瘤胃中的微生物能使糖发酵而成为挥发性脂肪酸，其中丙酸只是少量的，因此治疗意义不大。

从理论上说，丙酸钠也有较好的治疗效果，口服，120~240g/d，但作用较慢。另外，乳酸钙、乳酸钠和乳酸铵也有一定疗效。

2. 激素疗法 对于体质较好的病牛，用促肾上腺皮质激素（ACTH）200~600IU 肌肉注射，效果是确实的，而且方便易行。因为 ACTH 兴奋肾上腺皮质，促进糖皮质类固醇的分泌，既能动员组织蛋白的糖原异生作用，又可维持高血糖浓度的作用时间。然而 ACTH 也有一些缺点，它是在消耗身体其他组织的同时刺激产生糖原异生作用，还可能在移除过剩酮体的同时消耗草酰乙酸。应用糖皮质激素（剂量相当于 1g 可的松，肌肉注射或静脉注射）治疗酮病效果也很好，有助于病的迅速恢复，但治疗初期会引起泌乳量下降。

3. 其他疗法 水合氯醛早就在奶牛酮病和绵羊的妊娠毒血症中得到应用，牛首次剂量为 30g，以后用 7g，2 次/d，连用 3~5d。因首次剂量较大，通常用胶囊剂投服，继则剂量较小，可放在蜜糖或水中灌服。水合氯醛的作用是对大脑产生抑制作用，降低兴奋性，同时破坏瘤胃中的淀粉及刺激葡萄糖的产生和吸收，并通过瘤胃的发酵作用而增加丙酸的产生。钴（每天 100mg 硫酸钴，放在水中或饲料中，口服）和维生素 B_{12} 可用于缺钴地区酮病的辅助治疗。由于在牛的酮病中怀疑有辅酶 A 缺乏，因此有人提出可试用辅酶 A 的一种先质半胱氨酸（用盐酸半胱氨酸 0.75g 配成 500mL 溶液，静脉注射，每 3d 重复一次）治疗酮病，认为效果尚好。用 5% 碳酸氢钠溶液 500~1 000mL 静脉注射，也可用于牛酮病的辅助治疗。此外，还可用健胃剂、氯丙嗪等做对症治疗。

【预防】根据酮病发生的病因和发病机理，可采取一系列措施防止疾病的发生。

对高度集约化饲养的牛群，要严格防止在泌乳结束前牛体过肥，全泌乳期应科学地控制牛的营养供给。在为催乳而补料之前这一阶段，能量供给以能满足其需要即可。在产前4~5周应逐步增加能量供给，直至产犊和泌乳高峰期，都应逐渐增加。在增加饲料摄入过程中，不要轻易更换配方，因为即使微小的变化也会影响其适口性和食欲。随着乳产量增加，用于促使产乳的日粮也应增加。浓缩饲料应保持粗料和精料的合理比例。其中精料中粗蛋白含量以不超过16%~18%为宜，碳水化合物应以磨碎玉米为好，因它可避开瘤胃发酵作用而被消化，并可直接提供葡萄糖。在达产乳高峰期时，要避免一切干扰其采食量的因素，要定时饲喂精料，同时应适当增加乳牛运动。不要轻易改变日粮品种，尽管其营养成分如粗蛋白、能量含量相似，但因配方组成或饲料来源不一样，仍可促进酮病发生。在泌乳高峰期后，饲料中碳水化合物可用大麦等替代玉米。应供给质量优良的干草或青贮饲料。质量差的青贮饲料因丁酸含量高，不仅口味差，而且缺乏生糖先质，还可直接导致酮体生成，应予以避免。

此外，在酮病的高发期喂服丙酸钠（120g/次，2次/d，连用10d），也有较好的预防效果。

母牛肥胖综合征（fat cow syndrome）

母牛肥胖综合征又称牛脂肪肝病（fatty liver disease of cattle），因发病经过和病理变化类似于母羊妊娠毒血症，所以也称为牛妊娠毒血症（pregnancy toxemia in cattle）。本病是母牛分娩前后发生的一种以厌食、抑郁、严重的酮血症、脂肪肝、末期心率加快和昏迷以及致死率极高等为特征的脂质代谢紊乱性疾病，其发生常与奶产量高、摄食量减少和怀孕期间过度肥胖等因素密切相关。

乳牛常在分娩后，泌乳高峰期发病，有些牛群发病率可达25%，致死率达80%。肉用母牛常在怀孕后期，尤其是初产肉用母牛，于怀孕至7~9月，多数在妊娠最后5周内发病，发病率通常为1%，有时可高达3%~10%，致死率达100%。

【病因】过度肥胖的奶牛产后奶产量高但采食量下降；怀有双胎的临产前过度肥胖的肉牛采食量减少；日粮中某些蛋白质的缺乏，使载脂蛋白生成量减少，影响肝脏中脂肪的移除，从而促进脂肪肝的形成；分娩、产乳、气候突变、临分娩前饲料突然短缺等是本病的诱发因素；真胃左方变位、生产瘫痪等影响食欲的疾病往往促进病的发生。

引起母牛过度肥胖的因素有：干乳期，甚至从上一个泌乳后期开始，大量饲喂谷物或者青贮玉米；干乳期过长，能量摄入过多；未把干乳期牛和正在泌乳的牛分群饲养，精饲料供应过多。

【发病机理】乳牛分娩以后，随产乳量增加，或怀双胎的肉用母牛于妊娠后期，机体对能量的需要剧增，但由于上述因素使母牛妊娠期间过肥，加上分娩、产乳等应激因素，引起采食量下降（奶牛能量需要量的高峰在产后4~7周，而采食量达到高峰却在产后10~12周，这样就存在着一个能量短缺期），或因饲料供应短缺，或者所供给的饲料不适应这一生理需要时，引起严重的能量负平衡，导致动用体脂。大量的游离脂肪酸（free fatty acid, FFA）从体内脂肪组织涌入肝、肾等组织，造成肝细胞脂肪变性或脂肪沉着，肝脏糖原合成减少，脂蛋白合成也降低。脂肪酸在肝内氧化减少，加速了肝内脂肪合成与沉积，并产生酮血症和低糖血症。后期因血糖转化肝糖原受阻，呈现高糖血症。

有些影响脂肪酸氧化或脂蛋白合成的因素，可加速脂肪在肝脏内积累。如有毒羽豆、四氯化碳、四环素等可影响肝细胞功能；蛋氨酸和丝氨酸缺乏可影响脂蛋白合成；胆碱缺乏不仅影响磷脂合成，还可影响脂肪运输。

实际上，酮病和母牛肥胖综合征有密切的关系，有学者将他们统称为牛能量代谢病或牛能量缺乏综合征。Tony Andrews（1998）将其病理发生过程分成几个阶段，最轻度的为脂肪肝，从脂肪肝开始依次发展为亚临床酮病、临床酮病、慢性酮病，再发展就成为肥胖母牛综合征了。当然，动物机体是很复杂的，代谢病的发生远非想象的那样简单。

【症状】病牛显得异常肥胖，脊背展平，毛色光亮。乳牛产后几天内呈现食欲下降，逐渐停食。动物虚弱，躺卧，血液和乳中酮体增加，严重酮尿。经用治疗酮病的措施常无效。肥胖牛群还经常出现真胃扭转、前胃弛缓、胎衣滞留和难产等，按治疗这些疾病的常用方法疗效甚差。部分牛呈现神经症状，如举头、头颈部肌肉震颤，最后昏迷，心动过速。病牛致死率极高。幸免于死的牛表现休情期延长，牛群中不孕及少孕的现象较普遍，对传染病的抵抗力降低，容易发生乳房炎、子宫炎和沙门菌病等，某些代谢病如酮病和生产瘫痪等发病率增高。

肥胖肉母牛常于产犊前表现不安，易兴奋，行走时运步不协调，粪少而干，心动过速。如在产犊前两个月发病者，患牛常有较长时间（10～14d）停食，精神沉郁，躺卧、匍匐在地，呼吸加快，鼻腔有明显分泌物，口圈周围出现絮片，粪便少，后期呈黄色稀粪、恶臭，死亡率很高，病程为10～14d，最后呈现昏迷，并在安静中死亡。

血清天门冬酸氨基转移酶（AST）、鸟氨酸氨甲酰转移酶（OCT）和山梨醇脱氢酶（SDH）活性升高，血清中白蛋白含量下降，胆红素含量增高，提示肝功能损害。血清酮体、尿中酮体、乳中酮体含量增高。患病动物常有低钙血症，血清钙可降低到15～20mmol/L，血清无机磷升高到64.6mmol/L。血清中非脂化脂肪酸（NEFAs）水平升高、胆固醇和甘油三酯水平降低。开始时呈低糖血症，但后期呈高糖血症。白细胞总数减少，中性粒细胞减少，淋巴细胞减少。

【病理变化】剖检可见肝脏轻度肿大，脂肪浸润，呈黄白色，脆而油润，肝中脂肪含量在20%以上。肾小管上皮脂肪沉着，肾上腺肿大，色黄。还常出现寄生虫性真胃炎、霉菌性瘤胃炎和局灶性霉菌性肺炎等。

【诊断】主要从三个方面进行：①本病有其自身特点，均发生于肥胖母牛，肉牛多发于产犊前，奶牛于产犊后突然停食、躺卧等。②根据临床病理学检验结果如肝功能损害、酮体含量增高等。③根据肝脏活体采样检查进行诊断，肝中脂肪含量在20%以上。

应与真胃变位、酮病、胎衣滞留、生产瘫痪和卧倒不起综合征等相区别。真胃变位时，于肋弓处叩诊，并在同侧胁部听诊出钢管金属音。生产瘫痪常在分娩后72h内发生，对钙剂、ACTH及乳房送风治疗，收效明显。本病与卧倒不起综合征均表现完全废食，躺卧。但从病史看，母牛肥胖综合征是过度肥胖引起，而卧倒不起综合征牛大多不出现过度肥胖。

【治疗】本病致死率高，经济损失大。一般而言，完全拒食的患牛多数会死亡。对于尚能保持食欲（即使是少量）者，配合支持疗法常有治愈的希望。尽可能增加或补充能量，如50%的葡萄糖溶液500mL静脉注射，能减轻症状，但其作用时间较短暂。皮质类固醇（corticosteroid）注射可刺激体内葡萄糖的生成，还可刺激食欲，但用此药的同时宜注射葡萄糖。病牛应喂以可口的高能饲料如玉米压片，也可按每头牛250mL/d的丙二醇或甘油，倍水稀释后灌服。注射多种维生素对病牛显然是有益的。灌服健康牛瘤胃液 5~10L，或喂给健康牛反刍食团，有助于恢复。多给优质干草和大量饮水的同时，给予含钴盐砖，对缺钴者有效。亦有人建议用氯化胆碱治疗，每 4h 一次，每次 25g，口服或皮下注射或用硒-维生素 E 制剂口服。这些措施虽可改善病况，但效果不很满意。

【预防】采取合适的预防措施显然是重要的。首先是防止妊娠期间，特别是怀孕的后1/3时期内，摄入过多的能量饲料，只要摄入的饲料能满足胎儿生长及其自身需要即可。但是，很难做到既满足需要、又不引起过胖。建议对妊娠后期母牛分群饲养，并密切观察牛体重的变化，防止过度肥胖。经常监测血液中葡萄糖及酮体浓度，有重要参考意义。其次是尽快使分娩牛恢复食欲，防止体脂过多动用，提供质量较高的青干草让其自由采食，精饲料的饲喂应做到少喂勤添。第三，在饲料中提供适量而且是平衡的蛋白质，不但有助于预防脂肪肝，而且有助于产乳量的提高。第四，对产后某些疾病，如真胃变位、子宫内膜炎、酮病等，应及时治疗。当血糖浓度下降时，除静脉滴注葡萄糖外，还应使用丙二醇促进其生糖，可减少体脂动员。

绵羊妊娠毒血症 (pregnancy toxemia in sheep)

绵羊妊娠毒血症俗称"双羔病"（twin lamb disease），是由于妊娠末期母羊体内碳水化合物及挥发性脂肪酸代谢异常而引起的一种营养代谢性疾病，以酮血、酮尿、低血糖和肝糖原降低为特征，是绵羊的一种高度致死性疾病。本病只发生于怀孕后期的母羊，常在怀孕最后一个月发生，主要见于怀双羔、三羔的母羊，但胎儿过大的单胎母羊也会发生。

【病因】病因较为复杂，下列因素在本病的发生中起重要作用。

怀孕后期母羊特别是怀双羔、三羔的母羊需要耗费大量的营养。在怀孕后期，胎儿的主要组织和器官发育非常迅速，需要耗费大量的营养，单胎母羊需要摄取空怀母羊 2 倍量的食物，有两个胎儿的母羊则需要空怀母羊 3 倍量的食物才能满足自身和胎儿发育的需要。由于饲养管理的原因，要完全满足母羊在这一阶段的营养需求并不容易，所以最容易出现营养缺乏。

日粮中营养不平衡和供给不足。饲料供应过少，品质低劣，饲料单一，维生素和矿物质缺乏，日粮不平衡，饲喂低蛋白、低脂肪和低碳水化合物饲料，使机体的生糖物质缺乏，容易患发病。

妊娠早期过度肥胖的母羊在妊娠末期突然降低营养水平。从饲养管理的角度出发，肥胖母羊在怀孕最后 6 周内要限制饲喂，如果这一阶段供给的饲料质量较差，容易患本病。

患有肝脏损害的母羊也容易发病，这与其肝脏不能有效进行糖原异生作用有关。

气候寒冷和严重的蠕虫感染能引起葡萄糖大量消耗，也能增加发生本病的危险。

小母羊配种过早，而在怀孕后期营养水平跟不上也容易引起发病。

【发病机理】目前尚不完全清楚，但其临床改变主要是因糖代谢异常而引起。怀孕后期母羊特别是怀双羔、三羔的母羊需要耗费大量的营养，引起体内糖消耗过多、过快，造成糖供给与消耗间的不平衡。肝脏是糖异生的主要场所，原发性或继发性肝脏疾病，都可能影响糖的异生作用，使血糖浓度下降。长时间血糖浓度低下，引起脂肪组织中脂肪大量分解，不仅血液中游离脂肪酸浓度增加，亦引起肝内脂肪酸的 β 氧化作用加快，生成大量的乙酰辅酶

A。因糖缺乏，没有足够的草酰乙酸，乙酰辅酶A不能进入三羧酸循环，则沿着合成乙酰乙酰辅酶A的途径，最终形成大量酮体（包括β-羟丁酸、乙酰乙酸和丙酮）。在动用体脂的同时，体蛋白也加速分解。同时伴有许多激素分泌紊乱和酶活性改变。

【症状】早期可见一只或几只怀孕母羊离群呆立，对周围环境反应淡漠。瞳孔散大，视力减退。驱赶时步态摇晃，无目的地走动，头顶障碍物或做转圈运动。头部和颈部肌肉震颤。随后出现便秘，食欲减退或废绝，反刍停止。发病1～2d后病羊衰竭，静静躺卧，头靠腹部或向前平伸，在随后几小时或1d左右发生昏迷和死亡。体温正常，呼吸浅快，呼出气体中有强烈的丙酮味（或烂苹果味）。常伴有胎儿死亡，随后母羊出现短暂的恢复，但很快因为胎儿的腐败分解而引起中毒死亡。有时病羊和临床健康羊发生流产，流产的胎儿发育良好。流产后的病羊通常能康复。

表现为低糖血症、高酮血症和高酮尿症，血浆游离脂肪酸浓度增高。血糖浓度从正常时的3.33～4.99mmol/L降至1.4mmol/L。健康羊血清中的酮体含量一般在5.85mmol/L以下，病羊血清中的酮体含量显著增高，可高达547mmol/L。

【病理变化】无特异性和明显的病变，有时可见肝脏由于脂肪浸润而呈黄色，但这种变化在正常的怀孕母羊也有发生。胴体品质不良。

【诊断】根据病史、临床表现以及病理学检查结果不难诊断。有神经症状且在几天内发生死亡的多胎或胎儿过大的怀孕母羊通常可怀疑为本病。应与低钙血症、低镁血症、蹒跚病（gid），大脑皮质坏死（cerebrocortical necrosis）和羊脑脊髓炎等相鉴别。血液生化分析若能发现血糖降低和酮体水平升高则有助于确诊本病。

【治疗】一旦发病，则治疗困难。用葡萄糖、甘油或丙二醇、糖皮质激素给病羊注射有疗效。由于流产后的母羊能自然康复，所以最好的办法是在发病早期人工诱导流产或剖腹取出胎儿。对于肥胖母羊，在发病早期强行驱赶其运动会收到很好的效果，但最终依赖于改善饲料的营养成分。

【预防】绵羊妊娠毒血症实际上是一种饲养管理问题，因此要预防本病，应加强对怀孕母羊的管理，合理搭配饲料，保证供给母羊所必需的碳水化合物、蛋白质、矿物质和维生素，以满足其营养需要，同时应适当加强运动。

仔猪低血糖病（hypoglycemia of piglets）

仔猪低血糖病又称乳猪病（baby pig disease）或憔悴猪病（fading pig disease），是仔猪在出生后最初几天内因饥饿致体内储备的糖原耗竭而引起的一种营养代谢病。其特征是血糖含量显著降低，血液非蛋白氮含量明显增多，临床上呈现迟钝、虚弱、惊厥和昏迷等症状，最后死亡。

本病是1周龄内小猪死亡的主要原因之一，有的猪群死亡率高达25%。

【病因】仔猪出生后吮乳不足是发病的主要原因。引起仔猪吮乳不足的因素有：仔猪不能吮乳，如吃乳小猪患有严重的外翻腿（八字腿）、肌痉挛、脑积水、衰弱或母猪子宫内感染引起仔猪先天性疾病；母猪泌乳不足或不能泌乳，母猪患任何一种产乳量减少、乳分泌抑制或根本不能产乳的疾病，例如母猪子宫炎-乳房炎-无乳症综合征使母猪根本不能泌乳，还可由于痘病或其他母猪产后疾病、麦角中毒引起无乳症或乳头坏死；窝猪头数比母猪乳头数多，在小猪固定乳头后，就有其他小猪始终吃不到乳；管理因素，如产仔栏的下横档位置不适当，使小猪不能接近母猪乳房。

仔猪患有先天性糖原不足、同种免疫性溶血性贫血、消化不良等是发病的次要原因。

环境寒冷或空气湿度过高使机体受寒是发病的诱因。新生仔猪所需的临界温度为23～35℃，对寒冷具有一种有效的代谢反应，外周血管也具有充分的收缩功能，但它们缺乏皮下脂肪（出生后1～2周内），体热很容易丧失。处在阴冷潮湿环境中的小猪，其体温的维持需要迅速利用血中的葡萄糖和糖原储备，假如又吃不到足够的奶，这时就发生低糖血症，并可立即引起死亡。

仔猪在出生后第一周内不能进行糖异生作用，而羔羊、犊牛、马驹在出生时糖异生作用发育较完善，耐饥饿能力较强，这可能是仔猪容易发生低糖血症的内部原因。

【症状】在同窝猪中的大多数小猪都可发病。最初在行为上的变化是，由正常的活泼有力、要吮乳，变成有气无力，不愿吮乳，离群独卧。个别小猪四肢衰弱乏力，低声嘶叫，肌肉震颤，盲目游走。小猪呈憔悴状，皮肤冷湿、苍白，体温低，肌肉紧张性下降，并对外界刺激反应迟钝或消失。当运动失调加剧时，小猪歪腿站立，并用鼻唇部抵在地上维持这种站立姿势。随后呈胸卧式或侧卧式卧地不起，可能有被压伤的危险。最后，小猪呈现惊厥，伴有空口咀嚼，流涎，角弓反张，眼球震颤，前肢、后肢收缩，昏迷和死亡。

血糖水平由正常的4.995～7.215mmol/L下降到0.278～0.833mmol/L。当下降到2.775mmol/L以下时，通常就有明显的临床表现。血液非蛋白氮通常升高。

【诊断】一般而言，根据仔猪、母猪的情况，环境因素的检查，尸体剖检时内容物缺少、脱水、肝脏小而硬以及仔猪对葡萄糖治疗的反应能做出诊断。

本病应与新生仔猪细菌性败血症和细菌性脑膜脑炎、病毒性脑炎等能引起明显惊厥的疾病相区别。

【治疗】通常应采取病因疗法，补给糖，并改善饲养和加强护理。

临床多应用10%～20%的葡萄糖溶液15～20mL腹腔内注射，每4～6h一次，直至症状缓解，并能自行吮乳时为止。也可灌服10%～20%葡萄糖水，每次10～20mL，每2～3h一次，或用倍量水稀释过的蒸发乳30～50mL灌服。

同时应将患病仔猪置于温暖环境中，温度应保持在16℃以上，以保证疗效。

【预防】初生仔猪应及早吃食初乳，防止饥饿，注意保暖，避免机体受寒。不会吮乳的小猪要尽快地让其学会吮乳。此外，还可把小猪寄养给其他泌乳母猪。

黄脂病（yellow fat disease）

黄脂病是指动物体内脂肪组织中有称为蜡样质的黄色颗粒沉着，屠宰后脂肪组织外观呈黄色的一种代谢病。本病多发于猪，俗称"黄膘猪"。也见于人工饲喂的水貂、猫、狐狸和鼬鼠等，偶见于猫。

关于猪的"黄膘"问题，早在20世纪40年代就为肉品检验员所注意，并认为"黄膘"肉仍然可以食用。水貂多于每年8～11月份发病最多，幼龄貂发病率高于成年貂。

【病因】已证明黄脂病的发生，通常是由于采食过量的不饱和脂肪酸甘油酯，或是由于生育酚含量不足，使抗酸色素在脂肪组织中积聚所致。临床上曾见给猪饲喂鱼脂、碎鱼块、鱼罐头的废弃物、蚕蛹或芝麻饼而引起发病。饲喂比目鱼和鲑的副产品最危险，因为这些鱼的身体脂肪酸中约有80%是不饱和脂肪酸。饲喂含天然黄色素的饲料也会发病。有人进行过调查，发现凡是父本或母本屠宰时发现黄脂的猪，所生的后代中黄脂病发生也多。因而认为本病的发生与遗传也有关。有报道说，我国广西发生的"猪黄膘病"与黄曲霉素中毒有关。

【发病机理】当维生素E缺乏或不足时，高度不饱和脂肪酸在体内被氧化为过氧化脂质。过氧化脂质与某些蛋白质结合形成复合物，后者如被溶酶体酶分解后，可被排出体外，如不能被分解，则形成棕黄色色素颗粒——蜡样质，在脂肪组织中沉积，从而造成了"黄膘"。

【症状】一般只呈现被毛粗乱、倦怠、衰弱和黏膜苍白等不为人们所注意的症状。大多数病猪食欲不良，不见增长，有时发生跛行。通常眼有分泌物。红细胞计数在正常范围以内，但患严重黄脂病的猪，血红蛋白水平降低，有低色素性贫血的倾向。

水貂黄脂病生前可呈现精神委顿、食欲下降、便秘或下痢，有的共济失调，重症者后肢瘫痪。如在产仔期可伴有流产、死胎或新生畜衰弱，并易死亡。

【病理变化】体脂肪呈柠檬黄色，骨骼肌和心肌呈灰白色。淋巴结肿胀、水肿，可有散在性的小出血点。肝脏呈黄褐色，有显著的脂肪变性。肾脏呈灰红色，横断面发现髓质呈浅绿色。胃肠道黏膜充血。

【诊断】根据剖检变化，皮下及腹腔脂肪呈典型的黄色、黄褐色，肝呈土黄色，有的还表现脂肪坏死，不难做出诊断。如结合生前曾饲喂容易致病的饲料将更有助于诊断的建立。另外，鉴于黄疸和黄膘猪的脂肪均呈黄色，故要对二者予以区别，一般可取脂肪组织少许，用50%的酒精震荡抽提后，至滤液中滴加浓硫酸10滴，如呈绿色，继续加热加酸后呈现蓝色者则为黄疸的特征。

【防治】主要在于调整饲料日粮，增加日粮中维生素E供给量，减少饲料中含过多不饱和脂肪酸的高油脂成分。有条件的猪场建议至少每千克饲料中添加维生素E 11 IU；水貂的饲料中按每头15mg/d的剂量补饲α-生育酚，连续补饲3个月，既可预防黄膘病，又可提高繁殖率；对患猫可按每头30mg/d的剂量补饲α-生育酚。欲使组织中全部的抗酸色素都被消除，一般需要相当长的时间。

马麻痹性肌红蛋白尿病（paralytic myoglobinuria in horses）

马麻痹性肌红蛋白尿病又称氮尿症、劳累性横纹肌溶解病（exertional rhabadmyolysis），主要是由于糖代谢紊乱、肌乳酸大量蓄积而引起的以肌肉变性、后躯运动障碍和肌红蛋白尿为特征的一种营养代谢性疾病。患马通常有2d或2d以上的时间被完全闲置，而在此期间日粮中谷物成分不减，当突然恢复运动时则发生本病。以壮年营养良好的马多发，母马多发于公马。

【病因】马休闲期间，饲喂过多的富含碳水化合物的饲料，使得大量肌糖原在骨骼肌中储备且得不到利用；马休闲后，突然进行剧烈运动。另外，寒冷刺激、日粮中硒与维生素E缺乏也可能与本病发生有关。

【发病机理】马在短期休闲后突然使役，由于心肺机能适应不良，氧供应不足，肌糖原大量酵解,产生大量乳酸,一旦乳酸的产量超过了血液的清除能力则发生乳酸堆积,导致肌纤维发生凝固性坏死进而引起大肌肉群疼痛和严重水肿,股部肌肉因含糖原较高最易受损。肌肉水肿引起坐骨神经和其他腿部神经受压,导致股直肌和股肌继发神经性变性坏死。变性坏死肌肉释放肌红蛋白进入尿液,使尿液呈暗红色。

【症状】通常在突然剧烈运动开始后 15～60min 出现症状,患马大量出汗,步态强拘,不愿走动。发病初期食欲和饮欲正常,如此时能给予充分的休息,症状可在几小时内消失。但继续发展下去则卧地不起,最初呈犬坐姿势,随后侧卧。患马神情痛苦,有的病马不停挣扎着企图站立。严重病例在后期出现呼吸急促,脉搏细而硬,体温升高达 40.5℃。股四头肌和臀肌强直,硬如木板。甚至会发生褥疮而继发感染,引起败血症。

亚急性病例症状轻微,不出现肌红蛋白尿,严重的在病初的 2～4d 内出现肌红蛋白尿,尿液呈深棕褐色,尿中的肌红蛋白可在 5～7d 内消失,尿液恢复正常颜色,但尿仍呈酸性。有时出现排尿困难,尿液中有红细胞、白细胞及肾小管上皮细胞,甚至会出现管型。

出现跛行后立即停止运动,患马可在 2～4d 内自然康复,仍能站立的马预后良好,也可在 2～4d 内恢复,卧地不起的马则预后不良,随后往往发生尿毒症和褥疮性败血症。

血清肌酸磷酸激酶(CPK)活性在发病后由正常的 1 000IU/L 上升至 400 000IU/L;血清天门冬氨酸氨基转移酶(AST)活性于 24h 内达到峰值,常大于 1 000IU/L;血清乳酸脱氢酶(LDH)活性于 12h 内达到峰值,可达正常的 30 倍以上;血清乳酸含量显著升高;尿中肌红蛋白定性试验呈阳性反应。

【病理变化】臀肌和股四头肌呈蜡样坏死,切面混浊似煮肉状。膀胱中有黑褐色尿液。肾髓质部呈现黑褐色条纹。有时可见心肌、喉肌和膈肌变性、坏死。

【诊断】对于典型病例,根据病史、临床表现和病理学检查可做出诊断。但应注意与蹄叶炎、血红蛋白尿相鉴别。患蹄叶炎的病马有跛行,但不出现尿液颜色改变。许多疾病伴有血红蛋白尿而使尿液变红,但通常不出现跛行和局部疼痛。还应与马的局部性上颌肌炎(local maxillary myositis)和全身性多肌炎(generalized polymyositis)相鉴别,前者发展缓慢,且只发生于咬肌,后者主要出现全身性肌营养不良,与维生素 E 缺乏类似。

【防治】在休闲期间应将日粮中谷物成分减半。对有可能发病的马要避免让其剧烈运动,可在恢复运动的初始阶段保持非常轻微的运动强度,随后逐渐增加运动量。

发病后立即停止运动,就地治疗。尽量让病马保持站立,必要时可辅助以吊立。多饮水,给予柔软容易消化的饲料。对不断挣扎和有剧痛的马可立即用水合氯醛镇静(30g 溶于 500mL 消毒蒸馏水中,静脉注射,或 45g 溶于 500mL 水中,口服),或普鲁马嗪,每 50kg 体重 22～55mg,肌肉或静脉注射,同时静脉注射糖皮质激素。为促进乳酸代谢,可肌肉注射盐酸硫胺素(0.5g/d)和维生素 C(1～2g),连用数日。为纠正酸中毒,可静脉注射 5%碳酸氢钠 500～3 000mL,也可同时口服碳酸氢钠 150～300g。在疾病早期可注射抗组胺药和维生素 E。辅助治疗可静脉注射或口服大剂量的生理盐水,以维持高速尿流量和避免肾小管堵塞。排尿困难需导尿。为防止感染和败血症的发生,可选用抗菌类药。

淀粉样变(amyloidosis)

淀粉样变是指动物某些组织和器官的网状纤维、血管或细胞外有淀粉样物质沉着并伴有淀粉纤维形成的病理过程。因其新鲜的病变组织在滴加碘溶液后呈红褐色，再滴加1％硫酸溶液又变成蓝色，与淀粉遇碘时产生的反应相似而称为淀粉样变。淀粉样物质的本质是蛋白质，且具有纤维的特征，HE染色，光镜下呈现为无结构的均质红染物质；刚果红染色，偏光显微镜观察呈橘红色，双屈光性；电镜下，可见无固定长度，直径7～10nm的线状纤维。其化学成分是β褶状片的多肽结构，其中间蛋白构型的改变或某些氨基酸的置换易于导致淀粉样纤维的形成。淀粉样蛋白主要有两类，一种是含淀粉轻链蛋白（AL），另一种是含淀粉样蛋白A（AA）。

淀粉样变除在鸭、鹅、棕色蛋鸡、笼养野生鸟类发生外，还见于犬、奶牛、马、骡、猿、猴、貂、兔、小鼠及人等。本病常在短时间内引起动物死亡。近年来，淀粉样变被揭示是阿尔茨海默C病（alzheimer's C disease）和痒病（scrapie）等疾病的重要临床病理学基础，因而引起了科学家的高度重视，成为又一个新的研究热点。

【病因】原发性淀粉样变主要发生在高蛋白日粮肥育的禽类（如填鸭）。继发性淀粉样变常见于长期伴有组织破坏的慢性消耗疾病、慢性炎症和慢性抗原性刺激的过程，如禽的结核、化脓、肿瘤以及螨的寄生等。有证据表明，该病的发生有遗传性，某些品种的笼养野生鸟类，如Anatidae家族的88种鸟中77％的鸭和51％的鹅易发生淀粉样变，而Oxyurini家族的鸟则很少发生。应激因素也是本病的诱因，如在条件差的动物园或农场（舍）饲养的笼养野生鸟淀粉样变的发病率高，而自由生活的野生鸟则很少发生；高密度饲养较低密度饲养时发病率高。

【发病机理】淀粉样变是一种复杂的病理现象，其发生机制目前还不太清楚。有人认为是抗原-抗体反应在血液循环中所形成的蛋白复合物；有人认为是浆细胞产生的糖蛋白和内皮细胞产生的含硫黏多糖结合形成的复合物。近年的研究认为，血液中淀粉样蛋白或先质蛋白的增加对淀粉样变的形成是必须的，其中间蛋白构型的变化或氨基酸的置换易于导致淀粉样纤维的形成，而淀粉样纤维的形成在淀粉样变的过程中有特殊重要的作用。

【症状】通常是不典型的，随淀粉样物质沉着在组织和器官中的位置不同而异。当其主要沉着在肝脏时，病禽主要表现为慢性消化不良，逐渐消瘦，肝浊音区扩大，少数病例可出现黄疸和腹水。当其主要沉着在肾小球时病禽表现为渐进性肾功能不全。当其主要沉着在关节时，病禽主要表现为跛行和生长阻滞。当其同时沉着于多个组织和器官时，则表现复杂多样。

【病理变化】肝脏显著肿大、色深质脆易碎、切面呈褐色油脂样，有时可见肝破裂；肾苍白、肿大，血囊肾；脾脏肿大；胫、股关节呈现非化脓性关节炎变化。淀粉样物质，在肝脏主要沉着在Disse's隙中，在脾脏沉着于滤泡和血管的周围，在肾脏主要沉着在间质组织和血管周围（沉着在肾髓质时，可见肾乳头坏死），在小肠主要沉着在其基膜外，在血管早期主要沉着在血管内皮和基膜之间，后期可累及基膜和间质区。

【诊断】由于淀粉样变的临床表现是非特征性的，故它在生前很难被认识。其诊断主要是结合病理学检查的结果做出。在人类常通过抽吸直肠或皮下脂肪做组织病理学检查的方法来进行诊断。组织切片刚果红染色通常用来检测淀粉样物质，免疫组化检测则用于不同淀粉样蛋白的分类。

【防治】可用抗菌药或通过外科手术控制潜在的炎性变化。用适量的抗有丝分裂药和抗炎症药，如秋水仙碱和DMSO在人类及一些动物的治疗试验中已取得了一定的效果。但要通过治疗来消除淀粉样物是十分困难的。在人类用同位素标记的 SAP 研究表明，淀粉样物消退速度缓慢，在一些病例中甚至保持不变。

平时应做好畜禽的免疫接种工作，发现病情后应及时控制。加强饲养管理，减少应激。

（黄克和）

第二节 维生素缺乏病

维生素 A 缺乏病（vitamin A deficiency）

维生素 A 缺乏病是由维生素 A 或其前体维生素 A 原（胡萝卜素，carotene）缺乏或不足所引起的一种营养代谢疾病。临床上以生长缓慢、上皮角化、夜盲症、繁殖机能障碍以及机体免疫力低下等为特征。本病常见于犊牛、仔猪和幼禽，其他动物亦可发生，但极少发生于马。

维生素 A 是一组具有其生物活性的物质，有多种形式，常见的有视黄醇、视黄醛、视黄酸、脱氢视黄醇、维生素 A 酸、棕榈酸酯等，完全依靠外源供给，即从饲料中摄取。维生素 A 仅存在于动物源性饲料中，鱼肝和鱼油是其丰富来源。维生素 A 原存在于植物性饲料中，在各种青绿饲料包括发酵的青绿饲料在内，特别是青干草、胡萝卜、南瓜、黄玉米中，都含有丰富的维生素 A 原，后者在体内能转变成维生素 A。但在棉子、亚麻子、萝卜、干豆、干谷、马铃薯、甜菜根及其谷类加工副产品（麦麸、米糠、粕饼等）中，几乎不含维生素 A 原。

【病因】饲料中维生素 A 或胡萝卜素长期缺乏或不足是原发性（外源性）病因。饲料收刈、加工、储存不当，如有氧条件下长时间高温处理或烈日暴晒饲料以及存放过久、陈旧变质，其中胡萝卜素受到破坏（如黄玉米储存 6 个月后，约 60% 胡萝卜素被破坏；颗粒料在加工过程中可使胡萝卜素丧失 32% 以上），长期饲用便可致病。干旱年份，植物中胡萝卜素含量低下。北方地区天气寒冷，冬季缺乏青绿饲料，又长期不补充维生素 A 时，亦易引起发病。幼龄动物，尤其是犊牛和仔猪于 3 周龄前，不能从饲料中摄取胡萝卜素，需自初乳或母乳中获取，如初乳或母乳中维生素 A 含量低下，以及使用代乳品饲喂幼畜，或是断奶过早，都易引起维生素 A 缺乏。

动物机体对维生素 A 或胡萝卜素的吸收、转化、储存、利用发生障碍，是内源性（继发性）病因。动物罹患胃肠道或肝脏疾病致维生素 A 的吸收障碍，胡萝卜素的转化受阻，储存能力下降。饲料中缺乏脂肪，会影响维生素 A 或胡萝卜素在肠中的溶解和吸收。蛋白质缺乏，会使肠黏膜的酶类失去活性，影响运输维生素 A 的载体蛋白的形成。此外，矿物质（无机磷）、维生素（维生素 C、维生素 E）、微量元素（钴、锰）缺乏或不足，都能影响体内胡萝卜素的转化和维生素 A 的储存。

动物机体对维生素 A 的需要量增多，可引起维生素 A 相对缺乏。妊娠和哺乳期母畜以及生长发育快速的幼畜，对维生素 A 的需要量增加；长期腹泻，罹患热性疾病的动物，维生素 A 的排出和消耗增多。

此外，饲养管理条件不良，畜舍污秽不洁、寒冷、潮湿、通风不良、过度拥挤、缺乏运动以及阳光照射不足等是本病的诱因。

【发病机理】维生素 A 是保持动物生长发育、正常视力和骨骼、上皮组织的正常生理功能所必需的一种营养物质。维生素 A 缺乏，可导致动物机体一系列病理损害。

维生素 A 在维持动物的视觉，特别是暗适应能力方面起着极其重要的作用。正常动物视网膜中的维生素 A，在酶的作用下氧化，转变为视黄醛。牛和禽类的视网膜视细胞外段几乎都是视色素，其生色基团部分是视黄醛，蛋白质部分是视杆细胞视蛋白（牛）或视锥细胞视蛋白（禽类），而视色素部分是视紫红质（牛）或视紫蓝质（禽类）。视细胞是一种暗光感受器，其中含有调节暗适应的感光物质——视色素。在强光时，视色素分解为视黄醛和视蛋白，在弱光时呈逆反应，再合成视色素。当维生素 A 缺乏或不足时，视黄醛的量势必减少，视紫红质或视紫蓝质的合成作用受到抑制，因而引起动物在阴暗的光线中呈现视力减弱及夜盲。

维生素 A 缺乏导致所有上皮细胞萎缩，特别是具有分泌和覆盖机能的上皮组织、皮肤、泪腺、呼吸、消化道及泌尿生殖器官上皮细胞，逐渐被层叠的角化上皮细胞代替，由于角化过度而丧失其分泌和覆盖作用。眼结膜上皮细胞角化，泪腺管被脱落的变性上皮细胞阻塞，分泌减少甚至停止，呈现眼干燥（干眼病）。进而引起角膜混浊、溃疡、软化（角膜软化），继则发生全眼球炎。呼吸道上皮角化时可引起呼吸道感染。消化道上皮角化时可引起牛犊和仔猪的腹泻。尿道上皮角化是诱发公畜尿结石的重要原因之一。生殖道上皮角化时可引起生殖机能下降，胚胎生长发育受阻，胎儿成形不全或先天性缺损，尤以脑和眼的损害最为多见。公畜精子生成减少，母畜受胎率下降。皮肤上皮角化时可引起皮脂腺和汗腺萎缩，皮肤干燥、脱屑，出现皮炎或皮疹，被毛蓬乱而缺乏光泽，脱毛，蹄表干燥。

维生素 A 缺乏时，成骨细胞活性增高，成骨细胞及破骨细胞正常位置发生改变，软骨的生长和骨骼的精细造型受到影响。由于颅骨变形致颅腔狭小，颅腔脑组织过度拥挤，导致脑扭转和脑疝，脑脊液压力增高，随后出现视乳头水肿、共济失调和昏厥等特征性神经症状。由于脑神经受压、扭转和拉长，小脑进入枕骨大孔，引起机能减退和共济失调。脊索进入椎间孔，引起神经根损伤，并出现与个别外周神经有关的局部性症状。病的后期，由于面神经麻痹和视神经萎缩，引起典型的目盲现象。

维生素 A 缺乏会引起蛋白质合成减少，矿物质利用受阻，肝内糖原、磷脂、脂质合成减少，内分泌（甲状腺、肾上腺）机能紊乱，抗坏血酸、叶酸合成障碍，导致动物生长发育受阻，生产性能下降。

维生素 A 缺乏时，上皮组织完整性破坏，抵抗微生物侵袭的能力下降，同时白细胞吞噬能力减弱，抗体形成减少，免疫生物机能降低，极易引起感染。

【症状】各种动物的临床表现基本上相似，但在组织和器官的表现程度上有些差异。

1. 生长发育缓慢　食欲不振，消化不良。幼畜生长缓慢，发育不良，增重低下；成畜营养不良，衰弱乏力，生产性能低下。

2. 视力障碍　夜盲症是早期症状（猪除外）之一。特别在犊牛，当其他症状都不甚明显时，早晨、傍晚或月夜中光线朦胧时，盲目前进，行动迟缓，碰撞障碍物。但在猪，一直到血浆维生素 A 水平很低时，夜盲症的病征还不明显。所谓"干眼病"，是指角膜增厚及云雾状形成，见于犬和犊牛，而在其他动物，则见到眼分泌一种浆液性分泌物，随后角膜角化，形成云雾状，有时呈现溃疡和羞明。成年鸡严重缺乏时，鼻孔和眼可见水样排出物，上下眼睑往往被粘在一起，进而眼睛中则有乳白色干酪样物质积聚，最后角膜软化，眼球下陷，甚至穿孔，在许多病例中出现失明。雏鸡急性维生素 A 缺乏时，可出现眼眶水肿，流泪，眼睑下有干酪样分泌物。

3. 皮肤病变 患病动物的皮脂腺和汗腺萎缩，皮肤干燥；被毛蓬乱乏光，掉毛，蹄表干燥。牛的皮肤有麸皮样痂块。小鸡喙和小腿皮肤的黄色（来航鸡）消失。

4. 繁殖力下降 公畜精小管生殖上皮变性，精子活力降低，青年公牛睾丸显著地小于正常。母畜发情扰乱，受胎率下降。胎儿吸收、流产、早产、死产，所产仔畜生活力低下，体质羸弱，易死亡。胎儿发育不全，先天性缺陷或畸形，所产窝猪呈现无眼或小眼畸形及腭裂等先天性缺损。亦可呈现其他缺损，例如兔唇、附耳、后肢畸形、皮下囊肿、生殖器官发育不全等。尤其是新生犊牛，可发生先天性目盲、脑病和全身水肿，亦可发生肾脏异位、心脏缺损、膈疝等其他先天性缺损。产蛋鸡产蛋率急剧下降，鸡蛋内血斑的发生率和严重程度增加。

5. 神经症状 患缺乏病的动物，还可呈现中枢神经损害的病征，例如颅内压增高引起的脑病，视神经管缩小引起的目盲，以及外周神经根损伤引起的骨骼肌麻痹。由于骨骼肌麻痹而呈现的运动失调，最初常发生于后肢，然后再见于前肢。猪和犊牛还可引起面部麻痹、头部转位和脊柱弯曲。至于脑脊液压力增高而引起的脑病，通常见于犊牛、仔猪和马驹，呈现强直性和阵发性惊厥及感觉过敏的特征。

6. 抗病力低下 由于黏膜上皮角化，腺体萎缩，极易继发鼻炎、支气管炎、肺炎、胃肠炎等疾病，或因抵抗力下降而继发感染某些传染病。

血浆和肝脏中维生素 A 和胡萝卜素的含量都有变化，不过只有当肝脏储备耗尽时才见到下降。正常动物血浆中维生素 A 水平在 $0.35\mu mol/L$ 以上，如降到 $0.175\mu mol/L$，就可能出现症状，在 $0.875\mu mol/L$ 以上最安全。血浆胡萝卜素水平随日粮不同有很大差异，牛最适当的水平为 $2.79\mu mol/L$，当降至 $0.17\mu mol/L$ 时即出现症状。绵羊血液中只有很少量的胡萝卜素，甚至在青绿牧场放牧时也是如此。肝脏中维生素 A 和胡萝卜素适当的水平分别为 $60\mu g/g$ 和 $4\mu g/g$。如果分别低至 $2\mu g/g$ 及 $0.5\mu g/g$ 时将出现症状。

脑脊液压也是低维生素 A 状态的一种敏感指示者。犊牛正常压不超过 $13.332kPa$，而缺乏后升高到 $26.664kPa$ 以上。猪则由正常 $10.666\sim19.356kPa$ 升高至 $26.664kPa$。绵羊由正常 $7.333\sim8.666kPa$ 升高至 $9.332\sim19.998kPa$。

【**病理变化**】患病动物结膜涂片中角化上皮细胞数量显著增多，如犊牛每个视野角化上皮细胞可由正常的 3 个以下增至 11 个以上。眼底检查，患病犊牛视网膜绿毯部可由正常时的绿色至橙黄色变成苍白色。

【**诊断**】根据饲养管理情况、病史和临床特征可做出初步诊断。确诊需参考病理损害特征、临床病理学变化、脑脊液压变化和治疗效果。

体重下降、生长缓慢、生殖力降低等因其在其他许多疾病中也可见到，所以不能作为特征性症状。在临床上，维生素 A 缺乏病引起的脑病与低镁血症性搐搦、脑灰质软化、D 型产气荚膜梭菌引起的肠毒血症有相似之处，应注意区别。至于与狂犬病和散发性牛脑脊髓炎的区别则根据前者伴有意识障碍和感觉消失，后者伴有高热和浆膜炎。许多中毒性疾病也有与维生素 A 缺乏病相似的临床病征，这些情况在猪多于牛；但在猪的维生素 A 缺乏病中最常见的是后躯麻痹多于惊厥发作。猪的其他疾病如伪狂犬病和病毒性脑脊髓炎也易与维生素 A 缺乏病混淆，而在中毒病中，食盐、有机砷、有机汞和铅中毒也引起神经症状，应注意鉴别。

【防治】 保持饲料日粮的全价性，尤其维生素 A 和胡萝卜素含量一般最低需要量每日分别为 30～75IU/kg，最适摄入量分别为 65～155IU/kg。孕畜和泌乳母畜在此基础上还应增加 50%，可于产前 4～6 周期间给予鱼肝油或维生素 A 浓油剂：孕牛、马 60 万～80 万 IU，孕猪 25 万～35 万 IU，孕羊 15 万～20 万 IU，每周一次。

日粮中应有足量的青绿饲料、优质干草、胡萝卜和块根类及黄玉米。饲料不宜储存过久，以免胡萝卜素破坏而降低维生素 A 效应，也不宜过早地将维生素 A 掺入饲料中做储备饲料，以免氧化破坏。舍饲期动物，冬季应保证舍外运动，夏季应进行放牧，以获得充足的维生素 A。

对患维生素 A 缺乏病的动物，首先应查明病因，积极治疗原发病，同时改善饲养管理条件，加强护理。其次要调整日粮组成，增补富含维生素 A 和胡萝卜素的饲料，优质青草或干草、胡萝卜、青贮料、黄玉米，也可补给鱼肝油。

治疗可用维生素 A 制剂和富含维生素 A 的鱼肝油。维生素 AD 滴剂：马、牛 5～10mL，犊牛、猪、羊 2～4mL，仔猪、羔羊 0.5～1mL，内服。浓缩维生素 A 油剂：马、牛 15 万～30 万 IU，猪、羊、犊牛 5 万～10 万 IU，仔猪、羔羊 2 万～3 万 IU，内服或肌肉注射，1 次/d。维生素 A 胶丸：马、牛 500IU/kg，猪、羊 2.5 万～5 万 IU/头，内服。鱼肝油：马、牛 20～60mL，猪、羊 10～30mL，驹、犊 1～2mL，仔猪、羔羊 0.5～2mL，禽 0.2～1mL，内服。

禽类饲料中补加维生素 A，雏鸡每千克饲料 1 200IU，蛋鸡每千克饲料 2 000IU。

维生素 A 剂量过大或应用时间过长会引起中毒，应用时应予注意。犬、猫主要表现为倦怠，牙龈充血、出血、水肿，跛行，全身敏感，不愿人抱，不愿运动，喜卧，形成外生骨疣（脊椎多发），骨发育障碍，瘫痪，生长缓慢，难产等。犊牛表现生长缓慢，跛行，行走不稳，瘫痪，外生骨疣，脑脊液压力下降。仔猪可产生大面积出血和突然死亡。生长鸡引起生长缓慢，骨变形色素减少，死亡率升高。治疗维生素 A 过多症的主要办法是更换饲料，减少其供给量。对于症状较轻的病例可以自行恢复；对于较重的病例，还应该给予消炎止痛的药物，同时补充维生素 D、维生素 E、维生素 K 和复合维生素 B 等。

维生素 B_1 缺乏病（vitamin B_1 deficiency）

维生素 B_1 缺乏病是由于体内硫胺素缺乏或不足所引起的一种以神经机能障碍为主要特征的营养代谢病。本病多见于禽类，偶见于猪、牛、羊、马和兔等。

维生素 B_1 因其分子中含有硫和氨基，故又称硫胺素。酵母是其丰富来源，也广泛存在于植物外皮、茎叶和根中。反刍动物的瘤胃、马的盲肠内都具有生物合成维生素 B_1 的能力。但幼龄动物，尤其犊牛于 16 周龄前，瘤胃内还不具备其合成能力，仍需从母乳或饲料中摄取。

【病因】

1. 原发性缺乏 主要由于长期饲喂缺乏维生素 B_1 的饲料。日粮组成中青绿饲料、禾本科谷物、发酵饲料以及蛋白性饲料缺乏或不足，而糖类过剩或单一地饲喂谷类精料时，最易发病。这种情况也见于饲喂加热加碱处理的饲料或是用硫酸盐、硫化物作为防腐剂的饲料。

犊牛在初生数周内，瘤胃尚未充分发育，不能合成维生素 B_1，如果得不到含丰富维生素 B_1 的饲料和乳汁供应，很容易引起原发性缺乏。

2. 条件性缺乏 体内存有妨碍或破坏硫胺素合成且阻碍其吸收和利用的因素。日粮中含有抗维生素 B_1 物质，如马、牛摄食羊齿类植物（蕨菜、问荆或木贼）过多，用过量生鱼饲喂猫、犬及貂等动物，因其中含有大量硫胺酶，可使硫胺素受到破坏。反刍动物钴缺乏、肠毒血症、有机汞化合物中毒、饲喂球虫抑制剂氨丙啉时，也可发生条件性硫胺素缺乏病而发生所谓"脑灰质软化"。古巴曾报道用蜜糖饲喂肉用牛，使脑灰质软化的发病率增高。动物罹患慢性胃肠病，长期腹泻，或患有高热等消耗性疾病时，维生素 B_1 吸收减少而消耗增多。长期大量应用能抑制体内细菌合成维生素 B_1 的药物如抗生素等。

【发病机理】维生素 B_1 是多种酶系统的辅酶，能促进氧化过程，调节糖代谢，对促进生长发育，维持正常代谢，保持神经和消化机能，具有重要意义。

维生素 B_1 在动物体内以焦磷酸硫胺素（TPP）即辅羧酶的形式存在，参与糖代谢，催化 α-酮戊二酸和丙酮酸的氧化脱羧基作用。葡萄糖是脑和神经系统的主要能源，当维生素 B_1 缺乏时，α-酮戊二酸氧化脱羧障碍，中间产物丙酮酸和乳酸分解受阻而在组织内大量蓄积，加上能量供应不足，对脑和中枢神经系统产生毒害作用，严重时引起脑皮质坏死而呈现痉挛、抽搐、麻痹等神经症状。

维生素 B_1 缺乏引起糖代谢障碍进而影响脂类代谢，使脂质合成减少，髓鞘完整性破坏，导致中枢和外周神经系统损害，引起多发性神经炎。

维生素 B_1 还能抑制胆碱酯酶的活性，使乙酰胆碱的分解减少，同时促进乙酰胆碱的合成。当维生素 B_1 缺乏时，乙酰胆碱合成减少，同时胆碱酯酶活性增高，导致乙酰胆碱分解加快，胆碱能神经兴奋传导障碍，胃肠蠕动缓慢，消化液分泌减少，引起消化不良。

维生素 B_1 缺乏会导致细胞呼吸障碍，ATP 合成减少，能量供应不足，进而引发心悸、呼吸困难，甚至引起心功能不全或心力衰竭。骨骼肌紧张性减退，甚至萎缩。

【症状】维生素 B_1 缺乏主要表现为食欲下降，生长受阻，多发性神经炎等，因患病动物的种类和年龄不同而有一定差异。

1. 禽类 成年鸡饲喂维生素 B_1 缺乏的日粮，多在 3 周后发病，出现多发性神经炎，主要表现进行性肌麻痹症状。开始发生于趾部屈肌，继则波及腿、翅和颈部伸肌，以致双腿不能站立。病至后期出现强直性痉挛，一般经 1～2 周后衰竭死亡。雏鸡多在维生素 B_1 缺乏 2 周内发病，也呈多发性神经炎症状，发病突然。病鸡双腿挛缩于腹下，躯体压在腿上，由于颈前肌肉麻痹，头颈后仰而呈所谓"观星姿势"，最后倒地不起，体温可降低至 36℃ 以下，呼吸频率逐渐降低。肾上腺肥大，十二指肠肠腺扩张，后期黏膜上皮消失。

2. 犊牛 主要呈现神经症状，易兴奋，痉挛，四肢抽搐呈惊厥状。倒地后，牙关紧闭、眼球震颤、角弓反张。重症病犊多反复发作，有的犊牛呈现脑灰质软化症（大脑皮质坏死病，cerebrocortical necrosis）的症候。有时发生腹泻，厌食及脱水。

3. 羔羊 脑神经损伤明显，主要表现无目的奔跑，做圆圈运动，共济失调，站立不稳，倒地抽搐。严重时呈强直性痉挛，最终昏迷死亡。

4. 猪 表现厌食，生长不良，呕吐，腹泻。严重的出现心力衰竭，呼吸困难，黏膜发绀，间或出现阵挛性-强直性痉挛发作，可突然死亡。

5. 犬、猫 食欲不振、呕吐、脱水，伴发多发性神经炎，心脏衰竭，惊厥，共济失调，麻痹，虚脱乃至死亡。

6. 马、牛 表现衰弱乏力，采食、吞咽困难。严重时呈现共济失调，心搏过速，拱背，牙关紧闭，阵发性惊厥，角弓反张，伏卧不起，后期昏迷死亡。

维生素 B_1 缺乏时，血液中硫胺素含量明显降低，丙酮酸和乳酸含量明显增加。

【诊断】通常根据饲养管理情况，临床症状和病理剖检变化（心肌弛缓、肌肉萎缩、大脑典型坏死病灶等）进行诊断。

实验室检测结果有助于诊断。典型指标是血浆和尿液中丙酮酸、乳酸含量增高，硫胺素含量降低。目前认为，测定红细胞中的转酮酶活性的变化是评价硫胺素营养状况的最佳指标，方法是先不加硫胺素焦磷酸（TPP）测定一次转酮酶活性，然后在其底物中加入 TPP 再测一次转酮酶活性，比较两次酶活性的变化，加 TPP 后酶活性增加越多，说明硫胺素缺乏越严重。

治疗性试验可验证诊断。

【防治】为预防发病，应注意保持日粮组成的全价性，供给富含维生素 B_1 的饲料。在大型饲养场，饲喂干料时，普遍采取补充维生素添加剂（复合维生素 B 添加剂）的方法。

畜禽发病时，重点是查明并清除病因，改善饲养管理，提供富含维生素 B_1 的全价饲料，添加优质青草、发芽谷物、麸皮、米糠或饲用酵母等。幼龄动物给予足量的全奶或酸奶，或饲料中补加硫胺素，剂量按每千克饲料添加 5~10mg 计算。但必须注意，由于维生素 B_1 缺乏会引起动物极度厌食，这时试图通过在饲料中添加进行治疗效果不佳。

治疗一般多应用维生素 B_1 制剂，每千克体重 0.25~0.5mg，口服、肌肉注射或静脉注射，症状在治疗后数小时即可出现好转。如能配合应用其他 B 族维生素如 B_2、B_6 或维生素 PP 等可增强疗效。

维生素 B_2 缺乏病（vitamin B_2 deficiency）

维生素 B_2 缺乏病亦称核黄素缺乏病，是由于体内核黄素缺乏或不足所引起的一种以生长缓慢、皮炎、肢麻痹（禽）、胃肠及眼的损害为主要特征的营养代谢病。本病多发于猪和禽类，偶见于反刍动物。

【病因】核黄素广泛分布于动植物性饲料中（其中酵母和糠麸类含量最高），且动物消化道尚能合成。自然条件下，维生素 B_2 缺乏病并不多见。

发病原因主要见于长期饲喂维生素 B_2 缺乏的日粮或过度煮熟以及用碱处理的饲料，幼畜饲喂核黄素含量不足的母乳；动物患胃肠、肝、胰疾病时，维生素 B_2 的吸收、转化和利用发生障碍；长期、大量地使用抗生素或其他抑菌药物，造成维生素 B_2 内源性生物合成受阻；妊娠或哺乳母畜，体内代谢过于旺盛或幼龄动物生长发育过于快速，维生素 B_2 的消耗增多，需要量增加；高脂肪和低蛋白质饲料以及环境温度过低可增加维生素 B_2 的消耗量。

【发病机理】核黄素是黄素单核苷酸（FMN）和黄素腺嘌呤二核苷酸（FAD）两种黄素辅酶的组成部分。多种酶系统的这两种辅基，在生物氧化过程中起递氢作用。具有这两种辅基的酶，通常称为黄素蛋白或黄酶。

黄素蛋白在细胞内参与一系列重要的生化反应，催化蛋白、脂肪、糖的代谢，并对中枢神经系统和毛细血管的机能活动具有重要影响。此外，核黄素在体内还具有促进胃分泌，肝脏、生殖系统的机能活动以及防止眼角膜受损的功能。

核黄素缺乏或不足，导致组织中黄素蛋白含量降低，体内生物氧化过程的酶系统受抑制，引起糖、蛋白、脂肪代谢障碍，进而使神经系统、心脏血管系统、消化系统以及生殖系统机能紊乱，出现各种症状。

【症状】初期，病畜呈现精神不振、食欲减退、生长发育缓慢、体重下降。皮肤增厚、脱屑、发炎，被毛粗糙，局部脱毛乃至秃毛。眼流泪、结膜炎、角膜炎，口唇发炎。继则出现神经症状，共济失调、痉挛、麻痹、瘫痪以及消化不良、呕吐、腹泻、脱水、心脏衰弱，最后陷于死亡。各种动物有所不同。

1. 猪 呈现生长迟缓，皮肤粗糙呈鳞状脱屑或脂溢性皮炎，鬃毛脱落；眼睑肿胀，结膜充血，角膜、晶体混浊，乃至失明；步态强拘乃至四肢轻瘫；妊娠母猪流产、早产或不孕，所产仔猪孱弱，皮肤秃毛，皮炎，结膜炎等。

2. 禽 呈现生长缓慢，衰弱，消瘦，但食欲良好。在1~2周之间发生腹泻，不能走路。病雏的特征性症状是趾爪向内蜷曲，强制驱赶时以跗关节着地而爬行，翅膀展开以维持体躯平衡，腿部的肌肉萎缩并松弛，皮肤干而粗糙。在严重缺乏的雏鸡，坐骨神经和臂神经表现出明显的肿胀与松软。蛋鸡产量下降，蛋白稀薄，孵化率低下。

3. 牛 成年牛较少自然发病。犊牛见有口角、唇、颊、舌黏膜发炎，流涎，流泪，脱毛，腹泻，有时呈现全身性痉挛等神经症状。

4. 马 表现不食，生长受阻，腹泻，流泪及脱毛，口角区周围充血，还可发生周期性眼炎。

【诊断】主要是根据饲养管理情况、临床表现，参考病理剖检变化（皮肤病变，角膜、晶状体混浊，实质器官营养不良，外周神经、脑神经细胞脱髓鞘，重症病雏坐骨和臂神经显著增粗）进行诊断。

血液生化检查，红细胞内维生素 B_2 含量低下，全血维生素 B_2 水平低于 $0.0399\mu mol/L$。红细胞谷胱甘肽还原酶和红细胞谷胱甘肽氧化酶系数测定是目前评价维生素 B_2 营养状况的良好指标。

治疗性试验可验证诊断。

鉴别诊断，应注意与狂犬病、马立克病以及维生素 A、维生素 B_1、维生素 B_5 缺乏病的区别。

【防治】预防应注意保持日粮组成的全价性，供给富含维生素 B_2 的饲料。平时注意青绿饲料、谷类子实、酵母以及奶制品等的补给，必要时可补给复合维生素 B 饲料添加剂。饲料宜生喂，不宜熟喂，切勿加碱处理或过度曝晒，以免维生素 B_2 被破坏。幼畜不宜过早断奶。

畜禽发病时，重点是查明并清除病因，改善饲养管理，调整日粮组成，增加富含核黄素的饲料，如全乳、脱脂乳、肉粉、鱼粉、苜蓿、三叶草及酵母等。

临床上主要应用维生素 B_2 制剂进行治疗，应注意如果发生的病理损害是不可逆性的，则不可能治愈。维生素 B_2 注射液，每千克体重 0.1~0.2mg，皮下或肌肉注射，疗程为 7~10d。复合维生素 B 制剂，马、牛 10~20mL，牛、羊 2~6mL，1次/d，口服。核黄素内服或混于饲料中饲喂，犊牛 30~50mg，猪 50~70mg，仔猪 5~6mg，雏禽 1~2mg，连用 8~15d。亦可给予饲用酵母，仔猪 10~20g，育成猪 30~60g，口服，2次/d，连用 7~15d。

维生素 B_6 缺乏病 (vitamin B_6 deficiency)

维生素 B_6 缺乏病是指由于动物体内吡哆醇、吡哆醛或吡哆胺缺乏或不足所引起的以生长缓慢、皮炎、癫痫样抽搐、贫血为特征的一种营养代谢病。自然条件下很少发生单纯性维生素 B_6 缺乏病,临床上偶见幼年反刍动物、雏禽和猪发病。

维生素 B_6 包括吡哆醇、吡哆醛和吡哆胺,以吡哆醇为代表。吡哆醇在哺乳动物体内可以转化为吡哆醛和吡哆胺,但吡哆醛和吡哆胺不能逆转为吡哆醇。三者在动物体内的活性相同。

【病因】吡哆醇广泛存在于各种植物性饲料之中,吡哆醛和吡哆胺在动物性食物中含量丰富,动物的胃肠道微生物还可合成维生素 B_6。因此,一般情况下,动物不会发生维生素 B_6 缺乏症。

引起维生素 B_6 缺乏病的原因有:饲料加工、精炼、蒸煮或低温储藏使维生素 B_6 遭到破坏;日粮中含有巯基化合物、氨基脲、羟胺、亚麻素等维生素 B_6 拮抗剂,影响维生素 B_6 的吸收和利用;日粮中的其他因素导致维生素 B_6 需要量增加,如日粮中蛋白质水平升高,氨基酸不平衡(如色氨酸和蛋氨酸过度)会增加维生素 B_6 需要量。机体在妊娠、泌乳、应激等某些特定的条件下,引起维生素 B_6 的需要量增加。

【症状】主要表现为生长受阻、皮炎、癫痫样抽搐、贫血和色氨酸代谢受阻等,但在不同动物各有差异。

1. 禽 表现食欲下降,生长缓慢,皮炎,贫血,惊厥,颤抖,不随意运动,病禽腰背塌陷,腰痉挛。产蛋鸡产蛋率和孵化率均下降,羽毛发育受阻,痉挛,跛行。

2. 猪 表现食欲下降,小红细胞性低色素性贫血,癫痫样抽搐,共济失调,呕吐,腹泻,被毛粗乱,皮肤结痂,眼周围有黄色分泌物。病理变化为皮下水肿,脂肪肝,外周神经脱髓鞘。

3. 犬、猫 表现为小细胞低色素性贫血,血液中铁浓度升高,含铁血黄素沉着。

4. 犊牛 表现厌食,生长发育受阻,被毛粗乱,掉毛,抽搐,异性红细胞增多性贫血。

5. 家兔 表现耳部皮肤鳞片化,口、鼻周围发炎,脱毛,痉挛,四肢疼痛,最后瘫痪。

【诊断】根据病史、临床症状、结合测定血浆中吡哆醛(PL)、磷酸吡哆醛(PLP)、总维生素 B_6 或尿中 4-吡哆酸含量可以做出初步诊断。

【防治】急性病例可以肌肉或皮下注射维生素 B_6 或复合维生素 B 注射液;慢性病例可以在日粮中补充维生素 B_6 单体,也可以补充复合维生素 B 添加剂。

各种动物对吡哆醇的需要量为:雏鸡每千克饲料 6.2~8.2mg,青年鸡每千克饲料 4.5mg,鸭每千克饲料 4.5mg,鹅每千克饲料 3.0mg,猪每千克饲料 1mg;犬、猫每千克体重 3~6mg,幼犬猫剂量加倍。

泛酸缺乏病 (pantothenic acid deficiency)

泛酸缺乏病也称为维生素 B_3 缺乏症,是由于体内泛酸缺乏或不足所引起的一种营养代谢病。本病多发于猪和禽类,偶见于反刍动物。在雏鸡,泛酸缺乏病的症状与生物素缺乏病相似，主要表现为皮炎、断羽、胫骨短粗。

泛酸又名遍多酸，因其广泛存在于动植物组织中而得名，也称为维生素 B_3 或抗鸡皮炎因子。酵母、麸皮、米糠、苜蓿、禾谷类子实、油饼中含量都很丰富。块根饲料，除胡萝卜外，含量较少。玉米中不含泛酸。泛酸为黄色黏稠状物，易吸湿，对氧化和还原剂稳定，有水加热不易破坏，但干热或以碱处理时则极易破坏。

【病因】原发性的泛酸缺乏病少见，主要见于用甜菜渣作为饲料喂猪，使得饲料中泛酸缺乏。将饲料干热或加酸加碱处理，使得泛酸被破坏。种鸡在维生素 B_{12} 不足时，对泛酸的需要量增加。

【发病机理】泛酸在体内是合成辅酶A的原料，辅酶A有酰化作用，在糖、脂肪和蛋白质代谢中起着重要作用。缺乏时，则影响酰化过程，使糖、脂肪和蛋白质代谢紊乱，表现出发病症状。

【症状】病猪生长缓慢，食欲减退乃至废绝，肠炎，腹泻，进而便血。皮肤粗糙，呈现鳞垢和秃毛斑，特别是臀部和背中部最为明显。由于外周神经和脊索神经发生变性，后肢出现运动障碍，呈现痉挛性鹅步（图7-1）。母猪所产仔猪出现畸形。尸检见肝脏变性，肠胃发炎、出血、溃疡，胃壁肿胀，肠黏膜坏死，表面覆盖纤维素性坏死性伪膜。组织学检查见坐骨神经和脊髓背根轴突变与脱髓鞘，脊髓柱轻度脱髓鞘，背根神经节细胞广泛实质溶解、坏死，肠壁淋巴组织增生，红细胞性贫血。

图7-1 猪泛酸缺乏引起的"鹅步"姿势

鸡患泛酸缺乏病的症状与生物素缺乏病相似，主要表现为皮炎、断羽、胫骨短粗，生长不良和死亡。雏鸡表现为羽毛粗乱蓬松，换毛延迟，生长发育迟缓，消瘦，贫血，眼睑边缘呈颗粒状，并形成小痂块，眼睑常为黏液性渗出物黏合，影响视力。口角、眼睑上，肛门周围亦有痂状损害。此外尚见羽毛脱落，皮肤角化，上皮逐渐腐脱，趾间及脚底外层皮肤脱落裂开，有的腿部皮肤增厚角化，球节有疣状隆起，由于周围神经和脊髓髓鞘脱失，出现运动障碍，共济失调，并常发生脱腱乃至死亡。蛋鸡产蛋率及所产蛋孵化率降低，鸡胚死亡率高，发育中的鸡胚的主要病变为皮下出血和严重水肿。鸭的症状类似鸡，主要以小细胞性贫血为特征。

【诊断】主要是根据饲养管理情况、临床症状，参考病理剖检变化进行诊断。

在鉴别诊断上，应注意与生物素缺乏病相区别。

【防治】为预防本病，应注意保持日粮组成的全价性，供给富含泛酸的饲料。平时注意饲喂新鲜嫩绿牧草、酵母、肝粉、苜蓿粉或脱脂乳等富含泛酸的饲料。

畜禽发病时，重点是查明并清除病因，改善饲养管理，调整日粮组成。可口服或注射泛酸制剂，随后在饲料中补充泛酸钙，以维持疗效。如同时给予维生素 B_{12} 可以提高疗效。

生物素缺乏病（biotin deficiency）

生物素缺乏病主要是由于体内生物素缺乏或不足所引起的一种以皮炎、脱毛、蹄壳开裂和生长鸡胫骨短粗为主要特征的营养代谢病。本病主要发生于鸡、火鸡、猪、犊牛和羔羊。成年牛、羊在瘤胃功能完好时，几乎不会发病。

生物素又称为维生素 H 或维生素 B_7，微溶于水，易溶于醇，不溶于有机溶剂，对热稳定，不被酸碱分解。广泛存在于动物性蛋白质和青绿饲料中，其中动物性饲料以肾、肝、心等含量最高。瘤胃、盲肠乃至大肠内细菌可以合成生物素。生物素在回肠的前 1/4 处吸收，盲肠、大肠对生物素吸收甚少。

【病因】一般情况下，动物不会发生本病。生鸡蛋清内含抗生物素蛋白，即卵白素，它可与生物素结合而抑制其活性，且消化利用率大大下降，所结合的生物素无法被利用。育雏时如采用过多的生鸡蛋清拌料，可导致生物素缺乏。也有报道因猪饲料中生鸡蛋白含量达 20% 可引起发病。加热可将抗生物素蛋白破坏，有利于生物素的利用。

生物素的某些衍生物亦有拮抗生物素作用。持续饲喂磺胺类药物或抗生素，可导致生物素缺乏。

猪、鸡及某些毛皮动物肠道细菌虽然能合成一定量的生物素，但由于不能被吸收，大多随粪便排出，如不特别加以补充，有时可酿成缺乏病。

饲料中的 α-生物素才具有生物学活性。有些饲料中总生物素含量虽高，但可利用率很低，如不注意补充，也可发生缺乏病。

【发病机理】生物素是糖、蛋白质和脂肪中间代谢的一个重要辅酶，参与很多羧化反应。不稳定的生物素是一种活泼的二氧化碳形式，在体内参加丙酮酸的羧化作用，形成草酰乙酸。它能转移羧基，如丙酸经过甲基丙二酰辅酶 A 可转变成琥珀酸以及各种氨基酸分解代谢中的转羧基作用。乙酰辅酶 A 转变成丙二酰辅酶 A 等过程，需要生物素参与。缺乏生物素可使上述代谢改变。

【症状】鸡、火鸡缺乏生物素所表现的脚、嘴和眼周围皮肤发炎以及胫骨短粗与泛酸缺乏病相似。由于骨和软骨缺损，跗骨歪斜，长骨短而粗。缺乏生物素的鸡所生产的蛋，孵化率降低，鸡胚发育缺陷，呈先天性骨短粗症，共济失调和特征性骨骼变形。例如胫骨短而且后屈，跗、跖骨很短，头颅短、翅膀短、肩甲骨前端短且弯曲。肉用仔鸡生后 10~20d，可发生脂肪肝和肾病综合征，补充生物素以后可大大减少发病率。最近，生物素被怀疑在肉鸡"急性死亡综合征"的发生上有作用。据报道，出现"急性死亡综合征"的雏鸡，肝中的生物素含量减少。

猪尤其是在集约化饲养条件下的猪，因无法接触到垫草和粪便，又以麸皮、麦类谷物为主食时，容易产生生物素缺乏病。表现为耳、颈、肩、尾部皮肤炎症、脱毛、蹄底、蹄壳出现裂缝，口腔黏膜炎症、溃疡。有报道某些集约化猪场有蹄底损伤的猪占 50%，按目前推荐日粮中生物素的含量，不能减少蹄损伤。建议每千克饲料中应含 200~500μg 生物素才能减少蹄损伤及其损伤程度。补充越多，康复越快。试验表明，饲料中生物素不足的动物，在补充生物素以后，可使胎产仔数增加 2%~14%，断乳后成活率增加 3%~17%。补充的生物素越多，效果越明显。

毛皮动物缺乏生物素可患湿疹、角化过度症（脱毛症）、搔痒症（貂类和狐），严重时可降低毛皮质量，皮肤变厚，产生鳞屑并脱落。眼鼻和嘴周围有发炎和渗出。眼睛周围的毛和皮肤色素变淡，因而产生"眼镜眼"的情况，有时身上还产生一种令人讨厌的臭味。雄性动物可能表现为"湿腹"的症状。水貂生物素缺乏可发生换毛障碍，在八月初即发生背部和体侧脱毛，这些区域变得几乎无毛，新生被毛推迟。九月初仔兽出现灰色毛皮镶边。银黑狐仔兽在背部出现黑色毛镶边，腹部为白色。水貂可咬被毛的毛尖和尾尖。怀孕期间喂给生鸡蛋清，新生仔兽被毛呈亮灰色，母兽失去其母性。发情期间因饲料中生物素不足，空怀率增高，银黑狐妊娠期间缺乏生物素，仔兽脚掌水肿，被毛变成灰色。

【诊断】根据症状，结合饲养管理情况调查和临床病理学检验进行诊断。

饲料中生物素的含量可作为诊断参考，但各种饲料中生物素的可利用率相差很大，应予注意。有些饲料如大麦、麸皮、燕麦中虽含有生物素，但可利用率仅为10%～30%，有些甚至为0；而有些饲料中生物素利用率可达100%，如鱼粉、油饼粕、黄豆粉、玉米粉等。血浆生物素浓度通常在650ng/L以上，但个体间差异很大，以猪而言，可在390～3 070ng/L之间。一般认为当血浆生物素浓度低于600ng/L，即应补充α-生物素。

鸡、火鸡缺乏生物素时，均表现喙和眼周围皮肤发炎，胫骨短粗与泛酸缺乏病相似，难以区别。需注意与烟酸、锌或硫缺乏所引起的掉毛相区别，也应与钼中毒、缺铜引起的被毛褪色等相区别。除测定饲料、动物血液或病死动物组织内上述物质的含量外，必要时可做治疗性诊断。

【防治】应注意保持日粮组成的全价性，保证日粮中含足量的与可利用性较高的生物素。许多饲料是生物素的良好补充物质，如黄豆粉、玉米粉、干乳清、啤酒酵母、鱼粉等，不仅其中α-生物素含量高，而且生物学效价高。

家禽和猪，尤其是雏禽和仔猪，禁用生蛋清饲喂，可经加热后拌料喂给。

临床试验表明，每千克饲料中有效生物素含量应在200μg以上，才能预防猪的蹄损伤和保持较高的繁殖性能。每千克鸡饲料中有效生物素含量应在150μg以上。

治疗时也可肌肉注射生物素，剂量为鸡、犬每千克体重0.5～1.0mg。

叶酸缺乏病（folic acid deficiency）

叶酸缺乏病是体内叶酸缺乏或不足所引起的一种以造血机能障碍、皮肤病变、生长缓慢以及繁殖功能低下为主要特征的营养代谢病。本病在猪、禽较为多见，其他家畜少见。

叶酸又称维生素M，广泛存在于各种绿色植物叶片和谷类饲料以及肝、肾、瘦肉、蛋黄等动物饲料中。反刍动物的瘤胃、马属动物的盲肠内的多种生物都能合成机体需要量的叶酸。猪和禽类胃肠道也能合成一部分叶酸。

【病因】在一般饲养条件下，动物较少发病。本病见于长期单一饲喂玉米或其他谷物而不给青绿饲料，长期饲喂低蛋白性饲料（蛋氨酸、赖氨酸缺乏）或煮熟的饲料。大量服用抗生素或其他抑菌性药剂，影响叶酸的体内生物合成。罹患胃肠道疾病，影响叶酸的吸收、利用。妊娠和哺乳母畜，需求量增加。

【发病机理】饲料中的叶酸以蝶酰多聚谷氨酸的形式存在，随饲料摄入后被小肠黏膜分泌的解聚酶（γ-L-谷氨酸-羧基肽酶）水解成谷氨酸和游离叶酸。叶酸在肠壁、肝脏及骨髓等组织中，经叶酸还原酶催化，以维生素C及还原型辅酶Ⅱ（NADPH）为供氢体，先还原成7,8-二氢叶酸（H_2叶酸），然后再通过二氢叶酸还原酶催化，生成具有活性的5,6,7,8-四氢叶酸（H_4叶酸）。

四氢叶酸是体内"一碳基团"转移酶系的辅酶，在体内除参与多种氨基酸的代谢外，还参与嘌呤和胸腺嘧啶等甲基化合物的合成。对核酸的合成具有直接影响。

叶酸缺乏可引起核酸合成障碍，致使细胞增殖受阻、组织退化，动物生长发育缓慢，甚至停止，消化道及骨髓受损。红细胞中DNA合成受阻，血细胞分裂增殖速度下降，细胞体积增大，核内染色质疏松，引起巨幼红细胞性贫血。

【症状】临床表现与维生素B_{12}缺乏病基本相似。患病动物主要呈现食欲不振、消化不良、腹泻、贫血、生长缓慢、繁殖力下降等症状。

1. 猪 食欲减退，生长迟滞，衰弱乏力，腹泻，皮肤粗糙、发疹，髋、膝关节部位脱毛，皮肤、黏膜苍白，贫血（巨幼细胞性贫血）并伴有粒细胞和血小板减少。此外，易患肺炎和胃肠炎。母猪受胎率及泌乳量下降。

2. 禽 雏鸡食欲不振，生长缓慢，羽毛生长不良且易折断，有色鸡的羽毛缺乏色素而褪色，出现典型的巨幼红细胞性贫血和白细胞减少症，胫骨短粗。雏火鸡往往见有特异性颈麻痹症状，头颈直伸，双翅下垂，不断抖动。母鸡产蛋量下降，孵化率低下，胚胎往往呈髋关节移位，胫跗骨弯曲，下颌缺损，趾畸形等病变且死亡率高。

【诊断】一般可根据饲养状况的分析，结合畜禽临床症状，参考病理剖检变化（皮肤黏膜苍白、贫血，皮肤发疹，胃肠炎）进行诊断。特征性生化检验结果是红细胞内含过量多谷氨酰叶酸衍生物。

【防治】为预防本病，应注意保持日粮组成的全价性，保证日粮中含足量的叶酸。用鱼粉或豆饼作为蛋白性饲料时，要注意补充叶酸，一般每吨饲料可添加5~10g。在服用磺胺或抗菌药物期间，或日粮中蛋白质含量不足时，应适当地增加B族维生素的含量。

畜禽发病时，重点是查明并清除病因，改善饲养管理，并调整日粮组成，给予富含叶酸的饲料，如苜蓿、豆谷、酵母、青绿饲料等。

临床上多应用叶酸制剂，猪每千克体重0.1~0.2mg，2次/d，内服或一次肌肉注射，连用5~10d；禽10~150μg/只，内服或肌肉注射，1次/d。还可给予维生素C或维生素B_{12}制剂，以减少叶酸消耗，提高疗效。

另外，要防止有色家禽羽毛色素缺乏，在补充叶酸的同时，补充赖氨酸、铜和铁都是必需的。胆碱与叶酸也有密切的关系，补充胆碱对减轻叶酸引起的胫骨短粗症的发病率及严重程度有好处。

维生素B_{12}缺乏病（vitamin B_{12} deficiency）

维生素B_{12}缺乏病亦称钴胺素缺乏病，主要是由于体内维生素B_{12}（或钴）缺乏或不足所引起的一种以机体物质代谢紊乱、生长发育受阻、恶性贫血及繁殖机能障碍为主要特征的营养代谢病。本病多呈地区性发生，缺钴地区发病率较高。动物中以猪、禽和犊牛较为多发，其他畜禽极为少见。

维生素B_{12}亦称钴胺素，属于抗贫血因子。植物性饲料中几乎不含维生素B_{12}，但由于根瘤菌能合成维生素B_{12}，故豆科植物的根含有维生素B_{12}。动物性饲料特别是肝、肾、肠中含量丰富。反刍动物的瘤胃、马属动物的盲肠和其他动物大肠内的微生物均有利用钴合成维生素B_{12}的能力。

【病因】本病起因于外源性缺乏，间或内源性生物合成障碍。通常见于长期使用植物性饲料或幼畜长期饲喂维生素 B_{12} 含量低下的代用奶。饲料中钴、蛋氨酸或可消化蛋白缺乏，可使体内维生素 B_{12} 的生物合成能力明显下降。如长期大量使用广谱抗生素，使胃肠道微生物区系受到抑制或破坏，也会维生素 B_{12} 的合成作用丧失。患慢性胃肠疾病时，胃黏膜壁细胞内因子（IF）分泌减少，影响维生素 B_{12} 的吸收和利用。

【发病机理】饲料中的维生素 B_{12} 是以钴胺形式与蛋白质结合而存在的。随饲料摄入的维生素 B_{12} 在胃内与 IF 结合，经小肠黏膜细胞吸收，进入肝脏转化为具有高度代谢活性含钴的辅酶（甲基钴胺）而参与氨基酸、胆碱、核酸的生物合成并对造血、内分泌、神经系统和肝脏机能具有重大的影响。

体内维生素 B_{12} 缺乏，糖、蛋白质、脂肪的中间代谢严重障碍。由于 N^5-甲基四氢叶酸不能被利用，阻碍了胸腺嘧啶的合成，致使脱氧核糖核酸（DNA）合成障碍，使红细胞发育受阻，引起巨幼红细胞性贫血。由于丙酮酸分解代谢障碍，脂质代谢失调，阻碍髓鞘形成而导致神经系统损害。

【症状】一般表现食欲减退或反常，生长缓慢，发育不良，可视黏膜苍白，皮肤湿疹，神经兴奋性增高，共济失调等症状。

1. 猪 病初生长停滞，皮肤粗糙，背部有湿疹样皮炎。逐渐出现恶性贫血症状，如皮肤、黏膜苍白，红细胞体积增大，数量减少。消化不良，异嗜，腹泻。运动障碍，后躯麻痹，倒地不起，多有肺炎等继发感染。成年猪主要呈现繁殖功能障碍，母猪易发生流产、死胎、胎儿发育不全、畸形，产仔数量少，且仔猪生活力弱，多于生后不久死亡。

2. 牛 异嗜，营养不良，衰弱乏力，可视黏膜苍白，产奶量明显下降。犊牛表现为食欲不振，生长停滞，黏膜苍白，皮肤、被毛粗糙，肌肉弛缓乏力和共济失调。

3. 禽 一般以笼式饲养的鸡较为多发。食欲不振，生长发育停滞，羽翼生长缓慢，苍白贫血，饲料利用率低。成年鸡产蛋量减少，孵化率低下，胚胎发育不良，多半死亡。孵出雏鸡弱小且多呈畸形。

【诊断】常根据病史、饲料分析结果（钴和维生素 B_{12} 含量低下）、临床表现（贫血、皮疹、消化不良）、病理剖检变化（消瘦、黏膜苍白贫血、肝脏变性、脊髓侧柱和后柱营养不良）以及生化检测结果（血液及肝脏维生素 B_{12}、钴含量低下，尿中甲基丙二酸浓度显著增高）进行诊断。

此外，应注意与泛酸、叶酸和钴缺乏病以及幼畜食饵性营养不良进行区别。

【防治】为预防本病，应注意保持日粮组成的全价性，保证日粮中含足量的维生素 B_{12} 和微量元素钴。为此可适当增加动物源性饲料或补给含有维生素 B 族以及钴、铁的饲料添加剂。对缺钴地区的牧场，应施用矿物性肥料，如硫酸钴 $1\sim 5kg/hm^2$。种鸡日粮中添加 $4mg/t$ 的维生素 B_{12} 可保证最高的孵化率。

畜禽发病时，应及时查明并清除病因，改善饲养管理，调整日粮组成，给予富含维生素 B_{12} 和钴的饲料，增加全乳、脱脂乳、鱼粉、肉粉、大豆副产品等。

临床上治疗维生素 B_{12} 缺乏病可补加氯化钴等钴化物，或应用维生素 B_{12}（氰钴胺）注射液，马、牛 $1\sim 2mg$，猪、羊 $0.3\sim 0.4mg$，鸡 $2\sim 4\mu g$，肌肉注射，每日或隔日一次。

对贫血严重的病畜，还可应用葡聚糖铁钴注射液、叶酸或维生素 C 等制剂。由于胃肠疾病引起维生素 B_{12} 缺乏的病畜，应积极治疗原发病。

维生素 C 缺乏病（vitamin C deficiency）

维生素 C 亦称抗坏血酸（ascorbic acid），其缺乏病主要是由于体内抗坏血酸缺乏或不足所引起的一种以皮肤、内脏器官出血，贫血，齿龈溃疡、坏死和关节肿胀为主要特征的营养代谢病。

维生素 C 广泛存在于青饲料、胡萝卜和新鲜乳汁中。动物可在肝和肾中利用单糖合成自身需要的维生素 C，因而畜禽较少发病，主要发生在生长期的幼龄畜禽。另外，猪内源性合成的维生素 C 并不能满足机体需要，仍需从饲料摄取补充。

【病因】在临床上，原发性维生素 C 缺乏病比较少见，通常发生于下列情况：

（1）长期饲喂缺乏维生素 C 的饲料，诸如煮熟的粉料、阳光暴晒的干草、高温加工的饲料以及因储存过久而霉变的草料。

（2）幼畜的母乳中维生素 C 含量不足或缺乏，很容易引起发病，因为幼畜尤其是仔猪、犊牛在出生后一段期间，不能合成维生素 C。

（3）当患胃肠或肝脏疾病，使维生素 C 的吸收、合成、利用障碍，或罹患肺炎、慢性传染病或中毒病，体内维生素 C 大量消耗，引起相对缺乏。

【发病机理】体内的维生素 C 是以还原型抗坏血酸的形式存在，它与脱氢抗坏血酸保持可逆的平衡状态，在对生命活动极其重要的氧化还原反应中发挥重要作用；激活一系列酶（蛋白酶、淀粉酶、脂酶等）和激素（皮质素、肾上腺素），参与氨基酸、脂肪和糖的代谢；参与细胞间质中胶原和黏多糖的合成以及血液凝固性和细胞、组织的再生机能，调节造血机能及血管壁的通透性。

维生素 C 缺乏可引起机体一系列代谢机能紊乱，特别是氧化还原反应障碍。由于胶原和黏多糖合成障碍，致细胞间质的比例失调，支持组织的完整性破坏，再生能力降低，导致骨骼、牙齿及毛细血管壁组织的间质形成不良。毛细血管间质减少，管壁孔隙增大，通透性增强，导致器官、组织出血（出血性素质），创伤也不易愈合。

维生素 C 缺乏会使铁在肠内的转化、吸收障碍，叶酸的活性降低，影响造血机能而引起贫血。

维生素 C 缺乏还会使抗体生成和网状内皮系统机能减弱，机体自然抵抗力和免疫反应性降低，对疾病的易感性增强，极易继发感染性疾病。

【症状】

1. 共同症状 病初，精神不振，食欲减退，幼畜生长发育缓慢，成畜生产性能下降。随病势发展，逐渐出现特征性的出血性素质现象。皮肤出血多发生于背部和颈部，毛囊周围呈点状出血，继则融汇成斑片状。口腔及齿龈出血，齿龈黏膜肿胀、疼痛、出血，进而形成溃疡，严重时颊和舌也发生溃疡或坏死。齿龈坏死或齿槽萎缩而牙齿松动，甚至脱落。大量流涎且口腔有不良气味。胃肠出血（排血便），肾和膀胱出血（排血尿）以及鼻腔出血（鼻衄）。红细胞总数及血红蛋白含量下降，逐渐发展成正细胞性贫血，并伴发白细胞减少症。关节肿胀、疼痛，活动困难，多喜躺卧。机体抵抗力低下，易继发感染肺炎、胃肠炎和一些传染病。

2. 特殊症状 禽的嗉囊能合成少量抗坏血酸，较少发病。缺乏时，生长缓慢，产蛋量少，蛋壳变薄；牛发生皮炎或结痂性皮肤病，齿龈发生化脓-腐败性炎症，泌乳量下降，犊牛还出现毛囊角化过度，表皮脱落形成结痂，脱毛，四肢关节增粗、疼痛，运动障碍；猪的出血性素质表现明显，皮肤黏膜出血、坏死，口腔、齿龈、舌尤为明显，皮肤出血的部位被毛易脱落，新生仔猪往往发生脐管大出血，造成死亡。

【诊断】一般可根据饲养管理情况、临床特征（出血性素质）、病理剖检变化（皮肤、黏膜、肌肉、内脏器官出血，齿龈肿胀、溃疡、坏死）以及实验室检验（血、尿、乳中维生素C含量低下）结果，进行综合分析，建立诊断。

【防治】预防应注意保持日粮组成的全价性，保证日粮中含足量的维生素C，夏季应进行放牧，舍饲期应补饲富含维生素C的青绿饲料。为防止新生仔猪脐管出血，可于产前1周给妊娠母猪补饲维生素C。

畜禽发病时，应查除病因，改善饲养管理，并调整日粮组成，给予富含维生素C的青绿饲料，如新鲜青草、苜蓿、三叶草、块根类以及松柏针叶或其浸出液。

治疗可应用维生素C制剂。维生素C注射液：马1～4g，猪、羊0.2～0.5g，1次/d，连用7d，皮下或静脉注射。维生素C片：马0.5～2g，牛0.7～3g，猪0.5～1.0g，仔猪0.1～0.2g，羊0.2～0.5g，内服或混饲，连用15d。

对口腔溃疡或坏死者，在补充维生素C的同时，亦可补充维生素B_{12}，同时可用0.1%高锰酸钾溶液、庆大霉素溶液或其他抗菌药液冲洗患部，并涂抹碘甘油或抗生素药膏。

维生素 D 缺乏病（vitamin D deficiency）

维生素D缺乏病是指由于机体维生素D生成或摄入不足而引起的以钙、磷代谢障碍为主的一种营养代谢病。临床上患病动物主要表现食欲下降，生长阻滞，骨骼病变，幼年动物发生佝偻病，成年动物发生骨软病或纤维性骨营养不良。各种动物都可出现维生素D缺乏病，其中幼年动物较为多发。

【病因】机体维生素D的来源主要有两个，即外源性维生素D和内源性维生素D（维生素D_3）。维生素D_2主要是由植物中麦角固醇经紫外照射后而产生，又称麦角钙化醇，商品性的维生素D_2是紫外线照射酵母而产生的。维生素D_3是哺乳动物皮肤中的7-脱氢胆固醇经紫外线照射而产生的，又称为胆钙化醇。维生素D本身并不具备生物活性，或其生物活性非常小。当它被吸收以后，在肝脏内进行羟化，转化为25-OH-VD后，再与血液中的运输蛋白相结合，被带到肾脏，经肾脏进一步羟化，生成1,25-$(OH)_2$-VD后，才能发挥其相应的功能。维生素D在吸收过程中需要胆盐的存在，并受其他脂溶性维生素，尤其是维生素A的干扰。

饲料中维生素D缺乏间或皮肤受阳光照射不足是引起动物机体维生素D缺乏的根本原因。动物长期舍饲、冬天阳光不足、缺乏紫外线照射，长期饲喂幼嫩青草或未被阳光照射而风干的青草，致体内合成维生素D不足，可发生维生素D缺乏病。

胃肠道疾病、肝脏胆汁分泌不足、日粮中维生素A过量都能影响动物对维生素D的吸收；肝肾疾病影响维生素D的代谢。因此，长期胃肠功能紊乱、肝肾衰竭等，亦是维生素D缺乏病的原因。

幼年动物生长发育阶段、母畜妊娠泌乳阶段、蛋鸡产蛋高峰，均增加维生素D的需要量，若补充不足，容易导致维生素 D 缺乏。

日粮中钙、磷比例在正常范围 1~2∶1 时，动物对维生素 D 需要量少，当钙、磷比例偏离正常比例太远时，维生素 D 的需要量增加，如未能适当补充，亦可造成维生素 D 缺乏。

对禽类而言，维生素 D_2 活性代谢产物 1，25‐$(OH)_2$‐VD_2 的生物活性仅为维生素 D_3 活性代谢产物 1，25‐$(OH)_2$‐VD_3 的 1/5~1/10，因此在家禽饲料中应添加维生素 D_3，才能有效防止雏禽佝偻病。

【发病机理】维生素 D 及其活性代谢产物相当于一种内分泌激素，与降钙素、甲状旁腺激素一起参与机体钙、磷代谢的调节，保持血液钙、磷浓度的稳定以及钙、磷在骨组织的沉积和溶出，从而维持骨骼和牙齿的正常生长发育。其调节方式主要表现在三个方面，即促进小肠近端对钙的吸收，远端对磷的吸收；促进肾小管对钙、磷的重吸收；促进骨骼钙、磷的沉积和溶出。

当维生素 D 不足或缺乏时，肠道对钙、磷的吸收能力降低，血液钙、磷的水平随之降低。血钙水平下降引起甲状旁腺分泌增加，致使破骨细胞活性增强，骨盐溶出。同时抑制肾小管对磷的重吸收，造成尿磷增多，血磷减少，结果血液中的钙、磷乘积降低，致使钙、磷在骨生长区的基质中沉积减少。结果成年动物因骨骼不断溶解而发生骨软症，幼年动物因成骨作用受阻而发生佝偻病。

【症状】幼年动物主要表现为佝偻病的症状。病初表现为异嗜，消化紊乱，消瘦，生长缓慢，喜卧，跛行；随着病情的发展，患病的动物可出现四肢弯曲变形，呈"X"或"O"形站立姿势，关节肿大，迈步困难，不愿运动，肋骨与肋软骨结合处呈串珠状肿，胸廓扁平狭窄。喙软，四肢弯曲易折。血清钙、磷含量降低或正常，碱性磷酸酶活性升高。

成年动物主要表现为骨软症。初期表现异嗜，消化紊乱，消瘦，被毛粗乱无光；继之出现运步强拘，拱背站立，腰腿僵硬，跛行或四肢交替站立，喜卧，不愿起立。病情进一步发展，出现骨骼肿胀弯曲，四肢疼痛，肋骨与肋软骨结合处肿胀；尾椎弯软，被吸收，易骨折；额骨穿刺呈阳性，肌腱附着部易被撕脱。血清磷性磷酸酶活性升高。

【诊断】根据动物年龄、饲养管理条件、病史和临床表现，可以做出初步诊断。测定血清钙磷水平、碱性磷酶活性、维生素 D 及其活性代谢产物的含量，结合骨的 X 光检查结果可以确诊。

【防治】预防动物维生素 D 缺乏病首先要保证动物有足够的运动和阳光直接照射，并注意供给富含维生素 D 的饲草饲料。如果不能满足以上条件，应在日粮中添加维生素 D 制剂，各种动物的需要量为：猪 220IU/kg，蛋鸡 500IU/kg，生长鸡 200IU/kg，火鸡 900IU/kg，鸭 220IU/kg。同时要注意日粮中的钙、磷含量及比例。对患有胃肠、肝肾疾病影响维生素 D 吸收和代谢的动物应及时对症治疗。此外，还应注意日粮中其他脂溶性维生素的含量。

治疗应在查明病因的基础上，调整日粮组成，增加富含维生素 D 的饲料，增加患病动物的舍外运动及阳光照射时间，同时积极治疗原发病。鱼肝油，马、牛 20~60mL，猪、羊 10~20mL，驹、犊 5~10mL，仔猪、羔羊 1~3mL，禽 0.5~1mL，内服。维丁胶性钙注射液，牛、马 2 万~10 万 IU，猪、羊 0.5 万~2 万 IU，肌肉注射。维生素 D_3 注射液，1 000~3 000IU/kg，肌肉注射。维生素 AD 复合注射液，马、牛 5~10mL，猪、羊、驹、犊 2~4mL，仔猪、羔羊 0.5~1mL，肌肉注射。对于大群动物发生维生素 D 缺乏病，逐个进行肌肉注射或口服是不可行的，应考虑在日粮中添加维生素 D_3 粉剂，统一治疗。

在使用上述药物治疗维生素 D 缺乏病时，不可长期大剂量使用，应视动物种类、年龄及发病情况适当调整用量及时间，以免造成中毒。对大多数动物来说，长时间（2 个月以上）饲喂时，维生素 D_3 的耐受量约为常用量的 5~10 倍；短时间饲喂时，维生素 D_3 的最大耐受量是常用量的 100 倍左右。若与此同时给予大量的其他脂溶性的维生素（维生素 A、维生素 E、维生素 K）可降低维生素 D 的毒性。日粮中钙磷水平较高时，可加重维生素 D 的毒性，日粮中钙磷水平低时，可减轻维生素 D 的毒性。维生素 D 的毒性主要是由于其大量进入机体以后，促进肠道钙的吸收和骨钙的溶出，致使血清钙升高和软组织的普遍钙化。临床表现恶心，食欲下降，多尿，烦渴，皮肤瘙痒，肾衰竭，心血管系统，皮下异常钙沉积，严重者可引起死亡。一旦发现上述症状，应及时检查血液和尿液，此时血钙和尿钙明显升高，血清维生素 D 及其活性代谢产物也明显升高。

治疗维生素 D 中毒时，应首先停止使用维生素 D 制剂，并给予低钙饲粮，静脉输液，纠正电解质紊乱，补充血容量，使用利尿药物，促进钙排出，以使血钙恢复到正常的水平。糖皮质激素，如地塞米松，可抑制 $1,25-(OH)_2-D_3$ 的生成和阻止肠中钙的吸收，待血钙能维持正常水平 2~3 月以后，可逐渐减少并停止使用糖皮质激素。与此同时，还可以应用维生素 E、维生素 K、维生素 C 等药物。

维生素 K 缺乏病（vitamin K deficiency）

维生素 K 缺乏病是由维生素 K 缺乏或不足所引起的一种以出血性素质为特征的营养代谢病。在自然界中有两种类型的维生素 K，即 K_1 和 K_2，K_3（亚硫酸氢钠甲萘醌）和 K_4（乙酰甲萘醌）则是人工合成的维生素 K。维生素 K_1 广泛存在于绿色植物中，特别是苜蓿和青草中含量最丰富，黄豆油中也含有维生素 K_1。维生素 K_2 是由家畜和家禽消化道中微生物合成的。

【病因】维生素 K_1 广泛存在于植物体内，维生素 K_2 可由畜禽肠道微生物合成，因此在正常饲养和生理条件下，家畜和家禽极少发生维生素 K 缺乏病。只有畜禽长期笼养而青饲料供应不足时才会出现原发性病例。条件性缺乏病例见于下列情况：

(1) 饲料中含有拮抗维生素 K 的物质。如牛草木樨中毒时，草木樨中的双香豆素与维生素 K 发生竞争拮抗作用，导致凝血障碍。此外，霉菌毒素、水杨酸等也是拮抗维生素 K 的物质。

(2) 肠道微生物合成维生素 K 的能力受到抑制。如长期大量使用广谱抗生素。

(3) 肠道吸收维生素 K 的能力下降。如胆汁分泌不足、鸡球虫病、长期服用矿物油等。

【发病机理】维生素 K 具有促进肝脏合成凝血酶原的作用，而凝血酶原是参与凝血过程的一个重要成分。维生素 K 还调节另外三种凝血因子（Ⅶ、Ⅸ 及 Ⅹ）的合成。故当维生素 K 缺乏时，凝血时间显著延长，当对缺乏病的动物施行外科手术或发生创伤时，常遇到血管出血不止的现象。

在家畜草木樨中毒时，由于草木樨中含有一种无毒的香豆素，在草木樨被霉菌感染后分解为有毒的双香豆素,其结构与维生素 K 十分相似,在体内与维生素 K 发生竞争,抑制维生素 K 的作用,严重地降低血液中凝血酶原的浓度,干扰凝血过程,导致血液凝固时间延长。这种情况与灭鼠药华法林中毒相似,而后者也是一种含有香豆素的抗凝剂,因此当草木樨和华法林中毒时,都可采用维生素 K 来治疗。

【症状】小猪试验性维生素 K 缺乏病,表现为感觉过敏,贫血,厌食,衰弱和凝血时间显著延长。在小鸡,需在饲料中缺乏维生素 K 达 2～3 周才出现症状,表现胸脯、腿和翅、腹腔等部位出现大量的出血。如饲料和饮水中含有磺胺喹㗁啉,会增加本病的发生率和严重程度。雏鸡由于出血及骨髓发育不全而引起贫血。种禽日粮中缺乏维生素 K 时,可引起种蛋孵化时胚胎死亡率增加,死亡的胚胎表现出血。马在长时间饲喂干燥而发白的干草或青草才发生缺乏病,仅表现有某些亚临床症状。

【诊断】通常根据饲养管理情况、临床症状和病理剖检变化等进行初步诊断。实验室检测如凝血时间、凝血酶原的测定有助于诊断。治疗性试验可验证诊断。

【防治】预防应注意不间断地保证青绿饲料的供给;控制磺胺和广谱抗生素的使用时间及用量;及时治疗胃肠道及肝胆疾病;对长期伴有消化扰乱的反刍动物和笼养家禽,应在日粮中适当补充维生素 K。

治疗可应用维生素 K_3,猪 10～30mg/d,鸡 0.5～2.0mg/d,肌肉注射。或每千克饲料中添加 3～8mg,混饲。当应用维生素 K_3 治疗时,最好同时给予钙剂。对吸收障碍的病例,在口服维生素 K 制剂时,需同时服用胆盐。

维生素 K 过多会引起中毒。不同形式的维生素 K 的毒性差别很大,维生素 K 的天然形式——叶绿醌和甲基萘醌,在高剂量的使用情况下,毒性也非常小,但合成的甲萘醌化合物则对人畜表现出一定的毒性。人、兔、犬和小鼠摄入过量维生素 K 主要表现呕吐、卟啉尿和蛋白尿;兔还出现凝血时间延长,小鼠还出现血细胞减少和血红蛋白尿。

胆碱缺乏病 (choline deficiency)

胆碱缺乏病主要是由于体内胆碱缺乏或含量不足所引起的一种以生长发育受阻,肝、肾脂肪变性,消化不良,运动障碍,禽类骨骼短粗为主要特征的脂类代谢障碍疾病。本病在仔猪和雏禽较为多发,犊牛偶见,其他动物比较少见。

胆碱通常以磷酸酯或乙酰胆碱的形式广泛分布于自然界。胆碱的自然来源是动物性饲料(蛋黄、鱼粉、肉粉、骨粉等)和青绿植物以及饼粕等。

【病因】通常见于饲料中胆碱缺乏或含量不足。日粮中动物源性饲料不足,特别是具有生物活性的全价蛋白,叶酸及维生素 B_{12} 缺乏。日粮中烟酸含量过多,以甲基烟酰胺形式排出,使机体缺少为合成胆碱所必需的甲基族。日粮中锰缺乏,因为微量元素锰参与胆碱代谢过程,起着类似胆碱的生物学作用。

【发病机理】胆碱分子中含有羟基,呈碱性。胆碱与其他 B 族维生素不同,不直接参与代谢过程中的催化作用,而是作为卵磷脂和乙酰胆碱等的组成成分参与脂肪代谢。尤其是作为抗脂肪肝维生素,参与肝内的脂质代谢,促进脂肪酸的利用,阻抑脂肪在肝脏(和肾脏)的沉积。

胆碱在体内作为甲基族的供体,参与蛋氨酸、肾上腺素、甲基烟酰胺的合成,也是合成乙酰胆碱的基础物质，从而参与神经传导和肌肉兴奋性的调节。

胆碱还能促进肝糖原的合成和储存，刺激肠道分泌和蠕动。

体内胆碱缺乏可引起脂肪代谢障碍，脂肪在肝细胞和肾组织中大量沉积，引起肝（肾）脂肪变性以及消化和代谢机能障碍，生长发育缓慢等一系列病理变化。

【症状】病畜胆碱缺乏时，表现精神不振，食欲减退，生长发育缓慢，衰弱乏力，关节肿胀，屈曲不全，共济失调，皮肤黏膜苍白，消化不良。

1. 猪 主要表现衰弱乏力，共济失调，跗关节肿胀并有压痛感，肩部轮廓异常等。由于肝脂肪变性常引起消化不良，死亡率较高。仔猪生长发育缓慢，衰弱，被毛粗糙，腿关节屈曲不全，运步不协调。有的仔猪出现先天性肢外张（八字腿）。

2. 禽 胆碱对家禽具有防止骨短粗病的特殊生理功能。胆碱缺乏时，即使日粮中锰、生物素、叶酸含量充足也能引起胫骨短粗症，肝脂肪变性和卵黄性腹膜炎。雏鸡，主要是胫骨短粗症，跗关节肿大，继而发展为胫跗关节由于胫骨扭曲而明显变平，严重时可与胫骨脱离，致双腿不能支撑体重，关节软骨移位，跟腱自髁头滑脱。青年鸡极易发生脂肪肝或因肝破裂、急性内出血而死亡。母鸡产蛋量减少，孵化率低下，多孵出弱雏且关节、韧带及肌腱往往发育不全。

3. 犊牛 应用缺乏胆碱的合成饲料，对生后 2d 的犊牛进行人工饲喂试验，经 7d 出现急性胆碱缺乏综合征，表现为食欲不振，生长发育不良，衰弱乏力，不能站立，呼吸疾速，消化不良。

【诊断】通常根据饲养管理情况调查，日粮胆碱含量检测，结合临床症状及病理剖检变化（肝、肾弥漫性脂肪浸润，禽类见有胫骨、跖骨发育不全）进行确诊。

应注意与硒缺乏引起的营养性肝营养不良及锰缺乏病进行鉴别诊断。

【防治】预防本病应注意保持日粮组成的全价性，保证日粮中含足量的胆碱。为防止鸡发生脂肪肝，可在每千克饲料中添加氯化胆碱 1g，肌醇 1g，维生素 E10 IU，预防效果良好。

畜禽发病时，首先应查清病因，改善饲养管理，并调整口粮组成，给予胆碱丰富的全价饲粮，如全乳、脱脂乳、骨粉、肉粉、鱼粉、麦麸、油料饼粕、豆类以及酵母等。也可适量补给蛋氨酸、叶酸、维生素 B_{12} 等。

药物治疗通常均应用氯化胆碱，内服或与饲料混饲，添加量一般为每千克饲料1~1.5g。

（黄克和）

第三节 矿物质代谢障碍病

佝偻病（rickets）

佝偻病是生长期动物由于机体内维生素 D、钙或/和磷缺乏所致的一种骨营养不良性代谢病。临床上以消化紊乱、异嗜癖、骨骼变形及跛行为特征。病理特征是成骨细胞钙化作用不足，持久性软骨肥大与骨骺增大的暂时钙化作用不全。

本病常见于犊牛、羔羊、仔猪、幼犬、幼狐、幼貉，幼驹和幼禽亦可发生。

【病因】

1. 先天性病因 由于妊娠母体内矿物质和维生素 D 不足或缺乏，影响胎儿的生长发育，致使幼畜出生后即表现出骨钙化不良的症状。

2. 原发性病因 主要见于维生素 D 缺乏和钙、磷缺乏或比例失调。

维生素 D 的缺乏是引起佝偻病的主要原因。幼龄哺乳动物体内维生素 D 主要来源于母乳或代乳，母乳或代乳中维生素 D 不足，或禽类产蛋期维生素 D 缺乏。种蛋内维生素 D 含量减少，可引起后天性维生素 D 缺乏，导致佝偻病。采食后维生素 D 主要来源于饲料，若饲料中维生素 D 供给不足，即使饲料中钙磷含量充足，也会导致钙、磷吸收障碍，发生佝偻病。紫外线照射能使皮肤内的 7-脱氢胆固醇转变为维生素 D_2 和维生素 D_3；经阳光晒过的饲草，其中的麦角固醇能转化为维生素 D_2，因此，缺少阳光照射时，动物会出现维生素 D 的不足，导致佝偻病的发生。

日粮中钙、磷缺乏或钙、磷比例不当也是本病发生的重要因素。日粮中钙、磷比例为 1～2∶1 时钙、磷的吸收最佳，否则会引起吸收障碍，发生佝偻病。

3. 继发性病因 是指虽然能够摄食到足够的钙、磷和维生素 D，但不能被机体吸收利用。维生素 D 的羟化需要在肝肾中进行，因此在肝肾疾病时，这一羟化作用不能完成，造成具有生理活性的 $1,25-(OH)_2VD_3$ 的缺乏而致病。消化机能紊乱，尤其是长期腹泻性疾病时，可引起钙、磷和维生素 D 吸收障碍。饲料中蛋白质、铜、锰不足或钡、草酸、植酸过量，以及某些内分泌疾病如甲状旁腺疾病等也会影响钙、磷和维生素 D 的吸收和利用，均能导致佝偻病的发生。

此外，佝偻病的发生也与维生素 A、维生素 C、铁等物质的缺乏有关。如维生素 A 参与骨骼中黏多糖的合成，是骨骼生长发育所必需。而维生素 C 是羟化酶的辅助因子，促进骨骼有机母质的合成。因此，维生素 C 缺乏会发生骨骼变形，造成佝偻病的发生。

对于不同种类动物来说，佝偻病的发生原因又各有不同。快速生长中的犊牛、羔羊，主要是原发性磷缺乏及舍饲中光照不足，其中羔羊对原发性磷缺乏的易感性较低。仔猪的发病原因是原发性磷过多而维生素 D 和钙缺乏。幼驹在自然条件下，佝偻病不常见。哺乳幼畜对维生素 D 的缺乏要比成年动物更敏感。舍饲和北部高寒地区，圈养的犊牛、羔羊、仔猪和集约化程度高的笼养鸡，其发病率较高。在上述饲养管理条件的动物群中，有时并未发现在饲养上存在明显的钙、磷不平衡现象，但却有大批幼畜、幼禽发生佝偻病，这就表明维生素 D 的重要作用。对猪的研究表明，保证骨骼正常发育、生长所需的钙、磷比例是 1∶1 或 2∶1。在早期断乳的小猪日粮中，钙的含量只允许占 0.8%，超过 0.9% 时，就会降低生长率，并干扰对锌的吸收。

【发病机理】 钙、磷的吸收与排泄，血钙与血磷的水平，机体各组织对钙、磷的摄取、利用和储存等都是在活性维生素 D、甲状旁腺激素及降钙素的调节下进行的。

体内的维生素 D_3，无论是从肠道吸收得还是由皮肤合成的，都没有生物活性，只有先在肝细胞线粒体内维生素 D_3-25-羟化酶作用下，生成 $25-(OH)-VD_3$，然后在肾近曲小管上皮细胞线粒体内 $25-(OH)-VD_3-1$ 羟化酶作用下，羟化成 $1,25-(OH)_2-VD_3$ 才具有较强的生理活性，发挥作用。维生素 D_3 的代谢产物很多，但 $1,25-(OH)_2-VD_3$ 是目前已知的维生素 D 衍生物中活性最强的一种。维生素 D_3 的其他代谢产物也有生物活性作用，如 $24,25-(OH)_2-VD_3$ 被认为是正常骨发育和维持禽类正常孵化率所必需的。

活性维生素 D_3 作用的靶器官主要是小肠、骨和肾,可以通过三个方面影响钙磷吸收:①促进小肠对钙、磷的吸收,1,25-$(OH)_2$-VD_3 生成后,经过血液循环进入小肠黏膜,促进小肠黏膜合成钙结合蛋白,它是一种载体蛋白,可与钙离子结合促进钙的吸收,同时还能促进小肠对磷的吸收,从而提高血钙、血磷的含量。在血钙较高时,可促进骨骼、牙齿的钙化作用。②增加肾小管对磷的重吸收,减少尿磷的排出,提高血磷含量。③在血钙降低的情况下,协助甲状旁腺素增强破骨细胞对骨盐的溶解作用,释放钙离子,从而调节血钙的相对稳定,维持正常的生理功能。

甲状旁腺激素促进溶骨,促进小肠对钙的吸收,抑制肾小管对磷的吸收,总的作用是提高血钙,降低血磷。降钙素抑制破骨细胞的形成及其活性,促进骨盐沉积,并能抑制肾小管对钙、磷的吸收,从而降低血钙。

佝偻病是以生长骨的骨基质钙化不足为基础所发生的。在病因的作用下,发育骨中的骨样组织和软骨组织母质钙化不全、成骨细胞钙化延迟、骨骺软骨增生、骨骺板增宽、骨干和软骨钙化不全。骨骼中钙的含量明显降低,从正常的 66.33% 降低到 18.2%。骨样组织增加明显,从 30% 增高到 70%。骨组织承受不了正常体重的压力,长骨弯曲,骨骺膨大,关节明显增大。

【症状】

1. 先天性佝偻病 动物出生后即出现不同程度的衰弱,数天后仍不能自行站立,辅助站立时,背腰拱起,四肢弯曲不能伸直,多向一侧扭转,躺卧时亦呈不自然姿势。

2. 后天性佝偻病 患病动物精神沉郁,消化不良,异嗜,喜卧,不愿站立和运动。站立时,四肢频频交换负重;运步时,步样僵拘。发育停滞,消瘦,出牙期延长,齿形不规则,齿面易磨损,齿面不整。间或伴发咳嗽、腹泻和呼吸困难。严重的病例可发生贫血。

骨骼变形,四肢骨骼弯曲,呈内弧(O 状)、外弧(八字)或"X"形肢势(图 7-2)。头骨、鼻骨肿胀。硬腭凸出,口裂常闭合不全。脊柱骨上凸、下凹或左右弯曲。腕、膝、跗、系关节的骨骼呈坚硬无痛的肿胀。肋骨扁平,胸廓狭窄,胸骨呈舟状突起而呈鸡胸之状,肋骨和肋软骨结合部呈串珠样肿胀。

图 7-2 羊佝偻病

在禽类,幼禽腿无力,喙与爪变软易弯曲。采食困难,走路不稳,常以飞节着地,呈蹲状休息,骨骼变软肿胀。生长缓慢或停滞,有的发生腹泻。体温、脉搏、呼吸一般无变化。

血清碱性磷酸酶(AKP)活性往往明显升高,但血清钙、磷水平则因致病因子而定,如由于磷或维生素 D 缺乏,则血清无机磷水平可在正常低限时的水平(30mg/L)以下。血清钙水平往往在最后阶段才会降低。X 线检查发现,骨质密度降低,长骨末端呈现"羊毛状"或"蛾蚀状"外观。剖检主要病变在骨骼,长骨变形、骨端肥大、骨质变软和直径变粗,关节肿大,肋骨与肋软骨结合处肿胀,呈串珠样。

【病程及预后】佝偻病多呈慢性经过,病程较长。病情较轻者,在早期改善饲养管理的基础上进行合理有效的治疗,一般可以康复。发生骨骼变形的患病动物,即使通过积极合理的治疗,变形的骨骼多数不能恢复正常。如已发生消瘦、骨骼严重变形或骨折的重症病例预后不良。

【诊断】一般根据病史（患病动物的年龄、饲养管理条件）、临床表现（呈慢性经过、生长迟缓、异嗜癖、运动困难以及骨骼关节变形等）和实验室检查结果可做出诊断。血清钙、磷水平及AKP活性的变化有参考意义。骨的X线检查及组织学检查，可以帮助确诊。

临床上应与风湿性关节炎、骨折、慢性氟中毒、铜缺乏症以及衣原体病和感染性关节炎等进行鉴别诊断。

【治疗】治疗原则是加强护理，消除病因，促进钙、磷吸收与沉积。

注意厩舍卫生，保持舍内干燥温暖，光线充足，通风良好。保证适当的运动和充足的阳光照射，给予易消化的富含营养的饲料。

调整日粮组成，供应足够的维生素D和矿物质，注意钙、磷比例，控制在1～2∶1范围内。骨粉、鱼粉、甘油磷酸钙、磷酸二氢钙等是最好的补充物。除幼驹外，都不应单独补充南京石粉、蛋壳粉和贝壳粉。日粮中应按需要进行添加维生素D，富含维生素D的饲料包括开花阶段以后的优质牧草、豆科牧草和其他青绿饲料，在这些饲料中还含有充足的钙、磷。但青贮饲料因晒太阳时间短，其维生素D_2的含量较少。冬季舍饲的动物，可定期利用紫外线灯照射，照射距离为1.0～1.5m，照射时间为5～15min。

调整胃肠机能，给予助消化药和健胃药，加强对症治疗。

有效的治疗药物是维生素D制剂，例如鱼肝油、浓缩维生素D油、维丁胶性钙等。如鱼肝油，内服，马、牛20～60mL，羊、猪10～15mL，犬5～10mL，鸡1～2mL；或浓鱼肝油，内服，各种家畜均为每100kg体重0.4～0.6mL，1次/d，发生腹泻时停止用药。维丁胶性钙注射液（骨化醇胶性钙注射液），皮下或肌肉注射，马、牛2.5万～10万IU，羊、猪0.2万～2万IU，犬0.25万～0.5万IU。维生素A、D注射液（每毫升含维生素A5万IU，维生素D0.5万IU），肌肉注射，马、牛5～10mL，驹、犊、羊、猪2～4mL，羔羊、仔猪0.5～1mL。维生素D_2注射液，肌肉注射，各种家畜均为每千克体重1 500～3 000IU，注射前、后需补充钙剂。先天性佝偻病，从生后第1天起，即用维生素D_3液7万～10万IU，皮下或肌肉注射，每2～3d一次，重复注射3～4次，至四肢症状好转时为止。

应用钙剂，如碳酸钙，内服，马、牛30～120g，羊、猪3～10g，犬0.5～2g；乳酸钙，内服，马、牛5～15g，羊、猪0.3～1g，犬0.3～0.5g；葡萄糖氯化钙注射液，静脉注射，马、牛100～300mL，羊、猪20～100mL，犬5～10mL；10%氯化钙注射液，静脉注射，驹、犊5～10mL；10%葡萄糖酸钙液，静脉注射，驹、犊10～20mL，犬2～5mL。静脉注射钙剂，初期1次/d，以后1～2次/周。

【预防】预防佝偻病，主要措施是饲喂全价饲料，保证充足的维生素D和钙、磷含量及其比例正确。必要时补充富含维生素D和矿物质的饲料。哺乳动物不宜过早断奶，及时驱虫，对胃肠炎进行有效的治疗，同时增加光照。

骨软病（osteomalacia）

骨软病是由饲料中钙、磷缺乏或两者比例不当等引起的成年动物骨骼进行性脱钙导致的一种骨营养不良性疾病。临床特征是消化紊乱，异嗜癖，跛行，骨质软化及骨变形。病理学特征为骨质进行性脱钙、未钙化骨基质增多。本病可发生于各种动物，最常见于牛和绵羊，猪和山羊也可发生。

【病因】 日粮中的钙、磷和/或维生素 D 缺乏，或钙、磷比例不当，是引起本病的主要原因。成年动物骨骼中约有 25% 灰分，灰分由 36% 钙、17% 磷、0.8% 镁和其他成分组成，其钙、磷比例约为 2∶1，根据骨组织中钙、磷比例和饲料中钙、磷比例基本上相适应的理论，要求饲料中的钙磷比例也应为 1～2∶1。但不同动物以及同种动物不同生理时期对日粮中钙、磷的比例要求不完全一致，黄牛为 2.5∶1，奶牛 1.5∶1，泌乳奶牛为 0.8∶0.7，猪约为 1∶1。

动物种类不同，在致病因素上也有一定差异。猪的骨软病常由于日粮中缺钙而引起，多见于长期给仔猪哺乳而断奶不久的母猪。牛、绵羊的骨软病通常由于饲料、饮水中磷含量不足或钙含量过多，导致钙、磷比例不平衡而发生，泌乳和妊娠后期的母牛发病率最高。

无论是牛因缺磷还是猪因缺钙而引起的骨软病，都是因为改变了日粮正常所需要的钙、磷比例。一般认为，麸皮、米糠、豆饼及其他豆科种子和秸秆含磷都比较丰富，而谷草和红茅草则含钙比较丰富，青干草（特别是豆科植物的秸秆）中，钙、磷含量都比较丰富。在长期干旱年代中生长的和生长在山地、丘陵地区的植物，从根部吸收的磷都很少；相反，在多雨的年份、平原或低湿地区生长的植物，含磷量都较高。已经发现，在长期干旱时，植物茎、叶的含磷量可减少 7%～49%，种子的含磷量可减少 4%～26%。由于磷缺乏可引起骨组织的反应，特别是妊娠、泌乳的母牛和母猪，骨组织对这种反应最敏感。

原发性骨软病常发生于土壤严重缺磷的地区，在奶牛、黄牛和水牛骨软病流行区，往往在前一个季节中曾发生过严重的干旱天气，造成当地植物磷含量很低，同时又缺乏某些含磷精饲料的补充。而继发性骨软病，则是由于日粮中补充过量的钙所致。奶牛的骨粉或含磷饲料补充不足时，特别在大量应用石粉（含碳酸钙 99.05%）或贝壳粉代替骨粉的牧场，高产母牛的骨软病发病率显著增高。绵羊在与牛相同的缺磷区，发病不严重。但有记载，绵羊骨软病与低磷酸盐血症有关。

除上述日粮钙、磷缺乏或比例失调、维生素 D 缺乏外，动物年龄、妊娠、泌乳、无机钙源的生物学效价、蛋白质和脂类缺乏或过剩、维生素 A、β-胡萝卜素和其他矿物质如锌、铜、钼、铁、镁、氟等缺乏或过剩，以及消化系统疾病如肝胆疾病等均可对骨软病的发生产生间接影响，在分析病因时应予以注意。

【发病机理】 无论是成年动物软骨内骨化作用已完成的骨骼还是幼畜正在发育的骨骼，骨盐均与血液中的钙、磷保持不断交换，即不断地进行着矿物质沉着的成骨过程和矿物质溶出的破骨过程，两者之间维持着动态平衡。当饲料中钙、磷含量不足，或钙磷比例不当，或存在诸多干扰钙、磷吸收和利用的因素，造成钙、磷肠道吸收减少，或因妊娠、泌乳的需要，钙、磷消耗增大时，血液钙、磷的有效浓度下降，骨质内矿物质沉着减少，而矿物质溶出增加，骨中羟磷灰石含量不足，骨钙库亏损，引起骨骼进行性脱钙，未钙化骨质过度形成，破骨细胞破坏哈佛管，管状骨的许多间隙扩大，哈佛管的皮层界限不清，骨小梁消失，骨的外面呈齿形且粗糙，结果导致骨质柔软、疏松，骨骼变脆弱，常常变形，易发生骨折，局灶性增大和腱剥脱。

以磷缺乏为主的牛、羊骨软病，其主要表现是低磷血症。低磷血症直接作用于肾脏，促进生成 1,25-$(OH)_2VD_3$，作用于肠道，使钙、磷吸收增加，血钙浓度保持正常。若通过这种调节未能使血磷水平恢复，则一方面会促进骨吸收，使骨中羟磷灰石含量不足，骨钙库亏损，并有间接刺激甲状旁腺的作用；另一方面又存在使肾小管重吸收磷及肠道磷吸收减少的因素，如维生素 D 缺乏、肝肾维生素代谢障碍、甲状旁腺机能亢进、肾小管受损等，引起低磷血症和甲状旁腺机能亢进同时存在，结果出现血液中磷水平低下而血钙正常（或稍低水平）的情况。但当损伤肾小球滤过机能时，尿磷排出障碍，血磷升高至正常水平，甚至高出正常水平。

起因于低血钙日粮的骨软病，低血钙是最先出现的病理变化，低血钙促进骨溶解而抑制成骨作用，导致骨软病的发生。

【症状】临床上主要呈现消化紊乱，异嗜癖，跛行及骨骼系统严重变化等特征，大体上与佝偻病相似。

病初出现消化紊乱，并呈现明显的异嗜癖。患病动物表现食欲减退，体重减轻，被毛粗乱。病牛舔食泥土、墙壁、铁器，在野外啃嚼石块，在舍吃食污秽的垫草，常可造成食道阻塞、创伤性网胃炎、铅中毒、肉毒梭菌毒素中毒等。病猪，除啃骨头，嚼瓦砾外，有时还吃食胎衣。

随后出现运动障碍。动物运步强拘，腰腿僵直，拱背站立，走路后躯摇摆，或呈现四肢的轮跛。经常卧地不愿起立。乳牛腿颤抖，伸展后肢，做拉弓姿势。某些奶牛后蹄壁龟裂，角质变松肿大，久则呈芜蹄。母猪喜欢躺卧，做匍匐姿势，跛行，产后跛行加剧，甚至后肢瘫痪，严重者发生骨折。

病情进一步发展，则出现骨骼肿胀变形。由于骨骼严重脱钙，四肢关节肿大变形、疼痛，牛尾椎骨排列移位、变形，重者尾椎骨变软，椎体萎缩，最后几个椎体消失。人工可使尾椎卷曲，病牛不感痛苦。盆骨变形，严重者可发生难产。肋骨与肋软骨接合部肿胀，易折断。卧地时由于四肢屈曲不灵活，常摔倒或滑倒，能导致腓肠肌肌腱剥脱。

常见的并发症主要有四肢和腰椎关节扭伤、跟腱剥脱、骨折。久卧不起者，有褥疮、胃肠道弛缓、败血症等。若无并发症，极少会引起死亡。

利用穿刺针穿刺病牛额骨，容易刺入，有 95% 的针竖立在额部不倒（为阳性）。尾椎骨 X 线检查，显示骨密度降低，皮质变薄，髓腔增宽，骨小梁结构紊乱，骨关节变形，椎体移位、萎缩，尾端椎体消失。临床病理学检查，血清钙多无明显变化，多数病牛血清磷含量明显降低。正常牛血清磷水平为 50~70mg/L，骨软症时可下降至 28~43mg/L，血清碱性磷酸酶水平升高。

【病程及预后】病程取慢性经过，轻症的病例去除病因后，经过积极适当的治疗，一般预后良好。重症的，若出现骨折等多预后不良。

【诊断】根据异嗜癖、跛行和骨骼、关节肿大变形，以及尾椎骨 X 线影像变化等特征性症状，结合流行病学调查、饲料成分分析、血清钙和无机磷浓度检查结果等，对临床型骨软病可做出确诊。对于由磷缺乏引起的牛、羊骨软病还可采用磷制剂进行治疗性诊断。

为及时发现亚临床型病牛，建议采用奶牛营养代谢疾病障碍的预防性监测，对钙、磷代谢紊乱的类型和程度做出评价。在临床上尤其应注意早于骨骼系统病理变化的非特征性症状，如消化紊乱、异嗜癖、生产性能和繁殖性能下降等。血清钙、血清无机磷和碱性磷酸酶水平的检测，尤其是碱性磷酸酶同工酶的检测，有助于早期发现亚临床型病例。

临床上应注意与慢性氟中毒、风湿症、外伤性蹄病以及感染性蹄病进行鉴别诊断。上述诸病都没有异嗜癖，有的病程呈急性或亚急性而不是呈慢性，有的在畜群仅是个别发生而不是群发。此外，上述诸病还应该具有各自的特征，例如骨折虽可并发于骨软病中，但原发性骨折不会有骨和关节变形，额骨穿刺检查为阴性；腐蹄病虽可因骨软病而继发，但在原发性病例，必然与牛场地面的污脏、潮湿以及存在较多的石子和煤渣等坚硬物体相联系，炎热的夏季发病率增高，而其他方面均正常；风湿症时患部疼痛更显著（尤其背部及四肢上方），但运动后疼痛非但不加重反而减轻，其他亦无异常；慢性氟中毒时有齿斑和长骨骨柄增大等特征性变化。

【治疗】治疗原则是加强护理，调整日粮结构，满足对钙、磷和维生素D的需求。

针对饲料中钙磷不足、维生素D缺乏可采取相应的治疗措施。对钙不足者，可给予南京石粉、骨粉、贝壳粉；对磷不足者，可给予脱氟磷酸钙、骨粉；对维生素D缺乏者，可给予维生素D制剂，如鱼肝油丸。同时应加强饲养管理，给予优质干草、青绿饲料，增加麸皮或米糠比例，适当日光照射。

对牛、羊的治疗，在发病早期呈现异嗜癖时，就应在饲料中补充骨粉，可以不药而愈。病牛每天给予骨粉250g，5～7d为一疗程。对跛行的病例给予骨粉时，在跛行消失后，仍应坚持1～2周。对于由磷缺乏引起的骨软病患牛，可静脉注射20%磷酸二氢钠液300～500mL，1次/d，5～7d为1个疗程。或用3%次磷酸钙溶液1000mL静脉注射，1次/d，连用3～5d，有较好的疗效。若同时使用维生素D 400IU，肌肉注射，1次/周，连用2或3次，则效果更好。也可用磷酸二氢钠100g，口服，同时注射维生素D。绵羊的用药量为牛的1/5。

猪常用骨粉、磷酸盐、乳酸钙、南京石粉等饲喂，配合维生素D注射。妊娠后期和泌乳期的母猪，在病的早期除补充骨粉外，补充鱼粉和碎骨汤也有效果。严重时可静脉注射10%葡萄糖酸钙注射液或氯化钙注射液。鸡常添加维生素D_3，并根据饲养标准调整日粮中的钙、磷比例，同时注意饲料来源和品质，常有较好的效果。

【预防】应根据饲养标准和不同生理阶段的需求，调整日粮中的钙、磷比例，补充维生素D。日粮中的钙、磷含量，黄牛按2.5：1、乳牛按1.5：1、猪按1：1的比例饲喂。定期对日粮进行分析，有条件时可做预防性监测，以及时了解钙、磷的代谢状况，有助于早期发现亚临床型病例。同时应加强饲养管理，多喂青绿饲料和优质青干草，增加日光照射。对于笼养鸡应考虑到受日光照射不足的具体情况，注意添加适量维生素D制剂。

纤维性骨营养不良（fibrous osteodystrophy）

纤维性骨营养不良是由于日粮中钙缺乏或钙、磷比例不当引起的成年动物骨组织进行性脱钙、骨基质逐渐破坏、吸收，被增生的纤维组织所代替的一种慢性营养性骨病。临床上以异嗜、跛行、骨骼变形和易骨折为特征。特征性病变是骨组织呈现进行性脱钙及软骨组织纤维性增生，进而骨体积增大而重量减轻，尤以面骨和长骨骨端明显。本病主要发生于马属动物，亦见于山羊、猪、犬和猫。

【病因】日粮中钙、磷比例失调，钙含量不足以及维生素D不足是引起本病的主要原因，常见于以下几种情况。

饲料中钙、磷含量不足或饲料中含有影响钙吸收的物质。饲料中植酸盐、草酸盐及脂肪过多，可影响钙的吸收，促进本病发生，如10g植酸（六磷酸肌醇）可结合7g钙，与植酸结合的钙，在马小肠内不能被水解，故不能被吸收利用；植酸还可使维生素D过多地消耗，从而妨碍钙的吸收。植酸在谷物饲料的外皮内含量较多，因此长期以麸类、糠类及豆类喂马，容易引起本病发生。脂肪过多时，在肠道内分解产生的大量脂肪酸，可与钙结合，形成不溶性钙皂，随粪排出，故草料内脂肪过多，也是本病的一个促发因素。

日粮中磷含量过多而钙含量正常或相对较低，导致钙、磷比例失调。饲料内钙、磷的合适比例，在马为1.2∶1，猪0.62∶1.2。精饲料如稻谷、高粱、豆类，尤其是麸皮含磷较多，饲草如谷草、干草等含钙较多，麸皮内的钙、磷量为0.22∶1.09，米糠为0.08∶1.42，稻草为0.37∶0.17。一般认为，我国马、骡的纤维性骨营养不良，是由于磷多钙少引起的。试验表明，用钙、磷比例为1∶2.9或磷更多的饲料，不管摄入钙的总量如何，均可使马发病。故马、骡和猪长期饲喂这种以麸皮或以米糠为主，或是以二者混合为主含磷多的饲料，或精饲料与粗饲料搭配不当，均易发生本病，若一旦补充石粉，则症状减轻，直至消失，从而进一步证明纤维性骨营养不良是由于日粮中磷过剩而继发钙缺乏所致。

维生素D含量不足。夏秋时马群中的饲料与冬春完全相同，依然饲喂干稻草而不是青草，马的劳役强度亦无差异，所不同者只是冬春期间日光照射时间较短及强度较弱，以及气候严寒。由于日照少，皮肤内的维生素D_3原无法转变为维生素D_3，造成维生素D_3不足或缺乏，影响钙的吸收和骨盐沉积，导致冬春季纤维性骨营养不良发病率高。

此外，饲养管理不当、肝肾疾病等，对促进本病的发生的因素。饲喂方法不当，如上槽后短时间内即添精饲料；管理不当，主要是运动不足或过度使役；肝肾疾病会影响维生素D的羟化，这些因素均可影响钙的吸收而促进本病发生。

【发病机理】由于饲料中含钙不足或含磷过剩等病因，引起机体钙、磷代谢紊乱。血钙对甲状旁腺机能具有负反馈调节作用，血钙浓度下降，会刺激甲状旁腺，引起甲状旁腺激素（PTH）分泌增多。PTH的主要靶器官是肠黏膜细胞、肾小管和骨骼，PTH可激活细胞膜上腺苷酸环化酶系统，生成环磷酸腺苷（cAMP）和焦磷酸，调节血钙浓度，同时使未分化间叶细胞中的钙离子升高，使之转化为破骨细胞，从而增加了破骨细胞的数量，破骨细胞中溶酶体释放水解酶，将骨基质中的胶原和黏多糖水解，促进骨盐溶解，在钙被动员溶出的同时，磷酸盐也被同时溶出，使血磷浓度更高。磷的潴留又引起肠吸收钙减少，加重了钙的负平衡，进一步促进骨钙的溶出。

骨组织进行性脱钙过程中，骨基质破坏，被含丰富纤维的组织细胞所代替。破骨过程先发生在骨皮质层的骨膜下，侵蚀骨基质，呈现局限性骨质吸收。进而在长骨骨端发展，扁骨处被破坏的旧骨与膨大的新骨形成囊肿状改变，囊腔中充满纤维细胞，钙化不良的新骨及大量的毛细血管，巨大多核的破骨细胞衬在囊壁。马属动物常在下颌骨、额骨、上颌骨、鼻骨发生囊性膨隆。

患马在临床上常伴有慢性胃肠卡他，可影响消化道对钙的正常吸收作用。慢性胃肠卡他既是骨营养不良发生后的一种表现，如异嗜癖和消化紊乱，也是纤维性骨营养不良的一种诱发因素。

【症状】病初精神不振，喜欢卧地，背腰僵硬。站立时两后肢频频交替负重。行走时步样强拘，步幅短缩，往往出现一肢或数肢跛行。跛行常交替出现，时轻时重，反复发作。病马不耐使役，容易疲劳出汗。慢性消化不良和异嗜癖伴随整个疾病过程中，常出现舔墙吃土、啃咬木槽、缰绳等，喜食食盐和精饲料；粪球液体量多，含大量未消化的粗糙渣滓，落地后立即破碎。尿液澄清、透明等特征。体温、脉搏、呼吸一般无明显变化。

疾病进一步发展，骨骼肿胀变形。多数病马首先出现头骨肿胀变形，常见下颌骨肿胀增厚，轻者边缘变钝，重者下颌间隙变窄；上颌骨和鼻骨肿胀隆起，颜面变宽。由于整个头骨肿胀隆起，故有"大头病"之称。有的鼻骨高度隆起，致使鼻腔狭窄，呈现呼吸困难，伴有鼻腔狭窄音。牙齿磨灭不整、松动，甚至脱落。病马硬腭凸出，咀嚼困难，加上牙齿疼痛，常常在采食中吐出草团。随后是四肢关节肿胀变粗，尤以肩关节肿大最为明显。长骨变形，脊柱弯曲，往往呈"鲤鱼背"。病至后期，常卧地不起，使肋骨变平，胸廓变窄。骨质疏松脆弱，容易骨折。严重的，病马逐渐消瘦，肚腹蜷缩，陷于衰竭。

猪纤维性骨营养不良时，骨损害程度及临床症状与马相似，严重病例不能站立和走路，四肢扭曲，关节和面部增大。病情较轻的病例有跛行，不愿站立，腿骨弯曲，但面骨及关节一般正常。

单纯性喂肉的犬、猫主要表现为不愿活动，跛行和运动失调，严重时出现长骨骨骼变形，牙齿松动，甚至脱落。

额骨的硬度下降，骨穿刺针很容易刺入。X线透视检查，可发现尾椎骨的皮质变薄，皮质与髓质之间的界限模糊；颅骨表面不光滑，骨质密度不均匀；掌骨可发现外生骨疣及骨端愈着。血液学检查，血钙和血磷水平的测定无特殊临床意义，但严重时出现血钙含量下降，血清碱性磷酸酶及其同工酶水平的测定则可判定破骨性活动的程度。血清PTH含量显著升高。

【病程及预后】本病取慢性经过，长达数月，乃至数年，轻症的除去病因，改善饲养管理，经过适当治疗，多可治愈。重症病畜的骨组织发生严重变化，丧失使用价值，多预后不良。

【诊断】根据临床特征性症状如跛行、异嗜、骨骼肿大变形、尿液澄清透明、吐草团和额骨穿刺阳性，结合高磷低钙日粮等生活史，即可确诊。临床上应注意与风湿病、腱鞘炎、蹄病等所致的跛行进行鉴别诊断，这些类症均无骨病特征，且应用钙制剂治疗无效。

猪的诊断应排除锰缺乏（骨短粗症）或泛酸缺乏（外周神经和脊髓神经变性引起的"鹅步"）。此外，对个别病例，还应仔细检查，与慢性猪丹毒、冠尾线虫病、外伤性截瘫、慢性氟中毒以及青年小猪萎缩性鼻炎等进行鉴别。

【治疗】治疗原则是调整日粮结构，及时补钙，促进骨盐沉着。

调整日粮结构，注意饲料搭配，减喂精料，特别是减少麸皮和米糠等的饲喂，增加优质干草和青草，保持日粮钙、磷比例在1～2：1范围内。

补充钙剂。患马，南京石粉100～200g，每日分两次混于饲料中给予。静脉注射10%葡萄糖酸钙溶液200～500mL，1次/d，连用7d。为促进钙盐沉着，用维生素D_3 10～15mL肌肉分点注射。也可静脉注射10%氯化钙溶液和10%水杨酸钠溶液（二者交替进行，即第1天为水杨酸钠，第2天为氯化钙，1次/d，每次100～200mL），7～10d为一疗程。当发现马尿液由原来的透明茶黄色转变成混浊的黄白色，表明药物（包括补充石粉）治疗奏效。对猪，可按上述1/5剂量用药。

【预防】合理饲养，注意日粮搭配。经常添加石粉可有效预防本病的发生。在本病的流行区，可在全年的各个季节中，将石粉按5%的比例与精饲料混合，始终保持马尿液显示混浊的黄白色。贝壳粉、蛋壳粉也有效，但不应单纯补充骨粉。

第七章 营养代谢性疾病

青草搐搦（grass tetany）

青草搐搦是反刍动物放牧于幼嫩的青草地或谷苗之后不久而突然发生的一种高度致死性营养代谢病，又称青草蹒跚（grass stagger）。临床上以兴奋不安、强直性和阵发性肌肉痉挛、惊厥、呼吸困难和急性死亡为特征。临床病理学以血镁浓度下降，且常伴有血钙浓度下降为特点。

本病见于奶牛、肉用牛和绵羊，水牛、山羊亦有发生。在大群放牧牛中，发病率可能只占1%～2%；最高可达50%，但病死率可达70%。

【病因】本病的发生与血镁浓度降低有直接的关系，而血镁浓度降低与牧草镁含量缺乏或存在干扰镁吸收的成分直接相关。

1. 牧草镁含量不足 低镁的牧草主要来自低镁的土壤，如火成岩、酸性岩、沉积岩，尤其是砂岩和页岩的风化土含镁量低，土壤pH太低或太高也影响到植物对镁吸收的能力。大量施用钾肥或氮肥的土壤，植物含镁量低。青草中含镁量与植物生长季节有关，在夏季降雨之后生长的幼嫩和多汁的青草和谷草，通常镁、钙、钠离子和糖分的含量较低，而含钾和磷离子较高，蛋白质含量也较高。禾本科植物镁含量低于豆科植物，幼嫩牧草低于成熟牧草。

2. 镁吸收减少 有些低镁血症病牛所采食的牧草中镁的含量并不低，甚至高于正常需要量，但因其利用率较低，也可导致本病的发生。饲料中钾含量高，可竞争性抑制肠道对镁离子的吸收，促进镁和钙的排泄，导致低镁血症的产生。偏重施用氮肥的牧场，饲料中氮含量太高，瘤胃内产生多量的氨，与磷、镁形成不溶性磷酸铵镁，阻碍镁的吸收。饲料中过多供给长链脂肪酸，与镁产生皂化反应，也可影响镁的吸收。此外，饲料中脂肪、硫酸盐、碳酸盐、柠檬酸盐、锰、钠、钙等含量过高以及内分泌紊乱（如甲状旁腺功能减退）和消化道疾病等都会影响镁的吸收。

在植物中镁是经常伴随钙的存在而存在的，所以在低镁血症的同时常常伴有低钙血症。另外，由于牧草中高钾，引起动物呈现高钾血症，钾离子会使动物体内钙的排泄增加，也可能造成低钙血症。

许多应激因素可诱发本病，如兴奋、泌乳、不良气候及低钙血症等，都可能成为一种激发因素。因此有人提出，本病发生过程应有两个阶段，第一个阶段是产生低镁血症，第二个阶段是激发因素的作用，产生相应的症状。

【发病机理】目前，本病的发病机制还不十分清楚。镁在体内的作用之一是抑制神经肌肉的兴奋性，缺乏时则出现神经肌肉兴奋性升高，表现为血管扩张和抽搐。动物体内的镁约70%沉积在骨骼中，由于骨骼中的镁是以硫酸镁和碳酸镁的形式存在，很难动员进入血液，组织中仅有4%的镁可以进行交换。体内镁的恒定依赖于镁的生理需要和肠道吸收之间的动态平衡。当肠道吸收的镁低于需要量后，这种动态平衡被破坏，导致低镁血症的出现。研究表明，体重500kg的奶牛，日产奶30kg，每日从乳中将排出3.6g镁，每天需要吸收20g镁才能满足机体的生理需要，泌乳量越高需要量越大，是决定镁生理需要量的主要因素。在低镁牧场放牧1～2周后，血清镁降至0.4～0.8mmol/L，当血清镁降至0.4mmol/L左右时，血清钙开始下降，血清镁达0.29mmol/L时开始出现兴奋症状。研究表明，在惊厥阶段，病牛血清镁浓度几乎正常，血清钙浓度通常中度降低 1.25～2.0mmol/L，但脑脊液中镁水平低，这被认为是特征性惊厥发作的原因。

【症状】临床上根据病程不同分为超急性型、急性型、亚急性型和慢性型。

1. 超急性型 病畜突然仰头吼叫，盲目疾走，随后倒地，呈现强直性痉挛，2～3h 内死亡。

2. 急性型 病畜突然停止采食，惊恐不安，耳朵煽动，甩头，哞叫，肌肉震颤，有的出现盲目疾走或狂奔乱跑。行走时步态踉跄，前肢高抬，四肢僵硬，易跌倒。倒地后，全身肌肉强直，口吐白沫，牙关紧闭，咬牙，眼球震颤，瞳孔散大，瞬膜外露，间有痉挛。脉搏疾速，可达 150 次/min，心悸，心音强盛，甚至在 1m 之外都能听到亢进的心音。体温升高达 40.5℃，呼吸加快。

3. 亚急性型 病程 3～5d，病畜食欲减退或废绝，泌乳牛产奶量下降，病牛常保持站立姿势，频频排粪、排尿，头颈回缩，频频眨眼，对声响敏感，受到剧烈刺激时可引起惊厥。行走时步样强拘，肌肉震颤，后肢和尾僵直。重症者有攻击行为。

4. 慢性型 病畜呆滞，反应迟钝，食欲减退，泌乳减少。经数周后，呈现步态强拘，后躯踉跄，头部尤其上唇、腹部及四肢肌肉震颤，感觉过敏，施以微弱的刺激亦可引起强烈的反应。后期感觉丧失，陷入瘫痪状态。

实验室检查，突出而固定的示病性改变是低镁血症，血清镁低于 0.4mmol/L，大多为 0.28～0.20mmol/L，重者可低于 0.04mmol/L；脑脊液镁往往低于 0.6mmol/L，尿镁亦减少。常见的伴随改变是低钙血症和高钾血症。由于血镁下降幅度大于血钙，Ca/Mg 比值由正常的 5.6 提高至 12.1～17.3。

【诊断】根据放牧等病史及运动失调、感觉过敏和搐搦不难诊断，根据血清镁和脑脊液镁含量降低及镁剂治疗效果卓著，可确定诊断。但需与牛的急性铅中毒、低钙血症、狂犬病、神经型酮病、麦角中毒等区别。

【治疗】单独应用镁盐或配合钙盐治疗，治愈率可达 80% 以上。常用的镁制剂有 10%、20% 或 25% 硫酸镁注射液及含 4% 氯化镁的 25% 葡萄糖液，多采用静脉缓慢注射。钙盐和镁盐合用时，一般先注射钙剂，成年牛用量为 25% 硫酸镁 50～100mL、10% 氯化钙 100～150mL，以 10% 葡萄糖溶液 1 000mL 稀释。也可将硼葡萄糖酸钙 250g、硫酸镁 50g 加蒸馏水 1 000mL，制成注射液，牛 400～800mL，静脉注射。绵羊和犊牛的用量为成年牛的 1/10 和 1/7。一般在注射后 6h，血清镁即恢复至注射前的水平，几乎无一例外地再度发生低血镁性搐搦。为避免血镁下降过快，可皮下注射 25% 硫酸镁 200mL，或在饲料中加入氯化镁 50g，连喂 4～7d。狂躁不安时，可给予镇静药后再进行其他药物治疗。

【预防】合理调配日粮，日粮中以干物质计算，至少应含镁 0.2%。母牛每天日粮中以补充镁 40g（相当于 60g 氧化镁或 120g 碳酸镁中的含镁量）为宜，过多地摄入镁，特别是硫酸镁，可引起腹泻。镁宜与谷类精饲料混合饲喂。在发病季节，可在精饲料中补充氧化镁，牛 60g，绵羊 10g，亦可将其加入蜜糖中作为舔剂。

牛血红蛋白尿病（bovine haemoglobinuria）

牛血红蛋白尿病是由于低磷而引起牛的一种溶血性营养代谢病，通常包括母牛产后血红蛋白尿病（post-parturient haemoglobinuria，PPF）和水牛血红蛋白尿病。临床上以贫血和红尿为特征。临床病理学特征是血清无机磷含量下降、血管内溶血。

母牛产后血红蛋白尿病于1853年首次报道于苏格兰，以后在非洲、亚洲、大洋洲、欧洲、北美洲及我国均有报道，分别称为产后血红蛋白尿、红水病或营养性血蛋白尿等。通常发生于产后4d至4周的3~6胎高产母牛，病死率高达50%。我国华东地区（如苏南茅山地带、苏北洪泽湖沿岸及皖东滁县等）、埃及和印度水牛所发生的水牛血红蛋白尿病与动物采食十字花科植物有密切的关系，两者显然有明显的区别，但均伴有低磷酸盐血症，有相同的临床表现，又有共同的治疗方法，因此我们把这两种病统称为牛血红蛋白尿病。

【病因】牧草、饲料中磷缺乏及日粮中钙、磷比例严重失调是本病发生的根本原因。母畜产后磷排出量增加，在干旱地区或土壤缺磷而又未补充磷，极易引起低磷酸盐血症。土壤中易被植物吸收利用的有效磷不足10mg/kg，生长的牧草磷缺乏，尤其气候干旱，使能转化为有效磷的几种无机磷如Ca_2-P、Ca_8-P的转化速度缓慢，则牧草吸收的磷含量减少。

饲喂某些植物饲料如甜菜块根和叶、青绿燕麦、多年生的黑麦草、埃及三叶草和苜蓿以及十字花科植物等可引起血红蛋白尿症。十字花科植物如油菜、甘蓝等含有一种二甲基二硫化物，称为S-甲基半胱氨酸二亚砜（SMCO），能使红细胞中血红蛋白分子形成Heinz-Ehrlich小体，破坏红细胞引起血管内溶血性贫血。

此外，本病的发生也可能与缺铜有关，铜是正常红细胞代谢所必需，产后大量泌乳时，铜从体内大量丢失，当肝脏铜储备空虚时，会发生巨细胞性低色素贫血。寒冷可能是重要的诱因。该病的发生常在冬季，因秋季长期干旱导致饲用植物磷的吸收减少。也有报道，在埃及，水牛血红蛋白尿病与温热环境有关。另外，高产、泌乳和分娩等也是重要的诱因。

【发病机理】红细胞溶破的最终机制是膜结构和功能的改变。糖无氧酵解是红细胞能量的唯一来源，而无机磷是红细胞中糖无氧酵解过程中的一个必要因子。磷缺乏时，红细胞的糖无氧酵解不能正常进行，作为正常产物的三磷酸腺苷（ATP）及2,3-二磷酸甘油酸（2,3-DPG）都减少，而ATP在维持红细胞膜正常结构和功能上起着重要作用。ATP减少，膜磷脂组分、膜骨架蛋白组分及红细胞形态均发生显著改变。膜磷脂酰胆碱+磷脂酰丝氨酸（PC+PS）及神经鞘磷脂（SM）显著增高，而磷脂酰乙醇胺（PE）显著降低，血清磷与PE呈显著正相关，与SM呈显著负相关；红细胞膜收缩蛋白Ⅰ、Ⅱ及区带Ⅳ-2蛋白含量显著降低，区带Ⅲ蛋白含量显著升高。膜磷脂和骨架蛋白含量的改变，导致红细胞膜通透性改变，红细胞变形（双面凹圆盘形→棘形→球形）、溶破。

在临床上低磷酸盐血症只是一种预置因子，病牛都表现低磷酸盐血症，但并非都会发生溶血而引起血红蛋白尿，其原因还有待进一步研究，很有可能还存在某些诱发（或激发）因子。另外，奶牛血红蛋白尿症常发生于产后4d至4周的3~6胎高产母牛，3岁以下的奶牛极少发生。而在水牛，发病与年龄、分娩和泌乳关系不密切，其机制还不清楚。

【症状】红尿是本病的突出病征，甚至是初期阶段的唯一病征。病牛尿液在最初1~3d内逐渐地由淡红、红色、暗红色，直至紫红色和棕褐色，然后随症状减轻至痊愈时，又逐渐地由深而变淡，直至无色。排尿次数增加，但每次排尿量相对减少。体温、呼吸、食欲一般无明显的变化。

伴随病的发展，贫血程度加剧，病牛食欲下降，可视黏膜及皮肤（乳房、乳头、股内侧和腋间下）变为淡红色或苍白色，黄染。呼吸次数增加，脉搏增数，心搏动加快加强，颈静脉怒张及明显的颈静脉搏动。心脏听诊，偶尔发现贫血性杂音。血液稀薄，凝固性降低，血清呈樱红色。

尿潜血试验呈阳性反应，而尿沉渣中通常无红细胞。红细胞压积、红细胞数、血红蛋白等红细胞参数值下降，黄疸指数升高，表现血红蛋白血症、血红蛋白尿症以及低磷酸盐血症。血红蛋白值由正常的 72.5～118.8g/L 降至 29.0～58.0g/L，红细胞数由正常的 5×10^{12}～6×10^{12} 个/L 降低至 1×10^{12}～2×10^{12} 个/L。血清无机磷水平降低至 0.13～0.48mmol/L。在病牛群中，无病的泌乳牛中度降低（0.65～0.96mmol/L）。在水牛，平均降低 0.96mmol/L。血清钙水平保持正常（约 3.23mmol/L）。在病牛的红细胞中能发现 Heinz-Ehrlich 小体。

【诊断】依据病史和临床特征性症状（如红尿，可视黏膜苍白、黄染），结合血清磷降低和磷制剂治疗有效即可作出确诊。红尿是牛血红蛋白尿病的重要特征之一，但红尿也见于血尿等疾病，因此应对血红蛋白尿和血尿做出区别诊断。显然前者由于红细胞大量破坏所致，后者则由于泌尿系统某部位出血而出现。牛的血红蛋白尿还可由其他溶血疾病所致，例如细菌性血红蛋白尿、梨形虫病、钩端螺旋体病、中毒性血红蛋白尿。此外，某些药物性红尿（酚噻嗪、大黄等）、泌尿系统疾病等也可造成红尿。

（1）细菌性血红蛋白尿：由牛溶血性梭菌感染引起，发病最急，临床上有高热及肠出血。常在 24～36h 内死亡。发病初期应用广谱抗生素，有一定疗效。

（2）梨形虫病：通过蜱吸血而传播。主要在夏秋季节流行，高热稽留，可视黏膜苍白、黄染，淋巴结肿大。发病与年龄、性别、分娩无关。可在血抹片的红细胞中检出虫体。

（3）钩端螺旋体病：由感染钩端螺旋体引起。多发生在夏秋季节，幼畜较成年牛易发病而且症状严重。高热稽留，孕牛会发生流产并分泌血染乳汁。血液和尿液均可查出钩端螺旋体。

（4）中毒性血红蛋白尿：引起血红蛋白尿的毒物较多，常见的有草木樨、洋葱、亚硝酸盐、游离棉酚、硫化二苯胺等。这些毒物引起的发病通常有明显的中毒症状，其发生的缓急与中毒轻重程度及机体的反应性等因素有关。中毒动物一般无体温反应，消化道症状明显，常伴有神经症状。

（5）泌尿系统病：如地方性肾盂肾炎、急性肾小球肾炎、血栓性肾炎、肾梗死、出血性膀胱炎、尿石症、尿道出血、泌尿系统肿瘤等的主要症状为血尿，将尿液静置 24h 后，下层有红细胞沉淀物，可予以区别。

【治疗】本病的治疗原则是消除病因和纠正低磷血症。

应用磷制剂有良好效果，常用的磷制剂主要是 20% 磷酸二氢钠溶液，每头牛 300～500mL，静脉注射，12h 后重复使用 1 次，一般注射 1～2 次后红尿消失，重症可连续治疗 2～3 次。也可静脉注射 3% 次磷酸钙溶液 1 000mL，或静脉输入全血。同时应补充含磷丰富的饲料，如豆饼、花生饼、麸皮、米糠和骨粉，效果良好。口服骨粉（奶牛产后血红蛋白尿为 120g/次，2 次/d，水牛血红蛋白尿为 250g/次，1～2 次/d）。

此外，要注意适当补充造血物质如叶酸、铜、铁和维生素 B_{12} 等。维持血容量和保证能量供应，常应用复方生理盐水、5% 葡萄糖溶液、葡萄糖生理盐水注射液等，剂量为 5 000～8 000mL。

第七章　营养代谢性疾病

母牛卧倒不起综合征（downer cow syndrome）

母牛卧倒不起综合征是泌乳奶牛产前或产后发生以"倒地不起"为特征的一种临床综合征，又称"爬行母牛综合征"（creeper cow syndrome），不是一种独立的疾病，而是多种疾病的一种临床综合征。最常发生于产犊后 2～3d 的高产母牛。据调查，多数（66.4%）病例与生产瘫痪同时发生，其中有代谢性并发症的占病例总数的 7%～25%。

广义地认为，凡是经一次或两次钙剂治疗无反应或反应不完全的倒地不起母牛，都可归属在这一综合征范畴内。这一概念似乎把生产瘫痪排除在外，但应注意到当生产瘫痪的原因不是单纯由于缺钙或有并发症时，用钙剂治疗也可能无效。

【病因】目前，引起这一综合征的原因尚无确切定论。因为动物对钙疗反应不完全，或全然没有反应，显然不是单纯或典型的低钙血症。

1. 代谢性病因　矿物质代谢紊乱，尤其是低磷酸盐血症、低钾血症和低镁血症等代谢紊乱与该综合征有密切的关系。有些病牛按照生产瘫痪治疗，对精神抑制和昏迷状态的情况已有所改善，但依然爬不起来，这样的病例有人怀疑为低磷酸盐血症，否则就是补钙的剂量和浓度不足。有些母牛经补钙以后，精神抑制和昏迷状态不仅消失，且变得比较机敏，甚至开始有食欲，但依然爬不起来，这种爬不起来似乎由于肌肉无力，因此怀疑为伴有低钾血症。若爬不起来还伴有搐搦、感觉过敏、心搏动过速和冲击性心音，则可能伴有低镁血症，在补钙疗的同时加入镁剂，可以证实诊断。

2. 产科性原因　胎儿过大、产道开张不全或助产粗鲁等，损伤了产道及周围神经，犊牛产出后，母牛发生卧地不起。此外，脓毒性子宫炎、乳房炎、胎盘滞留、闭孔神经麻痹都可能与本病的发生有关。

3. 外伤性原因　主要指骨骼、肌肉、韧带、关节周围组织损伤及关节脱臼等。如因产房地面太滑，在分娩、起卧或行走时失去平衡不慎跌倒，可引起后躯肌肉、韧带和神经损伤，甚至造成骨折（如骨盆、椎体、四肢等的骨折）、关节脱臼等，可导致卧地不起。

此外，某些重剧疾病，如肾机能衰竭、中枢疾患等也可引起病牛卧地不起。肾脏血浆流动率和灌注率降低而同时存在心脏扩张和低血压，是分娩时出现的一种循环危象，会促使瘫痪发生。高产乳牛的乳房血流大增，会给循环系统带来威胁。有些卧倒爬不起来的母牛，伴有肾脏疾病并呈现蛋白尿或尿毒症。

【发病机理】由于病原学上的复杂性，不可能归纳出统一的病理发生机制。但该综合征主要是在循环系统、神经系统、运动系统（包括肌肉和骨骼关节）的机能紊乱基础上而发生的。

母牛长时间（一般指超过 4～6h）躺卧，局部血管受压迫，体型越大，压迫越重，血液供应障碍引起局部肌肉水肿，甚至缺血性坏死。由于肌肉的病变，引起肌纤维细胞膜通透性增加，使细胞内钾离子外溢，并被排泄，又因食欲减退或废绝，钾摄入量减少，造成低钾。研究证明，低钾血症的程度与"卧倒不起"的持续时间有关，母牛卧倒不起 6h，平均血浆钾为 4mmol/L；而卧倒不起 16h，平均血浆钾为 2～3mmol/L。

有学者认为产后低钙血症时的代谢并发症虽然可有低磷酸盐血症、高镁或低镁血症、高糖血症及低钾血症和细胞内变化，但与"卧倒不起"特别有关系的是低钾血症和细胞内低钾。根据卧倒不起的时间较长，血钾含量也较低，有人认为低钾血症是卧倒不起的结果，而不是卧倒不起的病因。

在卧地不起综合征中，几乎100%的病牛有局灶性心肌炎，造成心动过速、心律不齐，甚至静脉注射钙剂也反应迟钝。反复使用钙剂治疗，则可加重心肌炎症。另外，本病还伴有蛋白尿，这可能与肌肉损伤时肌蛋白释放有关。

【症状】卧倒不起常发生于产犊过程或产犊后48h内。饮食欲正常或减退，体温正常或稍有升高，心率增加到80~100次/min，脉搏细弱，但呼吸无变化。排粪和排尿正常。有的病牛反复挣扎，不能站立；有的病牛精神正常，前肢跪地，后肢半屈曲或向后伸，呈"青蛙腿"姿势，匍匐爬行；有些病牛，常侧卧头弯向后方，人工纠正后，很快即恢复原状，严重病例则呈现感觉过敏，并且在卧倒不起时呈现某种程度的四肢搐搦、食欲消失。也有的病牛倒地后即饮食欲废绝，伴有意识障碍。

本病大多呈低钙血症、低磷血症、低钾血症、低镁血症，但血清钙、磷、镁浓度亦有在正常范围之内的。血糖浓度正常，血清肌酸磷酸激酶（CPK）和天门冬酸氨基转移酶（AST）在躺卧18~20h后即可明显升高，并可持续数天，表明肌肉损伤严重。有的表现中度的酮尿症、蛋白尿，也可在尿中出现一些透明圆柱和颗粒圆柱。有些病牛见有低血压和心电图异常。

【病程及预后】急性病例可在3~5d内死亡，或者转入2~8周康复期。有的在肢体末端（趾、尾、耳和乳头等）出现皮肤坏疽。

【诊断】根据钙剂治疗无效，或治疗后精神状态好转，但依然爬不起来，以及病牛机敏，可以做出初步诊断。应特别注意，不要应用过量钙剂以求得诊断结论。

对这一综合征的诊断关键是要从病因上去分析，但在临床上真正做起来比较困难。临床病理学检查结果有助于分析原因和确定治疗方案。

【治疗】根据可疑病因，采取相应疗法。随意用药不仅无效，还可导致不良后果（如对心率高达80~100次/min的病例应用过量钙剂，会产生不良后果；钾的过量应用且注射速度过快时，可导致心跳停止）。

低血镁时，可静脉注射25%硼葡萄糖酸镁溶液400mL。当伴有低磷酸盐血症时，可用20%磷酸二氢钠溶液300~500mL静脉或皮下注射。应注意只给予磷酸钠盐，而不应给予磷酸钾盐。对疑为因低钾血症时，可将10%氯化钾溶液80~150mL加入2 000~3 000mL葡萄糖生理盐水溶液中静脉注射。在应用钾剂时，尤其是静脉注射时要注意控制剂量和速度。

此外，尚可应用皮质醇、兴奋剂、维生素B、维生素E和硒等药物。

对母牛体大过重，卧地不起者的护理，特别应防止肌肉损伤和褥疮形成，可适当给予垫草及定期翻身，或在可能情况下人工辅助站起，经常投予饲料和饮水，并可静脉补液和对症治疗，有助病牛的康复。

【预防】合理调配日粮，定期做营养监测。分娩前第8天注射维生素D_3 1 000万IU，如8d后未分娩，尚需重复注射。预产前3~5d静脉注射葡萄糖酸钙溶液500mL，1次/d，连用3~5d。母牛如有难产先兆，应及时检查胎儿、胎位。助产应仔细，不要过度牵拉，防止产道损伤。产后牛一旦不愿起立，应立即静脉注射钙制剂，不可延误而酿成卧倒不起综合征。

（徐世文）

第四节 微量元素缺乏病

硒和维生素 E 缺乏病(selenium and vitamin E deficiency)

硒和维生素 E 缺乏病主要是由于体内微量元素硒和维生素 E 不足，引起的一种营养代谢病。临床上以跛行、腹泻、猝死等为特征，病理学特征为骨骼肌、心肌和肝脏等组织变性、坏死。本病发生于各种动物，包括畜禽、经济动物、实验动物和水生动物，如牛、羊、猪、马、鸡、鸭、大鼠、小鼠、犬、猴、鱼等 40 多种动物均可发病。在病因尚未明确阐明前，本病曾以主要病理解剖学特征或其临床表现而各有命名，如肌营养不良、营养性肌病、中毒性肝营养不良、心肌营养不良以及猪桑葚心、鸡渗出性素质等，并一度统称为骨骼肌-心肌-肝脏变性综合征。鉴于硒和维生素 E 缺乏在病因、病理、症状和防治等诸方面存在着复杂而密切的关系，将两者统称为硒和维生素 E 缺乏病。

在世界多数国家和地区均有硒和维生素 E 缺乏病的发生，先后报道的有瑞典、挪威、芬兰、荷兰、丹麦、英国、美国、加拿大、墨西哥、新西兰、澳大利亚、俄罗斯、日本和中国等。本病的发生具有如下特点：

（1）发病的地区性：这是本病的一个重要流行病学特征。土壤的低硒环境是致病的根本原因。贫硒土壤所生长的植物，其含硒量也低，亦即低硒环境（土壤）通过食物（饲料）作用于动物机体而引起发病。低硒土壤自然地理条件的共同特点是：地势较高（海拔 200 m 以上）；年降雨量较多（500mm 以上）；土壤 pH 偏酸（pH6.5 以下），且多为棕壤、黑土、白浆土以及部分草甸土。在我国有一条从东北经华北至西南的缺硒带。青海、宁夏、甘肃、山东、江苏等地均属贫硒地区。

（2）发病的季节性：本病在长年均有发生的基础上，多集中发生于每年 2～5 月间。这种现象可能与漫长的冬季、舍饲状态下青绿饲料缺乏，某些营养物质（如维生素类）不足有关。此外，春季正是畜禽集中产仔、孵化的旺季，而本病主要是侵害幼龄畜禽，以致形成春季发病高峰。

（3）发病的群体选择性：在畜禽群体特点中，主要表现为明显的年龄因素。本病多发于幼龄阶段，如仔猪、雏鸡、羔羊、雏鸭、犊牛及驹等。这与幼龄动物抗病力较弱及其生长发育迅速，代谢旺盛，对营养物质需求量增加，对低硒营养的反应更为敏感有关。

【病因】饲料（草）中硒和维生素 E 含量不足是本病发生的根本原因。饲料中硒来源于土壤硒，土壤硒含量一般介于 0.1～2.0mg/kg 之间，植物性饲料的适宜含硒量为 0.1mg/kg。当土壤含硒量低于 0.5mg/kg，植物性饲料含硒量低于 0.05mg/kg 时，便可引起动物发病。可见低硒环境（土壤）是本病的根本致病原因，低硒环境（土壤）通过饲料（植物）作用于动物机体而发病。因此，水土食物链是基本的致病途径，而低硒饲料则是直接病因。

此外，饲料中与硒相拮抗的元素如硫、汞、氩、镉、铅等含量过高，干扰机体对硒的吸收，导致硒含量降低。

饲料加工储存不当（如高温、干燥等），其中的维生素 E 遭到破坏；饲料中含有大量不饱和脂肪酸，可促进维生素 E 的氧化，如鱼粉、动物脂肪、亚麻油、豆油等作为添加剂掺入日粮中，当不饱和脂肪酸酸败时，可产生过氧化物，促进维生素 E 氧化；机体对维生素 E

需要量增加，如生长动物、妊娠母畜、各种应激因素等；或存在肝胆疾病等，都将导致维生素E不足或吸收不良而发生本病。据报道，正常放牧牛和羊的肝脏维生素E（α-生育酚）范围分别为 6.0~53mg/kg 和 1.8~17mg/kg，当低于 5mg/kg 和 2mg/kg，血清中低于 0.004 2mmol/L 时，可能发生缺乏病。如果日粮中有充足的硒水平，不饱和脂肪酸含量较低，动物对低血清维生素E水平无明显反应。

【发病机理】硒在动物体内的作用是多方面的。适量补硒对改善动物的生长、增重、繁殖、抗癌、提高免疫力等方面都有良好作用和效果，但其最根本的作用是其抗氧化能力，并与同是抗氧化作用的维生素E有互补效果。

硒是谷胱甘肽过氧化物酶（GSH-Px）的组成成分，它和维生素E都是动物体内抗氧化防御系统中的成员，对有机自由基（ROO·）起破坏作用，将其分解为对机体无害的羟基化合物。目前的研究表明，维生素E的抗氧化作用是通过抑制多价不饱和脂肪酸产生的游离根对细胞膜的脂质过氧化，而硒的抗氧化作用是通过谷胱甘肽过氧化物酶清除体内产生的过氧化物和自由基实现的，两者在抗氧化作用中起协同作用，共同使组织免受过氧化作用的损伤，从而保护细胞和亚细胞膜的完整性。动物机体在代谢过程中，产生各种内源性活性氧自由基，如超氧阴离子（$O_2^-·$）、羟自由基（$OH·$）、无机的过氧化氢（H_2O_2）、有机的脂质过氧自由基（ROO·）等，它们在体内的主要代谢过程见图 7-3。

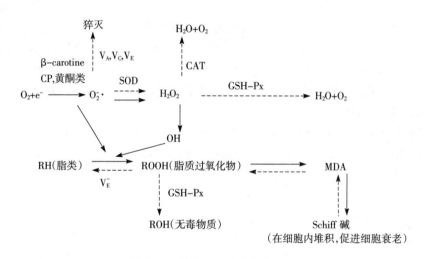

图 7-3 活性氧自由基代谢过程

———→为硒和维生素维生素E及其他抗氧化剂充足时，含硒的谷胱甘肽过氧化物酶将体内的自由基清除过程；———→为硒和维生素E缺乏时，体内的自由基将细胞膜上的脂类分解为脂质过氧化物和丙二醛（MDA），交联成 Schiff 碱的过程。

生理情况下，机体内产生的自由基参与新陈代谢，不断生成，又不断地被清除，其生成速度和清除速度保持相对平衡，因而不对机体产生氧化损伤。但在硒和维生素E缺乏时，自由基的产生与清除失去稳态，自由基堆积。

这些化学性质十分活泼的自由基与细胞膜的不饱和脂肪酸磷脂膜（脂质膜）发生"脂质过氧化反应"，使丙二醛交联成 Schiff 碱，破坏蛋白质、核酸、碳水化合物和花生四烯酸的代谢，造成细胞膜、细胞器膜的功能和结构损伤，导致细胞死亡，使组织发生变性、坏死，出现相应临床症状。如临床上出现骨骼肌疾病（变性、坏死）即运动姿势异常和运动障碍，心肌变性坏死，猪为桑葚心，禽类为渗出性素质等。

含硒的 GSH-Px 存在于动物的各种组织中，其活性以硒的摄入量和不同组织而异。20 世纪 70 年代后期有人发现，动物体内还有一种具有含硒 GSH-Px 活性的非含硒 GSH-Px，其活性不受日粮加硒或维生素 E 含量的影响，对有机过氧化物起破坏作用，特别当机体硒耗竭的情况下，它也具有重要的抗氧化作用。肝脏中非含硒 GSH-Px 活性依动物而异，羊最高，鸡和猪中等，大鼠最低。这就解释了为什么同在缺硒情况下，羊肝脏正常，而大鼠呈严重肝坏死的现象。

除了 GSH-Px 作用之外，近年来人们又发现 30 多种含硒蛋白，它们具有抗氧化作用、抗衰老作用、调节甲状腺激素代谢、促生长作用、抗癌症作用和拮抗某些重金属（镉、汞）或非金属元素（氟）对动物的毒害作用等。

【症状】硒缺乏病的共同性基本症状包括：骨骼肌肌病所致的姿势异常及运动功能障碍；顽固性腹泻或下痢为主症的消化功能紊乱；心肌病所造成的心率加快、心律不齐及心功能不全。不同畜禽及不同年龄个体，各有其特征性临床表现（表 7-1）。

表 7-1 各种动物硒和维生素 E 缺乏病的表现

牛	羊	猪	马	禽
营养性肌营养不良	营养性肌营养不良	桑葚心	营养性肌营养不良	渗出性素质
胎衣滞留	繁殖障碍	肝营养不良	幼驹腹泻	胰腺纤维化
		肌营养不良	肌红蛋白尿	肌胃变性
		渗出性素质		脑软化
		贫血		肌营养不良

1. 反刍动物 犊牛、羔羊表现为典型的白肌病症候群，发育受阻，步样强拘，喜卧，站立困难，臀背部肌肉僵硬；消化紊乱，伴有顽固性腹泻；心率加快，心律不齐；成年母牛胎衣不下，泌乳量下降，母羊妊娠率降低或不孕。

2. 猪 仔猪表现为消化紊乱并伴有顽固性或反复发作的腹泻；喜卧，站立困难，步样强拘，后躯摇摆，甚至轻瘫或常呈犬坐姿势；心率加快与心律不齐。肝实质病变严重的，可伴有皮肤黏膜黄疸。肥育猪有黄脂病；成年猪有时排红褐色肌红蛋白尿；急性病例常在剧烈运动、惊恐、兴奋、追逐过程中突然发生心猝死，多见于 1～2 月龄营养良好的个体。母猪屡配不孕，妊娠母猪早产、流产、死胎、产仔多羸弱。

3. 家禽 雏鸡精神不振，不愿活动，食欲减少，粪便稀薄，羽毛无光，发育迟缓而无特征性症状；胸腹下出现皮下浮肿，呈蓝（绿）紫色；运动障碍表现喜卧，站立困难，垂翅或肢体侧伸，站立不稳，两腿叉开，肢体摇晃，步样拘谨、易跌倒，有时轻瘫；有的顽固性腹泻，肛门周围羽毛被粪便污染；如并发维生素 E 缺乏，则显现神经症状。成鸡营养不良，产蛋量下降，孵化率低下。

4. 雏鸭 表现食欲不振，急剧消瘦，行走不稳，运步困难，后期不能站立，卧地爬行，甚至瘫痪，羽毛蓬乱无光，喙苍白，很快衰竭致死。个别鸭出现视力减退或失明。

5. 马属动物 早产，新生驹生活力弱，喜卧、站立困难、四肢运动不灵活、步样强拘、臀部肌肉僵硬；唇部采食不灵活，咀嚼困难，消化紊乱，顽固性腹泻；心率加快，心律不齐。成年马可发生肌红蛋白尿，排红褐色尿液，伴有后躯轻瘫，常呈犬坐姿势。

6. 经济动物 以水貂、银狐、兔等易发，常表现黄脂病或脂肪组织炎。可见口腔黏膜黄染，皮肤增厚、发硬、弹性降低，触诊鼠蹊部有条索状或团块状大小不等的硬结；后期消化紊乱，并发胃肠炎，排黏液性稀便。

临床病理学：血清肌酸磷酸激酶（CPK）活性是犊牛、羔羊和马驹肌营养不良最常用的实验室辅助诊断手段。CPK对心肌和骨骼肌具有高度的特异性。血清CPK正常水平为：绵羊52±10IU/L，牛26±5IU/L，马58±6IU/L，猪226±43IU/L。患急性肌营养不良的牛和绵羊，CPK水平一般超过1 000IU/L，常可增高至5 000~10 000IU/L。

【病理变化】因动物不同而出现特征性的病理变化。

1. 渗出性素质　心包腔及胸、腹腔积液，是多种畜禽的共同性病变；皮下呈蓝（绿）紫色浮肿，则是雏鸡的剖检特征。

2. 骨骼肌变性、坏死及出血　所有动物均十分明显。常见于背最长肌、臀及四肢肌肉等活动较为剧烈的肌群，肌肉色淡，可见黄白、灰白色斑块、斑点或条纹状变性、坏死，间有出血性病灶。某些幼畜（如驹）于咬肌、舌肌及膈肌上也可见到类似的病变。

3. 心肌变性、坏死及出血　羔羊、犊牛、鸡、鸭常于心肌上发现在心肌上有针尖大小的白色坏死灶。仔猪最为典型，表现为心肌弛缓，心容积增大，呈球形，于心内、外膜及切面上有黄白、灰白色点状、斑块或条纹状坏死灶，间有出血，呈典型桑葚心外观。

4. 胃肠道平滑肌变性、坏死　十二指肠尤为严重。肌胃变性是病禽的共同特征，雏鸭尤为严重，表面特别在切面上可见大面积地图样灰白色坏死灶。

5. 胰腺坏死　雏鸡胰腺的变化具有特征性。眼观病变为体积小，宽度变窄，厚度变薄，质地较硬，呈灰白色，无光泽。组织学病变为纤维变性，胰腺外分泌部呈空泡变性。雏鸭和仔猪也有类似病变。

6. 肝脏营养不良　仔猪、雏鸭表现严重，俗称"花肝病"。表面、切面见有灰、黄褐色斑块状坏死灶，间有出血，使肝表面呈斑驳状。

7. 淋巴器官变性、坏死　胸腺、脾脏、淋巴结（猪）、法氏囊（鸡）可见发育受阻以及重度的变性、坏死病变。

【诊断】依据病史、基本症状群、特征性病理变化和流行病学特点，可做出初步诊断。确诊需要进行补硒治疗性诊断和饲料、组织和血液硒和维生素E含量等的测定。当肝组织硒含量低于2mg/kg，血硒含量低于0.05mg/kg，饲料硒含量低于0.05mg/kg，土壤硒含量低于0.5mg/kg，可诊断为硒缺乏病。

【治疗】0.1%亚硒酸钠溶液肌肉注射，效果确实，剂量：成年马15~20mL，马驹5mL；成年牛15~20mL，犊牛5mL；成年羊、鹿5mL，羔羊、仔鹿2~3mL；成年猪10~12mL，仔猪1~2mL；成年鸡、鸭1mL，雏鸡、鸭0.3~0.5mL。可根据病情，间隔1~3d重复注射1~3次。配合补给适量维生素E，疗效更好，可使用醋酸生育酚，肌肉注射，成年牛、羊每千克体重5~20mg，犊牛0.5~1.5g/头，羔羊0.1~0.5g/头，成年猪1.0g/头，仔猪0.1~0.5g/头。禽类建议用亚硒酸钠维生素E拌料混饲。此外，也可将亚硒酸钠维生素E注射液、硒酵母或亚硒酸钠片以及其他的含硒添加剂混入饲料或饮水中，令动物自由采食或饮用。

【预防】在低硒地带饲养的畜禽或饲用由低硒地区运入的饲粮、饲料时，必须补硒。补硒的办法：直接投服硒制剂；将适量硒添加于饲料、饮水中喂饮；对饲用植物作植株叶面喷洒，以提高植株及子实的含硒量；低硒土壤施用硒肥。目前简便易行的方法是应用饲料硒添加剂（如硒酵母制剂、硒蛋氨酸、亚硒酸钠等），硒的添加剂量（按硒计）为每千克饲料

0.1~0.2mg。在牧区，可应用硒金属颗粒（由铁粉 9g 与元素硒 1g 压制而成），投入瘤胃中缓释而补硒。试验证明，牛投给 1 粒，可保证 6~12 个月的硒营养需要。对羊，可将硒颗粒植入皮下。用亚硒酸钠 20mg 与硬脂酸或硅胶结合制成的小颗粒，给妊娠中后期母羊植入耳根后皮下，对预防羔羊硒缺乏病效果很好。

妊娠母畜可在分娩前 1~2 个月每隔 3~4 周肌肉注射 0.1 亚硒酸钠 15~20mL。初生幼畜于生后 1~3 日龄肌肉注射 0.1% 亚硒酸钠 3~5mL，15 日龄再注射 1 次，以后每隔 4~6 周注射 1 次。

铜缺乏病（copper deficiency）

铜缺乏病是由动物体内铜不足而引起的一种营养代谢病，临床上以贫血、腹泻、被毛褪色、共济失调为特征。各种动物均可发生，但主要侵害牛、羊、鹿等反刍动物。曾被称为牛的癫痫病或摔倒病、羔羊晃腰病、羊痢疾、舔（盐）病、骆驼摇摆病等。本病在我国宁夏、吉林、黑龙江等省（区）相继有报道，主要发生在牛、羊、鹿、骆驼等动物。

【病因】铜缺乏病的病因包括原发性和继发性两种。

1. 原发性病因 土壤中铜含量不足或存在拮抗植物吸收铜的物质而引起牧草和饲料中铜不足是导致动物铜缺乏的原发性因素。土壤中通常含铜 18~22mg/kg，植物中含铜 11mg/kg。在缺乏有机质和高度风化的沙土地，以及沼泽地带的泥炭土和腐殖土含铜不足，土壤铜含量仅 0.1~2mg/kg，或者土壤中钼含量过高及高磷、高氮土壤，均可影响植物对铜的吸收和利用。在这种土壤上生长的植物，其干物质中含铜低于 3mg/kg（铜的临界值为 3~5mg/kg，适宜值 10mg/kg），导致铜摄入不足，引起动物发病。

2. 继发性病因 日粮中铜含量充足，但存在干扰铜吸收的物质，引起铜吸收减少是导致动物铜缺乏的继发性因素。钼与铜具有拮抗作用，饲料中含钼过多，可妨碍铜的吸收和利用，一般认为，饲料中含钼量（干物质）低于 3mg/kg 是无害的，而饲料中铜和钼比例低于 5:1 时，可诱发本病。饲料中硫酸钠、硫酸铵、蛋氨酸、胱氨酸等含硫物质过多，经过瘤胃微生物作用均可转化为硫化物，形成一种难溶解的铜硫钼酸盐复合物（$CuMoS_4$），降低铜的利用。研究证实，无机硫含量>0.4%，即使钼含量正常，也可产生继发性低铜病。

此外，铜的拮抗因子还有锌、铅、镉、银、镍、锰、维生素 C 和植酸盐等，都能干扰铜的吸收利用。当其摄入过量时，即使饲料中铜含量正常，仍可造成铜摄入不足、排泄过多，引起铜缺乏病。

据报道，年龄因素对铜的吸收也有一定的影响。如成年绵羊对摄入体内铜的利用率较低（低于 10%），而断乳前羔羊所摄入铜的利用率为成羊的 4~7 倍。

【发病机理】铜是体内许多酶如酪氨酸酶、单胺氧化酶、铜蓝蛋白酶、赖氨酰氧化酶、超氧化物歧化酶、细胞色素氧化酶等的组成成分或活性中心。同时参与细胞色素 C、抗坏血酸氧化酶、半乳糖酶的合成，参与造血、蛋白质交联等，具有广泛性的生物学效应。铜缺乏时这些酶的活性相应降低，可引起一系列代谢障碍。

铜缺乏引起细胞色素氧化酶合成减少和活性降低，氧化磷酸化过程发生障碍，三磷酸腺苷（ATP）生成减少，能量供应不足，神经髓鞘磷脂合成受阻，从而引起大脑对称性脱髓鞘，脊髓运动纤维和脑干细胞变性，临床上则出现共济失调或卧地不起。此外，组织氧化障碍，中间代谢紊乱，可导致体况下降或生长缓慢。

铜是铜蓝蛋白的组成成分，铜蓝蛋白能促进铁在肠道的吸收，动员体内的储存铁，将 Fe^{2+} 氧化成 Fe^{3+}，促进血红蛋白和卟啉的合成以供造血需要。因此，缺铜动物由于铁吸收障碍和体内的储存铁不能被动员利用，从而可导致缺铁性贫血和组织内含铁血黄素的大量沉积。

缺铜时，组织细胞氧化机能下降，角蛋白中巯基（—SH）难以氧化成二硫基（—S—S—），酪氨酸酶活性降低，酪氨酸转化为多巴（二羟苯丙氨酸）进而转变为黑色素的过程发生障碍，从而引起黑色素沉着不足，导致被毛变细、变直、褪色。

缺铜时，赖氨酰氧化酶和单胺氧化酶的活性降低，结缔组织和骨骼胶原蛋白合成受阻，骨基质的胶原组织形成障碍，骨盐不能沉积，骨强度下降，临床上出现骨和关节的变形，易发骨折。

此外，铜缺乏时能引起心肌纤维变性，患病动物可突然死于类似于癫痫病的心力衰竭。

【症状】畜禽铜缺乏主要表现为贫血、骨和关节变形、运动障碍、被毛褪色、神经机能紊乱和繁殖机能下降。

患病动物食欲减退，异嗜，消瘦，衰弱，可视黏膜苍白。运动不协调，初期肌肉震颤，两后肢叉开，弯曲呈蹲坐状，运步时后肢强拘，蹄尖着地，后躯摇摆，急转弯时更加明显，甚而向一侧摔倒。随着病情的发展，后肢或前肢发生瘫痪乃至四肢瘫痪而卧地不起。有的还表现阵发性兴奋、牙关紧闭、尿频、失明等神经症状。被毛褪色，由深变浅，黑毛变成锈褐色或灰白色，红毛变成暗褐色，眼周围被毛变成白色，犹如戴上了眼镜。被毛稀疏，弹性差，缺乏光泽，变直，卷曲性消失，似"线毛"或"丝绒毛"。长骨弯曲，肋骨与肋软骨接合部肿大，关节肿大，触之敏感。腰臀僵硬，起立困难，跛行，骨质疏松，易发骨折。此外，母畜发情异常、不孕、流产。

不同动物铜缺乏病还有其各自的临床特点。

(1) 牛：摔倒病以突然伸颈，吼叫，跌倒，并迅速死亡为特征。病程多为24h。死因是心肌贫血、缺氧和传导阻滞所致。泥炭样腹泻是在含高钼的泥炭地草场放牧数天后，粪便呈水样。粪便无臭味，常不自主外排，久之出现后躯污秽，被毛粗乱，褪色为特点，铜制剂治疗明显。消瘦病呈慢性经过，开始表现步态强拘，关节硬性肿大，屈腱挛缩、消瘦、虚弱，多于4~5个月后死亡。被毛粗乱、褪色，仅少数病例表现腹泻。

(2) 羊：原发性缺铜羊的被毛干燥、无弹性、绒化，卷曲消失，形成直毛或钢丝毛，毛纤维易断。但各品种羊对缺铜的敏感性不一样，如羔羊晃腰病，见于3~6周龄，是先天营养性缺铜病（亦有人认为是遗传性缺铜），表现为生后即死，或不能站立，不能吮乳，运动不协调或运动时后躯摇晃，故也称为摇背症。继发性缺铜的特征性表现是运动失调，仅影响未断乳的羔羊，多发于1~2月龄，主要是运动不稳，尤其驱赶时，后躯倒地，持续3~4d后，多数患羔可以存活，但易骨折，少数病例可表现下泻，如波及前肢，则动物卧地不起。但食欲无改变。山羊缺铜仅发生于幼羔至32月龄，表现为运动失调。

(3) 梅花鹿：梅花鹿缺铜病与羔羊缺铜症状类似，仅发生于年轻的未成年鹿，断乳或未断乳小鹿。成年鹿发病少，表现运动不稳，后躯摇晃，呈犬坐姿势，脊髓神经脱髓鞘，中枢神经变性。

(4) 猪：自然发生猪缺铜病例极少。病畜表现轻瘫，运动不稳，肝铜浓度降至3~

14mg/kg，用低铜饲料试验性喂猪，可产生典型的运动失调，跗关节过度屈曲，呈犬坐姿势，补铜治疗，效果显著。

（5）鸡：自然发生的鸡缺铜病，可有主动脉破裂，突然死亡。但发病率低，母鸡所产蛋的胚胎发育受阻，孵化72~96h，分别见有胚胎出血和单胺氧化酶活性降低。

血红蛋白浓度降为50~80g/L，红细胞数降为$2×10^{12}$~$4×10^{12}$个/L，相当多的红细胞体内有亨氏（Heinz）小体，贫血程度与血铜浓度下降成正比。牛血浆铜浓度从0.014~0.023mmol/L降至0.011mmol/L以下，肝铜（干物质）从大于100mg/kg降至小于20mg/kg。绵羊血浆铜浓度从0.011~0.020mmol/L降至0.011mmol/L以下，肝铜（干物质）从大于200mg/kg降至小于20mg/kg。

血浆铜蓝蛋白酶活性和血浆铜蓝蛋白含量下降，其他含铜酶如细胞色素氧化酶、单胺氧化酶和超氧化物歧化酶活性下降，对铜缺乏病也有诊断意义。

【病理变化】铜缺乏动物的特征性病变是消瘦，血液稀薄，被毛褪色，肝、脾、肾广泛性血铁黄素沉着。犊牛见有腕、跗关节周围滑液囊纤维组织增厚，骨骺板增宽，骨骼钙化作用延迟。而羔羊患有运动失调症，脊髓和小脑脱髓鞘，严重病例还有急性脑水肿、脑白质破坏和空泡生成。牛发生摔倒病，心肌松弛、苍白、肌纤维萎缩，肝、脾肿大，静脉淤血等。猪、犬、马驹和羔羊缺铜时，见有长骨弯曲，骨端肿大，关节肿胀，肋骨与肋软骨接合部肿大和骨质疏松等骨质变化。

【诊断】根据病史、临床症状可做出初步诊断。如有怀疑时，可采取饲料、组织和体液进行铜含量测定（表7-2）。如怀疑为继发性缺铜病，应测定钼和硫含量。

表7-2 铜缺乏时动物组织和血液中的铜水平

动物种类	组织	正常水平	缺乏
绵羊	血浆（μmol/L）	0.011~0.020	0.001 6~0.003 1
	肝脏（干物质）(mg/kg)	>200	<20
牛	血浆（μmol/L）	0.019 7±0.004 8	<0.010 9
	肝脏（干物质）(mg/kg)	>100	<20
	乳（mmol/L）	0.000 75~0.003 13	<0.000 31
	毛（mg/kg）	6.6~10.4	<5.5

【治疗】治疗措施是补铜。一般选用硫酸铜，口服，犊牛4g，成牛8g，羊1.5g，视病情轻重，1次/周，连用3~5周。也可用甘氨酸铜，皮下注射，牛120mg，羊45mg。或将硫酸铜按0.5%比例混于食盐中，使病畜舔食。如铜与钴合用，效果更好。如病畜已产生脱髓鞘作用，或心肌损伤，则难以恢复。

【预防】合理调配饲料，保证饲料中铜含量。一般最低需要量，牛10mg/kg，绵羊5mg/kg，母猪12~15mg/kg，育肥猪3~4mg/kg，仔猪11~20mg/kg，鸡5mg/kg。

土壤缺铜，如pH偏低可施用含铜肥料，每公顷可施硫酸铜5~7kg，几年内都可保持牧草铜含量，作为补铜饲草基地，是一项行之有效的办法。碱性土壤不宜用此法补铜。

亦可用含硫酸铜的矿物舔盐，舔盐硫酸铜含量，牛为2%，羊为0.25%~0.5%。或定期注射甘氨酸铜、氨基乙酸铜或乙二胺四乙酸铜，剂量为牛400mg，羊150mg。

铁缺乏病（iron deficiency）

铁缺乏病是由动物体内铁含量不足引起的一种营养代谢病。临床上以贫血、易疲劳、活力下降和生长受阻为特征。多见于仔猪，其次为犊牛、羔羊、仔犬和禽等，主要发生于幼龄动物。

【病因】体内铁平衡的维持主要依赖于铁的吸收。原发性铁缺乏病多见于幼畜，主要是对铁的需求量大，而自身储存量低、供应不足或吸收不足等。幼畜生长旺盛，但体内肝脏储存的铁仅能维持2~3周的需要，而乳汁中铁含量甚微，不能满足机体的需要，故在补充不足的情况下极易发病。

有人认为在生后最初几个星期内死亡的仔猪，有30%属于缺铁性贫血。初生仔猪并不贫血，但因体内储存铁较少（约50mg），仔猪每增重1kg需21mg铁，每天需7~11mg，但仔猪每天从猪乳中仅能获得铁1~2mg。每天要动用6~10mg储存铁，只需1~2周储铁即耗尽。因此，长得越快，储铁消耗越快，发病也越快。用水泥地面圈舍饲养的仔猪，铁的唯一来源是母乳，最易发病，造成生活能力下降，甚至大批死亡。

圈养的犊牛和羔羊，唯一食物源是奶或代乳品，其中铁含量较低。有资料说明，犊牛、羔羊食物中铁含量低于19mg/kg（以干物质计），就可出现贫血。犊牛每天从牛乳内获得铁2~4mg，而4个月龄之内每天对铁的需要量为50mg，如不注意补充铁，就可出现缺铁性贫血。鸡每产一枚蛋要有1mg铁转入蛋中，每周产6枚蛋必须从饲料中多摄入铁6~7mg，才能弥补铁的消耗，如饲料铁含量不足，亦可出现缺铁性贫血。

继发性铁缺乏病见于铁耗损过多和铁吸收减少。任何动物持续性失血，均可引起铁耗损过多，临床上主要见于感染体内外寄生虫（如虱、圆线虫、球虫等）和患有慢性消化道溃疡，造成慢性失血，铁从体内、体表丢失。铁的吸收除与动物机能状态、食入铁量及其化学形式等有关外，还受日粮中其他各种有机或无机成分的影响，日粮中高水平的磷酸盐可降低铁的吸收，含钴、锌、镉、铜和锰过多，或用棉子饼或尿素做蛋白质补充物，也会干扰铁的吸收。

【发病机理】动物体内有1/2以上的铁存在于血红蛋白中。以犬为例，血红蛋白中的铁占57%，肌红蛋白中的铁占7%，肝脏、脾脏储铁占10%，肌肉中铁占8%，骨骼占5%，其他器官仅占2%。每合成1g血红蛋白需铁3.5mg。铁是细胞色素氧化酶、过氧化物酶的活性中心，三羧酸循环中有1/2以上的酶中含有铁。当机体缺乏铁时，首先影响血红蛋白、肌红蛋白及多种酶的合成和功能。体内铁一旦耗竭，最早表现是血清铁浓度下降，铁饱和度降低，肝、脾、肾中血铁黄蛋白含量减少，随之血红蛋白浓度下降，血色素指数降低。动物品种不同，血液指数下降的情况不尽一样。猪除血红蛋白浓度下降外，还有肌红蛋白含量减少和细胞色素C活性降低。犬仅有血红蛋白浓度降低，而肌红蛋白和含铁酶的活性变化不明显。鸡最初表现为血红蛋白减少，然后才有肌红蛋白、肝脏细胞色素C和琥珀酰脱氢酶活性的变化。在猪、犊牛及大鼠，过氧化氢酶活性明显降低。当血红蛋白降低25%以下，即为贫血。降低50%~60%将出现症状，如生长弛缓，可视黏膜淡染，易疲劳、易气喘、易受病原菌侵袭致病等，常因奔跑或激烈运动而突然死亡。

【症状】幼畜缺铁的共同症状是贫血。临床表现为生长缓慢，食欲减退，异嗜，嗜睡，喜卧，可视黏膜变白，呼吸频率加快。

仔猪一般在 2 周龄起病，3 周龄为发病高峰。表现精神沉郁，离群伏卧。食欲减退，生长迟滞，体重减轻。腹泻，粪便颜色正常。皮肤和可视黏膜苍白，呼吸增数，脉搏急速。稍加运动，则心搏动亢进，喘息不止。仔猪贫血常并发大肠杆菌感染，头部和体躯前部发生水肿。血红蛋白浓度低至 $20\sim40g/L$，红细胞数从正常时 $5\times10^{12}\sim8\times10^{12}$ 个/L，降至 $3\times10^{12}\sim4\times10^{12}$ 个/L，呈典型的低染性小红细胞性贫血。含铁酶如过氧化氢酶、细胞色素 C 活性下降明显。血清甘油三酯、脂质浓度升高，血清和组织中脂蛋白酶活性下降。血清铁、血清铁蛋白浓度低于正常，血清铁结合力增加，铁饱和度降低。

犊牛、羔羊、犬和猫铁缺乏病的临床表现与猪相似。

【病理变化】病猪剖检可见皮肤及黏膜显著苍白，皮下水肿，有的伴有轻度黄疸；肝脏肿大，呈淡黄色；心肌松弛，心脏扩张，心包液增多；肺水肿，脾肿大，肌肉苍白；胸腹腔内有多量淡黄色液体，血液稀薄，不易凝固。

【病程及预后】缺铁性贫血的病程经过约 $3\sim5$ 周。治疗及时，多数病例能够康复。6 周龄尚未好转的，预后多不良，往往死于腹泻、肺炎和贫血性心脏病等继发病或并发病。

【诊断】根据病史、贫血症状及相应的贫血指标测定（血红蛋白、红细胞、血细胞压积等）不难诊断，铁剂防治有效，可确立诊断。本病应注意与自身免疫性贫血、附红细胞体病及铜、钴、维生素 B_{12}、叶酸缺乏引起的贫血进行鉴别。

【治疗】铁缺乏病的治疗原则是加强饲养管理，及时补充铁剂。

补铁是本病治疗的关键措施，补铁可采用口服铁剂和注射铁剂。口服铁剂有 20 余种，如硫酸亚铁、延胡索酸铁、乳酸铁、山梨醇铁、枸橼酸铁等。其中硫酸亚铁价廉、刺激性小、吸收率高，为首选药物，剂量为马、牛 $2\sim10g$，羊、猪 $0.5\sim3g$，犬 $0.1\sim0.5g$，配成 $0.2\%\sim1\%$ 水溶液内服，1 次/d，连用 $7\sim14d$。为促进铁的利用和吸收常配伍使用硫酸铜。

肌肉注射的铁制剂有葡聚糖铁或右旋糖铁、糖氧化铁、糊精铁和葡聚糖铁钴等。兽医临床上常用的是葡聚糖铁和葡聚糖铁钴注射液。注射剂量以元素铁计算，仔猪为 200mg，羔羊为 300mg，一般不需重复注射。

继发性铁缺乏病，应积极治疗原发病。调整胃肠机能，补充营养，给予易消化富含营养的饲料。

【预防】加强母畜的饲养管理，给予富含矿物质、蛋白质和维生素的全价饲料，保证母畜的充分运动。仔畜出生后 $3\sim5d$ 即开始补喂铁剂，补铁的方法有以下几种：①改善仔畜的饲养管理，让仔畜有机会接触外源性铁。如在仔猪舍添置土盘，以撒红黏土为最佳（富含氧化铁），1 月龄前的仔猪，每日啃食黏土 $20\sim25g$，即可满足所需之铁。②口服含铁制剂。如仔猪每天给予 1.8% 的硫酸亚铁 4mL，连续 7d 口服，或于生后 12h，一次口服葡聚糖铁或乳糖铁，以后 1 次/周，$0.5\sim1.0g$/次，可充分防止贫血。犊牛每天内服 30mg 铁，就能预防铁缺乏病。③肌肉注射铁制剂，如右旋糖酐铁（以元素铁计算），仔猪 200mg，羔羊为 300mg，预防效果良好。

锌缺乏病 (zinc deficiency)

锌缺乏病是由动物体内锌含量不足所引起的一种营养代谢病。临床上以生长缓慢、皮肤角化不全、繁殖机能紊乱及骨骼发育异常为特征。各种动物均可发生，猪、鸡、犊牛、羊较为常见。

缺锌是一个世界性的问题，人和动物锌缺乏病在许多国家都有发生。据调查，我国北京、河北、湖南、江西、江苏、新疆、四川等有30%~50%的土壤属缺锌土壤。有十几个省、市报道了绵羊、猪、鸡等动物的锌缺乏病以及补锌对动物生长发育和生产性能所起的良好效应。

【病因】

1. 原发性病因 主要原因是饲料中锌含量不足。一般情况下，土壤锌低于30mg/kg，饲料锌低于20mg/kg时，动物极易发生锌缺乏病。大多数家畜对锌的需要量为40mg/kg，生长期幼畜、种公畜和繁殖母畜为60~80mg/kg，而含锌45~55mg/kg的日粮可满足鸡生长的需要。不同饲料中锌的含量不同，酵母、糠麸、油饼及动物性饲料含锌丰富，块根类饲料含锌仅为4~6mg/kg，高粱、玉米含锌也较少为10~15mg/kg。饲料锌水平和土壤锌水平密切相关，我国土壤锌含量变动在10~300mg/kg，平均为100mg/kg，总的趋势是南方的土壤锌高于北方，石灰石风化土、盐碱土及过施石灰和磷肥的土壤中锌含量低或不易被植物吸收。

2. 继发性病因 主要是饲料中存在干扰锌吸收利用的因素。已发现钙、磷、铜、铁、铬、碘、镉及钼等元素过多，可干扰锌的吸收。高钙日粮可降低锌的吸收，增加粪便中锌的排泄量，减少锌在体内的沉积。饲料中Ca：Zn=100~150：1为宜，如饲料中钙达0.5%~1.5%，锌仅34~44mg/kg时，猪很易产生锌缺乏病。饲料中植酸、纤维素含量过高也干扰锌的吸收。只要植酸与锌的物质的量浓度比超过20：1，即可导致临界性锌缺乏。饲料中蛋白质的品质也影响锌的利用率，研究证明，雏鸡采食酪蛋白-明胶饲料时对锌的需要量为15~20mg/kg，大豆蛋白型日粮则需要30~40mg/kg或更高。

此外，消化机能障碍，慢性拉稀，可影响由胰腺分泌的"锌结合因子"在肠腔内停留，而致锌摄入不足。某些遗传因素，如丹麦黑色花斑牛的遗传性锌缺乏病。

【发病机理】锌是体内多种酶的组成成分，如脱氧核糖核酸聚合酶、胸腺嘧啶核苷激酶、DNA聚合酶、碳酸酐酶、碱性磷酸酶、乳酸脱氢酶等100多种重要酶的组成成分，同时也是许多金属酶的激活剂，参与蛋白质、核糖核酸、脱氧核糖核酸的合成及其他物质的代谢。缺锌时，各种含锌酶的活性降低，胱氨酸、蛋氨酸、亮氨酸及赖氨酸的代谢紊乱，谷胱甘肽、脱氧核糖核酸和核糖核酸的合成量减少，结缔组织蛋白的合成也受干扰，而核糖核酸是细胞质、核仁及细胞核染色体的重要成分，因此锌缺乏可使细胞分裂、生长和再生受阻，导致生长期动物生长发育停滞。味觉素中含有锌，故缺锌会直接影响味觉和食欲，造成食欲减退、异嗜和消化功能降低。缺锌还使生长激素生成减少，这也是动物生长缓慢的原因之一。

缺锌使皮肤胶原合成减少，胶原交联异常，表皮角化障碍。胶原蛋白质减少，则细胞储水机制发生障碍，细胞结合水量明显减少，导致皮肤干燥而出现皱纹。

锌可通过垂体-促性腺激素-性腺途径间接或直接作用于生殖器官，影响其组织细胞的功能和形态，或直接影响精子或卵子的形成、发育。缺锌时，公畜睾丸萎缩，精子生成停止；母畜卵巢发育停滞，子宫上皮发育障碍，导致母畜性周期紊乱，不孕。锌还是碳酸酐酶的活性成分，而该酶是碳酸钙得以合成并在蛋壳上沉积所不可缺少的，所以鸡产软壳蛋与锌缺乏有一定的关系。

锌作为碱性磷酸酶的组成成分，参与成骨过程。生长阶段的动物，特别是禽类缺锌，骨中碱性磷酸酶活性降低，长骨成骨活性亦降低，软骨形成减少，软骨基质增多，长骨缩短增厚，发生骨短粗病。

此外，锌还参与维生素A的代谢和免疫功能的维持，缺锌可以引起内源性维生素A的缺乏及免疫功能缺陷。

【症状】缺锌的基本症状是食欲减退，生长发育缓慢，生产性能减退，生殖机能下降，骨骼发育障碍，皮肤角化不全，被毛、羽毛异常，免疫功能缺陷及胚胎畸形等。

1. 猪 食欲减退，生长缓慢。在腹下部、股内侧出现界限明显的黄豆大乃至蚕豆大红斑，然后发展为小丘疹，外覆鳞屑；接着扩延至腹部、胸背部、颈部、耳根，甚至全身，变成特征性的角化不全厚痂。皮肤干燥，失去弹性，并出现皱纹或龟裂。痂皮与皮肤粘连而不易脱落，强行剥脱时，痂底呈红色，有少量渗出液，痂皮下常继发脓疱。有的病猪起初被毛粗糙而无光泽，随后一片片脱毛。脱毛多发生于颈部、脊背两侧和腰部，严重时则波及头部和眼周围，脱毛区左右对称。由于脱毛区逐渐扩大，个别病猪可变成"无毛猪"。在脱毛区皮肤上有一层灰白色石棉状物覆盖。这一病理过程通常2～3周。常见有呕吐及轻度腹泻。严重缺乏时，被毛褪色，蹄底出现裂隙，蹄壳变薄，甚至磨穿，在行走过程中留下血印。母猪产仔减少，新生仔猪初生重降低。

2. 牛 犊牛食欲减退，生长缓慢。颈部、肉垂、荐部和四肢的被毛变脆，易脱落，出现秃斑，并有大量鳞屑，皮肤变厚并多褶，有时出现裂口和裂纹。严重的病例，受影响体表可达40%，在鼻镜、外阴、肛门、尾端、后肢的后部、膝皱褶部和颈部最明显，四肢关节肿胀，步态僵硬，流涎。母牛生殖机能低下，产乳量减少，乳房皮肤角化不全，易发生感染性蹄真皮炎。

3. 羊 生长缓慢，食欲减退。皮肤角化不全多发生在眼周围、鼻、足部和阴囊等处，皮肤增厚、皲裂隙、渗出。关节肿胀，蹄壳变软，发生扭曲，甚至脱落。母羊生殖机能降低，公羊睾丸萎缩，精子生成障碍。绵羊羊毛变直，变细，易脱落，皮肤增厚，羔羊流泪。

4. 禽类 鸡、火鸡最易缺锌，野鸡、鹌鹑亦可发生。采食量减少，生长缓慢，脚软弱，行动不协调，翅发育受阻。羽毛发育不良、卷曲、蓬乱、折损或色素沉着异常。皮肤角化过度，表皮增厚，有鳞屑，以翅、腿、趾部为明显。长骨变粗、变短，跗关节肿大。产蛋少，蛋壳薄，易碎，孵化率下降，胚胎畸形，主要表现躯干和肢体发育不全，有的脊柱弯曲缩短，肋骨发育不全或易产生胚胎死亡。

5. 野生动物 犬科动物生长缓慢，消瘦，呕吐，结膜炎，角膜炎，腹部和肢端皮炎。啮齿类动物畸形，生长停滞，兴奋性增高，脱毛，皮肤角化不全。反刍兽流涎，瘙痒，瘤胃角化不全，鼻、颈部脱毛，先天性缺陷。灵长类动物舌背面角化不全，可伴有脱毛。

临床病理学检查：绵羊和牛的血清锌正常值为12.31～18.46μmol/L，缺锌的犊牛和羔羊常降至6.15μmol/L以下，仔猪由正常15.08μmol/L可降至3.38μmol/L，血清碱性磷酸酶活性下降至正常时的一半，白蛋白也下降，球蛋白增加。

【诊断】根据特征性临床表现（皮肤角化不全、生长缓慢、繁殖机能障碍及骨骼异常等）和病史（慢性病程，喂低锌地区饲料，饲料中含钙质较高等），补锌效果迅速、确实，可建立诊断。测定血清、组织锌含量有助于确定诊断。

对临床上表现皮肤角化不全的病例，应注意与疥螨性皮肤病、渗出性表皮炎、烟酸缺乏、湿疹、泛酸缺乏、维生素 A 缺乏及必需脂肪酸缺乏等引起的皮肤病变相鉴别。

疥螨病：有奇痒，皮肤刮取物镜检能发现螨虫，用敌百虫等杀虫剂有特效。

渗出性表皮炎：发生于未断乳仔猪，为湿润的脱鳞屑皮炎，死亡率高，病原为葡萄球菌；而锌缺乏病为角化不全，皮肤干燥易碎。

烟酸缺乏病：除长期大量单用玉米喂猪外，罕见发生，病猪症状与本病十分类似，可调查饲料中烟酸含量进行鉴别，或根据补喂烟酸（抗癞皮病维生素）的效果来区别。

【治疗】发现本病及时补锌，短期内即能奏效。补锌既可采取调整日粮中含锌量的方法，也可内服、注射或皮肤涂擦锌制剂。

日粮中补加硫酸锌，按每千克饲料 0.3～0.5mg 的剂量添加，连用 2～3 周，有很好的治疗效果。

内服硫酸锌或碳酸锌，剂量为牛 0.5g，绵羊 0.3g，猪 0.2～0.5g，驹（1～2 岁）0.2g，加于水中或混于饲料中给予，1 次/d，连用 3～4 周。或肌肉注射碳酸锌，猪每千克体重 2～4mg，1 次/d，连用 10d；牛每千克体重 1g，每周肌肉注射 1 次。于皮肤患部涂布 10% 氧化锌软膏，亦能奏效。

【预防】日粮中必需含有足够的锌，同时要将饲料中的钙含量限制在 0.5%～0.62% 的范围内，使 Ca∶Zn＝100∶1。一般日粮中应含锌 40mg/kg，生长期幼畜和种公畜要保持在 60～80mg/kg。日粮中植酸盐多时，应提高锌供应量。有人试验，母猪产仔前 25～30d，日粮中补加微量元素混合物（硫酸锌 15mg，氯化钴 4mg，硫酸铜 15mg，硫酸铁 100mg，硫酸锰 15mg）能预防新生仔畜的代谢障碍。

在缺锌地区，饲料中应补加锌。常用效率高的碳酸锌或硫酸锌，而硫化锌利用效率低。锌补加量按每吨干饲料加碳酸锌 20～40g 或硫酸锌 50～100g，而美国的补加标准为 180g。添加锌的安全范围很宽，加锌达 1 000mg/kg 亦无毒性反应。

地区性缺锌可施用锌肥，每公顷施 7.5～22.5kg 硫酸锌，或拌在有机肥内施用，国外施用更大，此法对防治植物缺锌有效。

锰缺乏病（manganese deficiency）

锰缺乏病是由动物体内锰含量不足所致的一种营养代谢病，临床上以骨骼畸形、繁殖机能障碍及新生畜运动失调为特征。畜禽表现为骨骼短粗，又称滑腱病，多呈地方性流行。各种动物均可发生，其中以家禽最易产生，其次是仔猪、犊牛、羔羊等。

【病因】原发性锰缺乏病是由于饲料锰含量不足引起的。植物性饲料锰含量与土壤锰水平，尤其是活性锰含量密切相关。当土壤锰含量低于 3mg/kg，活性锰低于 0.1mg/kg，即可视为锰缺乏。我国缺锰土壤多分布于北方地区，主要是质地较松的石灰性土壤，因为土壤 pH 大于 6.5，锰大多以四价状态存在，而植物吸收二价锰。土壤中有机质过多，可与二价锰形成不溶性复合物，影响植物的吸收和利用。此外，铁、钴等元素均影响植物对锰的吸收。NRC 规定动物对锰的需要量：每千克体重，牛 20mg。绵羊、山羊 20～40mg，猪 20mg。饲料含锰 30～35mg/kg，可保证蛋鸡良好的体况和高产蛋量，要保持蛋壳品质，日粮锰含量应为 50～60mg/kg。研究表明，日粮含锰 10～15mg/kg，足以维持犊牛正常生长，但要满足繁殖和泌乳的需要，日粮锰含量应在 30mg/kg 以上，当饲料锰低于 20mg/kg 时，母牛不发情，受胎率降低，公牛精液质量降低。各种植物中锰含量相差很大，白羽扇豆是锰高度富集植物，其中锰含量可达 817～3 397mg/kg；大多数植物在 100～800mg/kg 之间，如小麦、燕麦、麸皮、米糠等应能满足动物生长需要。但是，玉米、大麦、大豆含锰很低，分别为 5mg/kg、25mg/kg 和 29.8mg/kg，畜禽若以其作为基础日粮可引起锰缺乏或锰不足。

继发性锰缺乏病是由于锰吸收障碍或需要过多引起。饲料中钙、磷、铁、钴元素可影响锰的吸收利用，饲料磷酸钙含量过高，可影响肠道对锰的吸收，用含钙 3%～6% 的日粮饲喂蛋鸡，可明显降低组织器官、蛋及子代雏鸡体内的锰含量。锰与铁、钴在肠道内有共同的吸收部位，饲料中铁和钴含量过高，可竞争性地抑制锰的吸收。此外，饲料中胆碱、烟酸、生物素及维生素 B_2、维生素 B_{12}、维生素 D 等不足，机体对锰的需要量增多。

【发病机理】锰是精氨酸酶、脯氨酸肽酶、RNA 聚合酶、丙酮酸羧化酶、脱氧核糖核酸多聚酶、超氧化物歧化酶等的组成成分。锰还是羧化酶、磷酸化酶、RNA 聚合酶、DNA 聚合酶和 RNA 聚合酶、醛缩酶、磷酸葡萄糖变位酶、异柠檬酸脱氢酶及胆碱酯酶等的激活剂，对动物生长、骨骼形成和生殖器官的发育均具有重要作用。缺锰时，由于磷酸葡萄糖变位酶、丙酮酸羧化酶、异柠檬酸脱氢酶和核糖核酸、脱氧核糖核酸聚合酶等的活性降低，葡萄糖磷酸化过程、丙酮酸的合成、三羧酸循环和脱氧核糖核酸的形成均受阻，影响糖和蛋白质代谢，导致动物生长缓慢。黏多糖是软骨和骨的组成成分，缺锰时，黏多糖聚合酶和半乳糖转移酶不能激活，黏多糖合成受阻，软骨有机质形成障碍，导致软骨营养障碍，骨骼畸形，腿和翅变短。缺锰时，合成胆固醇的关键步骤的二羟甲戊酸激酶活性降低，性激素的合成原料胆固醇缺乏，性激素合成减少，性欲缺乏，性周期紊乱，造成不育和睾丸萎缩等。

【症状】锰缺乏病的临床表现，因动物不同而有差异。

1. 牛 新生犊牛表现为腿部畸形，球关节着地，跗关节肿大与腿部扭曲，运动失调。生长期牛生长发育受阻，被毛干燥、无光泽、褪色，腿短而弯曲，跗关节肿大，关节疼痛，不愿走动，强迫运动呈跳跃或兔蹦姿势。成年牛则表现性周期紊乱，发情缓慢或不发情，不易受胎，早期发生原因不明的隐性流产、弱胎或死胎。直肠检查通常见有 1 个或 2 个卵巢发育不良，比正常要小。乳量减少，严重者无乳。种公牛性欲减退，严重者失去交配能力，同时出现关节周围炎、跛行等。

2. 猪 母猪繁殖性能低下，发情不规律、变弱或不发情，乳房发育不良，胎儿吸收或死胎，新生仔猪矮小、衰弱，站立困难，骨骼畸形，不愿活动，甚至不能站立。生长期猪发育受阻，无力，跗关节肿大，腿部扭曲变短，步态强拘或跛行。

3. 羊 骨骼生长缓慢，四肢变形，关节有疼痛表现，运动明显障碍。山羊跗关节肿大，有赘生物，发情期延长，不易受胎，早期流产、死胎。羔羊的骨骼缩短而脆弱，关节疼痛，舞蹈步态，不愿走动。

4. 鸡 特征症状是骨短粗症和滑腱症。可见单侧或双侧跗关节以下肢体扭转，向外屈曲，跗关节肿大、变形，长骨和跖骨变粗短和腓肠肌腱脱出而偏斜。两肢同时患病者，站立时呈 "O" 形或 "X" 形，肢患病者一肢着地另一肢短而悬起，严重者跗关节着地移动或因麻痹卧地不起，无法采食而饿死。种母鸡的主要表现是蛋壳质量下降，受精蛋孵化率下降，常孵至 19～21d 发生胚胎死亡，胚胎畸形，胫骨、翅骨短粗，下颌骨缩短，呈鹦鹉喙、球形头。有的出现神经症状，如共济失调、观星姿势。

5. 雏鸭 雏鸭表现生长发育不正常，羽毛稀疏无光泽，生长缓慢，一般在 10 日龄出现跛行，随着日龄增加跛行更加严重，胫跗关节异常肿大，胫骨远端和跗骨的近端向外弯转，最后腓肠肌腱脱离原来的位置，因而腿部弯曲或扭曲，胫骨和跗骨变短变粗。当两腿同时患病时，病鸭蹲于跗关节上，不能站立。

临床病理学检查：健康牛血液、肝脏、被毛锰含量分别为：0.18～0.19mg/L、12mg/kg，12mg/kg，缺锰时则分别降至0.05mg/L、3mg/kg、8mg/kg，骨骼灰分及骨锰含量无明显下降。成年羊和羔羊毛锰为11.1mg/kg和18.7mg/kg，缺锰时仅为3.5mg/kg和6.1mg/kg。

【诊断】主要根据病史，症状如骨骼畸形、繁殖机能障碍及新生畜运动失调等和补充锰以后症状缓解可做出初步诊断，确诊需要进行血液、组织、饲料等锰含量的检测。

【治疗】禽患锰缺乏病，多把锰盐或锰的氧化物掺入到矿物质补充剂中，或掺入粉碎的日粮内。所补充的锰很易进入鸡蛋内，改善鸡胚的发育，增加出壳率。同时添加适量的胆碱和多种维生素，效果更好。锰的氧化物、过氧化物、氯化物、碳酸盐、硫酸盐等有同样的补锰效果。日粮锰的浓度至少为40～50mg/kg。试验表明，当饲料锰含量在100～120mg/kg之间时，饲料报酬高，腿病发病率最低（仅2.5%～10%），雏鸡可用1.0g高锰酸钾溶于20L常水中饮用，2次/d，连用2d，间隔2d，再饮1～2d，可防治雏鸡后天性缺锰。

猪日粮中锰含量一般能满足其需要，不再补充锰。牛、羊在低锰草地放牧时，用硫酸锰，小母牛每天给2g，大牛每天给4g，可防止牛的锰缺乏病。每公顷草地用7.5kg硫酸锰，与其他肥料混施，可有效地防止锰缺乏病。

钴缺乏病（cobalt deficiency）

钴缺乏病是由机体内钴不足引起的一种慢性消耗性营养代谢病。临床上以动物厌食、消瘦和贫血为特征。本病以牛、羊多发，亦见于犬，马属动物不发病。本病的发生不受品种、性别和年龄的限制，但以6～12月龄的生长羔羊最易感，绵羊比牛易感。任何季节均可发病，但以春季发病率较高。

【病因】土壤中钴不足是钴缺乏病发生的原发性因素。缺钴土壤一般由花岗岩、石英岩等酸性岩衍生而成，其风化程度很低，可被植物吸收的元素量甚少。土壤钴含量低于0.25mg/kg时，牧草含钴量就不能满足动物的需要，但牧草钴与土壤钴含量二者的关系并不恒定。

饲草中钴含量不足是钴缺乏病的直接原因。牧草中钴含量与牧草种类、生长阶段和排水条件有关，如春季牧场速生的禾本科牧草含钴量低于豆科牧草；同一植株中，叶子中含钴占56%，种子中仅占24%，茎、秆、根中占18%，果实皮壳中仅占1%～2%；水稻中可溶性钴的比率随生长发育而逐渐减少，出穗期为60%，至黄熟期则减少到20%～25%。排水良好土壤上生长的牧草含钴量较高。因此，缺钴地区用干草和谷物饲喂动物，如不补充钴，容易产生钴缺乏病。有试验表明，植物中钴含量不足0.01mg/kg时，可表现严重的急性钴缺乏病。牛、羊体况迅速下降，死亡率很高；钴含量为0.01～0.04mg/kg时，羊可表现急性钴缺乏，牛则表现为消瘦；钴含量为0.04～0.07mg/kg，羊表现钴缺乏病，牛仅有全身体况下降。

此外，日粮中pH、钙、锰、镍、锶、钡、铁含量较高以及钙、碘、铜缺乏时易诱发本病。

【发病机理】 钴是动物必需微量元素，主要通过形成维生素B_{12}而发挥其生物学效应，无机钴盐也可直接发挥生化作用。钴在体内储存量有限。

钴影响反刍动物的消化功能。瘤胃内微生物的生长、繁殖需要钴，其中在瘤胃内非发酵性细菌利用钴合成维生素B_{12}，维生素B_{12}不仅是反刍动物的必需维生素，也是瘤胃内原生动物如纤毛虫的必需维生素。研究表明，细菌在30~40min内可把瘤胃液中的钴转变为维生素B_{12}，其不仅保证瘤胃原生动物生长、繁殖，而且使纤维素的消化正常进行。如钴缺乏，则维生素B_{12}合成不足，直接影响细菌及原生动物的生长、繁殖，也影响纤维素的消化，造成消化功能紊乱，食欲减退，体重减轻。

钴参与反刍动物的能量代谢。瘤胃产生的丙酸，通过糖异生途径合成的葡萄糖是反刍动物主要能量来源。在由丙酸转为葡萄糖的过程中，其关键酶甲基丙二酸辅酶A变位酶的辅酶是维生素B_{12}。钴缺乏时，维生素B_{12}合成减少，导致反刍动物能量代谢障碍，引起消瘦、虚弱。

钴参与机体的造血功能。钴可加速体内储存铁的动员，使之容易进入骨髓。钴还抑制许多呼吸酶活性，引起细胞缺氧，刺激促红细胞生成素的合成，代偿性促进造血功能。维生素B_{12}在由N^5-甲基四氢叶酸转为有活性的四氢叶酸的过程中有重要作用，参与胸腺嘧啶核苷酸的合成。当缺乏维生素B_{12}时，胸腺嘧啶合成受阻，细胞分裂中止，在犬导致巨幼红细胞性贫血，羔羊则为正细胞正色素性贫血，犊牛为小细胞低色素性贫血。

此外，钴能改善锌的吸收，锌与味觉素合成密切相关，缺钴时，食欲下降，出现异食癖。

【症状】 本病呈慢性经过，主要症状是消瘦、虚弱、食欲下降、异嗜和贫血，最终衰竭而死。

反刍动物连续采食缺钴饲草4~6个月后，可逐渐表现出钴缺乏的症状。初期，精神沉郁，易疲劳，食欲减退，异嗜，逐渐消瘦。反刍减少、无力或虚嚼，瘤胃蠕动次数减少、减弱。乳和毛产量明显减少，毛质脆而易折断，出现贫血症状。后期，则表现极度消瘦，虚弱无力，皮肤和黏膜高度苍白。有的病畜发生重剧腹泻。母羊则不孕、流产或产下的羔羊瘦弱无力。晚期病羊最主要症状是大量流泪，以致面部的被毛经常处于浸湿状态。病程数周乃至数月。犬最突出的临床表现是可视黏膜苍白。

临床病理学检查：红细胞数降至$3.5×10^{12}$个/L以下，重症病例可降至$2.0×10^{12}$个/L以下；血红蛋白含量在80g/L以下；红细胞压积减少到25%以下。红细胞大小不均，异形红细胞增多。

血液中钴浓度从正常的1.0mg/L下降到0.2~0.8mg/L，血液中的维生素B_{12}可以从0.1.0~3.0mg/L下降至0.8mg/L。

羊肝（鲜样）内钴含量从0.2~0.3mg/kg降至0.11~0.07mg/kg以下，维生素B_{12}从0.3mg/kg降到0.1mg/kg。瘤胃中钴的含量从（1.3±0.9）mg/kg降低至（0.09±0.06）mg/kg。

健康动物尿液中甲基丙二酸（MMA）和亚胺甲基谷氨酸（FIGLU）含量甚微，但当钴缺乏时，FIGLU浓度可从0.08mmol/L升高到0.2mmol/L，MMA浓度可达15mmol/L以上。尿液需静置 24h 以上测定,应预先做酸化处理,以防 MMA 降解。补充钴或维生素 B_{12} 以后,尿液中几乎检测不出 FIGLU。测定 FIGLU 比 MMA 更敏感。

剖检可见病畜极度消瘦,肝、脾血铁黄素沉着,脾脏中更多。肝、脾铁含量升高。

【诊断】根据病史、症状及治疗性诊断可做出初步诊断,确诊需要进行土壤、饲料、血液和组织钴含量及其他生化指标的检测。

应特别注意与慢性消耗性疾病、寄生虫病以及铜、硒和其他营养物质缺乏引起的消瘦病相鉴别。

【治疗】补钴是治疗本病的主要方法,同时配合维生素 B_{12} 疗效更好。口服硫酸钴,成羊 1mg/d,连服 7d,间隔 1 周重复用药;或每周 2 次,每次 2mg;或每周 1 次,每次 7mg;成牛 20～30mg/d,连服 1 周,有良好的疗效。羔羊、犊牛在瘤胃未发育成熟之前,可用维生素 B_{12} 肌肉注射,羔羊 100～300μg/次,犊牛 1mg/次,1 次/周。

【预防】预防本病可向饲料中直接添加钴盐,也可向土壤施钴肥。饲料中钴含量应在 0.07～0.11mg/kg 之间,最简单的方法是向饲料中直接添加钴盐,如硫酸钴、氯化钴等。各种动物饲料中钴营养适宜量为:牛 0.5～1.0mg/kg,绵羊 1.0mg/kg,妊娠、哺乳母猪 0.5～2.0mg/kg,禽 0.5～1.0mg/kg。在缺钴地区,可在草场喷洒硫酸钴,按每年 0.4～0.6kg/hm² 硫酸钴的量,或按 1.2～1.5kg/hm² 的量,每 3～4 年 1 次,有较好的预防作用。也可用含 90% 的氧化钴丸投入瘤胃内,羊 5g,牛 20g;或在草场上用含 0.1% 的钴盐砖,让牛自由舔食,对防治钴缺乏是有效的。

碘缺乏病 (iodine deficiency)

碘缺乏病是由于动物机体内碘不足引起的一种慢性营养代谢病,又称甲状腺肿。临床上以繁殖障碍、黏液性水肿、脱毛和幼畜发育不良为特征,病理特征为甲状腺机能减退、甲状腺肿大。各种家畜、家禽均可发生。

碘缺乏病是人和动物最常见的微量元素缺乏病,世界上许多国家都有本病发生,尤其是远离海岸线的内陆高原地带。在我国除上海外,其他省、市、区均有地方性甲状腺肿的发生。在缺碘地区,动物甲状腺肿的发病率也相当高,如绵羊为 60%,犊牛为 70%～80%,猪为 39%。

【病因】原发性碘缺乏是饲料和饮水中碘含量不足,动物碘摄入量不足引起。动物体内的碘来自饲料和饮水,而饲料和饮水中碘含量与土壤密切相关。土壤中碘含量因土壤类型而异,沙土、灰化土、沙漠土和白垩土地区多为缺碘地区;降雨量大,地表土流失严重的地区等,土壤中碘易受雨水冲刷而流失;泥炭土地带,土壤中碘含量比较丰富,但碘常常与有机物牢固结合而不能被植物吸收和利用,也可发生碘缺乏病。当土壤碘含量低于 0.2～2.5mg/kg,饮水碘低于 0.039 3μmol/L,饲料碘低于 0.3mg/kg 时,即可发生碘缺乏病。

继发性碘缺乏是因饲料中含有拮抗碘吸收和利用的物质。有些植物中含有碘的拮抗剂,可干扰碘的吸收、利用,如菜子粉、亚麻子饼、白菜、甘蓝、油菜、花生粉甚至豆粉、芝麻饼、豌豆及三叶草等,含有硫氰酸盐、葡萄糖异硫氰酸盐、糖苷-花生二十四烯苷、生氰糖苷、甲硫脲、甲硫咪唑等甲状腺肿原性物质,它们可阻止或降低甲状腺的聚碘作用,或干扰酪氨酸的碘化过程。饲料中上述成分含量较多,引起的碘缺乏,称为条件性碘缺乏病。此外，饲料植物中钾离子含量太高等，可促进碘排泄，导致临床碘缺乏病的发生；对氨基水杨酸、丙硫氧嘧啶、硫脲类、磺胺类、保泰松、甲硫咪唑和锂等药物具有致甲状腺肿作用；钙摄入过多干扰肠道对碘的吸收，抑制甲状腺内碘的有机化过程，加速肾脏的排碘作用，而致甲状腺肿。

【发病机理】碘是动物必需的微量元素，甲状腺含碘最为丰富。进入甲状腺内的碘，则被运送至细胞顶部。在过氧化物酶的作用下，碘被氧化成"活性碘"，酪氨酸也同时被激活。激活的酪氨酸与活性碘结合生成一碘甲状腺原氨酸或二碘甲状腺原氨酸，碘化甲状腺原氨酸偶联形成具有活性的甲状腺素（T_4）和三碘甲状腺原氨酸（T_3），并与甲状腺球蛋白结合，储存于甲状腺滤泡内。当机体需要时，在促甲状腺激素（TSH）刺激下，与甲腺球蛋白结合的 T_4 和 T_3 在溶酶体的水解蛋白酶作用下水解，生成游离 T_4 和 T_3 入血，到靶细胞发挥作用。垂体分泌的 TSH 对其释放有调节作用，当机体摄入碘不足或甲状腺浓集碘的功能障碍时，均能导致甲状腺素合成减少，致使血中甲状腺素浓度降低，反馈地引起垂体 TSH 分泌增多，刺激甲状腺，促使甲状腺功能加强，腺体增生肥大，最后造成甲状腺肿大。

甲状腺具有调节物质代谢和维持正常生长发育的作用，缺碘时，由于甲状腺素合成和释放减少，幼畜生长发育停滞、全身脱毛，青年动物性成熟延迟，成年家畜生产、繁殖性能下降。胎儿发育不全，出现畸形。甲状腺激素参与毛细血管通透性的维持和促进细胞内皮的更新。甲状腺功能低下时，组织间黏蛋白增加，可结合大量正离子和水分子，发生黏液性水肿。给予甲状腺素后黏蛋白被氧化和排出，同时水和盐排出增加，黏液性水肿消除。甲状腺素还加速骨溶解，使尿中钙磷排出增多，并促进 K^+ 从细胞内释放排出。

【症状及病理变化】碘缺乏时，甲状腺明显肿大，生长发育缓慢、脱毛、消瘦、贫血、繁殖力下降。各种动物碘缺乏病的主要临床表现如下。

1. 马 成年马繁殖障碍，公马性欲减退，母马不发情，妊娠期延长，常见死产。新生驹体质弱，被毛生长正常，出生后3周左右甲状腺稍肿大，多数不能独自站立，甚至不能吮乳，前肢下部过度屈曲，后肢下部过度伸展，中央及第三跗骨钙化缺陷，造成跛行和跗关节变形。严重缺碘地区，成年马甲状腺可明显增生、肥大，尤其是纯血品种和轻型马更敏感。

2. 牛 繁殖力下降，公畜性欲减退，精液不良。母畜屡配不孕，性周期不正常，产奶量下降，配种次数增加，胎儿吸收，流产，产死胎，弱犊，畸形胎儿。新生犊牛生长缓慢，衰弱无力，出现黏液性水肿，皮肤干燥、角化，多皱褶，弹性差，全身或部分脱毛，骨骼发育不全，四肢骨弯曲变形导致站立困难，严重者以腕关节触地，有时因甲状腺肿大，可压迫喉部引起呼吸和吞咽困难，最终窒息而死亡。

3. 羊 成年绵羊甲状腺肿大的发生率较高，其他症状不明显。新生羔羊体质虚弱，全身秃毛，不能吮乳，呼吸困难，触诊可感知甲状腺肿大，俗称"鸽蛋羔"，四肢弯曲，站立困难甚至不能站立。山羊的症状与绵羊类似，但山羊羔甲状腺肿大和秃毛更明显。

4. 猪 妊娠母猪胎儿吸收，流产、死产或产下无毛仔猪，脱毛现象在四肢最明显。新生仔猪黏液性水肿，皮肤增厚，颈部粗大，甲状腺肿大，体质极弱，常于生后几小时内死亡。存活仔猪，嗜睡，生长发育不良，由于关节、韧带软弱致四肢无力，走路时躯体摇摆。

5. 禽 缺碘时，鸡冠缩小，羽毛失去光泽。甲状腺肿大，压迫气管，引起气管移位，吸气时发出特异的笛音。公鸡睾丸缩小，精子缺失性欲下降；母鸡试验性切除甲状腺后，产蛋量减少。母鸡对缺碘似乎较能耐受，给予低碘饲料在相当长时间内没有产蛋减少和孵化率下降现象。

6. 犬、猫 甲状腺肿大，颈腹侧隆起，吞咽障碍，叫声异常，呼吸困难，还伴有甲状腺机能减退症状，患犬步样强拘，被毛和皮肤干燥、污秽，生长缓慢，掉毛。皮肤增厚，特别是眼睛上方、颧骨处皮肤增厚，上眼睑低垂，面部臃肿，看似"愁容"（黏液性水肿）。母犬发情不明显，发情期缩短，甚至不发情。公犬睾丸缩小，精子缺失，大约半数病犬有高胆固醇血症，偶尔可见肌酸磷酸激酶活性升高。

7. 野生动物 啮齿类动物缺碘时，甲状腺肿大，生长停滞和死产；犬科动物缺碘时，甲状腺肿大，衰弱，死亡，新生动物胸腺和脾肿大，常伴有甲状腺癌；猫科动物缺碘时，生长停滞，被毛稀少，皮肤增厚，头部增宽，腭裂。

临床病理学检查：健康反刍动物血清蛋白结合碘、尿碘、乳碘及甲状腺碘分别为 $0.204\,7\sim0.511\,8\,\mu mol/L$、$0.511\,8\sim1.276\,\mu mol/L$、$0.511\,8\sim0.992\,1\,\mu mol/L$ 和 $2\,000\sim5\,000\,mg/kg$（干重）。缺碘时血清蛋白结合碘在 $0.196\,9\,\mu mol/L$ 以下，乳碘为 $0.078\,74\sim0.236\,2\,\mu mol/L$，甲状腺碘在 $1\,200\,mg/kg$（干重）以下。犊牛 T_4 减少，低于 $60.0\,\mu g/L$（正常 $T_4\,91.0\pm56.0\,\mu g/L$），$T_3$ 增加，在 $4.462\,\mu mol/L$ 以上（正常 $T_3\,2.415\pm1.323\,\mu mol/L$），$T_4/T_3$ 减少（40 以下，正常 56 ± 15）。

病理变化：幼畜无毛，黏液性水肿和甲状腺显著肿大，新生犊牛的甲状腺重超过 13g（正常的为 $6.5\sim11.0\,g$），新生羔的甲状腺重达 $2.0\sim2.8\,g$（正常羔的为 $1.3\sim2.0\,g$），即为甲状腺肿大。甲状腺组织增生、肥大和新腺泡形成。

【诊断】根据流行病学、病史和症状即可做出初步诊断。确诊要通过饮水、饲料、乳汁、尿液、血清蛋白结合碘和血清 T_3、T_4 等的检测。诊断中还应与传染性流产、遗传性甲状腺增生和小马的无腺体增生性甲状腺肿大相区别。

【治疗】补碘是治疗本病的根本措施。内服碘化钾或碘化钠，牛、马 $2\sim10\,g$，猪、羊 $0.5\sim2.0\,g$，犬 $0.2\sim1.0\,g$，1 次/d，连用数日。或内服复碘液（含碘5%，碘化钾10%），$10\sim12$ 滴/d，连用20d，间隔 $2\sim3$ 个月可重复用药。亦可用含碘盐（含碘化钾5%），采用这种含碘食盐对治疗动物碘缺乏病有良好的效果。也可用含碘的盐砖让动物自由舔食，或者在饲料中掺入海藻、海带之类物质。

【预防】饲料中碘含量应满足动物的需要。在配制饲料时，应按它们对碘的需要量配方。根据我国规定的标准，按每千克饲料干物质计，各种家畜的碘需要量（mg/kg）应为：牛、羊0.12，肥育牛0.35，蛋用鸡 $0.3\sim0.35$，肉用仔鸡0.35，仔猪0.15，母猪 $0.11\sim0.12$，肥育猪0.13。

预防可用含碘盐砖让动物自由舔食，或在饲料中添加海带、海藻、海草等，或把碘盐添加到矿物质添加剂中，或定期饲喂碘盐如碘化钾、碘酸钠等。也可肌肉注射碘油，妊娠羊于产前2周注射1mL，有较好的预防效果。饲喂十字花科植物时，饲料中碘含量应比正常需要量增大4倍。

大剂量碘可引起动物中毒。犊牛饲料中碘达 $50\,mg/kg$，育肥猪 $400\sim800\,mg/kg$，即可表现出食欲减退、体重减轻、皮疹和痉挛等中毒症状。

（徐世文）

第五节 其他营养代谢病或行为异常性病症

异食癖（allotriophagia）

异食癖是指动物由于环境、营养、疾病等多种因素引起的采食正常食物以外的通常认为无营养价值的物质为特征的一种综合征。各种动物均可发生异食癖，广义地说，像羔羊的食毛癖、猪的咬尾症、禽的啄癖和毛皮兽的自咬症等都属于异食癖的范畴。

【病因】本病发生的原因是多种多样的，有的尚不清楚，可因地区和动物的种类而异。一般认为有以下因素：

（1）动物活动受限、饲养密度过大、环境空气污浊、光线过亮等引起动物烦躁，常常导致异嗜癖。饲养密度过大，动物（如猪、禽等）之间相互接触和冲突频繁，为争夺饲料和饮水位置，互相攻击咬斗，常易诱发恶癖。光照过强，光色不适，易导致禽的啄癖。据报道，采用白炽灯光，啄癖发生率为15%，青光为21.5%，黄光为52%，而采用红光或绿光啄癖发生率为零。严格限制动物的活动，或高温高湿，通风不良，再加上空气中氨、硫化氢和二氧化碳等有害气体的刺激易使动物烦躁不安而引起啄癖。

（2）许多营养因素已被认为是引起异食癖的原因。见于碳水化合物、蛋白质、矿物质（如钠、钾、钙、磷、镁、钴、铜、锰、锌、铁、硫、硒等元素）和维生素（如维生素B族、维生素D、维生素E等）的缺乏，以及容积性纤维素缺乏等。钠盐不足是常见原因，钠缺乏可因饲料里钠不足，也可因饲料里钾盐过多引起，因为机体要排除过多的钾，必须同时增加钠的排出。有资料报道，土壤含钴量为1.5~2mg/kg时，该地区很易发生异食癖；若泥土里含钴量为2.3~2.5mg/kg，则该地区不发生异食癖。绵羊和鸡的食毛癖、猪吃胎衣和胎儿以及鸡的啄肛癖与硫、某些蛋白质与氨基酸的缺乏有关。某些维生素缺乏，特别是维生素B族缺乏，可导致体内的代谢机能紊乱而诱发异食癖。

（3）某些临床和亚临床疾病也是异食癖的原因。常见于消化器官疾病，如慢性胃炎、慢性胰腺疾病、慢性肝炎和体内外寄生虫病等。慢性消化道疾病可导致营养物质吸收不良，造成机体营养物质缺乏。寄生虫病不仅争夺机体的营养物质，还可通过直接刺激或产生毒素，引起应激作用，如体表寄生虫常常引起动物啃咬身体局部，造成损伤，引起异食癖。

【症状】异食癖一般多以消化不良开始，接着出现味觉异常和异食症状。有异食癖的动物通常都喜欢舔食碱性物质，但不同动物发生异食癖时所喜食的异物亦不尽相同，猪常表现为啃食砖头、水泥、泥土、煤灰及互相啃咬尾巴、耳朵；牛则喜采食砖头、墙土、布片、皮革、金属片、木料、石头和尸体物质，如骨骼和皮肤；绵羊可能采食污物、骨头，且常常吃毛；马可能采食沙石、污物或咬嚼骨头；鸡常有啄羽癖、啄肛癖、啄趾癖；犬常常吞食木柴棒、骨骼和青草；猫喜吃毛发及盆栽植物等。

患畜易惊恐，对外界刺激的敏感性增高，以后则迟钝。皮肤干燥，弹力减退，被毛松乱无光泽。拱腰、磨齿，天冷时畏寒而战栗。口腔干燥，初期多便秘，后期下痢，或便秘下痢交替出现。贫血，渐进性消瘦，食欲进一步恶化，甚至发生衰竭而死亡。

绵羊可发生食毛癖，发病初期，仅见个别羔羊啃食母羊股、腹、尾等部位被粪尿污染的被毛，或互相啃咬被毛，或舔食散落在地面的羊毛；以后，则见多数甚至成群羔羊食毛。病羔被毛粗乱、焦黄，食欲减退，常伴有腹泻、消瘦和贫血。食入的羊毛在瘤胃内形成毛球进入真胃或十二指肠引起幽门或肠阻塞时，食欲废绝，排粪停止，肚腹膨大，磨牙空嚼，流涎，气喘，咩叫，弓腰，回顾腹部，取伸展姿势。腹部触诊，有时可感到真胃或肠内有枣核大至核桃大的圆形硬块，有滑动感，指压不变形。

母猪有食胎衣，仔猪间互相啃咬尾巴、耳朵和腹侧的恶癖。当断奶后仔猪、架子猪相互啃咬对方耳朵、尾巴和鬃毛时，常可引起相互攻击和外伤。耳朵被咬主要发生在两个部位，一个在耳朵的基部，一个在耳尖。一般不发生在一边，大部分发生是双边的。咬腹侧是另一个近来研究较多的恶癖，主要发生在6~20周龄、20头以上的猪群。

鸡有啄羽癖（可能是由于缺硫）、啄趾癖、食卵癖（缺钙和蛋白质）、啄肛癖等。一旦发生，在鸡群传播很快，可互相攻击和啄食，甚至对某只鸡可群起而攻之，造成伤亡。

幼驹特别是初生驹有采食母马粪的恶癖，特别是母马刚拉下的有热气的新鲜粪便。采食马粪的幼驹，常引起肠阻塞，若不及时治疗，多数死亡。

【病程及预后】异食癖多呈慢性经过，对早期和轻型的患畜，若能及时改善饲养管理，采取适当的治疗措施很快就会好转，否则病程拖得很长，可达数月，甚至1~2年，随饲养条件的变化，常呈周期性的好转与发病的交替变化，最后衰竭而死亡。也有以破布、毛发等阻塞消化道，或尖锐异物使胃肠道穿孔而引起死亡的。

【诊断】将异食癖作为症状诊断不困难，但欲做出病原（因）学诊断，则须从病史、临床特征、饲料成分分析、血清学、病原检查以及治疗性诊断结果等方面具体分析。

【防治】合理调配饲料、保持畜舍卫生是预防本病的关键措施。

根据动物不同生长阶段的营养需要，喂给全价配合饲料，当发现有异食癖时，可适当增加矿物质和复合维生素的添加量。此外，喂料要做到定时、定量，不喂发霉变质的饲料。有条件时，可根据饲料和土壤情况，选择性地进行补饲；对土壤中缺乏某种矿物质的牧场，要增施含该物质的肥料，并采取轮换放牧。有青草的季节多喂青草；无青草的季节要喂质量好的干草、青贮料，补饲麦芽、酵母等富含维生素的饲料。

圈舍的设计应有利于防暑降温、防寒保温、防雨防潮，保证干燥卫生，通风良好。此外，要避免强光照射，在鸡舍，可适当利用红光，通过抑制过度兴奋的中枢神经系统防治啄癖的发生。

要合理组群，饲养密度适宜。以有利于动物正常的生长、发育、繁殖，又能合理利用栏舍面积为原则，把来源、体重、体质、性情和采食习惯等方面近似的动物组群饲养。在猪，一般3~4月龄每头需要栏舍面积以$0.5~0.6m^2$为宜，4~6月龄以$0.6~0.8m^2$为宜，7~8月龄和9~10月龄则分别为$1m^2$和$1.2m^2$。

定期驱虫，以防止寄生虫诱发的异食癖。

当发现有异食癖的动物时，要及时挑出，隔离饲养。咬伤动物应及时进行外科处置，可选用碘酊、紫药水等，以防感染化脓。全群动物可在饲料中添加镇静药，能迅速制止。据报道，在猪舍悬挂铁链等可有效预防本病的发生。

羔羊食毛症（wool eating in lamb）

羔羊食毛症是羔羊的一种异常行为综合征，在临床上以羔羊舔食母羊被毛和脱落在地面的羊毛，或羔羊间互相啃咬被毛为特征。羔羊食毛症目前尚未被列为独立疾病，通常作为异食癖的一种症状加以描述。绵羊和山羊均可发生。我国东北、华北和西北均有报道。本病呈群发性，常继发消化不良、痢疾和胃肠毛球阻塞，严重的可造成羔羊死亡。

【病因】本病的确切原因目前尚不十分清楚。一般认为饲料中维生素 B_2 和矿物质（磷、钙、铜、锰、钴和食盐等）缺乏是本病的基本原因，目前已为养羊场的预防经验所证实，当每只羊每昼夜添加 5～10g 骨粉时，大群羔羊即可停止发病。

有人认为，饲料中缺乏含硫氨基酸也是引起本病的主要原因。因为羊毛是由纯蛋白质组成的，其所含胱氨酸的百分率比肌肉高 10 倍。冬末春初，牧草干枯，母羊采食枯草或被雨淋过的干草或酒糟等营养不全的饲料，又不补饲维生素和矿物质时，所生羔羊容易发病。此外，母羊乳腺炎、羔羊消化不良及羊群密度过大，均可促使本病的发生。

【症状】初期，仅见个别羔羊啃食母羊的股、腹、尾等部被粪尿污染的被毛，或互相啃咬被毛，或舔食散落在地面的羊毛，并常舔食墙土、垫草等。以后则见多数甚至成群羔羊食毛。病羔被毛粗乱，焦黄，食欲减退，常伴有腹泻和贫血，日渐消瘦。

食入的羊毛在瘤胃内形成毛球。毛球滞留在瘤胃或网胃时，一般无明显症状。当毛球进入真胃或十二指肠引起幽门或肠阻塞时，食欲废绝，排粪停止，肚腹膨大，磨牙空嚼，流涎，气喘，咩叫，弓腰，回顾腹部，取伸展姿势。腹部触诊，有时可感到真胃或肠内有枣核大至核桃大的圆形硬块，有滑动感，指压不变形。

【诊断】较多羔羊食毛，结合其他症状和仔细的腹部触诊，即可做出诊断。其他疾病，如佝偻病、骨软症、疥螨病和绵羊痒病等，亦可呈现舔食羊毛，但不会如此广泛。骨代谢障碍时，除舔食羊毛症状外，尚可见骨骼变形。疥螨病可通过皮肤寄生虫检查加以鉴别。

【防治】发现羔羊食毛，即应与母羊隔离，只在哺乳时允许接近。注意羊舍卫生，及时清除脱落的羊毛。也可在羊圈内经常撒一些青干草，任其采食，以免舔食羊毛。对于患病羔羊，如发生真胃或肠阻塞时，应及时做手术，取出毛球。

预防本病应着重于调整羔羊饲料，给予全价饲养。条件许可时可通过分析饲料的营养成分，有针对性地补饲所缺乏的营养成分。一般情况下，可用食盐 40 份、骨粉 25 份、碳酸钙 35 份、氯化钴 0.05 份混合，制成盐砖，任羊自由舔食。近年来，用有机硫化物，尤其是蛋氨酸等含巯基氨基酸防治本病，获得良好效果。

啄癖 (cannibalism)

啄癖是禽类的一种行为异常综合征，又称异食癖、互啄癖等。各种禽均可发生，主要见于各种生理阶段的鸡。啄癖的类型众多，禽类一旦发生啄癖以后，即使激发因素消失，这种啄癖往往也将持续，造成一定的经济损失。

【病因】啄癖的病因复杂，研究证明，主要见于营养物质缺乏、管理不当及某些疾病等。

1. 营养物质缺乏 一般认为，饲料中缺乏某些营养物质，如蛋白质或某些必需氨基酸、矿物质、维生素、食盐和粗纤维等，可引起啄癖。日粮中蛋白质含量不足，尤其是动物性蛋白质不足或使用较多羽毛粉、皮革粉等质量较差的蛋白质，是诱发啄癖的重要因素。日粮中氨基酸不平衡，缺乏含硫氨基酸容易发生啄癖。钙、磷含量不足或比例失调；缺乏无机盐，特别是食盐或其他矿物质、硫化物某些微量元素如钴、锌、铁、硒等，也容易发生啄癖使病禽采食量减少，饲料利用率降低，引起啄蛋、啄肛、啄羽和食血癖。维生素如维生素D、泛酸、生物素、维生素B_{12}和叶酸等缺乏，影响生长发育，引起病禽生长缓慢，羽毛生长不良，啄毛或自行食羽。日粮中能量高，粗纤维含量低于3%，胃、肠蠕动不充分，引起食羽、啄肛。粗纤维的缺乏容易引起肠蠕动弛缓，从而引起啄癖。

2. 管理不当 常见于饲养密度过大、光线太强、日龄不一或颜色不同鸡合群、蛋鸡产蛋箱不足、饲槽或饮水器不足、舍内空气污秽或光线太强等。

饲养密度过大或单位面积过于密集，禽类运动不足，导致其情绪烦躁，增加群体间的争斗容易诱发恶斗癖。舍内温度过高，湿度高达80%以上，地面潮湿污秽，通风换气不良，氨气、硫化氢、二氧化碳等有害气体过多，均会破坏鸭的生理平衡，影响机体的健康，诱发啄癖。当湿度过低，相对湿度低于40%时，则影响羽毛的生长，诱发啄癖。光线过强会刺激鸭的兴奋性，产蛋鸭性成熟提前，早产引起肛门紧缩导致微血管破裂出血，引起啄肛。产蛋箱不足，或产蛋箱内光线太强，常常造成在地面上产蛋，产在地面上的蛋被踏破后，引起啄食破蛋，日久就形成食蛋癖。不同的鸡群或强弱悬殊的鸡突然混在一起，会引起互相打斗和互啄，如有创伤出血，则易引起啄癖的发生。

3. 疾病因素 常见的有体表寄生虫、泄殖腔或输卵管垂脱等。当某种疾病如鸡白痢等引起泄殖腔或输卵管外翻露出于体外时，其鲜红的颜色就会招惹其他鸡只来啄食，并由此而诱发大群的食肉癖和啄肛癖等。螨、虱等体外寄生虫的感染时，鸡只喜欢啄咬自己的皮肤和羽毛，或将身体与地板等粗硬的物体上摩擦，并由此而引起创伤，易诱发生食肉癖。

【**症状**】啄癖种类众多，常见的有啄肛癖、啄肉癖、啄羽癖、啄趾癖、啄蛋癖等。患啄癖的禽类啄食羽毛、肌肉、禽蛋或其他异物，造成肉用鸡等级下降、禽蛋的损耗率增加和病淘率增高。发病时精神紧张，食欲减退，生长缓慢。自啄或数只啄一只，很快波及全群，奔跑、惊叫，轻者啄掉羽毛，啄破皮肤，重者腹壁被啄穿，流出内脏，很快死亡。

【**诊断**】依据临床症状和病史，结合饲料、组织、血液等的检验结果进行综合诊断。

【**防治**】一旦发现禽群发生啄癖症，应尽快调查引起啄癖的具体原因，及时进行治疗。

首先要及时将被啄伤的禽只移走，以免引诱其他禽只追逐啄食。在被啄破部位涂擦龙胆紫、黄连素等药物。舍内光线调暗，或改用红光，也可在舍内投放一些蔬菜等任其啄食，以分散注意力。

在日粮或饮水中添加1.5%~2%的氯化钠，连续2~4d，但不能长期饲喂，以免引起食盐中毒；或在饲料中添加生石膏（硫酸钙），每只每天0.5~3.0g，根据具体情况可连续使用3~5d；在日粮中添加0.2%蛋氨酸，也能减少啄癖的发生，或投给镇静药。

为避免或克服上述容易引起啄癖的发生因素，加强饲养管理是预防啄癖的关键。较有效的办法是断喙，雏鸡的断喙可在1日龄或6~9日龄进行，必要时在合适的时候再断喙1次；合理调配日粮，特别要注意满足禽群对蛋白质、蛋氨酸、色氨酸、维生素D、维生素B族以及钙、磷、锌、硫的需要；饲养密度合理、加强通风换气、严格控制舍内温湿度和光照，及时杀灭家禽体表的寄生虫等。

皮毛动物自咬症（self-biting in fur-bearer）

皮毛动物自咬症是食肉皮毛动物的一种慢性经过的异常行为综合征。临床上以阵发性精神高度兴奋、狂暴性自咬身体某一部位为特征。貉、水貂和狐均可发生，但以仔兽多发。本病一年四季均可发生，以春、秋季为多。

【病因】其病因目前尚未完全明了，一般认为主要与营养性因素、应激和某些疾病有关。

1. 营养性因素 国内很多学者把自咬症归结为微量元素、维生素、氨基酸或不饱和脂肪酸等营养因子代谢紊乱而引起，所以目前把该病归结为营养代谢病。研究证明，日粮中硒、含硫氨基酸和维生素 E 等缺乏，会引起机体内代谢功能紊乱，出现自咬症。

2. 应激性因素 生产中引起皮毛动物应激的因素很多，如断奶后单笼饲养、疫苗接种、品质鉴定、称重和体尺测量、换毛、气温变化、环境潮湿、空气污浊、饲养环境不安静、饲料营养不全或突然更换饲料配方等。应激因素会导致患病动物神经内分泌紊乱而使其狂躁不安，严重者发生自咬恶癖。

3. 疾病因素 能够引起皮毛动物皮肤疾病的因素会刺激皮肤，引起瘙痒、兴奋不安，进而导致自咬症。如体表寄生虫（螨虫、跳蚤等）会引发皮肤上皮细胞脱落、局部发炎而使之出血和组织液渗出，干涸结痂时刺激局部发痒；环境潮湿引起毛皮动物皮肤感染真菌，引起感染部位瘙痒；皮肤破损后，如感染葡萄球菌等，引起局部化脓、瘙痒等。

【症状】病初精神紧张，采食异常，易惊恐。患病动物或于原地不断转圈，或频频往返奔走于小室之间，狂暴地啃咬自己的尾巴、后肢、臀部等部位，并发出刺耳尖叫声。兴奋过后呈沉郁状态躺卧，眼半闭，对周围事物不敏感或呈睡眠状态。轻者咬掉被毛、咬破皮肤，重者咬掉尾巴、肢蹄，咬透腹壁，流出内脏。可反复发作，常因外伤感染而死亡。一般急性病例持续 2~7d，死亡率可达 20%；慢性病例局部被咬破，感染化脓、结痂，皮毛损缺不全，直接影响毛皮质量。

【诊断】根据病史、临床症状即可作出诊断。

【防治】本病目前尚无有效的治疗方法，通过查找病因，可进行针对治疗。

发生貂自咬症时，应尽早治疗，阻止其进一步发展。对咬伤局部用高锰酸钾、碘酊、消炎粉等做外科处理，为了控制感染，可使用抗生素进行注射或内服；过度兴奋时可应用盐酸氯丙嗪、安定等进行镇静，如将盐酸氯丙嗪 0.25g、乳酸钙 0.5g、复合维生素 B 0.1g 研碎并混匀，分成 2 份混入饲料中饲喂，2 次/d，1 份/次，连用数日，有较好的疗效。

合理调配日粮，补充所缺乏的营养成分，如补饲微量元素、多种维生素添加剂；驱除体表寄生虫、治疗原发病等；同时针对不同情况进行对症治疗，保持环境安静，减少刺激；也可早期锯断部分犬齿或用夹板固定头部，使其不能回头自咬。

预防本病的关键在于加强饲养管理，合理调配日粮，保证全价饲养，圈舍笼具经常消毒，定期防疫和驱虫。

猪咬尾咬耳症（tail and ear biting of pig）

猪咬尾咬耳症是猪行为异常的一种临床表现，多发生于集约化猪场，处于应激状态下的生长猪群。轻症者尾巴咬去半截，重者尾巴被咬光，直至在尾根周围咬成一个坑。被咬猪的耳朵充血、出血和水肿。发生咬尾咬耳的猪群，其生长速度和饲料转化率可下降 20% 左右，有的甚至发生感染死亡。

【病因】任何引起不适的因素都可能引发猪咬尾咬耳症，如管理因素、疾病因素、环境因素、营养因素等方面造成的应激都可能是发病的原因。

1. 营养因素　在舍饲条件下，猪生长所需要的各种营养物质全部依靠饲料供应，当饲料中某种或某些营养素缺乏或过多，各种营养素之间平衡失调，猪群可出现咬尾、咬耳。如饲料中蛋白质质量不佳或缺乏、矿物质和维生素缺乏以及纤维素不足可导致咬尾咬耳症的发生。矿物质锌、铜、锰、硒和B族维生素等是体内许多相关代谢酶和辅酶的重要组成成分，当它们缺乏时，及钙、磷缺乏或比例不当时，机体就会发生代谢机能紊乱，常导致味觉异常，从而引起异嗜癖。这些问题与饲料、饲料添加剂的配方，饲料加工过程搅拌是否均匀，饲料原料和各种添加剂原料的质量，配合饲料的存放时间长短和是否霉变等有关。

2. 环境与管理因素　猪舍内环境卫生条件差，有害气体如二氧化碳、硫化氢的浓度高，温、湿度过高或过低，通风速度降低，使猪群产生不适或休息不好，均能导致猪群发生啃咬。在恶劣环境中光线过强也是一种应激，促使猪群发生恶癖症。

猪群密度过大、猪群的群体太大（超过30头）、饲槽面积太小和饮水器不足等，造成每只猪所占空间不足，猪之间接触频繁，其领地受到侵占和威胁或争夺群体优势地位，这些因素亦会诱发猪之间的争斗行为，诱发咬尾现象的发生。

生活环境单调。猪有探究行为。在自然状态下觅食时，首先是表现拱掘动作，即先是用鼻闻、鼻盘拱、牙齿啃，然后开始采食。当猪舍地面为水泥地面，舍内又无可玩耍或探究之物，这种探究行为长期受到限制时，猪的攻击行为会增加，有的猪就会出现相互咬尾或咬耳。

3. 疾病因素　猪患体内外寄生虫、贫血、外伤等均会诱发猪的互咬。猪患有虱病、疥癣等体外寄生虫病时，可引起猪体皮肤刺激而烦躁不安，在舍内摩擦而导致耳后、肋部等处出现渗出物，对其他猪产生吸引作用而诱发咬尾咬耳；猪体内寄生虫病，特别是猪蛔虫，刺激患猪攻击其他猪，发生咬尾现象。猪贫血、尾尖坏死也可出现猪只的咬尾、咬耳。群体中因某个体的体表创伤出血，血腥味对猪有强烈的刺激作用。

此外，舍外不利的刺激，如猪舍的窗外悬挂破烂的编织袋随风不停飘动，可骚扰临近舍内的猪只，引起争斗行为，导致咬尾症的发生。集约化猪场日常饲喂秩序的打乱也可导致猪只的行为异常。

【症状】有咬尾癖猪病初举止不安，对外部刺激敏感，食欲减弱，生长缓慢，目光凶狠。起初只有几头相互咬斗，逐渐有多只参与，主要是咬尾，少数也有咬耳，被咬猪的尾巴和耳朵常出血，猪对血液产生异嗜，引起咬尾癖，危害也逐渐扩大。耳朵被咬时，容易反击，尾巴被咬时不容易反击，因此尾巴的伤害比耳朵严重。有的病例尾巴被咬至尾根部，严重者引起感染或败血症死亡。群体中一只猪被咬并处于弱势时，有时还可能被多只猪攻击，若未能及时发现和制止常造成严重的伤亡。

【诊断】依据临床症状和病史，结合饲料、组织、血液等的检验结果可做出诊断。

【防治】引起猪咬尾咬耳症这种异常行为的因素是多方面，且发生于不同的饲养阶段。所以防治措施应是合理的，并贯穿于养猪生产的始终。

发现被咬伤病猪，应及时隔离，伤口进行一般外科处理，为防止感染，可应用抗生素；为控制猪只的兴奋性，可选用镇静药。加强管理，消除病因，如补充矿物质、维生素，积极治疗原发病，保持猪舍干燥卫生。

合理调配饲料，营养水平要能满足猪不同生长阶段的营养需要，定时定量饲喂，不喂霉败变质饲料，饮水要清洁，饲槽及水槽设施充足，注意卫生，避免抢食争斗及饮食不均。

加强管理，保证饲养密度、合理组群。提供足够活动空间、饮水器和饮水空间、饲槽和采食空间。每头猪所占食槽、饮水和活动面积，因猪只的个体重量不同而异，与猪舍的结构、猪场的地理位置以及猪场布局有一定关系。一般的情况下，体重 7～14kg，每头 0.28～0.32m²；体重 14～23kg，每头 0.37～0.41m²；体重 23～45kg，每头 0.46～0.50m²；体重 45～68kg，每头 0.56～0.60m²；体重 68～100kg，每头 0.74～0.82m²。

猪舍要避免贼风、有害气体、不良气味、潮湿、过热、寒冷和光照过强等应激因素。定期驱虫，减少体内外寄生虫对猪的侵袭。满足猪自然行为，分散有异食癖猪的注意力。为其提供玩具，如在圈内投放空罐、废轮胎，供其咬玩，或在圈内悬挂铁链条，以分散猪只的注意力。

此外，仔猪出生后断去部分尾巴，能较有效地控制仔猪咬尾症的发生。

母猪产仔歇斯底里症（farrowing hysteria in sow）

母猪产仔性歇斯底里是指母猪产后攻击仔猪的一种异常行为综合征。各年龄段母猪均可发生，以初产母猪多见。

本病的病因目前尚不清楚，可能与生产应激、遗传等因素有关。

临床上患猪极度敏感和不安，当仔猪出生后初次吸吮母猪奶头时或者接近其头部时，它将攻击这些仔猪，导致严重的甚至是致死性的损伤。

母猪产仔时一旦出现了该综合征的症状，宜将刚生的仔猪及其余的仔猪转移至一个温暖的环境中去。待分娩结束后，再检查该母猪是否能接受其所产的仔猪。假如仍不能接受，可给患猪投服安定类药物，保证仔猪能得到初次吸吮母猪乳头的机会。

经过这样一个阶段的处理，患猪通常会接受自己的仔猪。为镇静母猪可用苯二氮卓类药物，如地西泮注射液，每千克体重 1～7mg，肌肉注射；也有人推荐用吩噻嗪类药物氯丙嗪，可用盐酸氯丙嗪注射液按每千克体重 1～3mg，肌肉注射，虽然其药效较佳，但用药后母猪会出现共济失调而可能将仔猪压死。另外，对仔猪异常的牙齿宜做修剪，避免因吸吮乳头使母猪感到疼痛，促进歇斯底里的发生。

猝死综合征（sudden death syndrome）

猝死综合征又称暴死症或急性死亡综合征，临床上以发病急、病程短、死亡率高为特征。本病主要发生于牛、羊、猪、马、兔、犬、禽等也有发生；呈地方流行性或散发，冬、春季节多发。

自 20 世纪 80 年代，尤其是 90 年代以来，安徽、江苏北部、河南、山东、山西、陕西、吉林、海南等部分地区，相继报道了黄牛、水牛、猪及其他动物暴发的猝死综合征。家畜发病数量及品种逐年增多，发病地区也逐年扩大，给我国的养殖业带来了巨大的经济损失。

【病因】本病作为一种综合征，是由多种病因引起的。近几年，许多学者对其做了大量研究，认为主要与感染、中毒、营养缺乏和应激等因素有关。

1. 营养性因素 研究表明，营养缺乏与猝死有着直接关系。机体缺硒时，会导致心肌变性、坏死，动物由于心脏病突发而出现猝死。研究发现，长春、宁夏等地发生猝死的奶牛、黄牛，未检验到任何病原菌和有毒物质。根据地方缺硒病史、症状、病理变化、全血硒含量测定确诊为硒缺乏症，用亚硒酸盐、维生素E对健康牛注射预防效果较好。陕西等地发生猝死的黄牛，经研究发现，患病牛血清铜、肝铜含量显著低于正常水平。病牛用铜制剂进行治疗，有较好疗效。

2. 传染性因素 各地从猝死病畜中分离出的细菌种类较多，主要涉及产气荚膜梭菌（A型最多，少数为B、C、D型）、多杀性巴氏杆菌、肺炎克雷伯菌、腐败梭菌等。而且，多数病例发生两种以上的细菌混合感染。研究发现，河南省、陕西省等地从猝死猪、牛、羊病料中分离培养出了产气荚膜梭菌。分析各地的调查资料表明，产气荚膜梭菌的检出率最高，经大量动物试验验证，普遍认为产气荚膜梭菌是牛、羊、猪发生猝死症的主要病原细菌。

此外，也有研究认为，牛、羊和犬猝死综合征的发生与黏膜病病毒和冠状病毒有关。

3. 应激性因素 应激因素有时也会导致家畜发生猝死。动物在长时间休闲后，突然使役或运动强度加大，导致急性心力衰竭而死亡。有人曾用耕牛进行人工病例复制并对死亡耕牛进行尸体解剖，结果与自然发生的猝死综合征病例完全一致。

4. 中毒性因素 分析各地报道的猝死综合征病因，由中毒病因引发的猝死占很高的比例，常见的毒物有氟乙酰胺、毒鼠强、呋喃丹、砒霜和除草剂等。

【症状】多数病畜无前驱症状，在使役中或使役后，采食中或采食后，突然起病，全身颤抖，迅速倒地，四肢痉挛，哞叫，不久死亡，病程多在数分钟或1h内；病程稍长的尚表现耳鼻发凉，呼吸急促，有的口鼻流涎，可视黏膜发绀，体温正常或偏低，有的体温升高，站立不稳，倒地抽搐；羊、猪还表现兴奋不安，不避障碍运动等。

剖检变化，主要表现胃肠黏膜脱落，消化道充血、出血；实质器官均有淤血、出血，肝、脾肿大或变性；心耳、心内膜有出血点或出血斑，有的心肌变性或出血性坏死；脑膜充血、出血，脑室微血管出血，延脑、脑桥有出血点或淤血灶。

【防治】预防的关键在于查明病因，采取针对性的预防。

母猪乳房炎-子宫炎-无乳综合征（mastitis-metritis-agallactia in sow）

母猪乳房炎-子宫炎-无乳综合征（MMA）是母猪产后1周以内常见的一种疾病，又称母猪无乳综合征、泌乳失败或毒血症性无乳症。临床上以少乳或无乳、便秘、排恶露、乳腺肿胀等为特征。

【病因】关于母猪MMA综合征的病因，已经记载的有30多种，如应激、激素不平衡、乳腺发育不全、细菌感染、管理不当、低钙血症、自身中毒、运动不足、遗传、妊娠期和分娩时间延长、难产、过肥、麦角中毒、适应差等等，其中以应激、营养与管理性因素和传染因素为主因。

1. 营养与管理性因素 饲料中维生素E和硒缺乏、纤维饲料过少、能量过高等因素可引起MMA综合征。饲料中粗纤维和颗粒的大小也影响此病的发生。研究发现，在母猪产仔前7d，每日喂2次0.9kg精心磨碎的饲料，6个试验组中有5个发生MMA，而对照组母猪则未发生MMA。日粮中增加干苜蓿有预防此病的作用。也有研究表明，维生素E和硒缺乏可使MMA发生率呈一定程度的增加，因此推荐向每吨饲料中添加维生素E 2万IU。据报道，低血钙症也可引起无乳症，但并不是MMA的主因。另外，产前给母猪饲喂过量甜菜也可引起此病。

在妊娠期间饲喂过多的母猪易患此病，尤其是在分娩前不久变更饲料更易患此病。任何导致分娩时或临近分娩时食物吸收发生显著变化的管理方法都可引发此病。如饲料突然改变，可严重导致胃肠道停滞，进而发生此病。

母猪无乳症还受管理、环境及卫生状态好坏的影响。如果产房拥挤、噪音过高、地面潮湿、通风不佳、温度过高都可导致此病发生。

2. 感染性因素 据报道，感染常与MMA综合征有关。链球菌、葡萄球菌、大肠杆菌、绿脓杆菌、肺炎克雷伯菌、放线菌、产气荚膜梭菌、梭状芽胞杆菌、棒状杆菌、假单胞菌、支原体等病原微生物以及霉菌污染产房地板和木板栏，母猪通过接触而感染。仔猪咬伤乳头；猪栏地面不平或过于粗糙，使乳房经常受到挤压、摩擦引起外伤；栏舍不清洁，积粪、积尿污染乳房，引起感染；分娩时产道损伤、胎衣不下或胎衣碎片宫内残存、子宫弛缓时恶露滞留、难产时助产的污染、人工授精时消毒不彻底、自然交配时公猪生殖器官或精液内有炎性分泌物等，都可能引起子宫炎发生。此外，母猪患其他的疾病引起抵抗力下降时，其生殖道内的非致病菌异常增殖也是发病的原因。

3. 应激性因素 常见应激因素有怀孕猪舍改换到产仔猪舍、湿度和温度的改变、妊娠末期母猪受到驱赶，日粮的改变、运输、噪音，母猪分娩（尤其是难产）、哺乳（仔猪牙齿啃咬）以及注射药物等，其中以分娩应激最为重要。应激引起内分泌功能紊乱，有人认为无乳症的发生是由于应激使乳腺腔内储留的乳汁被排出而导致垂体后叶分泌催产素受阻，或阻碍催产素对乳腺上皮细胞的作用。另外，应激可降低甲状腺机能，使病猪的自然抵抗力减退。据观察，MMA母猪与正常分娩母猪相比，肾上腺增大，而甲状腺则变小。

【症状】母猪常常在分娩期间或分娩后不久有乳汁，其后泌乳减少或停止。母猪食欲不振，饮水减少，呼吸、心率加快，精神沉郁或昏睡，体温升高，在39.5～41℃之间。有的母猪不愿站立或哺乳。病猪粪便少而干。触诊患有乳房炎的母猪乳腺可发现一个或多个乳腺变硬，当疾病较严重时，整个乳腺变硬，肿大，触诊留有压痕，疼痛。患病乳腺乳汁分泌量下降，变黄、浓稠，有的呈水样，患病乳腺逐渐退化、萎缩。时常努责，有时随同努责从阴道内排出带有异味的、污秽不洁的红褐色的黏液或脓性分泌物。

母猪对仔猪的尖叫和哺乳要求没有反应。仔猪因饥饿显得焦躁不安，总围绕母猪乱跑，或不断发出尖叫声，在乳房下寻乳头。有的仔猪围绕圈舍寻找食物，可能会饮地面的水或尿液。当泌乳失败转为慢性过程时，许多仔猪因饥饿和低血糖而表现孱弱、消瘦，甚至死亡。当仔猪变得消瘦伏卧在母猪旁边时，很容易在母猪起卧时被压死或踩死。许多患病母猪对仔猪表现出易怒症状，以趴卧来阻止仔猪吃乳。

病理变化主要表现为乳腺炎和子宫内膜炎。

【诊断】根据病史、临床症状，结合实验室检查结果进行论证诊断。

【防治】加强营养，给予易消化富含营养的多汁饲料。为尽早恢复泌乳，可选用催产素，30～40IU/d，分次肌肉注射；或选用皮质类固醇激素、雌激素等，同时配合进行抗菌消炎，疗效会更好。有便秘症状的需进行缓泻治疗，如内服人工盐、硫酸镁、植物油或矿物油等。此外，还可进行乳房按摩等物理治疗。

由于泌乳失败会导致新生仔猪出现营养不良，有必要选择其他方法来饲喂仔猪，直到患病母猪恢复泌乳为止。可进行人工哺乳或由其他母猪代养。

加强饲养管理，减少应激因素是预防本病的根本措施。在产前、产后1周期间应每天测量体温，发现异常，及时进行治疗。

（徐世文）

◇ 复习思考题

1. 试述畜禽营养代谢病的概念和特点。
2. 如何诊断和防治畜禽营养代谢病？
3. 试述奶牛酮病的病因、发病机理、诊断和防治措施。
4. 简述母牛肥胖综合征的病因、诊断及防治方法。
5. 简述绵羊妊娠毒血症的病因和诊断。
6. 简述仔猪低血糖病的病因、诊断及防治方法。
7. 简述马麻痹性肌红蛋白尿病的病因、发病机理、症状及治疗措施。
8. 简述淀粉样变的概念。
9. 试述维生素A缺乏病的病因、发病机理、主要症状及防治措施。
10. 简述维生素D缺乏病的病因、主要症状及防治措施。
11. 简述维生素K缺乏病的病因、主要症状及防治措施。
12. 简述维生素B_1、维生素B_2、维生素B_6、泛酸、生物素、叶酸、维生素B_{12}、胆碱和维生素C缺乏病的病因、主要临床特征及防治方法。

第八章

中毒性疾病

> **内容提要**：动物中毒性疾病是兽医内科学中发展较快的领域之一。了解毒物、毒性、毒物的生物转运和生物转化等基本概念，掌握不同毒物的来源、中毒机制、临床表现、诊断和治疗等知识，对于预防动物中毒性疾病的发生和毒物的开发利用均有积极作用。本章要求掌握毒物学基本知识，常见多发性动物中毒病的病因、发病机理、诊断和防治措施，尤其是中毒病的发生机理、临床示病症状、现代诊断技术和特效治疗方法。

概　　述

（一）毒物与毒性的概念

在一定条件下，一定量的某种物质进入机体后，由于其本身的固有特性，在组织器官内发生化学或物理化学的作用，从而破坏机体的正常生理功能，引起机体的机能性或器质性病理变化，表现出相应的临床症状，甚至导致机体死亡，这种物质称为毒物（toxicant，toxic agent，poison）。某种物质是否有毒主要取决于动物接受这种物质的剂量、途径、次数及动物的种类和敏感性等因素，因此所谓的毒物是相对的，而不是绝对的。由毒物引起的相应病理过程，称为中毒（toxicosis，intoxication）。由毒物引起的疾病称为中毒病（poisoning disease）。

毒性（toxicity）也称毒力，是指毒物损害动物机体的能力，反映毒物剂量与机体反应之间的关系。可分为一般毒性（急性、亚急性、慢性）和特殊毒性（致突变、致癌、致畸、致敏、免疫抑制等）两类。任何毒物的毒性作用不仅决定于毒物的理化性质、吸收途径和蓄积作用，而且决定于外界环境条件，如气候、光照、温度和湿度。就植物有毒成分而言，其含毒量常随季节、生长期、生长地和植物品种等的不同而变化。动物的种类、性别、年龄、体重、体质、神经机能状态以及饲养管理或使役等情况的不同，对毒物的反应也有差异。在某些地区生长的动物对该地区的某些有毒植物和真菌毒素比从外地引进的动物耐受性要强。

（二）毒物的发病机理

毒物被吸收到体内后，对一定的组织器官具有化学亲和力称为毒物的选择性或亲和性。一些毒物还表现出全身作用，只是对主要组织器官的侵害较为强烈，而对其他各组织器官的损害力较弱。有些毒物直接侵害组织器官，引起器质性病理变化称直接作用，同时引起其他组织器官的机能变化称间接作用。在一个统一完整的机体中，所有的组织器官都是相互联系、相互影响、相互制约的，任何毒物进入动物机体所引起的组织器官生理性或病理性改变是多方面的，也是十分复杂的。

毒物的生物转运是指毒物在体内的吸收、分布方式（包括毒物的运载状态）；毒物分子与靶物质间的相互作用；毒物与细胞或亚细胞成分（如细胞膜和酶）间的相互作用；游离的活性毒物在血液中的存留时间；毒物进入其储存部位并从中释出的方式等。毒物的生物转化或代谢转化是指毒物进入体内后，经过水解、氧化、还原和结合等一系列代谢过程，其化学结构和毒性发生一定的改变。毒物通过生物转化，其毒性的减弱或消失称为解毒或生物失活；有些毒物可能生成新的毒性更强的物质，称为致死性合成或生物活化。

毒物进入动物机体后，通过吸收、分布、代谢和排泄等转运过程，损害机体的组织和生理机能，发生中毒现象。因此，必须依据病理解剖学和毒理学的方法，观察其病理变化和性质，进一步说明临床病征。随着现代科学技术的进展，应用电子显微镜，可以观察到细胞亚微结构的改变；应用生物化学方法，又能从细胞形态改变联系到物质的改变，从分子水平开展毒理机制的研究。毒物的毒理机制可以包括阻止氧的吸收、转运和利用，抑制酶活性，对亚细胞结构的作用，通过竞争拮抗作用，破坏遗传信息，影响免疫功能，发挥致敏作用，放射性物质的作用等方面。

（三）动物中毒病的诊断

动物中毒病的快速、准确诊断是研究和防治中毒病的重要内容，一旦做出诊断就能进行必要的治疗和预防；在未确诊之前，针对病畜的临床表现进行对症治疗。中毒的准确诊断主要依据病史、症状、病理变化、动物试验和毒物检验等进行综合分析。

（四）中毒病的防治原则

中毒病的治疗一般分为阻止毒物进一步被吸收，应用特效解毒剂，进行支持和对症疗法三个步骤。

1. 阻止毒物的吸收　首先除去可疑含毒的饲料，以免畜禽继续摄入，同时采取有效措施排除已摄入的毒物。如用催吐法、洗胃法清除胃内食物；用吸附法把毒物分子自然地结合到一种不能被动物吸收的载体上；用轻泻法或灌肠法清除肠道的毒物。

（1）除去毒源：严格控制可疑的毒源，避免畜禽继续接触或摄入毒物。及时收集销毁可疑毒饵、呕吐物、垃圾或饲料，防止畜禽再接触或采食。如果毒物难以确定，应考虑更换场所、饮水、饲料和用具。

（2）排除毒物：清除病畜体表毒物，应根据毒物的性质，选用肥皂水、食醋水或3.5%醋酸、石灰水上清液，洗刷体表，再用清水冲洗；清除眼部酸性毒物应用2%碳酸氢钠溶液冲洗，然后滴入0.25%氯霉素眼药水，再涂2.5%金霉素眼膏以防止感染。清除消化道毒物通常采用催吐剂、洗胃、吸附沉淀剂、黏浆剂、收敛剂以及盐类泻剂等。

2. 特效解毒疗法　迅速准确地应用解毒剂是治疗毒物中毒的理想方法。应根据毒物的结构、理化特性、毒理机制和病理变化，尽早施用特效解毒剂，从根本上解除毒物的毒性作用。

解毒剂可以同毒物络合使之变为无毒。例如，重金属通过EDTA或其盐类生成络合物，砷与二巯基丙醇结合形成更稳定的化合物，从而成为无毒或低毒物质，从肾脏排出。

解毒剂能加速毒物代谢作用或使之转变为无毒物质。如亚硝酸盐离子和硫代硫酸盐离子与氰化物结合依次形成氰化甲基血红蛋白和硫代氰酸盐，随尿排出。

解毒剂能加速毒物的排除。如硫酸盐离子可使反刍动物体内过量的铜迅速排除。

解毒剂能与毒物竞争同一受体。如维生素 K 与双香豆素竞争，使后者变为无毒。

解毒剂改变毒物的化学结构，使之变为无毒。如丙烯吗啡分子结构中的 N-甲基被丙烯基取代后，吗啡的毒性作用降低。

解毒剂能恢复某些酶的活性而解除毒物的毒性。如解磷定、氯磷定等能与磷酰化胆碱酯酶中的磷酰基结合，将其中的胆碱酯酶游离，从而解除有机磷酸酯类的毒性作用。

解毒剂可以阻滞感受器接受毒物的毒性作用。如阿托品能阻滞胆碱酯酶抑制剂中毒时的毒蕈碱样作用。

解毒剂可以发挥其还原作用以恢复正常机能。如由于亚硝酸盐的氧化作用所生成的高铁血红蛋白，可以用亚甲蓝还原为正常血红蛋白，使动物恢复健康。

解毒剂能与有毒物质竞争某些酶，使之不产生毒性作用。如有机氟中毒时，使用乙酰胺（解氟灵），因其化学结构与氟乙酰胺相似，故能争夺某些酶（酰胺酶），使氟乙酰胺不能脱氨产生氟乙酸，从而消除氟乙酰胺的毒性作用。

另外，某些使有毒物质加速或减少代谢转变的因素，可能加强或减弱毒物的毒性。如某种代谢产物比同源的化合物（有机硫代磷酸盐转化为有机磷酸盐）更有毒性，于是这种代谢的抑制剂就能减轻这种毒物的毒性。但是，如果这种同源化合物（例如灭鼠灵）比它的代谢产物有更大的毒性，那么代谢产物抑制剂就能增强其毒性。

3. 支持和对症疗法 目的在于维持机体生命活动和组织器官的机能，直到选用适当的解毒剂或机体发挥本身的解毒机能，同时针对治疗过程中出现的危症采取紧急措施。包括预防惊厥，维持呼吸机能，维持体温，抗休克，调整水与电解质平衡，增强心脏机能，减轻疼痛等。例如硫喷妥钠的轻度麻醉作用，可以很快控制惊厥症状。也可用戊巴比妥，每千克体重 10～30mg，静脉注射，继之以腹腔内注射，直至症状被控制为止。对制止惊厥，比较新的产品有吸入麻醉剂、骨骼肌弛缓剂等。肌肉松弛剂和麻醉剂结合应用比单用巴比妥酸盐安全。

体温过低或过高都可能因某种毒物而产生。大多数中毒病的体温都偏低，体温过低如氯醛糖中毒需要羊毛毯子和热水袋保温，而体温过高需要用冷水或冰降温。降温往往影响毒物的敏感度，降低患畜代谢和脱水的速率。亦可用药物降温，如氯丙嗪、非那根等加入 50% 葡萄糖或 0.85% 氯化钠注射液中静脉注射。

第一节 饲料毒物中毒

硝酸盐和亚硝酸盐中毒（nitrate and nitrite poisoning）

硝酸盐和亚硝酸盐中毒是动物摄入过量含有硝酸盐或亚硝酸盐的植物或饮水，引起血液中生成大量高铁血红蛋白的一种疾病；临床上表现为皮肤、黏膜发绀及其他缺氧症状。本病可发生于各种家畜，以猪多见，依次为牛、羊、马、鸡。

【病因】在自然条件下，亚硝酸盐系硝酸盐在还原性细菌的作用下还原为氨过程的中间产物，故其发生和存在取决于硝酸盐的数量与还原性细菌的活跃程度。动物饲料中，各种鲜嫩青草、作物秧苗以及叶菜类等均富含硝酸盐。在重施氮肥或农药的情况下，如大量施用硝酸铵、硝酸钠等，使用除莠剂或植物生长刺激剂后，可使菜叶中的硝酸盐含量增加。还原性细菌广泛分布于自然界，其活性受环境的湿度、温度等条件的直接影响。最适宜的生长温度为20~40℃。在生产实践中，如将幼嫩青饲料堆放过久，特别是经过雨淋或烈日暴晒者，极易产生亚硝酸盐。猪饲料采用文火焖煮或用锅灶余热、余烬使饲料保温，或让煮熟饲料长久焖置锅中，给还原性细菌提供了适宜条件，可把硝酸盐转化为亚硝酸盐。反刍动物采食的硝酸盐，可在瘤胃微生物的作用下形成亚硝酸盐，可因误饮含硝酸盐过多的田水或割草沤肥的坑水而引起中毒。

【发病机理】硝酸盐对消化道有强烈刺激作用。硝酸盐转化为亚硝酸盐后，对动物的毒性剧增。据测定，硝酸钠对牛的最低致死量为每千克体重650~750mg，而亚硝酸钠（$NaNO_2$）仅为每千克体重150~170mg。亚硝酸盐的毒性作用机理如下：

1. 氧化作用 吸收进入血液的亚硝酸盐能使红细胞中正常的氧合血红蛋白（二价铁血红蛋白）迅速地氧化成高铁血红蛋白（三价铁血红蛋白），从而丧失了血红蛋白的正常携氧功能。

亚硝酸盐所引起的血红蛋白变化为可逆性反应。正常血液中的辅酶Ⅰ、抗坏血酸以及谷胱甘肽等，都可促使高铁血红蛋白还原成正常的低铁血红蛋白，恢复其携氧功能；当少量的亚硝酸盐导致的高铁血红蛋白不多时，机体可自行解毒。但这种解毒能力或对毒物的耐受性，在个体之间有着巨大的差异。如饥饿、消瘦以及日粮的品质低劣等，可使动物对亚硝酸盐的敏感性升高。通常约有30%的血红蛋白被氧化成高铁血红蛋白时，在临床上即呈现症状。由于病畜体内泛发组织缺氧和外周循环衰竭，而脑组织对此具有较高的敏感性，因而临床上表现出急剧的病理过程。

2. 血管扩张剂的作用 亚硝酸盐可使病畜末梢血管扩张而导致血压下降，外周循环衰竭。

3. 致癌、致畸作用 亚硝酸盐与消化道或血液中某些胺形成亚硝胺或亚硝酰胺，具有致癌性，长期接触可能发生肝癌；通过胎盘后可影响胎儿生长发育或发生致畸作用。

【症状】多发生于精神良好和食欲旺的动物，发病急、病程短，救治困难。最急性者可能仅稍显不安，站立不稳，即倒地而死，故称为"饱潲瘟"。中毒病猪常在采食后15min至数小时发病。急性型病例除表现不安外，呈现严重的呼吸困难，脉搏疾速细弱，全身发绀，体温正常或偏低，躯体末梢部位厥冷。耳尖、尾端的血管中血液量少而凝滞，呈黑褐红色。肌肉战栗或衰竭倒地，末期出现强直性痉挛。牛自采食后1~5h发病。除呈现如中毒病猪所表现的症状外，尚可能出现有流涎、疝痛、腹泻甚至呕吐等症状。但仍以呼吸困难、肌肉震颤、步态摇晃、全身痉挛等为主要症状。

【病理变化】中毒病猪的尸体腹部多较膨满，口、鼻呈乌紫色，流出淡红色泡沫状液。眼结膜可能带棕褐色。血液暗褐色，如酱油状，凝固不良，暴露在空气中经久仍不变红。各脏器的血管淤血。胃、肠道各部有不同程度的充血、出血，黏膜易脱落，肠系膜淋巴结轻度出血。肝、肾呈暗红色。肺充血，气管和支气管黏膜充血、出血，管腔内充满带红色的泡沫状液。心外膜、心肌有出血斑点。在牛还伴有胃肠道炎性病变。

【诊断】病史，饲料状况和以全身缺氧为特征的临床表现，可作为诊断的重要依据。亦可在现场做变性血红蛋白检查和亚硝酸盐简易检验，以确定诊断。

【治疗】特效解毒剂是美蓝（亚甲蓝）。用于猪的标准剂量是每千克体重1~2mg，反刍兽为每千克体重8～10mg，加生理盐水或葡萄糖溶液，制成1%溶液，静脉注射。

美蓝属氧化还原剂，低浓度小剂量时，经辅酶Ⅰ的作用变成白色美蓝，把高铁血红蛋白还原为低铁血红蛋白。但高浓度大剂量时，辅酶Ⅰ不足以使之变为白色美蓝，过多的美蓝则发挥氧化作用，使氧合血红蛋白变为变性血红蛋白，可使病情恶化。

甲苯胺蓝（toluidine）治疗高铁血红蛋白症较美蓝更好，还原变性血红蛋白的速度比美蓝快37%。按每千克体重5mg制成5%的溶液，静脉注射，也可做肌肉或腹腔注射。大剂量维生素C，猪0.5～1g，牛3～5g，静脉注射，疗效确实，但奏效速度不及美蓝。

【预防】

(1) 改善青绿饲料的堆放和蒸煮过程。实践证明，无论生、熟青绿饲料，采用摊开敞放可以有效预防动物亚硝酸盐中毒。

(2) 接近收割的青饲料不能再施用硝酸盐或2,4-D等化肥农药，以避免增高其中硝酸盐或亚硝酸盐的含量。

(3) 对可疑饲料、饮水，实行临用前的简易化验，特别在某些集体猪场应列为常规的兽医保健措施之一。

简易化验可用芳香胺试纸法，其原理是根据亚硝酸盐可与芳香胺起重氮反应，再与相当的连锁剂化合成红色的偶氮染料，易于识别。

氢氰酸中毒（hydrocyanic acid poisoning）

氢氰酸中毒是动物采食富含氰甙的青饲料，经胃内酶和盐酸的作用水解，产生游离的氢氰酸，发生以呼吸困难、黏膜鲜红、肌肉震颤、全身惊厥等组织性缺氧为特征的中毒病。本病多发于牛、羊，马、猪、犬等单胃动物较少发生。

【病因】主要由于采食或误食富含氰甙或可产生氰甙的饲料所致。

(1) 木薯：木薯的品种、部位和生长期不同，其中氰甙的含量也有差异，10月以后，木薯皮中氰甙含量逐渐增多。

(2) 高粱及玉米的新鲜幼苗：均含有氰甙，特别是再生苗含氰甙较高。

(3) 亚麻子：含有氰甙，榨油后的残渣（亚麻子饼）可作为饲料；土法榨油中亚麻子经过蒸煮，氰甙含量少，而机榨亚麻子饼内氰甙含量较高。

(4) 豆类：海南刀豆、狗爪豆等都含有氰甙。

(5) 蔷薇科植物：桃、李、梅、杏、枇杷、樱桃的叶和种子中含有氰甙，当饲喂过量时，均可引起中毒。马、牛内服桃仁、李仁、杏仁等中药过量可发生中毒。

氰甙本身是无毒的。动物采食咀嚼含有氰甙的植物时，有水分及适宜的温度条件，经植物的脂解酶（如β-葡萄糖甙酶和羟腈裂解酶）作用，或经反刍动物瘤胃水解酶的作用，产生氢氰酸。

【发病机理】进入机体的氰离子能抑制细胞内许多酶的活性，如细胞色素氧化酶、过氧化物酶、接触酶、脱羟酶、琥珀酸脱氢酶、乳酸脱氢酶等，其中最显著的是细胞色素氧化酶。氰离子能迅速与氧化型细胞色素酶的三价铁（Fe^{3+}）牢固地结合，难以被细胞色素还原为还原型细胞色素酶（Fe^{2+}）。结果失去了传递电子、激活分子氧的作用。抑制了组织细胞内的生物氧化过程，呼吸链终止，阻止组织对氧的吸收作用，导致组织缺氧症。由于组织细胞不能从血液中摄取氧，致使动脉血液和静脉血液含氧量几乎相同，因而颜色都呈鲜红色。由于中枢神经系统对缺氧特别敏感，而且氢氰酸在类脂质内溶解度较大，所以中枢神经系统首先受害，尤以血管运动中枢和呼吸中枢为甚，临床上表现为先兴奋，后抑制，并有严重的呼吸麻痹现象。氰离子被转化为硫氰酸盐，能影响机体对碘的吸收和利用，导致甲状腺素合成障碍和甲状腺肿大。

【症状】家畜采食含有氰甙的饲料后约15～20min，表现腹痛不安，呼吸加快，肌肉震颤，全身惊厥，可视黏膜鲜红，流出白色泡沫状唾液；首先兴奋，很快转为抑制，呼出气有苦杏仁味，随后全身极度衰弱无力，行走不稳，很快倒地，体温下降，后肢麻痹，肌肉痉挛，瞳孔散大，反射减少或消失，心动徐缓，呼吸浅表，最后昏迷而死亡。

【病理变化】体腔有浆液性渗出液。胃肠道黏膜和浆膜有出血。实质器官变性。肺水肿，气管和支气管内有大量泡沫状、不易凝固的红色液体。胃内容物有苦杏仁味。

【诊断】饲料中毒时，动物吃得多者死亡也快。根据病史及发病原因，可初步判断为本病。根据黏膜和血液呈鲜红色可与亚硝酸盐中毒区别。毒物分析可做确诊。

【治疗】

1. 特效疗法 发病后立即用亚硝酸钠，牛、马2g，猪、羊0.1～0.2g，配成5%的溶液，静脉注射。接着注射5%～10%硫代硫酸钠溶液，马、牛100～200mL，猪、羊20～60mL；或亚硝酸钠3g，硫代硫酸钠15g，蒸馏水200mL，混合，牛一次静脉注射；猪、羊，亚硝酸钠1g，硫代硫酸钠2.5g，溶于50mL蒸馏水，静脉注射。

2. 对症疗法 根据病情可采取对症疗法。

【预防】含氰苷的饲料，最好放于流水中浸渍24h，或漂洗后加工利用。此外，不要在含有氰苷植物的地区放牧家畜。

棉子饼粕中毒 (cotton cake poisoning)

棉子饼粕中毒是家畜长期或大量摄入含游离棉酚的棉子饼粕，引起以出血性胃肠炎、全身水肿、血红蛋白尿和实质器官变性为特征的中毒性疾病。本病主要见于犊牛、单胃动物和家禽，少见于成年牛和马属动物。

【病因】

1. 棉酚 (gossypol) 及其衍生物 在锦葵科棉属植物的种子色素腺体中，含有大量棉酚，根、茎、叶和花中含有少量棉酚。棉子中的棉酚多以脂腺体或树胶状存在于子叶的腺体内，呈圆形或椭圆形，依发育期和环境条件不同，其颜色从淡黄、橙黄、红、紫到黑褐色，称为色素腺体或棉酚色素。

棉子和棉子饼粕中含有15种以上的棉酚类色素，其中主要是棉酚，可分为结合棉酚和游离棉酚两类。游离棉酚的分子结构中有多个活性基团，有三型互变异构体（酚醛型、半缩醛型和环状羰基型）。其他色素均为棉酚的衍生物，如棉紫酚、棉绿酚、棉蓝酚、二氨基棉酚、棉黄素等。

棉酚及其衍生物的含量因棉花的栽培环境条件、棉子储存期、含油量、蛋白质含量、棉花纤维品质、制油工艺过程等多种因素的变化而不同。

2. 环丙烯类脂肪酸 (cyclopropenoid fatty acids, CPFA) 主要是苹婆酸（sterculic acid) 和锦葵酸（malvalic acid），棉子油和棉子饼残油中的含量较高。

在棉酚类色素中，游离棉酚、棉紫酚、棉绿酚、二氨基棉酚等对动物均有毒性，其中棉酚的毒性虽然不是最强，但因其含量远比其他几种色素为高，所以棉子及棉子饼粕的毒性强弱主要取决于棉酚的含量。

【发病机理】棉酚的毒性因动物种类、品种及饲料中蛋白质的水平不同而存在显著差异。对棉酚最敏感动物是猪、兔、豚鼠和小鼠；其次是犬和猫；对棉酚耐受性最强的是羊和大鼠。动物品种不同对棉酚的敏感性也有差别。例如，饲料中棉酚能阻碍雏鸡的生长，白来航鸡为 160mg/kg，新汉普夏鸡为 220mg/kg。

1. 直接损害作用 大量游离棉酚进入消化道后，可刺激胃肠黏膜，引起胃肠炎。吸收入血后，能损害心、肝、肾等实质器官。因心脏损害而致的心力衰竭又会引起肺水肿和全身缺氧性变化。棉酚能增强血管壁的通透性，促进血浆或血细胞渗入周围组织，使受害的组织发生浆液性浸润和出血性炎症，同时发生体腔积液。棉酚易溶于脂质，能在神经细胞积累而导致神经机能紊乱。

2. 与体内蛋白质、铁结合 棉酚可与许多功能蛋白质和一些重要的酶结合，使它们失去活性。棉酚与二价铁离子结合，进而干扰与血红蛋白的合成，引起缺铁性贫血。

3. 影响雄性动物的生殖机能 试验证明，棉酚能破坏动物的睾丸生精上皮，抑制精子细胞内乳酸脱氢酶的活性，使精子活力下降或丧失，导致精子畸形、死亡，甚至无精子。造成繁殖能力降低或公畜不育。

4. 影响鸡蛋品质 环丙烯类脂肪酸能使卵黄膜的通透性增高，铁离子透过卵黄膜转移到蛋清中并与蛋清蛋白螯合，形成红色的复合物，使蛋清变为桃红色，称为"桃红蛋"。同时蛋清中的水分也可转移到蛋黄中，导致蛋黄膨大。

环丙烯类脂肪酸有抑制脂肪酸去饱和酶活性的作用，致使蛋黄中硬脂肪酸的含量增加，导致蛋黄的熔点升高，硬度增加，加热后可形成所谓的"海绵蛋"。鸡蛋品质的改变，可导致种蛋受精率和孵化率降低。

5. 致维生素 A 缺乏 棉酚能导致维生素 A 缺乏，引起犊牛夜盲症，并可使血钾降低，造成动物低血钾症。实验表明，棉酚可引起小鼠的凝血酶原缺乏。

【症状】家畜的棉子饼粕急性中毒极为少见。生产实践中多因长期不间断地饲喂棉子饼粕，致使游离棉酚在体内积累而发生慢性中毒。哺乳犊牛最敏感，常因吸食饲喂棉子饼的母牛乳汁而发生中毒。

非反刍动物慢性中毒的主要临床表现为生长缓慢、腹痛、厌食、呼吸困难、昏迷、嗜睡、麻痹等。慢性中毒病畜表现消瘦，有慢性胃肠炎和肾炎等，食欲不振，体温一般正常，伴发炎症腹泻时体温稍高。重度中毒者，饮食废绝，反刍和泌乳停止，结膜充血、发绀，兴奋不安，弓背，肌肉震颤，尿频，有时粪尿带血，胃肠蠕动变慢，呼吸急促带鼾声，肺泡音减弱。后期四肢末端浮肿，心力衰竭，卧地不起。

棉酚引起动物中毒死亡可分三种形式：急性致死的直接原因是血液循环衰竭；亚急性致死是因为继发性肺水肿；慢性中毒死亡多因恶病质和营养不良。

【病理变化】主要表现为实质器官广泛性充血和水肿，全身皮下组织呈浆液性浸润，尤以水肿部位更明显。胃肠道黏膜充血、出血和水肿，甚者肠壁溃烂。

【诊断】根据临床表现和棉酚含量测定以及动物的敏感性，可以做出确诊。

【治疗】 目前尚无特效疗法，应停止饲喂含毒棉子饼粕，加速毒物的排出。采取对症治疗方法，去除饼粕中毒物后合理利用。

【预防】

1. 选育无色素腺体棉花新品种　通过选育棉花新品种，使棉子中不含或含微量棉酚，提高棉子饼的质量并防止家畜中毒。国外于20世纪50年代培育成功，我国于70年代初引进，并选育出一些无色素腺体的棉花品种，棉仁中的棉酚含量由1.04%降到0.02%。而且无色素腺体的棉花对病虫害的抗性减弱。

2. 改进棉子加工工艺与技术　目前正在进行以下几方面的工作：

（1）低水分蒸炒法：传统的压榨－浸出工艺中，高水分蒸炒能提高出油率和油脂质量。但由于湿热的作用，游离棉酚的活性醛基可与棉子蛋白质结合，特别是与赖氨酸的ε-氨基结合，使棉子蛋白质的消化率下降，必需氨基酸的有效性降低，从而大大降低了棉子饼粕的营养价值。因此，将高水分蒸炒改为低水分蒸炒（即"干炒"），可减少色素腺体的破坏，减少游离棉酚与棉子蛋白质的结合，保存部分赖氨酸。

（2）分离色素腺体法：这种工艺是根据棉酚主要集中于色素腺体的特点，采用旋液分离法（或称液体旋风分离法），将棉子粉置入液体旋风分离器中，借高速旋转离心作用把色素腺体完整地分离出来，从而制得棉酚含量低的棉子饼粕。此法的缺点是对技术设备和成本要求较高。

（3）溶剂浸出法（低温直接浸出法）：采用混合溶剂选择性浸出工艺，萃取油脂和棉酚，得到含棉酚浓度较高的混合油，同时制得棉酚含量低的棉子饼粕作饲料。如丙酮－轻汽油（或正己烷）法、乙醇－轻汽油法等。也可采用不同溶剂分步浸出法，例如先用己烷浸出棉仁片中的油脂，再用丁醇或70%的丙酮水溶液浸出其中的棉酚。

本法避免了高温处理时赖氨酸丢失的现象，又能保证棉子饼粕的营养质量和完全性。但在工艺上较为复杂，设备投资大。

3. 棉子饼的去毒处理　棉酚含量超过0.1%时，需经去毒处理后使用。

（1）化学去毒：在一定条件下，把某种化学药剂加入棉子饼中，使棉酚破坏或变成结合物。研究证明，铁、钙离子、碱、芳香胺、尿素等均有一定的去毒作用。

硫酸亚铁法：硫酸亚铁中的二价铁离子能与棉酚螯合，使棉酚中的活性醛基和羟基失去作用，形成难以消化吸收的棉酚－铁复合物。这种作用不仅可作为棉酚的去毒和解毒剂，而且能降低棉酚在肝脏中的蓄积量，起到预防中毒的作用，是目前最常用的方法。应根据棉子饼粕中游离棉酚的含量，向饼粕中加入5倍量的硫酸亚铁，使铁元素与游离棉酚的比呈1∶1，如果棉子饼中的游离棉酚含量为0.07%，应按饼重的0.35%加入硫酸亚铁。

碱处理法：在棉子饼粕中加入碱水溶液、石灰水等，并加热蒸炒，使饼粕中的游离棉酚破坏或形成结合物。本法去毒效果理想，但较费事，且成本高。在饲养场，可将饼粕用碱水浸泡后，经清水淘洗后饲喂。此法可使饼粕中的部分蛋白质和无氮浸出物流失，从而降低饼粕的营养价值。

（2）加热处理：棉子饼粕经过蒸、煮、炒等加热处理，使棉酚与蛋白质结合而去毒。本法适用于农村和小型饲养场，其最大缺点是降低了饼粕中赖氨酸等的含量而影响棉子饼粕的营养价值。

(3) 微生物去毒法：利用微生物及其酶的发酵作用破坏棉酚，达到去毒目的。该法的去毒效果和实用价值仍处于试验阶段。

【合理利用】

1. 控制棉子饼粕的饲喂量 目前我国生产的机榨或预压浸出的棉子饼，一般含游离棉酚 0.06%~0.08%。在饲料中棉子饼粕的安全用量为：肉猪、肉鸡可占饲料的 10%~20%；母猪及产蛋鸡可占 5%~10%；反刍动物的耐受性较强，用量可适当增大。农村生产的土榨饼中棉酚含量一般约为 0.2% 以上，应经过去毒处理后利用，若直接利用时，其在饲料中的比例不得超过 5%。

用无色素腺体棉子加工的饼粕，棉酚含量极少，其营养价值不亚于豆饼，可以直接饲喂家畜。至于去毒处理后的棉子饼粕，也应根据其棉酚含量，小心使用。

2. 提高饲料的营养水平 增加饲料的蛋白质、维生素、矿物质和青绿饲料，可增强机体对棉酚的耐受性和解毒能力。所以，用棉子饼作饲料时，其配方中蛋白质含量应略高于规定的饲养标准。如添加 0.2%~0.3% 的合成赖氨酸、等量豆饼或适量的鱼粉、血粉等动物性蛋白质。

菜子饼粕中毒（rape seed-cake poisoning）

菜子饼粕中毒是动物长期或大量摄入油菜子榨油后的副产品，由于含有硫葡萄糖苷的分解产物，引起肺、肝、肾及甲状腺等器官损伤，临床上以急性胃肠炎、肺气肿、肺水肿、肾炎和甲状腺肿大为特征的中毒病。常见于猪和牛，其次为禽类和羊。

【病因】油菜是我国的主要油料作物之一，其中白菜型油菜（*Brassica campestris*）、芥菜型油菜（*B. juncea*）和甘蓝型油菜（*B. napus*）均为高芥子酸、高硫葡萄糖苷（Thioglucoside, glucosinolate, 简称硫苷）含量的"双高"品种。油菜植株的各部分都含有硫葡萄糖苷，以种子中的含量最高，其他部分较少，顺序为种子＞茎＞叶＞根。不同品种的油菜种子中，硫葡萄糖苷的含量也不相同。未经脱毒处理的菜子饼粕含有硫葡萄糖苷及其降解物质，动物一次大量采食或长期连续饲喂后，均可发生中毒病。

1. 硫葡萄糖苷 硫葡萄糖苷的种类已超过 100 种，绝大多数硫葡萄糖苷以钾盐的形式存在于植物中，但少数硫葡萄糖苷例外，如白芥子苷中硫酸根的结合物是胆碱衍生物（即芥子碱，sinapine）。

2. 硫葡萄糖苷的降解物 主要有异硫氰酸酯（isothiocyanate, ITC）、硫氰酸酯（thiocyanate）、噁唑烷硫酮（oxazolidine thione, OZT）、腈（nitrile）等。

3. 其他有害成分 菜子饼粕中还含有 1.5%~3.5% 的单宁、2%~5% 的植酸、芥子酸、硝酸盐和 S-甲基半胱胺酸亚砜（S-methylcysteine sulfoxide, SMCO）等。

【发病机理】硫葡萄糖苷本身无毒，家畜长期食入菜子饼之后，在胃内经芥子酶水解，产生多种有毒降解物质，引起中毒症状。

异硫氰酸酯（ITC）的辛辣味严重影响菜子饼的适口性。高浓度时对黏膜有强烈的刺激作用，长期或大量饲喂菜子饼粕可引起胃肠炎、肾炎及支气管炎，甚至肺水肿。ITC 和硫氰酸酯中的硫氰离子（SCN^-）是与碘离子（I^-）的形状和大小相似的单价阴离子，在血液中可与 I^- 竞争，浓集到甲状腺中去，抑制甲状腺滤泡细胞浓集碘的能力，从而导致甲状腺肿大，使动物生长速度降低。

噁唑烷硫酮（OZT）的主要毒害作用是抑制甲状腺内过氧化物酶的活性，从而影响甲状腺中碘的活化、酪氨酸的碘化和碘化酪氨酸的偶联等过程，进而阻碍甲状腺激素（T_4 和 T_3）的合成，引起垂体促甲状腺素的分泌增加，导致甲状腺肿大，故被称为"甲状腺肿因子"或"致甲状腺肿素"。同时，还可使动物生长缓慢。鸭对OZT的敏感性比鸡大，鸡比猪敏感。

腈进入体内后能迅速析出氰离子（CN^-），因而对机体的毒性比ITC和OZT大得多。腈的 LD_{50} 为每千克体重 159～240mg，OZT 的 LD_{50} 为每千克体重 1 260～1 415mg。腈的毒性作用与HCN相似，可引起细胞内窒息，但症状发展缓慢，腈可抑制动物生长，被称为菜子饼中的生长抑制剂。据报道，腈能引起动物的肝、肾肿大。

芥子碱的含量为 1‰～1.5‰，易被碱水解生成芥子酸和胆碱；芥子碱有苦味，影响适口性。鸡采食菜子饼后，芥子碱转化为三甲胺，由于褐壳蛋系鸡缺乏三甲胺氧化酶而积聚，蛋中含量超过 $1\mu g/g$ 时，产生鱼腥味。

SMCO在反刍动物瘤胃微生物作用下，转化为二甲基二硫化物，进入血液循环后，可造成红细胞膜的氧化损伤，引起溶血性贫血，并且氧化血红蛋白形成 Heinz-Ehrlich 小体。

植酸以植酸盐的形式存在，在消化道中能与二价和三价的金属离子结合，主要影响钙、磷的吸收和利用。

此外，菜子饼粕中的有毒物质可引起毛细血管扩张，使血容量下降和心率减慢。

【症状】菜子饼粕中的多种有毒物质可导致动物菜子饼粕中毒综合征。

急性中毒的动物主要表现神经症状和胃肠炎特征，病畜表现狂躁不安、流涎、腹痛、便秘或腹泻，严重者粪便带血、失明（目盲），很快转为精神倦怠，食欲减退或废绝，心律变慢，体温下降。

溶血性贫血的动物，常有明显的血红蛋白尿、精神沉郁、黏膜苍白、中度黄疸、心力衰竭或休克症状。血液红细胞数、血红蛋白含量和红细胞压积容量均低于参考值，红细胞数可降至 $(1.5～2.0)\times10^{12}$ 个/L，血红蛋白含量可降至 60g/L，呈巨红细胞性贫血，并出现点彩红细胞和网质红细胞。

伴发肺水肿或肺气肿时，患畜表现严重的呼吸困难，如呼吸加快、张口呼吸，同时有痉挛性咳嗽，很快出现皮下气肿。

慢性中毒的动物，均可发生甲状腺肿大，体重下降，幼龄动物表现生长缓慢。妊娠母畜表现妊娠期延长，新生仔畜发育不良，甲状腺肿大，死亡率升高。褐壳蛋系鸡生产的蛋具有鱼腥味。

白色或浅色皮毛的牛或猪饲喂菜子饼粕后，经紫外线照射，可发生感光过敏。有的病例还表现氢氰酸中毒症状。

【病理变化】剖检可见胃肠道黏膜充血、肿胀、出血。肝肿胀、色黄、质脆。胸、腹腔有浆液性、出血性渗出物，有的病畜在头、颈、胸部皮下组织发生水肿。肾有出血性炎症，有时膀胱积有血尿。肺水肿和气肿。甲状腺肿大。

【诊断】根据病史调查，结合胃肠炎、神经症状、贫血、呼吸困难、甲状腺肿大等临床表现可做出初步诊断。实验室检测硫葡萄糖苷的降解产物如硫氰酸酯、噁唑烷硫酮等含量，对照饲料卫生标准规定菜子饼粕中的允许量，可做出进一步确诊。

本病的临床表现与许多疾病有相似之处，如碘缺乏性甲状腺肿大，砷（汞或铅）中毒时的腹泻、某些寄生虫引起的溶血性贫血、黑斑病甘薯中毒的呼吸困难、食盐或有机磷中毒的神经症状等，应注意鉴别诊断。

【防治】目前没有可靠的治疗方法，应注意采取预防措施。

1. 限制饲料中菜子饼的含量 菜子饼中硫葡萄糖苷及其分解产物的含量，随油菜的品种和加工方法的不同有很大变化，我国的"双高"油菜饼粕中硫葡萄糖苷含量高达12%～18%。在饲料中的安全限量为：蛋鸡、种鸡5%，生长鸡、肉鸡10%～15%，母猪、仔猪5%，生长肥育猪10%～15%。

2. 与其他饲料搭配使用 菜子饼与棉子饼、豆饼、葵花子饼、亚麻饼、蓖麻饼等适当配合使用，能有效地控制饲料中的毒物含量并有利于营养互补。

菜子饼中赖氨酸的含量和有效性低，在单独或配合使用时，应添加适量的合成赖氨酸（0.2%～0.3%），或添加适量的鱼粉、血粉等动物性蛋白质。

3. 培育"双低"油菜品种 这是菜子饼粕去毒和提高其营养价值的根本途径。20世纪70年代，"双低"（低硫葡萄糖苷、低芥酸）油菜品种，在加拿大和欧洲各国大力培育并推广，效果良好。近年来，我国在引进和选育双低油菜品种方面已经取得了成效。但新的油菜品种仍存在着产量低、抗病力差和易出现品种退化等问题。

4. 脱毒 对于含毒量高的菜子饼粕，可经脱毒处理后再利用。

（1）坑埋法：将菜子饼粕用水拌湿后埋入土坑中30～60d，可除去大部分毒物。

（2）水浸法：硫葡萄糖苷具水溶性，用水浸泡数小时，换水1～2次，也可用温水浸泡数小时后滤过。本法对水溶性营养物质的损失较多。

（3）热处理法：用干热、湿热、高压热处理菜子饼粕，可使硫葡萄糖苷酶失去活性。但高温处理时，蛋白质变性程度很大而降低了饼粕的使用价值；而且硫葡萄糖苷仍留在饼粕中，饲喂后可能被动物肠内某些细菌酶解而产生毒性。

（4）化学处理法：用碱、酸、硫酸亚铁等处理。碱处理时可破坏硫葡萄糖苷和绝大部分芥子碱。通常采用NaOH、$Ca(OH)_2$和Na_2CO_3三种，其中以Na_2CO_3的去毒效果最好。氨处理法需同时加热，使氨与硫葡萄糖苷反应，生成无毒的硫脲。硫酸亚铁中的铁离子可与硫葡萄糖苷及其降解产物分别形成螯合物，从而使硫葡萄糖苷失去活性。

（5）微生物降解法：某些细菌和真菌可以破坏硫葡萄糖苷及其降解产物。

（6）溶剂提取法：用醇类（乙醇或异丙醇）水溶液提取菜子饼中的硫葡萄糖苷和多酚化合物，还能抑制饼粕中酶的活性。本法成本高，醇溶性蛋白质损失也多。

蓖麻中毒（castor poisoning）

蓖麻（*Ricinum communis*）中毒是动物误食过量蓖麻叶、蓖麻子或其饼粕，发生以腹痛、腹泻、运动失调、肌肉痉挛和呼吸困难等为特征的中毒病。本病可见于各种动物，以牛、马、猪和鹅多见，马最敏感，其他动物尤其是绵羊和鸡的耐受性较大。

【病因】蓖麻榨油后的饼粕，含有丰富的粗蛋白和多种矿物质。由于蓖麻子、蓖麻叶和蓖麻饼粕中含有蓖麻毒素（ricin）、蓖麻碱（ricinine）、变应原、红细胞凝集素等毒性物质，动物误食或人工饲喂一定剂量后，均可引起中毒病。

1. 蓖麻毒素 蓖麻毒素也称蓖麻毒蛋白，是迄今所知毒性最大的植物毒蛋白。蓖麻毒素对人和各种动物均有强烈的毒性，兔和马最敏感，羊和鸡较次。各种给药途径都能引起中毒。由于蓖麻毒素进入消化道后不会被蛋白酶破坏，故口服毒性也很强。

蓖麻子中蓖麻毒素的含量为脱脂子实的 2%～3%。能溶于酸性或盐类的水溶液，经紫外线照射或甲醛处理，可使其变性而毒性丧失。它与一般蛋白质相比，对热、酸、碱较稳定，在水中煮沸即凝固变性，可在水溶液中反复结冰和溶解，其毒性不变；对蛋白变性剂和各种蛋白酶也是稳定的，干燥加热时不易变性，但随水分含量的增加稳定性降低。

2. 蓖麻碱 蓖麻碱存在于蓖麻的全植株中，在幼芽特别是子叶中含量较高。植株不同部位的含量为：种子 0.1%～0.2%，幼嫩绿叶 0.7%～1.0%，子壳 1.5%。蓖麻饼粕中含蓖麻碱 0.3%～0.4%。其分子中含有氰基，可分解生成氢氰酸。

3. 变应原 变应原存在于蓖麻仁的胚乳部分，其含量为子实的 0.4%～5%，蓖麻的茎、叶及壳中的含量较少。

4. 红细胞凝集素 红细胞凝集素是与蓖麻毒素不同的蛋白质，但在其合成过程以及在种子中存在时与蓖麻毒素有密切关系，含量占子实的 0.005%～0.015%。

【发病机理】蓖麻毒素具有植物性蛋白质的各种性质，是一种典型的毒素蛋白质。因而具有很强的抗原性，以任何途径小剂量多次重复给予各种哺乳动物，都可刺激机体产生抗体，使机体获得抗蓖麻毒素的免疫力。其对蓖麻毒素的耐受量可提高到试验前致死量的 800 倍。蓖麻毒蛋白遇热时即可凝结或完全丧失毒性，但抗原性仍然保留。

蓖麻毒素为高分子蛋白质，由两条多肽链组成，分别称为 A 链和 B 链，两链间有一个二硫键连接。当蓖麻毒素与动物细胞接触时，其 A 链作为附着体，与细胞表面受体（醣残基）结合，使毒素和细胞紧密接触；在毒素与细胞的接触部位逐渐内陷，形成细胞内囊，从而使整个毒素分子进入细胞内；毒素从细胞内囊中向细胞质中移动；A、B 链间的二硫键断开，使 A 链处于游离状态；B 链作为效应体，其作用类似一种酶，与真核生物的某种核蛋白体结合，间接抑制了肽链延长因子 2（EFT2）的活性从而抑制蛋白质的生物合成。蓖麻毒素在体外还能抑制 DNA 聚合酶的活性。

蓖麻毒素抑制蛋白质的生物合成，主要造成对各器官组织的损害，如刺激胃肠道，损伤胃肠道黏膜，损伤肝、肾脏等实质器官，使之发生变性、出血和坏死，并可使红细胞发生崩解，出现一系列的临床症状，最后因呼吸、循环衰竭而死亡。

蓖麻碱对小鼠的毒性比蓖麻毒素弱，腹腔注射的最小致死量为每千克体重 16mg。但对家禽的毒性较强，当饲料中蓖麻碱的含量超过 0.01% 时，抑制鸡的生长，含量超过 0.1% 时，会导致鸡神经麻痹，甚至中毒死亡。

变应原具有强烈的致敏性，对过敏体质的机体引起变态反应。

红细胞凝集素对动物的毒性仅为蓖麻毒素的 1/100，但其对红细胞的凝集活性却比蓖麻毒素大 50 倍。对小鼠的最小致死量为每千克体重 1 900μg。试验证明，蓖麻红细胞凝集素在体外对各种动物和人的红细胞、小肠黏膜细胞、肝细胞以及其他细胞组织悬液均有强烈的凝集作用。

【症状】采食后 10min 到 3h 出现症状，不同程度的表现出所含几种毒素的毒性作用，其中起主导作用的或引起急性中毒的是蓖麻毒素。

1. 马 在采食后数小时至几天内发病，呈进行性发展。病初体温多升高，其特异的表现是口唇痉挛和颈部伸展现象。呼吸困难，心跳次数增加而且亢进，可视黏膜潮红或黄染。继而出现腹痛和严重腹泻，并伴发运动失调或肌肉痉挛。呼吸次数增加，心动更加亢进。体温偏低，黏膜发绀。后期躺卧，常无尿。

2. 牛 体温无明显变化，呼吸和心跳增速，其主要特征是伪膜性出血性胃肠炎。孕牛常发生流产，乳牛的奶产量减少。

3. 猪 精神沉郁，呕吐、腹痛、出血性胃肠炎、黄疸及血红蛋白尿等症状。严重者突然倒地、嘶叫和痉挛，可视黏膜和皮肤严重发绀，尿闭，最后昏睡、死亡。

4. 犬 亚急性中毒时，血红蛋白暂时性下降，白细胞数先升后降再升高，血小板先降后升，血清碱性磷酸酶和乳酸脱氢酶活性明显升高，淀粉酶活性升高，而血糖下降。

【病理变化】剖检可见肺部充血和水肿，肝坏死，肠壁和肠黏膜有轻度出血。镜检可见肝、肾细胞质空泡化，伴有核浓缩及坏死现象。大鼠肝窦状隙和枯否细胞坏死。

【诊断】目前尚无特殊的诊断措施，根据动物有采食蓖麻子、蓖麻叶或蓖麻饼粕的病史，结合临床表现和实验室毒素检验做出诊断。

【治疗】通常选用抗蓖麻毒素血清治疗蓖麻中毒，可立即用 0.5%～1% 单宁酸或 0.2% 高锰酸钾洗胃，并给以盐类泻剂、黏浆剂，灌服吐酒石、蛋白、豆浆等，也可用利尿剂和乌洛托品等静脉注射，用 4% 碳酸氢钠灌肠。尼可刹米、异丙肾上腺素能对抗过敏原的毒性作用。据报道，刀豆球蛋白 A（concanavalin A，Con A）、霍乱毒素 B（cholera toxin B）和麦芽凝集素均有抗蓖麻毒素的作用。猪、羊中毒时灌服白酒也有疗效。对症疗法用强心剂、兴奋剂等。

【预防】在种植蓖麻的区域，应避免动物误食蓖麻叶和蓖麻子实，及时收获并妥善保管蓖麻子，避免成熟子实散落地面或混入饲料而被动物采食；研磨蓖麻子的用具，必须彻底清洗，否则不能用来研磨饲料。榨油后的饼粕富含蛋白质，但必须经过脱毒处理后才能作为饲料使用。

1. 蒸汽法和煮沸法 目前常用蒸汽法和煮沸法，尤其是加压蒸汽法的效果较好。据报道，采用高压热喷法（压强 1.96×10^5 Pa，120～125℃）处理 60min，蓖麻子中毒蛋白、血球凝集素、变应原和蓖麻碱的去除率分别为 100%、100%、70.91% 和 88.78%。将蓖麻饼在 125℃ 环境中湿热处理 15min，可使蓖麻毒素全部破坏。如果将蓖麻子饼经高温处理后再用水冲洗，去毒效果更好。

2. 酸、碱、盐浸泡去毒 试验表明，用 6 倍量 10% 的盐水浸泡蓖麻子饼粕 6～10h，弃去盐水，用清水冲洗，去毒效果很好。有人用 40% 的石灰水浸泡蓖麻子饼粕，也可达到了去毒目的。还有人用稀酸和氨处理，也有良好的去毒效果。

3. 微生物发酵去毒 有人试验用微生物发酵对蓖麻碱和变应原的去毒率为 73% 和 59%。利用微生物发酵既可去除蓖麻子毒素又可增加动物蛋白，其方法是很有前途的，值得进一步研究和推广。

4. 合理利用蓖麻饼粕 不同种类的动物对蓖麻毒素的耐受性差异很大，应用不同畜禽群进行试验性饲用。反刍动物对蓖麻饼中毒素的耐受力较高，可适当增加饲喂量，但马对毒素的耐受力较差，必须严格控制喂量。同时，应利用蓖麻毒素具有蛋白质的抗原性，采用逐渐增加饲喂量的方法，可以提高动物对蓖麻毒素的耐受能力。

瘤胃酸中毒 (rumen acidosis)

瘤胃酸中毒是反刍动物因突然采食大量的谷类或其他富含碳水化合物的饲料后，导致瘤胃内产生大量乳酸而引起的一种急性代谢性酸中毒。其特征为消化障碍、瘤胃运动停滞、脱水、酸血症、运动失调、衰弱，常导致死亡。本病又称乳酸中毒、反刍动物过食谷物、谷物性积食、乳酸性消化不良、中毒性消化不良、中毒性积食等。

【病因】常见的病因主要有下列几种：

给牛、羊饲喂大量谷物，如大麦、小麦、玉米、稻谷、高粱及甘薯干，特别是粉碎后的谷物，在瘤胃内高度发酵，产生大量的乳酸而引起瘤胃酸中毒。

舍饲肉牛、肉羊若不按照由高粗饲料向高精饲料逐渐变换的方式，而是突然饲喂高精饲料时，易发生瘤胃酸中毒。

现代化奶牛生产中常因饲料混合不匀，而使采食精料多的牛发病。

在农忙季节，给耕牛突然补饲谷物精料，乃至豆糊、玉米粥或其他谷物，因消化机能不相适应，瘤胃内微生物群系失调，迅速发酵形成大量酸性物质而发病。

饲养管理不当，牛、羊闯进饲料房，或粮食或饲料仓库，或晒谷场，短时间内采食了大量谷物，畜禽的配合饲料，发生急性瘤胃酸中毒。耕牛常因拴系不牢而抢食了肥育期间的猪食而引起瘤胃酸中毒的情况也时有发生。

当牛、羊采食苹果、青玉米、甘薯、马铃薯、甜菜及发酵不全的酸湿谷物的量过多时，也可发生本病。

【发病机理】采食后6h内，瘤胃中的微生物群系就开始改变，革兰氏阳性菌（如牛链球菌）数量显著增多。易发酵的饲料被牛链球菌分解为D-乳酸和L-乳酸。L-乳酸吸收后可迅速被丙酮酸氧化利用，D-乳酸则代谢缓慢，当其蓄积量超过肝脏的代谢功能时，即导致代谢性酸中毒。随着瘤胃中乳酸及其他挥发性脂肪酸的增多，内容物pH下降。当pH降至4.5~5时，瘤胃中除牛链球菌外，纤毛虫和分解纤维素的微生物及利用乳酸的微生物受到抑制，甚至大量死亡。牛链球菌继续繁殖并产生更多的乳酸。乳酸及乳酸盐和瘤胃液中的电解质一起导致瘤胃内渗透压升高，体液向瘤胃内转移并引起瘤胃积液，导致血液浓稠，机体脱水。瘤胃乳酸浓度增高可引起化学性瘤胃炎，能损伤瘤胃黏膜，使血浆向瘤胃内渗漏。瘤胃炎有利于霉菌滋生，可促进霉菌、坏死杆菌和化脓菌等进入血液，并扩散到肝脏或其他脏器，引起坏死性化脓性肝炎。

大量酸性产物被吸收，引起乳酸血症，血液CO_2结合力降低，尿液pH下降。在瘤胃内的氨基酸可形成各种有毒的胺类，如组胺、尸胺等；并随着革兰氏阴性菌的减少和革兰氏阳性菌（牛链球菌、乳酸杆菌等）的增多，瘤胃内游离内毒素浓度上升（15~18倍）。组胺和内毒素加剧了瘤胃酸中毒的过程，损害肝脏和神经系统，因此出现严重的神经症状、蹄叶炎、中毒性前胃炎或肠胃炎，甚至休克及死亡。

【症状】最急性病例，往往在采食谷类饲料后3~5h内无明显症状而突然死亡，有的仅见精神沉郁、昏迷，而后很快死亡。

轻微瘤胃酸中毒的病例，病畜表现神情恐惧，食欲减退，反刍减少，瘤胃蠕动减弱，瘤胃胀满；呈轻度腹痛（后肢踢腹）；粪便松软或腹泻。若病情稳定，不需任何治疗，3~4d

后能自动恢复进食。

中度瘤胃酸中毒的病例，病畜精神沉郁，鼻镜干燥，食欲废绝，反刍停止，空口虚嚼，流涎，磨牙，粪便稀软或呈水样，有酸臭味。体温正常或偏低。如果在炎热季节，患畜暴晒于阳光下，体温也可升高至41℃。呼吸急促，达50次/min以上；脉搏加快，达80～100次/min。瘤胃蠕动音减弱或消失，听-叩结合检查有明显的钢管叩击音。以粗饲料为日粮的牛、羊在吞食大量谷物之后发病，进行瘤胃触诊时，瘤胃内容物坚实或呈面团感。而吞食少量后发病的病畜，瘤胃并不胀满。过食苕子者不常腹泻，但有明显的瘤胃膨胀。病畜皮肤干燥，弹性降低，眼窝凹陷，尿量减少或无尿；血液暗红，黏稠。病畜虚弱或卧地不起。实验室检查：瘤胃pH为5～6，纤毛虫明显减少或消失，有大量的革兰氏阳性细菌；血液pH降至6.9以下，红细胞压积容量上升至50%～60%（0.5～0.6L/L），血液CO_2结合力显著降低，血液乳酸和无机磷酸盐升高；尿液pH降至5左右。

重剧性瘤胃酸中毒的病例，病畜蹒跚而行，碰撞物体，眼反射减弱或消失，瞳孔对光反射迟钝；卧地，回视腹部，对任何刺激的反应都明显下降；有的病畜兴奋不安，向前狂奔或转圈运动，视觉障碍，以角顶墙，无法控制。随病情发展，后肢麻痹、瘫痪、卧地不起；最后角弓反张，昏迷而死。重症病例，实验室检查的各项变化出现更早，发展更快、变化更明显。

【病理变化】发病后于24～48h内死亡的急性病例，其瘤胃和网胃中充满酸臭的内容物，黏膜呈玉米糊状，容易脱落，露出暗色斑块，底部出血；血液浓稠，呈暗红色；内脏静脉淤血、出血和水肿；肝脏肿大，实质脆弱；心内膜和心外膜出血。病程持续4～7d后死亡的病例，瘤胃壁与网胃壁坏死，黏膜脱落，溃疡呈袋状溃疡，溃疡边缘呈红色。被侵害的瘤胃壁区增厚3～4倍，呈暗红色，形成隆起，表面有浆液渗出，组织脆弱，切面呈胶冻状。脑及脑膜充血；淋巴结和其他实质器官均有不同程度的淤血、出血和水肿。

【病程及预后】对轻度瘤胃酸中毒病畜，若及时改进饲养，数天内可康复。急性瘤胃酸中毒时，病畜食欲废绝，反刍停止，瘤胃胀满，或神经症状，脱水，全身衰弱，卧地。经过治疗急救，虽然病情有所好转，但部分病例在3～4d内复发，病情增剧，这可能是由严重的霉菌性瘤胃炎所致。若继发弥漫性腹膜炎，常于2～3d内死亡。重剧性瘤胃酸中毒，病畜瘤胃积液，呼吸急促，心率加快达120次/min以上，血液浓缩，脱水严重，碱储下降，常于24h内死亡。

【诊断】根据病畜表现脱水，瘤胃胀满，卧地不起，具有蹄叶炎和神经症状，结合过食谷类或含丰富碳水化合物饲料的病史，以及实验室检查的结果，如瘤胃液pH下降至4.5～5.0，血液pH降至6.9以下，血液乳酸升高等，进行综合分析，可做出诊断。必须注意，病程一旦超过24h，由于唾液的缓冲作用和血浆的稀释，瘤胃内pH通常可回升至6.5～7.0，但是其他实验室检验（酸/碱和电解质水平）仍显示代谢性酸中毒。此外，在临床上，应注意与瘤胃积食、皱胃阻塞、皱胃变位、急性弥漫性腹膜炎、生产瘫痪、牛原发性酮血症、脑炎和霉玉米中毒等疾病进行鉴别。

【治疗】本病的治疗原则是加强护理，清除瘤胃内容物，纠正酸中毒，补充体液，恢复瘤胃蠕动。

1. 手术疗法 重剧病畜（心率＞100次/min，瘤胃内容物pH＜5）宜行瘤胃切开术，排空内容物，用3%碳酸氢钠或温水洗涤瘤胃数次，尽可能彻底地洗出乳酸。然后，向瘤胃内放置适量轻泻剂和优质干草,并给予正常瘤胃内容物。同时静脉注射钙制剂和补液。若发生酸/碱或电解质平衡失调,应补充碳酸氢钠。

2. 洗胃疗法 若病畜症状不太严重或病畜数量大,不能全部进行瘤胃切开术时,可采取洗胃疗法,用大口径胃管以温 1%～3%碳酸氢钠液或 5%氧化镁液反复冲洗瘤胃,通常需要 30～80L 的量分数次洗涤,排液应充分,以保证效果。冲洗瘤胃后,可投服碱性药物(碳酸氢钠或氧化镁 300～500g,或用碳酸盐缓冲剂),补充钙制剂和体液;也可用石灰水(生石灰 1kg,加水 5kg,充分搅拌,用其上清液)洗胃,直至胃液呈碱性为止,最后再灌入 500～10 000mL(根据动物体格大小,决定灌入量)。因为瘤胃仍处于弛缓状态,应避免大量饮水,以防出现瘤胃膨胀。瘤胃恢复蠕动后,即可自由饮水。

3. 中和-抑菌疗法 若在短时间内不能采取洗胃治疗的病畜,可按每 100kg 体重静脉注射 5%碳酸氢钠注射液 1 000mL,并投服氧化镁或氢氧化镁等碱性药物,再服用青霉素溶液,以促进乳酸中和以及抑制瘤胃内牛链球菌的繁殖。当脱水表现明显时,可用 5%葡萄糖氯化钠注射液 3 000～5 000mL、20%安钠咖注射液 10～20mL、40%乌洛托品注射液 40mL,静脉注射。为促进胃肠道内酸性物质的排除,促进胃肠机能恢复,在灌服碱性药物 1～2h 后,可服缓泻剂,牛用液体石蜡 500～1 500mL。

4. 对症疗法 为防止继发瘤胃炎、急性腹膜炎或蹄叶炎,消除过敏反应,可静脉注射扑敏宁(牛 300～500mg,羊 50～80mg),肌肉注射盐酸异丙嗪或苯海拉明等药物。在患病过程中,出现休克症状时,宜用地塞米松(牛 60～100mg、羊 10～20mg)静脉或肌肉注射。血钙下降时,可用 10%葡萄糖酸钙注射液 300～500mL 静脉注射。若病牛心率低于 100 次/min,轻度脱水,瘤胃尚有一定蠕动功能,则只需投服抗酸药,促反刍药和补充钙剂即可。

5. 护理 在最初 18～24h 要限制饮水量。在恢复阶段,应饲喂品质良好的干草,以后再逐渐加入谷物和配合饲料。

【预防】不论奶牛、奶山羊、肉牛、肉羊与绵羊都应以正常的日粮水平饲喂,不可随意加料或补料。肉牛、肉羊由高粗饲料向高精饲料的变换要逐步进行,应有一个适应期。耕牛在农忙季节的补料亦应逐渐增加,决不可突然一次补给较多的谷物或豆糊。防止牛、羊闯入饲料房、仓库、晒谷场,暴食谷物及配合饲料。

亚麻子饼粕中毒(linseed and cake poisoning)

亚麻子饼粕中毒是动物食用大量亚麻子饼粕后出现以呼吸困难、流涎、肌肉震颤、腹泻等为特征的疾病。本病见于各种动物,主要发生于猪、牛、羊和家禽。

【病因】亚麻为一年生草本植物,分为油用、纤维用和兼用 3 种,主要分布于我国西北、华北的干旱和半干旱地区。亚麻子含约 23%蛋白质和 40%的脂肪,还含有生氰糖苷、亚麻子胶和抗维生素 B_6 等有毒有害物质。榨油后的饼粕内仍含有多种有毒物质和抗营养因子,长期或大量饲喂动物,则引起中毒。

【发病机理】亚麻子饼粕中的亚麻苦苷和少量百脉根苷。在水解酶的催化下(适宜温度 40～50℃,pH 5 左右),可水解产生氢氰酸,导致动物急性中毒。

亚麻子种皮中的天然黏性胶质,干燥子实中的含量为 2%～7%,亚麻子饼粕中为 3%～

10%，是一种易溶于水的碳水化合物，主要由非还原糖和乙醛酸组成。虽然亚麻子胶溶于水，但却不能被单胃动物和禽类消化利用，所以饲粮中亚麻子胶含量太高会影响动物的食欲。饲喂幼禽时，能黏附于禽喙而发生畸形，影响采食。由于亚麻子胶不能被消化利用而排出胶黏粪便，黏附在家禽肛门周围，或引起大肠或肛门梗阻。

在正常机体内，维生素 B_6 经磷酸化生成磷酸吡哆醛，作为氨基酸代谢中的重要辅酶和合成神经递质的重要成分。亚麻子饼中含有1-氨基-D-脯氨酸，它以肽键和谷氨酸结合成二肽的形式存在，称为亚麻素或亚麻亭，该结合物水解后可生成1-氨基-D-脯氨酸。1-氨基-D-脯氨酸能与磷酸吡哆醛结合，使后者失去在氨基酸代谢中的重要辅酶作用，同时又消耗了合成神经递质的重要成分，从而造成氨基酸代谢障碍和中枢神经系统功能紊乱。其对抗维生素 B_6 的作用约等于亚麻亭的4倍。

【症状】患畜精神沉郁，不安，呼吸困难而急速，脉搏快而微弱，剧烈腹痛和腹泻，有时尿闭，肌肉震颤，尤其肘部和胸前肌肉更明显，步伐踉跄，呼吸极度困难时呈犬坐姿势，心跳急速，结膜发绀。重则卧地不起，四肢伸直，全身肌肉震颤，角弓反张，瞳孔散大，昏迷，心力衰竭，呼吸麻痹而死亡。

【诊断】根据饲喂亚麻子饼粕的病史，结合呼吸困难、黏膜鲜红色、流涎、肌肉震颤、腹泻等表现可做出初步诊断。对可疑饲料、胃内容物和器官组织内氰化物检验，结合临床治疗效果，可做出确诊。

【治疗】立即停止饲喂亚麻子饼粕，清理消化道内容物，阻止有毒物质的继续吸收。特效解毒疗法是5%亚硝酸钠溶液（或1%亚甲蓝溶液）与5%～10%硫代硫酸钠溶液配合应用（用量和用法可参见氢氰酸中毒治疗）。同时，采取补充维生素 B_6、强心、补液等对症治疗。

【预防】去毒利用是预防动物亚麻子饼粕中毒的重要途径。

1. 热法榨油 亚麻子中亚麻苦苷的含量因亚麻的品种、种子成熟程度以及种子含油量等不同而有差异。另外，亚麻子饼粕中亚麻苦苷的含量因榨油方法不同而差别很大。用溶剂提取法或低温条件下进行机械冷榨时，亚麻子中的亚麻苦苷和亚麻苦苷酶可原封不动地残留在饼粕中，一旦条件适合就分解产生氢氰酸。采用机械热榨油法前经过蒸炒，温度一般在100℃以上，其亚麻苦苷和亚麻苦苷酶绝大部分遭到破坏。我国目前一般采用热榨油法，其亚麻子饼中氢氰酸产量很低。

2. 浸泡加热 亚麻子饼粕经水浸泡后煮沸（打开锅盖）10min，使氢氰酸挥发，消除其毒性，由于亚麻子胶可溶于水，故用水处理（亚麻子饼∶水＝1∶2）可将其除去。

3. 控制用量 亚麻子饼粕应与其他饲料搭配饲喂。单胃动物和禽类一般应低于饲粮的20%，鸡、火鸡、幼禽饲粮中亚麻子饼粕的用量以不超过3%为宜，且最好饲喂半个月后停喂一段时间。至于反刍动物，可适当增加亚麻子饼的用量。

感光过敏（photosensitivity）

感光过敏是由于动物的外周循环中有某种光能剂（photodynamic agent），经日光照射而发生的一种病理状态。本病以动物皮肤的无色素部分发生红斑和皮炎为特征。感光过敏可分为原发性和继发性两类。西北地区，在夏季因饲喂苜蓿而引起的感光过敏又称"苜蓿中毒"，因荞麦而引起者称"荞麦中毒"（或称荞麦疹）。本病多发生在白毛猪、羊和牛。

【病因】

1. 原发性感光过敏 由于动物摄入外源性光能剂而直接引起过敏。含有光源剂的物质主要有：①金丝桃属（*Hypericum* sp.）植物，已从该属的贯叶连翘（*H. perforatum*）中提取出一种光能剂，称金丝桃素（hypericin）。②荞麦（*Fagopyrum* sp.），其光能剂为荞麦素（fagopyrim）。荞麦全株都可使动物发病，而以开花期为害最烈。③吩噻嗪（phenothiazine），其光能剂为氧硫吩噻嗪（phenothiazine sulfoxide）。④蚜虫，1973年，内蒙古阿拉善久旱逢雨，草场蚜虫特多，致使26 000只羊因食入蚜虫而发生感光过敏。⑤其他物质，如野胡萝卜（*Cymopterus watsoni*）；多年生黑麦草（*Lolium perenne*）的佩洛灵（perloline）等。

2. 继发性感光过敏（肝源性感光过敏） 引起这类感光过敏的物质，几乎全部是叶红素（phylloerythrin），它是叶绿素正常代谢的产物。能产生叶红素的物质主要有：①蒺藜（*Tribulus terrestris*）；②某些霉菌，如纸皮思霉（*Pithomyces chartarum*）；③某些有毒植物，如黍属（*Panicum* sp.）牧草、黄花羽扇豆（*Lupinus angustufolius*）以及猪屎豆（*Crotalaria retusa*）等。

此外，还有许多尚未确定的原发性或继发性感光过敏物质如红三叶草（*Trifolium pratense*）、杂三叶草（*T. hybridrm*）、黄花苜蓿（*Medicago hispida*）、紫花苜蓿（*M. sativa*）和野豌豆（*Vicia sepirm*）等。

先天性感光过敏，多发生于牛和猫，见于体内卟啉生成过多或转化排泄太慢而进入皮肤，引起光敏性皮炎。南丘羊（Southdown）发生的感光过敏与遗传性胆色素排泄障碍有关。

【发病机理】外源性光能剂可经血液循环到达皮肤。当肝功能障碍或胆管闭塞时，叶绿胆紫素便同胆色素一起，进入体循环，被血流带到皮肤。所有光能剂均可经一定波长的光线作用，处于活化状态。在阳光作用下，皮肤的无色素部分的光能剂获得能量，当分子恢复至低能状态时，所释放的能量与皮肤细胞成分发生光化学反应，从而损伤了细胞结构，析出组胺，增大了细胞的通透性，引起组织水肿，局部细胞坏死，进而血管壁破坏，发生组织水肿，皮肤出现斑状疹块，同时发生消化系统及中枢神经系统的障碍。

【症状】感光过敏的主要表现为皮炎，并且只局限于日光能够照射到的无色素的皮肤。

轻症病畜，最初在其皮肤的无毛和无色部分表现充血、肿胀并有痛感。一般在耳、面、眼睑及颈等处发生红斑性疹块。猪和剪过毛的羊可能大面积的发生在背部和颈部；牛常在乳房、乳头、四肢、胸腹部、颌下和口周围出现疹块。病畜奇痒。此时病畜食欲及粪便没有显著变化，停喂或更换致敏饲料后，发痒缓解，数日后消失。病畜的痒觉，在白天曝晒后加重，晚间减轻。发痒时，边跑边擦痒。严重病例，皮肤显著肿胀，疼痛，形成脓疱，破溃后，流出黄色液体，结痂，有时痂下化脓，皮肤坏死。与此同时，常伴有口炎、结膜炎、鼻炎、阴道炎等症状。病畜食欲废绝，流涎，便秘，有的有黄疸，心律不齐，体温升高。有的出现神经症状：兴奋、战栗、痉挛和麻痹。有的呼吸困难，运动失调，后躯麻痹，双目失明。有的猪表现凶暴好斗，最后昏睡。

【诊断】根据病史及症状可做出诊断。但应同猪的锌缺乏症区别。

猪不全角化是由于日粮中缺乏锌而含钙过多所引起的。因此可以设想，在锌缺乏的情况下，大量饲喂含钙丰富的苜蓿，即有可能发生不全角化，其主要症状为皮肤发炎、结痂、脱毛、呕吐、下泻、食欲减退、体重减轻、生长停止，重症可发生死亡。并且多发生在8～12周龄的仔猪。在日粮中补加硫酸锌可减少本病的发生。

【治疗】立即停喂致敏饲料，置病畜于荫蔽处。

可灌服泻剂（油类及中性盐类）。应用抗过敏药物，肌肉注射苯海拉明，羊每次40mg；口服苯茚胺（phenindaminum），羊每次50～100mg；静脉注射葡萄糖酸钙或氯化钙溶液。

为防止感染可应用抗生素。给予镇静剂以制止搔痒。试以稀盐酸口服，肌肉注射维生素C溶液，皮肤患部可用石灰水洗涤，涂10%鱼石脂软膏或石炭酸软膏。亦可用薄荷脑0.2g，氧化锌2g，凡士林2g，制成软膏涂抹。

【预防】常发病的地区和季节，应避免在危险草场放牧。已发生感光过敏的畜群，可在夜间或早晚放牧。牛及羊口服吩噻嗪后的1～2d内留于遮光处。荞麦及其副产品饲喂怀孕后期的母畜和哺乳母畜须特别慎重，以免致仔畜发病。对纸皮思霉感染的草场上放牧的羊，每天口服0.5～2g硫酸锌，有保护作用。

马铃薯中毒（potato poisoning）

马铃薯中毒是动物大量采食发芽马铃薯、腐烂块根或花果期茎叶后发生的一种中毒病。以出血性肠炎和神经损害为特征。本病主要发生于猪，其他家畜较少见。

【病因】龙葵素（solanin，也称茄碱）是马铃薯发芽时产生的主要有毒物质。其含量在马铃薯的花、块根、幼芽或茎叶内差别甚大。当储存时间过长和保存不当，特别是引起发芽、变质或腐烂时，致龙葵素显著增量时，便能引起家畜中毒。马铃薯茎叶内尚含有硝酸盐或腐败毒（sepsin），是引起马铃薯中毒的综合因素。

【发病机理】龙葵素主要在胃肠道内吸收，通常在健康完整的胃肠黏膜吸收很慢。但当胃肠发炎或黏膜损伤时，则吸收迅速，从而对胃肠黏膜呈现强烈的刺激作用，引起重剧的胃肠炎（出血性胃肠炎）。龙葵素作用于中枢神经系统（延脑和脊髓）导致感觉神经和运动神经末梢发生麻痹。此外，龙葵素被吸收入血后，能破坏红细胞而呈溶血现象。

【病理变化】胃肠黏膜充血、潮红、出血、上皮细胞脱落。实质器官也常见有出血。心腔充满凝固不全的暗黑色血液。肝、脾肿大、淤血，有时见有肾炎的损伤性变化。

【症状】马铃薯中毒的共同症状是神经系统及消化系统机能紊乱。根据中毒程度的不同，其临床症状也有差异。

重剧的中毒：多呈急性经过，病畜呈现明显的神经症状（神经型）。病初兴奋不安，表现狂暴，向前猛冲直撞。继则转为沉郁，后躯衰弱无力，运动障碍，步态摇晃，共济失调，甚至麻痹。可视黏膜发绀，呼吸无力，次数减少，心脏衰弱，瞳孔散大，全身痉挛，一般经2～3d死亡。

轻度的中毒：多呈慢性经过，病畜呈明显的胃肠炎症状（胃肠型）。病初，食欲减退或废绝、口腔黏膜肿胀、流涎、呕吐、便秘。当发生胃肠炎时，出现剧烈的腹泻，粪便中混有血液。患畜精神沉郁，肌肉弛缓，极度衰弱，体温有时升高，皮温不整。孕畜往往发生流产。此外，由于家畜种类的不同，除见有上述共同症状外，尚见有各自的特殊症状。

猪：多半是吃食生的发芽或腐烂的马铃薯所致。一般多于食后4～7d出现中毒症状。病猪神经症状较轻微，呈现明显胃肠炎症状（呕吐、腹泻、腹痛）。病猪垂头呆立或钻入垫草中，腹部皮下发生湿疹，头、颈和眼睑部发生水肿。牛、羊多于口唇周围、肛门、尾根、四肢的系凹部以及母畜的阴道和乳房部位发生湿疹或水疱性皮炎（亦称马铃薯性斑疹）。有时四肢，特别是前肢皮肤发生深层组织的坏疽性病灶。绵羊则常呈现贫血和尿毒症的症状。

【治疗】发现病畜马铃薯中毒时，应立即改换饲料，停止喂饲马铃薯并采取饥饿疗法。

为排出胃肠内容物，牛、马等可应用0.5%高锰酸钾液或0.5%鞣酸液，进行洗胃。猪可应用催吐剂，1%硫酸铜液20~50mL，灌服；或应用阿扑吗啡0.01~0.02g，皮下注射；亦可应用盐类或油类泻剂。对狂暴不安的病畜，可应用镇静剂：溴化钠，马、牛15~50g，猪、羊5~15g，灌服；或应用其10%注射液，牛、马50~100mL，静脉注射，2次/d；亦可应用盐酸氯丙嗪，2.5%注射液，牛、马10~20m，猪1~2mL，肌肉注射，或马、牛5~10mL静脉注射；硫酸镁注射液，牛、马50~100mL，猪、羊10~20mL，静脉或肌肉注射。

对胃肠炎患畜，可应用1%鞣酸液，剂量为牛、马500~2 000mL，猪、羊100~400mL；或应用黏浆剂、吸附剂灌服以保护胃肠黏膜。其他治疗措施可参看胃肠炎的治疗。

对中毒严重的病畜，为解毒或补液可应用5%~10%葡萄糖溶液、5%葡萄糖盐水或复方氯化钠注射液。对皮肤湿疹，可采取对患部应用消毒药液洗涤或涂擦软膏。

【预防】应用马铃薯作为饲料时，饲喂量应逐渐增加。不宜饲喂发芽或腐烂发霉的马铃薯，如必需饲喂时，应进行无害处理：充分煮熟后并与其他饲料搭配饲喂；发芽的马铃薯应去除幼芽；煮熟者应将水弃掉。用马铃薯茎叶喂饲时，用量不宜过多，腐烂发霉的茎叶不宜作为饲料。应与其他青绿饲料混合进行青贮后，再行喂饲。

糟渣类中毒（grain and dregs poisoning）

（一）酒糟类

我国的酒精工业和酿酒业发展很快，年产谷物鲜糟1 040万~1 200万t。鲜酒糟的水分含量高达50%~70%，长途运输困难，不能直接配合到饲料中，因而出现大量的鲜酒糟作沤肥处理，利用率很低。而靠近酒精厂、酒厂的养猪场或农户，常用酒糟作为单一的饲料喂猪。当长期饲喂，或突然大量饲喂，或用酸败酒糟饲喂，都可引起猪中毒。

【病因】新鲜酒糟中含有乙醇、甲醇、杂醇油、醛类、酸类等。

乙醇：主要危害中枢神经系统，首先使大脑皮层兴奋性增强，进而表现步态蹒跚，共济失调，最后使延髓血管运动中枢和呼吸中枢受到抑制，出现呼吸障碍和虚脱，重者因呼吸中枢麻痹而死亡。慢性乙醇中毒时，除引起肝及胃肠损害外，还可引起心肌病变，造血功能障碍和多发性神经炎等。

甲醇：甲醇在体内的氧化分解和排泄都缓慢，从而产生蓄积毒性作用，主要麻醉神经系统，特别对视神经和视网膜有特殊的选择作用，引起视神经萎缩，重者可致失明。

杂醇油（fusel oil）：主要是戊醇、异丁醇、异戊醇、丙醇等高级醇类的混合物，由碳水化合物、蛋白质和氨基酸分解形成的。它们的毒性随碳原子数目的增多而加强。

醛类：主要为甲醛、乙醛、糠醛、丁醛等，毒性比相应的醇强，其中甲醛是细胞质毒，甲醛在体内可被分解为甲醇。

酸类：主要是乙酸，还有丙酸、丁酸、乳酸、酒石酸、苹果酸等，一般不具毒性。适量乙酸对胃肠道有一定的兴奋作用，可促进食欲和消化，但大量乙酸长时间的作用，对胃肠道有刺激性。同时，大量有机酸可提高胃肠道内容物的酸度，降低消化机能。可使反刍动物瘤胃微生物区系和功能发生变化，消化机能紊乱。长期饲喂时，消化道酸度过大，可促进钙的排泄，导致骨骼营养不良。酒糟中的有毒有害成分常因原料品质而变化：如用发芽马铃薯制酒后的糟中含有茄碱；谷类原料中混有麦角时，酒糟中含有麦角生物碱；用霉败原料酿酒的酒糟中可含有多种霉菌毒素；以大麦芽为主要原料的啤酒糟可产生二甲基亚硝胺。因此，用酒糟饲喂动物时，所发生的中毒原因往往较为复杂，应全面加以分析。新鲜酒糟可能引起以乙酸中毒为主的症状，其危害程度与饲喂量及持续时间有关。

【症状】大量饲喂酒糟可引起急性中毒，病畜开始呈现兴奋不安，心动亢进，呼吸急促，随后呈现腹痛、腹泻等胃肠炎症状；动物步态不稳，四肢麻痹，卧地不起，最后体温降低，可由于呼吸中枢麻痹而死亡；长期饲喂酒糟，可引起慢性中毒，表现为长期消化紊乱，便秘或腹泻，并有黄疸，时有血尿，结膜发炎，视力减退甚至可致失明，出现皮疹和皮炎。由于大量的酸性产物进入机体，当矿物质供给不足时，可导致缺钙而出现骨质软化等现象，母畜不孕，孕畜流产。牛中毒时则发生顽固性前胃弛缓，有时出现支气管炎，下痢和后肢湿疹（称酒糟性皮炎）。

猪中毒时结膜潮红，初期体温升高，高度兴奋，狂躁不安，心悸，步态不稳，最后倒地抽搐，体温下降，虚脱而死。剖检可见脑和脑膜充血，脑实质常有出血，心脏及皮下组织有出血斑。胃内容物有酒糟和醋味，胃肠黏膜充血和出血，可见直肠有出血和水肿。肺充血、水肿，肝、肾肿胀，质地变脆。

【治疗】发病后立即停喂酒糟，并用小苏打液内服、灌肠或静脉注射，同时静脉注射葡萄糖液、生理盐水等。对便秘的可内服缓泻剂。胃肠炎严重的应消炎。兴奋不安的使用镇静剂，如静脉注射硫酸镁、水合氯醛、溴化钙，对慢性酒糟中毒效果好，特别是对伴有骨营养不良的慢性中毒效果更好。有人用50%葡萄糖液、胰岛素和维生素B_1配合使用，可加速乙醇氧化，但应酌情使用。

【预防】酒糟应尽可能新鲜喂给，力争在短时间内喂完，如果暂时用不完，应隔绝空气保存，可将酒糟压紧在缸中或地窖中，上面覆盖薄膜，储存时间不宜过久，有条件时也可用作青贮。酒糟生产量大时，也可采取晒干或烘干的方法，储存备用。控制用量，一般以不超过饲粮的20%～30%为宜，妊娠母畜应减少喂量。长期饲喂含酒糟的饲粮时，应适当补充含矿物质的饲料。对轻度酸败的酒糟，可在酒糟中加入0.1%～1%的生石灰或石灰水以中和其中的酸，对严重酸败和霉变的酒糟应予废弃。

（二）粉渣类

【病因】粉渣是淀粉加工的副产品，生产淀粉的原料有玉米、甘薯、马铃薯等，用这些原料所得的粉渣尽管粗蛋白的含量不很高，但氨基酸组成多样，且无氮浸出物较多，是一种较好的家畜饲料。在淀粉加工过程中常使用亚硫酸浸泡玉米，致使淀粉渣中残留大量的亚硫酸，如果喂量过大或连续饲喂时间过长，可引起中毒。

【发病机理】当淀粉渣饲喂量过大或饲喂时间过长，多量的亚硫酸刺激腐蚀消化道，导致消化道黏膜发炎、坏死和脱落，呈现出血性胃肠炎。亚硫酸能降低瘤胃pH，破坏微生物区系和瘤胃正常的消化代谢功能，而造成胃肠道消化吸收和整体物质代谢紊乱。因而在临床上呈现出血性胃肠炎，前胃弛缓和物质代谢障碍等综合征。进入消化道的亚硫酸，有一半被氧化变成硫酸盐，在瘤胃细菌和消化道细菌的作用下，硫酸盐又还原成硫化物。特别是饲喂高精料日粮、内环境pH6.5时，微生物的活性增强，硫酸盐还原成硫化物的数量更多。过量的硫化物对免疫器官与实质脏器能产生损害作用。

亚硫酸在体内能破坏硫胺素，动物可出现硫胺素缺乏症。由于血液中硫胺素减少，进而引起糖氧化障碍，导致机体的代谢紊乱，出现一系列复杂病理过程。严重时可发生脑灰质软化。此外，还有一部分亚硫酸可能与饲料中钙结合成亚硫酸钙，随粪便排出，造成机体钙的吸收减少，导致缺钙症或营养不良。特别是高产、大量泌乳、妊娠母牛和母猪，表现更为严重。

【症状】用淀粉渣喂乳牛，日喂量达10～15kg时，连续饲喂半个月以上后就会发生中毒。中毒表现为减食或停食，前胃弛缓，产奶量降低等消化不良症状，继而拉稀或便秘，粪色深暗，呈煤焦油样，并被覆黏液、血液和肠黏膜。有的呈不同程度的跛行。调换饲料和采取适当治疗可以恢复。重者，拒食1周后卧地不起，一般药物治疗很难奏效。

血液生化检查：可见血糖、谷丙转氨酶、谷草转氨酶活性升高。

【病理变化】剖检可见胃肠内容物不多，有的较空虚，胃肠黏膜脱落，尤其是瘤胃绒毛和其他三胃瓣叶黏膜色黑，易脱落，小肠呈出血性、甚至溃疡性炎症。肝脏和肾脏都有不同程度的肿胀且变脆，有的发生肝脓肿。

【防治】对本病目前尚无很好的治疗方法，在采取一般排毒解毒措施和对症治疗的同时，可使用较大剂量的维生素A、维生素B、维生素C和维生素D制剂以及一定量的钙制剂。

1. 物理去毒 亚硫酸具有挥发性，淀粉渣晒干后含量减少约50%。水浸渣去毒也可获得满意效果。用两倍水浸泡淀粉渣1h，弃去浸泡水，亚硫酸含量减少50%，加水量多，效果更好。

2. 化学去毒 选用高锰酸钾溶液、双氧水或氢氧化钙溶液去毒效果较好。研究表明，对含亚硫酸147.6mg/kg的淀粉渣，用0.1%高锰酸钾溶液处理后，其亚硫酸残留为30.75mg/kg，双氧水处理后为46.9mg/kg，石灰水处理后为78mg/kg。三者比较，以高锰酸钾溶液的去毒效果最好。

3. 限制喂量 母猪以每天不超过3～5kg/头为宜，乳牛饲喂不超过5～7kg/头为宜。且饲喂1周应停喂1周，并应保证青绿饲料的供应。但是，对母猪和乳牛，因生产周期长，最好用去毒淀粉渣饲喂。对育成猪饲喂淀粉渣，必须保证日粮中维生素B_1含量达50mg/kg，而喂量不超过日粮的30%，肥育猪不超过50%，不仅安全，而且经济效益较高。用淀粉渣喂牛，每天不超过7kg/头，同时增加青草、干草和钙的喂量，增加日粮中胡萝卜素的喂量。

（三）其他

豆腐渣含有胰蛋白酶抑制剂、植物性红细胞凝集素、致甲状腺肿物质等多种有害物质，而这些物质多是不耐热的，因此用豆腐渣饲喂家畜时应当煮熟。

油渣中食盐含量较高，占干重的7%～8%，故不要长期饲喂或一次喂量过多，以防引起食盐中毒。

酱油渣在饲粮中的配合量（按干物质计）一般不得超过10%，猪和鸡，尤其仔猪和雏鸡对食盐敏感，故酱油渣在猪饲粮中的配合量以5%左右为宜，鸡以不超过3%为宜，幼雏最好不喂。饲喂酱油渣期间，应经常供给充足的饮水。

甜菜渣是制糖工业的副产品，由于其中含有大量的游离有机酸，常能影响家畜的消化机能，引起腹泻。

（王建华）

第二节 有毒植物中毒

有毒植物（poisonous plants）是指人和动物采食或误食后能引起功能性或器质性病理变化，严重者足以造成死亡的植物，也包括人和动物的皮肤接触植物的液汁或被植物刺伤后，引起局部发痒、刺痛等不良反应的植物。随着现代科学的发展和动物中毒病的研究进展，每年都有新的有毒植物被发现，以往被认为正常的植物也会在某种情况下呈现毒作用。植物毒素（plant toxins）是指由植物天然产生的并能引起动物和人致病的有毒物质。现已知道的植物毒素约有1 000余种，绝大部分是植物的次生代谢产物。虽然生态和环境因素等对某些植物毒素的生成和存在有相当大的影响，但植物的物种乃是植物毒素生成和存在的决定条件，这些植物毒素是植物化学防御机制的重要物质。

栎树叶中毒（oak leaf poisoning）

栎树叶中毒是动物大量采食栎树叶后，引起的以前胃弛缓、便秘或下痢、胃肠炎、皮下水肿、体腔积水及血尿、蛋白尿、管型尿等肾病综合征为特征的中毒性疾病。20世纪以来，美国、俄罗斯、英国、日本、德国、瑞典等国家均有本病的报道。我国自1958年贵州省首次报道牛槲树叶中毒后，河南、陕西、四川、湖北、内蒙古、山东、山西、吉林、辽宁、河北、甘肃和宁夏等省、区相继有报道。其茎、叶、子实均可引起家畜中毒，对牛羊危害最为严重。其子实引起的中毒，称为橡子中毒。

【病因】栎树又称橡树、青杠树和柞树，属壳斗科（Fagaceae）栎属（*Quercus*）植物，为多年生乔木或灌木。广泛分布于世界各地，约有350个种，我国约有140种，分布于华南、华中、西南、东北及陕甘宁的部分地区。我国已报道的有毒栎属植物有：短柄枹栎（小橡籽树，*Q. glandulifera*）、栓皮栎（*Q. uariabilis*）、槲树（*Q. dentata*）、槲栎（*Q. aliena*）、白栎（*Q. fabri*）、锐齿栎（*Q. alina* var.）、麻栎（*Q. acutissima*）、蒙古栎（*Q. mongolica*）、栎树（*Q. serra*）和辽东栎（*Q. liaotungensis*）等8个种和2个变种。

本病发生于生长栎树的林区，我国即从东北吉林省延边到西南贵州省的毕节，呈一斜线分布。特别是乔木被砍伐后，新生长的灌木林带即次生林或再生林毒性更大。据报道，牛采食栎树叶数量占日粮的50%以上即可引起中毒，超过75%会中毒死亡。也有因采集栎树叶喂牛或垫圈后被牛采食而引起中毒。尤其是前一年因旱、涝灾害造成饲草饲料缺乏或储草不足，翌年春季干旱，牧草发芽生长较迟，而栎树返青早，常出现大批发病死亡。

栎树叶中毒的发生具有明显的地区性和季节性特点。发病的地区性受栎属植物的自然分布而决定，主要发生于多次砍伐而形成的次生栎林区。所谓季节性，本病主要发生在春季，一般为3月下旬至5月中旬，而其橡子中毒则发生在秋季。

【发病机理】栎树的主要有毒成分是高分子栎丹宁（oak tannin），其芽、蕾、花、叶、枝条和种子（橡子）中均含此种物质。栎叶中所含的丹宁称为栎叶丹宁，橡子中所含的丹宁称为橡子丹宁。史志诚等（1980）用皮粉法测得4～11月份栓皮栎叶中丹宁的含量分别为10.85%、8.13%、7.78%、5.69%、11.54%、5.92%、7.88%、8.95%（干重），幼嫩橡子的丹宁含量为4.8%～9.4%，成熟橡子仅为3%。高分子栎叶丹宁属水解类丹宁，在胃肠内可经生物降解产生毒性更大的低分子多酚类化合物（包括没食子酸、邻苯三酚、简苯二酚、连苯三酚），这种过程称生物活化。多种低分子酚类化合物通过胃肠黏膜吸收进入血液循环并分布于全身器官组织，从而发生毒性作用。由于栎丹宁降解产物的刺激作用，经胃肠道吸收时会导致胃肠道的出血性炎症，经肾脏排除时会导致以肾小管变性和坏死为特征的肾病（nephrosis），最后则因肾功能衰竭而致死。因此认为，栎叶的有毒成分是栎叶丹宁，起毒性作用的是其代谢产物，而不是栎叶丹宁本身。栎树叶中毒的实质是酚类化合物中毒，即高分子栎单宁经生物降解产生低分子酚类化合物所致。

【症状】自然中毒病例多在采食栎树叶5～15d出现症状。病牛初表现精神沉郁，食欲、反刍减少，厌食青草，喜食干草。瘤胃蠕动减弱，肠音低沉，很快出现腹痛综合征（磨牙、不安、后退、后坐、回头顾腹以及后肢踢腹等）。排粪迟滞，粪球干燥，色深，外表有大量黏液或纤维性黏稠物，有时混有血液，粪球常串联成念珠状或算盘珠样，严重者排出腥臭的焦黄色或黑红色糊状粪便。鼻镜干燥或龟裂。

病初排尿频繁，量多，清亮如水，有的排血尿。随着病势加剧，饮欲逐渐减退以至消失，尿量减少，甚至无尿。可在会阴、股内、腹下、胸前、肉垂等躯体下垂部位出现水肿，触诊呈现捏粉样。腹腔积水，腹围膨大而均匀下垂。体温一般无变化，但后期由于盆腔器官水肿而导致肛门温度过低。也可见流产或胎儿死亡。病情进一步发展，病畜虚弱，卧地不起，出现黄疸、血尿、脱水等症状，最终因肾功能衰竭而死亡。

尿液检查：尿蛋白试验呈强阳性，尿沉渣镜检可发现大量肾上皮细胞、白细胞及各种管型。尿液中游离酚含量升高，可达30～100mg/L。

血液生化检查：血清尿素氮、挥发性游离酚含量升高，血清AST、ALT活性升高。

【病理变化】剖检可见躯体下垂部如下颌、肉垂、胸腹下部多积聚有数量不等的淡黄色胶冻样液体，各浆膜腔中都有大量积液，脏器病变主要见于消化道和肾脏。口腔深部黏膜常见有黄豆大的浅溃疡灶，胃肠道有散在出血斑点。胃黏膜多有浅层溃疡，内容物干结。真胃和小肠黏膜有水肿、充血、出血和溃疡等变化，内容物混有黏膜和血液，呈暗红色乃至咖啡色。大肠黏膜充血、出血，内容物恶臭呈暗红色糊状。后段肠管内容物呈黑色干块状，其表面被覆黏液、血液或被褐黄色的伪膜所包裹。直肠近肛门处水肿，管腔变窄，管壁厚度可达2～3cm。肝脏偶见苍白色斑纹，轻度肿大，质脆，胆囊肿大1～3倍，胆汁黏稠，呈茶褐色如菜油状。肾脂肪囊显著水肿，多有斑点样出血；肾苍白，肿大，有散在性出血。切面有黄色混浊条纹，皮质和髓质界限模糊不清，肾乳头显著水肿、充血、出血，个别病例的肾脏缩小，体积仅有正常的1/3，质地坚硬，膀胱多空虚。心包积水可达500mL，心外膜、内膜均密布有出血斑点。心肌色淡、质脆，呈煮肉样。胸腔内因大量积水而使肺叶萎陷。

组织学变化以肾近曲小管的凝固性坏死为主要特征。可见肾小球毛细血管管壁、包曼氏囊壁层及脏层部分细胞浓缩。近曲小管扩张，部分上皮细胞浊肿、坏死，脱离基底膜掉入管腔，形成细胞管型和蛋白管型。部分上皮细胞变性、崩解、核消失。升降支的上皮细胞浊肿。肾间质水肿。肝细胞呈现不同程度变性、坏死。心肌纤维轻度浊肿，细胞变性、核浓染。脾红髓内有少量褐色颗粒沉着及嗜伊红性均质物。肺泡壁增厚，部分肺泡塌陷、破裂。肺泡间质细支气管周围有少量淋巴细胞浸润。淋巴结髓质部有多量棕色小颗粒聚集。部分肠道黏膜层细胞核浓缩、破碎或消失。

【诊断】根据采食栎树叶或橡子的病史，发病的地区性和季节性，以及消化机能紊乱、皮下水肿，肝、肾功能障碍，排粪迟滞，血性腹泻等可做出诊断。尿蛋白、尿沉渣中出现大量肾上皮细胞、白细胞及各种管型，尿液中游离酚含量升高，血清尿素氮、挥发性游离酚含量升高，血清 AST、ALT 升高，均可作为辅助诊断指标。但是这些变化多数只在发病中后期表现出来，而本病中后期治愈率较低。

早期诊断应抓住以下几点：

（1）具有采食栎树叶或橡子的病史。

（2）具有明显的地区性和季节性，多发生在栎林区，春季多发。

（3）临床上呈现前胃弛缓，厌食青草，喜食干草，排粪迟滞，粪球干燥，呈串珠样或算盘珠样。排尿频繁，量多，清亮如水，有的排血尿。在发展出现鼻镜干燥或龟裂，躯体下部位水肿，少尿无尿，肝、肾功能障碍。

（4）尿液检查，尿蛋白阳性，尿沉渣镜检可见大量肾上皮细胞，尿液中游离酚含量升高。

【鉴别诊断】应与牛流行热、牛出血性败血症、牛炭疽、牛气肿疽、牛肝片吸虫病等区别。

【治疗】本病的治疗原则为排除毒物、解毒和对症治疗。发现中毒时应立即禁止病牛采食栎树叶或橡子，供给优质青草或干草。

1. 排除毒物 为促进胃肠内容物的排除，可用1%～3%氯化钠溶液1 000～2 000mL，瓣胃注射；或用鸡蛋清10～20个，蜂蜜250～500g，混合一次灌服；或灌服菜油250～500mL。碱化尿液，促进血液中毒物排泄，可用5%碳酸氢钠300～500mL，一次静脉注射。

2. 解毒 硫代硫酸钠5～15g，制成5%～10%溶液，一次静脉注射，1次/d，连续2～3d，对初中期病例有效。

3. 对症疗法 对机体衰弱，体温偏低，呼吸次数减少，心力衰竭及出现肾性水肿者，使用5%葡萄糖生理盐水1 000mL，林格氏液1 000mL，10%安钠咖注射液20mL，一次静脉注射。对出现水肿和腹腔积水的病牛，用利尿剂。晚期出现尿毒症的还可采用透析疗法。肠道有炎症的，可内服或注射抗生素和磺胺类药。

【预防】预防的根本措施是恢复栎林区的自然生态平衡，改造栎林区的结构，改变山区养牛单一放牧，既不补饲也不加喂夜草的习惯，建立新的饲养管理制度。目前比较有效的措施有以下3种：

1. "三不"措施法 储足冬春饲草，在发病季节里，不在栎树林放牧，不采集栎树叶喂牛，不采用栎树叶垫圈。

2. 日粮控制法 根据牛采食栎树叶数量占日粮的50%以上即可引起中毒，超过75%即中毒死亡的特点。在发病季节，耕牛采取上午舍饲，下午放牧的办法，控制牛采食栎树叶的量在日粮中占40%以下。在发病季节，牛每日缩短放牧时间，放牧前进行补饲或加喂夜草，补饲或加喂夜草的量应占日粮的50%以上。

3. 高锰酸钾法 根据高锰酸钾能对栎丹宁及其降解产物低分子多酚类化合物氧化解毒

的原理，在发病季节，每日下午放牧后灌服一次高锰酸钾水。方法是称取高锰酸钾粉 2~3g 于容器中，加清洁水 4 000mL，溶解后一次胃管灌服或饮用，坚持至发病季节终止，效果良好。

疯草中毒 (locoweed poisoning)

疯草 (locoweed) 包括豆科棘豆属 (*Oxytropis* sp.) 和黄芪属 (*Astragalus* sp.) 的一些有毒植物。动物采食疯草后出现以精神沉郁，反应迟钝，头部水平震颤，步态蹒跚，后肢麻痹等神经症状为特征的慢性中毒病，称为疯草中毒病 (locoism) 或疯草病 (locodisease)。本病以马属动物最为敏感，其次为山羊、绵羊和牛，啮齿类动物有较大的耐受性。

疯草是世界范围内危害草原畜牧业最为严重的一类毒草，主要分布于美国、加拿大、墨西哥、俄罗斯、西班牙、冰岛、摩洛哥和埃及等国家，其中以美国西部最为严重。在我国，疯草主要分布于青海、西藏、甘肃、四川、宁夏、内蒙古、陕西及新疆等西部牧区，据不完全统计，分布面积超过 1 100 万 hm^2，约占全国草场总面积的 2.8%，危害严重的牧区疯草覆盖度超过 60%。我国已报道的疯草类有毒植物约有 45 种，构成严重危害的棘豆属有 10 种，黄芪属有 7 种（表 8-1）。

【病因】疯草中毒多因在生长有棘豆属或黄芪属有毒植物的草场上放牧所致。在适度放牧的草地上因其他牧草丰盛，本地牲畜并不会主动采食疯草。但在过度放牧的情况下，草场退化、沙化，疯草群落的密度逐年增加，草场质量急剧下降，牲畜因饥饿而被迫采食疯草，导致中毒发生。干旱年份，其他牧草特别是根系较浅的牧草，大多生长不良或枯死，而疯草根系发达，耐寒抗旱，生长相对旺盛，易为牲畜采食而发病。由外地引进的牲畜，因对疯草的识别能力较差，容易误食而发病。一般认为，在大量采食疯草后 2 周可发生中毒，少量采食可在 1~2 月出现中毒。我国是疯草危害最为严重的国家之一，据不完全统计，从 20 世纪 70 年代至今有数百万头动物死于疯草中毒。疯草中毒的发生与下列因素有密切关系。

表 8-1 我国疯草（棘豆属和黄芪属）类主要有毒植物种类及省、区分布

种 类	拉丁文名称	省、区分布	资料来源
小花棘豆	*O. glabra*	内蒙古、新疆、陕西、甘肃	李祚煌 (1978)
黄花棘豆	*O. ochrocephala*	青海、甘肃、宁夏、四川	曹光荣 (1986)
甘肃棘豆	*O. kansuensis*	甘肃、青海、四川、西藏	张生民 (1981)
冰川棘豆	*O. glacialis*	西藏	王建华 (1998)
急弯棘豆	*O. deflexa*	青海	李玉林 (1998)
毛瓣棘豆	*O. sericopetala*	西藏	鲁西科 (1982)
镰形棘豆	*O. falcata*	青海、西藏	史志诚 (1997)
宽苞棘豆	*O. latibracteata*	青海、甘肃、四川	王 凯 (1998)
硬毛棘豆	*O. hirat*	辽宁、吉林	任继周 (1954)
包头棘豆	*O. glabra* Var	陕西	程敬毅 (1979)
茎直黄芪	*A. strictus*	西藏	鲁西科 (1982)
变异黄芪	*A. variabilis*	内蒙古、宁夏、甘肃、新疆	陈善科 (1992)

(续)

种　类	拉丁文名称	省、区分布	资料来源
哈密黄芪	A. hamiensis	内蒙古、甘肃、新疆	赵宝玉（2006）
丛生黄芪	A. confertus	西藏	武宝成（1988）
西藏黄芪	A. tibetanus	西藏	武宝成（1988）
坚硬黄芪	A. rigidulus	西藏	武宝成（1988）
白花黄芪	A. leucocephalus	西藏	武宝成（1988）

1. 草原生态变化 我国的疯草主要分布在西北、华北和西南地区的广大草原，从地理分布看属我国的干旱、半干旱地区。疯草类有毒植物适于生长在植被破坏的地方，一般认为这些植物是生态扰乱的先驱，黄花棘豆、甘肃棘豆、小花棘豆、毛瓣棘豆、冰川棘豆、茎直黄芪、变异黄芪、哈密黄芪等在我国一些草场已发展成为优势种群，这不仅与其抗逆性强、耐干旱、耐寒等特性有关，更重要的是草场管理不善，过度放牧，草场退化及植被破坏等，为这些有毒植物的蔓延和密度增加提供条件。疯草与草场上其他牧草激烈争夺生存环境，进一步引起草场毒草化，造成恶性循环。一般疯草适口性不佳，在牧草充足时，牲畜并不采食，但当可食牧草耗尽时才被迫采食。因此，疯草中毒常于每年冬、春季节发生，干旱年份有暴发的倾向。

2. 饲养管理 疯草适口性较差，动物并不主动采食，因而在其他牧草丰盛时很少发生中毒。但在结子期相对适口性较好，牲畜有可能主动采食而发生中毒。有经验的饲养管理人员在结子期不让在有疯草的草地上放牧，可避免造成损失。但是在干旱年份由于可食牧草缺乏，而疯草因耐旱而相对生长茂盛；或冬季大雪覆盖草场，疯草植株较高而部分暴露，动物由于饥饿，被迫采食疯草造成大批牲畜中毒。特别是在此种情况下没有充分的干草和饲料储备，饲养管理不善，有可能造成灾难性后果。此外，有些疯草晚秋枯萎较迟，春天萌芽较早，和干枯的不良牧草相比，动物仍喜欢于采食，若持续时间稍长，容易发生中毒。

3. 采食疯草的数量 大量采食可在10余天发生中毒。李祚煌用小花棘豆饲喂山羊，连续14d，累计采食鲜草30.2～61.2kg出现轻度中毒症状；采食40～49d，累计采食鲜草78.8～143.9kg，引起严重中毒。在饲草中加入20%小花棘豆干草，连续饲喂74d即可发生中毒，饲草中含小花棘豆比例越高，出现症状越早，平均累计采食小花棘豆也越少。王凯等通过人工瘤胃瘘管给山羊投服黄花棘豆每千克体重10g，试验羊在18～22d出现中毒症状，于33～65d内死亡。汤承等给妊娠54d的山羊饲喂黄花棘豆（干草）每千克体重12g，试验羊分别于第15～33天全部流产。通过人工瘤胃瘘管给山羊投服甘肃棘豆每千克体重10g，试验羊于第20天开始出现中毒症状。

4. 疯草的有毒成分 国外研究发现疯草的有毒成分可分为3类：

（1）脂肪族硝基化合物：代表性的化合物为3-硝基-丙醇-β-D吡喃葡萄糖苷（又称米瑟毒苷，miserotoxin），在消化道内被水解，生成毒性较高的3-硝基-1-丙醇（3-nitro-1-propyl，3NPOH）和3-硝基丙酸葡萄糖苷，后者水解产物为有毒的3-硝基丙酸（3-nitro-propionic acid，3NPA）。

（2）硒：某些黄芪属植物能从土壤中吸收并富积硒，其中含硒量比土壤高大几百甚至几千倍，称为聚硒植物。据报道，北美有 24 种聚硒黄芪。

（3）疯草毒素：疯草毒素属于吲哚里西啶生物碱类（indolizidine alkaloid），代表性化合物为苦马豆素（swainsonine）和氧化氮苦马豆素（swainsonine N‐oxide）。已经证明，生长于北美（美国、加拿大、墨西哥）、南美（秘鲁、阿根廷）的 29 种疯草中均含有苦马豆素。

我国对疯草有毒成分的研究结果证明，疯草中毒不是脂肪族硝基化合物或硒所致，而是有毒生物碱——苦马豆素所致。曹光荣等（1989）首次从黄花棘豆中分离出苦马豆素，证实其对 α‐甘露糖苷酶有强烈抑制作用；初步测定苦马豆素含量：黄花棘豆为 0.012%，甘肃棘豆为 0.021%，急弯棘豆为 0.025%，茎直黄芪为 0.006%，变异黄芪为 0.029%。丁伯良等采用 GC-MS 联用仪，从甘肃棘豆中检出苦马豆素和斑蝥素。黄有德等从变异黄芪中分离出苦马豆素。赵宝玉等从茎直黄芪和小花棘豆中分离出苦马豆素；李勤凡等从冰川棘豆和甘肃棘豆中分离出苦马豆素。此外，李祚煌等证明小花棘豆中含有黄华碱、臭豆碱等；谭远友等从冰川棘豆中分离出哌啶酮生物碱，均能产生疯草中毒的类似症状。

最新研究证明，从疯草中分离出的内生菌可以产生苦马豆素并引发试验动物疯草中毒病。

【发病机理】苦马豆素属多羟基吲哚里西啶生物碱，分子质量小，极性大，易溶于水，在消化道内被迅速吸收，并能通过尿液、粪便和乳汁排出。Bowen 等（1993）给小鼠一次静脉注射苦马豆素，其在血清中的半衰期约为 32min。Steglmeier 等（1995）报道，牛和羊的苦马豆素血清半衰期<20 h。James（1977）认为，苦马豆素可随乳汁排泄，引起哺乳幼畜中毒。曹光荣等（1989）报道，黄花棘豆中毒山羊在停止饲喂黄花棘豆后 2～3 d，血清 α‐甘露糖苷酶活性恢复正常。Steglmeier 等（1998）报道，羊每天按每千克体重 1mg 摄入苦马豆素，30 d 后血清、骨骼肌、心脏和大脑中苦马豆素含量相同，约为 250ng/g，这些组织中的半衰期均<20h；胰脏、脾脏、肾脏和肝脏苦马豆素含量则大于 2 000ng/g，肝脏、肾脏和胰脏中半衰期均>60h。Browne 等（1993）给小鼠一次静脉注射氚代苦马豆素，发现肝肾中苦马豆素百分含量最高，但很快移入膀胱而随尿排出。

苦马豆素对哺乳动物和鱼类的细胞溶酶体 α‐甘露糖苷酶Ⅰ和高尔基体 α‐甘露糖苷酶Ⅱ有特异性抑制作用。Colegate 等（1984）研究认为，苦马豆素阳离子与甘露糖苷水解过程中形成的甘露糖阳离子中半椅状空间结构相似，从而对甘露糖苷酶有高度亲和性，成为 α‐甘露糖苷酶的强烈抑制剂。酸性 α‐甘露糖苷酶活性受抑制后可导致部分合成的低聚糖在溶酶体内的聚积；高尔基氏体中的 α‐甘露糖苷酶Ⅱ受抑制，就可导致糖蛋白合成异常。

由于细胞内富含甘露糖的低聚糖大量聚积，形成广泛的空泡化，导致器官组织损害和功能障碍，特别是小脑浦肯野细胞最为敏感，常出现不可逆性细胞死亡，因而中毒动物出现以运动失调为主的神经症状。疯草毒素引起母畜卵细胞的发育停止，生殖系统组织细胞广泛空泡变性，特别是黄体空泡变性，干扰孕酮的产生，从而破坏了妊娠，造成孕畜流产、死胎或弱胎。对公畜的危害是精母细胞空泡化，精子的形成减少。动物中毒早期可见淋巴细胞空泡变性和免疫能力下降。

【症状】疯草中毒主要表现慢性经过。初期采食疯草，体重增加，以后反而下降，中毒后出现以运动机能障碍为特征的神经症状。病初表现精神沉郁，反应迟钝，行走步态不稳，后肢拖地或向两侧摇摆。病情严重时，眼半闭，头颈部不断地做水平摆动。安静时呆立，走路时颈部及四肢僵硬，容易倒地。随着机体衰竭程度的逐渐加重，病畜还表现贫血、水肿、消瘦及心力衰竭。中毒母畜不发情，公畜缺乏性行为；发病孕畜多发生流产、畸胎或弱胎。胎儿畸形表现为前肢侧弯，腱挛缩，跗关节前曲和过度松弛以及腕关节屈曲等。病程通常2～3个月，如果采食疯草数量较大，也可在1～2个月内死亡。

1. 马 病初行动缓慢或呆立不动，不合群，进而不听使唤，行为反常；牵之后退，拴系则骚动后坐，四肢发僵而失去快速运动能力；易受惊而骚动，摔倒后不能自行起立，继之出现行步蹒跚似醉；有些病马瞳孔散大，视力减弱，有些病马呆若木马，含草呆立，饮水时嘴伸入水中，但吸吮动作迟钝或做采食样动作。

2. 羊 轻者精神沉郁，拱背呆立，放牧时落群，行走时后肢不灵活，弯曲外展，步态蹒跚，驱赶时后躯常向一侧歪斜，容易倒地。严重者卧地，起立困难，在出现运动失调之前，头部出现水平震颤或摇动。用手提耳时，立即出现摇头、突然倒地等典型中毒症状。妊娠羊易流产，胎儿畸形。公羊表现性欲降低，或丧失性交能力。

3. 牛 主要表现精神沉郁，步态蹒跚，站立时两后肢交叉，视力减退，役用牛不听呼唤。有的病牛出现盲目转圈运动，后期消瘦衰竭。在高海拔地区（2 120～3 090m），特别是犊牛易发生充血性右心衰竭，导致下颌和胸前水肿，怀孕牛腹部异常扩张，对传染病及腐蹄病的敏感性增加。而在海拔较低地区（1 219～1 524m）的中毒牛只表现疯草中毒典型症状，并无心力衰竭表现。

实验室检验：早期淋巴细胞出现空泡。血清AKP、AST、LDH同功酶、CPK、ARG活性和BUN含量明显升高，血清α-甘露糖苷酶活性降低。尿液低聚糖含量增加，尿低聚糖中的甘露糖亦明显升高。

【病理变化】中毒动物无典型的眼观病变。一般中毒动物大都消瘦，血液稀薄，皮下脂肪匮乏，口腔及咽部溃疡，心肌质软，心内膜有出血点和出血斑，肝脏呈土黄色，个别淋巴结切面有出血斑，肾脏轻度水肿，膀胱空虚，脑膜充血。皮下结缔呈胶冻样浸润，心脏周围往往有胶冻物附着，其他脏器无明显的肉眼变化。流产胎儿全身皮下水肿出血，尤以头部最明显；胎儿心脏肥大，有心室扩张，骨骼脆弱，腹腔积水，母体胎盘明显减小，子叶周围血液淤积、子宫血管供血不良。

病理组织学变化主要以组织细胞空泡变性，特别是神经细胞广泛空泡变性为特征。肝细胞肿胀，胞质出现空泡，有些肝细胞破裂，核溶解或消失，间质结缔组织增生。肾小球肿大、充血。肾小管上皮细胞颗粒变性，有的胞质出现空泡，有些呈坏死性变化。大脑和小脑软脑膜轻度充血，神经细胞肿胀。小脑浦肯野细胞核溶解或消失，胞浆出现大小不等的空泡。神经胶质细胞增生，有"卫星化"或"噬神经"现象。脑毛细血管扩张充血，内皮细胞肿胀。脊髓运动神经细胞核大部分变性，有的胞核溶解、消失。心脏纤维横纹消失，混浊肿胀，肌浆有空泡变化。肾上腺皮质部细胞肿大，胞质出现大小不等的空泡，髓质部细胞普遍肿胀。胰脏腺泡细胞出现明显的空泡变性。真胃黏膜呈亚急性、慢性炎性变化。卵巢黄体细胞极度空泡化，公羊精囊、附睾和输精管数目显著减少，精原细胞和初级精母细胞空泡化，次级精母细胞和精细胞数减少，附睾的伪复层上皮肥大并有空泡，精囊分泌上皮因空泡变性而扩张。视网膜内神经节层的双极细胞神经原和神经节细胞空泡变性。

超微结构变化主要是神经细胞及胶质细胞的空泡化，髓鞘水肿、细胞质的空泡被有一层单位膜，少数线粒体肿胀、变性嵴稀疏或消失，呈空泡状，粗面内质网脱粒扩张，电子密度增加；细胞器密集，细胞核浓缩。轴突肿胀，微管和微丝减少或消失。卵泡细胞、黄体细胞、初级精母细胞、次级精母细胞、附睾尾管上皮细胞等的胞核及胞浆内出现有大小不一的椭圆或圆形空泡，线粒体高度扩张，嵴稀疏或消失呈空泡状等特征性变化。

【诊断】
（1）有放牧采食疯草的病史。在新发病地区，还需对植物做种的鉴定，如为新种可采集植物样品进行毒素检查。苦马豆素的检查方法是取植物样品，采用生物碱提取法提取出总生物碱。总生物碱经薄层层析检查，氯仿：甲醇：氨水：水（70：26：2：2）展开剂展开，Ehrlich's试剂显色，若出现紫红色斑点即为阳性反应。

（2）具有疯草中毒的特有临床表现，如提耳应激敏感，后躯麻痹，行走摇摆，头部呈水平震颤等。

（3）实验室检验，血清α-甘露糖苷酶活性降低，尿液低聚糖含量增加，尿低聚糖中的甘露糖亦明显升高。

【治疗】目前尚无特效解毒疗法。对轻度中毒病畜，只要及时转移到无疯草的安全牧场放牧，适当补给精饲料，供给充足饮水促进毒素排泄，一般可自行康复。严重中毒的病畜无恢复希望，应及时淘汰。

【预防】疯草在我国西部草原上分布广、面积大，完全禁止在疯草生长的草场放牧也不现实。因此，只有通过加强草原畜牧管理，本着防除和利用相结合的原则，才能有效地防止疯草中毒。主要措施包括以下两方面：

1. 疯草的防除 是传统的预防方法，包括人工挖除和化学灭除，其缺点是大面积采用致使草原沙化、退化，生态环境遭到严重的破坏，目前仅限于小范围使用。中国科学院寒区旱区环境与工程研究所研制的"棘豆清"新型杀毒草剂，对甘肃棘豆、小叶棘豆等的杀灭率在98%左右，对其他牧草、动物和环境无任何毒副作用。

2. 疯草的利用 疯草具有抗旱、抗寒、抗病虫害强，恶劣环境中亦能旺盛生长，其粗蛋白含量高达11%~20%等特性。这样丰富的天然资源如果能得到充分利用，将毒草变为牧草，其经济效益非常可观。目前，在疯草利用方面有以下几种途径：

（1）合理轮牧：在有疯草草场上放牧15~20d，转移到无疯草草场放牧15~20d或更长一点时间。在疯草密度较高的草场上，也可实行高强度放牧，迫使采食疯草10d，然后转移到安全草场放牧15~20d。这样可使部分疯草被利用，部分被踩踏，从而减少动物中毒的发生。

（2）间歇饲喂和日粮搭配：动物饲喂不经任何处理的黄花棘豆14d，间歇14d（饲喂优良牧草）不出现中毒。这种方法在干旱缺草地区，特别是冬春缺草地区适用，即可在疯草的盛花期收割，晒干堆放，在冬春缺草季节进行搭配间歇使用。

（3）水浸去毒：根据苦马豆素易溶于水的特性，试验证明，用清水浸泡疯草2~3d，捞出晒干，连续饲喂羊70d，未出现中毒症状。

（4）添加解毒剂：王凯、赵宝玉等（1999）研制出的"棘防E号"解毒剂，在动物采食疯草季节随精料补饲或饮水，也可在瘤胃中投放"疯草灵缓释丸"，对动物疯草中毒病有一定的预防效果。

3. 加强草场管理　疯草中毒的发生与饲养管理不善有很大关系，如能采取合理轮牧、适度放牧，冬春季节补饲等措施，疯草中毒会大大减少。放牧时严密观察畜群，及时发现个体中毒现象，立即转换到安全草场，防止大批中毒发生。

蕨中毒（bracken poisoning）

蕨中毒是动物采食大量蕨类植物后所引起的急性或慢性中毒性疾病。临床上以高热、贫血、粒细胞及血小板减少、血凝不良、全身泛发性出血、共济失调等为特征。牛、羊及单胃动物均可发病，但由于动物种类不同，临床表现有很大差异。牛的急性中毒以骨髓损伤和再生障碍性贫血为特征，牛的慢性蕨中毒主要表现为地方性血尿病（enzootic hematuria）或膀胱肿瘤，发病率及死亡率均很高；羊中毒表现为视网膜退化和失明及脑灰质软化；单胃动物主要表现硫胺素缺乏症。

【**病因**】　蕨（bracken）是蕨科（Pteridiaceae）蕨属（*Pteridium* sp.）的植物，分布于我国大部分省、区，主要生长于山区的阴湿地带。我国引起中毒的常见品种有欧洲蕨（*Pterdium aquilina*）的斜羽变种[*P. aquilinum* （L.）Kuhn var. *latiusculum* （Desv.）Undrew]和毛叶蕨[*P. revolutum* （BL）Nakai]两种。此外，引起中毒的蕨还有溪边凤尾蕨（*Pteris excelsa* Gaud）、舟山碎米蕨（*Cheilanthes chusana* Hook）、大囊岩蕨（*Woodsia nacrochlaendment*）、狭羽金星蕨[*Thelypteris decursire pinnate* （Janhall）Ching]、狭叶凤尾蕨（*Pteris henryichist* Bull. Herb. Boss）、乌蕨[*Stenoloma chusanum* （L.）Ching]等。

放牧饲养或靠收割山野杂草饲养的牛、马，经过冬季的枯草期后，每年早春，其他牧草尚未返青之时，蕨类植物已大量萌发并茂盛生长，短时期内成为放牧草场上仅有的鲜嫩食物，家畜在放牧中喜欢采食蕨的嫩叶导致蕨中毒。

【**发病机理**】　蕨含有多种化合物，其中包括有机酸、黄酮类化合物、儿茶酚胺等。已经发现的主要有毒成分是硫胺素酶（thiaminase）、原蕨苷（ptaquiloside）、血尿因子（hematuria）和槲皮黄素（quercetin）。蕨叶及其根状茎中含有的硫胺素酶能引起马属动物中毒，其他有毒成分可使牛、羊产生不同的综合征。

马以发生共济失调为特征，称为"蕨蹒跚"（bracken stagger）。当采食大量蕨属植物后，蕨中的硫胺素酶可使其体内的硫胺素大量分解，导致硫胺素缺乏症。硫胺素为α-酮酸氧化脱羧酶的辅酶，缺乏时丙酮酸不能进入三羧酸循环充分氧化，造成组织中丙酮酸及乳酸堆积，能量供应减少，影响神经组织和心脏的代谢与功能，出现多发性神经炎及其他相关病变。用风干蕨喂家鼠，其中毒症状类似硫胺素缺乏症，口服硫胺素可得以控制。蒸煮可使蕨叶的毒性消失。蕨叶浸提物含有一种不耐热的硫胺素拮抗因子（硫胺素酶），可使硫胺素分子降解。反刍动物的瘤胃可合成硫胺素，一般不至于导致硫胺素缺乏症。

牛以发生再生障碍性贫血为特征，蕨中毒时，骨髓受到严重损害，导致骨髓红细胞生成障碍，血小板和粒细胞严重减少，消化道黏膜或黏膜下层出血，局部发生溃疡，细菌侵入小血管造成菌血症，可能引起肝脏梗塞，或者细菌进入血液循环，引起其他器官，包括肾、肺和心肌梗塞。有人认为，毛细血管脆性增加，肠溃疡或发生喉水肿是组织肥大细胞受损并释放组胺所致。

牛长期采食蕨后能引起膀胱癌和肠癌。Niwa等（1983）从蕨中分离到一种正倍半萜糖苷（norsesquiterpene giucoside），命名为原蕨苷。Hirono等（1984）证明原蕨苷能在CD大鼠中诱发回肠、膀胱及乳腺的肿瘤。槲皮黄素属黄酮化合物，可协同牛乳头状Ⅰ、Ⅳ型病毒发生肿瘤。反刍动物欧洲蕨中毒是由于骨髓活性受到抑制所致，毛细血管脆性增加，出血时间延长和血块凝结有缺陷，但血液凝固和凝血酶原正常。犊牛的血凝缺陷似乎是由于生成肝素样物质和血液中出现有毒的胺类引起的。

【症状】动物蕨中毒因品种不同，临床症状有很大差异。

马在采食蕨1～2个月后出现中毒症状，临床上主要表现共济失调。出现消瘦，四肢运动不协调，前肢或后肢交叉。站立时四肢外展，低头拱背。心率缓慢，节律不齐。严重时肌肉震颤，皮肤感觉过敏。后期站立不稳，昏睡，阵挛性惊厥，角弓反张，体温升高，严重的病例2～10d死亡。

牛急性中毒一般在采食后2～6周出现出血性综合征。最初表现为精神沉郁，食欲下降，粪便稀软，呈渐进性消瘦，步态蹒跚，可视黏膜苍白或黄染，喜卧，放牧中常掉队或离群站立。病情急剧恶化时，体温突然升高，可达40.5～43℃，瘤胃蠕动减弱或消失，粪便干燥，呈暗褐红色或黑色，腹痛。后期，病牛呈不自然伏卧，回头顾腹或用后肢踢腹，阵发性努责，排出稀软红色粪便。严重者仅排出少量红黄色黏液或凝血块，呈里急后重。可视黏膜和皮肤有斑点状出血，尤其是会阴、股内侧和四肢系部等被毛稀少的部位十分明显，少数病例口腔、眼球、耳出血。昆虫叮咬或注射针孔可长时间流血不止，碰撞可造成皮下出血或血肿。因失血导致可视黏膜苍白。孕牛常因腹痛和努责导致胎动或流产。泌乳牛可能排出带血的乳汁。

牛慢性中毒的典型症状是血尿，主要因膀胱肿瘤，表现长期间歇性血尿。尿液淡红色或鲜红色，严重时可见絮片状血凝块。有时尿液颜色转为正常，但显微镜检查仍有多量红细胞，重役、妊娠及分娩等应激因素刺激可重新出现或加重血尿。长期血尿导致病牛贫血，虚弱，渐进性消瘦，泌乳量下降。后期呈恶病质状态。

绵羊采食蕨可发生永久性失明，瞳孔散大，对光反射减弱或消失。病羊经常抬头保持警觉姿势。主要是视网膜变性和萎缩，血管狭窄。澳大利亚还发现绵羊采食蕨因硫胺素酶破坏体内硫胺素导致脑灰质软化，表现无目的行走，有时转圈或站立不动，失明，卧地不起，角弓反张，四肢伸直，眼球震颤，周期性强直性惊厥。

血液检验可获取早期极有价值的资料。牛急性中毒时主要表现再生障碍性贫血，突出变化是白细胞总数少于5×10^9个/L，其中嗜中性白细胞明显减少，而淋巴细胞增多至80%～90%以上。血小板总数减少至$(1 \sim 2) \times 10^9$个/L。红细胞总数降至3.0×10^{12}个/L以下，大小不均，脆性增加；血红蛋白含量降低；凝血时间延长，血块收缩不良。骨髓象变化为骨髓增生减弱，红系、粒系和巨核细胞系均受损害。

病马血液学检查可见淋巴细胞比例减少，中性粒细胞比例增加。血清中丙酮酸含量从正常的20～30μg/L升到60～80μg/L，而维生素B_1水平由正常的80～100μg/L降至23～30μg/L。

【病理变化】牛急性蕨中毒主要病理学变化为全身广泛性出血。浆膜、黏膜、皮下、肌肉、脂肪及心脏、肝脏、脾脏、肺脏、肾脏等实质器官均可见明显的出血。肝、肾、肺可见到有淤血性梗死引起的坏死区。消化道黏膜的出血处可见坏死和脱落。左心内膜及膀胱黏膜的出血比较严重,肌肉间出血可形成大的血肿。疏松结缔组织和脂肪组织呈胶冻样水肿。四肢长骨的黄骨髓严重胶样化和出血,红骨髓部分或全部被黄骨髓替代。组织学变化为骨髓造血组织萎缩,呈岛屿状分布,粒细胞系和巨核细胞系减少或消失,仅有少量幼红细胞集聚。

牛慢性蕨中毒的典型病理变化是膀胱肿瘤,同时伴有炎症性及出血性变化。多数病例呈不同程度的贫血及全身营养不良。膀胱肿瘤为豌豆大小灰白色结节或呈紫红色菜花样。

马中毒可见典型的多发性外周神经炎及神经纤维变性,尤其是坐骨神经及臂神经丛最为显著。

【诊断】根据流行病学调查和有采食蕨类植物的病史,结合的典型的症状、血液与病理学变化,即可做出诊断。必要时,可进行人工饲喂发病试验。鉴别诊断应注意与牛炭疽、血孢子虫病、败血型巴氏杆菌病、钩端螺旋体病、草木樨中毒、霉菌毒素中毒、三氯乙烯中毒进行区别。如后三种中毒病都产生与蕨中毒相似的损害和症状,但无发热,白细胞不减少。

【治疗】反刍动物蕨中毒尚无特效疗解毒疗法,首先停止采食蕨类植物。牛用1g鲨肝醇溶于10mL橄榄油内,皮下注射,连续5 d,对早期病例有一定效果。如果骨髓尚可恢复再生能力[白细胞数高于2.0×10^9 个/L,血小板不低于 $(50\sim100)\times10^9$ 个/L],可采用鲨肝醇-抗生素疗法。鲨肝醇可刺激骨髓,活化造血功能,而抗生素可预防由于白细胞减少及溃疡所造成的继发感染。有条件时可进行输血治疗,第一次输入4.5L加有抗凝剂的血液,第二次减半,同时静脉注射1%硫酸鱼精蛋白(肝素拮抗剂)10mL,中和肝素的抗凝血作用。配合注射复方维生素B,可提高疗效。

马蕨中毒时必须及早应用硫胺素,50~100mg/d,皮下注射,同时配合必要的对症治疗措施,可获得满意的疗效。

【预防】加强饲养管理,减少动物接触蕨的机会是预防蕨中毒的重要措施。主要应抓住以下几点:

(1) 春季是蕨叶萌发时期,应做好牧地植被调查,规划轮牧,避免到蕨属植物繁密区放牧。对蕨类新叶滋生地,应留待其他草类萌发后利用,以免发生家畜中毒。

(2) 在春季蕨类萌发期,组织监视,对疑为中毒的家畜,及时进行血液检验。尽早发现病畜,及时救治,还应对全群采取紧急防护措施。

(3) 对有限牧地上蕨属植物的控制和防除可采用化学除草剂,用黄草灵较为理想,因其安全、稳定、经济、高效及对蕨类属植物有高度的专一性。

(4) 蕨类的地下根茎粗大,富含淀粉,每50kg即可提取淀粉5~6kg,故可结合野生植物资源的利用,在冬季挖掘其地下根茎,从根本上清除对家畜的危害。

杜鹃中毒(Rhododendron poisoning)

杜鹃中毒是动物采食大量杜鹃花属植物所引起的以呕吐、心率减慢、血压下降及全身麻痹为主要特征的中毒性疾病。本病多发生于绵羊、山羊、马,猪亦有发生。

【病因】杜鹃花属(Rhododendron)是杜鹃花科中有毒植物种类最多的一个属,也是我国南方各省草地重要的有毒植物之一。杜鹃花属分 5 个亚属，约 850 种，广泛分布于欧洲、亚洲和北美洲的温带地区。我国的杜鹃花属有毒植物约有 68 种以上，主要有闹羊花（R. simsii）（又称杜鹃）、红花杜鹃、艳山红、迎红杜鹃（R. mucronulatum）、满山红（R. dauricum）、太白杜鹃（R. purdomii）、大白杜鹃（R. decorum）、黄花杜鹃（R. anthopognoider）、照山白（R. micranthum）等。

闹羊花即羊踯躅，是杜鹃花属植物中毒性较大的一种，全株有毒，花和果实毒性最大。分布于江苏、浙江、江西、福建、湖南、湖北、河南、四川、贵州等地，主要生长在山坡、石缝、草地、灌木丛中。中毒的主要原因是早春季节青草不足，放牧动物误食所致。反刍动物较为敏感，其中水牛比黄牛更敏感。牛一次采食 5 个嫩叶丛即可出现明显的中毒症状。实验表明，250kg 的黄牛一次饲喂鲜嫩叶 0.35kg，山羊按每千克体重 1g 饲喂干鲜叶粉，均可引起严重的中毒。一般认为，动物摄入鲜叶达体重的 0.2% 即可引起中毒。

【发病机理】杜鹃花属植物的主要有毒成分是梫木毒素（grayanotoxin），是四环二萜类结构的物质。梫木毒素在细胞内稳定电压敏感的钠通道，使神经细胞钠通道缓慢打开和关闭，影响到细胞内钠离子的浓度；对心脏的影响与洋地黄相似，抑制细胞膜 Na^+-K^+-ATP 酶系统的活性，从而发挥减慢心率、降低血压、全身麻醉和致呕吐的作用。

闹羊花的主要有毒成分为闹羊花毒素Ⅲ（rhodojaponin Ⅲ），分子式为 $C_{20}H_{32}O_6O$；花中还含有羊踯躅素Ⅲ（rhodomollein Ⅲ），分子式为 $C_{22}H_{36}O_8O$。两种毒素对消化道具有强烈的刺激作用，对中枢神经系统具有损伤作用，可引起呕吐、腹泻、步态不稳、四肢麻痹等相应的特征性临床表现。

【症状】牛、羊采食杜鹃花属植物后 4～5h 发病，首先流泡沫状唾液，呕吐，精神稍差，四肢叉开，步态不稳。严重者四肢麻痹，有喷射性呕吐，腹痛、腹泻及胃肠炎症状。反刍停止，磨牙；瘤胃蠕动次数增多，以后减少变弱，有的呈轻度瘤胃臌气。脉搏弱而不整，心律不齐，血压下降，呼吸迫促，倒地不起，昏迷，体温下降，最后由于呼吸麻痹而死亡。有的病畜因呕吐物吸入气管而引起严重的呼吸困难，导致死亡。

猪采食杜鹃花属植物后 4～5h 发病，表现呕吐，磨牙，行走时后肢开张，踉跄。严重时全身痉挛，后肢瘫痪，叫声嘶哑，体温正常或稍高。

【病理变化】剖检变化为胃肠道黏膜广泛性充血、出血，黏膜极易脱落；心脏扩张，质地柔软；肾脏肿大；肺脏充血，有的因吸入呕吐物或药物继发吸入性肺炎。组织学变化为肝脏、心脏细胞颗粒变性，肾小管上皮细胞核消失，胞膜破裂，胞浆流入管腔。肾小球毛细血管淤血。

【诊断】根据动物采食杜鹃花属植物或闹羊花的病史，以及呈现呕吐、心率减慢、步态不稳、四肢麻痹的特征性临床表现，可以做出确诊。

【治疗】本病尚无特效解毒疗法。治疗原则是促进毒物排除、强心补液和对症治疗。如果大量采食，应采取催吐、洗胃、下泻等措施促进毒物尽快排除；反刍动物还可采取瘤胃切开术，取出胃内容物。早期可口服活性炭，间隔 3h 一次，连续 4 次。牛用硫酸阿托品注射液（1mg/mL）10～20mL 和 10% 樟脑磺酸钠注射液 15～20mL，分别皮下注射，2 次/d，效果较好。严重者配合输液和静脉注射氯化钙，可以提高疗效。心律不齐者，可用抗心律不齐药。

【预防】禁止在生长杜鹃花属植物的草地放牧是预防本病的关键。在无法避免动物采食

第八章 中毒性疾病

杜鹃花属植物时，每天可在放牧前灌服活性炭 5～10g，吸附胃肠道毒素，可大大降低发病率。

萱草根中毒（*Hemerocallis* root poisoning）

萱草根中毒是动物采食了有毒萱草属植物的根，引起以双眼失明，瞳孔散大，四肢或全身瘫痪，膀胱麻痹积尿为特征的中毒性疾病，临床上有"瞎眼病"之称。组织学变化以脑、脊髓白质和视神经软化以及空泡变性为特征。本病在我国陕西北部和甘肃南部发生已有 100 多年历史，主要发生于放牧绵羊和山羊，牛也有发病。

【病因】萱草俗称黄花菜、金针，为百合科萱草属多年生草本植物。已发现能引起动物中毒的萱草属植物有：小黄花菜（*Hemerocallis minor* Mill）、北萱草（*H. esculenta* Koidz）、北黄花菜（*H. lilioasphodelus* L. emend Hyland）、野黄花菜（*H. altissima* Stout）和童氏萱草（*H. thunbergii* Baker）。

有毒萱草根中毒病常常发生在人工栽培或野生萱草属植物密集的地区。最早发现在我国甘肃省的甘南、武都地区，陕西省的吴起、志丹、靖边等县，呈地方性连年发生。近年来在宁夏、青海、甘肃、贵州、陕西、山西、河南、浙江、安徽、福建、内蒙古、辽宁等省、区都有因动物采食有毒萱草根而中毒的报道。

每年的 12 月至次年 4 月，初春解冻前后，牧草青黄不接，但草场上的萱草根已经开始萌发，并且适口性好，放牧羊群因饥不择食，用前蹄刨食有毒萱草根，导致本病的发生。每年 2～3 月份发病率最高。另外，春秋季节，在移栽萱草属植物时，因对根苗或摘掉的老根随意抛弃或保管处理不当，被动物采食，也可引起萱草根中毒病。

【发病机理】萱草根的毒性主要集中在根皮部，主要有毒成分是萱草根素（hemerocallin），其分子式为 $C_{26}H_{22}O_6$，纯品为橘黄色粉末，可溶于氯仿，不溶于水和乙醇，加热至 240℃变棕色，266～269℃熔融（分解）。新鲜或干燥的萱草根及其所含的萱草根素对各种动物的毒性基本相同。不同地区、不同生长期或不同品种的有毒萱草根对动物的毒性因其萱草根素的含量不同以及动物体质而有差异。

萱草根素的毒性机理仍不十分清楚。萱草根素对全身各器官均有毒害作用，但以神经系统、泌尿系统、实质器官和消化系统的损害较为明显。视觉传导径尤其是视神经和视网膜对萱草根素的毒害作用尤为敏感。视神经出现双侧性全神经性神经纤维断裂、崩解、脱髓鞘和坏死，神经结构完全破坏，视觉传导完全断绝。同时，由于萱草根素直接作用于血管壁的神经和平滑肌，使神经受损，平滑肌松弛，血管壁的紧张度降低，导致视网膜血液循环障碍，视觉细胞坏死，视觉功能丧失，导致双侧失明。同时，萱草根素可引起脑水肿和脑积液增多，造成颅内压升高，然后通过脑脊液传送到视神经蛛网膜下腔，使视神经蛛网膜下腔扩张和中央静脉受压，进一步导致视网膜血管淤血和视乳头水肿。由于视神经本身的结构特点，损伤不易再生修复，造成不可逆性失明。脑脊髓运动神经和植物性神经的损害，会导致全身瘫痪和膀胱麻痹等症状。

【症状】采食萱草根的数量不同，症状出现的时间和严重程度有很大差异。自然发病动物主要见于放牧的绵羊和山羊，牛偶尔发生，无年龄、性别和品种差异。用新鲜或干燥有毒萱草根粉末饲喂小鼠、天竺鼠、家兔、犬、猪、鸡、猴、马和牛等动物，均可引起与羊相同的中毒症状。

严重中毒病羊：由于采食萱草根的数量多，发病十分迅速。表现全身微微颤抖，呻吟，低头呆立或头抵墙壁，排尿频数，胃肠蠕动增强。常在1~2d内瞳孔散大、双目失明，眼球水平震颤，有的伴随缓慢上升和迅速下降动作。初失明时呈现不安，易惊恐，盲目乱走乱撞，或行动谨慎，四肢高举，有些病羊则低头不停转圈，很快出现行走无力，四肢麻痹，卧地不起。患畜在挣扎起立过程中，常表现为犬坐姿势，爬卧或伏卧仰头，或侧身躺卧，头颈伸直，前肢作游泳样划动，最后发展为全身瘫痪。多在2~4d内终因饥饿、昏迷而死亡。大量采食而发生急性中毒者，可在12h内表现典型的瞳孔散大、双目失明、四肢或全身瘫痪等症状，很快死亡。

轻度中毒病羊：由于采食萱草根的数量较少，一般2~4d发病。最初饮食减少，精神沉郁，目光滞呆，对光反射迟钝，离群不愿活动，磨牙。很快发展为停食，不反刍，步态不稳，四肢不灵活。若能断绝毒源，清理胃肠，精心照料，可能耐过，甚至仍可用来肥育和配种繁殖，其后代无异常表现，但双目失明和瞳孔散大症状不能恢复，由于不能随群放牧和自由饮食，日渐瘦弱而被迫淘汰。

眼底的特征性变化：病初可见视网膜静脉血管充血、扩张，视乳头和静脉血管周围呈渐进性水肿、出血和变性，部分视网膜脱落；随着病情发展，由于眼底静脉血液回流障碍，毛细血管怒张，末梢出血，呈现大小不等的红色斑点，进而视网膜由正常的绿色逐渐变为黄红色，严重者血管破裂，眼底出现鲜红色斑块，甚者全部视网膜呈血红色。眼内压上升，可达4.93kPa（正常值约为2.67kPa）。

血液学检查：白细胞总数轻度增多，血糖含量升高，血清胆红素含量升高，血清AST、ALT、LDH活性及其同功酶活性均明显升高。脑脊液中葡萄糖含量及AST、ALT、LDH、胆碱酯酶和CPK活性均明显升高。尿液混浊，呈深黄色或茶褐色，尿糖含量显著增多，尿沉渣中含有肾上皮细胞、膀胱上皮细胞、血细胞、少量尿管型和磷酸铵镁结晶。

【病理变化】

剖检变化：胸腔、心包和腹腔液体增多。心脏扩大，质软，冠沟、纵沟和右心室内膜、心肌出血。肝脏淤血肿胀，表面有少数出血点和质地较软的黄褐色斑块，切面结构不清。胆囊明显增大，充满胆汁。肾脏轻微肿大，质软，色泽淡或呈黄褐色。膀胱积尿，严重者膀胱壁充血或散在出血点。真胃和小肠黏膜充血。软脑膜血管扩张充血，脑、延脑和脊髓血管扩张，常有出血点，脑室积液。视神经轻度肿胀，呈灰红色，有的局部质软，稍变细或完全萎缩，呈断裂状，仅以少量结缔组织连接断端，有的整段视神经变软，粗细不均，切面色暗，可挤出灰白色糊状物。视乳头明显水肿，视网膜血管扩张。

组织学变化：大脑、小脑、延脑和脊髓充血、出血和水肿，脑、脊髓白质和视神经纤维异常疏松；视神经纤维部分或全部断裂、崩解或坏死，纤维束中出现大量不规则的空洞，形成网孔状；视神经纤维坏死崩解后，游离的脂肪滴被巨噬细胞吞噬形成大小不等的泡沫细胞，并有淋巴细胞和浆细胞浸润；视神经局部变细部位为纵形排列的成纤维细胞和胶原纤维。大脑皮层有胶质细胞浸润，形成"卫星化"及"噬神经"现象，神经元多数核溶解或浓缩；视网膜深层组织有出血块和水肿。部分肝细胞肿大，颗粒变性和坏死，细胞浆内出现空泡和嗜伊红颗粒；肾上皮细胞肿胀，颗粒变性，肾小管内积有蛋白管型，肾小球周围淋巴细胞浸润；膀胱黏膜和肌肉层水肿，伴有出血灶和炎性细胞浸润。

【诊断】根据采食有毒萱草根的病史，有明显的季节性和在有萱草属植物生长的地区性发病的流行病学特点，结合临床症状（瞳孔散大，双目失明，后肢或四肢麻痹，病重者全身瘫痪），即可做出诊断。确诊需进行病畜眼底检查（视网膜静脉血管充血、扩张，视乳头和视网膜静脉血管充血、出血、水肿和变性）和萱草根中萱草根素的毒物分析。

【治疗】目前无特效解毒疗法。对中毒较轻的病畜，应及时清理胃肠道毒物，对症处理，精心护理，可以恢复。病畜出现双目失明时往往不能恢复，建议淘汰。

【预防】本病重在预防。每年枯草季节，在发病区应做好宣传工作，禁止在密生萱草属植物的地区放牧，可大大降低本病的发生。在有毒萱草零星生长的地区，可以组织人工挖除，密集生长地区可喷洒除草剂如2%茅草枯溶液灭除萱草。或每天在出牧前补饲一部分干草，可以减少羊只刨食萱草根而发病。萱草为我国特有的观赏植物，其花蕾可制成金针菜，为我国传统食品；其根可供药用，治疗多种疾病。应抓紧进行选种选育工作，栽培无毒或低毒品种，并将萱草生长密集地区划为禁牧区，专供金针菜的生产。

白苏中毒 (Perilla frutescens poisoning)

白苏中毒是动物采食大量白苏茎叶所引起的以急性肺水肿和肺气肿为特征的中毒性疾病。本病主要发生于水牛和黄牛，死亡率高，其他动物少见。

【病因】白苏 (Perilla frutescens L. Brit) 是唇形科紫苏属一年生芳香草本植物，又名玉苏子。白苏与紫苏同属不同种，分布于我国河北、江苏、安徽、浙江、福建、湖北、四川、云南、贵州等地。野生主要生长在田埂、路边、山坡、池沼与水库周围，以及村前、屋后、树林、竹园等潮湿背阴的地方。由于白苏是一种有名的油料作物，又是药用和香料植物，全国各地也有栽培。

白苏中毒主要发生于水牛。在潮湿的地区，夏季白苏丛生，芳香、鲜嫩，动物可大量采食而引起中毒。白苏的茎叶中含有一种挥发油，其中主要化学成分为紫苏酮（perillaketone）、β-去氢香薷酮（β-dehydroelshlotzia ketone, noginata ketone）及三甲氧基苯丙烯（elemicin）等物质。这些物质毒性很强，在一定的条件下，能引起动物急性中毒。

水牛白苏中毒多发生于夏季，主要是由于天气炎热，湿度大，夏收夏种时劳役强度大，食欲旺盛。在这种情况下，无论是舍饲或放牧，特别是在潮湿闷热的环境中，采食大量白苏后，中枢神经系统极易受到其中挥发油强烈刺激和影响，即引起中毒的急剧发生发展的严重病理过程。

【发病机理】关于本病的机制问题，仍不十分清楚。白苏中的挥发油，其中含有的紫苏酮和β-去氢香薷酮等物质，能扩张毛细血管，刺激汗腺发汗，减少支气管黏膜分泌。被消化道吸收后，首先侵害中枢神经系统，引起外周毛细血管扩张，脑及脑膜充血，延脑呼吸中枢和血管运动中枢陷于麻痹。肺脏毛细血管高度扩张和充血，导致急性肺水肿和间质性肺气肿的急剧病理演变过程，引起呼吸机能严重障碍，微循环衰竭，口色乌紫，皮肤发绀，皮温下降，四肢冰凉，流涎、呕吐等症状，终因窒息和心力衰竭而迅速死亡。

【症状】水牛白苏中毒，一般呈急性经过。初期，全身症状不明显，仍然采食、反刍，仅表现闷呛，吸气用力，鼻翼开张，向上掀起，形成皱鼻现象。口角附着少量泡沫，流涎。随着病情的进一步发展，严重者1~2h内即出现明显的急性肺水肿。呼吸急促而用力，头颈伸展，腹式呼吸。胸部听诊，初期肺泡音粗厉，干性啰音，继而呈现湿性啰音，呼吸极度困难。耳、角根、背、腰部，以及内股部发凉，四肢厥冷。体温正常，皮温不整。脉搏疾速，脉律不齐，心音不清晰，被呼吸音掩盖，但第二心音强盛。颜面部静脉怒张，神情不安，咳嗽无力，不断闷呛。时起时卧，卧地时头颈伸展贴地，力图缓解呼吸困难。口鼻断断续续流沫、吐水，频频排尿，有的病例仍然采食或反刍。

后期，病情急剧恶化。病畜极度苦闷不安，呈现间断性呼吸。由于呼吸中枢的兴奋性衰退陷于麻痹，呼吸极度困难而费力。眼球突出，瞳孔散大，口腔黏膜、皮肤发绀，微循环障碍，张口伸舌，吐沫、吐水，全身肌肉震颤，呈现窒息和循环虚脱状态。头向前冲，突然倒地，用力挣扎，鼻孔流出大量泡沫，终因心力麻痹和窒息而死亡。

【病理变化】剖检可见皮肤毛细血管扩张、淤血，皮下组织溢血，呈溶血现象。

肺脏：极度膨胀，被膜光泽，附着少量纤维蛋白。肺叶与心切迹形成粘连。肺间质膨胀、透明，肺叶边缘，特别是尖叶与心叶，包括副叶，形成带状和半球状透明气囊。肺小叶被膨胀扩张的间质分隔开，肺泡组织水肿。咽喉部淤血，紫红色；气管下端与支气管内充满白色泡沫和透明浆液。

心脏：左心房淤血，呈青紫色。冠状部脂肪液化、混浊、血色浸润。左心室内膜斑点状出血，右心室扩张，心肌变性、质地柔软。前腔静脉呈壶状扩张。血液凝固不全。

肝脏：肿大、淤血，青紫色。胆囊浆膜附着多量纤维蛋白，胆囊黏膜散在出血点，胆汁呈金黄色，缺乏胆色素。

胃肠道及其他各实质器官：都具有不同程度的水肿和出血变化。脑及脑脊髓膜毛细血管扩张、淤血、出血，脑实质水肿。

【诊断】本病根据采食大量白苏的病史，结合急性肺水肿和肺气肿的临床特征，可做出诊断。应注意与热射病和有机磷中毒区别。

热射病也发生于炎热的夏季，病畜呈现高度的热应激状态，特征是脑及脑膜充血，中枢神经系统调节机能紊乱，发生肺充血和肺水肿，心力衰竭，呈现窒息和昏迷状态，故与本病有所区别。

有机磷中毒是中枢神经系统和副交感神经兴奋性增高，瞳孔缩小，腺体分泌增多，出汗、流涎、腹痛，排粪排尿失禁，呼吸困难，骨骼肌痉挛，以及昏迷。结合病史分析，则与本病有明显区别。

【治疗】水牛白苏中毒病程经过急剧，从出现前驱症状（闷呛）起，至死亡较快，往往无法急救。因此，应早发现、早确诊、早治疗。本病目前尚无特效解毒疗法，主要采取降低颅内压，缓解呼吸困难，促进毒物排除等对症治疗措施。

首先将病畜牵至阴凉通风地方，避免刺激和兴奋。

初期，可用安溴注射液 100~150mL，静脉注射。必要时，先大量泻血，再用复方氯化钠溶液或 5% 葡萄糖生理盐水 2 000~3 000mL，20% 安钠咖溶液 10~20mL，另加维生素 C 1~2g，静脉注射。

降低颅内压升高，呼吸极度困难时，宜用甘露醇，静脉注射。微循环衰竭时，尚可同时应用较大剂量硫酸阿托品，皮下注射。兴奋呼吸中枢，缓解呼吸困难，可以用 25% 尼可刹米溶液 10~20mL，皮下注射。另外，注射维生素 B_1、肌苷、三磷酸腺苷、辅酶 A 等促进脑组织代谢过程。防止继发感染，可应用抗生素或磺胺类药物。

【预防】在白苏生长的地区，应大力宣传白苏对水牛的严重危害性，提高人们的认识。在每年夏季本病流行季节，加强水牛的饲养管理，禁止采集白苏喂牛或在有白苏生长的地区放牧，以杜绝本病的发生。每当潮湿、闷热的天气，发现水牛闷呛、皱鼻，神情异常时，应立即将病牛放置在通风凉爽地方，采取措施进行治疗。

毒芹中毒（*Cicuta virosa* poisoning）

毒芹中毒是动物采食毒芹根茎或幼苗后，引起以肌肉痉挛、麻痹、呼吸困难、心力衰竭等为特征的中毒性疾病。本病主要发生于牛、羊和马，猪有较大耐受性。

【病因】毒芹（*Cicuta virosa* L.）为伞形科毒芹属多年生草本植物，又名走马芹、野芹菜、斑毒芹、毒人参等。

本属植物约有10种，分布于亚洲东北部、欧洲和北美洲。我国只有1个种，分布在东北、华北和西北等地，以东北地区为最多。主要生长在河边、沼泽、低洼的潮湿地和水沟旁。早春时节，毒芹较其他植物发芽早，动物因饥饿采食而中毒。毒芹果实在8~9月成熟，其毒性也大，同时秋季因毒芹根茎生长肥嫩，且大部分露在地面之上，其根甘甜，动物（尤其牛）多喜采食，容易发生中毒。因此，毒芹中毒多发生在春秋两个季节。夏季因毒芹气味发臭，故动物拒绝采食而较少中毒。

【发病机理】毒芹的有毒成分为毒芹素（cicutoxin），是一种生物碱，存在于植物的各个部分，以根茎含量最高。据报道，新鲜根茎毒芹素含量为0.2%，而干燥的根茎可达3.5%。生长的任何阶段根的毒性都较大。生长在潮湿环境中的毒芹，动物采食时容易连根拔出而导致死亡。春季萌发的绿芽毒性最大，夏季成熟的叶子对牛的毒性最小。毒芹的毒性很强，鲜根中毒量，每千克体重，马为0.1g，羊0.125g，猪0.15g。根茎的致死量，牛为200~250g，绵羊为60~80g。毒芹素对各种动物的最小致死量为每千克体重50~110mg。

毒芹素通过胃肠道黏膜吸收后，侵害中枢神经系统（延脑和脊髓）。首先神经兴奋性升高，引起肌肉痉挛和抽搐。同时刺激呼吸中枢、血管中枢及植物性神经，导致呼吸，心脏和内脏器官的功能障碍。继而抑制运动神经，导致骨骼肌麻痹。最后破坏延脑的生命中枢，动物因呼吸中枢麻痹和窒息而死亡。

【症状】牛、羊吃食毒芹后，一般在2~3h内出现症状。中毒病牛、病羊呈现兴奋不安、流涎、食欲废绝、反刍停止、瘤胃臌气、腹泻、腹痛等症状。同时，由头颈部到全身肌肉出现阵发性或强直性痉挛。痉挛发作时，患畜突然倒地，头颈后仰，四肢伸直，牙关紧闭，心动强盛，脉搏加快，呼吸迫促，体温升高，瞳孔散大。病至后期，躺卧不动，反射消失，感觉减退，四肢末端厥冷，体温下降1~2℃，脉搏细弱，多由于呼吸中枢麻痹而死亡。

马毒芹中毒时，轻者口吐泡沫，脉搏增数，瞳孔散大，肩、颈部肌肉痉挛。严重的病例，腹痛，腹泻，口角充满白色泡沫。强直痉挛，各种反射减弱或消失。体温下降，呼吸困难，脉搏加快，牙关紧闭，常常倒地，头后仰，最终因呼吸中枢麻痹而死亡。

猪中毒主要表现为兴奋不安，运动失调，全身抽搐，呼吸迫促，不能起立。并且出现右侧横卧的麻痹状态，若使其左侧横卧时，则尖叫不止，若恢复右侧卧即安静。在1~2d内因呼吸衰竭而死亡。妊娠母猪中毒，所产的仔猪表现全身震颤，后肢站立不稳，多在1周内死亡。

【病理变化】 剖检可见皮下结缔组织出血,血液色暗而稀薄。腹部明显膨胀,胃肠内容物发酵,充满大量气体,胃肠黏膜充血、出血、肿胀。肾脏实质和膀胱黏膜出血,心包膜和心内膜出血,肺脏充血、水肿。脑及脑膜充血、淤血和水肿。

【诊断】 根据采食毒芹的病史,结合急性发作的癫痫样神经症状和瘤胃臌气等特征性症状,即可做出初步诊断。病理剖检见内脏器官广泛充血、出血、水肿等变化,特别是胃肠中发现未消化的毒芹根茎叶等,有助于诊断。采集瘤胃内容物进行毒芹生物碱的定性试验,可为诊断提供依据。

【治疗】 毒芹中毒尚无特效解毒疗法。若早期发现中毒时,对胃肠道中的毒芹碱可用沉淀法、中和法解毒,同时采取促进毒物迅速排除、解痉、镇静等对症治疗,并配合强心、输液等支持疗法。

1. 洗胃 中毒后立即用 0.5%~1.0% 鞣酸溶液或 5%~10% 活性炭溶液洗胃。然后,灌服稀碘溶液(碘 1g,碘化钾 2g,常水 1 500mL)沉淀生物碱,马、牛 200~500mL,猪、羊 100~200mL。同时可内服活性炭、鲜牛奶或豆浆等。随后,再内服油类泻剂。对中毒严重的反刍动物,可通过瘤胃切开术,取出含有毒芹的胃内容物。

2. 解痉、镇静 首选苯巴比妥钠,剂量为每千克体重 25mg,静脉或肌肉注射。或用水合氯醛,口服,马、牛 10~15g,猪、羊 2~4g。也可用盐酸氯丙嗪,剂量为每千克体重 1~2mg,肌肉注射。

3. 辅助治疗 以强心、补液为主,可配合应用维生素 B_1、维生素 C、乌洛托品等。

【预防】 对放牧草地应进行详细的调查,掌握毒芹的分布和生长情况。应尽量避免在有毒芹生长的草地放牧。早春、晚秋季节放牧时,应于出牧前喂饲少量饲料,以免家畜由于饥不择食,而误食毒芹引起中毒。

夹竹桃中毒 (oleander poisoning)

夹竹桃中毒是动物采食夹竹桃的叶、茎皮所引起的以心律不齐和出血性胃肠炎为特征的中毒性疾病。夹竹桃中毒国外早有报道,我国于 1958 年在广东省首次报道,以后福建、贵州、广西、浙江、四川、上海、河南等省、市也相继报道。各种动物均可发病,已报道的有牛、马、羊、家禽、犬、猫、猴、鼠等。

【病因】 夹竹桃是夹竹桃科 (Apocynaceae) 夹竹桃属 (*Nerium* L.) 的植物,包括同科的另一属植物黄花夹竹桃 (*Thevetia* L.),是一种四季常青,花色鲜艳,抗虫害,受人喜爱的庭院观赏植物,多产于热带及亚热带地区,我国各地都有种植。常见的夹竹桃有红花、黄花和白花三种,一般栽植于公园、庭院中;南方常在城市道路和公路两旁作为风景植物,有的用作庭院篱墙和畜舍围栏。其树皮、叶、根、花及种子均有毒,新鲜树皮的毒性比叶强,干燥后毒性减弱,花的毒性相对较弱。动物通常因饥饿采食或误食夹竹桃枝叶,或啃咬茎皮而引起中毒。国内引起中毒的主要为红花夹竹桃,马和牛的中毒量为每千克体重 50mg,羊和猪为每千克体重 150mg,也就是说,牛和马误食夹竹桃叶 10~20 片(15~25g),羊和猪 2~4 片(3~5g),鹅 1~2 片(1.5~2.5g),即可引起中毒。

【发病机理】 夹竹桃的有毒成分为强心苷,现已从夹竹桃的叶、茎皮、根及种子中分离出 20 余种强心苷,主要有夹竹桃苷、夹竹桃强心苷、夹竹桃糖苷、欧夹竹桃苷、黄花夹竹桃苷、洋地黄毒苷原等。研究发现，种子和根含总强心苷最高，而叶子中夹竹桃苷含量最高。红花夹竹桃强心苷含量比白花夹竹桃高。黄花夹竹桃以果仁含强心苷最丰富，含量可达8%，皮、叶等含量较低。

夹竹桃苷的毒理作用与洋地黄苷类似。在胃肠道内，对黏膜有强烈的刺激作用，并损伤肠壁微血管，导致出血性胃肠炎。吸收后夹竹桃苷能直接作用于心肌，高度抑制心肌细胞膜上 Na^+-K^+-ATP 酶系统的活性，使钠钾泵功能发生障碍，造成 Na^+、K^+ 在主动运转过程的能量供应停止，阻止了 Na^+ 的细胞外流和 K^+ 的细胞内流，因而导致心肌细胞内 K^+ 浓度降低，而 Na^+ 浓度升高，同时大量的 Ca^+ 进入胞内造成胞内钙超载，使心肌挛缩、断裂，收缩性减弱。缺钾可使心肌的自律性增高，引起心律失常，如过早收缩，异位搏动，异位心律，阵发性心动过速，甚至发生心室纤维性颤动等。同时，大量的强心苷还能直接抑制心脏传导系统，兴奋支配心脏的迷走神经，心冲动传导发生部分或完全阻滞，出现心动过缓、脱逸性心律，甚至心动停顿。

【症状】特征性表现为心脏节律不齐，出血性胃肠炎和呼吸困难。病畜食欲减退或废绝，流涎，呕吐，出汗。牛反刍、嗳气停止，瘤胃蠕动减弱或停止，腹痛不安，后肢踢腹，拱背、起卧不安。开始时粪便稀软，糊状乃至水样，恶臭，混有黏液和血液，有的黏液中混有气泡和脱落的肠黏膜，后期只排出胶冻样黏液及凝血块，腥臭难闻。体温常在 38℃ 以下，皮温降低，耳、鼻及四肢末端厥冷，体质消瘦，迅速陷于脱水状态。呼吸困难，表现浅呼吸或呼吸加深，鼻翼扇动，听诊肺区上部肺泡音增强。有的瞳孔散大，全身震颤，意识降低，血压下降，尿量减少，色黄而深。有的病畜昏睡，运动失调。有的出现血尿，奶牛泌乳量减少或停止。

出现消化道症状之前或同时，心脏活动明显异常，心动徐缓（40 次/min）或心动过速（超过 100 次/min），经过一天后出现间歇，有时搏动 2～3 次就出现间歇，间歇的时间最长可达 7～15s，随着心搏动减弱，出现心音减弱及混浊，尤以第二心音减弱明显，相应出现速脉或迟脉、二联脉或三联脉。病畜常在 24h 内因心脏严重受损而死亡。

急性中毒，血清钾含量显著升高；临界性低钙血症，低血糖症。慢性中毒，血清 LDH、AST 活性及胆红素、胆固醇和尿素含量升高，血清总蛋白和白蛋白含量降低；贫血和白细胞减少。

心电图描记，除显示传导阻滞、期前收缩、心动过速，甚至纤颤等心律失常外，还出现特征性的所谓洋地黄型 ST-T 改变，即在大多数导联中，S-T 段下垂，并与 T 波的前肢融合，成为一个向下斜行的直线，结果融合波倒置，波形不对称，其前肢较长，斜直向下，后肢较短，突然向上升起。

【病理变化】主要病变是心脏和胃肠道的出血。心脏扩张，心肌柔软、脆弱，如煮肉样，心外膜和心内膜密布斑点状出血，尤以心室更为明显，心室呈玫瑰状出血，严重者心内膜下血肿，有的心包增厚。组织学变化表现心肌纤维呈明显的颗粒变性和不同程度的坏死，肌束间充血与出血。

胃黏膜充血、出血，胃内容物中含有夹竹桃叶或树皮的残片。小肠和大肠黏膜充血、呈现条纹状出血斑，有时肠腔内充满血液凝块，尤以直肠变化最为严重。肝、肾淤血与实质细胞变性，胆囊肿大，胆汁颜色较深；肺气肿、充血，切面呈红褐色淤血，肺部各叶散布紫红色的炎症灶，尤以膈叶部更为密布；肺门淋巴结充血，支气管黏膜呈弥漫性充血、出血。

【诊断】根据有采食夹竹桃的病史，结合心脏节律不齐、出血性胃肠炎和突然死亡的典型症状，心电图检查出现特征性的洋地黄型ST-T改变（近期未使用过洋地黄类药物），可做出初步诊断。剖检胃内容物中找出夹竹桃叶碎片及严重的胃肠道出血性变化，可确立诊断。

【治疗】本病尚无特效解毒疗法。治疗原则是保护心脏功能，清理胃肠，消炎止血和对症治疗。

初期，可内服氧化剂以破坏胃肠道内的毒物，通常用0.1%～0.2%的高锰酸钾溶液2 000～3 000mL灌服（牛、马），然后内服石蜡油以清理胃肠，促进毒物排除。

保护心脏功能，心律不齐可选用氯化钾、普鲁卡因酰胺、利多卡因、依地酸二钾、硫酸阿托品等。特别是依地酸二钾通过增加细胞膜的通透性，降低细胞内Ca^{2+}水平，使K^+重新进入心肌细胞。抗心律不齐药硫酸阿托品（每千克体重0.5mg）和治疗心动过速药心得宁（每千克体重5mg）配合应用疗效显著。由于病畜呈高钾血症，应避免静脉注射钾溶液。Markov等报道，果糖-1，6-二磷酸盐可有效降低犬夹竹桃中毒引起的血清钾浓度升高和心律不齐的发生，改善心脏的功能。钙可加重强心苷的毒性作用，因此夹竹桃中毒时严禁静脉注射钙制剂。

消炎止血及对症治疗可使用抗生素和磺胺类药物，配合使用收敛剂、止血剂及黏浆剂，以保护胃肠黏膜。脱水时及时输液，以纠正脱水状态。

【预防】在夹竹桃栽植地区，做好宣传。避免在夹竹桃生长的地区及周围放牧或割草，尽量不用夹竹桃做篱墙及畜舍围栏，也不要将动物拴在夹竹桃树上以防采食。

银合欢中毒（*Leucaena leucocephala* poisoning）

银合欢中毒是动物大量采食或长期采食银合欢所引起的以脱毛、流涎、口腔溃疡、甲状腺肿大等为特征的中毒性疾病。各种动物均可发病，绵羊比牛、山羊更敏感。

【病因】银合欢（*Leucaena leucocephala*）是豆科含羞草亚科银合欢属一种多年生灌木或乔木。原产于中美洲和墨西哥，共有16个属800多个品种，现已分布到全球亚热带到热带海拔1 000m以下地区。20世纪60年代以来，我国南方各省区开始推广栽培。银合欢生长快、产量高，且含有丰富的蛋白质，被认为是动物的高蛋白植物性饲料。经测定，银合欢叶粗蛋白含量为25%～35%，而且因含单宁，不会引起反刍动物瘤胃臌气。由于银合欢具有蛋白质含量高、抗旱能力强、耐瘠薄土壤、抗病虫害等特点，是牛、羊优质青绿饲料，其他家畜和野生动物也喜欢采食。

银合欢枝叶中含有一种有毒氨基酸——含羞草氨酸（mimosine），又称含羞草素或含羞草碱，分子式为$C_8H_{10}O_4N_2$，相对分子质量198，化学名称为β-［N-（3-羟基-4-吡啶酮）］-L-氨基丙酸，是一种非蛋白质游离氨基酸。动物大量采食或长期采食可引起急性或慢性中毒。因此，由于含羞草素的存在就限制了银合欢的饲用价值。试验表明，日粮中银合欢的比例达50%～100%，可引起肉牛、山羊中毒，25%可引起绵羊死亡。一般认为，银合欢在单胃动物日粮中的比例5%～10%，反刍动物不超过30%均是安全的。

【发病机理】含羞草氨酸可以被瘤胃微生物降解为3-羟基-4氢-吡啶酮（3，4-DHP）、丙酮和氨，一些银合欢叶片和种子中存在的酶也能将含羞草氨酸降解为3，4-DHP。3，4-

DHP 以游离形式或共轭葡萄糖苷酸的形式,在无进一步降解能力的反刍动物随粪尿排出。3,4-DHP 的异构体 2,3-羟基吡啶（2,3-DHP）也存在于瘤胃降解产物中。含羞草素引起动物中毒的机理尚不完全清楚,已知其对动物的毒性作用主要表现在以下几个方面：

1. 酪氨酸颉颃剂 酪氨酸和苯丙氨酸是机体被毛正常生长所需的氨基酸,含羞草氨酸的化学结构与酪氨酸相似,认为可与酪氨酸和苯丙氨酸拮抗。由于竞争性抑制作用,干扰和破坏了酪氨酸和苯丙氨酸的正常代谢过程,从而引起被毛脱落。实验证明,用 0.5% 含羞草氨酸的日粮饲喂大鼠所引起的生长发育抑制症状,可通过添加苯丙氨酸使之部分恢复,而添加酪氨酸则使之完全恢复。

2. 酶抑制剂 含羞草素和 3,4-DHP 能与磷酸吡哆醛及锌、铜、镁等金属离子结合,抑制一系列与蛋白质代谢有关的酶的活性,从而造成体内一系列生化反应和物质代谢过程紊乱。含羞草素与磷酸吡哆醛结合,使酪氨酸脱羧酶、胱硫醚酶和胱硫醚合成酶等受到抑制,就会引起蛋氨酸转化为半胱氨酸的代谢过程发生障碍,而半胱氨酸也是被毛蛋白的主要氨基酸之一,因此含羞草素中毒就会引起特征性被毛脱落症状。另外,含羞草素对被毛生长也产生直接影响。实验证明,银合欢的提取物能破坏小鼠毛囊细胞的基质。动物停止采食银合欢之后,被毛仍可恢复生长。

3. 抗有丝分裂 含羞草素具有抗有丝分裂作用,含羞草素和 3,4-DHP 均能通过胎盘进入胎儿体内,影响胚胎和胎儿的细胞分裂和生长发育,表现为配种受胎率降低、早期胚胎死亡率高、产仔数减少、诱发胎儿甲状腺肿大,由于胎儿先天性受到毒害,围产期死亡率高,降低了母畜繁殖力。

4. 致甲状腺肿大 含羞草素在瘤胃的降解产物 3,4-DHP 是一种致甲状腺肿物质,属于甲基硫脲嘧啶型化合物,主要通过干扰甲状腺中有机碘的代谢,阻碍酪氨酸的碘化过程,导致血液中甲状腺激素水平降低,长期则引起甲状腺肿大,甲状腺滤泡萎缩,甲状腺功能低下,血清中 T_3、T_4 水平显著降低,动物生长发育停滞,表现为消瘦和增重降低。牛、羊怀孕期采食银合欢,所产的新生幼畜甲状腺亦肿大。有报道,注射甲状腺素（T_4）或补充碘可减轻银合欢中毒症状。

5. 繁殖毒性 银合欢对动物的繁殖毒性主要表现为胎儿发育不良、繁殖性能降低等。给怀孕 30～90d 的绵羊饲喂银合欢后,所产的羔羊初生重降低,增重缓慢,羔羊的甲状腺和胸腺组织受到损害。用银合欢饲喂怀孕牛,所产犊牛也有相同情况发生,而且多数犊牛在出生后 3d 内死亡。银合欢也可引起母牛受胎率下降,早期胚胎死亡率升高,胎儿和新生仔畜围产期死亡增多。单胃动物对银合欢更为敏感,据试验,用含 15% 以上银合欢干粉的日粮饲喂母猪,母猪产仔数减少,仔猪初生重降低。

【症状】动物一次大量采食银合欢可引起急性中毒,若长期少量采食也可引起慢性中毒。

急性中毒以绵羊多见,于采食后 1～2 周内即可发生中毒。表现为脱毛,一般先从颈部开始,而后尾部或全身大面积脱毛；食欲降低,精神呆立,反应迟钝,呼吸不畅,口腔分泌物增多、流涎,口腔和颊上皮糜烂,吞咽困难。严重者,因衰竭或继发感染而死亡。

动物慢性中毒,一般在 1 个月以后才出现中毒症状。主要表现为消瘦,体重下降,甲状腺肿大,生长发育停滞,因蹄冠肿胀、溃烂而出现跛行。有的表现白内障,齿龈萎缩。母畜受胎率下降,流产,早期胚胎死亡,产仔数减少。仔畜初生重降低,成活率低,生长发育不良,免疫功能明显下降等。

实验室检查，血清 AST、ALT、AKP 以及 LDH 的活性均明显下降，血清 T_3、T_4 水平显著降低；血清尿素氮含量升高。

【诊断】根据过量或长期采食银合欢的病史，结合脱毛、流涎、口腔溃烂、甲状腺肿大等特征症状，即可诊断。

【治疗】本病尚无特效解毒疗法。一旦发现中毒，应立即停喂银合欢，更换优质青饲料，然后采取一般解毒治疗。

中毒早期，灌服牛奶、蛋清等，以保护口腔和胃肠道黏膜。牛灌服 0.1% 高锰酸钾溶液 1 000~3 000mL，以氧化破坏毒物。

解毒可静脉注射 10% 硫代硫酸钠溶液 500~1 000mL、维生素 C 1~2g 等，同时配合强心、补液等，增强肝脏解毒能力。牛口服碘化钾 5~10g，连用 3d。此外，补充维生素和微量元素。

【预防】预防银合欢中毒的主要措施是控制饲喂量、去毒处理和培育低毒或无毒的银合欢品种。

1. 控制饲喂量 日粮中银合欢饲喂量，牛、羊不超过 30%，猪不超过 15%，禽不超过 5%~10%，一般不会引起中毒。

2. 去毒处理 含羞草素微溶于水，可溶于甲醇、乙醇及稀酸、碱溶液中，性质不稳定，在温和条件下便可发生降解。常用的去毒和降解途径包括以下几种：

（1）加热法：含羞草素在酸、碱条件下加热均容易发生降解。Will 等（1981）系统研究表明，含羞草素在 pH 为 10 或 11.5，120℃持续加热 2h，绝大部分毒素被破坏。银合欢叶于 700℃干热 48h，含羞草素降低 54.83%。晒干的银合欢叶片高温高压（$1.47×10^5$Pa，121℃）处理 1.5h，含羞草素降至 0.98%（干物质），降解率达 67%。

（2）水浸泡：清水浸泡 24h，中间换水 2~3 次。

（3）金属螯合法：含羞草素容易与金属离子螯合（如 Fe^{2+}、Al^{2+}、Cu^{2+} 等），可降低动物肠道对含羞草素的吸收，或使含羞草素失活，故可在银合欢干粉中添加 0.02%~0.03% 的硫酸亚铁溶液，去毒效果较好。

（4）微生物降解：在夏威夷、委内瑞拉、印度尼西亚和我国广西涠洲岛等地，反刍动物采食银合欢后并不出现中毒症状。经研究发现，这些反刍动物瘤胃中的细菌能降解含羞草素，也能降解 DHP 类物质，并分离鉴定出 DHP 降解菌种。试验表明，只要给 10%~20% 的反刍动物接种瘤胃降解菌培养液，通过环境感染，能很快在畜群中扩散。我国已成功研制出保存时间长、使用方便和脱毒活性高的"涠洲瘤胃液制剂"，黄牛、山羊、绵羊接种后，采食各种比例的银合欢日粮而不发生中毒。

3. 培育低毒或无毒的银合欢品种 国外通过作物育种途径，来培育低毒或无毒的银合欢品种方面已取得一些成效。

（赵宝玉）

第三节 霉菌毒素中毒

霉菌毒素（mycotoxin）是指产毒霉菌在基质上生长繁殖过程中，霉菌或基质产生的有毒代谢产物或次生代谢产物，也包括某些霉菌使基质成分发霉变质而形成的有毒化学物质。

由霉菌毒素引起的中毒性疾病，称为霉菌毒素中毒（mycotoxicosis）。

黄曲霉毒素中毒（aflatoxicosis）

黄曲霉毒素中毒是由于动物采食了被黄曲霉毒素污染的饲草饲料，所引起的以全身出血，消化功能紊乱，腹腔积液，神经症状等为临床特征的中毒性疾病。其主要病理特征是肝细胞变性、坏死、出血，胆管和肝细胞增生。

本病于20世纪50年代在英国发生，当时称为火鸡"X病"，后相继在美国、巴西和南非等18个国家发生。我国长江沿岸及其以南地区的饲料污染黄曲霉毒素较为严重，而华北、东北以及西北地区的饲料污染黄曲霉毒素相对较少。

各种动物均可发生本病，但由于品种、性别、年龄及营养状况不同，其敏感性也有差别。一般来说，幼年动物比成年动物易感，雄性动物比雌性动物（怀孕期除外）易感，高蛋白饲料可降低动物对黄曲霉毒素的敏感性。各种动物对等量黄曲霉毒素最敏感的是鳟，其他依次为雏鸭、雏鸡、兔、猫、仔猪、豚鼠、大鼠、猴、犊牛、成年鸡、肥育猪、成年牛、绵羊和马。

【病因】黄曲霉毒素（aflatoxin，AFT）主要是由黄曲霉（*Aspergillus flavus*）和寄生曲霉（*A. parasiticus*）等产生的有毒代谢产物，其他曲霉、青霉、毛霉、镰孢霉、根霉中的某些菌株也能产生少量黄曲霉毒素。黄曲霉毒素并不是单一物质，而是一类结构极相似的化合物，都具有一个双呋喃环和一个氧杂萘邻酮（香豆素）的结构。在紫外线照射下产生荧光，因此根据产生荧光颜色的不同可分为两大类：发出蓝紫色荧光的称B族毒素，发出黄绿色荧光的称G族毒素。目前发现黄曲霉毒素及其衍生物有20余种，其中除$AFTB_1$、$AFTB_2$和$AFTG_1$、$AFTG_2$为天然产生的以外，其余的均为它们的衍生物。凡呋喃环末端有双键者，毒性强，并有致癌性。已证明$AFTB_1$、$AFTB_2$、$AFTG_1$以及$AFTM_1$都可以诱发猴、大鼠、小鼠等动物发生肝癌，在这些毒素中又以$AFTB_1$的毒性及致癌性最强，为氰化钾的10倍、砒霜的68倍，致癌作用为二甲基偶氮苯的900倍，比二甲基亚硝胺诱发肝癌能力大75倍。因此，在检验饲料中黄曲霉毒素含量和进行饲料卫生学评价时，一般以$AFTB_1$作为主要监测指标。

黄曲霉毒素是目前已发现的各种霉菌毒素中最稳定的一种，在通常加热的条件下不易被破坏。如$AFTB_1$可耐200℃高温，强酸不能破坏，加热到它的最大熔点268～269℃才开始分解。黄曲霉毒素遇碱能迅速分解，荧光消失，但遇酸又可复原。很多氧化剂如次氯酸钠、过氧化氢等均可破坏其毒性。这些产毒霉菌广泛存在于自然界中，主要污染玉米、花生、豆类、棉籽、麦类、大米、秸秆及其副产品如酒糟、油粕、酱油渣等，在最适宜的繁殖、产毒条件如基质水分在16%以上，相对湿度在80%以上，温度在24～30℃之间时产生大量黄曲霉毒素。畜禽黄曲霉毒素中毒的原因多是采食上述产毒霉菌污染的花生、玉米、豆类、麦类及其副产品所致。本病一年四季均可发生，但在多雨季节，温度和湿度又比较适宜时，若饲料加工、储藏不当，更易被黄曲霉菌所污染，可使动物黄曲霉毒素中毒的发生几率增加。

【发病机理】黄曲霉毒素随被污染的饲料经胃肠道黏膜吸收后，主要分布在肝脏，肝脏含量可比其他组织器官高5～10倍，血液中含量极微，肌肉中一般不能检出。黄曲霉毒素进入体内后，在肝脏微粒体混合功能氧化酶催化下，进行羟化、脱甲基和环氧化反应，生成单

羟基衍生物 $AFTM_1$、$AFTH_1$、$AFTQ_1$ 和黄曲霉毒素醇等,摄入毒素后,约经 7d,绝大部分随呼吸、尿液、粪便及乳汁排出体外。

黄曲霉毒素及其代谢产物在动物体内残留,部分以 $AFTM_1$ 形式随乳汁排出,对食品卫生检验具有实际意义。动物摄入 $AFTB_1$ 后,在肝、肾、肌肉、血、乳汁以及鸡蛋中可查出 $AFTB_1$ 及其代谢产物,因而可能造成动物性食品的污染。由于人们对牛乳、乳制品与肉食品的消耗量大幅度增加,因而对乳品和肉品中黄曲霉毒素的污染已引起广泛关注。1976 年在美国召开的"霉菌毒素在人类和动物健康方面的影响"讨论会上,进一步强调了动物摄入被黄曲霉菌毒素污染的饲料后所产乳和肉对人类造成的威胁,并肯定了黄曲霉毒素及其代谢产物能通过食物链危害人类。黄曲霉毒素的毒性因动物的种类、年龄和性别的不同而异,其 LD_{50} 见表 8-2。

表 8-2 黄曲霉毒素 B_1 经口染毒对动物的 LD_{50} (一次量,mg/kg*)

动物	LD_{50}	动物	LD_{50}
雏鸭	0.25~0.56	猪	0.62
火鸡	1.86~2.0	犬	0.5~1.0
鸡	6.3	羊	1.0~2.0
兔	0.35~0.5	鱼	0.81
猫	0.55	猴	2.2~7.8

* 此处的 kg 是体重的单位。

关于黄曲霉毒素的毒理问题,近年来研究证实黄曲霉毒素可直接作用于核酸合成酶而抑制 DNA 合成,而且对 DNA 合成所依赖的 RNA 聚合酶有抑制作用,或者因黄曲霉毒素与 DNA 结合,改变了 DNA 的模板结构,因而使蛋白质、脂肪的合成和代谢障碍,线粒体代谢以及溶酶体的结构和功能发生变化。该毒素的靶器官是肝脏,因而属肝脏毒,可引起碱性磷酸酶、转氨酶、异柠檬酸脱氢酶活性升高,肝脂肪增多,肝糖原下降以及肝细胞变性、坏死。此外,黄曲霉毒素还具有致癌、致突变和致畸性。在用微生物进行的致突变试验中,黄曲霉毒素 B_1 呈现阳性致突变反应;M_1、黄曲霉毒醇、G_1 也有致突变性。据致畸试验,给予妊娠鼠黄曲霉毒素 B_1,能使胎鼠死亡及发生畸形。最新研究报道,细菌脂多糖作用于肝实质和胆管上皮细胞并释放肿瘤坏死因子(TNF-α),会增加黄曲霉毒素对肝脏的损害。黄曲霉毒素也可作用于血管,使血管通透性增加,血管变脆并破裂,因而发生出血和出血性瘀斑。

急性中毒时,使肝实质细胞变性坏死,胆管上皮细胞增生。慢性中毒时生长缓慢,生产性能降低,肝功能和组织发生变化,肝脂肪增多,可发生肝硬化和肝癌。此外,可使畜禽、人、实验动物诱发肝癌、胃腺癌、肾癌、直肠癌、乳腺瘤、卵巢瘤和皮下肉瘤等。黄曲霉毒素是已发现毒素中最强的致癌物,如 $AFTB_1$ 诱发肝癌的能力是亚硝胺的 75 倍。

关于黄曲霉毒素对动物免疫机能的影响近年来报道很多。当给禽类饲喂最低剂量(每千克体重 0.25~0.5mg)的黄曲霉毒素后,可导致禽类对巴氏杆菌、沙门菌和念珠菌的抵抗力降低,导致禽霍乱和猪丹毒免疫失败,也可引起鸡免疫新城疫苗后 HI 抗体滴度下降。黄曲霉毒素抑制机体免疫机能的主要原因之一是抑制 DNA 和 RNA 的合成,以及对蛋白质合成的影响,使血清蛋白含量及其比值发生变化,即 α-球蛋白、β-球蛋白与白蛋白含量降低,血清总蛋白含量减少，但 γ-球蛋白含量正常或升高。另外，黄曲霉毒素引起肝脏损害和巨噬细胞的吞噬功能下降，从而抑制补体（C_4）的产生。黄曲霉毒素也能抑制 T 淋巴细胞产生白细胞介素及其他淋巴因子，作用于淋巴组织器官，引起胸腺萎缩和发育不良，淋巴细胞生成减少。

【症状】黄曲霉毒素是一类肝毒物质，畜禽中毒后以肝脏损害为主，同时还伴有血管通透性破坏和中枢神经损伤等，因此临床特征性表现为黄疸、出血、水肿和神经症状。由于畜禽的品种、性别、年龄、营养状况及个体耐受性、毒素剂量等不同，黄曲霉毒素中毒的程度和临床表现也有显著差异。

1. 家禽 雏鸭、雏鸡对黄曲霉毒素的敏感性较高，中毒多呈急性经过，死亡率很高。幼鸡多发生于 2~6 周龄，临床症状为食欲不振，嗜睡，生长发育缓慢，虚弱，翅膀下垂，时时凄叫，贫血，腹泻，粪便中带有血液。雏鸭表现食欲废绝，脱羽，鸣叫，步态不稳，跛行，角弓反张，死亡率可达 80%~90%。成年鸡、鸭的耐受性较强。慢性中毒，初期多不明显，通常表现食欲减退，消瘦，不愿活动，贫血，病程长的可诱发肝癌。

2. 猪 采食霉败饲料后，中毒可分急性、亚急性和慢性三种类型。急性型发生于 2~4 月龄的仔猪，尤其是食欲旺盛、体质健壮的猪发病率较高。多数在临床症状出现前突然死亡。亚急性型体温升高 1~1.5℃或接近正常，精神沉郁，食欲减退或丧失，口渴，粪便干硬呈球状，表面被覆黏液和血液。可视黏膜苍白，后期黄染。后肢无力，步态不稳，间歇性抽搐。严重者卧地不起，常于 2~3d 内死亡。慢性型多发生于育成猪和成年猪，病猪精神沉郁，食欲减少，生长缓慢或停滞，消瘦。可视黏膜黄染，皮肤表面出现紫斑。随着病情的发展，病猪呈现神经症状，如兴奋、不安、痉挛、角弓反张等。

3. 牛 犊牛对黄曲霉毒素较为敏感，死亡率高。成年牛多呈慢性经过，死亡率较低。往往表现厌食，磨牙，前胃弛缓，瘤胃臌气，间歇性腹泻，乳量下降，妊娠母牛早产、流产。

4. 绵羊 绵羊对黄曲霉毒素的耐受性较强，很少有自然发病。

5. 犬 发病初期无食欲，生长缓慢，或逐渐消瘦。可见黄疸、精神不振和出血性肠炎。

6. 马 病初呈现消化不良或胃肠炎，后期病情加重，可发生肝破裂。

7. 鱼类 表现为生长缓慢，贫血，血液凝固性差，对外伤敏感、肝脏和其他器官受损，免疫反应下降，死亡率增加。虹鳟是对黄曲霉毒素最敏感的动物之一，50g 重的虹鳟黄曲霉毒素半数致死量（LD_{50}）为每千克体重 0.5~1mg。淡水鱼类对黄曲霉毒素不太敏感，但给沟鲶大剂量口服和腹腔注射黄曲霉毒素 B_1 都会引起呕吐，鳃、肝和其他器官苍白，血红蛋白浓度较低，肠黏膜脱落，造血组织、肝细胞、胰腺泡细胞和胃腺坏死。

【病理变化】特征性的剖检病变在肝脏。急性型，肝脏黄染、肿大、质地变脆，广泛性出血和坏死。全身黏膜、浆膜、皮下及肌肉出血，皮下脂肪有不同程度的黄染。胃肠黏膜充血、出血。慢性型，肝细胞增生，纤维化，硬变，体积缩小，呈土黄色或苍白。病程久者，多发现肝细胞癌或胆管癌。

病理组织学变化，急性病例呈急性中毒性肝炎，如肝实质细胞变性、坏死、出血和空泡化。慢性病例可见肝细胞和间质组织增生。

1. 家禽 急性型，肝脏肿大，广泛性出血和坏死。慢性型，肝细胞增生、纤维化、硬变，体积缩小。病程一年以上者，多发现肝细胞癌或胆管癌，甚至两者都有发生。

2. 猪 急性病例,除表现全身性皮下脂肪不同程度的黄染外,主要病变为贫血和出血。全身黏膜、浆膜、皮下和肌肉出血,肾、胃弥漫性出血,肠黏膜出血、水肿;胃肠道中出现凝血块,肝脏黄染、肿大、质地变脆;脾脏出血性梗死。心内、外膜明显出血。慢性型主要是肝硬变、脂肪变性、肝脏呈土黄色,质地变硬;肾脏苍白、变性,体积缩小。

3. 牛 特征性病变是肝脏纤维化及肝细胞瘤;胆管上皮增生,胆囊扩张,胆汁变稠;肾表面呈黄色、水肿,肾脏色淡或呈黄色。

4. 犬 急性病例,肝脏肿大,呈淡黄色乃至橘红色,浆膜有出血。脾脏表面毛细血管扩张或出血性梗死。心内、外膜明显出血。胸、腹腔内积存混有红细胞液体。淋巴结充血、水肿。可见出血性肠炎变化。慢性病例,肝脏质地变硬,胆囊缩小或空虚,仅有少量浓稠的黄色脓性胆汁。胸、腹腔积液,大肠黏膜及浆膜有出血斑,肾脏苍白、萎缩,肾小管扩张。

【诊断】根据病史调查、临床表现(黄疸、出血、水肿、消化障碍及神经症状)、病理变化(肝细胞变性、坏死、增生、肝癌)以及结合对饲料样品进行检查等,可做出初步诊断。确诊必须对可疑饲料进行产毒霉菌的分离培养,饲料中黄曲霉毒素含量测定。必要时还可进行雏鸭毒性试验。

关于黄曲霉毒素的检验方法有生物学方法、化学方法和免疫学方法。生物学方法多用于定性分析,最常用的方法是荧光反应法。化学方法是实验室常用的分析法,主要用于定量分析,有薄层层析法和液相色谱法。由于化学检测法操作繁琐、费时,在对一般样品进行毒素检测前,可先用直观过筛法(主要用于玉米样品),取可疑玉米放于盘内,摊成一薄层,直接在 365nm 波长的紫外灯光下观察荧光。如果样品中存在黄曲霉毒素 B_1,则可看到蓝紫色荧光,若为阳性再用化学检测法。

免疫学方法是利用具有高度专一性的单克隆抗体或多克隆抗体设计的黄曲霉毒素的免疫分析方法,也是最常用的黄曲霉毒素检测方法,包括放射免疫分析方法(RIA)、酶联免疫法(ELISA)、免疫层析法(ICA)和胶体金免疫层析试验(GICA)。胶体金免疫层析试验可在 5~10min 完成对样品中黄曲霉毒素的定性测定。借助黄曲霉毒素标准样品,这种方法能估算黄曲霉毒素的含量,非常适用于现场测试和进行大量样品的初选。

【治疗】本病尚无特效疗法。发现畜禽中毒时,应立即停喂霉败饲料,改喂富含碳水化合物的青绿饲料和高蛋白饲料,减少或不喂含脂肪过多的饲料。

一般轻型病例,不给任何药物治疗,可逐渐康复。重度病例,应及时投服泻剂如硫酸钠、人工盐等,加速胃肠道毒物的排出。同时,采用保肝和止血疗法,可静脉注射 20%~50%葡萄糖溶液、维生素 C、10%葡萄糖酸钙或 10%氯化钙溶液。心脏衰弱时,皮下或肌肉注射强心剂。

【预防】本病的预防主要依靠防霉、去毒和定期检测。

1. 防止饲草、饲料发霉 防霉是预防饲草、饲料被黄曲霉菌及其毒素污染的根本措施。引起饲料霉变的因素主要是温度与相对湿度,因此在饲草收割时应充分晒干,且勿雨淋;饲料应置阴凉干燥处,勿使受潮、淋雨。为了防止发霉,还可使用化学熏蒸法或防霉剂,常用防霉剂有丙酸钠、丙酸钙,每吨饲料中添加 1~2kg,可安全存放 8 周以上。

2. 霉变饲料的去毒处理 霉变饲料不宜饲喂畜禽,若直接抛弃,则将造成经济上的很大浪费。因此,除去饲料中的毒素后仍可饲喂畜禽。常用的去毒方法有以下几种:

(1) 连续水洗法：此法简单易行，成本低，费时少。具体操作是将饲料粉碎后，用清水反复浸泡漂洗多次，至浸泡的水呈无色时可供饲用。

(2) 化学去毒法：最常用的是碱处理法。在碱性条件下，可使黄曲霉毒素结构中的内酯环破坏，形成香豆素钠盐且溶于水，再用水冲洗可将毒素除去。也可用5%~8%石灰水浸泡霉败饲料3~5 h后，再用清水淘净，晒干便可饲喂。每千克饲料拌入12.5g的农用氨水，混匀后倒入缸内，封口3~5d，去毒效果达90%以上，饲喂前应挥去残余的氨气。还可用0.1%漂白粉水溶液浸泡处理等。

(3) 物理吸附法：常用的吸附剂为活性炭、白陶土、黏土、高岭土、沸石等，特别是沸石可牢固地吸附黄曲霉毒素，从而阻止黄曲霉毒素经胃肠道吸收。雏鸡和猪饲料中添加0.5%沸石，不仅能吸附毒素，明显改善黄曲霉毒素所致的血液生化指标的改变，而且还可促进生长发育。目前国内外学者正在研究用日粮中添加适宜的特定矿物质去除黄曲霉毒素的方法，如在鸡的含黄曲霉毒素日粮中添加0.4%的钠皂土，可明显改善黄曲霉毒素对吞噬作用的不利影响，明显改善黄曲霉毒素引起新城疫免疫鸡HI滴度的减少。在鸡的含黄曲霉毒素日粮中添加4mg/kg水合钠钙铝硅酸盐，可使生产性能、体增重得到改善，有效地预防黄曲霉毒素引起的血液生化指标的变化和肝、肾的损伤。

(4) 微生物去毒法：据报道，无根根霉、米根霉、橙色黄杆菌对除去粮食中黄曲霉毒素有较好效果。

3. 定期监测饲料，严格实施饲料中黄曲霉毒素最高允许量标准　许多国家都已经制定了饲料中黄曲霉毒素允许量标准。

欧洲共同体按动物的种类，规定了饲料中$AFTB_1$的标准，精料、牛、羊配合饲料≤0.05 mg/kg，猪、禽配合饲料≤0.02 mg/kg，幼畜、幼禽配合饲料、乳牛补充饲料≤0.01 mg/kg。日本规定饲料中的$AFTB_1$的允许量标准为0.01~0.02mg/kg。我国2001年发布的饲料卫生标准（GB 13078—2001），规定黄曲霉毒素B_1的允许量（mg/kg）为：玉米≤0.05，花生饼（粕）、棉子饼（粕）、菜子饼（粕）、豆粕≤0.03，仔猪配合饲料及浓缩饲料≤0.01，生长肥育猪、种猪配合饲料及浓缩饲料≤0.02，肉用仔鸡前期、雏鸡配合饲料及浓缩饲料≤0.01，肉用仔鸡后期、生长鸡、产蛋鸡配合饲料及浓缩饲料≤0.02，肉用仔鸭前期、雏鸭配合饲料及浓缩饲料≤0.01，肉用仔鸭后期、生长鸭、产蛋鸭配合饲料及浓缩饲料≤0.015，鹌鹑配合饲料及浓缩饲料≤0.02，成年牛和绵羊日粮≤0.01。

杂色曲霉毒素中毒（sterigmatocystin poisoning）

杂色曲霉毒素中毒是由于家畜采食被杂色曲霉毒素（sterigmatocystin，ST）污染的饲草饲料，引起以肝脏和全身黄染为主要特征的中毒性疾病。本病主要发生于马属动物、羊、家禽及实验动物。

20世纪70年代末，美国首先报道了杂色曲霉毒素中毒病，随后在芬兰、日本等国家也相继报道马、骡、驴、牛、羊、鸡、大鼠、小鼠和猴的杂色曲霉毒素中毒。我国宁夏的盐池、灵武两县最先发现本病，仅1984年盐池县有68匹马发病，死亡42匹。当时由于病因不清，根据死后剖检特征，称为马属动物"黄肝病"和羊"黄染病"，后经研究证实为杂色曲霉毒素中毒。

【病因】杂色曲霉毒素又称柄曲霉毒素，是由田初勇一等（1954）首先从杂色曲霉培养物中分离得到，Scott（1965）从非洲的谷物和豆类中分离出杂色曲霉、构巢曲霉，并提取出杂色曲霉毒素。杂色曲霉毒素主要由杂色曲霉、构巢曲霉和离蠕孢霉3种霉菌产生，以杂色曲霉的产毒量最高，构巢曲霉和离蠕孢霉的产毒量分别约为前者的1/2。此外，黄曲霉、寄生曲霉、谢瓦曲霉、皱稻曲霉、赤曲霉、焦曲霉、黄褐曲霉、四脊曲霉、变色曲霉、爪曲霉等也能产生。这些产毒霉菌普遍存在于土壤、农作物、食品和水果中，如小麦、大米、玉米、花生、面粉、火腿、干酪、黄油和动物的饲草、饲料中，动物食入含杂色曲霉毒素的饲草或饲料即可引起中毒。

杂色曲霉毒素是一类化学结构相似的化合物，其基本结构为一个双呋喃环和一个氧杂蒽酮。目前已确定的有10种以上，与黄曲霉毒素的化学结构相似。杂色曲霉毒素是这类毒素中最主要的毒素，其分子式为$C_{18}H_{12}O_6$，相对分子质量324，熔点为246℃。难溶于水，易溶于氯仿、乙腈、苯、吡啶和二甲基亚砜等有机溶剂。在紫外线下呈现砖红色荧光。^{14}C示踪技术证实杂色曲霉毒素可转变成黄曲霉毒素B_1。

本病的主要发生原因是给家畜饲喂被杂色曲霉毒素污染的饲草。在宁夏的盐池、灵武两个县，陕西的定边县及内蒙古的鄂托克旗等地，马属动物和羊多发生本病。每年12月至次年6月为发病期，4~5月为高峰期，6~7月开始放牧后，发病逐渐停止或病情缓和，夏秋季节不发病，康复的家畜到翌年还可再次发病。调查发现，发病期间的饲草以糜草为主，这些糜草收割后多未经充分晒干，或受雨淋，或长期在室外存放受潮而发霉变质，尤其草垛中下部为甚。从发病地区霉草分离出的霉菌中，以杂色曲霉和构巢曲霉的检出率为最高。

【发病机理】杂色曲霉毒素具有肝毒性，中毒机理尚不十分清楚。研究认为，杂色曲霉毒素可引起细胞核仁分裂，抑制DNA的合成。据报道，动物急性中毒病变以肝、肾坏死为主，肝小叶坏死部位因染毒途径不同而异，口服染毒后主要表现肝小叶中央部位坏死，腹腔染毒后出现肝小叶周围坏死。小鼠对杂色曲霉毒素的抵抗力较大，口服LD_{50}大于800mg；大鼠经口服LD_{50}雄性为每千克体重166mg，雌性为每千克体重120mg，腹腔注射为每千克体重60mg；5日龄鸡胚LD_{50}为6~7μg/只。慢性中毒可引起原发性肝癌、肝硬化、肠系膜肉瘤、横纹肌肉瘤、血管肉瘤和胃鳞状上皮增生等，如每天给大鼠皮下注射杂色曲霉毒素0.15~2.25mg，42周后，有39/50只发生肝癌，31/50只发生肝硬化，8/50发生肠系膜肉瘤、肝肉瘤和脾血管肉瘤。

【症状】马属动物多在采食霉败饲草后10~20d出现中毒症状。初期表现精神沉郁，饮食欲减退，以后废绝，进行性消瘦。结膜初期潮红，后期黄染。30d后症状更加严重，并出现神经症状如头顶墙壁，无目的徘徊，视力减退甚至失明。尿少色黄，粪球干小，表面有黏液。体温一般无明显变化。病程1~3个月，最高可达4个月，幼畜死亡率高于成年家畜。

羊在采食霉败饲料第7天发病，多为亚急性经过，经20d左右死亡。病羊体温不高，初期食欲不振，精神沉郁，消瘦。随着病情的发展出现结膜潮红，巩膜黄染，虚弱，腹泻，尿黄或红。2月龄以下的羔羊发病多，死亡率高，1岁半以上羊也发病，但死亡少。主要发病季节为3~4月份，5月份羔羊随群放牧后，不再发病。病程1~2个月。

鸡呈急性经过，产蛋率迅速下降，精神萎靡，羽毛蓬松，喜饮水，腹泻，粪便中常带有血性黏液，最后昏迷死亡，病死率达50%以上。

乳牛呈慢性经过，产奶量下降，腹泻，严重者血痢，衰竭死亡。

实验室检查，白细胞数减少，中性粒细胞数升高，淋巴细胞数下降。血清 SDH、AKP、ALT、AST、LDH 活性升高，BUN 含量升高，血清总蛋白、白蛋白、球蛋白含量下降，血清总胆红质含量升高，尿胆红素阳性。

【病理变化】马属动物以肝脏病变为主要特征，表现为肝脏肿大，呈黄绿色，表面不平，呈花斑样色彩。皮下、腹膜、脂肪黄染。肺、脾、膀胱、肠道和肾脏广泛性出血。病理组织学变化可见肝细胞严重空泡化和脂肪变性，肝细胞间纤维组织增生形成假小叶结构。肾小管上皮细胞空泡变性或坏死脱落。大脑部分神经细胞空泡化，呈网织状。

羊特征性的剖检变化是皮肤和内脏器官高度黄染。皮下组织、脂肪、浆膜、黏膜黄染。肝脏肿大，质脆，胆囊充满胆汁。胃肠道黏膜充血、出血，肾脏肿大、质软、色暗，全身淋巴结水肿。

【诊断】根据采食霉败饲草的病史、症状和特征性的病理剖检变化可以做出初步诊断。要确诊必须进行样品中产毒霉菌的分离培养和杂色曲霉毒素含量测定，一般饲草、饲料中杂色曲霉毒素含量达 0.2mg/kg 以上时即可引起中毒。

【治疗】本病无特效疗法，只能根据病情对症治疗。发现家畜中毒时首先应停止喂食霉败饲草，给予易消化的青绿饲料和优质干草。使役家畜应充分休息，保持环境安静，避免外界刺激。

药物治疗主要在于增强肝脏解毒机能，恢复中枢神经机能，防止继发感染。增强肝脏解毒能力，可选用高渗葡萄糖溶液和维生素 B_1 静脉注射，也可口服肝泰乐、肌苷片等。病畜兴奋不安时，可用 10% 安溴注射液，马 50~150mL，羊 5~10mL 静脉注射，或内服水合氯醛。防止继发感染可用抗生素和磺胺类药物。

【预防】防止饲草饲料发霉，已发霉的饲草饲料不作为家畜饲料，是杜绝家畜发生本病的根本措施。为了防止饲草饲料发霉，在收割后要充分晒干，然后堆放于通风、地面水流通畅的地方，严禁雨淋。

单端孢霉毒素中毒（trichothecin poisoning）

单端孢霉毒素中毒是由于家畜采食被单端孢霉毒素污染的饲草饲料，引起以呕吐、下痢等消化机能障碍为特征的中毒性疾病。此外，动物和人接触还会引起皮肤过敏、厌食和流产等症状。

单端孢霉毒素（trichothecin）又称单端孢霉烯族化合物（trichothenes），属于镰刀菌毒素族。这类毒素包括 40 多种结构类似的化合物，但由自然产物提纯鉴定的只有 20 种。其共同特点为具有倍半萜烯结构，13-环氧基是其毒性的化学结构基础。其产毒霉菌主要是镰刀菌属各产毒菌种（株），如梨孢镰刀菌、三隔（线）镰刀菌、尖镰刀菌、黄色镰刀菌等，能引起动物中毒的毒素主要有 T-2 毒素、二醋酸藨草镰刀菌烯醇、新茄病镰刀烯醇、雪腐镰刀菌烯醇。

这类毒素毒性作用的共同特点表现为较强的细胞毒，能使分裂旺盛的骨髓细胞、胸腺细胞及肠上皮细胞的细胞核崩解，淋巴细胞和肝细胞受损，血细胞减少，并阻碍细胞的蛋白质合成。单端孢霉烯族化合物毒性 LD_{50} 与呕吐剂量见表 8-3。

表8-3 单端孢霉烯族化合物的动物急性毒性及致呕吐剂量（mg/kg*）

毒素种类	LD$_{50}$				致呕吐剂量（皮下）
	经口	腹腔	静脉	皮下	
T-2毒素	3.85~5.2（大鼠）	5.2（大鼠）	—	—	0.1（雏鸭）
	10.5（小鼠）	3.04（小鼠）			0.1~0.2（猫）
二乙酸藨草镰刀菌烯醇	7.3（大鼠）	0.75（大鼠）	10.0（小鼠）		0.2（雏鸭）
新茄病镰刀菌烯醇	—	14.5（小鼠）	—		—
雪腐镰刀菌烯醇	—	4.1（大鼠）	—		1.0（雏鸭）
		4.0（小鼠）			
镰刀菌烯醇-X	4.4（大鼠）	3.3（大鼠）	3.4（大鼠）	4.2（小鼠）	0.4~0.5（雏鸭）
				<1.0（猫）	1~2（猫）

* 此处的kg是体重的单位。

（一）T-2毒素中毒

T-2毒素中毒是由于家畜采食被单端孢霉烯族化合物中的T-2毒素污染的饲草、饲料引起的，以拒食、呕吐、腹泻及诸多脏器出血等为特征的中毒性疾病。本病为人畜共患病，如在第二次世界大战期间，前苏联发生的"食物中毒性白细胞缺乏症"就是由该毒素所引起。本病以猪多发，家禽次之，牛、羊等反刍动物发生较少。

【病因】T-2毒素主要是由三隔镰刀菌、拟枝孢镰刀菌、梨孢镰刀菌、茄病镰刀菌、木贼镰刀菌、粉红镰刀菌和禾谷镰刀菌等产生，其发生原因是由于畜禽采食被T-2毒素污染的玉米、麦类等饲料所致。饲料一旦被T-2毒素污染，T-2毒素可在饲料中无限期地持续存在。

【发病机理】T-2毒素的主要靶器官是肝脏和肾脏，对各种动物的损害主要表现以下几个方面：

1. 对皮肤和黏膜具有直接刺激作用 T-2毒素属于组织刺激因子和致炎物质，可引起口腔、食道、胃肠道烧灼，造成口、唇、肠黏膜溃疡与坏死。由于胃肠道炎症，导致动物呕吐、腹泻、腹痛、体重下降，饲料利用率降低和生产性能下降等。

2. 对造血器官的损害 T-2毒素对骨髓造血功能有较强的抑制作用，并可导致骨髓造血组织坏死，引起血细胞特别是白细胞减少。

3. 对凝血功能的影响 T-2毒素可被迅速吸收进入血液循环并产生细胞毒作用，损伤血管内皮细胞，破坏血管壁的完整性，使血管扩张、充血、通透性增高，引起全身各组织器官出血。T-2毒素可使血小板再生、血小板凝聚和释放功能发生障碍，其抑制强度与毒素浓度呈正相关，与作用时间无关。除此之外，T-2毒素可降低凝血因子活性，增加凝血因子的消耗，可能是T-2毒素抑制蛋白质的合成，使凝血因子生成减少引起凝血功能障碍。

4. 对免疫功能的影响 T-2毒素主要抑制细胞免疫。T-2毒素对DNA和RNA合成的影响，及其通过阻断翻译的启动而影响蛋白质合成是其抑制免疫机能的重要因素之一。T-2毒素的C-4、C-5或C-8对蛋白质合成起重要的阻碍作用，T-2毒素还能取代细胞原生质膜中的脂质或部分蛋白质，从而阻碍了膜的功能。现已明确，T-2毒素使蛋白质、

DNA以及白细胞介素-Ⅱ的中间体合成降低，引起胸腺萎缩，肠道淋巴结坏死，从而导致T淋巴细胞和白细胞介素-Ⅱ等淋巴因子数量减少或机能降低，破坏皮肤黏膜的完整性，抑制白细胞和补体C_3的生成，从而影响机体免疫机能。此外，多数研究认为T-2毒素使机体对沙门菌的抵抗力降低。

5. 影响胎儿发育　T-2毒素能通过胎盘影响胎儿组织器官的发育和成熟。

【症状】病初表现厌食，体温下降，胃肠机能障碍，腹泻，生长停滞，消瘦。随着病情的发展，后期由于各脏器发生广泛性出血，可能伴有血便和血尿。T-2毒素可抑制动物免疫机能，易继发其他疾病。由于畜禽种类、年龄和毒素剂量的不同，其临床症状也有差异。

1. 猪　急性中毒通常在采食后1h左右发病，表现拒食，呕吐，精神不振，步态蹒跚。接触污染饲料的唇、鼻周围皮肤发炎、坏死，口腔、食道、胃肠黏膜出现炎性病变，临床上多表现流涎、腹泻等出血性胃肠炎症状。慢性中毒时，多数病猪生长发育缓慢，形成僵猪，伴有慢性消化不良和再生障碍性贫血。

2. 家禽　食欲减少或废绝，鸡冠和肉垂色淡或青紫。多表现异常姿势，如头垂下，眼闭合，羽毛竖起，翅膀展开，知觉迟钝，尤其是1~7日龄的雏鸡、肉用仔鸡常出现腿置于背侧不收回，丧失自主性运动。成年鸡产蛋率降低，肉用鸡增重减慢。急性中毒在采食含毒饲料后3h至3d发病；慢性的多在5~8d发病，多数经过20d后死亡。一旦发生中毒后，多预后不良。

3. 牛、羊　由于反刍动物生理解剖学特点，对毒素有一定抵抗力，因此中毒较轻。急性病例表现精神沉郁，被毛粗乱，反应迟钝，共济失调。食欲、反刍减少或废绝，胃肠蠕动减弱或消失，腹泻，粪便中混有黏膜、伪膜和血液。随着病情的发展，出现广泛性出血症状，如皮肤出血、便血、尿血。体温下降0.5~1℃，当继发感染时，体温可升高0.5~1℃。慢性中毒病例的病情发展缓和，症状基本上与急性中毒相同。但由于毒素长期作用，多诱发骨髓造血机能衰竭，红细胞、白细胞、血小板生成减少，凝血时间延长。

【病理变化】T-2毒素中毒的病变多为营养不良性消瘦和恶病质。猪、牛口腔、食道和胃肠黏膜发炎、出血和坏死，瘤胃乳头脱落，胃壁糜烂性溃疡和真胃炎。肝、脾肿大、出血，心肌出血，脑实质出血和软化。骨髓和脾脏等造血机能衰退。病理组织学变化可见肝细胞坏死，心肌纤维变性，骨髓细胞萎缩，细胞核崩解。禽类可见内脏器官广泛性出血和损害。小肠、肾脏、心脏出血；肝血管充血、肝细胞变性坏死；口腔、咽、食道发炎；肛门肿胀；胸腺、法氏囊肿胀。

【诊断】根据流行病学调查、临床症状、病理变化可做出初步诊断。确诊必须进行饲料中产毒霉菌的分离培养和饲料中T-2毒素的分析测定。鉴别诊断应与黄曲霉毒素及红色青霉毒素中毒等疾病区别。T-2毒素可引起黏膜和表皮脱落特征性病变，而黄曲霉毒素及红色青霉毒素则无这种变化。

【治疗】本病无特效解毒疗法，当怀疑T-2毒素中毒时，应停止喂食霉败饲料，尽快投服泻剂，以清除胃肠内毒素。同时给予黏膜保护剂和吸附剂，保护胃肠道黏膜。对症治疗可静脉注射葡萄糖溶液、乌洛托品注射液及强心剂等。对出血病例可试用止血剂，如维生素K_3、止血敏、安络血等。

【预防】预防本病应抓住以下两个方面：

1. 做好防霉工作　饲料和饲草在田间和储藏期间易被产毒霉菌污染，因此在生产过程中除加强田间管理、防止污染外，收割后应充分晒干，防止堆积发热、雨淋。储藏期要勤翻晒，严防受潮，保持通风良好，以保持其含水量不超过 10%～13%。

2. 去毒或减少饲料中毒素含量 T-2 毒素结构稳定，一般经加热、蒸煮和烘烤等处理后（包括酿酒、制糖糟渣等）仍有毒性。去毒或减毒可采取下列方法：

（1）水浸去毒：1 份毒素污染的饲料加 4 份水，搅拌均匀，浸泡 12h。浸泡两次后大部分毒素可被除掉；或先用清水淘洗污染饲料，再用 10% 生石灰上清液浸泡 12h 以上，其间换液 3 次，捞取、滤干、小火炒熟（温度 120℃）。经上述处理饲喂畜禽比较安全。

（2）去皮减毒：毒素往往存在于被污染的谷物表层，可碾去谷物表皮，再加工成饲料就可喂食畜禽。

（3）稀释法：制成混合饲料，减少单位饲料中毒素含量，使其降到安全水平。

（二）二醋酸蔗草镰刀菌烯醇中毒

二醋酸蔗草镰刀菌烯醇（diacetoxyscirpenol，DAS）为单端孢霉烯族毒素的一种，其化学结构与生物学活性与 T-2 毒素非常相似，肝和肾为其主要靶器官。DAS 由蔗草镰刀菌、木贼镰刀菌、三隔镰刀菌和接骨木镰刀菌等镰刀菌属霉菌产生。

这些产毒霉菌常污染玉米等谷物，尤其是在潮湿的夏秋季节，当温度降到 6～18℃ 时污染率最高。动物采食被 DAS 污染的饲料而中毒。DAS 对大鼠的 LD_{50} 为每千克体重 7.3mg（经口）、每千克体重 0.75mg（腹腔注射）；对小鼠的 LD_{50} 为每千克体重 23mg（腹腔注射）、每千克体重 12mg（静脉注射）；对猪的 LD_{50} 为每千克体重 0.38mg（静脉注射）。高脂肪日粮可促进 DAS 的吸收，DAS 一旦被吸收，即可抑制核糖体蛋白质合成。

这种毒素与 T-2 毒素极为相似。动物中毒后，主要损害骨髓造血器官、脑组织、淋巴结、睾丸及胸腺，抑制机体细胞免疫和体液免疫，使白细胞持续性减少，抗体水平下降，体腔积液，对某些疾病如沙门菌病的抵抗力降低。此外，DAS 对局部有强烈刺激作用，可引起皮肤坏死，出血性胃肠炎，结合膜炎症和角膜损伤，吸收后引起肝、肾损伤。临床上表现呕吐，腹泻，间歇性流涎和肝肾功能障碍等。

玉米赤霉烯酮中毒（zearalenone poisoning）

玉米赤霉烯酮（zearalenone）又称 F-2 毒素，主要是玉米被赤霉菌污染而产生。玉米赤霉烯酮中毒是由于动物采食含有玉米赤霉烯酮的发霉玉米，而引起的以阴户肿胀、流产、乳房肿大、过早发情、慕雄狂等雌激素综合征为临床特征的中毒性疾病。本病以猪最为多发，尤其是未成年母猪（后备母猪），禽类、犬和牛、羊等也可发生。

【病因】玉米赤霉烯酮是由禾谷镰刀菌、粉红镰刀菌、拟枝孢镰刀菌、三隔镰刀菌、串珠镰刀菌、木贼镰刀菌、黄色镰刀菌、表球镰刀菌、囊球镰刀菌、尖孢镰刀菌和茄病镰刀菌等霉菌产生。这些镰刀菌多存在于玉米上，尤其是遭冰雹侵袭后的玉米。如玉米收获前感染了粉红镰刀菌，引起果穗枯萎病，收获后若仍保持 22%～25% 含水量，则极易产生玉米赤霉烯酮。在仓储或延迟收获期间，温度波动也会刺激镰刀菌生长分泌毒素。因此，中毒原因是家畜采食被上述产毒霉菌污染的玉米、大麦、高粱、水稻、豆类以及青贮饲料、配合饲料等。据报道，当玉米中玉米赤霉烯酮的含量超过 1 mg/kg 时，有时即使达到 0.1mg/kg，对于猪也能引起雌激素过量分泌症，造成青年公猪雌性化。

玉米赤霉烯酮是一种酚的二羟基苯酸内酯，至少有15种衍生物，如玉米赤霉烯醇、8-羟基玉米赤霉烯酮等，统称为赤霉烯酮类毒素。玉米赤霉烯酮为白色结晶，不溶于水、二硫化碳和四氯化碳，易溶于碱性溶液、乙醚、苯、氯仿、乙酸乙酯和乙醇等。玉米赤霉烯酮遇热较为稳定，加热到110℃才能被破坏，普通的饲料加工调制不能使其破坏。

【发病机理】玉米赤霉烯酮具有雌激素样作用，是一种子宫毒，毒性作用与甾醇激素（17-β-雌二醇）的作用相似，可导致动物繁殖机能紊乱。研究认为，玉米赤毒烯酮对切除卵巢的雌性成年大鼠也表现雌激素样作用，其强度约为雌激素的1/10。未达性成熟的雌性小鼠中毒时多出现子宫肥大，阴道肿胀以及乳腺隆起，但长期给毒素可使卵巢萎缩。禽类对该毒素似乎较有耐力。日粮中玉米赤霉烯酮为80mg/kg时才能诱发10～12日龄火鸡卵巢增生，输卵管增大，而同样剂量没有引起鸡的这些突出症状。100mg/kg的玉米赤霉烯酮和2～5mg/kg的T-2毒素结合，发现饲料消耗、产蛋量和孵化率降低。日粮中玉米赤霉烯酮为800mg/kg对肥育肉鸡和小火鸡的发育影响甚微，这可能与禽类本身产生较多的雌激素有关。有实验表明，畜禽体内残留的玉米赤霉烯酮可转化为其他活性相等甚至较强的化合物，危害人类健康。

玉米赤霉烯酮的雌性化机制是玉米赤霉烯酮以及它的代谢产物与细胞质中的雌激素受体结合引起的。正、反式的玉米赤霉烯酮以及各种诱导物在小鼠子宫组织的细胞质中与17-β-雌二醇竞争细胞质受体，虽然它与受体的亲和力只不过是雌激素的1/10，但是这些复合体（亲和体）向未成熟子宫细胞核移动，它与正常的雌激素-受体复合体具有同样的生物活性，能够诱导蛋白质合成。对于雌激素受体来说，玉米赤霉烯酮的亲和力比霉菌毒素敏感性高的动物还要高。另外，玉米赤霉烯酮对子宫以及输卵管的雌激素受体亲和力最高的是猪，其次是小鼠和雏鸡。

玉米赤霉烯酮可诱发畸胎。大鼠自受孕第6～15天，每日灌服不同剂量的玉米赤霉烯酮，在第22天进行尸检，每千克体重1mg组的胎儿骨骼不全率为12.8%；每千克体重5mg组为26.1%；每千克体重10mg组为36.8%。试验证明，怀孕母猪在妊娠的最后一个月，每天注射玉米赤霉烯酮5mg，可导致仔猪死亡。

【症状】临床上的特征性表现是雌激素综合征或雌激素亢进症。

1. 猪 对该毒素的反应最敏感。毒素可使阴道黏膜呈现霉菌性炎症反应，出现阴道黏膜充血、肿胀、出血，外阴部异常肿大，阴户打开，有时导致排尿困难。一般多发生于2～5月龄的猪，一次喂饲含玉米赤霉烯酮7.5～11.5mg/kg的饲料，经24h小母猪出现会阴部潮红和水肿及雌激素样特征性症状。长期饲喂含有玉米赤霉烯酮的饲料，3～5月龄的小母猪可见子宫脱出，或者子宫及直肠同时脱出。严重病例，子宫、阴道及直肠脱垂率达40%。乳腺增大，乳头潮红，子宫扩大，体增重相对增快，发病率高，死亡率低。母猪发情周期紊乱，青春前期母猪多呈现发情征兆或周期延长。半数母猪第一次受精不易受胎，即使怀孕，也常发生早产、流产、胎儿吸收、死胎或弱胎等。当亚急性经过时，母猪产后乳腺水肿及乳汁流出，哺乳母猪乳汁减少，甚至无乳。小母猪丧失受孕能力，假性妊娠或求偶狂。小公猪可见有睾丸炎，精液的数量和质量降低，包皮和乳腺水肿。成年公猪和去势公猪中毒时，也呈现雌性化，如乳腺肿大、睾丸萎缩、性欲大减等。

2. 牛 呈现雌激素亢进症，如兴奋不安、敏感、假发情等，可持续1～2个月之久。外阴肿大、潮红、阴门外翻、频尿。同时还表现生殖机能紊乱，如不孕、流产或死胎等。

3. 鸡 表现生殖道扩张，泄殖腔外翻和输卵管扩张，输卵管子宫部有水样囊肿等。公鸡睾丸肿大或萎缩，精液的数量和质量降低。

【病理变化】主要病理变化在生殖系统。阴唇、乳头肿大、乳腺间质性水肿、阴道黏膜水肿、坏死和上皮脱落。子宫颈上皮细胞增生，出现鳞状细胞变性，子宫壁肌层高度增厚，各层明显水肿和细胞浸润，子宫角增大和子宫内膜发炎。卵巢发育不全，常出现无黄体卵泡，卵母细胞变性，部分卵巢萎缩。公畜睾丸萎缩。

【诊断】依据采食霉变饲料的病史，雌激素综合征或雌激素亢进症的特征性症状，以及生殖系统的特征性病变，不难做出诊断。进一步确诊需进行饲料样品中产毒霉菌的分离鉴定和玉米赤霉烯酮的分析测定，也可用未成熟小鼠进行生物学鉴定。

【治疗】当怀疑玉米赤霉烯酮中毒时，应立即停喂霉变饲料，改喂多汁青绿饲料，一般在停喂发霉饲料 7～15d 后中毒症状可逐渐消失，不需药物治疗。

【预防】同 T-2 毒素中毒。

丁烯酸内酯中毒（butenolide poisoning）

丁烯酸内酯中毒又称霉稻草中毒或蹄腿肿烂病，是由于动物采食发霉稻草而引起的中毒性疾病。临床上以跛行，蹄腿肿胀、溃烂，甚至蹄匣脱落，耳尖和尾梢坏死为主要特征。据报道，某些单端孢霉烯族化合物也能引起同样症状。本病主要发生于舍饲耕牛，尤其是水牛（可占发病率的 85% 以上），重剧使役牛的发病率可高达 90% 以上。黄牛虽有发生，但病情较轻。澳大利亚学者（1949）最先报道放牧牛群中自然爆发牛烂蹄病，其病因是由于放牧牛采食发霉羊茅草（学名苇状羊茅，*Festuca arundinacea* Schreb）所致，故称为苇状羊茅烂蹄病或羊茅草烂蹄病，随后相继在巴基斯坦、印度、新西兰、美国、意大利等国家也报道本病。从其发生规律、症状、剖检变化等方面看，与我国报道的耕牛霉稻草中毒极为相似。

本病发生具有明显的地区性和季节性。在我国发生于产稻地区，尤其是南方产稻省如四川、湖南、湖北、浙江、云南、贵州等，以及陕西南部地区。发病通常由每年 10 月份开始，11～12 月份为发病高峰期，延续到次年 4 月份后自行停止。

【病因】丁烯酸内酯（butenolide）由三隔镰刀菌、梨孢镰刀菌、雪腐镰刀菌、木贼镰刀菌、粉红镰刀菌、半裸镰刀菌和砖红镰刀菌等产生。秦晟（1981）等从病区霉稻草上分离出的木贼镰刀菌、半裸镰刀菌和拟枝孢镰刀菌的玉米培养物中提取毒素，以不同的染毒途径测试对家兔、小鼠和山羊、绵羊的毒性，结果引起山羊、绵羊中毒死亡和出现类似耕牛"蹄腿肿烂病"综合征，认为木贼镰刀菌和半裸镰刀菌是本病主要致病霉菌。

秋收时阴雨连绵，稻草收割后未经晒干即堆放，以致镰刀菌大量繁殖；有些稻谷在收割之前已经发霉。霉稻草呈现肉红色、白色、黑色及灰色等，都有霉味，耕牛采食后可发生中毒。水牛、黄牛均可发病，水牛的易感性较强，营养良好的牛很少发病。国内有人曾用发病地区霉稻草饲喂健康耕牛（水牛、黄牛各半），每天每头牛喂霉稻草 10～18kg，结果多数牛发病。其临床表现和病理解剖学变化与自然病例极为相似，但症状较轻，病程较短。镰刀菌在气温较低（7～15℃）的环境中可产生大量丁烯酸内酯，而在常温条件下产毒较低。因此，在冬季牛采食污染霉菌的霉稻草后，很容易发病。同时，在寒冷季节，体表远端末梢血管收缩，血流缓慢，在毒素的作用下，更易促使发病，这说明冷冻是本病发生的诱因。

丁烯酸内酯为白色柱状结晶，分子式为 $C_6H_7O_3$，熔点 113~118℃。易溶于水、二氯甲烷、甲醇、乙醇、丙酮，不溶于四氯化碳，难溶于三氯甲烷。丁烯酸内酯在碱性溶液中极易水解。丁烯酸内酯对小鼠经口服 LD_{50} 为每千克体重 275mg，经腹腔注射为每千克体重 43.7~7mg；犊牛每天每千克体重投服 22~31mg，可致尾巴发生红斑和水肿。每千克体重投服 30~68mg 经 3~4d 可引起死亡。另外，用丁烯酸内酯做家兔皮肤试验，可引起明显皮肤反应。

【发病机理】丁烯酸内酯属于血液毒，进入机体后主要的毒害作用是引起动物末梢血液循环障碍。毒素作用于外周血管，使局部血管末端发生痉挛性收缩，以致管壁增厚，管腔狭窄，血流变慢，继而形成血液循环障碍，引起患部肌肉淤血、水肿、出血、变性及坏死。当继发细菌感染时，病情进一步恶化，球关节以下部分发生腐败或脱落，并引起局部淋巴结炎症性反应。日本学者指出，丁烯酸内酯结构中含有的 N-乙酰氨基，可使血红蛋白变成高铁血红蛋白，体外试验证实每千克体重 1~2mg 的丁烯酸内酯就能使血红蛋白变成高铁血红蛋白。

【症状】本病多突然发作，常于早晨发现步态僵硬，部分病牛在 1~2d 前就有患肢间歇性提举的表现。病初蹄冠微肿，微热，系凹部皮肤有横行裂隙，触之有痛感。数日后，肿胀蔓延至腕关节或跗关节，呈现明显跛行。随后，肿胀部皮肤变凉，表面有淡黄色透明液体渗出，被毛易脱落。病情进一步发展，肿胀皮肤破溃、出血，甚至化脓、坏死。蹄冠及系凹部的疮面久不愈合，散发腥臭味，最终导致蹄匣或趾关节脱落。少数病例肿胀可波及前肢的肩胛部和股部。肿胀消退后，皮肤呈硬痂如龟板状，有些病牛肢端消肿后，发生干性坏疽，在腕、跗关节以下，病部与健部的皮肤呈明显的环形分界线。后期，远端的坏死皮肤紧缠于骨骼上，干硬如木棒。

除蹄腿肿烂外，大部分病牛还伴发不同程度的耳尖、尾尖坏死，长度可达 30cm，病变与健康部分界明显，病变部位呈暗褐色，干硬，最后患部脱落。

病牛精神不振，被毛粗乱，无光泽，皮肤干燥，可视黏膜微红，饮食欲减退，反刍减少，瘤胃蠕动减弱。体温通常多无变化，少数病牛初期体温稍高。公牛阴囊皮肤也可发生干硬皱缩。黄牛的症状多数不如水牛明显，病程也比较短 3~5d，最多 1 周，治愈率较高。水牛病程长，可达数月，卧地不起，体表多形成褥疮，终因极度衰竭而死。妊娠母牛可有流产、死胎、胎衣不下及阴道外翻等主要症状。

【病理变化】尸体消瘦，皮毛干燥，体表多处有褥疮。主要病变在四肢。患肢肿胀部，切面流出多量淡黄色透明液体，皮下组织水肿。蹄冠与系部血管显著扩张出血，有的血管内形成栓塞，管内充填灰色或暗红色凝固物。病部肌肉致密呈灰红和苍白色。皮肤破溃的牛，疮面附着脓血，肌肉呈污红色。部分牛局部肉芽组织增生，突出于疮面。耳尖、尾梢干性坏死。淋巴结明显肿大，切面湿润，部分有散在出血点。

【诊断】依据采食霉稻草的病史和流行病学调查、临床表现（肢端、耳尖和尾梢坏死）以及病理学变化特点不难做出初步诊断。要确诊，应进行家兔皮肤毒性试验，霉稻草中产毒霉菌的分离鉴定和毒素分析。霉稻草中丁烯酸内酯的定性检验常采用薄层层析法。鉴别诊断应与下列疾病进行区别：

坏死杆菌病：牛坏死杆菌病（即腐蹄病）表现跛行、蹄腐烂等与本病后期症状相似，但本病初期并无局部化脓性坏死变化。坏死杆菌病具有内脏转移性坏死灶,同时从患蹄病、健组织交界处可分离出坏死杆菌。

营养性水肿:由于饲料中长期缺乏蛋白质及某些维生素,机体营养不良,全身浮肿,并非局限于肢端。营养衰竭症也表现末端干枯,卧地不起,全身突出部褥疮生成,但多无蹄壳脱落现象。

麦角中毒:也可引起牛肢端、耳尖坏死,此症状与本病极为相似。要想与本病区别,需作产毒霉菌的分离、培养和鉴定。

冻伤:本病发生在寒冷季节,故常被怀疑为冻伤所致。但在一般条件下,由于冻伤引起牛蹄腿肿烂,尚属少见。应注意气候的剧烈变化以及圈舍防寒措施。

【治疗】尚无特效解毒疗法。发现中毒后,应停喂霉烂稻草,加强营养,并进行对症治疗。

病初促进局部血液循环,对患肢进行热敷、按摩或灌服白胡椒酒(白酒 200~300mL,白胡椒 20~30g,一次灌服)。肿胀部破溃继发细菌感染时,可应用抗生素或磺胺类药物治疗,并进行外科处理。为了促使肉芽组织及上皮生长,可选用生肌散(滑石汤 30g,儿茶 30g,赤石脂 30g,龙骨(煅)30g,血竭 30g,醋炙乳香 30g,醋炙没药 30g,冰片 10g)或化腐生肌散,涂于患部。

严重病例,静脉注射 10%~25%葡萄糖注射液 1 500~2 000mL 及维生素 B、维生素 C 等制剂。

中兽医疗法,初期蹄腿肿胀时,可用以下中药方。

处方一:辣椒秆 1 000g,茄子 1 000g,大葱 1 000g,花椒 30g,煎水,热敷患部,1~2 次/d,每次 30min,敷后擦干包扎。

溃烂者,用处方 1 热敷,清理创面,再用处方二。

处方二:樟脑粉 50g,胡椒粉 30g,凡士林 500g,加热调制成膏,涂患部,1 次/d。

除湿、解毒、消肿和止痛,可选用加减银翘解毒散:银花 9g,连翘 45g,牛膝 45g,蒲公英、茵陈各 60g,土茯苓、木瓜、黄芩、秦艽、枳壳、陈皮、神曲、木通各 30g,防风 18g,荆芥 15g,甘草 12g,水煎服,1 剂/d,连服 2~3 次。

【预防】预防本病的关键是防止稻草发霉变质,禁止用发霉的稻草饲喂家畜。贯彻"预防为主"的方针,开展群众性的科普宣传,普及防治知识。同时加强饲养管理,做好冬季圈舍的防寒保暖工作,可取得明显的预防效果。

青霉毒素类中毒(penicillin-toxin poisoning)

青霉毒素(penicillin-toxin)是青霉属和曲霉属的某些菌株产生的有毒代谢产物的总称,由此而引起的中毒病称为青霉毒素类中毒。对青霉及其毒素的研究,是从日本黄变米事件开始的。稻米在收割、储藏过程中,因含水量过高,污染霉菌后变质而呈现黄色,故称"黄变米"。从黄变米中分离出的主要菌种是青霉属和曲霉属。在我国的产稻区,米粒霉败变黄,一般称"沤黄米"或"黄粒米"。我国的黄粒米与日本的黄变米不完全相同,分离出的菌种以曲霉属为主,但也有青霉属如岛青霉、橘青霉等。目前已经发现的青霉毒素有黄绿青霉毒素、岛青霉毒素类、橘青霉毒素、红青霉毒素、皱褶青霉毒素、展青霉毒素、青霉震颤毒素等。

1. 黄绿青霉毒素（citreoviridin toxin） 主要由黄绿青霉产生。毒素纯品为深黄色针状结晶，分子式为 $C_{23}H_{30}O_6$。易溶于乙醇、丙酮、苯和氯仿，不溶于水。加热至 270℃ 失去毒性，紫外线照射 2h，大部分可被破坏。该毒素对小鼠的 LD_{50} 口服为 30mg/kg，皮下注射为 10mg/kg，腹腔注射为 8mg/kg。为神经毒素，主要毒性作用是选择性地抑制脊髓运动神经元、联络神经元和延髓运动神经元。急性中毒的主要特征是上行性脊髓进行性麻痹，病初后肢和尾部麻痹，逐渐发展到前肢和全身，最后因胸肌、膈肌、心脏及全身麻痹导致呼吸、循环衰竭而死亡。

2. 岛青霉毒素类 是岛青霉产生的多种有毒代谢产物的总称，主要包括岛青霉毒素（islanditoxin）、黄天精（luteoskyrin，又称黄米毒素）、红天精和环氯素等。岛青霉毒素为含氯多肽化合物，分子式 $C_{25}H_{35}O_8N_5Cl_{12}$，易溶于水，属于肝脏毒。对小鼠的 LD_{50} 口服为每千克体重 6.55mg，皮下注射为每千克体重 0.475mg，静脉注射为每千克体重 0.338mg。急性中毒症状以循环、呼吸系统障碍为主，伴发肝性昏迷，慢性中毒发生肝纤维化、肝硬化或肝肿瘤。黄天精纯品为黄色六面体针状结晶，分子式为 $C_{30}H_{22}O_{12}$，熔点 278℃（分解），易溶于水、甲醇、乙醚等，对光敏感。对小鼠的 LD_{50} 口服为每千克体重 211mg，皮下注射为每千克体重 147mg，腹腔注射为每千克体重 40.8mg，静脉注射为每千克体重 6.65mg。该毒素为脂溶性肝脏毒，可引起动物急性肝脏病变，肝脏黄染、变软、质脆，出现肝小叶中心坏死和脂肪变性，长期口服可诱发肝癌。环氯素亦属含氯多肽类化合物，是这类毒素中毒性最强的化合物，纯品为白色针状结晶，熔点 251℃（分解），溶于水、甲醇、乙醚、正丁醇等。该毒素是作用迅速的肝脏毒，能加速肝糖原分解代谢，同时又阻止其合成。对肝脏的损害主要是引起肝细胞空泡变性、坏死、出血，并导致肝硬化、纤维化及肝肿瘤。也可引起动物呼吸和循环系统机能障碍。对小鼠的 LD_{50} 静脉注射为每千克体重 0.338mg。

3. 橘青霉毒素（citrinin toxin） 由橘青霉、鲜绿青霉、纠缠青霉、扩展青霉、铅色青霉等多种青霉及曲霉（雪白曲霉、亮白曲霉、土曲霉）产生。纯品为黄色三棱状结晶，分子式 $C_{13}H_{14}O_5$。能溶于绝大多数有机溶剂、低浓度的氢氧化钠、碳酸钠和醋酸钠溶液，极难溶于水。在酸性及碱性溶液中皆可分解。对动物的 LD_{50}：大鼠为每千克体重 50mg（口服）、67mg（皮下，腹腔）；小鼠为每千克体重 112mg（口服）、35～60mg（皮下）、35～52mg（腹腔）、38mg（静脉）；家兔为每千克体重 19mg（静脉）；豚鼠每千克体重 37mg（皮下）。橘青霉毒素属肾脏毒，中毒后呈现急性和慢性肾病的典型症状。病理学变化为肾肿大，肾小管上皮细胞混浊肿胀、变性和坏死。除肾脏损害外，橘青霉毒素还具有与乙酰胆碱或毛果芸香碱类似的作用，可使血管扩张，支气管收缩和肌肉紧张度增加等。

4. 红青霉毒素（rubratoxin） 由红色青霉和产紫青霉产生，包括红青霉毒素 A 和红青霉毒素 B 两种。红青霉毒素 B 是主要的毒素，其毒性较大。这两种毒素易溶于丙酮、醇类和酯类，而不溶于水。该毒素对猪、牛、羊、马、禽类等都有毒性，以猪最敏感，主要呈现肝毒性和肾毒性，还能引起家禽出血和血凝时间延长。有报道认为，红青霉毒素 B 还有致突变性、致畸性及胚胎毒性。

5. 展青霉毒素（patulin toxin） 主要由扩展青霉、荨麻青霉、展青霉、棒形青霉、岛青霉以及棒曲霉、土曲霉等产生。由于产毒菌种不同，毒素的名称也不统一，如棒曲霉素、扩展青霉素等，经研究鉴定实属同一化合物，现统称为展青霉毒素，其分子式为

$C_7H_6O_4$，纯品为无色结晶，易溶于水、乙醇、丙酮、氯仿和乙酸乙酯，微溶于乙醚、苯，不溶于石油醚。在碱性溶液中可丧失生物活性，但在酸性溶液中较稳定。展青霉毒素对小鼠的 LD_{50} 为每千克体重 15～35mg（经口）、10mg（腹腔）；大鼠为每千克体重 30mg（经口）。主要病变为肺水肿和肺出血，神经组织水肿、充血和出血。

6. 青霉震颤毒素（penitrem toxin） 由圆弧青霉和软毛青霉产生。按其化学结构的不同，青霉震颤毒素可分为 A、B、C 三种，其中以青霉震颤毒素 A 的毒性最强。该毒素属神经毒，中毒的主要症状为感觉过敏、共济失调、震颤、抽搐、角弓反张等。

在上述毒素中，能引起较大危害的中毒病有以下 3 种。

（一）红青霉毒素中毒（rubratoxin poisoning）

红青霉毒素中毒是由于动物采食被红青霉毒素污染的饲料，所引起的以中毒性肝炎和脏器出血为特征的中毒性疾病。1957 年，本病在美国东南部地区反刍动物中发生，从其霉败饲料中分离出产毒菌——红色青霉。随后在南非、英国、印度及日本等国家发生本病，并从饲料中分离出红色青霉和产紫青霉，同时提取出红青霉毒素。本病主要发生于牛、羊、猪、马属动物和家禽，各种动物的发病率不高，但死亡率较高。

【病因】本病的发生是由于动物采食被红色青霉和产紫青霉及其毒素污染的玉米、麦类、豆类及牧草等所致。红青霉毒素按其化学结构分为红青霉毒素 A、B 两种，分子式为 $C_{26}H_{32}O_{11}$ 和 $C_{26}H_{30}O_{11}$。易溶于丙酮，溶于乙醇和乙酸乙酯，而难溶于水。红青霉毒素 A 是红青霉毒素 B 的还原产物，后者毒性较强。该毒素为肝脏毒，红青霉毒素的粗品对小鼠经口 LD_{50} 为每千克体重 120～200mg，对猪的致死量为每千克体重 64mg；其毒素 A 纯品对小鼠 LD_{50}（腹腔）为每千克体重 6.6mg；毒素 B 对大鼠经口 LD_{50} 为每千克体重 400～500mg，对鸡 LD_{50}（拌料）为每千克体重 83mg。

【症状】主要临床表现为中毒性肝炎、胃肠炎和全身性出血症状。反刍动物表现精神沉郁，食欲减退或废绝，流涎，可视黏膜黄染，腹痛，腹泻，粪便带血。尿液中混有血液。马属动物除上述症状外，在病后期出现狂躁、痉挛、共济失调等神经症状，甚至出现昏迷或虚脱。猪表现增重减慢和结肠炎，妊娠母猪可发生流产。家禽表现生产性能降低，增重缓慢和致死性出血综合征。

血液学检查，血清 AST 和 ALT 活性升高，血清 BUN 和间接胆红素含量也升高。

【病理变化】自然病例，无论家畜或家禽，都具有急性肝炎、肠炎和脏器出血的病理变化。马属动物脑膜、胸膜、心包、胃、盲结肠等都呈现广泛性出血。猪整个胃肠黏膜呈紫红色。组织学变化为肝脂肪变性、坏死，嗜中性粒细胞和淋巴细胞浸润。人工复制病例，主要表现肝、肾、肾上腺和胃肠黏膜充血、出血；皮下、浆膜和脂肪组织以及腹腔脏器严重出血。

仓鼠红青霉毒素 B 中毒死鼠的眼观变化为肝、脾和肾充血，肾苍白和花斑肾。病理组织学变化为肝、脾充血，肝细胞轻度变性或局灶性坏死，肾小管变性和坏死。肾脏超微结构检查，最明显的变化是肾小管刷状上皮细胞破坏，平滑内质网扩张，线粒体肿胀，细胞质稀疏，髓鞘质轮廓形成，基底膜肿胀等。

【诊断】依据病史、临床表现（中毒性肝炎、胃肠炎和全身性出血）及病理剖检变化（急性肝炎、肠炎和脏器出血）可进行初步诊断。确诊需对霉败饲料进行产毒霉菌的分离、培养和鉴定，并进行毒素的薄层层析检验。必要时可用产毒霉菌培养物进行人工复制发病试验。鉴别诊断应与黄曲霉毒素中毒相区别。

【防治】参照黄曲霉毒素中毒的防治措施。

(二) 青霉震颤毒素中毒 (penitrem toxin poisoning)

青霉震颤毒素中毒又称晕倒病或蹒跚病，是由于动物采食被青霉震颤毒素污染的饲料而引起的以持续性纤维震颤、虚脱和惊厥等为特征的中毒性疾病。本病多发生于犊牛、雏鸡等幼龄动物，山羊和猪也有发生。

【病因】本病的致病毒素是震颤毒素，是由从霉败变质饲料中分离出的圆弧青霉、软毛青霉、疣孢青霉和徘徊青霉等产生。随后发现除了青霉菌属外，曲霉属的烟曲霉、黄曲霉等也能产生这类毒素。这些产毒霉菌在自然界分布很广，几乎所有食品、储粮和大多数饲料，尤其是青贮料饲料都能被污染。家畜采食被这些产毒霉菌污染的谷物、玉米、青贮料等饲料、饲草就会引起中毒。试验证明，用其菌丝悬浮液或污染饲料的氯仿提取物，口服或注射均能使犊牛、绵羊、猪、鸡和实验动物人工发病。

青霉震颤毒素按其结构的不同可分震颤毒素 A、B、C 3 种，均为神经毒，其中以震颤毒素 A 的毒性最强。震颤毒素 A 及 B 使小鼠发生震颤的剂量分别为每千克体重 0.25mg 及 1.3mg；其对小鼠经腹腔注射的 LD_{50} 分别为每千克体重 1.05mg 及 5.84mg。此外，豚鼠和家兔也都易感，经口或腹腔注射毒素后即出现震颤综合征。

【发病机理】震颤毒素进入动物机体后，主要侵害中枢神经系统，确切的毒理机制尚不清楚。试验证明，给豚鼠饲喂震颤毒素 A 后，表现肌肉震颤，癫痫样发作，共济失调，体重减轻等。肝、肾组织学和电子显微镜检查无明显变化；血清鸟氨酸氨甲酰基转移酶、山梨醇脱氢酶活性以及补体、总蛋白、球蛋白、白蛋白的平均值也无明显变化，表明震颤毒素 A 只引起中枢神经机能紊乱，而没有神经外的组织细胞毒性。因此，有人认为该毒素能使某种神经介质受到破坏，导致中枢某些特定区域产生兴奋或抑制现象。

【症状】主要临床表现是兴奋性增强，共济失调，震颤，眼球突出和呼吸困难。

1. 牛 多发生于犊牛，早期症状为震颤，当病畜受到惊恐或强迫运动时，病情明显加重。四肢无力，多取叉开姿势站立。运动时步态强拘，共济失调，易摔倒。卧地时四肢呈游泳样划动。严重者，角弓反张，抽搐，眼球震颤，突出，多突然死亡。有时多尿，瞳孔散大，流泪，流涎，腹泻和呼吸促迫等症状。

2. 鸡 不同年龄的鸡均可发病，尤以雏鸡敏感。主要表现震颤和共济失调。1～2 周龄震颤症状最明显。

血液学检查，血清丙酮酸含量下降，乳酸和血糖含量明显升高。血清肌酸磷酸激酶活性升高。急性病例，病初血钙、血镁含量升高。

【诊断】根据病史、症状，产毒霉菌的培养、分离和鉴定以及霉败饲料中震颤毒素测定，进行综合判定。

【治疗】本病无特效解毒疗法。发现中毒后，应立即停止饲喂霉败饲料，加强饲养和护理，给予富含维生素的青绿饲料和优质干草，供给清洁饮水，保持病畜安静，然后采取药物治疗。即使已表现虚脱的病畜，通常也能在 1 周内恢复。药物治疗多施行对症疗法，为了解除肌肉强直性痉挛可应用氯丙嗪。增强肝脏的解毒功能，可静脉注射高渗葡萄糖溶液、维生素 C、维生素 B 族制剂，并配合使用肌苷和三磷酸腺苷。促进肾脏排毒，可使用强心剂和乌洛托品。

【预防】饲喂时要认真检查饲料、饲草的质量，发霉变质饲料、饲草要清除出去，严禁饲喂和采食。

（三）展青霉毒素中毒（patulin toxin poisoning）

展青霉毒素中毒是由于家畜，特别是奶牛采食被展青霉毒素污染的饲料而引起的以中枢神经系统机能紊乱为特征的中毒性疾病。由于疾病的发生是由于奶牛采食发霉的麦芽根所致，故又称霉麦芽根中毒。本病属世界性疾病之一，除我国外，日本、德国、俄罗斯、法国和南非等国家也均有报道。

【病因】展青霉毒素主要由扩展青霉、展青霉、棒形青霉、岛青霉、土曲霉、荨麻青霉和棒曲霉等产生，这些霉菌污染麦芽，使其霉变，动物采食后即可引起中毒。

【发病机理】展青霉毒素是一种神经毒。展青霉毒素随饲料进入胃肠道，对胃肠黏膜的强烈刺激以及展青霉毒素的抗生素活性所致的胃肠道菌群失调，表现胃肠道炎症。机体吸收后主要作用于神经系统，特别是损伤脑、脊髓和坐骨神经干，从而引起感觉和运动神经的机能障碍。因此在病初表现神经兴奋性增强，感觉过敏，肌肉震颤和痉挛，特别是横纹肌痉挛。后期兴奋性降低处于抑制状态。由于呼吸肌、膈肌的痉挛性收缩，导致呼吸机能改变，临床上表现呼吸浅表、增数。后期由于心力衰竭而引起肺充血及水肿，更加剧了呼吸困难。

【症状】临床上以神经症状为主，并伴有呼吸系统和循环系统的改变。

1. 神经系统 病初表现兴奋性增强，对外界刺激反应敏感，当触摸皮肤时，惊恐不安，眼球突出，目光凝视。对声音或有人接近时，表现极度恐惧。全身肌肉特别是肘后肌群痉挛，站立姿势异常，如头颈伸直，腰背拱起，行走无力，站立不稳。后肢时时抬举及伸展，系关节麻痹、弯曲，易于跌倒，极难站起。严重病牛卧地不起，四肢呈游泳状划动，头颈弯向背部，四肢强直。

2. 呼吸系统 病初呼吸浅表、增数，病情发展到中后期，出现呼吸困难，肺泡呼吸音增强，有啰音，鼻腔流出大量白色的泡沫状液体。

3. 心脏血管系统 病初心音增强，后则心音减弱且混浊。最终由于心力衰竭而死。

血液学检验，白细胞总数增多，中性粒细胞高达65%以上，淋巴细胞减少到40%以下。血清钠降低，血糖增加，血浆蛋白减少。呼吸代偿的代谢性碱中毒。

【病理变化】特征性病变主要在神经系统。神经系统表现脑膜血管扩张、充血，皮质部软化，神经细胞消失。脊髓液增多并稍混浊。坐骨神经束膜有线状、点状或弥漫性出血。神经干周围组织呈现胶样浸润和出血。

心脏冠状沟及纵沟有出血点，右心室扩张。肝脏肿大，表面光滑，色暗红，质地变软，切面外翻，流出少量血液。肝小叶界限模糊。组织学变化为肝小叶内有坏死灶，其中细胞核消失，周围有大量炎性细胞浸润。有的肝小叶内出现局限性出血、水肿，气管、支气管内有白色泡沫状液体。严重者有肺气肿。组织学变化为大叶性肺炎的不同阶段变化。胃肠充血、黏膜肿胀，有出血斑，肠内容物混杂有血液。

【诊断】根据饲喂霉麦芽的病史、神经症状为主的临床特征、病理学变化以及结合产毒霉菌的分离鉴定和毒素分析等，可以做出诊断。

【防治】本病尚无特效治疗药物，只能采取对症疗法。预防是防治本病的根本措施，应严格禁止饲喂霉变麦芽根饲料。

赭曲霉毒素 A 中毒（ochratoxins A poisoning）

赭曲霉毒素 A 中毒是畜禽采食被赭曲霉毒素 A（ochratoxin A，OA）污染的饲料，引起以消化功能紊乱、腹泻、多尿、烦渴为临床特征；以脱水、肠炎、全身性水肿、肾功能障碍、肾肿大及质地硬为主要病理变化的中毒性疾病。本病最早在北欧、南非报告，近年来我国也有报道。猪、山羊、禽类最易感，犊牛和马也可发病。

【病因】赭曲霉毒素主要由赭曲霉、纯绿色青霉和鲜绿青霉产生。其他的曲霉（如硫色曲霉、蜂蜜曲霉、菌核曲霉、洋葱曲霉、孔曲霉、佩特曲霉等）和某些青霉类（如鲜绿青霉、变幻青霉、普通青霉、圆弧青霉、变紫青霉、栅状青霉、徘徊青霉等）也能产生。这些霉菌在自然界中广泛分布，极易污染畜禽饲料（谷类、豆类饲料及其副产品），在温度和湿度适宜时产生大量赭曲霉毒素，被畜禽采食后而引起中毒。

赭曲霉毒素是异香豆素的一系列衍生物，包括赭曲霉毒素 A、B、C、D 四种化合物，其中产毒量最高、对农作物的污染最重、分布最广、毒性最大的是赭曲霉毒素 A，是一种特殊的肾毒素，会导致肾脏损伤。赭曲霉毒素 A 为无色结晶化合物，易溶于极性有机溶剂，不溶于水，但可溶于碳酸氢钠水溶液，赭曲霉毒素 A 耐热性较强，普通加工调制温度，仅有 20% 的毒素可损失，150～160℃ 可破坏。赭曲霉素 B 是赭曲霉素 A 的水解产物，毒性较弱，在干燥谷物和 20% 醋酸溶液中易被破坏。赭曲霉毒素 A 尚有 2 个衍生物，即赭曲霉毒素 B 和赭曲霉毒素 C，一般认为其毒性较低。

【发病机理】关于赭曲霉素 A 的中毒病理，目前尚不十分清楚。现已证明，赭曲霉素 A 的靶器官为肝和肾，引起肝细胞透明变性、液化坏死和肾近曲小管上皮损伤，从而引起严重的全身功能异常。赭曲霉素 A 及其降解产物赭曲霉毒素 a 是细胞呼吸抑制剂，其对呼吸链的抑制作用可能是因赭曲霉素 A 及赭曲霉毒素 a 对线粒体氧传递体系的干扰，可抑制细胞对能量和氧的吸收及传递，最终使线粒体缺氧、肿胀和损伤。赭曲霉素 A 还可竞争性与苯丙氨酸结合，抑制了蛋白质内氨基酸的酰化作用，而抑制体蛋白合成作用，使 IgA、IgG 和 IgM 减少，抗体效价降低，影响体液免疫。该毒素能引起粒细胞吞噬能力降低，影响吞噬作用和细胞免疫，亦能通过胎盘屏障影响胎儿组织器官发育。

【症状】由于动物品种、年龄不同，临床表现不一样。

1. 家禽 幼禽敏感。雏鸡和肉用仔鸡表现精神沉郁，生长发育缓慢，消瘦，厌食，喜饮，排粪频繁，粪稀呈绿色或白色，腹泻，脱水。随病情发展，有的表现神经症状，反应迟钝，站立不稳多取蹲坐姿势，共济失调，腿和颈肌呈阵发性纤维性震颤，甚至休克、死亡。肉鸡还表现小肠变脆、免疫抑制、血凝障碍和骨质破坏等。蛋鸡引起缺铁性贫血，产蛋量减少，蛋壳变薄变软。血液生化学检验，血清总蛋白、清蛋白、球蛋白、胆固醇含量减少，而尿酸含量增加。

赭曲霉毒素 A 对鸡胚的毒害是明显的，经气室注入 0.01μg 的赭曲霉毒素 A，可引起半数 6 日龄胚死亡。将 0.7μg 赭曲霉毒素 A 注入孵化 48h 的鸡胚体内，胚胎发育畸形，如四肢扭曲，颈短且扭曲，垂体缩小，内脏外翻，胚体缩小。

2. 猪 常呈地方流行性，主要呈现肾功能障碍。临床上表现消化功能紊乱，生长发育停滞，脱水，多尿，蛋白尿甚至血尿。妊娠母猪流产。

3. 犊牛 犊牛精神沉郁，食欲减损，腹泻，生长发育不良。尿频，蛋白尿和管型尿。血清 AST 活性升高，肝糖原减少。

【病理变化】主要表现肝和肾病变。肝细胞变性坏死，肾实质坏死，肾小管上皮细胞玻璃样退行性变性，严重者肾小管坏死，广泛生成结缔组织和囊肿。皮下及腔体内见有水肿。

【诊断】根据畜禽饲喂霉变饲料的病史，呈地方流行性，结合典型的病理变化（特别是肾病变）可做出初步诊断。确诊需对可疑饲料做真菌培养、分离和鉴定及对病死动物肾和血液中的毒素测定。

【防治】关键在于防止谷物饲料发霉，应保持饲料干燥，使其中水分含量在 12% 以下。储存时适当添加防霉剂，防止饲料霉变，减少毒素产生，通常使用丙酸及其盐类（如丙酸钠、丙酸钙、丙酸铵和二丙酸铵），富马酸和富马酸二甲酯，山梨酸和山梨酸钾等。已中毒的家畜应立即更换新饲料，并酌情选用人工盐、植物油等泻剂，也可内服活性炭等吸附剂。同时给予易消化、富含维生素的青绿饲料，保证充分饮水。

霉烂甘薯中毒（mouldy sweet-potato poisoning）

霉烂甘薯中毒又称黑斑病甘薯中毒或霉烂甘薯毒素中毒，俗称牛"喘气病"或牛"喷气病"，是由于家畜，特别是牛采食霉烂黑斑病甘薯后，引起以急性肺水肿、间质性肺气肿、严重呼吸困难以及皮下气肿为特征的中毒性疾病。本病的发生具有明显的地区性和季节性，主要发生于种植甘薯的地区，以耕牛、水牛、奶牛较为多见，绵羊、山羊次之，猪也有发生。每年从 10 月份到翌年 4～5 月间，春耕前后为本病发生的高峰期。

早在 1890 年，美国首次发现本病，继而发生于新西兰、澳大利亚和南美等地。1950 年，日本熊本县首次发生此病，此后相继蔓延至日本各地。1937 年，病原菌从日本传入我国东北、华北，随后遍及河南、江苏、广东、广西、福建、浙江以及湖北等省区。1951—1956 年，河南省发生"牛喘病"造成大批病牛死亡。陕西省某地区 1964—1965 年耕牛发生"肺夹风"，也是因饲喂黑斑病甘薯所致。

【病因】黑斑病甘薯的病原是甘薯长喙壳菌和茄病镰刀菌。这些霉菌寄生在甘薯的虫害部位和表皮裂口处。甘薯受侵害后表皮干枯、凹陷、坚实，有圆形或不规则的黑绿色斑块。储藏一定时间后，病变部位表面密生菌丝，甘臭，味苦。家畜采食或误食病甘薯后可引起中毒。另外，甘薯在感染齐整小核菌、爪哇黑腐病菌，被小象皮虫咬伤、切伤或用化学药剂处理时，均可产生毒素。表皮完整的甘薯不易被上述霉菌感染，也不产生毒素。这说明黑斑病甘薯毒素不是霉菌的有毒代谢产物，而是甘薯在霉菌寄生过程中生成的有毒物质。到目前已有 8 种黑斑病甘薯毒素被分离鉴定。

在这 8 种毒素中，研究的比较清楚的是甘薯酮、甘薯醇、甘薯宁、4-甘薯醇和 1-甘薯醇。甘薯酮为肝脏毒，可引起肝脏坏死。甘薯醇为甘薯酮的羟基衍生物，也为肝脏毒。4-甘薯醇、1-甘薯醇、甘薯宁具有肺毒性，经动物试验可致肺水肿及胸腔积液，故有人称此毒为"致肺水肿因子"。在自然发生的甘薯黑斑病中毒病例中，特别是牛主要病变并非甘薯酮等毒素所致的肝脏损害，而是肺水肿因子所致的肺水肿、肺间质气肿等损害。黑斑病甘薯毒素可耐高温，经煮、蒸、烤等处理均不能破坏其毒性，故用黑斑病甘薯作原料酿酒、制粉时，所得的酒糟、粉渣饲喂家畜仍可发生中毒。

【发病机理】目前对甘薯酮等毒素致病性研究还缺乏系统的认识，对本病的发生机制尚不够清楚。就当前所知，其致病的毒素是甘薯酮及其衍生物，这些毒素具有很强的刺激性，在消化道吸收过程中，能引起消化道黏膜感受性增高，导致消化道黏膜出血和发炎（出血性胃肠炎）。毒素吸收进入血液，经门静脉到肝脏，致肝脏实质细胞肿大，肝功能降低，同时通过血液循环又可引起心脏内膜出血和心肌变性，心包积液；特别是对延脑呼吸中枢的刺激，可使迷走神经机能抑制和交感神经机能兴奋，支气管和肺泡壁长期松弛和扩张，气体代谢障碍导致氧饥饿，发生肺泡气肿，最终肺泡壁破裂，吸进的气体窜入肺泡间质中，并由肺基部窜入纵隔，从而又沿纵隔疏松结缔组织侵入颈部和躯干部皮下，形成皮下气肿。又因毒素作用于丘脑纹状体，可使物质代谢中枢调节机能发生紊乱，影响糖、蛋白质和脂肪的中间代谢过程。特别是胰腺发生急性坏死，胰岛素缺乏，糖原合成受阻，而且能量过分消耗，更促成脂肪的分解，产生大量酮体（即乙酰乙酸、β-羟基丁酸和丙酮）以致发生酮血病（代谢性酸中毒）。

【症状】临床表现因动物种类及采食黑斑病甘薯的数量不同而异。

1. 牛 通常在采食后 24 h 发病，病初表现精神不振，食欲大减，反刍减少和呼吸障碍等。当急性中毒时，食欲和反刍停止，全身肌肉震颤，体温一般无显著变化。本病的特征性表现是呼吸困难，呼吸次数可达 80～90 次/min 以上。随着病情的发展，呼吸动作加深而次数减少，呼吸用力致使呼吸音增强，可听到似"拉风箱"音。初期多由于支气管和肺泡出血及渗出液的蓄积，不时出现咳嗽。肺部听诊可听到干、湿啰音。继而由于肺泡弹性减弱，导致明显地呼气性呼吸困难。肺泡内残余气体相对增多，加之强大的腹肌收缩，终于使肺泡壁破裂，气体窜入肺间质，造成间质性肺气肿。后期可达肩胛、腰背部皮下（即于脊椎两侧）发生气肿，触诊有捻发音。病牛鼻翼扇动，张口伸舌，头颈伸展，并取长期站立姿势增加呼吸量，但仍处于严重缺氧状态，表现可视黏膜发绀，眼球突出，瞳孔散大和全身性痉挛等，多因窒息而死亡。在发生极度呼吸困难的同时，病牛鼻孔流出大量血性鼻液，口腔流涎并带有泡沫。伴发前胃弛缓、瘤胃臌气和出血性胃肠炎，粪便干硬，有腥臭味，表面被覆血液和黏液。心脏衰弱，脉搏增数，可达 100 次/min 以上。颈静脉怒张，四肢末梢发凉。尿液中含有大量蛋白。奶牛中毒后，泌乳量下降，妊娠母牛往往发生早产和流产。

2. 羊 主要表现精神沉郁，结膜充血或发绀；食欲、反刍减少或停止，瘤胃蠕动减弱或废绝，脉搏增数达 90～150 次/min，心脏机能衰弱，心音增强或减弱，脉搏节律不齐，呼吸困难。严重者还出现血便，最终因衰竭、窒息而死亡。

3. 猪 表现精神不振，食欲大减，口流白沫，张口呼吸，可视黏膜发绀。心脏机能亢进，节律不齐。肚胀、便秘，粪便干硬发黑，后转为腹泻，粪便中有大量黏液和血液。阵发性痉挛，运动失调，步态不稳。重剧病猪出现神经症状，最后抽搐死亡。

急性中毒经 2～5 d，多因窒息死亡。慢性中毒由于能采食少量饲料，经及时治疗，可能康复。但有的在 9～10 d 后体温突然升高，心力衰竭，这种病例预后不良。

【病理变化】特征性病理变化是肺脏显著肿胀，比正常大 3 倍以上。轻型病例发生肺水肿和肺泡性气肿，重型的发生间质性肺泡气肿。肺间质增宽，被膜变薄，灰白色透明。有时肺间质内形成鸡蛋大的空泡，肺表面胸膜层透明发亮，如白色塑料薄膜浸水后的外观。肺边缘肥厚，质地脆弱，大小肺叶有斑块出血。肺切面有大量血性泡沫状液体流出。支气管内有大量渗出物。胃肠黏膜充血、出血或坏死，内有未消化的甘薯块渣。肝肿大，肝实质有散在点状出血，切面似槟榔样。胆囊肿大1～3倍，其中充满稀薄的深绿色胆汁。心、肾、脾均有不同程度的出血、变性。

【诊断】依据病史，发病季节，并结合呼吸困难和皮下气肿、肺气肿和肺水肿等临床特征以及剖检特征不难做出诊断。鉴别诊断应注意与牛出血性败血病或牛肺疫区别。牛出血性败血病或牛肺疫具有传染性和群发性特点，病畜体温升高，而本病虽有群发性特点，但体温不高，剖检时胃内可见有黑斑病甘薯残渣等，即可予以鉴别。

【治疗】本病尚无特效解毒疗法。其治疗的基本原则是排除体内毒物，缓解呼吸困难，提高肝脏解毒和肾脏排毒机能。

1. 排除毒物 早期在毒物尚未完全被吸收以前，通常可采取洗胃，内服泻剂或氧化剂等措施。可用清洁温水、0.1%～0.5%的高锰酸钾溶液或0.5%～1%双氧水洗胃。内服泻剂常选用盐类泻剂，如硫酸钠、硫酸镁、人工盐等。中后期对于严重病例，可根据畜体大小和体质强弱，进行静脉放血，使毒物随血液排出。放血后静脉注射等量的复方生理盐水、生理盐水或葡萄糖氯化钠溶液等。对重危病畜可在放血后输血，放血前肌肉注射强心剂，以预防因放血而导致心脏衰竭。高度心脏衰竭的病畜严禁放血。

2. 提高肝脏解毒和肾脏排毒机能 可静脉注射5%～10%硫代硫酸钠，牛100～200mL，猪、羊20～50mL。或静脉注射维生素C，牛1～3g，猪、羊0.2～0.5g。解除代谢性酸中毒可应用5%碳酸氢钠溶液，静脉注射。对于肺水肿病例，还可用20%葡萄糖酸钙或5%氯化钙，缓慢静脉注射，同时给予利尿剂和脱水剂，以增强肾脏的排毒作用。

【预防】预防本病的根本措施是消灭黑斑病病原菌，防止甘薯感染发病。为此，可用杀菌剂浸泡种薯。如用50%～70%甲基托布津的1 000倍稀释液浸泡种薯10min，效果较好。在收获甘薯的过程中，要力求薯块完整，勿伤薯皮。储藏和保管时，要保持干燥和密封，温度应控制在11～15℃。已发生霉变的黑斑病甘薯，禁止乱扔乱放，应集中烧毁或深埋，以免病原菌传播。禁止用病甘薯及其加工后的副产品饲喂家畜。

麦角生物碱中毒（ergot alkaloid poisoning）

麦角生物碱（ergot alkaloid）中毒是由于畜禽采食被麦角菌寄生的禾本科牧草引起的以中枢神经系统机能紊乱和末梢组织坏疽为特征的中毒性疾病。本病是人们最早认识的霉菌毒素中毒，多见于我国东北和西北的一些省区。各种畜禽均可发生，但以牛、猪和家禽较为多发，马属动物由于抵抗力较强，发病较少。

【病因】麦角菌系麦角菌属，主要寄生在麦类（大麦、黑麦、燕麦和小麦等）的子穗和水稻、黑麦草、杂草及其他禾本科牧草的子房内，在其中萌发为菌丝，并形成稠密组织，即呈黑紫色的角状或瘤状物——麦角。麦角菌在潮湿、多雨和气候温暖的季节里容易生长，新鲜的麦角菌比干陈麦角菌毒性大，其毒素具有较强的抵抗力，不易被高温破坏，毒性保存数年亦不受影响。

当畜禽误食麦角寄生的禾本科牧草，或采食被麦角菌污染的糠及谷物饲料后，便出现中毒症状。若饲料中混入0.5%的麦角，动物采食后即可出现中毒，若混入7%的麦角即可致死。因此，各国对粮食中麦角允许量做了规定：前苏联为0.15%，加拿大为0.2%，美国为0.3%（黑麦和小麦）和0.1%（大麦和燕麦）。

麦角有毒成分为麦角生物碱，含量约为0.4%。麦角生物碱是麦角酸或异麦角酸的酰胺衍生物，主要有毒成分是麦角毒碱、麦角胺或麦角新碱。前两者毒性较强，不溶于水，后一种毒性较弱，易溶于水。研究表明麦角毒碱是麦角克碱、麦角卡里碱和麦角克宁碱的混合物。

【发病机理】麦角生物碱中毒的机理，目前尚不十分清楚。一般认为麦角生物碱除对胃肠黏膜具有较强的刺激作用外，还能兴奋中枢神经系统，表现神经毒作用；也可使子宫和血管平滑肌发生强直性收缩，血压升高，反射性引起心跳减慢，表现子宫毒和血管毒作用。慢性麦角生物碱中毒，由于血管平滑肌持久性痉挛收缩，血管内皮细胞变性而引起血流停滞，血栓形成，导致血管完全闭塞，而呈现末梢组织坏死。

【症状】根据临床特点可分为中枢神经系统兴奋型和末梢组织坏疽型，根据病程可分为急性型和慢性型两种。急性型多属神经兴奋型，慢性型多属末梢组织坏疽型，但在临床上以慢性中毒较为常见。

1. 急性中枢神经系统兴奋型 主要是神经机能紊乱，患畜发生无规则的阵发性惊厥，如精神沉郁、嗜眠等。同时步态蹒跚，运动不协调，站立不稳，似醉酒状。猪急性中毒又多以抽搐为主，在重剧强直发作中死亡。最急性中毒的绵羊，可在未出现症状前突然死亡。急性中毒的症状为食欲大减，四肢末梢冰凉，流涎和偶发舌坏死。瞳孔散大，羞明，甚至失明。全身性肌肉痉挛收缩，共济失调，呼吸困难，体温升高。

2. 慢性末梢组织坏疽型 病变部位多在末梢组织，特别是后肢的下部，如飞节、球节、尾部及耳尖等。起初局部发生红肿，变冷和感觉消失，皮肤干燥，并与健康组织分离剥脱，病理损伤处无疼痛，病牛早期出现跛行。然后发生脓疱性口炎及腹泻、腹痛、食欲废绝等胃肠炎症状。妊娠母羊还可发生流产。母猪表现乳房停止发育和无乳等症状。家禽麦角中毒，多见冠和肉垂发绀、变冷，最后变成干性坏死。

【病理变化】主要是末梢组织坏疽。在其病变附近可见小动脉痉挛性收缩和毛细血管内皮变性，消化道黏膜充血、出血，严重时出现溃疡和坏死。急性中毒时，脑脊液可能增多，可见不全尸僵及动脉空虚。

【诊断】根据采食麦角菌污染饲草、饲料的病史和临床症状，必要时还可采样进行麦角生物碱的分析，即可做出诊断。鉴别诊断应注意与冻伤、牛霉稻草中毒及坏死杆菌病等进行区别。

【治疗】本病无特效解毒疗法，发现中毒后，应立即停喂被麦角生物碱污染的饲草、饲料，给予良好饲料，并将病畜转移到温暖的环境，同时进行对症治疗。促进排毒，可用水洗胃和内服盐类泻剂等，还可内服1%～2%鞣酸溶液或0.1%～0.5%的高锰酸钾溶液。舒张血管，促进末梢循环，可用亚硝酸异戊酯或5%亚硝酸钠注射液静脉注射，马、牛40～60mL。也可用酒精擦拭四肢下部、耳尖等部位。若皮肤发生坏死，先用0.5%高锰酸钾溶液洗涤后，涂布磺胺软膏，以杜绝细菌性感染。

【预防】防止本病的发生，应采取下列预防措施：凡污染麦角菌的草场，应在牧草子穗割除以后放牧，以免家畜采食被麦角菌污染的子穗而发生中毒；对已污染的饲用谷物应摘除被麦角菌污染的谷粒，或将污染有麦角菌的饲料用25%浓食盐水浸泡、搅拌、漂洗，如此重复2~3次，至漂洗液澄清为止，将沉淀的饲料滤出，晾干即可饲喂家畜；对可疑的粉状饲料，应进行毒物检验，如确定混有麦角生物碱，要立即停止饲喂。

（赵宝玉）

第四节　农药中毒

有机磷杀虫剂中毒（organphosphate insecticides poisoning）

有机磷杀虫剂中毒是畜禽接触、吸入或误食了某种有机磷杀虫剂后而发生的中毒性疾病。临床上以副交感神经兴奋，呈现腹泻、流涎、肌群震颤为特征。各种动物均可发生。

有机磷杀虫剂是一种高效、广谱、分解快、残效期短的化学杀虫剂，具有触杀、胃毒、熏杀等内吸作用，是近代农业上应用最多的一类高效杀虫剂。目前，一些高效低毒的有机磷杀虫剂如乐果、杀螟松、敌百虫替代了高效高毒的产品如甲拌磷、对硫磷、内吸磷等，但由于农业生产中使用量大，污染环境严重，动物中毒事例屡屡发生。

【病因】有机磷杀虫剂是一种毒性较强的接触性神经毒，主要通过饲草中残存，或因操作不慎污染，或因纠纷投毒而造成畜禽生产性或事故性中毒，其中毒原因可归纳为：

(1) 饲喂或误食喷洒过有机磷杀虫剂后不久、又未经雨水冲洗的牧草、蔬菜而发生中毒。

(2) 误食了用敌百虫、甲拌磷等拌过的稻谷或小麦种子。

(3) 违反剧毒药物安全使用规程，如有机磷杀虫剂（如敌百虫）驱除体内外寄生虫时剂量过大或使用不当，造成中毒。

(4) 饮用了被有机磷杀虫剂污染的水源。

(5) 因纠纷投毒。因纠纷投毒发生中毒的主要是牛、猪和家禽，犬、猫也有发生。

【发病机理】有机磷杀虫剂是一种神经毒物，经消化道，呼吸道和皮肤进入机体后随血液及淋巴分布于全身。在体内的生物转化主要有氧化、水解、脱胺、脱烷基、还原及侧链变化等。氧化的结果一般使得毒性增强。有机磷杀虫剂对动物的毒性机理主要是抑制胆碱酯酶的活性，从而失去分解乙酰胆碱的能力，造成乙酰胆碱在体内大量蓄积，导致胆碱能神经功能紊乱。

在生理状态下，胆碱能神经末梢释放的乙酰胆碱完成递质功能后，即由胆碱酯酶催化，迅速分解为胆碱和乙酸而失去作用，使神经冲动能有节奏地进行传导，维持正常功能。有机磷杀虫剂进入机体后，由于其化学结构与乙酰胆碱相似，能与胆碱酯酶结合生成性质较为稳定的磷酰化胆碱酯酶，使其失去分解乙酰胆碱的能力，导致乙酰胆碱在胆碱能神经末梢和突触部位急剧增多。

有机磷杀虫剂抑制胆碱酶活性的速度与它的化学结构有一定关系。含有磷酸键的有机磷杀虫剂如敌百虫、敌敌畏等对胆碱酯酶活性具有直接、强烈而快速的抑制作用。含有硫代磷酸键者，如对硫磷、对氧磷等必须在体内使其结构中的硫（P＝S）与氧置换转变成为磷酸键（P＝O）后才能发挥其间接的、强有力的抑制胆碱酯酶的作用。

有机磷杀虫剂与胆碱酯酶结合具有可逆性，但是结合的时间愈久，稳定性愈强，最终变成不可逆性。有机磷杀虫剂从进入机体到发病，需要经历一个过程。体内一般有充足的胆碱酯酶储备，当该类杀虫剂进入量少时，如果血浆胆碱酯酶的活性降低到70%～80%，往往不出现中毒表现；进入量大时，酶活性降低到50%左右时则出现明显的临床症状；若降低到30%以下时则中毒十分重剧。有机磷杀虫剂除能抑制乙酰胆碱酶的活性之外，还具有抑制非特异性胆碱酯酶如磷脂酶、氨酸酶等的活性，使中毒症状复杂化，严重程度增加，使患畜病情加重，病程延长。

某些酯烃基及芳烃基有机磷化合物尚有迟发性神经毒性作用，这是由于有机磷抑制了体内神经病靶酯酶（神经毒性酯酶），并使之"老化"而引起迟发性神经病。此毒作用与胆碱酯酶活性被抑制无关。临床表现为后肢软弱无力和共济失调，进一步发展为后肢麻痹。

【症状】有机磷杀虫剂中毒后主要表现为胆碱能神经兴奋，乙酰胆碱大量蓄积，出现毒蕈碱（muscarin）样、烟碱（nicotin）样症状及中枢神经系统症状。

1. 毒蕈碱作用症状（又称M样症状） 它是副交感神经的节前及节后纤维和分布于汗腺的交感神经的节后纤维等胆碱能神经兴奋而出现的症状，因与毒蕈碱作用所引起的症状相似，故称毒蕈碱样症状。主要表现为胃肠运动过度、腺体分泌过多而导致腹痛，患病动物回顾腹部，肠音亢进，腹泻，粪尿失禁，大量流涎，流泪，鼻孔和口角有白色泡沫，瞳孔缩小呈线状，食欲废绝，可视黏膜苍白等。由于支气管分泌物较多导致呼吸困难，听诊肺区有湿啰音。全身出汗。

2. 烟碱样作用症状（又称N样症状） 它是由于运动神经末梢和交感神经节前纤维，包括支配肾上腺髓质的交感神经受刺激而出现的症状，因与烟碱作用所引起的症状相似，故称烟碱样症状。患病动物表现肌肉痉挛，如上下眼睑、颈、肩胛、四肢肌肉发生震颤，常以三角肌、斜方肌和股二头肌最明显，严重者波及全身肌肉，出现肌群震颤。由于乙酰胆碱在神经肌肉结合处蓄积增多，常继发骨骼肌无力和麻痹，心跳加快。

3. 中枢神经系统症状 由于乙酰胆碱在脑组织中蓄积，影响中枢神经之间冲动的传导而出现过度兴奋或高度抑制，后者多见。研究表明，乙酰胆碱的毒性作用呈剂量-效应关系。低剂量时毒蕈碱样（M）受体兴奋，剂量增加时M受体兴奋加强而烟碱（N）受体也开始兴奋，剂量再增加时，中枢神经系统及植物神经中的M受体和N受体均抑制。这一系列变化的表现即为临床、体征的演化过程，也是划分轻、中、重度中毒的理论基础。

（1）轻度中毒：表现为食欲降低或废绝，流涎，腹泻，牛、羊反刍停止等。

（2）中度中毒：除以上症状加重外，出现骨骼肌兴奋，肌肉震颤，严重者全身抽搐，继而发展为麻痹、窒息死亡。

（3）重度中毒：通常表现为昏迷，抽搐，体温升高，粪、尿失禁，全身震颤，突然倒地，心跳加快，瞳孔缩小，很快死亡。

家禽对有机磷杀虫剂比哺乳动物敏感。例如，敌百虫对哺乳动物毒性很小，但对鸡口服LD_{50}为每千克体重10～30mg，对鸭为每千克体重45mg，中毒量为每千克体重20mg。家禽中毒最急性者不出现任何症状而突然死亡，不过临床上以中度和重度中毒者多见。一般表现为食欲下降或废绝，饮水增加，呼吸困难，肌肉震颤，站立不稳，运动失调，腹泻，流涎，最后倒地抽搐，死亡。犬、猫有机磷杀虫剂中毒多取急性经过，病初兴奋不安，肌肉痉挛，一般从眼睑、颜面部肌肉开始，很快延伸到颈部、躯干部及至全身肌肉。轻者震颤，重则抽搐。病畜呈游泳状，瞳孔缩小，腹痛，腹泻，粪稀如水，最后因衰竭而死亡。

【病理变化】毒物经消化道者，剖检尸体时，可见到胃肠黏膜充血、肿胀，呈暗红色，黏膜层易脱落,胃内容物具有机磷杀虫剂的特殊气味或酸臭味。肾脏混浊肿胀,被膜易剥离,切面呈淡红褐色;肺水肿充血,支气管内含有白色泡沫,在心内膜上有不整形的白斑。

实验诱发的鸡有机磷杀虫剂中毒,可见皮下和多处肌肉出血,口腔内有许多泡沫黏液,肌胃内容物有较浓的有机磷气味,腺胃和肠有出血性炎症,严重者胃内黏膜脱落,肝、肾肿大且脂肪变性。

【诊断】根据病史和临床表现,结合胆碱酯酶活性和病畜的呕吐物、胃内容物的有机磷杀虫剂定性检测,可做出诊断。

【治疗】

1. 排除毒物 使中毒动物脱离毒源,停止饲喂可疑的饲料和饮水,并立即用肥皂水(忌用热水)和2%的碳酸氢钠彻底洗胃或口服盐类泻剂。鸡中毒时,应立即切开嗉囊冲洗,排出毒物。

2. 输液或输血(珍贵动物) 对有机磷杀虫剂急性、严重中毒病例均有一定治疗效果。

3. 特效解毒 目前常用的解毒药有两种,一种是抗M受体拮抗剂,另一种为胆碱酯酶复活剂。

(1) 阿托品:能阻断毒蕈碱型(即M型)受体,对抗有机磷杀虫剂中毒的毒蕈碱样毒性作用,还具有减轻中枢神经系统症状,改善呼吸中枢抑制的作用,但对肌群颤动等症状无效,且不能使已磷酸化的胆碱酯酶恢复活力。

用药原则为早期、适量、反复给药,快速达到"阿托品化"(瞳孔散大,鼻镜无汗,口干,心率加快)。大动物,一次剂量为20~30mg,小动物2~5mg,肌肉注射,中毒严重时以1/3剂量缓慢静脉注射,2/3剂量皮下注射,每隔1~2h重复给药,直至"阿托品化",此后则减少用药次数和用量,以巩固疗效。

山莨菪碱(654-2)和樟柳碱(703)的药理作用与阿托品相似,对有机磷中毒有一定疗效。

(2) 胆碱酯酶复活剂:它能使已经磷酸化的胆碱酯酶活性恢复,使体内积聚的乙酰胆碱迅速水解,从而缓解中毒症状。目前使用较多的有解磷定、氯磷定和双复磷。这些药物能迅速减轻有机磷杀虫剂中毒的烟碱样症状(如肌群颤动),并能加速疾病的康复。

胆碱酯酶复活剂应及早应用,中毒48h后,磷酰化胆碱酯酶变为"老化",不易活化。轻度中毒可不用复活剂,中度中毒可用氯磷定每千克体重15~30mg,肌肉注射,效果不理想时可在30min后重复注射一次。重度中毒时,用氯磷定每千克体重30~60mg或解磷定每千克体重45~100mg溶于10%葡萄糖液静脉注射,30min后如病情无明显好转,可重复一次,当烟碱样症状好转后逐步停药。一般用药1~2d。

(3) 解磷注射液:起效较快,作用时间较长。解磷注射液有多种配方,其用法不同。由苯那辛(抗胆碱药)和氯磷定等组成的复合肌肉注射剂,根据中毒的严重程度,剂量加倍,如大动物轻度中毒时,每头肌肉注射5支,中度中毒10支。用药后1h可用半量重复注射。中毒症状基本消退后,全血胆碱酯酶活性为60%以上,可停药观察。

(4) HI-6复方:犬、猫等小动物中毒可使用含HI-6(酰胺磷定,为胆碱酯酶复能剂)、阿托品、胃复康、安定的注射剂,每支2mL。轻度中毒1支/只,中度中毒2支/只,重度中毒3支/只,均肌肉注射。必要时再补注阿托品。

4. 对症治疗 处理原则同其他内科疾病。治疗过程中特别注意保持患病动物呼吸道的通畅，防止呼吸衰竭或呼吸麻痹。口服中毒者，应及早洗胃，适量应用阿托品，勿过早停药。

【预防】 建立和健全有机磷杀虫剂的购销、运输、保管和使用制度。喷洒过农药的田地或草场，在7～30d内严禁牛、羊进入摄食，也严禁在场内刈割青草饲喂牛、羊。使用敌百虫药驱寄生虫时应严格控制剂量。研制高效、低毒、低残的新型有机磷杀虫剂。

有机氟化合物中毒（organic fluoride poisoning）

有机氟化合物中毒是动物误食了被含有机氟农药（氟乙酰胺）或鼠药（氟乙酸钠、氟乙酰胺、甘氟等）污染的饲草或饮水而引起的中毒病。临床上以中枢神经系统机能障碍和心血管系统机能障碍，呈现突然发病，全身强直性或间隙性痉挛，抽搐、昏迷、心率增数、血压下降为特征。各种动物均有发病，以犬、猫和反刍动物多见。兽医临床上动物氟乙酰胺中毒病例居多。

【病因】 氟乙酰胺（fluoroacetamide）又名敌蚜胺、1081，是一种用于杀灭棉铃虫的剧毒农药，早已被禁止使用。20世纪70年代，因农药缺乏，有人将此农药用在稻谷上杀害虫而污染饲草，造成耕牛有机氟中毒。由于该农药毒性大，鼠药商将其化合物合成灭鼠药而用在灭鼠上，结果导致家禽、鸟类误食而发生中毒，猫、犬、猪常因采食被氟乙酰胺鼠药毒死的鼠尸、鸟尸而引起二次中毒。

【发病机理】 有机氟化合物进入动物机体后，转化为氟乙酸，后者与细胞内线粒体的辅酶A作用，生成氟乙酰辅酶A，再与草酰乙酸反应，生成氟柠檬酸，氟柠檬酸可以抑制乌头酸酶，中断正常的三羧酸循环，使丙酮酸代谢受阻，妨碍正常的氧化磷酰化过程。

有机氟本身对神经系统有强大的诱发痉挛作用，故亦可出现神经系统症状。有机氟也直接作用于心肌，导致心律失常、室颤等，导致急性循环障碍。

【症状】 有机氟急性中毒时，出现中枢神经系统障碍和心血管系统障碍为主的两大症候群。前者称神经型，后者称心脏型。中毒后潜伏期较短。

反刍动物中毒后有两种类型，突发型无明显先兆症状，经9～18h后突然倒地，剧烈抽搐、惊厥，角弓反张，来不及抢救，迅速死亡。潜伏型，一般在摄入毒物潜伏1周后经运动或受刺激后突然发作，尖叫，惊恐，在抽搐中死于心力衰竭。

犬、猫中毒表现兴奋，狂奔，嚎叫，心律不齐，心动过速，呼吸困难，在短时间内，因循环和呼吸衰竭而死亡。

猪发生中毒后表现心率过速，口吐白泡，角弓反张，尖叫，狂奔乱跑，共济失调，痉挛，倒地抽搐，迅速死亡。

【病理变化】 尸检见到尸僵快，心脏扩张，心肌变性，心内、外膜有出血斑点，脑膜充血、出血，肝、肾淤血、肿大，出血性胃肠炎。

【诊断】 根据病史和中枢神经系统机能障碍和心血管系统机能障碍为主的临床表现，可做出初步诊断。确诊要结合实验室检测可疑样品的有机氟，证实有有机氟的存在。

【治疗】 发现中毒后，立即停喂可疑饲料，尽快排出胃肠内毒物，先用0.1%高锰酸钾溶液洗胃，忌用碳酸氢钠。可投给鸡蛋清、次硝酸铋，保护胃肠黏膜。

及时使用解氟灵（乙酰胺）干扰氟乙酸的作用，减轻中毒症状。按每千克体重0.1～

0.3g，用0.5%普鲁卡因稀释，分2～4次肌肉注射，首次剂量为每日量的1/2，连用3～7d。

也可用乙二醇乙酸酯（甘油乙酸酯、醋精）100mL溶于500mL水中灌服，或用5%酒精和5%醋酸，按每千克体重各2mL灌服。

有人采用解氟灵和纳洛酮（1～5mg/d，肌肉注射）合用，疗效较好。严重者可配合强心补液、镇静、兴奋呼吸中枢等对症治疗。

尿素中毒（urea poisoning）

尿素中毒是由于家畜采食尿素之后，在胃肠道中释放大量的氨所引起的高氨血症。临床上以肌肉强直，呼吸困难，循环障碍，新鲜胃内容物有氨气味为特征。主要发生在反刍动物，多为急性中毒，死亡率很高。

尿素是哺乳动物蛋白质分解代谢的终末产物，也是一种含氮量达45%以上的优质化肥。由于反刍动物的瘤胃微生物和纤毛虫可以利用尿素中非蛋白氮转化为蛋白质，因此利用尿素作蛋白质补充来饲喂牛、羊，早已在畜牧生产中实施。从理论上讲，1kg尿素相当于2.6～2.8kg粗蛋白质。据报道，在日粮蛋白质不足的情况下，补充尿素能使奶牛产奶量提高10%，使青年牛增重提高24.3%。所以，可在反刍动物的饲料中添加一定量的尿素来育肥。但是，如果补充不当，常会引起尿素中毒。

【病因】
（1）用尿素作为反刍动物的蛋白质补充饲料时，由于用量过大，加之饲料中青饲料不足或蛋白质过高，或饲喂方法不合理，都可造成尿素在瘤胃内分解过快，当释放出氨的速度和量超过了瘤胃微生物合成蛋白的限度时，引起氨在体内蓄积而中毒。

（2）在青贮饲料中添加尿素，以提高青贮蛋白质的含量，但若添加量过大或混合不匀时反刍动物采食后会引起中毒。

（3）在反刍动物饲料中添加尿素不是按由少至多的渐进性添加，而是突然大量添加，同样会造成中毒。

【发病机理】瘤胃微生物可通过脲酶将尿素水解为二氧化碳和氨，再胺化酮酸而形成微生物蛋白，将非蛋白氮转化为动物可消化吸收和利用的蛋白质。当尿素的饲喂量过大，或将尿素溶于水后饲喂，或饲喂后立即饮水时，使尿素水解成氨的速度加快，瘤胃pH升高。当瘤胃pH达8左右时，脲酶的活力特别旺盛，可在短时间内将大量的尿素分解成氨，当氨量超出瘤胃微生物合成氨基酸、蛋白质的限度时，而被瘤胃壁迅速吸收进入肝脏。如果进入肝脏的氨超过肝脏的解毒能力时，则氨进入外周血液，当血氨浓度达到2%时即出现中毒症状，而当血氨浓度达5%以上时则病畜死亡。

大脑组织对血氨最敏感，容易出现脑功能紊乱和麻痹等神经症状。另外，外周血氨直接作用于心血管系统，使毛细血管通透性升高，体液大量丧失，血液浓缩，红细胞压积升高，由于血氨对心脏的毒害因而引起病畜死亡。此外，氨能抑制柠檬酸循环，使中间代谢降低，能量的产生和细胞呼吸亦降低，引起强直性痉挛，呼吸肌不能松弛即可发生致死性缺氧。同时，肺毛细血管通透性升高而导致肺水肿，加重呼吸困难，常因窒息而致死亡。

有人研究了尿素分解的中间产物氨甲酰胺的毒性。据试验报告，以10%氨甲酰胺溶液

30mL 给山羊静脉注射,在注射过程中就引起了强直性痉挛,并迅速死亡。其症状与尿素中毒病畜死亡极一致。

【症状】中毒症状出现的迟早和严重程度与尿素的量和血氨浓度密切相关。

牛在食入中毒量尿素后 30～60min 出现症状。首先表现沉郁,接着不安和感觉过敏,呻吟,反刍停止,瘤胃臌气,肌肉抽搐,震颤,步态不稳,反复出现强直性痉挛,呼吸困难,出汗,流涎。后期病畜倒地,肛门松弛,四肢划动,窒息死亡。血氨升高,红细胞压积增高,血液 pH 在中毒初期升高,死亡前下降并伴有高血钾,尿液 pH 升高。

【病理变化】口、鼻充满泡沫状液体,全身有瘀斑,瘤胃内容物有氨味,肺充血、水肿和淤血,胸腔积液,心包积水,肝、肾脂肪变性,血液黏稠,硬脑膜、侧脑室及脉络丛充血。

【诊断】根据采食尿素的病史,临床上有强直性痉挛、呼吸困难、循环障碍等,新鲜瘤胃内容物有氨臭味,可做出初步诊断,测定血氨浓度,当达到 8.4～13mg/L,即可做出确诊。

【治疗】本病尚无特效治疗药物,一般采取下列处理措施:

(1) 立即停喂尿素,用食醋 500～1 000mL 或 5%醋酸 4 500mL 加适量水,成年牛一次灌服。

(2) 对症治疗。肌肉抽搐时可肌肉注射苯巴比妥。呼吸困难时可使用盐酸麻黄碱,成年牛 50～300mg,肌肉注射。

【预防】

(1) 由于尿素在瘤胃内分解、吸收快,一般 10min 可分解 50%,吸收达 80%,过量的氨很快进入肝脏和血液,造成中毒,所以饲喂尿素初次添加量要少,大约为正常喂量的 1/10,以后逐渐增加到正常的全饲喂量,持续时间为 10～15d,使反刍动物有一个适应过程,并要供给玉米、大麦等富含糖和淀粉的谷类饲料,其比例可按 1kg 尿素配合 10kg 易消化的谷类饲料。

(2) 尿素的饲喂量要恰当。虽然尿素可代替反刍动物日粮中 20%～30%的粗蛋白,但必须用量恰当。一般添加尿素量为日粮的 1%左右,最多不应超过日粮干物质总量的 1%或精料干物质的 2%～3%。

(3) 添加尿素措施要合理。添加尿素除适量以外,还应将足量的尿素均匀地搅拌在粗精饲料成分中饲喂。饲喂尿素时既不能将尿素溶于水后饲喂,也不能给反刍动物饲喂尿素后立即大量饮水,以免尿素分解过快而中毒。所以,降低尿素的分解速度是提高尿素利用、防止中毒的有效措施。

(4) 添加尿素给反刍动物饲喂时,不能过多地饲喂豆类、南瓜等含有脲素酶的饲料,否则会促进尿素在体内的分解速度,造成中毒。

氨中毒(ammonia poisoning)

氨中毒是指动物误食铵肥、摄入过量氨化饲料和吸入氨气而引起,以接触部位的炎症为特征的中毒病。临床上多见于仔猪、鸡(尤其是雏鸡)及反刍动物。

【病因】铵肥在外观上易与氯化钠、硫酸钠等混淆,若保管不严,容易误用或被家畜误食而发生中毒。保育舍（尤其是夏季保育舍）由于粪便发酵分解，散发出刺鼻的氨气，仔猪易发生氨中毒。冬季，为了防寒保暖，鸡舍密闭，舍内温度高、氨气浓度大，易造成鸡，尤其是雏鸡氨中毒。

【发病机理】氨气和铵肥分解后的氨水，是刺激性很强的物质，当它与皮肤接触或经过呼吸道和消化道时，其黏膜充血、水肿、坏死、发炎和灼伤，出现皮肤炎、眼结膜炎、口腔炎、气管炎和胃肠炎等。

当氨进入血液后，先抑制中枢神经系统，引起肺毛细血管的通透性加大，造成肺水肿，继而发生窒息，或因继发感染而发展为败血症。同时因血液氨浓度过高，导致中毒性肝病、间质性肾炎以及心肌变性等病理改变。此外，血氨干扰血氧运送，造成缺氧和贫血。

【症状】食入铵肥或氨水的病例出现溃疡性口腔炎，咽喉水肿、糜烂，病畜流涎，胃肠蠕动缓慢或停止，瘤胃臌气，胃肠炎，呻吟，有不安和腹痛表现，腹泻。剧烈咳嗽且很快出现呼吸困难和肺水肿，听诊肺区有湿啰音。病畜精神沉郁，步态蹒跚，肌肉震颤，呻吟，死前出现狂躁、挣扎、惨叫等。

吸入氨气者，患病动物表现咽喉水肿、咳嗽、呼吸困难和肺水肿，有湿啰音。家禽中毒（鸡舍内氨气浓度高于0.005%可引起轻度中毒，超过0.008%时致严重中毒）还表现张口呼吸，鸡冠发紫，站立不稳，口黏膜充血，鼻腔流黏液性分泌物，流眼泪，眼结膜充血，缩头闭眼，腹部膨胀，排白色粪便。死前极度呼吸困难。氨气刺激引起眼结膜、角膜发炎或角膜混浊，怕光、流泪。

【诊断】根据患病动物出现的症状，有接触铵肥、氨气、氨水的病史，可做出诊断。

【治疗】可立即用2%的硼酸冲洗口腔，用稀酸、食醋或酸菜水灌胃，以中和碱性物质，并在局部涂搽金霉素软膏。静脉注射10%葡萄糖或10%葡萄糖酸钙和谷氨酸，以降低血压。还可试用硫代硫酸钠、阿托品和止咳药等。若有感染，应用抗生素对症治疗。

【预防】要加强铵肥和氨化饲料的管理和合理使用。注意养殖场的环境卫生，加强舍内通风换气。

灭鼠药中毒（rodenticides poisoning）

灭鼠药是用来控制鼠害的一类药剂。常见品种依其化学结构分类为：茚满二酮类、香豆素类、有机磷类、有机氟类、硫脲类、无机盐类和其他类。

【病因】动物误食污染了鼠药的饲料和饮水或灭鼠毒饵。犬、猫多因吃了鼠药毒死的老鼠而引起二次中毒。也有人为使用鼠药投毒，引起动物中毒的发生。

灭鼠药按其毒性和作用速度可分为：①缓药类，包括茚满二酮类与香豆素类，它们统称为抗凝血灭鼠药。这类鼠药中毒后需要经过一个的潜伏期，才能逐渐出现临床症状。②速效药类，包括有机磷类、有机氟类、硫脲类、无机盐类和其他类。它们的特点是毒性大，作用迅速，多在食后短时间内出现中毒反应，是造成动物急性中毒死亡的主要鼠药。

（一）茚满二酮类和香豆素类中毒

这类灭鼠药的毒理机制相似，都是通过抗凝血作用而发挥毒性，故一并介绍。茚满二酮类鼠药主要有杀鼠酮、敌鼠钠盐、氯鼠酮、氟鼠酮等。香豆素类的常见品种有杀鼠灵、克灭鼠、杀鼠醚、鼠得克、溴敌隆、大隆等。

【发病机理】 这类灭鼠药的毒性作用是破坏凝血机制和损伤毛细血管。其抗凝血作用是其化学结构与维生素 K 相类似，进入机体后对维生素 K 产生竞争性抑制，使凝血酶原和凝血因子Ⅶ、Ⅸ、Ⅹ的合成受阻，使出血凝血时间延长。此外，它们又可直接损伤毛细血管壁，发生无菌性炎症变化，管壁通透性和脆性增加，因此易破裂出血。

【症状】 中毒症状一般在误食后即出现呕吐，食欲不振或废绝，皮肤发紫，尤其在翅下、腹部更明显。尿血，粪便带血，血液凝固不良，腹痛，心音弱且心率快。后因出血导致心脏衰竭而死亡。

【治疗】 应及早洗胃、导泻或催吐，洗胃禁用碳酸氢钠液。为了消除凝血障碍，应使用维生素 K，按每千克体重 1mg 维生素 K_1 加入到 10% 葡萄糖液中，静脉注射，每 12h 一次，连用 3～5d。

（二）硫脲类中毒

这类灭鼠药，常见的有安妥、灭鼠特、捕灭鼠、氯灭鼠等。

【发病机理】 它们从消化道吸收后，大部分分布在肝、肺、肾和神经系统。口服后鼠药对消化道黏膜有刺激作用。吸收后可造成肺毛细血管通透性增加，肺水肿和胸腔积水。还引起肝、肾脂肪变性和坏死。

【症状】 急性中毒者表现精神沉郁，食欲减退或废绝，呕吐，昏睡等。严重中毒者出现呼吸困难，发绀，肺水肿，病畜烦躁不安，全身痉挛，昏迷和休克。病理变化有肝肿大，黄疸，蛋白尿、血尿。

【治疗】 用 1：2 000 高锰酸钾液洗胃，并灌服硫酸钠导泻。同时施行对症治疗。

（三）有机氟类中毒

该类灭鼠药有氟乙酰胺、氟乙酸钠和甘氟。前二者为剧毒鼠药，已被禁用，但临床上常有中毒病例发生。其中毒症状、发病机理及治疗见有机氟化合物中毒。

（四）磷化锌中毒

磷化锌化学名为二磷化二锌，是一种灰黑色粉末，有类似大蒜臭。大白鼠经口 LD_{50} 为每千克体重 55.5mg，家畜为每千克体重 24～40mg，家禽为每千克体重 20～30mg。

【病因】 磷化锌毒鼠药一般按 2%～5% 的比例与食物配成毒饵诱杀鼠类。畜禽多因误食毒饵或被磷化锌污染的饲料而引起中毒。犬和猫中毒则主要是食入了磷化锌毒死的老鼠所致。

【发病机理】 磷化锌进入胃后遇酸产生磷化氢和氯化锌。磷化氢被吸收后主要作用于神经系统，干扰代谢功能，使中枢神经系统功能紊乱；同时还作用于呼吸、循环系统以及肝脏，对胃壁亦有较强的刺激作用。

【症状】 中毒动物全身泛性出血。中枢神经系统受损害，出现抽搐、痉挛和昏迷。氯化锌具有强烈的腐蚀性，刺激胃黏膜引起急性炎症、充血、溃疡和出血等。若氯化锌经呼吸道进入肺泡，还可引起肺充血和水肿。

口服中毒表现为精神萎靡，猫常蜷缩在一处，继而出现消化道症状，食欲废绝，口吐白沫，呕吐，并伴有蒜臭味，腹痛，腹泻。呕吐物和粪便在暗处呈现磷光。中度中毒时出现抽搐和肌束震颤，严重者有心律失常，黏膜发绀，呼吸困难，尿色带黄，并出现尿蛋白、红细胞管型，粪便呈灰黄色。末期病畜陷于休克和昏迷。

【治疗】误食后应立即灌服0.2%～0.5%硫酸铜催吐，也可用5%碳酸氢钠洗胃，同时施行对症治疗。忌用硫酸镁或蓖麻油导泻，因前者会与氯化锌生成卤碱，加重毒性。

为防治酸中毒及保肝利胆，可静脉注射葡萄糖酸钙、乳酸钠及高渗葡萄糖。

（五）毒鼠强中毒

毒鼠强（tetramin，TEM）俗称没命鼠、三步倒、424，为有机氮化合物。纯品为白色粉末，是一种剧毒物质。小鼠口服LD_{50}为每千克体重0.2mg，其毒性是氟乙酰胺的3～30倍，是氰化钾的100倍，国内禁止生产和使用。在违法生产、经营和使用过程中都会造成动物中毒。

【发病机理】动物因误食毒鼠强，经胃肠吸收后主要毒害中枢神经系统。它具有强烈的脑干刺激作用，引起阵发性惊厥。其致惊厥作用可能是拮抗γ-氨基丁酸（GABA）的结果，其作用可能在GABA受体-离子载体复合物上。GABA对动物的神经系统具有广泛而强有力的抑制作用。毒物实验证实，毒鼠强可拮抗GABA，导致惊厥，而对GABA的拮抗作用可能与阻断了GABA受体有关。

【症状】患病动物误食毒鼠强后15～30min出现中毒症状。临床表现为呕吐，腹痛、腹胀，还出现四肢无力，烦躁不安，突发惊厥，有时癫痫样发作。心脏、肝脏和肾脏受到损伤。常因强直性痉挛而导致呼吸肌麻痹、呼吸衰竭而死亡。

【治疗】尽早清除胃内毒物，催吐、洗胃、导泻可明显减轻中毒症状。控制抽搐，可肌肉注射苯巴比妥钠。此外，应积极采取对症和支持疗法，防治脑水肿，保护心脏、肝脏，解除呼吸抑制。

五氯酚钠中毒（sodium pentu-chlorophenol poisoning）

五氯酚钠（PCP-Na）为白色或浅红色片状固体，具挥发性，有特殊刺激性臭味，易溶于水。主要用于消灭钉螺、木材防腐和果树杀菌。对人、畜具有毒性。小鼠口服LD_{50}为每千克体重210mg，家兔口服LD_{50}为每千克体重100mg。

【病因】牛、羊采食或饮用了用五氯酚钠灭螺或果树杀虫而污染的饲草和饮水。或动物添食了五氯酚钠防腐剂。

【发病机理】五氯酚钠通过消化道或呼吸道进入机体后分解为五氯酚（PCP）。PCP具有很强的解偶联作用，导致氧化—磷酸化过程失调，使磷酸化作用被抑制，ADP不能磷酸化形成ATP。当ADP浓度增高则刺激呼吸链作用增强，而氧化产生的大量热能难以通过磷酸化作用进行储存，只能以热的形式散发，于是引起动物出现急性毒性反应，最后造成心脏衰竭、痉挛、抽搐死亡。

【症状】患病动物磨牙，吼叫，流涎，发热汗多，不安，呼吸增数，张口呼吸，呼出的气体有难闻的药味，随后口吐白沫，表情痛苦，鸣叫，乱蹦冲撞或兴奋不安，跌倒后站立不起，伴有可视黏膜发绀，流泪。心动过速，可达110次/min以上，有的口鼻和肛门流血，倒地、抽搐而死亡。

【诊断】根据接触史和临床特征，可做出初步诊断。必要时可检查患病动物尿液的五氯酚钠，进一步确诊。

【治疗】本病无特效药物治疗。可采用补充高糖低蛋白日粮，以补给热源物质。对症治疗，一般使用安钠咖或樟脑磺酸钠，口服补盐液，高度兴奋者则用镇静剂。适当使用高渗葡萄糖，试用硫代硫酸钠或阿托品。

【预防】加强对五氯酚钠的管理。灭螺和果树杀虫后，10～15d内禁止放牧。

有机硫杀虫剂中毒（organosulphurous fungicides poisoning）

有机硫杀虫剂是近年来发展较快的一类杀菌、杀虫剂。根据其化学结构特点可分为二硫代氨基甲酸酯类、沙蚕毒素类、大蒜素类及其他类。这里仅介绍临床上常见的有机硫杀虫剂中毒。

（一）硫代氨基甲酸酯类中毒

这类杀虫剂根据化学结构分为代森类和福美类，代森类常见的有代森铵、代森锌、代森锰、代森硫等，福美类有福美锌、福美铁、福美锰、福美砷等。这类农药具有中等毒性，对皮肤黏膜具刺激性，且大多数经消化道、呼吸道吸收，其毒性主要由二硫化碳中毒所致。代森类在机体内代谢释放出二硫化碳、硫化氢、异硫化氢酸酯，它们能与蛋白质中的巯基和氨基发生反应。福美类在体内分解出二甲胺和二硫化碳，发挥特征性的毒性作用。

中毒时，这类毒物主要损害消化器官和神经系统，先出现消化与神经兴奋症状，如呕吐、腹痛、腹泻、兴奋、痉挛和抽搐等，后转为抑制、昏迷，最后因呼吸和循环衰竭而致死。此外，它们对肝脏、肾脏具有损害作用。

目前无特效解毒，可采取对症治疗。

（二）沙蚕毒素类中毒

这类杀虫药是以沙蚕毒为基本骨架模型合成的化学农药。其主要品种有杀虫双、杀虫环、杀虫单、杀虫磺等，属中等毒性类农药。经消化道和呼吸道吸收后产生有毒性的沙蚕毒素或二氢沙蚕毒素，可与神经肌肉接头处突触前膜或后膜巯基结合，竞争性地占据胆碱能神经递质受体的二硫键，使乙酰胆碱与受体的结合被阻断。临床上表现为精神沉郁，食欲减退或废绝，发绀，呕吐，流涎，出汗，瞳孔缩小，全身肌肉震颤，四肢阵发性抽搐，甚至惊厥、昏迷。

采用2%～3%碳酸氢钠洗胃，硫酸钠导泻。静脉注射L-半胱氨酸、二巯基丙醇、二巯基丁二酸钠有疗效。还可肌肉注射阿托品。

硝基苯和苯中毒（nitrobenzene and benzene poisoning）

（一）硝基苯中毒

苯的硝基化合物称硝基苯，常见的化合物有二硝基苯、三硝基甲苯和硝基氯苯。三硝基甲苯对猫的经皮致死量为每千克体重200mg。

动物接触和误食被硝基苯化合物污染的饲料、饮水或饲草后发生中毒。毒物对动物机体产生的作用包括：①血液损害，使氧合血红蛋白转变成变性血红蛋白，从而失去携带氧的功能，患病动物出现缺氧、发绀。②肝脏损害，硝基苯化合物可直接作用于肝细胞，引起中毒性肝炎，还有溶血的作用，出现黄疸等。③损伤中枢神经系统，出现抽搐、昏迷等现象。④损害泌尿器官，硝基苯化合物可直接损害肾脏，引起肾实质变性，出现血尿等。⑤对皮肤有强烈的刺激和致敏作用，能产生接触性皮炎和过敏性皮炎。

及时清除皮肤和胃肠道毒物，皮肤可用5%乙酸清洗，用盐类泻剂导泻。美蓝是治疗本病的特效药物，否则可用20%的硫代硫酸钠静脉注射。配合使用维生素B_{12}效果更好。

(二) 苯中毒

苯是一种芳香族碳氢化合物，其蒸气被动物吸入后可发生中毒。苯由呼吸道吸收进入血液、相继到达各器官组织，可产生以下作用：①苯具有亲脂性，可吸附于神经细胞表面，从而引起细胞氧化还原作用的抑制，致使细胞的活性降低，三磷酸腺苷合成减少，乙酰胆碱生成障碍而导致麻痹作用。②苯的代谢产物——酚类，系细胞原浆毒，可抑制细胞核分裂，并抑制生血组织，妨碍造血功能。③影响中枢神经系统。

临床上主要表现为：呼吸道炎症、咳嗽、鼻液增多，有湿啰音，呼吸困难，流泪。有时伴随呕吐，共济失调，站立不稳，昏睡。严重者血压降低，瞳孔散大，全身肌肉纤维性颤动或阵发性强直性抽搐，呼吸加快，后因呼吸衰竭而死亡。

无特效治疗方法，一般采用对症治疗。

（袁 慧）

第五节 矿物类物质中毒

食盐中毒（salt poisoning）

食盐中毒是在动物饮水不足的情况下，因摄入过量的食盐或含盐饲料所引起的以消化紊乱和神经症状为特征的中毒性疾病。主要的病理学变化为嗜酸性粒细胞性脑膜炎。食盐中毒可发生于各种动物，常见于猪和家禽，其次是牛、羊、马。除食盐外，其他钠盐如碳酸钠、丙酸钠、乳酸钠等亦可引起与食盐中毒一样的症状，因此倾向于统称为"钠盐中毒"（sodium salt poisoning）。

【病因】食盐是动物机体内必需的矿物质营养，在动物饲料中添加0.3%~0.8%的食盐可提高食欲、增强代谢、促进发育，但当动物采食食盐过量或饲喂方法不当，尤其是限制饮水时常引起食盐中毒。常见的原因如下：

（1）不正确地使用腌制食品（如腌肉、泡菜、咸鱼）或乳酪加工后的废水、残渣及酱渣等，因其含盐量高，喂量过多可引起中毒。

（2）对长期缺盐饲养或"盐饥饿"的家畜突然加喂食盐，特别是喂含盐饮水，未加限制时，极易发生异常大量采食而引起中毒。

（3）机体水盐代谢平衡的状态，可直接影响对食盐的耐受性。如高产乳牛泌乳期对食盐的敏感性要比干乳期高。

（4）全价饲养，特别是日粮中钙、镁等矿物质充足时，对过量食盐的敏感性大大降低，反之则敏感性显著增高。

（5）维生素E和含硫氨基酸等营养成分的缺乏，可使猪对食盐的敏感性增高。

（6）饮水不足。有人发现，饮水充分时，猪饲料中含盐量达13%也未必引起中毒。

各种动物的食盐内服急性致死量为：每千克体重，牛、猪及马约2.2g，羊6g，犬4g，家禽2~5g。动物缺盐程度和动物饮水的多少直接影响其致死量。

【发病机理】钠盐中毒的确切机理还不十分清楚，综合起来有钠离子中毒学说、水盐代谢障碍学说和过敏学说三种。

1. 钠离子中毒学说 该学说从多种钠盐都可引起中毒的角度出发。细胞外钠离子浓度升高，"钠泵"作用不能维持。Na^+有刺激ATP向ADP和AMP转化并释放能量，以维持"钠泵"的功能；但大量AMP积聚在细胞内，不易被清除。AMP因缺乏能量不能转化为ATP，过量的AMP还有抑制葡萄糖酵解过程。因而脑细胞能量进一步缺乏，"钠泵"作用难以维系。细胞内钠离子向细胞外液的运送几乎停止，脑水肿更趋严重。

2. 水盐代谢障碍说 该学说认为当过量的食盐从消化道吸收后，血中钠离子浓度升高，造成高钠血症，大量钠离子通过离子扩散方式进入脑脊髓液中。由于血液和脑脊液中钠离子浓度升高，垂体后叶抗利尿激素分泌增多，尿液减少，血液中水分以及某些代谢产物如尿素、非蛋白氮、尿酸等，也随之进入脑脊液和脑细胞，产生脑水肿，并出现神经症状。因此，中毒初期当血钠浓度升高时，给予大量饮水，促使钠离子经尿排出是有意义的。而在出现神经症状后，再给予大量饮水则使脑水肿加重。

3. 过敏学说 该学说认为在钠离子作用于脑细胞之后，一方面刺激脑细胞并引起神经症状，同时脑细胞释放组胺、五羟色胺等化学趋向物质，引起酸性粒细胞积聚在血管周围，形成所谓的"袖套"现象，故称为酸性粒细胞性脑膜脑炎（eosinophilic meningocephalitis）。

【症状】食盐中毒主要表现为神经症状和消化紊乱，因动物品种不同有一定差异。

猪主要表现为神经系统症状，表现不安、兴奋、转圈、前冲、后退、肌肉痉挛、身体震颤，不断做咀嚼运动，有的表现为吻突、上下颌和颈部肌肉不断抽搐，口角出现少量白色泡沫。口渴，常找水喝，直至意识紊乱而忘记饮水，同时眼和口黏膜充血，少尿。后躺卧，四肢做游泳状动作，有的出现犬坐姿势，呼吸迫促，脉搏快速，皮肤黏膜发绀，出现阵发性惊厥、昏迷，呼吸衰竭而死亡。

家禽表现口渴频饮，精神委顿，运动失调，食欲废绝。嗉囊扩张，口和鼻流出黏液性分泌物。常发生下痢，呼吸困难。小公鸡睾丸囊肿。

牛中毒时呈现食欲减退、呕吐、腹痛和腹泻。同时，视觉障碍，最急性者可在24h内发生麻痹，球节挛缩，很快死亡。病程较长者，可出现皮下水肿，顽固性消化障碍，并常见多尿、鼻漏、失明、惊厥发作，或呈部分麻痹等神经症状。

犬表现运动失调，失明，惊厥或死亡。

【病理变化】剖检见胃、肠黏膜潮红、肿胀、出血，甚至脱落。脑脊髓各部可能有不同程度的充血、水肿，尤其急性病例软脑膜和大脑实质最明显，脑回展平，表现水样光泽。脑切片镜检可见软脑膜和大脑皮质充血、水肿，脑血管周围有多量嗜酸性粒细胞和淋巴细胞聚集，呈特征性的"袖套"现象。

【诊断】 根据病畜有摄入大量食盐或其他钠盐，同时饮水不足的病史，结合神经和消化机能紊乱的症状，病理组织学检查发现特征性的脑与脑膜血管嗜酸性粒细胞浸润，可做出初步诊断。

必要时可测定血清及脑脊液中的钠离子浓度和食物中氯化钠的含量。当脑脊液中 Na^+ 浓度超过 160mmol/L，脑组织中 Na^+ 超过 1 800μg/g 时，就可认为是钠盐中毒。

【治疗】 尚无特效解毒药。治疗要点为排钠利尿，恢复阳离子平衡和对症治疗。

(1) 发现中毒，立即停喂食盐。对尚未出现神经症状的病畜给予少量多次的新鲜饮水，以利血液中的钠盐经尿排出；已出现神经症状的病畜，应严格限制饮水，以防加重脑水肿。

(2) 恢复血液中一价和二价阳离子平衡，可静脉注射 5％葡萄糖酸钙液 200～400mL 或 10％氯化钙液 100～200mL（马、牛）。猪的氯化钙剂量按每千克体重 0.2g 计算。

(3) 缓解脑水肿，降低颅内压，可静脉注射 25％山梨醇液或高渗葡萄糖液。

(4) 促进毒物排除，可用利尿剂（如双氢克尿噻）和油类泻剂。

(5) 缓解兴奋和痉挛发作，可用硫酸镁、溴化物（钙或钾）等镇静解痉药。

【预防】 畜禽日粮中添加食盐总量应占日粮的 0.3％～0.8％，或以每千克体重补饲食盐 0.3～0.5g，以防因盐饥饿引起对食盐的敏感性升高。在饲喂盐分较高的饲料时，在严格控制用量的同时供以充足的饮水。

无机氟中毒（inorganic fluoride poisoning）

氟多以化合物的形式存在，氟中毒分为无机氟中毒和有机氟中毒两类。通常所称氟中毒一般指无机氟中毒。有机氟化物中毒则主要有氟乙酰胺、氟乙酸钠等中毒。

无机氟中毒是指无机氟经饲料或饮水或吸入含氟气体，在体内长期蓄积所引起的全身器官和组织的毒性损害的急、慢性中毒的总称。急性氟中毒以胃肠炎、呕吐、腹泻和肌肉震颤、瞳孔扩大、虚脱死亡为特点；慢性氟中毒又称氟病（fluorosis），最为常见，是因长期连续摄入超过安全限量的无机氟化物引起的一种以骨、牙齿病变为特征的中毒病，常呈地方性群发，主要见于犊牛、牛、羊、猪、马和禽。

【病因】 急性氟中毒主要是动物一次食入大量氟化物或氟硅酸钠而引起中毒，常见于动物用氟化钠驱虫时用量过大。慢性氟中毒是动物长期连续摄入少量氟而在体内蓄积所引起的全身器官和组织的毒性损害。常见原因有：

(1) 地方性高氟：如火山喷发地区，冰晶石矿、磷矿地区，温泉附近，土壤中含氟量高，牧草、饮水含氟量亦高，达到中毒水平。

(2) 工业氟污染：利用含氟矿石作为原料或催化剂的工厂（磷肥厂、陶瓷厂、氟化物厂等），未采取除氟措施，随"三废"排出的氟化物污染周围空气、土壤、牧草及地表水，其中含氟废气与粉尘污染较广，危害最大。

(3) 长期用未经脱氟处理的过磷酸钙作为畜禽的矿物质添加剂，亦可引起氟病。偶有乳牛因饲喂大量过磷酸盐以及猪用氟化钠驱虫用量过大引起的急性无机氟中毒。

【发病机理】 氟是一种对细胞有毒害作用的原先质毒物。过量氟进入体内产生明显的毒害作用，主要损害骨骼和牙齿，呈现低血钙、氟斑牙和氟骨症等一系列表现；还会导致各个组织器官结构和功能的改变。

胶原纤维损害是氟病最基本的病理过程。骨骼和牙齿内的胶原纤维分别由成骨细胞和成牙质细胞分泌，磷灰石晶体沿胶原纤维固位。氟化物可使成骨细胞和成牙质细胞代谢失调，合成蛋白质和能量的细胞器受损，合成的胶原纤维数量减少或质量缺陷。矿物晶体沉积在这样的胶原上，从而出现骨和牙的各种病理变化。另外，由于骨盐只能在磷酸化的胶原上沉积，而氟可抑制磷酸化酶，使胶原的磷酸化受阻，从而导致骨骼矿化过程障碍。

氟对牙釉质、牙本质及牙骨质造成损害。氟作用于发育期（即齿冠形成钙化期）的成釉质细胞，使其分泌、沉积基质及其后的矿化过程障碍，导致釉质形成不良，釉柱排列紊乱、松散，中间出现空隙，釉柱及其基质中矿物晶体的形态、大小及排列异常，釉面失去正常光泽。严重中毒时，成釉质细胞坏死，造釉停止，导致釉质缺损，形成发育不全的斑釉（氟斑牙）。氟对牙本质的损害表现为钙化过程紊乱或钙化不全，牙齿变脆，易磨损。病牛牙齿磨片镜检发现，釉质发育不良，表面凹凸不平，凹陷处有色素沉着，钙化不全；牙本质小管靠近髓腔四周有局灶性断裂，断裂处出现空洞样坏死区。

氟可使骨盐的羟基磷灰石结晶变成氟磷灰石结晶，其非常坚硬且不易溶解。大量氟磷灰石形成是骨硬化的基础。由于氟磷灰石的形成使骨盐稳定性增加，加之氟能激活某些酶使造骨活跃，导致血钙浓度下降，引起继发性甲状旁腺机能亢进，使破骨细胞活跃，骨吸收增加。因此，病畜表现骨硬化和骨疏松并存的病理变化。

氟对细胞的毒性表现在氟化物对细胞膜和原生质均有毒害作用，氟能使蛋白质和DNA合成下降，抑制DNA聚合酶的活性，使DNA的切除修复功能受损，DNA前体的磷酸化过程受到明显影响。

氟对体内许多酶都具有毒性作用。高氟可抑制烯醇化酶，使糖代谢障碍；抑制骨磷酸化酶，影响钙、磷代谢；破坏胆碱酯酶，影响神经传导功能。氟还可使肝中琥珀酸脱氢酶、三磷酸腺苷酶、碱性磷酸酶活性降低。氟对酶的毒性作用与氟的浓度、作用时间长短以及酶的结构等因素有关。

氟和氟化物可导致机体细胞免疫和体液免疫出现异常。另外，氟对肝脏、肾脏和内分泌腺都有一定的损害作用。

【症状】氟中毒在临床上主要表现为急性或慢性中毒，以慢性中毒最为常见。

1. 急性氟中毒 实质上是一系列腐蚀性中毒的表现。一般在食入半小时后出现症状。一般表现为流涎、呕吐、腹痛、腹泻、呼吸困难、肌肉震颤、阵发性强直痉挛，严重时虚脱而死。有时动物粪便中带有血液和黏液。

2. 慢性氟中毒 常呈地方性群发，当地出生的放牧家畜发病率最高。病畜异嗜，生长发育不良，主要表现牙齿和骨骼损害有关的症状，且随年龄的增长而病情加重。

牙齿的损害是本病的早期特征之一。多数的会出现氟斑牙：牙面、牙冠有许多白垩状，黄、褐以至黑棕色、不透明的斑块沉着。表面粗糙不平，齿釉质碎裂，甚至形成凹坑，色素沉着在孔内，牙齿变脆并出现缺损，病变大多呈对称发生，尤其是门齿，具诊断意义。

氟骨症：骨骼的变化随着体内氟蓄积而逐渐明显，颌骨、掌骨、肋骨等呈现对称性的肥厚，骨变形，常有骨赘。有些病例面骨也肿大，肋骨上出现局部硬肿。管骨变粗，有骨赘增生；腕关节或附关节硬肿，甚至愈着，患肢僵硬，蹄尖磨损，有的蹄匣变形，重症起立困难。有的病例可见盆骨和腰椎变形。临床表现背腰僵硬，跛行，关节活动受限制，骨强度下降，骨骼变硬、变脆，容易出现骨折。病羊很少出现跛行及四肢骨、关节硬肿症状。

X线检查：骨密度增大或异常多孔，骨外膜呈羽状增厚，骨密质增厚，骨髓腔变窄。有的病例长骨端骨质疏松。

【病理变化】急性氟中毒主要呈出血性胃肠炎病变。慢性氟中毒除牙齿的特殊变化外，以头骨、肋骨、桡骨、腕骨和掌骨变化显著，表面粗糙呈白垩样，肋骨松脆，肋软骨连接部常膨大，极易折断，骨膜充血；骨质增生和骨赘生长处的骨膜增厚、多孔；有的病例下颌骨、骨盆和腰椎变形。心脏、肝脏、肾脏和肾小腺等有变性变化。

【诊断】急性氟中毒主要根据病史及胃肠炎等表现而诊断。慢性氟中毒则根据骨骼、牙齿病理变化及其相关症状、流行病学特点，做出初步诊断。为了确诊，查清氟源与确定病区，应进行畜体及环境含氟量的测定。一般情况下，饮水含氟7mg/L可出现斑釉齿，牧草中含氟超过40mg/kg即为异常。病畜可测定尿氟：8mg/L为正常，10mg/L为可疑，高于15mg/L即可能中毒；骨氟：正常低于500mg/kg，超过1 000mg/kg时即为异常，达3 000mg/kg以上即出现中毒症状。

【治疗】急性氟中毒应及时抢救，小家畜可灌服催吐剂，内服蛋清、牛奶、浓茶等。各种动物均可用0.5％氯化钙或石灰水洗胃，也可静脉注射葡萄糖酸钙或氯化钙，以补充体内钙的不足。也可配合维生素D、维生素B_1和维生素C治疗。

慢性中毒的治疗较困难，首先要停止摄入高氟牧草或饮水。转移动物至安全牧区放牧是最经济和有效的办法，并给予富含维生素的饲料及矿物质添加剂，修整牙齿。对跛行病畜，可静脉注射葡萄糖酸钙。

【预防】主要是根治"三废"，减少氟的排放，废气、废水中氟应做无害化处理，如经过含钙溶液，使其形成不溶性氟化钙。在给动物补磷时，磷灰土一定要经高温脱氟，动物饮水中加入硝石灰500～1 000mg/L，可使水中氟含量从10mg/L降到1mg/L。

在高氟污染区，应避免放牧。试验证明，预防动物氟中毒，可肌肉注射亚硒酸钠或投服长效硒缓释丸。

铅中毒（lead poisoning）

铅中毒是指动物摄入过量的铅化合物或金属铅所致的急、慢性中毒。临床上以神经机能紊乱和胃肠炎症状为特征。各种动物均可发生，反刍动物最为敏感，特别是幼畜和怀孕动物更易发生，猪和鸡对铅的耐受性大。

铅急性中毒量：每千克体重，山羊400mg，犊牛400～600mg，成年牛600～800mg。铅慢性中毒日摄入量：每千克体重，绵羊＞4.5mg，牛6～7mg，猪33～66mg，连续14周；马100mg，连续4周。

【病因】铅广泛存在于自然界，由于人类的各种活动，使环境受到广泛的铅污染。如铅矿、炼铅厂排放的废水和烟尘污染附近的田野、牧地、水源；机油、汽油（掺入防爆剂四乙基铅）燃烧产生的废气污染路旁的草地和沟水，是铅污染的常见原因。另外，铅颜料（包括铅丹、铅白、硫酸铅和铬酸铅等）普遍用于调制油漆，生产漆布、油毛毡、电池等，是主要的铅毒源，动物因舔食油漆或剥落的油漆片、漆布、油毛毡和咀嚼电池等含铅废弃物而中毒。还有，某些含铅药物，如用砷酸铅给绵羊驱虫，有时亦会发生铅中毒。

工业生产中往往是铅和镉对环境的共同污染，镉的毒性与铅相似，两者对动物的毒性呈现协同作用。

【发病机理】 铅在消化道内形成不溶性铅复合物，仅1%～2%吸收，绝大部分随粪便排出。吸收的铅，一部分随胆汁、尿液和乳汁排泄，一部分沉积在骨骼、肝、肾等组织中。铅对各组织均有毒性作用，主要表现在以下几个方面：铅可损害造血系统引起贫血，能抑制血红素合成所需的两种酶——δ-氨基乙酰丙酸脱水酶（ALA-D）和铁螯合酶。前者受抑制，则卟胆原（porphobilinogen，PBG）生成障碍，卟啉代谢受阻；抑制后者，原卟啉Ⅲ不能与Fe^{2+}螯合，血红素生成障碍，而导致铁失利用性贫血。铅可引起脑血管扩张，脑脊液压力升高，神经节变性和灶性坏死，因而常有神经症状和脑水肿。铅可引起平滑肌痉挛，胃肠平滑肌痉挛而发生腹痛；小动脉平滑肌痉挛而出现缺血。肝、肾等脏器血流量减少，引起组织细胞变性。铅可通过胎盘屏障，对胎儿产生毒害作用，有的引起流产。铅还能影响动物的免疫系统，其主要是铅能抑制机体的体液免疫、细胞免疫和吞噬细胞的功能。

【症状】 动物铅中毒的主要临床表现是兴奋狂躁、感觉过敏、肌肉震颤等脑病症状；失明、运动障碍、轻瘫以至麻痹等神经性症状；腹痛、腹泻等胃肠炎症状；低色素型小细胞性贫血或正色素型正细胞性贫血。动物品种和病程类型不同，临床症状有一定差异。

牛铅中毒可分为急性和亚急性两种类型。急性铅中毒主要发生于犊牛，主要表现病牛兴奋狂躁，攻击人畜；视觉障碍以至失明；对触摸和声音等感觉过敏；全身肌肉震颤，步态僵硬、蹒跚，直至死亡，病程12～36h。亚急性铅中毒多常见于成年牛，除上述临床表现外，胃肠炎症状较突出。病牛沉郁、呆立，饮食欲废绝、前胃弛缓，便秘而后腹泻，排恶臭的稀粪，病程3～5d。

羊以亚急性铅中毒居多，其临床表现与牛的亚急性铅中毒相似，神经症状较轻。消化系统症状更明显，食欲废绝，初便秘后腹泻，腹痛，流产，偶发兴奋或抽搐。慢性中毒主要表现精神沉郁，视力下降，贫血；运动障碍，后肢轻瘫或麻痹。

猪的铅中毒不常见，大剂量摄入铅可引起食欲废绝、流涎，腹泻带血，失明，肌肉震颤等。妊娠母猪可能流产。

家禽铅中毒表现为食欲减退和运动失调，继而兴奋和衰弱。产蛋量和孵化率降低。

犬和猫中毒表现厌食，呕吐，腹痛，腹泻或便秘，咬肌麻痹。有的流涎，肌肉震颤，共济失调，惊厥，失明等。

【病理变化】 铅中毒的病变主要在神经系统、肝脏、肾脏等。脑脊液增多，脑软膜充血、出血，脑回变平、水肿，脑实质毛细血管充血，血管周围扩张，血管内皮细胞肿胀、增生。皮质神经细胞层状坏死，胶质细胞增生。肾肿大，脆性增加，呈黄褐色。肾上皮有核内包涵体，肾小管上皮细胞出现颗粒变性和坏死，坏死脱落的上皮细胞堵塞管腔。肝脏脂肪变性，偶尔有核内包涵体。

【诊断】 根据动物长期或短期铅接触、摄入病史，结合神经机能、消化障碍和贫血等综合征则可做出初步诊断。测定血ALA-D活性降低、尿δ-氨基乙酰丙酸排泄增多，可帮助建立诊断。确诊需依据血、毛、组织中铅的测定：铅中毒时血铅含量高于0.35mg/L（正常0.05～0.25mg/L）；毛铅含量可达88mg/kg（正常0.1mg/kg）；肾皮质铅含量可超过25mg/kg（湿重），肝铅含量超过10～20mg/kg（湿重），有的可达40mg/kg（正常肾、肝铅含量低于0.1mg/kg）。

【治疗】 急性铅中毒常来不及救治而死亡。若发现较早，可采取催吐、洗胃（用1%硫酸镁或硫酸钠液)、导泻等急救措施,并及时应用特效解毒药。慢性铅中毒则可用特效解毒药乙二胺四乙酸二钠钙,剂量为每千克体重110mg,配成12.5%溶液或溶于5%葡萄糖盐水100～500mL,静脉注射,2次/d,连用4d为一疗程。同时灌服适量硫酸镁等盐类缓泻剂有较好的效果。

【预防】防止动物接触含铅的油漆、涂料。在工业环境铅污染区,加大治理污染的力度,减少工业生产向环境中铅的排放是预防环境对动物危害的根本措施。严禁动物在铅污染的厂矿周围放牧。在铅污染区给动物补硒,可明显减轻铅对动物组织器官机能和结构的损伤。

砷中毒 (arsenic poisoning)

砷中毒是指有机和无机砷化合物进入机体后释放砷离子,通过对局部组织的刺激,以及与多种酶蛋白的巯基结合使酶失去活性,影响细胞的氧化与呼吸及机体正常代谢,从而引起以消化功能紊乱、实质性脏器和神经系统损害为特征的中毒性疾病。

元素砷毒性不大,但其化合物毒性较强。砷化物可分为无机砷和有机胂化物两大类,无机砷化物比有机胂化物毒性强。无机砷化物依其毒性可分为剧毒和强毒两类:剧毒类常见的有三氧化二砷(俗称砒霜)、砷酸钠、亚砷酸钠等;强毒类常见的有砷酸铅等。有机胂化物常见的有:甲基胂酸锌(稻谷青)、乙酰亚胂酸铜(巴黎绿)、甲基胂酸钙(稻宁)、新胂凡纳明(914)、甲基胂酸铁铵(田安)等。

【病因】本病的常见原因有:动物采食被无机砷或有机胂农药处理过的种子、喷洒过砷化物的农作物,饮用被砷化物污染的饮水;误食含砷的灭鼠毒饵;以砷剂药浴驱除体外寄生虫时,因药液过浓,浸泡过久,皮肤有破损或吞饮药液、舐吮体表等;饲料中添加对氨基苯胂酸及其钠盐促进猪、鸡生长,用量过高或添加过久;内服或注射某些含砷药物治疗疾病时,用量过大或用法不当均可引起中毒;某些含金属矿物的矿床,特别是铁矿和铜矿,含有大量的砷,常因洗矿时的废水和冶炼时的烟尘污染周围的牧地或水源,引起慢性砷中毒。

【发病机理】砷制剂通过消化道对胃肠有直接的腐蚀作用,吸收后造成毛细血管通透性增加,血浆及血液外渗,使黏膜和肌层分离剥脱,胃肠壁出血、水肿和炎症。砷制剂接触皮肤后,高浓度仅会造成局部腐蚀性坏死,而低浓度则易被迅速吸收而引起全身中毒。砷制剂为原生质毒,可抑制酶蛋白的巯基,使其丧失活性,阻碍细胞的氧化和呼吸作用,导致组织、细胞死亡。砷也能损害神经细胞,引起广泛性的神经性损害。

【症状】各种动物砷中毒的症状基本相似。最急性中毒,一般看不到任何症状而突然死亡,或者病畜出现腹痛,站立不稳,虚脱,瘫痪以至死亡。

急性中毒多在采食后数小时发病,反刍动物可拖延至20～50h发生,主要呈现重剧胃肠炎症状和腹膜炎体征。病畜表现腹痛不安、呕吐、腹泻、粪便恶臭、口腔黏膜潮红、肿胀,齿龈呈黑褐色,有蒜臭样砷化氢气味;随病程进展,病畜兴奋不安、反应敏感,随后转为沉郁、衰弱乏力、肌肉震颤、共济失调、呼吸迫促、脉搏细数、体温下降、瞳孔散大,经数小时乃至1～2d,由于呼吸或循环衰竭而死亡。

亚急性中毒表现以胃肠炎为主,病畜腹痛,厌食,口渴喜饮,腹泻,粪便带血或有黏膜碎片。初期尿多,后期无尿,脱水,反刍动物出现血尿或血红蛋白尿。心率加快,脉搏细弱体温下降,后肢末梢冰凉,后肢偏瘫。后期出现肌肉震颤、抽搐等神经症状,最后因昏迷死亡。一般病畜可存活2～7d。

慢性中毒主要表现为消化机能紊乱和神经功能障碍等症状。病畜表现食欲、反刍减退，生长发育停止，渐进性消瘦，被毛粗乱逆立，容易脱落。可视黏膜潮红，结膜与眼睑浮肿。病畜便秘与腹泻交替，粪便潜血阳性。四肢乏力，以致麻痹，皮肤感觉减退。牛、羊剑状软骨部有疼痛感，偶见有化脓性蜂窝织炎。乳牛产乳量显著减少，孕畜流产或死胎。猪和羊慢性有机胂中毒，临床仅表现神经症状。

【病理变化】急性中毒病畜的胃肠道变化十分突出，胃、小肠、盲肠黏膜充血、出血、水肿和糜烂，腹腔内有蒜臭样气味。牛、羊真胃糜烂、溃疡甚至发生穿孔。肝、肾、心脏等呈脂肪变性，脾增大、充血。

慢性病例除胃肠炎病变外，尚见有喉及支气管黏膜的炎症以及全身水肿等变化。

【诊断】根据砷接触史，结合消化紊乱为主、神经机能障碍为辅的综合征，可做出初步诊断。采集饲料、饮水、乳汁、尿液、被毛以及肝、肾、胃肠及其内容物测定其中的砷含量，可提供诊断依据。正常砷含量：被毛＜0.5mg/kg，牛乳＜0.25mg/L。肝、肾的砷含量（湿重）超过10～15mg/kg时，即可确定为砷中毒。

【治疗】本病尚无特效疗法，可从以下几个方面进行治疗：急性中毒时，首先应用20g/L氧化镁液或1g/L高锰酸钾液，或50～100g/L药用炭液，反复洗胃。防止毒物进一步吸收，可将40g/L硫酸亚铁液和60g/L氧化镁液等量混合，振荡成粥状，每4h灌服一次，马、牛500～1 000mL，猪、羊30～60mL，鸡5～10mL；也可使用硫代硫酸钠，马、牛25～50g，猪、羊5～10g溶于水中灌服。应用巯基络合剂。实施补液、强心、保肝、利尿、缓解腹痛等对症疗法。为保护胃肠黏膜，可用黏浆剂，但忌用碱性药，以免形成可溶性亚砷酸盐而促进吸收，加重病情。

【预防】严禁在喷洒过含砷农药的地边、田埂和下风地段放牧，处理好用农药拌过的种子，以防动物误食。医用砷制剂，应注意用法、用量以避免动物中毒。积极治理工业企业引起的砷环境污染，一般认为，土壤砷含量不应超过40mg/kg，饮水砷含量不得超过0.5mg/L。

汞中毒（mercury poisoning）

汞中毒是由于动物食入汞及其化合物或吸入汞蒸气后在机体内成为汞离子，刺激局部组织并与多种含巯基的酶蛋白结合，阻碍细胞的正常代谢，从而引起以消化、泌尿、呼吸和神经系统症状为主的中毒性疾病。因汞剂侵入途径不同，可分别引起胃肠炎、支气管肺炎和皮肤炎；汞吸收后可导致肾脏和神经组织等实质器官的严重损害。慢性中毒病例多死于尿毒症，或以神经机能紊乱为后遗症；急性中毒者多死于胃肠炎或肺水肿。

各种家畜对汞制剂的敏感性差异较大，以牛、羊最敏感，家禽和马属动物次之，猪的耐受性最强。

【病因】汞制剂的保管和使用不当，易造成散毒，直接污染饲料、饮水、器具等，被动物接触或误食而引起中毒。动物舔吮作为油膏剂外用的氯化汞、磺化汞等医疗用药，有时会引起中毒。汞剂在常温下可升华产生汞蒸气，易污染下风的水源、牧草和禾苗，亦可直接被动物吸入，而造成中毒。

通过食物链传递而引起中毒：①某些水中微生物可把无机汞转变为有机汞（甲基汞），使毒性剧增，危害人、畜。②某些水生植物和动物有富集汞的能力，如在一定汞浓度水中生活的鱼不一定中毒致死，但人和动物食入鱼、鱼粉或其他鱼制品后，可产生中毒。发生于日本的"水俣病"就是这一原因引起的。

【发病机理】汞制剂对接触的皮肤和黏膜具有强烈的刺激腐蚀作用。由于汞制剂具有同蛋白质结合的性质，其所释放的汞离子能损害微血管壁，凝聚蛋白成分，对局部有强烈的刺激作用。当汞剂经皮肤、消化道或呼吸道侵入畜体时，可分别引起皮肤炎、胃肠炎或支气管肺炎，乃至肺水肿；当汞经肾脏（主要）、结肠和唾液腺排泄时，会造成重剧的肾病、结肠炎以及口黏膜溃烂（汞中毒性口炎）。

汞制剂易溶于类脂质，排泄速度很慢，常大量沉积于神经组织内，造成脑和末梢神经的变性。另外，汞能与体内含巯基酶类的巯基结合，使之失去活性，使几乎所有的组织细胞都受到不同程度的损害。如汞与金属硫蛋白结合形成的复合物达一定量时，可引起上皮细胞损伤，血管上皮损伤可产生出血，肾小管上皮损伤可产生肾功能衰竭，肠上皮损伤可出现下痢、出血、疝痛等症状。

【症状】无机汞急性中毒较少见，往往呈重剧的胃肠炎症状。病畜呕吐物带血，剧烈腹泻，粪便内混有黏液、血液及伪膜。通常在数小时内因脱水和休克而死亡。

亚急性汞中毒，因吸入汞蒸气者主要表现为咳嗽、流泪、流鼻液、呼出气恶臭、呼吸迫促或困难（肺水肿时），肺部听诊有广泛的捻发音、干性和湿性啰音；因误食而发生者主要表现流涎、腹泻、腹痛等胃肠炎症状。几天后，出现肾病症状和神经症状，病畜背腰拱起，排尿减少，尿中含大量蛋白，有的排血尿，尿沉渣检验有肾上皮细胞和颗粒管型；出现肌肉震颤、共济失调，有的后躯麻痹，最后多在全身抽搐状态下死亡。

慢性汞中毒最常见，以神经症状为主。病畜食欲减退，持续腹泻，呈渐进性消瘦，皮肤瘙痒，口唇黏膜红肿溃烂，精神沉郁，头颈低垂，肌肉震颤，口角流涎，有的发生咽麻痹而不能吞咽。后期出现步态蹒跚，共济失调，甚而后躯轻瘫，不能站立，最后多陷于全身抽搐，病程常拖延数周。

【病理变化】吸入中毒主要表现为呼吸道黏膜充血、出血、支气管肺炎，甚至肺充血、出血，有的伴有胸膜炎。食入中毒者表现为胃肠黏膜充血、出血、水肿、溃疡，甚至坏死。体表接触者主要表现为皮肤潮红、肿胀、出血、溃烂、坏死、皮下出血或胶样浸润。急性汞中毒的基本病变在各实质器官，特别是肾脏肿大、出血和浆液浸润；慢性汞中毒主要病变在神经系统，脑及脑膜有不同程度的出血和水肿。

【诊断】主要根据接触汞剂的病史，临床上胃肠、肾、脑损害的综合病征，不难做出诊断。尸检时测定肾中的汞含量有诊断意义，当肾汞达 10～15mg/kg 即可认为是汞中毒。必要时，可测定饲料、饮水、胃肠内容物以及尿液中的汞含量。

【治疗】停喂可疑饲料和饮水，禁喂食盐，因食盐可促进有机汞溶解，使其与蛋白结合而增加毒性。另外，按一般中毒病常规处理后，及时使用解毒剂，以达到排除汞的目的，可选用以下药物：

1. 巯基络合剂 常用制剂有：5%二巯基丙磺酸液，每千克体重 5～8mg，肌肉或静脉注射，首日 3～4 次，次日 2～3 次，第 3～7 天各 1～2 次，停药数日后再进行下一疗程；或用 5%～10%二巯基丁二酸钠液，每千克体重 20mg，缓慢静脉注射，3～4 次/d，连续 3～

5d 为一疗程，停药数日后再进行下一疗程。

2. 硫代硫酸钠 马、牛 5～10g，猪、羊 1～3g，口服或静脉注射。

另外，可选用维生素 B、维生素 C、细胞色素和辅酶 A 等药物，配合强心、镇静、补液等对症和辅助性治疗，有助于提高疗效。

【预防】应严格防止工业生产中汞的挥发和流失，从严治理工业"三废"带来的环境汞污染。医用汞制剂在使用时应严格控制剂量和避免滥用，以防动物过多接触而舔食中毒。严禁生产和应用汞农药。

钼中毒（molybdenum poisoning）

钼是人和动物机体必需的微量元素，在体内是黄嘌呤氧化酶、醛氧化酶、过氧化酶、亚硫酸盐氧化酶的构成成分。在钼矿附近及富钼地区，土壤、饮水和饲料中含钼量过高，或在饲料中过量添加了某些钼化合物，可引起动物钼中毒。临床上以持续性腹泻和被毛褪色为特征。钼过量常与铜缺乏同时发生，因而一般认为钼中毒是由于动物采食高钼饲料引起的继发性铜缺乏症。在自然条件下，该病仅发生于反刍动物，牛比羊易感，水牛的易感性高于黄牛，马和猪的易感性很低，一般不呈现临床症状。

【病因】
1. 天然高钼土壤 含钼丰富土壤上生长的植物能大量吸收钼，动物食用这种植物可发生中毒。呈一定的地理分布，多为腐殖土和泥炭土，在美国、新西兰、英国、爱尔兰、加拿大、澳大利亚都曾报道过此病，称为"泥炭泻"（peat scouring）或"下泻病"（teart）。

2. 工业污染 铁钼合金、铝矿、钨矿石、铝合金等的生产冶炼过程可造成钼污染，形成高钼土壤，或直接造成牧草污染。据报道，江西大余用含钼 0.44mg/L 的尾砂水灌溉农田，逐年沉积使土壤含钼量达 25～45mg/kg，生长的稻草含钼达 182mg/kg，牛采食后发生中毒。

3. 不适当地施钼肥 为提高固氮作用，过多地给牧草施钼肥，植物含钼量增高。碱性土壤中可溶性钼较多，易被植物吸收。温暖多雨季节，植物生长旺盛，容易富集钼。

4. 饲料铜、钼含量比值及硫化物的影响 一般饲料含铜 8～11mg/kg，含钼 1～3mg/kg。反刍动物饲料铜、钼含量比值最好保持在 6～10∶1，若此值低于 2∶1，就可能发生钼中毒。

【发病机理】反刍动物钼中毒主要是由于钼干扰机体内铜的吸收和代谢。饲料在瘤胃中发酵产生 H_2S，与钼酸盐作用，形成一硫、二硫、三硫和四硫钼酸盐的混合物，并与饲料中铜形成"铜-钼-硫-蛋白质复合物"，妨碍铜的吸收。硫钼酸盐还可封闭小肠内铜吸收部位，并在肠道形成硫钼酸铜，使铜的吸收率明显下降。当钼酸盐被吸收入血液后，可激活血浆白蛋白上铜结合簇，使铜、钼、硫与血浆白蛋白间紧密结合，一方面可使血浆铜浓度上升，另一方面妨碍肝组织对铜的利用。血液中的硫钼酸盐，一部分进入肝脏，可进入到肝细胞核、线粒体及细胞浆，与细胞浆内蛋白质结合，特别是它可以影响和金属硫蛋白（MT）结合的铜，使它离开金属硫蛋白。从 MT 剥离的铜可进入血液，增加了血浆蛋白结合铜的浓度，或直接进入胆汁使铜从粪便中排泄的量增加，久之体内铜逐渐耗竭，产生铜缺乏症。铜缺乏所致的含铜酶活性降低是本病发生的基础。

【症状】动物采食高钼饲草的1~2周后则可出现中毒症状。最早出现的特征性症状是严重而持续性腹泻，排出粥样或水样的粪便，并混有气泡。同时表现体重减轻、消瘦、皮肤发红，被毛粗糙而竖立，黑毛褪色变为灰色，深黄色毛变为浅黄色毛，眼周围特别明显，像戴眼镜一样。关节疼痛，腿和背部明显僵硬，运动异常。产乳量下降，性欲减退或丧失，繁殖力降低。慢性钼中毒时还常见骨质疏松、易骨折、长骨两端肥大、异嗜等。

绵羊钼中毒，表现轻度下泻，被毛褪色，卷曲度消失，质量下降。羔羊可出现严重运动失调、失明，典型背部凹陷特征。

【诊断】根据地域流行性，持续性腹泻、消瘦、贫血，被毛褪色、皮肤发红等特征症状，结合对铜制剂治疗的反应可做出钼中毒的诊断。饲料和组织中钼和铜含量测定也有决定性意义。正常牛血铜浓度为 0.75~1.3mg/L，钼浓度约为 0.05mg/L；肝铜含量 30~140mg/kg（湿重），钼含量低于 3~4mg/kg。钼中毒时，早期血铜浓度明显升高，后期血铜浓度低于 0.6mg/L，钼浓度高于 0.1mg/L；肝铜含量低于 10~30mg/kg，钼含量高于 5mg/kg。血清含铜酶活性的测定和补铜效果有助于本病的诊断。

【治疗】注射或内服铜制剂是治疗缺铜性钼中毒的有效方法，成年牛 2g/d，犊牛和成年羊 1g/d，溶于水中内服，连续 4d 为 1 个疗程。或用甘氨酸铜注射液肌肉或皮内注射，犊牛 60mg，成年牛 120mg，有效期 3~4 个月。

【预防】主要应注意以下几个方面：重视工业钼污染对人畜的危害，治理污染源，避免土壤、牧草和水源的污染。对土壤高钼地区，可进行土壤改良，降低地下水位以减少饲草对钼的吸收，也可施用铜肥减少植物钼的吸收，增加植物铜的含量。在饲草含钼高的地区，可在日粮中补充硫酸铜。放牧地区可采取高钼与低钼草地定期轮牧的方式。

铜中毒（copper poisoning）

铜中毒是动物摄入过量的铜而发生的以腹痛、腹泻、肝功能异常和贫血为特征的中毒性疾病。世界上有许多地区的多种动物都有急性和慢性铜中毒发生的报道。反刍动物较易发生，其中以羔羊对过量铜最敏感，其次是绵羊、山羊、犊牛、牛等。单胃动物对铜有较大的耐受量，这种差异与单胃动物和反刍动物对硫代谢的不同有关。猪、犬、猫时有发生铜中毒的报告，兔、马、大鼠却很少发生铜中毒。家禽中以鹅对铜较敏感，鸡、鸭对铜耐受量较大。

【病因】急性铜中毒常见于一次性误食或注射大剂量可溶性铜盐等意外事故引起。如羔羊在用含铜药物喷洒过的草地上放牧，或饮用含铜浓度较高的饮水（如鱼塘内用硫酸铜灭杂鱼、螺丝和消毒），缺铜地区给动物补充过量铜制剂等。

动物采食含铜较高的牧草，或一些因素改变铜的代谢，通过促进铜的吸收和滞留使体内铜水平超过动物体的需要而发生慢性铜中毒。常见于：①环境污染或土壤中铜含量太高致周边所生长的牧草中铜含量偏高，如矿山周围、铜冶炼厂、电镀厂附近，含铜灰尘、残渣、废水污染了饲料及周围环境。②长期用含铜较多的猪粪、鸡粪给牧草施肥，可引起放牧的绵羊铜中毒。将饲喂高铜饲料的鸡粪烘干除臭后喂羊，可引起慢性铜中毒。③猪、鸡饲料中常添加较高量的铜（有的达 250mg/kg），因未予碾细、拌匀。④某些植物，如三叶草、天芥菜等可引起肝脏对铜的亲和力增加，铜在肝内蓄积，加之这些植物中肝毒性生物碱引起肝损伤，易诱发溶血危象，发生慢性铜中毒急性发作。⑤饲草料中钼和硫含量低或机体吸收减少，如放牧绵羊牧草含铜量正常，而钼含量低于 0.1～0.2mg/kg 时可继发慢性铜中毒。另外，日粮高锌可拮抗铜的毒性，锌含量 100mg/kg 可降低肝脏铜储备。

研究表明，当饲料中锌、铁、钼、硫含量适当时，动物对饲料中铜的耐受量（mg/kg）为：绵羊 25，牛 100，猪 250，兔 200，马 800，大鼠 1000，鸡、鸭 300，鹅 100。

【发病机理】动物在短时间内摄入大量铜盐，对胃肠黏膜产生直接刺激作用，引起急性胃肠炎、腹痛、腹泻。高浓度铜在血浆中可直接与红细胞表面蛋白质作用，引起红细胞膜变性、溶血。肝脏是体内铜储存的主要器官，动物长期摄入过量铜，吸收后在肝脏大量储存而发生慢性中毒，大量铜可集聚在肝细胞的细胞核、线粒体及细胞浆内，使亚细胞结构损伤。在溶血危象发生前几周出现肝功能异常，天门冬氨酸氨基转移酶、精氨酸酶等活性升高，当肝内铜积累到一定程度，在某些诱因作用下，肝细胞内铜迅速释放入血，血浆铜浓度大幅升高，红细胞变性，红细胞内海恩次（Heinz）小体生成，溶血，体况迅速恶化并死亡。肾脏是铜储存和排泄的器官，溶血危象出现后，产生肾小管坏死和肾功能衰竭。

【症状】急性铜中毒时，羊主要表现剧烈腹痛、腹泻、惨叫，频频排出稀水样粪便，有时排出淡红色尿液；猪、犬可出现呕吐，粪及呕吐物中含绿色至蓝色黏液，呼吸增快，脉搏频数；后期体温下降、虚脱、休克，在 3～48h 内死亡。

羊慢性铜中毒，常可分为三个阶段：早期是铜在体内积累阶段，主要是肝、肾铜含量大幅度升高、体增重减慢外，其他症状可能不明显；中期为溶血危象前阶段，肝功能明显异常，天冬氨酸氨基转移酶、精氨酸酶和山梨醇脱氨酶活性迅速升高，血浆铜浓度也逐渐升高，但精神、食欲变化轻微，此期因动物个体差异，可维持 5～6 周；后期为溶血危象阶段，动物表现烦躁，呼吸困难；极度干渴，卧地不起，血液呈酱油色，血红蛋白浓度降低，可视黏膜黄染，红细胞形态异常，红细胞内出现 Heinz 小体，PCV 极度下降。血浆铜浓度急剧升高达 1～7 倍，病羊可在 1～3d 内死亡。

猪中毒时，食欲下降，消瘦，粪稀，有时呕吐。可视黏膜淡染，贫血，后期部分猪死亡。

【病理变化】急性铜中毒时，胃肠炎明显，尤其真胃、十二指肠充血、出血甚至溃疡，间或真胃破裂。肝脏和肾脏肿大呈青铜色，膀胱出血，内有红色以至褐红色尿液。慢性铜中毒时，羊肝呈黄色、质脆，有灶性坏死。肝窦扩张，肝小叶中央坏死，胞浆严重空泡化，肝、脾细胞内有大量含铁血黄素沉着，肝细胞溶解；肾肿胀呈黑色，切面有金属光泽，肾小管上皮细胞变性、肿胀，肾小球萎缩；脾脏肿大，弥漫性淤血和出血。

猪铜中毒，肝肿大一倍以上、黄染，胆囊扩大，肾、脾肿大、色深，肠系膜淋巴结弥漫性出血，胃底黏膜严重出血，食道和大肠黏膜溃疡，组织学变化与羊类似。

【诊断】有大量摄入铜盐的病史，结合腹痛、腹泻、PCV 下降可做出初步诊断。饲料、饮水中铜含量测定有重要意义。慢性铜中毒根据突然发生血红蛋白尿、黄疸、休克，但缺乏胃肠炎的症状，肝、肾、血浆铜浓度及酶活性测定结果可提供诊断依据。

【防治】首先应停止铜供给，采食易消化的优质牧草。急性铜中毒的羊可用三硫（或四硫）钼酸钠溶液静脉注射，按每千克体重 0.5mg 钼，稀释成 100mL 溶液，缓慢静脉注射，3h 后，根据病情可再注射 1 次。对亚临床铜中毒及经硫钼酸盐抢救已经脱离溶血危象的急性中毒动物，按每日日粮中补充 100mg 钼酸铵和 1g 无水硫酸钠或 0.2% 的硫黄粉，拌匀饲喂，连续数周，直至粪便中铜降至接近正常时为止。

在高铜草地放牧的羊，可在精料中添加 7.5mg/kg 钼、50mg/kg 锌及 0.2％的硫，不仅可预防铜中毒，而且有利于被毛生长。猪、鸡饲料中补充铜时应充分拌匀，同时应补充锌 100mg/kg，铁 80mg/kg，可减少铜中毒的几率。

镉中毒（cadmium poisoning）

镉中毒是动物长期摄入大量的镉后引起的以生长发育缓慢、肝脏和肾脏损害、贫血以及骨骼变化为主要特征的一种中毒病，多呈慢性中毒，或为亚临床经过。动物镉中毒主要发生在环境镉污染地区，常见于放牧的牛、羊和马等。

【病因】镉是一种重金属，它与氧、氯、硫等元素形成无机化合物分布于自然界中。动物饲料中镉主要来源于工农业生产所造成的环境污染。电镀、塑料、油漆、电池、磷肥工业都可能产生镉废料，镉与锌伴生，冶炼锌时可造成镉对环境的污染。有些地区用下水道污泥沤田，种植的植物可吸收和蓄积多量的镉。由于环境中的镉不能被生物降解，被美国毒物管理委员会（ATSDR）列为第六位危及人体健康的有毒物质。江西赣南地区由于钨矿选矿的废水中含镉 0.01～0.02mg/L，用其灌溉农田，导致土壤镉含量达 2.5mg/kg，稻草镉含量为 1.0～2.1mg/kg，同时由于钼污染的共同作用使水牛发生"红皮白毛症"，猪和鸭也表现明显的镉中毒病变。

【发病机理】镉可经胃肠道、呼吸道，甚至皮肤吸收后主要沉积在肾、肝、睾丸、脾、肌肉等组织中并引起损害。肝脏是镉急性中毒损伤的主要靶器官。大鼠经尾静脉注射的镉很快聚集于肝脏，引起肝脏脂质过氧化及自由基大量产生，抑制抗氧化酶的活力，造成细胞严重损伤。镉在肝脏中可诱导金属硫蛋白（MT）合成并生成 Cd-MT 复合物，这对肝细胞的保护可能有重要作用。镉与蛋白质有高度的亲和力，可使多种酶的活性受到影响，从而引起组织、细胞变性、坏死；镉与 γ 球蛋白结合使动物的免疫力降低。镉能强烈地干扰锌、铁、铜、钙、硒等的吸收或在组织中的分布，产生相应的缺乏症。镉对肾脏也会产生一定的损伤，在肝脏形成的 Cd-MT 在肾小管细胞中降解、分离，释放出游离的镉并产生毒作用，主要危及肾近曲小管，严重时损及肾小球。镉还有致癌作用，实验发现镉可以引起肺、前列腺和睾丸的肿瘤，有学者认为镉的致癌作用与损伤 DNA、影响 DNA 的修复以及促进细胞增生有关。镉还可引起骨质疏松、软骨症和骨折。一般认为镉对骨骼的影响继发于肾损伤，肾脏对钙、磷的重吸收率下降，维生素 D 代谢异常。同时镉也可损伤成骨细胞和软骨细胞。镉对人和动物具有胚胎毒和致突变效应。镉可蓄积于胎盘和胎儿，造成胚胎死亡率增加，胎儿发育障碍，增加了胎儿和体细胞的突变数，并且认为镉是一种遗传毒物。

【症状】动物一次摄入大量镉主要刺激胃肠道，出现流涎、呕吐、腹痛、腹泻等症状，硬脑膜出血和睾丸损伤，严重时血压下降，虚脱而死。

慢性中毒一般无特征性的临床表现，且因动物品种不同而有一定差异。绵羊主要表现精神沉郁，被毛粗乱无光泽，食欲下降，黏膜苍白，体重下降。严重者下颌间隙及颈部水肿，血液稀薄。猪生长缓慢，皮肤及黏膜苍白，其他症状不明显。水牛镉中毒时，表现贫血，消瘦，皮肤发红。另外，镉中毒时雄性动物出现睾丸萎缩、坏死，母畜不孕或出现死胎，影响繁殖机能。

【病理变化】 动物镉中毒的主要组织学变化为全身许多器官小血管壁变厚，细胞变性甚至玻璃样变，肺脏表现严重的支气管和血管周围炎，弥漫性肺泡间质炎和片状纤维结缔组织增生。小脑浦肯野细胞和大脑神经细胞变性。心肌细胞轻度变性，有时出现局灶性坏死。肝脏细胞变性、坏死，胞浆溶解呈细网状，严重时完全崩解，窦内皮细胞变性、肿胀。肾脏为典型的肾中毒性肾病。

【诊断】 镉中毒主要发生在工业生产造成的镉污染地区，根据生长发育缓慢、贫血、出现蛋白尿等症状可初步诊断。土壤、牧草和动物体内镉含量的分析可作为诊断依据，健康肝、肾内镉含量常低于 2~5mg/kg，中毒时高达 10~30mg/kg 以上。

【防治】 尚无特效解毒疗法。主要用依地酸二钠钙或巯基络合剂，也可采用提高饲料中蛋白质比例，增加钙、锌、硒等的供给量来限制镉在体内沉着。目前有试验表明，硒制剂能有效地促使体内沉着镉的排泄。

预防的关键是有效地控制环境污染，切实治理"三废"。对已受污染的土壤可施用石灰阻止和减少植物对镉的吸收。

硒中毒（selenium poisoning）

硒中毒是动物摄入过量的硒而发生的急性或慢性中毒性疾病，多发生于土壤和草料含硒量高的特定地区。急性中毒以腹痛、呼吸困难和运动失调为特征；慢性中毒主要表现为消瘦、跛行和脱毛。各种动物均可发生，高硒地区放牧的牛、羊和马常见，其次为猪。我国湖北省恩施和陕西省紫阳等部分地方为高硒土壤，生长的植物和粮食含硒量高，曾发生人和动物（主要是猪）慢性硒中毒。

【病因】 硒是通过饲料和牧草中聚积而引起毒性的元素之一。引起动物硒中毒的原因有以下几方面：

（1）高硒土壤（如沉积岩地区）生长的植物含硒量较高。如湖北恩施的高硒地区也曾发生动物硒中毒暴发病例；陕西紫阳县土壤含硒 15~27mg/kg，生产的玉米含硒 37.53mg/kg，蚕豆 45.84mg/kg，小麦 9.16mg/kg。

（2）有些植物可富集硒，如紫云英、黄芪属、棘豆属、木质紫菀等硒的含量较高。

（3）预防或治疗硒缺乏症时因配方、计算或称量错误，人为地在饲料中添加了过量的硒。

（4）工业污染的废水、废气中含有硒。硒容易挥发为气溶胶，在空气中形成二氧化硒，人、畜呼吸后亦可引起硒慢性中毒。

硒一次口服中毒剂量：每千克体重，马和绵羊 2.2mg，牛 9.0mg，猪 15.0mg。饲料中的硒不应超过 5mg/kg（干物质）。饲料含 11mg/kg 硒，能引起猪中毒，含 44mg/kg 硒，能引起马中毒。在含硒 25mg/kg（干物质）的草地上放牧数周，则可引起慢性硒中毒。

【发病机理】 关于硒中毒的毒性作用机理目前仍不清楚。摄入体内的可溶性硒和有机硒，绝大部分经小肠吸收入血后，主要与白蛋白结合，迅速遍布全身，并在肝、肾、毛等器官组织中沉积。硒可取代半胱氨酸中的硫，从而影响谷胱甘肽的合成。谷胱甘肽是炎性细胞和其他体液细胞的化学趋向物质，因而硒中毒可影响机体抵抗力。硒可引起毛细血管扩张和通透性增加，引起肺及胃肠道黏膜充血、水肿。硒化合物的毒性可能与其形成活性氧的能力有关。硒还可通过胎盘引起胎儿畸形，可使禽孵化率降低，并影响雏禽的生长。

【症状】硒中毒在临床上主要表现急性、亚急性和慢性三种形式，这主要取决于硒的剂量、类型及接触的时间。

1. 急性硒中毒 由动物采食大量聚硒植物或补充硒剂量过大而引起，常见于犊牛和羔羊。表现为精神沉郁、呼吸困难、黏膜发绀、脉搏细数，运动失调、步态异常、腹痛、臌气，呼出气体有明显的大蒜味，最终因呼吸衰竭而死亡。严重病例在数小时内则可死亡。

2. 亚急性硒中毒 又称"蹒跚病"或"瞎撞病"（blind stagger），常见于饲喂含硒10～20mg/kg饲料或进入高硒牧地数周（6～8周）的牛、绵羊和马。主要表现为病畜步态蹒跚，头抵墙壁，无目的徘徊，做圆圈运动，到处瞎撞、吞咽障碍、流涎、呕吐、腹泻，数日内死于麻痹和虚脱。

3. 慢性硒中毒 又称"碱病"（alkaline disease），常见于动物长期采食含硒在5mg/kg以上的富硒饲料或牧草的动物。主要表现为食欲下降，渐进性消瘦，中度贫血，被毛粗乱，鬃和尾毛（马）、尾根长毛（牛）脱落，跛行，蹄冠下部发生环状坏死，蹄壳变形或脱落。鸡可能不表现明显症状，但蛋中硒含量升高，孵化率降低，鸡胚畸形（无眼、无喙、缺翅或肢异常）。猪脊背部脱毛，蹄壳生长不良，母猪受孕率降低，新生仔猪死亡率升高。

【病理变化】急性硒中毒剖检发现肝脏、心肌和肺脏广泛损伤。肝脏充血、坏死，心外膜有出血点，肺充血、水肿，胸腔积液。亚急性中毒剖检可见脑充血、出血、水肿，肝脏变性、坏死、硬化，脾脏肿大，灶状出血，常有腹水。慢性主要表现营养不良和贫血，腹腔有多量淡红色液体，心肌萎缩，心脏扩张，肝硬变和萎缩，肾小球肾炎，蹄变形。

【诊断】主要根据高硒地区或采食高硒饲料的病史，结合视力下降、神经症状、消瘦、贫血、脱毛、蹄匣脱落等临床综合征，可做出初步诊断。饲草料及被毛、血液和组织硒含量分析是本病的主要依据。饲料中的硒长期超过5mg/kg，毛硒5～10mg/kg，疑为硒中毒；毛硒＞10mg/kg，肝、肾硒10～25mg/kg，蹄壳硒达8～10mg/kg时可诊断为硒中毒。

【治疗】动物硒中毒无特效解毒药。应立即停喂高硒日粮，可用0.1%砷酸钠溶液皮下注射，或饲料中添加氨基苯胂酸10mg/kg，可减少硒的吸收，促进硒的排泄。慢性中毒时，应供给高蛋白、高含硫氨基酸和富含铜的饲料，则可逐渐恢复。

【预防】关键是日粮添加硒时，一定要根据机体的需要，控制在安全范围内，并且混合均匀。在治疗硒缺乏症时，要严格掌握用量和浓度，以免发生中毒。在富硒地区，增加日粮中蛋白质的含量，适当添加硫酸盐、砷酸盐等硒颉颃物。

（胡国良）

第六节 饲料添加剂应用不当

饲料添加剂是指为满足动物特殊需要、提高饲料利用率、保证或改善饲料品质、促进饲养动物生产和动物保健而加入饲料中的少量或微量营养性或非营养性物质。它包括营养性添加剂（如维生素、微量元素、氨基酸等）、非营养添加剂（如抗生素、杀菌药物、驱虫药物、各种激素、酶制剂、抗氧化剂、防腐防霉添加剂等）。

饲料添加剂的广泛应用为保障动物健康和推动畜牧业的发展起到了巨大作用,但是某些饲料添加剂应用不当,也为人类带来了灾难。首先表现为直接危害畜禽的安全,如喹乙醇不正确的使用,导致中毒发生;过量的使用促生长剂(如胂制剂、硒制剂等)都会造成动物中毒。其次,表现为间接地危害人类健康,如肉食品中有些添加剂的残留(如己烯雌酚的应用)不仅影响儿童的发育,而且有致癌作用;又如目前广泛使用铜(每千克饲料添加250mg)作为促生长剂,不仅导致动物中毒,而且大量的铜排入自然环境中,污染公共环境,造成恶性循环。因此,必须重视和加强饲料添加剂的管理和正确使用,以造福于人类。

维生素添加剂应用不当(misuse of vitamin additives)

维生素是体内含量极微,但作用很大的一类物质,它是动物机体内多种酶类的辅酶,也是正常生长发育、维持繁殖所必需的营养物质,一旦缺乏,则会导致许多特定缺乏病,如维生素A缺乏产生夜盲症,维生素E缺乏引起白肌病,维生素C不足则出现坏血病等。

随着科学技术的发展,人们在饲料中已广泛应用人工合成的维生素,以预防动物的相应疾病。但这类饲料添加剂是极微量的成分,经常因使用不当,如添加过量或混合不均匀而导致动物中毒。除此之外,还需重视维生素的相互拮抗和配伍禁忌,如烟酸和泛酸直接混合,前者会破坏后者而引起泛酸的缺乏。

(一)维生素D中毒

维生素D的毒性与其剂量、类型、日粮组成、动物种类以及肾脏功能等有关。

维生素D_3的毒性是维生素D_2的10~20倍。此外,它们的代谢产物的毒性比本身都要高。表8-4列示维生素D_3对各种动物安全的上限。

表8-4 动物对维生素D_3的安全上限(IU/kg*)

(摘自袁慧主编,饲料毒物与卫生学)

动物种类	需要量	饲喂60d	饲喂60d以上
鸡	200	40 000	2 800
火鸡	1 200	12 000	4 700
牛	900	9 000	3 500
马	400	—	2 200
猪	220	33 000	2 200
绵羊	275	25 000	2 200

* 此处的kg是体重的单位。

日粮中钙、磷水平高时,维生素D中毒会加剧,这是因为维生素D_3主要调节钙、磷代谢、促进吸收的缘故。

添加维生素D过量会加速钙的沉积和刺激肠道对钙的吸收,导致血钙异常升高,软组织(如关节、滑膜、心肌、动脉、肾脏)普遍钙化。另外,时间较长,软骨生长受到干扰,提前钙化,各种组织出现炎症、细胞退化等。临床上患病动物还出现厌食、体重降低等中毒症状。

（二）维生素中毒

维生素 C 的毒性表现为酸中毒、胃肠道障碍、变态反应、糖尿病等。此外，过量的维生素 C 对机体内某些矿物质和维生素 B_{12} 的代谢有不良影响。

慢性维生素 C 中毒多见于饲料中长期添加高水平的维生素 C，中毒动物出现骨质疏松症。实验表明，给雄性豚鼠饲喂 8.7% 的维生素 C，6 周后表现骨质疏松，尿中羟脯氨酸分泌减少。每天按每千克体重饲喂 100~200mg 维生素 C，可引发水貂的代谢障碍。

（三）胆碱中毒

饲料中添加胆碱过量可引起动物中毒，首先表现为增重速度减慢、饲料报酬降低。严重中毒时，流涎、出汗、厌食、痉挛、抽搐、发绀、惊厥和呼吸麻痹等。猪的饲料中按每千克体重添加 2 000mg 胆碱，可导致日增重降低。

（四）烟酸中毒

在饲料生产中，必须注意烟酸的添加量和混合程度。若添加量超过每千克体重 18g，动物就会出现心率加快、呼吸增数等中毒症状，严重者发生呼吸麻痹、生长抑制、脂肪肝，甚至死亡。

微量元素添加剂应用不当（misuse of traceelements additives）

一般认为，占动物体重 0.01% 以下者称为微量元素，如铁、锌、铜、锰、碘、硒、钴、钼和铬。由于地区差异，不同种类、年龄、大小的动物对微量元素的需要量不同。在饲料中添加一定数量的微量元素可满足动物生长发育、繁殖的需要。但是，饲料中的微量元素添加量超过动物最大耐受量就出现毒性，对动物造成危害；离子载体类添加剂可增加某些金属离子的生物利用度而导致中毒。动物对微量元素的需要量和最大安全量见表 8-5，动物对微量元素的推荐量和致毒量见表 8-6。

表 8-5 动物对微量元素的需要量和最大安全量（占日粮干物质，mg/kg）
（引自丁角立编著，饲料添加剂指南）

元素	需要量				最大安全量			
	牛	绵羊	猪	鸡	牛	绵羊	猪	鸡
铁	40~60	30~40	5~120	40~80	1 000	500	3 000	1 000
铜	5~15	5~6	10~15	3~4	100	15	250	300
锰	40~100	30~40	30~50	40~60	1 000	1 000	400	1 000
锌	50~100	50~60	50~80	50~60	400	300	1 000	1 000
钴	0.1~0.2	0.1~0.2	0.1	—	30	50	50	20
钼	0.5~1.0	0.5~1.0	<1	<1	6	10	>20	100
碘	0.2~0.5	0.2~0.4	0.1~0.2	0.3~0.4	20	50	400	300
硒	0.1~0.2	0.1~0.2	0.1~0.2	0.1~0.2	3	3	4	4

表 8-6 动物对微量元素的推荐量和致毒量（占日粮干物质，mg/kg）

（引自丁角立编著，饲料添加剂指南）

元素	推荐量			致毒量		
	牛	猪	鸡	牛	猪	鸡
钴	0.1	—	—	30.0	—	5
铜	4.0	6.0	4	20.0	250.0	324
铁	100.0	80.2	80.0	—	5 000.0	—
碘	0.1	0.2	0.4	—	—	625
锰	20.0	20.0	55.0	—	4 000.0	—
钼	0.1	—	—	50.0	—	200.0
硒	0.1	0.1	0.1	5.0	5.0	10.0
锌	40.0	50.0	50.0	1 700.0	2 000.0	3 000.0

（一）铁中毒

饲料中添加的铁多为硫酸亚铁和氨基酸铁。高铁或饲料铁混合不均匀，会引起动物腹泻，甚至发生铁中毒。铁中毒时，由于维生素 A 受到破坏而出现维生素 A 缺乏症。铁过量使磷形成不溶性磷酸盐，降低了动物对磷的吸收而产生佝偻病。

（二）锌中毒

饲料中添加的锌多数是硫酸锌和氧化锌。动物从饲料中食入了大量的锌则产生毒性损害。动物锌中毒时表现为剧烈呕吐、腹泻、腹痛和虚脱，病理变化为肺气肿和肺膨胀不全，心肌松软，肾有瘀斑和肝变性。鸡锌中毒还出现产蛋率下降、消瘦、嗜睡；剖检肝、肾、脾肿大。动物氧化锌中毒时，还有体温升高、呼吸困难、厌食、乳产量下降及颈部皮下水肿。猪慢性锌中毒，初期症状是增重减慢，食欲减退，关节炎，卡他性肠炎等。

高锌还会出现贫血，其机理是拮抗铁和铜，因铁、铜缺乏而导致。

（三）碘中毒

动物体 70% 的碘存在甲状腺中，主要生理作用是合成甲状腺素。为防止动物碘缺乏，在饲料中添加碘化钾或碘酸钙。若添加过量或搅拌不均匀可导致动物中毒。中毒症状主要表现为对胃黏膜的刺激，产生呕吐、厌食、虚脱。剖检可见肝、肾、胃、肠黏膜有出血。羔羊中毒后表现嗜眠，增重减慢，体温升高，多数死于支气管肺炎。

抗生素添加剂应用不当（misuse of antibiotics additives）

20 世纪 50~60 年代以来，抗生素在仔猪、生长猪和肉鸡生产中得到广泛的应用。抗生素添加剂包括多肽类抗生素、大环内酯类抗生素、四环素类抗生素、磷酸化多糖类抗生素和聚醚类抗生素。抗生素的推荐添加量见表 8-7。

表 8-7 猪、鸡日粮中抗生素推荐用量（mg/kg*）

（摘自丁角立编著，饲料添加剂指南）

药 物	雏鸡中鸡 (0~4周)	肉 鸡		猪	
		0~4周龄	4周龄~上市	0~2月龄	2~4月龄
杆菌肽锌	4~50	4~50	4~50	4~40	4~40
硫酸粘杆菌素	2~20	2~20	2~20	2~40	2~20
恩拉霉素	1~10	1~10	1~10	2.5~20	2.5~20
泰乐菌素	22~55	4.4~55	4.4~55	11~110	10~110
北里霉素	1~5	1~5	1~5	5.5~55	5.5~55
螺旋霉素	5~20	5~20	—	5~80	5~50
土霉素钙盐	5~7.5	5~7.5	5~7.5	7.5~50	8.1~11
金霉素	10~55	10~55	—	10~100	10~55
维吉尼霉素	2~5	2~5	2~5	10~20	10~20

国内外大量的试验研究和生产实践证明，抗生素添加剂对动物生长发育和保持动物健康有一定效果。同时，在使用过程中由于使用不科学或不恰当，常常发生问题。

（1）试验已证明，饲料中添加的抗生素能在动物体和畜产品中残留，并不能被高温分解，给人类带来过敏反应和抗药性。

（2）长期使用抗生素添加剂时，有可能使某些细菌群发生突变为抗药性细菌，而抗药性细菌又能将耐药因子传给其他细菌，使其他异种菌也变成耐药菌，从给人畜某些疾病控制及治疗带来问题。

（3）不同种类动物对抗生素反应不一，如犊牛对金霉素的生长反应大于杆菌肽锌，而青霉素对犊牛则呈现副作用。低剂量的抗生素不影响瘤胃微生物的正常机能，但大剂量则杀死部分微生物。当抗生素的剂量过大或混合在饲料中不均匀时都会带来不良影响或造成动物中毒。

（一）青霉素中毒

在饲料中添加量高时可引起动物厌食、烦渴、腹泻。有的动物中毒后主要表现呕吐、发绀、抽搐、惊厥、昏迷、呼吸和循环衰竭，有的则出现弛缓性麻痹和发热，严重者可在几小时内死亡。除毒性反应外还可能出现过敏反应。治疗可采用皮下注射 0.1% 肾上腺素，大动物 2~5mL，小动物 0.2~1mL。必要时静脉注射大剂量 10% 葡萄糖以促进青霉素排泄。

（二）泰乐菌素中毒

半数致死量实验表明，每千克体重，鸡口服 5.4g 泰乐菌素时会发生面部肿胀；犬口服 0.4g，出现呕吐、腹泻；猪口服 1.0g，出现直肠黏膜水肿、脱肛，皮肤红斑、瘙痒。

（三）杆菌肽锌中毒

饲料中添加过量杆菌肽锌，或使用不当导致动物中毒，能严重损害肾脏，发生急性肾小管坏死，造成动物死亡。

合成抗菌药物添加剂应用不当
(misuse of synthetic antibacterial agent additives)

合成抗菌药物添加剂主要是指磺胺类药、砷制剂、喹乙醇、对氨基苯胂酸（又称阿散酸）等。它们经常用作促生长剂，但由于"三致"和抗药性问题以及在畜产品中残留问题，许多国家已禁止或限制使用，我国尚未批准这类药物用作饲料添加剂。但目前生产中有人使用喹乙醇、对氨基苯胂酸，临床上经常发生该类药物中毒。

（一）喹乙醇中毒

喹乙醇又名快育灵，具有影响机体代谢，特别是内分泌系统的代谢，促进蛋白质的同化，提高饲料利用率、生长速度和瘦肉率的作用，并且对革兰氏阴性菌有较好抑菌效果，对猪下痢有极好的治疗效果。猪饲料中添加量为 25～100g/t。

发病原因主要是配方设计错误，或超量使用含喹乙醇的预混料和浓缩料；药物在饲料中混合不均匀；长期连续使用，没有休药期；配伍错误；管理混乱，导致误投药和称量错误。

临床上喹乙醇中毒多见于鸡、鸭，也见于猪。猪喹乙醇中毒多为亚急性和慢性中毒，主要症状是猪采食有毒饲料后，1～2d 内皮肤发红，然后发紫、发绀，同时出现便秘；4～5d 后，猪皮肤变白，毛粗乱，采食量明显降低，出现严重的便秘，生长停滞，体温无明显变化。中毒猪屠宰后，可见肝脏淤血，呈暗褐色，血液呈酱油色。

喹乙醇中毒尚无特效疗法，预防是关键。应立即停喂添加喹乙醇的饲料，用油糠饲养 15～30d，解除便秘，同时用 5% 葡萄糖盐水饮用 5～7d，肌肉注射维生素 C，配合对症治疗，大多数可康复。少数中毒严重的猪康复后成为"僵猪"，建议淘汰。

（二）对氨基苯胂酸中毒

对氨基苯胂酸是苯基胂化合物的一种，主要用作猪和禽的促生长添加剂，在我国目前应用于饲料的还有硝羟苯胂酸等。

苯基胂为有机胂化合物，其本身的毒性小于无机砷化合物。然而，苯基胂化合物在动物体内可转化成无机砷。由动物体内排出的苯基胂化合物在土壤微生物的作用下会逐渐降解为无机砷，并可在土壤中蓄积；无机砷转移到水体后，可造成对生物（包括人）的危害。

动物从饲料中食入超量苯基胂制剂，可引起中毒，其程度和中毒症状出现的快慢与剂量有关。研究表明，在饲料中添加量如超过推荐剂量的 10 倍，动物很快发生中毒。

猪中毒时，出现的最早症状是增重缓慢，并呈进行性发展。初期后肢运动失调和轻瘫，但动物依然清醒并保持良好的食欲。中毒进一步发展，可见动物四肢轻瘫，病猪呈犬坐姿势。失明是对氨基苯胂中毒的特征症状。

尚无特效治疗方法，可采用对症治疗，如使用硫代硫酸钠、维生素 K、维生素 C 及高渗葡萄糖。将原有饲料完全撤除，并以新鲜饲料替代，此时神经中毒症状均可逆转。一旦动物出现麻痹，则不易恢复。对氨基苯胂酸导致动物失明是不可逆的，但动物仍有食欲，并能增重。动物长期慢性中毒导致的神经中毒症状则较难恢复。

驱虫类药物添加剂应用不当（misuse of helminthicide-drug additives）

驱虫类药物添加剂主要用于驱除畜禽体内寄生虫，达到保健的作用。畜禽在高密度集约化饲养中，易感染寄生虫，而且危害很大。预防和控制这类疾病最简便的方法就是在饲料中添加抗寄生虫的药物添加剂。

这类药分为驱蠕虫和抗球虫两大类，主要有越霉素A、潮霉素B、盐霉素钠、莫能菌素、马杜霉素胺盐、球痢净、球虫净、磺胺类、呋喃类等。然而，在使用过程中常引发毒性问题，其原因是：①使用过量或时间过长会导致畜禽中毒，如潮霉素B在猪、鸡饲料中按每千克饲料添加10～13mg具有杀死蛔虫、结节虫作用，但超过100mg/kg，连续使用56d则出现听力损害为主的中毒。②应用错误导致中毒，如大多数抗球虫药在鸡的产蛋期是禁用的，若使用会产生中毒；莫能菌素等对马属动物有剧毒，使用后会致死。③药物拮抗，如抗球虫药对维生素K能产生拮抗，导致维生素K缺乏和需要量增加，可使猪的耳朵出现血肿。④药物残留污染畜产品，如氯苯胍以每千克体重66mg，连续饲喂肉鸡1周，其鸡肉中出现氯苯胍特有的氯化物异臭味；离子载体类添加剂可增加某些金属离子的生物利用度而导致中毒。

这类药物添加剂使用不当时引起动物中毒，没有特效解毒方法，一般采用对症治疗。

（一）盐霉素钠中毒

盐霉素钠是目前应用最广泛的一种抗球虫药，使用量一般控制在每千克体重1mg，超过此剂量会引起中毒。临床上报道鸡中毒较多，表现为雏鸡表现不安，运动失调，伏地喘息，鸣叫，继而倒地，角弓反张，两翅竖立，颤抖，反复发作而死亡。尸体剖检，肺充血、肿胀、肾脏肿大、出血、肝脏呈土黄色、边缘有出血。只有严格控制添加剂量才能达到预防目的。

（二）莫能菌素中毒

莫能菌素也是使用较广泛的一种抗球虫药，它对6种艾美耳球虫引起的疾病有较好的预防作用。但对无球虫病的鸡，使用这种药会降低采食量，降低增重率。鸡发生中毒后，临床表现为神经、肌肉机能障碍，出现共济失调、麻痹、瘫痪、呼吸困难，直至死亡。给北京鸭饲喂莫能菌素每千克饲料158～170mg时，则发生瘫痪等中毒现象。需注意，莫能菌素不能与泰乐菌素、竹桃霉素配伍混合使用，以免发生中毒。

（三）马杜霉素铵盐中毒

马杜霉素铵盐是一种单糖苷聚醚类离子载体型抗生素，其盐类具有抗球虫活性。它主要是影响阳离子生物膜的运输，对K^+和Na^+具有特别的亲和力，使球虫细胞内离子失去平衡，导致代谢障碍而最终死亡。鸡的产蛋期禁用马杜霉素，若此时使用或用量稍多即呈现副作用。肉鸡饲料中添加6mg/kg以上，则出现中毒症状，表现为异嗜、啄毛，增重明显下降。

第八章 中毒性疾病

（四）呋喃西林中毒

呋喃西林的正常用量不会引起动物中毒。临床上常因添加剂量计算错误或使用不当而导致中毒。中毒表现为精神沉郁，呆立，被毛粗乱，饮水和食欲废绝，做圆圈运动，后期像断头鸡一样惊厥性颤动。剖检可见肠炎和心肌炎。

据报道，10~14 周龄鸡，一次投服呋喃西林每千克体重 150~200mg，4h 后出现中毒症状。饲料中添加 250mg/kg 或以上时，连续饲喂小鸡，可引起多发性神经炎、趾爪弯曲、麻痹。2 周龄小鸭日粮中添加呋喃西林 20mg/kg，可引起死亡，其死亡率达 50%。含 10mg/kg 的日粮，对 1 日龄雏鸭可致死。日粮含 60mg/kg 可引起火鸡死亡。

（五）磺胺类药物中毒

磺胺二甲基嘧啶钠、磺胺增效剂等已广泛用于控制家禽的球虫病。使用不当时可引起中毒。

磺胺类药物中毒分为急性型和慢性型。急性的主要引起肾小管变性、坏死，使尿路堵塞。临床上小公鸡的冠、肉髯早熟发育，小母鸡生长停滞，血凝时间延长。尸体剖检，可见肠出血，脾肿大，且有黄白色坏死结节，腹腔积液，肝脏周围常有出血，肌肉有大面积出血、水肿。慢性中毒，可见明显的肾炎，外周神经发炎、变性。母鸡产软壳蛋。

其他促生长添加剂应用不当（misuse of other growth-promoting additives）

动物生长促进剂按促生长机理分为抗生素生长促进剂、合成抗菌药物促生长剂、激素类促生长剂和其他生长促进剂，后者包括酶制剂、活菌制剂（益生素）、镇静安眠药和铜制剂等。这类添加剂在畜牧业应用中，除铜制剂和镇静安眠药外，其余还很少见到对动物能产生明显影响的报道。

（一）高铜促生长剂的危害

高铜饲料添加剂在使用过程中会产生两种危害。

1. 污染环境 给动物饲喂高水平铜日粮，粪便排铜量增多，造成环境污染。有人推算，一个万头猪场，配套土地面积为 133.33hm^2，在日粮中添加铜 250mg/kg，猪的料肉比 3.5：1，从 10kg 仔猪断奶至 90kg 出栏，铜的吸收率按 30% 计算，则每年向环境排放约 4 200kg 铜，给环境造成严重污染。

2. 铜中毒 过量铜可在肝脏中蓄积，呈现毒性反应。一般认为，猪饲料添加硫酸铜 50~100mg/kg 为宜，但若预混不均匀，同样可发生中毒。研究表明，饲料含铜量只要达到 250mg/kg 即可使猪发生中毒。另有一报道，猪日粮中铜含量达 425mg/kg 能引起严重中毒，但如果在日粮中添加锌和铁各 150mg/kg，可消除中毒症状；雏鸡日粮中铜含量达 325mg/kg，能抑制生长和营养不良；雏鸡每天饲喂 100mg 铜即出现中毒症状，发生溶血性贫血。

（二）镇静安眠药（巴比妥类）中毒

镇静安眠药中毒原因是部分饲料厂商在饲料中添加镇静安眠药。市场上巴比妥类等镇静安眠药物价格昂贵，种类繁多，常见商品名有睡宝、安定、睡梦香、甜梦香等。这些违禁药物是国家明令禁止在饲料中添加，但是部分饲料厂无视国家法规和农民利益，竟然在饲料中任意使用，经常出现中毒事故。

临床镇静安眠药（巴比妥类）中毒多为慢性，表现为未吃完食便倒在槽边睡觉；有些猪到了喂食时，仍嗜睡，驱赶不起来，消瘦，消化能力降低，皮毛粗乱，便秘，生长迟缓。更换不含安眠药的新饲料后，由于药物依赖性，猪出现烦躁不安，甚至跳栏，对畜牧生产危害严重。

一般来说，猪呈多相睡眠，吃饱满足营养需要特别是赖氨酸和能量后，均能安静睡眠，所以好的饲料猪均能安静睡觉，不需添加镇静安眠药。安眠药不仅不能促进猪的生长，而且在肉品中残留，危害人的健康。预防关键是加强执法监督和厂商自觉遵守法律法规以及养殖户自觉鉴别和抵制使用含镇静安眠药的饲料。

（三）盐酸克仑特罗中毒

β-肾上腺素受体激动剂是一类平喘药，它包括非选择性的β-肾上腺素受体激动剂（如肾上腺素、麻黄碱和异丙肾上腺素）和选择性β-肾上腺素受体激动剂（如克仑特罗、沙丁胺醇、叔丁喘宁、莱克多巴胺等）。克仑特罗（又名克喘素、氨哮素、双氯醇胺）是强效选择性受体激动剂，其松弛支气管平滑肌作用强而持久。

猪中毒的主要症状是软脚、跛行、瘫痪、肌肉震颤、四肢僵硬、运步强拘，呈木马状，母猪延期流产。在日粮中添加了克仑特罗饲养的猪，猪肉特别是肺组织中残留克仑特罗，消费者食用后，轻度可见心悸、心动过速、手指震颤、头晕等症状；严重的导致心律失常、高血压和甲状腺功能亢进；老年人特别是心脏病患者，导致心脏病发作；儿童出现呕吐、发热、头晕、脚酸痛无力等症状。

国家多次明令禁止使用激素类药物，但屡禁不止，其原因是少数人唯利是图，部分缺乏科学道德的学者的鼓吹，执法还不够严，以及对养殖户和消费者科学知识普及不够。只有以上工作均落实到位，加强执法监督，厂商自觉遵守法律法规，才能杜绝此类中毒事故的再发生。

（袁 慧）

第七节　动物毒素中毒

蛇毒中毒（snake venom poisoning）

蛇毒素中毒是家畜在放牧过程中被毒蛇咬伤而引起以中枢神经麻痹、溶血、毒血症及休克为特征的急性中毒病。各种动物都可发生，但多见于牛、羊和猪。

【病因】毒蛇喜欢生活在气候温和而又隐蔽的地方，常居住在山坡的杂草丛中、灌木丛中、溪旁和乱石堆等穴洞而又有蛙、鼠出没的地方。炎热的夏季，一般多活动在阴凉处；寒冷季节，多活动在向阳地带。在长江以南，蛇的活动期一般在4～11月间，以7～9月最为活跃。家畜在这段时间放牧，易被毒蛇咬伤中毒。咬伤部位越接近中枢神经及血管丰富的部位，其症状越严重。马属动物对蛇毒最敏感，其次是反刍动物，成年猪敏感性较差，仔猪一旦被咬伤，往往在 1h 内中毒死亡。

【发病机理】蛇毒液经咬伤部位进入动物体内后，随着血液很快扩散到全身发挥毒性作用，使动物很快死亡。无论毒牙咬的深浅，毒液还会随着淋巴向皮下组织和肌肉扩散，对组织细胞产生损害。

1. 神经损害 现已经分离出 70 余种神经型蛇毒，对神经系统可产生损害。能使运动神经末端释放递质障碍，导致神经与肌肉接头处生理传导阻断，或者与烟碱突触后膜乙酰胆碱受体牢固结合，使骨骼肌细胞对乙酰胆碱的正常去极化反应消失，从而阻断了神经肌肉的生理传导功能。

2. 心脏损害 已分离提纯近 10 种能损害心脏的蛇毒，均属细胞膜活性多肽，能使心肌细胞发生持久性去极化，使心肌肿胀、变性、出血、坏死，心力衰竭，房性或室性过早搏动，传导阻滞，室性心动过速或心室肌纤维颤动，甚至心跳骤停等。

3. 细胞损害 目前已分离提纯 20 多种细胞性蛇毒，能使组织细胞坏死或溶解，对横纹肌细胞、肾小管细胞和血管内皮细胞产生损伤作用。

4. 促凝血作用与抗凝血作用 蛇毒中含有第 X 因子激活剂，能激活第 X 因子，有凝血酶原或有凝血酶样活性。蛇毒的抗凝血作用是由于它含有溶解纤维蛋白原或纤维蛋白的活性，能促使纤溶酶原转变为纤溶酶，或能阻抑第 Ⅱ、Ⅲ 或 Ⅴ 因子的活性，从而阻抑凝血酶的形成。

【症状】动物被毒蛇咬伤后，临床上表现为以下几种症状：

1. 神经毒症状 银环蛇、金环蛇的毒液多属神经毒。毒素进入机体后很快经血液及淋巴液扩散至全身，病畜颤抖，吞咽困难，口吐白沫，瞳孔散大，血压降低，呼吸困难，心率失常，最后四肢麻痹无力，卧地不起，休克以至昏迷，终因呼吸肌麻痹，窒息而死。

2. 血液毒症状 五步蛇、竹叶青蛇、蝰蛇、龟壳花蛇等都产生血液毒。动物被咬伤后，主要表现为咬伤部剧痛，流血不止，迅速肿胀，发紫发黑，极度水肿，有的发生水疱、血疱，甚至发生组织溃烂坏死。肿胀很快向上发展，一般经 6～8h 可蔓延到整个头部或颈部，或蔓延到前肢以及腰背部。全身症状是全身颤抖，继而发热，心动过速，脉搏加快，血尿、血红蛋白尿和少尿。重者血压下降，呼吸困难，不能站立，多因心脏麻痹而死亡。

3. 混合毒症状 眼镜蛇和眼镜王蛇的毒液多属混合毒。动物被咬伤后，红肿热痛和感染坏死等局部症状明显。毒素既表现出神经毒所致的各种神经症状，又能出现血液毒所致的各种临床表现。死亡的直接原因是呼吸中枢和呼吸肌麻痹引起的窒息，或因血管运动中枢麻痹和心力衰弱造成的休克。

【防治】治疗原则是防止蛇毒扩散，尽快施行排毒和解毒，并配合对症治疗。

（1）结扎并冲洗伤口，必要时扩创冲洗排毒，防止毒液进入血液和淋巴管而扩散到全身。

（2）在蛇咬伤周围局部点状注入 1% 高锰酸钾、胃蛋白酶或可的松类药物，可破坏蛇毒。亦可用 0.5% 普鲁卡因 100～200mL 加青霉素进行深部环状封闭，对抑制蛇毒的扩散、减轻疼痛和预防感染均有帮助。

（3）尽早应用解毒剂，如注射抗蛇毒血清等；也可内服和外敷蛇药，如鱼腥草、七叶一枝花、八角莲、半边莲、白花蛇（舌）草等，用上述鲜草一种或数种，捣烂灌服和敷于伤口周围。

（4）内服或外用季德胜蛇药、蛇药解毒片、上海蛇药、南通蛇药、群生蛇药等。

蜂毒中毒（bee venom poisoning）

蜂毒中毒是动物被毒蜂蜇伤后而引起的以局部肿胀、淤血、发热、疼痛，重者体温升高、血压下降、中枢和呼吸麻痹为特征的中毒病。各种动物都可发生。

【病因】家畜放牧时触动毒蜂巢而被群蜂蜇伤；奶牛的乳房偶有被黄蜂或土蜂袭击。有时鸭、鹅吞食蜂类也发生蜂毒中毒等。

【发病机理】蜂属有蜜蜂、黄蜂、大黄蜂、土蜂和竹蜂等。雌蜂的尾部有毒腺及蜇针，而蜇针刺入动物体后毒腺释放毒液。毒液中主要含有乙酰胆碱、5-羟色胺、组胺和磷脂酶A，既能引起组织过敏、局部热肿痛，也能产生溶血作用。蜂毒还能引起平滑肌收缩，使运动麻痹和降低血压等作用。

【症状】蜇伤部位即产生局部肿胀、淤血、发热、疼痛。严重的出现全身症状，如体温升高、血压下降、呼吸困难、中枢神经先兴奋后抑制，因呼吸麻痹而导致死亡。

【防治】蜇伤口有毒针残留时应立即拔出，局部用肥皂水或5％碳酸氢钠液冲洗，涂擦氨水、樟脑液。用0.25％普鲁卡因加适量青霉素做肿胀周围封闭治疗，以减轻局部疼痛和消肿。抗过敏治疗采用氯丙嗪，按每千克体重1~2mg肌肉注射，或口服苯海拉明。严重者静脉注射10％葡萄糖和强心剂。

蝎毒中毒（scorpion venom poisoning）

蝎毒中毒是动物被蝎子，尤其是毒蝎蜇伤后，引起以局部肿胀、疼痛，严重者肌肉痉挛、抽搐、昏迷为特征的中毒病。

【病因】据统计，目前全世界有蝎子1 000多种，我国有10余种，主要分布在热带和亚热带地区，其中分布最广泛的为东亚钳蝎。它们白天隐藏在乱石堆、洞穴、壁缝、墙角和枯枝败叶中，晚上爬出觅食。当动物触及时而被蜇伤，养蝎场的宠物和小动物有时被蝎蜇伤。

【发病机理】蝎毒是成年活蝎在受到激惹的情况下，本能地从毒囊中排出的毒液，其主要由蛋白质和非蛋白质两部分组成。蝎毒中的蛋白质组分主要是具有活性的多肽，而非蛋白质组分为赖氨酸、三甲酸、甜茶碱、牛磺酸、甘油酯、硬脂酸及胺盐等，并含有少量的透明质酸和游离己糖胺。

蝎毒按作用机理不同可分为神经毒素和细胞毒素。神经毒素对呼吸和血管中枢具有麻痹作用。研究表明，引起动物麻痹致死的就是含60~70个氨基酸残基组成的单链神经毒素。细胞毒素主要是引起溶血、出血和细胞变性和坏死。

【症状】动物被蜇伤的部位，表现出红、肿和疼痛。中毒严重时血压降低，体温下降，有的有发热现象，呼吸困难，心率快而紊乱，全身肌肉痉挛甚至抽搐，兴奋后转为抑制，昏迷，直至呼吸和循环衰竭。

【防治】治疗措施为消除局部疼痛、肿胀和对症治疗。

蜈蚣毒中毒(centipede venom poisoning)

蜈蚣毒中毒是蜈蚣通过毒颚刺入并把毒液注入动物体内,使之出现局部肿痛、全身症状明显、过敏性休克、麻痹为特征的中毒病。各种动物均可发病。

【病因】引起动物蜈蚣毒素中毒的主要原因是动物触及蜈蚣时被蜇伤或作为中药配伍时用量过大,均会导致动物中毒。

【发病机理】蜈蚣种类较多,但在我国主要是巨蜈蚣和少棘蜈蚣。分析表明,蜈蚣毒液中主要成分为组胺样物质、5-羟色胺、固醇脂、角鲨烯、蛋白酶、酯酶、羧肽酶、蛋白水解酶、碱性磷酸单酯酶、磷酸二酯酶、精氨酸酯酶、透明质酸酶,还有磷酸二酯酶、碱性磷酸二酯酶、ATP酶、核苷酸焦磷酸酶等。

离体器官和动物的毒性机理试验研究表明,每千克体重 20μg 的巨蜈蚣毒液能引起猫血压先下降后上升的双相反应,50μg 毒素能引起胃肠蠕动加快,能引起离体蛙、豚鼠、兔、鼠的心脏收缩幅度减小直至心搏停止。用粗毒灌流蛙心脏时观察到在心跳降低之前出现短暂地加快,且阿托品能抵制这种作用,说明蜈蚣毒对心脏活力的影响可能是由于其乙酰胆碱的存在或能导致心脏神经组织乙酰胆碱的释放。毒素对猫、豚鼠和大鼠还可以引起呼吸频率的减少和暂停,并能引起血管收缩和毛细血管通透性增加。蜈蚣毒液能引起明显的高血糖症,同时伴随肝、肌糖原水平的降低,5-羟色胺可能介入了糖原降解作用。蜈蚣毒还具有较强的直接溶血和诱导血小板聚集的作用。

【症状】局部疼痛,有烧灼感,出现红斑、充血,皮下出血、水肿,表皮坏死、脱皮等;严重者有淋巴炎、头晕、恶心、呕吐、发热、心率和呼吸不规则、昏迷、痉挛,甚至死亡。

【治疗】立即用肥皂水、3%的氨水或5%的碳酸氢钠液反复冲洗伤口,0.25%普鲁卡因加青霉素环状封闭伤口以控制感染和减轻疼痛。还可用雄黄、甘草等份研末,用茶油调匀,敷于患处。严重者采用抗过敏、镇痛等对症治疗。

(袁 慧)

第八节 其他毒物中毒

二噁英中毒(dioxin poisoning)

二噁英中毒是动物接触或食入了被二噁英类化合物污染的饲料所引起的中毒病,临床上以皮肤损害、结膜炎、角化过度症、黏膜黄疸、消化紊乱、孕畜流产等为特征的中毒病。然而,二噁英对动物的残留毒性危害远大于急性中毒。

【病因】二噁英类(dioxins)化合物共有3大类,包括多氯二苯并二噁英类(polychlorinated dibenzo-p-dioxins,PCDD)、多氯二苯并呋喃类(polychlorinated dibenzofurans,PCDF)和多氯联苯类(poly-chlorinated biphenyls,PCB)化合物。二噁英类共计419种,是广泛存在于环境中的超痕量有机污染物,目前已被列为世界上最毒的物质。

当苯环上2、3、7、8位的氢被氯取代时,形成的30种同类物对动物具有较强的毒性作用,其中以2,3,7,8-四氯-二苯基-并-二噁英(tetrachlorinated dibenzo-p-dioxin,TC-

DD）毒性最强，称为"世纪之毒"。又因为能损害机体免疫系统功能，又称为"化学艾滋毒"。1999年春季，比利时某家工厂的动物油脂中混入二噁英，引起许多养殖场的饲料污染，进而导致大批畜禽中毒的事件，造成了10多亿欧元的巨大经济损失，成为继英国疯牛病事件之后又一次震惊世界的特大安全事件。这是残留在动物性食品（肉、奶、蛋）中的二噁英直接威胁人类的生命和健康，使全世界的消费者为饲料的卫生问题和食品的安全性而恐慌不安。

二噁英主要来源包括：①含氯有机物焚烧而产生，如大量废物垃圾的焚烧、工业燃烧、机动车辆燃料的燃烧等。②有机化学制造或农药生产，尤其是含氯酚的化学药品或农药生产过程，如木材防腐剂、除草剂、五氯酚杀虫剂等的生产过程都会产生二噁英。③氯气漂白纸浆过程中也会产生二噁英。④饲料或植物在生长、生产、储存及加工过程中受二噁英类毒物的污染。

【发病机理】二噁英的脂溶性很强，进入动物机体后易残留在脂肪和乳汁中，而禽蛋、乳、肉、鱼是最易被污染的食品。二噁英在动物体内的半衰期较长，如多氯二苯并二噁英半衰期为：大鼠12～31d，小鼠10～15d。因此，即使一次染毒，也可在体内长期残存，长期接触可在体内蓄积，导致严重残留性损害。二噁英的毒性是氰化钾的30倍，其致癌性比黄曲霉毒素高10倍，比多氯联苯和亚硝胺要高数倍。

二噁英的主要毒性是由Ar受体介导的，Ar受体是一种特异性的细胞内二噁英结合蛋白，与二噁英结合后可以在转录水平上控制基因表达，引起致畸、致癌和免疫毒性。二噁英的毒性作用也可能与其靶组织细胞膜上的上皮生长因子（epithelial growth factor）受体竞争性结合，改变蛋白激酶（特别是蛋白激酶C）的活性，改变包括变形生长因子（TGF）和干扰素（IL）等多个特异基因表达以及升高血浆游离色氨酸水平而增强5-羟色胺代谢等有密切关系。

研究表明，小鼠每天按每千克体重10ng用TCDD灌胃，可增加肝肿瘤的发生率。对小鼠使用高剂量的TCDD时，可见到致畸毒性反应，即形成裂腭。TCDD对大鼠和仓鼠具有发育毒性，在胚胎发育及胎儿形成过程中，对TCDD极为敏感。小鼠和仓鼠胎儿流产及死亡率随TCDD剂量的增长而上升。二噁英还能引起胸腺萎缩，损伤体液的免疫机能。若长期接触二噁英，还会出现染色体损伤、心力衰竭和癌症等。

【症状】中毒动物全身机能低下，呈进行性体重下降，结膜炎，皮肤角化，脱毛，皮肤出现溃疡，黏膜黄疸，消化紊乱，代谢障碍，肝、肾功能不全，患病动物水肿，酸中毒，孕畜流产或产弱仔弱胎。潜伏期5～10d。中毒母鸡产蛋率急剧下降，蛋壳坚硬，孵化后的小鸡难以破壳，肉鸡精神委顿，生长缓慢。

【病理变化】全身消瘦，贫血，结膜黄疸，胸腹腔、心包积有浆性液体，脾脏萎缩，肾小管上皮变性、坏死。肾小球性肾炎，肝营养不良。血清α-氨基酮戊酸合成酶活性增高，胆固醇、总蛋白、白蛋白、尿素氮含量增加。红细胞数、血红蛋白量增多，红细胞压积增高，中毒后期均下降。嗜中性粒细胞、吞噬细胞活性下降，溶菌酶、T淋巴细胞和B淋巴细胞数量减少，血清免疫球蛋白含量降低。

【防治】

（1）切实加强肉、蛋、乳等食品安全体系建设，要特别强调含氯化合物的产生，农药的安全使用；垃圾的焚烧要符合环保的要求。

（2）加强对动物，尤其是畜禽健康状况的监控，定期对畜禽血、尿、乳、毛、蛋以及某些组织或器官中的二噁英含量进行监测，组织畜牧兽医专家有计划地开展畜禽二噁英中毒方面的研究工作。

（3）加强海关检疫，严防国外二噁英类污染物进入我国市场。

（4）加强对环境、食品、饲料中二噁英含量的监测，以确保安全可靠。

一氧化碳中毒（carbon monoxide poisoning）

一氧化碳（CO）中毒是动物吸入了大量CO后所引起的缺氧症，临床上以发绀、呼吸困难、血液中HbCO浓度升高，严重者惊厥、昏迷为特征。各种动物均可发生，以幼畜多见。

【病因】一氧化碳中毒，一般发生在畜舍内CO浓度升高、通风不良的饲养环境下。在冬季，畜、禽舍内燃煤、燃炭、燃木材取暖，尤其是在门窗紧闭的环境条件下；禽舍空间小，饲养密度大，通风不良；煤气、CO在生产过程中发生泄漏，污染畜舍，均容易发生中毒。

【发病机理】CO与O_2竞争性地与红细胞中的血红蛋白（Hb）结合成碳氧血红蛋白（HbCO）。CO与Hb的亲和力比O_2与Hb的亲和力大300倍，使Hb携带氧的能力大大下降。同时，CO与肌红蛋白和细胞色素氧化酶结合，阻断细胞色素氧化酶复合物与氧之间的转递，从而抑制了细胞呼吸。HbCO比HbO_2的解离慢3 600倍。由于HbCO的存在，使氧饱和曲线左移，氧与Hb的亲和力增加，阻碍氧的释放，加重组织缺氧。缺氧首先损害大脑和心肌。

【症状】一般认为，血液中HbCO浓度与中毒的严重程度和症状呈正相关。

轻度中毒：血液中HbCO浓度在20%以下。临床上表现为眩晕，畏光，流泪，呕吐，呼吸困难，心动过速，四肢无力，感觉迟钝。此时，只要将病畜移至通风的地方，数小时后，症状多可消失。

严重中毒：血液中HbCO浓度在50%以上。临床上表现为感觉障碍，反射消失，步态不稳，后躯麻痹，四肢厥冷。可视黏膜樱桃红色或发绀。全身出汗，喘气，瘫痪，肌肉强直性痉挛，抽搐，高度昏迷，粪尿失禁。因严重缺氧而致死。

【诊断】根据饲养环境中CO浓度高的病史和缺氧昏迷，可视黏膜发绀或樱桃红色，可做出初步诊断，结合检测血液HbCO浓度，可做出确诊。

【治疗】立即使患病动物脱离CO环境，打开畜禽舍门窗，使之通风。有资料表明，大动物可用10%葡萄糖加入双氧水，配成0.24%以下浓度的液体，缓慢静脉注射可以补充体内氧气不足。当出现脑水肿、颅内压升高时，可用20%甘露醇与5%葡萄糖静脉注射，并交替使用。肾上腺皮质激素能增强全身应激能力，降低血管通透性，减轻脑水肿，在早期、短期内应大剂量使用，常与脱水剂配合使用。对频繁抽搐、肌肉痉挛的病畜，可适当使用镇静剂。若深度昏迷，可给予甲氯芬酯醒或回苏灵加入5%葡萄糖液中做静脉注射。为促进脑细胞功能恢复，可使用细胞色素C、辅酶A、ATP和维生素B族。

【预防】应重视饲养场畜禽的饲养密度和室内良好的通风环境。

军用毒剂中毒 (military toxic agent poisoning)

军用毒剂是战争时或恐怖分子使用的一种杀伤性化学武器。它能使空气、地面和动物造成污染而使动物发生中毒。按毒理和中毒症状，将军用毒剂分为神经性毒剂、糜烂性毒剂、失能性毒剂、刺激性毒剂、窒息性毒剂和全身中毒性毒剂。

（一）神经性毒剂中毒

神经性毒剂又称有机磷毒剂或胆碱能神经毒剂。该类毒剂毒性强，杀伤力大，为有机磷酸酯类衍生物，分为 G 类和 V 类神经毒。G 类神经毒是指甲氟膦酸烷酯或二烷氨基氰膦酸烷酯类毒剂，主要代表物有塔崩、沙林、棱曼；V 类神经毒是指 S-二烷氨基乙基甲基硫代磷酸烷酯类毒剂，主要代表物有维埃克斯（VX）。

【症状】神经性毒剂可通过呼吸道、皮肤、眼睛等进入动物体，并迅速与胆碱酶结合使其丧失活性，引起神经系统的功能紊乱。临床上出现患病动物瞳孔缩小、呕吐、呼吸困难、肌肉群震颤等症状，严重者可迅速致死。

【诊断】根据神经毒剂接触病史或战争等特殊条件下以及特征症状进行诊断。必要时可做神经毒剂及血液胆碱酯酶检测。

【治疗】对皮肤和眼睛，可用 2% 碳酸氢钠液冲洗，后用清水洗净。采用胆碱酯酶复活剂静脉注射。

【预防】在受到化学武器攻击时应及时发现和鉴定，为预防染毒做好工作。必要时采取药物预防。

（二）糜烂性毒剂中毒

糜烂性毒剂的主要代表物是芥子气（又称硫介）、氮芥气和路易斯气。糜烂性毒剂主要通过呼吸道、皮肤、眼睛等侵入机体，破坏肌体组织细胞，造成呼吸道黏膜坏死性炎症、皮肤糜烂，眼睛发炎、刺痛、畏光，甚至失明等。这类毒剂渗透力强，动物中毒后需要较长时间治疗才能痊愈。

根据中毒病史、临床特征和毒剂鉴定可做出诊断。治疗应及时清除毒剂，皮肤染毒后应立即用 2% 氯胺液或 0.1% 高锰酸钾液冲洗。中毒严重者，应静脉注射 30% 硫代硫酸钠。

（三）失能性毒剂中毒

失能性毒剂是一类暂时使动物运动机能发生障碍的化学毒剂，其中主要代表物是毕兹（BZ），化学名为二苯羟乙酸-3-奎咛环脂，为无臭、白色或淡黄色结晶。不溶于水，微溶于乙醇。战争使用状态为烟状。

通过呼吸道吸入中毒，误服染毒的饲料和饮水也可引起中毒。毕兹主要是通过中枢及周围神经系统的抗胆碱能而发挥毒性作用，和阿托品的作用机理相似，可阻断乙酰胆碱与受体的结合。中毒症状有精神沉郁，反应迟钝，行动缓慢，运动失调，瞳孔散大，心动过速，肠音减弱等。

根据中毒病史、临床特征和毒剂鉴定可做出诊断。治疗应及时清除毒剂，皮肤染毒可用肥皂水清洗。中毒时可皮下注射水杨酸毒扁豆碱，大动物30～50mg，小动物2～10mg。视病情可重复用药。

（四）刺激性毒剂中毒

刺激性毒剂是一类刺激眼睛和上呼吸道的毒剂。按毒性作用分为催泪性和喷嚏性毒剂两类。催泪性毒剂主要有氯苯乙酮、西埃斯；喷嚏性毒剂有亚当氏气等。

刺激性毒剂作用迅速强烈，主要是刺激眼，对呼吸道、皮肤和黏膜也有强烈刺激作用。中毒后，出现眼痛流泪、咳嗽、喷嚏等症状，有的可出现震颤、出汗。应迅速将患病动物远离毒污染区，用2%碳酸氢钠冲洗皮肤、眼睛和黏膜。

（五）全身中毒性毒剂中毒

全身中毒性毒剂是一类破坏动物组织细胞氧化功能，引起组织急性缺氧的毒剂，如氢氰酸、氯化氢等。氢氰酸有苦杏仁味，可与水及有机物混溶，战争时使用其蒸气。

其发病机理、临床症状和治疗措施可参考氢氰酸中毒。

（六）窒息性毒剂中毒

窒息性毒剂是指损害呼吸器官，引起急性中毒性肺气肿而导致窒息的一类毒剂，其代表毒物有光气、氯气、双光气等。光气在常温下为无色气体，有烂干草或烂苹果味。难溶于水，易溶于有机溶剂。

中毒症状相继分为刺激反应期、潜伏期、再发期和恢复期。在高浓度的光气中，中毒动物可在数分钟内因呼吸、心跳停止而致死。

为防止肺水肿，尽快静脉注射40%乌洛托品，大动物50mL；为降低血管的通透性，可用10%氯化钙，大动物100～150mL，或50%葡萄糖500～1 000mL；利尿可使用1%汞撒利，静脉注射。

犊牛水中毒（water poisoning in calf）

犊牛水中毒是因犊牛久渴失饮后暴喝大量饮水，导致以机体组织短时间大量蓄水、血浆渗透压迅速下降、突然排淡血红色尿液、腹痛、水泻、肺部有啰音和神经症状为特征的中毒病。多见于1岁龄左右的犊牛。

【病因】引起本病的主要原因是久渴失饮后暴饮大量水。

【发病机理】犊牛久渴后暴饮水，短时间内大量水分进入血液，致使血浆渗透压迅速降低，血细胞膨胀、破裂。同时水分随血液循环很快影响到全身各组织器官，使过多的水分潴留在组织内，导致组织水肿，溶血。血流中因血液稀薄、渗透压低，引起心、脑、肺、肾等器官的功能出现障碍。

【症状】多数病例仅见排淡血红色尿液。重症病例表现精神沉郁，食欲大减或废绝，腹部膨胀，偶有腹痛。被毛逆立，四肢下端、耳、鼻发凉，眼结膜、口腔黏膜轻度苍白，流涎，突然排出浅红色或深红色的尿液，排尿次数增加，粪便呈稀粥状或水泻。听诊瘤胃蠕动音减弱，呼吸迫促，有的从鼻孔流出粉红色的鼻液，听诊肺区有湿性啰音，心音混浊，第二心音增强。有的出现嗜眠、肌肉震颤等神经症状。

【诊断】根据久渴暴饮水病史和排淡血红色尿液等特征，尿液检查无红细胞，尿蛋白呈阳性反应，可做出诊断。

【治疗】轻症病例，经过限制饮水，供给少量1%食盐的饮水后，一般可痊愈。重症者用10%氯化钠注射液，10%葡萄糖注射液，40%乌洛托品注射液，10%安钠咖注射液，静脉注射。为减轻脑水肿和肺水肿可静脉注射20%甘露醇。为防止感染，可用青霉素、链霉素，肌肉注射。此外，可配合应用渗湿利水、健胃助消化的中草药。

【预防】加强科学的饲养管理，防止犊牛一次暴饮大量的水。

（袁　慧）

◇ **复习思考题**

1. 简述毒物、中毒、中毒病、毒性的概念。
2. 影响毒物毒性的因素有哪些？
3. 区别毒物的生物转运和生物转化。
4. 怎样正确诊断和治疗动物中毒性疾病？
5. 比较动物亚硝酸盐中毒与氢氰酸中毒的病因、中毒机制、临床症状、特效解毒剂及预防措施。
6. 棉子饼粕、菜子饼粕、蓖麻子饼粕和亚麻子饼粕中的主要有毒成分和抗营养因子是哪些？叙述各有毒有害成分的来源、毒性作用、临床症状及防治措施。
7. 反刍动物瘤胃酸中毒的发生机理和防治措施是什么？
8. 简述感光过敏性物质的来源及其发生机理，如何防治？
9. 简述马铃薯、糟渣类的主要有毒成分、动物中毒症状及防治措施。
10. 何谓有毒植物和植物毒素？常见的植物毒素有哪些？
11. 简述栎树叶中毒的病因、发病特点、发病机理、主要症状、诊断方法及防治措施。
12. 何谓疯草？我国疯草的种类分布有何特点？
13. 简述疯草中毒的发病特点、毒性成分、发病机理、诊断方法及防治措施。
14. 简述杜鹃中毒的病因、发病机理、主要症状、诊断方法及防治措施。
15. 简述萱草根中毒的病因、发病机理、主要症状、诊断方法及防治措施。
16. 何谓霉菌毒素？饲料中常见的霉菌毒素有哪些？
17. 简述霉菌毒素中毒的发病特点、对畜牧业生产的危害及其预防控制措施。
18. 简述黄曲霉毒素中毒的病因、发病机理、主要症状、诊断方法及防治措施。
19. 简述 T-2 毒素中毒的病因、发病机理、主要症状、诊断方法及防治措施。
20. 简述 F-2 毒素中毒的病因、发病机理、主要症状、诊断方法及防治措施。
21. 简述霉烂甘薯中毒的病因、发病特点、发病机理、主要症状、诊断方法及防治措施。
22. 简述麦角生物碱中毒的病因、发病机理、主要症状、诊断方法及防治措施。
23. 简述有机磷杀虫剂中毒的原因、中毒机理、临床表现和特效疗法。
24. 简述有机氟化合物中毒的病因、发病机理、主要症状、诊断方法及防治措施。
25. 简述尿素中毒的病因、发病机理、主要症状、诊断方法及防治措施。

26. 目前常用的灭鼠制剂有哪些种类？各种灭鼠剂的作用特点是什么？动物灭鼠药中毒的临床表现和治疗措施有哪些？

27. 食盐中毒最多见于哪些动物？叙述食盐中毒的病因、发病机理、主要症状、诊断方法及防治措施。

28. 动物急慢性氟中毒的发生原因有哪些？简述其主要发生机理、临床表现、诊断方法及防治措施。

29. 临床上可见的重金属中毒病有哪些？简述铅、砷、汞、铜、钼、镉、硒等金属元素中毒的病因、发病机理、主要症状、诊断方法及防治措施。

30. 何谓饲料添加剂？简述营养性及非营养性饲料添加剂的种类和作用特点。

31. 饲料添加剂的使用不当会带来哪些危害？

32. 常见的动物毒素中毒病有哪些？各自的发生机理、临床表现和防治措施是什么？

33. 二噁英类物质有哪些？引起动物中毒的途径、发生机理、症状如何？怎样防治这类毒物中毒病？

34. 简述动物一氧化碳中毒的发生原因、中毒机理、临床症状、诊断方法以及防治措施。

35. 军用毒剂有哪些？各有哪些毒性特点？如何防治军用毒剂中毒病？

第九章 遗传性疾病

> **内容提要**：遗传性疾病可见于各种动物，近年来有逐渐增加的趋势。本章重点介绍兽医临床上常见的神经、泌尿、生殖、血液等系统中遗传性疾病的概念、遗传方式、一般临床特征、分类、诊断和防治措施。

概　　述

遗传性疾病（genetic disease，hereditary disease）是指由于遗传物质变异对畜禽个体造成有害的影响，表现为身体结构缺陷或功能障碍，并通过遗传基因按一定方式传给后代，是生殖细胞或受精卵里的遗传物质在结构或功能上发生了改变，从而使动物个体出现遗传性缺陷或功能障碍的疾病。

（一）遗传性疾病的病因

遗传性疾病、先天性疾病或家族性疾病的病因均可能是遗传性的。区别在于先天性疾病或家族性疾病的病因有可能是环境性的。

畜禽遗传性疾病的发病率较低，但先天性缺陷的发生率较高。据估计，先天性缺陷的原因有13%是遗传因素，12%为环境因素，75%与遗传和环境多因素共同作用有关，其中遗传因素起主导作用。

（二）遗传性疾病的分类

由于遗传物质的变异包括基因突变和染色体变异，故遗传性疾病可分为基因病和染色体病两类，前者又可分为单基因病和多基因病，后者又可分为常染色体病和性染色体病（图9-1）。

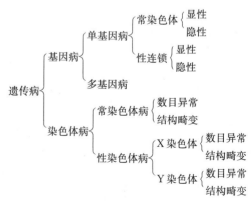

图9-1　遗传性疾病及其遗传方式分类

（三）遗传性疾病的临床特征

（1）具有遗传性，垂直传递，患畜亲代、祖代和子代中发病个体占一定比例，不会传给无血缘关系的个体。

（2）有一定发病年龄和病程，表现特征性症状。

（3）多数在幼龄发病，早期死亡。

（4）具有先天性和家族性，死亡多发生在胚胎或胎儿期。

（5）具有终生性。

（6）单卵双生子比双卵双生子同时患病的机会大得多。

（四）遗传性疾病的诊断

遗传性疾病是很难确定诊断的，即使在检查一系列症状非常相似的病例而认为其具有同样的病因，且病因可能明显是遗传性的时候也是如此。在临床实践中，对动物遗传性疾病的诊断，除了运用病史调查、临床检查及实验室检查等一般疾病的诊断方法以外，还必须辅以遗传性疾病的流行病学调查、细胞遗传学检查、DNA 分析以及携带者检测等针对遗传性疾病的特殊诊断手段，弄清致病基因及其传递方式和遗传因素在发病上的作用。

1. 临床检查 遗传性疾病的临床特点是绝大多数遗传性疾病的动物体温都在正常范围之内，除非有其他并发症存在。身体结构缺陷是遗传性疾病的另一特征。遗传性疾病一般呈垂直传播，但多基因遗传病除外。遗传性疾病常有一些共同的临床表现，如痉挛、出血性倾向、共济失调、短肢、短颌等。

但是，由于许多遗传性疾病的临床表现与环境影响所致的症状十分相似，因而不宜仅仅依据已知某种缺陷（不论是结构性的或是机能性的）是可遗传的，而诊断为遗传性疾病。但若这种迹象能用某种实验室指标（例如细胞遗传学标记）、特异性生化反应或特殊的病理学损害（例如溶菌酶过多）等来加以证实，则可做出这种诊断。

2. 遗传性疾病的流行病学 通常情况下，若遗传是由单隐性基因控制，某些特征可以被认为是遗传在某种疾病中起部分作用：①相同的一些公畜和母畜在假定保留地，病例的数量在几年内逐渐增加。伴随一头新种畜的引进而突然出现一种新病。假若母畜在遗传上是同源的一批动物，则遗传性疾病病例在一个季节、一个配种群内均匀地分布。在同一群内重复交配将无可置疑地产生同样的结果。②遗传性疾病发生的数量适合于群内可能的基因频率。因此一头公牛与它的女儿交配时（而这些女儿是由一群具有健康基因频率的母牛生产的）将产生 12.5% 有缺陷的犊牛，而一头公牛与它的异父姐妹交配将产生 25% 有缺陷的犊牛。③纯种动物更易患病，因其遗传基础是更标准化的，常是一成不变的。虽然杂种也有，但几率不多。著名的品种，甚至家系，由于近交增多，良好的和不佳性能的基因频率也随之增加。

缺陷的同一性是遗传性疾病的一个特征，尽管严重程度可能不同，而由环境影响获得的缺陷则有较大的变化。

（1）遗传方式：大多数遗传性缺陷是由隐性基因控制的，在一个自然发生的畜群中和在测交中是可以确定和预测其后代发生次数的。但隐性基因出现不完全外显率或遇到部分显性基因时则很困难。

（2）测交：测交通常是动物遗传实践中检测种畜基因型的方法。在遗传性疾病的诊断上，测交是检测表型正常动物是否携带致病基因的最佳手段。

（3）实验室检查：

核型分析：通过核型分析来检查染色体形态是否正常是诊断家畜染色体病的重要方法。

通过核型分析，能检出易位、重复、三体等。

中性粒细胞鼓槌检查：鼓槌（drumstick）是动物血液中多核中性粒细胞的 X 染色质的变态。中性粒细胞鼓槌检查对于性染色体畸变和间性的诊断有实践意义。图 9-2 是猪血液中性粒细胞核的鼓槌。

生化检查：通过检查某些酶、蛋白质及其代谢产物，可以确诊是否有这些物质的单基因疾病。

DNA 分析：这是根据 DNA 分子杂交的原理探测基因的存在和类型以及基因的缺陷，以达到诊断疾病的目的，又称基因诊断。该法主要应用限制性片段长度多态性（RFLP）分析技术，选择一种或几种核酸内切酶对染色体上等位基因的酶切片段长度的多态性进行分析。目前用于遗传性疾病基因诊断的方法主要有直接测定法、间接测定法和寡聚核苷酸探针法三种。

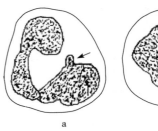

图 9-2　猪血液中性粒细胞核的鼓槌
a. A 型鼓槌　b. B 型鼓槌

产前诊断：能进行产前诊断的遗传性疾病包括染色体畸变、单基因疾病、先天性畸形三类。

检测携带者：常用的方法有核型分析、生化检查、DNA 检查、测交等。

（五）遗传性疾病的防治原则

防治遗传性疾病的主要困难是辨认临床正常的杂合子。从理论上，测交是适宜的方法，但在大多数情况下是不切合实际的。一些缺陷病可以利用间接的试验如检查染色体的异常、生化异常的证据以及放射学可辨认的缺陷等进行诊断。

1. 遗传性疾病可以采取的治疗方法　及时检出并淘汰畜群中致病基因的携带者，防止致病基因在畜群中传播，是根治遗传性疾病的唯一有效措施。多数遗传性疾病缺乏有效治疗方法或无治疗价值，但对少数遗传性疾病及名贵和稀有动物，可试用下列治疗方法：

（1）饮食疗法：能降低某些遗传性疾病的发病率，如在犬的生长期限制饲喂量，能降低髋关节发育不全的发病率。

（2）药物治疗：先天性无免疫球蛋白血症，可给予免疫球蛋白制剂，有助于病情缓解。

（3）手术治疗：家畜锁肛、脐疝等用手术疗法，可获得较好的疗效。

（4）多基因病的治疗：适用于遗传力较低的疾病，如牛乳房炎，采用抗菌、封闭、按摩等措施。

2. 遗传性疾病的预防

（1）妥善处理携带者：消灭遗传性疾病最彻底的方法是全部淘汰，能将致病基因从群体中全部剔除，但不适应成员较多或携带者频率高的群体。因此，生产中最常用的处理方法是淘汰携带者，淘汰种公畜和后备公畜中的携带者，使后裔中不出现病畜，从而逐渐降低群体中致病基因频率。禁止频率高、数量大的群体中的携带者之间交配，避免出现致病基因纯合子，可以暂时不影响生产性能和繁殖力。

（2）采取育种措施：预防和消灭染色体病的主要措施是对引进种畜进行核型分析，淘汰易位染色体携带者；有计划地实行育种群测交，及时剔除携带者；淘汰所有先天性缺陷和遗传性疾病患畜；建立专门的血统系谱档案，以便追踪调查；防止近交。

（3）改善环境：认真保护环境，综合治理工业"三废"的污染，禁用对家畜危害大的兽药，严禁滥用激素，严禁用剧毒农药污染草场和饲料，控制电离辐射，以防止基因突变、染色体畸变等。

（4）普及遗传性疾病知识：宣传、普及遗传性疾病的发生原因、传递方式、临床特征及危害性的知识，使畜主和基层兽医工作者互相配合，做好配种和繁殖记录，积累准确和详细的临床资料，提高遗传性疾病的诊断和防治水平。

（庞全海）

第一节　神经系统遗传性疾病

α-甘露糖苷储积病（α-mannosidosis）

α-甘露糖苷储积病是由于α-甘露糖苷酶（α-mannosidase）遗传性缺陷所致各种短链多聚糖在细胞溶酶体内沉积的一种遗传性糖类代谢病，在临床上以进行性神经症状和运动失调为特征。本病主要发生在牛和猫，如安格斯牛、墨累灰牛和盖洛威牛等品系和波斯猫。在美国、澳大利亚、新西兰和英国均有报道。其遗传特点为常染色体隐性遗传，呈家族性发生。

【发病机理】由于α-甘露糖苷酶的遗传性缺陷，影响α-甘露糖苷的正常异化过程，导致富含甘露糖和葡萄糖胺的代谢产物在神经元、淋巴结的巨噬细胞和网状内皮细胞、胰腺外分泌细胞的溶酶体中积聚，使这些细胞形成明显的空泡。这种沉积在胎儿期已发生，出生后继续进行，对脑、淋巴结、胰腺等器官造成损害。

【症状】摇摆，尤其是运动和兴奋后明显，站立时四肢叉开，走路时出现急跳步态，高抬腿似涉水状。随着病情发展，共济失调加重，头部震颤，缓慢地上下点头或侧头，因头部震颤而产生不停地点头或摇头动作，全身肌颤，轻瘫，麻痹，有攻击人畜倾向。病犊发育迟缓，体质下降，常因麻痹、饥饿或意外事故引起死亡。未死者亦常因久卧不起，治疗无效而被淘汰。

猫多在4~8周龄时出现角膜和晶状体混浊，视力减退，肝肿大，全身肌肉震颤，因头部震颤而出现频频点头动作，常有不自主的蹦跳动作，多在9月龄前死亡。有的在出生后即显症状，很快死亡。亦有累及胎儿者，死胎呈中等程度脑水肿、肝和肾肿大、关节弯曲。

病牛组织中α-甘露糖苷酶活性（正常为15~20U/L以上）极低，仅为正常动物的1%~2%。在血浆和白细胞中几乎没有活性，在胰、肝和脑中此酶活性仅为正常的8%~15%，杂合子牛血浆中此酶的活性为正常的35%~38%。

【病理变化】病理组织学的特征是神经元、淋巴结的网状内皮细胞、肝枯否细胞、胰腺外分泌细胞、平滑肌细胞、纤维细胞等均有空泡形成，神经轴突有球状肿胀。

【诊断】根据血浆和组织中α-甘露糖苷酶活性极度降低，临床上出现神经症状、神经及内脏组织细胞广泛空泡化可以确诊。血浆α-甘露糖苷酶活性低于正常50%可作为检出携带者的一项指标。

在鉴别诊断方面，除应与其他溶酶体储积病鉴别外，灰苦马豆、疯草等植物中毒的临床症状与本病相似，亦有组织细胞空泡形成，但这些中毒病例，病畜有采食有毒植物病史，可供鉴别。

【防治】尚无有效的治疗方法，检出并剔除致病基因的携带者是消除本病的唯一有效措施。根据可疑牛的血浆甘露糖苷酶水平检出杂合子，予以淘汰，尤其是清除种公牛中的病畜和杂合子携带者，可有效制止本病的扩散。

GM_1 神经节苷脂储积病（GM_1 gangliosidosis）

GM_1 神经节苷脂储积病是由 β-半乳糖苷酶先天性缺乏所致的一种遗传性神经鞘类脂质代谢障碍的溶酶体储积病，在临床上以进行性运动障碍和运动失调为主要特征。在弗里生牛、暹罗猫、Korat 猫以及英国 Springer spaniels、西班牙犬和杂种比格犬中均有报道。本病属常染色体隐性遗传，呈家族性发生。

【发病机理】神经节苷脂是最复杂的鞘糖脂，几乎存在于脊椎动物的所有组织，但以大脑灰质中含量最高。单唾液酸四己糖酰神经节苷脂（GM_1）是最简单的一种神经节苷脂，其功能机理目前尚不太清楚。β-半乳糖苷酶（β-galactosidase）能使 GM_1 的最末一个半乳糖分子水解，患病动物体内该酶的缺陷是基本病因。当 β-半乳糖苷酶的活性降低时，GM_1 神经节苷脂在组织中聚积而发病。患病犊牛脑和肝脏的抽提物测定证明，β-半乳糖苷酶活性降低 70%～80%。Donnelly 等（1977）证实，可能存在第二种形式的 β-半乳糖苷酶。

植入外源性 GM_1 可延缓培养的神经细胞内脂褐素的积累，且有延缓细胞老化的作用；神经节苷脂可抑制多种细胞的生长；在无血清培养条件下，GM_1 和 GM_3 均能抑制鼠 Swiss3T3 细胞、人口腔上皮样细胞癌（KB）及人卵巢上皮样细胞癌（A431）生长；神经节苷脂对某些离子通道、神经生长延长、蛋白激酶、生长因子受体等与信号传递有关的过程有重要影响。临床研究表明，由于神经节苷脂过多，抑制了蛋白激酶 C（PKC），致使神经节苷脂储积病畜的器官肿大和神经功能缺失。

【症状】病犊从大约 3 月龄开始出现进行性运动障碍，生长减慢，发育迟滞，体况不佳，视力减弱，被毛粗乱，对外界刺激缺乏反应，咀嚼和吞咽缓慢，走动时身躯摇摆，共济失调，站立不稳、四肢叉开，有跌倒倾向，不愿走动，行走时呈僵硬的高跷步态，无目的游走，低头和惊厥。至 6～9 月龄出现轻瘫乃至麻痹，视力减退，失明，最终因衰竭而死亡。脑、肝脏和脾脏有 GM_1 神经节苷脂储积，脑的 GM_1 神经节苷脂总量为正常的 3 倍，脑灰白质中 GM_1 神经节苷脂增加到正常的 10 倍，β-半乳糖苷酶的活性降低 95%。

病犬从出生后 2～4 个月开始发病，表现咀嚼和吞咽缓慢，视力减退，眼球震颤，头部强烈颤动而出现点头或晃头动作，四肢过度伸展，四肢麻痹，共济失调及进行性运动障碍。病程 1～2 年。

病猫出生后，头及四肢震颤，2～3 月龄出现角膜混浊，头和后肢肌肉间歇性震颤，运动失调；到 4 月龄出现运动失调和痉挛性四肢麻痹；7～8 月龄发展为四肢麻痹；10 月龄到 1 周岁时出现听觉异常，视力障碍，角膜混浊和周期性癫痫样发作，多在 1～2 岁龄时死亡。

【诊断】根据 β-半乳糖苷酶活性降低，GM_1 神经节苷脂含量极度增加及上述神经症状、共济失调等临床特征，即可做出诊断。

【防治】目前尚无根治办法，补充酶的疗法正在研究之中，临床上主要采取对症疗法。控制此病唯一有效的方法是检出畜群中的杂合子携带者并加以淘汰。

GM_2 神经节苷脂储积病（GM_2 gangliosidosis）

GM_2 神经节苷脂储积病是由己糖胺酶或其辅酶（激活蛋白）先天性缺乏所致的一种以

运动功能进行性恶化为特征的神经鞘类脂质代谢障碍的溶酶体储积病。此病在猪、羊、猫、犬等都有报道。遗传特点为常染色体隐性遗传，呈家族性发生。

【发病机理】主要是由于己糖胺酶（hexosaminidase），或称 N-乙酰-β-D 氨基己糖胺酶（n-acetyl-β-d-hexosaminidase）缺陷，导致 GM_2 神经节苷脂分子末端的己糖胺不能降解而储积在脑中，从而引起一系列症状。按己糖胺酶同工酶或激活蛋白的缺陷可分为 B、D、AB 和 B_1 四型。

【症状】特点是病畜脑内 β-己糖胺酶活性下降，而 GM_2 神经节苷脂含量倍增。

患猪生后生长停滞，3 月龄以后出现进行性共济失调，4～5 月龄时多发生瘫痪。视网膜出现灰白色斑点，视力减退或失明。

患猫出生时正常，4～10 周龄生长不良，逐渐表现头部震颤，运动机能障碍，角膜混浊，视力减弱，肢体过度伸展，共济失调，痉挛等。最后发生瘫痪，衰竭而死亡。猫脑的己糖胺酶活性降低，仅为正常的 0.5%～2%，且己糖糖胺酶同工酶 A、B 都有缺陷。患猫 GM_2 神经节苷脂增加到 33%～45%，其中脑的神经节苷脂总量比正常值高 3～4 倍。

病犬多在 6 月龄时发病，病状与猫类似，多在 2 岁内死亡。

【病理变化】主要特征是神经细胞和其他组织的细胞溶酶体内沉积糖脂类物质而形成泡沫细胞或海绵状组织。

【诊断】根据临床表现和己糖胺酶活性降低可以做出诊断。测定脑灰质中神经节苷脂总量和 GM_2 神经节苷脂有助于确诊。血清己糖胺酶测定不仅可检出纯合子（病畜），也可检出杂合子（携带缺陷基因的正常畜），但 AB 型病猪与 B_1 型病犬的血清己糖胺酶活性反而增高，因而检测携带者的方法尚待建立。

【防治】目前尚无有效疗法，可试用酶替代疗法。通过淘汰畜群中的携带者，可防止此病的发生和蔓延。

全身性糖原储积病（generalized glycogenosis）

全身性糖原储积病与人糖原代谢病Ⅱ型（又称 Pompe 病）相似，是溶酶体中的酸性麦芽糖酶（α-1,4-葡萄糖苷酶）缺乏所致。本病发生于羊和牛，在猫和犬中也有发病的报道。本病属常染色体隐性遗传。

【发病机理】在体内，α-1,4-葡萄糖苷酶能催化低聚糖和糖原水解生成葡萄糖，然后进入血中维持血糖水平。当 α-1,4-葡萄糖苷酶缺乏时，糖原的分解代谢发生障碍，致使过量的糖原在体内多种组织中溶酶体内贮积，溶酶体膨胀造成细胞受损。

【症状】患畜肌肉无力，生长不良，步态不稳，共济失调，起立困难，最后持久卧地不起。该病已证实有骨骼肌、心肌及中枢神经损害。发病过程中有进行性肌肉损坏，后阶段有急性肌纤维变性。患病的婆罗门犊牛在 8～9 月龄死亡，亦有超过 1 岁的牛死亡。组织损害明显，包括患病组织中广泛的空泡形成和颗粒物质积聚。实验室检验可见肝和肌肉的 α-1,4-葡萄糖苷酶活性显著降低，相应的糖原含量增加。

【诊断】依据临床症状，淋巴细胞或肌肉组织 α-1,4-葡萄糖苷酶活性降低，用 PAS 染色阳性，可做出诊断。产前诊断可检测培养羊水细胞中酶的活性。

【防治】目前尚无有效治疗方法。患病畜群的动物可根据淋巴细胞或肌肉，特别是半腱肌

中 α-1，4-葡萄糖苷酶的活性区分正常杂合子和纯合子。通过淘汰杂合子可控制该病的发生。

球样细胞性脑白质营养不良（globoid cell leukodystrophy）

球样细胞性脑白质营养不良又称 Krabbe 综合征或半乳糖脑苷脂储积症（galactosylceramide lipidosis），是一种遗传性 β-半乳糖脑苷脂酶（β-galaetocerebrosidase）缺乏。本病见于澳大利亚的陶赛特羊、猫、犬。本病属常染色体隐性遗传，为遗传异质性疾病。

【发病机理】β-半乳糖脑苷脂酶能够水解半乳糖脑苷脂（又称半乳糖神经酰胺）和神经鞘氨醇半乳糖苷，使它们的半乳糖分子裂解下来。本病的根本病因是这种酶的缺乏引起半乳糖脂代谢障碍，致使半乳糖脑苷脂沉积于脑内，使脑白质中出现 PAS 染色阳性的呈球形的异常巨噬细胞（称球样细胞）。神经鞘氨醇半乳糖苷对神经系统有很高的毒性作用，能抑制细胞色素 C 氧化酶和血小板中蛋白激酶的活性，阻止少突神经胶质的髓磷脂结构蛋白的磷酸化作用，进而阻止髓鞘的形成。

【症状】病羊出现进行性后肢共济失调，弯腰曲背缓慢走动，头震颤，常需扶助才能站立，而当站立休息时，其后肢侧斜并易跌倒，当病羊试图走动时，前肢过度伸展，后肢拖曳使球节触地，随之四肢麻痹。Pritchard 等（1986）报道病羊脑中的 β-半乳糖脑苷脂酶仅为健康羊的 6%。

病犬从出生后 19 周开始出现症状，在其后 10 周症状逐渐加重，表现行走困难，肌肉萎缩，腰部麻痹，震颤，视力减退，听觉异常，癫痫反复发作而死亡。

病猫表现进行性共济失调，麻痹，肌肉萎缩，视力障碍。

【病理变化】主要在中枢神经系统。特点是脑灰质髓鞘脱失，在神经组织中球样细胞聚集。脑组织缩小，脑回萎缩，尤其在后期脑室扩大；脑白质减少且由于神经胶质细胞增生而变硬。

电镜检查可见，脑桥、丘脑和齿状核的神经元均见不同程度的变性，大脑皮质相对保存完好，大脑深部、小脑白质中可见明显的轴索、髓鞘破坏，少突胶质细胞增生明显减少，代之于神经胶质细胞增生和出现很多球形细胞。球形细胞分两种类型：上皮样细胞及球形小体。球形细胞可见胞浆内电子密度颗粒，异常胞浆内含物以及直径为 9～10μm 的微丝。其胞浆内含物有电子密度包膜，纵切面呈曲管样轮廓，横切面呈晶体样结构，小管有纵形条纹，约 6μm 宽，小管结构为 Krabbe 病所特有。上皮样细胞或经典的球形细胞为中等大小的单核圆形细胞，而球形小体较大（20～50μm），形态不规则且具多核。球形细胞为数众多，分布于深部白质，其胞浆呈 PAS 染色阳性，用苏丹Ⅳ和苏丹黑 B 染色着色很淡，无易染性。

【诊断】根据临床表现和 β-半乳糖脑苷脂酶活性降低可做出诊断。

【防治】尚无特效疗法。国外在人医已经开展了同型骨髓造血干细胞移植治疗 Krabbe 综合征，并取得一定的疗效。预防可通过测定白细胞 β-半乳糖脑苷脂酶活性从畜群中检出并淘汰杂合子动物。

神经鞘磷脂储积病（sphingomyelinosis）

神经鞘磷脂储积病或称尼曼-匹克病（Neimann-Pick disease），是一种因鞘磷脂酶的遗传性缺乏，使神经鞘脂降解障碍而堆积，导致器官损害的遗传性疾病。表现为正常脂类的异常积聚，多以中枢间或周围神经变性为特征改变。本病见于泰国猫、家猫、Poodle 犬及小鼠。认为此病与人的尼曼-匹克病 A 型类似。本病属常染色体隐性遗传。

【发病机理】当鞘磷脂酶缺乏时，神经鞘磷脂不能从正常途径代谢，而在一些器官中堆积。

【症状】患猫出生 4 个月后开始食欲减退，生长停滞。6 月龄开始出现运动失调，震颤，头部持续颤动，肢体过度伸展等神经症状，末期对外界刺激极度敏感，9 月龄时死亡。白细胞减少、肝脏和脑的鞘磷脂酶活性明显下降，肝脏中神经鞘磷脂和磷酸胆碱增加为正常的 9～10 倍。

【防治】目前尚无有效治疗方法。检出并淘汰携带者是防制本病的唯一有效措施。

牛小脑发育不全 (cerebellar hypoplasia of cattle)

牛小脑发育不全是一种先天性的以共济失调为特征的遗传性疾病，发生于海福特牛、更赛牛、荷斯坦牛、短角牛和爱尔夏牛等。本病似由一种隐性遗传因子所决定。

【症状】大多数犊牛出生时，即已明显患病。不严重的犊牛试图站立时，头过分向后甩，四肢移动时费力和跨幅过大，严重不协调。但卧地时，通常无明显异常。重症犊牛失明，瞳孔极度散大，对光反射消失。患病犊牛四肢肌肉软弱无力，即使加以扶助亦不能站立。站立时，取骑跨姿势，腿间距离很宽，腿和颈过度伸展，可能呈现震颤，当头迅速侧向运动之后可能发生向后旋转性眼球震颤。试图走动时，四肢不协调而跌倒，由于前肢过度伸展有时向后跌倒。病犊虽能喝水，但很难接近乳头或乳桶，无法吃奶。神志清醒，不发生惊厥。视觉和听觉正常，虽然病犊不可能痊愈，但可能具有充分的代偿能力，可将其饲养到肉用犊牛的体重。

【病理变化】最严重者小脑完全缺失，有的橄榄核、脑桥和视神经发育不全，枕叶皮质部分或完全缺失。有的小脑变小或正常，但缺乏某些神经元成分，表面光滑，脑回平坦，皮层叶小而窄（图 9-3）。镜检可见，小脑皮质浦金野细胞及颗粒结构松散，有不同程度变性，尤其是浦金野层有坏死、溶解和消失等明显变性。在髓鞘和灰质细胞中有空泡和水肿。

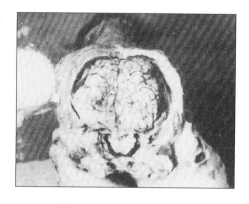

图 9-3 牛的小脑发育不全

【诊断】根据病犊出生后表现出的临床症状不难诊断。

【防治】该病的治疗意义不大。应从选种方面采取措施，检出其杂合子，加以淘汰，杜绝此病的发生。

犊牛遗传性共济失调 (inherited ataxia of calves)

犊牛遗传性共济失调见于娟姗牛、短角牛和荷兰牛。本病与牛小脑发育不全在临床上的区别是犊牛在出生时不显异常，在数周乃至数月龄才开始发病，呈慢性渐进性共济失调症状。Johnson 等（1958）报道病犊于 36 周龄才发病。王英民等（1987）报道一组犊牛遗传性小脑萎缩性共济失调病例，由于从外地引进一头西门塔尔种公牛，在近亲繁殖的二、三代后裔中，共发现 22 头病犊。两种性别均可发病，有明显的遗传性和家族聚集性。遗传特点为常染色体隐性遗传。

【症状】犊牛的发病年龄在 1.5～7 月龄，多数在 3～4 月龄。呈典型小脑性共济失调病征，头部不自主地晃动，以致不能准确地采食和饮水；站立时四肢叉开，呈广踏姿势，躯体摇晃不稳，行走时步态笨拙蹒跚，肢体高举，跨步过大，辨距不良，容易摔倒。后期可见消瘦贫血，肌肉萎缩，肌张力减低，腱反射减弱。常卧地难以起立。病程一般为 8～14 个月，死亡率达 100%。

【防治】尚无有效疗法，应避免近亲繁殖，及时发现和淘汰病畜及致病基因携带者。

（庞全海）

第二节 泌尿系统遗传性疾病

多囊肾病（polycystic renopathy）

多囊肾病是指在肾脏内形成许多大小不等的囊泡，可发生于一侧或两侧肾脏。在肾脏内发生一个或几个囊泡，称为肾囊泡；而含有许多囊泡的肾脏称为多囊肾。本病见于各种家畜，是常见的先天性缺陷，以猪最为多发，马、牛次之，羊和犬较少见。其遗传特性不尽一致，目前已确认在犬和水貂为常染色体隐性遗传，而猫为常染色体显性遗传，但在牛、羊和猪的遗传特性尚未确认。

肾脏囊泡的发生属于先天性发育障碍，多数在后肾胚芽的发育过程中，因某一阶段发育停止所致。有的是因集合管和后肾肾小管未能沟通，致使分泌的尿液不能排出而生成囊泡。囊泡内含水样透明液体，有时也含有分解的尿液成分、细胞和脂肪等而混浊；有时囊液呈胶冻样。无论是单发或是多发性囊泡，其大小极不一致，泡壁光滑，由单层或多层上皮细胞构成。囊泡可压迫肾组织致使萎缩。

多囊肾可能是双侧性或单侧性，若为广泛损伤肾实质的双侧性囊肾（图 9-4），则患畜常为死产或出生后不久即死亡。若为单侧性囊肾，轻者不表现临床症状，因为另一侧健康肾脏起到代偿作用。重者可出现进行性肾功能衰竭症状。在马和牛，通过直肠检查，可以摸到显著增大的肾脏，而小家畜可由腹外触诊或 X 线检查检出。在严重病例可见由于腹水和增大的肾脏而使腹围明显增大。但亦可能出现另一种情况，即肾脏萎缩，此种囊肾在外观上缩小，呈分叶状，色淡，皮质和髓质有许多大小不等的囊泡。

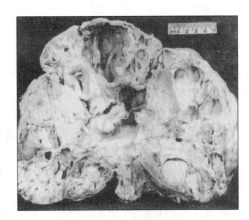

图 9-4 多囊肾

先天性膀胱破裂（congenital bladder rupture）

先天性膀胱破裂是由于先天性膀胱壁闭合缺损，在膀胱壁上留有一个大小不等的裂口，这种缺陷仅在公马驹中有报道。曾在两匹全同胞公马驹中发现本病，两例的病理解剖所见完全相似，提示具有遗传性。

若膀胱壁裂较小，病驹神情活泼，无明显的临床表现，亦见有排尿，因而难以诊断。此时，若怀疑膀胱有裂隙时，可向膀胱注入染料，再抽取腹腔液检查，染料检验阳性时即可确诊。亦可向膀胱注入造影剂进行X线检查。

当膀胱壁裂隙较大时，患驹于出生后24～36h出现临床症状，精神、食欲欠佳，呈亚急性腹痛，频作排尿姿势，但无尿液排出；人工导尿时插入导管顺畅，但没有尿液导出。病情进行性加重，腹围逐渐增大，当出现尿毒症时，患驹常陷于昏睡甚至昏迷状态。轻症或病的早期，血液尿素氮水平正常，但血钠和血氯化物过低，而血钾过高。在病情严重时，则出现肾功能衰竭和尿毒症。

尸体剖检，可见膀胱壁有裂口，边缘整齐、紧密相接，并无翻转脱落，膀胱内侧黏膜面皱褶正常，显然并非撕裂性伤口。常有明显的腹膜炎。

（庞全海）

第三节　生殖系统遗传性疾病

两性畸形（hermaphroditism）

两性畸形又称间性（intersexual），是指某一个体同时具备雌雄两性全部或部分生殖器官的现象。两性畸形在家畜中发生率较高，是一种常见的遗传性疾病。在猪、牛、羊、马、犬、猫、鼠均有报道，以山羊和猪多见。

一般把两性畸形分为真两性畸形和假两性畸形两大类。前者指同时具备雌雄性腺的个体，后者指具有一个性别的性腺，而生殖道又具有另一性别的特征。如果性腺性别及遗传性别为雄性，即有睾丸，性染色体为XY，但具有雌性生殖道，称为雄性假两性畸形；反之称为雌性假两性畸形。雌性假两性畸形在家畜中较少见。在遗传学上，把雄性动物出现雌性化改变或遗传上雌性动物出现雄性化改变，称为性转变（sex reversal）。性转变可以自然发生，也可用实验进行诱发。牛的双生间雌（freemartin）是两性畸形的一种特殊类型。

【发病机理】哺乳动物带有X染色体的精子与卵子结合发育成雌性，带有Y染色体的精子与卵子结合发育成雄性。但胚胎早期的原始性腺（生殖脊）是无性别性腺或未分化性腺，这个性腺的分化去向由Y染色体决定。存在于Y染色体短臂末端上的决定雄性的特异性DNA片段，即性别决定区段（sex-determing region of Y，SRY）在多种哺乳动物普遍存在，但不同动物所处位置、结构和长度不完全相同。当有Y染色体存在时，Y染色体上的SRY所编码的遗传信息使原始性腺发育成睾丸，继之在雄性激素的诱导下，沃弗管发育，形成附睾、输精管和精囊，并出现第二性征，形成正常雄性；同时睾丸分泌的抗缪勒管发育物质，使缪勒管退化。当没有Y染色体即不存在SRY时，无性别性腺在正常雄性分化稍晚时间发育成卵巢，继之原始生殖管亦发育成缪勒管，形成输卵管、子宫、子宫颈与阴道上部，出现雌性第二性征，形成正常生育性雌性。

性别分化异常的原因比较复杂，除遗传因素外，环境因素也起一定作用。关于哺乳动物的性别分化过程见图 9-5。

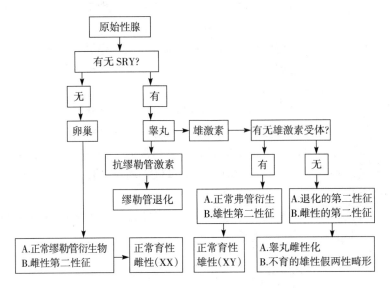

图 9-5 哺乳动物性别分化过程示意图

公畜生殖系统先天性缺陷

（一）隐睾（cryptorchidism）

在性发育的早期，睾丸存在于腹腔，以后下降至阴囊继续生长，下降的时间因动物种类而异，猪为出生后 1~2 周，驹大约 1 岁。凡睾丸未下降至阴囊者，均称为隐睾。若下降至腹股沟，称为腹部隐睾；若一侧睾丸下降至阴囊，另一侧仍在腹腔或腹股沟，称单侧隐睾或单睾；两侧睾丸均未下降者，称双侧隐睾。Hamori（1983）报道，在 417 例马的隐睾中，发现睾丸在腹部者占 60.2%，在腹股沟的占 39.1%，两种位置同时都有的占 0.7%。其中双侧隐睾占 10%。

猪的隐睾发生率最高，绵羊、山羊、马和牛次之，也常见于犬和猫。马的隐睾症通常是一种显性遗传性状，其他家畜多为隐性遗传。

隐睾患畜的体格外形一般表现正常，有的表现出增重较快和体型较大。其主要变化是睾丸较通常小，质地较正常个体的睾丸坚实或柔软，睾丸的间质细胞退化。由于睾丸雄性激素受体功能以及垂体前叶缺乏，雄性激素分泌紊乱，造成总的激素失衡。

（二）睾丸发育不全（testicular hypoplasia）

睾丸发育不全发生于所有畜禽，多见于公牛、公猪和公鸭。呈单侧或双侧性，在瑞典高原牛中发现的遗传性睾丸发育不全，系由一种外显率约为 50% 的常染色体隐性基因传递。猪的睾丸发育不全，大多与遗传引起的隐睾和间性联系在一起，公绵羊睾丸发育不全的睾丸病变轻于公牛，通常为轻度生精上皮变性，异常的精子不多。

睾丸发育不全主要有两种类型：一种是先天性生精上皮发育受阻，但睾丸、附睾的形状和大小正常；另一种较常发生，以睾丸小，质地变硬或较软为特征。镜检，曲精细管上皮衬以支持细胞和单层精原细胞。病变严重时，与睾丸变性难以区分。一般情况，这两种情况均与精液生成减少或受精配子细胞减少相关。

除隐睾和间性外，染色体畸变也可导致睾丸发育不全，最常见的畸变是 $2n+1$，XXY。其他染色体异常如易位等，也可使睾丸精子生成减少。

一般认为只有在初情期或初情期之后，发生睾丸发育不全，才能造成生育力降低和无生育力。无生育力的公牛精液呈水样，含少量精子或无精子。程度较轻时，公畜仍有性欲及配种能力，但精子数可能减少。与公牛相似，公猪和公绵羊睾丸发育不全的特征是睾丸小和精子密度低；公绵羊畸形精子的百分率高。

(三) 沃弗管发育不全 (Wilffian duct hypoplasia)

据报道，在雄性山羊、绵羊和牛中有两侧精子滞留现象 (spermiostasis)，其原因是沃弗管发育不全。附睾和输精管为沃弗管衍生，当家畜先天性沃弗管发育异常或缺陷时，公畜表现附睾或输精管的缺陷，部分附睾不发育，这种现象最早在公牛中发现。附睾发育不全的程度不一，右侧附睾不发育较为常见，也有两侧异常。通常表现为附睾体、尾及输精管的完全缺乏，使来自睾丸的精液别无去路，黏集于附睾头部，使其肿胀进而形成精子肉芽肿，随后发生退行性睾丸萎缩。两侧沃弗管发育不全使精子完全不能排出，引起不育症。此症属于多基因遗传。

雌畜生殖系统先天性缺陷

(一) 卵巢发育不全 (ovarian hypoplasia)

卵巢发育不全是由于缺少一条 X 染色体所致，有部分性不育和广泛性不育之分，可以是单侧性的，也可能是双侧性的，常见于牛、马、猪、犬等各种家畜。如37，XO核型的猪表现为先天性卵巢发育不全综合征，外观表现生殖道幼稚，子宫角细小，有时阴道和阴门特别狭小，以致不能交配或输精。且多与异性孪生、两性畸形相伴随。此外，还表现出体形矮小，四肢较短，肘关节外展等症状。另据报道，母牛中存在多余的 X 染色体 (61，XXX) 也表现出卵巢发育不全。

(二) 卵巢囊肿 (ovarian cyst)

卵巢囊肿可分为卵泡囊肿和黄体囊肿，以卵泡囊肿最为多见。以乳牛多发，马和猪次之。患病母牛的特征是由于荐坐韧带松弛而呈现尾根部拱起，卵泡异常肿大，充满卵泡液，直肠检查可触摸到肿大如拳头大小的卵巢。雌激素分泌过多，使血中黄体生成素降低，表现性欲亢进，严重者呈明显的慕雄狂 (nymphomana) 症状。若卵泡囊肿持续存在则影响排卵，常有卵子变性。有时过度生长的卵泡萎缩而黄体化，转变为黄体囊肿，或形成持久黄体，则此时母牛不发情。若仅一侧卵巢囊肿，尚可有周期性发情。

(三) 妊娠期延长 (prolongation of pregnancy period)

各种动物的妊娠期有固定的范围，虽然环境因素可影响妊娠期，但一般只相差 2~3d。

妊娠期延长多由某种遗传因素引起，亦可因胎儿为遗传性疾病患者而延长。如在一个近交的更赛牛群中，发现妊娠期延长有遗传趋势，如果公母牛都是携带缺陷基因的杂合子，后代中有 1/4 纯合子延期分娩，其余 3/4 按时分娩，这些母牛以后与非携带者公牛交配，则按时分娩正常犊牛，这表明妊娠期延长由隐性基因决定。在美国荷斯坦-弗里兹牛和日本牛中发现，如果双亲带有一种致死因子 A26，则妊娠期延长 20~90d，其所生犊牛外形正常，但体重超过平均水平，生下即死或随后短期内死亡，无病理变化，母牛无分娩先兆。

(四) 谬勒管发育不全 (Mullerian duct hypoplasia)

谬勒管发育缺陷常导致母畜生殖道发育不全。在奶牛和猪可见有部分谬勒管不发育，但并不常发生。谬勒管衍生组织部分不发育可导致生殖道某处不融合或不形成。若谬勒管衍生组织前方不完全发育，子宫角就不会发育，若其后方不完全发育，则形成阴道前部、子宫颈和子宫体的导管错误融合。有时出现无孔的阴瓣、双阴道、双子宫颈或双子宫等。

谬勒管发育不全会导致无子宫体，宫颈及阴道前部有 2~10cm 深的阴道盲端（乃泌尿生殖窦内凹所致），并有双侧细索状子宫残余。常同时出现肾脏畸形（20%~40%），骨骼畸形，特别是脊柱畸形增加，第二性征发育正常。谬勒管发育缺陷动物的卵巢发育正常，因而其表现有正常的发情周期和适度的生殖道分泌活动。故在成熟奶牛生殖道近前段常充盈着发情期分泌液。最常见的发情分泌物排出障碍是牢固性的阴瓣。

牛谬勒管发育不全的一个特殊类型是白色小母牛病，属性连锁隐性遗传。它与牛被毛颜色几乎无关，在所有品种的牛尤其是短角牛常有发生。与雄性假两性畸形不同的是，患畜核型为 2n, XX。此病有家族遗传倾向，可能是多基因遗传。

谬勒管发育不全的另一特殊类型是谬勒管融合不全，形成两个"半子宫"或"双子宫"，每个"半子宫"仅有一条输卵管，常并发肾脏畸形，在人和家畜中已有数个家族性谬勒管融合不全的报告，多数为同胞受累，也有累及母亲和儿女者。该遗传缺陷在母本中发生率不超过 5%，显然与多基因遗传一致。

（庞全海）

第四节 遗传性血液病

α-海洋性贫血 (α-thalassemia)

α-海洋性贫血又称 α-地中海贫血（α-mediterranean anemia），是由控制珠蛋白 α 链的结构基因先天性缺失或发生突变，引起血红蛋白 α 缺乏或缺如的一种血红蛋白病。本病呈常染色体共显性遗传，是常见于人的血红蛋白病。据报道，我国广州地区的发生率为 2.67%，南宁地区为 14.95%，在动物中仅发生于经 X 线诱变的 2Hb 小鼠、352Hb 小鼠以及经癌宁（即三乙烯亚胺三嗪，TEM）诱变的 Hba^{thr3} 小鼠。这 3 个品系小鼠的突变基因为 $α_1$ 或 $α_0$。

突变基因纯合子小鼠多数为死胎，少数在出生后短期内死亡。主要表现溶血性贫血，全身水肿和肝脾肿大,脐带血电泳显现大量γ链四聚体(γ_4,即HbBart's)和少量β链四聚体(β_4,即HbH)。杂合子病鼠主要表现黏膜苍白,脾肿大,小细胞低色素性贫血,红细胞增多和网织红细胞增多,红细胞脆性降低。红细胞内含有HbH和HbBart's。病程数月至1年。

目前尚无根治方法。发病的3个品系小鼠可作为研究人α-海洋性贫血的动物模型。

β-海洋性贫血(β-thalassemia)

β-海洋性贫血又称β-地中海贫血(β-mediterranean anemia),是由控制珠蛋白β链的结构基因先天性缺失或发生突变,引起血红蛋白A缺乏或缺如的一种血红蛋白病。本病属常染色体共显性遗传,是常见于人的血红蛋白病,动物中仅发生于DBA/ZJ自然突变小鼠,突变基因为Hbb^{th1}。业已证实,小鼠珠蛋白β链基因位于第七号染色体上,包括β-major(重型β-海洋性贫血基因)和β-minor(轻型β-海洋性贫血基因)2个基因,β-海洋性贫血是由β-major完全缺失所致。

纯合子病鼠出生即可能发病,病程数周至数月,大部分可存活至性成熟并能繁殖后代,30%~40%在3周内死亡。

主要临床表现为皮肤和可视黏膜苍白,脾肿大,小细胞低色素性贫血,网织红细胞和有核红细胞极度增多,出现大量红细胞内α链包涵体。电泳显示,纯合子病鼠缺乏β-major链和β-single链,只有β-minor链。杂合子病鼠无贫血症状,仅有轻度的网织红细胞增多症。电泳显示珠蛋白β链构成明显改变,即缺乏β-major链,75%为β-single链,25%为β-minor链。

目前尚无有效的防治方法。DBA/ZJ小鼠可作为研究人类β-海洋性贫血的动物模型。

先天性卟啉病和原卟啉病(congenital porphyria and protoporphyria)

先天性卟啉病又称红齿病(pink tooth disease),是由控制卟啉代谢和血红素合成的有关酶先天性缺陷所致的一组遗传性卟啉代谢病。其特征是尿和粪便中过多地排泄卟啉和卟啉在组织中沉积,尤其是在骨骼和牙齿中沉积。患牛发生感光过敏。本病较多发生于牛,如短角牛、荷斯坦牛、丹麦黑白花牛、爱尔兰牛等,亦发生于猪、猫等动物。先天性卟啉症极少发生,只是当皮肤颜色较淡的患畜暴露于阳光下时才发病。

原卟啉症在临床上与卟啉症相似,但症状较轻且发生较少,无明显经济意义。牛的大多数卟啉症是由常染色体单隐性因子遗传所致,而其杂合子在临床上表现正常;少数属红细胞生成性原卟啉病型,呈常染色体显性遗传,遗传方式上没有严格的性连锁,但母牛的发病率比公牛高。猪的先天性卟啉症属红细胞生成型卟啉病型,呈常染色体显性遗传或多基因遗传。猫的先天性卟啉病,兼有红细胞生成性和肝性卟啉病型的特点,呈常染色体显性遗传;虽然遗传方式没有严格的性连锁,但雌性的发病率比雄性高。原卟啉症属常染色体显性遗传。

【发病机理】卟啉是一种能吸收可见光并引起光敏性的芳香族复合物。这种代谢性缺陷是在吡咯族转化为卟啉Ⅲ族时,由于尿卟啉原Ⅰ合成酶和尿卟啉原Ⅲ辅酶合成酶机能不全引起血红素合成的中间产物储积和血红素缺乏,导致色素在血液、尿和粪中的浓度高于正常,动物发生感光过敏和溶血性贫血。原卟啉症是亚铁螯合酶缺乏活性,导致生成过多的原卟啉,在红细胞和粪中含量升高。

【症状】病畜的牙齿和骨骼呈棕色或紫红色(红齿),紫外线照射可发红色荧光,色素主要见于牙齿的牙基质和骨骼的致密层。本病在牛的特征是牙齿和骨呈桃红色或棕色以及严重的感光过敏。面部、眼眶周围、鼻镜、耳背部、头后部、鬐甲部和会阴部的皮肤出现红斑、水肿和溃疡。病牛黏膜苍白和生长停滞。尿呈琥珀色至红葡萄酒色,黏膜苍白,生长停滞。有的出现共济失调、惊厥等神经症状。病猪的症状轻微,不发生感光过敏,但牙齿和骨骼呈现红棕色,甚至在仔猪初生时即可辨认,据此可以辨认本病。

原卟啉症的唯一异常是光敏性发炎,病牛不表现牙齿和骨骼的红斑,尿液也不着色。人可能在日光曝晒后出现急性荨麻疹或慢性红斑,有的无症状,呈隐匿型。

病畜尿和粪中出现过多的卟啉物质,尿卟啉可达 5～10mg/L(健牛含量甚微),粪卟啉可达 3.56～15.30mg/L(健牛为 0.018 4mg/L),当曝光后,颜色变为暗黑色至棕色。红细胞的生存时间明显缩短,出现巨红细胞正色素性贫血,其严重程度与红细胞中的尿卟啉含量有关,并有溶血性贫血迹象。具有最高的红细胞尿卟啉水平的牛也是对阳光最敏感的牛。

【诊断】可根据病牛、病猪出生时牙齿变色和贫血症来判断,用生化检测粪卟啉、尿卟啉,纤维母细胞亚铁螯合酶活性或红细胞内尿卟啉含量测定杂合子个体(隐性基因携带者),并结合测交试验,进行光谱学分析证实尿中色素为卟啉,则可准确地区分出正常牛、杂合子牛和病牛。

本病必须与其他原因引起的感光过敏和肝机能不全所致的症状性卟啉尿相区别。根据牙齿的颜色在出生时就异常即可检出患牛和患猪。

【防治】尽可能避免日光照射,患畜应进行舍饲。感光过敏可进行非特异治疗。

采用测交检出牛群中尤其是种公牛中致病基因携带者,并加以淘汰是唯一有效的预防措施。在发生本病的品种中,定期监测用作人工授精公牛的尿和粪便中尿卟啉、粪卟啉是否过量。

牛白细胞黏附缺陷(bovine leukocyte adhesion deficiency)

牛白细胞黏附缺陷又称牛粒细胞病(bovine granulocytopathy),是由中性粒细胞表面的整合素 β-亚单位 CD_{18} 发生基因突变引起整合素表达缺陷所致的一种遗传性血液病。仅发生于荷斯坦牛,美国北部某些牛群中携带者比例高达 14%。本病呈常染色体隐性遗传。

临床表现为生长发育受阻,体重仅为同龄牛的 50%～60%;反复发生细菌感染,最常见有慢性肺炎、腹泻、牙周炎、溃疡性口炎,也可发生喉炎、浅表淋巴结炎、皮肤黏膜病;持续的重度中性粒细胞增多,但不伴有核左移,中性粒细胞的黏附功能、聚集活性、趋化性作用和吞噬能力降低。

识别并剔除携带者是预防致病基因传播的根本办法。应用 DNA-PCR 技术对用于商品性人工授精的全部荷斯坦公牛进行致病基因的检测,淘汰携带致病基因的种公牛。

(庞全海)

第五节 其他遗传性疾病

白化病（albinism）

白化病又称为无黑色素症（amelanosis）或酪氨酸酶缺乏症（tyrosinase deficiency），是酪氨酸分解代谢障碍引起皮肤及其附属组织的遗传性黑色素缺乏或黑色素合成缺陷造成的一种遗传性氨基酸代谢病，分为致死性和非致死性两种类型。在牛、绵羊、猪、马、犬、猫、水貂、蓝狐、狐、鼠、鸡、鹌鹑、Kill鲸等20多种动物已有报道。而Dalmation犬的白化性状经过遗传已形成品种。

本病呈常染色体隐性或显性遗传。牛多为非致死性隐性遗传。马的一种假性白化病为显性致死型。火鸡则由隐性致死因子F_1致病。绵羊完全白化病则为常染色体隐性遗传。

正常机体内的黑色素由黑色素细胞合成，后者含有一种黑素体（melansome），它含有催化酪氨酸的酪氨酸酶，可促使黑色素形成。白化病畜的酪氨酸酶缺乏活性，不能形成黑色素，若将病畜毛球放在L-酪氨酸的溶液中，于37℃培养12h，毛球不能变黑。牛和水貂白化病时，在中性粒细胞、淋巴细胞、单核细胞和嗜酸性粒细胞中，有异常增大的颗粒，是一种胀大的溶酶体（Podgett，1967）。

临床上有皮肤白化病、眼白化病、白斑病和契-东二氏综合征等类型。病畜的皮肤、被毛和眼的色泽变淡，故可以更准确地称之为"眼与皮肤着色不足"。安格斯牛的毛呈淡棕色，眼的虹膜呈两种色调，外面是淡棕色环，内面是蓝色，有消化或代谢缺陷。海福特牛的部分白化病亦即契-东综合征，皮肤颜色变淡，眼先天性缺陷，表现为虹膜的异色性、纤维化和缺损。但多数病畜并不丧失视力。马的白化病较罕见，所见的伴有眼色素沉着的白色马称为伪白化病（pseudoalbinism）。

根据毛、皮肤和眼不同程度的白化，易于做出诊断。

目前无根治疗法，有人用皮肤移植试治裸鼠的白化病，使白斑皮肤重新沉积黑色素。根本预防措施是淘汰病畜。

契-东综合征（chediak-higashi syndrome，CHS）

契-东综合征又称为色素缺乏易感性增高综合征，其特点是因色素缺乏引起皮肤和眼的部分白化，白细胞内有异常巨大的颗粒，对疾病的易感性增加。在海福特牛，亦可能在其他品种的牛发生，罕见于波斯猫、犬、虎（white tiger）、食人鲸（killer whales）、小鼠和人。本病属常染色体隐性遗传，是一种遗传性吞噬细胞缺陷病，亦有人认为是一种溶酶体储积病。

【**症状**】患畜生长发育不良，眼和皮肤的颜色变淡，类似于白化症；羞明，视力下降；贫血，有出血倾向；易被细菌（尤其是化脓性细菌）感染，NK细胞对靶细胞的杀灭能力大为减弱，常因化脓性细菌感染引起败血症或淋巴样肿瘤而死亡。

【**诊断**】根据病史和临床症状，结合血液涂片发现白细胞内有膨大的颗粒，或毛干有膨大的黑色素颗粒，即可确诊。

【防治】 对化脓性感染采用抗菌药物和支持疗法。

遗传性甲状腺肿 (inherited goiter)

遗传性甲状腺肿又称家族性甲状腺肿 (familial goiter) 或先天性甲状腺肿 (congenital goiter)，是由甲状腺球蛋白生成先天性缺陷所致的一种遗传性疾病。在猪、牛、美利奴绵羊、螺角绵羊、荷兰山羊和内蒙古二郎山白山羊中都有发病的记载。本病呈常染色体隐性遗传，呈家族性发生。

致病基因纯合子常可足月出生，但死胎居多，或新生幼畜在生出时虚弱，多数不能站立，常在生后数日、数周或数月后死亡。前颈部可看到2个高度肿大的甲状腺，如板栗大到鸭蛋大。大多数病畜有皮肤增厚、皮下水肿、被毛稀少、生长停滞、呼吸困难等甲状腺功能不全的表现。血液检查可见，血清 T_3 和 T_4 含量显著下降，均在正常畜的10%以下；血清甲状腺球蛋白含量约为正常畜的5%。

预防本病的根本措施是检出并剔除携带者，但迄今尚无简单实用的方法。对于优秀种公畜可用测交试验检出携带者，严禁在出现过临床型病畜的家族中选留种畜。

（庞全海）

◇ **复习思考题**

1. 什么是遗传性疾病？
2. 遗传性疾病临床特点是什么？
3. 诊断遗传性疾病应从哪几方面着手？
4. 简述 GM_1 神经节苷脂储积病和 GM_2 神经节苷脂储积病的特点。
5. 简述先天性卟啉病的发病机理及症状。

第十章

家禽疾病

内容提要：随着集约化家禽养殖业的快速发展，家禽疾病逐渐增多，严重影响着家禽的生产性能和产品的质量与数量。本章重点介绍临床上常见多发性家禽内科疾病，要求学习这些疾病的发生原因、诊断方法和防治措施。

第一节 禽痛风

禽痛风（gout in poultry）是由于禽类蛋白质代谢障碍或肾脏受损，尿酸盐不能被迅速排出体外，在血液中蓄积过量而形成尿酸血症，进而尿酸盐沉积在关节囊、关节软骨及周围、胸腹腔、各种脏器表面和组织间隙中的一种营养代谢障碍性疾病。临床上表现为病禽运动迟缓，腿、翅关节肿胀，厌食，跛行，衰竭和腹泻，并引起尿酸和尿酸盐的排泄增加及肛门充血。因粪尿中尿酸盐增多，常黏附于肛门周围羽毛上。痛风又称尿酸素质、尿酸盐沉积症和结晶症。

禽痛风分为内脏型和关节型两种，前者是指尿酸盐沉着在内脏表面，又称为内脏型尿酸盐沉积症；后者是指尿酸盐沉积在关节囊和关节软骨周围。禽痛风主要发生在鸡，其次是火鸡、水禽（鸭、鹅）、雉、鸽、丹顶鹤等。

【病因】禽痛风的原因可归纳为两类：体内尿酸生成过多和尿酸排泄障碍。后者常常是尿酸盐沉着症中更重要的原因。

1. 尿酸盐生成过多 饲喂大量富含核蛋白和嘌呤碱的蛋白质饲料，如用动物内脏（胸腺、肝、肾、脑、胰等）、肉屑、鱼粉、大豆粉、豌豆等作为蛋白质来源，而且掺入比例太高，当鱼粉用量超过8%，或配合所用尿素超过13%，或饲料中粗蛋白含量超过28%时，可产生过多尿酸盐，此时尿酸盐的生成速率大于排泄速率，则可产生痛风。

2. 尿酸排泄障碍因素

（1）传染性因素：凡具嗜肾性、能引起肾机能损伤的疾病，如嗜肾型传染性支气管炎、传染性法氏囊病、沙门菌病、败血性霉形体感染、火鸡蓝冠病、雏白痢、单核细胞增多症、艾美尔球虫病、传染性盲肠-肝炎，都能引起肾炎、肾损伤，造成尿酸盐排泄受阻，出现典型的痛风。

（2）非传染性因素：

①营养性因素：禽日粮中长期缺乏维生素A，引起肾小管、输尿管上皮细胞萎缩、角化和脱落，堵塞输尿管，可使尿酸排泄减少而致发痛风；食盐过多或饮水不足，造成尿量减少、尿液浓缩，进而导致尿酸排泄障碍；高钙低磷，或钙、磷比例失调引起钙异位沉着，形

成肾结石或积砂，使排尿不畅。

②中毒性因素：嗜肾性化学毒物、药物和霉菌毒素；饲料中某些重金属如铬、镉、铊、汞、铅等蓄积在肾脏内引起的肾损伤；磺胺类药中毒，引起结晶尿和肾损害，致尿酸排泄受阻，如每月有 3d 在饲料中添加磺胺粉末（0.15%），雏鸡可发生痛风；草酸盐含量过多的饲料如菠菜、莴苣、开花甘蓝、蘑菇和蕈类等，其草酸盐可堵塞肾小管或损伤肾小管；霉菌毒素如棕色曲霉毒素、镰刀菌毒素和黄曲霉毒素、卵泡霉素等，可直接损伤肾脏，引起肾机能障碍并导致痛风。

③诱因：老年动物，纯系育种动物，运动不足，受凉，孵化时湿度太大，都可促使痛风发生，有时生活在卵壳内的幼雏就可能患内脏型痛风。

当尿酸盐生成过多，排泄受阻时，血液尿酸盐浓度升高，经肾排泄时可刺激并损伤肾脏，发生尿酸盐阻滞，反过来又促使血液尿酸盐进一步升高，造成恶性循环。实验性结扎输尿管，血尿酸盐浓度可从 0.35mmol/L 升高到 18.18mmol/L。

【发病机理】核蛋白是动植物细胞核的主要成分，是由蛋白质与核酸组成的一种结合蛋白。核蛋白水解时产生蛋白质及核酸，而核酸又可水解为磷酸、糖及嘌呤或嘧啶的碱性化合物。组成核酸的嘌呤化合物有腺嘌呤和鸟嘌呤两种，它们在家禽肝脏内的代谢产物是黄嘌呤。由于家禽肝脏中缺乏精氨酸酶，蛋白质在代谢过程中产生的氨不能被合成为尿素，而是先合成嘌呤、次黄嘌呤、黄嘌呤，在黄嘌呤酶系作用下形成尿酸。此外，还可通过 NH_3 合成尿酸，最终经肾排泄。尿酸很难溶于水，很易与钠或钙结合形成尿酸钠和尿酸钙，沉着在肾小管、关节腔或内脏表面。

饲料中蛋白质含量越高，体内形成的氨就越多。只要体内含钼的黄嘌呤氧化酶充足，生成的尿酸就多。当尿酸盐生成速度大于排泄速度时，肝脏和血液中尿酸水平随之增高，超过血液中恒定水平（15～30mg/L），就可引起尿酸盐血症。当肾、输尿管等发生炎症、阻塞时，尿酸排泄受阻，尿酸盐就蓄积在血液中并进而沉着在胸膜腔、腹膜腔、肝、肾、脾、肠系膜、肠等脏器表面。因此，凡能引起肾及尿路损伤或使尿液浓缩、尿排泄障碍的因素，都可促进尿酸盐血症的生成。

【症状】两种类型的痛风发病率、临床表现有较大的差异。生产中多以内脏型痛风为主，关节型痛风较少见。本病大多数呈慢性经过，急性发作死亡者是少数。

1. 内脏型痛风 零星或成批发生，多因肾功能衰竭而死。病初消化紊乱和腹泻。6～9d 鸡群中症状完全呈现，多为慢性经过，病禽主要表现精神委靡，食欲减退，逐渐消瘦，贫血、肉冠苍白，羽毛蓬乱，生长缓慢，行动迟缓，周期性体温升高，心跳加快，气喘，伴有神经症状及皮肤瘙痒，粪便呈白色稀水样，不自主地排泄白色的尿酸盐尿，血液中尿酸盐升高至 150mg/L 以上。胸腹膜、肠系膜、肺、心包内、肝、脾、肠、肾的表面散布着许多石灰样的白色尘屑状物质。

2. 关节型痛风 运动障碍、跛行、不能站立，腿翅关节软性肿胀，特别是趾跖关节、跗趾关节、翅关节尤为明显。起初肿胀软而痛，以后逐渐形成硬结节性肿胀，疼痛不明显，结节小如蓖麻子，大似鸡蛋，分布于关节周围。病程稍久，结节软化破溃，流出白色干酪样物，局部形成溃疡。切开关节腔有稠厚的白色黏性液体流出，有时脊椎，甚至肉垂、皮肤中也可形成结节性肿胀。

血液中尿酸盐浓度升高，从正常时 0.09～0.18mmol/L 升高到 0.897mmol/L 以上。血中非蛋白氮值也相应升高,在 IBV 嗜肾株感染时,还出现 Na^+、K^+ 浓度降低、脱水、水与电解质的负平衡。血液 pH 降低,因机体脱水,红细胞压积升高,血沉速率减慢,尿钙浓度升高,尿液 pH 也升高。

【病理变化】

1. 内脏型痛风剖检变化 内脏如心包膜、胸膜、腹膜、肝、脾、胃等器官浆膜表面覆盖一层白色、石灰样的尿酸盐沉淀物,遍布整个脏器,尤其是肾脏。肾肿大,色苍白,表面呈雪花样花纹,肾实质中也可见到。有肾小管上皮细胞肿胀、变性、坏死、脱落等肾病症状。管腔扩张,由细胞碎片和尿酸盐结晶形成管型,肾小管管腔堵塞,可导致囊腔生成间质纤维化。肾小球变化一般不明显。输尿管增粗,内有尿酸盐结晶,因而又称禽尿石症。

2. 关节型痛风剖检变化 关节型痛风的主要病变在关节,切开关节囊,内有膏状白色黏稠液体流出,关节周围软组织以至整个腿部肌肉组织中,都见白色尿酸盐沉着。因尿酸盐结晶有刺激性,常可引起关节面溃疡及关节囊坏死。

痛风石是一种特殊的肉芽组织,由分散或成团的尿酸盐结晶沉积在坏死组织中,周围聚集着炎性细胞、吞噬细胞、巨细胞、成纤维细胞等。无论是内脏型还是关节型痛风,在肾脏和关节腔内及关节周围组织中都有痛风石形成。

【诊断】生前根据跛行、趾关节、肩关节软性肿胀,粪便色白而稀,可做出初步诊断。确诊依赖于血液尿酸和尿酸盐浓度升高,内脏表面有尿酸盐沉着,关节腔内有白色混浊液体及有痛风石生成等特征性变化,显微镜检查关节液中是否有细针状和禾束状晶体或放射状尿酸钠晶粒。关节内容物化学检查呈紫尿酸铵阳性反应(即将粪便烤干,研成粉末,置于瓷皿中,加 10% 硝酸 2~3 滴,待蒸发干涸,呈橙红色,滴加氨水后,生成紫尿酸铵而显紫红色)可做出区别诊断。但应与关节型结核、沙门菌和小球菌引起的传染性滑膜炎区别。

【防治】控制鸡饲料中粗蛋白质含量在 20% 左右,减少动物性下脚料的供应,禁止用动物腺体组织(胸腺、甲状腺)和淋巴组织进行饲喂。增加维生素 A 及维生素 B_{12} 的供给,可防止痛风的发生。

在笼养鸡,适当增加运动,可降低本病的发病率。严格控制各个生理阶段日粮中钙、磷供给量及其比例,肉用仔鸡饲料中钙含量不应超过 1%,小母鸡饲料中钙含量不超过 1.2%,磷含量不超过 0.8%。

目前尚无有效治疗方法,除珍贵禽类外,治疗意义不大。关节型痛风,可手术摘除痛风石。为了增强尿酸的排泄及减少体内尿酸的蓄积和关节疼痛,可试用阿杞方(atophan)或苯磺唑酮(sulphinpyrazone),鸡 0.2~0.5g,2 次/d,口服,但伴有肝、肾疾病时禁止使用。对珍稀禽类可试用别嘌呤醇(allopurinol),因别嘌呤醇的化学结构与次黄嘌呤相似,是黄嘌呤氧化酶的竞争性抑制剂,可抑制黄嘌呤的氧化,减少尿酸生成。但该法一方面经济上开支很大,另一方面体内合成的氨因不能转化为尿酸,可引起新的不良后果。关键应从预防着手,改善鸡群饲料供给和饲养管理。

(贺秀媛)

第二节 脂肪肝出血综合征

脂肪肝出血综合征(fatty liver hemorrhagic syndrome,FLHS)是由于饲料中能量过剩

而某些营养成分不足或不平衡,造成鸡体内代谢机能紊乱而引起的以鸡肝脏发生脂肪沉积、变性、出血,并可导致急性死亡为特征的营养代谢性疾病。该病最初报道为脂肪肝综合征(fatty liver syndrome,FLS),其后由于该病经常伴有肝脏出血,1972年由Wolford、Polin等改名为脂肪肝出血综合征并沿用至今。本病也曾被称为肝肥大、脂肪肝、肝出血等。

FLHS普遍发生于笼养高产蛋鸡,产蛋率越高越易发生,造成的危害也越大;其次过肥的肉用仔鸡也时有发生。FLHS的发生与笼养技术的发展有很大关系。FLHS的发病率因鸡的品种、品系、日粮组成、环境、管理等因素变化而出现很大的差异,死亡率一般为2%左右,但有时可高达20%~30%。FLHS的危害主要是造成整个鸡群产蛋率下降,发病鸡群产蛋率比正常低20%~50%,同时还影响整个鸡群正常产蛋高峰期的出现。目前该病已成为许多国家的常见病。

【病因】FLHS的发生涉及许多因素,主要包括遗传因素、营养因素、管理因素、环境因素、激素以及有毒物质等。

1. 遗传因素 FLHS受遗传因素的影响,蛋用种鸡比肉用种鸡具有更高的发病率,由于高产蛋强度常常伴随着高水平雌激素代谢,并刺激肝脏酯化。所以通过遗传选育所得到的高产品种(系)的蛋鸡可能是造成FLHS易发的因素之一。

2. 营养因素

(1) 高能低蛋白日粮:高能饲料中含糖丰富,鸡采食大量以玉米为主的高能饲料后加速了肝脏脂肪的合成,而肝脏内脂肪又必须与载脂蛋白结合形成脂蛋白方能运出肝脏,若日粮中蛋白质缺乏,不能合成足够的载脂蛋白与脂肪结合来转运肝脏脂肪,从而导致脂肪在肝脏内大量沉积发生脂肪肝。

(2) 高蛋白低能饲料:其原因可能是日粮中蛋白能量比值大,相应的能量就偏低,一部分蛋白质及氨基酸脱去酰胺生成葡萄糖作为能源,而脱氨后的大量氮大部分在机体的肝脏内合成尿酸,从而增加了肝脏的代谢负担,以致诱发或导致FLHS的发生。

(3) 能量过剩:饲喂以玉米为主的基础日粮比饲喂以小麦、大麦、黑麦或燕麦为基础日粮的产蛋鸡,其亚临床型FLHS的发生率高。来自碳水化合物的能量比来自饲料脂肪的能量更有害,更可使脂肪代谢平衡失调。

(4) 日粮钙含量:饲喂低钙水平日粮,产蛋鸡的肝出血发生率、体重和肝重均会有所增加,产蛋量下降,且其严重程度与钙缺乏的程度不同有关。产蛋鸡常采食多于15%~17%的饲料来满足其对钙的需要量,这就导致了对能量和蛋白质的过量摄入,促进FLHS的发生。

(5) 维生素和微量营养素:磷脂酰胆碱是合成脂蛋白的必须原料之一,而合成磷脂则需要脂肪酸和胆碱。胆碱可从饲料获得,或由蛋氨酸、丝氨酸等在体内合成,而这一过程需要维生素B_{12}、叶酸、生物素、维生素C和维生素E等参与。当这些物质缺乏,与这些物质有关酶的活性降低,引起肝脏内脂蛋白的合成和转运发生障碍,大量的脂肪在肝内沉积,诱发FLHS。

3. 霉菌及其毒素、药物或毒物的损伤 霉菌及其毒素、某些药物或化学毒物,如黄曲霉毒素、四环素、环己烷、蓖麻碱、油菜子产品中的芥子酸和硫葡萄糖苷、四氯化碳、氯仿、磷、砷、铅、银、汞等最易使肝脏受损而引起肝功能障碍和脂蛋白的合成减少,或使甘油三酯与脂蛋白的结合产生障碍,从而导致肝脏代谢障碍和脂肪的沉积,引起肝脏出血。

4. 饲养管理因素

（1）应激：任何形式的应激，如营养失调、工人的频繁活动、饮水不足、光照下降、通风不良、疾病等都是 FLHS 发生的诱因。

（2）温度：高温环境会加重蛋鸡所遭受的应激，从而使死亡率升高。据报道，高温条件下比低温条件下，体内脂肪含量更高，更易发生 FLHS。鸡舍在正常室温下升高 2~3℃后，FLHS 的患鸡死亡率提高 20%。

（3）饲养方式：许多学者认为鸡的饲养方式是鸡发生 FLHS 的一个重要因素，一般笼养蛋鸡要比地面平养的蛋鸡发生 FLHS 的比例高。鸡舍内密度大的蛋鸡较易患 FLHS。笼养是 FLHS 的一个重要诱发因素。

5. 激素 垂体前叶激素、肾上腺皮质激素、雌酮和雌二醇等过多可直接和间接促进脂肪肝的形成。

【发病机理】目前仍不十分清楚。肝脏在脂类代谢中起着重要的作用，是禽类脂肪合成的主要场所。肝脏也能合成脂蛋白，利于脂类的运输。同时肝脏也是脂肪酸氧化和酮体形成的主要场所。正常情况下，合成脂肪大部分通过与载脂蛋白结合形成脂蛋白的形式被运输到肝外脂肪组织分解、储存、利用。FLHS 是在各种病因的影响下，导致肝细胞脂肪合成增加和氧化减少，造成脂肪在肝脏沉积和肝细胞脂肪变性坏死。

理论上可能有四个因素单独或共同作用导致 FLHS：①从饲料中摄取的能量过多及脂肪组织动员增加，游离脂肪酸过多进入肝脏，超过肝脏的负荷和处理能力。②肝细胞合成游离脂肪酸增加和碳水化合物转化为甘油三酯增多。③脂肪酸在肝细胞线粒体 β-氧化分解利用减少。④肝脏合成脂蛋白能力减弱，致使肝脏中甘油三酯向血液释放减少，破坏了肝细胞、脂肪细胞、血液之间脂肪代谢的动态平衡，引起肝细胞甘油三酯的合成与分泌之间失去平衡，导致以中性脂肪为主的脂质在肝细胞过度沉积，形成 FLHS。

蛋是由多种蛋白质、脂类、矿物质与维生素形成的。如果饲料中蛋白质不足，影响载脂蛋白的合成，进而影响极低密度蛋白（VLDL）的合成，从而使肝脏输出减少，产蛋量少；饲料中缺乏合成脂蛋白的维生素 E、生物素、胆碱、B 族维生素和蛋氨酸等亲脂因子，使 VLDL 的合成和转运受阻，造成脂肪浸润而形成脂肪肝。当蛋鸡采食高能低蛋白饲料后，肝脏合成大量的甘油三酯（TG），同时以脂蛋白形式分泌入血液，所以血清中 TG 含量明显升高。虽然如此，合成速度仍大于分泌速度，此时为了把肝中的脂肪运输到肝外脂肪组织分解、储存、利用，肝脏需要更多的蛋白质、氨基酸（如精氨酸、苏氨酸、亮氨酸、异亮氨酸等）来合成脂蛋白以有利于肝内脂肪的排出，然而由于低蛋白饲料，造成营养的失调，使蛋白合成减少，造成肝脂肪转运受阻，形成脂肪肝。另外，饲喂高能低蛋白饲料后蛋鸡产蛋率下降，通过鸡蛋外流的 TG 也减少（鸡蛋中含有 11.5% 的脂肪），进一步造成更多的脂肪蓄积在肝脏，加剧肝脏脂肪变性的程度。

线粒体是肝脏脂肪酸 β-氧化、ATP 形成及 ROS 形成的主要部位。线粒体在氧化脂肪和其他营养物质供给其他细胞 ATP 的同时快速形成 ROS，因此线粒体又是 ROS 打击的首要靶子。含有大量脂质的肝细胞，更易发生脂质过氧化反应，肝细胞内游离脂肪酸可为脂质过氧化反应提供更多的底物，使脂质过氧化作用增强，使脂性自由基及丙二醛（MDA）增多。自由基常常通过离子化、提取、加成等方式攻击生物膜的多链不饱和脂肪酸，引发一系列氧自由基连锁反应，脂质发生过氧化反应，使生物膜的结构和功能改变。脂质过氧化终产物 MDA 还可与膜成分发生交联与聚合作用,改变膜的性质,也可与 RNA、DNA 碱基发生交联,对细胞产生毒性作用。线粒体膜的破坏导致细胞自溶和坏死,这些构成了组织器官损伤的病理基础。如此循环往复形成过氧化物而导致肝损伤。此时肝损伤使肝脏结构和功能发生变化,导致脂肪肝形成并发生炎症、出血、坏死。这样进一步产生持久大量的 ROS,脂质过氧化进一步增加,脂质过氧化物(LPO)又促使 ROS 增高,且进一步损害细胞膜,同时还抑制抗氧化系统,削弱细胞防御机制,形成恶性循环使病情更加严重。鸡体出现肝脂肪大量蓄积,肝肥大、出血,死亡等症状。

肝脏是合成胆固醇的主要场所,机体需要大量胆固醇以合成胆汁酸、固醇类激素和维生素 D_3。肝细胞严重损伤时,胆固醇的合成也降低,所以必须通过肝以外的来源来补充机体的需要。VLDL 是运输肝脏(内源性)TG 的主要形式,同样需要胆固醇的参加。肝脏中的 TG、胆固醇与载脂蛋白等一起形成成熟的 VLDL 运出肝脏,进入外周循环。由于自由基造成肝损伤,肝脏机能下降,载脂蛋白合成受阻,这样造成 TG 既不能运出肝脏,又不能在肝脏中自行分解,从而使 TG 在肝脏大量沉积,加速了脂肪肝的形成。

药物、毒物、霉菌毒素等通过干扰正常的脂肪代谢,使细胞合成脂质增加,引起血液和肝细胞内 NEFA 升高,传输到肝脏的脂肪增多;或抑制 VLDL 在肝细胞内合成和分泌,抑制 β-氧化,使脂肪堆积在肝细胞中。

雌激素、皮质醇、生长激素、胰高血糖素及胰岛素和胰岛素样生长因子等,可以通过改变能量代谢促使碳水化合物转变成脂肪。这些激素可增加 NEFA 生成,抑制脂肪氧化,减少膜磷脂组成,增加对致病因素敏感性等诱发脂肪肝形成。

急性的应激可提高皮质酮的分泌和减少肾上腺抗坏血酸的含量。应激释放的外源性皮质类酮和其他一些糖皮质类固醇可促进葡萄糖异生和加强脂肪的合成,所以尽管应激状态下鸡体重可能减轻,但体内脂肪沉积却加快。

另外,高温环境对能量的需求少,所以脂肪分解减少,同时高温又有利于脂肪酸的合成。笼养蛋鸡限制了鸡的活动,活动量减少,使过多的能量转化成脂肪。这些因素是引起蛋鸡 FLHS 的辅助因素。

【症状】FLHS 多发于高产的蛋鸡,多数鸡的体况良好。病鸡体重增加,整个鸡群产蛋率明显下降,突然从高产蛋率的 75%～85%下降到 45%～55%。同时可引起鸡的突然死亡,鸡群发生啄癖,食欲减退,鸡冠和肉垂苍白肿大,冠尖发紫,肉髯上挂有皮屑。病鸡表现嗜眠、吞咽困难、行走不稳、精神不振、呆立,严重的胸骨触地瘫痪。这样的患病鸡在数小时内死亡。整个鸡群死亡率一般为 2%左右,但有时高达 20%～30%。

【病理变化】病鸡皮下沉积大量脂肪,部分出现心肌变性呈黄白色,心房周围有较多脂肪,腹壁、胃及肠系膜均有过量的脂肪沉积,脂肪多呈乳白色或清黄色。肝脏肿大,边缘钝圆,呈黄色油腻状,部分表面及内部散在大小不等的出血点或集积成出血区,并有白色坏死病灶,质脆易碎如泥。刀切时,切面外翻,刀面有脂肪滴附着。严重者见肝表面附着新旧不同的凝血块。有时输卵管末端有一枚完整而未产出的硬壳蛋。

肝脏组织学病理切片观察可见在出血和坏死的肝脏有广泛的脂肪变性,坏死实质的四周可见单核细胞浸润。肝窦状隙充血肿大,肝实质细胞的胞浆内出现大小不等的空泡(脂肪滴)。细胞核发生浓缩并被挤在一侧。脂肪弥漫分布于整个肝小叶,使肝小叶完全失去正常的网状结构,与一般的脂肪组织相似。

病鸡血清中 TG 含量正常或稍升高，总胆固醇（T-Ch）和胆固醇酯（ChE）升高，但 ChE/T-Ch 比例下降（低于 60%），并随着病情的加重而日趋严重。血清中高密度胆固醇（HDL-Ch）含量下降，低密度胆固醇（LDL-Ch）含量上升，两者呈负相关性。血钙含量和血浆雌激素水平均升高；肝脏酶如 AST、ALP、γ-GT、OCT 活性均升高。

【诊断】根据病因、发病特点、症状、临床病理学检验结果和病理学特征即可做出诊断。

【防治】本病应以预防为主，发病时辅以药物治疗。因此可采取以下防治措施：

1. 限饲、控制日粮能量，科学合理配制日粮 合理调整日粮中能量和蛋白质含量的比例，适当限制饲喂，减少饲料供给。按鸡日龄、体重、产蛋率，甚至气温、环境，及时调整饲料配方，在控制高能物质供给的同时，掺入一定比例的粗纤维（如苜蓿粉）可使肝脏脂肪含量减少。选择合适体重的鸡，剔除体重过大的个体。

2. 日粮中添加胆碱、蛋氨酸、甜菜碱及肉毒碱、二氢吡啶等 如饲料中添加 1 250mg/kg 氯化胆碱、250mg/kg 多维素、1 500mg/kg 蛋氨酸、1 000mg/kg 维生素 E，同时添加维生素 B_{12} 和肌醇；或添加二氢吡啶 150mg/kg，均可显著降低血清 TG 和 T-Ch 含量，降低腹脂率和肝脏中脂肪含量，防止脂肪肝的发生。

3. 日粮中添加抗氧化物质 日粮中添加还原型 GSH、维生素 E、硒、有机铬和黄酮类等抗氧化性物质，能减少氧应激损害和脂质过氧化物损害，从而减少 FLHS 的发生。

4. 日粮中添加天然中草药 中医治疗脂肪肝主要以化痰祛湿、活血化瘀、疏肝解郁、健脾消导为主，同时辅以清热解毒、利胆化积、补肾养肝等方法。现代药理研究结果表明，泽泻、山楂、何首乌等具有降脂抑脂作用，茵陈、柴胡、黄芩等具有保肝利胆作用。

5. 加强饲养管理，防止应激刺激 科学合理的设计鸡舍，控制适当的饲养密度；提供适宜的温度和活动空间，加强鸡舍通风换气，提供充足、清凉的饮水。注意饲料保管，防止饲料发霉变质。加强传染病和中毒病的预防和控制。

（胡国良）

第三节 肉鸡疾病

肉鸡腹水综合征（broiler ascites syndrome，BAS）

肉鸡腹水综合征又称"肉鸡肺动脉高压综合征"（pulmonary artery high-pressure syndrome in broilers，PHS）、"肉鸡腹水症"（ascites in broilers）、"心衰综合征"、"高海拔病"，是由于生长过快的禽类在多种因素作用下出现相对性缺氧，导致血液黏稠、血容量增加、组织细胞损伤及肺动脉高压，以及腹腔积液和心脏衰竭为特征的疾病。本病常以生长快速的品系多发，主要危害肉种鸡、肉鸭、火鸡、蛋鸡、雏鸡、鸵鸟和观赏禽类等。

该病于 1946 年首次报道于美国，1958 年北美一些地区连续报道发生本病。随后，肉鸡腹水症很快成为高海拔（>1 500m）寒冷地区养鸡业的常见病。近年来在世界许多国家陆续出现本病，其发病率和死亡率都呈上升趋势，给养鸡业带来的危害日益加重。1986 年以来，我国 10 多个省市陆续报道本病，其死亡率为 1%~30%，对养鸡业的危害和经济损失也相当严重。

据报道，在美国肉鸡 PHS 的死亡率为 2%~5%，甚至高达 10% 以上，在世界范围内的发病率为4.2%，每年约有70亿肉鸡遭受此病的侵害，估计每年经济损失达10亿美元。

本病与猝死综合征、生长障碍综合征一起被认为是目前对肉鸡养殖威胁日益突出的三种新病。

【病因】 发病原因涉及营养、遗传、环境、管理等多种因素。大多数研究结果表明，肉鸡PHS是一种生产性疾病，是长期选育快速生长的现代肉鸡品种所致，在其代谢过程中，对氧的消耗量已经达到其心肺功能所能供氧极限的临界点，使机体极易处于氧饥饿状态。一些导致缺氧的因素，如高原缺氧、通风不良、寒冷刺激、快速生长，钠和钴过量，磷、硒和维生素E缺乏，呼吸道疾病、甲亢、过食、运动、环境中度热、毒物等会增加机体对氧的需要量，往往使这类肉鸡不能适应环境中的各种应激，因此具有易感肺动脉高压、右心衰竭乃至腹水综合征的素质。

1. 高海拔 肉鸡PHS最早是在高海拔地区发现的，海拔高度是肉鸡PHS发生的一个重要诱发因素，海拔越高则空气中含氧量越少，肉鸡血液中血红蛋白氧合不全，红细胞携氧能力下降，红细胞数增多，血液黏度就会升高。但不同品种的鸡对缺氧的应答是不同的，当空气中氧浓度在15%以下时，成年来航鸡红细胞仍能充分氧合，但快速生长的肉鸡即使在低海拔地区，其动脉血的氧合水平也不高。研究表明，在低压缺氧室饲养的肉鸡几乎与高海拔地区（2 000m）饲养的肉鸡一样会出现红细胞增多症，并导致PHS。

2. 快速的生长率 肉鸡生长过程中代谢加速，对氧的需要量增加，而心肺供氧不足造成体内相对性缺氧，这是肉鸡PHS发生的主要原因。如果通过限饲来控制肉鸡的生长速度，减缓体内代谢率，可明显地降低肉鸡PHS的发病率；雄性肉鸡因其生长快代谢率高而PHS的发病率也相应比雌性肉鸡高，环境低温和日粮添加甲状腺素均因提高了机体代谢率及对氧的需要量而显著增加了肉鸡PHS的发病率。

3. 有限的肺容量 家禽的肺是固定和镶嵌于胸肋骨中，在呼吸过程中几乎不能扩张，毛细血管和毛细支气管呈一个坚硬而交织的网状结构，并且肺毛细血管充盈程度高，极少有闭锁的备用毛细血管来应付血流量的增加，当需要更多的血液供应时，它们仅仅能够进行微小的扩张，家禽肺中容纳血流量的空间是有限的。肉鸡的生长率和肌肉增长了，但心、肺器官与体重的比率却越来越小。遗传育种学家只注重肉鸡肌肉增加的培育，却使肌肉增长快的肉鸡有一个比野生禽类较小的肺容量（估计少25%），因此快速生长和肌肉增加需要对组织细胞有一个较高的供氧需求，但肉鸡氧供应仅由一个较小的肺容量来提供，所以肺血压因禽肺不能扩张、肺损伤和循环虚脱而急剧增加。当血流量增加时，血流通过肺脏受到限制，肺血管阻力增加，极易引起肺动脉高压。

4. 颗粒饲料和高能量高蛋白饲料 采食高能量、高蛋白日粮及采食量增加（如颗粒饲料）会增加肉鸡PHS的发病率，这是因为采食量增加和高能高蛋白提高了生长速度，增加了机体对氧的需要量，促使了肉鸡PHS的发生。如果降低日粮的能量和采食量如饲喂粉料时，可降低肉鸡PHS的发病率。

5. 寒冷 天气寒冷使机体代谢率增加以提高产热量，造成肉鸡需氧量增加，相对性缺氧，心输出量代偿性增多；此外，寒冷还导致血液PCV值、红细胞数和血液黏度增加，导致肺动脉高压的形成。这是在寒冷季节肉鸡PHS发病率高的主要原因。

6. 通风不良 通风不良使鸡舍内空气中二氧化碳、一氧化碳、氨气等有害气体或有毒烟尘的浓度过高，可引起肺脏病变，妨碍气体交换，使机体处于缺氧状态，从而诱使肉鸡

PHS 的发生。

7. 呼吸道疾病 早期呼吸道的损伤将引起肉鸡 PHS。肺组织和上呼吸道黏膜的轻度损伤早在幼鸡的孵育期就开始发生，这可能是由于消毒时过度熏蒸，或预防传染性支气管炎时滥用喷雾，或在运输过程中雏鸡箱内的低氧应激，或孵育期通风不良等所导致。这种对呼吸道的损害症状即使不能立即表现出来，也可导致大量慢性损伤，在肉鸡生长的最快阶段，组织需氧量急剧增加时，这种慢性损伤会影响氧气的运输和摄入。另一种形式是呼吸道的急性损伤（如与传染性呼吸道疾病有关的最急性型腹水）已涉及各种呼吸道病毒（如禽大脑水肿综合征的肺病毒）。这些病毒的传染常常能引起亚临床症状，而且主要对上呼吸道具有潜在性损伤。管理和气候等因素影响的通风不良可能会引起肺和气囊损害。然而，即使鸡舍通风良好，呼吸道和肺的损伤将影响禽类从外界环境吸入氧气的能力、引起组织缺氧，从而导致肉鸡 PHS 的发生。如早期曲霉菌病引起机体缺氧和间质性肺炎或纤维变性，呼吸膜增厚，加重低氧血症，诱发肉鸡 PHS 的发生。

8. 高钠高 钠日粮能导致血容量和肉鸡 PHS 发病率的增加，日粮中添加 0.14% 的钠离子和饮水中添加 0.24% 的钠离子时，肉鸡 PHS 的发病率为 8%；饮水中添加 0.5% 的氯化钠，肉鸡 PHS 的发病率达 50%；当饲料中钠离子含量在 0.20% 以上，饮水中钠离子含量在 0.12 以上时，肉鸡 PHS 发生的可能性最大。

9. 其他 导致肉鸡 PHS 发生的病因还涉及遗传因素、环境因素、孵化因素和营养因素等，除了以上述及的原因外，其他因素如低磷、肝细胞毒素、痢特灵中毒、维生素 E-硒缺乏、维生素 D 缺乏、佝偻病、高钴、氯化铵过量、菜子饼中毒、曲霉菌病、传染性支气管炎、应激等均可诱致肉鸡 PHS 的发生。

【**发病机理**】快速生长的肉鸡由于体内代谢加快，导致循环和组织相对性缺氧，红细胞和血容量增加，血液变稠，红细胞变形性降低，还可使血管收缩、血管内皮细胞增生、血管壁平滑肌细胞及成纤维细胞增殖，导致管壁增厚，管腔变窄，血管阻力增大，从而引起肺血管重构，产生肺动脉高压，进而发展为右心肥大、扩张、衰竭，后腔静脉压升高，损伤肝细胞，血浆渗漏，产生腹水。

快速生长的肉鸡因其代谢增强、需氧量增加而对 PHS 极其敏感，缺氧导致了红细胞增多和红细胞膜变形性下降，致使肉鸡血液黏度增加，血流阻力增大。对肉鸡 PHS 与自由基、一氧化氮和血管重构等发病关系的研究具有重要意义。近年来，关于肉鸡 PHS 病理发生的研究已形成了两大学派（心脏病源学说和肺动脉高压学说）和两大理论（自由基理论和一氧化氮理论）。

张克春等用高钠诱发肉鸡 PHS，首次在国内发现了我国东南沿海地区肉鸡腹水综合征的发生与饮水中 NaCl 含量密切相关，结果显示：血液红细胞压积（PCV）、血容量（BV）升高，红细胞变形性下降，增加了肺循环血流阻力。乔键等用低温和高能日粮诱发肉鸡腹水综合征的研究认为，血液黏度升高不仅在腹水综合征形成过程中起重要作用，而且在其形成后的进一步发展过程中也可能起一定作用。Sturkie 研究指出，高血压火鸡心电图的 II、III 导联 S 波的波幅较低血压火鸡 II、III 导联 S 波的波幅显著增加。Owen 等将心电描记用于由低压氧舱诱发的肉鸡 PHS 模型研究，指出 II 导联的 RS 综合波波幅的增加与鸡的心肥大有关。孙卫东等将心电图用于高钠诱发肉鸡 PHS 模型研究表明，PHS 肉鸡 II、aV_B 导联 S 波波幅的变化及平均组合向量的变化与右心全心比（RV/TV）的变化呈强相关，表明心电描记作为一种无创伤性诊断法对肉鸡 PHS 的初期阶段（肺动脉高压）的诊断具有重要意义。李锦春等利用图像分析仪对高钠所致 PHS 肉鸡肺细小动脉病理变化做定量检测结果表明：血管壁面积与血管总面积之比、中膜厚度占血管外径百分值均明显大于对照组，肺小动脉密度明显降低，由此可见，高钠诱发 PHS 肉鸡肺小动脉发生了血管重构现象。章建梁认为：肺动脉高压用一些降压药和扩血管药效果并不佳，这可能与降压药不能有效地逆转或减缓高血压血管重构有关。王金勇等用低温和甲状腺素成功复制了肉鸡腹水综合征，并用颈静脉导管插入法直接测定肺动脉压力的变化，并用一氧化氮合酶抑制剂显著地抑制了肉鸡腹水综合征的发生，这为肉鸡 PHS 发生的一氧化氮理论的研究打下了坚实的基础。

【症状】临床上病鸡以腹部膨大，腹部皮肤变薄发亮，站立时腹部着地，行动缓慢，严重病例鸡冠和肉髯紫红色，抓捕时突然死亡为特征。最早发生于 3 日龄肉鸡，多见于 4～6 周龄肉鸡，雄性比雌性发病多且严重，寒冷季节发病率和死亡率均高，高海拔地区比低海拔地区多发，不具有流行性而常呈现群发性。

【病理变化】病理学特征是腹腔内潴留大量积液，右心扩张，肺充血水肿，肝脏病变；红细胞数、血红蛋白含量、血液红细胞压积和碱性磷酸酶活性显著增高。

【防治】

1. 药物防治 在日粮中添加亚麻油，可作为肉鸡脂源而增加红细胞膜不饱和脂肪酸数量，增加其变形性，降低黏度；饲料中添加 0.015% 的速尿可阻止电解质钠、钾的重吸收和舒张肺血管；日粮添加 1% 的精氨酸可产生一氧化氮，扩张肺血管，降低肺血管阻力等，从而显著降低肉鸡 PHS 的发病率。阿斯匹林作为前列腺素抑制剂，可扩张血管和抑制血栓形成，但添加于日粮中未发现肉鸡 PHS 发病率降低。在肉鸡日粮中添加一氧化氮前体物质 L-精氨酸可显著降低肉鸡 PHS 的发病率。这些研究结果为肉鸡肺动脉高压综合征的研究打下了坚实的基础。其他一些药物如抗氧化剂、血管和支气管扩张剂、强心剂、辅酶 Q 及中草药等都待于进一步研究。

2. 综合管理 引起肉鸡 PHS 发生的因素是比较复杂的，药物防治的效果往往因药物的种类、季节、地区、品种、日龄、饲料和环境等不同而表现出较大的差异。因此，降低肉鸡 PHS 的发生关键在于预防，应从管理、饲料、遗传等方面入手，采取综合性措施。

3. 品种的选择 在同一饲养管理条件下，各种品种肉鸡对 PHS 的敏感性是不一样的，其发病率和死亡率也不一样。肉鸡中肯定有某种易感 PHS 的遗传特性存在，尽可能选育抗肉鸡 PHS 的品种是有益的，但对这种易感遗传特性的控制与根除绝不是轻而易举的事情。

4. 种鸡开产年龄 大约在 28 周龄左右的种鸡所产种蛋孵化出的肉仔鸡对 PHS 有较高的敏感性，因为这些小鸡在 1 日龄时的个体与内脏器官比其他肉鸡的要小，但其生长率却较快，PHS 的发病率就高。在田间生产条件下，对这样的肉仔鸡进行隔离饲养是一种有效的预防措施。

5. 通风 在孵化器里保持适当的通风以提供一定的氧气，可使肉鸡的 PHS 发病率降低，这对老龄母鸡产的蛋尤其重要，因这些蛋对氧的需要量较高。同样，饲养鸡舍保持一定的通风，也能减少肉鸡 PHS 的发生。

6. 慢速降温 育雏期的肉仔鸡，其鸡舍温度从高温降到常温，应有一个较慢的降温过程，以给肉仔鸡有一个适应期，这对预防肉鸡 PHS 有良好的效果。

7. 雌雄分离　在饲养中，应将雄性和雌性肉仔鸡分隔开饲养，以便满足其不同的代谢和能量的需要。一般雄性肉鸡代谢和生长较快，应饲喂不同能量的饲料，这有助于预防肉鸡PHS的发生。

8. 饲喂低蛋白和低能量的饲料　在14日龄前，饲喂低蛋白和低能量的饲料，可以使生长期的肉鸡对氧的需要量减少，从而达到预防肉鸡PHS的目的。

9. 防止钠过量　在生产实践中常用调节电解质来治疗肾型传染性支气管炎，或抗应激，如果钠离子过量，将大大增加生长快速的肉鸡对PHS的敏感性。因此，在生产实践中应用电解质或添加钠盐时应该十分当心。

10. 保温　在寒冷的季节如冬季，肉鸡PHS发病率升高；大量研究表明，即使在短期低温环境下亦能导致肉鸡PHS发病率增加。因此，在孵化房，或运输途中，或育雏室等地应特别注意维持适当的温度，以防肉鸡PHS的发生。

11. 其他　综合措施是多种的，除上述预防方法外，还有其他一些手段可以利用，如限饲、限光照、适量氨基酸的添加、改良饲料配方等，可早期限制其生长率和代谢率，后期代偿性增重，并可降低肉鸡PHS的发病率。

肉鸡猝死综合征（sudden death syndrome in broilers）

肉鸡猝死综合征（Sudden death syndrome，SDS）又称肉鸡急性死亡综合征。因死前在地上翻转，两脚朝天，故又称翻仰（filp over）症。临床上以生长快速、肌肉丰满、外观健康鸡突然死亡为特征。以生长快速的肉鸡多发，肉种鸡、产蛋鸡和火鸡也有发生。

本病一年四季均有发生，但以夏、秋发病较多。营养状况好、生长发育快的鸡多发生，在2周龄至出栏时多发，发病高峰在3周龄左右，死亡率一般在0.5%~5%，有时病死率可达10%左右，公鸡发病率高于母鸡。

【**病因及发病机理**】本病的病因尚不清楚，但大多认为与饲料、营养、环境、酸碱平衡、遗传、个体发育以及所用药物等因素有关，初步排除了细菌和病毒感染、化学物质中毒以及硒和维生素E缺乏。

1. 遗传及个体发育因素　包括品种、日龄、性别、生长速度、体重等。品种不同发病率也不一样，肉鸡比其他家禽易发病，生长速度快、肌肉丰满、外观健康的鸡易发病，1~2周龄直线上升，3~4周龄达发病高峰，以后又逐渐下降。

2. 饲料因素　饲料的营养水平及饲料的类型与猝死综合征的发生有关。

（1）与饲料蛋白质水平有关：饲料中粗蛋白质含量为24%的鸡群，发病率明显低于粗蛋白为19%的鸡群；用含17%粗蛋白、能量为12 373kJ/kg的饲料，发病率较高；因而认为低蛋白、高能量造成脂肪在肝内沉着有关。

（2）与饲料中脂肪含量及类型有关：饲喂含高脂肪特别是饱和脂肪酸水平高的高能饲料，容易引起猝死。当饲料中脂肪含量达1.8%时，发病率明显增高。用动物脂肪代替植物油，发病率更高。用向日葵油代替豆油或菜油，发病率降低。

（3）与矿物质、维生素含量有关：肉鸡饲料中添加生物素、吡哆醇、硫胺素，或添加维生素A、维生素D、维生素E，或添加胆碱并配合高锰酸钾饮水，或添加地塞米松，可降低发病率。

（4）其他饲料因素：有人认为与饲料类型及加工等有关。日粮中以小麦为主要谷物原料的日粮发病率较高；饲喂颗粒饲料比用相同成分粉料发病率高。

3. 与心肺功能急性衰竭有关　死亡病鸡剖检发现其心脏扩大，心房呈舒张状态。有的死鸡心脏是健康鸡的2～3倍，右心扩张、肺淤血、肿大。死前呼吸困难，病死鸡群中血钾浓度、血磷浓度降低，碱储减少，乳酸含量升高。遇到某些应激因素如喂料、惊扰、光照等因素影响，可导致发病并死亡。

4. 环境因素　饲养密度大、持续强光照射、通风不好、噪音等都可诱发本病。

此外，酸碱平衡失调是健康鸡发病的原因之一。

【症状】大多数鸡生前看不出明显异常，发病前采食、活动、饮水、呼吸等均正常。有的猝死鸡只在发病前比正常鸡只表现安静，饲料采食量略低。

发病前不表现明显的征兆，病鸡突然发病，失去平衡，翅膀扑动，肌肉痉挛，从出现症状到死亡仅30～70s。有的狂叫或尖叫，前跌或后仰，跌倒在地翻转，死后大多背部着地，两脚朝天，少数鸡呈腹卧姿势，颈部扭曲。病程稍长者，呈间歇性抽搐，间歇期内闭目、侧卧伸腿，发作时排稀粪，在地上翻转，数小时后死亡。大多为个体大、肌肉丰满的雄雏鸡。病鸡死前血清总脂含量升高，血钾、无机磷浓度下降，碱储减少，鸡肝中甘油三酯和心肌中花生四烯酸含量升高。

【病理变化】死鸡体质健壮、肌肉丰满，除鸡冠、肉垂略潮红外，无其他外观异样。嗉囊、肌胃内充满刚采食的饲料，心脏较正常鸡大，尤其是右心房扩张、淤血，内有血凝块，心室紧缩呈长条状，质地硬实，心包积液，心肌松软，有的心冠沟脂肪有少量出血点。肺淤血、水肿，气管内有泡沫状渗出物；肠系膜血管充血，静脉扩张。成年鸡泄殖腔、卵巢、输卵管明显充血。肝肿大，质脆，色苍白。肾呈浅灰色或苍白色。脾、甲状腺、胸肌、腿肌色苍白。

【诊断】根据生长发育良好的肉鸡突然死亡、背脊着地、两脚朝天等症状和剖检时心脏与肺病变，排除传染病与急性中毒可能性而做出诊断。

【防治】因本病病因不明，目前尚无较好的防治措施，但可试用以下措施。

1. 加强管理，减少应激因素　防止鸡群密度过大，避免转群或受惊吓时的互相挤压等刺激。

2. 合理调整日粮及饲养方式　肉仔鸡生长前期一定要给予充足的生物素（每千克体重300mg）、硫胺素等B族维生素以及维生素A、维生素D、维生素E等。对3～20日龄仔鸡进行限制饲养，适当控制肉仔鸡前期的生长速度，不用能量太高的饲料。1月龄前不主张加油脂，若要添加油脂时，要用植物油代替动物脂肪。

3. 注意饲料酸碱平衡　雏鸡在10～21日龄时，可用碳酸氢钾，按0.5～0.6g/只混饮，或按3～4kg/t混饲，预防效果较好。

4. 注意控制光照　3周龄后，每日光照时间逐渐延长，光照强度控制在0.5～2 lx之间。夜间零点前后鸡只较安静时，切忌随意开灯、关灯，以防挤压或炸群，产生应激或造成猝死。

肉鸡脂肪肝和肾综合征（fatty liver and kidney syndrome in broilers，FLKS）

肉鸡脂肪肝和肾综合征是肉用仔鸡发生的一种以肝、肾肿胀、嗜眠、麻痹和突然死亡为特征的疾病。主要发生于 10~30 日龄的肉用仔鸡，也发生于后备肉用仔鸡。

本病最早于 1958 年由丹麦的 Marthedal 报道，此后英国、美国、澳大利亚、新西兰、加拿大和德国相继报道。该病是青年鸡的一种营养代谢疾病，在肝脏、肾脏和其他组织中存在大量脂类物质而患病。

【病因】用低脂肪、低蛋白的粉碎小麦为基础日粮饲喂雏鸡，能复制出本病，死亡率为 25%。若日粮中增加蛋白质或脂肪含量，则死亡率减低，如同时补充生物素，死亡率则大大降低；若将粉碎的小麦做成小的丸剂饲料，则死亡率增高。

某些应激因素，特别是当饲料中可利用生物素含量处于临界水平时，突然中断饲料供给，或因捕捉、雷鸣、惊吓、噪音、高温或寒冷、光照不足、禽群转为网上饲养等因素可促使本病发生。

【发病机理】FLKS 的发病机理尚不很明确。ELKS 的主要生物化学变化是肝脏中糖原异生作用障碍，这同生物素依赖的丙酮酸羧化酶等酶活性丧失有关。

生物素是天门冬氨酸、苏氨酸、丝氨酸脱氨酶的辅酶，是体内许多羧化酶（固定 CO_2）的辅酶，1 个羧化酶分子含有 4 个生物素分子，4 个锰原子。在丙酮酸转变为草酰乙酸，乙酰 CoA 转变为丙二酸单酰 CoA，丙酰 CoA 转变为甲基丙二酸单酰 CoA 等过程中起着重要作用。脂肪肝和肾综合征的鸡血糖浓度下降，血浆丙酮酸和游离脂肪酸浓度升高，肝脏中肝糖原水平下降，说明肝脏内需要生物素为辅酶的丙酮酸羧化酶，乙酰 COA 羧化酶、ATP-枸橼酸裂解酶等脂肪、糖代谢中的限速酶，其活性均有降低，因此糖原异生作用也下降，导致脂肪在肝、肾内蓄积。组织学观察证明，脂肪积累在肝小叶间及肾细胞（肾近曲小管上皮细胞）胞浆内，产生肝、肾细胞脂肪沉积症。由于脂蛋白脂酶被抑制，阻碍了脂肪从肝脏向外运输，低血糖和应激作用增加了体脂动员，最终造成脂肪在肝肾内积累。除骨骼肌、心肌和神经系统外，全身有广泛的脂肪浸润现象。

试验表明，当肉用仔鸡食物中根据粗饲料组成的水平以生物素作为补充物时，能使鸡群发病率大大降低，可见生物素在上述代谢途径中是一种辅助因子，在脂肪肝和肾综合征中具有病原学意义。

【症状】本病多发于生长良好的 10~30 日龄仔鸡，发病突然，表现嗜睡，麻痹由胸部向颈部蔓延，通常在几小时内死亡。死后头伸向前方，趴伏或躺卧将头弯向背侧。死亡率一般较低，不超过 5%，有时可高达 30%，无明显的性别差异。有些病例亦可呈现生物素缺乏症的典型表现，如羽毛生长不良，干燥变脆，喙周围皮炎，足趾干裂。

病鸡血清丙酮酸、乳酸、游离脂肪酸的含量增加，丙酮酸羧基酶和脂蛋白酶活性下降，病禽肝内糖原含量极低，生物素含量低于 $0.33\mu g/g$，丙酮酸羧化酶活性显著下降。

【病理变化】剖检可见肝苍白、肿胀。在肝小叶外周表面有小的出血点，有时出现肝被膜破裂，造成突然死亡。肾肿胀，颜色可有各种各样，脂肪组织呈淡粉红色，与脂肪内小血管充血有关。嗉囊、肌胃和十二指肠内含有一种不知原因和成分的黑棕色出血性液体，恶臭。组织学检查发现，肝、肾细胞内脂肪含量是正常雏鸡的 2~5 倍，主要是甘油三酯，心肌纤维亦有脂肪颗粒，其他组织的镜检变化不明显。

【诊断】根据病史、剖检变化和组织学特征，血清化学成分和肝内生物素含量的变化，综合分析判断，可做出诊断。本病应注意与鸡包涵体肝炎（腺病毒感染）及传染性法氏囊病（呼肠孤病毒感染）相区别（表 10-1）。

表 10-1　鸡脂肪肝和肾综合征与类似疾病的鉴别诊断

项目	包涵体肝炎	传染性法氏囊病	脂肪肝和肾综合征
发病日龄	28～45	10 日龄以上	10～35
鸡群状态	死前多数正常	不完全健康	死亡前正常
死亡率（%）	0～8	0～25	0～10
肝、肾变化	出血、色正常	肾小管肿胀	肝苍白、肿大，肾色白，肾小管肿胀现象不及前两病明显
法氏囊	萎缩	出血或有脓	正常
肝组织学变化	肝包涵体变性及细胞广泛破裂	—	脂肪沉积无细胞变性

【防治】 按上述病因改善饲养，增加蛋白质或脂肪饲料，限制小麦粉丸剂饲料，给予含生物素利用率高的玉米、豆饼之类的饲料，禁止用生鸡蛋清拌饲料育雏。另外，按每千克体重补充 0.05～0.10mg 生物素，经口投服，或每千克饲料中加入 150μg 生物素，可取得良好效果。

肉鸡胫骨软骨发育不良（tibial dyschondroplasia in broilers）

肉鸡胫骨软骨发育不良（tibial dyschondroplasia，TD）是指胫骨近端生长板软骨发育异常，在胫跗骨和跗趾骨的干髓端形成一团不透明的未血管化软骨团，进而导致骨骼变形、跛行的腿病，是禽类最常见的腿病之一。在 1965 年由 Leach 和 Nesheim 首次发现。本病常见于快速生长的肉仔鸡、火鸡和鸭，生长缓慢的来航鸡不常见。

【病因】 目前，本病的病因尚无定论。研究表明，遗传、生长速度、性别、年龄、日粮电解质平衡等都能引起该病的发生。生长过快可提高肉鸡 TD 的发病率，而且公雏的发病率显著高于母雏。低钙或高磷可增加肉鸡 TD 的发病率。在日粮中添加硫酸氢氨，使日粮硫达到 1.11%，增加了 TD 的发生率。高氯、磷、硫可诱发肉鸡 TD，而提高钾、钠、镁、钙离子可减轻 TD 的发生率。阳离子可减轻阴离子过多引起的 TD。另外，维生素缺乏也可以诱发 TD，降低日粮中的维生素 D_3 的含量可提高 TD 的发生率，向肉鸡全价饲料中加入 $1,25(OH)_2VD_3$（5～10μg/kg）可大大减少胫骨软骨发育不良的发生率。胆碱是成禽软骨组织中磷脂的构成部分，它的缺乏会影响软骨的代谢，氯化胆碱预防 TD 的效果最佳。

【发病机理】 肉鸡 TD 的发病原因极其复杂。学者们从各自的研究角度进行了探讨，形成了许多学说。有学者注意到，TD 病鸡的胫骨软骨内血管形成受阻，从而提出了 TD 发生的 3 种假说：①干髓端血管异常，不能穿入生长板软骨；②生长板软骨异常，干髓端血管无法穿入；③生长板软骨干髓端血管前沿的重吸收不完全，阻止干髓端血管侵入。

日粮电解质平衡可通过血钙浓度影响机体的钙代谢而起作用。在血钙代谢过程中，甲状旁腺激素（PTH）、降钙素（CT）和 $1,25(OH)_2VD_3$ 都与血钙调节有关。同时，至少有两种激素受到酸碱平衡的影响，钙代谢和碳酸代谢有互作关系，某些受到酸碱平衡干扰的代谢途径：①肾脏中将 $25(OH)VD_3$ 转化为 $1,25(OH)_2VD_3$ 的 $25(OH)VD_3$ 羟化酶活性；②PTH 和 Ca 之间互作的调整。

生长板软骨降解代谢还受到机体免疫系统的调控，干髓端巨噬细胞和其他吞噬细胞在软骨降解过程中起到重要作用，单核/巨噬细胞通过分泌各种活性成分促进了软骨的降解。另外，巨噬细胞还能产生IL-1，它能诱导产生胶原酶，从而降解胶原。

体外培养发现，半胱氨酸能使吞噬细胞失去附着能力，抑制胶原酶的活性，导致TD发生。另外，Andrews等报道组氨酸也能诱TD的发生。日粮电解质平衡可能通过影响机体免疫状况而间接影响到生长板软骨的降解。1,25(OH)$_2$VD$_3$与软骨细胞的分化、成熟有关，还能通过激发软骨细胞基质小囊中与钙化有关酶的活性，来促进基质小囊的钙化。1,25(OH)$_2$VD$_3$是特殊的免疫调节因子，它能通过激活巨噬细胞，在生长板胶原的降解代谢、血管生成中起作用。日粮电解质平衡失调引起的酸中毒可能影响到血液和生长板的1,25(OH)$_2$VD$_3$含量，进而影响到生长板软骨的降解、血管生成和钙化。汪尧春认为是由于1,25(OH)$_2$VD$_3$含量的变化影响了免疫系统，进而导致TD的发生。单核细胞分泌单核细胞因子，该因子能促进软骨细胞的分化，分泌活性物质，促进软骨降解、血管化。他还认为1,25(OH)$_2$VD$_3$具有与活性物质相似的作用，使用1,25(OH)$_2$VD$_3$后可降低TD的发生率。

日粮中缺乏生物素可以影响胫骨软骨的生成，生物素为必需脂肪酸转化为前列腺素过程中延长碳链所必需的，前列腺素缺乏会改变软骨代谢，阻碍骨的生成。添加生物素能有效的预防TD的发生，并能确保其正常生长和发育。铜离子能在体内诱导新血管形成，因此严重的缺铜可能会抑制血管的生成。另外，胫骨生长板内的胶原酶是一种含锌的金属酶。当缺锌时，会导致该酶的活性降低，从而使生长板胶原的合成和更新受到破坏，导致TD的发生尽管对影响TD发生的各种因素进行了研究，但是影响TD发生的机制至今不明。

【症状】自发或人工诱发TD，最早发生时间是1～2周龄肉鸡和火鸡群中，高达30%的鸡有软骨发育异常的病变，但大多数病鸡并不显示临床症状。TD病鸡跛行发生率从小于1%至高达40%；26%～60%的鸡呈现亚临床病变。病变使骨的干髓区域脆弱，导致胫腓骨弯曲和胫骨骨折增加。TD肉鸡4周龄、火鸡10周龄后常出现症状，表现为不愿走动，步态强拘。胫骨近心端膨大，重者伴发跛行，步履艰难，共济失调。随着病情发展，胫骨近端发生弯曲、畸形，甚至骨折。严重者瘫痪，飞节着地，筋腿松脱，不能采食和饮水。

【病理变化】胫骨近端有大量增生的过渡型软骨细胞积聚或分散在软骨细胞的膨大区内，成熟的软骨细胞受挤压、变形、坏死，髓线参差不齐。增生的软骨团内血管稀少或根本无血管通过，有的血管被增生的软骨细胞挤压、萎缩、变性、坏死，增生的软骨细胞排列紧密，细胞大，软骨囊小。破骨细胞和成骨细胞稀少。骨小梁的排列紊乱、扭曲。有时增生区呈舌状伸向钙化区。

TD鸡病灶超微结构中，前肥大区细胞粗面内质网杂乱无章，液泡明显扩张，软骨细胞凋亡和坏死。病灶生长板软骨细胞只有正常细胞大小的40%，病灶的近区软骨细胞出现枯斑、内质网、高尔基体及线粒体膨胀，病变区DNA含量下降；某些细胞因能量缺乏而坏死。坏死细胞数目从近侧到远侧逐渐增多，病变愈重，坏死数目愈多。病灶区密集的坏死细胞像无定形的嗜锇物质，有典型的浓缩细胞体1～2个脂质空斑，核破裂和核固缩，围绕坏死软骨细胞周围的陷窝腔常充满均质或絮状的电子密集物质，间质隔基本正常。基质只在远离病灶的区域钙化。干髓端血管芽离增殖区/过渡区结合处较远，比正常远2～3倍，TD肉鸡与佝偻病肉鸡组织学上不同。佝偻病生长板上部加宽，主要是增生区加宽。

【诊断】随着TD严重程度增加，血清中氨基葡萄糖和乙-氨基半乳糖随之增加。TD软骨中蛋白多糖束的密集度减小，软骨氧化能力降低，蛋白多糖合成下降。

胶原和非还原性交联、赖氨酸醇氨酸（HP）及赖氨酸吡醇氨酸（LP）含量升高。病变区自近端至远端 HP 含量呈线性增加，症灶远端软骨中 HP 含量是近端的 10 倍。

病灶矿物质含量变化。TD 软骨细胞线粒体中 Ca 和 P 水平只有正常线粒体中的一半。TD 软骨中 Ca 和 P 的含量在肥大前细胞中最高，而正常软骨细胞在肥大早期阶段含量最高。这表明 TD 软骨细胞在成熟前释放出了 Ca 和 Po 因为钙积聚到线粒体是一个耗能的过程。

【防治】维生素 A 与维生素 D_3 具有拮抗作用。维生素 C 在防止 TD 发生过程中起重要作用。维生素 D_3 代谢产物的产生是一个发生于肾脏的轻化过程，需要维生素 C 参与。

（贺秀媛）

第四节 家禽胚胎病

由于集约化养禽业的发展，家禽的人工孵化数量和质量，对养禽业的发展有重大影响。许多统计资料表明，因胚胎发育期间疾病，造成死胚、胚胎畸形、幼雏死亡或幼雏生长发育迟滞等，给养禽造成了巨大的损失。蛋源性传染病的存在，所孵出的幼雏，常常是禽场中重要的传染源。

家禽胚胎病是研究蛋的孵化、胚胎发育过程中，有关胚胎发育迟缓、胚胎疾病、胚胎死亡、胚胎突变和畸变、幼雏孱弱、生长迟缓的病因、病理、诊断和防治的科学。

母源性原因占主导地位，绝大多数胚胎病是先天性的，也可导致胚胎死亡。另外胚胎本身的抗病能力、免疫能力、调控能力都十分薄弱，即使出现细小的差错，也可导致胚胎死亡。根据现有的资料，家禽胚胎病可暂归纳为五种类型，即营养性胚胎病、传染性胚胎病、理化学因素（孵化条件控制不当）性胚胎病、中毒性胚胎病和遗传性胚胎病。各种类型胚胎病占的比例分别为 70：15：10：5（中毒性与遗传性之和占 5%）。其中，有相当部分雏禽可以出壳，但表现为弱雏、畸形雏或出壳后不久死亡，或因发育迟滞被迫淘汰。

胚胎病的发生与鸡胚发育有密切的关系。鸡胚的心脏从第 2 天便开始跳动，第 4 天具备外呼吸环境，形成绒毛尿囊膜、羊膜和羊水，并开始利用蛋白质。第 6 天中枢神经系统发育并具备调节功能，第 14 天才形成肾（暂时性器官）。鸡胚死亡常有 2~3 个高潮期，或称为胚胎发育的危险期。第一期在孵化的第 3~5 天，第二期在 9~11 天，第三期为 18~20 天。因此，对胚胎病的诊断（照蛋）应选择在第 5~6 天、10~11 天、18~19 天进行。除鸡胚外，其他家禽也有类似的 2 次或 3 次死亡高峰现象，鸭胚在孵化的第 4~6 天和第 24~27 天，鹅胚在第 2~4 天和第 26~30 天，火鸡在第 5 天和第 25 天时均为胚胎死亡高峰期。

在胚胎发育阶段，病原体的作用及病理过程对胚胎的发生有较大的影响，胚胎对很多细菌毒素的反应是非特异性的，任何病原刺激、病理变化都可使其发育停滞，并很难逆转。因而可出现多种缺陷，如器官发育不全、器官缺损、变位扭转、不对称等异常现象。这些异常现象通过"照蛋"，通常能及时发现。病理剖检亦可进一步证实。化学、生物化学、免疫学、微生物学诊断方法虽已建立，作为在生产中推广应用尚待进一步完善。

营养性胚胎病（nutritional embryonic disease）

家禽营养性胚胎病（胚胎营养不良）是最常见的胚胎病，除了一部分因遗传缺陷造成的营养不良外，大多是由于母禽营养不良所致。主要特征是肢体短小，骨骼发育受阻，胚胎发育不良。常因维生素不足或缺乏、矿物质或微量元素不足、蛋白质和必需氨基酸如含硫氨基酸不足、某些营养成分过多，干扰了另一些营养成分的摄入。

（一）维生素缺乏引起的胚胎病

1. 维生素 A 缺乏　蛋内胡萝卜素、维生素 A 含量不足，可导致鸡胚发生干眼病和胚胎死亡。循环系统的形成和分化时期，胚胎死亡数量约为 20%，剖检死胚发现鸡胚胎生长和羊膜发育受阻，卵黄囊中尿酸盐沉积，特别是在孵化末期，尿囊液中有大量尿酸盐，尤其鸭胚易引起痛风样病变。后期形成发育不完全的死亡胚胎，其羽毛、脚的皮肤和喙缺乏色素沉着。种鸡日粮中添加维生素 A、动物性饲料和青绿饲料，可预防维生素 A 缺乏症。

2. 维生素 D 缺乏　当母禽缺乏维生素 D_3 或维生素 D_3 供给不足，导致蛋内维生素 D 含量不足，不仅蛋壳变薄，容易破裂，新鲜蛋内蛋黄可动性大。鸡胚维生素 D 不足，胚体皮肤出现大囊泡状、黏液性水肿，皮下结缔组织呈弥漫性增生，在孵化第 8～10 天，当胚胎形成骨骼和利用蛋壳物质时期，胚胎死亡达到高峰。剖检死胚发现腿弯曲，皮肤水肿、增厚，肝脏脂肪变性，各种禽的胚胎中均可见到。疾病发生呈一定季节性，雨季发生较多。

3. 核黄素缺乏　胚胎多在孵化第 12～13 天至出雏时发生死亡，孵化率仅为 60%～70%。尿囊生长不良，闭合迟缓，蛋白质利用不足，颈弯曲，皮肤增厚、水肿并有典型的发育不完全的结节状绒毛。躯体短小，贫血，轻度短肢，关节明显变形，颈部弯曲。因缺乏核黄素，绒毛无法突破毛鞘，因而呈卷曲状集结在一起。孵化后期的胚体仅相当于 14～15 日胚龄的正常胚体大小，即使出壳，雏禽亦表现瘫痪或先天性麻痹症状。

4. 生物素缺乏　由于母鸡缺乏生物素，所生的蛋用于孵化时，胚胎多于孵化第 15～16 天死亡，死胚躯体短小，腿短而弯曲，关节增大，头圆如球，喙短且弯，如"鹦鹉嘴"，脊柱短缩并弯曲，肾血管网和肾小球充血，输尿管上皮组织营养不良，原始肾退化加速。尿囊膜过早萎缩，导致较早啄壳和胚胎死亡。在蛋壳尖端蓄积大量没有被利用的蛋白。

发生该病的原因与母鸡食用大量非全价蛋白性饲料，如腐肉、油渣、杂鱼等，有些蛋白内含有抗生素因子，它与食物中生物素紧密结合在一起，成为不能被机体吸收的物质。成年母鸡不表现临床症状，但所生的蛋孵化率很低，而且出现鸡胚畸形。第 3 趾与第 4 趾之间长出较大的蹼状物，鹦鹉喙，胫骨严重弯曲；胚胎死亡率在孵化第 1 天最高，孵化最后 3d 其次。

5. 维生素 B_{12} 缺乏　鸡自行合成维生素 B_{12} 的能力很弱，如在饲料中不添加维生素 B_{12}，母鸡可能不出现明显的症状，但所生的蛋用于孵化时，常引起肌肉萎缩，于孵化第 16～18 天出现死亡高峰，有的死亡率甚至可达 40%～50%。特征性病变是皮肤弥漫性水肿，肌肉萎缩，心脏扩大形状异常。剖检死胚可见部分或完全缺乏骨骼肌，破坏了四肢的匀称性，尿囊膜、内脏器官和卵黄出血等。

6. 维生素 B_1 缺乏　产蛋鸡饲料中糠、麸供给不足，复合维生素 B 供给不足，可引起种

禽维生素 B_1 缺乏，导致蛋中维生素 B_1 含量不足，沿海地区母鸭放牧时，因采食大量鱼、虾、白蚬、蟛蜞，同时谷类饲料供给不足时，亦可产生维生素 B_1 缺乏。因新鲜鱼虾体内含有硫胺素酶，能破坏硫胺素，不仅母鸭产生维生素 B_1 缺乏症，所生的蛋中维生素 B_1 亦缺乏，孵化过程中可出现死胚。有些胚胎至孵化期满时，因无法啄破蛋壳而闷死。有些延长孵化期，无法出壳，最终死亡。即使出壳，可陆续表现维生素 B_1 缺乏症。在有些地区，本病与鸭大量觅食白蚬有关，故称此病为"白蚬瘟"。

（二）微量元素缺乏引起的胚胎病

1. 铜缺乏　缺铜小鸡较易出现主动脉瘤、主动脉破裂和骨畸形，家禽缺铜一般无贫血。母鸡给予高度缺铜饲料（0.7～0.9mg/kg）达20周，不仅产蛋减少，这些蛋孵化的胚胎呈现贫血、发育受阻。孵化第72～96h分别见有胚胎出血和单胺氧化酶活性降低，并有早期死亡。

2. 锰缺乏　母鸡饲料中缺锰，不仅蛋壳强度下降，孵化中容易破碎使孵化率降低，而且所产蛋中锰含量明显减少，鸡蛋受精率下降，即使已受精的蛋常在孵化后期，在第18～20天时出现死亡高峰。死胚呈现软骨发育不良，腿翅缩短，鹦鹉喙，球形头，肚大，75%的鸡胚呈现水肿。Caskey（1944）就曾报告母鸡饲料缺锰时，所孵小鸡行走不稳，特别是受惊吓、受激动时，表现神经功能异常，头上举或下钩，或扭向背部。四肢短粗，胚体矮小，绒毛生长迟滞。喙弯曲，鹦鹉喙，球形头，水肿明显。

3. 硒和维生素E缺乏　母鸡缺硒不仅产蛋减少，孵化率降低，即使出壳以后也表现为先天性白肌病，幼雏不能站立，并很快死亡，或产生胰腺坏死。维生素E缺乏可加速鸡胚死亡，在胚胎形成第7天出现死亡高峰。死胚表现胚盘分裂破坏，边缘窦中淤血，卵黄囊出血，水晶体混浊，肢体弯曲，皮下结缔组织积聚渗出液，腹腔积水等。鹌鹑缺硒时，蛋的孵化率降低，幼雏成活率下降。

4. 锌缺乏　母鸡缺锌时，鸡蛋的孵化率下降。许多鸡胚死亡，或出壳不久死亡，鸡胚脊柱弯曲，缩短，肋骨发育不全。早期，鸡胚内脊柱显得模糊，四肢骨变短。有时还具有缺脚趾，缺腿，缺眼。能出壳小鸡十分虚弱，不能采食和饮水，呼吸急促和困难，幸存小鸡羽毛生长不良、易断。

5. 碘缺乏　母鸡用含0.025mg/kg碘的饲料饲喂，所产蛋孵化出雏鸡会出现先天性甲状腺肿。Rogler等（1959）报告缺碘蛋孵化至晚期鸡胚死亡。孵化时间延长，胚胎变小，卵黄囊的再吸收迟滞。

近些年来，由于给种禽饲养添加了微量元素、维生素，使蛋的孵化率大大改善。但如果添加太多，反而会干扰其他营养物质的吸收。如过量铜可干扰锌的吸收和利用，鸡胚因缺锌引起骨骼发育障碍；添加过多维生素D造成维生素D中毒，饲喂过多的核蛋白，腺体组织亦可造成鸡胚死亡和尿酸盐素质（痛风）。目前营养性胚胎病的研究还处于初期，许多资料还有待充实。

中毒性胚胎病 (toxic embryonic disease)

家禽与家畜一样，具有限制有毒物质向卵内转移，减少毒害后代的本能。但是，在长期慢性中毒中，免不了有毒物质对睾丸、精子、卵巢、卵细胞的毒害作用。有些可直接与DNA作用，产生DNA序列紊乱或基因片断的脱失，有些毒素的代谢次生物质也可在亲体内或蛋内，对发育中的胚胎产生毒害作用，造成基因的突变（mutation）、畸变（teratosis）及免疫抑制作用（immunosuppresive effects），甚至产生胚胎死亡。

引起中毒性胚胎病的原因有霉菌毒素及其代谢物，有机农药、尤其是有机氯农药，棉酚及芥子毒，硒和某些重金属毒物慢性中毒。

1. 霉菌毒素 有些真菌毒素可产生致畸作用，如黄曲霉毒素 B_1、赭曲霉毒素 A、柠檬色霉素（citrinin）和细胞松弛素（cytochalasin）等。例如，用浓度为 $0.05\mu g/mL$ 的黄曲霉毒素 B_1 水溶液 0.5mL 注入鸡胚气室，可抑制鸡胚分裂，并导致死亡。以 $0.01\mu g$ 棕色曲霉毒素 A 从气室注入，即可造成 50% 鸡胚死亡，部分鸡胚产生畸变，如四肢和颈部短缩、扭曲，小眼畸形，颅骨覆盖不全，内脏外露，体形缩小。柠檬色霉素可引起四肢发育不良，头颅发育不全，小眼，喙错位（crossed beaks），偶尔可见头颈左侧扭转。此外，红青霉毒素、T-2 毒素对鸡胚的发育都有不良影响。然而，机体对后代的保护是通过一定的屏障作用进行的，从亲代体内转移到蛋内的真菌毒素是有限的，据测定，鸡饲料中黄曲霉毒素含量与鸡蛋内含毒量之比为 2 200∶1，在生产上产生的损失是有限的。而枯萎病马铃薯可导致胚胎无脑、脊椎裂。

2. 农药残留 六六六、DDT 及某些代谢产物可从母禽体内转移到鸡蛋中，对胚胎发育产生不良影响。此外这些农药还可使鸡、鸭及某些野生禽类卵壳变薄，孵化或运输过程中易破碎，影响蛋的孵化率及雏禽的发育。这一现象已在鸡、山鸡、野鸡、企鹅、鹌鹑、鸭、食雀鹰等品种中证实。即使在其日粮中供给足量的钙、磷，如其中有机氯农药含量过高，也会使卵壳变薄。有试验表明，饲料中 DDT 浓度为 $10\sim30mg/kg$，可使卵壳厚度减少 15%～25%。我国鸡的鸡蛋中农药含量在 0.5mg/kg 以下，大多为 $0.1\sim0.33mg/kg$，农药对胚胎发育的影响，是显而易见的。

某些除草剂，如 2,4-D，四氯二苯二氧化磷（TCDD）等在鸡体内及蛋内残留作用也可造成鸡胚发育缺陷或畸形。

3. 其他有毒物质 禽饲料中含棉酚时，鸡蛋中棉酚含量增加，使储存蛋的蛋白变成淡红色，可能是蛋黄中铁扩散到蛋白中，与蛋白中伴清蛋白螯合，使种蛋的孵化率下降，卵黄颜色变淡。成年母鸡喂菜子饼过多，可干扰体内对碘的吸收和利用，因缺碘可引起胚胎死亡。汞、镉在母鸡体内半衰期长，可干扰实质器官及性器官的发育，造成精子和卵细胞发育的畸形，如胚胎发育过程中无眼、脑水肿、腹壁闭合不全等。用乙胺嘧啶、苯丙胺、利眠宁、苯巴比妥抗应激时，其残留物可致畸。

其他胚胎病（other embryonic disease）

（一）孵化条件控制不当所致的胚胎病

在孵化过程中，由于对孵化的温度调节、湿度控制、气体代谢、种蛋放置方法不正确，都可造成胚胎发育障碍，甚至胚胎死亡。

1. 温度 胚胎发育的各个阶段要求温度相对恒定。温度调节不当可分为一时性温度较高、长时间温度较高，温度稍高、温度太高及低温等 5 种不同情况。短时间温度较高可引起胚胎血管破裂而死亡；长时间较热可加速胚胎发育，缩短胚胎发育期限，造成卵黄吸收不良，脐环不愈合，弱雏；早期温度较高，可发生无脑、无眼畸形；温度过高，胚胎死亡率增加；低温则可使孵化期延长，尿囊不能完全闭合，腹部膨大，蛋壳内常有红色水肿液。有的幼雏不能啄壳，闷死于壳内。

2. 湿度 胚胎发育过程中，孵箱内需保持一定湿度，但如果湿度过大，妨碍蛋内水分蒸发，水分占据蛋内空隙，妨碍了胚胎的生长和发育，出壳时嗉囊、胃和肠充满羊水，孵出的幼雏软弱，体表常有黏性液体。空气湿度大，还可促进霉菌生长，造成胚胎感染，特别是曲霉菌病较多。湿度过低，蛋内水分蒸发过快、过多，不仅幼雏体重下降，而且蛋壳膜干涸，粘在幼雏的绒毛上，使出壳困难，破壳时间延长，孵出的雏小，生活力下降。

3. 气体 外源性或内源性代谢缺氧，内源性二氧化碳、氨气排泄不畅，均可导致氧气缺乏、二氧化碳中毒，引起胚胎窒息、死亡。蛋内胎位不正，足肢朝向蛋的钝端，头朝向蛋的锐端。幼雏啄壳亦在锐端。孵化箱或孵化室内灰尘较多，或蛋壳被污物包裹，堵塞了蛋壳气孔，尤其是在孵化中期（俗称上摊）后，蛋壳被污物覆盖，危险性最大。

4. 翻蛋不当 翻蛋不及时，或蛋壳钝端朝下、翻蛋角度不够等，都可引起胚胎死亡。

(二) 传染性胚胎病 (infectional embryonic disease)

鸡胚受细菌、病毒或霉菌感染时，都可引起胚胎发育障碍。传染源大多来自母禽，如白痢、大肠杆菌病、曲霉菌病、呼吸道支原体病、鸭病毒性肝炎、鸡新城疫、传染性支气管炎、鸡痘、衣原体病、传染性脑脊髓炎等，都可造成胚胎发育障碍，甚至死亡。由这类原因引起的胚胎病占胚胎死亡的第二位。

(三) 遗传性胚胎病 (hereditary embryonic disease)

由于种蛋储存时间过长，或因某些遗传缺陷，造成鸡胚畸形或胚胎死亡。特别是在集约化家禽生产中，禽的畸形和缺陷数量增加，最常见于鸡孵化第19～20天，有的喙变短，上下喙不能咬合，眼球增大，脑疝，四肢变短翅萎缩，跖骨加长，缺少羽毛，神经麻痹等。鸭、鹅还可能出现脑疝-肌肉震颤，在孵化后期幼雏早期死亡率增加。

(四) 胚胎疾病的预防

由于对胚胎疾病的病因学诊断尚缺乏系统研究，仅凭病理学特征做出诊断常比较勉强，现仅提出一些原则性的措施预防胚胎病的发生。

（1）供给种禽全价饲料，剔除不适合作种蛋用的次品蛋。种禽，尤其是种母禽的营养状况，直接决定一个胚胎的发育乃至幼雏的生长，因此必须给种禽提供适合于生长繁殖需要的蛋白质、能量、各种必需氨基酸、必需脂肪酸，足够的维生素、矿物质、必需微量元素。任何一种营养物质的长时期缺乏，都可导致种蛋品质下降。可生出沙壳蛋、软壳蛋、无壳蛋。蛋过大、过小、畸形、蛋壳不平滑、蛋黄色泽变淡、蛋白含量减少等，均不能作种蛋入孵。加强种禽饲养管理，供给合理营养成分的饲料，是防止胚胎病的关键措施。

（2）做好种禽的防疫工作，加强入孵前卫生消毒措施。有些传染病，特别是可以垂直传染的疾病，应加强对母禽的防疫措施。对有慢性传染病的或急性传染病康复不久的家禽，所生的蛋禁止作孵化用。入孵前要对种蛋做好消毒措施，以防因泄殖腔感染后而影响胚胎发育。通常是用40%甲醛40ml，30g高锰酸钾的蒸气供1m³体积内的种蛋消毒15～20min。严重污染的蛋等亦可用0.05%高锰酸钾或0.05%～0.1%的新洁尔灭水浸泡数分钟，然后晾干，入孵。

（3）加强对孵化人员的技术培训，控制孵化箱的温度及相对湿度，在照蛋中及时发现病胚，对可能存在的病原、病因及时诊断，是预防胚胎病的重要环节。

（4）合理制定育种措施，培养良种体系，防止因遗传关系而产生的畸形和变异。保证雌雄间的配比，维持雄性动物旺盛的性欲和精子活力，是提高受精率和出壳率的重要措施。

关于对胚胎病的治疗，有待进一步积累资料，进行验证和完善。有人提出在硫胺素或核黄素缺乏时，可从气室孔滴入1～2滴浓度为500mg/mL的维生素B_1或维生素B_2溶液有助于幼雏顺利孵出。对某些传染病，如鸡败血性支原体病，用泰乐菌素0.2mL于孵化第7～11天内透过气室注入，或入孵前用红霉素浸蛋，都可消灭病原体，达到防治目的。总之，禽的胚胎病关键在预防。

（贺秀媛）

第五节　家禽嗉囊病

禽类嗉囊是食管扩大而形成的，主要功能是储存食物。鸡的嗉囊较发达，食物充满时，呈球状突出于胸前而偏右侧。鸭、鹅没有真正的嗉囊，仅在食管颈段形成一纺锤形扩大部以储存食物。嗉囊壁的构造与食管相似，黏膜内还有大量黏液腺分泌黏液；肌膜也由外纵肌层和内环肌层组成，进行收缩和运动。在嗉囊内还有大量的微生物栖居，对食物进行初步的发酵作用。

嗉囊疾病与寄生虫和霉菌的寄生有关。在嗉囊疾病中最常见的有嗉囊阻塞、嗉囊扩张和嗉囊卡他，这三种疾病可同时发生，或由一种病引起另一种病。

嗉囊阻塞（obstruction in gluviei）

嗉囊阻塞又称嗉囊弛缓、硬嗉囊。本病可发生于任何年龄的家禽，但最主要发生于幼鸡及火鸡，影响营养物质的消化和吸收，生长发育迟缓。成年家禽则产卵量下降或停产，重者造成死亡。

【病因】长期饲喂粗硬多纤维和发霉的饲料；饲喂干草、麦秸、子实、硬壳的谷物；或将破布、麻绳、尼龙绳等混入饲料内；日粮配合不当、缺乏维生素及矿物质饲料，都可诱发本病。

【症状】患禽食欲减退，精神不振，发生贫血及消瘦。嗉囊膨大而紧张，其中充满坚实的内容物，长时间不能排空。当患禽张口时则有恶臭的淡色液体流出。若不及时抢救，有时造成嗉囊破裂或者穿孔，多数死亡。

【病理变化】嗉囊内由粗硬、带壳的谷粒等堆积，内容物坚实。嗉囊壁弛缓而胀满。

【治疗】为了排出嗉囊内容物，首先注入20～30mL植物油或50～100mL水，然后按摩嗉囊，再将病禽头向下垂，尾部抬高，由口排出内容物。若无效，必须做嗉囊切开术，排出被阻塞的内容物。

手术方法：术部拔毛，用2%碘酊消毒，做1.5~2cm长的切口，取出异物，用消毒液冲洗嗉囊。然后先缝合嗉囊，再缝皮肤。术后1~2d内饲喂易消化的饲料。

嗉囊卡他（ingluvitis）

嗉囊卡他常见于鸡、火鸡、鸽子等。不论是成年禽还是幼雏均可发生。

【病因】本病主要由于采食发霉变质的或易发酵的饲料如种子、坏鱼粉、腐肉、酒糟，以及其他的异物如烂布团、细绳、塑料碎片、化肥、污水和坚韧的杂草等，在嗉囊中不易或不能消化，停滞时间过长，腐败发酵并产生大量气体，使嗉囊胀满，引起本病。

某些中毒病（如磷、砷、食盐及汞的化合物中毒）亦可引起。

嗉囊卡他亦可继发于鸡胃虫病、鹅口疮、鸡新城疫及维生素缺乏等病程中。

【症状】病禽沉郁，两翼下垂，头向下，鸡冠呈紫色，从喙或鼻孔排出污黄色的浆液及黏液。食欲消失。嗉囊很软且发热，压迫嗉囊时则有恶臭的气体或液体内容物从喙排出。严重时常见病禽反复伸颈，频频张口，呼吸困难。病禽迅速消瘦衰弱，最后因窒息而死亡。

本病多呈急性经过，若病期延长则可发展为嗉囊下垂。

【治疗】为清除嗉囊内容物，将病禽尾部抬高，头朝下，拔开鸡喙同时轻轻向喙的方向挤压嗉囊，将内容物排出。冲洗嗉囊可用注射器吸取0.5%高锰酸钾溶液、3%硼酸溶液或5%碳酸氢钠溶液，经口注入。

为了消除炎症可内服磺胺脒或羧基甲酰磺胺噻唑（PST）0.1~0.2g，连用2~3d，2次/d。严重时可内服葡萄糖4~5g。

当嗉囊内容物不能排出时，可进行嗉囊切开术。

（贺秀媛）

◆ **复习思考题**

1. 什么是禽痛风？其发生机理、临床症状及防治措施有哪些？
2. 临床上常见的肉鸡疾病有哪些？各自的发生原因和预防措施有哪些？
3. 什么是鸡脂肪肝出血综合征？其发生原因、发病机理和防治措施有哪些？
4. 家禽胚胎病的分类、病因与预防措施是什么？
5. 禽类嗉囊疾病有哪些？如何防治？

第十一章

犬、猫疾病

> **内容提要**：犬和猫的品种繁多，不仅作为人类的观赏和伴侣动物，也是医学、生物学中比较多用的实验动物；犬还可用来看家护院、狩猎、巡逻、侦察或食用。在兽医临床实践中，犬、猫疾病的种类和诊疗工作量也与日俱增，犬、猫内科疾病的临床诊疗工作更显突出。本章重点学习临床常见的犬、猫消化系统疾病、呼吸系统疾病、泌尿系统疾病、营养代谢性与内分泌性疾病、神经系统疾病、中毒性疾病。

第一节 消化系统疾病

口炎（stomatitis）

口炎是口腔黏膜的炎症，临床上以流涎、拒食或厌食、口腔黏膜潮红肿胀为特征。一般呈局限性，有时波及舌、齿龈、颊黏膜等处，呈弥漫性炎症。根据发病原因，有原发性和继发性之分。按其炎症性质又可分为溃疡性、坏死性、霉菌性和水疱性口炎等，临床上最常见的是溃疡性口炎。

【病因】病因包括物理性因素，如机械性损伤（尖锐的锐齿、异物、牙垢或牙石等直接刺伤黏膜）；化学性因素，如接触有剧烈刺激性、腐蚀性或强酸、强碱、强氧化剂等化学药物，致使黏膜损伤；微生物因素，当机体抵抗力降低，口腔黏膜腐生细菌，如梭形杆菌和螺旋体也可致使黏膜发炎，真菌性口炎较少发生，主要是口腔内的白色念珠菌生长过度引起。此外，还可继发于其他疾病，如咽炎、舌炎、犬瘟热、钩端螺旋体病、猫传染性鼻气管炎等；或某些全身性疾病，如营养代谢紊乱、维生素B族缺乏、贫血、慢性肾炎和尿毒症等。

【症状】一般临床表现为口腔黏膜红、肿、热、痛、咀嚼障碍、流涎、口臭。犬通常有食欲，但采食后不敢咀嚼即行吞咽。在猫多见食欲减退或消失。患病动物搔抓口腔，有的吃食时，突然尖声嚎叫，痛苦不安；也有的由于剧烈疼痛引起抽搐；口腔感觉过敏，抗拒检查，呼出的气体常有难闻臭味。下颌淋巴结肿胀，有的伴发轻度体温升高。

1. 溃疡性口炎 是口腔疾病最常见的一种，常并发或继发于全身性疾病，是口炎加重的表现。如继发于猫病毒性鼻气管炎时，在舌、硬腭、齿龈、颊等处黏膜，迅速形成广泛性、浅在性溃疡病灶。初期多分泌透明状唾液，随病势发展，分泌黏稠而呈褐色或带血色唾液，并有难闻臭味，口鼻周围和前肢附有上述分泌物。主要表现口腔黏膜下层有透明的浆液蓄留形成水疱性口炎。口腔黏膜上散在小米粒乃至黄豆大小水疱，水疱破裂后形成溃疡面。

齿龈和颊黏膜坏死和溃疡，并呈现蔓延倾向，但不形成假膜。围绕着门齿、犬齿的齿颈周围，主要在牙缝中，牙龈呈暗红色乃至蓝红色肿胀，疼痛，易出血，1~2d后变成黄色或黄绿色糊样油脂状。坏死组织脱落后，产生溃疡，并逐渐融合成溃疡面。齿颈暴露，牙齿松动。相继齿、颊黏膜溃疡。口腔气味呈臭味，流涎，排出恶臭的组织碎片和血丝。病犬伴有发热等全身性症状。

2. 坏死性口炎 除黏膜有大量坏死组织外，其溃疡面覆盖有污秽的灰黄色油状伪膜。

3. 真菌性口炎 是一种特殊类型的溃疡性口炎，其特征是口黏膜呈白色或灰色并略高于周围组织的斑点，病灶的周围潮红，表面覆有白色坚韧的被膜。常发生于长期或大剂量使用广谱抗生素病史的犬、猫。

4. 水疱性口炎 多伴有全身性疾病，如犬瘟热、营养不良等，口黏膜出现小水疱，逐渐发展成鲜红色溃疡面，其病灶界限清楚。猫患本病时，在其口角也出现明显病变。

【诊断】根据口腔黏膜炎性症状进行诊断。对真菌性口炎和细菌感染性口炎，可通过病料分离培养来确诊。

【治疗】首先排除病因和加强护理。应给予清洁的饮水，补充足够B族维生素。饲喂富有营养的牛奶、鱼汤、肉汤等流质或柔软食物，减少对患部口腔黏膜的刺激。必要时在全身麻醉后进行检查，如除去异物、修整或拔除病齿。继发性口炎应积极治疗原发病。细菌性口炎，应选择有效的抗生素进行治疗，如口服或肌肉注射青霉素、氨苄青霉素、头孢菌素、喹诺酮类药物等。局部病灶可用0.1%高锰酸钾溶液或2%~3%硼酸溶液、2%明矾溶液冲洗口腔，1~2次/d。口腔黏膜、牙龈、颊黏膜涂布碘甘油（碘酊10：甘油9）。口腔分泌物过多时，也可选用3%双氧水或1%明矾溶液冲洗。对口腔溃疡面涂擦5%碘甘油。久治不愈的溃疡，可涂擦5%~10%硝酸银溶液，进行腐蚀，促进其愈合。病重不能进食时，应进行静脉输注葡萄糖、复方氨基酸等制剂维持治疗。为了增强黏膜抵抗力，可应用维生素A。

咽炎 （pharyngitis）

咽炎指咽黏膜和黏膜下组织的炎症，以吞咽障碍、咽部肿胀、局部敏感和流涎为特征。

【病因】原发性咽炎多因机械性、化学性和温热性刺激所引起。如粗硬的食物、热食、刺激性气体和强烈的刺激性药物等。受寒感冒和过度疲劳，是诱发咽炎的主要因素。在机体抵抗力降低的情况下，上呼吸道（特别是咽部）的常在微生物（葡萄球菌、链球菌、大肠杆菌等）大量繁殖，发生致病作用，可引起咽炎。

继发性咽炎常见于流感、狂犬病、犬瘟热、钩端螺旋体病、传染性肝炎、脓毒血症的经过中。此外，咽部邻近器官（鼻、喉、口、食道）的炎症也可蔓延至咽黏膜而引起咽炎。

【症状】

1. 急性咽炎 全身症状明显，表现精神沉郁、食欲废绝、体温升高（40℃以上）、吞咽困难和流涎等。触诊咽部，病犬表现敏感、躲避、摇头，颌下、咽背和咽淋巴结肿胀。人工诱咳阳性。

2. 慢性咽炎 发展缓慢，有发作性咳嗽，吞咽障碍，饮水和食物有时从鼻孔流出。颌下淋巴结轻度肿胀。

【诊断】根据临床症状及咽部检查可以确诊。临床上需与咽部异物、咽腔肿瘤、腮腺炎等疾病进行鉴别。

【治疗】应消除病因，加强护理，给予柔软易消化的流质食物，如牛奶、生鸡蛋、米粥或肉汤等，多饮水。在发病初期，可用复方醋酸铅溶液在颈部冷敷，3～4次/d，经2～3d后改用20%硫酸镁溶液温敷，控制炎症发展。严重咽炎，应进行禁食，可静脉注射磺胺甲基嘧啶，肌肉注射青霉素、链霉素或卡那霉素，20%～25%葡萄糖注射液50～100mL。洗涤咽腔，可用0.1%高锰酸钾溶液、3%明矾溶液、2%硼酸溶液等，然后涂布碘甘油或鞣酸甘油等。

唾液腺炎（saloadenitis）

唾液腺炎指唾液腺及其导管的炎症。唾液腺包括腮腺（耳下腺）、颌下腺、舌下腺和颧腺。最常见的是腮腺炎，有时呈地方性流行。按其经过可分为急性或慢性；按其病性可分为实质性、间质性、化脓性；按病原可分为原发性与继发性。犬的唾液腺炎多为继发性。

【病因】原发性唾液腺炎通常由于唾液腺或其邻近组织的创伤或感染所致，如犬之间的咬伤、外伤、鱼钩刺伤等；继发性唾液腺炎可继发于咽炎、喉炎、口炎、唾液腺结石以及犬瘟热、传染性胸膜肺炎等疾病。

【症状】

1. 急性实质性腮腺炎 腮腺肿大，触诊腺体较坚实，并有热痛。病犬头颈伸直，向两侧活动受到限制，如一侧腮腺炎症，即见头颈向健侧歪斜，体温可能升高。采食困难，咀嚼迟缓，唾液分泌增加，不断流涎，特别是采食和咀嚼时。如继发咽炎，则吞咽发生障碍。

2. 化脓性腮腺炎 除具有上述症状外，于腮腺区有水肿性肿胀，并可能扩展于颈部及下颌，几天后形成脓肿，触诊有波动；脓肿破溃后形成瘘管，向外流出混有脓汁的唾液。

3. 慢性间质性腮腺炎 较为少见，除具有局部的硬肿外，通常无发热症状，局部疼痛亦不明显。

4. 颌下腺炎 常伴有下颌间隙蜂窝织炎，病犬头颈伸直，咀嚼迟缓，流涎。口腔黏膜充血、肿胀。颌下腺常形成脓肿，破溃后脓汁可从口内或破溃处向外流出。

【治疗】早期消除或缓解炎症，全身投给抗生素，可注射氨苄青霉素，或注射或口服其他抗生素等。唾液腺炎初期，可用热水袋或50%酒精湿敷。在未形成脓肿时，可应用热敷或涂擦促进吸收的药物，已形成脓肿时及时切开排脓。

犬、猫牙结石和牙周病

犬、猫牙结石主要是由于食物残渣和细菌分泌物沉积附着在牙齿周围的一种病症；牙周病是牙周膜及其周围组织一种急性或慢性炎症，此病以齿槽骨被吸收、牙齿松动、齿龈萎缩为特征。

本病多发生于老龄犬、猫，通常为广泛性发生，有时也可局限于某个或几个牙齿。

【病因】犬、猫长期摄食流质或松软的食物，食物的残渣附着在牙齿和齿龈上，口腔细菌在此繁殖，引起发炎，这样进一步加剧了食物在牙周的沉积，时间久了，即形成牙结石。结石的存在，刺激牙龈，造成牙龈炎，严重即引起牙周疾病。

犬、猫的齿态、齿位不正，下颌功能不全、咀嚼乏力等也是造成牙周疾病的因素。

饲料中矿物质含量或比例不当，尤其是钙不足或钙、磷比例不当，也是造成犬、猫牙齿疾病的因素。犬、猫的某些全身性疾病，如糖尿病、甲亢等也可以引起牙齿疾病。

【发病机理】由于食物残渣和细菌分泌物在牙齿周围黏附沉积，形成牙垢或牙石，牙垢或牙石逐渐向下扩展至齿槽，刺激牙龈，造成牙龈充血、肿胀、出血等，致使牙龈边缘远离齿颈，造成食物滞留于牙垢与齿龈边缘之间，产生发酵和腐败，齿颈周围组织进一步感染发炎，形成化脓，使牙齿松动，牙周膜或周围齿龈部分组织或全部脱落。

【症状】病初对犬、猫的影响不大，主要表现为采食小心，不敢或不愿采食过硬或过热的食物，喜食柔软或流质食物。严重病例表现为口臭、流涎，有食欲但不敢采食，或在采食过程中突然停止。严重病例可以发生抽搐或痉挛，有的转圈或摔倒，抗拒检查。打开口腔检查，可以发现病犬或病猫有黄色或黄褐色结石附着在牙齿上，一般臼齿多发。发病初期，轻轻触及患牙即表现明显的疼痛，当牙齿松动时，疼痛减轻。牙龈容易出血。如感染化脓，轻轻挤压即可排出脓汁。

【诊断】根据病史和临床症状，即可确诊该病。

【治疗】

1. 除去病因，消毒口腔 在全身麻醉下彻底清除牙垢和牙石，但注意不要损伤周围软组织及牙齿釉质层。拔去严重松动的牙齿或病齿，拔去牙齿时可能会出血较多，因此应充分止血。之后，应用盐水冲洗，清理口腔，用碘甘油、1%龙胆紫药水等消毒口腔。在清洗或消毒口腔过程中，应让患犬或患猫的头部低于后躯，以防止麻醉状态下，液体流入气管。

2. 控制感染，抗菌消炎 选用广谱抗生素如阿莫西林、罗红霉素、阿莫西林克拉维酸钾片等口服，也可口服增效联磺片或四环素等药物。肌肉注射或静脉注射可以选用广谱青霉素类，如氨苄青霉素或头孢菌素，也可以应用喹诺酮类药物肌肉注射。在抗菌消炎过程中也可以配合皮质类固醇药物进行治疗。

3. 支持疗法 清理牙石治疗以后一段时间内，有些病例仍然不敢进食，或进食很少，这时应静脉补液，并口服或肌肉注射复合维生素 B 等制剂。也可以给予犬、猫用浓缩营养膏或专用处方罐头，或自制的稀软流质食物。

【预防】训练犬、猫吃颗粒饲料，减少罐头或流质食物的用量。定期检查并及时消除牙垢和牙石。如有可能，定期为犬、猫刷牙。此外，也可以给犬橡胶玩具或骨头啃咬，以便锻炼牙齿，清除牙垢。

胃扭转-扩张综合征（gastric dilatation-volvulus syndrome）

胃扭转是指胃幽门部从右侧转向左侧，并被挤压于肝脏、食道的末端和胃底之间，导致胃内容物不能后送的疾病。胃扭转之后，由于胃内气体排出困难，很快发生胃扩张，因此称之为胃扭转-扩张综合征。非完全性胃扭转可能不发生胃扩张，或发生轻度胃扩张。本病多发于大型犬和胸部狭长的犬，如大丹犬、圣伯纳德犬、笃宾犬和拳师犬等。

【病因】关于该病的病因，目前还不十分清楚，但是可以肯定犬的品种、饲养管理和环境因素等与本病的发生密切相关。其中饲养管理不当是本病发生的重要原因。胃内食糜胀满、饲料质量不良，或过于稀薄，吃食过快，每日只喂1次，食后剧烈运动、打滚、马上训练、配种、狩猎、玩耍等可促使该病发生。其他因素，如胃肠功能差，胆小恐惧的犬，或脾肿大、胃韧带松弛、应激等均为诱发因素。

【症状】原发性急性胃扩张多在采食后或经过3~5h突然发病，继发性的一般有原发病表现，以后才出现胃扩张的症状。急性胃扩张的症状主要表现为：患犬突然表现腹痛，表情淡漠，呆立或起卧滚转，行动僵硬、不食。由于胃扭转时，胃贲门和幽门都闭塞。腹壁膨胀，叩诊呈鼓音或金属音。腹部触诊可摸到球状囊袋，急剧冲击胃下部，可听到拍水音。病犬呼吸困难，脉搏频数。严重者会很快死亡。

【诊断】根据临床症状进行诊断。胃扭转时胃导管插入困难，无法缓解胃扩张的状态。继发胃扩张时，X线片显示胃内充满气体，体积增大，胃膨胀呈球形。但注意应与下列疾病鉴别：

单纯性胃扩张：胃导管可顺利插入胃内。

脾扭转：触诊腹部，脾脏位置有较大的改变，腹部不膨胀。

肠扭转：胃导管能插入胃内，但腹部胀满不能减轻，病犬仍然痛苦难忍。X线检查可发现有局限性气肠，而胃内没有气体。

【防治】治疗原则是制酵减压、镇痛解痉、强心补液和手术治疗。

先放出胃内气体，在胃扩张最高处穿刺放气，速度尽量缓慢，以减轻腹压。然后麻醉，试插胃导管，进行X线拍片，确定病性和决定是否需要马上手术。同时立即输液，以保证血压，防止休克。静脉输液用林格氏液，每千克体重50~100mL，全身应用广谱抗生素。

手术矫正胃扭转和防止复发：严重的胃扭转病例必须马上进行手术，在麻醉状态下，手术切开腹壁（剑状软骨到脐的后方），将扭转的胃整复到正常的位置，如胃整复困难，应再先行放气，然后再进行整复。期间用插入的胃导管将胃内容物吸出或洗出来，必要时行胃切开术，取出胃内食物，然后清洗、缝合胃壁。扭转的胃被整复以后，为防止再次复发，可将胃壁固定到腹壁上。这种手术比较容易做，但是患犬术后仍会休克、出血或心衰死亡。

手术之后，患犬的恢复是缓慢的，手术后的前3d很重要，应密切观察。手术后1周内，要持续静脉输液，这样可以保持体内酸碱平衡、电解质平衡，常用的输液药物有林格氏液、乳酸林氏液、糖盐水、复方氨基酸、ATP、CoA、维生素C、碳酸氢钠等。常用的抗生素有头孢类、喹诺酮类等药物。

手术后5d，应给予少量易消化的流质食物，7d后逐渐过渡到正常食物。喂量应少给，多次喂给。手术恢复期，应严格限制犬的锻炼。

胃肠炎（gastro-enteritis）

胃肠炎是胃黏膜和肠黏膜的急性和慢性炎症的总称。

【病因】胃肠炎的发病原因较多，根据分型有以下主要原因：

（1）病毒性胃肠炎：见于犬瘟热、犬细小病毒病、犬猫冠状病毒病、猫泛白细胞减少病等表现的胃肠炎。

（2）细菌性胃肠炎：见于大肠杆菌、沙门菌、耶尔森菌、毛样产芽胞杆菌、空肠弯曲杆菌、梭菌等引起的胃肠炎。

（3）真菌性胃肠炎：见于组织胞浆菌、藻状菌、曲霉菌、白色念珠菌等引起的胃肠炎。

（4）寄生虫性胃肠炎：见于鞭毛虫、球虫、弓形虫、蛔虫、钩虫等引起的胃肠炎。

（5）采食异物：包装物、塑料、小玩具等，被污染或腐败变质的食物、刺激性化学物质、清洁剂、毒物或药物等，某些重金属中毒，食物过敏或某些变态反应等，都能引起胃肠炎。

（6）滥用抗生素改变胃肠道的微生物区系，或出现耐药性菌株而引发的胃肠炎。

（7）肝脏和胰腺长期机能降低。

【症状】胃肠炎症状按病程或病因临床表现多种多样，因此它们的症状也各有区别。

按病程分为急性和慢性胃肠炎。急性胃肠炎最主要是发病快，表现为腹泻，胃、十二指肠炎或严重的小肠炎，都能引起呕吐。大肠炎，尤其是后段大肠炎时，常呈现里急后重。胃肠炎时排的粪便有水样便、稀软便、胶冻状便、棕色便或带血便等，有的粪便有难闻的臭味。腹泻和呕吐常引起犬、猫机体脱水、电解质丢失、碱中毒（以呕吐为主）或酸中毒（以腹泻为主）。犬、猫慢性胃肠炎时，由于反复腹泻或呕吐，表现营养不良、消瘦，腹围缩小。慢性大肠炎时，其粪便中含有多量黏液。

按病因分犬、猫胃肠炎有：由病毒、细菌、真菌和寄生虫等引起的胃肠炎，常出现精神不振，体温升高，食欲减退或废绝，呕吐或腹泻，迅速消瘦。急性胃肠炎有弓背不安等腹痛表现，触摸腹部敏感紧张。犬出血性胃肠炎可能是梭菌内毒素引起的变态反应，2～4岁的观赏小型犬多发，通常是发生剧烈呕吐，严重血样腹泻，迅速脱水而休克。酸性粒细胞性肠炎可能是饮食抗原性食物或寄生虫移行引起的，表现为间歇性呕吐，有时有血样物，腹泻粪便为棕黑色或血便，腹部触摸肠襻增厚和淋巴结增大。血液检验酸性粒细胞增多，肠壁组织切片检查，可显示出含有多量酸性粒细胞。

犬细小病毒病、犬瘟热、冠状病毒病、毛样产芽胞杆菌病、空肠弯曲杆菌病、钩虫病、鞭虫病、球虫病、酸性粒细胞性肠炎等也排血样粪便，应注意鉴别。

【防治】

除去病因。细菌性胃肠炎需用抗生素或磺胺类治疗；病毒性胃肠炎需用抗病毒药物，并用抗生素防止细菌继发感染；真菌性肠炎用防治真菌病药物；寄生虫性胃肠炎用驱虫药等。

胃肠炎由于呕吐和腹泻，机体需补充水分、电解质和纠正酸碱平衡失调。

脱水量估计：临床上估计犬、猫脱水量主要从精神状态、皮肤弹性、黏膜干燥、眼窝下陷和毛细血管再充盈时间（正常为1.3s）等来判断（表11-1）。

表11-1 犬、猫脱水程度的临床判断

脱水程度	体重减少（%）	精神状态	皮肤弹性实验持续时间（s）	口腔黏膜	眼窝下陷	毛细血管再充盈时间（s）	每千克体重需补充溶液的量（mL）
轻度	5～8	稍差	2～4	轻度干涩	不明显	稍延长	30～50
中度	8～10	差，喜卧少动	6～10	干涩	轻微	延长	50～80
重度	10～12	极差，不能站	20～45	极干涩	明显	超过3s	80～120

确定脱水量时，应在4～6h内，通过饮喂、静脉输液、灌服或灌肠补上。静脉补液速度，开始大型犬90滴/min，猫和小型犬50滴/min，待症状改善后，改成减半速度输注。补齐后的继续丢失，采取丢多少补多少，再加上犬、猫每天每千克体重需60mL水分的原则补充。为了防止内毒素血症，严重胃肠炎静脉输液时，液体里可加入地塞米松每千克体重

0.5~1.0mg，1~2次/d。

丢失电解质的补充：胃肠炎引起的呕吐和腹泻，主要丢失的电解质是钠、氯和钾。补充钠和氯最好用等渗的林格氏液和生理盐水，补充钾可在每升等渗液体里加入0.7~1.5g（10~20μmol/L）氯化钾，肾功能正常能排尿的犬、猫，才能补钾。也可用口服补液盐来补充钠、氯和钾，方法为口服或灌肠。纠正酸碱平衡失调，严重呕吐引起代谢性碱中毒，并有低钾血、氯血和钠血，用加入氯化钾的生理盐水治疗较好。严重腹泻常引起代谢性酸中毒，除补充液体外，需补充碳酸氢钠或乳酸钠。对腹泻酸中毒，建议每千克体重用5%碳酸氢钠溶液1~3mL，或11.2%乳酸钠溶液0.5~1.5mL，先静脉输入1/3，另2/3缓慢输入。

变态反应引起的胃肠炎，每千克体重强的松龙1~2mg/d，口服，如果无效，需加大剂量。当症状好转后，改为每千克体重0.5mg/d，用5~7d。再后每千克体重0.25~0.50mg，隔天1次，连用10~14d。用强的松龙期间，可同时应用抗生素。应用强的松龙无效或有较大副作用时，改用免疫抑制药物硫唑嘌呤，口服，每千克体重2mg，维持剂量为0.5~1.0mg，隔天1次。

急性胃肠炎需减少饮食，甚至绝食12~48h。呕吐和腹泻停止后，可给少量易消化吸收的食物，如米汤、羔羊肉、酸奶等，3~6次/d，再过2~3d，才给予正常饮食。

便秘（constipation）

便秘是肠道内容物留滞于肠道某段部位，并逐渐变干、变硬，使肠道扩张及完全阻塞。内容物长时间停滞时，所含蛋白质发酵产生毒性物质，被机体吸收，引起自体中毒。本病多发于老龄犬、猫。

【病因】引起便秘的原因很多，主要见于以下几个方面：

1. 食物源性　长期饲喂干性物质，饮水过少，饲喂大量的骨头等使肠道内容物不易移动而引起便秘。

2. 肠道刺激不足　长期摄食不足，对肠道的机械性和化学性刺激不足，肠蠕动减缓引起。

3. 排便动力不足　腰腹部肌肉损伤，腹膜炎，脊髓炎，脊椎骨折或佝偻病，支配排便的神经异常，后躯麻痹等均可引起便秘。

4. 直肠和肛门疾病　直肠炎、肛门溃疡等使肛门括约肌痉挛，引起便秘。

5. 内分泌紊乱　甲状旁腺功能亢进和甲状腺功能减退引起结肠功能减退。

6. 医源性　如阿托品药物的应用。

【症状】主要表现为排便不畅、食欲不振或废绝、持续性呕吐、腹痛，听诊肠音减弱或消失，触诊有压痛和硬的粪块。轻者反复努责并排除少量的粪结。另外，还伴有脱水和休克症状。

【诊断】根据症状和病史可确诊。

【治疗】轻度和早期病例，腹部触压积结的粪便并将其捏碎。用液体石蜡、肥皂水灌肠；也可灌服硫酸镁10~20g，常水100~200mL。病程较长的，药物治疗无效时，可进行剖腹手术排便。对继发性病例应同时治疗原发病。

肠梗阻 (intestinal obstruction)

肠梗阻是局部肠段被毛球、粪便、纠结的线虫、吞下的绳索、异物以及肿瘤等阻塞使内容物不能通过而引起，多发生于回肠段。

【病因】肠内异物、肠道寄生虫、肠套叠、肠嵌闭、肠扭转、肠道粘连、肠道肿瘤等能够机械性的引起肠梗阻。肠系膜动脉或静脉栓塞、肠道神经紊乱、肠麻痹、肠道运动肌的紊乱等可引起肠梗阻。

【症状】呕吐，拱背，吊腹，精神沉郁，表情痛苦，口渴（脱水），呼吸和脉搏快等。时间稍长可引起肠穿孔、腹膜炎症状。

【诊断】根据症状，触诊腹部可能摸到梗阻的硬结，确诊需根据X光造影检查。

【防治】该病应手术治疗。通过手术去除阻塞物，当阻塞段发生坏死，应切除坏死部分肠段，进行肠管断端吻合术。对回肠肠腔狭窄而致病的，可做肠腔缩窄整复术。另外，应纠正水、电解质和酸碱平衡，应用抗生素控制感染。

肠套叠 (intestinal invagination)

肠套叠是指一段肠管及其附着的肠系膜套入到邻近一段肠腔内的肠变位。犬的肠套叠较多见，尤其幼犬发病率较高。多见于小肠下部套入结肠。因盲肠和结肠的肠系膜短，有时也发生盲肠套入结肠、十二指肠套入胃内。

【病因】主要由于过度活动和肠道的痉挛性蠕动所致。常见于犬细小病毒感染、犬瘟热、感冒、肠炎以及寄生虫等的刺激；食入大量食物或冷水时，肠内气体增加，刺激局部肠道而产生剧烈蠕动，引起近端肠道套入远端肠道；幼犬断乳后采食新的食物引起吸收不良等。反复剧烈呕吐、肠肿瘤和肠道局部增厚变形，也能引起肠套叠。

【症状】急性型表现为高位性肠阻塞症状，几天内即可死亡。慢性型可持续数周不等。肠套叠病犬主要表现为食欲不振、饮欲亢进、顽固性呕吐、黏液性血便、里急后重、腹痛、脱水等。腹部触诊有紧张感，右下腹部可触摸到坚实而有弹性似香肠样的套叠肠段，粗细为肠管的2倍左右。套入长度不等，个别犬套入部可突出肛门外，似直肠脱出。

【诊断】根据顽固性呕吐、无大便及腹部触诊有香肠样物，可疑似本病。X线检查，可见2倍肠管粗细的圆筒状软组织阴影，肠阻塞严重时，套叠部的肠壁间有气体阴影或出现双层结构。

注意与直肠脱鉴别。当肠道突出肛门外时，用钝性探子插入直肠和突出肠道之间进行探诊，肠套叠时，探子插入很深。

【防治】肠套叠初期，试用温肥皂水灌肠整复或腹壁触诊整复。有时用止痛药和麻醉药，也可使初期套叠自然复位。

症状明显的犬，应尽快施行剖腹手术整复，整复方法：一只手捏住套叠部肠管的最外层，另一只手靠近肠管嵌入端轻轻拉出，当套入过紧难以拉出时，可在套叠部最外层肠管浆膜的近端沿纵轴2~3个裂缝处按压和牵拉，便于复位。整复后，检查嵌入的肠段，对拉出5min后仍呈暗色或没有动脉搏动的肠段，应切除，实施断端吻合术。难以整复的肠套叠可直接切除。

对脱水的犬,要充分补液,有休克症状时可用氢化可的松每千克体重6～10mg,静脉注射。术后护理参照肠梗阻。

肛门囊炎(anal sac disease)

在肛门两侧稍下方,相当于时钟的4点和8点位置,各有一个囊,称做肛门囊。囊壁上有小的腺体,其分泌物分泌入囊内,然后经囊管排出。肛门囊炎是指肛门囊内的腺体分泌物储存于囊内,刺激黏膜面而引起的炎症。小型犬最易发生此病。

【病因】长期饲喂高脂食物,使粪便松软或变稀。肛门囊分泌过多分泌物,肛门括约肌机能不良,肛门囊管堵塞等,都能造成囊内分泌物滞留,引起炎症反应,如果发生细菌感染,囊内化脓,形成脓肿。

【症状】肛门囊肿胀,局部发痒,尤其是排粪便后,常在地面上摩擦肛门、舌舔肛门、追逐尾巴、或啃咬肛门区。用手触摸,肛门囊肿大发硬。肛门囊感染发炎后,由于疼痛不愿排粪,表现为里急后重,肛门区发生红肿,不愿让人触摸,休息时突然跳起像被针扎到一样,或者目不转睛地盯视肛门。肛门囊炎继续发展,成为脓肿,可自行破溃,形成瘘管,长期难以愈合。

【防治】

(1)当肛门囊管堵塞,排不出内容物时,戴上塑料或胶皮手套,食指插入肛门内,拇指在肛门外配合,用力挤出囊内滞留物。囊内滞留物恶臭异常,注意防止挤压出物喷射到脸上或身上。挤压干净后,可用0.1%高锰酸钾溶液洗净肛门,再涂红霉素软膏。以后经常反复挤压,排出囊内滞留物。

(2)发生肛门囊炎时,除反复挤压排出囊内滞留物外,还应口服或注射抗生素,即用抗菌药物与类固醇药物混合注射入肛门囊内,以氨苄青霉素或链霉素效果较好。

(3)肛门囊脓肿形成瘘管时,可先按一般化脓创治疗。如果难于治愈,或治愈后再复发,可考虑进行烧烙消毒或手术摘除肛门囊。

直肠脱(prolapse of rectum)

犬直肠脱是直肠部分向肛门外翻转脱出。直肠脱多见于4月龄以下的幼犬。

【病因】直肠脱最常见于消化道性犬瘟热肠炎、细小病毒性肠炎、直肠炎、直肠异物等刺激,导致犬严重腹泻和里急后重引起。尿结石、尿道阻塞、膀胱炎、难产和前列腺疾病等可导致犬努责排尿也能引起。另外,会阴疝和肛门外括约肌松弛,有时也可引起直肠脱出。

【症状】直肠部分或大部分经肛门脱出,可见一类似柱状物突出肛门外。脱出初期,直肠黏膜充血变红,具有光泽。随着脱出时间延长,黏膜变成暗红色,甚至近于黑色。脱出晚期,黏膜由于淤血水肿,发生溃疡和坏死。

【防治】确诊和除去病因是治疗直肠脱的主要方法。

直肠脱初期,脱出部分不多,水肿不严重,可直接推还纳入肛门。如果脱出的直肠水肿,不易送回时,可用1%明矾温水清洗,再用针尖反复扎刺水肿黏膜,轻轻挤压排出黏膜中的液体后，在黏膜上涂上石蜡油，再将脱出部分轻轻送还回去。直肠脱出部分送还回去后，再努责脱出或为了防止再脱出，可用荷包缝合法缝合肛门。缝线打结时不要过紧，留出小孔隙排粪。缝合线可保留 5～7d。术后给予流质食物，尽量减少努责。

若以上方法仍然不能治愈时，可考虑实施直肠固定术。

直肠黏膜大量坏死，难于再生时，需手术切除坏死组织，进行直肠修补术。

肝炎（hepatitis）

肝炎是肝实质细胞的急性或慢性炎症。急性肝炎是以不同程度的急性弥漫性变性、坏死和炎性细胞浸润为特征的肝脏疾病。慢性肝炎多由急性肝炎转化而来。任何品种和年龄的犬都可患肝炎。

【病因】 犬肝炎病因较多，常见的有以下几类：

(1) 病毒、细菌和寄生虫感染引起的肝炎：如犬传染性肝炎、犬细小病毒感染病、钩端螺旋体病、沙门菌病、大肠杆菌病、弓形虫病和华支睾吸虫病等均可引起。

(2) 中毒：各种体内外的有毒物质及化学药物，如苯妥英、扑痫酮、糖皮质激素、防腐剂和铜等，均可引起中毒性肝炎。

(3) 充血性心脏病、心力衰竭、胆管肿瘤和结石、自体免疫性疾病等，也都能引起肝炎。

【症状】 犬急性肝炎表现精神不振，食欲减少或废绝，体重减轻，饮欲增强，体温稍高，粪便灰白色恶臭，尿色变暗。齿龈或结膜黄染，肝区触压有疼痛反应。实验室检验可见，血清胆红素升高，丙氨酸氨基转移酶（ALT）、天门冬氨酸氨基转移酶（AST）或碱性磷酸酶（AKP）活性升高。

慢性肝炎常缺少特异性症状，一般表现食欲不振，有时呕吐、腹泻和便秘交替出现，逐渐消瘦。肝脏稍大，粪便色淡。转变为肝硬化时，出现腹水，肚腹增大。实验室检验可见血清白蛋白减少，血氨升高。死后剖检，出现脂肪肝。

【防治】 由病毒、细菌或寄生虫引起的肝炎，应针对病原采用相应的疗法；保肝利胆和解毒，静脉输注复方盐水、复方氨基酸，口服或肌肉注射复合维生素 B；饲喂高质量碳水化合物，易消化脂肪和维生素性食物。少喂蛋白质性食物，以减轻肝的负担。

胰腺炎（pancreatitis）

胰腺炎按病程可分为急性和慢性两种，犬发病率比猫高。多发生在中成年犬、猫，母犬、猫发病率比公犬、猫高，此病在犬、猫比较常见。其中急性胰腺炎是胰酶在胰腺内被激活后引起胰腺组织自身消化的化学性炎症。临床以急性腹痛、呕吐、发热、血和尿中淀粉酶含量增高为特点。慢性胰腺炎是指胰实质的反复性或持续性炎症，胰腺部分纤维化或钙化，腺泡萎缩，有不同程度的胰腺内分泌功能障碍，临床表现为不食、腹痛、腹泻、消瘦、黄疸等。

【病因】 引起急性胰腺炎的常见病因有胆管疾病、胰管阻塞、暴饮暴食、内分泌和代谢障碍、感染。

1. 胆管疾病 急性胰腺炎与胆管疾病关系密切，约有80%的胰管与胆总管汇合成共同通道开口于十二指肠壶腹部，下列因素可能与胆源性胰腺炎有关：胆石、蛔虫、胆管感染致壶腹部狭窄间或括约肌痉挛，胆管内压力超过胰管内压力（正常胰管内压高于胆管内压），造成胆汁逆流入胰管，胆盐改变胰管黏膜的完整性，使消化酶易于进入胰实质，引起急性胰腺炎。胆石移行中损伤胆总管、壶腹部或胆管炎症引起暂时性括约肌松弛，使富含肠激酶的十二指肠液反流入胰管，激活胰酶，引起急性胰腺炎。胆管炎症时细菌毒素、游离胆酸、非结合胆红素、溶血磷脂酰胆碱等，也可能通过胰管扩散到胰腺，激活胰酶，引起急性胰腺炎。

2. 胰管阻塞 胰管结石或蛔虫、胰管狭窄、肿瘤等均能引起胰管阻塞；当胰液分泌旺盛时胰管内压增高，使胰管小分支和胰腺泡破裂，胰液与消化酶渗入间质，引起胰腺炎。

3. 暴饮暴食 暴饮暴食使短时间内大量食糜进入十二指肠，刺激肠上皮乳头水肿，括约肌痉挛，引起大量胰液分泌。

4. 内分泌与代谢障碍 任何引起高钙血症的原因，如甲状旁腺肿瘤、维生素D过多等，均可产生胰管钙化，增加胰液分泌和促进胰蛋白酶原激活。高脂血症可使胰液内脂质沉着。有时糖尿病昏迷和尿毒症也可引发急性胰腺炎。

5. 感染 急性胰腺炎继发于急性传染性疾病者多数较轻，随感染痊愈而自行消退，如猫弓形虫病和猫传染性腹膜炎，可损害肝脏诱发胰腺炎。因此，猫肝脏疾病或胰腺炎有可能是弓形虫病或猫传染性腹膜炎的一个征兆。

6. 其他因素 如十二指肠溃疡、十二指肠憩室炎、血管性疾病及遗传因素等。

尽管胰腺炎病因很多，多数可找到致病因素，但仍有8%~25%的急性胰腺炎病因不明。

【发病机理】正常胰腺分泌的消化酶有两种形式：一种是有生物活性的酶，如淀粉酶、脂肪酶和核糖核酸酶等；另一种是以前体或酶原形式存在的无活性的酶，如胰蛋白酶原、糜蛋白酶原、前磷脂酶、前弹性蛋白酶、激肽释放酶原和前羟肽酶等。胰液进入十二指肠后，在肠激酶作用下，首先激活胰蛋白酶原，形成胰蛋白酶，胰蛋白酶启动各种酶原活化的级联，使各种胰消化酶原被激活，对食物进行消化。在正常情况下，胰腺血液循环充沛，合成的胰酶是无活性的酶原，酶原颗粒与细胞质是隔离的；胰腺腺泡的胰管内含有胰蛋白酶抑制物质，使胰腺分泌的各种酶原进入十二指肠前不致被激活，这是胰腺避免自身性消化的生理性防御机制。

胰腺在各种病因作用下，其自身防御机制中某些环节破坏后，引起胰腺分泌过度旺盛、胰液排泄障碍、胰腺血液循环紊乱与生理性胰蛋白酶抑制物质减少等，发生胰腺自身消化的连锁反应。其中起主要作用的活化酶有磷脂酶A、激肽释放酶或胰舒血管素、弹性蛋白酶和脂肪酶。磷脂酶A_2在小量胆酸参与下分解细胞膜的磷脂，产生溶血磷脂酰胆碱和溶血脑磷脂，其细胞毒作用引起胰实质凝固性坏死和脂肪组织坏死及溶血。激肽释放酶可使激肽酶原变为缓激肽和胰激肽，使血管舒张性和通透性增加，引起水肿和休克；弹性蛋白酶可溶解血管弹性纤维引起出血和形成血栓。脂肪酶参与胰腺及周围脂肪坏死和液化作用。上述消化酶共同作用，造成胰腺实质及邻近组织的病变，细胞的损伤和坏死又促使消化酶释出，形成恶性循环。消化酶和坏死组织液又可通过血液循环和淋巴管途径，输送到全身，引起多脏器损害，成为急性胰腺炎的多种并发症和致死原因。

慢性胰腺炎以胆管疾病（结石、炎症、蛔虫）的长期存在为主要原因，炎症感染或结石引起胆总管开口部或胰胆管交界处狭窄或梗阻，使胰管胰液流出受阻，胰管内压力增高，导致胰腺腺泡、胰腺小导管破裂，损伤胰腺组织及胰管系统。胆管疾病引起的慢性胰腺炎主要是胰头部增大，纤维化和阻塞性黄疸。急性胰腺炎、胰腺外伤和胰腺分裂也与慢性胰腺炎有关。代谢障碍如高钙血症、高脂血症、遗传因素、免疫疾病也可引发慢性胰腺炎。还有少数原因不明的特发性慢性胰腺炎。

【症状】突然发生腹痛、腹胀、呕吐、发热，持续发热1周以上不退或逐日升高，白细胞数量增多应怀疑有继发感染，如胰腺脓肿或胆管感染等；有极少数突然发生休克，甚至猝死。重症者尚有明显脱水与代谢性酸中毒，伴有血钾、血镁、血钙含量降低。其他还可出现呼吸困难、黏膜发绀、心力衰竭和心律失常。

慢性胰腺炎的病程很长，症状多而无特异性，典型病例可出现五联症：腹痛、胰腺钙化、胰腺假性囊肿、糖尿病及脂肪泻。同时具五联症者不多，临床上常以某一些症状为主要特征。临床表现为无症状期与症状轻重不等的发作期的交替出现，也可无明显症状而发展为胰腺功能不全的表现。

腹痛：是慢性胰腺炎最突出的症状，初为间歇性后转为持续性，进食时疼痛加剧。

胰腺功能不全：慢性胰腺炎的后期，可出现吸收不良综合征和糖尿病的表现。由于胰腺外分泌功能障碍引起腹胀、食欲减退、精神沉郁、消瘦、腹泻，甚至脂肪泻。常伴有维生素A、维生素D、维生素E、维生素K缺乏症，约半数的慢性胰腺炎病例可因胰腺内分泌功能不全发生糖尿病。

白细胞计数：多有白细胞增多及中性粒细胞核左移。

淀粉酶测定：血清淀粉酶含量在发病后6h开始升高，48h开始下降，持续3～5d。血清淀粉酶含量正常值，犬为185～700IU/L（30只），猫为502～1 843IU/L（30只），超过正常值5倍者可确诊为本病。淀粉酶的高低不一定反映病情轻重，出血坏死型胰腺炎淀粉酶值可正常或低于正常。其他急腹症如消化性溃疡穿孔、胆石症、胆囊炎、肠梗阻等都可有血清淀粉酶升高，但一般不超过正常值的2倍。尿淀粉酶含量升高较晚，在发病后12～14h开始升高，下降较慢，持续1～2周。

血清脂肪酶测定：血清脂肪酶含量常在病后24～72h开始上升，超过1.51U，持续7～10d。血清脂肪酶正常值，犬为0～2 581U/L（30只），猫为0～1 431U/L（30只）。此酶对病后就诊较晚的急性胰腺炎患犬有诊断价值，且特异性也较高。

生化检查：暂时性血糖含量升高常见，可能与胰岛素释放减少和胰升糖素释放增加有关。持久的空腹血糖含量高于10mmol/L反映胰腺坏死，预后严重。高胆红素血症可见于少数病犬，多于发病后4～7d恢复正常。血清天门冬酸氨基转移酶（AST）、乳酸脱氢酶（LDH）活性增加。暂时性低钙血症常见于急性胰腺炎，低血钙程度与临床严重程度平行，血钙含量低于1.75mmol/L以下见于出血坏死型胰腺炎。急性胰腺炎时可出现高甘油三酯血症。

B超检查：B超对胰腺肿大、脓肿及假性囊肿有诊断意义，亦可了解胆囊、胆管情况。

【病理变化】

1. 急性胰腺炎 病理变化一般分为两型：

（1）水肿型（间质型）：胰腺肿大、水肿、分叶模糊，质脆，胰腺周围有少量脂肪坏死。

组织间质水肿、充血和炎症细胞浸润，可见散在点状脂肪坏死，无明显胰实质坏死和出血。

（2）出血坏死型：胰腺红褐色或灰褐色，并有新鲜出血区，分叶结构消失。胰腺内及胰腺周围有较大范围的脂肪坏死灶和钙化斑。病程稍长者可并发脓肿、假性囊肿或瘘管形成。显微镜下胰腺组织的坏死主要为凝固性坏死，细胞结构消失，坏死灶周围有炎性细胞浸润。

2. 慢性胰腺炎 病变程度和范围可有较大不同。胰腺变硬，表面苍白呈不规则结节状。腺泡萎缩，有弥漫性纤维化或钙化。腺管有多发性狭窄和囊状扩张，管内有结石或钙化。腺管阻塞发生局灶性水肿、炎症和坏死，也可合并假性囊肿。胰岛亦可萎缩。慢性胰腺炎按病理形态、病因、临床表现等各有不同的分类方法。临床常分为慢性复发性胰腺炎和慢性无痛性胰腺炎，前者是指慢性胰腺炎呈反复急性发作，具有腹痛的特点，反复发作者胰腺遭受不同程度破坏，可出现脂肪泻和糖尿病。后者很少有发作性严重腹痛，而出现不同程度的胰腺内、外分泌功能不足，或发生胰腺假性囊肿，或有腹水，或有胰腺钙化。

【诊断】根据典型的临床表现和实验室检查，常可做出诊断。水肿型有剧烈而持续的腹痛、呕吐，轻度发热，腹部压痛，同时有血清和（或）尿淀粉酶显著升高，据此可以诊断。出血坏死型早期诊断有以下表现：腹痛，烦躁不安，四肢厥冷；呈休克症状时，血钙含量显著下降到2mmol/L以下；腹腔诊断性穿刺有高淀粉酶活性的腹水；血、尿淀粉酶含量突然下降；肠鸣音显著降低、肠胀气等麻痹性肠梗阻；正铁血白蛋白阳性；消化道大量出血；低氧血症；白细胞数$>18\times10^9$个/L及血尿素氮含量>14.3mmol/L，血糖含量>11.2mmol/L（无糖尿病史）。临床上应与下列疾病进行鉴别：

胃肠溃疡性穿孔：有较典型的溃疡病史，腹痛突然加剧，腹肌紧张，X线透视见膈下有游离气体等可供鉴别。

胆石症和急性胆囊炎：常有胆绞痛史，血及尿淀粉酶含量轻度升高。B超及X线胆管造影检查可明确诊断。

急性肠梗阻：腹痛为阵发性，腹胀，呕吐，肠鸣音亢进，食欲废绝。突然发病，心电图显示心肌梗死图像，血清心肌酶含量升高，血、尿淀粉酶含量正常。

慢性胰腺炎临床表现变化多无特异性，诊断有一定困难。有胆管疾病，出现持续性腹痛、体重减轻应疑及本病。结合实验室及影像学检查后才能确诊。传统的五联症可作为诊断依据，但同时具备五联症者并不多。

【防治】急性水肿型胰腺炎经3～5d连续治疗常可治愈。出血坏死型胰腺炎必须采取综合性措施治疗。慢性胰腺炎常用食物疗法和补充缺乏的胰酶来减轻临床症状。

减少胰腺分泌可采用禁食及胃肠减压以减少胃酸与食物刺激胰液分泌，并减轻呕吐和腹胀；H_2受体拮抗剂或质子泵抑制剂静脉给药，抑制胃酸分泌；胰升糖素、降钙素和生长抑素能抑制胰液分泌。

解痉镇痛，用阿托品或山莨菪碱（654-2合剂）肌肉注射，2次/d。

维持水、电解质平衡，保持血容量应积极补充体液及电解质（钾、钠、钙、镁离子等），维持有效血容量。禁食时静脉注射葡萄糖、复合氨基酸，维持营养和调理酸碱平衡。重型患病动物常有休克，应给予白蛋白、鲜血。并应早期给予营养支持治疗。

控制感染用抗菌药物，水肿型胰腺炎以化学性物质引起者，抗菌药物并非必要，但因多数急性胰腺炎与胆管疾病有关，故多应用抗菌药物。出血坏死型患者常有胰腺坏死组织继发感染或合并胆管系统感染，应及时、合理给予抗菌药物：选用氨苄青霉素、头孢菌素、喹诺酮类药物或保得胜、牧特灵等。克林霉素（氯洁霉素）0.6g/d，静脉滴注；头孢噻肟钠、头孢菌素、阿莫西林可作为二线药物选用。并应联合应用甲硝唑，对各种厌氧菌均有强大杀菌作用。

抑制胰酶活性，适用于出血坏死型胰腺炎的早期，如抑肽酶（aprotinin）可抗胰血管舒缓素，使缓激肽原不能变为缓激肽，尚可抑制蛋白酶、糜蛋白酶和血清素，20万～50万IU/d，分2次溶于葡萄糖液静脉滴注；氟尿嘧啶可抑制DNA和RNA合成，减少胰液分泌，对磷脂酶A和胰蛋白酶有抑制作用，500mg/d，加入5％葡萄糖液500mL，静脉滴注。

慢性胰腺炎治疗，包括去除病因，积极治疗胆管疾病。防止急性发作，常用食物疗法和补充缺乏的胰酶来减轻临床症状。给予低脂肪、高蛋白的易消化食物，避免饱食，应少食多餐，每天至少喂3次。治疗胰腺外分泌功能不全症状，可用足量的胰酶制剂替代，如胰酶及多酶片；防止胃酸影响胰酶活性，可用抗酸药或H_2受体拮抗剂抑制胃酸分泌。营养不良者注意补充营养、脂溶性维生素及维生素B_{12}、叶酸、铁剂、钙剂及多种微量元素。内科治疗无效者行手术治疗。胰腺炎并发糖尿病时多预后不良。

第二节 呼吸系统疾病

气管支气管炎（tracheobronchitis）

气管支气管炎又称上呼吸道感染，是指气管及支气管黏膜及其深层组织的炎症。按病程分为急性和慢性，按病原分为原发性和继发性。

【病因】原发性气管支气管炎是由于天气寒冷、气管或支气管内异物、烟雾或其他化学物质等因素作用的刺激结果。继发性气管支气管炎是由于：病毒感染，见于犬瘟病毒、副流感病毒、犬腺病毒、疱疹病毒和呼肠弧病毒等感染；细菌感染，见于支气管败血性波氏菌、假单胞菌、大肠杆菌、支原体和衣原体等，由病毒和支气管败血性波氏菌共同引起的幼犬咳嗽，称为"窝咳"；寄生虫感染，见于猫圆线虫、毛细线虫、类线虫等侵袭；继发于口咽疾病；过敏引起。

【症状】本病的主要特征是痉挛性咳嗽，在运动开始、早晨或环境改变时，咳嗽最严重，严重的病犬、猫可听到鼾声。支气管炎急性阶段，一般持续2～3d，咳嗽可持续2周，甚至2～3月。本病初期体温不高或略有升高，鼻有少量分泌物或没有，人工诱咳阳性。严重的并有病原微生物继发感染的气管和支气管炎，动物呈不同程度的精神沉郁，食欲减少或废绝。有痛性咳嗽或干呕，鼻孔流出透明的、黏黄的或脓性分泌物，扁桃腺和咽部同时发炎时，体温有升高表现。

胸部X线摄片显示支气管阴影清晰增强，尤其是慢性支气管炎时，支气管内有多量黏液。急性支气管炎时，白细胞数增多。

【诊断】根据本病的临床症状即可做出初步诊断，确诊需要结合实验室检验结果。

【治疗】

（1）置病犬、猫于温暖、卫生及湿润的地方，让它们有个好环境，以利于休息和痊愈。

（2）咳嗽严重时，可用镇咳药物可待因，犬每次口服15～30mg。氨茶碱，犬每千克体重10mg，2～3次/d；猫每千克体重5mg。也可口服沐舒坦糖浆或片剂。呼吸困难时，进行吸氧疗法或雾化疗法。

（3）抗生素治疗，如有细菌继发感染时，需结合抗菌药物治疗，如阿莫西林，犬、猫每千克体重11~22mg，2次/d，口服。或用阿莫西林克拉维酸钾，通常用5~7d或更长。

（4）不食或厌食犬、猫，可饲喂高营养或犬、猫喜欢吃的任何食物，必要时进行静脉输液，给予能量。

（5）怀疑是寄生虫引起时，应驱虫。过敏引起时，可应用抗过敏药物。

支气管肺炎（bronchopneumonia）

支气管肺炎又称卡他性肺炎、小叶性肺炎，是个别肺小叶或几个肺小叶的炎症，肺泡内充满脱落的上皮细胞、血浆和白细胞组成炎性渗出物，临床上以出现弛张热、呼吸困难、咳嗽、叩诊有散在的局灶性浊音区，听诊有啰音及捻发音为特征。一般老年、幼年犬、猫易发，春冬寒冷或气候易变季节多发。

【病因】

原发性支气管肺炎：由于不合理的饲养管理，如受凉、贼风侵袭、舍内潮湿诱发该病，或由于异物、呕吐物、刺激性物质吸入以及某些过敏性物质引发。

继发性支气管肺炎：常继发于某些传染病和寄生虫病，如犬瘟热、犬传染性支气管炎、链球菌病、放线菌病、诺卡菌病、弓形虫病、丝状线虫病、猫圆线虫病、并殖吸虫病等；也常继发于某些霉菌的侵袭，如隐球菌、组织胞浆菌、烟曲霉菌、球孢子菌等引起的霉菌性肺炎；也可继发于其他疾病，如某些过敏反应。

【症状】本病初期常有支气管炎和细支气管炎的症状。体温升高至40℃左右，也可能机体衰弱不表现发热。呼吸频率增加，节律改变，以腹式呼吸为主，阵发性咳嗽，流鼻涕，初为浆液性，后为黏液性或脓性。

听诊：病初肺泡呼吸音增强，有湿啰音及捻发音。随病程发展，肺泡呼吸音减弱直至消失。

叩诊：当病灶位于肺的表面时，可发现局灶性浊音区，在浊音区周围，可听到过清音。

血液学检验：白细胞总数及中性粒细胞总数增加，并出现核左移现象。变态反应引起的病例，则嗜酸性粒细胞增加。

【诊断】根据临床症状结合血液学检验可做出诊断，但可靠的诊断方法是X线摄片检查。在疾病初期，表现为肺纹理增多或局限于某局部肺的淡薄、均匀阴影。病中期，肺发生实变，则可见大片均匀致密的阴影。进入晚期，肺部阴影密度逐渐减低，变得透亮，只留散在的片状阴影或呈条索状。

【治疗】治疗原则为加强护理、抗菌消炎、止咳化痰，促进吸收与排除，对症治疗。治疗期间应加强营养，改善护理，尤其是保暖工作。

1. 抗菌消炎 全身用广谱抗生素，或根据药敏试验选择抗生素，如头孢类、喹诺酮类和大环内酯类。

2. 止咳化痰 用氯化铵、复方甘草合剂、强力枇杷止咳露或川贝口服液。

3. 制止渗出 可用10%葡萄糖酸钙溶液或5%氯化钙溶液及维生素C静脉注射。

4. 对症治疗 如呼吸困难时需输氧，一般用浓度为30%~50%氧气罩为最好的供氧方法。如呼吸急促需平喘时，可用麻黄碱肌肉或静脉注射；也可用95%酒精5~20mL，40%乌洛托品溶液5~10mL，毛花丙苷注射液0.2~0.8mg，5%氯化钙溶液2~5mL，25%葡萄糖溶液100~200mL，混合，缓慢静脉注射。

胸腔积液（pleural effusion）

胸腔积液是胸腔内积有多量液体，炎性或非炎性的浆液性液体在胸腔内滞留的病理过程，是其他器官或全身性疾病的一种症状，临床上以呼吸困难为主要特征。

【病因】心内膜炎、心功能不全、恶病质、低蛋白血症、胸腔内淋巴管扩张或断裂、肺脏的某些慢性疾病、静脉干受到压迫时，均可引起该病。慢性贫血、稀血症及长期的消耗性疾病也可引起胸腔积液。

【症状】主要表现为呼吸困难，呼吸急促。胸壁叩诊时两侧呈水平浊音，并随病犬体位的改变而变化。浊音区听不到肺泡音，有时可听到支气管呼吸音。常伴有腹水、心包积液和皮下水肿现象。

【诊断】根据全身症状、叩诊的水平浊音及X线检查，即可确诊。

【治疗】施行胸腔穿刺排除积液，并注入醋酸可的松或地塞米松，配合氨苄西林，结合肌肉注射广谱抗生素。

第三节 泌尿系统疾病

猫泌尿系统综合征（feline urologic syndrome）

猫泌尿系统综合征是由于结石、结晶等刺激，导致膀胱和尿道黏膜发炎，甚至造成尿道阻塞的一组症候群。多发生于1~6岁的猫，公、母猫均有发生，以长毛猫发病率最高，但尿道阻塞以公猫较常见，膀胱炎和尿道炎在母猫中多发。猫肾盂结石不常见。猫尿道结石90%以上是磷酸铵镁（鸟粪石），0.5%~3%的结石是尿酸盐和草酸盐，3%~5%是胶状物。

【病因】饮食中含镁量高或含碱过多，使尿液呈碱性，有利于尿结石形成。饲喂干食物，饮水少，排尿次数减少，尿液浓稠，尿中结晶或颗粒在膀胱和尿道中易形成和增大，从而形成尿道阻塞。细菌、病毒感染或膀胱炎和尿道炎时，产生的细胞碎片有利于尿结石的形成。活动少、去势、卵巢摘除、肥胖、气候寒冷等，也能诱发本病。

【症状】由于尿结石存在的部位、大小及能否造成阻塞程度不同，其表现也不同。病初常无明显症状，继续发展可引起膀胱炎或尿道炎，肾盂结石引起肾盂肾炎，随后尿道或输尿管发生不完全或完全阻塞。病程的不同阶段，临床表现可能有频尿、少尿、血尿和无尿。病猫精神抑郁，不停地踏步、嚎叫，频频舔生殖器。若发生尿道阻塞，病猫绝食、呕吐、脱水、电解质丢失和酸中毒。如果阻塞不能排除，常于3~5d虚脱休克而死亡。尿道阻塞时，腹部触诊，可感知膀胱饱满，有时膀胱破裂，腹腔积液。X线摄片，可见膀胱积尿扩大，内有结石或尿道内有结石。

实验室检验：尿素氮和肌酐升高，碳酸氢盐减少。尿pH呈碱性，尿中含有蛋白和潜血，尿沉渣中有鸟粪石结晶。

【防治】尿道阻塞或发病初期，可通过挤压膀胱，排除结石；也可用猫导尿管或细而钝的针头，插入尿道，用水冲洗，除去阻塞物。如果阻塞物不能排除时，膀胱积尿过多，可穿刺排尿，然后做尿道切开取出结石或造口术。适时地补充体液、电解质和纠正酸中毒。膀胱或肾盂有尿结石时，可用药物酸化尿液，使尿结石溶解。常用的酸化尿液药物有：蛋氨酸，0.5~0.8g/d；氯化铵，0.8~1.0g/d；或酸性磷酸钠，每千克体重40mg/d，拌食饲喂。每天在食物中加入0.5~1.0g食盐，使猫增加饮水和多排尿，也能减少尿结石的发生。

慢性肾衰竭（chronic renal failure）

慢性肾衰竭简称慢肾衰，是一个临床综合征。它在各种慢性肾实质疾病的基础上，缓慢地出现肾功能减退而至衰竭。肾脏有强大的储备能力，当肾小球滤过率（GFR）减少至正常的20%~35%时才发生氮质血症，为慢肾衰的早期，此时血肌酐含量已升高，但无临床症状。当肾单位进一步被破坏，GFR低至正常的10%~20%时，血肌酐含量显著升高（为200~250μmol/L），贫血，水电解质失调，并有轻度胃肠道、心血管系统症状，为肾衰竭期。尿毒症是慢肾衰的晚期，血肌酐含量>250μmol/L。

【病因】任何泌尿系统病变能破坏肾的正常结构和功能者，均可引起慢肾衰。如原发和继发性肾小球病、慢性间质性肾病、肾血管疾病和遗传性肾脏病等，都可发展至慢肾衰。急性肾衰竭也可发展为慢性肾衰竭。

【发病机理】慢肾衰发病机制复杂，目前尚未完全弄清楚，有下述主要学说。

1. 健存肾单位学说和矫枉失衡学说 肾实质疾病导致相当数量肾单位破坏，余下的健存肾单位为了代偿，必须增加工作量，以维持机体正常的需要。因而，每一个肾单位发生代偿性肥大，以便增强肾小球滤过功能和肾小管处理滤液的功能。如果肾实质疾病的破坏继续进行，健存肾单位越来越少，即使倾尽全力，也不能达到机体代谢的最低要求时，就发生肾衰竭，这就是健全肾单位学说。当发生肾衰竭时，就有一系列病态现象。为了矫正它，机体要作相应调整（即矫枉），但不可避免地发生新的失衡，使机体蒙受新的损害。举例说明：当健存肾单位有所减少，余下的每个肾单位排出磷的量代偿地增加，从整个肾来说，其排出磷酸的总量仍可基本正常，故血磷正常。但当后来健存肾单位减少至不能代偿时，血磷仍升高；动物为了矫正磷的潴留，甲状旁腺功能亢进，以促进肾排磷，这时高磷血症虽有所改善，但甲状旁腺功能亢进却引起了其他症状，如由于溶骨作用而发生广泛的纤维性骨炎及神经系统毒性作用等，给机体造成新的损害。矫枉失衡学说是健全肾单位学说的发展和补充。

2. 肾小球高滤过学说 当肾单位破坏至一定数量，余下的每个肾单位代谢废物的排泄负荷增加，因而代偿地发生肾小球毛细血管的高灌注、高压力和高滤过。这"三高"可引起：肾小球内皮细胞损伤，诱发血小板聚集，导致微血栓形成，损害肾小球而促进硬化；肾小球通透性增加，使蛋白尿增加而损伤肾小管间质。上述过程不断进行，形成恶性循环，使肾功能进一步恶化。这种恶性循环是一切慢性肾脏病发展至尿毒症的共同途径，而与肾实质疾病的破坏继续进行是两回事。肾小球高滤过是促使肾功能恶化的重要原因。

3. 肾小管高代谢学说 慢肾衰时，健存肾单位的肾小管呈代偿性高代谢状态，耗氧量增加，氧自由基产生增多，以及肾小管细胞产生铵显著增加，可引起肾小管损害、间质炎症及纤维化,以至肾单位功能丧失。现已明确,慢性肾衰竭的进展和肾小管间质损害的严重程度密切相关。

4. 其他 慢肾衰的进行性恶化机制与下述因素有关:在肾小球内"三高"情况下,肾组织内血管紧张素水平增高,转化生长因子β等生长因子表达增加,导致细胞外基质增多,而造成肾小球硬化;过多蛋白从肾小球滤出,引起肾小球高滤过率,而且近曲小管细胞通过胞饮作用将蛋白吸收后,引起肾小管和间质的损害,导致肾单位功能丧失;脂质代谢紊乱,低密度脂蛋白可刺激系膜细胞增生,继而发生肾小球硬化,促使肾功能恶化。

尿毒症各种症状的发生机制与水、电解质和酸碱平衡失调有关。由于绝大部分肾实质破坏,因而不能排泄多种代谢废物和不能降解某些内分泌激素,致使其积蓄在体内而起毒性作用,引起尿毒症。尿毒症毒素包括:小分子含氮物质,如胍类、尿素、尿酸、胺类和吲哚类等蛋白质的代谢废物;中分子毒性物质,包括血内潴留过多的激素(如甲状旁腺素等),正常代谢时产生的中分子产物,细胞代谢紊乱产生的多肽等;大分子毒性物质,由于肾降解能力下降,因而使激素、多肽和某些小分子蛋白积蓄,如胰升糖素、溶菌酶等。上述小、中、大分子物质,在血内水平过高,亦可能会有毒性作用,引起尿毒症的各种症状。此外,肾的内分泌功能障碍,也可产生某些尿毒症症状。

【症状】慢肾衰的早期,除氮质血症外,无临床症状,仅表现基础疾病的症状,到残余肾单位不能调节适应机体最低要求时,尿毒症症状才逐渐表现出来。

1. 水、电解质和酸碱平衡失调

(1) 钠、水平衡失调:慢肾衰时常有钠、水潴留。如果摄入过量的钠和水,易引起体液过多,发生水肿、高血压和心力衰竭。水肿时常有低钠血症,这是由于摄入水过多的结果(稀释性低钠血症)。慢肾衰很少有高钠血症。

(2) 钾平衡失调:慢肾衰时残余的每个肾单位的远端小管排钾都增加。此外,肠道也能增加钾的排泄。上述调节机制较强,故即使慢肾衰发展,大多数患者的血钾正常,一直到尿毒症时才会发生高钾血症。高钾血症可导致严重心律失常,心电图可见T波高尖、PR间期延长和ORS波增宽。

(3) 酸中毒:慢性肾衰时,磷酸、硫酸等酸性代谢产物因肾的排泄障碍而潴留,肾小管分泌氢离子的功能缺陷,因而造成血液阴离子增加,而血浆碱储(即二氧化碳结合力)下降可作为酸中毒的简便诊断指标。酸中毒是尿毒症最常见的死因之一。

(4) 钙和磷平衡失调:慢肾衰时血钙降低。由于肾组织不能生成 1,25 $(OH)_2VD_3$,因而钙从肠道吸收减少。同时,慢肾衰时血磷浓度升高,高磷血症可使血钙磷乘积升高($\geqslant 70$),使钙沉积于软组织,引起软组织钙化;血钙浓度进一步降低,血钙浓度下降刺激甲状旁腺素(PTH)分泌增加,而肾脏是PTH降解的主要场所,因而慢肾衰常有继发性甲状旁腺功能亢进。

2. 各系统症状

(1) 心肺血管系统症状:高血压多是由于钠、水潴留所致。清除钠、水潴留后,血压仍高者,很可能是由于肾素增高所致。高血压可引起左心室扩大、心力衰竭和加重肾损害。心力衰竭是常见死亡原因之一,多数与钠、水潴留及高血压有关。呼吸系统出现代谢性酸中毒,呼吸深而长。

(2) 血液系统表现:慢肾衰常有贫血,其主要原因是肾脏产生红细胞生成素(EPO)

减少。此外，铁的摄入减少，慢肾衰时红细胞生存时间缩短也会加重贫血。叶酸缺乏、体内缺乏蛋白质、尿毒症毒素对骨髓的抑制等，也是引起贫血的原因之一。白细胞减少，其吞噬和杀菌能力减弱，容易发生感染。

（3）食欲不振：食欲不振是慢肾衰的最早期表现，限制蛋白摄入量可有效减轻消化不良症状。

（4）肾性骨营养不良症：这是指尿毒症时骨骼改变的总称。常见有纤维性骨炎、肾性骨软化症、骨质疏松症和肾性骨硬化症。肾性骨营养不良症的病因为 1,25$(OH)_2VD_3$ 缺乏、继发性甲状旁腺功能亢进、营养不良。纤维性骨炎：由于继发性甲状旁腺功能亢进，使破骨细胞活性增强，引起骨盐溶化，骨质重吸收，骨基质破坏，而代以纤维组织，形成纤维性骨炎。X 线检查有纤维性骨炎的表现，最早见于末端指骨，可并发转移性钙化。肾性骨软化症：由于 1,25$(OH)_2VD_3$ 不足，使骨组织钙化障碍，血钙降低，甲状旁腺轻度增生，X 线检查有骨软化症的表现。骨质疏松症：由于代谢性酸中毒，需动员骨中的钙到体液中进行缓冲，导致骨质脱钙和骨质疏松症，X 线检查有骨质疏松症的表现。

（5）内分泌失调：慢肾衰时，内分泌功能可出现紊乱。血浆肾素正常或升高，血浆 1,25$(OH)_2VD_3$ 则降低，血浆红细胞生成素降低。肾脏是多种激素的降解场所，如胰岛素、胰升糖素及甲状旁腺素等，慢肾衰时其作用延长，易于并发感染。尿毒症动物易并发严重感染，为主要死因之一，这与机体免疫功能低下、白细胞减少、尿毒症毒素、酸中毒、营养不良等因素有关。

（6）尿液检查：尿量减少，尿呈酸性，尿密度偏低，尿钠浓度偏高，并出现蛋白质、红细胞、白细胞及各种管型。

（7）血液化验：白细胞总数增多，中性粒细胞比例偏高，血红蛋白降低，血液尿素氮、肌酐、尿素、磷酸盐、血清钾升高，血清钠和二氧化碳结合力降低。肾造影和 B 超也有助于肾衰竭的诊断。

【诊断】根据症状和实验室检查结果可做出诊断，有时需要和急性肾衰竭鉴别，对于慢肾衰动物，应尽可能地查出其原发疾病。

【治疗】

1. 延缓慢性肾衰竭的发展 应在慢肾衰的早期进行。

（1）饮食治疗：合适的日粮治疗方案，是治疗慢肾衰的重要措施，因为日粮控制可以缓解尿毒症症状，延缓肾单位的破坏速度。限制蛋白日粮，减少日粮中蛋白质含量使血尿素氮水平下降，尿毒症症状减轻。还有利于降低血磷和减轻酸中毒，因为摄入蛋白常伴有磷及其他无机酸离子的摄入。每天每千克体重给予 0.6g 的蛋白质尚可满足机体生理的基本需要，而不至于发生蛋白质营养不良。高热量摄入，摄入足量的碳水化合物和脂肪，以供给动物足够的热量，能减少蛋白质为提供热量而分解，故高热量日粮可使低蛋白饮食的氮得到充分的利用，减少体内蛋白库的消耗。钠的摄入，除有水肿、高血压和少尿者要限制食盐外，一般不宜加以严格限制。钾的摄入，只要每日尿量超过 1L，一般无需限制饮食中的钾。给予低磷饮食，每日不超过 600mg。有尿少、水肿、心力衰竭者，应严格控制进水量。使用上述饮食治疗方案，大多数患者尿毒症症状可获得改善。

（2）必需氨基酸的应用：静脉注射 18 种复合氨基酸可使尿毒症动物长期维持较好的营养状态。减少血中的尿素氮水平，改善尿毒症症状。

(3) 控制全身性和肾小球内高压：全身性高血压会促使肾小球硬化，故必须控制，首选 ACE 抑制剂或血管紧张素 Ⅱ 受体拮抗剂（如洛沙坦）。或选用依那普利，每日仅服 5～10mg。然而，在血肌酐含量＞250μmol/L 者，可能会引起肾功能急剧恶化，故应慎用。

2. 并发症的治疗

(1) 水、电解质失调：对存在钠、水平衡失调，没有水肿的动物，不需禁盐，低盐即可。有水肿者，应限制盐和水的摄入。如水肿较重，可试用呋塞米 20mg，3 次/d。对高钾血症，出现心电图高钾表现，甚至肌无力的动物，用 10% 葡萄糖酸钙 20mL，稀释后缓慢静脉注射；继之用 5% 碳酸氢钠 100mL 静脉推注。对存在代谢性酸中毒的动物，如酸中毒不严重，静脉注射碳酸氢钠 1～2g，2 次/d。有钙、磷平衡失调的动物，应于慢肾衰的早期防治高磷血症，积极使用肠道磷结合药，如口服碳酸钙 2g，3 次/d，既可降低血磷，又可供给钙，同时还可纠正酸中毒。在血磷不高时，血钙过低可口服葡萄糖酸钙 1g，3 次/d，维持血清磷、钙正常水平。

(2) 心肺血管系统：慢肾衰患者的高血压多数是容量依赖性。清除钠、水潴留后，血压可恢复正常。心力衰竭其治疗方法与一般心力衰竭的治疗相同，但疗效常不佳。特别应注意的是要强调清除钠、水潴留，使用较大剂量呋塞米。

(3) 血液系统：改善慢肾衰的贫血。在没有条件使用红细胞生成素（EPO）者，则应输血。EPO 治疗肾衰竭贫血，疗效显著。贫血改善后，心血管功能、精神状态和精力等均会改善。为使 EPO 充分发挥作用，应补足造血原料，如铁和叶酸。开始时，EPO 每次用量为每千克体重 5IU，每周用 3 次，皮下注射。每月查一次血红蛋白（Hb）和血细胞压积（PCV），如每月 Hb 增加少于 10g/L 或 PCV 少于 0.3，则需 EPO 的每次剂量增加至每千克体重 25IU，直至 Hb 上升至 120g/L 或 PCV 上升至 0.35。此时 EPO 剂量可逐渐减少。

(4) 肾性骨营养不良症：在慢肾衰早期注意纠正钙、磷平衡失调，可防止动物发生继发性甲状旁腺功能亢进和肾性骨营养不良症。骨化三醇的使用指征是肾性骨营养不良症，本药可使小肠吸收钙增加，调节骨质的钙化，对骨软化症疗效颇佳，对肾性骨营养不良症所伴发的肌性无力以及纤维性骨炎也有一定疗效。口服，0.25μg/d，在 2～4 周内按需要可增至 0.5～1μg。在治疗中，要密切监测血磷和血钙水平，防止钙、磷乘积＞70，以免发生异位钙化。

(5) 抗感染：尿毒症动物更易发生感染，可选用保得胜、牧特灵、拜有利或头孢菌素等抗菌药物，在疗效相近的情况下，应选用肾毒性最小的药物。

第四节　营养代谢性疾病

佝偻病与骨软病（rickets and osteomalacia）

佝偻病和骨软病是由于维生素 D 缺乏或钙、磷代谢障碍所致动物的骨营养不良综合征。食物中钙、磷不足或比例失调，或阳光照射不足，以及维生素 D 缺乏，引起的幼犬、猫骨组织钙化不全，骨质疏松、变形的疾病称为佝偻病（rickets）；如果发生在成年犬、猫，则称为骨软病（osteomalacia）。

【病因】食物中钙、磷不足或钙、磷比例失调是导致佝偻病或骨软病发生的重要原因之一。食物中理想的钙、磷比例，犬是 1.2～1.4：1，猫为 0.9～1：1，并应占饲料总成分的 0.3%。尤其要注意磷含量过多，如大量饲喂动物肝脏，引起的钙、磷失调。生、熟肉中含钙较少，且钙、磷比例为 1：20，所以用去骨骼的鱼或肉喂犬、猫时容易发生钙缺乏。生长发育期的幼龄犬、猫，妊娠和哺乳犬、猫对钙需要量大，如不注意钙的供给，也可发生钙缺乏。维生素 D 摄取不足或长期阳光照射不足，也影响钙的吸收。此外，小肠内 H^+ 浓度升高，由于酸性物质和钙生成不溶性的钙盐而导致钙不能吸收。饲料中金属离子（铁、镁、锶、锰、铝等）过剩，与磷酸根形成不溶性的磷酸盐复合物，影响钙、磷的吸收。锶过剩还能影响肾对维生素 D 的活化。慢性消化障碍及寄生虫病，食物中蛋白不足或锰含量过高，慢性维生素 A 中毒，慢性肾机能不全等，也能直接或间接影响钙、磷代谢，导致该病的发生。

【症状】本病在 1～3 月龄的幼犬容易发生。病初表现不明显，只呈现不爱活动，逐渐发展表现为关节肿胀，前肢腕关节变形、疼痛；四肢变形，呈 X 形（外弧）或 O 形（内弧）肢势。病犬喜卧、异嗜。病犬站立时，四肢不断交换负重，行走跛行。头骨、鼻骨肿胀，硬腭突出，牙齿发育不良，容易发生龋齿和脱落。肋骨扁平，胸廓狭窄。肋骨和肋软骨结合部呈念珠状肿胀，两侧肋弓外翘。异嗜及胃肠卡他，排绿便。有时不能站立，体温、脉搏、呼吸一般无变化。犬缺钙时，还常伴有甲状腺机能亢进。产后母犬缺钙，常于产后 10～20d 发生产后抽搐。

实验性饲喂低磷食物，能使青年犬发生磷缺乏，表现食欲减退，生长发育缓慢。成年犬出现骨质软化症状。犬食入过量的磷，还能引起钙缺乏的症状。

病犬血清检验，佝偻病表现低钙和低磷，碱性磷酸酶活性显著升高。骨软症表现低钙、高磷和碱性磷酸酶活性显著升高。

青年猫钙缺乏时，病初表面上看健康，随病势发展逐渐出现不爱活动，喜卧，讨厌人们触摸，最后表现跛行和轻瘫。严重缺钙的幼猫，腰荐部凹陷。X 射线检查：骨骼显出结构疏松，骨髓腔扩大，骨骺的骨小梁稀疏和粗糙。肩胛骨弯曲外展，形成翼状肩胛，骨骺和脊柱易发生骨折。猫食物中钙和磷比例失调，还有可能引起泌尿系统综合征。

【治疗】

1. 日光浴　尽量多晒太阳。

2. 给予维生素 D 制剂　可一次口服或肌肉注射维生素 D_3，每千克体重 1 500～3 000 IU/次。注意不要造成维生素 D 过剩。饲料中添加鱼肝油，用量为每千克体重 400IU/d。

3. 给予钙制剂　如骨粉、鱼粉等，每千克体重 0.5～5g，拌料饲喂。口服碳酸钙，每千克体重 1～2g，1 次/d；或内服乳酸钙，每次 0.5～2g。维生素 D_2 胶性钙注射液（骨化醇胶性钙注射液），每次 0.25 万～0.5 万 IU，肌肉或皮下注射。也可静脉注射 10%氯化钙或 10%葡萄糖酸钙液，犬 10～30mL，猫 5～15mL，注射时速度宜慢。

4. 其他　根据粪便检验结果，如发现寄生虫或虫卵时要驱虫。腹泻时给予健胃助消化药，同时应给予品质优良的蛋白饲料。

【预防】为了防止钙和磷比例不当，犬、猫每饲喂 100g 鲜肉，添加碳酸钙 0.5g；每 100mL 牛奶添加碳酸钙 0.15g。猫食物中添加 5%～10%骨粉，可满足猫对钙的需要量。另外，还可让患病犬、猫啃吃一些生骨头，这是一种较好的补钙和补磷方法，同时又能除去犬、猫齿垢，清洁牙齿。

母犬和幼犬低糖血症 (hypoglycemia in dogs)

低糖血症 (hypoglycemia) 是母犬产仔前后的应激和多胎胎儿对营养的过量需求，或产后大量哺乳发生的血糖降低性的代谢病，幼犬低糖血症是指生后至3月龄血糖含量过低的疾病。母犬低血糖症的主要临床特征是出现类似于产后缺钙的神经症状，幼犬低糖血症的主要表现是虚弱和不愿运动。

【病因】母犬怀仔多，产前、产后营养需要增加和泌乳过多，严重营养不良时发生低糖血症。胰岛素分泌过多、肾上腺皮质机能减退、脑垂体机能不全、恶病质等也可引起低血糖症。幼犬低糖血症是饥饿或因母犬产仔多，乳量少或质量差，仔犬受凉体温低于34.4℃时，体内消化吸收功能停止或败血症等所致。

【症状】母犬为表现肌肉痉挛，步态强拘，反射功能亢进，全身呈间歇性或强直性抽搐。体温升高达41~42℃，呼吸和脉搏加速。尿有酮臭味，酮体反应阳性。

幼犬初期精神不振，虚弱，不愿活动，步态不稳，嘶叫，心跳缓慢，呼吸窘迫。后期出现搐搦，很快陷入昏迷状态而死亡。

【治疗】

1. 母犬 静脉注射20%的葡萄糖溶液，每千克体重1.5mL；也可口服葡萄糖，每千克体重250mg，配合应用醋酸泼尼松，每千克体重0.2mg，皮下注射或口服。每3~4h静脉注射或口服葡萄糖，至临床症状消失为止。如果怀疑是产后缺钙搐搦症，也可在静脉注射葡萄糖的同时，加入10%葡萄糖酸钙10~30mL。

2. 幼犬 首先要注意保持体温正常，然后静脉注射10%葡萄糖，每千克体重10mL，同时让其多吃母乳或替代性乳制品。

低钙血性痉挛 (hypocalcemia spasm)

犬、猫低钙血性痉挛又称犬、猫分娩前后的搐搦症，是母犬、猫血钙降低后引起体温升高，呼吸急促，全身骨骼肌兴奋性增高，发生强直性和阵发性痉挛的严重营养代谢性疾病，多呈突然发作。本病主要发生于狮子犬、京巴、西施、贵宾犬、马尔济斯犬、波斯猫和土种猫。

【病因】激素分泌失调、低血糖和酮病可能与其有关。饲喂不当、营养缺乏、钙磷比例不适以及缺少适当的户外活动，都可能导致本病的发生。但妊娠和哺乳仍是母犬、猫血钙流失过多，动用储钙能力下降导致发病的主要原因。

产仔4~8只的多发，产后1周内发病少见，1~4周内最多，夜晚发病多，白天发病少。发病季节在1~3月较少，4~6月最多，7~8月降低，9~12月回升，即春、秋发病多，冬、夏发病少。犬第1胎发病者最多，第2胎次之，以后逐渐减少。但猫第3~5胎发病者居多。产仔数较多，一般产仔5~7只，体温升高至39.6~40.5℃多见，40.6~42℃少见，心率多数介于120~200次/min之间，呼吸频率介于100~150次/min之间，在饲养上，饲料单一，多数都是鸡肝、猪肝、脾脏或牛肝加稀饭。而喂肺、鱼的犬、猫，则未见有发生。这与肺、鱼中含钙量较大有关系。

【发病机理】犬、猫分娩前后搐搦症是一种以低钙血症为主的代谢病，其发病机理尚不十分清楚。临床上，产仔数多，泌乳量高的小型观赏犬、猫在春、秋发病率高就是佐证。一般说来，体型越小的犬、猫，产仔和哺乳仔犬、猫越多，血钙越易流失过多，在怀孕过程中，胎儿骨骼的形成和发育从母体摄取大量的钙，产后又随乳汁排出部分钙，在母体犬、猫的钙没有及时补充时，导致体内血中钙浓度下降，钙的代谢失衡，血检钙含量都低于60mg/L，引起神经肌肉的兴奋性增高，导致肌肉的强直性收缩，发生产后痉挛。其中钙的含量愈低，痉挛表现愈重，出现低钙血而发生本病。由于运动肌高度兴奋而产生大量热使体温升高。

【症状】犬、猫分娩前后搐搦症是母犬在哺乳期大量泌乳导致血液中钙相对降低，引起骨骼肌兴奋性增高，表现为震颤痉挛、抽搐、运动肌强直等一系列症状。根据病情轻重、缓急和病程长短分为急性和慢性。

急性型为产后4周内发病，突然发作，恐惧不安，全身肌肉间歇性或强直性痉挛。有的四肢僵硬，或呈现游泳状划动，张口喘气，口吐白沫；有的卧地不起，四肢抽搐、痉挛，呼吸急促，舌被咬破出血，流涎不止；有的心悸亢进，心率高达150次/min以上，体温在40℃以上，有的高达42℃以上。若不及时补钙，往往会窒息死亡。

慢性型食欲减少，不喜欢活动，后肢跳跃无力，步态僵硬，不安，呼吸频率逐渐加快，流涎；有的肌肉轻微震颤，张口喘气，乏食，嗜睡；有的伴有呕吐、拉稀症状，体温在38~39.5℃之间。血清钙测定，病犬血钙多数为41.0~59.9mg/L（正常值为93~117mg/L），患猫血清钙在为43~65mg/L（正常值为82.3±8.6mg/L）。

【诊断】根据犬、猫分娩前后血清钙测定结果，结合临床表现震颤痉挛、抽搐，骨骼肌强直，体温升高等可做出诊断。

犬、猫产后痉挛可能与破伤风混淆，一般来说，本病都呈急性发作，病势较剧烈，体温升高。但破伤风是逐渐发生的，特征是强直性痉挛，而且对静脉注射钙剂没有效应。与中暑、鼠药中毒和狂犬病等也相似，但从动物性别，是否哺乳，乳房充盈、体温、气候、发病经过可以诊断出来。中暑都发生在炎热夏天。狂犬病先是沉郁而后狂躁，且有攻击性。猫鼠药中毒则出现阵发性痉挛，并且体温比正常犬、猫低得多。

【治疗】补充钙制剂是本病的特效疗法。只要对症补给足量钙剂，都可迅速达到治疗目的。所用的处方为10%葡萄糖酸钙10~40mL，10%葡萄糖100~150mL，加入地塞米松磷酸钠2mg混合后静脉滴注。配合肌肉注射维丁胶性钙和维生素D_3 30万IU，口服钙片和鱼肝油丸2~4粒，钙片2~4片，连用10d，基本上都得到康复。对葡萄糖酸钙不能及时缓解症状的强直性痉挛的患犬、猫，皮下注射安定0.5mL，解除痉挛症状，再静脉滴注葡萄糖酸钙1次。一般情况之下，犬、猫的食欲、精神便能恢复正常，个别病例再次补钙后治愈。对食欲不佳、便秘者，用健胃药与助消化药，并口服果导片。同时注意饲料营养全面，不喂单一的脾脏、肝脏，可多喂一些猪肺、小鱼或钙片。

本病看起来是急症，但只要诊断准确，及时补充血钙可起到"药到病除"之功效。补钙量与补钙速度应结合病犬的病情、体质、体重和血清钙的下降指数进行。临床上，若犬体质好、病情急、体重大于5kg，补钙量为2~4g，速度为60~80滴/min。若犬体质差、病情慢、体重小于5kg，补钙量为1～2g，速度为30～50滴/min。确定个体犬补钙量的最可靠的依据是监测心脏和观察全身症状。若心律渐趋平缓，肌肉痉挛、呼吸困难等症状完全消失，则表示钙已足量；若症状只有缓解，并未完全消失，应再追加补钙量。为了加强补钙的疗效并防止复发，可减少或暂缓哺乳，加强母犬的营养，提高蛋白质和能量水平，如口服鱼肝油和钙片，肌脉注射维生素 D_3，适宜的户外活动有助于病情康复。

肥胖症（obesity）

肥胖症是指体内脂肪组织增加、过剩的状态，是由于机体的总能量摄取超过消耗，剩余部分以脂肪的形式蓄积，导致脂肪组织增加。犬、猫多数肥胖都是由于过食引起的，这是生活条件好的犬、猫最常见的营养性疾病，其发病率远远高于各种营养缺乏症。一般认为体重超过正常值的15%就是肥胖。在发达国家和地区有24%～44%的犬超重，而体重不足的瘦犬仅占2%～3%。猫的肥胖病过去统计占6%～12%，现在要更高。

【病因】引起犬、猫肥胖症的原因主要是能量的摄取超过消耗。在成年动物，摄取的能量每超过消耗量29.3～37.7kJ，体重就会增加1g，因此犬、猫摄食量仅比必需量增加1%，到中年就会超重25%。引起犬、猫肥胖症的因素比较多：营养过剩，因食品的适口性改善和自由采食法普及，结果造成采食量过多，再加上运动不足，是营养过剩的主要原因；与年龄、性别和品种有关，随着年龄的增大，越容易发生肥胖；雌性比雄性多发；内分泌机能紊乱，如绝育手术、垂体肿瘤、肾上腺机能亢进、胰岛素分泌过剩、下丘脑机能减退、甲状腺机能减退等都有可能导致肥胖；其他疾病，如患有呼吸道疾病、肾病和心脏病的犬、猫也容易肥胖；遗传因素，如肥胖症的犬、猫，其后代也易发生肥胖。

【症状】患肥胖症的犬、猫体态丰满，皮下脂肪丰富，用手不易触摸到肋骨，尾根两侧及腰部脂肪隆起，腹部下垂或增宽；食欲亢进或减少，不耐热，不爱活动，行动缓慢，动作不灵活，走路摇摆，易疲劳，易喘，容易发生关节炎、椎间盘病、膝关节前十字韧带断裂等骨关节病；患心脏病、高血压、脂肪肝、糖尿病、胰腺炎、脂溢性皮炎、便秘、肚胀、溃疡、繁殖障碍的可能性加大，麻醉和手术危险性增加；对传染病的抵抗力下降；寿命缩短。由内分泌和其他疾病引起的肥胖症，除上述肥胖的一般症状外，还有各种原发病的症状表现。如甲状腺机能减退和肾上腺皮质机能亢进引起的肥胖症有特征性的脱毛、掉皮屑和皮肤色素沉积等变化。患肥胖症的犬、猫血液胆固醇和血脂升高。

【治疗】肥胖症的防治应以预防为重点。在治疗方面可以采取以下措施：

1. 减食疗法 制定限制食物供给的计划，并得到所有相关人员的充分理解和全力配合。一要减少给食量和次数，可以每天饲喂平时量的60%～70%，分3次或4次定时定量饲喂。二要饲喂高纤维、低能量全价减肥处方食品，以每周减少体重的1%～2%为好。一旦体重达到标准体重，确定并供给必要的维持食量。

2. 运动疗法 每天进行有规律的中等强度的运动20～30min。

3. 药物减肥 可以使用缩胆囊素等食欲抑制剂、催吐剂、淀粉酶阻断剂等消化吸收抑制剂，使用甲状腺素、生长激素等提高代谢率。

【预防】防止发育期的动物肥胖是预防成年动物肥胖的最有效方法。防止减重成功后再复发肥胖。

高脂血症（hyperlipidemia）

高脂血症是指血液中脂类浓度过高。犬、猫血液中的脂类主要有 4 类：游离脂肪酸、磷脂、胆固醇和甘油三酯。血液中的脂类和蛋白质结合形成脂蛋白，由于密度不同，脂蛋白也分为 4 类：乳糜微粒（CM，富含外源性甘油三酯）、极低密度脂蛋白（VLDL，富含内源性甘油三酯）、低密度脂蛋白（LDL，富含胆固醇和甘油三酯）和高密度脂蛋白（HDL，富含胆固醇及其酯）。血液中的脂类，特别是胆固醇或甘油三酯及脂蛋白的浓度升高，就是高脂血症。

【病因】高脂血症的病因分为原发性和继发性两种。原发性高脂血症见于自发性高脂蛋白血症（多见于小型 Schnauzers 犬）、自发性高乳糜微粒血症（见于犬和猫）、自发性脂蛋白酯酶缺乏症和自发性高胆固醇血症（见于猫）。继发性高脂血症多由内分泌和代谢性疾病引起，常见于糖尿病、甲状腺机能降低、肾上腺皮质机能亢进、胰腺炎、胆汁阻塞、肝机能降低、肾病综合征等。另外，糖皮质激素和醋酸甲地孕酮（见于猫）也能诱导高脂血症。犬、猫采食后可产生一过性高脂血症。

【症状】

1. 自发性高脂蛋白血症 多发生在中老年小型 Schnauzers 犬，其他纯种和杂种犬也有发生。其病因能与家族遗传有关。临床表现腹痛、腹泻和骚动不安。血清呈乳白色，血脂变化特点为高甘油三酯血症，轻度高胆固醇血症，血清 CM、VLDL 和 LDL 浓度也升高。

2. 自发性高乳糜微粒血症 发生于猫和犬，病因不明，可能是脂蛋白酶活性低，不能分解甘油三酯和从血清中清除乳糜微粒，猫可能还与常染色体有关。猫患此症多数无临床症状，如果出现症状为外周神经病，表现为皮肤黄瘤、脂血性视网膜炎和眼色素层炎。腹部触诊可摸到内脏器官上有脂肪瘤。血清呈乳白色，血脂变化特点为高甘油三酯血症，血清 VLDL 轻度增多，胆固醇正常或微增多。犬患此病除无临床症状外，其他和猫基本相同。

3. 自发性高胆固醇溶血症 多发生在多伯曼和罗特维尔犬。病因不清，临床上除角膜脂肪营养不良外，无其他症状。血脂变化特点为高胆固醇血，血清 LDL 浓度也升高。

4. 继发性高脂血症 症状主要是原发病的表现。实验证明，犬、猫饥饿 12h，血浆或血清出现肉眼变化，如血清乳白色，即为血脂异常。血清甘油三酯大于 2.2mmol/L，可出现肉眼变化。脂血症是血液中甘油三酯浓度升高，同时 CM 和/或 VLDL 及胆固醇也增多。饥饿状态下成年犬血清胆固醇和甘油三酯分别超过 7.8mmol/L 和 1.65mmol/L，成年猫分别超过 5.2mmol/L 和 1.1mmol/L，即可诊断为高脂血症。高脂血症血清在冰箱放置过夜，如果是乳糜颗粒，在血清顶部形成一层奶油样层；如果是 VLDL，血清仍呈乳白色。单纯胆固醇血症，血清无肉眼异常变化，但仍是脂血症。高甘油三酯血症时，除甘油三酯浓度升高外，血清胆红素、总蛋白、白蛋白、钙、磷和血糖浓度出现假性升高，血清钠、钾、淀粉酶浓度出现假性降低，同时还可能发生溶血，影响多项生化指标检验值发生改变。

【治疗】原发性自发性高脂血症主要饲喂低脂肪和高纤维性食物。高 CM 血症应限制形成 CM 的长链脂肪酸，可以给予碳原子数在 6~10 的中链脂肪酸。使其不形成 CM，并且代谢良好。高 VLDL 血症要限制饲喂糖。高 LDL 血症需要限制胆固醇的摄取。

经 1~2 个月食物疗法，效果不佳或血清甘油三酯仍高于 5.5mmol/L，胆固醇高于

20.8mmol/L 时，可试用降血脂药物。常用烟酸，犬、猫每千克体重 0.2～0.6mg，口服，3 次/d。降胆灵 0.5～4g/次，口服，3 次/d 或 4 次/d。中药血脂康对治疗混合性高脂血症较好。犬口服或静脉注射巯酰甘氨酸 100～200mg/d，连用 2 周。降血脂药物副作用较多，应用时应注意。

糖尿病（diabetes mellitus）

糖尿病是由于神经内分泌紊乱，造成糖代谢障碍，使血、尿中葡萄糖含量升高的疾病。主要见于 5 岁以上的老龄犬。

【病因】凡引起胰岛素分泌减少的疾病或病变，如急、慢性胰腺炎，胰腺萎缩及纤维化，胰岛萎缩、玻璃样变和水肿变性等，都可发生糖尿病。这是因为胰岛素可促进细胞膜对葡萄糖的转化、糖的氧化和糖原合成，抑制糖原的异生和分解。胰岛素过低造成血中葡萄糖增高，尿中葡萄糖不能完全再吸收而丢失。

【症状】病犬精神不振，易疲劳，体重降低；多尿、烦渴，尿带水果样的甜味。尿中葡萄糖可达 4‰～10‰，甚至 11‰～16‰。病犬可出现眼白内障，角膜混浊，皮肤、黏膜干燥，尿相对密度高（1.035～1.060），橙黄色，含有糖，后期有酮体。血糖 8.4～28mmol/L（150～500mg/100mL，正常为 60～100mg/100mL）。

【治疗】改善饮食，多喂肉和脂肪；开始用格列苯脲（优降糖）口服，饭前使用，不见效时再使用胰岛素治疗，每千克体重注射 1～10IU/d，根据病情使用。该病由于尿中丢失糖，故糖原、脂肪和蛋白质不断分解，造成大量中间代谢产物（酮体）蓄积，引起酸中毒，最后发生糖尿性昏迷。治疗用碳酸氢钠等控制酸中毒。

第五节 内分泌疾病

概 述

内分泌系统直接将激素分泌到血液循环系统，对机体内其他组织器官产生影响。激素的作用主要包括维持机体内环境的相对稳定，调节机体对应激的反应，调节生长和调节繁殖过程等，一种激素的分泌速度通常受某个分泌产物的反馈调节，而这种产物常常是由第一种激素的靶器官所产生的另外一种激素。分泌激素的器官主要包括垂体、甲状腺、甲状旁腺、胰腺、肾上腺等。

犬、猫等小动物内分泌疾病在小动物临床上占有相当重要的地位。据调查，犬内分泌疾病约占犬病的 7%，猫内分泌疾病大致为犬的 10%。随着我国犬、猫等小动物饲养量的增加，小动物内分泌疾病的发生也势必增多，对此应予以重视。

【病因】

1. 内分泌器官的病变 如肿瘤和增生性病变，往往是内分泌器官原发性机能亢进的主要原因；发育不全或破坏性病变，常是引发内分泌器官的原发性机能减退的直接原因。

2. 促激素分泌异常 促激素分泌过多可引起继发性内分泌器官机能亢进；促激素分泌的减少或缺乏，则可产生继发性内分泌器官的机能减退。

3. 激素或激素样物质的异位性分泌增加　某些非内分泌肿瘤具有合成激素的能力，尤其是肽类激素。这种异常的激素分泌可产生于内分泌器官原发性机能亢进类似的综合征。

4. 靶细胞应答不能　激素是通过与细胞受体结合和改变细胞内的活动来实现对靶器官的调节。靶细胞受体缺乏或存在缺陷，或靶细胞内应答不能时，激素则丧失正常机能。

5. 激素降解异常　已知某些药物能加速激素的降解，而有的则可减缓激素的降解。激素降解和排泄的器官机能发生障碍时，也可导致激素在体内的蓄积。

6. 医源性激素过多　当给予激素以补充机体激素不足时，无论所给激素的剂量超过所需剂量多少，均可导致过度激素的作用。

【症状】由于内分泌疾病的病因、病性、病情及病理生理学基础的不同，其临床表现亦多种多样，即便是同一种疾病，也有轻重之别。基本症状是，体重减轻或肥胖、生长不良或生长缓慢、虚弱或衰竭、食欲减退或亢进、多饮多尿以及脱毛、雄性乳房雌性化、持续性发情间期、阳痿、性欲减退等。

【诊断】

1. 临床诊断　有些内分泌疾病常表现特征性症状，据此可以建立诊断。如糖尿病的三多一少（多饮、多食、多尿和体重减少）症状，甲状腺机能亢进的高基础代谢率症候群和高儿茶酚胺敏感性综合征。但有些内分泌疾病或无特征性的症状，或呈现非典型的临床表现，或症状不明显，如肾上腺皮质机能减退，仅依据临床表现很难做出诊断，此时应结合实验室检查结果进行判定。

2. 实验室诊断　应依据临床表现，有目的进行实验室检查。包括测定相应的生化指标，获取内分泌器官机能紊乱的间接证据，如肾上腺皮质机能减退的氮质血症、低钠血症、高钾血症等；测定血浆中相关的激素含量，查找内分泌机能紊乱的直接证据。

3. 内分泌器官机能试验　其目的在于判定内分泌器官机能状态。对实验室检查结果改变不明显的或亚临床的病畜，可进行内分泌器官机能试验，其结果可作为确诊依据。内分泌器官机能试验，分为刺激（兴奋）试验和抑制试验。促肾上腺皮质激素试验和促甲状腺激素试验属刺激试验；地塞米松试验和甲状腺原氨酸试验属抑制试验。

此外，X线和B超检查有助于内分泌器官疾病的诊断。

【治疗】对内分泌器官机能亢进的治疗主要采用手术切除导致机能亢进的肿瘤或部分腺体，应用放射性物质或药物抑制激素的分泌，并辅以对症疗法纠正代谢紊乱。对内分泌器官机能减退的治疗，通常采用激素替代疗法，以补充激素的不足或缺乏。

甲状腺疾病（thyroid diseases）

甲状腺由两叶组成，在正常犬、猫有时难以触到，任何原因的可触性甲状腺肿大称为甲状腺肿。每叶甲状腺有两个甲状旁腺，内侧的甲状旁腺位于各叶尾端甲状腺囊内。甲状腺能主动吸收碘，使其浓度为血液碘浓度的10～20倍，无机碘进入甲状腺腺泡细胞，生成具有代谢活性的甲状腺激素，即甲状腺素（T_4）和三碘甲状腺原氨酸（T_3）。T_3和T_4的合成和释放受前叶的促甲状腺激素细胞分泌的促甲状腺激素控制。在体内与血浆中的运载蛋白结合，主要是血清蛋白，游离状态的激素是直接对组织发挥效应的激素。

甲状腺激素在调节新陈代谢中具有重要作用，提高机体基础代谢率、刺激机体细胞使耗氧量增加，提高小肠对糖类物质的吸收，调控脂类代谢等。甲状腺激素的有些效应，如刺激神经和心血管系统，是由其对儿茶酚胺的高敏感性介导的。

（一）甲状腺机能亢进（hyperthyroidism）

甲状腺机能亢进又称甲状旁腺激素分泌过多，简称甲亢，是猫的一种常见内分泌疾病，但在犬很少见。甲状腺机能亢进是中年和老年猫的一种疾病，发病年龄为12～13岁，变化范围6～21岁，只有6%患猫年龄小于10岁，无性别和品种差异。

【病因】甲状腺功能性腺瘤影响一叶或两叶腺体的功能是猫甲状腺机能亢进的常见病因，约占98%，常常是双侧性的。有时过度使用甲状腺素替代药物治疗人为引起甲状腺机能亢进，但很少见。在犬类则甲状腺癌是常见病因，但很少是功能性的，并少见于猫。

临床症状与甲状腺激素过度分泌，进而刺激机体有关。猫甲状腺机能亢进的临床症状差异很大，受甲状腺机能亢进持续期、机体系统对过量激素的处理能力以及其他疾病因素影响，一般而言，该病呈渐进性发展。

【症状】主要症状为进行性消瘦伴有食欲旺盛，畜主容易误认为动物健康状态良好，直到发现体重减轻并伴有其他症状（如呕吐、腹泻）和行为改变（如多动、神经过敏、攻击行为等）。

患猫常发现心脏异常，如心动过速，心率超过240/min，听诊有心脏收缩期杂音，某些严重病例发生心脏衰竭，包括肺水肿、胸腔积液或腹水引起的呼吸困难，这一般是甲状腺素过量继发病。心电图检查显示心动过速，R波振幅增加，心肌肥大。

虽然患病动物不表现皮肤损伤，但会发生被毛不整。在大多数病例中，出现一侧或两侧明显的甲状腺突出，一般难以触诊。

【诊断】本病主要依据实验室诊断和甲状腺功能试验。实验室诊断采用血液和生化检测。最常见的血液变化是红细胞相对增多，表现为轻度或中度的红细胞数、PCV和血红蛋白浓度增加。血清中ALT、AST、AP和LDH活性增加，但并非特异性增加。

甲状腺功能试验主要是甲状腺素浓度增加可以诊断为甲状腺机能亢进。大部分病例的血清中T_3和T_4浓度增加非常明显，必要时可以进行T_3抑制实验和TRH刺激实验。

【治疗】治疗甲状腺机能亢进有三种方法，即抗甲状腺药物、外科手术切除甲状腺和放射性碘疗法。

抗甲状腺药物如卡比吗唑是抑制甲状腺激素合成的药物，口服后迅速转化为甲硫咪唑，或单独使用甲硫咪唑。卡比吗唑开始使用剂量为每千克体重5mg，口服，3次/d，3～15d后检测血液甲状腺素水平，调整治疗方案。甲硫咪唑，口服每千克体重10mg，但副作用较大。

原发性甲状旁腺瘤必须采用手术摘除的方法，但应注意手术过程中对甲状旁腺的保护以及并发症。

放射性碘疗法是治疗甲状腺机能亢进的安全有效方法，但必须要求患猫固定在指定场所，限制流动，直到放射剂量降到可接受水平方可。常用放射剂为^{131}I，剂量根据临床症状的严重程度确定。

部分病例中并发肾功能紊乱，血清中尿素和肌酐升高，这些情况与蛋白质代谢增加和肾前氮血症相关，在治疗伴有氮血症的病例时，应谨慎选择治疗方法。

（二）甲状腺机能减退（hypothyroidism）

甲状腺机能减退简称甲减，是指甲状腺激素合成和分泌不足引起的全身代谢减慢的症候群。临床上以易疲劳、嗜睡、畏寒、皮肤增厚、脱毛和繁殖机能障碍为特征。本病常见于犬，猫相当少见。

【病因】按发病原因可分为原发性和继发性甲减两类。原发性甲状腺机能减退是因淋巴细胞、浆细胞呈弥散性或结节样浸润入甲状腺组织，引起腺泡进行性破坏，被压迫而萎缩或消失。亦可因甲状腺泡细胞自发性萎缩和消失引起，占整个甲状腺机能减退病例的90%。继发性甲状腺机能减退可因垂体受压迫而萎缩；或因垂体本身肿瘤，造成促甲状腺素（TSH）分泌和排放不足；或因下丘脑病损，引起促甲状腺释放激素（TRH）的分泌和排放不足，使垂体前叶的TSH分泌减少，随之引起甲状腺机能减退。

【症状】原发性甲状腺机能减退通常发生在中年和老龄犬，2岁以下犬发病较少，患犬年龄一般为3～8岁，且多发于大型和中型的纯种犬，如拳师犬、可卡犬、大丹犬、杜宾犬、比格犬等。病初易于疲劳，睡觉时间延长，患犬畏寒、体温偏低，喜欢睡在炉灶或暖气管旁，反应迟钝。皮肤、被毛干粗，在躯干腹侧、大腿内侧、颈两侧皮肤色素沉着和对称性脱毛，皮脂腺萎缩。由于中性间或酸性黏多糖积累，使皮肤增厚，特别是前额和面部显得臃肿，称为黏液样水肿。母犬发情减少或不发情，公犬睾丸萎缩无精子。部分患犬呈现烦渴、多尿、贪食。血检患病犬有高胆固醇血症和血清肌酸激酶（CK）活性升高。病程较长的，还有中等程度的正细胞性贫血，有时亦可出现甘油三酯血症，血浆蛋白浓度升高等。

继发性甲状腺机能减退最明显的症状是体力下降或丧失，病情发展没有原发性甲减明显。患犬行动迟缓、头大腿短、发育缓慢、痴呆。先天性继发性甲状腺机能减退常伴有垂体性侏儒；后天性继发性甲状腺机能减退，常伴有神经症状，如抑郁、运动紊乱、眼睑下垂等。先天性下丘脑性甲状腺机能减退可伴有克汀病，但无甲状腺肿大，生长受阻，头颅宽大，腿短粗，与身体不成比例，痴呆。获得性下丘脑性甲状腺机能减退，体力下降明显，睡眠时间延长，在紧急状态下显得很紧张。

【诊断】甲状腺机能减退症无明显的特征性症状，因此不能单凭症状做出病性诊断，需结合实验室检验进行确诊。

1. 用放射免疫方法（RIA）测定血浆 T_4 和 T_3 浓度 健康犬的血浆 T_4 和 T_3 浓度分别为 15～40μg/L 和 500～1 500ng/L，如 T_4 浓度低于 10μg/L，T_3 浓度低于 500ng/L，可认为是甲状腺机能减退。然而，有时 T_3 浓度下降，T_4 浓度正常，用 L-甲状腺素治疗无效，用 L-三碘甲状腺原氨酸治疗效果良好。这可能是因外周血液，T_4 转变为 T_3 过程受阻之故。

2. 注射促甲状腺素（TSH） 测定血浆中 T_4 对 TSH 的反应，正常犬静脉或肌肉注射 TSH（每千克体重 0.5IU），8h 后 T_4 浓度可升高 2～3 倍。

3. 甲状腺活组织穿刺，染色、镜检 原发性甲状腺机能减退，甲状腺腺泡萎缩以至消失，而继发性甲状腺机能减退，甲状腺腺泡完好，唯上皮细胞显得扁平，由于胶质积累，腺泡扩大。

4. 注射 TRH 垂体性甲状腺机能减退可呈先天性侏儒症，同时可继发糖皮质激素缺乏（下丘脑性甲减的动物表现呆笨和呆睡）。用 TRH 注射后，血浆 T_4 和 TSH 浓度升高者，为下丘脑性甲状腺机能减退，如 T_4 和 TSH 浓度几乎不变者，则为垂体性甲状腺机能减退。

诊断中还应与有类似症状的其他内分泌疾病相区别。如肾上腺皮质机能亢进，亦呈现多尿，烦渴，贪食现象，但尿液稀薄，渗透压下降，T_4、T_3 浓度正常；雌激素过多症，通常发生于中、老年患有隐睾症的公犬，并有乳腺及乳头增大现象，但 T_4、T_3 浓度正常。

【治疗】口服左旋甲状腺素，剂量为每千克体重 $20\mu g/kg$，1 次/d。或用干燥的甲状腺组织片，压碎后用少量食物拌和，每千克体重 15～20mg，1 次/d。在口服甲状腺素后 4～5h，血浆 T_4 升至峰值，约接近或略超过正常值上限，24h 后，T_4 浓度又降至正常值的一半。治疗开始后头 4 周，T_4 浓度逐渐上升，至第 8 周，则可稳定在平常范围内，甲状腺机能在很大程度上得以恢复，脱落的被毛在 4～6 个月内可全面再生。甲状腺素用量太多，可出现多尿、烦渴、不安、呼吸困难、心搏过速等甲状腺机能亢进症，应及时调整用量。

肾上腺皮质疾病（adrenocorticotropic diseases）

肾上腺位于每个肾脏内侧前方，由皮质和髓质组成，肾上腺皮质可产生 30 多种激素，其中很多激素临床意义很小。主要有在水盐代谢动态平衡方面起作用的盐皮质激素，促进糖原异生作用的糖皮质激素和少量的性激素。

（一）肾上腺皮质机能亢进（hyperadrenocorticism）

肾上腺皮质机能亢进是指一种或数种肾上腺皮质激素分泌过多，以皮质醇增多较为常见，又称为库兴氏综合征（Cushing's syndrome），是犬最常见的内分泌疾病之一。母犬多于公犬，且以 7～9 岁的犬多发。猫很少发生。

【病因】

1. 垂体依赖性因素 主要见于垂体肿瘤性肾上腺皮质增生，约占自发性库兴氏综合征的 80%。垂体肿瘤能分泌过量的 ACTH，引起肾上腺皮质增生和皮质醇分泌亢进。

2. 肾上腺依赖性因素 一侧或两侧性肾上腺腺瘤或癌肿常分泌过量的肾上腺糖皮质激素，约占犬自发性库兴氏样综合征的 10%～20%。

3. 医源性因素 由于大量或长期口服、注射或局部使用皮质类固醇药物引起，其临床症状与自然发生病例相似。

【症状】临床上往往以肾上腺糖皮质激素过多所引起的症状为主，有的亦可兼有肾上腺盐皮质激素间或性激素过多的症候。按临床症状发生频率的递减顺序是，多尿、烦渴、垂腹、两侧对称性脱毛、肝大、食欲亢进、肌肉无力萎缩、嗜睡、持续性发情间期或睾丸萎缩、皮肤色素过度沉着、皮肤钙质沉着、不耐热、阴蒂肥大、神经缺陷或抽搐。

犬、猫大多表现多尿-烦渴、垂腹和两侧性脱毛等一组症候群。日饮水超过 100mL/kg，日排尿超过 50mL/kg。先是后肢的后侧方脱毛，然后是躯干部，头和末梢部很少脱毛。皮肤增厚，弹性减退，形成皱褶。皮肤色素过度沉着，多为斑块状。皮肤钙质沉着，呈奶油色斑块状，周围为淡红色的红斑环。病犬可发生肌肉强直或伪肌肉强直，通常先发生于一侧后肢，然后是另一后肢，最后扩展到两前肢。休息或在寒冷条件下，步态僵硬尤为明显。

实验室检查：常见相对性或绝对性外周淋巴细胞减少，犬少于 1×10^9 个/L，猫少于 1.5×10^9 个/L，血清 ALP 活性升高。还见有中性粒细胞增多、酸性粒细胞减少（$<0.1\times10^9$ 个/L）和单核细胞增多。

尿液检查：呈低渗尿，尿相对密度低于 1.012，60% 的病例有蛋白尿。

X 线检查：恒见肝肿大。还可见有软组织钙化、骨质疏松及肾上腺肿大。

【诊断】根据多尿-烦渴、垂腹、两侧对称性脱毛等一组症候群，可初步诊断为肾上腺皮质机能亢进，确诊应依据肾上腺皮质机能试验的结果。肾上腺皮质机能试验包括筛选试验（血浆皮质醇含量测定、小剂量地塞米松抑制试验、ACTH 刺激试验和高血糖素耐量试验）和特殊试验（大剂量地塞米松试验）两大类。

【治疗】治疗本病多采用药物疗法和手术疗法，可单独实施，亦可配合应用。首选药物为双氯苯二氯乙烷，犬口服剂量为每千克体重 30～50mg，显效后每周服药一次。猫对该药的毒性尤为敏感，不宜使用。此外，还可选用酮康唑、氨基苯乙哌啶酮等药物或手术切除肿瘤。

（二）肾上腺皮质机能减退（hypoadrenocorticism）

肾上腺皮质机能减退是指一种、多种或全部肾上腺皮质激素的不足或缺乏。以全肾上腺皮质激素的缺乏最为多见，称为阿狄森氏病（Addison's disease），多见于 2～5 岁母犬，猫也有发生。

【病因】各种原因的双侧性肾上腺皮质严重破坏（90% 以上）均可引发本病。原发性肾上腺机能减退常见于钩端螺旋体病、子宫蓄脓、犬传染性肝炎、犬瘟热等传染性疾病和化脓性疾病及肿瘤转移、淀粉样变、出血、梗死坏死等病理过程。近年发现，约有 75% 的病犬血中存在抗肾上腺皮质抗体，病变发生淋巴细胞浸润，故认为自体免疫可能是本病的主要原因。

继发性肾上腺皮质机能减退见于下丘脑或垂体破坏性病变及抑制 ACTH 分泌的药物使用不当。

【症状】急性型突出的临床表现是低血容量性休克症候群，大都处于虚脱状态。慢性病例急性发作的，体重减轻、食欲减退、虚弱等慢性症状。

慢性型主要表现为渐进性虚弱，肌肉无力，精神抑制，食欲减退，胃肠紊乱，呕吐，腹泻。按临床症状发生频率的递减顺序是，精神沉郁，虚弱，食欲减退，周期性呕吐、腹泻或便秘，体重减轻，多尿-烦渴，脱水，晕厥，兴奋不安，皮肤青铜色色素过度沉着，性欲减退，阳痿或持续性发情间期。

【诊断】根据临床表现和诊断性试验结果建立诊断。诊断性试验多选用促肾上腺皮质激素试验。犬静脉注射 ACTH 0.25mg 后 1h，血浆或血清皮质醇 <138nmol/L 即可确诊为糖皮质激素缺乏；注射后 4h，中性粒细胞与淋巴细胞比值未超过基线水平 30% 或酸性粒细胞绝对值减少未超过基线水平 50%，指示糖皮质激素缺乏。

心电图描记：显示 T 波振幅增加，P 波宽而平，PR 间期延长，QRS 间期增宽，房室阻滞或异位起搏点。

实验室检查：常见肾性或肾前性氮质血症，低钠血症（<137mmol/L）和高钾血症（>5.5mmol/L），血清钠、钾比由正常的 27∶1～32∶1 降至 23∶1 以下，尿钠升高，尿钾降低。可发生代谢性酸中毒，代偿性呼吸性碱中毒、低氯血症、高磷血症和高钙血症。

血液常规检查：相对性中性粒细胞减少，淋巴细胞增多，相对性嗜酸性粒细胞增多，轻度正细胞正色素非再生性贫血。

【治疗】急性型急救措施，首先静脉注射生理盐水；补充糖皮质激素，如琥珀酸钠皮质醇、琥珀酸钠强的松和磷酸钠地塞米松，首次剂量的1/3静脉注射，1/3肌肉注射，1/3稀释在5%糖盐水中静脉滴注；肌肉注射醋酸脱氧皮质酮（油剂）；静脉注射5%碳酸氢钠。上述治疗后30min，病情仍然不见好转，可静脉滴注去甲肾上腺素，并观察注射后脉搏及尿量的变化；肌肉注射琥珀酸钠皮质醇，3次/d；肌肉注射醋酸脱氧皮质酮油剂，1次/d，至病畜呕吐停止、自由采食及精神状态正常。

慢性型，肌肉注射琥珀酸钠皮质醇3次/d；肌肉注射醋酸脱氧皮质酮油剂，1次/d，至血清钠、钾含量恢复正常，呕吐停止，能采食；口服氯化钠（犬和猫），连用1周；口服氢化可的松，2次/d，连用1周后1次/d；每3～4周肌肉注射新戊酸盐脱氧皮质酮，或每天服用醋酸氟氢可的松。

尿崩症（diabetes insipidus）

尿崩症又称多尿症（polyuria），是由于下丘脑-神经垂体机能减退所引起的抗利尿激素分泌不足或缺乏引起的一种临床上以多尿、多饮和尿密度低为特征的疾病。

【病因】尿崩症是由下丘脑-垂体后叶病变所致，引起病变的原发性病因尚不清楚。继发性病因可见于下丘脑、垂体或其附近组织的肿瘤、脓肿、感染及外伤等。另外，肾性尿崩症可发生于肾盂肾炎、低血钾性肾病、高血钙性肾病、肾淀粉样变及某些药物。

【症状】起病可急可缓，以突发性居多。因肿瘤引起的多逐渐发生，因外伤、脑膜炎、脊髓炎引起的多急剧发生。表现多饮、多尿，日饮水量＞每千克体重100mL，日排尿量每千克体重＞50mL，尿相对密度＜1.006。常见有夜尿症，限制饮水，尿量不减，尿呈水样清亮透明，不含蛋白质。病犬初肥胖，后期消瘦，生殖器官萎缩。

【诊断】尿崩症的诊断标准为每天摄入水分超过每千克体重100mL，排尿每天超过每千克体重90mL，可以确立诊断。也可肌肉注射长效尿崩停（垂体后叶抗利尿素鞣酸油剂）2.5～10IU，如为尿崩症用药后数小时内尿量迅速减少，尿相对密度增高至1.040以上，尿渗透压增高至正常。要注意与糖尿病、慢性肾炎相鉴别。

【治疗】消除原发病后对垂体性尿崩症应用抗利尿激素替代疗法。肌肉注射长效尿崩停2.5～5.0IU，每1～3d注射1次。也可用垂体后叶素粉剂（尿崩停）10～30mg，3次/d，吸入鼻腔，可维持3～8h。肾性尿崩症一般治疗效果较差，可试用双氢氯噻嗪，每千克体重2～4mg，口服，2～3次/d。为提高疗效，宜与氯磺丙脲交替使用，每千克体重5～10mg，一次口服。

第六节　其他疾病

脑炎（encephalitis）

脑炎是软脑膜及脑实质发生的炎症，并伴有严重脑机能障碍的疾病。临床上以高热、脑膜刺激症状、一般脑症状和局部脑症状为特征。

【病因】原发性脑炎多数认为是由感染或中毒所致。其中病毒感染是主要的，例如犬瘟热病毒、犬虫媒病毒、犬细小病毒、猫传染性腹膜炎病毒等感染。其次是细菌感染，如葡萄球菌、链球菌、肺炎链球菌、溶血性及多杀性巴氏杆菌、化脓杆菌、坏死杆菌、变形杆菌、化脓性棒状杆菌、昏睡嗜血杆菌以及单核细胞增多性李氏杆菌等感染。中毒因素主要见于严重的自体中毒。

继发性脑炎多见于脑部及邻近器官炎症的蔓延，如颅骨外伤、龋齿、额窦炎、中耳炎、内耳炎、眼球炎、脊柱骨髓炎等。也见于一些寄生虫病，如脑脊髓丝虫病、脑包虫病、普通圆线虫病等。另外，降低机体抵抗力的不良因素，如受寒感冒、过劳、长途运输等，均可促使本病的发生。

【症状】由于炎症的部位、性质、持续时间、动物种类以及严重程度不同，临床表现也有较大差异，但多数表现出脑膜刺激症状、一般脑症状和局部脑症状。

1. 脑膜刺激症状 脑膜脑炎常伴有前几段颈脊髓膜同时发炎，因而背侧脊神经根受到刺激，病畜颈部及背部感觉过敏，对其皮肤轻刺激，即可出现强烈的疼痛反应，并反射性地引起颈部背侧肌肉强直性痉挛，头向后仰。膝腱反射检查，可见膝腱反射亢进。随着病程的发展，脑膜刺激症状逐渐减弱或消失。

2. 一般脑症状 通常是指运动与感觉机能，精神状态，内脏器官的活动以及采食、饮水等发生变化。病畜先兴奋后抑制或交替出现。病初，呈现高度兴奋，感觉过敏，反射机能亢进，瞳孔缩小，视觉紊乱，易于惊恐，呼吸急速，脉搏增数。行为异常，不易控制，狂躁不安，或冲墙壁，不顾障碍向前冲，或转圈运动。兴奋吠叫，频频从鼻喷气，口流泡沫，头部摇动，攻击人畜。有时跳跃，狂奔，其后站立不稳，倒地，眼球向上翻转呈惊厥状。在兴奋发作数十分钟后，转入抑制则呈嗜眠，昏睡状态，瞳孔散大，视觉障碍，反射机能减退及消失，呼吸缓慢而深长。后期，常卧地不起，意识丧失，陷于昏睡状态，出现陈-施二氏呼吸，有的四肢做游泳动作。

3. 局部脑症状 是指脑实质或脑神经核受到炎性刺激或损伤所引起的症状，主要是痉挛和麻痹。如眼肌痉挛，眼球震颤，斜视，咬肌痉挛，咬牙。吞咽障碍，听觉减退，视觉丧失，味觉、嗅觉错乱。项肌和颈肌痉挛或麻痹，角弓反张，倒地时四肢做有节奏运动。某一组肌肉或某一器官麻痹，或半侧躯体麻痹时呈现单瘫与偏瘫等。

总之，无论何种病原微生物所致脑炎，也无论何种动物发病，都不同程度地出现脑膜刺激症状、一般脑症状和局部脑症状，也表现出不同程度的精神沉郁、视力障碍、进行性轻瘫、共济失调、角弓反张、颅神经功能缺陷、癫痫、狂躁以及后期昏迷。

血液学变化：初期血沉正常或稍快，中性粒细胞增多，核左移，嗜酸性粒细胞消失，淋巴细胞减少。康复时嗜酸性粒细胞与淋巴细胞恢复正常，血沉缓慢或趋于正常。

脊髓穿刺时可流出混浊的脑脊液，其中蛋白质和细胞含量增高。

除上述变化外，病初病畜体温升高，就诊时体温可能下降或正常。

【诊断】根据脑膜刺激症状、一般脑症状和局部脑症状，结合病史调查和分析，一般可做出诊断。若症状不典型，确诊困难时，可进行脑脊液检查。脑炎病例，其脑脊液中中性粒细胞数和蛋白含量增加。必要时可进行脑组织切片检查。

【治疗】本病的治疗原则是抗菌消炎、降低颅内压和对症治疗。

先将病畜放置在安静、通风的地方，避免光、声刺激。若病畜有体温升高、颅顶灼热时可采用冷敷头部的物理消炎降温方法。

1. 抗菌消炎 用磺胺类药物，辅以牧特林、拜有利或保得胜，按每千克体重0.1mL，肌肉注射，2次/d，连用3d。

2. 降低颅内压 选用25%山梨醇液和20%甘露醇，每千克体重1～2g，静脉注射。也可应用ATP和辅酶A等药物以促进新陈代谢。

3. 对症治疗 当病畜狂躁不安时，可用2.5%盐酸氯丙嗪10～20mL，肌肉注射，以调整中枢神经机能紊乱，增强大脑皮层保护性抑制作用。心功能不全时，可应用安钠咖等强心剂。

癫痫（epilepsia）

癫痫是一种暂时性大脑皮层机能异常的神经机能性疾病。临床上以短暂反复发作，感觉障碍，肢体抽搐，意识丧失，行为障碍或植物性神经机能异常等为特征，俗称"羊癫风"。

【病因】本病病因分原发性和继发性两类，临床上多见继发性因素。

原发性癫痫又称真性癫痫或自发性癫痫。其发生原因一般认为是因病畜脑机能不稳定，脑组织代谢障碍，加之体内外的环境改变而诱发。牧羊犬和考卡犬的癫痫呈常染色体隐性遗传。

继发性癫痫又称症候性癫痫，常继发于颅脑疾病（如脑膜脑炎、颅脑损伤、脑血管疾病、脑水肿）；传染性和寄生虫疾病（如伪狂犬病、犬瘟热、狂犬病、猫传染性腹膜炎、脑囊虫病及脑包虫病等）、某些营养缺乏病（如维生素A缺乏、维生素B缺乏、低血钙、低血糖、缺磷和缺硒等）、中毒病（如铅、汞等重金属中毒及有机磷等农药中毒）。此外，惊吓、过劳、超强刺激、恐惧、应激等都是癫痫发作的诱因。

【症状】痉挛与抽搐，意识障碍及植物神经机能异常，呈突发性、短暂性和反复性，在发作的间歇期，病畜与健康时一样。按临床表现分为大癫痫和小癫痫，局限性发作与精神运动性发作。

1. 大癫痫 多呈全身性痉挛，病畜突然倒地，全身肌肉强直，头向后仰，四肢外伸，牙关紧闭，可视黏膜苍白，继而变成蓝紫色，瞳孔散大，眼球旋转，瞬膜突出，磨牙，口吐白沫，持续约30s，即变为阵挛，经一定时间而停止。发作停止后多恢复常态。

2. 小癫痫 即症状性癫痫，一时性意识丧失和局部肌肉轻度痉挛，病畜头颈伸展，呆立不动，两眼凝视。

3. 局限性发作 肌肉痉挛仅限于身体的某一部分，如面部或一肢。由脑病引起的症状性癫痫，常表现为皮肤感觉异常，局部肌肉痉挛，不伴有意识障碍。此种局限性发作，常指示对侧大脑皮质有局灶性病变。局限性发作可发展为大发作。

4. 精神运动性发作 是以精神状态异常为突出表现，如癔病、幻觉及流涎等。

【诊断】根据病史和临床特征可做出诊断。

【治疗】原则为查清病因，纠正和处理原发病，对症治疗，减少癫痫发作的次数，缩短发作时间。口服苯巴比妥，每千克体重2～6mg，3次/d。也可单独或联合用扑癫酮和苯妥因钠治疗，效果较好。苯妥因钠每千克体重2～6mg/kg，谷维素10～30mg/只，维生素B_1 10～20mg/只，混合灌服，疗效满意。

洋葱和大葱中毒（onion and welsh onion poisoning）

洋葱和大葱都属百合科，葱属。犬、猫采食后易引起中毒，主要表现为排红色或红棕色尿液，犬发病较多，猫少见。动物洋葱中毒世界各地均有报道，我国1998年首次报道了犬大葱中毒。

【病因及发病机理】犬、猫采食了含有洋葱或大葱的食物后，如包子、饺子、铁板牛肉、大葱烧羊肉等，便可引起中毒。洋葱或大葱含有辛香味挥发油——N-丙基二硫化物或硫化丙烯，此类物质不易被蒸煮、烘干等加热破坏，老洋葱或大葱中含量较多。N-丙基二硫化物或硫化丙烯能降低红细胞内葡萄糖-6-磷酸脱氢酶（G6PD）活性。G6PD能保护红细胞内血红蛋白免受氧化变性破坏，如果G6PD活性减弱，氧化剂能使血红蛋白变性凝固，从而使红细胞快速溶解和海恩茨（Heinz）小体形成。老龄红细胞含G6PD少，中毒后比幼龄红细胞更易氧化变性溶解，体弱动物红细胞也易溶解。红细胞溶解后，从尿中排出血红蛋白，使尿液变红，严重溶血时，尿液呈红棕色。

【症状】犬、猫采食洋葱或大葱中毒1~2d后，最特征性表现为排红色或红棕色尿液。中毒轻者，症状不明显，有时精神欠佳，食欲差，排淡红色尿液。中毒较严重犬，表现精神沉郁，食欲不好或废绝，走路蹒跚，不愿活动，喜欢卧着，眼结膜或口腔黏膜发黄，心搏增快，喘气，虚弱，排深红色或红棕色尿液，体温正常或降低，严重中毒可导致死亡。

实验室检验：血液随中毒程度轻重，逐渐变的稀薄，红细胞数、血细胞压积和血红蛋白减少，白细胞数增多。红细胞内或边缘上有海恩茨小体；血清总蛋白、总胆红素、直接及间接胆红素、尿素氮和天门冬氨酸氨基转移酶活性均呈不同程度增加；尿液颜色呈红色或红棕色，密度增加，尿潜血、蛋白和尿血红蛋白检验阳性，尿沉渣中红细胞少见或没有。

【诊断】根据有采食洋葱或大葱食物的病史和临床症状可做出初诊，确诊要进行血液化验和尿液检查。

【防治】立即停止饲喂洋葱或大葱性食物；应用抗氧化剂维生素E，支持疗法进行输液，补充营养；给适量利尿剂，促进体内血红蛋白排出；溶血引起严重贫血的犬、猫，可进行静脉输血治疗，每千克体重10~20mL。

（唐兆新　韩　博）

复习思考题

1. 常见犬、猫的消化系统疾病的种类及临床特征有哪些？
2. 犬胰腺炎的发病原因和治疗措施有哪些？
3. 猫胃肠炎的临床特征和治疗方法有哪些？
4. 简述犬、猫支气管肺炎的临床特征和治疗方法。
5. 犬、猫营养代谢性疾病如何进行有效的预防？
6. 简述猫泌尿系统综合征的临床特征。
7. 犬、猫内分泌疾病在疾病的发生、病因、临床表现及诊断上有何特点？
8. 犬、猫内分泌疾病常用的诊断性试验有哪些？其诊断意义如何？
9. 如何诊断犬、猫肾上腺皮质机能减退或亢进？

第十二章

免疫性疾病

> **内容提要**：本章着重介绍免疫性疾病的基本理论及分类体系。学习中应注意运用现代免疫学的基础理论知识，重点掌握免疫性疾病的分类体系及各类免疫性疾病的病因及发病机理。

概　　述

临床免疫学是基础免疫学和临床医学相结合的一门免疫学分支学科。它运用免疫学的理论和技术，研究免疫性疾病的病因、发病机理、诊断、症状、治疗和预防等有关问题。兽医临床免疫学，与医学临床免疫学相对应，是研究动物免疫性疾病的一门内容崭新、发展飞快的新兴学科。它不仅丰富和充实了兽医内科学的内容，拓宽了动物普通病学领域，而且还为研究人类的免疫性疾病提供了大量实验性或自发性动物模型，从而推动了比较免疫学、比较医学和比较生物学的发展。

动物的免疫性疾病是人类相关免疫性疾病的对应病。20世纪50年代以来，文献报道的动物免疫性疾病已不下百种之多，其中约有半数是最近10～20年间的研究成果。人和动物的免疫性疾病均分为4大类，即超敏反应病、自身免疫病、免疫缺陷病和免疫增生病。

1. 超敏反应病（hypersensitivity disease）　是指以超敏感性为其主要发病机理的一类免疫性疾病。机体受微生物感染或接触抗原（包括半抗原）后，呈现反应性增高状态（致敏），当同样微生物或抗原再次进入或仍留在机体内时，即与致敏机体内所形成的特异性抗体或致敏淋巴细胞发生反应（感作），导致细胞损伤。这种由相同抗原进入或存在而引起致敏机体组织损伤的反应，属于对机体有害的损伤性免疫应答，早先曾称为过敏反应（anaphylaxis），其后改称变态反应（allergy），现今统称超敏反应或超敏感性。引起超敏反应的抗原，则称为过敏原或变应原，包括异种变应原、同种异体变应原和自身变应原3类。属于异种变应原的，有微生物、寄生虫、昆虫、生物制剂（异种血清或组织细胞）、饲料蛋白、植物粉尘、动物毛皮和皮屑、某些药物等；属于同种异体变应原的，有红细胞、白细胞抗原系统等；属于自身变应原的，有精子、晶体蛋白等来自机体本身的各种隐蔽成分或因外伤、感染、药物及射线的影响而使理化性质发生改变的所谓内源性抗原。

超敏反应病或超敏感性疾病，依据作为其免疫病理学基础的超敏反应的类型而分类。即以第Ⅰ、Ⅱ、Ⅲ型超敏反应为病理学基础的，为速发型超敏反应病；以第Ⅳ型超敏反应为病理学基础的，为迟发型超敏反应病。但这种分类是相对的，因为临床中所见的动物超敏反应病，往往病型交错，作为其免疫病理学基础的超敏反应，有仅限于某一类型的，也有几型同时存在的；有早期是速发型，晚期转为迟发型的；还有这时以某型为主，那时又以另一型为主的。

兽医临床上已见有报道的超敏反应病包括过敏性休克、过敏性鼻炎、变应性皮炎、荨麻疹、新生畜同种免疫性溶血性贫血（IIHA）、同种免疫性白细胞减少症（IILP）、同种免疫性血小板减少性紫癜（IITP）、血斑病、变应性肺炎、肾小球肾炎、虹膜睫状体炎、血清病综合征、变应性接触性皮炎、变应性脑脊髓炎、蚤咬性皮炎、蠕形螨病、壁虱麻痹等。

2. 自身免疫病（autoimmune disease）　简称自免病（AID），是指免疫系统对宿主自身成分表现出免疫反应性增高而导致自身组织损害的病理过程。自免病的本质属于超敏反应，造成的组织损伤与自身抗原间或免疫活性细胞的作用有关，涉及Ⅰ、Ⅱ、Ⅲ、Ⅳ型超敏反应。在自免病，往往同时存在两种或两种以上的机制，如犬、猫和马的系统性红斑狼疮，可由Ⅱ型超敏反应发生溶血性贫血，由Ⅲ型超敏反应引起皮疹、血管炎及关节炎，还可由Ⅳ型超敏反应而造成狼疮性肝炎等。自身免疫病与超敏反应病的区别主要在于存在自身抗体并有明显的遗传倾向。当然任何免疫应答都是受免疫应答基因所控制的，如犬特应性皮炎和鼻炎时的Ⅰ型超敏反应显然受遗传因素的控制，但由于其所吸收或接触的抗原并非来源于自身，故不属于自免病的范畴；而在牛、马、犬的乳汁变态反应，犬、猫、猫头鹰的晶体诱发性葡萄膜炎，以及犬、貂、马的变应性睾丸炎等疾病时，由于乳汁、晶状体和精子等自身组织成分发生"泄漏"和"暴露"，或自身物质的理化性状由于感染、手术、药物、辐射等外因发生了改变，使自身组织成为能被免疫系统识别的自身抗原，形成抗乳汁α-酪蛋白、抗晶体蛋白、抗精子等自身抗体而发生的各型超敏反应，则属于自身免疫病。

Ⅰ型超敏性自身免疫病又称过敏反应型自免病。例如乳汁变态反应，是因干乳期乳汁滞留，乳腺合成分泌的α-酪蛋白再吸收，体内形成抗α-酪蛋白自身抗体所致。

Ⅱ型超敏性自身免疫病又称细胞毒性型自免病。自身抗原或与体内组织相结合的半抗原刺激所产生的抗体（IgG、IgM），与靶细胞上的抗原决定簇或与结合在细胞上的半抗原起反应，同时激活补体，引起细胞的损伤或死亡。属于此型的自免病有自免性溶血性贫血、自免性血小板减少性紫癜、自免性中性粒细胞减少症、天疱疮等。另外，还有一些自免病，体内形成只干扰各细胞受体的IgG类自身抗体，可使受体功能丧失，例如体内形成抗肌肉乙酰胆碱能受体抗体的重症肌无力，即属于此型。

Ⅲ型超敏性自身免疫病又称免疫复合物型自免病。游离抗原及抗体在体内结合成亲和力不强的免疫复合物，沉积在某些部位，激活补体，释放C_{3a}、C_{5a}等活性物质，吸引白细胞吞噬这些免疫复合物，并释放溶酶体酶，而使沉积部位出现炎症，破坏周围组织，导致病理损害。属于此型的自免病有系统性红斑狼疮、类风湿性关节炎、动脉炎-血管炎综合征、自免性肾小球肾炎等。

Ⅳ型超敏性自身免疫病又称迟发型超敏性自免病。本型病变的基础与细胞免疫是一致的，产生免疫应答的细胞主要是T细胞。当致敏T细胞与具有抗原性质的靶组织细胞接触时，即转变为T杀伤细胞（T_K）或效应T细胞（T_E），发生细胞毒性效应并释放淋巴因子而引起炎性应答。属于此型的自免病有变应性脑脊髓炎、变应性神经炎、自免性视网膜营养不良等。

3. 免疫缺陷病（immunodeficiency disease）　又称免疫缺陷综合征（immunodeficiency syndrome），是一类以机体免疫系统发育缺陷或免疫应答障碍为基本病理过程，以反复感染或严重感染为主要临床特征的免疫性疾病，包括联合性免疫缺陷病（CID）、免疫缺陷性侏儒、遗传性胸腺发育不全、腔上囊成熟缺陷、原发性无丙球蛋白血症、暂时性低丙球蛋白血症、选择性IgA缺乏症、选择性IgM缺乏症、选择性IgG缺乏症、选择性IgG_2缺乏症、遗传性C_3缺乏症、遗传性C_2、C_4、C_5、C_6缺乏症、周期性血细胞生成症、粒细胞病综合征以及获得性免疫缺陷综合征（艾滋病）等。

免疫缺陷病的分类，按疾病起因有原发性和继发性之分。原发性免疫缺陷病又称先天性免疫缺陷病或遗传性免疫缺陷病，为数有限，是由遗传因素或先天因素使免疫系统在个体发育的不同阶段、不同环节和不同部位受损而致。继发性免疫缺陷病又称后天性免疫缺陷病或获得性免疫缺陷病，常见多发，出现于众多疾病的经过中或长期接受免疫抑制疗法之后。从1952年，Bruton首次报道婴儿伴性无丙球蛋白血症以来的50年间，随着免疫学检测手段的进步，对此类疾病的认识不断加深，迄今报道的人类原发性免疫缺陷病已近20种。同一期间，特别是20世纪70年代以后，在犬、马、牛、鼠以及猪、鸡、猫、兔、貂等各种动物中，相继发现并确认了几乎所有相对应的原发性免疫缺陷病，从而强化了临床学和免疫学的联系，充实了兽医内科学，拓宽了动物普通病学领域，为深入研究临床免疫，探讨免疫缺陷病的病因和病理，探索免疫缺陷病的诊断指标和防治办法，提供了大量的自发性动物模型，极大地推动了比较免疫学、比较医学和比较生物学的发展。

4. 免疫增生病（immunoproliferative disease） 是指以浆细胞或淋巴细胞等免疫细胞异常增生为特征的一类疾病。包括多株细胞系丙球蛋白血症、淋巴细胞-浆细胞性胃肠炎、多发性骨髓瘤、巨球蛋白血症、淋巴增生性单株细胞系丙球蛋白血症以及非骨髓瘤性单株细胞系丙球蛋白血症等。免疫活性细胞可发生反应性增生和异常性增生，前者系机体对抗原刺激的一种生理性免疫反应，如传染性单核细胞增多症实际为典型的反应性淋巴增生。后者系免疫活性细胞的病理性乃至恶性增生，是反应性免疫增生的极端情况，典型病征为多发性骨髓瘤。

B淋巴细胞和浆细胞增生，恒伴有免疫球蛋白增多或副蛋白出现，造成高丙球蛋白血症或副蛋白血症。副蛋白又称M蛋白或M成分，是一种在氨基酸组成及顺序上十分均一的异常球蛋白，由单克隆抗体形成细胞即恶性增生的某单株浆细胞所产生，可在骨髓瘤、巨球蛋白血症或恶性淋巴瘤患病动物的血清或尿液中出现。高丙球蛋白血症，又称丙球病，系指血清免疫球蛋白增多或异常，是伴随于多种临床疾病的一个常见的实验室表现，分为多株细胞系丙球蛋白血症和单株细胞系丙球蛋白血症。

多株细胞系丙球蛋白血症反映了机体对抗原刺激的抗体反应，在血清蛋白电泳图上显示弥散性高丙球蛋白血症，各类免疫球蛋白的浓度和峰形均有一定程度的改变。见于多种疾病：感染性疾病，如肺脓肿、骨髓炎等慢性细菌性感染和水貂阿留申病等病毒感染，常以IgG类免疫球蛋白浓度增高为主，而锥虫病等血液原虫侵袭则常以IgM类免疫球蛋白浓度增高为主；胶原血管疾病，如系统性红斑狼疮、类风湿性关节炎、结节性多动脉炎等；自身免疫病，如多发性肌炎、重症肌无力、淋巴细胞性甲状腺病等；肝脏疾病，特别是实质性肝病，常有弥散性高丙球蛋白血症，涉及所有各类免疫球蛋白，是慢性活动性肝病的一个特征，可依据免疫球蛋白增高的程度来估计肝实质损伤的严重性。

单株细胞系丙球蛋白血症，即M蛋白病，又称异常丙球蛋白血症或称浆细胞恶液质，常存在恶性增殖浆细胞所产生的异常球蛋白——M蛋白，而正常免疫球蛋白减少。单株细胞系丙球蛋白血症中所见的M蛋白，属于某一种免疫球蛋白组成或多肽亚单位，在醋酸纤维素薄膜血清电泳图上见有M蛋白峰。这种副蛋白的血清学特性可通过免疫电泳法，分别用针对IgG、IgA、IgM等免疫球蛋白的重链及轻链抗原决定簇的抗血清来测定。单株细胞系丙球蛋白血症主要见于各种浆细胞增殖性疾病，特别是恶性浆细胞病，如多发性骨髓瘤、巨球蛋白血症、浆细胞瘤、轻链病以及重链病。重链病包括α链病、γ链病和μ链病，其临床表现与多发性骨髓瘤有所不同，主要区别在于没有骨损害。

过敏性休克（anaphylactic shock）

过敏性休克包括大量异种血清注射所致的血清性休克，是致敏机体与特异变应原接触后短时间内发生的一种急性全身性过敏反应，属Ⅰ型超敏反应性免疫性疾病。各种动物均可发生，犬和猫比较多见。新近报道，鳕鱼可引发接触性荨麻疹和过敏性休克。

【病因】动物的过敏性休克绝大多数起因于注射防治，偶尔发生于昆虫（毒蜂等）叮咬。可致发全身性过敏反应的主要病因包括：异种血清，如破伤风抗毒素；疫苗，如口蹄疫疫苗和狂犬病疫苗、破伤风类毒素；生物抽提物，如用动物腺体制备的促肾上腺皮质激素、甲状旁腺素、胰岛素等激素以及各种酶类；非蛋白药物，如青霉素、链霉素、四环素、磺胺类、普鲁卡因、硫贲妥钠、葡聚糖、维生素B_1；某些病毒，如猪瘟病毒和猪流感病毒，可通过胎盘进入并附着于胎儿组织内，仔猪生后吸吮初乳（含相应抗体）即发病；某些寄生虫，如腹内寄生的棘球蚴破裂，含强抗原性蛋白的液体经腹膜吸收，或皮下寄生的牛皮蝇蛆被捏碎，蛆内液体被吸收，引起过敏反应以至过敏性休克。

【发病机理】动物第一次接触抗原后，约需10d才被致敏。这种致敏状态可持续数月或数年之久。急性过敏反应乃是抗原与循环抗体或细胞结合抗体发生的反应，基本病理过程是平滑肌收缩和毛细血管通透性增高。

各种动物急性全身性过敏反应的主要免疫递质、休克器官和病理变化有所不同。马的免疫递质是组胺、5-羟色胺和缓激肽，休克器官是呼吸道和肠管，病理变化是肺气肿和肠出血。牛和绵羊的免疫递质是5-羟色胺、慢反应物质、组胺和缓激肽，休克器官是呼吸道，病理变化是肺水肿、气肿和出血。猪的免疫递质是组胺，休克器官是呼吸道和肠管，病理变化是全身性血管扩张和低血压。犬的免疫递质是组胺，休克器官是肝脏，休克组织是肝静脉，特征性病理变化是肝静脉系统收缩所致的肝充血和肠出血。猫的免疫递质也是组胺，但休克器官是呼吸道和肠管，病理变化是肺水肿和肠水肿。

【症状】过敏性休克的基本临床表现是在再次接触（大多为注射）过敏原的数分钟至数十分钟内顿然起病，显现不安、肌颤、出汗、流涎、呼吸急促、心搏过速、血压下降、昏迷、抽搐，于短时间内死亡或经数小时后康复。但不同动物的临床表现各具特点。

马表现呼吸困难，心动过速，结膜发绀，全身出汗，倒地惊厥，常于1h内死亡。病程拖延的，则肠音高朗连绵，频频水样腹泻。

牛、羊表现严重的呼吸困难，目光惊惧，全身肌颤，呈现肺充血和肺水肿症状。如短时间内不虚脱死亡，则通常于2h内康复。

猪表现虚脱，步态蹒跚，倒地抽搐，多于数分钟内死亡。

犬表现兴奋不安，随即呕吐，频频排血性粪便，继而肌肉松弛，呼吸抑制，陷入昏迷、惊厥状态，大多于数小时内死亡。

猫表现呼吸困难，流涎、呕吐，全身瘫软，以至昏迷，于数小时内死亡或康复。

【治疗】 要点在于对症急救。作用于肾上腺素能 β 受体的各种拟肾上腺素药，能稳定肥大细胞，制止脱粒作用，还能兴奋心肌，收缩血管，升高血压，松弛支气管平滑肌，降低血管通透性，是控制急性过敏反应，抢救过敏性休克的最有效药物。如配合抗组胺类药物，则疗效尤佳。

常用的是肾上腺素，0.1%肾上腺素注射液，皮下或肌肉注射量：马、牛 2～5mL，猪、羊 0.2～1.0mL，犬 0.1～0.5mL，猫 0.1～0.2mL。静脉（腹腔）注射量：马、牛 1～3mL，猪、羊 0.2～0.6mL，犬 0.1～0.3mL。

常配伍使用苯海拉明和异丙嗪。盐酸苯海拉明（可他敏）注射液，肌肉注射量：马、牛每千克体重 0.5～1.1mg，羊、猪 0.04～0.068g。盐酸异丙嗪（非那根）注射液，肌肉注射量：马、牛 0.25～0.5g，羊、猪 0.05～0.1g，犬 0.025～0.1g。

过敏性鼻炎（allergic rhinitis）

过敏性鼻炎即变应性鼻炎，是Ⅰ型超敏反应性免疫病。人类的过敏性鼻炎（枯草热）连同支气管哮喘，是最常见多发的免疫病。动物的过敏性鼻炎，包括因吸入花粉而伴发的所谓"干草感冒"并不罕见，但多被误诊。

【病因】 过敏性鼻炎的病因是所谓特应性的易感个体吸入来自植物或动物的化学结构复杂的变应原物质，如豚草、梯牧草、果园草、甜春草、红顶草、黑麦草等的草花粉；榆树、杨树、枫树、白杨树以及栎属、柏属、橘属等树木的树花粉；曲霉菌、青霉菌、毛霉菌、念珠菌和黑穗病霉菌等霉菌孢子；毛翅目昆虫的鳞屑上皮，膜翅科昆虫的发散物以及其他各种有机尘埃。放牧牛、羊的"夏季鼻塞"，常大批发生于牧草开花的春天和秋天，病因变应原尚未确定。

【症状】 群发于春秋牧草开花季节的牛、羊"夏季鼻塞"，大多突然起病，最突出的症状是伴有窒息危象的呼吸困难，一种发出鼾声或鼻塞音的高度吸气性呼吸困难，甚至张口呼吸。两侧鼻孔流大量浓稠的、灰黄至橙黄色的黏液脓性或干酪样鼻液。患畜间断或连续地打喷嚏，频频摇头不安，在地面上蹭鼻或反复将口鼻部伸进围栏或树丛磨蹭，表明有剧烈的痒感存在。视诊鼻腔黏膜潮红、肿胀，鼻道狭窄，被覆大量炎性渗出物。鼻液涂片染色镜检，见有多量嗜酸性粒细胞。慢性期，刺激症状消退，鼻液分泌减少，呼吸困难缓解。

犬特应性鼻炎，除喷嚏、流鼻涕等鼻炎症状外，还常伴有眼睑肿胀、羞明、流泪等结膜炎症状，特别是有瘙痒、丘疹等特应性皮炎的临床表现。

【治疗】 急性期病畜除按鼻炎实施一般疗法外，要立即应用抗组胺类药物和交感神经兴奋剂，以缓解窒息危象，然后尽快远离疾病感作的牧场或现场。

当前应用的抗组胺药物可分为：烷基胺类，如氯苯吡胺（扑尔敏）；乙二胺类，如特赖皮伦胺（去敏灵）；氨基乙醇类，如苯海拉明（可他敏）。给药途径最好是水剂滴鼻或粉剂吹鼻。抗组胺药与拟交感药如麻黄碱、去甲肾上腺素等联合应用，能增强效果。

荨麻疹（urticaria）

荨麻疹俗称风团或风疹块，是皮肤乳头层和棘状层浆液性浸润所表现的一种扁平疹，属

Ⅰ型超敏反应性免疫病。各种动物均可发生，常见于马和牛，猪和犬次之，其他动物少见。

【病因】致发荨麻疹的变应原相当复杂。依据其常见的病因，可作如下归类：

1. 外源性荨麻疹 其变应原包括某些动植物毒，如蚊、蚋、虻、蝇、蚁等昆虫的刺螫，荨麻毒毛的刺激（因此得名）；某些药剂，如青霉素、磺胺类；生物制品，如血清注射和疫苗接种；石炭酸、松节油、芥子泥等刺激剂的涂擦；劳役后感受寒冷或凉风（故名风疹块），或经受抓搔及磨蹭等物理刺激。

2. 内源性荨麻疹 采食变质或霉败饲料，其中某些异常成分被吸收；胃肠消化紊乱，微生态异常（肠内菌群失调），某些消化不全产物或菌体成分被吸收；饲料质地虽完好，而畜体对其有特异敏感性，如马采食野燕麦、白三叶草和紫花苜蓿，牛突然更换高蛋白饲料，猪饲喂鱼粉和紫苜蓿，犬饲喂鱼肉、蛋、奶等。

3. 感染性荨麻疹 在腺疫、流感、胸疫、猪丹毒、犬瘟热等传染病和侵袭病的经过中或痊愈后，由于病毒、细菌、原虫等病原体对畜体的持续作用而致敏，再次接触该病原体时即感作而发病。

变应原：致发荨麻疹的变应原，分子质量常较小，多为半抗原，与体组织蛋白结合后才具有免疫原作用，皮肤和黏膜为其主要靶器官，肥大细胞释放的组胺等活性递质，可使毛细血管和淋巴管扩张，渗出血浆和淋巴液，发生皮肤扁平丘疹间或黏膜水肿。

【症状】通常无前驱症状而在再次接触变应原的数分钟至数小时内突然起病，发生丘疹。多见于颈、肩、躯干、眼周、鼻镜、外阴和乳房。丘疹扁平状或呈半球状，豌豆至核桃大，数量迅速增多，有时遍布全身，甚至互相融合而形成大面积肿胀。外源性荨麻疹，剧烈发痒，病畜站立不安，常使劲磨蹭，以致皮肤破溃，浆液外溢，被毛纠集，状似湿疹（湿性荨麻疹）。内源性和感染性荨麻疹，痒觉轻微或几乎无痒觉。

通常取急性经过，病程数小时至数日，预后良好。有的取慢性经过（慢性荨麻疹），迁延数周乃至数月，反复发作，常遗留湿疹，顽固难治。

【治疗】急性荨麻疹多于短期内自愈，无需治疗。慢性荨麻疹的治疗原则是消除致敏因素和缓解过敏反应。

消除致敏因素，应停止饲喂霉败饲料，驱除胃肠道寄生虫，灌服缓泻制酵剂，以清理胃肠，排除异常内容物等。

缓解致敏反应，常配伍使用抗组胺类药和拟交感神经药，参见过敏性休克的治疗。

变应性接触性皮炎（allergic contact dermatitis）

变应性接触性皮炎是变应原物质直接频繁接触皮肤而致发的一种慢性变应性皮炎，属Ⅳ型即迟发型超敏反应性免疫病。各种动物均可发生，多见于牛、羊、犬和猫。

【病因】主要是长期接触铬、铅、镍、苯、甲醛、醇类、油漆、沥青、苦味酸、植物脂类等各种无机和有机化合物，或反复应用碘酊、碘仿、松节油、甲醛溶液等药物涂擦皮肤。这些化合物的分子质量低，多为半抗原，穿透皮肤角质层和胶原蛋白间或角质蛋白结合成蛋白复合物之后，即变为完全抗原，刺激机体产生致敏淋巴细胞，当再与致敏机体反复接触感作时，则激起细胞介导的迟发型皮肤超敏反应。

【症状】病变大多局限于接触抗原的皮肤，如鼻端、腹下和四肢等无毛少毛部位。原发性病变包括红斑、丘疹和水疱，有痒感。几经磨蹭和啃咬，则病灶破溃、渗出并结痂。继发感染的，可引起脓皮病。病程迁延的，皮肤变厚，常导致棘皮症。

【防治】关键在于确定并脱离病因变应原物质。皮质类固醇为首选药物。敷用肤轻松、氢化可的松、去炎松等软膏，疗效很好。

自身免疫性溶血性贫血（autoimmune hemolytic anemia，AIHA）

自身免疫性溶血性贫血简称自免溶贫，是体内产生自身红细胞抗体而造成的慢性网状内皮系统溶血间或急性血管内溶血，属Ⅱ型超敏反应性自身免疫病。依据病因，分为原发性AIHA和继发性AIHA。依据自身抗体致敏红细胞的最适温度，分为温凝集抗体型和冷凝集抗体型，即温抗体溶血病和冷抗体溶血病。本病在犬常见，猪、牛、马也有发生。

【病因】原发性自免溶贫病因尚不清楚，故称特发性自免溶贫。继发性自免溶贫见于多种疾病，包括链球菌、产气荚膜梭菌、病毒等各种微生物感染；淋巴瘤、淋巴肉瘤、白血病等恶性肿瘤以及系统性红斑狼疮、自身免疫性血小板减少性紫癜等其他自身免疫病。某些药物和毒物，如青霉素和铅中毒等偶尔也可引起本病。

【症状】温抗体溶血病由温凝集型抗体（主要为IgG）所致，原发性或特发性居多，分急性和慢性两种过程。通常取慢性经过，即以慢性网内系溶血为主要病理过程。病畜在长期间内反复发热、倦怠、厌食、烦渴，可视黏膜苍白、黄染，呈渐进增重的进行性贫血和黄疸，腹部透视和腹壁或直肠触诊可发现脾脏和肝脏明显肿大。

冷抗体溶血病即冷凝集素病，由冷凝集型抗体（多数是IgM，少数是IgG）所致，继发性的居多，通常取急性经过，或在慢性迁延性经过中出现急性发作。主要表现为浅表血管内凝血间或急性血管内溶血。突出的体征是躯体末梢部皮肤发绀和坏死。病畜在冬季或寒夜暴露于低温环境时，致敏红细胞可在浅表毛细血管内发生自凝，表现为耳尖、鼻端、唇边、眼睑、阴门、尾梢和趾垫等体躯末梢部位的皮肤发绀。局部皮肤因缺血而发生坏疽、发热、溶血、肝脾肿大等症状。

【治疗】皮质类固醇疗法是自免溶贫的基本疗法。糖皮质激素，如强的松和强的松龙，每千克体重1mg/d，分2次口服。也可按每千克体重1mg/d，混入葡萄糖生理盐水内缓慢静脉注射，对特发性自免溶贫有良好的效果。配合应用环磷酰胺等其他免疫抑制剂则效果更佳，但必需减量持续用药相当长的时间（数周至数月），否则容易复发。

继发性自免溶贫，应着重查明并治疗原发病，可适当配合上述糖皮质激素疗法。

冷凝集素病继发性的居多，主要在于根治原发病，并应注意避免持续受寒。

天疱疮（pemphigus）

天疱疮是由于体内形成抗表皮细胞自身抗体所致发的一组慢性进行性大疱性自免皮肤病。至于抗表皮组织自身抗体形成的原因，亦即天疱疮的病因，迄今还未确定。动物的天疱疮病组依据皮肤病理组织学变化而分为4种病型，即寻常天疱疮、剥脱天疱疮、增殖天疱疮和红斑天疱疮，先后报道发生于犬、猫、马和山羊。

【症状】突然或逐渐起病，伴有发热、厌食、委顿等不同程度的全身症状。各种动物各型天疱疮的共同临床特点是黏膜、皮肤的表皮内有大疱形成。犬、猫、羊、马的表皮都很薄，大疱期十分短暂，通常很快就出现皮肤糜烂和溃疡，以至结痂或继发感染。

【治疗】天疱疮特别是寻常天疱疮病情重剧，在未应用糖皮质激素疗法之前几乎全部死亡。当前首选的疗法仍然是大剂量糖皮质激素，如强的松或强的松龙（每千克体重 2mg）连续应用。为防止感染可配合抗生素疗法。较低剂量糖皮质激素与其他免疫抑制剂伍用，可获得较好的疗效，如强的松或强的松龙（每千克体重 1mg）与硫唑嘌呤或环磷酰胺（每千克体重 2mg）配伍，隔日 1 次。天疱疮病猫应用醋酸甲地孕酮也可获得良好效果。

（张乃生）

◇ 复习思考题

1. 动物免疫性疾病分为哪几大类？各自包括哪些疾病？
2. 试述过敏性休克的致病因素及临床急救措施。
3. 试述荨麻疹的致病因素及临床表现。

第十三章

应激综合征

应激综合征（stress syndrome）是动物遭受各种不良因素或应激原的刺激时，表现出生长发育缓慢，生产性能和产品质量降低，免疫力下降，严重者引起死亡的一种非特异性反应。各种动物（包括野生动物）均可发生，常见于家禽、猪和牛。

1936年，加拿大病理学家塞里（Selye）首先提出了应激或应激反应学说。这个学说的主要内容是外界环境和内在环境中一些具有损伤性的生物、物理、化学刺激以及精神或心理上的刺激作用于机体，使机体产生的一种非特异性全身适应性反应。

【病因】 实践中引起应激的原因很多，主要是环境因素导致动物处于不适应和激动状态，引起动物非特异反应的结果。

在集约化养殖业中，许多应激原（stressors），如温度变化、电离辐射、精神刺激、过度疲劳、畜舍通风不良及有害气体的蓄积、日粮成分和饲养制度的改变、动物分群、断奶、驱赶、捕捉、运输、剪毛、采血、去势、修蹄、检疫、预防接种等影响动物正常生理活动。在我国大部分地区，夏季出现持续性的高温天气导致动物出现热应激反应。一般认为，动物最适的环境温度为18～24℃，超过32℃即可发病。热应激对家禽的危害最为严重，在产蛋鸡，适宜温度为13～27℃，最大饲料效率的温度为27～29℃。而在肉鸡最大增长速度的温度为10～22℃，最佳饲料效率的温度为27℃。

猪在保定、运输、配种、兴奋或运动等应激因素的作用下可发生猪肉苍白、松软、渗出性猪肉（PSE），干燥、坚硬、色暗的猪肉（DFD）和成年猪背肌坏死（BMN）等为特征的应激综合征，与野生动物捕捉性肌病极为相似，瘦肉型、肌肉发达、生长快的品种最为易感。吸入麻醉剂（如氟烷、氯仿等）和使用去极化肌松药（如琥珀酰胆碱及α肾上腺素能的激动剂）也可诱发本病。

研究表明，该病与遗传有关，主要是常染色体隐性遗传，导致骨骼肌钙动力的异常，已鉴定出多种不同的表现型，其遗传特征在品系甚至群体之间有差异。据报道，皮特兰猪、丹麦长白猪、波中猪和艾维因肉鸡均为应激敏感品种。

【发病机理】 应激反应的发生机理十分复杂，目前仍不完全清楚。

动物在应激原的作用下，通过神经-内分泌途径动员所有的器官和组织来应对应激原的刺激。交感神经首先兴奋，肾上腺髓质对肾上腺素和去甲肾上腺素的分泌增多，参与物质代谢和循环系统的调节，引起心率加快，搏动增强，血管收缩，血流加快，血糖升高。同时，下丘脑受到刺激，分泌促肾上腺皮质激素释放激素（CRH），刺激垂体前叶促肾上腺皮质激素（ACTH）分泌，进入血液循环，促进肾上腺皮质合成糖皮质激素，加强肝脏糖原的异生作用，增加肝糖原储备。

机体在应激原的作用下，下丘脑分泌促甲状腺素释放激素（TRH）增多，最终使甲状腺素的合成和分泌增加，导致体内基础代谢率增高，糖原分解加强，加速脂肪的分解和氧化，影响机体的物质代谢和能量代谢。另外，下丘脑促性腺激素释放激素（GnRH）和垂体前叶促性腺激素分泌减少，引起睾丸、卵巢、乳腺发育受阻，功能减退，临床表现繁殖机能下降甚至不育。有研究发现，交感神经兴奋和血液中儿茶酚胺增加能刺激胰岛α细胞，使胰高血糖素分泌加强，促进糖原分解和糖原异生，使血糖升高。

应激综合征的发生与机体内自由基作用有直接关系。机体在应激原的作用下，体内脂质过氧化加剧，自由基生成过多，组织中超氧化物歧化酶（SOD）、谷胱甘肽过氧化物酶（GSH-Px）及过氧化氢酶（CAT）活性降低，对已生成的自由基清除减慢，使体内细胞和亚细胞膜脂质产生毒害作用，膜结构受损，膜蛋白的结合酶巯基被氧化，离子通道微环境破坏，导致Ca^{2+}大量涌入细胞浆和线粒体。Ca^{2+}是肌肉收缩的触发剂，与ATP作用释放能量，导致肌肉收缩甚至震颤，同时儿茶酚胺进一步释放，肌糖原发生无氧酵解，最终导致乳酸产生过多，肌肉损伤，体内产热增加，体温升高。由此可见，抗自由基功能不足的动物，对应激刺激更敏感，容易发生应激性疾病。根据应激原的作用，临床上将机体发生应激反应的过程分为三个阶段：

惊恐反应或动员阶段：指机体受到应激原刺激后，尚未获得适应，对应激原做出的最早反应。初期体温、血压下降，血液浓缩，神经系统抑制，肌肉紧张度降低，进而发生组织降解，低氯血，高钾血，胃肠急性溃疡，机体抵抗力降低，此阶段称休克期（shock phase）。经过几分钟至24h后，机体防卫反应加强，血压升高，血液中钠和氯含量增加，血钾减少，血糖升高，分解代谢加强，胸腺、脾脏和淋巴系统萎缩，嗜酸性粒细胞和淋巴细胞减少，肾上腺皮质肥大，机体总抵抗力提高，进入反休克期。

适应或抵抗阶段：在此阶段机体逐渐适应了应激原的作用，新陈代谢趋于正常，同化作用占优势，血液中白细胞和肾上腺皮质激素含量趋于正常，机体的全身性非特异性抵抗力提高到正常水平以上。

衰竭阶段：表现与惊恐反应相似，但反应程度急剧增加，出现各种营养不良，肾上腺皮质激素含量降低，异化作用重新占主导地位，体重急剧下降，机体各种储备转竭，新陈代谢出现不可逆的变化，适应能力显著降低，甚至死亡。

应激反应涉及神经系统、内分泌系统及免疫系统的一系列活动，主要通过神经-内分泌途径，动员机体所有器官和组织来对付应激原的刺激，中枢神经系统特别是大脑皮质起整合调节作用。

动物在应激过程中，分解自身组织，生成能量，并把这些能量定向地用于特定组织，同时也减少供应于其他组织的能量。能量产生、分配和利用的过程中，激素作用于靶器官或靶组织，通过改变控制代谢途径的调节酶的活性而使许多代谢过程有机地发生变化。在应激时，脂肪酸、葡萄糖和某些蛋白质分解供能，与此同时，在能量足够时也合成急性期蛋白（acute phase protein）。在物质再分配过程中，组织中的矿物元素含量也发生变化。应激时动物出现其他物质代谢的变化如下：

物质代谢的变化：应激时激素分泌的变化导致物质代谢的变化。动物应激初期，儿茶酚胺类激素启动肝糖原降解，则血糖迅速上升，导致胰岛素分泌增加，促进葡萄糖的肝外摄入。在禁食时，血糖下降引起胰岛素分泌减少，胰高血糖素和皮质醇的分泌增加，促进糖原异生和肝、肾中葡萄糖的合成，同时促进糖原、蛋白质和脂肪的降解。在应激时，所有组织利用葡萄糖生成能量，而且禁食也能引起葡萄糖的短期下降，为防止红细胞和中枢神经系统缺乏葡萄糖，皮质醇阻止葡萄糖转运到其他组织。机体需要胰岛素促进葡萄糖转运到除肝、红细胞和中枢神经系统以外的其他组织，但此时血液中低的胰岛素含量使葡萄糖滞留在血池（blood pool）中，引起血糖升高。皮质醇也保证合成葡萄糖所需碳源的供给，在应激时和在能量不足时，大多数组织中蛋白质的合成减少，某些组织中的蛋白质被优先降解为氨基酸，用于葡萄糖的合成和能量的生成。

能量代谢的变化：除红细胞和中枢神经系统外，其他组织的能量主要来源于脂肪酸的氧化分解。应激时，促肾上腺皮质激素、促甲状腺素、肾上腺素、去甲肾上腺素和胰高血糖素促进脂肪分解生成脂肪酸。脂肪组织分解生成的脂肪酸与血液中的白蛋白结合运输，导致血液中的游离脂肪酸含量升高。在采食的动物中，部分游离脂肪酸在肝中经氧化磷酸化途径供能，游离脂肪酸的主要代谢途径是在肝中转化为极低密度脂蛋白（VLDL）而重新转运到血液中。然而，当动物被禁食时能量和 VLDL 的生成都显著降低，从而游离脂肪酸潴留在肝中。为了防止脂肪肝的发生和把能源运输到其他组织，游离脂肪酸转化成酮体。酮体在循环血液中的积累可导致代谢性酸中毒。据报道，刚到肥育场的牛会受运输应激而生成大量酮酸和乳酸，醛固酮和皮质醇的大量分泌及组织分解，引起 Ca、P、K、Mg、Zn、Cu 的严重缺乏。酸中毒还抑制 1,25-二羟钙化醇[1,25-$(OH)_2D_3$]的合成，影响钙、磷平衡，幼单核细胞和单核细胞分化为巨噬细胞的过程以及巨噬细胞功能的发挥。

蛋白质和氨基酸代谢的变化：禁食初期，肝、肾和肠细胞中的蛋白质首先降解，生成游离氨基酸并被分解产生能量，或转运到其他地方利用。氨基酸分解过程产生的氨基被 α 酮酸"捕获"，生成丙氨酸和谷氨酰胺。胰高血糖素使骨骼肌中丙氨酸的生成多于谷氨酰胺，丙氨酸比谷氨酰胺为更好的糖异生原料。在应激过程中，谷氨酰胺的最重要功能是在组织间运输氮，作为核酸、核苷酸和蛋白质合成的前体，进而为细胞增生提供原料。因而谷氨酰胺能被快速增生细胞（如肠细胞和淋巴细胞）优先利用，并通过生成尿素来调节酸碱平衡。在中性 pH 条件下，绝大多数血液中的丙氨酸、谷氨酰胺和由肌蛋白降解生成的氨基酸一起转运到肝脏，进入各自的代谢途径。应激时，皮质醇增加转氨酶的活性，使丙氨酸和谷氨酰胺脱去氨基，经糖异生途径生成葡萄糖；同时生成的氨与其他终产物（如 CO_2）一起进入尿素循环。另外，胰高血糖素和糖皮质激素增强尿素循环酶的活性。因此，动物在应激下蛋白质降解多时，血液中尿素水平升高。当肌蛋白降解时，肌酸从肌组织中释放出来，则血液中肌酸水平也升高。

动物受到应激原作用后，免疫力下降，对某些传染病和寄生虫病的易感性增加，降低预防接种的效果。

【症状】动物应激综合征表现多种多样。

1. 主要表现类型

（1）猝死型：即所谓"突毙综合征"，主要是动物受到强烈应激源刺激时，不表现任何临床病症而突然死亡。如运输中的动物受到应激原的强烈刺激、高温、拥挤或惊恐，有的牛在运输开始后仅 2~4h 就突然昏迷倒下，呼吸极度困难，全身颤抖，对人为驱赶无任何反应，于 10min 内死亡。

（2）神经型：患猪表现肌纤维颤动，特别是尾部，背肌和腿肌出现震颤，继而肌颤发展为肌僵硬，使动物步履艰难或卧地不动。患牛则表现高度兴奋，颈静脉怒张，二目圆睁，大声吼叫，常以头抵撞车厢壁，不断磨牙，几分钟后倒下，呼吸浅表，有间歇，有的牛从口鼻喷出粉红色泡沫，很快死亡。

(3) 全身适应性综合征：乳牛、乳山羊、仔猪、繁殖雌畜受严寒、酷暑、饥饿、过劳、惊恐、中毒及预防注射等诸多因素作用时，引起应激系统的复杂反应。表现为警戒反应性休克、体温降低、血糖下降、血压下降、血液浓缩、嗜酸性粒细胞减少等。与此同时，出现体温升高，血压增高，血容积增大，两者相互交错、掩映，易于混淆，应予注意。

(4) 恶性高热型：常见于运输途中的肥猪、肉牛、鸡、鸭等。主要由于运输应激、热应激、拥挤应激及击打应激等，多表现为大叶性肺炎或胸膜炎症状。体温极度升高，牛体温达42℃以上，皮温增高，触摸有烫手感；猪体温达40.5~41℃，并居高不下，每5~7min可升高1℃，直至临死前可达45℃。白色猪的皮肤出现阵发性潮红，继而发展成紫色，可视黏膜发绀，最后呈现虚脱状态，如不予治疗，80%以上的病猪于20~90min内进入濒死期，死后几分钟就发生尸僵，肌肉温度很高。死后剖检，多数有大叶性肺炎或胸膜炎病变。

(5) 胃肠型：常见于猪和牛。临床上呈现胃肠炎、瘤胃臌气、前胃迟缓、瓣胃阻塞等病症。剖检所见主要是胃黏膜糜烂和溃疡。

(6) 慢性应激综合征：多数应激源强度不大，持续或间断引起的反应轻微。主要表现在生产性能降低，防卫机能减弱，易继发感染。这类疾病在营养、感染及免疫应答的相互作用较为常见。

(7) 生产性能下降：畜禽经长途运输后，即使不发生死亡，亦会表现生产性能下降，如产蛋母鸡停止产蛋或品质下降，又如猪呈现PSE猪肉、DFD猪肉、背最长肌坏死等。

2. 不同动物的临床表现

(1) 猪：初期表现尾、四肢及背部肌肉轻微震颤，很快发展为强直性痉挛，运步困难。由于外周血管收缩，白猪皮肤出现苍白、红斑及发绀。心动过速（约200次/min），心律不齐，呼吸困难，甚至张口呼吸，口吐白沫，体温升高（5~7min升高1℃，死前可达45℃）。若不及时治疗，即可出现昏迷、休克、死亡。死后几分钟内发生尸僵，肌肉温度升高，高浓度的乳酸降低了肌肉的pH（≤5）。当尸体冷却后，肌肉pH迅速上升，背部、股部、腰部和肩部肌肉最常受害，Ⅱ型纤维比例高的肌肉如半腱肌和腰肌受害最严重。急性死亡的病猪，受害肌肉在死后15~30min呈现苍白、柔软、湿润，甚至流出渗出液，即所谓PSE。反复发作而死亡的病猪，可能在腿肌和背肌出现DFD。肌肉的组织学变化无特异性，主要表现肌肉纤维横断面直径的变化和玻璃样变性。

(2) 野生动物：被捕获管束之后常发生"捕捉性肌病综合征"，表现为出汗，肌肉震颤，运动强拘，四肢屈曲和伸展困难，行走后躯摇摆，最后四肢麻痹，不能站立，卧地不起，有肌红蛋白尿。主要因乳酸中毒而急性死亡或肌肉僵硬。主要的病变在骨骼肌，表现为出血、纤维肿胀，横纹消失，酸性粒细胞增多，透明变性或颗粒变性，严重者肌纤维断裂、坏死，并有多形核白细胞浸润。

(3) 家禽：在生产中常发生热应激，主要由环境温度和湿度过高共同作用而产生的非特异性应答反应。热应激可导致行为异常，出现翅膀下垂，张口呼吸，饮水量增加，活动量减少，常寻找阴凉、通风或潮湿的地方伏卧。同时引起食欲下降和多种代谢异常（如体温升高，电解质、酸碱和激素平衡失调，组织损伤），鸡在高温环境中1h即可出现代谢性碱中毒。肉鸡生长缓慢，饲料报酬降低。母鸡产蛋量和蛋壳质量下降，蛋壳表面粗糙变薄、变脆、破蛋率上升。30℃高温持续 2 d，蛋鸡饲料消耗量和料蛋比显著下降，35℃持续 6 d，产蛋率、蛋重、饲料消耗量、料蛋比和体重均显著下降。罗曼蛋鸡在 33~37℃环境 1 h，体温升高 2~2.5℃，40℃以上高温持续 8h，有 10% 的鸡死亡，持续 30 h，可使 65% 鸡死亡，而持续 40 h，90% 的鸡死亡。热应激不仅发生于高温和潮湿的热带地区，而且也发生于温带地区，夏季在隔热良好的禽舍中也可发生热应激。另外，鸡热应激时抑制免疫机能，对疾病的抵抗力降低，容易继发呼吸道疾病和溃疡性肠炎，并易遭受葡萄球菌、大肠杆菌、绿脓杆菌的侵袭，对新城疫、传染性喉气管炎及禽出血性败血症的易感性增加。

【病理变化】

1. 内分泌变化 应激使内分泌发生变化。研究表明，猪和母羊运输应激后 30min，血浆皮质醇浓度即达峰值，运输结束后迅速下降到基值。禽类的糖皮质激素主要是皮质酮，而皮质醇仅在胚胎肾上腺被合成，孵出后不久皮质醇的合成便停止。因此，检测禽类血浆中皮质酮水平是一项有效的应激指标，这是家禽在应激状态下皮质醇水平不升高的原因。另外，应激使畜禽血浆肾上腺素浓度迅速升高，而血浆去甲肾上腺素浓度变化不大。应激还可引起血浆中甲状腺素（T_4）和三碘甲腺原氨酸（T_3）水平增高，其中 T_4 于运输开始后 10min 达峰值，T_3 于 15~20min 达峰值，而生长调节素（SM）水平下降。

2. 免疫功能的改变 应激影响机体的免疫机能。应激原的作用经下丘脑-垂体-肾上腺皮质轴，促使糖皮质激素分泌，从而抑制机体的体液免疫和细胞免疫，降低对某些疾病的抵抗力，其机制为：①降低巨噬细胞的吞噬机能，抑制对已吞噬物质在细胞内的消化；②有溶解 B 细胞的作用，从而减少 B 细胞的数量；③引起 T 协助细胞分泌的细胞再生因子即白介素（IL-2）和淋巴细胞活素减少，从而抑制浆细胞产生抗体的作用；④抑制免疫细胞对葡萄糖的摄取以及细胞内蛋白质的合成；⑤抑制淋巴细胞游走及摄取异物的能力，并使细胞数量减少；⑥抑制胸腺内淋巴细胞的有丝分裂，抑制淋巴细胞的 DNA 合成，影响小淋巴细胞向 T 细胞转化；⑦抑制 T 细胞向抗原沉积处移行；⑧阻止致敏的 T 细胞释放淋巴细胞活素；⑨抑制中性粒细胞释放溶酶体。另外，应激还可使体内自由基产量增加，从而消耗抗氧化剂——生育酚，进一步影响机体内维生素 E 的含量，使机体的抗病能力降低。可见，应激时神经-内分泌-免疫系统发生了一系列变化，神经-内分泌-免疫系统是体内十分复杂的综合体系，是机体应激反应的整合体。

3. 血液其他主要生化指标的改变 发生应激综合征时，动物血清肌酸磷酸激酶（CPK）、天门冬酸氨基转移酶（AST）、乳酸脱氢酶（LDH）等活性均有不同程度的升高，而β-羟丁酸脱氢酶活性降低，其中 CPK 是肌细胞特异酶，CPK 活性显著升高是肌细胞膜系统受损的一个重要指标。应激还使血液 pH 值降低（小于 6），血液乳酸盐和丙酮酸盐含量增加，血液乳酸水平可达 27.8~33.3mmol/L（250~300mg/dL），严重者达 47.18mmol/L（425mg/dL）（正常值小于 11.1mmol/L，即 100mg/dL）。动脉血二氧化碳分压升高，氧消耗量增加，血浆儿茶酚胺、钾、磷浓度增加。鸡热应激时，血糖、血清总蛋白和白蛋白含量显著下降。

【诊断】根据遭受应激的病史，结合遗传易感性和休克样临床表现，如肌肉震颤、体温快速升高、呼吸急促、强直性痉挛等，即可做出初步诊断。测定血液有关指标有助于诊断。该病应与高热环境中强迫运动所致的中暑或剧烈运动后引起的肌红蛋白尿相鉴别。

【治疗】消除应激原，根据应激原性质及反应程度，选择镇静剂、皮质激素及抗应激药物。大剂量静脉补液，配合5%碳酸氢钠溶液纠正酸中毒；应用多种维生素饲料添加剂（如"速补18"），有较好的疗效；也可采取体表降温等措施，有条件的可输氧。

1. 中药治疗 天然抗应激中草药具有安全性大、无抗药性、无残留、副作用小等特点，其中补虚类药能增强抵抗力，提高免疫力；补肾类药调节能量代谢和内分泌功能，可显著提高机体抗应激的能力。如刺五加液（1.0mL），能明显提高应激刺激导致动物低压缺氧的耐受力，并有降低基础代谢、抗疲劳作用。

2. 西药治疗 日粮中添加抗应激药物是消除或缓解应激对畜禽危害的有效途径。国内外研制的抗应激添加剂主要有：①缓解酸中毒和维持酸碱平衡的物质，如$NaHCO_3$、NH_4Cl、KCl等。②维生素，如维生素C、维生素E。③微量元素，如锌、硒、铬。④药物，如安定止痛剂（氯丙嗪、哌唑嗪、三氟拉嗪、氟哌啶醇）、安定剂（氯二氢甲基苯并二氮杂卓酮、溴氯苯基二氢苯并二氮杂卓酮）和镇静剂（苯纳嗪、溴化钠、盐酸地巴唑）。⑤参与糖类代谢的物质，如琥珀酸、苹果酸、延胡索酸、柠檬酸等。

由于应激对动物的影响是多方面的，不同的应激对动物的影响是不同的，单一抗应激添加剂不可能完全或最大程度地消除或缓解应激，因此针对不同应激原，使用抗应激剂的配伍组合，发挥综合抗应激效果比较可靠。一些特异性受体阻断剂或激动剂，如糖皮质激素受体阻断剂、中枢受体激动剂及多巴胺受体阻断剂等的发现将为抗应激剂研究开辟新的方向。

【预防】

1. 注意选种、育种工作 动物对应激的敏感性因遗传基因不同而有一定差异，利用育种的方法选育抗应激动物，淘汰应激敏感动物，可以逐步建立抗应激动物种群，从根本上解决畜禽的应激问题。测试应激敏感猪通常采用氟烷试验结合测定血清CPK活性。

2. 加强饲养管理 改善卫生条件，尽量减少运输中各种应激原的刺激，主要是选择适当的运输季节（春秋季），最好不要在炎热夏季运输。装卸动物时尽量避免追赶、捕捉；编组时尽量把来自同一畜舍或养殖场的畜禽编到一起，避免任意混群，以减少畜间争斗；运输途中要创造条件保证畜禽的饮水供应；炎热夏季运输时，应改善运输工具的通风换气条件，加强防暑降温措施，妥善安排起运时间，避开高温时分；为减轻噪音刺激，可以给被运输的家畜两耳内放入脱脂棉制成的耳塞；对运输司机和押运人员加强管理，提高业务素质，尽量减少对畜禽的不良刺激等。在运输或出栏前，应激敏感动物可用氯丙嗪预防注射，或应用抗应激的其他药物。

3. 改善鸡群的环境和营养，消除应激因素 增加空气流动以促进热散失，应开边笼饲养，在封闭式鸡舍增加通风或使用蒸发式冷却系统，降低饲养密度。营养改善包括优化日粮以满足应激鸡对能量和蛋白质的不同需要，以及额外提供某些经证实具有特定有益作用的养分。维生素C是在热应激条件下常常被添加到日粮中的维生素之一，额外添加维生素E也有助于减轻热应激引起的产蛋量降低。

（庞全海）

◇ **复习思考题**

1. 什么是急性应激综合征？
2. 简述应激综合征发病原因、机理、症状。
3. 如何预防应激？

兽医内科学专业名词中英、英中对照

(一)

α-甘露糖苷酶　α-mannosidase
α-甘露糖苷储积病　α-mannosidosis
α-地中海贫血　α-mediterranean anemia
β-半乳糖苷酶　β-galactosidase
β-半乳糖脑苷脂酶　β-galaetocerebrosidase
β-地中海贫血　β-mediterranean anemia
β-海洋性贫血　β-thalassemia
β-去氢香薷酮　β-dehydroelshlotzia ketone, noginata ketone
N-乙酰-β-D氨基己糖胺酶　n-acetyl-β-d-hexosaminidase
S-甲基半胱胺酸亚砜　S-methylcysteine sulfoxide, SMCO
2,3,7,8-四氯-二苯基-并-二噁英　tetrachlorinated dibenzo-p-dioxin, TCDD
3-硝基-1-丙醇　3-nitro-1-propyl, 3NPOH
3-硝基-丙醇-β-D吡喃葡萄糖苷　miserotoxin
3-硝基丙酸　3-nitropropionic acid, 3NPA
阿狄森氏病　Addison's disease
阿尔茨海默C病　Alzheimer's C disease
阿杞方　atophan
氨中毒　ammonia poisoning
白菜型油菜　Brassica campestris
白蛋白池　albumin pool
白花黄芪　A. leucocephalus
白化病　albinism
白栎　Q. fabri
白苏　Perilla frutescens L. Brit
白苏中毒　Perilla frutescens poisoning
白血病　leukemia
半乳糖脑苷脂储　galactosylceramide lipidosis
瓣胃阻塞　omasum impaction
包头棘豆　O. glabra Var
北黄花菜　H. lilioasphodelus L. emend Hyland
北萱草　H. esculenta Koidz
苯磺唑酮　sulphinpyrazone
苯茚胺　phenindaminum
鼻出血　epistaxis
鼻炎　rhinitis
蓖麻　Ricinum communis
蓖麻毒素　ricin
蓖麻碱　ricinine
蓖麻中毒　castor poisoning
扁桃体炎　tonsillitis
便秘　constipation
变态反应　allergy
变异黄芪　A. variabilis
变应性接触性皮　allergic contact dermatitis
别嘌呤醇　allopurinol
冰川棘豆　O. glacialis
卟胆原　porphobilinogen, PBG
卟啉尿　porphyrinuria
菜子饼粕中毒　rape seed-cake poisoning
产后血红蛋白尿病　post-parturient haemoglobinuria, PPF
肠便秘　intestinal constipation

肠变位　intestinal dislocation
肠梗阻　intestinal obstruction
肠臌气　intestinal tympany
肠积沙　intestinal sabulous
肠结石　enterolithiasis
肠痉挛　intestinal spasm
肠套叠　intestinal invagination
肠系膜动脉血栓-栓塞　thrombo - embolia of mesenteric arteria
超敏反应病　hypersensitivity disease
出血性素质　hemorrhagic diathesis
传染性胚胎病　infectional embryonic disease
喘鸣症　roaring
创伤性网胃腹膜炎　traumatic reticuloperitonitis
创伤性心包炎　traumatic pericarditis
创伤性脾炎和肝炎　traumatic splenitis and hepatitis
丛生黄芪　A. confertus
促生长添加剂　growth - promoting additives
猝死综合征　sudden death syndrome, SDS
大白杜鹃　R. decorum
大葱中毒　welsh onion poisoning
大红细胞增多症　macrocylic erythrocymsis
大囊岩蕨　Woodsia nacrochlaendment
大脑皮质坏死　cerebrocortical necrosis
大叶性肺炎　lobar pneumonia
单端孢霉毒素　trichothecin
单端孢霉毒素中毒　trichothecin poisoning
单端孢霉烯族化合物　trichothenes
胆管炎　cholangitis
胆碱缺乏病　choline deficiency
胆囊炎　cholcystitis
胆石症　cholelithiasis
蛋白质丢失性肠病　protein - losing enteropathy
氮尿症　azoturia

刀豆球蛋白 A　concanavalin A, Con A
岛青霉毒素　islanditoxin
稻曲霉　Claviceps virens
低钙血性痉挛　hypocalcemia Spasm
低糖血症　hypoglycemia
低氧性肾病　hypoxic nephrosis
地方性血尿病　enzootic hematuria
癫痫　epilepsia
碘缺乏病　iodine deficiency
淀粉样变　amyloidosis
丁烯酸内酯　butenolide
丁烯酸内酯中毒　butenolide poisoning
动脉硬化　arteriosclerosis
毒芹　Cicuta virosa L.
毒芹素　cicutoxin
毒芹中毒　cicuta virosa poisoning
毒鼠强　tetramin, TEM
毒物　toxicant, toxic agent, poison
毒性　toxicity
毒蕈碱　muscarin
犊牛水中毒　water poisoning in calf
犊牛遗传性共济失调　inherited ataxia of calves
杜鹃花属　Rhododendron
杜鹃中毒　Rhododendron poisoning
短柄枹栎　Q. glandulifera
多分叶巨大中性粒细胞症　gaint hypersegmented neutrophilia
多氯二苯并二噁英类　polychlorinated dibenzo - p - dioxins, PCDD
多氯二苯并呋喃类　polychlorinated dibenzofurans, PCDF
多氯联苯类　poly - chlorinated biphenyls, PCB
多囊肾病　polycystic renopathy
多尿症　polyuria
噁唑烷硫酮　oxazolidine thione, OZT
二醋酸藨草镰刀菌烯醇　diacetoxyscirpenol, DAS

二噁英　dioxin
二噁英中毒　dioxin poisoning
二尖瓣闭锁不全　mitral insufficiency
二尖瓣狭窄　mitral stenosis
法乐氏四联症　tetralogy of Fallot
翻仰　filp over
泛酸缺乏病　pantothenic acid deficiency
非创伤性心包炎　non-traumatic pericarditis
肥胖症　obesity
肺充血　pulmonary congestion
肺动脉瓣闭锁不全　pulmonary insufficiency
肺动脉瓣狭窄　pulmonary stenosis
肺气肿　pulmonary emphysema
肺肉变　carnification
肺水肿　pulmonary edema
吩噻嗪　phenothiazine
疯草　locoweed
疯草病　locodisease
疯草中毒　locoweed poisoning
疯草中毒病　locoism
蜂毒中毒　bee venom poisoning
氟病　fluorosis
氟乙酰胺　fluoroacetamide
腐败毒　sepsin
腹膜炎　peritonitis
腹腔积液综合征　ascites syndrome
腹危象　abdominal crisis
甘蓝型油菜　*B. napus*
甘肃棘豆　*O. kansuensis*
肝脑病　hepato-encephalopathy
肝炎　hepatitis
肝硬变　hepatic cirrhosis
感光过敏　photosensitivity
感冒　common cold
肛门囊炎　anal sac disease
高硫葡萄糖苷　thioglucoside, glucosinolate

高山病　high mountain disease
高脂血症　hyperlipidemia
羔羊食毛症　wool eating in lamb
睾丸发育不全　testicular hypoplasia
格鲁布性肺炎　croupous pneumonia
格鲁布性咽炎　croupous pharyngitis
膈痉挛　diaphragmatic flutter
镉中毒　cadmium poisoning
汞中毒　mercury poisoning
佝偻病　rickets
骨软病　osteomalacia
骨髓恶液质　bone marrow dyscrasia
钴缺乏病　cobalt deficiency
鼓槌　drumstick
贯叶连翘　*H. perforatum*
光能剂　photodynamic agent
过敏反应　anaphylaxis
过敏性鼻炎　allergic rhinitis
过敏性休克　anaphylactic shock
哈密黄芪　*A. hamiensis*
含羞草氨酸　mimosine
禾柄锈菌　*Puccinia graminis*
合成抗菌药物添加剂　synthetic antibacterial agent additives
颌下腺炎　submaxillaritis
黑麦草　lolium perenne
黑素体　melansome
红齿病　pink tooth disease
红青霉毒素　rubratoxin
红青霉毒素中毒　rubratoxin poisoning
红三叶草　*Trifolium pretense*
喉囊病　guttural pouch disease
喉囊膨胀　guttural pouch tympany
喉囊积脓　guttural pouch empyema
喉囊霉菌病　guttural pouch mycosis
喉偏瘫　laryngeal hemiplegia
喉炎　laryngitis
呼气性呼吸困难　expiratory dyspnea
呼吸功能不全　respiratory insufficiency

呼吸窘迫综合 respiratory distress syndrome, RDS
呼吸困难 dyspnea
呼吸衰竭 respiratory failure
胡萝卜素 carotene
槲栎 Q. aliena
槲皮黄素 quercetin
槲树 Q. dentata
化脓性肺炎 suppurative pneumonia
化脓性咽炎 suppurative pharyngitis
坏疽性肺炎 gangrenous pneumonia
环丙烯类脂肪酸 cyclopropenoid fatty acids, CPFA
黄花杜鹃 R. anthopognoider
黄花棘豆 O. ochrocephala
黄花夹竹桃 Thevetia L.
黄花苜蓿 Medicago hispida
黄花羽扇豆 Lupinus angustufolius
黄绿青霉毒素 citreoviridin toxin
橘青霉毒素 citrinin toxin
黄芪属 Astragalus sp.
黄曲霉 Aspergillus flavus
黄曲霉毒素 aflatoxin, AFT
黄曲霉毒素中毒 aflatoxicosis
黄天精 luteoskyrin
黄脂病 yellow fat disease
喙错位 crossed beaks
混合性呼吸困难 mixed dyspnea
霍乱毒素 B cholera toxin B
肌红蛋白尿 myoglobinuria
畸变 teratosis
急腹症 acute abdominal disease
急弯棘豆 O. deflexa
急性肺泡气肿 acute alveolar pulmonary emphysema
急性结肠炎 acute coliltis
急性期蛋白 acute phase protein
急性实质性肝炎 acute parenchymatous hepatitis
急性胃扩张 acute gastric dilatation
急性心肌炎 acute myocarditis
急性心内膜炎 acute endocarditis
急性支气管炎 acute bronchitis
棘豆属 Oxytropis sp.
蒺藜 Tribulus terrestris
已糖胺酶 hexosaminidase
脊髓损伤 spinal cord injury
脊髓膜炎 meningomyelitis
脊髓炎 myelitis
寄生曲霉 A. parasiticus
夹竹桃科 apocynaceae
夹竹桃中毒 oleander poisoning
夹竹桃属 Nerium L.
家族性甲状腺肿 familial goiter
甲苯胺蓝 toluidine
甲型血友病 hemophilia A
甲状腺疾病 thyroid diseases
甲状腺机能减退 hypothyroidism
甲状腺机能亢进 hyperthyroidism
坚硬黄芪 A. rigidulus
间性 intersexual
间质性肺气肿 pulmonary interstitial emphysema
碱病 alkaline disease
芥菜型油菜 B. juncea
芥子碱 sinapine
金丝桃属 Hypericum sp.
锦葵酸 malvalic acid
茎直黄芪 A. strictus
腈 nitrile
胫骨软骨发育不良 tibial dyschondroplasia, TD
局部性上颌肌炎 local maxillary myositis
蕨 bracken
蕨科 Pteridiaceae
蕨蹒跚 bracken stagger
蕨中毒 bracken poisoning
蕨属 Pteridium sp.

军用毒剂中毒　military toxic agent poisoning
卡他性肺炎　catarrhal pneumonia
卡他性口炎　catarrhal stomatitis
卡他性咽炎　catarrhal pharyngitis
抗坏血酸　ascorbic acid
抗生素添加剂　antibiotics additives
空泡性肾病　vacular nephrosis
口炎　stomatitis
苦马豆素　swainsonine
宽苞棘豆　*O. latibracteata*
溃疡性口炎　ulcerative stomatitis
劳累性横纹肌溶解病　exertional rhabadmyolysis
酪氨酸酶缺乏症　tyrosinase deficiency
栎丹宁　oak tannin
栎树　*Q. serra*
栎树叶中毒　oak leaf poisoning
栎属　*quercus*
镰刀菌属　*Fusarium* sp.
镰形棘豆　*O. falcata*
两性畸形　hermaphroditism
辽东栎　*Q. liaotungensis*
硫胺素酶　thiaminase
硫氰酸酯　thiocyanate
瘤胃臌气　ruminal tympany
瘤胃积食　ruminal impaction
瘤胃酸中毒　rumen acidosis
瘤胃异常角化　ruminal parakeratosis
龙葵素　solanin
卵巢发育不全　ovarian hypoplasia
卵巢囊肿　ovarian cyst
麻栎　*Q. acutissima*
马铃薯中毒　potato poisoning
马麻痹性肌红蛋白尿病　paralytic myoglobinuria in horses
马尾神经炎　caudal neuritis of equine
麦角生物碱　ergot alkaloid
麦角生物碱中毒　ergot alkaloid poisoning
满山红　*R. dauricum*
慢热　slow fever
慢性肺泡气肿　chronic alveolar pulmonary emphysema
慢性脑室积水　chronic hydrocephalus
慢性肾衰竭　chronic renal failure
慢性胃扩张　chronic gastric dilatation
慢性支气管炎　chronic bronchitis
慢性阻塞性肺病　chronic obstructive pulmonary disease, COPD
猫泌尿系统综合征　feline urologic syndrome
毛瓣棘豆　*O. sericopetala*
毛霉菌属　*Mucor*
毛叶蕨　*P. revolutum*（BL）Nakai
霉菌毒素　mycotoxin
霉菌毒素中毒　mycotoxicosis
霉菌性肺炎　mycotic pneumonia
霉菌性口炎　mycotic stomatitis
霉菌性胃肠炎　mycotic gastro-enteritis
霉烂甘薯中毒　mouldy sweet-potato poisoning
蒙古栎　*Q. mongolica*
锰缺乏病　manganese deficiency
弥漫性血管内凝血　disseminated intravascular coagulation, DIC
迷走神经性消化不良　vagus indigestion
绵羊妊娠毒血症　pregnancy toxemia in sheep
棉酚　gossypol
棉子饼粕中毒　cotton cake poisoning
免疫缺陷病　immunodeficiency disease
免疫缺陷综合征　immunodeficiency syndrome
免疫抑制作用　immunosuppresive effects
免疫增生病　immunoproliferative disease
灭鼠药中毒　rodenticides poisoning
谬勒管发育不全　mullerian duct hypoplasia
母牛肥胖综合征　fat cow syndrome

母牛热　cow fever
母猪产仔歇斯底里征　farrowing hysteria in sow
母猪乳房炎-子宫炎-无乳综合征　mastitis - metritis - agallactia in sow，MMA
木贼镰刀菌　*F. equiesti*
钼中毒　molybdenum poisoning
慕雄狂　nymphomana
钠盐中毒　sodium salt poisoning
奶牛酮病　ketosis in dairy cows
南丘羊　southdown
脑挫伤　contusion of brain
脑膜脑炎　meningoencephalitis
脑脓肿　brain abscess
脑软化　encephalomalacia
脑炎　encephalitis
脑震荡　concussion of brain
脑肿瘤　neoplasma of the brain
闹羊花　*R. simsii*
闹羊花毒素Ⅲ　rhodojaponin Ⅲ
尼曼-匹克病　Neimann - Pick disease
泥炭泻　peat scouring
黏液膜性肠炎　mucomembraneous enteritis
鸟蕨　*Stenoloma chusanum*（L.）Ching
尿崩症　diabetes insipidus
尿道炎　urethritis
尿毒症　uremia
尿石症　urolithiasis
尿素中毒　urea poisoning
柠檬色霉素　citrinin
牛白细胞黏附缺陷　bovine leukocyte adhesion deficiency
牛非典型间质性肺炎　bovine atypical interstitial pneumonia，BAIP
牛海绵状脑病　bovine spongiform encephalopathy，BSE
牛粒细胞病　bovine granulocytopathy
牛妊娠毒血症　pregnancy toxemia in cattle
牛小脑发育不良　cerebellar hypoplasia of cattle
牛血红蛋白尿病　bovine haemoglobinuria
牛脂肪肝病　fatty liver disease of cattle
牛脂肪组织坏死　fat necrosis of cattle
欧洲蕨　*Pteridium aquiline*
欧洲蕨斜羽变种　*P. aquilinum*（L.）Kuhn var. *latiusculum*（Desv.）Uundrew
爬行母牛综合征　creeper cow syndrome
蹒跚病　gid
泡沫性瘤胃臌气　frothy bloat
膀胱麻痹　paralysis of bladder
膀胱炎　cystitis
佩洛灵　perloline
皮毛兽自咬症　self - biting in fur - bearer
皮质类固醇　corticosteroid
贫血　anemia
苹婆酸　sterculic acid
气管支气管炎　tracheobronchitis
契-东综合征　Chediak - Higashi syndrome，CHS
铅中毒　lead poisoning
前胃弛缓　atony of forestomach
荨麻疹　urticaria
荞麦　*Fagopyrum* sp.
荞麦素　fagopyrim
憔悴猪病　fading pig disease
禽痛风　gout in poultry
椋木毒素　grayanotoxin
青草搐搦　grass tetany
青草蹒跚　grass stagger
青霉毒素　penicillin - toxin
青霉毒素类中毒　penicillin - toxin poisoning
青霉震颤毒素　penitrem toxin
青霉震颤毒素中毒　penitrem toxin poisoning
青霉属　*Penicillium*
氢氰酸中毒　hydrocyanic acid poisoning
球样细胞性脑白质营养不良　globoid cell

leukodystrophy
曲霉属　*Aspergillus*
驱虫类药物添加剂　helminthicide - drug additives
全身性多肌炎　generalized polymyositis
全身性糖原储积病　generalized glycogenosis
妊娠期延长　prolongation of pregnancy period
热射病　siriasis
日射病　insolation
绒毛心　corvillosum
融合性支气管肺炎　confluent bronchopneumonia
肉鸡猝死综合征　sudden death syndrome in broilers
肉鸡肺动脉高压综合征　pulmonary artery high - pressure syndrome in broilers，PHS
肉鸡腹水征　ascites in broilers
肉鸡腹水综合征　broiler ascites syndrome，BAS
肉鸡脂肪肝和肾综合征　fatty liver and kidney syndrome in broilers，FLKS
乳糜胸　chylothorax
乳猪病　baby pig disease
锐齿栎　*Q. alina*
腮腺炎　parotitis
三甲氧基苯丙烯　elemicin
三尖瓣闭锁不全　tricuspid insufficiency
三尖瓣狭窄　tricuspid stenosis
疝痛　colica
上皮生长因子　epithelial growth factor
舌下腺炎　sublinguitis
蛇毒中毒　snake venom poisoning
砷中毒　arsenic poisoning
神经节苷脂储积病　gangliosidosis
神经鞘磷脂储积病　sphingomyelinosis
肾棒状杆菌　corymebacterrium renale

肾病　nephrosis
肾上腺皮质机能减退　hypoadrenocorticism
肾上腺皮质机能亢进　hyperadrenocorticism
肾上腺皮质疾病　adrenocorticotropic diseases
肾炎　nephritis
肾盂肾炎　pyelonephritis
肾盂炎　pyelitis
渗透性肾病　osmotic nephrosis
生产疾病　production disease
生物素缺乏病　biotin deficiency
食道炎　esophagitis
食道阻塞　esophageal obstruction
食盐中毒　salt poisonin
食源性酮病　alimentary ketosis
黍属　*Panicum* sp.
酸性粒细胞性脑膜脑炎　eosinophilic meningocephalitis
栓皮栎　*Q. uariabilis*
双羔病　twin lamb disease
双生间雌　freemartin
水疱性口炎　vesicular stomatitis
嗉囊卡他　ingluvitis
嗉囊阻塞　obstruction in gluviei
太白杜鹃　*R. purdomii*
糖尿病　diabetes Mellitus
糖原性肾病　glycogen nephrosis
天疱疮　pemphigus
铁缺乏病　iron deficiency
铜缺乏病　copper Ddeficiency
铜中毒　copper poisoning
酮血症　acetonemia
童氏萱草　*H. thunbergii* Baker
突变　mutation
唾液腺炎　sialoadenitis
外周循环虚脱　peripheral circulatory collapse
微量元素添加剂　traceelements additives

维生素 A 缺乏病　vitamin A deficiency
维生素 B_{12} 缺乏病　vitamin B_{12} deficiency
维生素 B_1 缺乏病　vitamin B_1 deficiency
维生素 B_2 缺乏病　vitamin B_2 deficiency
维生素 B_6 缺乏病　vitamin B_6 deficiency
维生素 C 缺乏病　vitamin C deficiency
维生素 D 缺乏病　vitamin D deficiency
维生素 K 缺乏病　vitamin K deficiency
维生素添加剂　vitamin additives
伪白化病　pseudoalbinism
胃肠卡他　gastro-enteric catarrh
胃肠炎　gastro-enteritis
胃溃疡　stomach ulcer
胃扭转-扩张综合征　gastric dilatation-volvulus syndrome
沃弗管发育不全　Wilffian duct hypoplasia
卧倒不起综合征　downer cow syndrome
无黑色素症　amelanosis
无机氟中毒　inorganic fluoride poisoning
蜈蚣毒中毒　centipede venom poisoning
五氯酚钠中毒　sodium pentu-chlorophenol poisoning
西藏黄芪　*A. tibetanus*
吸气性呼吸困难　inspiratory dyspnea
吸入性肺炎　aspiration pneumonia
硒和维生素 E 缺乏病　selenium and Vitamin E deficiency
硒中毒　selenium poisoning
溪边凤尾蕨　*Pteris excelsa* Gaud
细胞松弛素　cytochalasin
瞎撞病　blind stagger
狭叶凤尾　*Pteris henryichist* Bull. Herb. Boss)
狭羽金星蕨　*Thelypteris decursire pinnate* (Janhall) Ching
下泻病　teart
先天性膀胱破裂　congenital bladder rupture

先天性卟啉病和原卟啉病　congenital porphyria and protoporphyria
先天性甲状腺肿　congenital goiter
纤维素性肺炎　fibrinous pneumonia
纤维性骨营养不良　fibrous osteodystrophy
硝基苯和苯中毒　nitrobenzene and benzene poisoning
硝酸盐中毒　nitrate poisoning
小花棘豆　*O. glabra*
小黄花菜　*Hemerocallis minor* Mill
小麦散黑穗病菌　*U. tritici*
小麦网腥黑粉菌　*Tilleyia tritica*
小叶性肺炎　lobular pneumonia
蝎毒中毒　scorpion venom poisoning
心房间隔缺损　auricular septal defect
心房尿钠肽　atrial natriuretic peptide, ANP
心肌炎　myocarditis
心力衰竭　cardiac failure
心脏功能不全　cardiac insufficiency
心脏衰弱　heart failure
心室间隔缺损　ventriculur septal defect
心脏瓣膜病　valvular disease
锌缺乏病　zinc deficiency
性别决定区段　sex-determining region of Y, SRY
性转变　sex reversal
胸病　brisket disease
胸膜炎　pleuritis
胸腔积水　hydrothorax
胸腔积液　pleural effusion
休克　shock
休克期　shock phase
萱草　*Hemerocallis*
萱草根素　hemerocallin
萱草根中毒　*Hemerocallis* root poisoning
血斑病　morbus maculosus
血池　blood pool
血管性假血友病　vascular pseudohemo-

philia
血红蛋白尿　hemoglobinuria
血尿　hematuria
血尿因子　hematuria
血小板减少性紫癜　thrombocytopenic purpura
血友病样出血综合征　hemophilia‑like bleeding syndrome
循环衰竭　circulatory failure
亚麻子饼粕中毒　linseed and cake poisoning
亚硝酸盐中毒　nitrite poisoning
咽峡炎　angina
咽炎　pharyngitis
烟碱　nicotin
羊茅草　Festuca arundinacea Schreb
羊踯躅素Ⅲ　rhodomollein Ⅲ
洋葱　onion poisoning
氧化氮苦马豆素　swainsonine N‑oxide
氧硫吩噻嗪　phenothiazine sulfoxide
痒病　scrapie
野胡萝卜　Cymopterus watsoni
野黄花菜　H. altissima Stout
野豌豆　Vicia sepirm
叶红素　phylloerythrin
叶酸缺乏病　folic acid deficiency
一氧化碳中毒　carbon monoxide poisoning
胰腺炎　pancreatitis
遗传性疾病　genetic disease, hereditary disease
遗传性甲状腺肿　inherited goiter
遗传性胚胎病　hereditary embryonic disease
乙型血友病　hemophilia B
异硫氰酸酯　isothiocyanate, ITC
异食癖　allotriophagia
异物性肺炎　foreign body pneumonia
抑肽酶　aprotinin
银合欢　Leucaena leucocephala

银合欢中毒　Leucaena leucocephala poisoning
吲哚里西啶生物碱类　indolizidine alkaloid
隐睾　cryptorchidism
应激原　stressors
应激综合征　stress syndrome
迎红杜鹃　R. mucronulatum
营养性胚胎病　nutritional embryonic disease
硬毛棘豆　O. hirat
游离气体性瘤胃臌气　free gas bloat
游离脂肪酸　free fatty acid, FFA
有毒植物　poisonous plants
有机氟化合物中毒　organic fluoride poisoning
有机磷杀虫剂中毒　organphosphate insecticides poisoning
有机硫杀菌剂中毒　organosulphurous fungicides poisoning
幼畜消化不良　dyspepsia of young animals
玉米赤霉烯酮　zearalenone
玉米赤霉烯酮中毒　zearalenone poisoning
玉蜀黍曲霉　A. maydis
原蕨苷　ptaquiloside
晕动病　motion sickness
杂三叶草　T. hybridrm
杂色曲霉毒素　sterigmatocystin, ST
杂色曲霉毒素中毒　sterigmatocystin poisoning
再生草热　fog fever
糟渣类中毒　grain and dregs poisoning
展青霉毒素　patulin toxin
展青霉毒素中毒　patulin toxin poisoning
照山白　R. micranthum
赭曲霉毒素A　ochratoxin A, OA
赭曲霉毒素A中毒　ochratoxins A poisoning
真性癫痫　true epilepsy
真性红细胞增多症　polycythemia vera, PV

正倍半萜糖苷　norsesquiterpene giucoside
症候性癫痫　symptomatic epilepsy
支气管肺炎　bronchopneumonia
支气管炎　bronchitis
脂肪肝出血综合征　fatty liver hemorrhagic syndrome，FLHS
脂肪肝综合征　fatty liver syndrome，FLS
直肠脱　prolapse of rectum
植物毒素　plant toxins
纸皮思霉　*Pithomyces chartarum*
中毒　toxicosis，intoxication
中毒病　poisoning disease
中毒性胚胎病　toxic embryonic disease
舟山碎米蕨　*Cheilanthes chusana* Hook
皱胃变位　displacement of abomasum
皱胃炎　abomasitis
皱胃右方变位　right displacement of abomasum，RDA
皱胃阻塞　abomasum impaction
皱胃左方变位　left displacement of the abomasum，LDA
猪屎豆　*Crotalaria retusa*
猪咬尾咬耳症　tail and ear biting of pig
主动脉瓣闭锁不全　aortic insufficiency
主动脉瓣狭窄　aortic stenosis
啄癖　cannibalism
仔猪低血糖病　hypoglycemia of piglets
仔猪贫血　piglet anemia
紫花苜蓿　*M. sativa*
紫苏酮　perillaketone
自发性癫痫　spoutaneous epilepsy
自身免疫病　autoimmune disease，AID
自身免疫性溶血性贫血　autoimmune hemolytic anemia

（二）

α-mannosidase　α-甘露糖苷酶
α-mannosidosis　α-甘露糖苷储积病
α-mediterranean anemia　α-地中海贫血
α-thalassemia　α-海洋性贫血
β-dehydroelshlotzia ketone，noginata ketone　β-去氢香薷酮
β-galactocerebrosidase　β-半乳糖脑苷脂酶
β-galactosidase　β-半乳糖苷酶
β-mediterranean anemia　β-地中海贫血
β-thalassemia　β-海洋性贫血
N-acetyl-β-d-hexosaminidase　N-乙酰-β-D氨基己糖胺酶
3-nitro-1-propyl，3NPOH　3-硝基-1-丙醇
3-nitropropionic acid，3NPA　3-硝基丙酸
abdominal crisis　腹危象
abomasitis　皱胃炎
abomasum impaction　皱胃阻塞
acetonemia　酮血症
acute abdominal disease　急腹症
acute alveolar pulmonary emphysema　急性肺泡气肿
acute bronchitis　急性支气管炎
acute coliltis　急性结肠炎
acute endocarditis　急性心内膜炎
acute gastric dilatation　急性胃扩张
acute myocarditis　急性心肌炎
acute parenchymatous hepatitis　急性实质性肝炎
acute phase protein　急性期蛋白
Addison's disease　阿狄森氏病
adrenocorticotropic diseases　肾上腺皮质疾病
aflatoxicosis　黄曲霉毒素中毒
aflatoxin，AFT　黄曲霉毒素
albinism　白化病
albumin pool　白蛋白池
alimentary ketosis　食源性酮病

alkaline disease 碱病
allergic contact dermatitis 变应性接触性皮炎
allergic rhinitis 过敏性鼻炎
allergy 变态反应
allopurinol 别嘌呤醇
allotriophagia 异食癖
Alzheimer's C disease 阿尔茨海默 C 病
amelanosis 无黑色素症
ammonia poisoning 氨中毒
amyloidosis 淀粉样变
anal sac disease 肛门囊炎
anaphylactic shock 过敏性休克
anaphylaxis 过敏反应
anemia 贫血
angina 咽峡炎
antibiotics additives 抗生素添加剂
aortic insufficiency 主动脉瓣闭锁不全
aortic stenosis 主动脉瓣狭窄
Apocynaceae 夹竹桃科
aprotinin 抑肽酶
arsanilic acid 对氨基苯胂酸
arsenic poisoning 砷中毒
arteriosclerosis 动脉硬化
ascites in broilers 肉鸡腹水征
ascites syndrome 腹腔积液综合征
ascorbic acid 抗坏血酸
 Aspergillus 曲霉属
 Aspergillus flavus 黄曲霉
 A. maydis 玉蜀黍曲霉
 A. parasiticus 寄生曲霉
aspiration pneumonia 吸入性肺炎
Astragalus sp. 黄芪属
 A. confertus 丛生黄芪
 A. hamiensis 哈密黄芪
 A. leucocephalus 白花黄芪
 A. rigidulus 坚硬黄芪
 A. strictus 茎直黄芪
 A. tibetanus 西藏黄芪
 A. variabilis 变异黄芪
atony of forestomach 前胃弛缓
atophan 阿枳方
atrial natriuretic peptide, ANP 心房尿钠肽
auricular septal defect 心房间隔缺损
autoimmune disease, AID 自身免疫病
autoimmune hemolytic anemia 自身免疫性溶血性贫血
azoturia 氮尿症
baby pig disease 乳猪病
batyl alcohol 鲨肝醇
bee venom poisoning 蜂毒中毒
benzene poisoning 苯中毒
biotin deficiency 生物素缺乏病
blind stagger 瞎撞病
blood pool 血池
bone marrow dyscrasia 骨髓恶液质
bovine atypical interstitial pneumonia, BAIP 牛非典型间质性肺炎
bovine granulocytopathy 牛粒细胞病
bovine haemoglobinuria 牛血红蛋白尿病
bovine leukocyte adhesion deficiency 牛白细胞黏附缺陷
bovine spongiform encephalopathy, BSE 牛海绵状脑病
bracken poisoning 蕨中毒
bracken stagger 蕨蹒跚
bracken 蕨
brain abscess 脑脓肿
Brassica campestris 白菜型油菜
 B. juncea 芥菜型油菜
 B. napus 甘蓝型油菜
brisket disease 胸病
broiler ascites syndrome, BAS 肉鸡腹水综合征
bronchitis 支气管炎
bronchopneumonia 支气管肺炎
butenolide 丁烯酸内酯

butenolide poisoning　丁烯酸内酯中毒
cadmium poisoning　镉中毒
cannibalism　啄癖
carbon monoxide poisoning　一氧化碳中毒
cardiac failure　心力衰竭
cardiac insufficiency　心脏功能不全
carnification　肺肉变
carotene　胡萝卜素
castor poisoning　蓖麻中毒
catarrhal pharyngitis　卡他性咽炎
catarrhal pneumonia　卡他性肺炎
catarrhal stomatitis　卡他性口炎
caudal neuritis of equine　马尾神经炎
centipede venom poisoning　蜈蚣毒中毒
cerebellar hypoplasia of cattle　牛小脑发育不全
cerebrocortical necrosis　大脑皮质坏死
Chediak-Higashi syndrome, CHS　契-东综合征
Cheilanthes chusana Hook　舟山碎米蕨
cholangitis　胆管炎
cholcystitis　胆囊炎
cholelithiasis　胆石症
cholera toxin B　霍乱毒素B
choline deficiency　胆碱缺乏病
chronic alveolar pulmonary emphysema　慢性肺泡气肿
chronic bronchitis　慢性支气管炎
chronic gastric dilatation　慢性胃扩张
chronic hydrocephalus　慢性脑室积水
chronic obstructive pulmonary disease, COPD　慢性阻塞性肺病
chronic renal failure　慢性肾衰竭
chylothorax　乳糜胸
Cicuta virosa L.　毒芹
Cicuta virosa poisoning　毒芹中毒
cicutoxin　毒芹素
circulatory failure　循环衰竭
citreoviridin toxin　黄绿青霉毒素

citrinin toxin　橘青霉毒素
citrinin　柠檬色霉素
Claviceps virens　稻曲霉
cobalt deficiency　钴缺乏病
colica　疝痛
common cold　感冒
concanavalin A, Con A　刀豆球蛋白A
concussion of brain　脑震荡
confluent bronchopneumonia　融合性支气管肺炎
congenital bladder rupture　先天性膀胱破裂
congenital goiter　先天性甲状腺肿
congenital porphyria and protoporphyria　先天性卟啉病和原卟啉病
constipation　便秘
contusion of brain　脑挫伤
copper deficiency　铜缺乏病
copper poisoning　铜中毒
corticosteroid　皮质类固醇
corvillosum　绒毛心
Corymebacterium renale　肾棒状杆菌
cotton cake poisoning　棉子饼粕中毒
cow fever　母牛热
creeper cow syndrome　爬行母牛综合征
crossed beaks　喙错位
Crotalaria retusa　猪屎豆
croupous pneumonia　格鲁布性肺炎
croupous pharyngitis　格鲁布性咽炎
cryptorchidism　隐睾
cyclopropenoid fatty acids, CPFA　环丙烯类脂肪酸
Cymopterus watsoni　野胡萝卜
cystitis　膀胱炎
cytochalasin　细胞松弛素
diabetes insipidus　尿崩症
diabetes mellitus　糖尿病
diacetoxyscirpenol, DAS　二醋酸蔗草镰刀菌烯醇

diaphragmatic flutter 膈痉挛
dioxin 二噁英
dioxin poisoning 二噁英中毒
displacement of abomasums 皱胃变位
disseminated intravascular coagulation, DIC 弥漫性血管内凝血
downer cow syndrome 卧倒不起综合征
drumstick 鼓槌
dyspepsia of young animals 幼畜消化不良
dyspnea 呼吸困难
elemicin 三甲氧基苯丙烯
encephalitis 脑炎
encephalomalacia 脑软化
enterolithiasis 肠结石
enzootic hematuria 地方性血尿病
eosinophilic meningocephalitis 酸性粒细胞性脑膜脑炎
epilepsia 癫痫
epistaxis 鼻出血
epithelial growth factor 上皮生长因子
ergot alkaloid 麦角生物碱
ergot alkaloid poisoning 麦角生物碱中毒
esophageal obstruction 食道阻塞
esophagitis 食道炎
exertional rhabadmyolysis 劳累性横纹肌溶解病
expiratory dyspnea 呼气性呼吸困难
fading pig disease 憔悴猪病
fagopyrim 荞麦素
Fagopyrum sp. 荞麦
familial goiter 家族性甲状腺肿
farrowing hysteria in sow 母猪产仔歇斯底里征
fat cow syndrome 母牛肥胖综合征
fat necrosis of cattle 牛脂肪组织坏死
fatty liver and kidney syndrome in broilers, FLKS 肉鸡脂肪肝和肾综合征
fatty liver disease of cattle 牛脂肪肝病
fatty liver hemorrhagic syndrome, FLHS 脂肪肝出血综合征
fatty liver syndrome, FLS 脂肪肝综合征
feline urologic syndrome 猫泌尿系统综合征
Festuca arundinacea Schreb 羊茅草（苇状羊茅）
fibrinous pneumonia 纤维素性肺炎
fibrous osteodystrophy 纤维性骨营养不良
filp over 翻仰
fluoroacetamide 氟乙酰胺
fluorosis 氟病
fog fever 再生草热
folic acid deficiency 叶酸缺乏病
foreign body pneumonia 异物性肺炎
free fatty acid, FFA 游离脂肪酸
free gas bloat 游离气体性瘤胃臌气
freemartin 双生间雌
frothy bloat 泡沫性瘤胃臌气
Fusarium 镰刀菌属
F. equiesti 木贼镰刀菌
gaint hypersegmented neutrophilia 多分叶巨大中性粒细胞症
galactosylceramidc lipidosis 半乳糖脑苷脂储积症
gangliosidosis 神经节苷脂储积病
gangrenous pneumonia 坏疽性肺炎
gastric dilatation-volvulus syndrome 胃扭转-扩张综合征
gastro-enteric catarrh 胃肠卡他
gastro-enteritis 胃肠炎
generalized glycogenosis 全身性糖原储积病
generalized polymyositis 全身性多肌炎
genetic disease 遗传性疾病
gid 蹒跚病
globoid cell leukodystrophy 球样细胞性脑白质营养不良
glucosinolate 高硫葡萄糖苷
glycogen nephrosis 糖原性肾病

gossypol 棉酚
gout in poultry 禽痛风
grain and dregs poisoning 糟渣类中毒
grass stagger 青草蹒跚
grass tetany 青草搐搦
grayanotoxin 榿木毒素
growth-promoting additives 促生长添加剂
guttural pouch disease 喉囊病
guttural pouch empyema 喉囊积脓
guttural pouch mycosis 喉囊霉菌病
guttural pouch tympany 喉囊臌胀
heart failure 心脏衰弱
helminthicide-drug additives 驱虫类药物添加剂
hematuria 血尿
hematuria 血尿因子
hemerocallin 萱草根素
 Hemerocallis 萱草
 H. emerocallis minor Mill 小黄花菜
 H. altissima Stout 野黄花菜
 H. esculenta Koidz 北萱草
 H. lilioasphodelus L. emend Hyland 北黄花菜
 H. perforatum 贯叶连翘
 H. thunbergii Baker 童氏萱草
Hemerocallis root poisoning 萱草根中毒
hemoglobinuria 血红蛋白尿
hemophilia A 甲型血友病
hemophilia B 乙型血友病
hemophilia-like bleeding syndrome 血友病样出血综合征
hemorrhagic diathesis 出血性素质
hepatic cirrhosis 肝硬变
hepatitis 肝炎
hepato-encephalopathy 肝脑病
hereditary disease 遗传性疾病
hereditary embryonic disease 遗传性胚胎病
hermaphroditism 两性畸形

hexosaminidase 己糖胺酶
high mountain disease 高山病
hydrocyanic acid poisoning 氢氰酸中毒
hydrothorax 胸腔积水
hyperadrenocorticism 肾上腺皮质机能亢进
Hypericum sp. 金丝桃属
hyperlipidemia 高脂血症
hypersensitivity disease 超敏反应病
hyperthyroidism 甲状腺机能亢进
hypoadrenocorticism 肾上腺皮质机能减退
hypoglycemia 低糖血症
hypoglycemia of piglets 仔猪低血糖病
hypocalcemia spasm 低钙血性痉挛
hypothyroidism 甲状腺机能减退
hypoxic nephrosis 低氧性肾病
immunodeficiency disease 免疫缺陷病
immunodeficiency syndrome 免疫缺陷综合征
immunoproliferative disease 免疫增生病
immunosuppresive effects 免疫抑制作用
indolizidine alkaloid 吲哚里西啶生物碱类
infectional embryonic disease 传染性胚胎病
ingluvitis 嗉囊卡他
inherited ataxia of calves 犊牛遗传性共济失调
inherited goiter 遗传性甲状腺肿
inorganic fluoride poisoning 无机氟中毒
insolation 日射病
inspiratory dyspnea 吸气性呼吸困难
intersexual 间性
intestinal constipation 肠便秘
intestinal dislocation 肠变位
intestinal invagination 肠套叠
intestinal obstruction 肠梗阻
intestinal sabulous 肠积沙
intestinal spasm 肠痉挛
intestinal tympany 肠臌气

intoxication 中毒
iodine deficiency 碘缺乏病
iron deficiency 铁缺乏病
islanditoxin 岛青霉毒素
isothiocyanate，ITC 异硫氰酸酯
iaryngeal hemiplegia 喉偏瘫
ketosis in dairy cows 奶牛酮病
laryngitis 喉炎
lead poisoning 铅中毒
left displacement of the abomasum，LDA 皱胃左方变位
Leucaena leucocephala 银合欢
Leucaena leucocephala poisoning 银合欢中毒
leukemia 白血病
linseed and cake poisoning 亚麻子饼粕中毒
lobar pneumonia 大叶性肺炎
lobular pneumonia 小叶性肺炎
local maxillary myositis 局部性上颌肌炎
locodisease 疯草病
locoism 疯草中毒病
locoweed 疯草
locoweed poisoning 疯草中毒
Lolium perenne 黑麦草
luteoskyrin 黄天精
macrocylic erythrocymsis 大红细胞增多症
malvalic acid 锦葵酸
manganese deficiency 锰缺乏病
mastitis-metritis-agallactia in sow，MMA 母猪乳房炎-子宫炎-无乳综合征
med cow disease 牛病
Medicago hispida 黄花苜蓿
M. sativa 紫花苜蓿
melansome 黑素体
meningoencephalitis 脑膜脑炎
meningomyelitis 脊髓膜炎
mercury poisoning 汞中毒
military toxic agent poisoning 军用毒剂中毒
mimosine 含羞草氨酸
miserotoxin 3-硝基-丙醇-β-D 吡喃葡萄糖苷
mitral insufficiency 二尖瓣闭锁不全
mitral stenosis 二尖瓣狭窄
mixed dyspnea 混合性呼吸困难
molybdenum poisoning 钼中毒
morbus maculosus 血斑病
motion sickness 晕动病
mouldy sweet-potato poisoning 霉烂甘薯中毒
mucomembraneous enteritis 黏液膜性肠炎
Mucor 毛霉菌属
mullerian duct hypoplasia 谬勒管发育不全
muscarin 毒蕈碱
mutation 突变
mycotic gastro-enteritis 霉菌性胃肠炎
mycotic pneumonia 霉菌性肺炎
mycotic stomatitis 霉菌性口炎
mycotoxicosis 霉菌毒素中毒
mycotoxin 霉菌毒素
myelitis 脊髓炎
myocarditis 心肌炎
myoglobinuria 肌红蛋白尿
Neimann-Pick disease 尼曼-匹克病
neoplasma of the brain 脑肿瘤
nephritis 肾炎
nephrosis 肾病
Nerium L. 夹竹桃属
nicotin 烟碱
nitrate poisoning 硝酸盐中毒
nitrile 腈
nitrite poisoning 亚硝酸盐中毒
nitrobenzene poisoning 硝基苯
non-traumatic pericarditis 非创伤性心包炎
norsesquiterpene giucoside 正倍半萜糖苷
nutritional embryonic disease 营养性胚胎病

nymphomana 慕雄狂
oak leaf poisoning 树叶中毒
oak tannin 丹宁
obesity 胖症
obstruction in gluviei 囊阻塞
ochratoxin A，OA 曲霉毒素 A
ochratoxins A poisoning 赭曲霉毒素 A 中毒
oleander poisoning 夹竹桃中毒
omasum impaction 瓣胃阻塞
onion pisoning 洋葱中毒
organic fluoride poisoning 有机氟化合物中毒
organosulphurous fungicides poisoning 有机硫杀菌剂中毒
organphosphate insecticides poisoning 有机磷杀虫剂中毒
osmotic nephrosis 渗透性肾病
osteomalacia 骨软病
ovarian cyst 卵巢囊肿
ovarian hypoplasia 卵巢发育不全
oxazolidine thione，OZT 噁唑烷硫酮
Oxytropis sp. 棘豆属
 O. deflexa 急弯棘豆
 O. falcate 镰形棘豆
 O. glabra Var 包头棘豆
 O. glabra 小花棘豆
 O. glacialis 冰川棘豆
 O. hirat 硬毛棘豆
 O. kansuensis 甘肃棘豆
 O. latibracteata 宽苞棘豆
 O. ochrocephala 黄花棘豆
 O. sericopetala 毛瓣棘豆
pancreatitis 胰腺炎
Panicum sp. 黍属
pantothenic acid deficiency 泛酸缺乏病
paralysis of bladder 膀胱麻痹
paralytic myoglobinuria in horses 马麻痹性肌红蛋白尿病

parotitis 腮腺炎
patulin toxin 展青霉毒素
patulin toxin poisoning 展青霉毒素中毒
peat scouring 泥炭泻
pemphigus 天疱疮
penicillin-toxin 青霉毒素
penicillin-toxin poisoning 青霉毒素类中毒
Penicillium 青霉属
penitrem toxin 青霉震颤毒素
penitrem toxin poisoning 青霉震颤毒素中毒
Perilla frutescens L. Brit 白苏
Perilla frutescens poisoning 白苏中毒
perillaketone 紫苏酮
peripheral circulatory collapse 外周循环虚脱
peritonitis 腹膜炎
perloline 佩洛灵
pharyngitis 咽炎
phenindaminum 苯茚胺
phenothiazine sulfoxide 氧硫吩噻嗪
phenothiazine 吩噻嗪
photodynamic agent 光能剂
photosensitivity 感光过敏
phylloerythrin 叶红素
piglet anemia 仔猪贫血
pink tooth disease 红齿病
Pithomyces chartarum 纸皮思霉
plant toxins 植物毒素
pleural effusion 胸腔积液
pleuritis 胸膜炎
poison 毒物
poisoning disease 中毒病
poisonous plants 有毒植物
poly-chlorinated biphenyls，PCB 多氯联苯类
polychlorinated dibenzo-p-dioxins，PCDD 多氯二苯并二噁英类
polychlorinated dibenzofurans，PCDF 多

氯二苯并呋喃类
polycystic renopathy 多囊肾病
polycythemia vera, PV 真性红细胞增多症
polyuria 多尿症
porphobilinogen, PBG 卟胆原
porphyrinuria 卟啉尿
post-parturient haemoglobinuria, PPF 产后血红蛋白尿病
potato poisoning 铃薯中毒
pregnancy toxemia in cattle 牛妊娠毒血症
pregnancy toxemia in sheep 绵羊妊娠毒血症
production disease 生产疾病
prolapse of rectum 直肠脱
prolongation of pregnancy period 妊娠期延长
protein-losing enteropathy 蛋白质丢失性肠病
pseudoalbinism 白化病
ptaquiloside 原蕨苷
Pteridiaceae 蕨科
Pteridium sp. 蕨属
    P. aquilinum (L.) Kuhn var. latiusculum (Desv.) Undrew 欧洲蕨的斜羽变种
    P. revolutum (BL) Nakai 毛叶蕨
Pteridium aquiline 欧洲蕨
Pterisexcelsa Gaud 溪边凤尾蕨
Pteris henryichist Bull. Herb. Boss 狭叶凤尾蕨
Puccinia graminis 禾柄锈菌
pulmonary artery high-pressure syndrome in broilers, PHS 肉鸡肺动脉高压综合征
pulmonary congestion 肺充血
pulmonary edema 肺水肿
pulmonary emphysema 肺气肿
pulmonary insufficiency 肺动脉瓣闭锁不全
pulmonary interstitial emphysema 间质性肺气肿
pulmonary stenosis 肺动脉瓣狭窄
pyelitis 肾盂炎
pyelonephritis 肾盂肾炎
Quercetin 槲皮黄素
Quercus sp. 栎属
    Q. acutissima 麻栎
    Q. aliena 槲栎
    Q. alina 锐齿栎
    Q. dentate 槲树
    Q. fabri 白栎
    Q. glandulifera 短柄枹栎
    Q. liaotungensis 辽东栎
    Q. mongolica 蒙古栎
    Q. serra 栎树
    Q. uariabilis 栓皮栎
rape seed-cake poisoning 菜子饼粕中毒
respiratory distress syndrome, RDS 呼吸窘迫综合征
respiratory failure 呼吸衰竭
respiratory insufficiency 呼吸功能不全
rhinitis 鼻炎
Rhododendron 杜鹃花属
    R. anthopognoider 黄花杜鹃
    R. dauricum 满山红
    R. decorum 大白杜鹃
    R. micranthum 照山白
    R. mucronulatum 迎红杜鹃
    R. purdomii 太白杜鹃
    R. simsii 闹羊花
Rhododendron poisoning 杜鹃中毒
rhodojaponin Ⅲ 闹羊花毒素Ⅲ
rhodomollein Ⅲ 羊踯躅素Ⅲ
ricin 蓖麻毒素
ricinine 蓖麻碱
Ricinum communis 蓖麻
rickets 佝偻病
right displacement of abomasum, RDA 皱胃右方变位

roaring 喘鸣症
rodenticides poisoning 灭鼠药中毒
rubratoxin 红青霉毒素
rubratoxin poisoning 红青霉毒素中毒
rumen acidosis 瘤胃酸中毒
ruminal impaction 瘤胃积食
ruminal parakeratosis 瘤胃异常角化
ruminal tympany 瘤胃臌气
salt poisonin 食盐中毒
scorpion venom poisoning 蝎毒中毒
scrapie 痒病
selenium and vitamin E deficiency 硒和维生素E缺乏病
selenium poisoning 硒中毒
self-biting in fur-bearer 皮毛兽自咬症
sepsin 腐败毒
sex reversal 性转变
sex-determining region of Y，SRY 性别决定区段
shock 休克
shock phase 休克期
sialoadenitis 唾液腺炎
sinapine 芥子碱
siriasis 热射病
slow fever 慢热
S-methylcysteine sulfoxide，SMCO S-甲基半胱胺酸亚砜
snake venom poisoning 蛇毒中毒
sodium pentu-chlorophenol poisoning 五氯酚钠中毒
sodium salt poisoning 钠盐中毒
solanin 龙葵素
Southdown 南丘羊
sphingomyelinosis 神经鞘磷脂储积病
spinal cord injury 脊髓损伤
spoutaneous epilepsy 自发性癫痫
Stenoloma chusanum (L.) Ching 乌蕨
sterculic acid 苹婆酸
sterigmatocystin poisoning 杂色曲霉毒素中毒
stomach ulcer 胃溃疡
stomatitis 口炎
stress syndrome 应激综合征
stressors 应激原
sublinguitis 舌下腺炎
submaxillaritis 颌下腺炎
sudden death syndrome，SDS 猝死综合征
sulphinpyrazone 苯磺唑酮
suppurative pharyngitis 化脓性咽炎
suppurative pneumonia 化脓性肺炎
swainsonine N-oxide 氧化氮苦马豆素
swainsonine 苦马豆素
symptomatic epilepsy 症候性癫痫
synthetic antibacterial agent additives 合成抗菌药物添加剂
tail and ear biting of pig 猪咬尾咬耳症
teart 下泻病
teratosis 畸变
testicular hypoplasia 睾丸发育不全
tetrachlorinated dibenzo-p-dioxin，TCDD 2，3，7，8-四氯-二苯基-并-二噁英
tetralogy of Fallot 法乐四联症
tetramin，TEM 毒鼠强
Thevetia L. 黄花夹竹桃
Thelypteris decursire pinnate (Janhall) ching 狭羽金星蕨
thiaminase 硫胺素酶
thiocyanate 硫氰酸酯
thioglucoside 高硫葡萄糖苷
thrombocytopenic purpura 血小板减少性紫癜
thrombo-embolia of mesenteric arteria 肠系膜动脉血栓-栓塞
thyroid diseases 甲状腺疾病
tibial dyschondroplasia，TD 胫骨软骨发育不良
tilleyia tritica 小麦网腥黑粉菌
toluidine 甲苯胺蓝

tonsillitis 扁桃体炎
toxic embryonic disease 中毒性胚胎病
toxic agent 毒物
toxicant 毒物
toxicity 毒性
toxicosis 中毒
traceelements additives 微量元素添加剂
tracheobronchitis 气管支气管炎
traumatic pericarditis 创伤性心包炎
traumatic reticuloperitonitis 创伤性网胃腹膜炎
traumatic splenitis and hepatitis 创伤性脾炎和肝炎
Tribulus terrestris 蒺藜
trichothecin 单端孢霉毒素
trichothecin poisoning 单端孢霉毒素中毒
trichothenes 单端孢霉烯族化合物
tricuspid insufficiency 三尖瓣闭锁不全
tricuspid stenosis 三尖瓣狭窄
Trifolium pretense 红三叶草
　T. hybridrm 杂三叶草
true epilepsy 真性癫痫
twin lamb disease 双羔病
tyrosinase deficiency 酪氨酸酶缺乏症
Ustilago. tritici 小麦散黑穗病菌
ulcerative stomatitis 溃疡性口炎
urea poisoning 尿素中毒
uremia 尿毒症
urethritis 尿道炎

urolithiasis 尿石症
urticaria 荨麻疹
vacular nephrosis 空泡性肾病
vagus indigestion 迷走神经性消化不良
valvular disease 心脏瓣膜病
vascular pseudohemophilia 血管性假血友病
ventriculur septal defect 心室间隔缺损
vesicular stomatitis 水疱性口炎
Vicia sepirm 野豌豆
vitamin additives 维生素添加剂
vitamin A deficiency 维生素 A 缺乏病
vitamin B_1 deficiency 维生素 B_1 缺乏病
vitamin B_{12} deficiency 维生素 B_{12} 缺乏病
vitamin B_2 deficiency 维生素 B_2 缺乏病
vitamin B_6 deficiency 维生素 B_6 缺乏病
vitamin C deficiency 维生素 C 缺乏病
vitamin D deficiency 维生素 D 缺乏病
vitamin K deficiency 维生素 K 缺乏病
water poisoning in calf 犊牛水中毒
welsh onion poisoning 大葱中毒
Wilffian duct hypoplasia 沃弗管发育不全
Woodsia nacrochlaendment 大囊岩蕨
wool eating in lamb 羔羊食毛症
yellow fat disease 黄脂病
zearalenone 玉米赤霉烯酮
zearalenone poisoning 玉米赤霉烯酮中毒
zinc deficiency 锌缺乏病

主要参考文献

陈贵喜,李宏全,杜立红,等.1995.犊牛水中毒实验研究——临床与血液学观察[J].中国兽医学报,15(2):184-188.
陈灏珠主编.2000.实用内科学[M].第10版.北京:人民卫生出版社.
陈灏珠主编.2006.实用内科学[M].第12版.北京:人民卫生出版社.
陈怀涛,许乐仁主编.2005.兽医病理学[M].北京:中国农业出版社.
陈振旅主编.1980.实用家畜内科学[M].上海:上海科学技术出版社.
程绍迥.1978.试谈我国兽医事业的发展[J].中国兽医杂志(10):1-5.
程显声.1990.肺动脉高压进展与问题[J].中华结核与呼吸杂志,13(5):259-260.
崔中林,张彦明主编.2001.现代实用动物疾病防治大全[M].北京:中国农业出版社.
邓旭明,曾忠良,孙志良,等.2001.兽医药理学[M].长春:吉林人民出版社.
丁角立编著.1994.饲料添加剂指南[M].北京:北京农业大学出版社.
董彝.2004.实用牛马病临床类症鉴别[M].北京:中国农业出版社.
董彝.2004.实用禽病临床类症鉴别[M].北京:中国农业出版社.
董彝.2004.实用犬猫病临床类症鉴别[M].北京:中国农业出版社.
董彝.2004.实用羊病临床类症鉴别[M].北京:中国农业出版社.
董彝.2004.实用猪病临床类症鉴别[M].北京:中国农业出版社.
高利华,陈明,马国辅.2006.家畜遗传性疾病的诊断和防治[J].贵州畜牧兽医,30(1):14-15.
高作信主编.2001.兽医学[M].第3版.北京:中国农业出版社.
龚非力主编.2000.医学免疫学[M].北京:科学出版社.
郭定宗主编.2003.兽医内科学[M].北京:高等教育出版社.
郭仁东,冯定远主编.2002.饲料安全管理与研究应用[M].广州:广东科技出版社.
韩荫南编著.1986.家畜内科危症与病案[M].郑州:河南科学技术出版社.
韩永达著.1985.家畜遗传病[M].北京:农业出版社.
胡元亮.2004.兽医处方手册[M].北京:中国农业出版社.
黄有德,刘宗平主编.2001.动物中毒与营养代谢病学[M].兰州:甘肃科学技术出版社.
黎翠亭,徐向明.1999.如东县肉鸡腹水和右心衰竭症的调查研究初报[J].畜牧与兽医(2):58-60.
李焕德,许树梧主编.2000.急性中毒毒物检验与诊疗[M].长沙:湖南科学技术出版社.
李锦春,王小龙,孙卫东,等.1999.肉鸡肺动脉高压综合征自然病例肺细小动脉病理改变的图像分析[J].中国兽医学报,19(5):479-482.
李锦春,王小龙,孙卫东,等.2001.高钠所致肺动脉高压肉鸡肺细小动脉病理改变的图像分析[J].畜牧兽医学报,31(5):441-447.
李锦春,王小龙.1998.肉鸡肺动脉高压综合征研究进展[J].中国兽医杂志,24(2):44-46.
李晓瑜.1996.日粮酸碱平衡也许与猝死综合征和腹水症有关[J].国外畜牧科技,23(4):32-35.
李毓义,杨宜林主编.1994.动物普通病学[M].长春:吉林科学技术出版社.
李毓义,张乃生著.2003.动物群体病症状鉴别诊断学[M].北京:中国农业出版社.
林德贵主编.2004.动物医院临床技术[M].北京:中国农业大学出版社.

林藩平.2000.谈谈兽医内科新概念[J].内蒙古农业大学学报（增刊）：120-121.
林曦主编.1999.家畜病理学[M].第3版.北京：中国农业出版社.
林祥海.1996.动物尿石症的病因及控制[J].畜牧与兽医（1）：28-37.
倪有煌，李毓义主编.1996.兽医内科学[M].北京：中国农业出版社.
齐长明主编.2006.奶牛疾病学[M].北京：中国农业科学技术出版社.
乔健，李树春，李连海，等.1998.血液黏度升高在肉鸡腹水综合征发生发展中的作用[J].畜牧兽医学报，29（4）：361-364.
邱行正，张鸿钧主编.1995.实用畜禽中毒手册[M].成都：四川大学出版社.
施启顺编著.1995.家畜遗传病学[M].北京：中国农业出版社.
石发庆.1993.肉鸡腹水症的研究进展[J].中国兽医杂志（8）：46-48.
石兴武，郭庆宏主编.2000.中兽医药研究及应用[M].西安：西安地图出版社.
史言主编.1979.临床诊疗基础[M].北京：农业出版社.
史志诚主编.2001.动物毒物学[M].北京：中国农业出版社.
苏瑛.1994.肉鸡腹水症的综合防治[J].中国家禽（3）：11-12.
孙卫东，王小龙，张克春，等.1999.高钠所致肉用雏鸡肺动脉高压模型的心电图学研究[J].畜牧兽医学报，30（2）：127-132.
谭学诗主编.1999.动物疾病诊疗[M].太原：山西科学技术出版社.
唐云兵.1991.肉鸡腹水症的诊断报告[J].养禽与禽病防治，55（3）：10.
陶勇.2000.蜈蚣毒的研究进展[J].中国生化药物杂志，21（2）：94-95.
王洪章，段得贤主编.1985.家畜中毒学[M].北京：农业出版社.
王建华主编.2002.家畜内科学[M].第3版.北京：中国农业出版社.
王金勇，王小龙，向瑞平，等.2001.L-精氨酸对肉鸡肺动脉压和腹水综合征发生的影响[J].南京农业大学学报，24（2）：98-101.
王金勇，王小龙，向瑞平，等.2001.日粮中添加L-NAME对肉鸡腹水综合征发生的影响及其机理[J].中国兽医学报，21（6）：603-605.
王俊东，董希德主编.2001.畜禽营养代谢与中毒病[M].北京：中国林业出版社.
王俊东，刘宗平主编.2004.兽医临床诊断学[M].北京：中国农业出版社.
王俊东主编.1999.兽医学[M].北京：中国林业出版社.
王力光，董君艳.1991.犬病临床指南[M].长春：吉林科学技术出版社.
王民桢.1994.兽医临床鉴别诊断学[M].北京：中国农业出版社.
王民桢主编.1996.家畜遗传病学[M].北京：科学出版社.
王小龙.1993.肉鸡腹水和右心衰竭症.畜牧与兽医，25（1）：38-40.
王小龙主编.2004.兽医内科学[M].北京：中国农业大学出版社.
王小龙主编.2009.畜禽营养代谢与中毒病[M].北京：中国农业出版社.
王小雨，曹青，张磊磊，等.氯离子通道异常引发的肌强直[J].中华医学研究杂志，5（10）：5.
王应文，张志良.1989.马类动物气喘病的研究：临床诊断与防治部分[J].畜牧兽医学报，2：176-181.
王宗元主编.1997.动物营养代谢病和中毒病学[M].北京：中国农业出版社.
威廉.C雷布汉著.1999.奶牛疾病学[M].赵德明，沈建忠，等译.北京：中国农业大学出版社.
闻芝梅，陈君石.1998.现代营养学[M].第7版.北京：人民卫生出版社.
西北农业大学主编.1986.家畜内科学[M].第2版.北京：农业出版社.
向瑞平.1998.中草药防治肉鸡腹水综合征的疗效观察[J].中兽医医药杂志，89（2）：11-12.
许剑琴等编.1998.创新世纪中兽医学——纪念《元亨疗马集》付梓390周年[M].北京：中国农业出版社.

主要参考文献

许乐仁著.1993.蕨和与蕨相关的动物病［M］.贵阳：贵州科学技术出版社.

阎汉平.2000.重新认识兽医的地位和作用［J］.中国兽医学报，20（6）：521-522.

杨曙明，张辉编.1994.饲料中有毒有害物质的控制与测定［M］.北京：北京农业大学出版社.

姚新建.2003.化学武器与化学毒剂［J］.化学教育（5）：23-26.

叶任高主编.2005.内科学［M］.第6版.北京：人民卫生出版社.

于船.1982.中国兽医史［J］.中国兽医杂志，8（5）：41-46.

于匆，高全中编著.1963.实用兽医诊疗学［M］.哈尔滨：黑龙江人民出版社.

喻本元，喻本亨著.1963.重编校正元亨疗马牛驼经全集［M］.中国农业科学院中兽医研究所重编校正.北京：农业出版社.

袁慧主编.1995.饲料毒物与卫生学［M］.长沙：湖南科学技术出版社.

曾溢滔主编.1981.蛋白质和核酸遗传病［M］.上海：上海科学技术出版社.

张德群.2004.动物疾病速查速治手册［M］.合肥：安徽科学技术出版社.

张克春，王小龙，孙卫东，等.1998.高钠所致肉鸡腹水综合征发病机理的研究［J］.南京农业大学学报，21（4）：92-97.

张克春，王小龙，张慎行，等.1996.肉鸡腹水综合征病因学调查［J］.中国兽医科技，26（8）：14-16.

章建梁，杨向群.1997.高血压血管重构［J］.国外医学.心血管疾病分册（1）：26-29.

赵灿国，孔天翰.2005.蝎毒素调控离子通道的研究进展［J］.河南职工医院学报，17（1）：61-64.

中村良一著.1978.临床家畜内科治疗学［M］.丁岚峰，杨本善，等译.哈尔滨：黑龙江人民出版社.

中国农业百科全书编委会.1993.中国农业百科全书——兽医卷（上、下）［M］.北京：农业出版社.

中国农业科学院中兽医药研究所编.1973.中兽医治疗学［M］.北京：农业出版社.

B W 卡尔尼克主编.1999.禽病学［M］.第10版.高福，苏敬良主译.北京：中国农业出版社.

Barbara E Straw，Jeffery J Zimmerman，Sylvie D'Allaire 等.2000.猪病学［M］.赵德明，张中秋，沈建忠主译.北京：中国农业大学出版社.

Fraser C M著.1997.默克兽医手册［M］.第7版.韩谦，郑世军，等译.北京：中国农业大学出版社.

Acar N，Sizemore F G，Leach G R，et al.1995. Growth of broiler c hickens in response to feed restriction regimes to refuce ascites［J］.Poultry Sci.，74：833-843.

Anonymous. 1985. Upsurge of ascites in broilers［J］.Vet Rec，116：559.

Arce J，Berger M and Coello C L. 1992. Control of ascites syndrome by feed restriction techniques［J］.J. Appl. Poultry Res.，1：1-5.

Ballay M，Dunnington E A，Gross W B，et al. 1992. Restricted feeding and broiler performance: Age at initiation and length of restriction［J］.Poultry Sci.，71：440-447.

Balog J M，Juff G R，Rath N C，et al. 2000. Effect of dietary aspirin on ascites in broilers raised in a hypobarec chamber［J］.Poult Sci.，79（8）：1101-1105.

Blood D C，Henderson J A，Radostits O M，et al. 1994. Veterinary Medicine. 8th Edition. London: Bailliere Tindall.

Bond J M，Julian R J，Squires E J. 1996. Effect of dietary flax oil and hypobaric hypoxia on right ventricular hypertrophy and ascites in broiler chickens［J］.British Poult Sci.，37（4）：731-741.

Buys S B，Barnes P. 1981. Ascites in broilers［J］.Vet Rec，108：266.

Cueva S，Sillan H，Valenzula A，et al. 1974. High altitude induced pulmonary hypertension and right heart failure in broiler chichens［J］.Rec. Vet. Sci.，16：370-374.

Decuypere E，Vega C and Bartha T. 1994. Increased sensitivity to triiodothyronine (T_3) of broiler lines with a high susceptibility for ascites［J］.British Poultry Science，35：287-297.

Elbert J D. 1990. Future research need focus on new old problem［J］.Feedstuff，23（7）：12-15.

Hall S A, Machicao N. 1968. Myocarditis in broiler chickens reared at high altitude [J]. Avian dis, 12: 75 - 84.

Havenstein G B, Ferket P R, Scheideler S E, et al. 1994. Carcass composition and yield of 1991 vs 1957 broilers when fed typical 1957 and 1991 broiler diets [J]. Poult Sci., 73: 1795 - 1804.

Huchzermeye F W, A M C De Ruych. 1986. Pulmonary hypertension syndrome associated with ascites in broilers [J]. Vet. Rec., 119: 94.

Julian R J. 1993. Ascites in Poultry [J]. Avian Pathology, 22: 419 - 454.

Julian R J and Mirsalimi S M. 1992. Blood oxygen concentration of fast-growing and slow-growing broiler chickens, and chickens with ascites from right ventricular failure [J]. Avian Dis., 36 (3): 730 - 732.

Julian R J and Squires E J. 1994. Haematopoietic and right ventricular response to intermittent hypobaric hypoxia in meat-type chickens [J]. Avian Pathology, 23 (3): 539 - 545.

Julian R J, Gorgo M. 1990. Pulmonary aspergillosis causing right ventricular failure and ascites in meat-type chicken [J]. Avian Pathology, 19: 643 - 654.

Julian R J. 1993. Ascites in poultry (review article) [J]. Avian Pathology, 22: 419 - 454.

Julian R J. 1987. The effect of increased sodium in the drinking water on right ventricular failure and ascites in broiler chickens [J]. Avian Pathology, 17: 11 - 21.

Julian R J. 1989. Lung volume of meat-type chickens [J]. Avian Disease, 33: 174 - 176.

Julian R J. 1990. The influence of genetic on right heart failure and ascites in poultry caused by the pulmonary hypertension syndrome [J]. Proceeding National Breeders Roundtable, May: 14 - 19.

Julian R J. 1993. Ascites in Poultry [J]. Avian Pathology, 22: 419 - 454.

Julian T J, Frazier J A, Gorge M. 1989. The effect of cold and dietary energy on right ventricular hypertrophy, right ventricular failure and ascites in meat-type chickens [J]. Avian Pathology, 18: 678 - 684.

Kahn Cynthia M, Line S. 2005. The Merck Veterinary Manual [M]. 9th Edition. New Jersey: Merck &. Co.

Katusic Z S, Schugel J, Cosention F, et al. 1993. Endothelium-dependent contraction to oxygen-derived free radicals in the canine basilar artery [J]. Am J Physiology, 264 (33): H859 - H864.

Klurfeld D M. 1993. Nutrition and Immunology. New York: Plerlum Press.

Maxwell M H and Robertson G W. 1997. World broiler ascites survey 1996 [J]. Poultry International, 36 (4): 16 - 22.

Maxwell M H, Robertson G W and Spence G W. 1986. Studies on ascites syndrome in young broilers. Haematology and Pathology [J]. Avian Pathology, 15: 511 - 524.

Mirsalimi S M and Julian R J. 1991. Reduced erythrocyte deformability as a possible contributing factor to pulmonary hypertension and ascites in broiler chickens [J]. Avian Diseases, 35: 374 - 379.

Mirsalimi S M, O'Brien P J and Julian R J. 1992. Changes in erythrocyte deformability in NaCl-induced right-sided cardac failure in broiler chickens [J]. American Journal of Veterinary Research, 53: 2359 - 2363.

Moye R J, Washbum K W and Huston T M. 1969. Efffects of environmental temperature on erythrocyte numbers and size [J]. Poultry Science, 48: 1683 - 1686.

Ocampo L, Cortez U, Sumano H, et al. 1998. Use of low doses of clenbuerol to reduce incidence of ascites syndrome in broilers [J]. Poult Sci., 77 (9): 1297 - 1299.

Odom T W. 1993. Ascites syndrome: Overview and update [J]. Pooult. Dig., 50: 14 - 22.

Owen R L, Wideman R F, Hatrel A L, et al. 1990. Use of a hypobaric chamber as a model system for investigating ascites in broilers [J]. Avian Dis, 34: 754 - 758.

Radostis O M, et al. 2000. Veterinary Medicine. 9th Edition [M]. London: Saunders Ltd.

Radostits O M, Gay C C, Blood D C, et al. 2005. Veterinary Medicine: A Textbook of the Diseases of Cattle, Sheep, Pigs, Goats and Horses. 9th Edition. Edinburgh: W. B. Saunders Company Ltd.

Richard J W. 1999. Currie. Review of ascites in poultry: recent investigation [J]. Avian Pathology, 28: 313-326.

Ruch F E and Hughes M R. 1975. The effect of hypertonic sodium chloride injection on body water distribution in ducks (Anas platyrhynchos), gulls (Larus glaucescens) and roosters (Gallus domesticus) [J]. Comparative Biochemistry and Physiology, 52A: 21-28.

Ruiz-Feria C A, Kidd M T, Widemand R F. 2001. Pllasma levels of arginine, ornithine, and urea and growth performance of broilers fed supplemental L-arginine during cool temperature exposure [J]. Poult Sci., 80 (3): 358-369.

Sahlosberg A, Zadikov I, Bendhem U, et al. The effects of poor ventilation, low temperatures, type of feed and sex of bird on the development of ascites in broilers. Phhysiopathological factors [J]. Avian Pathol., 21 (3): 369-382.

Scrivner L H. 146. Experimental edema and ascites in poults [J]. Journal of the American Veterinary Medical Association, 108: 27-32.

Steinmeyer K, Klocke R, Ortland C, et al. 2001. Inactivation of muscle chloride channel by transposon insertion in myotonic mice [J]. Nature, 354: 304-308.

Sturkie P D. 1965. Avian Physiology. 2nd edition. New York: Cornell University Press.

Swire P W. 1980. Ascites in broiler [J]. Vet. Rec., 107: 540.

Vanhooser S L, Beker A and Teeter R G. 1995. Bronchodilator, oxygen level and temperature effects on ascites incidence in broiler chickens [J]. Poultry Science, 74: 1586-1590.

Wang G R, Zhu Y, Halushka P V, et al. 1998. Mechanism of platelet inhibition by nitric oxide: in vivo phosphorylation of thromboxane receptor by cyclic GMP-dependent protein kinase [J]. Proceedings of the National Academy of Science USA, 95: 4888-4893.

Wideman R F and Kirby Y K. 1996. Cardio-pulmonary function during acute unilateral occlusion of the pulmonary artery in broilers fed diets containing normal or high levels of arginine-HCL [J]. Poultry Science, 75: 1587-1602.

Wideman R F and Tackett C D. 2000. Cardio-pulmonary function in broilers reared at warm or cool temperatures: Effect of acute inhalation of 100% oxygen [J]. Poultry Science, 79: 257-264.

Wideman R F, Ismail M, Kirby Y K, et al. 1994. Furosemide reduces the incidence of pulmonary hypertension syndrome (ascites) in broilers exposed to cool environmental temperatures [J]. British Poultry Science, 35: 663-667.

Wideman R F, Kirby Y K, Ismail M, et al. 1995. Supplemental L-arginine attenuates pulmonary hypertension syndrome (ascites) in broilers [J]. Poultry Science, 74: 323-330.

图书在版编目（CIP）数据

兽医内科学/王建华主编．—4 版．—北京：中国农业出版社，2010.12（2024.12 重印）
普通高等教育"十一五"国家级规划教材　全国高等农林院校"十一五"规划教材
ISBN 978-7-109-15165-9

Ⅰ.①兽…　Ⅱ.①王…　Ⅲ.①兽医学：内科学－高等学校－教材　Ⅳ.①S856

中国版本图书馆 CIP 数据核字（2010）第 218918 号

中国农业出版社出版
（北京市朝阳区麦子店街 18 号楼）
（邮政编码 100125）
责任编辑　武旭峰　王晓荣
文字编辑　武旭峰

三河市国英印务有限公司印刷　新华书店北京发行所发行
1980 年 6 月第 1 版　2010 年 12 月第 4 版
2024 年 12 月第 4 版河北第 14 次印刷

开本：787mm×1092mm 1/16　印张：33.75
字数：810 千字
定价：75.50 元

（凡本版图书出现印刷、装订错误，请向出版社发行部调换）